**Factors for converting from U.S. Customary System units to SI units commonly used by chemical engineers**

| U.S. Customary System units | Acceptable SI unit with unit conversion factor |
|---|---|
| ångström | 0.1 nm* |
| atmosphere (standard) | 101.325 kPa |
| Btu† | 1.055 056 kJ |
| Btu/($lb_m$·°F) (heat capacity) | 4.186 8 kJ/(kg·K)* |
| Btu/h | 0.293 971 1 W |
| Btu/$ft^2$ | 11.356 53 kJ/$m^2$ |
| Btu/($ft^2$·h·°F) (heat-transfer coefficient) | 5.678 263 J/($m^2$·s·K) |
| Btu/($ft^2$·h) (heat flux) | 3.154 591 J/($m^2$·s) |
| Btu/(ft·h·°F) (thermal conductivity) | 1.730 735 J/(m·s·K) |
| calorie† | 4.186 8 J* |
| cal/(g·°C) (heat capacity) | 4.186 8 kJ/(kg·K)* |
| centipoise (absolute viscosity) | 1.0 mPa·s* |
| centistoke (kinematic viscosity) | $1.0 \times 10^{-6}$ $m^2$/s* |
| $T$(°F) | ($T$ + 459.67)/1.8 K |
| $T$(°R) | $T$/1.8 K* |
| dyne | 10.0 $\mu$N* |
| erg | 100 pJ* |
| foot‡ | 0.3048 m* |
| $ft^2$ | $9.290\ 304 \times 10^{-2}$ $m^2$* |
| $ft^3$ | $2.831\ 685 \times 10^{-2}$ $m^3$ |
| gallon (U.S. liquid) | $3.785\ 412 \times 10^{-3}$ $m^3$ |
| horsepower (550 ft·$lb_f$/s) | 745.699 9 W |
| inch | $2.54 \times 10^{-2}$ m* |
| in. Hg (60°F) (inches mercury pressure) | 3.376 85 kPa |
| in. $H_2O$ (60°F) (inches water pressure) | 0.248 84 kPa |
| $kg_f$ (kilogram force) | 9.806 65 N* |
| mile | 1 609.344 m* |
| mmHg (0°C) (millimeters mercury pressure) | 0.133 322 kPa |
| poise (absolute viscosity) | 0.1 Pa·s* |
| $lb_f$ (pound force) | 4.448 222 N |
| $lb_m$ (pound mass—avoirdupois) | 0.453 592 4 kg |
| psi (pounds per square inch pressure) | 6.894 757 kPa |
| stoke (kinematic viscosity) | $1.0 \times 10^{-4}$ $m^2$/s* |
| yard | 0.9144 m* |

†British thermal unit and calorie are reported as the International Table values as adopted in 1956 for all cases in this table. The exact conversion factor for Btu (International Table) to kJ is 1.055 055 852 62. The Btu (thermochemical) is 1.054 350 kJ, and the calorie (thermochemical) is exactly 4.184 J.

‡The foot is reported as the International Table value and holds for all cases of length in this table.

*Exact equivalence.

PLANT DESIGN AND ECONOMICS FOR
**CHEMICAL ENGINEERS**

5th Edition

# 화학공장설계

PLANT DESIGN AND ECONOMICS FOR
**CHEMICAL ENGINEERS**

5th Edition

# 화학공장설계

Max S. Peters · Klaus D.Timmerhaus · Ronald E. West | 지음
여영구 · 이문용 · 이인범 · 이의수 · 정재학 · 정창복 · 최호상 | 옮김

McGraw Hill

퍼스트북
1st book

McGraw Hill

**Plant Design & Economics for Chemical Engineers, 5th Edition**



6 7 8 9 10 FB 20 19

Original: Plant Design & Economics for Chemical Engineers, 5th Edition © 2003
By Max Peters, Klaus Timmerhaus, Ronald West
ISBN 978-0-07-239266-1

This authorized Korean translation edition is jointly published by McGraw-Hill Education Korea, Ltd. and First Book This edition is authorized for sale in the Republic of Korea.

This book is exclusively distributed by First Book

**When ordering this title, please use ISBN 979-11-85475-51-6**

**Printed in Korea**

# 화학공장설계, 5/e

발 행 일 : 2019년 8월 12일
저 자 : Max S. Peters, Klaus D. Timmerhaus, and Ronald E. West.
역 자 : 여영구 · 이문용 · 이인범 · 이의수 · 정창복 · 이문용 · 정재학 · 최호상
발 행 인 : 손영만
발 행 처 : 퍼스트 북(First Book)
등 록 : 제312-2009-000053호
주 소 : 서울시 서대문구 연희동 193-7 영화 B/D 502호
전 화 : 02) 3141-2953(주문 및 고객지원)
팩 스 : 02) 3141-2955
홈페이지 : www.firstbook.kr
I S B N : 979-11-85475-51-6

값 : 36,000원

# 저자에 관하여

ABOUT THE AUTHORS

**Max S. Peters**는 Boulder에 있는 콜로라도 대학교 화학공학과의 명예교수이며 공과대학의 명예학장이다. 그는 펜실베니아 주립대학교 화학공학과에서 학사와 석사학위를 취득하였으며 Hercules Power 사와 Treyz 화학회사에서 근무한 후 다시 펜실베니아 주립대학교로 돌아와 박사학위를 취득하였다. 이어 그는 일리노이 대학교의 교수로 임용되었고 후에 콜로라도 대학교의 공학 및 응용과학 대학의 학장 겸 화학공학과의 교수로 부임하였다. 1978년 학장직을 그만둔 후 1987년에 그는 명예학장이 되었다.

Peters 박사는 미국 화학공학회의 회장, 공학교육위원회 이사회의 임원, 대통령 직속 국립과학메달수여 위원회 의장, 그리고 콜로라도 환경위원회 의장을 역임하였다. 미국 화학공학회의 특별회원으로서 Peters 박사는 미국 공학교육회의 George Westinghouse and Lamme Award를 수상하였고 미국 비용공학자 협회의 Award of Merit을 수상하였으며 미국화학공학회의 W. K. Lewis Award 및 Founders Award를 수상하였다. 그는 국립공학아카데미의 회원이다.

**Klaus D. Timmerhaus**는 현재 Boulder에 있는 콜로라도 대학교의 Teaching Scholar이다. 그는 일리노이 대학교 화학공학과에서 학사, 석사 및 박사학위를 취득하였다. 캘리포니아 연구조합의 Standard Oil 사의 공정설계 엔지니어로 근무한 후 Timmerhaus 박사는 콜로라도 대학교 공과대학의 화학공학과로 부임하였다. 후에 그는 공과대학의 부학장과 공학연구센터의 책임자로 임명되었으며 뒤이어 화학공학과 학과장으로 일하였다. 그의 광범위한 연구 발표물들은 주로 극저온, 에너지, 그리고 에너지 및 물질전달에 관련된 것들이다. 그는 25권으로 된 Advances in Cryogenic Engineering을 편집하였으며 International Cryogenics Monograph Series에서 30권 이상을 공동 편집하였다.

그는 미국 화학공학회의 이전 회장이었으며 Sigma Xi의 회장, 국제냉동협회의 회장을 역임하였다. 그는 미국 화학공학회(AIChE), 극저온공학 학술회의, 국제 초냉각 학술회의, Sigma Xi, 미국 우주비행학회, 미국 과학진보연합회(AAAS), 미국 공학교육협회(ASEE), 공학기술 인증위원회, 그리고 국립공학아카데미의 임원이었다.

AIChE와 AAAS의 특별회원으로서 Timmerhaus 박사는 ASEE George Westinghouse 및 Fred Merryfield Design Award, AIChE Alpha Chi Sigma Award, AIChE W. K. Lewis Award, AIChE Founders Award, SAE Ralph Teeter Award, USNC/IIR W. T. Pentzer Award, NSF Distinguished Service Award, 콜로라도 대학교 Stearns Award, 콜로라도 대학교 올해의 교수상, 그리고 극저온공학 학술회의 Samuel C. Collins Award를 수상하였다. 그는 국립공학아카데미와 오스트리아 과학아카데미의 회원이다.

**Ronald E. West**는 Boulder에 있는 콜로라도 대학교 화학공학과에서 38년동안 교수로 재직한 뒤 현재 같은 학과의 명예교수이다. 교수로서 그는 학부 실험 프로그램과 공장설계 과목을 25년 이상 맡아왔다. 그는 미시건 대학교 화학공학과에서 학사, 석사 및 박사학위를 취득하였다. 그의 전문 영역은 주로 수질오염 제어와 재생가능 에너지기술 분야이다. West 박사는 미국 화학공학회와 미국 태양에너지학회의 회원이다.

# 차례

CONTENTS

CHAPTER 4

## 공정도 합성 및 개발 115



CHAPTER 5

## 공정설계에서의 소프트웨어 사용 181



CHAPTER 6

## 비용 추정 207



CHAPTER 7

## 이자, 돈의 시간가치, 세금, 고정비용 259



CHAPTER 8

## 수익성, 투자대안 및 교체 295

CHAPTER 9

## 최적설계와 설계전략 335



CHAPTER 10

## 재료와 장치제작의 선정 393



CHAPTER 11

## 서면 및 구두 설계 보고서 421



CHAPTER 12

## 물질의 이송, 취급 및 처리 장치 – 설계와 비용 435



CHAPTER 13

## 반응기 장치—설계 및 비용 531

CHAPTER 14

## 열전달 장치—설계와 비용 569



CHAPTER 15

## 분리장치—설계와 비용 647



부록 A

## 국제 단위 시스템 737

부록 B

## 보조장치, 유틸리티 및 계장 비용데이터 749

부록 C

## 디자인 문제 758

부록 D

## 물성치와 상수들 804

부록 E

## 공정장치 설계의 경험규칙 823

부록 F

## 설계에 유용한 소프트웨어 830

# 저자서문
PREFACE

공정설계는 아마도 화학공학자들이 누리는 가장 창조적인 활동 가운데 하나가 될 것이다. 그 활동에서 많은 기회를 통하여 독창적이고 새로운 화학, 혹은 생화학 공정을 개발하거나 기존 공정들에 변화를 도입함으로써 공정의 환경적 측면이나 경제적 요소들을 변화시킬 수 있는 것이다. 이 활동에는 분명히 화학공학 기술자 개인, 때로는 팀을 통한 창조적인 문제 해결 능력이 수반되는데 여기에는 화학공학과 경제원리에 대한 기본적인 지식이 적용된다.

새로운 공정의 화학공학적 설계나 기존 공정의 확장 및 개선에는 환경, 안전, 그리고 보건상의 관점에서 부여된 제약들에 대한 실제적인 이해와 조합된 공학원리와 이론들의 사용이 요구된다. 그러나 개념의 평가에서 수익성 있는 현실에 이르는 새로운 공정의 개발은 공정설계 문제들이 상황에 따라 변경될 수 있는 것이기 때문에 매우 복잡해질 수 있다. 따라서 최적의 해는 아니면서도 수익성이 있는 많은 해들이 존재할 수 있다.

화학원리의 이해 수준에 있어서 과거 20여년에 걸친 진보는 새로운 기법들이 컴퓨터를 이용한 도구들의 유용성과 결합되어 복잡하고 정교한 정도가 증진됨으로써 오늘날에는 화학 및 생화학 공정들의 설계에 적용될 수 있게 되었다. 이번 5판은 화학공학 지식의 이러한 확장된 스펙트럼의 잇점을 취하고 있으며 사회적, 혹은 산업적 요구에 부응하는 공정들의 설계에 수반되는 공학 및 경제적 원리들을 특별히 강조하고 있다.

이 교과서의 목적은 화학공학 공정과 운전에 적용되는 경제 및 설계 원리들을 소개하는 데에 있다. 독자를 숙련된 경제전문가로 훈련시키려는 의도는 없다. 다수의 서로 다른 공장 설계들에 대한 모든 가능한 경우들을 소개하는 것은 명백히 불가능하다. 대신에 중요한 원리들과 일반석인 방법들에 대한 분명한 개념을 제시하는 데에 목표를 두었다. 이 책이 상급 학부생들과 대학원생, 그리고 현장 엔지니어들에게 유용하도록 주제 및 내용과 서술 방법을 조정하였다. 수록된 정보는 경영자, 조업 감독자, 그리고 공정 산업분야의 연구 개발자들에게도 두루 도움이 될 것이다.

제1장에서 3장 까지에서는 공정설계에 포함되는 주요 요소들에 대한 총괄적인 분석을 소개하고 있다. 공정설계에서의 컴퓨터 소프트웨어의 사용은 이러한 도구가 교과서 전체를 통하여 유용할 것이라는 인식하에 이 교과서 앞부분에 별도의 장으로 제시함으로써 독자에게 이 중요한 주제를 소개하였다. 산업공정들에 포함되는 다양한 비용들, 자본투자 및 투자회수, 비용추정, 비용산정, 최적의 경제적 설계방법, 그리고 경제적 측면에 관한 다른 주제들은 제 6장에서 9장에 걸쳐 정성적이고 정량적으로 다루어지고 있다. 장치 재질의 선택에 대한 지침이 제 10장에 제시되어 있으며 이어서 제 11장에서는 보고서 작성에 대하여 논의하고 있다. 나머지 4개의 장들은 공정설계에서 이용되는 많은 장치들에 대한 광범위한 설계과정들을 제공하고 있다. 폐기물 처리, 구조적 설계, 그리고 장치 조립등과 같은 일반적인 주제들은 다양한 공정장치 형태들에 대한 설계 방법들에 포함되어 있다. 또한 비용 추정에 사용할 수 있도록 기본적인 비용 데이터와 비용 상관관계들이 제시되어 있다.

이 교과서에서는 원리들을 실제 상황에 적용하는 것을 예시하기 위하여 예제들과 보기문제들이 광범위하게 사용되고 있다. 대부분의 장 끝에는 연습문제들을 수록함으로써 독자들이 내용의 이해정도를 시험하여 볼 기회를 갖도록 하였다. 부록 C에는 실제 문제와 아울러 복잡한 정도가 다양한 좀 더 긴 설계문제들이 수록되어 있다. 최근의 참고자료들을 각주에 소개함으로써 독자들이 어디에서 추가의 정보를 얻을 수 있는지 알 수 있도록 하였다. 그 이전의 참고자료들은 이 책의 이전 판들에 열거되어 있다.

많은 양의 비용 데이터가 표나 그래프 형태로 제시되어 있다. 이 책의 목차에는 장치비용 데이터가 제시되어 있는 장들을 열거하고 있다. 조업인자나 장치의 특정부분에 대한 추가의 비용정보는 색인으로부터 어디에 있는지 찾아볼 수 있다. 이 책에 주어진 광범위한 비용 데이터의 사용을 간단히 하기 위하여 모든 비용들은 2002년 1월 1일에 대하여 적용 가능한 390.4의 Chemical Engineering 공장비용지수를 기준으로 하고 있다. McGraw-Hill 사의 웹사이트 http://www.mhhe.com/peters-timmerhaus에는 경제성 평가루틴으로 적분된 이 책의 모든 그래프 비용 데이터에 대한 수학적인 비용 관계식들이 제공되어 있다. 정확한 가격은 오로지 제작자가 직접 제시하는 자료로부터 얻을 수 있기 때문에 근사적인 비용추정을 위한 것이 아닌 경우에는 데이터의 사용에 주의를 기울여야 한다.

이 교과서는 상급 학부생을 대상으로 하는 한 학기, 혹은 두 학기 과정으로 적합하다. 공장 및 공정설계를 다루는 한 학기 과정으로는 제1장에서 11장 까지를 이용할 수 있다. 장치설계가 포함되는 두 번째 학기 과정에는 제12장부터 15장 까지를 다룰 수 있다. 어느 경우든 학생들은 화학공학의 통상적인 학부교육 프로그램에서 다루는 화학, 열역학, 그리고 화학공학 원리들에 대한 기본 지식을 갖추고 있는 것으로 간주한다. 여러 가지 설계 방정식들과 방법들의 유도에 대한 설명이 제시되어 있다. 이 책에서는 방대한 양의 정량적인 해설과 함께 설계 및 경제 정보에 대한 배경을 제시함으로써 공정공학 설계의 일반적인 전략에 대한 완전한 이해를 구축하기 위한 추가의 연구에 바탕이 될 수 있도록 하였다.

모노그래프, 단순화된 방정식, 그리고 지름길 방법들이 포함되긴 하였지만 이들 관계들에 대한 이론적 배경과 가정들을 밝히는 데에 갖은 노력을 기울였다. 화학공학자에 있어서 공장설계와 경제성의 진정한 가치는 단순히 숫자들을 방정식에 대입하고 풀어서 최종 해를 얻는 능력에 있지 않다. 진정한 가치는 왜 주어진 어떤 계산방법이 만족할 만한 결과를 가져다 주는가에 대한 원인들의 이해를 얻는 데에 있다. 이러한 이해는 미리 결정된 해결방법이 없는 새로운 문제에 부딪혔을 경우 엔지니어에게 이를 해결해 나가는데 필요한 확신과 능력을 가져다 준다. 따라서 공장설계 및 경제성에 대한 학습을 통하여 엔지니어는 특히 컴퓨터 소프트웨어가 처음으로 사용되는 경우 다양한 계산과정에 수반되는 가정들과 이론적 인자들을 이해하도록 언제나 힘써야 한다.

적용되는 경제성과 공장설계에서는 화학공학 원리들의 실제적인 응용을 다루기 때문에 이들 주제에 대한 학습은 화학공학의 전체 영역을 함께 묶어주는 이상적인 방법을 보여준다. 공장설계의 최종 결과는 금액으로 나타내어질 수 있지만 이러한 결과는 오로지 산업적이고 실제적인 지식과 조합된 다양한 이론적 원리들의 적용을 통해서만 얻어질 수 있다. 이 책에서는 이론과 실제가 모두 강조되고 있으며 화학공학의 모든 측면들이 포함되어 있다.

저자들은 이 판에 제시된 내용들에 대한 코멘트와 정보를 제공하여 준 많은 회사들과 개인들에게 빚을 지고 있다. 아울러 저자들은 이 판의 출간에 대하여 건설적인 비평과 도움이 되는 조언을 해 준 다음 분들에게 감사를 표하는 바이다: 코네티컷 대학교의 Luke Achenie, 클렘슨 대학교의 Charles H. Barron, 애리조나 주립대학교의 James R. Beckman, 아이다호 대학교의 David C. Drown, 카네기 멜론 대학교의 Steinar Hauan, 랏거스 대학교의 Marianthi Ierapetritou, 미시건 대학교의 Jonahhes Schwank, 오하이오 주립대학교의 Thomas L. Sweeney, 노스웨스턴 대학교의 Eric J. Thorgerson, 그리고 Dupont 공학기술의 Bruce Vrana.

이 책의 구성에 많은 기여를 하였으며 제 5장과 제 13장의 대부분을 맡아 작성하여 준 HBarr 사의 Barr Halevi에게 감사를 드린다. 또한 제 4장의 "알고리듬적 공정도 생성"부분을 작성해 준 캔저스 주립대학교의 L. T. Fan과 베스즈프렘 대학교의 F. Friedler에게 특별한 감사를 드린다. 원고를 타이핑하는 데에 도움을 준 콜로라도 CSLR 대학교의 Cynthia Ocken과 콜로라도 대학교 화학공학과의 Ellen Romig에게 많은 감사를 드린다.

Max S. Peters
Klaus D. Timmerhaus
Ronald E. West

# 역자서문

PREFACE

국제단위시스템(SI)의 수용이 점차 확대되어감에 따라 설계 엔지니어는 SI 단위와 미영 관습단위시스템에 두루 능숙해야 할 필요가 있습니다. 따라서 이 책에서는 이들 두 단위들을 혼용하였습니다. 이 책의 부록 A에 이들 단위에 대한 내용이 소개되어 있습니다.

공정설계와 경제성 평가에서 컴퓨터 소프트웨어의 사용은 매우 중요한 요소입니다. 이 책애 대한 McGraw-Hill 사의 웹사이트 *http://www.mhhe.com/peters-timmerhaus*에서는 이 책을 이용하는 분들에게 도움이 될 만한 다수의 자료들을 제공하고 있습니다.

대부분의 학교에서 공장설계 과목은 학부 4학년에 개설되어 있습니다. 따라서 이 책의 번역에 있어서는 학부 저학년 과정에서 이미 학습하였거나 학부생에게는 부담이 될 수 있는 내용들은 과감히 삭제하였습니다. 제 9장의 최적설계 관련부분은 일부 내용이 학부에서 다루기에 적합하지 않으며 제 13장에서 15장 까지의 내용은 학부 저학년 과정에서 학습한 반응공학, 열전달 및 물질전달 과정에 근거하고 있어서 번역에 있어서는 중복이 명백하다고 여겨지는 일부 부분들을 삭제하였습니다. 그러나 실제 설계에 필요한 수식들이나 그래프, 그림 및 각종 데이터 들은 누락시키지 않고 모두 수록하였으며 주제들 간의 상호 연결관계가 어긋나지 않도록 하였습니다.

역자들은 번역에 최선을 다 하였지만 번역을 통해서 이 책의 특징과 장점들이 훼손되지나 않았는지, 또한 중대한 오류라도 범하지나 않았는지 걱정이 앞섭니다. 이 책을 충분히 활용하여 공정설계에 대한 이해를 넓고 깊게 쌓아 간다면 역자들에게는 큰 기쁨이 될 것입니다. 이 책이 출판되기까지 물심 양면으로 애써주신 McGraw-Hill 한국지사와 관계자들에게 깊은 감사를 드립니다.

**2003년 9월**
**역자 일동**

## 역자 프로필

여 영 구
한양대학교 응용화학공학부 교수
ykyeo@hanyang.ac.kr

이 문 용
영남대학교 응용화학공학부, 부교수
mynlee@yu.ac.kr

이 인 범
포항공과대학교 화학공학과
iblee@postech.ac.kr

이 의 수
동국대학교 화학공학과 교수
eslee@dgu.ac.kr

정 재 학
영남대학교 응용화학공학부, 부교수
jhjung@yu.ac.kr

정 창 복
전남대학교 응용화학공학부
chungcb@chonnam.ac.kr

최 호 상
경일대학교 생명화학공학과, 교수
choihs@kiu.ac.kr

CHAPTER

# 1

# 서 론

국내외적 경쟁의 세계화 시대에서 성공적인 화학공학자는 물질수지, 에너지수지, 열역학, 반응공학, 열전달, 물질전달, 전산기술의 기초과학 및 관련 공학 개념들을 완벽히 이해하는 것 이상의 지식을 필요로 하고 있다. 사회에 유익한 새롭거나 개선된 공정 및 제품을 찾아내고 개발하기 위하여 공학자들은 또한 이러한 지식을 실제 현장에 적용할 수 있는 능력을 가져야만 한다. 그러나 이러한 목적을 성취하기 위해서 화학공학자는 경제, 환경 및 윤리가 포함되어야 함을 인식해야 한다.

새로운 화학 및 생물화학 공정의 설계, 그리고 기존 공정의 확장 및 개조는 환경, 안전, 보건으로 인한 실제적인 제약들과 함께 공학 원리와 이론의 사용을 요구한다. 새로운 공정을 개발하는 데 있어 공정개념 평가에서부터 수익 현실화까지는 때때로 매우 복잡한 작업이 된다. 공정설계 문제는 끝이 없고 따라서 위와 같은 설계 제약들을 만족시키면서 전체적으로 최적이 아니더라도 경제성이 있는 많은 해를 가지고 있다.

## 화학공장의 설계

공장설계는 화학 및 생물화학 공장에 있어서 새롭거나 개조되거나 확장된 공정 개발에 관여된 모든 공학적 요소들을 포함한다. 화학공학자는 새로운 공정의 경제성 평가를 하거나, 각 장치를 설계하거나, 전체 조업을 관할하기 위한 공장 배치를 개발하게 된다. 이런 일 때문에 화학공학자는 설계 공학자라고 하며 반면에 설계의 경제적 요소를 전문적으로 하는 화학공학자는 비용 공학자라고 한다. 여러 면에서 공정공학은 상용 공정의 경제성 평가와 연관되며 공정설계는 요구되는 제품을 만들기 위해 필요한 장치의 실제적 설계를 말한다. 공상설계의 의미는 공장배치, 일반 설비, 공장 위치 등 완벽한 공장과 직접 관련된 항목이라 할 수 있다.

이 교재에서는 전체 설계업무와 관련된 공장설계의 주요 요소들을 제시하고자 한다. 각 개인은 공장설계에 관련된 모든 단계에서 전문가가 될 수 없지만 각 단계에서의 일반적 문제와 접근에 대해서는 잘 알아둘 필요가 있다. 공정공학자는 장치의 최종 상세설계에 직접 관련이 없으며 장치 설계자는 제안된 공장 건설의 타당성을 위해 주어진 투자비 회수율이 적절한가 하는 경영진의 결정에 별로 영향을 주지 않는다. 그럼에도 불구하고 전체 설계업무가 성공하기 위해서는 각 단계에서 작업하는 다양한 공학자들의 긴밀한 협력체제가 필요하다. 가장 효율적인 협력체제는 특정 그룹들에 속한 각 공학자가 전체 설계업무의 여러 기능들을 잘 알고 있을 때 이루어진다.

## 전체 설계시 일반적 고려사항

전체 설계업무의 수행에는 다양한 많은 설계 고려사항들이 수반된다. 전체 설계업무에서 이러한 고려사항들을 포함하지 않으면 많은 경우 전체 경제적 상황을 심각하게 변경시켜 사업을 수익성이 없게 만든다.

공정설계 개발에 있어 특히 주의해야 할 몇 가지 사항들은 환경보호, 안전, 공장 조업자의 보건 등의 다양한 요소들과 관련이 있다. 공정설계의 경제성에 영향을 미치는 다른 사항들은 공장 위치, 공장 배치, 공장 조업 및 제어, 유틸리티 소요량, 구조 설계, 저장 및 건물, 자재 취급, 특허 고려사항 등이다. 이들의 중요성 때문에 2장에서 이러한 일반적 고려사항들을 각각 자세하게 다루고자 한다.

### 공정설계 개발

3장에서 언급될 공정설계의 개발에는 여러 다른 단계가 있다. 물론 첫 단계는 기본 아이디어에서 시작되어야 한다. 이 아이디어는 소비자 요구의 결과, 또는 경쟁력 있는 제품을 만들기 위해 판매 부서에서도 발의될 수 있다. 또한 연구결과나 회사의 목표 및 요구에 익숙한 사람에 의해 자발적으로 발생되기도 한다. 회사의 조업 부서는 최종 제품의 중간제품으로서 새롭거나 변형된 화학제품을 개발할 수도 있다. 회사 엔지니어링 부서에서도 새로운 제품을 만들어내기 위해 기존공정을 개조하거나 새로운 공정을 창안하기도 한다. 만약 초기 분석에서 아이디어가 가치 있는 사업으로 개발될 가능성이 있다면 기초연구나 조사가 시작된다. 성공적인 공정의 가능성에 대한 전반적인 조사가 관련된 물리 및 화학적 조업과 경제적 요소를 고려해 이루어진다. 다음은 기본 시장 조사, 실험실 규모의 실험, 최종 제품의 연구 샘플 생산을 포함하는 공정연구 단계이다. 회사의 경제적 목표와 부합되는 가능성 있는 공정들이 생기면 사업은 개발단계로 들어간다. 이 단계에서 시험공장이나 상용화용 개발 공장이 건설되기도 한다. 시험공장은 이미 사용 가능한 설비들을 이용해 건설되며 전체 용량의 공장에 사용되기 위해 만들 필요까지는 없다.

설계 데이터나 기타 공정 정보는 개발단계에서 얻어진다. 이 정보는 설계 사업의 다음 단계를 수행하는데 기초가 된다. 완벽한 시장 조사가 이루어지고 제품이 만족스러운지 또한 합리적으로 팔릴 것인지를 결정하기 위해 최종제품의 샘플들이 미래의 소비자에게 보내진다. 제안된 공장의 투자비를 추정하고 소요 투자비의 회수가 가능한지를 결정한 후 공정의 완벽한 비용-이익 분석이 행해진다.

최종 공정설계가 시작되기 전에 회사 경영진이 참여하여 사업에 자본을 투자할 지를 결정한다. 이 시점에서 구두 및 필기로 작성된 보고서와 함께 공학자의 기본설계 작업이 특히 중요한 역할을 하는데 이는 경영진이 추가 자금을 이 사업에 제공하여야 하는지를 결정하는 기초가 되기 때문이다. 경영진이 충분한 자본을 사업에 계속 투자하기로 결정하면 사업에 대한 미래 작업에 관한 공학은 자본공학이라 알려져 있다. 반면 미리 수행된 개발 단계에서의 사업 고려사항들은 비용공학이라 불린다. 이 둘의 차이는 자본공학 비용을 여러 해 동안 감가상각하기 위한 세금 절감 목적으로 사용된다.

만약 경제적인 면이 만족스럽다면 최종 공정설계 단계가 시작된다. 각 개별 장치의 제어, 배관, 견적서, 사양 및 설계 그리고 최종 공장의 건설에 필요한 모든 다른 정보를 포함한 모든 상세설계가 이 단계에서 실행된다. 그 후 도면, 공장 배치, 기타 실제 공장 건설에 필요한 정보와 함께 완벽한 건설 설계가 행해진다. 최종 단계는 장비 구입, 공장 건설, 공장 가동, 조업 개선, 더 좋은 결과를 위한 표준 조업 지침 개발 등으로 구성된다.

설계사업 개발은 단계별로 나아갈수록 더 많은 시간, 노력, 비용을 요구하는 논리적이며 조직화된 순서로 진행된다. 따라서 각 단계가 진행되기 전에 잠시 멈추고 상황을 면밀히 분석하는 것은 극히 중요하다. 생각해 낸 아이디어에 대한 기본 조사나 연구가 이루어지자마자 사업성이 없어 많은 사업들이 포기되기도 한다. 따라서 사업에 관여하고 있는 공학자는 설계 사업의 각종 단계가 진행될 때 현실적이고 실제적인 태도를 유지해야 하며 특정 사업을 계속할 것인가를 결정할 때에도 개인적 관심이나 사욕에 의해 흔들려서는 안된다. 설계 사업의 각종 단계를 통해 공학자의 작업을 계속할 경우 공정에 돈이 투자되어야 하는 사실이 궁극적으로 사업을 제안으로만 끝나게 할 수 있음을 상기하라. 따라서 투자로부터 손에 쥘 수 있는 회수가 실현되지 못한다면 제안서는 거절될 것이다. 그러므로 설계사업이 최종 제안 단계에 이르기 전에 공학자는 수익이 없는 사업들을 제거할 능력이 있어야 한다.

지금까지 언급한 설계 단계들은 표 1-1에 요약되어 있다. 특히 규모가 작거나 단순한 설계 사업에서는 모든 설계 단계들이 필요하지 않음을 주의하라. 회사의 설계그룹에 의한 설계 접근법을 더 잘 만족시키기 위해 설계 단계의 순서도 변경될 수 있다. 예를 들면 더 엄격해진 환경규제를 만족시키기 위한 공정개조에서는 현재 장치보다 훨씬 낮은 증기 손실을 가져오는 밀봉을 사용하는 압축기의 대체가 요구될 수 있다. 이런 경우 압축기와 주변 보조 장치에서의 배출 증가를 자동적으로 확인하는 모니터링 시스템을 구축하는 것이 설계에 고려될 수 있다.

새롭지만 상업적으로 증명되지 않은 기술과 관련된 복잡한 공정의 개발은 표 1-1에 열거된 것 이외의 추가적인 설계단계를 필요로 할 수 있다. 경제적 비교를 위한 기본 경우를 준비하는 것 이외에도 새로운 원료, 새 촉매, 다른 형태의 막 등의 사용이 가능한지를 조사하기 위해 시험 공장 테스트가 필요할 수 있다. 공정 전체에 대한 제어가능성 조사와 안전한 가동 순서를 개발하기 위해 동적 모사가 필요할 수 있다. 상황에 따라 추가로 설계 단계가 필요하다면 이것은 표 1-1의 적절한 위치로 들어갈 수 있다.

창조적인 화학 및 생물화학 설계의 단순 복잡성을 떠나 표 1-1은 설계 과정에 각종 다양한 기술들이 포함됨을 보여준다. 이들은 연구, 시장조사, 전산 모사, 소프트웨어 프로그래밍,

**표 1-1 화학 및 생물화학 공정을 위한 전형적인 설계 단계**

1. Recognize a societal or engineering need.
   *a.* Make a market analysis if a new product will result.
2. Create one or more potential solutions to meet this need.
   *a.* Make a literature survey and patent search.
   *b.* Identify the preliminary data required.
3. Undertake preliminary process synthesis of these solutions.
   *a.* Determine reactions, separations, and possible operating conditions.
   *b.* Recognize environmental, safety, and health concerns.
4. Assess profitability of preliminary process or processes (if negative, reject process and create new alternatives).
5. Refine required design data.
   *a.* Establish property data with appropriate software.
   *b.* Verify experimentally, if necessary, key unknowns in the process.
6. Prepare detailed engineering design.
   *a.* Develop base case (if economic comparison is required).
   *b.* Prepare process flowsheet.
   *c.* Integrate and optimize process.
   *d.* Check process controllability.
   *e.* Size equipment.
   *f.* Estimate capital cost.
7. Reassess the economic viability of process (if negative, either modify process or investigate other process alternatives).
8. Review the process again for environmental, safety, and health effects.
9. Provide a written process design report.
10. Complete the final engineering design.
    *a.* Determine equipment layout and specifications.
    *b.* Develop piping and instrumentation diagrams.
    *c.* Prepare bids for the equipment or the process plant.
11. Procure equipment (if work is done in-house).
12. Provide assistance (if requested) in the construction phase.
13. Assist with start-up and shakedown runs.
14. Initiate production.

장치설계, 비용 추정, 경제성 분석, 기술 교류이다. 실제로 설계공학자로서의 화학공학자의 용역은 창조적 핵심역할이든 주요 충고자이든 간에 설계 순서의 각 단계에서 요구된다.

## 공정도 개발

일단 요구가 있으면 똑같은 제품을 얻기 위해 다른 원료나 중간체를 쓰듯이 화학공학자는 이 요구를 만족시키기 위해 한 개 이상의 해답을 만든다. 이런 해들은 일반적으로 매우 다른 공정 단계와 고유 조업조건을 요구하기 때문에 화학공학자는 각 해에 대해 각기 다른 공정도를 만들어야 한다. 각 해에 대해 설계자는 반응, 분리, 온도 및 압력변화 조업을 포함한 공정도를 만들어 내고 공정 통합단계에서의 장치를 선택하는 기본적 공정합성을 시작한다. 유리한 수익을 가져다주는 단순화된 공정만이 채택되고 나머지는 버려진다. 따라서 예상되는 원료 가격이 제품이나 부산물의 가격을 초과할 경우 그런 공정에 대한 상세설계는 피해야 한다. 이러한 각종 단계는 4장에서 설명되며 4장은 경험적 지침을 이용한 종래의 공정도 개발과 알고리듬을 이용한 접근법에 기초한 더 현대화된 공정도 개발을 모두 다룬다.

가장 전망있는 공정도 대안을 평가하기 위해 설계 공학자는 각 대안에 대한 기본 케이스를 일반적으로 설계한다. 이 작업은 주요 장비 목록과 정상상태 물질 및 에너지 수지를 나열하면서 상세 공정도를 만들어냄으로써 이루어진다. 물질 및 에너지 수지는 일반적으로 전산지원 공정 모사기를 사용해 행해진다. 공정 장치를 개선하거나 분리망 합성, 열 전력 통합, 열역학 제2법칙 등을 이용한 효율적인 공정통합도 시도된다. 이러한 알고리듬 방법의 결과를 가지고 설계공학자는 기본 케이스의 설계를 다른 전망있는 대안들과 비교하며 기본 케이스 설계를 대체하거나 함께 할 공정도를 찾아낸다.

상세 공정도가 완성된 후에는 전체 공정의 제어구조를 정성적으로 합성함으로써 공정의 제어 가능성이 용이한가를 검토한다. 제어가능성을 쉽게 하기 위해 최종 장치 크기결정에 앞서 변수측정이 가능하도록 해야 하며 있을 수 있는 공정 외란에 대해서도 강건한 설계가 되도록 해야 한다. 일단 제어시스템이 공정에 추가되면 이를 초기에 확증하기 위해 동적모사가 실시되기도 한다.

## 전산지원 설계

전산 하드웨어와 소프트웨어는 공정 및 공장설계에 있어 꼭 필요한 도구가 되었다. 빠른 계산, 대용량, 논리 결정, 사용 가능한 기술용 및 수학용 소프트웨어로 인해 설계공학자는 각종 설계변수가 공정 및 공장설계에 미치는 영향을 조사할 수 있게 되었으며 과거에 손으로 계산하는데 요구되는 시간보다 더 빨리 이런 일을 수행할 수 있게 되었다. 따라서 설계공학자가 강조하는 면이 문제 해결에서부터 특정 요구에 맞는 대안들을 생각하고 조사하고 실행하는 일로 옮겨졌다. 5장에서는 공정 및 공장설계에 유용한 전산 소프트웨어와 설계에서의 컴퓨터 성능과 적절한 소프트웨어의 장점을 간략히 소개하고 있다.

순수성분의 물성과 이상 및 비이상 혼합물의 물성의 광범위한 데이터 은행 때문에 공정 모사기는 데이터베이스를 만들어내는데 유용하다. 그런 데이터가 없다면 모사 프로그램은 이론적으로 데이터를 맞출 곡선 방정식을 위해 실험실이나 시험 공장에서 얻어진 실험데이터를 회귀추정할 수 있다. 또한 전산지원 공정모사기는 물질 및 에너지 수지 계산에도 유용하다.

개인 컴퓨터에서의 유용성, 사용 편이성, 각종 설계 문제로의 적응성 때문에 펼친표(spreadsheet)형 소프트웨어는 모든 화학공작자가 사용하는 도구이다. 이 소프트웨어는 특히 공정설계의 물질 및 에너지 수지, 장치의 대략적 크기, 비용 추정, 비용 분석 단계에 사용된다. 상세설계에는 사용하지 않는데 이는 상세설계를 위해 통상적으로 필요한 복잡한 알고리듬을 펼친표에 넣기가 다소 어렵기 때문이다.

## 비용 추정

최종 설계 단계가 완성되면 상세한 장치 사양과 명백한 공장 정보가 유용해져 정확한 비용 추정이 가능하다. 상세 사양에 근거한 가격 견적서를 각종 장치 제작자로부터 직접 얻을 수 있다. 그러나 앞서 언급했듯이 비용이 고려되기 전에 설계 사업은 최종 단계로 갈 수 없고 비용 추정은 완벽한 사양이 유용하지 않을 때라도 설계의 모든 초기 단계에서 이루어져야 한다. 기초 설계 단계에서의 비용 추정은 설계전 비용 추정이라 말한다. 사업에 향후 투자를 할 것인가를 결정하는 회사 경영진에게 이런 추정은 근거를 제시해야 한다.

화학공학자(비용 공학자)는 비용 분석을 할 때 모든 가능한 인자들을 고려해야 한다. 공장 및 행정 간접비, 최종제품 분배, 기타 항목들과 함께 고정비, 원료용 직접 생산비, 인건비, 유지보수, 전력 및 유틸리티 비용이 모두 포함되어야 한다.

6장에서는 설계전 비용 추정을 위해 개발된 많은 특별한 기술이 제시된다. 비용 추정에 사용되는 정보의 예로서는 노동 및 재료 지수, 표준 비용 비율, 특별한 곱셈 인자가 있다. 비용 추정의 검증에 대한 최종 테스트는 완성된 공장이 조업되었을 때만 가능하다. 그러나 설계 공학자가 각종 추정 방법들과 그들의 정확성에 대해 익숙하다면 최종 공정설계에 따른 상세한 사양이 만들어지기 이전이더라도 상당히 근접한 비용 추정을 할 수 있다.

## 투자의 경제성 평가

화학 및 생물화학 회사의 경영진의 주요 기능은 소유주나 주식보유자에게 장기간 이익을 최대로 내주는 것이다. 고정 자산에 대한 투자 결정은 지속되는 이자, 세금, 감가상각, 제조비 등에 대한 부담과 함께 이루어지며 이럴 경우 향후 회사가 취할 다른 투자에 대한 유동성이 감소된다. 따라서 투자비 결정은 신중히 이루어져야 하며 6장과 7장에서는 이런 자본투자 결정에 대한 지침이 제시된다.

돈과 자본의 유가증권은 시간적 가치를 가지고 있다. 제조회사가 돈을 투자하면 돈이 사용되는 기간동안 돈의 회수를 기대한다. 요구되는 회수양은 가정된 위험 정도에 의존한다. 전반적인 공장설계에 따른 최선의 추정에 근거한 사업들에 따라 위험 정도는 다르다. 사용되는 공정이 잘 정립되었느냐 또는 완벽한 신기술이냐에 따라 위험정도는 다르고, 만들어지는 제품이 꾸준히 잘 팔리는 제품이냐 또는 완벽히 신제품이냐에 따라 위험도가 다르고, 모든 판매가 회사 외부로이냐 또는 일정량이 내부거래냐 등의 판매 예측에 따라 위험도는 다르다. 다른 수준의 위험도를 경제성 예측에 포함시키는 방법이 잘 정립되지 않았으므로 대부분의 일반적 방법에서는 더 위험한 사업에 대해 높은 최소 회수 비율을 적용한다.

복리이자 계산법에 의해 돈의 시간적 가치는 투자 평가 시스템에서 고려된다. 미리 정한 복리 이자율로 복리계산 하거나 할인함으로써 서로 다른 기간의 돈은 서로 다른 중요성을 갖는다. 시간이 흐를수록 돈은 이자율로 늘어나도록 투자될 수 있다. 미래에 돈을 투자한다면 그 투자의 현재 가치는 가정된 이자율을 갖고 투자시점에서 현재 시점으로 할인함으로써 계산될 수 있다.

다양한 형태의 세금과 보험 경비는 산업공정의 경제적 상황에 실제적으로 영향을 끼친다. 각종 세금이 회사 순수입의 상당 부분에 영향을 주므로 화학공학자는 기본적인 세법에 대해 잘 알아야 한다. 예를 들어 수입세는 사업에 대해 고정 및 운전 자본에 서로 다르게 적용된다. 따라서 경제성은 세후 수입에 근거를 두어야 한다. 반면에 보험경비는 일반적으로 산업체의 전체 운영비의 작은 부분이나 어떤 공장도 건전한 경제 토대아래 조업되기 전에 예기치 못한 비상사태에 대해 적절한 보장이 되도록 보험을 들 필요가 있는가를 결정해야 한다.

시간에 따라 상업용 설비의 모든 물리적 자산은 그 가치가 감소하므로 예상되는 내구연한동안 이 영향이 설비비에 분포 되도록 수입에 대해 주기적으로 공제를 하는 것이 상례이다. 7장에서 상세히 다룰 이 감가상각 경비는 다른 경비와는 달리 당장 현금을 지출하지는 않는다. 따라서 주어진 회계기간 동안 회사는 순수익 이외에도 감가상각에 해당되는 유용한 추가 자금을 갖게 된다. 이 현금이 자본회수이며 물리적 자산의 초기 비용의 부분적 재생이라 볼 수 있다.

수입세법은 직선법은 물론 가속된 감가상각 계획에 의해 자금이 회수되는 것을 허락한다. 현금 흐름 시간의 영향을 받으므로 감가상각법의 선택은 경제성에 크게 영향을 준다. 감가상각 대 비감가상각 자산의 비율에 따라 세전에 동등하거나 한 순위차이이던 두 사업은 세후를 고려할 때 순위가 완전히 달라질 수 있다. 두 사업에 대해 비록 현금 비용과 판매가가 같을지라도 세금 목적을 위해 보고된 순수입은 다를 수 있고 어떤 사업이 다른 사업보다 순수익을 더 낼 수도 있다.

## 최적 설계

화학공학자가 접하게 되는 거의 모든 문제에는 주어진 공정이나 조업에 대해 여러 개의 대안들이 있다. 예를 들면, 포름알데하이드는 메탄올의 촉매 탈수소화 반응, 천연가스의 조절된 산화반응, 특수 촉매 온도 압력에서의 일산화탄소와 수소와의 직접 반응 등으로 만들어질 수 있다. 또 각 공정에는 혼합가스 조성, 온도, 압력, 선택된 촉매 등과 같은 조업변수에 따라 여러 대안들이 있다. 이런 경우, 최적의 결과를 가져오는 최적의 공정을 선택하고 장치와 방법론을 설계에 포함시키도록 하는 것은 화학공학자의 의무이다. 이러한 요구를 만족시키기 위해 9장에서는 가장 효과적인 방법으로 원하는 결과를 수립하는데 사용될 설계 전략을 제시하는 등 화학 공장설계 최적화에 관한 여러 관점들이 다루어진다.

**최적의 경제적 설계** 똑같은 최종 결과를 가져오는데 두 가지 이상의 방법이 있다면 최소의 총비용이 드는 방법이 선호된다. 이것이 최적의 경제적 설계의 기초이다. 최적의 경제적 설계의 전형적인 예제는 어느 한 지점에서 다른 곳으로 주어진 유체의 양을 펌핑할 때 쓰이는 관의 직경을 결정하는 것이다. 여기서 무한대의 서로 다른 관의 직경을 써서 같은 결과(주어진 두 지점간의 같은 양의 유체 이송)를 얻을 수 있다. 그러나 경제적인 수지를 통해 어느 특정 관의 직경만이 최소 총비용을 가져다주는 것을 알 수 있다. 총비용은 유체 펌핑비와 배관 시스템 설치비(고정비)로 구성된다.

그림 1-1에서는 최적의 경제적 관의 직경의 의미를 그림으로 보여주고 있다. 그림에서 보듯이 마찰력 효과 때문에 관의 직경이 작을수록 펌핑비는 증가하는 반면 작은 관을 쓸수록 자본 두사비 김소로 인해 배관 고정비는 줄어든다. 펌핑비와 배관 고정비의 합이 최소가 되는 곳이 최적의 경제적 관의 직경이 되며 이 점은 최소 총비용 점을 나타낸다. 그림 1-1에서의 *E*가 바로 이 점이 된다.

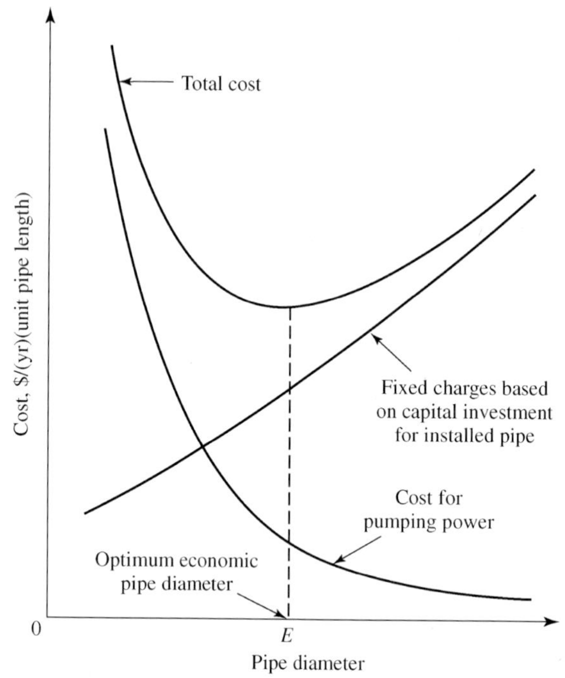


**그림 1-1**

일정한 이송량을 위한 최적의 경제적 관의 직경

화학공학자는 최소 총비용을 가져오는 조건을 토대로 최종 설계를 자주 선택한다. 그러나 많은 경우 여러 대안들은 정확히 동등한 결과나 최종 제품을 가져오지 않는다. 이럴 경우 총비용은 물론 제품의 품질이나 조업 등을 고려해야 한다. 공학자가 최적의 경제적 설계를 말할 때는 수많은 동등한 설계 중에서 선택된 가장 싼 설계를 일반적으로 의미한다. 이렇게 결정하는 것을 돕기 위해 비용 데이터가 12장에서 15장까지 걸쳐 나와 있다.

설계 작업에서는 각종 형태의 최적의 경제적 요구사항이 나타난다. 예를 들면 시간당 최대의 이익이나 생산량 당 최소의 총비용을 가져오도록 설계하는 것이 바람직할 수 있다.

**최적의 조업 설계** 가장 좋은 결과를 얻기 위해 많은 공정에서는 온도, 압력, 접촉시간, 기타 변수 등에 대해 특정 조건이 요구된다. 직접적인 경제적 요구사항으로부터 이러한 최적의 조건들을 부분적으로 분리해내는 것은 가끔 가능하다. 이 경우 가장 좋은 설계는 최적의 조업 설계라 불리운다. 그러나 경제적 고려사항이 궁극적으로 가장 정량적인 결정을 한다는 것을 화학공학자는 기억해야 한다. 따라서 최적의 조업 설계는 일반적으로 최적의 경제적 설계에 있어 첫 단계에 불과하다.

최적의 조업 설계의 좋은 예제는 이산화항을 삼산화황으로 전환시키는 촉매 산화반응의 조업조건을 결정하는 것이다. 전환기 크기, 가스 유입 속도, 촉매 활성도, 유입가스 농도 등 모든 변수가 고정되었고 유일한 변수는 산화반응이 일어나는 온도라고 가정하자. 만약 온도가 너무 높으면 삼산화황, 이산화황, 산소간의 평형이 이산화황 및 산소 쪽으로 이동하므로 삼산화황의 수율은 떨어진다. 반면에 온도가 너무 낮으면 이산화황과 산소간의 반응속도가

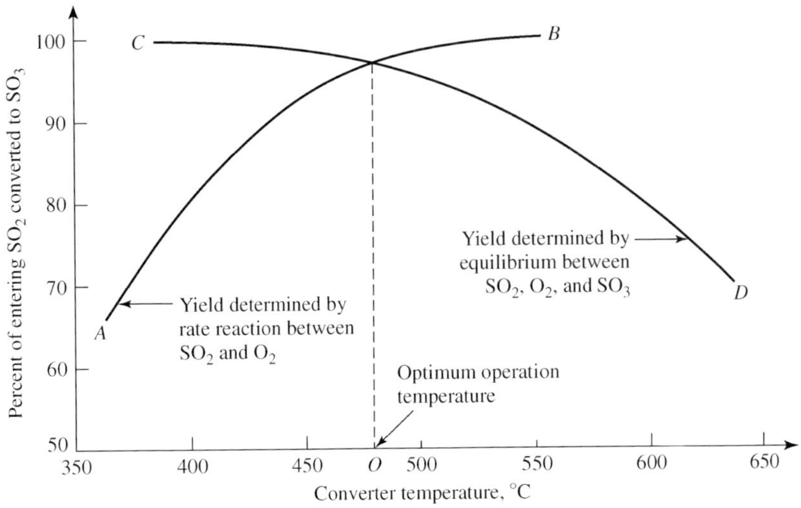


**그림 1-2**
이산화황 전환기에서의 최적의 조업 온도 결정

떨어져 수율이 나빠진다. 따라서 생성된 삼산화황이 최대가 되는 온도가 있게 되며 이 특정 온도가 최적의 조업 설계를 가져온다. 이 예제에서의 이산화황 전환기를 위한 최적의 조업 온도를 결정하는 방법이 그림 1-2에 제시되어 있다. 선 *AB*는 반응속도가 지배할 때 얻을 수 있는 최대 수율을 나타내는 반면 선 *CD*는 평형조건 지배 아래에서의 최대 수율이다. 점 *O*는 최대 수율이 얻어지는 최적의 조업 온도를 나타낸다.

앞의 예제는 공학자가 설계를 할 때 부딪칠 수 있는 문제를 단순화한 경우이다. 실제에 있어서는 최적의 경제적 설계에 도달하기 위해 각종 전환기 크기와 연속된 서로 다른 온도 조업 등을 고려해야 한다. 이런 조건 아래에서 여러 가지의 동등한 설계에 적용하며 최종 결정은 동등한 설계를 위한 최적의 경제적 조건에 근거하여 행해진다.

## 설계에서의 실제 고려사항들

화학공학자는 설계에 관여된 실제적 제약들을 놓쳐서는 안된다. 최적의 경제적 설계로부터 정확한 관의 직경을 결정하는 것은 가능하나 이 직경이 최종 설계에서 사용되어야 한다는 것을 의미하지 않는다. 최적의 관직경이 0.087 m라고 하자. 이런 내경을 갖도록 제작된 특수관을 찾는 것은 불가능하다. 대신 공학자는 일반 시장 가격으로 구매할 수 있는 표준 관경을 선택할 수 있다. 이 경우 내경이 0.090 m인 미국 표준 3 ½ 인치 직경의 관이 추천될 수 있다.

공학자가 모든 투자에 대하여 적절한 회수를 얻는 것을 의식하고 있다면 그는 "미국 표준 3인치 직경 관은 투자비가 더 적게 드나 총비용을 약간 증가시킬 수 있다. 따라서 난 최종 결정을 하기 전에 두 관 사이의 비용을 비교해야 한다고 생각한다"라고 말할 수 있다. 이론적으로 이 경우 이 지각있는 공학자가 맞다. 설치된 0.090 m 직경의 관의 총비용이

$5000이고 0.087 m 직경관의 설치 총비용이 $4500 이라고 하자. 작은 직경의 관 대신 큰 직경의 관을 사용함으로써 오는 동력비 및 고정비의 연간 절감비가 $25라면 추가 $500에 대한 연간 회수율은 5%에 불과하다. $500을 다른 곳에 투자하여 5% 이상의 회수율을 얻을 수 있다면 큰 직경의 관보다는 작은 직경의 관이 선호될 수 있다.

앞의 예제에서 나타난 논리는 완벽히 옳다. 그것은 투자 비교의 전형적인 예이며 모든 화학공학자에 의해 이해되어져야 한다. 비록 최적의 경제적 직경이 0.087 m이지만 현실 공학자는 이 직경이 단지 정확한 수학 수자에 불과하며 가격과 조업조건이 변함에 따라 달마다 변할 수 있다는 것을 알고 있다. 따라서 이 특별한 최적의 경제적 계산으로부터 얻을 수 있다고 기대하는 것은 가장 좋은 직경에 대한 좋은 예측이며 투자비교는 불필요하다는 것이다.

현실 공학자는 설계된 장치의 최종 조업과 보수유지에 관련된 물리적 문제들을 이해하고 있다. 공장 배치에 있어 주요 제어밸브는 조업자가 쉽게 접근할 수 있는 위치에 놓여야 한다. 장치를 검사하고 떼어내서 수리할 수 있도록 충분한 공간을 유지보수 담당자에게 줘야 한다. 만일 스케일을 형성하는 유체가 다관형 열교환기의 통쪽 보다는 관 안쪽을 흐른다면 세척 조업이 단순화되어야 함을 공학자는 인식해야 한다. 필요시 관 전체를 들어내거나 관 내부를 청소기 위해 유지보수 작업자가 설치된 열교환기를 열 수 있도록 공장을 배치할 때 충분한 공간이 만들어져야 한다.

증류탑의 이론적 설계에서는 원료가 탑의 특정 단으로 주입된다. 계산된 탑에 오직 한 개의 원료 주입구를 탑에 지정하는 대신, 현실 공학자는 계산된 주위의 위아래 몇 개의 단에 주입구를 추가하는데 이는 탑의 실제 조업조건이 변하고 계산시 포함된 가정이 절대적 정확성을 보장해주지 못하기 때문이다.

앞의 예제들은 화학공학자가 부딪칠 실제 문제의 유형이다. 설계 작업에서 이론적 및 경제적 원리는 공정이 완벽한 공장이나 장치의 형태로 최종적으로 실현될 때 야기될 수 있는 흔한 실제 문제들을 이해하는 것과 병행되어야 한다.

## 설계 접근법

화학공학자는 경제성 있는 공장설계를 할 때 선택할 도구를 많이 가지고 있다. 적절히 사용될 때 유용한 컴퓨터와 이에 따른 소프트웨어의 사용만큼 설계의 최적화에 기여하는 것은 없다. 공정 개발이나 설계시 부딪치는 많은 문제들은 보통의 손 계산보다 더 낮은 비용과 더 완벽한 정도의 컴퓨터로 빨리 풀려질 수 있다. 일반적으로 초과설계나 안전요소를 줄일 수 있는 것이 투자비에서도 눈에 보이는 절감을 가져온다.

그러나 공학자는 어느 때라도 컴퓨터로 공장이 설계된다고 믿어서는 안된다. 컴퓨터는 공장데이터를 결정하고 일단 설계가 수립되면 최적화를 위한 모델로 사용된다. 컴퓨터는 원하는 조업조건에서 공장이 조업되도록 할 때 또한 사용된다. 후자의 기능은 설계의 일부분이며 공정설계를 수행한 후에 나타난다.

공장설계의 일반적 접근법에는 조심스럽게 균형잡힌 이론, 실제, 독창성, 보통 상식의 조합이 있다. 독창적인 설계 작업에서 공학자는 많은 다른 형태의 실험 데이터를 다루어야 한다. 공학자는 문헌으로부터 열용량, 밀도, 기액 평형 데이터, 물성에 대한 기타 정보의 정확한 값을 얻을 수 있어야 한다. 그러나 많은 경우 물성에 필요한 정확한 값은 얻을 수 없으며 이럴 경우 공학자는 이런 값들의 대략의 추정치를 만들어내야 한다. 이론적인 설계 계산을 할 때도 대략적으로 많이 계산되어야 한다. 예를 들면 공학자는 이상기체 법칙이 지극히 낮은 압력에서 간단한 기체에만 정확히 적용된다는 것을 비록 알고 있지만 이 법칙은 기체 압력이 500 kPa 고압일 때도 계산에 많이 쓰인다. 공기나 간단한 탄화수소 같은 평범한 기체조차에서도 보통의 온도 및 압력에서 이상기체 법칙을 사용함으로써 생긴 오차는 설계 계산시 포함되는 다른 불확실성과 비교해 볼 때 무시할 만하다. 이상기체에서 벗어나는 것을 보정하기 위해 열역학 계수를 조정하는데 추가시간을 쓰는 것보다 공학자는 이런 오차를 받아들이는 것을 선호한다.

설계 문제에 대한 공학자의 접근법에서는 많은 가정을 만들어야 할 필요가 있다. 계산할 때 절대적으로 정확한 값이나 방법이 없기 때문에 이러한 가정들이 때때로 만들어진다. 어떤 때에는 정확한 처리가 시간이 오래 걸리고 정확성에 별 도움없이 수고스런 계산을 필요로 하기 때문에 근접한 대략 추정법이 사용된다. 훌륭한 화학공학자는 확실한 가정을 수립할 필요를 인식하고 또한 이러한 형태의 접근법이 최종 결과에 불확실성을 가져옴을 알아야 한다. 따라서 가정들은 필요하고 이치에 맞게 올바를 때만 만들어지며 전체적인 설계와 이의 경제적 결론에 반대 방향으로 영향을 줘서는 안된다.

설계문제에 대한 접근법에 있어 또다른 주요인자는 경제적 조건과 제약이다. 공학자는 작업 내내 항상 비용과 가능한 이익을 생각해야 한다. 박리다매하는 것이 제품당 높은 이익으로 적게 파는 것보다 거의 항상 유리하다. 따라서 공학자는 다양한 형태의 설계시 비용과 총이익을 결정할 때 제품 생산속도를 고려해야 한며 이때 명백히 소비자의 요구를 고려해야 한다. 이러한 인자들은 공장설계시 멀리 제거하여 생각안해도 될 수 있는 것처럼 보이나 궁극적인 성공을 설정하는데 있어서는 극히 중요한 것들이다.

## 설계시 공학 윤리

어떠한 직업 활동에 있어서도 공학자는 최고 수준의 윤리행동을 갖고 자기 직업을 추구할 의무가 있다. 특별히 공학 윤리는 공학 직업의 정직, 명예, 권위를 받들어주므로 공학자 개인행동과 직접 관련이 있다. 이러한 행동은 개인공학자, 고용자, 고객, 동료 및 동업자, 일반대중, 환경에 의무를 진다. 공학자가 이런 수준의 윤리 행동을 갖지 못한다면 어떠한 공정 설계도 시작해서는 안된다.

> 이러한 의무의 구체적인 예들은 각종 공학 학회에서 채택한 윤리 강령에 상세히 나와 있다. 미국 화학공학회에서 채택한 윤리 강령은 다음과 같다. 미국 화학공학회의 회원은 공학 직업의 정직, 명예, 권위를 지지하기 위해, 정직하고 공평하며 신의로 고용주와 고객 및 일반대중을 섬기며, 공학 직업의 적성과 위신을 증가시키기 위해 노력하며, 인류 복지 증진을 위해 지식과 기술을 사용한다. 이러한 목적을 성취하기 위해 회원들은
>
> **1.** 직업 의무를 수행할 때 일반대중의 안전, 보건, 번영을 최고로 유지한다.

2. 의무의 결과가 동료나 일반대중의 현재나 미래의 보건이나 안전에 나쁘게 영향을 끼친다는 것을 인지했을 때는 고용주와 고객에서 공식적으로 알린다.
3. 행동에 책임지며 다른 사람의 기여를 인정한다. 자기 일의 비판적 평가를 추구하며 다른 사람의 일에는 객관적으로 비평한다.
4. 객관적이고 사실적인 방식으로만 서술하며 정보를 제시한다.
5. 각 고용주와 고객을 위해 직업적 사건에서는 믿음직한 대리인이나 수탁인으로 행동하며 이익의 충돌을 피한다.
6. 모든 동료와 동업자들을 공평하게 대하며 그들의 고유한 기여와 능력을 인식한다.
7. 적성에 맞는 영역에서만 직업 용역을 수행한다.
8. 용역의 좋은 결과로 직업적 평판을 쌓아간다.
9. 경력기간 내내 직업 개발을 지속하고 자기 감독 아래 사람들의 직업 개발을 위한 기회를 제공한다.

전문공학자 국가조직은 1947년 더 상세한 윤리강령을 채택하였고 1996년 이를 갱신하였다. 이 강령은 웹사이트 http://www.npse.org를 통해 검색할 수 있다.

CHAPTER

2

# 일반적 설계 고려사항

완벽한 공정설계를 위해서는 여러 다른 주제들을 고려해야 한다. 전체적인 경제적 그림이 제안된 공장이 경영진의 승낙을 받아낼 것인가를 나타내는 것은 당연하다. 그러나 공정설계 및 제반 경제성을 생각하지 전에 완벽한 공장설계에 관련된 다른 주요 인자들을 종합적으로 볼 필요가 있다. 2장에서는 특히 보건, 안전, 손실방지, 환경 고려사항 등에 중점을 둔다. 기타 간단히 다룰 내용은 공장 위치, 공장 배치, 공장 조업 및 제어, 유틸리티 사용, 구조 설계, 재료 취급 및 저장, 특허 고려사항 등이다.

안전, 보건, 환경에 관해 적용되는 규제 및 법령을 상세히 다루는 것이 힘든데 이는 주기적으로 이것들이 수정되기 때문이다. 따라서 2장에서는 화학 공정 및 공장설계와 관련된 규제의 형태를 다루고 현재의 규제 내용을 어디서 얻을 수 있는지에 대한 지침을 제공한다. 또한 이러한 규제와 연관된 위험관리 및 감소의 일반적 개념과 전략에 중점을 두고자 한다.

## 보건 및 안전 위험물

화학 및 생물화학 공정에서 사용되는 물질에 의해 개인에게 미칠 보건 위험은 물질 자체의 독성, 빈도, 노출시간이다. 물질의 단기간 및 장기간 영향은 보통 구분된다. 즉각적인 상해를 야기하는 높은 독성의 물질은 안전 위험물로 분류되는 반면 낮은 농도에서 장시간 노출되어야만 영향이 나타나는 물질은 산업 보건 및 위생 위험물로 분류된다. 허용 한계 값과 이를 초과하지 않는다고 확신하기 위해 취할 주의사항은 독성물질에 따라 매우 다르다. 많은 화학물질의 영향에 대한 정보는 TOXLINE나 TOXNET과 같은 수많은 컴퓨터 데이터베이스를 통해 얻을 수 있다.

물질 자체의 독성은 동물 실험으로 측정된다. 단기간 영향은 실험동물의 50%가 생존하지 못하는 치사량인 $LD_{50}$으로 표현된다. 인간에 대한 $LD_{50}$의 추정값은 동물실험 값으로부터 짐작되어진다. 반면 독성 물질에 대한 인간의 장기간 노출 농도의 허용 노출 한계값(PEL)은 임계 한계값(TLV)으로 정해진다. 후자는 다년간 하루 8시간 주5일 근무에 노출되더라도 안전하다고 믿어지는 물질의 최고 한계농도로 정의된다. Sax와 Lewis가 쓴 핸드북은 광범위한 데이터와 이의 해석 및 사용에 관한 지침을 제공한다.[1] 추천된 TLV 값은 직업 안전 보건 기구(OSHA), 미국 정부 산업 위생 위원회(ACGIH), 미국 산업 위생 협의회(AIHA), 국가 직업 안전 보건 기관(NIOSH), 영국 보건 안전 실행회(HSE)에 의해 서식으로 발간된다.

화학적 및 물리적 위험물에 대해 발간된 데이터를 찾기 위해서는 화학물질의 독성영향 등록소(http://www.cdc.gov/niosh/rtecs.html)과 NIOSHIC 데이터베이스(http://www.cdc.gov/nioshtic.html)를 먼저 찾아보는 것이 좋다.

## 노출 근원

보건 위험물 관리의 주요 목적은 노출되는 것을 막거나 최소화함으로써 화학물질의 흡입량을 제한하는 것이다. 실제적으로 화학물질의 흡입량을 직접 측정하거나 제어하지 못하며 오히려 노출량은 측정되며 그런 노출량을 제어하기 위해 한계값이 정해진다.

가장 제어하기 힘들며 작업장에서 화학물질에 노출되기 쉽고 심각한 근원은 흡입이다. 호흡하는 공기로 오염물이 들어갈 때 작업자는 노출된다. 따라서 작업자에게 노출된 오염물의 근원을 이해하는 것이 직업 보건 위험물의 인식, 평가, 관리에 중요하다. 예를 들면 자르거나 갈거나 구멍 뚫을 때 발생되는 고체 물질의 기계적 마모는 먼지 구름이나 고체 에어졸을 형성할 수 있는 작은 입자를 만들어낼 수 있다. 반면에 액체 에어졸은 액체 표면장력을 극복하기에 충분한 에너지를 공급하는 어떤 공정에서도 만들어질 수 있다. 오염물 증기는 액체가 공기 속으로 증발될 때 보통 만들어진다.

기체는 보통 닫힌 시스템으로 저장되거나 처리된다. 이러한 기체로 공기가 오염되는 것은 환기 때나 새면서 방출될 때이다. 근본적으로 모든 닫힌 시스템에서 어느 정도 샌다[환경 보호청(EPA)의 각종 조사에 의하면 방출량이 제어되기 전에는 미국 유기 화학물 제조 산업에서의 방출량은 연간 80,000 Mg 이상이었다]. 명백히, 시스템을 세밀하게 관리하는 것은 공학 및 누출 감시 노력과 직접 관련이 있다. 바꿔 말하면 방출량의 결과에 달려 있다. 가치가 높고 매우 독한 물질은 보통 철저히 관리되어야 한다. 가치나 독성이 없지만 주변 지역사회에 바람직하지 못한 대기를 만들 오염물도 좋은 공공 유대관계를 위해 또한 관리된다. 누출이 화재를 일으키며 생명과 설비에 중대한 손실을 가져올 수 있으므로 가연성 물질은 조심스럽게 관리된다. Lipton과 Lynch는 적절히 설계되었을 때 허용 가능한 오염물 수준으로 줄거나 최소화될 수 있는 전형적인 화학 공장에서의 대기 오염의 근원 30개 이상의 목록을 제시한다.[2]

잘 관리된 전형적인 공장에서 펌프나 밸브는 새는 방출의 주요 근원이다. 따라서 이러한 근원에 감시 및 관리 노력이 집중되어야 한다. 전반적으로 밀봉 실패가 없는 경우라도 새는 방출은 작업자에게의 끊임없는 노출 배경의 원인이다. 이러한 노출의 근원은 스스로 과다 노출은 가져오지 않으나 이의 존재는 다른 방출물이 허용 가능한 TLV 이하로 남아 있으며 변할 때의 여유분을 감소시킨다.

---

1) N. I. Sax and R. J. Lewis, Sr., *Dangerous Properties of Industrial Materials*, 10th ed., J. Wiley, New York, 1999
2) S. Lipton and J. Lynch, *Health Hazard Control in the Chemical Process Industry*, J. Wiley, New York, 1987

공정 설비를 통한 물질의 계속적인 이동은 방출이나 노출의 상황을 가져오지 않는다. 그러나 어떤 물질을 취급하는 단계에서는 총량을 유지하기 힘들 수도 있다. 예를 들면 일정 크기의 탱크로 액체를 넣을 때 액체가 공기대신 자리잡으며 이때 탱크의 과압을 막기 위해 공기를 방출한다. 이러한 액체 수송 조작은 특히 가변 지붕 같이 부피가 변하는 탱크를 쓰거나 방출된 공기를 태우거나 회수함으로써 관리될 수 있다.

개방된 공간에서의 고체 취급은 상당한 오염물질 노출을 가져올 수 있다. 가능하다면 이런 조업은 닫힌 시스템으로 개조되어야 한다. 그러고서도 특히 유지나 보수를 할 때 배출문제가 존재한다.

닫힌 시스템의 관리는 위험물 노출문제를 제기할 수 있음을 인식해야 하는데 이는 공장이 운전될 때 주로 유지가 이루어지며 작업자가 장시간 운전중인 장치에 가까이 있어야 하기 때문이다. 이런 조건에서는 국부적인 오염물질 배출뿐만 아니라 소음이나 열복사 같은 현존하는 물리적 위험도 고려해야 한다.

닫힌 시스템에서는 고칠 장치가 있다면 시스템을 열기 전에 노출량을 줄이도록 먼저 청소되어야 한다. 독성이 높은 물질이 존재한다면 장치를 낮은 독성의 흐름으로 씻어내고 스팀으로 벗겨낸 후 질소로 방출시켜야 한다. 이런 경우 장치는 씻고 방출될 수 있도록 특수 연결관을 갖도록 해야 한다.

화학공장 장치의 주기적인 보수는 공장 유지의 특수한 경우이다. 이런 장치가 작동을 멈추므로 노출 위험은 모면된다. 그러나 장치가 생산에 쓰이지 않으므로 보수를 완수하여 생산을 재개해야 하는 시간에 쫓기게 된다. 이럴 경우 조업자는 조직화되지 못하고 잘못 이해함으로써 예기치 못한 오염물 방출을 가져올 수 있다. 안전한 보수를 실행하기 위해서는 조심스러운 계획이 필요하다. 돌발상황이 최대로 예견되어야 하며 이를 처리할 계획도 수립되어야 한다.

공장 유지 노력에 쓰이는 물질과 조업에는 공장의 원료, 중간체 및 제품과 연관된 노출 위험물과 전혀 다른 새로운 위험물이 있을 수 있음에 유의하라. 예를 들면 적절한 유지에는 용접, 모래 분사, 페인팅, 화학물질 세척, 촉매 취급, 단열재 교체 등이 있다. 안전한 조건에서의 유지에는 이런 조업 하나하나에서 작업자의 집중된 훈련이 요구된다.

같은 맥락에서 간헐적으로 이루어진다 하더라도 폐기물 취급은 적절한 주의없이 매우 심각한 오염 노출을 가져온다. 새어나온 것이나 축적된 오염물을 처리할 때 작업자는 적절한 순서에 대해 지시받아야 한다. 새어나온 물질은 공기로 들어가 흡입 위험물이 될 수 있다. 새어나온 것과 화학공정 폐기물은 폐수처리 설비에서 처리되며 이때도 이 물질들이 공기중으로 휘발되어 예기치 못한 작업자 노출을 가져올 수 있다.

## 노출 평가

보건 위험물이 관리된다면 이들은 인식되고 평가되어야 한다. 보건 위험물 인식을 시작할 논리적인 곳은 공정의 각종 단계에서 현존하는 모든 물질들의 총 목록이다. 비록 물질이 추적할 정도의 소량일지라도 국부적인 작업장에서 위험한 상황을 가져오는 허용범위내 농도보다 많을 수 있다. 일반적으로 공정의 원료와 제품은 잘 알려져 있다. 중간체, 부산물, 폐기물은 뚜렷하지 않고 심지어 확인되지 않을 수 있다. 촉매, 첨가제, 세척제, 유지제 같은 다른 물질도 목록을 완성하기 위해 확인되어야 한다.

독성과 존재하는 위험의 추정이 물질 공급 데이터 종이(MSDS) 형태로 OSHA 통신 표준에 의해 필요로 된다. 이 형태의 요약이 표 2-1에 나타나 있다(미국 이외의 다른 나라도 유사한 요구사항이 있다).

위험 데이터의 표준 근원에서는 MSDS가 현재 유용하지 않은 화학 물질에 대해서 자문받을 필요가 있다. 해당 공장에서만 유일한 각종 혼합물에 대해 적절한 위험 데이터가 부족할 수 있다. 그런 혼합물에 대하여는 성분을 분석하여 각 성분에 근거한 총괄적 위험을 추정할 필요가 있다.

위험 평가를 수행하고 노출 측정 노력의 순서를 정하기 위해서는 초기의 노출 가능성에 대한 대략적 평가가 필요하다. 현존하는 화학물질과 그 화학물질의 노출의 각 근원에 대하여 노출 추정이 가능하다. 이러한 노출 추정은 위험 데이터로부터의 독성 추정과 함께 측정 및 감시 노력의 우선순위를 정하는데 기준으로 사용될 위험 추정에 쓰일 수 있다.

무시될 정도로 중요하지 않을 수 있으므로 모든 화학물질 및 노출 근원 혼합물에 대해 노출 추정을 할 필요는 없다. 이러한 화학물질은 우선순위 표의 거의 상단에 있을 수 있으므로 노출 추정은 어느 정도 값 이상으로 할 필요가 없다. 이런 형태의 추정하는 방법은 제조전 통보(PMN)를 평가할 목적으로 EPA에 의해 개발되어 왔다.

전형적인 공장 환경에서의 오염물 농도는 매우 변하기 쉽다. 화학공장에서의 노출의 배

**표 2-1 요약된 물질 안전 데이터 종이**

1. Product identification
   *a.* Precautionary labeling
   *b.* Precautionary label statements
   *c.* Laboratory protective equipment required
2. Hazardous components
3. Physical data
4. Fire and explosion hazard data
   *a.* Fire extinguishing media
   *b.* Special fire-fighting procedures
   *c.* Unusual fire and explosion hazards
   *d.* Toxic gases produced
5. Health and hazard data
   *a.* Effects of overexposure
   *b.* Target organs
   *c.* Medical conditions generally aggravated by exposure
   *d.* Emergency and first aid procedures
6. Reactivity data
7. Spill and disposal procedures
   *a.* Steps to be followed in the event of a spill or discharge
   *b.* Disposal procedure
8. Protective equipment
9. Storage and handling precautions
   *a.* Special precautions
10. Transportation data and other information
    *a.* Domestic
    *b.* International

표 2-2 공기 분석 방법

| Method | Substance analyzed |
|---|---|
| Atomic absorption spectroscopy | Metals |
| Gas chromatography | Volatile organic compounds |
| Gravimetric | Nuisance dust, coal dust |
| Particle count | Asbestos |
| Ion-specific electrode | Halogens, HCN, $NH_3$ |
| X-ray diffraction | Silica |
| Colorimetry | Miscellaneous |

경 수준은 시간대 별로 변하는 수많은 적게 새어나온 배출물의 결과이다. 오염 농도와 작업자의 노출에 대한 이런 변량의 특성은 적절한 평균 시간동안 노출의 통계적 분포 특성과 추정을 취할 수 있도록 충분한 양의 샘플을 필요로 한다. 수학적 면에서 평균 시간은 몸에 작용하는 생물학적 반감기보다 길어서는 안 된다. 비록 생물학적 반감기 범위는 연속적이지만 단순화하기 위해 몇 개의 이산적 평균 시간이 보통 사용된다. 빨리 작용하는 물질에 대하여는 15분과 30분이 사용되는 반면 생물학적 반감기가 8시간 이상인 물질에 대하여는 8시간이 주로 쓰인다. 후자는 일반적으로 8시간 가중 평균값(TWA)으로 이름이 붙여진다.

대기 오염물질의 분석을 위해 가장 평범하게 사용되는 방법이 표 2-2에 나타나 있다. 특정 오염물질에 사용되는 방법은 샘플링 물질에 적절해야 하고 충분한 민감도를 가지며 방해에도 어느 정도 자유로워야 한다. 분석 결과의 궁극적인 신뢰는 방법의 정확성에 어느 정도 달려 있으나 그 방법이 특정 목적을 위해 얼마나 잘 검증되었는가 하는 것과 실험을 수행한 실험실이 얼마나 믿음직스러운 가에 상당한 정도로 달려 있다.

앞서 언급했듯이 EPA는 공정 장치에서 새는 방출물이 휘발성 유기물(VOCs)의 주된 근원이라고 결정하였다. EPA는 후자가 광화학 반응에 관여하는 유기 화합물이라고 정의하였다. 이 반응은 대기중 오존 농도가 휘발성 유기물의 농도에 의해 영향을 받으므로 매우 중요하다. 공장이 없는 지역에서의 오존 농도의 표준이 미국 청정공기 법령에 있어서의 주요 농도 목표중 하나였다.

미국 청정공기 법령의 요구사항을 만족시키기 위해 EPA는 1997년 두가지 형태의 국가 공기 질의 표준을 수립하였다. 6개의 오염물질에 대한 1차적 표준에는 천식자, 아이, 노인들의 보건을 포함한 공공의 보건을 보호하기 위해 한계값이 설정되었다. 똑같은 오염물질에 대한 2차적 표준에는 감소되는 시야와 동물 농작물 야채 건물에 대한 손해로부터의 보호를 포함한 공공의 번영을 보호하기 위해 한계값이 설정되었다. 이러한 공기 질에 대한 표준이 표 2-3에 구체적으로 나와 있다.

이러한 형태의 규제 이외에도 EPA는 발암물질도 아니고 공공에게 심각한 보건 문제를 야기하지도 않는 수많은 복합물을 관리하는 또 다른 규제를 추가하였다. 위험 오염물에 대한 국가 노출 기준(NESHAP) 아래 관리되는 이러한 위험 오염물질은 벤젠, 염화비닐, 수은, 아스베스토스, 비소, 베릴륨, 방사핵물질 등이다. VOC 배출 관리 규제와 함께 NESHAP는 장치 배출 관리 시스템을 통해 공장 환경에서의 노출을 감소시킨다. 이것은 작업장에서의 직업적 노출을 규제하는 직업 안전 및 보건 법령(OSHA)의 특수 목적과 대비된다. 이것은 다음 절에서 다루고자 한다.

표 2-3 미국에서의 공기 질 표준

| Pollutant | Standard value[‡] | Standard type |
|---|---|---|
| Carbon monoxide | | |
| 8-h average | 9 ppm (10 mg/m$^3$) | Primary |
| 1-h average | 35 ppm (40 mg/m$^3$) | Primary |
| Nitrogen dioxide | | |
| Annual arithmetic mean | 0.053 ppm (100 $\mu$g/m$^3$) | Primary and secondary |
| Ozone | | |
| 1-h average | 0.12 ppm (235 $\mu$g/m$^3$) | Primary and secondary |
| Lead | | |
| Quarterly average | 1.5 $\mu$g/m$^3$ | Primary and secondary |
| Sulfur dioxide | | |
| Annual arithmetic mean | 0.03 ppm (80 $\mu$g/m$^3$) | Primary |
| 24-h average | 0.14 ppm (365 $\mu$g/m$^3$) | Primary |
| 3-h average | 0.50 ppm (1300 $\mu$g/m$^3$) | Secondary |
| Particulates (< 10 $\mu$m) | | |
| Annual arithmetic mean | 50 $\mu$g/m$^3$ | Primary and secondary |
| 24-h average | 150 $\mu$g/m$^3$ | Primary and secondary |

[†]For additional information see http://www.epa.gov/airs/criteria.html.
[‡]Parenthetical value is an approximately equivalent concentration.

## 노출 위험물의 관리

노출 문제가 존재하면 노출을 줄이고 이에 해당되는 위험을 감소시키는 목적으로 위험물 관리 측정을 실시할 것인가를 결정할 필요가 있다. 그러나 노출 조건의 주어진 것들이 고정된 관리 전략으로만 이끌지 않으며 많은 대안들이 있다. 무위험은 도달할 수 없으므로 도달할 수 있는 위험 감소의 정도를 상대적으로 결정해야 한다. 원하는 위험 감소를 달성하기 위해 광범위한 대안으로부터 일련의 선택이 이루어져야 한다. 정해진 전략에 의해 위험 평가의 정확한 수준을 미리 알 수 없으므로 이러한 대안 선택은 판단결정이다. 더 나아가 선택된 전략은 회사 안전 표준을 만족해야 하고 규제 필요사항을 맞춰야 하고 노동자에 의해 받아들여져야 하나 생산과 조업성에 역으로 영향을 줘서는 안 된다.

직업적 보건 위험물로의 작업자 노출을 줄이는데 사용되는 세 가지 규제 원리가 있다. 이것은 근원 관리, 전달 방지, 개인 보호이다. 첫째 전략에서는 독성 오염물질이 공기로 방출되는 것을 막기 위하여 측정한다. 둘째 전략에서는 오염물질이 작업자에게 닿기 전에 오염물질을 잡거나 막는 수단이 필요하다. 최종 전략에서는 앞의 두 전략이 실패했다고 가정하여 작업자로 하여금 독성 오염물질과 접촉이 안되도록 어떤 보호장비를 입도록 하는 것이다.

감금은 대부분의 노출 기회를 제거하며 화학 생산에서 선호하는 관리 방법이다. 실제로 많은 화학공장에서의 감금은 압력, 온도, 화재, 생산 손실 필요량에 의해 행해지며 보건-위험물 관리 대안은 아니다. 그러나 감금은 완벽하지 않고 방출과 노출 기회가 여전히 있으며 추가 관리가 요청될 수 있다는 것을 인식해야 한다.

허락된 공정 조업 방식의 기본적 또는 구체적 변경은 노출을 제거하거나 줄일 수 있다. 예를 들면, 마른 분말로 물질을 다루기보다는 슬러리나 용액상태로 취급할 수 있다. 공정 변경의 특별한 경우에는 공정에서 더 위험한 물질보다는 덜 위험한 물질로 대체될 수 있다. 이런 대체가 불가능하면 HCN 제조에서 하듯 공정을 작업자로부터 완벽히 분리하는 것이 필요할 수 있다.

국부적 배기 통풍의 주된 목적은 배출 근원과 작업자 간에 관리 벽을 세워 오염물질을 잡거나 작업장에 도달하지 못하게 함으로써 오염물질 노출을 관리하는 것이다. 국부적 배기 통풍은 불편하며 상당한 유지를 필요로 한다. 이것은 기존 공장의 개조를 통해 할 수 있는 효과적인 관리 형태이며 따라서 본래 공장에서 예상할 수 없었던 문제를 최소화한다. 그러나 국부적 배기 통풍은 잡는 것이 완벽하지 못하고 모든 방출점이 적절히 다뤄질 수 없으므로 완전히 효과적이지 못하다.

반면에 희석 통풍은 오염물질로 가득찬 공간에 희석제를 추가하는 것이다. 희석 통풍의 목적은 노출을 방지하는 것이 아니라 희석을 통해서 노출을 허용 수준으로 유지하는 것이다. 이 전략은 낮은 방출 속도 및 낮은 독성 상황에서만 사용되어야 한다.

작업하는 동안 노출을 최소화하기 위해 작업자 자신에 의해 취할 수 있는 순서와 사전 주의사항이 또한 있다. 이러한 실행은 일반적으로 작업자에 의해 위험물이 제거되지는 않으나 공학 설계에 의해 관리되지 못하는 배출 근원에 의해 과다 노출되는 것을 막는다. 흡입에 의한 노출을 막기 위한 개인 보호는 호흡기로 성취될 수 있다. 이러한 기구는 적절히 선택되고 사용되어지면 상당히 보호할 능력을 갖추고 있다.

각종 관리 대안이나 대안의 혼합은 평가된 노출 수준이 받아들일 수 있는 수준까지 감소되도록 선정될 필요가 있다. 그런 다음 가장 좋은 대안은 비용분석에 의해 선정된다. 적절한 직업 노출 한계값 이하로 노출을 줄일 확률이 대체적으로 같은 두 개 이상의 대안을 비교할 때 비용분석은 매우 유용하다. 순수 현재가치나 연간비용과 같은 경제적 매개변수를 사용하여 각종 대안의 자본 및 경비를 포함한 비용이 비교된다.

보건 효과를 제거하기 위해 사용되는 공학시스템이나 작업 순서는 보건 효과의 빈도를 어느 정도 줄일 수 있느냐를 평가하기 위해 평가되어야 한다. 직업적 노출 한계값과 비교할 목적으로의 노출 측정은 표준에 적절한 평균시간에 대해 이루어지도록 해야 한다.

## 화재 및 폭발 위험

독성물 배출 이외에도 화재와 폭발은 화학공장에서 일어나기 쉬운 두 가지 가장 위험한 사건이다. 두 위험사건을 방지하고 혹시 사고로 발생했을 때 관리하기 위해 상당한 자원이 쓰여졌다. 이 두 위험사건이 화학 및 석유화학 산업에서 인적 및 재산적 주요 손실을 가져온다.

화재가 나려면 연료와 산화제 및 발화원이 있어야 한다. 더욱이 연소반응은 스스로 유지되어야 한다. 공기가 산화제라면 불붙기 위해 최소농도의 연료가 필요하다. 요구되는 최소농도는 혼합물의 온도에 달려있고 압력에는 덜 의존되므로 보통 온도에서 필요한 발화조건에 초점이 맞춰진다. 상온에서의 발화에 필요한 연료의 최소농도는 낮은 발화 한계값(LFL)이라 알려져 있다. LFL 이하에서는 연료와 공기의 어떤 혼합물도 타기에는 너무 희박하다. 반대로 발화가 일어날 수 없는 농도는 높은 발화 한계값(UFL)이라 명명된다. 많은 탄화수소와 화학물질에 대해 발화에서의 두 한계치가 각종 문헌에 나와 있다.[3] LFL과 유사한 의

---

3) N. I. Sax and R. J. Lewis, Sr., *Hazardous Chemicals Desk Reference*, Van Nostrand Reinhold, New York, 1987; N. I. Sax and R. J. Lewis, Sr., *Dangerous Properties of Industrial Materials*, 10th ed., J. Wiley, New York, 1999; D. B. Crowl and J. Louvar, *Chemical Process Safety: Fubdamentals and Applications*, Prentice-Hall, Engle

미로 제한 산소 지수(LOI)라 불리는 산화제 농도가 발화를 위해서는 존재해야 한다는 것을 명심하라.

혼합물의 발화 한계값은 le Chatelier 원리를 이용하여 개개의 연료 데이터로부터 추정될 수 있다.

$$\sum \frac{y_i'}{\mathrm{LFL}_i} = 1.0 \tag{2-1}$$

여기서 $y_i'$는 공기 중에 있는 각 연료의 몰분율이고 $\mathrm{LFL}_i$는 각 성분에 해당되는 LFL 값이다. 기체 혼합물에 대한 UFL를 추정하기 위해서도 유사한 관계식이 사용된다. 연료기체의 혼합물 농도를 알고 있다면 혼합물에 대한 LFL과 UFL은 다음과 같이 추정될 수 있다.

$$(\mathrm{LFL})_{\mathrm{mix}} = \frac{1}{\sum_{i=1}^{n}(y_i/\mathrm{LFL}_i)} \tag{2-2a}$$

$$(\mathrm{UFL})_{\mathrm{mix}} = \frac{1}{\sum_{i=1}^{n}(y_i/\mathrm{UFL}_i)} \tag{2-2b}$$

여기서 $\mathrm{LFL}_i$와 $\mathrm{UFL}_i$는 성분 $i$의 발화 한계값이고 $y_i$는 증기상태에서 성분 $i$의 몰분율이며 $n$은 공기를 제외한 혼합물 성분의 개수이다. 발화 한계값을 높은 온도와 압력까지 확장하기 위해서 다음의 대략식이 개발되었다.

$$(\mathrm{LFL})_T = \mathrm{LFL}_{25}\left[1 - \frac{0.75(T-25)}{\Delta H_c}\right] \tag{2-3a}$$

$$(\mathrm{UFL})_T = \mathrm{UFL}_{25}\left[1 - \frac{0.75(T-25)}{\Delta H_c}\right] \tag{2-3b}$$

그리고

$$(\mathrm{UFL})_p = \mathrm{UFL} + 20.6(\log p + 1) \tag{2-4}$$

여기서 $T$는 섭씨온도, $\Delta H_c$는 25°C에서 kcal/몰로 표시되는 순수 연소열, $p$는 메가파스칼의 절대압력, UFL은 101.3 kPa에서의 높은 발화 한계값이다. 압력이 올라가도 UFL 값은 별로 변하지 않는다. 이상의 식들은 탄화수소 기체 혼합물과 수소 일산화탄소 메탄의 혼합물의 LFL과 UFL값을 그런대로 좋게 제공한다. 하지만 이런 관계식은 다른 기체 혼합물에 대해서는 형편없는 결과를 낸다. 광범위하게 사용되는 화학물질과 기체에 대한 발화 한계값 목록은 각종 핸드북에 나와 있다.

연료의 농도가 발화 한계값 안에 있고 혼합물의 온도가 충분히 높으면 혼합물은 발화된다. 전기 스파크나 화염없이도 발화가 일어나는 온도를 자연발화 온도(AIT)라고 한다. 만약 온도가 AIT보다 낮으면 탈 수 있는 혼합물의 발화를 위해 최소량의 에너지(탄화수소의 경

---

wood Cliffs, NJ, 1990; Center for Chemical Process Safety, *Safety, Health and Loss Prevention in Chemical Processes*, American Institute of Chemical Engineers, New York, 1990

우 몇 밀리주울 정도로 낮은)가 필요하다.

연료가 기체일 때 주어진 공기량에 연료가 더 주입됨으로써 탈 수 있는 농도에 도달된다. 그러나 연료가 액체인 경우 타기 전에 연료가 증발되어야 한다. 증기 농도가 LFL에 도달할 때 발화원이 존재하면 증기는 발화한다. 공기 중 연료의 농도가 발화하기에 충분할 정도로 높아진 액체온도를 인화점이라 부른다. 인화점은 액체연료의 발화 용이성의 척도가 된다.

모든 발화물질을 닫힌 관리 아래 유지함으로써 화재가 가장 잘 방지된다. 대부분의 산업 조업에서 가둬둔 물질이 일단 방출되면 이 물질이 공기와 섞여 탈 수 있는 혼합물로 되는 것을 막기란 매우 힘들어진다. 따라서 되도록 많은 발화원을 제거하는 것이 필수적이다. 국가 화재 방지 협의회(NFPA)에 의해 제창된 국가 전기 법령같은 수많은 법령에는 탈 수 있는 혼합물이 발생할 수 있는 지역에서의 발화 가능성을 막기 위해 모든 발화원 제거와 보호장구 사용이 NFPA 표준 70(1) 형태로 구체적으로 서술되어 있다. 그러나 방출로 인한 화재에는 이것의 사용이 힘들지 모른다. 따라서 대부분의 화재 방지 시스템 설계자는 탈 수 있는 물질이 방출되었을 때 발화가 일반적으로 발생한다고 가정한다.

화재 발생시 열전달 속도는 대류 및 복사라는 두 가지 기작에 좌우된다. 열전달 속도 계산은 각 기작을 분리하여 이루어진 후 결과를 합친다. 큰 화재의 경우 일정 속도로 복사되는데 대부분의 탄화수소와 연소할 수 있는 화학물질에 대해 평균 복사 속도는 95 kW/m$^2$에 가깝다.

화재는 네 그룹으로 분류되는데 A 계층 화재에서는 일반 고체가 타고 B 계층 화재에서는 액체나 기체가 타고 C 계층에서는 흐르는 전기 회로가 있을 때 계층 A나 B의 연료가 타고 계층 D 화재에서는 금속이 녹는다. 화재 방지 시스템은 크게 수동적 또는 능동적인 두 가지로 분류된다. 능동적 시스템에는 물 분사, 거품, 마른 화학물질 같은 것이 있어 공장 조업자나 자동 화재 방지 시스템의 대응에 의해 행동이 취해질 필요가 있다. 수동적 화재 방지 시스템에서는 화재발생시 어떤 행동도 필요하지 않는다. 이 시스템은 공장 건설시 설계되어 설치되었고 필요시까지 제자리에 수동적으로 남아있게 된다.

수동적 화재 방지의 한 예는 공장에서의 강철 구조물과 장치 지지대에 쓰이는 단열재 (화재 방지재)이다. 방지되지 않은 강철 지지대가 화재시 녹아내리 데 걸리는 시간은 비교적 짧다. 화재 방지재는 이 시간을 상당히 연장시키며 소방수가 현장에 와서 냉각수를 지지대에 뿌리며 화재를 관리할 수 있도록 추가 시간을 제공한다.

폭발은 압력파를 야기하는 갑작스런 에너지 방출이다. 스팀 보일러 과압을 통한 실패와 같이 폭발은 화재없이도 발생할 수 있다. 탈 수 있는 혼합물의 폭발을 묘사할 때 폭파와 폭연을 구별할 필요가 있다. 폭파에서는 화학반응이 초음속으로 전파되고 주된 가열 기작은 충격 압축이다. 폭연에서는 연소공정이 탈 수 있는 혼합물의 정상적인 연소와 같아서 반응이 아음속으로 전파되며 압력이 서서히 축적된다. 탈 수 있는 혼합물에서 폭파가 일어날 것인가 폭연이 일어날 것인가는 혼합물의 농도와 발화원과 같은 요인에 달려있다. 갇혀있었거나 고강도 인자에 의해 발화되지 않는 한, 대부분의 물질은 폭파하지 않는다. 그러나 폭연에 의해 생긴 압력파는 여전히 상당한 손실을 가지올 수 있다.

폭발은 순수한 물리적 반응, 화학반응, 핵반응에서 올 수 있다. 물리적 폭발은 용기의 내용물이 밖으로 유출되는 것이다. 갇힌 기체가 갑작스런 폭발로 인해 외부에 주는 충격량은 기체의 등엔트로피 팽창에서 오는 최대 에너지 방출량을 결정하거나 이 에너지 양을 TNT 당량으로 바꿈으로써 대략적으로 계산된다(TNT 폭발로 방출되는 에너지는 4.52 MJ/kg 이다). 이 계산을 위한 유용한 관계식은 다음과 같다.

$$E = \frac{p_b V_G[1 - (p_a/p_b)^{(k-1)/k}]}{k - 1} \tag{2-5}$$

여기서 $E$는 최대 에너지 방출, $V_G$는 용기내 기체 부피, $p_b$는 용기 파열 압력, $p_a$는 외부 공기 압력, $k$는 비열비이다.

탈 수 있는 연료와 산화제에 관련된 화학반응으로부터 방출되는 에너지양은 연료의 연소열로부터 추정할 수 있다. 폭발로부터 예상되는 충격량은 TNT의 알려진 양으로부터 방출되는 유사한 에너지 양과 비교함으로써 대략적으로 구할 수 있다.

화학산업에 중요한 특별한 두 종류의 폭발은 비등액체팽창 증기폭발(BLEVE)과 갇히지 않은 증기구름 폭발(UVCE)이다. 전자에서는 끓는 액체로 가득한 용기로 열이 누출됨으로써 과잉 기화가 일어나 용기를 파열시키는 꾸준한 압력 축적이 동반된다. 실존하는 폭발력과 함께 갑작스런 압력 감소는 매우 빠른 기화를 야기한다. 반면 갇히지 않은 증기 구름 폭발은 큰 구름의 기체나 증기가 탈 수 있는 물질의 방출에 뒤따라 형성될 때 발생한다. 발화가 되면 구름은 상대적으로 낮은 연소속도로 타면서 폭연되거나 또는 화염 끝이 폭파 속도에 도달할 때까지 타는 속도가 가속될 수 있다. 화염 끝이 높은 속도에 도달하면 실제적인 파괴가 일어난다. 증기구름 폭발로 야기된 가능한 손실량의 추정을 위한 방법은 사고시 방출될 수 있는 연소가능물의 양의 추정하는 것과 쏟아졌을 때 즉시 기화되는 물질의 분율을 추정하는 것으로 구성되어 있다. 이런 경우 폭발량은 기화된 물질의 연소열의 2%정도로 고려된다.[4)]

먼지와 분진도 발화될 경우 폭발할 수 있음을 인식하는 것은 중요하다. 충분히 분쇄되어 오랜 기간 잘 분산된 채 남아 있을 경우 많은 양의 고체도 공기 속에서 폭발 혼합물을 형성한다. 어떤 먼지는 다른 것에 비해 발화에 더 민감한 반면 어떤 먼지는 발화될 경우 다른 것보다 더 심각한 폭발을 야기한다. 발화 민감도는 발화 온도, 최소 발화 에너지, 최소 폭발 농도에 좌우된다. 반면 폭발 심각도는 실험 폭발중 측정된 최대 압력과 최대 압력 상승 속도의 함수이다. 작은 입자의 먼지가 큰 입자보다 더 빨리 발화하여 타기 쉬우므로 발화 민감도와 폭발 심각도는 입자의 함수처럼 보인다. 먼지의 폭발 특성에 대한 방대한 데이터는 화재 방지 핸드북에서 찾을 수 있다.[5)]

물리적 반응이건 화학적 반응이건 간에 폭발이 발생하면 과압이 발생된다. 사람과 장치에 대한 과압의 영향을 추정하는 데이터는 많이 있다. 유용한 정보를 사용하기 위해서는 앞서 언급했듯이 폭발 에너지를 TNT 당량으로 표현해야 한다. 폭발 수율 데이터는 일반적으로 $L/M_{\mathrm{TNT}}^{1/3}$로 표시하는데 $L$은 폭발점으로부터의 거리, $M$은 TNT 질량으로 나타낸 당량 수율이다. 이러한 척도를 사용하려는 현재의 시도는 오히려 엉성할지 몰라도 공정 장치와

4) Center for Chemical Process Safety, *Guidelines for Hazard Evaluation Procedure*, American Institute of Chemical Engineers, New York, 1992.

5) G. P. McKinnon and K. Tower, *Fire Protection Handbook*, National Fire Protection Association, Boston, 1986

제어 설비의 위치를 정하는데 상당한 지침이 된다.[6)]

단순한 화재나 폭발이 인접 장치로 퍼져나갈 확률은 신중한 공장 배치와 건설 자재의 탁월한 선택으로 줄일 수 있다는 것은 명백하다. 위험한 조업은 별도의 건물에 배치하거나 벽돌 화재 벽을 사용함으로써 고립시킬 수 있다. 특히 폭발력에 의해 지붕이 쉽게 날아가도록 설계한다면 벽돌이나 강화된 콘크리트 벽은 폭발의 영향을 제한하는데 쓰일 수 있다.

미국 표준 협의회, 미국 석유 학회(API), 미국 실험 및 재료 학회(ASTM), 공장 상호 실험실(FML), 국가 화재 방지 협의회(NFPA), 보험업자 실험실(UL)과 같은 인정받은 권위기관의 사양과 법령에 맞도록 장치들을 설계하여야 한다. 압력용기와 저장탱크의 설계와 건설는 API와 미국 기계공학회(ASME) 법령을 따라야 하며 용기는 설계압력의 1.5 내지 2배의 압력에서 테스트 받아야 한다. 적절한 배기가 필요하고 용수철 장진 밸브와 파열 디스크를 사용해 보호하는 것도 바람직하다.

화염, 스파크, 가열된 물질 같은 모든 불필요한 발화원을 제거함으로써 화재의 가능한 원인을 줄인다. 성냥, 흡연, 용접 및 절단, 정전기, 자연 발화, 폭발 방지되지 않은 전기 장비 등은 모두 가능성 있는 발화 원인이다. 화재 경보기, 온도 경보기, 소방 장비, 물뿌리개 설비 등의 충분한 설치는 설계시 구체적으로 나타나야 한다.

## 개인 안전

원래 설계에서는 공장 작업자 개인의 보건과 안전 보호를 위한 설비도 함께 고려되도록 시도해야 한다. 이것에는 제한이 없으나 보호된 보도, 승강장, 계단, 작업장이 포함된다. 피할 수 없다면 물리적 위험물은 명백히 정의되어야 한다. 이런 지역에서는 출구를 위한 수단을 실수해서는 안되며 모든 기계는 보호 기구로 갖춰져야 한다.[7)] 모든 경우에, 의료 서비스와 응급처치가 모든 작업자에게 항상 유용하도록 준비되어야 한다.

## 안전 규제

1970년에 처음 제정된 직업 안전 및 보건 법령에 표현된 내용은 "국가에서 일하는 모든 직업 남성과 여성에게 가능한 한 안전하고 건강한 작업 조건을 많이 보장하고 우리의 인적자원을 보존하기 위해..."로 되어 있다. 이 법령은 현재 약 6백만 작업장과 7천만 노동자에게 영향을 미친다. 처음 법제화 된 후 이 법령은 500번 이상 수정되었다. 최근의 OSHA 표준은 연방 규제 법령집 29제목, 17장, 1910 부분에 수록되어 있다.

작업자 보건과 직접 관련이 있으며 설계에 있어 중요한 두 표준은 독성 위험 물질과 직업적 소음 노출이다. 전자는 증기, 연무, 먼지 섬유, 기타 매체를 통해 전달되는 독성 및 발암물질의 정상적 배출에 관한 것이다. 이 법령에 따르려면 설계자는 정상적인 공장 조업시 공장노동자가 독성 물질에 노출되는 시간과 농도를 계산해야 한다. 이러한 배출은 각종 형태

6) K. Gugan, *Unconfined Vapor Cloud Explosions*, Gulf Publishing, Houston, TX, 1979

7) A general requirement for safeguarding all machinery is provided in Section 212 of the Occupational Safety Standard for General Industry (OSHA Standards, 29 CFR 1910)

의 밀봉, 제어밸브 밀봉, 기타 유사한 발생원 등에서 나올 수 있다. 정상적으로 설계자는 특수 밸브, 밀봉, 증기 회수 시스템, 적절한 통풍 시스템을 지정함으로써 독성 물질로의 노출을 위해 설정된 한계값을 맞출 수 있다.

위험하다고 선언된 물질의 목록은 빠른 속도로 갱신되고 있으며 허용 가능한 물질의 노출 시간과 농도도 지속적으로 수정되고 있다. 따라서 사업의 상세설계를 시작하기 전에 연방 등록소를 자세히 조사하는 것은 중요하다. 이렇게 제안되고 새로운 규제를 상세히 보여주는 화학 규제 보고자라고 불리는 유용한 발간물을 공학 설계자는 이용할 수 있다.[8] 이 주간 정보 서비스에는 독성물질 관리법령(OSHA 보다는 EPA에 의해 관리되는 법)에 관한 정보도 포함된다.

직업적 소음노출 표준은 사업의 설계 단계에 있어 90-dBA 규칙에 따르도록 잘 계획되고 시기적절한 실행 단계를 요구한다. 많은 도시들이 EPA가 추천한 소음수준 기준을 채택하거나 스스로 정한 엄격한 규제를 갖고 있으므로 설계 단계에서의 소음 관리에는 또한 공장에서 나가는 소음도 고려해야 한다.

OSHA에 의해 자주 인용되며 상세설계가 고려되어야 하는 안전 지역에서의 기타 표준은 국가 전기 법령과 기계 및 기계 보호이다. 설계자에 의해 수행된 이러한 OSHA 표준의 피상적인 조사는 가장 최근의 규제에 따라야 한다. 법령 해석에 불확실성이 있다면 설계자는 법령의 명백화를 요청하기 위해 지역 OSHA 공무원을 만나야 한다. 또한 많은 주들이 연방정부가 승인한 것에 대응되는 승인된 계획을 가지고 있으므로 설계자는 이러한 규제들을 잘 알고 있어야 한다.

연방정부 규제를 잘 알고 있는 것은 그 자체가 끝이 아니며 합법적인 공장 설계의 필수 요소임을 유의하라. 설계공학자를 돕기 위해 표 2-4에 환경 및 안전 규제에 대한 연방정부 보고 목록을 제시한다.

## 손실방지

화학산업에서의 손실방지라는 문구는 사고와 연관된 재정적 손실을 손실이 나타내고 있는 보험 항목이다. 이러한 손실은 피해 보상을 다루며 피해입은 설비를 고치거나 대체하는 비용뿐만 아니라 수리기간 동안 하지 못한 생산과 이와 관련되어 놓친 판매 기회에서 오는 수입 손실을 포함한다.

앞 절에서 언급했듯이 화학공정과 관련된 위험물은 수없이 많다. 공정설계자는 이러한 위험물을 알아야 하고 이러한 위험물과 관련된 위기는 공학원리와 입증된 공학 실제응용을 적용함으로써 허용 수준으로 줄일 수 있음을 확신해야 한다. 공정설계에서의 손실방지는 다음과 같이 가장 간단한 형태로 요약될 수 있다.

1. 주요 위험물의 확인과 평가
2. 예를 들면 가두거나 대체하거나 향상된 유지 같은 적절한 방법에 의한 위험물 관리
3. 공정관리, 즉 자동제어, 위험해소 시스템, 내부 잠김, 경보 등을 활용함으로써 공정 조

8) Chemical Regulation Reporter, Bureau of National Affairs, Inc., 1231 25th Street NW, Washington, DC 20037.

**표 2-4 연방정부 규제에 대한 연방정부 보고**

1. *Federal Register* (*FR*) is published daily, Monday through Friday, excepting federal holidays. It provides regulations and legal notices issued by federal agencies. The *Federal Register* is arranged in the same manner as the *CFR* (see below), as follows:
   *a.* *Title.* Each title represents a broad area that is subject to federal regulations. There are a total of 50 titles. For example, Title 29 involves labor, and Title 40 is about protection of the environment.
   *b.* *Chapter.* Each chapter is usually assigned to a single issuing agency. For example, Title 29, Chapter XVII, covers the Occupational Safety and Health Administration; Title 40, Chapter I, covers the Environmental Protection Agency.
   *c.* *Part.* Chapters or subchapters are divided into parts, each consisting of a unified body of regulations devoted to a specific subject. For example, Title 40, Chapter I, Subchapter C, Part 50, is the National Primary and Secondary Ambient Air Quality Standards. Title 29, Chapter XVII, Part 1910, is Occupational Safety and Health Standards. Parts can be further divided into subparts, relating sections within a part.
   *d.* *Section.* The section is the basic unit of the *CFR* (see below), and ideally it consists of a short, simple presentation of one proposition.
   *e.* *Paragraph.* When internal division of a section is necessary, sections are divided into paragraphs (which may be further subdivided).
2. *FR Index* is published monthly, quarterly, and annually. The index is based on a consolidation of content entries appearing in the month's issues of the *Federal Register* together with broad subject references. The quarterly index and annual index consolidate the previous 3 months' and 12 months' issues, respectively.
3. *Code of Federal Regulations* (*CFR*) is published quarterly and revised annually. A codification in book form of the general and permanent rules is published in the *Federal Register* by the executive departments and agencies of the federal government.
4. *CFR General Index* is revised annually on July 1. It contains broad subject and title references.
5. *Cumulative List of CFR Sections Affected* is published monthly and revised annually according to the following schedule: Titles 1 to 16 as of January 1; 17 to 27 as of April 1; 28 to 41 as of July 1; 42 to 50 as of October 1. The *CFR* is also revised according to these dates. This list provides users of the *CFR* with amendatory actions published in the *Federal Register.*

업 변수에서의 위험한 운전조건 방지

**4.** 사고 발생시 손실 제한

1997년 중반 유효해진 매우 위험한 화학물질의 공정 안전 관리 규제에 의해 요구되는 확인은 설계 검토시 "이럴 경우 무엇이"라는 질문을 묻는 것처럼 단순하다. 또한 이것은 특정 장치와 관련된 보통의 공정 위험물의 윤곽을 보여주는 점검표를 사용할 수 있다. 후자의 약점은 점검표에 있지 않는 항목은 쉽게 간과된다는 것이다. 더 규격화된 평가 기술로는 위험 및 조업성 조사(HAZOP), 이상-나무 분석(FTA), 고장 유형 및 영향 분석(FMEA), 안전 지수, 안전 회계 등이 있다.

## HAZOP 조사

흔히 HAZOP 조사라고 불리는 위험 및 조업성 조사는 모든 공장이나 장치의 위험물과 조업성 문제를 찾아내기 위한 체계적인 기술이다.[9] 이 기술에서는 각 요소(관, 장치, 계측 등)를 조심스레 조사하여 정상 조업조건에서 벗어나는 모든 가능성을 찾아낸다. 이것은 각 요소의 의향을 완전히 정의한 후 다음과 같이 각 요소에 지시 단어를 적용함으로써 이룩된다.

9) T. Kletz, *Plant Design to Safety - A User Friendly Approach*, Hemisphere, Washington, DC, 1991

*아님* - 어떤 의향도 성취 안되며 아무것도 발생 안한다. (예: 흐름이 없음)
*더* - 정량적 증가 (예: 더 높은 온도)
*덜* - 정량적 감소 (예: 더 낮은 압력)
*또한* - 정성적 증가 (예: 불순물)
*부분* - 정성적 감소 (예: 혼합물의 두 성분 중 오직 하나)
*역* - 반대 (예: 역흐름)
*별도* - 어떤 의향도 성취 안되며 완벽히 다른 뭔가가 발생 (잘못된 물질의 흐름)

이러한 지시 단어들은 흐름, 온도, 압력, 액위, 조성, 공정에 영향을 미치는 기타 변수에 적용된다. 그리고 나서 공정에서의 이러한 벗어남의 결과가 평가된 후 벗어남을 검출하고 올바르게 할 필요가 있는 측정이 수립된다. 화학공정산업의 대다수가 최근 기존 장치에는 선택적으로 새로운 설비에는 모두 HAZOP을 사용하므로 본래 Ozog[10)]에 의해 서술된 이 기술의 예를 다음 단락에 보이고자 한다.

그림 2-1의 관 및 계측도에 나타나 있는 것과 같이 새로운 연소성 반응물 저장탱크와 원료펌프에 대해 HAZOP 조사를 수행한다고 가정하자. 여기서 반응물은 탱크트럭으로부터 공정의 반응기로 이송될 때까지 약간 높은 압력으로 유지되는 저장탱크로 내려진다. 단순화하기 위해 시스템을 탱크 T-1과 펌프 P-1 및 원료선인 두 가지 항목으로 나눈다. 이 두 항목으로의 지시 단어의 응용이 표 2-5에 공정에서 벗어난 결과의 목록과 함께 나타나 있다. 모든 지시 단어가 열거된 공정의 벗어남에 적용될 수 있음을 유의하라. 또한 이러한 공정의 벗어남으로 확인된 일부 결과는 위험이 존재하는가를 결정하는 해를 필요로 하는 추가 질문을 가져온다. 이것은 자세한 공정정보나 방출속도의 추정을 요구한다. 예를 들면, 유사한 방출속도가 사건 3(V-3이 열렸거나 고장) 또는 사건 4(V-1이 열렸거나 고장)의 결과일 수 있다. 그러나 V-3을 통한 방출되는 총량은 V-2를 닫고 V-1이 열리거나 고장난 경우보다 현저히 줄 수 있다. 표 2-5에 열거한 41개 사건중 사건 5(탱크 파열)와 사건 24(외부 화재)는 둘 다 전체 탱크 내용물이 순간적으로 새는 결과를 가져오므로 가장 위험하지 않는 결과를 가져올 수 있다.

위험 평가는 설비 수명동안 손실 방지에 있어서 필수적인 도구이다. 이상적으로 평가는 개념설계 단계, 최종설계 단계, 공장 완전가동시는 물론 가동전 기간에 수행되어야 한다. 개념설계 단계에서는 가능성있는 많은 위험이 찾아지고 상당한 변경이나 수정이 최소비용으로 이루어진다. 이러한 평가 결과는 부지선정과 공장배치 결정에 있어 주요 입력사항이다. 주요 위험으로는 보통 독성, 화재, 폭발이 되나 열복사, 소음, 질식, 각종 환경 관심사항도 고려될 필요가 있다.

새로운 설비의 완벽한 위험 및 위기 평가는 최종설계를 하는 동안 필수적이다. 이 단계에서 관 및 계측도, 장치 상세사항, 유지 절차 등은 최종 확정된다. 그러나 가끔 장치는 주문되지 않았으므로 주요 벌칙금이나 지연없이 변경하는 것은 여전히 가능하다.

가동전 기간중 위험 평가는 초기평가 보다는 오히려 최종 점검이어야 한다. 이 검토에는 앞선 위험 조사로부터의 추천된 변경 상황과 최종설계 이후의 심각한 설계변경이 포함된다.

---

10) H. Ozog, *Chem. Eng.*, **92**(4): 161 (1985)

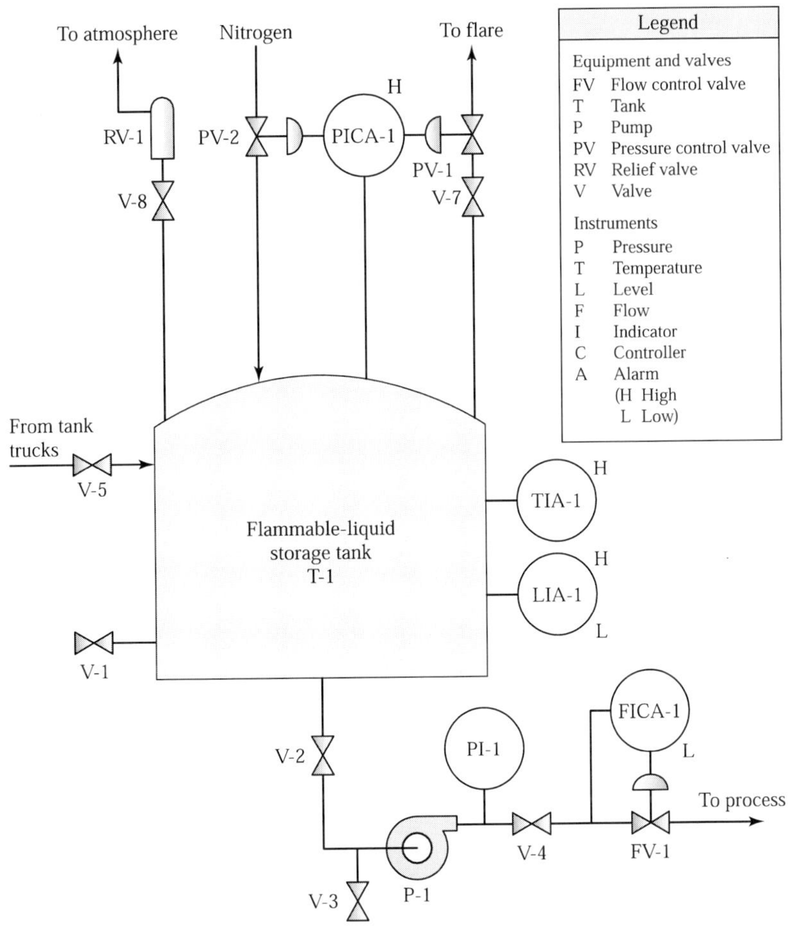


**그림 2-1**
HAZOP 예에 사용된 관 및 계측도

심각한 위험이 이때 확인되면 상당한 비용이나 가동 연기없이 제거하기가 쉽지 않다.

공정 및 운전 순서 변경은 공장 시운전중이나 후에 즉시 하므로 위험 평가는 시운전후 중지되어서는 안됨을 강력히 충고한다. 오히려 주기적인 위험 평가 조사가 설비 수명동안 내내 그런 변경의 위험 가능성을 정의하기 위해 사용되어야 한다. 검토 간의 평균시간이 약 3년이며 더 위험한 설비는 더 자주 검토되어야 한다.

## 이상-나무 분석

HAZOP 같은 기술로 위험한 사건이 확인된 후 위험사건을 분석하는 주된 수단이 이상-나무 분석(FTA)이다. FTA는 사고를 그 기여 결과로 나눔으로써 사고 가능성을 추정하는데 사용되며 각 기여결과는 모든 필요한 사건으로 분리된다. 논리적 그림이나 이상 나무를 사용해 가능한 사건과 바람직하지 못한 결과 사이를 그림으로 나타낸다. 논리적 AND와 OR 문이 주어진다면 사건의 결과는 이상 나무에서 통로가 된다. 더 심각한 상위 순서의 사건이 발생하기 전에 동시 발생하는 하위 순서의 사건이 필요한 곳에 AND 기호는 사용된다. 이

**표 2-5 보여진 공정에 대한 HAZOP 평가**

| Equipment reference and operating conditions | Deviations from operating conditions | What event could cause this deviation? | Consequences of this deviation on item of equipment under consideration | Additional implications of this consequence | Process indications | Notes and questions |
|---|---|---|---|---|---|---|
| Storage tank | Level | | | | | |
| T-1 | Less | 1. Tank runs dry | Pump cavitates | Damage to pump | LIA-1, FICA-1 | Can reagent react/explode if overheated in pump? |
| | | 2. Rupture discharge line | Reagent released | Potential fire | LIA-1, FICA-1 | Estimate release quantity.<br>Consider second LAL shutdown on pump. |
| | | 3. V-3 open or broken | Reagent released | Potential fire | LIA-1 | Estimate release quantity. |
| | | 4. V-1 open or broken | Reagent released | Potential fire | LIA-1 | Consider V-1 protection. |
| | | 5. Tank rupture | Reagent released | Potential fire | LIA-1 | What external events can cause rupture? |
| | More | 6. Unload too much from tank truck | Tank overfills | Reagent released via RV-1 | LIA-1 | Is RV-1 designed to relieve liquid at loading rate? Consider second high-level shutoff. |
| | | 7. Reverse flow from process | Tank overfills | Reagent released via RV-1 | LIA-1 | Consider check valve in pump discharge line. |
| | No | Same as less | | | | Consider second LAH shutdown on feed lines. |
| | Composition | | | | | |
| | Other than | 8. Wrong reagent | Possible reaction | Possible tank rupture | | Consider sampling before unloading. |
| | As well as | 9. Impurity in reagent | If volatile, possible overpressure<br>Possible problem in reactor | | | Are other materials delivered in trucks?<br>Are unloading connections different?<br>What are possible impurities? |
| | Pressure | | | | | |
| | Less | 10. Break in line to flare or to nitrogen line | Reagent released | Potential fire | PICA-1 | Consider PAL to PICA-1. Consider independent PAL. |
| | | 11. Lose nitrogen | Tank implodes | Reagent released | PICA-1 | Consider vacuum-break valve. |

| | | | | | |
|---|---|---|---|---|---|
| | 12. PV-2 fails closed | Tank implodes | Reagent released | PICA-1 | Consider PAL on PICA-1. |
| | 13. PICA-1 fails, closing PV-2 | Tank implodes | Reagent released | PICA-1 | Tank not designed for vacuum. |
| More | 14. PICA-1 fails closing PV-1 | Reagent released via RV-1 | Tank rupture if RV-1 fails | PICA-1 | What is capacity of PV-1? RV-1? Consider independent PAH. |
| | 15. PV-1 fails closed | Reagent released via RV-1 | Tank rupture if RV-1 fails | PICA-1 | Consider independent PAH. |
| | 16. V-7 closed | Reagent released via RV-1 | Tank rupture if RV-1 fails | PICA-1 | Is V-7 locked open? Is V-8 locked open? Consider independent PAH. |
| | 17. Overfill tank | See Event 6 | Tank rupture if RV-1 fails | PICA-1 | Consider second high-level shutoff. |
| | 18. Temperature of inlet is hotter than normal | Reagent released via RV-1 | Tank rupture if RV-1 fails | PICA-1 | What prevents high temperatures of inlet? Consider independent PAH. |
| More | 19. High pressure in flare header | Reagent released via RV-1 | Tank rupture if RV-1 fails | PICA-1 | Can pressure in flare header exceed tank design? Consider alternative venting. |
| | 20. Volatile impurity in feed | Reagent released via RV-1 | Tank rupture if RV-1 fails | PICA-1 | Consider independent PAH. Consider sampling before unloading. |
| No | Same as less | | | | |
| Temperature | | | | | |
| Less | 21. Temperature of inlet is colder than normal | Possible vacuum (see less pressure) | Thermal stress on tank | | What are temperature limits of tank? |
| | 22. Low tank pressure | See events 10–13 | Thermal stress on tank | | What are pressure limits of tank? |
| More | 23. Temperature of inlet is hotter than normal | See event 18 | Thermal stress on tank | | What are temperature limits of tank? |
| | 24. External fire | Tank fails | Reagent released | | What could cause an external fire? What are fire protection capabilities? Is fire protection adequate? |

***(Continued)***

표 2-5 계속

| Equipment reference and operating conditions | Deviations from operating conditions | What event could cause this deviation? | Consequences of this deviation on item of equipment under consideration | Additional implications of this consequence | Process indications | Notes and questions |
|---|---|---|---|---|---|---|
| Feed pump P-1 | Flow Less | 25. V-2 closed | Pump cavitates | Damage to pump | FICA-1 | See event 1. |
| | | 26. V-4 closed | Deadhead pump | Damage to pump | FICA-1 | Any other problem with deadhead? |
| | | 27. Line plugs | Pump cavitates | Damage to pump | FICA-1 | See event 1. |
| | | 28. FV-1 fails closed | Deadhead pump | Damage to pump | FICA-1 | See event 26. |
| | | 29. FICA-1 fails, closing FV-1 | Deadhead pump | Damage to pump | None | See event 26. |
| | | 30. V-3 open | Reagent released | | FICA-1 | Estimate release quantity. |
| | More | 31. FV-1 fails open | Upset in reactor | Reagent released | FICA-1 | Possible problem in reactor. |
| | | 32. FICA-1 fails, opening FV-1 | Upset in reactor | Reagent released | None | See event 31. |
| | Pressure More | 33. V-4 closed | Deadhead pump | Damage to pump | PI-1, FICA-1 | See event 26. |
| | | 34. FV-1 fails closed | Deadhead pump | Damage to pump | PI-1, FICA-1 | See event 26. |
| | | 35. FICA-1 fails, closing FV-1 | Deadhead pump | Damage to pump | PI-1 | See event 26. |
| | | 36. V-2 and V-4 closed | Deadhead pump | Overpressure in pump or line | PI-1, FICA-1 | Evaluate need for hydraulic relief. |
| | Less | 37. V-2 closed | Pump cavitates | Damage to pump | PI-1, FICA-1 | See event 1. |
| | | 38. V-3 open | Reagent released | | PI-1 | See event 3. |
| | Temperature More | 39. V-4 closed | Deadhead pump | Damage to pump | None | See event 26. |
| | | 40. FV-1 fails closed | Deadhead pump | Damage to pump | None | See event 26. |
| | | 41. FICA-1 fails, closing FV-1 | Deadhead pump | Damage to pump | None | See event 26. |

집합에서 각 사건의 확률을 곱함으로써 다음 상위 순서 사건의 확률이 얻어진다. 마찬가지로 하위 순서 사건의 집합에서의 어떤 발생이 더 심각한 상위 순서 사건을 야기하기에 충분할 때 이 집합에서의 사건은 OR 문으로 연결되며 상위 순서 사건의 확률을 얻기 위해 확률들은 더해진다. 각종 사건의 확률은 1년 단위로 표현된다. 예를 들면 1년에 일천분의 일 기회의 발생은 사건이 평균 1000년에 단 한번 발생할 수 있다는 것을 나타낸다. 제한된 이전 데이터 때문에 정확성을 갖고 실패율을 추정하는 것은 일반적으로 어렵다. 이런 경우 각종 문헌으로부터의 정보를 사용한 후 지역의 특정 정보를 참고하여 수정한다.

이상-나무 분석이 일단 완성되면 다른 방지 방법의 영향을 조사하는 것은 오히려 쉽다. 예를 들면, 그림 2-1의 FTA와 표 2-5에 나타난 이와 관련된 HAZOP 조사를 개발하는데 있어 Ozog는 가장 가능성 있는 사건이 넘쳐나기 때문에 저장탱크로부터의 액체 방출(사건 6)이라고 결정했다.[11] 그러나 탱크트럭에서부터 내용물을 빼내는 펌프에다가 독립적인 높은 높이의 자동막음을 추가함으로써 이 사건에 의한 액체 방출의 확률은 현저히 줄어들게 되며 사건 12나 13(PV-2 닫음)이 가장 가능성 있는 사건으로 된다. 이번에는 탱크에다가 독립적인 저압 경보기를 설치함으로써 이러한 사건들의 확률이 감소될 수 있다. 가장 가능성 있는 사건의 확률을 줄이는 이런 과정은 총괄적 허용 위기 수준이 궁극적으로 이루어질 때까지 계속될 수 있다.

전형적으로 사건의 크기는 사건동안 방출되는 가연성 또는 독성 물질의 양으로 표현된다. 방출 속도는 적절한 단상 또는 2상 흐름 모델을 사용하여 추정된다. 방출 지속시간은 원인과 방출 내용물에 직접 관련이 있으므로 이의 추정은 일반적으로 매우 주관적이다.

때때로 근접성과 지역 내외에서의 원인 수자의 함수가 되므로 위험물의 심각성은 보통 방출 크기와 직접 관련이 있을 수 없다. 방출 심각성을 결정하는데 있어서는 현재 기술의 위험 모델의 도움을 받아 다른 대기 조건 아래에서의 독성 및 가연성 증기 구름 이동 정도, 증기 및 액체 화재시 열복사 영역, 예상된 폭발의 과압, 갇힌 폭발에서 올 수 있는 조각 활성도 등의 정량화를 요구한다. 그러면 인간 상해와 재산 손해의 기준을 고려함으로써 이러한 위험한 사건들은 위험한 지역 추정으로 전환될 수 있다. 마지막으로 각종 손실 각본은 합쳐져서 상해, 치명성, 재산 손해를 열거하는 위기 윤곽으로 나타내진다. 이 결과는 각종 관련된 지역에서의 공공과 노동자에 대한 다른 위기 데이터와 비교될 수 있으며 설계된 설비의 위험도가 받아들여질 수 있는지를 평가하는 기초가 된다.

## 고장 유형 및 영향 분석

고장 유형 및 영향 분석(FMEA)은 공정의 특정 장치나 큰 공정의 특별히 위험한 부분에 일반적으로 적용된다. 이것의 주된 목적은 장치 고장의 주기와 공정 및 주변에 미치는 결과를 평가하는 것이다. 이것의 주요 단점은 장치 고장에만 초점을 두며 조업 순서에서의 오차나 작업자가 저지른 실수를 고려하지 않는다는 것이다. 그 결과 이것은 화학공정 산업에서 제한적으로 사용된다.

11) H. Ozog, *Chem. Eng.*, **92**(4): 161 (1985)

## 안전 지수

Dow 화학회사[12]에 의해 개발된 안전 및 손실방지 안내는 공정의 위험 가능성과 필요한 안전 및 손실방지 측정을 평가하는 방법을 제공한다. 이 절차에서는 공정의 특성과 물질의 물성에 기초하여 숫자로 표시되는 화재 및 폭발 지수가 계산된다. 이 지수는 두 가지 다른 방법으로 사용될 수 있다. 기본 설계에 있어서 Dow 지수는 특정한 화학제품 생산에서 덜 위험한 공정인 대안이 고려되어야 하느냐를 지적해준다. 최종설계에 있어서 관 및 계측도와 장치 배치가 마련된 후에 이 계산된 지수는 안전한 공장 조업을 위해 방지적이며 보호적인 장치의 선택과 설계에 대한 안내로 사용된다.

## 안전 회계

과거 대부분의 안전 회계의 주된 기능은 안전장치 및 안전규칙의 적정성을 검증하는 것이었다. 안전장치에는 화재 방지, 개인 보호, 공장내 긴급상황 대응을 위한 장치가 포함된다. 일반적인 안전규칙을 검토하는 것 이외에도 안전 회계는 새로운 공정 지역과 관련된 긴급상황 대응 절차를 위한 명백한 안전규칙을 제공한다. 그러나 환경 보건, 안전, 지역사회 유대, 손실방지에 대한 관심이 크게 증가함에 따라 안전 회계는 모든 화학공정 회사에 있어 중요하고 지속적인 활동이 되었다. 보건, 안전 및 손실 방지의 모든 면을 다루는 상세한 점검표가 개발되었다. 이러한 점검표의 일례가 Whitehead에 의해 마련되었고 표 2-6에 축약된 형태로 나와 있다.[13] (완벽한 상세사항는 원래 표를 참조할 것) 이 점검표의 모든 항목의 엄밀한 분석은 제안되거나 기존 설비에서의 주요 위험물을 확인해주고 방지 행동을 처방하는데 도움을 준다. 이들의 중요성 때문에 점검표에 있는 몇 개의 항목은 이 장의 뒷부분에서 강조된다.

공정개발과 관련된 단계의 전형적인 예는 앞서 표 1-1에서 제시되었다. 설계 공학자가 직면하는 업무가 거대하다는 것은 표 2-6의 각 항목이 표 1-1의 대부분의 단계에서 고려되어야 한다는 사실로부터 알 수 있다. 이러한 항목을 설계 마지막에서만 고려한다는 것은 현명치 못한 것처럼 보이는데 이는 직업적 보건 이유로 최적 관리 대안이 무엇이냐 하는 결정이 이미 내려졌기 때문이다. 경험에 의하면 환경, 안전, 직업적 보건을 모든 설계단계에 지속적으로 통합하는 것이 비용면에서 가장 효율적인 설계로 이끄는 길이다. 각종 설계단계에서 취할 필요가 있는 상호작용과 위험 관리 대안의 종류의 예는 Lipton과 Lynch의 책에 강조되어 있다.[14]

## 환경 보호

환경의 지속적인 쇠퇴에 대한 관심이 더 커짐에 따라 환경보호청은 많은 정책과 규제를 체계적으로 다시 쓰고 강화하고 있다. 환경보호를 위한 보호청의 최근 노력은 기체, 액체, 고

---

12) *Dow's Fire and Explosion Index Hazard Classification Guide*, 5th ed., American Institute of Chemical Engineers, New York, 1981.

13) L. W. Whitehead, *Appl. Ind. Hyg.*, **2**: 79 (1987); the unabridged table is also reproduced by S. Lipton and J. Lynch, *Health Hazard Control in the Chemical Process Industry*, J. Wiley, New York, 1987, pp. 85-96.

14) S. Lipton and J. Lynch, *Health Hazard Control in the Chemical Process Industry*, J. Wiley, New York, 1987.

### 표 2-6 공정 위험물을 확인하기 위한 일반적 안전 점검표

**I.** External-plant considerations: location, site qualities and use, availability of services

A. Site

1. Location variables—worker, materials and product access, emergency services, population exposure, security, rights-of-way, size
2. Isolation, separation of on-site and adjacent hazard areas; considerations of quantities of materials, separation, and barriers
3. Protection of materials, storage, plant access, and other critical areas against earthquakes, hurricanes, tornadoes, vandalism, air crashes, sabotage, etc., to practical limits
4. Ice, snow, and water removal and control or storage, grounds management, site drainage
5. Air quality aspects of site

B. People, materials, and energy flow into and out of site and within site—optimization of patterns and reduction of interferences

1. Raw materials—inflow, handling, storage, distribution
2. Products—outflow, handling, storage, packaging
3. Workers
4. Power services—electric, gas, cogeneration, backup power
5. Water—supply, quality, treatment, storage
6. Liquid wastes—wastewater, chemicals
7. Solid wastes—collection, management, and disposition
8. Material and energy losses to the surroundings

**II.** Internal plant, structure, and services considerations to provide maximum flexibility in a fully serviced area of controlled space

A. Flexible layout of space

1. Power available throughout, without circuit overloads; local power takeoffs equipped with lockout provisions
2. Water available throughout with adequate drainage; for cleaning
3. Adequate roof support for weather extremes including snow, water, and wind
4. Foundation load capacity
5. Vertical space use and access
6. Horizontal spatial layout
7. Steam available as needed
8. Compressed air and/or vacuum available as needed, including different breathing air system if needed (breathing air intake point not contaminated); also inerting gas systems, as needed
9. Central coolant systems provided, as needed
10. Drainage in plant—adequate for cleaning, does not leave standing water; size to include sprinkler flow
11. Adequate preplanning for expansion

B. Materials maintenance and selection

1. Fewest feasible dust-collecting surfaces and spaces; access for cleaning of surfaces, around and under machines
2. Durable, noncorroding, cleanable structure and surfaces, resistant to chemicals used
3. Fewest possible materials or fixtures requiring routine hand maintenance or cleaning
4. Provision for cleaning outside and inside of structure
5. Central and dispersed space for maintenance equipment and supplies, and repair of maintenance equipment

C. General environmental control system

1. Thermal environment control
2. General lighting levels—intensity, color, glare, contrast, etc.

*(Continued)*

표 2-6 계속

3. General ventilation for odor, humidity, temperature control
4. Adequate makeup air to prevent indoor air-quality problems
5. Where feasible, general ventilation design for low-level control of toxic air contaminants
6. Buildings, processes, utility lines, process connections, and controls all have appropriate degree of environmental protection (e.g., against freezing or corrosion)

D. Minimum construction requirements (usually building codes)
1. Construction types
2. Allowable areas—those in codes are minima, usually not optimum
3. Allowable heights are minima, usually not optimum
4. Fire separations and susceptibility to ignition from adjacent fires
5. Exterior wall protection—meets adequate over- or underpressure requirements, explosion-relieving sash, walls, roof, as appropriate
6. Fire-fighting requirements—water
7. Fire-resistant materials or insulation, absence of openings to transmit flames
8. Interior finishes—cleanable with reasonable methods
9. Means of egress
10. Fire protection systems—sprinklers, adequate water, extinguishers (halocarbons, $CO_2$, or special fire-fighting procedures for processes used), fire trucks, carts, etc.
11. Vertical openings—controlled or minimized to reduce fire spread
12. Hazardous areas
13. Light and ventilation—minimum and optimum
14. Sanitation, including drainage, water, sewerage
15. Electrical wiring and grounding; lightning arrestors
16. Provisions for handicapped
17. Energy conservation
18. High-hazard provisions

E. Rodent control

**III.** In-plant physical and organizational considerations

A. Design of work—implications for workplace design
1. Teams versus assembly lines
2. Individual team facilities
3. Underlying work organization versus space organization
4. Materials-handling system to coincide with designed work patterns
5. Worker participation in work and workplace design; worker participation in planning phase and ongoing hazard anticipation and recognition

B. Process health and safety review: preconstruction written occupational health assessment of each work site or process or situation, prepared prior to final design
1. Consideration of material or process substitutions possible to reduce hazard and risk
2. Review of toxicity of feedstocks and products and their typical impurities, by-products, and intermediates, and effluents, catalysts, and solvents, additives of all types, unexpected products generated under abnormal process conditions
3. Normal exposure potential
4. Start-up, shutdown, turnaround emergency, exposure potential
5. Immediate control of occasional peak exposure
6. Occupational health of maintenance staff considered, as well as operators
7. Health and safety issues reviewed in major modification or automation planning
8. Avoidance of process overcrowding; maintain adequate headroom under equipment
9. Failure modes and repairs considered in industrial hygiene evaluations
10. Positive or negative pressure areas to control flow of contaminated air

**표 2-6 계속**

11. Whether toxicity or flammability, stability, etc., justify extreme engineering controls, e.g., much higher standards, special facilities for dump, blowdown, quench, or deluge
12. Microscale dispersion processes versus concentration
13. Inclusion of needed automatic monitoring/sampling systems
14. Hierarchical emission control strategy
15. Selection of design and maintenance standards adequate for risk category; equipment designed to appropriate recognized standards
16. Detailed considerations of specific process conditions and safety (do not treat as all-inclusive)
17. Ensure written operating procedures include safety checks, actions, maintenance
18. Ensure operator training, formal and informal, includes safety and health training, including emergency procedures, protective equipment use, and hazard communication
19. Adequacy of normal staff personnel and distribution for fire fighting and emergencies, particularly in small plants

C. Isolation and separation of risks to minimize exposure
1. Identification of toxic or radiation areas; minimization of number of people exposed, degree of exposure
2. Noise protection
3. Radiation protection
4. Fire explosion risks separated from ignition hazards, other such risk areas—fire walls, curbs, dikes, barriers, etc.
5. Boilers, other major pressure vessels
6. Storage areas for hazardous materials, also compressed gas storage and restraint systems
7. Carcinogen or biohazard areas
8. Emergency chemical or other exposure refuge points
9. Stored amounts of materials less than acceptable hazard amounts and areas affected if explosion or fire occurs

D. Ergonomics considerations
1. Job analysis needed for repetitive motion, biochemical stresses, etc. (Can machines take over repetitive tasks?)
2. Acceptable information flow and control design at human-machine interfaces
3. Workstations and materials handling evaluated for above, redesigned as needed

E. Material flow and handling systems and organization
1. Horizontal transport systems—mechanical and pneumatic conveyors, carts, robot tugs, piping, augers
2. Vertical transport—elevators, piping, etc.; gravity flow where possible
3. Review of transfer, measurement, and packaging points for exposure potential
4. Storage—long-term and temporary, ready-to-use
5. Proper location of controls, valves, etc., including access during emergencies
6. Review of materials packaging with respect to high-risk quantities and risk reduction
7. Temperature and moisture control systems for dry bulk materials

F. People flow
1. Worker access to worksites and facilities (carts, bicycles, scooters, foot)
2. Visitors
3. Conflicts between worker flows/locations and material flows/storage

*(Continued)*

**표 2-6 계속**

G. Occupational health input into automation and mechanization
   1. Programming of machines to include safe movements; software interlocks, etc., as well as hardware interlocks
   2. Robots require two to three times more space

H. Industrial sanitation and services
   1. Water—quantity and quality as needed
   2. Food handling, eating, lounge/rest space away from worksite; vending machine sanitation
   3. Solid waste collection and in-plant handling
   4. Bacterial and insect control
   5. Air cleaning where required
   6. Sanitary facilities: toilets, washrooms—adequate number, size, and distribution; internal circular traffic patterns, not in busy areas
   7. Personnel services, where required or useful
   8. Space and access for first aid and medical services
   9. Facilities for industrial hygiene staff, laboratories, information handling
   10. Space, facilities, fixtures planned throughout plant for health and safety equipment

I. Hazard communication within plant—consistent system of signage, placarding, content labeling, etc.; planned facilities for MSDS access

*From American Conference of Governmental Industrial Hygienists, *Applied Occupational and Environmental Hygiene*, Volume 2, page 79, 1987. Reprinted with permission.

체 폐기흐름으로부터의 오염물 제거에 초점이 맞춰졌다. 1990년 오염방지법의 통과를 통한 노력은 폐기물 감소나 오염 방지를 통한 폐기물 최소화로 전환되었다.[15)]

화학공학자가 환경보호, 작업자 안전, 보건에 관련된 최근의 국가 및 지방자치단체 규제에 대하여 숙달되어야 한다는 것은 명백하다. 투자비 추정, 공정 및 장치 설계, 공장 배치 등과 같은 설계 관련 기능의 공학자에게 이 요구는 특히 크다. EPA, OSHA 및 이에 해당하는 지방자치단체 그룹에 의해 합법적으로 요구되는 것이 무엇인지 결정하는 것은 특별히 중요하다. 최소로 각 설계공학자는 국가 규제 시스템이 어떻게 발령되고 기준을 갱신하는지를 이해해야 한다.

각 설계공학자는 사용하는 표준이 수정되지 않았거나 폐지되지 않았음을 확신해야 한다. 규제의 최신 것을 확신하기 위해 연방규제 법령(CFR)의 가장 최근호를 보아야 한다. 그리고 CFR이 발간된 이후 취해진 조치를 보기 위해 영향을 받은 CFR 영역의 누적 목록을 검토해야 한다. 조치가 취해졌다면 누적된 목록은 연방등기소에 어디서 변경이 발견된 수 있는지를 지적해 준다. 연방등기소는 각종 연방 기관에서 발표된 최신의 규제와 합법적인 고시를 제공한다.

## 환경 규제

미국 연방 환경 규제의 몇 가지 주요 특징은 환경보호(CFR 1장의 표제 40)라는 제목의 법령에 나와 있다. 1장 표제 40의 6편에는 환경평가서(EIS)의 준비를 필요로 한다. 국가 환경

15) B. W. Piasicka, *In Search of Environmental Excellence*, J. Wiley, New York, 1990; J. Eisenhauer and S. McQueen, Environmental Considerations in Process Design and Simulation, Energetics, Inc., Columbia, MD, 1993; T. E. Graedel and B. R. Allenby, Industrial Ecology, Prentice-Hall, Upper Saddle River, NJ, 1995

정책 법령(NEPA)에는 환경의 질을 심각하게 변경시킬 수 있는 주요 조치에 앞서 연방 기관의 환경평가서 준비를 요구하고 있다. EIS를 준비하기 위해서 연방기관은 환경 영향평가(EIA) 작성을 필요로 한다. 환경 영향평가에는 모든 내용이 드러나야 한다. 여기에는 긍정적인 영향, 부정적인 영향, 영향을 미치지 않는 것 등 어떤 것이든지 포함되어야 한다. 일반적으로 설계공학자는 그들의 전문지식에 따라 EIA의 적은 부분에만 관여하게 된다. 그러나 각 개인은 EIA 작성에 필요한 업무 전체 윤곽은 물론 업무의 세분화에 대해 잘 알고 있어야 한다. 이것만이 비용을 많이 들게 하는 중복을 최소화하고 타당성 있는 설계 대안들은 제공할 수 있다.

기초 데이터를 얻고, 사업의 환경 안전을 결정하기 위해 기존 데이터를 검토하고, 허용할 수 있는 기준을 맞추기 위해 가능한 대안들에 대하여 배출 및 방출 요약서를 작성하고, 마지막으로 환경 보고서를 작성함으로써 EIA 작성은 무슨 환경 표준이 사업에 의해 응해질 필요가 있는가를 결정하는 것을 요구한다. 대기질, 수질, 소음 수준, 생태 연구 및 사회 조사, 방출, 배출 같은 기초 데이터를 얻는데 만 1년이 필요할지 모르므로 EIA 작성에 있어서 지연을 피하기 위해 조사는 동시에 수행되어야 한다.

## 오염방지 시스템 개발

오염방지 시스템 개발에는 완벽한 시스템을 포함하는 여러 요인들의 공학적 평가가 포함된다. 여기에는 적용되는 규제치를 맞추기 위해 오염원 조사, 오염 방출물 물성 결정, 수집 및 수송 시스템 설계, 제어 장치 선택, 방출물 분산 등을 포함된다.[16)]

설계공학자의 주요 의무는 오염물과 분산되는 총량을 조사하는 것이다. 장치 크기는 처리되는 부피와 직접 연관이 있으므로 장치비는 방출 부피를 감소시킴으로써 줄일 수 있다. 이와 유사하게 처리 단계는 제거되어야 할 오염물의 양과 관련이 있다. 농도를 유리하게 변경시킬 수 있는 공정 변경은 절약을 가져온다. 또한 오염원을 상당히 줄일 수 있다면 사용되는 원료는 물론 공정조업의 변경도 고려해야 한다. 오염원의 변경을 정당화시켜주는 범위는 제안된 처리공장의 비용에 달려 있다.

예를 들면, 표 2-7에 나와 있듯이 공기오염 제어를 위한 장치의 특성은 가끔 이러한 장치로 들어오는 흐름의 온도와 습도를 제한한다. 260°C 이하로 기체를 냉각시키는데 일반적으로 고려되는 세 가지 방법은 찬 공기와의 희석, 물분사를 통한 급냉, 냉각탑 사용이다. 각 방법은 장단점을 가지고 있다. 선택된 방법은 비용과 제어 장치에 의해 부과된 제약에 좌우된다.

가장 적절한 제어 장치의 선택에서는 취급되는 오염물의 고려와 제어 장치의 특징이 필요하다. 가끔 형편없는 시스템 결과는 오염물 특성에 맞지 않는 제어 장치의 선택에 기인된다. 장치 조작 원리를 이해함으로써 설계공학자는 이런 문제를 피할 수 있다.

## 대기오염 감소

미국 청정대기법령 개정의 가장 최근의 변화는 규제 배경 법칙을 변경함으로써 대부분의

16) D. T. Allen and K. S. Rosselot, *Pollution Prevention for Chemical Process*, J. Wiley, New York, 1997; A. Ghassemi, ed., *Handbook of Pollution Control and Waste Minimization*, Marcel Dekker, New York, 2001

표 2-7 공기 오염 제어 장치의 특성

| Control equipment | Minimum[†] size particle, μm | Optimum concentration, g/m³ | Temperature limitations, °C | Pressure drop, Pa | Efficiency | Space requirements[‡] | Collected pollutant | Remarks |
|---|---|---|---|---|---|---|---|---|
| | | | | **Particulate pollutant** | | | | |
| Mechanical collectors | | | | | | | | |
| Settling chamber | >50 | >175 | 370 | <25 | <50 | L | Dry dust | Good as precleaner, low initial cost |
| Cyclone | 5–25 | >35 | 370 | 250–1250 | 50–90 | M | Dry dust | |
| Dynamic precipitator | >10 | >35 | 370 | — | <80 | M | Dry dust | |
| Impingement separator | >10 | >35 | 370 | <1000 | <80 | S | Dry dust | |
| Bag filter | <1 | >3.5 | 260 | >1000 | >99 | L | Dry dust | Bags sensitive to humidity, filter velocity, and temperature |
| Wet collector | | | | | | | | |
| 1. Spray tower | 25 | >35 | 5–370 | 125 | <80 | L | Liquid | Waste treatment required |
| 2. Cyclone | >5 | >35 | 5–370 | >500 | <80 | L | Liquid | Visible plume possible |
| 3. Impingement | >5 | >35 | 5–370 | >500 | <80 | L | Liquid | Corrosion |
| 4. Venturi | <1 | >3.5 | 5–370 | 250–15,000 | <99 | S | Liquid | High-temperature operation possible |
| 5. Electrostatic precipitator | <1 | >3.5 | 450 | <250 | 95–99 | L | Dry or wet dust | Sensitive to varying condition and particle properties |
| | | | | **Gaseous pollutant** | | | | |
| Gas scrubber | | >1% | 5–370 | <2500 | >90 | M-L | Liquid | Same as wet collector |
| Gas adsorber | | § | 5–370 | <2500 | >90 | L | Solid or liquid | Adsorbent life critical, high initial and operating costs |
| Direct incinerator | | Combustible vapors | 1100 | <250 | <95 | M | None | High operating costs |
| Catalytic combustion | | Combustible vapors | 540 | <250 | <95 | L | None | Possible catalyst poisoning by contaminants |

[†]Minimum particle size (collected at approximately 90 percent efficiency under usual operating conditions).
[‡]Space requirements: S = small, M = moderate, L = large.
[§]Adsorber (concentrations less than 2 ppm, nonregenerative system; greater than 2 ppm, regenerative system).

대기오염을 방출하는 새로운 설비나 개조가 법의 규정에 종속되도록 한다. 대부분의 상황에서는 건설이 허가되기 전에 새로운 근원 검토(NSR) 적용이 승인되어야 한다. 현재 적용되는 근원 범주로는 원유정제, 황회수 공장, 카본블랙 공장, 연료 전환 공장, 화학공정 공장, 화석연료 보일러, 원유 저장 및 수송설비이다.

건설허가를 얻기 위해서 청정대기법에 의해 적용되는 새롭거나 개조된 근원은 어떤 요구사항을 만족해야 한다. 여기에는 가장 유용한 제어기술(BACT)이 근원에 사용되어야 한다는 표명을 포함한다. 또한 대기질 검토를 통해 특별히 어떤 지역에서 이산화항과 분진의 농도에 대해 근원이 대기질 표준(AAQS)의 위배를 야기하거나 기여하지 않았다고 검증해야 한다.

대기오염 제어장치는 근본적으로 분진을 제거하는데 적합한 것과 기체 오염물 제거에 관련있는 것 등 두 가지 범주로 분류된다. 분진은 일반적으로 기계력에 의해 제거되는 반면 기체 오염물은 화학이나 물리적 수단에 의해 제거된다.[17)]

**분진제거** 싸이클론에서의 분리력은 분진 입자에 작용된 원심 및 충격력이다. 집진장치나 동적 분리기 같은 기계적 집진기에서의 입자를 잡아내는 것도 유사한 힘들이다. 침전기에서의 분리는 주로 입자에 작용하는 중력의 결과이다. 습식 집진기에서의 기작은 물분사와 기체 오염 흐름 사이의 접촉에 의해 주로 분리가 일어난다. 분리는 큰 입자에 미치는 중력과 작은 입자에 미치는 정전기 또는 열력 때문에 또한 발생한다. 가방형 여과기에서의 주요 분리력은 습식 집진기에서와 같이 입자와 여과지 사이의 충돌 및 인력과 유사하다. 마지막으로 전기 집진기의 주된 요소는 방전판과 수집표면이다. 분리는 입자를 고압으로 충전하고 충전된 입자를 반대 전하의 집진판에 끌리게 함으로써 이루어진다.

분진제거에서 최대 효율을 얻기 위해서는 입자직경과 공기 속도에 부수적인 주의를 기울여야 한다. 입자크기는 요구되는 분리력을 결정하는 반면 제어장치의 효율성은 흐름속도와 관련이 있다. 일반적으로 입자에 대해 공기흐름과 충돌 방해물사이의 상대속도가 클수록 분리기작은 더 효율적이다. 입자 직경이 장치성능에 영향을 미치는 전기장을 유지하는데 필요한 전력과 이동속도에 영향을 주므로 전기집진기는 앞의 일반적인 내용에 대해서는 예외이다. 그림 2-2에는 각종 오염입자의 특성과 입자크기와 관련된 여러 개의 제어장치의 적용범위가 나타나 있다.

표 2-7과 그림 2-2를 검토해보면 직경이 큰 입자는 침전장치, 싸이클론, 분사장치와 같은 낮은 에너지 장치로써 제거될 수 있다. 마이크로미터 이하의 입자는 가방형 여과기, 전기집진기, 벤츄리 탈기기 같은 높은 에너지 장치로 제거되어야 한다. 중간 크기의 입자는 충돌분리기나 저에너지 습식 집진기로 제거될 수 있다. 분명히 표 2-7에서 지적했듯이 기타 장치 성능 특성은 최종 장치 선택에도 영향을 미칠 것이다. 이 절에서 고려된 장치들의 비용은 12장에 나타나 있다.

**유해기체 제거** 기체 오염물은 흡수, 흡착, 응축, 소각에 의해 공기흐름으로부터 제거될 수 있다. 이 네 가지 방법으로 처리될 수 있는 전형적인 기체 오염물의 목록이 표 2-8에 나와 있다. 일반적으로 기체 안에 있는 용매의 농도가 높고 용매를 회수할 가치가 있다면 공기나

17) N. deNevers, Air Pollution Control Engineering, McGraw-Hill, New York, 1995.

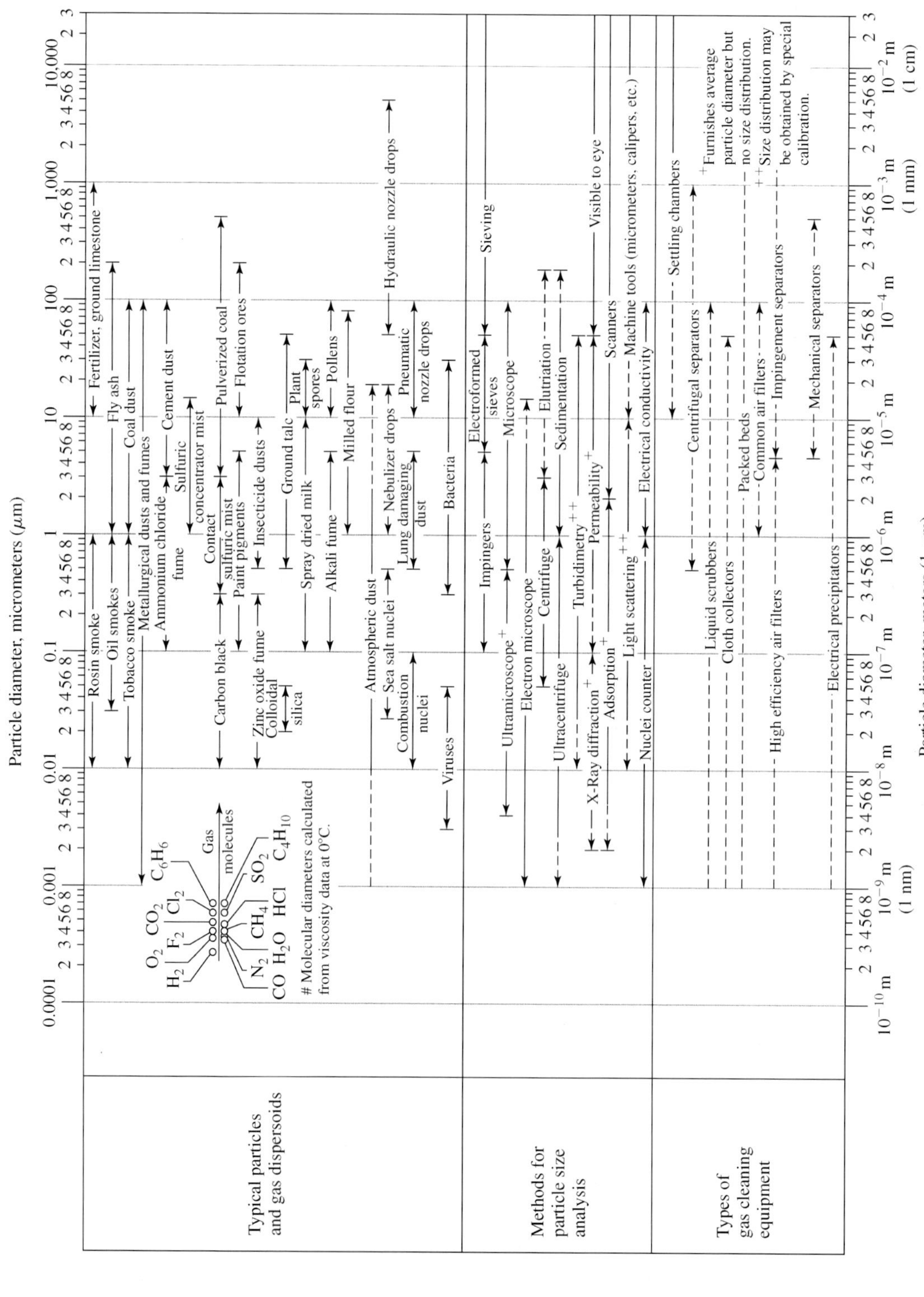


그림 2-2 오염입자 및 제거용 제어장치의 특성

**표 2-8 전형적인 기체 오염물과 그 근원**

| Key element | Pollutant | Source |
|---|---|---|
| S | $SO_2$ | Boiler, flue gas |
| | $SO_3$ | Sulfuric acid production |
| | $H_2S$ | Natural gas processing, sewage treatment, paper and pulp industry |
| | R-SH (mercaptans) | Petroleum refining, pulp and paper |
| N | NO, $NO_2$ | Nitric acid production, high-temperature oxidation processes, nitration processes |
| | $NH_3$ | Ammonia production |
| | Other basic N compounds, pyridines, amines | Sewage, rendering, pyridine-base solvent processes |
| Halogen: | | |
| F | HF | Phosphate fertilizer, aluminum |
| | $SiF_4$ | Ceramics, fertilizers |
| | CFC | Cleaning operations, refrigeration and air conditioning systems, insulation foams |
| Cl | HCl | HCl production, PVC combustion, organic chlorination processes |
| | $Cl_2$ | Chlorine production |
| C | *Inorganic* | |
| | CO | Incomplete combustion processes |
| | $CO_2$ | Combustion processes |
| | *Organic* | |
| | Hydrocarbons—paraffins, olefins, and aromatics | Solvent operations, gasoline, petrochemical operations, solvents |
| | Oxygenated hydrocarbons—aldehydes, ketones, alcohols, phenols, and oxides | Partial oxidation processes, surface coating operations, petroleum processing, plastics, ethylene oxide |
| | Chlorinated solvents | Dry-cleaning, degreasing operations |

기체로부터 용매증기를 제거하는 방법으로써 응축은 사용되지 않는다. 응축은 모든 용매를 제거하지 못하므로 응축은 기체상에서 용매농도를 줄이는 데에만 사용될 수 있다.

기액 흡수공정은 보통 충전형, 판형, 또는 분사형 탑에서 수직의 향류로 이루어진다. 기체 흐름을 흡수하기 위해서는 좋은 기액 접촉은 근본적이며 적당한 장치선택 기능의 일부이다. (유해기체 제거에 적용될 때) 흡수기나 탈기기의 최적화는 또한 중요하다. 높은 압력손실이 있기에 최신형 고에너지 탈기기의 전력소비는 심각할 수 있다. 많은 양의 배기가스를 다룰 때라도 낮은 압력손실을 가져오는 분사 탈기기를 사용함으로써 이런 어려움은 경감된다. 또한 탈기공정에서 문제일 수 있는 밀봉 및 막힘(예를 들면 배기가스에서 이산화황을 제거하기 위한 석회석 슬러리 사용)은 분무가 화학적으로 수지를 맞춘 시스템에 사용될 경우 어려움이 되지 않는다.

기체 오염물의 최종 제거에 있어서는 활성탄이나 분자체 같은 마른 흡착제의 사용이 상당한 주목을 받게 되었다. 흡착은 일반적으로 송풍기, 응축기, 분리기, 제어장치가 가끔 구비된 큰 수평의 고정층에서 이루어진다. 전형적으로 보통 두 층으로 설치되는데 하나는 흐름이 있는 곳에 설치되는 반면 나머지는 재생에 쓰인다.

회수할 가치가 없는 오염된 기체 흐름을 만들어내는 공정에 대하여는 기체흐름이 연소될 수 있다면 소각이 가장 받아들일 수 있는 길일 것이다. 현재 흔히 사용하는 두 가지 방법은 직접 연소와 촉매 산화이다. 직접 연소는 보통 적은 투자비용을 요구하나 특히 보조 연료가 필요할 경우 높은 운전비가 든다. 어느 방법이든 배기가스 온도가 충분히 높다면 깨끗하고 냄새없는 가스를 배출한다.

공정 기체흐름으로부터 오염물을 제거하는 각 기술은 주어진 조건에서 경제적으로 타당하다. 어떤 방법이 최종 결정되기 전에 각각의 특수한 경우는 면밀히 분석되어야 한다.

## 수질오염 감소

폐수 방출수로부터 오염물을 더 잘 제거하는 것은 본래 1970년에 제정된 수질오염 관리 법령(P.L. 92-500)에 따라 연방 정부에 의해 강제 시행되었다. 그 이후 배출수로 방출되는 독성 및 위험한 물질의 양을 규제하는 것을 목표로 하는 추가적인 법령으로 인해 각종 처리기술의 성능 요구사항은 새롭고 더 높은 기준으로 상향되었다. 독성 및 위험물질로 정의하기 위해 각종 정부기관에 의한 가미된 법적 부과 노력은 미래의 오염기술에 명백한 수요를 가져온다. 배출수 기준의 경향은 광범위하고 구체적이지 못한 매개변수(화학적 산소 요구량이나 생물학적 산소 요구량 같은)로부터 벗어나 특정 화학 화합물의 제한으로 확실히 가고 있다.

액체 폐수를 취급하는 문제는 폐가스를 다루는 문제보다 상당히 더 복잡하다. 폐수는 용존 기체나 용존 고체를 포함할 수 있으며 농축되거나 희석된 슬러리 형태일 수 있다. 이러한 복잡성 때문에 우선순위는 먼저 재사용이나 판매를 위해 폐수 전체나 일부를 회수할 가능성이 있느냐에 두어야 한다. 더 비싼 폐수처리 장치보다는 회수설비를 설치함으로써 돈을 자주 절약할 수 있다. 그렇게 되면 설계공학자의 기능중 하나는 어느 처리공정이나 조합된 공정이 폐수 세척이라는 필요한 업무를 가장 잘 수행하느냐를 결정하는 것이다. 폐수의 형태와 제거되는 양에 따라 이러한 처리는 본질상 물리적, 화학적, 생물학적일 수 있다.

**물리적 처리** 어떤 폐수처리 공정에서도 첫 단계는 큰 부유 입자를 제거하는 것이다. 이것은 보통 회전하는 오니 긁개를 갖춘 둥근 침전기나 연속 고리형 오니 긁개를 지닌 사각형 침전기를 사용하는 침적이나 중력 침전에 따른다. 이러한 설비는 침전된 오니를 침전기 바닥으로부터 제거하고 거품을 표면으로부터 제거한다. 침전기 조업을 개선하는 수많은 대안들이 현재 나와 있다.

침전기에서 초기 농축된 오니는 진공 여과나 원심분리에 의해 더 농축된다. 침전기 조업에 의한 희석 슬러리의 첫 번째 농축의 중요성은 인식할 필요가 있다. 예를 들어 원심분리에 앞서 슬러리 농도를 5%에서 10%로 농축하면 원심분리에서 같은 동력으로 250% 증가된 고체 회수 결과를 가져올 수 있다.

부유에 의한 고액 분리는 중력 자체로 성취되거나 용존 공기나 진공기술에 의해 유도된다. 기작과 추진력은 침적에서와 유사하나 어떤 경우 분리속도와 고체농도는 더 클 수 있다.

특별히 활성탄을 쓰는 흡착공정은 처리하기 어려운 유기화합물, 독성물질, 색깔 등을 제거하는데 사용된다. 흡착의 주된 추진력은 폐수에서의 용존 유기물의 소수성과 고체 흡착제에 대한 유기물의 친화력을 합친 것이다. 후자는 정전기적 인력, 물리적 흡착, 화학적 흡착을 합친 것 때문이다. 흡착층의 조업 순서는 기체 흡착에서 서술한 것과 유사하다.

세 가지 다른 막공정은 - 한외여과, 역삼투압, 전기영동 - 사후 처리로서의 오염 관리 응용과 공장내 회수 시스템을 위해 관심을 더 받고 있다. 한외여과와 역삼투압 사이에는 명확한 구분이 없다. 전자에서는 특수 막 유공성에 따라 약 2에서 100 nm 범위의 용질 분자의 크기에 근거하여 주로 분리되고 있다. 원자가와 수소결합 같은 용질의 기타 특성이 막선택에 영향을 미치므로 역삼투압 공정에서는 용질 분자의 크기가 제거 정도의 유일한 기준이 아니다. 이러한 두 가지 막공정에 비해 전기영동은 용매의 제거보다는 오히려 용액으로부터 용질을 제거한다(약간의 수반되는 물과 함께). 기타 주요한 차이점은 오직 이온화되는 물질만 제거된다는 것이다. 전기영동을 쓰는 장점은 주로 이러한 차이 때문이다.

**화학적 처리** 폐수처리에 있어서 화학적 방법은 일반적으로 콜로이드 물질, 색깔, 냄새, 산, 염기, 중금속, 기름을 제거하기 위해 쓰인다. 이러한 처리는 응집, 유화 파괴, 침전, 중화에 의해 흐름의 등급을 높이는 수단으로 간주된다.

응집은 화학물질을 첨가함으로써 물로부터 콜로이드를 제거하는 공정이다. 화학물질은 콜로이드 전하를 중성화시킴으로써 시스템의 안정화를 뒤엎는다. 보통 쓰이는 첨가제로는 알루미늄 3가 이온(백반으로부터)이나 철 3가 이온(염화철로부터) 같은 큰 원자가 양이온을 내는 것이다. 유화 파괴는 응집과 비슷하다. 유화는 일반적으로 산성 반응물이 다전해질과 합쳐짐으로써 깨진다. 공통 이온효과는 또한 폐수처리에서 쓸모가 있을 수 있다. 이 경우 어느 한쪽 이온농도를 증가시키기 위해 두 번째 용해하는 염을 첨가함으로써 원하지 않는 염을 용액으로부터 제거한다. 침전물을 제거하기 위해 응집 보조제가 필요할 수 있다.

산과 염기성 폐수를 처리하는 한 가지 방법은 생석회나 황산(기타 유용한 물질도 적합할 수 있다)으로 중화하는 것이다. 이러한 처리 방법은 폐수의 pH를 원하는 수준으로 변경시킬지 몰라도 황산염, 염화염, 기타 이온을 제거하지 못한다. 따라서 중화나 희석 방법이 채택되기 전에 증류, 농축, 기타 쓸모 있는 염 형태로 산이나 염기를 회수할 수 있는 가능성을 항상 고려해야 한다.

화학적 산화는 폐수처리에 있어 또 다른 방법이며 오늘날 광범위하게 사용되는 화학적 산화제는 염소, 오존, 과산화수소이다. 역사적으로 염소와 오존은 물과 폐수의 살균에 쓰여 왔다. 그러나 세 가지 산화제 모두는 폐수의 생물학적 또는 기타 처리 방법에서도 살아남는 유기물질 제거를 위해 주목을 받아왔다. 염소산화에 의한 시안염과 페놀의 파괴는 폐수처리에서 잘 알려져 있다. 그러나 염소 산화반응의 생성물 예측과 상대적 독성의 불확실성 때문에 이런데 적용되는 염소는 조심해서 사용해야 한다. 반면에 오존은 오직 짧은 반감기 때문에 린단, 알드린, 표면제, 시안염, 페놀, 유기금속 복합체를 포함한 많은 복합 무기물 산화는 물론 무기물 색깔 제거, 살균, 맛 및 냄새 제거, 철 및 망간 제거의 응용에 효과적임이 알려졌다. 무기물 산화에서 금속 이온은 방출되어 침전에 의해 제거될 수 있다.

폐수의 화학적 환원의 필요성은 덜해지며 가장 흔한 환원제로는 다양하게 얻을 수 있는 염화철 또는 황화철이 있다.

**생물학적 처리** 물에서 발견되는 정상적인 박테리아의 존재로 인해 많은 유기물질은 이산화탄소, 물 및 유사 물질의 형태로 산화된다. 이 과정은 물에 녹아있는 산소를 소비하므로 용존산소 고갈을 가져올 수 있다. 용존산소를 소비하는 폐수 성분의 능력 측정은 생물학적 산소요구량(BOD)으로 알려져 있다. 폐수의 이러한 산소 요구량은 가끔 오염물로서의 중요성을 결정하는데 주요 인자가 된다. 하수, 하수 배출물, 오염물, 산업 폐수의 BOD는 정해진 시간동안 분해될 수 있는 유기물에 대한 박테리아 활동에 의해 소비된 백만분의 일의 농도로 표시되는 산소이다.

오늘날 더 흔한 생물학적 폐수처리 절차중 하나는 유기 폐기물의 안정화를 가져오면서 유기물을 분해하기 위한 미생물의 농축된 양의 사용이다. 이러한 미생물은 호기성, 혐기성, 호기-혐기성에 다 사는 것으로 광범위하게 분류된다. 호기성 미생물은 신진대사를 위해 분자형태의 산소를 필요로 하며 혐기성 미생물은 유기 화합물로부터 에너지를 얻어내고 산소 없이도 기능을 발휘하는 반면 양쪽 상황에 다 사는 미생물은 호기성이나 혐기성 환경에서 기능을 발휘할 수 있다.

기본적으로 호기성 생물학적 공정에는 활성오니 공정이나 고정박막 공정이 있다. 활성오니 공정은 호기성 생물학적 미생물 성장물이 중력 침전이나 공기 부유에 의해 분리된 과잉 뭉친 현탁액과 폐수와 섞여 있는 연속식 시스템이다. 과거에 탁월한 고정박막 공정은 종래의 세류 여과였다. 이 공정에는 비활성 매체에 고정된 생물학적 박막 위로 폐수가 조금씩 지난다. 산소가 존재할 때의 미생물 활동이 폐수속의 유기 오염물을 분해한다(고정박막 공정의 생물학적 효율 개선 시도가 빙빙 도는 디스크형 생물학적 접촉제의 개발을 가져왔다). 각종 생물학적 공정에 대한 생물학적 부하와 면적 요구량의 비교가 표 2-9에 나와 있다.

많은 유기 산업폐기물(식품처리, 정육포장, 제지, 정유, 가죽 제혁, 섬유, 유기 화학물질, 유화로부터의 폐기물)은 생물학적 처리가 가능하나 많은 것은 생물학적으로 분해가 되지 않는다. 따라서 BOD 제거는 우수할지 모르나 화학적 산소 요구량(COD) 제거는 매우 낮을 수 있다. 시스템 설계 이전의 공정 평가는 특히 생물학적 처리와는 상대적으로 방해 또는 독성 성분의 존재를 결정하는 폐수의 특성, 오염물 제거 속도 수립, 영양분 요구량(질소 및 인), 오니 생성, 고체 침전도 등에 중점을 둬야 한다.

혐기성 처리는 도시 쓰레기 처리에 중요하나 산업폐기물에는 많이 쓰이지 않는다. 이것은 특별히 음식과 음료산업에서 고농도의 BOD 폐기물을 줄이는 전처리 기술로 사용되어 왔다. 그러나 호기성 시스템과 비교해 볼 때 호기성 처리는 독성물질에 대해 더 민감하고 제어하기 더 힘들다.

**표 2-9 하루 775 kg BOD를 처리하는데 있어 비교된 각종 호기성 공정의 요구량**

| System | Area, $m^2$ | Biological loading, kg BOD/100 $m^3$ | BOD removal, % |
|---|---|---|---|
| Stabilization pond | 230,000† | 1.5–3.7 | 70–90 |
| Aerated lagoon | 23,300‡ | 18.5–25.5 | 80–90 |
| Activated sludge | | | |
| Extended | 930 | 175–480 | 95‡ |
| Conventional | 325 | 530–6400 | 90 |
| High rate | 185 | 915–2400 | 70 |
| Trickling filter | | | |
| Rock | 800–2000 | 11.2–800 | 40–70 |
| Plastic disks | 80–200 | 320–3200 | 50–70 |

†1.5-m depth
‡3.0-m depth

## 고체폐기물 처리

고체폐기물은 대기나 수질 오염물과 다른데 이는 수집하거나 처리하기로 결정할 때까지 발생장소에 그냥 남아있기 때문이다. 유용한 처리 수단으로는 재생을 포함해 화학적 변환, 소각, 열분해, 매립 등이다. 국가 규제, 지역적 조건, 종합적 경제성이 어느 방법이 가장 받아들일 수 있는가를 일반적으로 결정한다.

**재생 및 화학적 변환** 자원회수는 폐기물 처리에서 자주 간과되는 요소이다. 예를 들면 특정 화학물질은 탈기, 증류, 침출, 추출에 의해 가끔 회수될 수 있다. 금속이나 플라스틱 같은 가치 있는 고형물은 자석, 전기 전도도, 선광, 부유, 손으로 골라냄에 의해 회수될 수 있다. 때때로 공정 폐기물은 팔 수 있는 제품이나 안전하게 처분할 수 있는 해가 없는 물질로 또한 변환될 수 있다. 팔 수 있는 제품으로의 변환에는 연료를 생산하기 위한 유기물의 수소화, 셀룰로즈 아세테이트를 만들기 위한 폐셀룰로즈의 알킬화, 비료를 생산하기 위한 폐기물의 질소 및 인 부영양화가 있다.

**소각** 고체, 액체, 기체의 가연성 폐기물의 이산화탄소, 물, 재 등의 최종 생산물로의 조절된 산화는 소각으로 알려져 있다. 황이나 질소 함유 폐기물은 이에 해당되는 산화물을 생성하므로 대기 질에 대한 이들의 영향을 고려하지 않고 소각시킬 순 없다. 각종 소각로 설계가 유용하다. 다중-방 소각로, 로터리 킬른, 다중 열로가 산업폐기물 처리에서 가장 광범위하게 사용된다.

과거에는 매립지가 유용하지 않거나 경제적 수송을 고려해 너무 멀 때 소각이 유리했다. 적절히 설계되고 조심스레 운전되는 소각로는 공장에 인접해 위치할 수 있고 각종 각양의 폐기물을 처리할 수 있도록 조정될 수 있다. 따라서 스팀 발생을 통한 열회수로 운전비를 줄일 수 있고 오염 규제 장치를 절감할 수 있다. 또한 잔해는 원래 무게나 부피에 비해 소량이므로 매립이 허용될 수 있다.

**열분해** 향후 폐기물의 재생에서 가장 받아들일 수 있는 길로는 공기없는 방에서 1650℃의 고온으로 폐기물을 가열하는 열분해 기술일 것이다. 열분해는 소각에 비해 여러 장점을 가지고 있다. 이런 시스템은 훨씬 적은 대기오염, 적은 자본비를 가져오는 더 큰 처리속도, 자체 연료 제공, 탈 수 있는 물질의 등급저하, 화학물질이나 합성가스로의 회수 추가 가능성을 가지고 있다.

**매립** 위생적 매립은 고형 폐기물을 매일 흙으로 처리되는 세포로 축소시키는 근본적으로 단순한 기술이다. 이런 식으로의 처리되는 폐기물은 처리되기 전에 비활성이거나 미생물 공격에 의해 무해 화합물로 될 수 있는지 조심스레 검토되어야 한다. 매립에서 부딪치는 주요 문제는 주변 지하수를 오염시킬 수 있는 침출물 생성과 폐기물 처리 과정에서 생기는 가연성 기체의 축적과 관련된 위험 가능성이다.

## 열 오염 규제

온도는 수질관리에 있어 밀도, 점도, 증기압, 표면장력, 기체 용해도, 기체 확산 등 거의 모든 물성에 영향을 미친다. 산소의 용해도는 아마도 이런 매개변수들 중 가장 중요한데 이는 물속의 용존산소가 많은 형태의 수중 생명을 유지하는데 필요하기 때문이다. 온도변화에 따른 수중 환경에 대한 손상 가능성, 온도 상승에 의한 유기 폐기물의 동화작용 능력 감소, 더 엄격해진 물 온도 기준의 국가적 제정 등으로 말미암아 설계공학자는 공장에서 나오는 열방출을 다루기 위해 각종 배출수 냉각시스템을 조사하게 된다. 여기에는 냉각탑이 가장 자주 고려되며 냉각 연못과 분사 연못 순서로 고려된다.

냉각탑은 열전달에 사용되는 유체를 기준으로 하든지 설비에 제공되는 동력을 기준으로 하여 분류된다. 습식 냉각탑에서는 응축기 냉각수와 주변의 공기가 친밀히 혼합된다. 냉각은 물의 일부분 증발로 이루어지며 적은 양이지만 공기로의 현열 손실로도 이루어진다. 건식 냉각탑에서 응축기 물의 온도 강하는 물로부터 공기로의 열전달을 위한 전도와 대류에 의존한다.

기계적 통풍 냉각탑에서는 탑을 통한 열전달 매체로서 작용하는 공기를 밀어내거다 끌어들인다. 추진력에 관하여는 자연통풍 냉각탑은 탑을 들어오고 나가는 공기의 밀도차이를 의존한다. 냉각 연못은 적절한 땅이 온당한 가격으로 유용할 때만 일반적으로 고려되는데 이는 이 시스템이 단순하고 싸며 자주 물에 덜 의존하기 때문이다. 냉각 연못으로 방출된 모든 열은 공기와 물의 경계면을 통한 손실된다고 일반적으로 가정한다. 낮은 열전달 속도 때문에 큰 표면적이 필요하다.

땅값이 너무 비쌀 때는 분사 연못이 냉각 연못의 대안으로 자주 떠오른다. 더 친밀한 물과 공기와의 접촉 때문에 분사 연못은 냉각 연못 넓이의 약 5% 내지 10%만 필요로 한다. 또한 표류 손실과 부식 문제도 냉각탑보다 덜 심각하다.

### 소음 규제

설계공학자는 모든 상업적 설비의 설계 단계에서 소음 조사를 포함시켜야 한다. 일반적으로 음향문제는 현장 해결 비용을 대충 두 배나 많게 만든다. 건설 후 소음 일로 인해 발생하는 불필요한 비용에는 방음벽 대체, 소음기를 수용하기 위한 배관 재설계, 장치 개조, 추가 노무비, 필요한 변경을 위한 휴지 등이 있다. 따라서 설계자는 최종설계 소음 추천이 수립되도록 상당히 고려해야 한다. 이것은 장치 데이터 분석 절차의 결과를 고려할 뿐만 아니라 행정 규제, 재설계 타당성, 경제적 대안, 소음의 지역사회로의 침해, 응용 전산 프로그램에 사용된 수식의 기본적 제약 등과 같은 추가적인 요인들을 인식해야 한다.

효율적이고 효과적이며 실제적인 소음 규제를 이루기 위해서는 각 장치나 공정의 소음 원인, 그들의 음향 성질과 특성, 그리고 전체적인 소음 상황을 만들어내는 상호작용을 이해하여야 한다. 표 2-10에는 높은 소음 수준을 내는 전형적인 공정설계 장치와 이 문제에 대한 가능한 해결이 나와 있다.

## 공장 위치

최종 공장의 지리적 위치는 산업 벤처회사의 성공에 강한 영향을 끼친다. 공장 부지를 선정하는데 상당히 조심해야하며 많은 요인들이 고려되어야 한다. 주로 공장은 생산과 분배에 최소 비용이 들도록 위치해야 하나 확장을 위한 공간, 공장 조업을 위한 안전한 여건, 주변 지역사회 등의 기타 요인들도 또한 중요하다.

표 2-10 장치 소음 원인, 수준, 가능한 규제 해결

| Equipment | Sound level, dBA,[†] at a distance of 1 m | Possible noise control treatments |
|---|---|---|
| Air coolers | 87–94 | Aerodynamic fan blades; decrease in rpm and increase in pitch; tip and hub seals; decrease in pressure drop |
| Compressors | 90–120 | Installed mufflers on intake and exhaust, enclosed machine casings, vibration isolation, and lagging of piping systems |
| Electric motors | 90–110 | Acoustically lined fan covers, enclosures, and motor mutes |
| Heaters and furnaces | 95–110 | Acoustic plenums, intake mufflers, ducts lined and damped |
| Valves | <80–108 | Avoidance of sonic velocities, limited pressure drop and mass flow, replacement with special low-noise valves, vibration isolation, and lagging |
| Piping | 90–105 | In-line silencers, vibration isolation and lagging |

[†]Defined as the sound intensity measured in units equal to 10 times the logarithm of the square of the relative pressure associated with the sound wave.

## 관여된 요인들

설계 사업이 상세 추정 단계에 이르기 전에 공장 위치에 대한 의견수렴이 얻어져야 하며 상세 추정 설계가 완성될 때 확정된 위치가 수립되어야 한다. 최종 부지의 선택은 우선 각종 지리적 지역의 장단점을 완벽히 조사하고 궁극적으로 유용한 실제 땅의 장단점에 근간을 둬야 한다. 공장 부지를 선정할 때 고려해야 할 요인들은 다음과 같다.

1. 원료의 유용성
2. 시장
3. 에너지 유용성
4. 기후
5. 수송 시설
6. 용수 공급
7. 폐기물 처분
8. 노동력 공급
9. 세법과 합법적 제약
10. 부지 특성
11. 홍수 및 화재 방지
12. 지역사회 요인

공장 위치 조사에서 평가되어야 하는 요인들은 정량적(통계적)이며 정성적인 방대한 정보의 필요성을 말해주고 있다. 다행히도 수많은 공공 및 사적 기관이 이런 형태의 쓸모 있는 정보를 발간하고 있어 데이터의 실제 획득을 줄여주고 있다.

**원료 유용성** 원료의 공급은 공장부지 선택에 영향을 미치는 가장 중요한 요인들 중의 하나이다. 이것은 특히 많은 양의 원료가 쓰일 때 더 그런데 이는 원료 공급지에 가까운 위치는

수송과 저장비용을 상당히 줄이기 때문이다. 원료 구입가격, 공급지로부터의 거리, 수송비용, 공급의 유용성과 신뢰성, 원료의 순도, 저장 필요성 등에 대하여 주의를 기울어야 한다.

**시장** 시장이나 중간 분배상의 위치는 제품 분배비용과 선적 시간에 영향을 준다. 주요 시장과의 인접성은 공장부지 선정에 중요 고려사항이 되는데 이는 구매자가 가까운 공급지로부터 구매하는 것이 유리하다는 것을 알고 있기 때문이다. 주요 최종 제품은 물론 부산물에 대해서도 시장이 필요함에 유의하라.

**에너지 유용성** 대부분의 공장에서 전력과 스팀 요구량은 높으며 이러한 유틸리티 공급을 위해 연료가 필요하다. 따라서 공장부지 선택의 주요 요인의 하나로 전력과 연료는 합칠 수 있다. 전해질 공정은 전기의 값싼 공급지를 필요로 하고 전해질 공정을 사용하는 공장은 대규모 수력발전소 근처에 주로 위치한다. 많은 양의 석탄과 기름을 필요로 하는 공장에서는 경제적인 조업을 위해 연료 공급지 가까이에 위치하는 것이 핵심적이다. 지역의 전력비용이 전력을 구입할 것인가 자가발전할 것인가를 결정하는데 도움이 된다.

**기후** 만약 공장이 추운 기후에 위치한다면 공정 장비 주위로의 보호막 건설의 필요성에 따른 비용이 증대될 수 있으며 만일 일반적인 온도가 높으면 특수 냉각탑, 에어컨 설비가 필요할 수도 있다. 지나친 습도나 극한의 더위나 추위는 공장의 경제적 조업에 심각한 영향을 줄 수 있으므로 이러한 요인들은 공장부지가 선택될 때 검토되어야 한다.

**수송 시설** 물, 철도, 고속도로는 주요 산업적 관심사에 의해 사용되는 수송의 보통 수단이다. 제품 및 원료의 종류와 양에 따라 적절한 형태의 수송시설이 결정된다. 어떤 경우건 지역 운송속도와 기존 철길에 대해 세심한 주의를 기울여야 한다. 철도와의 인접성과 운하, 강, 호수, 해양 수송의 가능성은 고려되어야 한다. 자동차 트럭 설비는 광범위하게 사용되며 철도나 물 설비의 유용한 대체물로 쓸 수 있다. 가능하다면 공장부지는 이런 세 형태의 수송 접근이 가능해야 하며 적어도 두 가지는 확실히 유용해야 한다. 공장과 공장 본사사이의 편리한 항공 및 철도 수송설비의 요구가 항상 있으며 이러한 요인들은 공장 부지를 선정할 때 검토되어야 한다.

**용수 공급** 공정산업은 냉각, 세척, 스팀 발생을 위해 또한 원료로서 많은 양의 물을 사용한다. 따라서 공장은 용수공급이 유용한 곳에 위치해야 한다. 큰 강이나 호수가 선호되나 필요한 물의 양이 많지 않다면 깊은 샘이나 분수우물도 만족스러울 것이다. 기존의 지하수면 높이도 지역 지리 조사를 통해 조사될 수 있고 지하수면의 일정성과 지역 강이나 호수의 연중 보유량에 대한 정보도 얻어야 한다. 용수 공급이 계절적 변동을 보인다면 저장소를 짓거나 보조 관정을 뚫는 것이 바람직하다. 온도, 광물 함유량, 모래 함량, 박테리아 함량, 공급과 세정 처리를 위한 비용도 용수 공급을 선택할 때 고려되어야 한다.

**폐기물 처분** 최근 공정산업에서 나오는 폐기물의 처분에 관한 방법에 대해 많은 법적 제약이 있어왔다. 올바른 폐기물 처분을 위해 공장으로 선정된 부지는 적절한 용량과 설비를 가져야 한다. 비록 주어진 지역이 오염에 대해 최소한의 제약을 가지고 있다 하더라도 이 조건이 지속되리라고 가정해서는 안된다. 공장 부지를 선정하는데 있어서 폐기물 처리의 각종 방법에 대한 허용 수준은 조심스레 고려되어야 하며 추가 폐기물 처리 설비의 가능성에 대해서도 주의를 기울여야 한다.

**노동력 공급** 제안된 공장부지 근처에서 유용한 노동력의 형태와 공급은 검토되어야 한다. 압도적인 임금 수준, 일주일에 일하는 시간에 대한 제약, 노동자 사이의 불만이나 높은 이직률을 일으키는 경쟁 회사, 노동자의 다양한 숙련도와 생산성 등이 고려되어야 한다.

**세법과 합법적 제약** 재산세에 대한 국가 및 지자체 세율, 비고용 보험, 유사 항목들이 지역에 따라 다르다. 이와 비슷하게 규제 구역, 건물 법령, 불법 방해, 수송 설비에 대한 지역적 제약은 공장부지의 최종 선정에 주로 영향을 미친다. 사실은, 앞 절에서 언급한 많은 요인들 보다 규제 지역의 어려움과 많이 요구되는 허가의 취득은 비용과 시간 지연 면에서 매우 더 중요할 수 있다.

**부지 특성** 제안된 공장 부지에서의 대지의 특성은 조심스레 조사되어야 한다. 땅 넓이의 형태와 흙 구조는 고려되어야 하는데 이는 건설비에 심각한 영향을 줄 수 있기 때문이다. 지역의 건물 비용과 생활 여건은 물론 땅값도 중요하다. 미래의 변화가 공장 설비의 확장을 바람직하게 하거나 필요로 할 수 있다. 따라서 즉각적인 확장 계획이 없다 하더라도 추가 공간이 유용한 곳에 새로운 공장이 건설되어야 한다.

**홍수 및 화재 방지** 많은 공장이 강이나 많은 양의 물을 끼고 위치하므로 홍수나 태풍 재해 위험이 있다. 공장 부지가 선택되기 전에 이런 형태의 자연적 사건의 지역 역사가 조사되어야 하며 이런 사건발생의 결과도 고려되어야 한다. 화재로 인한 손실로부터의 보호는 공장 위치 선정에 또 다른 중요한 요인이다. 큰 화재의 경우 외부 소방서로부터의 지원이 유용해야 한다. 공장을 둘러싸고 있는 지역에서의 화재 위험도 간과되어서는 안된다.

**지역사회 요인** 지역사회의 성격과 시설은 공장 위치에 큰 영향을 줄 수 있다. 공장근로자가 만족스레 살 수 있는 최소한의 시설이 없다면 공장이 그런 시설을 위해 보조금을 지급하는 것은 부담이 된다. 지역사회의 문화시설도 건전한 성장을 위해 중요하다. 교회, 도서관, 학교, 영화관, 문예회관, 기타 유사한 것들은 활동적이라면 지역사회를 진보시키는데 많은 것을 기여한다. 여가 기회도 특별히 고려할 가치가 있으며 국가 및 지자체의 효율, 성격, 역사도 평가되어야 한다. 만약 지역사회가 이미 잘 개발되어 있지 않고 상대적으로 빚이 많다면 낮은 세금 그 자체는 유리한 상황이 아니다.

## 공장부지 선정

대부분의 공장 부지를 선정하는데 있어서의 주요 요인은 (1)원료, (2)시장, (3)에너지 공급, (4)기후, (5)수송 시설, (6)용수 공급이다. 기초 조사를 위해 처음 네 요인은 고려되어야 한다. 즉 원료, 시장, 에너지 공급, 기후에 근거함으로써 받아들일 수 있는 위치는 보통 한두 개 지리적 지역으로 줄어든다. 예를 들면, 기초 조사에 의해 특정 공장을 위한 가장 좋은 위치는 미국의 남중부나 남동부라고 지적할 수 있다.

다음 단계에서는 수송 시설과 용수 공급의 영향이 고려된다. 이를 통해 가능한 공장 위치는 여러 개의 목표 지역들로 줄어든다. 공장 위치에 영향을 미치는 모든 요인들을 고려함으로써 이 지역들은 더 줄어들 수 있다.

마지막 단계로, 남은 지역에 대한 상세 분석이 이루어질 수 있다. 수송 비율, 노동 조건, 세율, 땅값, 일반 지역 여건 같은 항목들에 대한 정확한 데이터가 얻어질 수 있다. 최종 결정에 영향을 미치는 모든 요인들을 근거하여 각종 지역이 조사되고 평가될 수 있다. 여러 번, 회사가 이미 보유한 다른 설비 근처나 땅에 새로운 공장을 위치시키는 것의 장점이 그 특별 지역의 단점을 능가해야 한다. 그러나 어느 경우이건, 공장부지 선정의 최종 결정에서는 전반적인 공장조업의 궁극적인 성공에 영향을 미치는 모든 요인들을 고려해야 한다.

## 공장 배치

공정 흐름도가 완성된 후 상세 배관, 구조, 전기 설계가 시작되기 전에 공장 안에서의 공정 설비 및 설비안의 장치의 배치는 계획되어야 한다. 이러한 배치는 건설 및 제조 비용을 결정하는데 중요한 역할을 하므로 일어날 수 있는 미래의 문제점에 주의하여 조심스레 계획되어야 한다. 각 공장은 많은 면에서 다르고 두 공장부지도 같을 수 없으므로 하나의 이상적인 공장 배치는 있을 수 없다. 그러나 각 경우 적절한 배치는 다음 요인들에 대하여 효율적으로 조정함으로써 처리공정 지역, 저장 지역, 취급 지역을 안배하게 된다.

1. 새로운 부지 개발이나 과거 개발된 부지로의 추가
2. 생산되는 제품의 형태와 양
3. 공정 및 제품 제어의 형태
4. 조업 편이성과 접근성
5. 유틸리티와 용역의 경제적 분배
6. 필요한 건물 형태와 건물 법령 요구사항
7. 보건 및 안전 고려사항
8. 폐기물 처분 요구사항
9. 보조 장치
10. 유용한 공간 및 필요한 공간
11. 도로와 철도
12. 가능한 미래 확장

### 배치 준비

높이 표시와 함께 완성된 척도 도면은 장치와 설비의 가장 좋은 위치를 결정하는데 사용될 수 있다. 기본적인 배치가 먼저 개발된다. 여기서는 저장 공간과 조업장치 사이의 근본적인 관계를 보여준다. 다음 단계에서는 안전한 조업 순서를 고려해야 하고 물질 흐름, 단위 조작, 저장, 미래 확장에 근거한 주요 배치를 행한다. 공장 배치에 관련된 모든 요인을 분석함으로써 상세한 추천이 제시되고 배관 시스템에 대한 같은 크기의 도면을 포함한 도면과 높이가 적절한 소프트웨어를 사용하여 준비될 수 있다.

최근의 소프트웨어에 의한 삼차원 모델이 사용되면 공장 배치에 대한 실수는 쉽게 찾아지는데 이는 조업 및 건설 공학자가 이차원 청사진에서 놓친 실수를 바로 볼 수 있기 때문이다. 공장 배치의 효율을 증가시키는 것 이외에도 삼차원 모델은 공장 건설 중에도 매우 쓸모 있고 공장이 완성된 후에는 안내 및 교육 목적으로 사용된다.

# 공장 조업 및 제어

공장설계에 있어서, 공장 조업 및 제어에 사용될 방법들은 많은 설계변수를 정하는데 도움을 준다. 예를 들면, 계측 정도는 공정 형태를 선택하고 노동 필요량을 정하는데 있어 한 요인이 될 수 있다. 유지보수 작업은 설치된 장치나 설비를 좋은 운전조건으로 유지하는데 필요하다는 것을 기억하라. 공학자는 공장 조업 및 제어에 직접 연관이 있는 이러한 요인들의 중요성을 인식해야 하고 설계 프로젝트 개발 도중에 이들을 적절히 고려해야 한다.

## 계측

온도, 압력, 밀도, 점도, 비열, 전도도, pH,습도, 이슬점, 액위, 유량, 화학 조성, 수분 함유량 등과 같은 공정변수를 측정하기 위해 계측기는 화학산업에서 사용된다. 복잡성의 변하는 정도를 가진 계측기를 사용함으로써 이러한 변수들의 값은 연속적으로 기록되고 좁은 범위 안에서 제어될 수 있다. 자동제어는 화학산업 전반에 걸쳐 규범이며 개선된 조업 용이성과 효율성과 함께 이에 따른 노동력 절감은 계측을 위한 추가비용을 상쇄하고도 남는다. (대부분의 경우 제어는 고속 컴퓨터에 의해 이루어진다. 여기서 컴퓨터는 공장 조업에 있어 없어서는 안 될 도구가 된다.) 화학공정에 쓰이는 많은 계측기의 효율적 활용은 중앙집중 제어를 통해 이뤄지며 여기서 표시, 기록, 공정변수 제어를 위해 중앙에 위치한 제어실이 사용된다. 공정을 그림으로 보여주고 전체 공정에서 적절한 위치에 올려진 계측 제어 및 표시기를 갖는 계기판이 개발되어 왔다. 이것은 새 조업자가 계측치의 중요성에 빨리 친숙하도록 도와주며 조업 이탈을 빨리 찾아내는 것을 가능하게 해준다. 현대 산업공장에서의 그림 계기판의 예가 그림 2-3에 나타나 있다.

**그림 2-3**
전산제어 시스템을 갖춘 현대 산업공장의 그림 계기판을 위한 예

## 유지보수

유지보수에 관련된 많은 문제들은 공장 및 장치의 원래 설계와 배치를 완전히 평가하지 못한데서 자주 일어난다. 장치나 설비에서의 유지보수 작업을 위한 충분한 공간을 공정 배치할 때 제공해야 하며 장치에 대한 결정을 내릴 때 공학자는 유지보수 및 이에 따른 안전 요구사항을 고려할 필요가 있다.

설계공학자는 처음 비용만 의식하며 유지보수 비용이 값싼 설비 선택의 장점을 무효화시킬 수 있음을 너무 자주 인식하지 못한다. 예를 들면, 연결 펌프와 합쳐진 표준 모터보다 고속 모터를 사용하는 닫힌 연결 모터펌프는 더 적은 공간을 필요로 하며 초기 비용이 더 낮다. 그러나 날개와 축의 교환이 필요할 경우 닫힌 연결 모터펌프의 수리비용은 정상적인 연결 펌프보다 더 커진다. 특히 부식 액체가 관련될 경우 고속 모터의 사용은 날개와 축의 수명을 줄인다. 만약 공학자가 비싼 유지보수 비용을 고려하지 못한다면 실수를 유발해 싸고 작은 장치를 추천하게 된다. 이와 유사하게, 소형 관, 밸브, 장치는 초기 비용을 낮추고 조업자의 사용을 더 편하게 할 수 있으나 시스템의 유지보수는 비싸며 시간이 걸리는 분해 작업을 요구할지 모른다.

## 유틸리티

전력 공급을 위한 에너지의 주요 근원은 연료의 연소열과 승온된 용수 공급에서 찾아진다. 실제 위치에 제약을 받지 않으므로 연료를 태우는 공장은 수력발전소보다 더 중요하다. 현재 가장 흔한 에너지원은 기름, 석탄, 핵에너지이다. 처음 두 항목의 에너지원이 고갈됨에 따라 머지않은 미래에 다른 형태의 에너지 사용이 필요할 것이다.

화학산업에서, 전력은 주로 전기에너지 형태로 공급된다. 가끔 스팀엔진, 내연기관, 증기터빈 같은 동력기도 쓰이나 교반기, 펌프, 기중기, 송풍기, 압축기, 기타 유사한 장치는 전동기에 의해 작동된다.

설계공학자가 새로운 공장을 위해 사양을 정할 때 전력을 구입할 것인지 또는 자체 발전소를 지을 것인지를 결정해야 한다. 자가발전의 부산물로서 공정용 및 난방용 스팀을 얻는 것은 가능하며 이 인자는 최종결정에 영향을 미칠 수 있다. 어떤 경우, 하나의 동력원이 고장났을 때 공장 설비가 연속적으로 돌아가도록 두 개의 독립적 전력원을 갖도록 하는 것은 HAZOP 조사에 의해 정당화될 수 있다.

전력은 기계에너지, 전기에너지, 열에너지, 압력 에너지 같은 여러 형태로 변환될 수 있다. 공학자는 전력변환의 여러 다른 방법들을 인식해야 하며 개발하고 있는 특수 공정에 가장 알맞은 것을 선택해야 한다.

스팀은 가장 싼 연료로부터 보통 3100 kPa 이상의 압력으로 만들어지며, 필요한 공장 전력을 얻기 위해 터빈이나 기타 동력기를 통해 팽창되며, 과잉 스팀은 열로서 공정에 사용된다. 동력이 공장안에서 만들어진다면 공정에 쓰이는 스팀의 양은 열 요구량 및 기계동력 소요량에 달려 있다.

산업용수는 일반적으로 공장 자체 근원 또는 지자체 공급 등 두 가지 근원에서 얻을 수 있다. 물 소요량이 많으면 공장이 자체 물을 조달하도록 하는 것이 더 경제적이다. 이러한 공급은 관정, 강, 호수, 댐, 기타 저수지로부터 얻을 수 있다. 회사가 새로운 사업을 진행하도록 동의하기 전에 현재와 미래에 있어서의 모든 산업, 위생, 안전에 필요한 충분한 물 공급을 확인해야 한다.

좋은 용수공급의 풍부한 값어치는 공장 위치의 판매가에 반영된다. 물을 구매하고 보존하고 처리하는데 필요한 엔지니어링 기술은 공장의 조업 비용을 상당히 증가시킬 수 있다. 증가된 물 처리비용은 공정수의 최대 활용을 가져온다. 사실, 물 처리공장의 건설 및 조업에 드는 높은 비용은 처리공정이 희석을 요구하지 않는 한 최소의 물로 농축된 산업폐기물을 가져온다.

## 구조적 설계

공정산업의 구조적 설계에 있어서의 가장 중요한 요소 중 하나는 무거운 장치와 진동 기계를 수용하도록 올바로 토대 설계를 하는 것이다. 토대의 목적은 과잉 침하가 일어나지 않도록 하중을 분산하는 것이다. 토대의 형태는 걸린 하중과 토대에 적용될 재질에 달려 있다. 따라서 구조적 설계가 시작되기 전에 정해진 공장부지의 흙의 특성을 알 필요가 있다.

허용되는 견딜 수 있는 압력이 흙의 서로 다른 형태에 따라 변하므로 견디는 특성을 결정하기 위해 표면과 각종 깊이에서 흙을 조사해야 한다. 바위의 경우 허용되는 견딜 수 있는 압력은 적어도 $30 \times 10^5$ kg/m$^2$나 부드러운 진흙의 경우 $10^4$ kg/m$^2$ 만큼 낮을 수 있다. $4 \times 10^4$부터 $1 \times 10^5$ kg/m$^2$ 사이의 중간 값은 모래, 딱딱한 진흙, 경토와 자갈의 혼합물에 적용된다.

토대는 단순히 바위와 경토에 지지된 벽일 수 있거나 기초를 추가하여 견디는 면적을 늘리는 것이 필요할 수도 있다. 기초를 위해서는 보통의 콘크리트가 사용되나 철근을 넣은 강화된 콘크리트는 토대 벽을 위해 주로 사용된다. 가능하다면, 토대는 서리 선 이하로 확장해야 하고 항상 최대 하중을 견디도록 설계되어야 한다. 무거운 장치를 받들거나 특별한 하중을 위해서 말뚝이 보통 사용된다.

구조적 설계에서는 바닥과 지붕에서 접하게 되는 유지보수의 어려움에 특히 주의를 기울여야 한다. 공정산업에서는 콘크리트 바닥이 주로 사용되며 열과 화학물질을 견뎌내는 만들어내는 특수 시멘트와 코팅도 쓸 수 있다. 평평한 지붕은 산업 구조물에 자주 쓰인다. 콜타르 찌꺼기로 포화된 펠트도 이런 형태의 지붕에 만족스레 사용된다. 아스팔트가 포화된 펠트는 4% 이상의 기울기를 가진 지붕에 사용될 수 있다.

구조물 재료를 고를 때 공정의 부식 영향, 건축 비용, 기후 영향은 고려되어야 한다. 비록 나무, 알루미늄, 유리, 블록, 타일, 벽돌, 기타 재료도 중요하지만 철이나 콘크리트는 흔히 쓰이는 건축 재료이다. 조명과 배수를 위한 공간이 주어져야 하며 강한 바람이나 천연재해로 인한 극한 하중은 물론 보통의 하중을 견디기 위해 충분한 구조적 강도가 있어야 한다.

## 저장

원료, 중간 제품, 최종 제품, 재순환 물질, 등급외 물질, 연료 등을 위한 적절한 저장설비기 공장 조업에 필수적이다. 원료 공급은 임시 구매나 배달의 어려움에 관계없이 공장 조업을 가능하게 해준다. 중간 제품의 저장은 돌발상황 때의 공장 가동중단 기간동안 필요할지 모르며 반면 최종 제품의 저장은 심지어 공장의 어려움이나 예기치 못한 가동중단 중에도 소비자에게 공급하는 것을 가능하게 한다. 일정한 생산량으로도 계절적 수요를 맞추는 것이 필요할 때 적절한 저장을 위한 추가적인 요구가 가끔 있게 된다.

휘발성 물질이 새어 나가는 것을 막고 오염을 최소화하기 위해 액체의 대량 저장은 일반적으로 닫힌 구형이나 원통형 탱크에 이뤄진다. 저장탱크 설계에서 안전이 중요한 고려사항이므로 미국 석유학회[18]와 국가 화재 방지 협의회[19]에서는 안전 설계와 조업에 관한 규칙을 발간한다. 부유지붕 탱크는 저장온도에서 대기압 이하의 증기압을 갖는 귀중한 제품을 보존하는데 쓰인다. 대기압 이상의 증기압을 갖는 액체는 내부 압력을 견딜 수 있는 증기밀봉 탱크에 저장되어야 한다. 만일 가연성 액체가 통기 탱크에 저장된다면 액위 이하의 연결부분을 제외한 모든 구멍에 화염 제동기가 설치되어야 한다.

기체는 물 건조밀봉 기체 저장탱크에 대기압으로 저장된다. 습식 기체 저장탱크는 뚜껑이 움직이는 내부 탱크와 고정된 외부 탱크 사이에 물이나 기름의 액체 밀봉을 지니고 있다. 건조밀봉 저장탱크에서, 두 탱크사이의 밀봉은 유연한 고무나 플라스틱 커튼의 사용을 통해 이루어진다. 대량의 천연가스나 기체 제품 저장에 있어서의 최근의 개발은 기체를 지하로 펌핑하는 것이 가장 싼 방법임을 보여준다. 고압 기체는 구형이나 수평의 원통형 압력용기에 저장된다.

고체 제품과 원료는 기울어진 지붕의 날씨를 견디는 탱크나 야외 저장용 광과 제방에 저장된다. 고체 제품은 때때로 자루, 마대, 드럼에 직접 포장된다.

## 물질 취급

물질 취급 장치는 논리적으로 연속식과 회분식으로 또한 액체, 고체, 기체를 다루는 계층으로 나눠진다. 액체 및 기체는 관이나 통로로; 드럼, 원통, 탱크차 같은 용기로; 펌프 및 송풍기로 취급된다. 고체는 컨베이어, 양동이 승강기, 자동 활송 운반장치, 승강 트럭, 공압 시스템으로 취급될 수 있다. 물질 취급 장치의 선택은 비용과 수행되는 일에 따라 좌우된다. 이러한 장치를 선택하는데 있어 반드시 고려할 사항은 다음과 같다.

**1.** 취급하는 물질의 화학적 및 물리적 성질
**2.** 물질 이동의 형태와 거리
**3.** 단위 시간당 이동되는 물질의 양
**4.** 물질 취급 장치로의 유입물이나 배출물의 성질
**5.** 물질 취급의 연속성이나 간헐성

공장에서 선적지까지의 액체와 기체의 원료 및 제품의 주요 이송은 배관에 의해 이뤄진다. 많은 석유화학 공장도 원료와 제품을 배관을 통해 수송한다. 이럴 경우, 배관의 설계와 사양에서 지자체 및 국가 규제가 엄격히 지켜져야 한다.

공장 밖으로의 원료 및 제품의 이동은 철도, 배, 트럭, 항공 수송으로 보통 취급된다. 원

18) American Petroleum Institute, 50 W. 50th St., New York, NY
19) National Fire Protection Association, 60 Batterymarch St., Boston, MA

료 및 제품의 성질에 따라 하역이나 선적 설비의 형태는 공장설계에서 제공되어야 한다. 이러한 사양의 준비를 위한 정보는 지역에서 활동하는 수송회사로부터 얻을 수 있다.

일반적으로 특별용역 요구사항과 함께 부식, 화재, 열손상, 폭발, 오염, 독성을 포함한 특별한 위험의 존재가 설계에 자주 영향을 미친다는 것을 제외하고는 화학산업에서의 물질 취급 문제는 다른 산업에서와 크게 다르지 않다. 이런 위험 중에 가장 어려운 것은 부식이다. 취급 장치의 가장 좋은 형태로 고비용의 부식 방지용 재질을 사용하거나 장치를 적절히 보호할 수 있는 용기를 사용함으로써 일반적으로 부식 문제는 극복된다.

## 특허 고려사항

특허는 근본적으로 발명자와 대중간의 계약이다. 일반 대중에게 발명 내용을 완전히 공개할 때 특허자는 발명의 사용과 실행을 제어하는 배타적 권리를 갖게 된다. 특허는 소유자에게 승인 받은 날로부터 17년간 타인의 발명 사용과 실행을 막아주는 능력을 준다. 이와 대조되게, 비밀 정보가 일반인들에게 알려지지 않는 한 영업 비밀과 기밀 공개는 보통 법규 권리하에 보호받을 수 있다.

새로운 설계는 특허 침해에 관련이 없는지를 확인하기 위해 세밀히 검토되어야 한다. 만약 조사를 통해 제안된 공정의 상세한 부분과 관련된 법적으로 만료된 특허가 찾아질 수 있다면 그 방법은 특허 어려움의 공포없이 사용될 수 있다. 대부분의 대기업은 이런 형태의 조사를 하는 특허 변호사를 가지고 있으므로 설계공학자는 특허 침해에 관련되었는지를 결정하는데 상당한 도움을 줄 수 있다. 따라서 공학자는 특허법의 원리와 기초 시행에 대한 생생한 지식을 가져야 한다.[20)]

## 연습문제

**2-1** 통풍이 되지 않는 시약저장실에서 바닥에 난 작은 틈안에 갖힌 수은을 제거하는데 실패했다. 만약 공기중 수은에 대한 국가 표준 허용 노출 한계값이 0.1 mg/m$^3$라면 23°C에서 공기중 수은의 최대 농도는 허용되는가?

**2-2** 밀폐된 용기내의 부식은 용기내 산소결핍 대기상태를 가져올 수 있다. 매우 습한 공기중 탄소강에 대한 전형적인 부식 속도는 약 0.127 mm/yr이며 산소 농도에 대하여 대략 1차이다. 부식 반응이 다음 반응으로 근사된다고 가정할 때

$$2Fe + \frac{3}{2}O_2 \rightarrow Fe_2O_3$$

7.6 m 직경의 구형 용기에서 산소 함유량을 21에서 19.5 몰%로 줄이는데 필요한 노출

20) Statutes and general rules applying to U.S. patents are presented in the two pamphlets "Patent Laws" and "Rules of Practice of the United Patent Office in Patent Cases," U. S. Goverment Printing Office.

시간을 구하라.

**2-3** 1 ppm의 허용노출 한계값(PEL)을 갖는 염화비닐이 7.5 g/min 속도로 공기속으로 증발된다. 적어도 5라는 안전 인자가 적절한 희석을 보장하는데 쓰인다고 가정할 때 희석 통풍을 이용하여 PEL을 이루기 위해 필요한 공기의 흐름량을 구하라.

**2-4** 8시간 노출에 대하여 벤젠은 1 ppm의 PEL을 갖는다. 만약 액체 벤젠이 온도와 압력이 각각 22°C 및 88 kPa인 공기속으로 2 ml/min 속도로 증발할 경우 벤젠의 농도를 PEL 이하로 유지하기 위한 공기의 통풍속도를 구하라.

**2-5** 화학 카트리지 방독면은 해로운 증기나 기체를 흡착하기 위해 사용되는 개인보호 장비이다. 이러한 방독면의 성능 분석은 고정층 흡착기에서 사용되는 것과 유사하다. 흡착능력의 일반화된 관련식은 흡착된 양의 로그값은 함수 $(T/V)[\log(f_s/f)]$와 선형이며 여기서 $T$는 켈빈 온도, $V$는 $cm^3/(g몰)$ 단위의 정상 끓는점에서의 액체의 몰부피이고, $f_s$는 포화 퓨가시티(증기압으로 근사), $f$는 증기의 퓨가시티(분압으로 근사)이다. 선택된 활성탄에서의 이염화프로판에 대한 자료가 다음과 같다.

| Amount adsorbed, $cm^3_{liq}$/100 g charcoal | $(T/V)[\log(f_s/f)]$ (units as given) |
|---|---|
| 1 | 21 |
| 10 | 11 |

만약 방독면이 100 g 활성탄을 함유하며 흡착제의 82%가 포화되면 기능을 상실한다고 하면 온도가 26.9°C일 때 750 ppm의 이염화프로판 농도에서 이 방독면은 얼마나 오래 사용될 수 있는가?

**2-6** 액체 혼합물의 인화점은 공기중 탈 수 있는 증기의 평형농도가 $\sum(y_i/\mathrm{LFL}_i)=1.0$이 되는 농도에 도달하는 온도를 결정함으로써 추정될 수 있다. 여기서 $y_i$는 성분 $i$의 증기상 몰농도이고, $\mathrm{LFL}_i$는 성분 $i$의 낮은 가연성 한계값 농도로 몰%로 표현된다. 50 몰%의 $n$-옥탄과 50 몰%의 $n$-노난을 함유하는 액체 혼합물의 인화점을 추정하라. $n$-옥탄과 $n$-노난의 LFL값은 부피로 각각 1.0 및 0.8%이다

**2-7** 아세톤의 인화점을 추정하고 문헌에서 주어진 실험값과 비교하라. 힌트: 증기상에서의 퓨개시티는 액상에서의 퓨개시티와 같아야 한다는 기본 원리로부터 시작하라. 아세톤에 대한 낮은 가연성 허용값은 부피로 2.55%이다.

**2-8** 저장소에서 쏟아져 평형에 도달하는 것이 허용되었을 경우 실험실에서 흔히 사용되는 다음 기체중 어느 것이 탈 수 있는 공기-증기 혼합물을 형성하겠는가?

| | | |
|---|---|---|
| 아세톤 | 이황화탄소 | 메틸 알코올 |
| 벤젠 | 에틸 에테르 | $n$-펜탄 |

소량의 누출이 불붙을 때 어떤 형태의 화재 소화기가 적절한가? 평형에 도달하지 않을 경우 증기 농도는 계산한 것보다 더 낮고 탈 수 있는 공기-증기 혼합물은 여전히 존재함에 유의하라.

**2-9** 가연물질이 탈 때 생성된 기체의 부피(압력이 일정할 경우)나 용기내 압력(부피가 일정할 경우)의 증가가 있다. 1 기압의 일정 압력에서 기체 프로판 100 kg몰이 단열연소할 때 형성되는 기체의 부피를 계산하라. 연소와 관련된 200% 이론 공기와 프로판은 25°C에 있으며 연소는 완전히 진행된다고 가정하라.

**2-10** 수많은 사고는 유체 흐름에서 발생되는 정전기 방출의 결과로 발생한다. 정전기 방출로 인한 폭발이나 화재에 대한 추가 보호를 제공하기 위해 아세톤 드럼 주입 작업이 몇 도에서 유지되어야 탈 수 있는 혼합물이 액체와 평형을 이루는 증기-공기 혼합물에 의해 생성되지 않는지를 결정하라. 공기 중 아세톤 증기에 대한 낮은 가연 한계값은 부피로 2.55%이다.

**2-11** 수많은 화학물질은 적절한 조건에서 분해하며 상당한 재산 손실을 가져오는 많은 양의 에너지를 배출한다. 실수로 전기 스파크가 일어난 후 초기에 25°C 10기압에 있는 아세틸렌이 탄소와 수소로 급격히 분해될 때 밀폐된 구형 용기에서 도달되는 온도와 압력을 구하라. 압력 누적을 배출하기 위한 배출 밸브가 없는 경우 분해 반응을 붙잡기 위해 필요한 탄소강의 두께는 얼마인가? (두께 계산에서 4인치의 안전인자를 가정하라)

**2-12** 발열반응에서 발생하는 열이 적절히 제거되지 않을 경우, 반응 속도는 통제되지 못하며 적절히 통기되거나 보호되지 않는다면 반응기는 손상을 입는다. 28,000 cal/g몰의 활성화 에너지를 갖는 연속식 교반 반응기를 고려하자. 반응기 주변의 수냉 자켓은 15°C의 초기 온도를 갖는 냉각수를 활용한다. 조업할 수 있는 최대 온도는 몇 도인가? 반응기의 안전한 조업을 유지하기 위해 취해야 할 행동은 무엇인가?

**2-13** 액체 염소는 마른 염소 기체를 가압함으로써 염소 저장 용기로부터 전달될 수 있다. (a) 재가압한 염소 증기를 사용하는 (b) 기화된 염소를 사용하는 두 시스템을 개발하라. 각 시스템에 대하여 적절한 제어와 경보 시스템을 제시하라.

**2-14** 어떤 증류탑이 매우 위험한 물질을 취급하기 위해 설계되었다. 이 탑은 환류 드럼과 완충 저장을 활용한다. 위험한 물질의 재고를 줄이거나 제거할 수 있는 여러 방법을 나열하라. 추천된 시스템을 스케치하고 계측기를 표시하라.

**2-15** 벤젠이 라인 L-101을 통해 탱크 T-101로 들어가고 이어 35기압으로 펌프 P-101A와 P-101B를 통해 라인 L-102로 펌프되는 그림 P2-15에서 보인 벤젠 저장 시스템을 검토하라. 동반된 표는 라인 L-102의 완성된 HAZOP 조사의 일부를 보여준다. 조사를 완성하기 위해 빠진 정보를 제시하라.

**2-16** 그림 P2-16에서 보인 시스템에 대하여 이상 나무를 만들되 여기서 최고-순서 사건은 용기의 과압이다. 각종 이상의 가능한 원인이 제시되어야 한다.

**2-17** 과거 몇 년 동안 비료산업의 동향은 더욱 더 큰 비료공장 쪽으로 가는 것이었다. 공장 위치 관점에서 볼 때 고려되어야 할 더 중요한 인자는 무엇이며 공장 크기가 증가할수록 더 중요해지는 인자는 무엇인가? 생산하는 비료 형태와 상관없이 이러한 인자들은 똑같이 중요한가? 암모니아, 요소, 인산 비료공장에 대하여 이러한 상황을 분석하라.

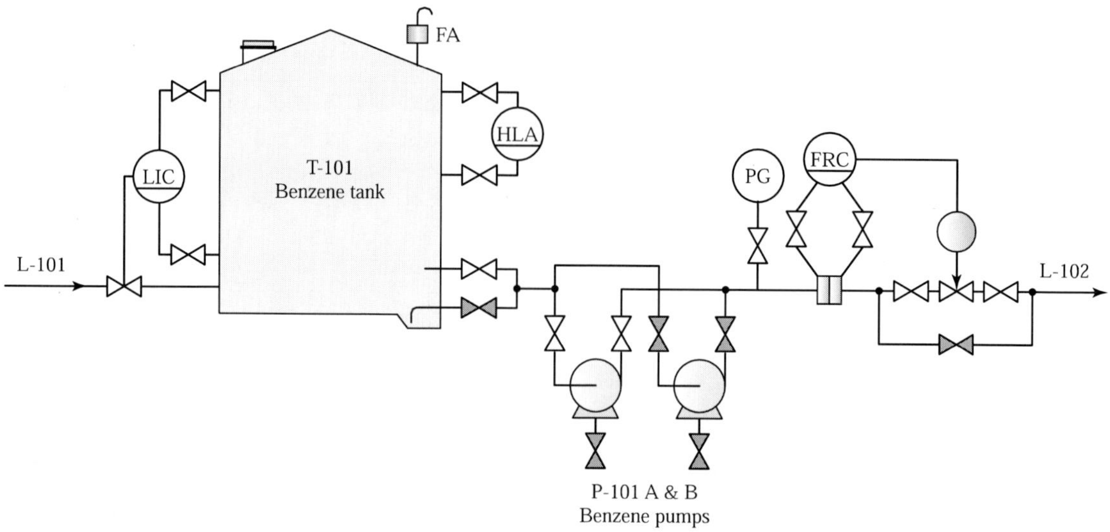


그림 P2-15

HAZOP for line L-102

| Guide word | Property | Possible cause | Possible consequence | Action required |
|---|---|---|---|---|
| More | Temperature | — | Pump seal failure, vapor lock | Install a feedback line |
| Less | Temperature | Low ambient temperature | — | Steam tracing |
| More | Flow | Line fracture | Spillage (possible large explosion) | — |
| | | Pump seal failure | Spillage (possible small explosion) | — |
| | | Control fault | | Consider bypass |
| No | Flow | — | Shutdown | Low-level alarm |
| | | | Shutdown | Automatic start-up of standby pump |
| Reverse | Flow | Pump failure | Backpressure on storage vessel | — |
| As well as | Impurities | — | Possible small detonation | Priming line |

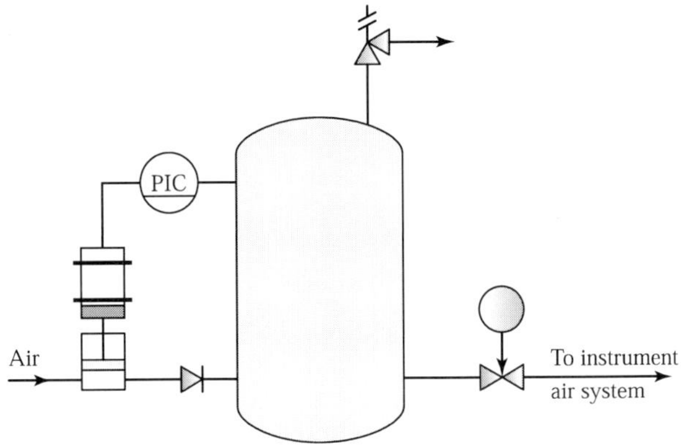


그림 P2-16

**2-18** 주어진 산업 폐수의 BOD 테스트 동안 다음의 정보가 얻어졌다: 15 ml의 폐수 샘플이 500-ml BOD 병에 더해졌고 병은 폐수 유기체로 접종된 표준 희석수로 채워졌다. 20°C에서 5일 후, 원래 샘플과 희석 폐수 샘플이 용존산소 함유량을 위해 Winkler의 나트륨 아지드 수정법에 의해 분석되었다. 원래 샘플 결과는 9.0 ppm의 용존산소 함유량을 나타내었다. 희석 샘플에 대한 결과는 4.0 ppm의 용존산소 함유량을 보였다. 다음 가정을 기초로 하여 폐수에 대한 BOD를 계산하라. 액체의 비중은 1.0이며 폐수 샘플은 용존산소를 가지고 있지 않다.

**2-19** 액체 염소가 저장탱크로부터 이송되어 기화되고 반응기로 보내진다. 기화는 뜨거운 물, 스팀을 사용하는 기화기 또는 염소와 불활성인 전열 유체를 갖는 폐회로 가열기에 의해 수행될 수 있다. 기화기는 가열탕에 잠긴 코일, 수직관 다발, 동심관 장치, 또는 증발기일 수 있다. 이러한 다른 시스템의 상대적 장점을 지적하고 기화 공정에 대하여 가장 적절한 것을 선택하라. 선택된 시스템에 대하여 관 및 계측 그림을 개발하고, 모든 온도, 압력, 액위 및 유량 제어시스템, 경보가 안전 조업을 위해 포함되었음을 확실히 하라.

**2-20** 직경 15 m의 실린더형 탱크가 1600 $m^3$의 액체벤젠을 저장하기 위해 사용된다. 외부 화재 동안 적절한 보호를 제공하기 위하여 최대 탱크압력을 250 Pa 게이지로 유지할 경우 배기 속도와 배기 면적을 결정하라. 계산된 배기면적이 현실적인가? 또는 탱크 사양에 약한-봉합 지붕이 요구되는가? 탱크로의 전열은 뜨거운 검댕이 입자와 화염속 기체로부터의 복사와 뜨거운 기체로부터의 대류에 의해서다. 많은 탄화수소 연료를 태움으로써 방출되는 복사량은 대략 95 $kW/m^2$이다. 이 평균값은 화염에서의 온도, 방사율, 조성, 기타 변수의 변동을 고려한 것이다. 불로부터 가열되었을 때 탱크는 불로부터 받은 에너지의 일부를 재복사함에 유의하라.

CHAPTER

# 3

# 공정설계 개발

공정설계는 화학공학자에게 공학직업상 누릴 수 있는 최고의 창조 활동을 제공할 수 있다. 상상속의 새로운 공정이나 기존공정을 긍정적으로 바꿀 수 있는 개조의 도입을 수행할 기회가 많이 주어진다. 공정설계에 있어서 화학공학자는 새롭거나 개조된 공정에 대한 창조적이며 가끔 복잡한 공정도를 만들어내는 도전에 직면한다. 이러한 일에 있어 그들은 공정설계의 성공이나 실패에 영향을 줄 수 있는 많은 설계 결정을 하게 될 것이다. 의심할 바 없이 공정설계는 일사천리거나 틀에 박힌 일이 거의 아니다. 오히려 이러한 개발은 더 수익성 있고, 더 잘 제어되며, 조업상 안전하고, 환경적으로 건전한 완전히 새로운 공정에 대한 혁신적 접근이나 기존 공정에 대한 개조를 가져온다.

이 장에서는 앞서 표 1-1에서 개요를 보인, 화학 및 생물화학 공정의 설계와 개조에 적용될 몇 가지 주요 단계를 더 상세히 검토할 것이다. 많은 이런 단계들은 기본 공정설계 개발과 함께 요약되어 강조될 것이다. 설계에서는 공정설계와 경제적 고려사항에 관련된 화학산업에서 자주 부딪치는 실제적 형태의 문제를 검토한다.

## 설계 데이터베이스 개발

설계 사업의 개발은 인식된 사회적 또는 공학적 요구를 충족시키기 위한 하나 또는 그 이상의 가능한 해를 찾는데서 항상 시작한다. 사업의 범위를 정의하며, 가능한 설계 문제를 인식하며, 해에 필요한 데이터를 확인하기 위해 추천된 접근이 가능하다면 명백하면서도 간결하게 서술되도록 각 제안된 해의 세심한 검토가 이루어져야 한다.

### 문헌 조사

설계 요구에 대한 해를 개발하는데 있어서 수익을 더 내는 설계에 도달하게 하는 최근 데이터, 공정도, 장치, 모사 모델을 얻기 위해 문헌을 완벽히 조사하는 것이 중요하다. 몇몇 문헌 색인은 최근 문헌을 조사하는데 극히 도움이 된다. 이들은 반응속도론 데이터, 열물성 데이터, 많은 화학물질에 관련된 정보를 포함하여 1970년대 후반 이래로 게재된 많은 기술 논문의 전자적 접근을 제공한다. 설계공학자에게 주된 관심사는 Chemical Abstracts(생화학, 유기화학, 물리 및 분석화학, 고분자 화학, 응용 화학, 화학공학 분야에서 1907년 이후 내용에 대한 전자 접근이 가능한 가장 광범위한 과학적 색인 및 초록 중 하나임), Engineering Index(4500개의 전문학술지, 기술 보고서, 책, 1985년 이후 전자저널 등으로의 접근이 됨), Applied Science and Technology Index(1985년 이후 350개 학술지의 전자 접근이 됨), Science Citation Index(1955년 이후 3300개 학술지, 1985년 이후 전자 접근이 되며 저자가 인용한 문헌을 보여주는 탐색도 됨)이다.

화학공학 원리, 설계, 비용, 응용의 모든 측면에 대한 정보의 주요 자료는 Perry's Chemical Engineers' Handbook(1997)이다. 화학공학자에게 잘 알려진 기타 핸드북과 참고 서적은 Handbook of Chemistry and Physics (CRC Press에서 매년 발행함), Chemical Processing handbook (1993), Unit Operation Handbook (1993), Riegel's Handbook of Industrial Chemistry (1992), JANAF Thermochemical Tables(1985), Handbook of Reactive Chemical Hazards (1990), Standard Handbook of Hazardous Waste Treatment and Disposal (1989), Data for Process Design and Engineering Practice (1995)을 포함한다.

몇몇 문헌 자료는 설계공학자에 의해 널리 쓰인다. 여기에는 많은 화학공장에 대한 상세한 문서를 제공하는 SRI (Stanford Research Institute)가 포함된다. 오늘날 생산되는 대부분의 화학물질 생산에 대한 사용, 역사, 전형적인 공정도, 조업조건, 관련 정보를 담고 있는 더 광범위하고 여러 권으로 된 세 백과사전은 Kirk-Othmer Encyclopedia of Chemical Technology (1994), Ullman's Encyclopedia of Industrial Chemistry (1988), Encyclopedia of Chemical Processing and Design (1976)이다. 창조적인 업무에 추가 정보를 제공할 다른 백과사전으로는 McGraw-Hill Encyclopedia of Science and Technology (1987), Van Nostrand's Scientific Encyclopedia (1988), Encyclopedia of Materials Science and Engineering (1986)이 있다.

문헌에서 찾을 수 있는 데이터 이외에도 2000여 화합물에 대한 광범위한 데이터베이스는 ASPEN PLUS, HYSYS, CHEM CAD, PRO-II와 같은 공정 모사기에 의해 제공된다. 장치 크기 및 비용은 물론 물질 및 에너지 수지를 수행하는 많은 프로그램에 의해 접근되므로 이들은 매우 유용하다.

DECHEMA 데이터 은행으로부터 전자적으로 유용한 광범위한 상평형 데이터는 이런 중요한 물성을 위한 문헌 조사의 필요성을 가끔 없애준다. NRTL, UNIQUAC, Wilson 식을 위한 액상 활동도 계수를 추정하려고 사용된 이진 쌍의 상호연관 계수를 결정하기 위해 각 데이터 집합은 회귀추정 되었다. 이 데이터베이스는 또한 공정모사기에 의해 접근 가능하다.

2장에서 이미 언급했듯이 많은 보통 화학물질은 인간에게 독성 영향을 가지고 있으며 공정에서 사용되어서는 안 된다. 이러한 화학물질에 대한 정보의 한 자료는 EPA와 NFPA에서 관리하는 Toxic Chemical Release Inventory (TCRI)이다. 다른 자료는 Sittig's Handbook of Toxic and Hazardous Chemicals (2002)이며 가연성에 대한 자료는 Perry's Chemical Engineers' Handbook (1997)에 표로 나와 있다. 표에 포함되지 않은 화합물에 대하여는 데이터를 추정하는 방법들이 나와 있다.

특정 화학반응의 총 수익성을 결정하기 위하여, 화학물질 가격에 대한 자료는 Chemical Market Reporter에서 찾을 수 있는데 이것은 많은 화학물질의 최신 가격을 제공하는 격주 발행 신문이다. 이 가격은 특정 지역의 시장 상황을 반영하지 못하므로 이런 특정 화학물질에 대하여는 제조자를 접촉하는 것이 필요하다.

스팀, 냉각수, 전기와 같은 유틸리티의 적정 가격은 일반적으로 지역 유틸리티 회사로부터 얻을 수 있다. 설계 목적을 위해서 많은 유틸리티의 비용 범위가 부록 B에 표로 수록되어 있다.

새로운 정보는 정기간행물, 책, 무역 책자, 관보, 대학 책자, 기타 자료에서 꾸준히 얻을 수 있다. 많은 발간물들은 물성 추정이나 설계 계산을 하는 지름길 방법을 제공하나 다른 것들은 필수적인 데이터를 모노그래프나 표로 표시한다.

효율적인 설계공학자는 해당분야의 진보에 대한 최신 정보를 얻기 위해 모든 시도를 해야 한다. 개인적 경험이나 접촉, 기술학회나 산업전시 모임 참석, 발표된 문헌 참조 등은 공학자에게 성공적인 설계를 위한 배후 정보를 주는데 매우 도움이 된다.

### 특허 탐색

설계공학자는 특허에 의해 보호된 공정의 복사를 피하기 위해 특허를 잘 알고 있어야 한다. 그러나 만료된 특허는 유사한 물성이나 화학반응을 갖는 화학물질을 만들기 위한 2세대 공정의 설계에 도움이 되는 정보를 제공할 수 있다. 미국, 독일, 일본, 기타 나라의 특허는 많은 도서관에서 찾을 수 있으며 복사본도 얻을 수 있다. 1990년대 초부터 특허는 인터넷으로도 유용하게 되었다.

## 공정 창조

사회적 또는 공학적 요구를 조심스레 검토하고 하나 또는 그 이상의 실제적 해에 도달하도록 문헌을 조사한 후에, 이러한 요구를 만족시키기 위한 새로운 공정이나 기존 공정을 상당히 개선하는데 있어 설계공학자는 자주 주요 도전에 부딪힌다. 공정설계의 이러한 부분은 높은 수율과 최소 부산물, 또는 폐기물을 갖는 신뢰성 있고 안전하며 경제적인 방법으로 제품을 만드는 처리 조업의 다양한 구조 합성을 포함한다. 과거에 이런 창조적 활동은 유사한 처리 상황에서 얻어진 경험이나 경험적 법칙으로 보통 실행되었다. 그러나 현대 컴퓨터의 사용에 의한 도움으로 설계-나무 분석과 수학적 계획법을 사용함으로써 합성전략이 더 정량적이고 과학적이 됨에 따라 이러한 접근법은 과거 20년 동안 극적으로 변했다.

원료를 원하는 제품으로 변환시키는 공정조업의 공정도를 합성하는 과정에서, 설계공학자는 처리 모드, 즉 회분식이냐 연속식이냐를 먼저 선택하여야 한다. 그런 후에 공정에 관여된 원료, 제품, 부산물에 대한 결정이 내려져야 한다. 다음으로 원하는 제품을 성취하는데 필요한 주된 조업의 검토가 이뤄지며 이런 공정 조업의 다른 구조를 합쳐야 한다. 여러 원료 선택이 있는 공정은 각각 많은 공정조업을 가신 채 매우 빨리 큰 조합적 문제로 될 수 있다. 그러나 4장에서 다룰 정량적 합성법과 9장에서 검토될 최적화 절차는 지금 설계공학자가 조사될 선택 숫자를 최소화 할 수 있도록 도구를 제공한다.

## 회분식 대 연속식 조업

감소된 노동비, 개선된 공정제어, 더 균일한 품질 때문에 일반적으로 생활용품 화학물질, 석유 제품, 플라스틱, 종이, 용매 등의 생산에 있어서 연속식 처리가 더 선호되는 조업 방식이다. 그러나 회분식 및 반연속식 공정은 특수 화학물질, 제약, 전자물질 제조에서와 같이 생산 속도가 작거나 제품 수요가 간헐적일 때 가끔 사용된다. 특히 하나 이상의 제품이 근본적으로 같은 처리 장치를 사용하여 만들어질 때 그렇다. 이런 경우 장치는 회분 사이에서 세척되고 다른 제품 생산에 관여된 단계를 수행하도록 사용된다.

연속식, 회분식, 반연속식 처리 사이에서의 선택은 주로 공정 합성 단계에서 이뤄진다. 정량적인 분석이 회분식이나 반연속식 처리를 더 나은 조업방식으로 제공하지 않을 경우 보통 연속식 처리가 가정된다. 낮거나 중간 규모의 수요인 경우 이외에도 설계공학자는 공정이 위험하고 독성인 화학물질을 처리하거나 공정의 안전이 주 관심일 때 회분식 및 반연속식 조업을 선택한다.

## 원료 및 제품 사양

일단 조업방식이 결정되면 설계공학자는 원료와 제품의 상태 조건을 정의하는 수많은 사양을 수립해야 한다. 일반적으로 시장 분석에 의해 수립된 제품에 대해 필요한 유량이 주요 관심사이다. 이것은 원료의 유량에 직접 영향을 미친다. 유량들이 수립된 후에는 각 원료와 제품 흐름의 농도(각 화학물질의 몰과 질량 분율), 상(액체, 기체, 고체), 형태(입자크기 분포와 입자·크기), 온도, 압력이 역시 수립된다. 비록 다른 사양도 필요하나 수록된 사양이면 원료와 제품 흐름의 조건을 수립하기에 보통 충분하다.

## 공정합성 단계

공정합성에서의 다음 단계는 원료를 제품으로 전환하기 위한 처리 조업의 선택이다. 아래에 수록된 기본적 처리 조업은 입출력 흐름 사이의 물성 차이를 제거하기 위해 사용된다.[21]

| *합성 단계* | *기본 처리 조업* |
|---|---|
| 분자 변화 | 화학 반응 |
| 농도 변화 | 혼합물의 분리 |
| 상 제거 | 상 분리 |
| 온도 차이 | 온도의 변화 |
| 압력 차이 | 압력의 변화 |
| 상 차이 | 상의 변화 |
| 분포 변화 | 흐름의 혼합 |

대부분의 화학공학 장치는 하나 이상의 이러한 기본적 조업에 관여한다. 예를 들면 원료와 제품 사이에서의 분자구조 차이를 제거하기 위하여 반응기가 화학공정에서 사용된다. 원

21) D. F. Rudd, G. J. Powers, and J. J. Siirola, *Process Synthesis*, J. Wiley, New York, 1973.

료에서 제품까지 진행되는 공정조업의 배열에 있어서의 반응조업의 위치는 전환율, 반응속도, 경쟁 부반응, 역반응에 존재 등에 관여된다. 모든 이런 반응 관심사는 반응이 수행되는 온도 및 압력, 반응 중 에너지를 부과하거나 제거하는 방법, 반응 속도와 공정에 필요한 선택도를 제공하는 촉매의 선택 등에 밀접하게 관련되어 있다.

공정 흐름에서의 어떠한 공정조업도 원료와 제품 사이에서 하나 이상의 물성 차이를 줄이는데 영향을 준다. 각 공정 조업이 공정도에 삽입될 때 그 조업으로부터 나오는 흐름은 요구되는 제품의 흐름에 더 가깝게 간다. 본질적으로, 공정조업은 분자 구조, 조성, 상, 온도, 압력 등에서의 차이를 줄일 목적으로 삽입되어 최종 공정조업을 떠나는 공정 흐름은 원하는 제품의 흐름과 같아진다.

공정합성이 진행됨에 따라 각 단계에서 고려되어야 될 많은 대안들이 발생됨에 주의하라. 이러한 대안들 중에 많은 것이 다음 단계로 진행되기 전에 거절될 수 없다. 그 결과 각 단계는 추가 공정도를 만들어낸다. 복잡한 공정에서 이것은 거대한 조합 문제로 될 수 있다. 명백히 가능한 한 덜 바람직한 대안들을 제거하는 접근법들이 요구된다. 이들의 중요성 때문에 일부 접근법이 4장에서 상세히 다뤄진다.

가장 바람직한 공정도를 창조할 목적을 성취하기 위해 각 새 단계가 덜 수익을 내는 공정으로 이끌지 않는지, 또는 가장 수익성 있는 공정을 미리 배제하지 않는지를 확신하기 위하여 각 합성단계에 대하여 충분한 분석이 포함되도록 조심해야 한다. 이러한 이유로 적절한 모사기를 가지고 합성 단계에서 각종 공정 배열의 빠른 경제적 분석을 수행하는 것이 더 실제적으로 되었다.

## 공정 설계

매우 가끔, 덜 수익성 있는 공정을 제거한 후, 공정창조 단계는 동일한 제품을 만드는 데에도 여러 개의 전적으로 다른 공정도를 여전히 제시한다. 이러한 공정들은 기존의 조건에 맞는 가장 좋은 공정을 선택하기 위해서 비교되어야 한다. 이러한 비교는 각 공정에 대하여 설계를 완벽하게 수행함으로서 얻어질 수 있다. 그러나 많은 경우에 가능성 있는 공정 중 한두 개를 제외한 모든 공정은 근본적인 변수 항목에 가중치로 두어 비교함으로써 제외시킬 수 있고 각 공정에 대한 상세 설계계산은 필요치 않을 수도 있다. 다음 항목은 이러한 형태의 비교에서 고려되어야 한다.

**1.** 기술적 요소
  *a.* 공정유연성
  *b.* 연속식, 반연속식, 회분식 조업
  *c.* 수반되는 특수제어
  *d.* 상업적 수율
  *e.* 수반되는 기술적 난점
  *f.* 에너지 소요량
  *g.* 특수부품 소요

*h.* 장래 발전 가능성
*i.* 수반되는 보건과 안전위해 요인

**2.** 원료
*a.* 현재와 미래의 유용성
*b.* 처리 필요성
*c.* 저장 필요성
*d.* 재료

**3.** 폐기물과 부산물
*a.* 총생산량
*b.* 가치
*c.* 가능한 시장과 용도
*d.* 폐기방법
*e.* 환경적 측면

**4.** 장치
*a.* 유용성
*b.* 제작 재질
*c.* 초기비용
*d.* 유지관리비와 설치비
*e.* 대체 요구사항
*f.* 특수 설계

**5.** 공장위치
*a.* 부지 소요량
*b.* 수송시설
*c.* 시장과 원료산지와의 근접성
*d.* 서비스와 동력시설의 유용성
*e.* 노동력 유용성
*f.* 기후
*g.* 법률적 규제사항과 세금

**6.** 비용
*a.* 원료
*b.* 에너지
*c.* 감가상각
*d.* 기타 고정비용
*e.* 가공비와 경상비
*f.* 특수노무 소요량
*g.* 부동산
*h.* 특허권
*i.* 환경 제어

7. 시간인자
   *a.* 사업 완료시한
   *b.* 필요한 공정개발
   *c.* 시장적기
   *d.* 현금가치
8. 공정 고려사항
   *a.* 기술 유용성
   *b.* 타 공정과의 원료 호환성
   *c.* 공장 내부에서 제품의 일관성
   *d.* 일반적인 회사 목적

많은 경우 이러한 비교는 추가 연구, 실험실, 또는 시험공장 데이터가 필요하며 이러한 정보를 얻기 위한 프로그램이 시작되어야 함을 지적한다. 시험공장 규모에서의 공정개발은 정확한 설계 데이터를 얻기 위해 보통 바람직하다. 물질 및 에너지 수지에 관한 가치있는 정보와 공정조건들은 온도 및 압력 변동, 수율, 속도, 원료 및 제품의 등급, 재질, 조업 특성, 기타 적정한 설계 변수에 대한 데이터를 제공하기 위해 검토될 수 있다. 새로운 제품의 경우 시장 평가를 위한 충분한 제품을 제공하기 위해 시험공장을 필요로 할 수 있다.

## 공정 설계의 형태

요구되는 정확도와 상세도에 따라 설계 공학자는 일반적으로 공정설계를 다음과 같은 방식으로 분류한다.

1. 크기 정도의 설계
2. 연구, 또는 요인적 설계
3. 예비 설계
4. 상세-추정 설계
5. 최종 공정설계

처음 두 단계는 실제로 그 자체가 공정설계가 아니라 제안된 설계 사업에 필요한 투자 수준을 결정하는데 때때로 사용되는 빠른 추정 절차이다. 이러한 형태는 6장에서 다뤄진다.

예비설계는 제안된 공정의 계속적인 작업 수행 여부를 결정하기 위한 기초로 대개 활용된다. 이 설계는 근사 공정방법에 기초를 두고 있으며 개략적으로 비용추산을 한다. 상세한 내용은 포함되지 않으며, 계산에 소요되는 시간을 최소로 유지해야 한다.

예비설계의 결과가 작업을 계속적으로 수행할 수 있는 것으로 판명되면 상세 추정설계가 개발될 수 있다. 이러한 형태의 설계에서는 수립된 공정의 비용과 수익 가능성이 상세한 분석과 계산에 의해 결정된다. 그러나 장치에 대한 정확한 사양이 주어지지 않으며 배관 및 배치 작업도 최소화된다.

상세 추정설계에서 제안된 프로젝트가 상업적으로 성공할 수 있을 것으로 예상되면, 공장건설 계획을 세우기 이전의 최종 단계가 최종 공정설계 준비이다. 공장의 모든 구성요소에 대한 완벽한 사양이 제시되며 견적가격에 기초한 정확한 비용도 얻어진다. 최종 공정설계는 사업의 건설단계동안 사용될 최종계획을 즉시로 개발할 수 있도록 상세한 출력과 충분한 자료를 포함한다.

**예비설계** 예비설계를 준비하는데 있어서, 화학공학자는 공정 창조단계에서 개발된 공정도를 이용한다. 만약 사회적 또는 공학적 요구에 대한 해가 공정 창조단계에 관여되지 않았다면 화학공학자는 원하는 제품을 생산하기 위한 실행 가능한 제조공정을 먼저 수립해야 한다. 명백히 수많은 대안 공정이나 방법이 개발된다면, 위에서 언급했듯이 이러한 공정들 간의 비교가 수행될 필요가 있거나 각 공정은 동등하게 고려되어야 한다.

예비설계의 첫 번째 작업은 설계의 기초를 수립하는 것이다. 제품에 대한 이미 알고 있는 사양과 원료의 유용성에 덧붙여, 예상되는 연간 조업인자(공장의 연간 가동률), 냉각수의 온도, 활용가능한 증기압, 사용연료, 부산물의 가치 등에 의해 설계는 통제될 수 있다. 다음 단계는 관련된 공정을 나타내는 공정도를 준비하는 것과 요구되는 단위조작을 결정하는 것으로 구성된다. 이때 예비 물질수지는 몇 가지 대안을 아주 신속하게 제거시킬 수 있다. 나머지 대안에 대한 유량과 흐름 조건은 완벽한 물질수지와 에너지수지 및 원료와 제품의 사양, 수율, 반응속도와 시간주기의 지식에 의해서 평가한다. 각 공정 흐름의 온도, 압력 및 조성을 결정된다. 흐름의 엔탈피, 증기와 액체, 고체의 백분율 및 열 요구량 등은 공정에 대해 적절한 위치에 포함된다.

장치의 특정부분의 설계에서 단위공정 조작이 사용된다(각종 형태의 공정장치의 설계와 선택에 대한 도움이 12장에서부터 15장에 걸쳐 나와 있다). 장치 사양은 일반적으로 표의 형태로 요약되며 최종 설계보고서에 포함된다. 이들 표에 포함되는 사항은 다음과 같다.

1. *탑 (증류)* : 단수와 조작조건 이외에도 탑의 직경, 제작 재질 및 단 배열방법 등이 명시될 필요가 있다.
2. *용기* : 가끔 원하는 보유 시간에 의해 정해지는 크기 외에도 제작 재질과 충전물이나 방해판을 명시해야 한다.
3. *반응기* : 촉매 형태와 크기, 층 직경과 두께, 열교환 구조, 주기와 재생 배열 및 제작 재질 등을 명시해야 한다.
4. *열교환기와 노* : 보통 제작자는 열 부하량, 대수 평균 온도차, 증발율, 압력강하 및 제작 재질을 제공받는다.
5. *펌프와 압축기* : 형태, 동력 소요량, 압력차, 중력, 점도 및 작동 압력 등을 명시한다.
6. *계장* : 기능과 특별한 요구사항을 지적한다.
7. *특수 장치* : 기계식 분리기, 혼합기와 건조기 등에 대한 사양을 제공한다.

여기서 제시한 것은 완벽한 점검표가 아니라 필요한 요약 형태의 예로 의도한 것이다(사용된 제목은 특히 석유화학 산업에 알맞으며 다른 것들은 기타 산업에서 바람직할 수 있다). 요약에서 언급한 것과 같이 재질의 선택은 적절한 장치의 설계와 선택에 밀접한 관계가 있다.

필요한 장치가 확정되자마자 유틸리티와 노동력 소요량을 결정하여 표로 만들 수 있다. 투자 자본과 총 생산비(6장에서 언급함)를 추정하여 예비설계 계산을 완료한다. 경제적 평가는 어떠한 공정설계에서도 중요한 역할을 한다. 이것은 특별한 공정 선택, 사용된 원료의 선정, 선정된 조업조건에 있어서 뿐만 아니라 장치의 사양에 있어서도 중요하다. 장치나 공정의 설계는 경제적 평가 없이는 절대 완성될 수 없다. 실제로 1장에서 언급하였듯이, 어떠한 설계사업도 비용을 고려하지 않고 예비단계를 절대로 넘어 나아갈 수 없다. 예비설계 단계에서의 비용의 평가는 많은 대안들을 더 제거하는데 있어 공학자에게 큰 도움을 준다.

전형적인 공정설계를 준비하는데 중요한 최종단계는 설계작업의 결과를 제시하는 보고서를 작성하는 것이다. 불행하게도 설계작업의 이러한 단계는 매우 자주 화학공학자에 의해 거의 주목을 받지 않고 있다. 결과적으로 종종 공학자와 관리자 사이의 의사소통이 원활하지 못해서 말하지 못한 많은 양의 우수한 공학적 계산과 아이디어들이 버려진다.[22] 끝으로 공정개발 단계로부터 충분한 데이터가 유용해지자마자 바로 예비설계를 수행하는 것이 중요하다. 이와 같은 방법으로 예비설계는 많은 양의 돈과 시간을 쓰여지기 전에 바람직하지 않는 사업을 제거시키는 중요한 기능을 수행할 수 있다.

**상세-추정 설계** 예비설계와 관련된 공정개발 작업은 상세-추정 설계에 필요한 충분한 정보를 제공한다. 다음 인자는 상세-추정 설계가 개발되기 전에 좁은 범위 내에서 수립되어야 한다.

1. 제조공정
2. 물질 및 에너지수지
3. 온도와 압력 범위
4. 원료와 제품 사양
5. 수율, 반응속도 및 시간주기
6. 제작 재질
7. 유틸리티 사용량
8. 공장 부지

앞의 정보가 설계에 포함될 때 결과는 소요 자본 투자비, 제조비용, 가능한 수익의 정확한 추정을 가능하게 한다. 기타 고려사항은 건물의 형태, 난방, 환기, 조명, 동력, 배수, 폐기물 처리, 안전설비 및 계장 등이다.

**최종 공정설계** 최종 공정설계(또는 상세설계)는 상세-추정 설계로부터 구매와 건설을 위해 준비된다. 특수 장치 제작을 위한 상세 설계도면이 작성되고, 표준 형태의 장치와 재료 구매를 위한 사양도 준비된다. 완벽한 공장 배치도 준비되며, 건설 청사진 도면과 건설지침이 개발된다. 배관 및 기타 건축과 관련된 세부사항이 포함된다. 창고, 실험실, 경비실, 울타리, 교환소, 수송설비 및 이와 유사한 항목에 대한 사양도 주어진다. 최종 공정설계는 건축, 환기, 전기, 토목 등의 각종 공학 분야의 전문가의 도움을 받아서 개발되어야 한다. 안전 조건과 환경 영향 인자도 항상 설계에 포함되어야 한다.

## 공정 흐름도

여러 해 동안 화학공학자는 총괄 공정에 관여된 장치 순서와 단위조작을 보여주고 원론적으로 제소 설자를 시각화시켜 단순화하며, 전달되는 물질 및 에너지 양을 명시하기 위해서 공

22) 더 간략하고 명백한 설계 보고서 작성에 있어서의 도움을 위해 11장을 보라.

정도를 사용해 왔다. 이들 공정도는 일반적으로 정성적, 정량적, 종합-상세한 것으로 분류되었다.

정성적 공정도에서는 물질의 흐름, 관련된 단위조작, 필요한 장치 및 조작온도와 압력에 관한 특별 정보를 표시했다. 정량적 공정도에서는 공정조업에 필요한 물질의 양을 보였다. 예비 공정도가 설계 사업의 초기 단계에서 만들어졌다. 설계가 완성되어 갈 때, 유량과 장치 사양에 대한 상세한 정보가 유용해졌으며, 종합-상세 공정도가 준비되었다. 이러한 형태의 공정도는 정성적인 흐름 틀을 보여주었고, 장치 사양, 정량적 데이터, 표본 계산을 제공하기 위한 기본 참고자료의 역할을 했다.

컴퓨터 소프트웨어의 도움으로 일단 총괄 공정도와 소요 장치가 수립되면 설계되는 화학공정의 더 완벽한 모델링이 가능해진다. 이것은 공정 흐름도(PFD)로 완성된다. PFD는 모든 주요 처리 조업장치, 펌프 및 압축기 같은 모든 필요한 보조장치, 모든 물질 및 에너지 흐름 등을 포함하는 실제 화학공정에 대한 근사된 모델이다. 과거에 개발된 공정도와 비교될 때 이것은 PFD로 하여금 공정설계 요구사항의 더 완벽한 그림을 제시하게 하고 설계에서의 개선된 정확성을 가져온다.

초기에 PFD에서 유용한 상세한 것은 설계 공학자에게 매우 쓸모 있지는 않았지만, 현대의 모사 소프트웨어와 함께 PFD는 일부 공정에 대하여 PFD로부터 직접 실제 건설로 가는 것이 허용되도록 높은 수준의 신뢰도를 성취하였다. 현재 공정 흐름도는 장치 크기결정, 배관망 설계, 공정에 대한 제어 계획을 포함한 기타 설계 측면에도 도움을 줄 수 있다. 모사를 통하여, 설계의 조업 행동이 조사될 수 있으며, 특수 설계에 대한 적용성 여부를 위해 적절한 제어 방법이 검토될 수도 있다. 또한 전체 공정성능의 더 정확한 가시화도 가능하게 하며 아마도 초기 공정도에서 고려되었던 설계 대안도 제거되거나 부활시킬 수 있다. 가능한 상세한 정도를 보여주는 현대의 PFD의 예가 그림 3-1에 나와 있다. 제어계획 면에서 가능한 부수적인 상세한 것이 앞의 PFD에서 보여준 주요 탑을 부각시키면서 그림 3-2에 제시된다. PFD 소프트웨어의 유용성, 사용, 선택은 5장에서 다뤄진다.

## 배관 및 계장도

공정설계에 있어 다른 중요한 수준은 배관 및 계장도(P&ID)를 만드는 것이다. P&ID는 공정의 설계 측면에서 치명적이지는 않으나 모사와 나중 건설 및 공정 조업에 근본적인 총괄 설계 과정에서의 부수적인 수준을 제공한다. P&ID는 모든 배관, 벨브와 같은 관련 고정물, 공압 공기선과 같은 각종 계장 구성요소, 제어벨브와 같은 제어기기 등에 대한 계획을 포함한다(이들은 수동적으로 만들어지거나 5장에서 역시 묘사될 유용한 소프트웨어를 사용하여 PFD로부터 만들어질 수 있다). 이러한 그림은 설계 공학자로 하여금 각종 운전조건을 모사하고 이러한 변화가 공정의 조업성과 경제성에 미칠 영향을 조사하는 것을 가능하게 한다. 따라서 이 그림은 공정을 조업하는 동안 조업자에게 지침이 되고 또한 참고용으로 필요하게 된다. 이 때문에 P&ID의 현황을 유지하고 화학공장의 조업적 안전이 용이하도록 P&ID를 조업자에게 유용하게 만드는 것이 법적 요구사항으로 되었다. P&ID의 예가 그림 3-3에 주어진다.

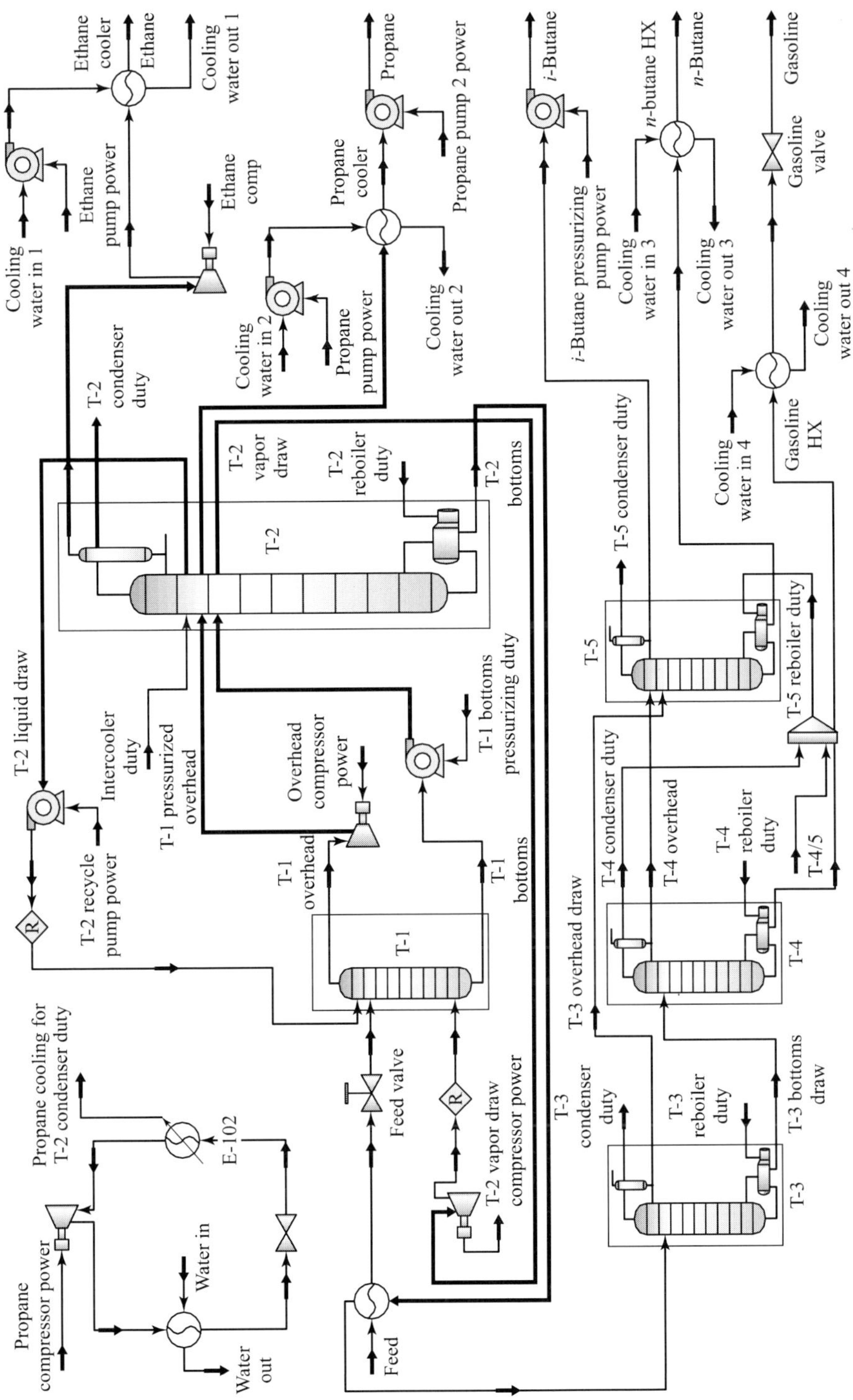


**그림 3-1**
천연가스 액체 정유를 위한 공정 흐름도

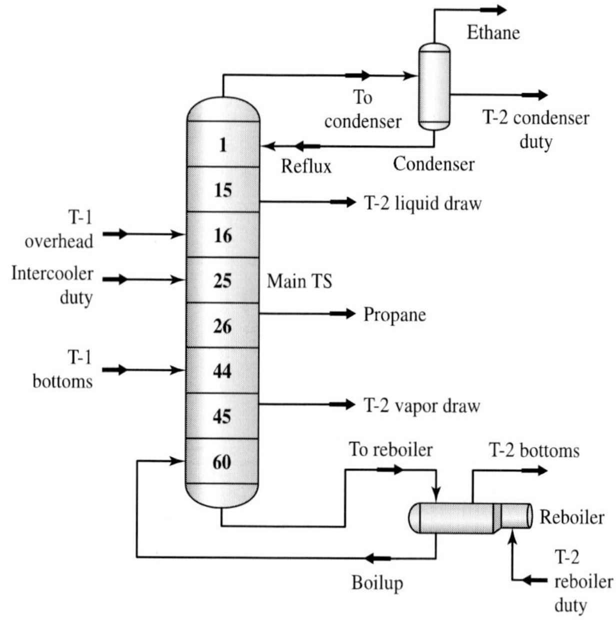


**그림 3-2**

그림 3-1에 나타난 천연가스 액체 정유의 주 탑을 위한 공정 흐름도

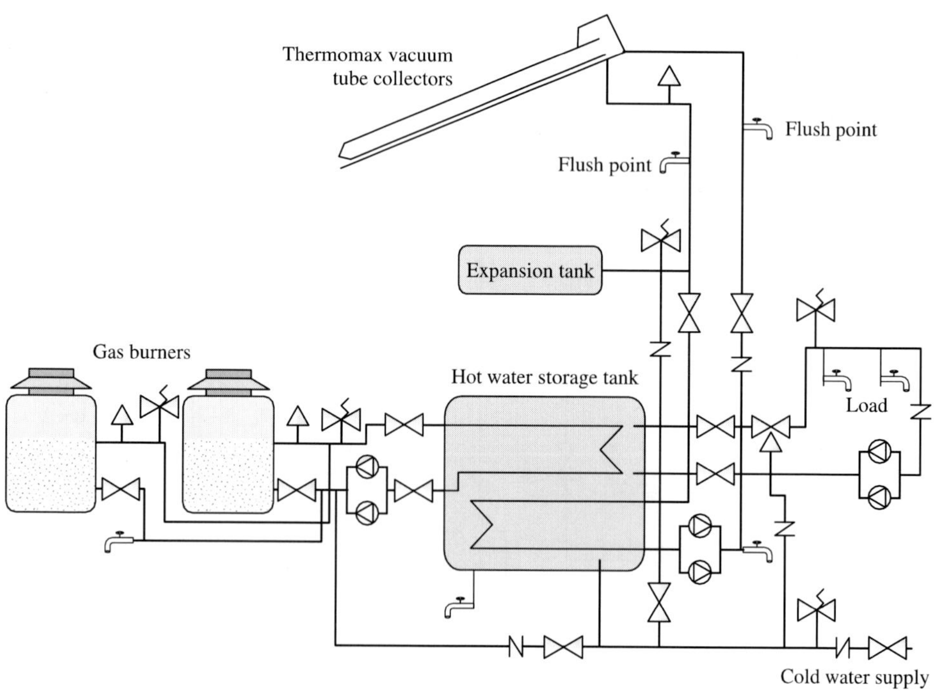


**그림 3-3**

상업용 통합 태양 물 가열 시스템을 위한 배관 및 계장도

# 용기 및 관 배치 등척

마지막 일반 설계과업은 올바른 용기 및 관 배치를 수립하는 것이다. 이것은 용기, 관, 관 구성요소의 방향을 포함하여 상세한 장치 사양과 3차원에서의 관 위치 및 방향을 필요로 한다. 안전 측면에 관여된 것 이외에도 이 과정에 영향을 미치는 고려사항은 연결, 조업 및 유지보수를 위한 접근 필요성, 열 및 물질 전달, 기후 민감도, 경제적 관 및 부품 장치를 포함한다. 용기 및 관 배치 등척의 목표는 최소 투자비와 조업비로 공정도 요구사항을 만족시키면서 1장에서 언급한 배치 고려사항을 충족시키는 배치를 만들어내는 것이다.

용기 및 관 배치 등척을 만드는 것은 용기 및 관 요구사항을 수립하고, 가능한 배치를 결정하고, 설계자로 하여금 3차원에서 그림으로 등척을 평가하도록 특별히 설계된 소프트웨어에 의해 매우 용이하게 되었다.[23] 이러한 소프트웨어 패키지는 용기 및 관 배치 등척이 쉽게 이루어지는 데까지 진전되었다.

# 장치설계 및 사양

공정 또는 공장설계에 있어서의 화학공학자의 목적은 효과적인 산업적 토대에서 조업할 수 있는 완벽한 화학 또는 생물화학 공장을 개발하고 제시하려는 것이다. 이러한 목적을 구현하기 위하여 화학공학자는 공장을 원활하게 가동하는데 필요한 많은 분리된 장치와 설비를 병합할 수 있어야 한다. 최종 공정이나 공장이 성공적이 되려면, 각 장치는 그것에 필요한 기능을 수행할 수 있어야 한다. 그러므로 장치설계도 설계의 근본적인 부분이다.

공정설계를 개발하는 공학자는 각 장치에 대한 사양을 준비하는 책임을 받아 들여야 하고, 서로 다른 형태의 장치를 제조하는 방법도 익숙해야 한다. 이러한 제조과정에서의 적정한 제작 재질의 중요성도 인지하고 있어야 한다. 장치 크기, 조업 조건, 개구의 위치와 수, 플랜지와 헤드의 형태, 코드, 변화 허용오차 및 기타 정보 등 설계 데이터가 개발되어야 한다. 많은 상세한 기계 설계는 장치 제작자에 의해 다뤄지고 있지만 화학공학자는 기본적 설계 정보를 제공해야 한다.

## 설계에서의 장치 대형화

정확한 데이터가 문헌에 나와 있지 않거나 과거 경험이 적절한 설계 기준을 주지 못할 때 효과적으로 공장 장치를 설계하기 위해서는 시험공장의 시험이 필요할 수 있다. 이러한 시험의 결과는 공장 규모로 대형화되어야 한다. 그러므로 화학공학자는 공장의 대형화 방법의 한계에 익숙해야 하며 근본적인 설계변수를 선택하는 방법을 알아야 한다.

재질의 형태와 관련된 조건에 대하여 특정 정보가 이미 유용하지 않다면 여과기를 설계하기 위해 중간시험공장 데이터가 거의 항상 요구된다. 열교환기, 증류탑, 펌프 및 많은 기타 재래식 장치들은 시험공장 데이터를 사용하지 않고 보통 적절히 설계될 수 있다. 표 3-1은 여러 형태의 장치 설계에서의 주요 인자 분석을 보여준다. 이 표는 장치의 크기나 용량 및 이들 변수의 최대 대형화 비율을 특성 짓는 주요 변수를 보여준다. 시험공장 데이터,

23) 소프트웨어 사용과 유용성에 대한 더 상세한 내용을 위해 5장을 보라.

표 3-1 장치 대형화 및 설계에 있어서의 인자

| Type of equipment | Is pilot plant usually necessary? | Major variables for operational design (other than flow rate) | Major variables characterizing size or capacity | Maximum scale-up ratio based on indicated charac-terizing variable | Approximate recommended safety or over-design factor, % |
|---|---|---|---|---|---|
| Agitated batch crystallizers | Yes | Solubility–temperature relationship | Flow rate<br>Heat-transfer area | >100 : 1 | 20 |
| Batch reactors | Yes | Reaction rate<br>Equilibrium state | Volume<br>Residence time | >100 : 1 | 20 |
| Centrifugal pumps | No | Discharge head | Flow rate<br>Power input<br>Impeller diameter | >100 : 1<br>>100 : 1<br>10 : 1 | 10 |
| Continuous reactors | Yes | Reaction rate<br>Equilibrium state | Flow rate<br>Residence time | >100 : 1 | 20 |
| Cooling towers | No | Air humidity<br>Temperature decrease | Flow rate<br>Volume | >100 : 1<br>10 : 1 | 15 |
| Cyclones | No | Particle size | Flow rate<br>Diameter of body | 10 : 1<br>3 : 1 | 10 |
| Evaporators | No | Latent heat of vaporization<br>Temperatures | Flow rate<br>Heat-transfer area | >100 : 1<br>>100 : 1 | 15 |
| Hammer mills | Yes | Size reduction | Flow rate<br>Power input | 60 : 1<br>60 : 1 | 20 |
| Mixers | No | Mechanism of operation<br>System geometry | Flow rate<br>Power input | >100 : 1<br>20 : 1 | 20 |
| Nozzle-discharge centrifuges | Yes | Discharge method | Flow rate<br>Power input | 10 : 1<br>10 : 1 | 20<br>20 |
| Packed columns | No | Equilibrium data<br>Superficial vapor velocity | Flow rate<br>Diameter<br>Height/diameter ratio | >100 : 1<br>10 : 1 | 15 |
| Plate columns | No | Equilibrium data<br>Superficial vapor velocity | Flow rate<br>Diameter | >100 : 1<br>10 : 1 | 15 |

| | | | | | |
|---|---|---|---|---|---|
| Plate-and-frame filters | Yes | Cake resistance or permeability | Flow rate | >100 : 1 | 20 |
| | | | Heat-transfer area | >100 : 1 | |
| Reboilers | No | Temperatures | Flow rate | >100 : 1 | 15 |
| | | Viscosities | Heat-transfer area | >100 : 1 | |
| Reciprocating compressors | No | Compression ratio | Flow rate | >100 : 1 | 10 |
| | | | Power input | >100 : 1 | |
| | | | Piston displacement | >100 : 1 | |
| Rotary filters | Yes | Cake resistance or permeability | Flow rate | >100 : 1 | 20 |
| | | | Filtration area | 25 : 1 | |
| Screw conveyors | No | Bulk density | Flow rate | 90 : 1 | 20 |
| | | | Diameter | 8 : 1 | |
| | | | Drive horsepower | | |
| Screw extruders | No | Shear rate | Flow rate | 100 : 1 | 20 |
| | | | Power input | 100 : 1 | 10 |
| Sedimentation centrifuges | No | Discharge method | Flow rate | 10 : 1 | 20 |
| | | | Power input | 10 : 1 | 20 |
| Settlers | No | Settling velocity | Volume | >100 : 1 | 15 |
| | | | Residence time | | |
| Spray columns | No | Gas solubilities | Flow rate | 10 : 1 | 20 |
| | | | Power input | | |
| Spray condensers | No | Latent heat of vaporization | Flow rate | 70 : 1 | 20 |
| | | Temperatures | Height/diameter ratio | 12 : 1 | |
| Tube-and-shell heat exchangers | No | Temperatures | Flow rate | >100 : 1 | 15 |
| | | Viscosities | Heat-transfer area | >100 : 1 | |
| | | Thermal conductivities | | | |

†Modified from data presented by A. Bisio and R. L. Kabel, *Scaleup of Chemical Processes*, J. Wiley, New York, 1985; H. Z. Kister, *Distillation Design*, McGraw-Hill, New York, 1992; S. M. Walas, *Chemical Process Equipment—Selection and Design*, Butterworth-Heinemann, Newton, MA, 1985; and D. R. Woods, *Data for Process Design and Engineering Practice*, Prentice-Hall, Englewood Cliffs, NJ, 1995.

안전인자, 설계용 근본적인 조업 데이터를 위한 필요한 정보도 이 표에 포함된다.

## 안전인자

장치설계를 위한 추천된 안전인자의 일부 예가 또한 표 3-1에 보여진다. 이들 인자는 시간에 따른 조업 성능의 변화뿐만 아니라 설계 과정에서의 불확실성도 설명하는데 사용되었던 과잉설계의 양도 제시한다.

안전인자의 무차별 적용은 오히려 설계에 매우 나쁠 수 있다. 각 장치는 그 필요 기능이 수행될 수 있도록 설계되어야 한다. 이때 불확실성이 관여되면 합리적인 안전 인자가 적용될 수 있다. 총괄 조업에서 특수 장치의 역할은 미달설계의 결과에 따라 고려되어야 한다. 조업 중 일어날 수 있는 파울링은 설계 안전인자가 결정될 때 결코 간과되어서는 안 된다. 용량 요구사항의 가능한 증가는 종종 큰 안전인수를 적용하는 데에 따른 것이다. 그러나 이러한 실제적용은 큰 과다설계의 결과를 가져오므로 공정이나 장치가 그의 경제적 가치를 입증할 기회를 결코 갖지 못한다.

일반적인 설계과업에서 안전인자의 크기는 경제적 또는 시장 고려사항, 설계 데이터와 계산의 정확성, 조업성능의 변화가능성, 총괄 공정에서 유용한 배경 정보, 설계의 각 구성요소의 개발에 있어서 사용된 안전제일주의 양에 의해 규정된다. 각 안전인자는 기존 조건을 기준으로 선택되어야 하며, 상황이 보증되면 화학공학자는 안전인자 값으로 0을 사용하는데 주저하지 말아야 한다.

## 장치 사양

장치설계의 일반화는 가능한 때마다 표준 장치가 선택되도록 하는 것이다. 장치가 표준화되면 장치제작자는 재고에서 원하는 크기를 가질 수 있다. 어떤 경우에도 제작자는 특수장치보다는 표준장치에 대하여 더 낮은 가격과 더 좋은 보증을 하는 견적을 보통 낼 수 있다.

장치제작자와 만나기 전에 공학자는 설계 요구사항을 평가하여 장치에 대한 예비 사양서를 준비해야 한다. 이 예비 사양서는 공학자에 의해 최종 사양서를 준비하기 위한 기초로 사용될 수 있거나, 또는 제안과 제작 정보를 위한 요구서와 함께 장치제작자에게 보내질 수 있다. 장치의 예비 사양은 다음을 보여주어야 한다.

1. 분류
2. 기능
3. 조업
4. 취급 물질
5. 기초설계 데이터
6. 근본적인 제어방법
7. 단열 요구사항
8. 허용오차
9. 특수 정보와 개스킷을 포함한 제작 재질, 설치, 요구되는 인도일자, 지지대, 특수설계 상세사항 및 언급 같은 특수 장치에 적절한 상세내용들

최종 사양은 공학자에 의해 준비될 수 있으나 불필요한 제약을 피하기 위해 상당한 주의가 요망된다. 공학자는 상세한 사양을 준비하기 전에 가능한 장치 제작자의 제언을 받아들여야 한다. 이러한 방식으로 최종설계는 장치의 효율성을 감소시키지 않으면서 초기비용을 절감하도록 약간의 변화를 줄 수 있다. 예를 들면 표준형 열교환기에 사용되는 관의 길이는 보통 2.44, 3.66, 4.88 또는 6.10 m이고 통상적으로 이들 길이의 관은 제작자와 유지관리 부서에 의해 재고로 비축해 둔다. 만약 설계명세서가 4.57 m 길이를 요구한다면 제작자는 명시된 길이대로 4.88 m 관을 절단하여 사용해야 한다. 그러므로 명시된 관 길이를 4.57에서 4.88 m로 증가시키면 장치의 총비용을 절감시킬 수 있는데, 이것은 표준-길이 관을 절단하는데 소요되는 노동력을 절감할 수 있기 때문이다. 덧붙여서 이미 사용 중인 열교환기에서도 관의 교체가 필요할 경우에도 4.88 m관의 교체가격이 4.57 m 관보다 더 저렴할 것이다.

그림 3-4와 3-5는 열교환기와 증류탑을 위한 전형적인 형태의 사양서를 나타낸다. 이들 사양서는 설계 과업을 수행하는 화학공학자가 접하게 되는 일반적인 형태의 장치에 적용된다. 통이나 헤드의 두께와 같은 상세한 기계설계는 장치의 성능에 직접적인 영향을 주지 않으므로 포함되지 않는다. 그러나 비정상 또는 극한 조업조건이 관여된 형태의 장치에 대해서는 추가적인 기계설계의 세부사항이 포함되도록 사양을 확장할 필요가 있다. 출구의 위치와 크기, 받침대, 기타 근본적인 제작정보는 도면이나 설명 형태로 사양서에 제시될 수 있다.

| **HEAT EXCHANGER** | | |
|---|---|---|
| **Identification:** | Item: *Condenser*<br>Item No. *H-5*<br>No. required *1* | Date 1-1-02<br><br>**By** ***PTW*** |
| **Function:** *Condense overhead vapors from methanol fractionation column* | | |
| **Operation:** *Continuous* | | |
| **Type:** *Horizontal*<br>*Fixed tube sheet*<br>*Expansion ring in shell*<br>Duty *1000 kW* Outside area *44 m²* | | |
| **Tube side:**<br>Fluid handled *Cooling water*<br>Flow rate *0.025 m³/s*<br>Pressure *240 kPa*<br>Temperature *15 to 25°C*<br>Head material *Carbon steel* | | **Tubes:** *0.0254 m* diam. *14* BWG<br>*0.03175 m* Centers Δ Pattern<br>*225* Tubes each Length *2.44 m*<br>*2* Passes<br>Tube material *Carbon steel* |
| **Shell side:**<br>Fluid handled *Methanol vapor*<br>Flow rate *0.9 kg/s*<br>Pressure *101 kPa*<br>Temperature *65°C* to (*constant temp.*) | | **Shell:** *0.56 m* diam. *1* Passes<br>(Transverse baffles *Tube support* Req'd)<br><br>(Longitudinal baffles *0* Req'd)<br>Shell material *Carbon steel* |
| **Utilities:** *Untreated cooling water*<br>**Controls:** *Cooling-water rate controlled by vapor temperature in vent line*<br>**Insulation:** *0.051 m rock cork or equivalent; weatherproofed*<br>**Tolerances:** *Tubular Exchangers Manufacturers Association (TEMA) standards*<br>**Comments and drawings:** *Location and sizes of inlets and outlets are shown on drawing* | | |

**그림 3-4**

열교환기 사양서

**SIEVE-TRAY COLUMN**

| **Identification:** | Item:<br>Item No.<br>No. required | **Date**<br><br>**By** |
|---|---|---|

**Function:**

**Operation:**

| **Materials handled:** | *Feed* | *Overhead* | *Reflux* | *Bottoms* |
|---|---|---|---|---|
| Quantity | | | | |
| Composition | | | | |
| Temperature | | | | |

**Design data:**

| | | | |
|---|---|---|---|
| No. of trays | | | Reflux ratio |
| Pressure | | | Tray spacing |
| Functional height | | | Skirt height |
| Material of construction | | | |
| Diameter | Liquid density | $kg/m^3$ | ( $lb/ft^3$) |
| | Vapor density | $kg/m^3$ | ( $lb/ft^3$) |
| Maximum allowable vapor velocity (superficial) | | | m/s ( ft/s) |
| Maximum vapor flow rate | | | $m^3/s$ ( $ft^3/s$) |
| Recommended inside diameter | | | |
| Hole size and arrangement | | | |
| Tray thickness | | | |

**Utilities:**
**Controls:**
**Insulation:**
**Tolerances:**
**Comments and drawings:**

**그림 3-5**
체판 증류탑의 사양서

## 제작재질

부식과 침식의 영향은 화학공장과 장치의 설계에서 반드시 고려되어야 한다. 그러므로 제작재질의 내약품성과 물리적 특성은 장치의 선택과 설계에 있어서 중요한 인자이다. 제작재질은 노출된 표면이 접촉하는 화학약품의 부식성에 저항력이 있어야 한다. 제작재질이 적절한 내약품성을 가질 수 있다 하더라도 흐르는 유체나 다른 유동성 물질에 의해 유발될 침식의 가능성을 고려해야 한다. 제작재질의 최종 선택에 영향을 미치는 추가적인 인자로는 조업온도와 압력을 포함하여 구조강도, 물리적 또는 열적 내충격성, 비용, 제작 난이도, 필요한 유지관리 및 요구되는 일반적 형태의 서비스이다.

장치 제작을 위한 적절한 재질과 관련하여 의심나는 사항이 있으면 참고자료를 문헌에서 찾거나 최종 조업조건과 유사한 조건하에서 실험실 시험을 수행해야 한다.[24] 실험실 시험으로부터의 결과는 재질의 내부식성을 제시하며, 또한 특별한 재질과의 접촉에 의해 유발되는 제품에 대한 영향도 지적한다. 내침식량이나 기타 조업인자의 영향을 결정하기 위하여 시험공장 규모의 더 나아간 시험이 요구될 수도 있다.

24) 제작 재질에 대한 상세한 정보는 10장에 나와 있다.

# 예비설계 - 특정 사례

사업의 설계절차와 관련하여 이 장의 앞에서 언급 사항을 더욱 자세히 설명하기 위하여, 특정 예비설계에서 조금 더 가까이 보는 것은 적절하다. 공간적 제약 때문에 여기서는 짧은 요약만 제시하고자 한다. 그러나 충분히 상세내용이 예비설계를 준비하는데 필요한 단계들을 설명하기 위해 주어질 것이다.

## 문제 서술

어느 천연가스 회사는 수익성을 증가시키기 위해 그 조업을 석유화학 분야로 다각화하는 것을 고려하고 있다. 천연가스 분리 공정으로부터, 이 회사는 고가의 에틸렌과 프로필렌 제품을 제조하는 고객 회사에서 사용되는 많은 양의 에탄과 프로판 가스를 생산한다. 조업을 다각화하기 위해 회사는 이러한 일상품 화학물질을 자체적으로 생산하는 가능성을 조사하고 있다. 공정 공학자는 경영진에게 생산자간의 경쟁 때문에 회사에 경제적 장점을 제공할 수 있는 공정상의 일부 의미있는 개선이 없다면 시장에 들어가는 것은 어렵다는 사실을 알렸다. 이 공정 공학자는 또한 에틸렌 공정에서 이러한 개선을 성취하기에 가장 유망한 곳은 전체 공정에서 필요한 에너지의 거의 70%를 사용하면서 매우 에너지 집약적인 공정의 분리 영역이라는 것을 보고했다.

이 정보에 입각하여, 경영진은 어떤 새로운 분리기술이 500,000 t (metric)/yr 규모의 신규 에틸렌 공장의 투자를 정당화할 정도로 충분한 동기유발을 제공할 수 있는지를 결정하기 위하여 에틸렌 공정의 분리 영역의 검토를 요청하였다. 이러한 결정에 있어서 경영진을 돕기 위해, 종래의 기본-경우 에틸렌 공장과 분리 영역에서 새롭거나 개선된 기술을 활용하는 에틸렌 공장 사이의 경제적 비교가 이뤄지도록 요청되었다.

## 문헌 조사

에틸렌/에탄 및 프로필렌/프로판 분리는 에너지 및 냉장 요구사항 관점에서 더 어려운 분리이므로 이들은 에틸렌 공정의 경제성을 변경하기 위한 더 큰 기회를 제공한다. 문헌조사에 의하면 이 두 파라핀/올레핀 혼합물의 분리는 선택적 흡수, 선택적 흡착, 추출증류, 막분리를 통해 이뤄질 수 있음을 알 수 있다. 처음 세 단위조작은 새롭지 않으며 여러 해 동안 완전히 조사되어 왔다. 선택적 흡수 공정은 프로필렌 생산에 필요한 고순도 에틸렌을 만들지 못하므로 지금의 증류 기술을 대체로 받아들여지지 않는다.[25] 선택적 흡착 공정에서는, 원하는 분리 목표를 위해 여러 형태의 제올라이트 분자체가 개발되어 왔다. 그러나 분자체는 상업 공장에서의 사용에 지장을 주는 장시간 조업에 따른 문제에 부딪힌다.[26] 이와 같이 추출 증류 시스템도 이러한 두 특정 분리를 위해 개발되어 왔다. 이 경우 특히 고분자 등급 프로필렌이 생산될 때 부가적인 추출용매의 처리비용 때문에 이 분리는 증류공정보다 더 비싸다.[27]

25) S. B. Zdonik et al., *Oil and Gas J.*, **64**(49): 62 (1966)

26) T. C. Kumar et al., *Sep. Sci. & Tech.*, **27**(15): 2157 (1992)

에틸렌/에탄과 같은 낮은 상대 휘발도의 혼합물의 분리하기 위한 단순한 확산 막 시스템의 사용은 분리공정에서의 작은 전달 속도와 낮은 선택도 때문에 비실제적이다. 그러나 용이한 이동 개념을 활용한다면 막은 이 공정을 타당하게 만든다.[28] 이러한 이동에서 단순한 확산공정은 분리될 물질 중 하나와 역으로 결합함으로써 순수 이동속도를 증가시키는 화학반응물과 결합한다. 에탄으로부터 에틸렌 및 프로판으로부터 프로필렌의 선택적 분리를 위해 용이한 이동 막 기술(FTMT)이 벤치 규모의 실험실과 시험-공장 연구에서 모두 성공적으로 시범되어졌다.

## 공정 창조

에틸렌 분리공정을 위한 원하는 목적은 높은 분율의 에틸렌 회수와 함께 고순도의 에틸렌 제품을 얻는 것이다. 종래의 증류 기술은 두 목적을 성취하나, 상당한 에너지 소비가 있다. 반면에 FTMT는 고순도 제품을 생산할 능력이 있으나, 낮은 분율의 에틸렌 회수를 보인다. 회수의 낮은 분율은 추가 압축기를 사용하는 다단계 막 시스템 사용을 제시한다.

혼성 시스템을 위한 증류와 막 기술의 조합은 현재의 증류기술을 대체하는 다른 설계 대안이다. 혼성 시스템은 증류공정의 높은 분율의 회수는 물론 두 기술의 고순도 제품 측면을 합친다. 두 기술의 조합은 많은 다른 구조로 나타낼 수 있다. 예를 들면 혼성 구조는 증류탑에 대한 막의 상대적 위치에 따라 다르다. 조업 조건도 최적의 성능을 내기 위해 각 구조마다 변할 수 있다.

그림 3-6은 일부 가능한 혼성 시스템 구조를 제안한다.[29] 만약 막이 증류탑 꼭대기에 위치한다면, 막은 제품의 최종 정화를 수행한다. 이 구조에서의 순환물은 순환물의 조성이 환류되는 단의 조성과 일치되는 지점에서 증류탑으로 환류된다.

막은 또한 평행 구조로 증류탑과 합칠 수 있다. 이 구조에서 막 원료 흐름은 증류탑의 중간단에서 빼내진다. 막 장치를 떠나는 침투 및 순환 흐름은 재압축되어 증류탑으로 돌아간다.

하단 구조에서 막 장치는 증류탑으로부터의 에탄 재순환 흐름의 최종 정화를 수행한다. 상단 구조에서와 같이 순환물 보다는 오히려 침투물이 재순환되고 증류탑으로 유입되는 지점에서의 압력에 맞게 재압축된다.

평행 구조의 특별한 경우에는 원료 흐름이 분리를 완성하기 위해 증류탑으로 들어가기 전에 먼저 막 분리를 실행한다. 이 경우 둘째 막 장치를 떠나는 순환 흐름은 증류탑의 원료가 된다.

또한 다른 가능한 구조가 있다. 예를 들면 탈메탄 탑을 떠나는 원료 흐름이 연차적인 증류공정으로 보내지기 전에 다단계 막 장치로 주입될 수도 있다. 이러한 형태의 구조는 요구되는 유틸리티는 물론 증류탑으로의 유량을 감소시킨다. 다른 구조에서와 같이 막 원료 유량과 조성은 막 시스템과 증류탑을 유일하게 묶는 설계변수이다. 이 두 변수는 혼성 시스템

---

27) R. Kumar, J. M. Prausnitz, and C. J. King, *Advances in Chemistry Series*, vol. 115, American Chemical Society, Washington, DC, 1972

28) M. Teramoto et al., *J. Membrane Sci.*, **35**: 115 (1989); R. J. Valus et al., U. S. Patent 5,057,641, Oct. 15, 1991

29) A. A. Al-Rabiah, Ph. D. thesis, Department of Chemical Engineering, University of Colorado, Boulder, CO, 2001

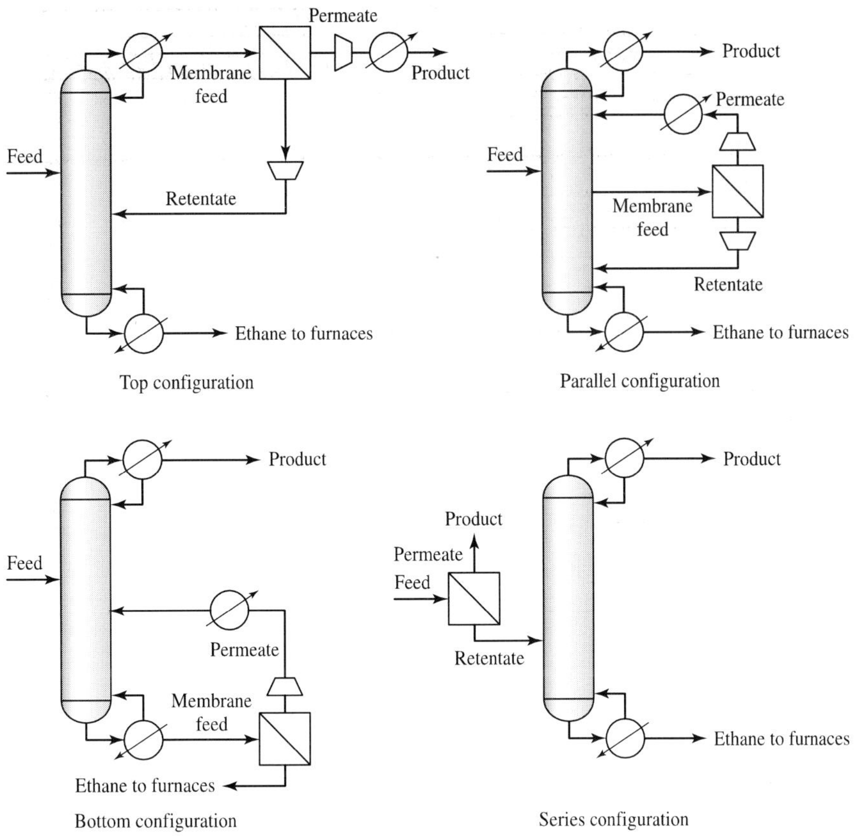


**그림 3-6**
혼성 증류 막 분리 시스템을 위한 네 가지 가능한 구조

의 경제성에 간접적으로 영향을 미친다.

## 종래의 기본-경우 설계개발

전형적인 오늘날의 에틸렌 공정의 분리 영역에서의 새로운 기술 적용의 전체 영향을 평가하기 위하여 지금 기술의 기본이 되는 에틸렌 공정을 개발하고 설계할 필요가 있다. 문헌조사에 근거하여 에틸렌 공정의 개념적 설계는 세계 도처의 많은 에틸렌 공장에 대하여 그림 3-7과 유사하다. 이것은 각종 탄화수소 원료의 열분해, 압축, 그리고 환류의 응축을 위해 냉매를 사용하는 일련의 증류탑에 의한 제품의 분리에 기초를 둔다. 열 효율, 제품 선택도, 분리효율, 공정 수정에 있어서 최근의 개선이 종래의 기본-경우 설계에 들어갈 필요가 있다.

**공정 조건** 프로판을 원료로 사용하는 500,000 t (metric)/yr 에틸렌 공장을 위해 개발된 상세한 공정도가 그림 3-8부터 3-13에 걸쳐 나와 있다. 연속되는 공정도는 열분해 공정, 급냉, 압축 및 산 가스 제거, 건조, 탈에탄 및 에틸렌 수소화, 분해가스 냉각 및 탈메탄, MAPD 수소화, 제품분리 등과 연계된 상세사항을 체계적으로 보여준다(프로필렌 냉동, 에틸렌 냉동, 스팀 공정 시스템을 위한 공정도도 예비설계에서 역시 필요하나 간단히 하기 위해 생략한다). 공정도에는 이 기본-경우 에틸렌 공장에서 사용되는 주요 장치를 포함한다. 비록 기

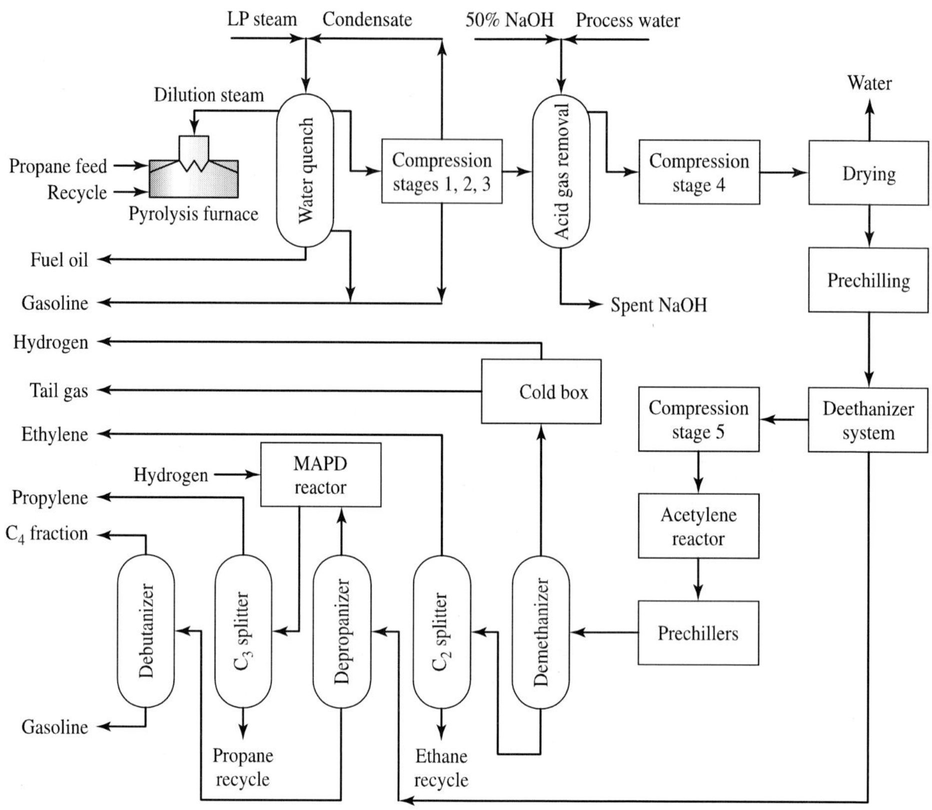


**그림 3-7**
앞부분의 탈에탄탑 공정 구조를 사용하는 종래의 에틸렌 공정을 위한 공정도

술이 기관에 따라 다르다 하지만 이 공정도에서 사용되는 번호 붙이는 기범은 표준적인 방법이다.

그림 3-8에 보인 바와 같이 순수 원료와 재순환은 일련의 평행 열분해 노로 주입된다. 노의 대류 지역에서 원료는 600°C로 예열된 후 스팀으로 희석된다. 스팀은 코킹을 줄이고 제품 선택도를 개선한다. 복사 구역에서 원료-스팀 혼합물은 630°C 이상의 온도에서 열분해가 일어나는 수직 코일을 통해 흐른다. 열분해 생성물을 위한 코일 출구 온도는 약 835°C이다. 열분해로부터의 생성물은 열분해 반응을 멈추고 스팀 생산을 위한 폐열 회수를 위해 전열 선 열교환기에서 즉시 약 340°C로 급냉된다. 분해된 가스는 연료유와 대부분의 희석 스팀을 응축하기 위하여 물 급냉탑에서 약 40°C로 냉각된다. 냉각된 가스는 일반적으로 4 또는 5개의 압축단계를 통해 약 3590 kPa로 압축된다. 압축단계 동안 가스 흐름은 $H_2S$와 $CO_2$를 제거하기 위하여 가성소다로 처리된다. 압축의 최종단계 전에 가스는 프로필렌 냉매로 약 15°C 까지 냉각되며 분자체로 수화된다. 건조된 가스는 가스 흐름에서의 $C_2$와 더 가벼운 성분을 $C_3$와 더 무거운 성분으로부터 분리해내는 탈에탄탑으로 들어가기 전에 일련의 열교환기에서 더 냉각된다.

탈에탄탑 탑상물은 더 가압된 후 가스 안의 아세틸렌을 에틸렌과 에탄으로 전환시키기 위해 먼저 촉매 반응기로 보내진다. 가스와 수소화된 생성물은 $C_2$를 메탄과 수소로부터 분

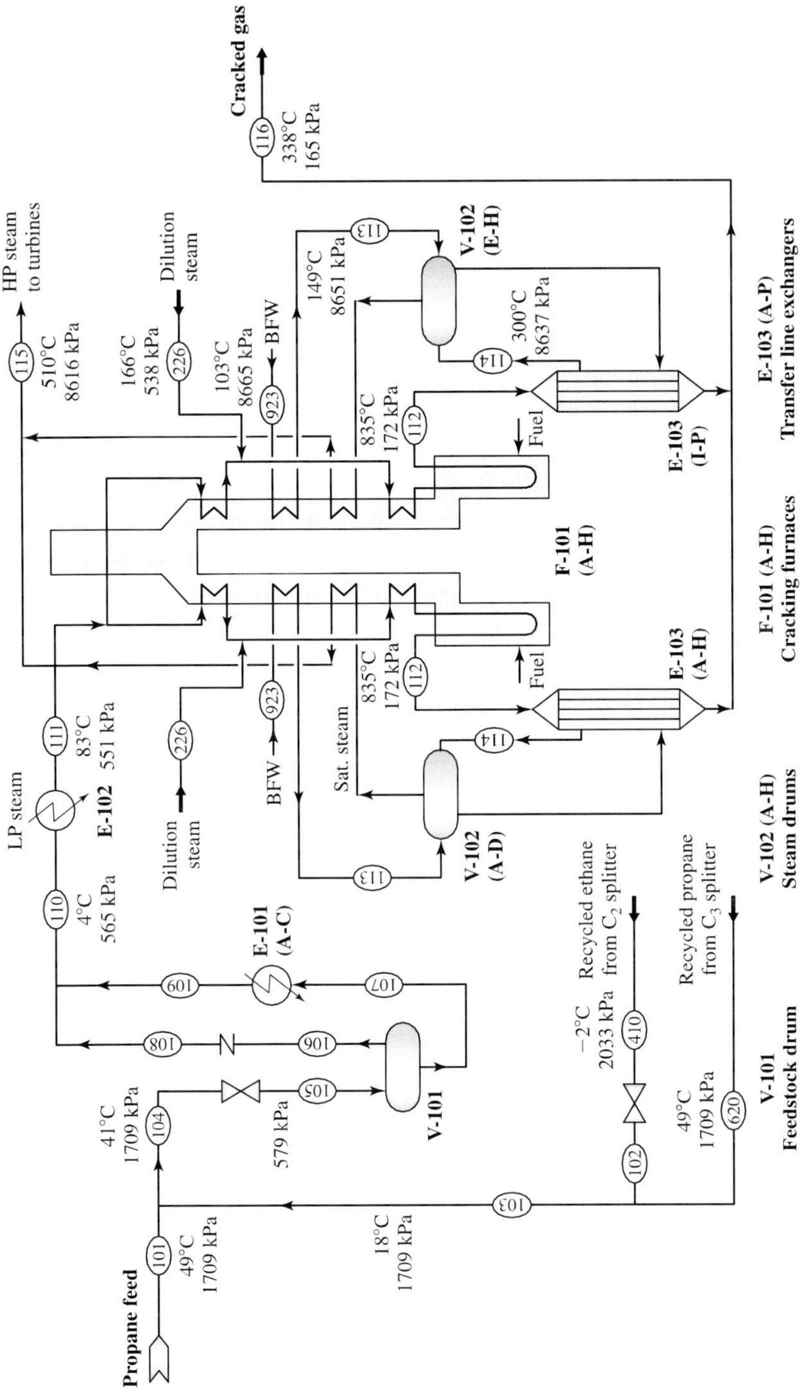


**그림 3-8** 종래의 에틸렌 공정을 위한 분해 영역

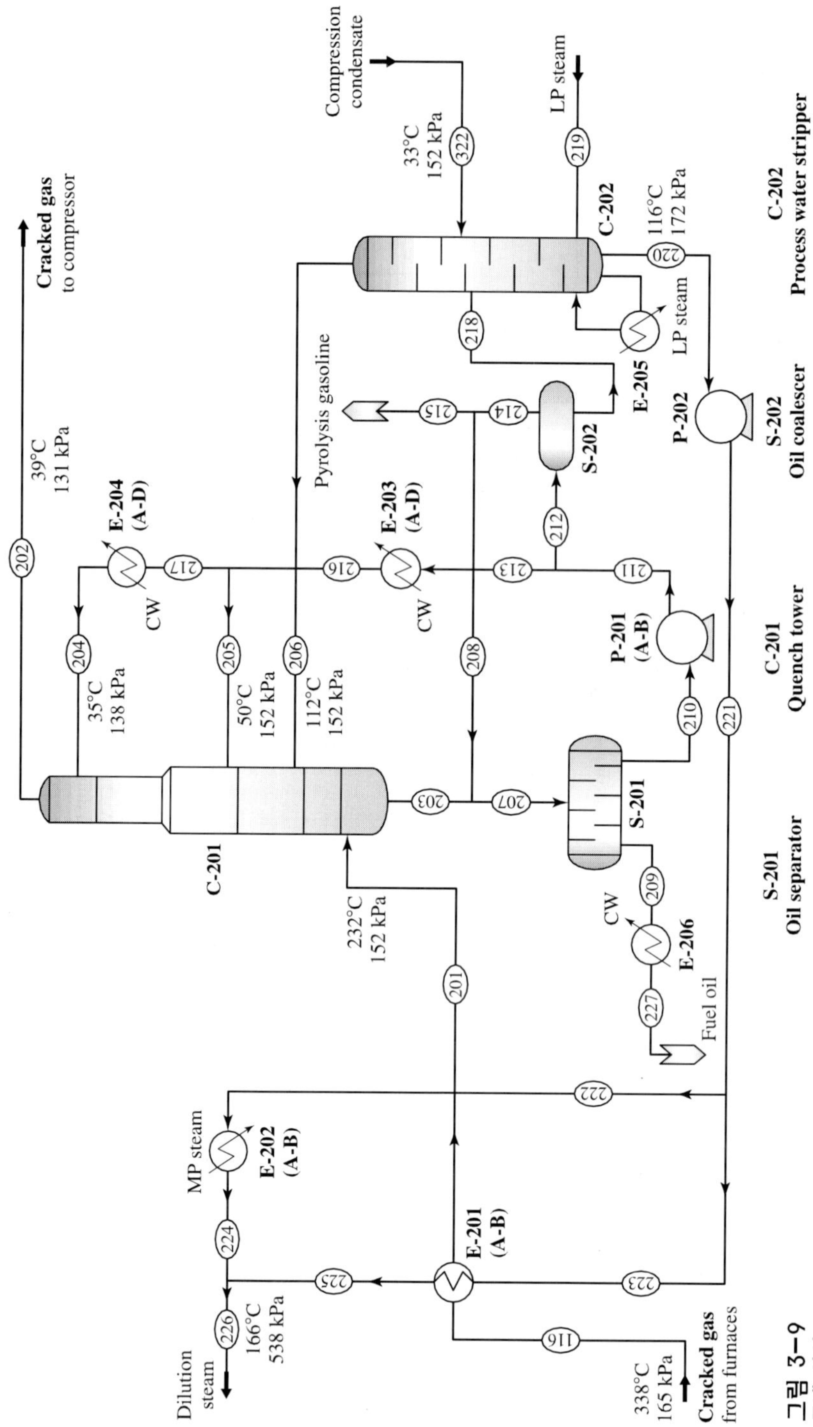
Cracked gas
to compressor
39°C
131 kPa
202
E-204
(A-D)
CW
204
35°C
138 kPa
217
205
50°C
152 kPa
206
112°C
152 kPa
Pyrolysis gasoline
E-203
(A-D)
216
208
213
212
211
P-201
(A-B)
210
221
C-201
203
207
S-201
209
CW
E-206
227
Fuel oil
232°C
152 kPa
201
222
MP steam
E-202
(A-B)
224
E-201
(A-B)
225
223
226
166°C
538 kPa
Dilution
steam
116
338°C
165 kPa
Cracked gas
from furnaces
Compression
condensate
33°C
152 kPa
322
LP steam
219
C-202
116°C
172 kPa
220
218
LP steam
E-205
215
214
S-202
P-202
C-202
Process water stripper
S-202
Oil coalescer
C-201
Quench tower
S-201
Oil separator

그림 3-9 급냉 영역

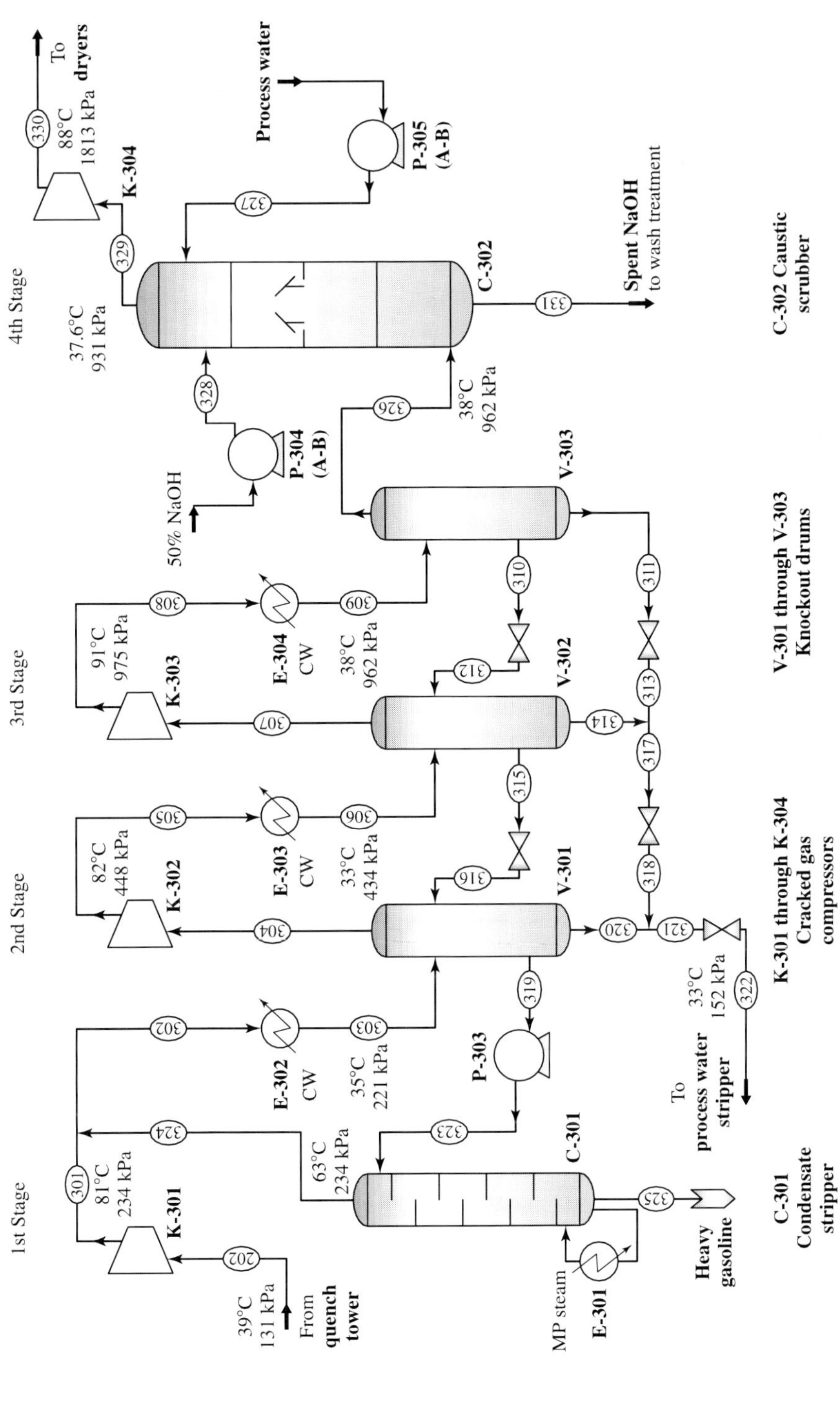


그림 3-10
압축 및 산 가스 제거 영역

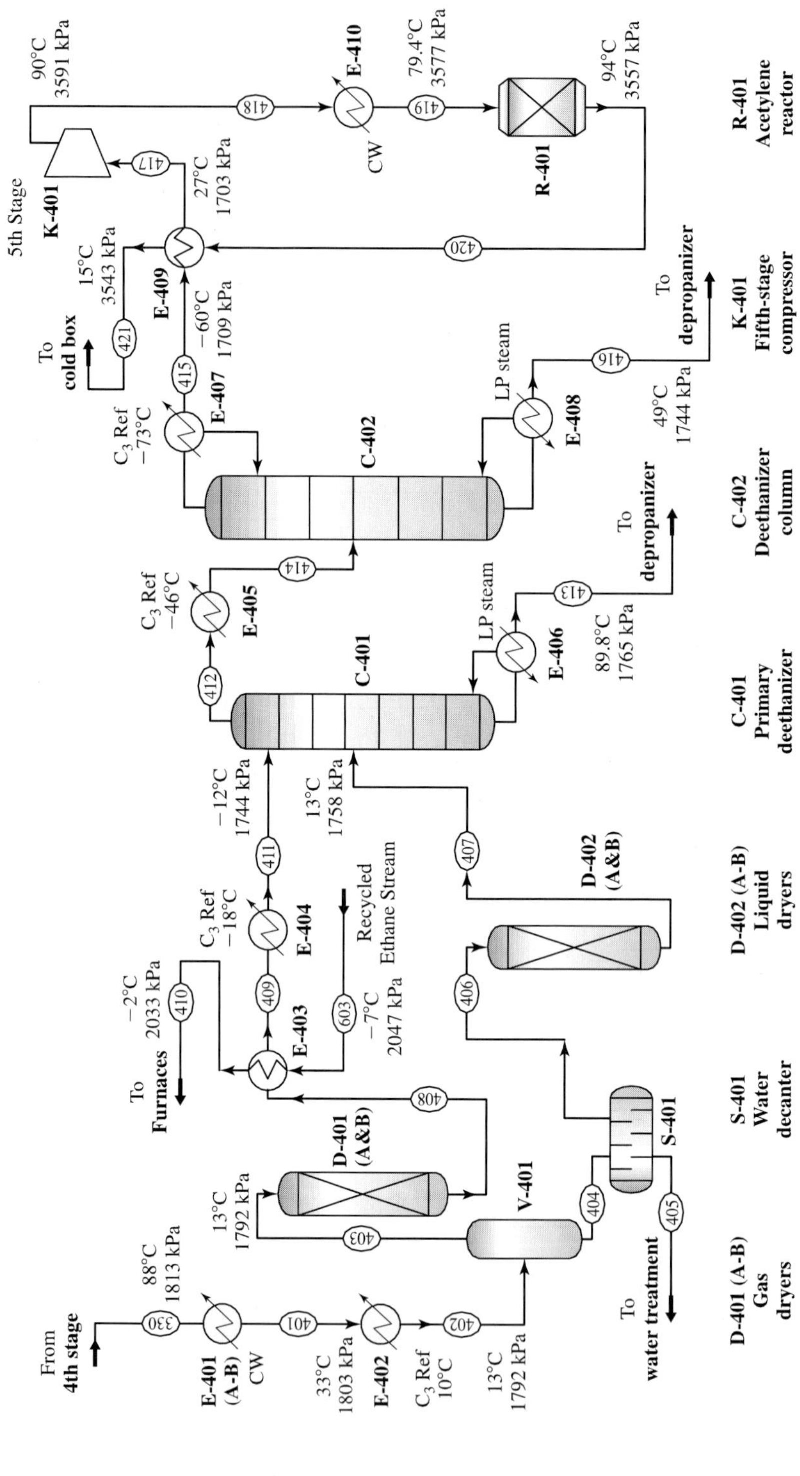


**그림 3-11**
건조, 탈에탄 및 에틸렌 수소화 영역

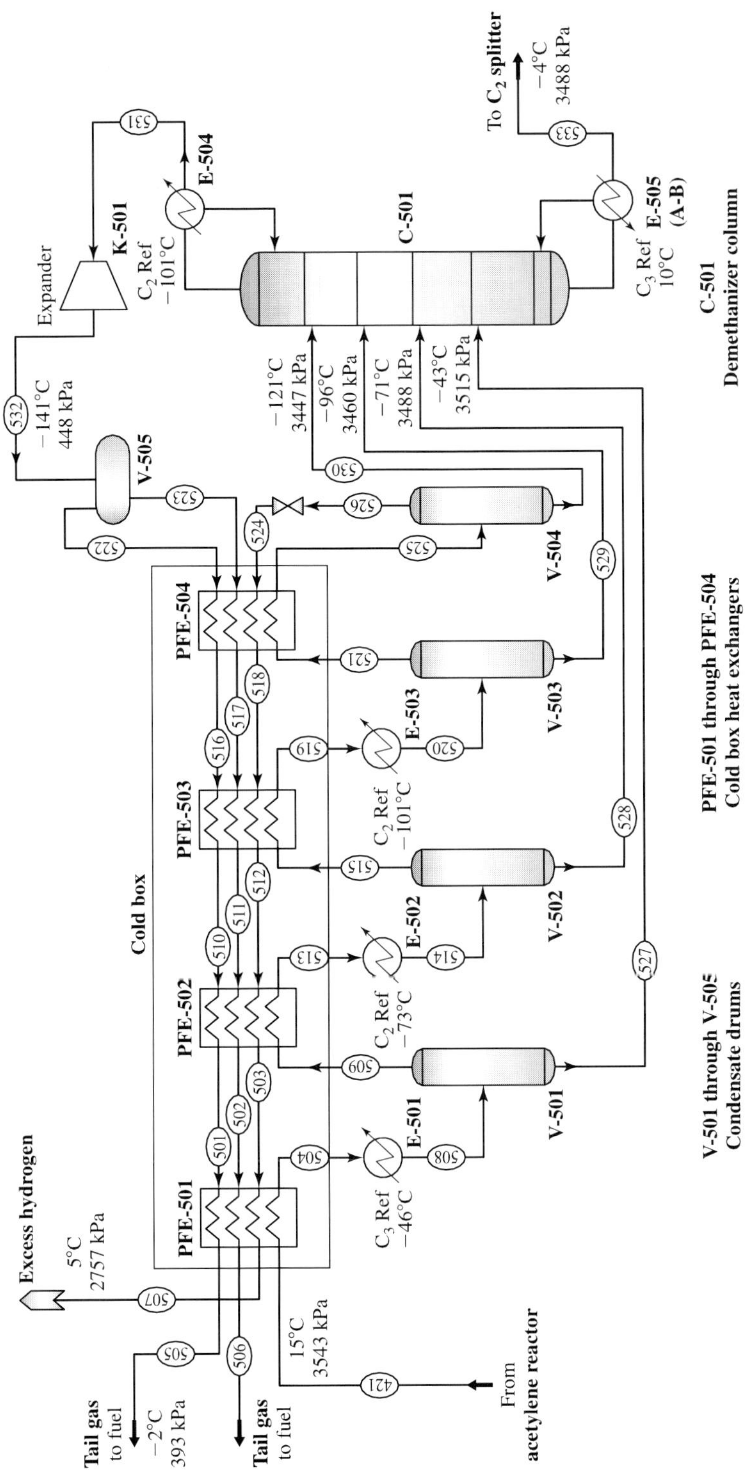


**그림 3-12**
냉각 및 탈메탄 영역

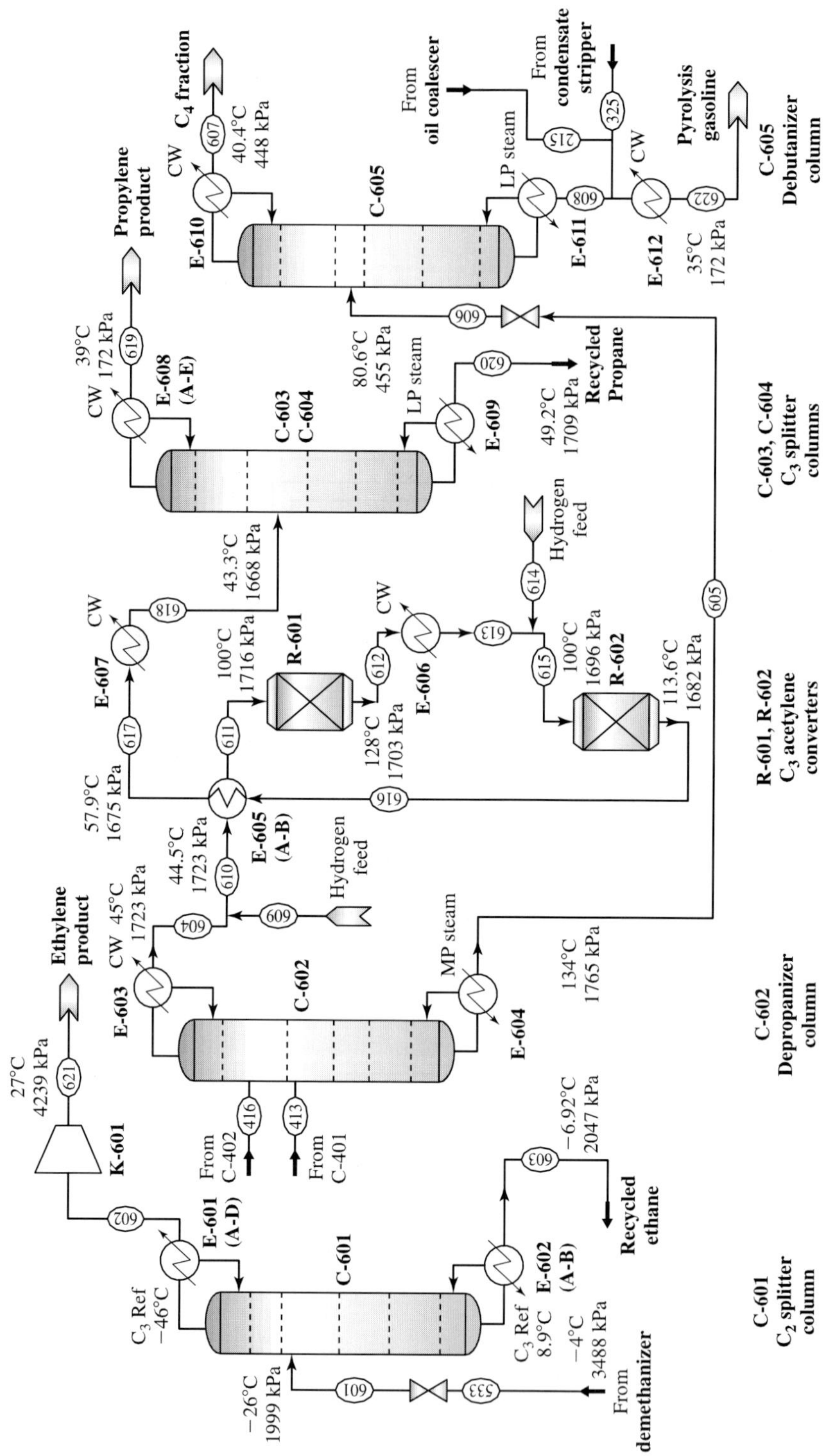


**그림 3-13**
제품 분리 영역

표 3-2 순수한 에탄이나 프로판 원료에 대한 같은 분해 정도에서의 실제 노 출구 수율

| Feedstock | Ethane | Propane |
|---|---|---|
| Conversion (wt %) | 60 | 90 |
| Furnace outlet yields (wt % of feed) | | |
| Hydrogen | 3.55 | 1.29 |
| Carbon monoxide | 0.01 | 0.01 |
| Carbon dioxide | 0.01 | 0.01 |
| Hydrogen sulfide | 0.01 | 0.01 |
| Methane | 4.17 | 24.67 |
| Acetylene | 0.25 | 0.33 |
| Ethylene | 48.20 | 34.50 |
| Ethane | 40.00 | 4.40 |
| Propadiene/methylacetylene | 0.02 | 0.34 |
| Propylene | 1.11 | 13.96 |
| Propane | 0.17 | 10.00 |
| 1,3-Butadiene | 1.07 | 2.65 |
| Isobutene | 0.11 | 0.52 |
| Butene-1 | 0.10 | 0.48 |
| *n*-Butane | 0.27 | 0.05 |
| $C_5$s PON*(paraffin, olefin, napthene) | 0.27 | 1.81 |
| Benzene | 0.48 | 2.20 |
| Toluene | 0.06 | 0.48 |
| Xylene | 0.00 | 0.00 |
| Gasoline $C_6$-$C_8$ (paraffin, olefin, napthene) | 0.14 | 1.44 |
| Fuel oil | 0.00 | 0.85 |
| **Total** | 100.0 | 100.0 |

[†]From L. Kniel, O. Winter and K. Storch, *Ethylene Keystone to the Petrochemical Industry*, Marcel Dekker, NY, 1978. Reprinted by courtesy of Marcel Dekker, Inc.

해하는 탈메탄탑으로 간다. 수소는 냉각탑에서 더 분리된다. 회수된 $C_2$는 $C_2$ 분리기에서 에틸렌과 에탄으로 분리된다. 에틸렌 제품은 소수(0.1 몰%) 불순물로 메탄과 에탄을 함유한 고분자 등급(99.9 몰%)이다.

탈에탄탑 탑저물은 더 무거운 성분으로부터 $C_3$ 성분을 분리하는 탈프로판탑으로 통과한다. 더 무거운 성분은 탈부탄 탑에서 $C_4$ 제품과 더 무거운 열분해 휘발유로 분리된다. 탈프로판탑 탑상물은 메틸아세틸렌 및 프로파디엔(MAPD)을 프로필렌 및 프로판으로 전환시키기 위해 수소화된다. 가스와 수소화된 제품은 소수(0.4 몰%) 불순물로 파라핀을 함유한 고분자-등급(99.6 몰%) 프로필렌을 생산하기 위하여 $C_3$ 분리기에서 분별증류된다. $C_2$ 및 $C_3$ 분리기에서 각각 회수된 에탄 및 프로판은 열분해 노로 재순환된다.

**설계 데이터** 순수한 에탄이나 순수한 프로판 원료에 대한 분해 수율은 표 3-2에 수록되어 있다. 수율 분포는 오늘날 에틸렌 스팀 분해기의 실제 조업 데이터에 근거한다. 원료의 성질과 열분해 정도 수준이 분해 및 급냉 영역에서의 조업 조건을 주로 결정한다. 에탄의 60% 전환율과 프로판의 90% 전환율에서, 분해 정도는 두 원료에 대해 거의 같다. 따라서, 에탄과 프로판은 전체 수율의 변경없이 함께 분해될 수 있다. 물질수지 과정을 개시하기 위하여 이러한 열분해 수율을 사용하는 값은 그들로부터 유도된 궁극적인 수율이 문헌상에 보고된 값과 유사하다는 것이다.[30)]

30) J. J. Ma, Ethylene Report No. 29 E, SRI International, Menlo Park, CA, 1991; L. K. Ng, C. N. Eng, and R.

**표 3-3 기본-경우 에틸렌 공장을 위한 설계 기본과 가정들**

| | |
|---|---|
| Plant location | U.S. Gulf Coast |
| Plant capacity | 500,000 t (metric)/yr |
| Design on-stream factor | 0.92 (336 days/yr) |
| Feedstock | Propane at 49°C and 1710 kPa |
| Main products | Polymer-grade ethylene 99.9 mol %<br>Polymer-grade propylene 99.6 mol % |
| Cracking conditions: | |
| Coil outlet temperature/pressure | 835°C and 170 kPa for ethane-propane |
| Residence time | 0.4 s for ethane-propane |
| Steam dilution ratios | 0.5 mol steam/mol ethane<br>0.856 mol steam/mol propane |
| Conversions | 90% per pass for propane; 60% per pass for ethane |
| Recycled streams | Ethane and propane |
| Furnace thermal efficiency | 95% (based on LHV) |
| Transfer line exchangers (TLXs) | |
| Outlet temperature and pressure | 338°C and 165 kPa |
| Steam temperature and pressure | 510°C and 8615 kPa |
| Separation scheme | Front-end deethanization and acetylene removal |
| Cracked gas compression | |
| Number of stages | 5 |
| Maximum discharge temperature | 105°C |
| Last-stage discharge pressure | 3590 kPa |
| Acid gas removal | |
| System | Caustic scrubber |
| Scrubber location | Between 3rd and 4th stages of compression |
| Scrubber temperature and pressure | 38°C and 930 kPa |
| Caustic solution concentration | 10 wt% in water |
| Caustic utilization | 70% |
| Cracked gas drying | |
| Dryer location | After 4th stage of compression |
| Type of desiccant | Type 3A molecular sieves |
| Moisture loading | 8 wt % |
| Desiccant regeneration cycle | 24 h |
| Dew point of dried gas | −173°C |
| Process efficiencies | |
| Distillation column | 0.85 |
| Compressor | 0.85 (polytropic) |
| Expander | 0.85 (polytropic) |
| Motor | 0.90 |
| Pump | 0.75 |

종래의 기본-경우 에틸렌 공장에 대한 설계 근거와 가정은 표 3-3에 수록되어 있다. 수록된 모든 가정은 조심스런 문헌조사에 의해 검증된 에틸렌 공장에서 현재 사용되고 있는 가정이다. 프로필렌 및 에틸렌 냉매는 냉각 유체로 사용된다. 프로필렌 냉동 시스템은 세 온도 수준(10, −18, −46°C)을 갖는 반면, 에틸렌 냉동 시스템은 오직 두 수준(−73, −101°C)를 갖는다. 공장의 낮은 온도 영역에서 회수된 메탄-풍부 가스는 공장 터빈에 의해 요구되는 에너지를 제공한다. 중압 스팀(291°C, 1650 kPa)과 저압스팀(162°C, 450 kPa)은 공정 열교환기에서 활용된다. 냉각수, 공정수, 보일러 입력 물은 모두 29°C, 450 kPa에서 유용하다. 물에서의 최대 온도상승은 11°C로 고정되었다.

S. Zack, Hydrocarbon Process., 62(12): 99 (1983)

분리공정은 중합 파울링을 방지하기 위해 최대온도 한계를, 탄화수소 결빙이나 수화물 형성을 방지하기 위해 최소온도 한계를 필요로 한다. 이외에도 중합 파울링을 피하기 위해 온도한계가 분해된 가스 압축기의 설계를 위해 설정된다. 이것은 배출 온도를 줄이기 위해 중간단계 냉각을 갖는 5단 압축기를 사용함으로써 이뤄진다.

**에탄 및 프로판의 평형전환** 에탄 열분해에 대하여, 주된 반응은 다음과 같다.

$$C_2H_6 \rightleftarrows C_2H_4 + H_2 \tag{3-1}$$

800°C에서 이 반응에 대한 평형상수는 근본적으로 1.0이다.[31] 50 몰% 스팀이 있을 경우 800°C 103 kPa에서의 관찰된 평형상수는 0.781이다.[32] 프로판의 열분해는 에탄과 유사하나 두 반응을 포함한다.

$$C_3H_8 \rightleftarrows C_2H_4 + CH_4 \tag{3-2}$$

$$C_3H_8 \rightleftarrows C_3H_6 + H_2 \tag{3-3}$$

800°C 50 몰% 스팀에서의 프로판의 보고된 평형상수는 0.90보다 크다.

기본-경우 설계인 835°C 170 kPa의 설계조건에서의 에탄의 평형 전환율을 구하기 위해 0.5 몰 스팀/몰 에탄의 똑같은 스팀 비율을 가정하고 1 몰의 에탄을 기준으로 취한다. 화학반응 평형으로부터

$$-RT \ln K = \sum n_i G_i^o = \Delta G^o \tag{3-4}$$

그리고

$$\frac{d \ln K}{dT} = \frac{\Delta H^o}{RT^2} \tag{3-5}$$

$\Delta H^o$에 대한 일반적 표현은 다음과 같이 주어진다.

$$\Delta H^o = J + \int \Delta C_p^o \, dT \tag{3-6}$$

여기서

$$\frac{\Delta C_p^o}{R} = \Delta A + (\Delta B)T + (\Delta C)T^2 + \frac{\Delta D}{T^2} \tag{3-7}$$

식 (3-6)으로부터 $\Delta C_p^o$를 제거하고 적분하면 다음 결과를 얻는다.

$$\frac{\Delta H^o}{R} = \frac{J}{R} + (\Delta A)T + \frac{\Delta B}{2}T^2 + \frac{\Delta C}{3}T^3 - \frac{\Delta D}{T} \tag{3-8}$$

31) L. Kramer and J. Happel in The Chemistry of Petroleum Hydrocarbons, vol. 21, B. T. Brooks et al., eds., Reinhold, New York, 1951, p. 126.

32) C. McConnell and B. Head in Pyrolysis: Theory and Industrial Practice, L. F. Albright et al., eds., Academic, New York, 1983, p. 25.

식 (3-5)를 식 (3-6)으로 치환하고 적분하면 다음과 같다.

$$\ln K = \frac{-J}{RT} + \Delta A \ln T + \frac{\Delta B}{2}T + \frac{\Delta C}{6}T^2 + \frac{\Delta D}{2T^2} + I \tag{3-9}$$

여기서 $\Delta G^o$는 반응에 대한 표준 Gibbs에너지 변화이고 $K$는 평형 상수, $R$은 일반 기체 상수, $n_i$는 성분 $i$의 양론적 계수, $\Delta H^o$는 반응에 대한 표준 엔탈피 변화, $T$는 반응의 절대온도, $J$와 $I$는 적분상수, $\Delta C_p^o$는 반응에 대한 표준 열용량 변화, $\Delta A$, $\Delta B$, $\Delta C$, $\Delta D$는 열용량 관계식의 상수이다. 식 (3-1)에 보인 반응에 대하여 다음 데이터가 298 K 온도에 대해 유용하다.

$$\Delta G^o = 100{,}315 \text{ J/mol} \qquad \Delta H^o = 136{,}330 \text{ J/mol}$$
$$\Delta A = 3.542 \qquad \Delta B = -4.409 \times 10^{-3}$$
$$\Delta C = 1.169 \times 10^{-6} \qquad \text{and} \qquad \Delta D = 0.083 \times 10^5$$

식 (3-8)과 (3-9)를 온도 298 K에서 풀면 $J/R$에 대하여 15,555.4, $I$에 대하여 −7.856 값을 얻는다. ln $K$에 대한 일반 표현은 다음과 같다.

$$\ln K = \frac{-15{,}555.4}{T} + \Delta A \ln T + \frac{\Delta B}{2}T + \frac{\Delta C}{6}T^2 + \frac{\Delta D}{2T^2} - 7.856 \tag{3-10}$$

설계온도인 1108 K(835°C)에서 위 식을 풀면 평형상수 값 2.086을 얻는다. 평형에서 분압에 근거한 이 상수는 다음과 같이 주어진다.

$$K = \frac{\bar{p}_{C_2H_4}\bar{p}_{H_2}}{\bar{p}_{C_2H_6}} = \frac{y_{C_2H_4}y_{H_2}}{y_{C_2H_6}}p \tag{3-11}$$

여기서 $\bar{p}_i$는 성분 $i$의 분압이고, $y_i$는 성분 $i$의 몰분율이고, $p$는 전체 압력이다. 만약 $\varepsilon$이 반응된 에탄의 평형 몰 수로 정의된다면 반응 혼합물에서의 성분의 몰 수는 $\varepsilon$의 함수이다. 식 (3-11)에서 확정된 성분의 몰분율은 $\varepsilon$ 항으로 다음과 같이 정의된다.

$$y_{C_2H_6} = \frac{1-\varepsilon}{1.5+\varepsilon} \qquad y_{C_2H_4} = \frac{\varepsilon}{1.5+\varepsilon} \qquad y_{H_2} = \frac{\varepsilon}{1.5+\varepsilon} \tag{3-12}$$

식 (3-11)에서의 이러한 양들을 $K$값 2.086으로 치환하고 운전온도 및 압력을 각각 1108 K와 170 kPa으로 하여 $\varepsilon$값을 구하면 0.782가 된다. 따라서 열로의 조업조건에서의 에탄의 이론적 평형 전환율은 78.2%가 된다. 이것은 에탄의 60% 전환율이 타당함을 나타낸다.

식 (3-2)와 (3-3)에 근거한 프로판의 평형 전환율은 에탄의 평형 전환율이 계산되었던 것과 같은 방식으로 얻어진다. 이 계산은 식 (3-2)에서 반응된 프로판 몰 수인 $\varepsilon_1$과 식 (3-3)에서 반응된 프로판 몰 수인 $\varepsilon_2$를 결정하는데 사용될 두 평형상수에 관여된다. 평형 전환율은 $\varepsilon_1$과 $\varepsilon_2$, 즉 각각 0.9406과 0.0591의 합이다. 이 합이 0.9997이므로 프로판의 90% 전환율은 분해로에서 실행될 수 있다.

**에틸렌 공정의 물질수지** 기본-경우 에틸렌 공정은 CHEMCAD-III와 ASPEN PLUS를 이용하여 모사되었다. 이런 전산 프로그램은 에틸렌 공정에서 부딪치는 유체 혼합물의 물성을 제공하기 위해 선택된 상태방정식에 근거하여 엄밀한 물질 및 에너지 수지를 수행할 수 있다. 두 전산 프로그램은 SRK(Soave-Redkich-Kwong) 상태방정식이 선택될 때 유사한 결과를 제공한다. 이 상태방정식에 의해 모사된 물성과 문헌에 보고된 실제 물성은 좋은 일치를 보였다.

공장의 원하는 연간 생산능력을 맞추기 위해 공장에 유입되는 원료 흐름양이 결정되어야 한다. 초기 추정치는 표 3-2에 나타난 산업용 열분해 장치로부터 실제 출구수율에 근거한 총괄 물질수지를 수행하여 얻어졌다. 그리고 추정된 성분 물질수지는 상세 공정도의 각 성분의 정확한 유량을 결정하기 위해 에틸렌 공정에서 일어나는 주요 반응과 소수 반응을 인식하는 엄밀한 모사기로 보내졌다.

그림 3-14에는 에틸렌 공정에 대한 단순한 공정도가 제시되어있다. 기준인 100 kg/h의 원료 $F$에 대하여 그림에서 제공된 부호를 사용하고 정제공정에서 이론적인 분리를 가정하면 총괄 물질수지는 다음 관계식으로 표현될 수 있다.

$$F = E - (R_1 + R_2) = P \tag{3-13}$$

에탄 물질수지는 다음과 같이 주어진다.

$$R_1 = 0.4R_1 + 0.044(100 + R_2) \tag{3-14}$$

표 3-2에 따르면, 에탄의 40%가 미반응되고 이론적으로 $R_1$에 되돌릴 수 있는 반면 프로판 반응으로부터 얻어진 4.4% 에탄이 이론적으로 $R_1$에 되돌릴 수 있다.

프로판 물질수지는 다음과 같다.

$$R_2 = 0.0017R_1 + 0.1(100 + R_2) \tag{3-15}$$

여기서 $R_2$에 있는 프로판은 에탄으로부터의 0.17% 전환율과 열로로 들어가는 프로판의 10% 미반응으로부터 얻어지며 따라서 이론적으로 $R_1$에 되돌릴 수 있다. 식 (3-14)와 (3-15)를 동시에 풀면 $R_1$이 8.15 kg/h이고 $R_2$는 11.13 kg/h가 됨을 알 수 있다.

에틸렌 물질수지는 100 kg/h의 원료를 기준으로 하여 생성물에서의 에틸렌의 양을 결정

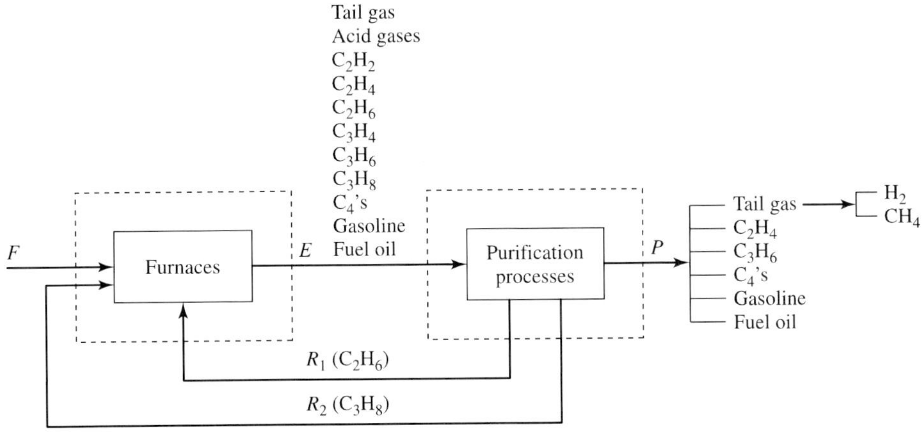


**그림 3-14**
종래의 에틸렌 공정에 대하여 총괄 물질수지를 계산하는데 사용된 단순한 공정도

하기 위하여 다음과 같이 지금 만들어질 수 있다.

$$P_{C_2H_4} = 0.482R_1 + 0.345(100 + R_2) \tag{3-16}$$

에틸렌 수율이 에탄 전환율로부터 48.2%, 프로판 전환율로부터 34.5%임에 주의하라(표 3-2를 보라). 식 (3-16)으로부터, $P_{C_2H_4}$는 42.26 kg/h와 같다. 이것은 에틸렌 공정에서 만들어진 에틸렌의 각 단위가 순수 프로판 원료의 약 2.36 단위를 필요로 함을 보여준다.

프로필렌 물질수지는 다음과 같이 주어진다.

$$P_{C_3H_6} = 0.0111R_1 + 0.1396(100 + R_2) \tag{3-17}$$

프로필렌 수율이 에탄 전환율로부터 1.11%, 프로판 전환율로부터 13.96%임에 주의하라. 이 전환율의 합계는 프로필렌 제품 15.6 kg/h의 수율을 보여준다.

위의 개요와 같은 유사한 절차가 다른 부산물의 물질수지에 도달하기 위해 뒤따를 수 있다. 표 3-4는 이 절차로 얻어진 계산된 제품 분포를 보여준다. 62,010 kg/h(500,000 t (metric)/yr)의 생산 속도에 대하여 이것은 약 146,730 kg/h의 추정된 원료 유량을 제공한다. 더 정확한 제품은 모든 단위조작을 포함한 모사 프로그램에 의해서만 결정될 수 있다. 프로그램은 두 수소화 단계와 다른 부산물과 함께 에틸렌의 소량 손실을 포함한다. 기본-경우 에틸렌 공정에 대하여 모사를 이용한 민감도 계산이 원하는 생산 능력에 수렴할 때까지 수행된다.

그림 3-8에서 3-13에 걸쳐 묘사된 기본-경우 에틸렌 공정에 대한 물질수지 요약이 그림 3-15로 제공되어 있으며 에틸렌 공정의 각종 영역으로의 흐름의 시간당 유속이 구체적으로 나와 있다. 열교환기, 응축기, 드럼, 펌프 등은 물질수지에 영향을 미치지 않으므로 이런 장치들이 그림 3-15에 포함되어 있지 않음에 주의하라.

일단 완벽한 물질수지가 만들어지면, 각 장치 주변의 에너지 수지를 준비하기 위해 물질양이 사용된다. 특히 반응기와 압축기 등 공정의 각종 주요 지점에서의 온도 및 압력 수준은 이러한 수지를 만드는데 지침이 된다. 그 길이 때문에 각 장치에 대한 물질 및 에너지 수지를 위한 완벽한 계산은 이 논의에서 제시되지 않는다.

**표 3-4 기본-경우 에틸렌 공정에 대한 계산되고 모사된 제품 분포**

| Product | Calculated† | | Simulated‡ | |
|---|---|---|---|---|
| | wt % | Flow rate, kg/h | wt % | Flow rate, kg/h |
| Ethylene | 42.26 | 62,010 | 42.58 | 62,008 |
| Propylene | 15.60 | 22,890 | 15.86 | 23,100 |
| Tail gas + $H_2$ | 29.49 | 43,270 | 24.69 | 43,241 |
| $C_2H_2$§ | 0.39 | 570 | — | — |
| $C_3H_4$§ | 0.38 | 560 | — | — |
| $C_4$ | 4.25 | 6,240 | 4.24 | 6,184 |
| Gasoline | 6.68 | 9,800 | 6.68 | 9,727 |
| Fuel oil | 0.95 | 1,390 | 0.95 | 1,378 |
| | 100.00 | 146,730 | 100.00 | 145,638 |

†Does not include the hydrogenation steps and the ethylene loss in by-products.
‡Includes effect of all unit operations affecting ethylene production.
§Generated in pyrolysis reaction, but removed by the hydrogenation step.

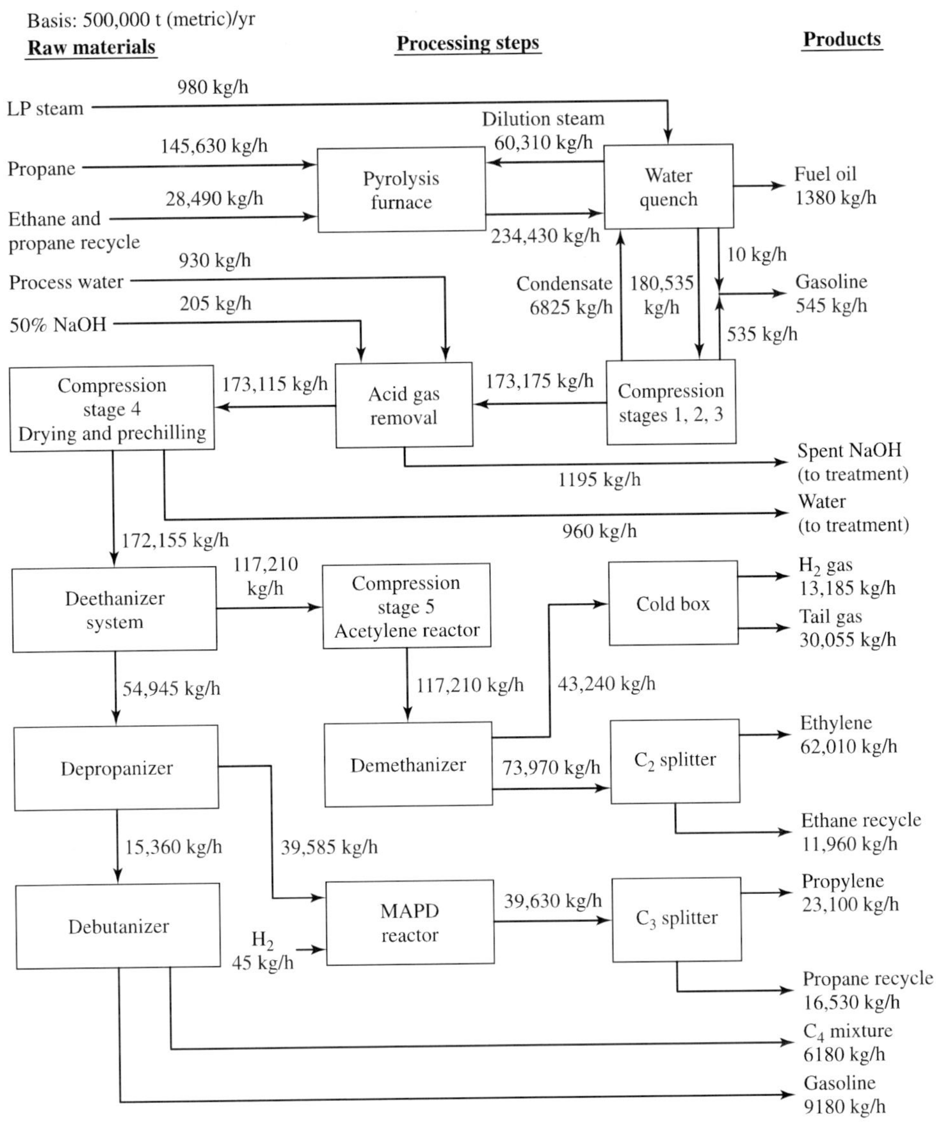


**그림 3-15**
에틸렌 공정의 각종 영역 주변의 물질수지 요약

**장치 설계** 기본-경우 에틸렌 공정의 기본 설계에 대하여 이것은 부피, 표면적, 단위 시간당 유량의 항에 의해 일반적으로 선택된 장치의 크기를 결정하는데 관여한다. 그러나 에틸렌 공정에 관여된 다른 장치가 너무 많으므로 심지어 주요 장치항목에 대한 설계 절차도 간략화될 것이다. 더 상세한 것은 12장부터 15장에 걸쳐 참조함으로써 얻어질 수 있다.

그림 3-8에서 보듯 열로는 대류 및 복사 지역을 포함한다. 이 장치의 설계에서 연료 소요량이 결정되도록 분해와 고압 스팀의 에너지 소요량이 우선 얻어져야 한다. 노 모델이 열분해 공정 설계와 함께 개발되었다. 그림 3-16은 노 모델의 다른 요소들을 보여준다. 노로의 원료는 더 가열되기 위해 대류 지역의 상위 코일로 들어가기 전에 약 83°C까지 외부적으로 예열 된다. 희석 스팀이 원료에 더해진 후 이 혼합물은 대류 지역의 바닥 코일에서 약

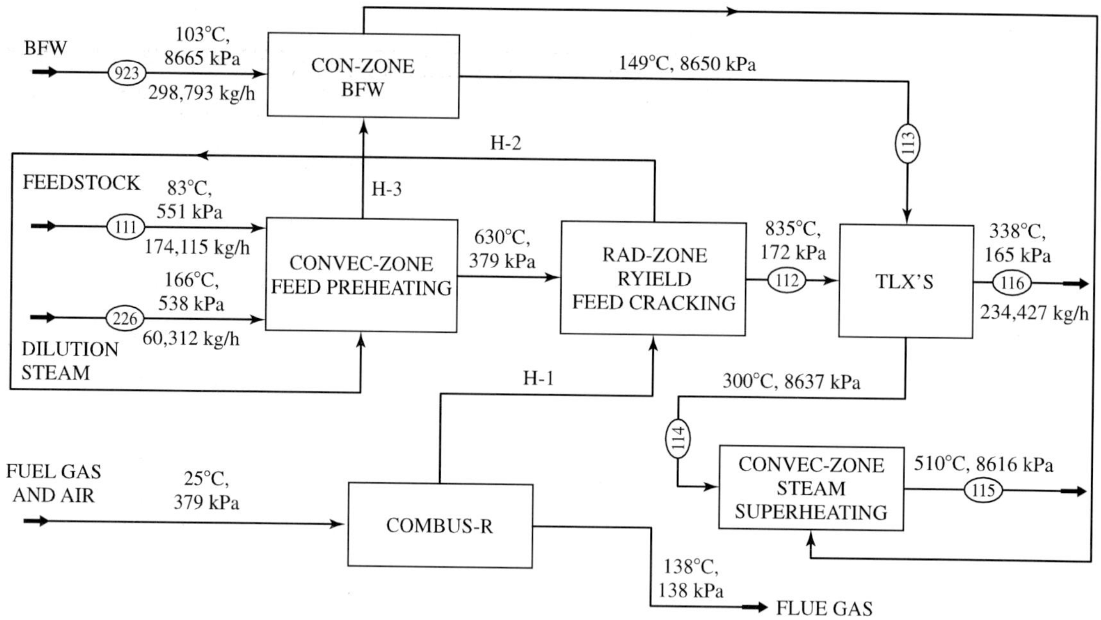


**그림 3-16**
열분해로 모델 그림

630°C까지 더 가열된다. 그리고 스팀-탄화수소의 혼합물은 표 3-2에 보였듯이 각종 생성물로 분해되도록 더 가열되는 복사지역으로 들어간다. 가열을 위해 사용된 연료는 10%의 과잉공기와 합쳐져 연소되는 복사지역의 가장 낮은 곳으로 들어가는 분해공정의 테일 가스 성분이다. 연소열의 약 34%가 복사지역에서 흡수된다. 나머지 열은 스팀의 과열은 물론 원료 및 보일러 급수(BFW)의 예열을 위해 배기가스가 사용되는 대류지역에서 회수된다.

열공정의 모델링에 있어서 노의 복사지역을 모사하기 위해 ASPEN PLUS 모사기의 RYIELD 패키지가 사용되었다. 이 분해공정의 수율분포를 실험적으로 알고있으므로, 반응열은 반응물과 생성물의 생성 엔탈피를 사용하여 결정할 수 있다. 테일 가스의 연소공정은 ASPEN PLUS 모사기의 RSTOIC 패키지를 사용하여 모사되었다. 정확하게 하기 위해 테일 가스의 일산화탄소, 에틸렌, 에탄의 추적 오염물은 연소 계산에 포함되었다.

소비된 1 몰의 테일 가스를 기준으로 하여 필요한 공기 중 산소의 몰 유량(10% 과잉과 함께)은 1.127 몰이다. 테일 가스의 낮은 가열치(LHV)는 25°C의 출구온도에 대하여 약 216 kW/kg이다. 95%의 열효율을 기준으로 종래의 기본-경우 에틸렌 공정에서의 테일 가스 연소로부터 요구되는 에너지는 $3.51 \times 10^5$ kW이다. 표 3-5는 노의 두 영역과 기본-경우 설계를 위한 테일 가스의 열 필요량을 보여준다.

프로판 및 에탄에 관여한 분해반응은 1차이므로 체류시간 $\theta_R$은 다음 관계식에서 얻어질 수 있다.

$$k = (1/\theta_R) \ln \left( \frac{1}{1-x} \right) \tag{3-18}$$

여기서 $x$는 프로판 및 에탄의 분해된 생성물로의 전환율이며 반응속도 상수는 Arrhenius

표 3-5 열로의 각 영역에서의 열 필요량

| Heat zone | Flow rate, kg/h | Heat duty, kW |
|---|---|---|
| Convection zone | | |
| Feed heating | 174,115 | 95,579 |
| Steam heating | 60,312 | |
| BFW heating | 298,793 | 18,562 |
| Steam superheating | 298,793 | 132,702 |
| Radiation zone | | |
| Feed cracking | 234,427 | 127,635 |
| Total process demand | | 374,478 |
| Combustion zone | | |
| Total heat supplied | 560,980 | −374,478 |

식에서 얻어진다.

$$k = A\exp(-E/RT) \tag{3-19}$$

여기서 $A$는 주기 인자이며 $E$는 활성에너지이다. 그림 3-8에서 보여진 공정 조건을 담당하는 이러한 인자들은 문헌으로부터 유용하다.[33] 이러한 데이터로부터, 60%의 에탄 전환율과 90%의 프로판 전환율에 대한 체류시간은 약 0.4초이다. 이것은 두 탄화수소가 같은 노 코일에서 혼합되고 분해됨을 지적한다.

일단 체류시간과 주어진 관 직경에 대하여 허용부피 가스 유량이 수립되면, 관의 코일 길이가 결정될 수 있다. 이 계산에서 관 안의 분해된 가스의 평균 물성이 고려되어야 한다. 표 3-6은 기본-경우 에틸렌 공정을 위해 추천된 열로의 설계 구조와 설계 측면을 나타낸다.

원하지 않는 에틸렌의 에탄으로의 수소화는 최소화하면서 아세틸렌 농도를 5 ppm 미만으로 줄일 수 있으므로 고정층 반응기에 있는 $Pd/AL_2O_3$(팔라듐/알루미나) 촉매 상에서의 아세틸렌 수소화는 선호된 산업 공정이다.[34] 아세틸렌의 수소화를 위해 반응의 선택도는 보통 90% 범위이다. 이 반응의 선택도는 다음과 같이 정의된다.

$$S = \frac{R_{C_2H_4}}{R_{C_2H_4} + R_{C_2H_6}} \tag{3-20}$$

표 3-6 열로의 설계 상세 사항

| | |
|---|---|
| Number of furnaces | 7 furnaces, one spare |
| Number of coils per furnace | 10 |
| Heat load per furnace | 53,500 kW |
| Residence time | 0.4 s |
| Tube ID | 0.102 m |
| Tube OD | 0.119 m |
| Coil length | 73.7 m |
| Mass velocity | 143.3 kg/(m$^2$·s) |
| Heat flux | 85.8 kW/m$^2$ |
| Material of construction | HP Mod (25% Cr, 35% Ni, 0.4% C, 1.25% Nb) |

33) K. M. Sundaram and G. F. Froment, Chem. Eng. Sci., 32: 601 (1977); H. C. Schutt, Chem. Eng. Prog., 55(1): 68 (1959).

34) J. M. Moses et al., J. Catalysis, 86: 417 (1984).

여기서 $R_{C_2H_4}$는 아세틸렌 수소화로부터 생성된 에틸렌의 순 속도이며 $R_{C_2H_6}$는 아세틸렌 수소화로부터 생성된 에탄의 순 속도이다.

아세틸렌과 에틸렌의 수소화 반응을 위한 반응속도 상수는 Arrhenius 식을 이용하여 결정될 수 있다. 두 수소화 반응을 위한 매개변수는 각종 조업조건에 대한 문헌에서 유용하다.[35] 두 반응은 매우 발열이며 보통 단열 관형 반응기에서 수행된다. $Pd/Al_2O_3$ 촉매의 충전 다공층을 통한 압력강하를 계산하기 위해 Ergun 식이 사용된다.[36] 반응기 부피와 촉매 무게 $W$는 다음 식을 통해 관련된다.

$$W = [(1 - \phi)A_c L]\rho_c \tag{3-21}$$

여기서 $\phi$는 충전층의 기공율, $A_c$는 층의 단면적, $L$은 관형 반응기의 길이, $\rho_c$는 고체 촉매의 밀도이다.

단열관 흐름 반응기 모델은 아세틸렌 반응기의 조업을 표현하는데 보통 사용된다. 이 모델에 근거하여 그림 3-17은 반응기 부피의 함수로써 아세틸렌 농도에서의 감소를 보여준다. 반응기 길이를 따라 온도가 증가하는 이 단열 발열 반응에 대하여, 아세틸렌 농도의 감소 때문에 반응기 부피가 2.5 $m^3$ 이상으로 커지면 반응이 실제로 멈춤을 주의하라. 그러나 원하는 아세틸렌 농도를 2 ppm까지 낮추려면 적어도 5 $m^3$의 부피가 필요하다. 이러한 낮은 아세틸렌 농도는 오직 반응기 끝점에서나 도달된다. 아세틸렌 반응기에 대한 선택도는 식 (3-20)의 도움을 받아 계산되며 89.1%이다.

반응기를 통한 압력 강하는 반응기 차원은 물론 선택된 촉매입자 직경에 좌우된다. 계산은 7.5 mm의 촉매입자 직경에 대하여, 직경 1.83 m 및 길이 1.94 m인 아세틸렌 반응기를

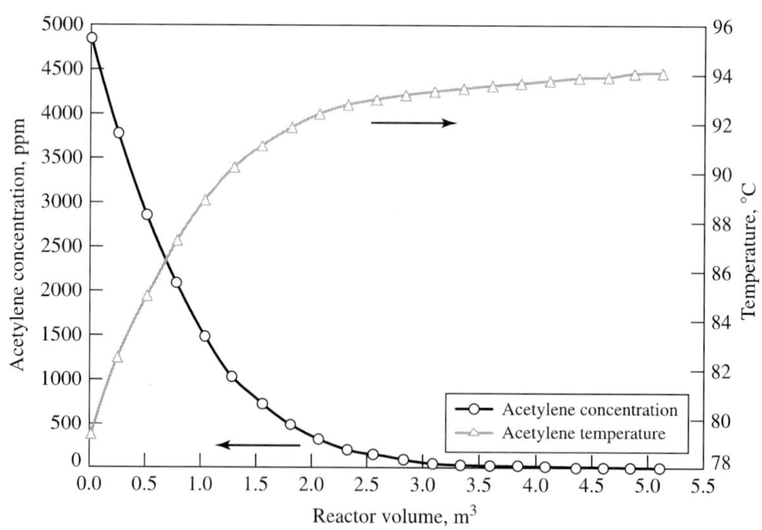


**그림 3-17**

아세틸렌 반응기에서 반응기 부피의 함수로써 온도와 아세틸렌 농도

35) F. E. Hancock and J. K. Smith, in Proc. 4th Ethylene Producers Conference, vol. 1, American Institute of Chemical Engineers, New York, 1992, p. 177.

36) H. S. Fogler, Elements of Chemical Reaction Engineering, 2d ed., Prentice-Hall, Englewood Cliffs, NJ, 1992

위한 기본-경우 설계에 있어서 20 kPa 미만의 압력강하가 성취될 수 있음을 보여준다. 대략 2500 kg의 촉매가 필요할 것이다.

증류탑 및 급냉탑을 설계하기 위해 엄밀한 설계 모델이 사용된다. 예를 들면 기본-경우 설계의 분리 영역에 있는 증류탑은 SRK 상태방정식을 사용하는 CC-SCDS 모델로 모사되었다. 이 모델은 5개의 원료 흐름, 4개의 부 제품, 부 가열기 및 냉각기를 다룰 수 있는 다단계 증기-액체 평형 모듈이다. 모델은 Newton-Raphson 수렴 방법을 사용하며 관여된 물질, 에너지, 평형 상관식을 위한 미분을 엄밀하게 계산한다. 이러한 모사의 결과는 15장에서 언급된 두 예제에 있는 기본-경우 $C_3$ 분리기를 위한 수작업 계산으로부터 얻은 결과와 비교된다. 탑을 위한 기계적 설계 식은 12장에 나타나 있다.

다관형 열교환기는 에틸렌 공정내 다른 장소에서 사용된다. 각 열교환기는 열공정에 관여된 흐름의 본성에 좌우되는 유일한 설계를 가지고 있다. 일반적으로 전열계수와 압력강하는 관 길이 및 직경, 통 길이 및 직경, 통 패스 수, 방해판 형태 같은 다른 기하학적 인자에 좌우되므로 다관형 열교환기의 설계는 상호작용의 절차이다. 이러한 반복 업무를 수행하기 위하여 많은 소프트웨어 프로그램이 유용하다. 기본-경우 설계에 대해 TEMA 다관형 열교환기의 열적 및 기계적 설계, 평가, 모사를 수행하기 위하여 CC-THERM 소프트웨어가 사용되었다. 이의 사용 예는 14장에서 제공된다.

가성 스크러버는 가스 압축기의 네 번째 단으로 들어가기 전에 산 가스($H_2S$, $CO_2$)를 분해된 가스 흐름으로부터 제거하기 위하여 사용된다. 두 오염물은 분리영역으로 들어가기 전에 1 ppm 미만의 농도로 줄여야 한다. 두 산 가스 성분은 용해되는 무기염을 형성하기 위해 가성제와 반응한다.

Raab에 의해 개발된 설계 절차가 가성 스크러버를 설계하기 위해 사용되었다. 스크러버는 탑 내에서의 넘침을 방지하기 위해 설계되며 총 넘침의 80% 미만의 넘침 백분율이 유지된다. 스크러버는 CHEMCAD의 Sour Water Model을 사용하여 모사될 수 있다.

가스 및 액체 탈수화기는 네 번째 압축단 후 뒤에 위치한 저온 장치에서의 냉동 및 수화물 형성을 피하기 위해 1 ppm 미만의 수분 함량으로 분해된 가스를 건조하는데 사용된다. 이 설계 목적을 이루기 위하여, 분해된 가스 흐름은 프래쉬 드럼에서 제거될 일부 수분을 응축하면서 먼저 약 13°C로 냉각된다. 약 13%의 물이 증기로 분리되어 가스 건조기의 분해된 가스로부터 1 ppm 미만으로 제거된다. 남은 물은 탄화수소 응축 흐름과 함께 나가며 이 흐름에 있는 물의 90%가 수분 디칸더에서 제거된다. 남은 탄화수소 흐름은 수분 농도를 1 ppm 미만으로 줄이기 위해 액체 건조기로 보내진다.

3A형 분자체는 에틸렌 공정에 있는 건조 단위 조작을 위해 사용된 데시칸트이다. 비록 이것의 평형 수분함량은 높지만, 100 kg 데시칸트 당 8 kg 물의 건조기체 용량을 위해 건조 공정이 설계된다. 가스 및 액체 건조기는 24시간의 흡착 재생 주기를 위해 설계된다. 이 조건 하에서, 요구되는 데시칸트와 이에 해당되는 건조기 부피는 가스 건조기에 대하여 각각 37,900 kg과 436 $m^3$이며, 액체 건조기에 대하여는 24,950 kg과 289 $m^3$이다.

## 기본-경우 설계의 경제적 평가

공정의 분리 영역에서 각종 증류탑/막 혼성 구조를 활용하는 제안된 설계 대안과 수익성을 비교하기 위하여 기본-경우 에틸렌 공정의 경제적 분석이 필요하다. 기본-경우 설계에서 활용되고 또한 수정된 공정을 위해 사용될 경제적 매개변수와 조건은 공장 위치, 원료비용, 제품 비용, 유틸리티 비용, 감가상각, 세율을 포함한다.

자본 투자 각 장치의 구입비용은 12장부터 15장에 걸쳐 제공된 비용 데이터, 현재 에틸렌 문헌, 판매자 정보를 이용하여 결정된다. 근거 자료에 관계없이 구입비용 데이터는 6장에서 상세히 묘사될 현재 비용지수로 수정되어야 한다. 이러한 표의 예가 에틸렌 공정의 분리 영역과 연관된 개별 장치의 구입비용과 설계 상세사항을 수록한 표 3-7에 제공된다. 그림 3-13에서 보여지지 않았으므로 펌프, 압력 용기, 저장탱크에 대한 구입비용 데이터는 이 표에 포함되지 않았다. 이 영역을 위한 비용 표를 완성하기 위해서 그런 항목들은 포함되어야 한다.

에틸렌 공정의 다른 영역과 연관된 각 장치의 구입비용을 표로 만들기 보다 오히려 표 3-8에서 보듯이 전체 공정에서 필요한 장치의 형태에 의해 구입비용을 요약하는 것이 더 간단하다.

기본-경우 에틸렌 공정에 대한 요구되는 고정자본 투자비는 6장에서 언급된 장치/비용 비율 방법을 이용하여 총 구입-장치 비용으로부터 추정될 수 있다. 추정된 고정자산 비용 표가 표 3-9에 주어져 있다. 고정자본 투자를 추정하는 이 방법에 있어서의 가능한 오차는 ± 20% 정도까지일 수 있다. 그러나 에틸렌 공정의 분리영역에서 제안된 수정과 연관된 고정-자본 투자를 추정하는데 있어 가능한 오차는 매우 유사할 것이므로, 이 추정절차는 경제적 비교를 하기위해 받아들일 만하다.

**생산 비용** 이러한 비용은 직접비, 간접비, 일반경비를 포함한다. 표 3-10은 원료, 유틸리티에 대한 킬로그램당 센트의 비용과 기본-경우 에틸렌 공정에서의 부산물 판매에 대한 수익을 제공한다. 종래의 에틸렌 공장에서의 노동 및 유지보수에 대한 직접비는 일반적으로 고정-자본 투자의 3에서 5% 사이이며, 대략 절반은 물질 대체에 대해서고 나머지 절반은 유지보수 노동에 대한 것이다.[37] 이 예비설계를 위하여, 고정-자본 투자의 4%가 유지보수 비용으로 책정되었다.

간접비는 감가상각, 세금, 보험, 공장 간접비용을 포함한다. 에틸렌 공장에 대하여 허용되는 감가상각 비율은 전형적으로 7에서 12% 범위이다.[38] 비용 분석을 위하여, 감가상각 비율은 고정자본 투자의 10%로 가정되었다. 보험 비용은 매년 약 0.5%이고 세금도 매년 고정자본 투자의 1.5% 정도 크기이다. 공장 간접비용은 총 노동비의 80%이다. 일반 경비는 행정 비용, 배분 및 판매 비용, 연구 및 개발 비용, 재정비용을 포함한다.

기본-경우 에틸렌 설계를 위한 생산비 추정은 표 3-11에 나와 있다. 원료비는 생산된 에

37) L. Kniel, O. Winter, and K. Stork, Ethylene: Keystone to the Petrochemical Industry, Marcel Dekker, New York, 1978.

38) L. Kniel et al., loc. cit.

표 3-7 기본-경우 분리 영역 장치 사양과 구입 비용

| Equipment code | Equipment function | Equipment specification | | Materials of construction | | Purchased cost,[‡] $ |
|---|---|---|---|---|---|---|
| **Fractionators** | | **Diam., m** | **# Trays** | | | |
| C-601 | $C_2$ splitter | 4.57 | 111[a] | 304 s.s | | 4,232,000[c] |
| C-602 | Depropanizer | 2.60 | 51[a] | c.s | | 418,000[c] |
| C-603 | $C_3$ splitter—I | 5.33 | 106[b] | c.s | | 3,575,000[c] |
| C-604 | $C_3$ splitter—II | 5.33 | 106[b] | c.s | | 3,575,000[c] |
| C-605 | Debutanizer | 0.92 | 59[a] | c.s | | 36,900[c] |
| **Reactors** | | **Diam., m** | **Volume, m** | | | |
| R-601 | 1st-stage MAPD reactor | 1.83 | 10 | s.s. clad | | 131,900 |
| R-602 | 2nd-stage MAPD reactor | 2.3 | 40 | s.s. clad | | 302,500 |
| **Compressor** | | **Power reqm't., kW** | | | | |
| K-601 | Ethylene prod. compressor | 910 | | c.s | | 408,000 |
| **Heat exchangers or condensers** | | **# Shells** | **Area/shell, $m^2$** | **Shell** | **Tube** | |
| E-601 | $C_2$ splitter condenser | 4 | 303 | A-240-316 | A-240-316 | 189,500 |
| E-602 | $C_2$ splitter reboiler | 2 | 730 | A-515-55 | A-214 | 107,700 |
| E-603 | Depropanizer condenser | 1 | 576 | A-285-C | A-214 | 43,400 |
| E-604 | Depropanizer reboiler | 1 | 60 | A-285-C | A-214 | 8,900 |
| E-605 | Process exchanger | 2 | 537 | A-285-C | A-214 | 82,500 |
| E-606 | 1st-stage $C_3$ cooler | 1 | 14 | A-285-C | A-214 | 4,100 |
| E-607 | Water-cooled exchanger | 1 | 72 | A-285-C | A-214 | 9,900 |
| E-608 | $C_3$ splitter condenser | 5 | 1109 | A-285-C | A-214 | 549,700 |
| E-609 | $C_3$ splitter reboiler | 1 | 211 | A-285-C | A-214 | 19,200 |
| E-610 | Debutanizer condenser | 1 | 222 | A-285-C | A-214 | 20,900 |
| E-611 | Debutanizer reboiler | 1 | 17 | A-285-C | A-214 | 4,200 |
| E-612 | Pyrolysis gasoline cooler | 1 | 67 | A-285-C | A-214 | 9,600 |

[†]See Fig. 3-13 for separation section flowsheet and equipment location.
[‡]January 1, 2000, purchased-cost data
[a]0.61-m tray spacing
[b]0.76-m tray spacing
[c]Cost includes columns, trays, and auxiliary accessories.

**표 3-8 에틸렌 공정에 대한 구입된 장치 비용의 요약**

| Equipment type | Purchased cost |
|---|---|
| Heat exchangers and condensers | \$ 5,015,000 |
| Pressure vessels | 3,069,000 |
| Columns and trays | 17,235,000 |
| Compressors | 34,835,000 |
| Furnaces | 19,944,000 |
| Reactors | 551,000 |
| Dryers | 364,000 |
| Pumps | 1,457,000 |
| Separators | 96,000 |
| Storage vessels | 940,000 |
| Total | \$83,506,000 |

†January 1, 2000, purchased-cost data.

**표 3-9 고정-자본 투자 추정**

| Investment items | Cost |
|---|---|
| Purchased equipment, $E$ | \$ 83,506,000 |
| Purchased-equipment installation, $0.47E$ | 39,248,000 |
| Instrumentation and control, $0.36E$ | 30,062,000 |
| Piping (installed), $0.68E$ | 56,784,000 |
| Electrical (installed), $0.11E$ | 9,186,000 |
| Buildings (including services), $0.18E$ | 15,031,000 |
| Yard improvements, $0.1E$ | 8,351,000 |
| Service facilities (installed), $1.05E$‡ | 87,681,000 |
| Total direct plant cost $D$ | 329,849,000 |
| Engineering and supervision, $0.33E$ | 27,557,000 |
| Construction expenses, $0.41E$ | 34,237,000 |
| Legal expenses, $0.04E$ | 3,340,000 |
| Total direct and indirect cost, $D+I$ | 393,983,000 |
| Contractor's fee, $0.05(D+I)$ | 19,699,000 |
| Contingency, $0.1\ (D+I)$ | 39,398,000 |
| Fixed-capital investment (FCI) | \$453,080,000 |

†Equipment/cost ratio percentages are factors applicable to a fluid-processing plant similar to that outlined in Table 6-9. No land purchase was assumed.
‡The estimated cost for service facilities was increased by 50 percent to meet the need for additional environmental and refrigeration requirements in the process.

틸렌 kg당 63.4 센트인 반면 부산물의 총 수익은 생산된 에틸렌 kg당 54.0 센트이다. 모든 메탄-함유 가스는 \$2.79/$10^6$ kJ(HHV)로 수익으로 보았고 이 연료의 일부는 열로를 위한 유틸리티 연료로 쓰였다. 기본-경우 설계로부터 추정된 에틸렌의 순 생산비(NPC)는 47.8 센트/kg이다.

**수익성 분석** 자주 사용되는 수익성의 한 가지 측정은 투자비 회수(ROI)이다. 이것은 세전 연간 이익을 고정자본 투자로 나눈 것으로 정의된다. 연간 이익은 연간 수입과 비용의 차이이다. 에틸렌 제품에 대한 70.5 센트/kg 가격을 기준으로 기본-경우 에틸렌 공정에 대한 세전 ROI는 25.1%이다.

### 표 3-10 기본-경우 에틸렌 공정에 대한 물질, 유틸리티 및 부산물 비용

| Variable costs | Quantity consumed per kilogram of ethylene produced | Market price† | Cost contribution, ¢/kg, of ethylene produced |
|---|---|---|---|
| Raw materials | | | |
| Propane (feedstock) | 2.3486 kg | 26.66 ¢/kg | 62.633 |
| Caustic (100% basis) | 0.0017 kg | 11.24 ¢/kg | 0.019 |
| Catalyst and chemicals | — | — | 0.740 |
| Total | | | 63.392 |
| Utilities | | | |
| Cooling water | 0.3796 $m^3$ | 2.25 ¢/$m^3$ | 0.854 |
| Process water | $1.67 \times 10^{-4}$ $m^3$ | 31.17 ¢/$m^3$ | 0.005 |
| Fuel gas | 25,416 kJ | \$2.79/$10^6$ kJ | 7.091 |
| Electricity | 0.1337 kWh | 4.3 ¢/kWh | 0.552 |
| Total | | | 8.502 |
| By-products (produced) | Quantity produced per kilogram of ethylene produced | | |
| Hydrogen-rich gas | 0.2127 kg | 73.7 ¢/kg | −15.675 |
| Methane-rich fuel gas | 27,200 kJ | \$2.79/$10^6$ kJ | −7.589 |
| Propylene (polymer grade) | 0.373 kg | 57.3 ¢/kg | −21.374 |
| $C_4$ fraction | 0.0979 kg | 42.5 ¢/kg | −4.237 |
| Pyrolysis gasoline | 0.1569 kg | 31.0 ¢/kg | −4.864 |
| Fuel oil | 0.0222 kg | 13.7 ¢/kg | −0.304 |
| Total | | | −54.043 |

†January 1, 2000, cost data

### 표 3-11 총 생산비 추정

| Cost items | Cost, ¢/kg, of ethylene |
|---|---|
| Direct production costs | |
| Raw materials (see Table 3-10) | 63.39 |
| Operating labor (9 workers/shift) | 0.49 |
| Operating supervision (15% operating labor) | 0.07 |
| Maintenance (labor and materials, 4% FCI) | 3.62 |
| Utilities (see Table 3-10) | 8.50 |
| Operating supplies (15% maintenance) | 0.54 |
| Laboratory charges (20% operating labor) | 0.10 |
| Indirect production costs | |
| Depreciation (10% FCI) | 9.07 |
| Insurance and taxes (2% FCI) | 1.81 |
| Plant overhead costs (80% total labor costs) | 1.90 |
| General expenses | |
| Administrative costs (25% overhead) | 0.48 |
| Distribution and selling costs (6% NPC) | 2.87 |
| Research and development costs (4% NPC) | 1.91 |
| Financing (interest, 7% TCI)† | 7.05 |
| Credit for sale of by-products (see Table 3-10) | −54.04 |
| Annual net product cost (NPC), ¢/kg | 47.76 |

†TCI = \$503,400,000 = \$453,040,000 + 10% (TCI) for working capital.

## 제안된 기본-경우 설계 수정의 평가

공정창조 단계에서 언급했듯이 에틸렌/에탄 분리에서 종래의 $C_2$ 분리기를 대체하는 혼성 증류/막 시스템의 사용은 이 분리를 위한 에너지 소요량을 줄일 가능성을 제공한다. 여러 다른 증류 막 구조가 그림 3-6에서 언급되었고 이들 각각은 어느 구조가 가장 좋은 경제적 대안인지를 결정하기 위해 조사될 필요가 있다. 각 구조에 관여된 광범위한 모사 및 최적화 노력 때문에 이 노력에 관여된 일반적 절차만이 하나의 구조와 함께 개략적으로 설명될 것이다. 그러나 이 경제적 비교의 결과는 예비설계 예제를 완성하기 위해 요약될 것이다.

에틸렌/에탄 분리를 위한 의미있는 경제적 비교를 얻기 위해 혼성 증류/막 시스템 주변의 물질수지는 기본-경우 설계에서의 $C_2$ 분리기에 대해 앞서 수립했던 것과 같다. 이와 같이 들어오고 나가는 흐름과 연관된 운전조건은 각 분리 시스템에 대하여 같다. 추가 자본 투자, 유틸리티, 노동, 유지보수 등을 필요로 하는 온도나 압력에서의 조정은 혼성 시스템을 위한 운전비의 일부가 된다.

**기술적 측면** 그림 3-18은 미세공 막의 세공에서의 모세관 현상에 의해 잡힌 질산은 수용액으로 구성된 막을 갖는 에틸렌/에탄 촉진 막 시스템을 보여준다. 고압에서 주입된 가스 혼합물 속의 에틸렌은 복합체를 형성하기 위해 은 이온과 반응하며, 이것은 막을 가로질러 자유롭게 확산한다. 이 복합체가 막의 반대편 저압 지역에 도달할 때, 에틸렌을 침투된 쪽으로 방출함으로써 수용액이 막 입구로 되돌아가도록 하면서 복합체는 분해된다. 복합되지 않은 형태는 용액에서 상당히 덜 용해되므로 복합되지 않은 에틸렌과 에탄의 확산은 작다.

막 모델을 개발하는데 사용된 가정은 표 3-12에 요약되어 있다. 모사에서 사용된 막 물성은 Teramoto 등의 실험 데이터에 근거한다.[39] 횡단-흐름 모델은 Shindo 등에 의해 개발된 모델에 근거한다.[40] 이 모델에서 막 길이에 따른 국부적 침투쪽 조성은 국부적 원료쪽 조성의 함수일 뿐이다.

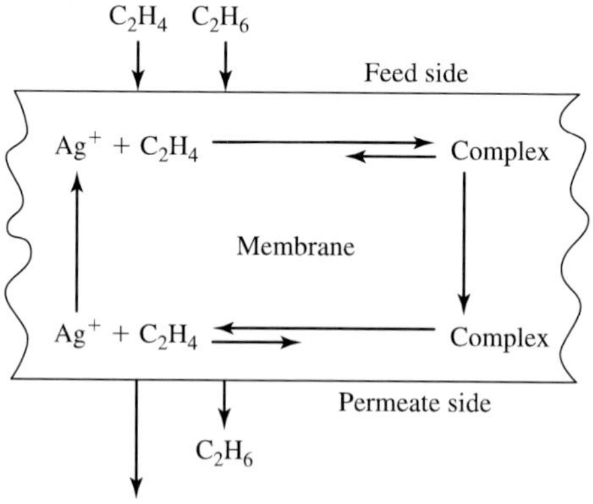


**그림 3-18**

은 이온에 의한 에틸렌의 촉진된 이동에 대한 기작

39) M. Teramoto et al., J. Chem. Eng. Japan, 19(5): 419 (1986).

40) Y. Shindo et al., Sep. Sci. Tech., 20(2): 445 (1985).

**표 3-12 FT막을 갖는 가로지르는 흐름 모델을 모델링하는데 사용된 가정들**

1. Cross-flow along the permeate side and plug flow along the feed side of the membrane.
2. Negligible pressure drop along either side of the membrane.
3. Isothermal operation.
4. Instantaneous ethylene/silver reaction, forming a one-to-one complex.
5. Equilibrium between product and reactant species at the membrane boundaries.
6. Steady-state process.
7. The diffusivity and solubility coefficients of each species are independent of pressure.

막의 미분면적 $dS$를 가로지르는 총괄 물질수지는 다음과 같이 묘사될 수 있다.

$$\frac{dN}{dS} = -\sum_{i=1}^{n} J_i \tag{3-22}$$

여기서 $N$은 막의 원료쪽에 있는 가스의 몰 흐름이며, $J_i$는 성분 $i$의 정상상태 플럭이다. 성분 물질수지는 다음과 같이 주어진다.

$$\frac{d\bar{y}_{F,i}}{dS} = \frac{J}{N}(\bar{y}_{F,i} - \bar{y}_{P,i}) \tag{3-23}$$

여기서 $\bar{y}_{F,i}$와 $\bar{y}_{P,i}$는 막의 원료 및 침투쪽에서의 성분 $i$의 국부적 몰 분율이다. 계가 이성분이므로 정상적인 보존식 즉 $\sum_{i=1}^{n} y_i = 1$이 적용된다.

식 (3-22)와 (3-23)은 초기치 문제로 Runge-Kutta 방법을 사용하여 수치적으로 풀린다. 국부 침투 조성 $\bar{y}_{P,i}$와 국부 플럭스는 원료와 침투 경계를 묘사하는 식과 함께 막을 따라 가로지르는 에틸렌 및 에탄을 위한 적절한 전달식을 사용하여 계산된다. 국부 침투 조성 $\bar{y}_{P,i}$는 국부 플럭스 (즉 $\bar{y}_{P,i} = J_{P,i}/J$)로부터 얻을 수 있다.

**혼성공정 고려사항** 질산은 수용액의 빙점은 용질농도에 좌우된다. 용질농도의 증가는 빙점 강하를 증가시킨다. 종래의 증류탑 안에서의 온도 구배가 2000 kPa 운전 압력 하에서 −7로부터 −29°C로 감소하므로 막과 증류 기술을 효과적으로 합치기 위하여 혁신적인 설계가 요구된다. 어는 것을 피하기 위하여 6 몰/l $AgNO_3$가 에틸렌/에탄 분리 계획에 사용된다.

FT 막 성능은 또한 아세틸렌 및 황과 같은 불순물에 민감하다. 전방위 탈에탄화 계획을 사용하면 수소화 촉매 반응기에서 아세틸렌 불순물은 제거된다. 종래의 에틸렌 공정에서와 같이 가성 스크러버에 의해 어떠한 황 오염물도 제거될 수 있다.

**모사 및 최적화 전략** 최대의 경제적 이익을 제공하는 최적의 구조를 확인하기 위해서는 모사 연구가 필요하다. 이러한 모사는 각 시스템의 운전 제한을 결정하는데 또한 쓸모 있다.

촉진된 전달 막 장치에 대하여, 변할 수 있는 가장 중요한 매개변수는 침투압력과 전달자 농도이다. 이 두 매개변수는 막 면적과 압축 부하량을 위한 요구량에 직접 영향을 미친다. 일반적으로 이 두 매개변수 사이에는 가감효과가 있다. 전달자 농도의 증가는 막을 가로지르며 추진력의 증가를 가져오며 이것은 막에 의해 요구되는 면적을 최소화한다. 반면에 침투압력의 증가는 막을 가로지르며 추진력의 감소를 제공해 큰 막 면적을 필요로 한다. 그러나 이러한 침투압력의 증가는 압축 부하량의 감소를 가져온다.

모사 및 최적화 과정을 위하여 103 및 345 kPa의 두 제한 압력이 선택되었다. 더 낮은 값은 더 높은 선택도를 제공해 혼성 시스템에 의해 요구되는 막 면적을 최소화하나 요구되는 압축 부하량의 증가를 가져온다. 반면 345 kPa의 상한은 압축 부하량을 감소시키나 막 면적의 증가와 함께 선택도를 감소시킨다. 345 kPa보다 큰 침투 압력은 2000 kPa의 원료 압력에 대하여 막을 따라 너무 작은 추진력을 제공한다. 따라서 선택도 및 침투속도는 감소될 것이다.

증류공정에 대하여 분리를 위해 필요한 단의 수와 응축기 부하량 사이에는 가감효과가 있다. 역으로 이 두 중요한 인자를 관련짓는 주요 매개변수는 환류비율이다. 예를 들면, 환류비가 줄면 공정 유틸리티도 줄어 조업비 감소 결과를 가져온다. 그러나 환류비의 이러한 감소는 증류탑의 단수 증가를 필요로 하므로 이번에는 탑의 투자비 증가를 가져온다. 저온 증류 시스템에 대하여, 이러한 장치와 연관된 냉동 비용을 최소화하기 위하여 최적의 환류비는 최소 환류비의 1.05와 1.1배 사이에서 일반적으로 유지된다. 경제적 필적을 유지하기 위하여, 기본-경우 설계 및 각종 혼성 구조에서의 저온 탑은 실제 환류를 결정하기 위해 1.05 값을 사용했다.

증류/막 혼성 시스템을 위하여 각 기술에 영향을 미치는 변수들이 관련짓는다. 이러한 변수의 조합은 최적화 과정을 더 복잡하게 만든다. 혼성 시스템의 모사 및 최적화가 국부적이 아니라 전역적이기 때문에, 단순하고 적당한 접근법이 개발되도록 최적화 과정은 한계를 정하는 적어도 두 모사단계와 함께 신중히 분석되어야 한다.

첫째 모사단계에서 일련의 매개변수적 연구를 수행함으로써 혼성 시스템의 집중적인 국부 최적화가 추구된다. 각 구조에 대하여 혼성 시스템에 대한 주요 매개변수의 영향이 수립된다. 냉매의 감소나 혼성 시스템 투자비 감소가 전체 에틸렌 공정에 더 큰 영향을 미치는지를 결정하는 것은 광범위한 조업조건에 대한 분석을 필요로 한다. 이러한 목적을 위해 혼성 시스템의 응축기 부하량이 기본-경우 증류 시스템의 응축기 부하량과 같은 값에서 유지되도록 증류탑의 환류비가 초기에 수립된다. 이것은 증류탑 투자비에 혼성 시스템의 추가가 수립될 수 있도록 행해진다.

둘째 모사에서 혼성 시스템의 증류탑의 이론 단의 수는 기본-경우의 $C_2$ 분리기를 위해 필요한 것과 같은 값으로 유지된다. 이것은 최소 응축기 부하량을 성취하는 혼성 시스템 결과를 가져온다. 그리고 에틸렌 공정의 다른 부분에 대한 이 경우의 영향이 결정된다. 이 두 한계는 어느 변수가 전체 에틸렌 공정에 더 큰 영향을 미치는지를 결정하는 지침을 제공한다.

일단 최소 응축기 부하량이나 최소 투자비를 제공하는 혼성 시스템이 수립되면 전체 공정에 대한 새로운 구조의 영향을 관찰하기 위하여 공정의 주요 재설계가 필요하다. 최종적으로, 최적화된 혼성 설계를 기본-경우 설계와 비교하기 위하여 경제적 기준이 사용된다.

이 설계에 쓰인 막 모델은 상태 방정식으로 SRK를 사용한 엄밀한 증류 모델과 밀접하게 통합된다. 이 증류 모델(CHEMCAD-SCDS)은 다단계 기-액 평형 모듈이다. 장치 차원과 운전조건은 CHEMCAD 모사기에 포함된 전산 루틴에 의해 평가된다. CC-THERM이 각 혼성 시스템의 부분인 모든 열교환기와 응축기를 설계하기 위하여 활용된다.

혼성 증류/막 시스템을 평가하는데 추구된 모사 순서는 증류탑에 대한 상대적인 막 장치의 위치에 좌우된다. 예를 들면, 그림 3-6에서 보인 평행 구조에 대하여, 막 원료 조성과 유량은 탑의 단수나 최적 환류비를 결정하기 위하여 최적화가 필요한 설계변수이다. 이것은 막 면적에 대한 적절한 값과 함께 막에 대한 횡단-흐름 모델에 의해 시작된다. 단의 최소 수를 풀기 위해, 환류비는 기본-경우의 $C_2$ 분리기에 대해 최초 사용되었던 것과 같은 값으로 놓는다. 그런 후 두 설계변수는 탑 단의 최소 수를 제공하는 최적값에 도달할 때까지 변한다. 그리고 막 면적에 대한 초기값이 변하고 최적화 과정이 반복된다. 최소 응축수 부하량을 수립하는 최적 환류비를 풀기 위해, 단의 수는 기본-경우의 $C_2$ 분리기에서 사용되었던 것과 같은 값으로 먼저 놓는다. 그림 3-19는 이 모사가 345 kPa 침투압력과 6 몰/l $AgNO_3$의 전달자 농도에 대해 실행될 때 평행구조의 성능을 보여준다. 환류비가 감소할 때 막 원료유량의 증가와 막 원료조성의 증가가 있음을 주의하라. 탑의 환류속도 감소에 의해 응축수 부하량이 줄어듦에 따라, 보조장비에 대한 규모와 소요 유틸리티가 증가한다.

**경제적 평가** 처리비용은 다른 혼성 시스템들의 경제적 성능을 평가하기 위해 사용된 경제적 측정이다. 처리비용은 에탄으로부터 에틸렌을 분리하는데 관여된 총 자본 및 운전비용을 포함한다. 투자비는 이 분리에 관여된 각 장치의 감가상각 비용을 포함한다.

처리비용에서의 절감은 표 3-10에서 보인 기본-경우 설계의 운전비용과 다른 혼성 시스템에 관련된 설계의 차이로부터 결정된다. 앞서 언급했듯이 $C_2$ 분리기에 대한 혼성 시스템의 치환에 의해 영향을 받는 에틸렌 공정에서의 유일한 영역은 에틸렌/에탄 분리 시스템, 프로필렌 냉동 시스템, 스팀 시스템이다. 추가 에틸렌 냉매가 저압 탑 응축기에서 활용되므로 연속연결-구조 혼성 시스템이 고려될 때 에틸렌 냉동 시스템만 영향을 받는다. 에틸렌/에탄 분리 시스템의 원료, 생성물, 재순환 흐름들이 기본-경우 설계와 같은 수준으로 유지되므로 에틸렌 공정의 기타 영역의 운전비용은 영향을 받지 않는다.

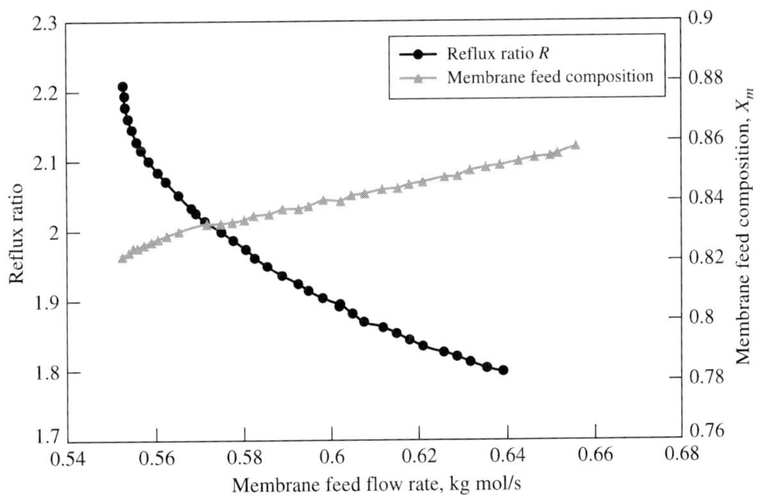


**그림 3-19**
345 kPa 침투압력과 6 몰/l $AgNO_3$의 전달자 농도를 갖는 평행 혼성 구조의 모사된 성능

**표 3-13 혼성 시스템의 경제적 매개변수와 가정**

| | |
|---|---|
| Assumptions | |
| Life of membrane | 5 years |
| Life of other equipment | 10 years |
| Cost data | |
| Membrane module | \$260/m$^2$ (membrane material, housing, piping, instrumentation and installation labor) |
| Membrane replacement | \$150/m$^2$ (membrane material and installation labor) |
| $AgNO_3$ | \$488/kg |

†January 1, 2000, cost data.

표 3-13은 경제적 평가를 위해 쓰인 표 3-3 및 3-10에서 보여준 것 이외의 비용 데이터와 추가 가정을 보여준다.

평행구조 혼성 시스템에 대한 자본, 유틸리티, 처리비용에서의 연간 절감액은 그림 3-20에 나와 있다. 이 구조와 103 kPa의 침투 압력에서의 최적의 혼성 시스템은 약 0.70의 제품 회수가 성취될 때 발생한다. 이 조건 하에서 최대 연간 절감액은 약 2.38백만 달러이다. 제품회수가 0.7을 초과할 때 연간 절감액은 감소하면서 조성이 원료 조성과 가까운 대량 분리에 대해 막 성능이 가장 좋음을 보인다. 만약 침투 압력이 345 kPa로 증가하면 최대 연간 절감액은 약 1.84백만 달러로 감소한다.

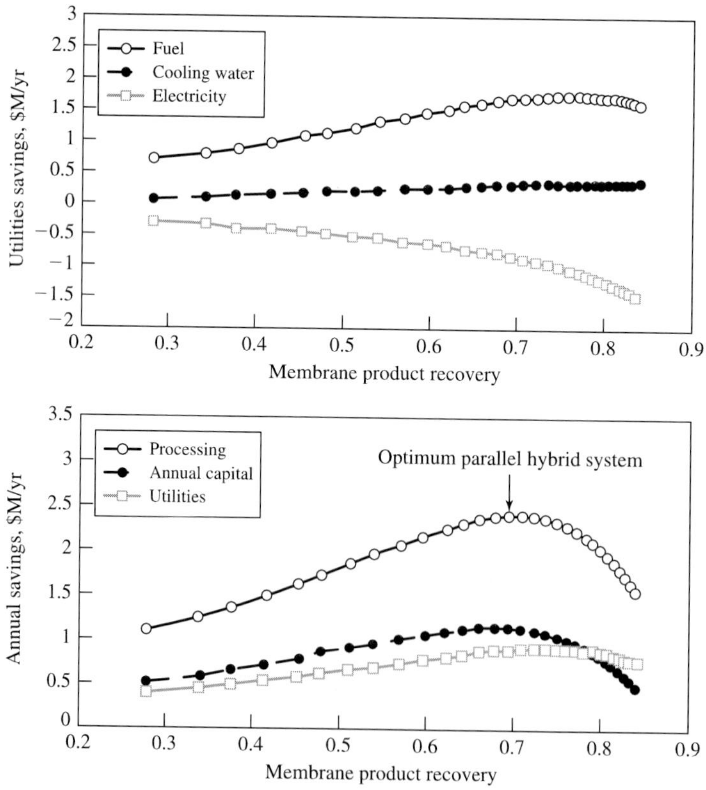


**그림 3-20**

103 kPa 침투압력과 6 몰/l $AgNO_3$의 전달자 농도를 갖는 평행 혼성 구조의 경제적 성능

표 3-14 혼성구조에서의 연간 및 단위 처리 절감액

| Hybrid configuration | Annual process savings, $ | Unit process savings, ¢/kg |
|---|---|---|
| Top | 505,000 | 0.10 |
| Parallel | 2,383,000 | 0.47 |
| Bottom | 333,000 | 0.066 |
| Series | 5,700,000 | 1.14 |

그러나 연속연결 구조에서 막이 증류탑과 연결될 때 최적의 혼성구조가 발생한다. 연속연결 혼성 시스템은 약 $5.7백만의 연간 절감액을 제공한다. 표 3-14는 앞서 그림 3-6에서 보인 4개의 혼성구조에 대해 얻어진 절감액을 요약하고 있다.

## 요약

이 절에서 제시된 예비설계는 새로운 공정설계를 위해 매우 자주 따라야 하는 단계별 접근법을 보여주기 위해 개발되었다. 정확한 절차는 회사와 설계공학자에 따라 변할 수 있다. 이와 같이 사용된 가정과 경험적 법칙인자는 설계 경험과 회사 방침에 크게 좌우되며 회사에 따라 변할 수 있다. 그럼에도 불구하고 공정설계에 대한 기본 단계는 주요 석유화학 용품의 제조를 다룬 이 예비설계에서 언급된 것들이다.

완벽한 설계를 제시하기 위해 어떤 시도도 없었다. 사실 내용을 짧게 하기 위해 정상적인 공정설계에서 검증되었던 많은 가정들이 만들어졌다. 에틸렌 공정에서 추가적인 절감액을 제공할 수 있었던 기타 가능성 있는 어떠한 대안도 제시되지 않았다. 이들은 $C_3$ 분리기에 대한 대체물로서 혼성 증류/막 시스템의 사용이나 에틸렌 공정의 수소화 분리 영역에서의 막 사용을 포함할 수 있다. 이러한 대안들의 조사는 독자에게 남기기로 한다.

## 연습문제

**3-1** 이 장에서 확인된 각종 문헌 자료를 사용하여 포름알데히드를 생산하기 위한 세가지 다른 공정을 제시하는 세 개의 게재된 논문의 원래 근원, 제목, 저자, 간단한 요약을 열거하라.

**3-2** 공정도 형태로, 포름알데히드를 생산하기 위한 공장을 완벽히 개발하는 단계의 순서를 보여주는 개요를 준비하라. 각 단계에서 고려되어야 할 점들의 상세한 분석도 포함되어야 한다. 개요는 초기 아이디어로부터 공장이 효율적인 조업에 있는 단계까지의 사업을 취해야 한다.

**3-3** 단일 제품을 만드는 어떤 공정은 연속교반 반응기 안에서의 두 액체반응과 이로부터 얻어지는 혼합물의 증류를 포함한다. 미반응된 반응물은 탑상으로 회수되어 재순환된다. 제품은 충분히 순수한 형태로 증류탑저로 얻어진다.

a. 모든 장치를 보이는, 공정에 대한 정성적인 공정도를 작성하라.

b. 정성적 공정도를 엄밀히 참조하여 장치를 설계할 수 있도록 각 장치를 열거하고 화학물질 및 공정에 관해 필요한 각 정보를 표로 만들라.

**3-4** 문헌조사에 의하면 아세틸렌 생산을 위해 많은 다른 공정이 나타나있다. 네 가지 다른 공정을 선택하고, 각각에 대한 정성적 공정도를 작성하고, 각 공정 사이의 근본적인 차이를 논하라. 어느 경우에 한 공정이 나머지들에 비해 더 바람직한가? 추가 정보를 필요로 하는 주요 설계문제는 무엇인가? 이 문제들을 다시 풀기 위해 데이터가 유용하지 못할 경우 무슨 전략이 필요한가?

**3-5** 에틸렌은 다양한 다른 공정에서 상업적으로 만들어진다. 이러한 각종 공정에 대한 원료는 정유 가스, 에탄, 프로판, 부탄, 천연 휘발유, 가볍고 무거운 납사로부터 가스, 오일, 더 무거운 성분까지 변한다. 이러한 원료의 대부분을 취급할 수 있도록 세 개의 다른 정성적 공정도를 만들라. 각 선택된 공정의 장단점은 무엇인가?

**3-6** 전단 탈에탄화 및 전단 아세틸렌 수소화를 갖는 프로판을 원료로 사용하는 에틸렌 공정 중 하나가 이 장에서 기초 설계 예로써 제시되었다. 그림 3-13에서 보인 기본-경우 설계를 위한 제품 분리영역에 대하여 보인 각 장치 주변의 물질수지를 완성하라. $C_2$ 분리기와 탈프로판탑을 위한 kg/h의 원료는 다음과 같다.

| Component | Stream 533 | Stream 413 | Stream 416 |
|---|---|---|---|
| Methane | 2.92 | — | — |
| Acetylene | 0.24 | — | — |
| Ethylene | 62.008 | — | 0.005 |
| Ethane | 11,953 | — | 1.18 |
| MAPD | — | 97.5 | 458 |
| Propylene | 2.10 | 2,220 | 20,572 |
| Propane | 0.005 | 1,912 | 14,321 |
| $C_4s—C_6$ | — | 8,734 | 4,776 |
| Heavy gasoline | — | 1,858 | 0.55 |

**3-7** 문제 3-6에서 개발된 정보를 가지고, 기본-경우 에틸렌 공정의 분리영역에 대한 정량적 에너지 수지를 준비하고 기초적 비용추정을 위해 충분히 상세하게 장치 크기를 결정하라.

**3-8** 그림 P3-8은 이 장에서 개요된 기초설계에서의 $C_2$ 분리기를 대체하기 위해 사용되었던 혼성 시스템의 일련의 구조를 보여준다. 만약 원료가 84.75 몰%이고, 제품 흐름은 99.9 몰% 에틸렌이며, 두 재순환 흐름은 99.45 몰% 에틸렌일 경우 혼성 시스템의 각 장치에서의 물질 및 에너지 수지를 수립하라.

**3-9** 그림 P3-8에서 묘사된 혼성 시스템의 일련의 구조에서의 장치 크기와 비용을 결정하라. 에탄/에틸렌 분리를 위한 용이한 전달 막 물성은 다음과 같다.

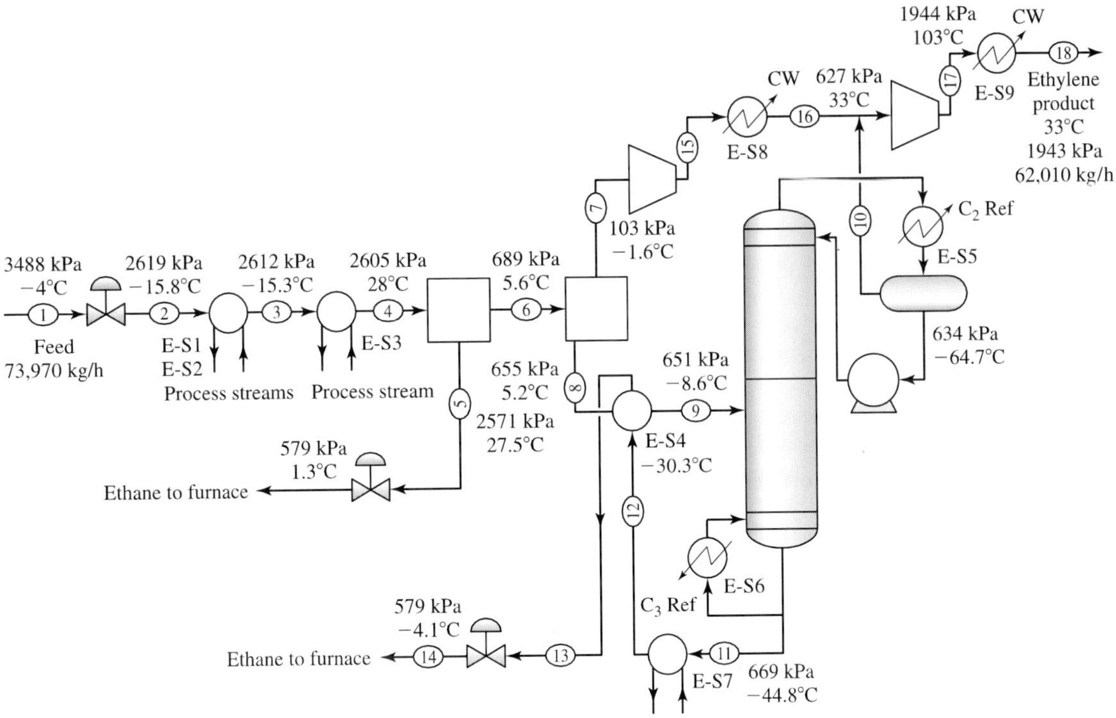


그림 P3-8
에탄/에틸렌 혼성 분리 시스템의 일련의 구조

| Component | Diffusivity, $m^2/s$ | Solubility, $mol/(m^3 \cdot Pa)$ |
|---|---|---|
| Ethylene | $1.87 \times 10^{-9}$ | $4.72 \times 10^{-5}$ |
| Ethane | $1.8265 \times 10^{-9}$ | $1.78 \times 10^{-5}$ |
| Ethylene-silver complex | $1.66 \times 10^{-9}$ | |
| $K_{\text{ethylene-silver complex}} = 0.125\text{–}0.13\ m^3/mol$ | | |
| Silver nitrate concentration = 6 mol/l | | |
| Membrane porosity/tortuosity ratio = 0.258 | | |
| Membrane thickness = $1.7 \times 10^{-6}$ m | | |

**3-10** 증류탑 사용없이 $C_2$ 분리기를 대체할 수 있는 막 다단 시스템을 개발하라. 에틸렌 공정에 대하여 정한 원하는 분리를 이루기 위해 보유물의 재순환이 필요한지를 보여라. 기본-경우 에틸렌 공정의 기초설계에서 검토된 다른 증류/막 혼성 구조와 관련된 시스템의 사용의 장단점을 열거하라.

**3-11** 프로판으로부터 프로필렌의 분리를 성취하기 위한 용이한 전달 막 기술의 활용은 에틸렌 공정에서 다른 대안이다. 에틸렌/에탄 분리를 위해 확인된 것과 유사한 분리를 위한 여러 개의 혼성 시스템을 개발하라. 이러한 다른 시스템의 장단점을 검토하라. 이러한 시스템 중 어느 것이 더 많은 연간 설삼액을 세공하며 디 니온 평가를 보증하는가?

**3-12** 합성 기체는 벽돌로 이루어진 반응기에서 절제된 부분연소에 의해 탄화수소의 연속적이며 비촉매 전환에 의해 만들어진다. 이러한 공정의 기본 형태에서, 탄화수소와 산화제(산소나 공기)는 따로 예열되어 반응기로 주입된다. 반응영역으로 들어오기 전, 두 원료는 연소실에서 긴밀히 혼합된다. 탄화수소 일부의 연소에 의해 생성된 열은 반응영역에서 남은 탄화수소를 기체와 소량의 탄소로 열분해한다. 이후 반응 유출물은 폐열 보일러, 물세척 탄소제거 장치, 수냉 스크러버를 통과한다. 탄소는 연료로 사용될 수 있는 형태나 일상적 탄소 제품으로 단순한 설계의 장치에서 회수된다.

각 장치의 온도와 압력 조건과 함께, 공정에 대한 적절한 공정도를 준비하라. 물질 수지 및 공정에 대한 정성적 공정도를 만들라. 95%의 조업 인자와 원료의 분석치 84.6% C, 11.3% $H_2$, 3.5% S, 0.13% $O_2$, 0.4% $N_2$, 0.07% 재(모두 무게 기준임)를 가정하라. 공정의 산화제는 95%의 순도를 갖는 산소이다. 생산은 8.2 $m^3/s$이다.

**3-13** 아세트알데히드를 제조하는 하나의 방법은 에틸렌의 직접산화에 의해서이다. 공정은 소량의 염화팔라듐을 함유하는 염화구리의 촉매용액을 사용한다. 반응은 다음과 같이 요약된다.

$$C_2H_4 + 2CuCl_2 + H_2O \xrightarrow{PdCl_2} CH_3CHO + 2HCl + 2CuCl$$

$$2CuCl + 2HCl + \frac{1}{2}O_2 \longrightarrow 2CuCl_2 + H_2O$$

반응에서 $PdCl_2$는 팔라듐 원소와 HCl로 환원되며 $CuCl_2$에 의해 재산화된다. 촉매재생 동안 CuCl은 산소로 재산화된다. 반응과 재생단계는 따로, 혹은 함께 수행된다.

공정에서 99.8% 에틸렌, 99.5% 산소, 재순환 기체는 수직 반응기로 들어가서 약한 압력 하에서 촉매용액과 접촉한다. 반응동안 증발된 물은 발생된 발열을 흡수하며 촉매용액 농도를 유지하기 위해 필요한 보충수가 주입된다. 반응된 기체는 물로 탈기되고 나오는 아세트알데히드 용액은 증류탑으로 주입된다. 스크러버에서 나오는 테일 가스는 반응기로 재순환된다. 불활성 물질들은 추가 에틸렌 전환을 위한 보조 반응기로 들어가는 흐름에서 재순환 기체로부터 제거된다.

장치 공정도 형태로, 이 공정에 의해 아세트알데히드를 생산하기 위한 공장을 개발하는 단계의 순서를 작성하라. 각 단계에서 고려되어야 할 점들의 분석도 포함되어야 한다. 기초설계 평가를 완성하기 위해 필요한 추가 정보를 열거하라. 각 장치에서 필요한 곳마다 온도, 압력, 조성을 확인하라.

**3-14** 문제 3-13에서 묘사된 공정을 사용하여 7800 kg/h의 아세트알데히드 생산을 위한 물질 수지를 작성하라. 그러나 99.5% 산소가 유용하지 못하므로 830-kPa 공기 사용이 필요하다. 원료에서의 이러한 대치에 의해 공정에서의 무슨 단계가 영향을 받는가? 90%의 운전 인자와 에틸렌 원료에 대한 95%의 수율을 가정하라.

**3-15** 폭발적인 세계 인구와 동반된 세계적 식량부족에 직면하여, 많은 미래학자들은 원유를 식량의 새로운 자원으로 보기를 제안한다. 이러한 가능성을 탐구하고 유기 미생물에 의한 원유의 식량으로의 전환을 활용하는 공정도를 작성하라. 이러한 가능성을 경제적 실제로 만들기 위해 극복해야 할 문제는 무엇인가?

**3-16** 큰 정유공장에 대한 화학공학 자문가가 테트라히드로퓨란(THF)과 황화수소의 조합으로 만들어지는 방향제인 $1.44 \times 10^{-2}$ kg/s의 티오판을 제조하는 가능성에 대하여 조사하도록 요청받았다. 기본 반응은 다음과 같다.

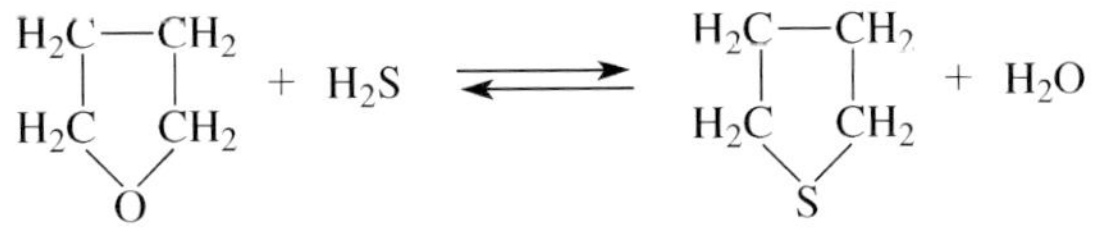

공정은 근본적으로 다음 단계로 구성된다.

a. THF는 기화되어 1 몰 THF당 1.5 몰 $H_2S$의 비율로 $H_2S$와 혼합되며 평균 672 K 온도와 207 kPa 압력에서 알루미나 촉매상에서 반응된다.

b. 반응 증기는 300 K로 냉각되어 상분리된다.

c. 비응축 기체는 제거되어 노에서 태워지는 반면 비정제 티오판은 회분식 조업으로 가성소다로 세척된다.

d. 가성소다 처리된 티오판은 충전탑에서 회분 증류되며 상업용으로 선적되기 전 저장소로 보내진다.

e. 회수가능한 THF는 회분 증류탑으로부터 반응기로 재순환된다.

f. 수용성 탑저 흐름은 공장에서 더 처리되기 위해 저장된다.

g. 촉매로의 탄소 들러붙음은 심하므로(THF 원료의 4%) 촉매재생이 꼭 되야 한다.

85% 운전 인자, 80%의 반응기 전환율, 반응기후 90% 회수율을 가정하여, 완전한 공정도와 물질수지를 가지고 이 공정을 분석하는데 자문가를 도우라. 공정을 위해 필요한 장치의 형태를 개요하라. 열교환기의 대략의 부하량을 결정하고, 공장에 대한 총괄 에너지 수지를 열거하라. 생성열은 THF에 대해 -59.4 kcal/g몰, $H_2S$에 대해 $-4.77$ kcal/g몰, 티오판에 대해 $-17.1$ kcal/g몰이다. 사업 분석을 완성하기 위해 요구되는 추가정보는 무엇인가?

물성: THF: 분자량 = 72, 비중 = 0.887, 비점 = 65°C, 25°C에서의 증기압 = 176 mmHg
티오판: 분자량 = 88, 비점 = 121°C.

CHAPTER

# 4

# 공정도 합성 및 개발

앞서 언급하였듯이 화학공정은 공정도를 사용하여 그림으로 표현된다. 이러한 공정도의 준비는 가장 적절한 화학공정의 처리 배열의 합성, 개발, 평가, 선택의 단계로 구성된다. 공정도 개발은 다수의 가능한 장치의 형태 및 배열과 공정 및 장치 조건 선택의 결과로부터 오는 가지를 뻗는 성질을 가지고 있다. 공정도 개발에 있어서 이러한 다단계 성질은 공정설계 조사를 복잡하게 만들어낸다. 그러나 순서적으로 점차 복잡하고 완성된 공정도를 만들고 이를 합리적으로 평가함으로써 최적이나 최적에 가까운 결과를 얻는 것이 가능해진다. 공정도 선택은 화학공장 설계에서 가장 중요한 단계중 하나인데 이는 가장 최적인 공정도로부터 가장 수익을 내며 환경적으로 건전한 최종 설계가 얻어질 수 있기 때문이다.

4장에서는 공정도 합성 및 설계를 위한 두 가지 설계절차, 즉 계층적 및 알고리듬적 방법을 말하고자 한다. 계층적 방법은 과거 경험에서 얻은 경험적 법칙에 근거를 두며 알고리듬적 방법은 최적화 기법을 포함한 수학적 계획법의 절차를 활용한다. 계층적 접근은 틀에 박힌 화학공정의 공정도 개발에 그런대로 성공적이었으나 더 복잡한 화학공정에서는 상당히 덜 성공적으로 사용되었다. 공정도 합성에 있어서 알고리듬적 접근도 유사한 경험을 가지고 있는데 이는 종래의 알고리듬적 방법은 모든 가능한 공정도를 포함한 완벽한 망을 만들어 내는 것이 필요한데 이들 중 많은 공정도들이 실행 불가능하기 때문이다. 그러나 Fan 등의 최근의 연구결과는 더 복잡한 화학공정 합성에 있어 전산화를 통한 접근이 얼마나 값있는 도구가 될 수 있는가를 보여주고 있다.[41] 관련된 절차를 보여주기 위해, 염화비닐 생산을 위한 받아들일 수 있는 공정도를 합성하고 개발하는데 각 접근법을 사용한다.

공정도 집합을 방법론적으로 개발하기 위한 접근은 공정 요구사항의 다단계 분석과 가능성 있는 공정의 계층적 합성을 통해서 이뤄진다. 이 접근법의 핵심은 공정 요구사항으로부터 더 구제적인 많은 기능을 만들어낸 후 이를 더 잘 정의된 조업으로 확장하는 것이다. 그리고 난 후 이러한 조업들이 최종 공정도에 통합된다.

41) M. H. Brendel, F. Friedler, and L. T. Fan, Comp. & Chem. Eng., 24: 1859 (2000)

# 공정도 합성 및 개발

## 일반 절차

공정도 합성 및 개발을 위한 일반화된 계층적 도식은 그림 4-1에서 보듯 6단계 절차로 되어 있다.[42] 아래에 주어진 이러한 단계는 고유하지는 않으나 따라 할 수 있도록 조직화된 절차를 제시한다.

**공정정보** 생산하고자 하는 제품이 주어지면 제품에 관한 정보를 얻기 위해 기술 및 특허 문헌을 조사한다.[43] 시장조건과 제품의 가격도 조사한다. 주요 물성 데이터도 문헌에서 얻거나 추정되어야 한다. 새로운 제품에 대하여는 실험실 및 시험공장 데이터와 시장평가가 있을 수 있다.

**입출력 그림** 모든 가능성 있는 화학 반응 경로를 조사하고 각 경로에 대한 기초적 경제 분석을 수행한다. 원료의 가격이 제품보다 비싸거나 다른 이유로 실행 불가능한 공정을 제거한다. 남은 것에 대하여, 모든 주요 물질의 입출력 흐름을 화학양론적 수지를 맞춰 보여주는 입출력 그림을 그린다. 그림 4-2a에서는 환경 이유로 더 이상 사용되지 않는 합성세제 성분인 도데실벤젠 황산나트륨을 생산을 위한 입출력 그림이 나와 있다.

**기능 그림** 각 화학반응 경로에 대하여, 각 공정의 주요 기능과 이러한 기능으로 드나드는 물질흐름을 표시한다. 각 반응에 대하여 나머지 공정과 분리되어 수행되어야 하는 반응 사각형이 있다. 각 들어오는 원료에 대하여 가능하다면 공정 요구사항에 맞추기 위해 처리될 필요가 있는지를 결정한다. 필요하거나 불확실하다면 전처리 사각형을 보여준다. 각 반응기 출력 흐름은 반응기로의 재순환, 다음 반응 단계로의 중간물질 흐름, 최종 단계로의 생성물을 만들어내는 분리 사각형으로 들어간다. 마무리 사각형은 각 최종 생성물의 최종 형태로의 전환을 나타낸다. 각 처리단계에서의 가열, 냉각, 기타 에너지 요구사항을 위해 각 반응기, 전처리, 분리, 마무리 단계로 드나드는 열 흐름은 $Q$로 표시된다. 각 주요 성분의 몰 유량속도는 주요 원료의 1 몰, 주요 제품에 대한 100% 선택도, 완벽한 분리 등을 기준하여 표시된다. 그림 4-2b에서 보듯이 이런 단계의 결과가 기능 그림이다.

**조업 그림** 이 단계에서는 각 조업을 성취하는데 사용될 기술이 선택된다. 온도변화, 상변화, 필요한 정제를 성취하도록 전처리 기술이 선택된다. 플럭 흐름이나 연속식 교반 탱크 반응기가 선택된다. 온도, 압력, 반응물 전환율, 제품 선택도의 범위가 추정된다. 상분리, 탈기, 증류, 막분리, 추출, 기타 기술이 사용되어야 하는지를 결정하기 위해 각 정제 및 분리가 검토된다. 마찬가지로 마무리에 필요한 기술이 선택된다.

이것은 어려운 단계인데 이는 유용한 기술에 대한 광범위한 정보와 이해가 필요하기 때문이다. 이러한 선택을 결정하기 위한 지침이 이 장에서와 12장부터 15장에 걸쳐 나와 있

42) 훨씬 자세한 계층적 공정도 내용은 J. M. Douglas, Conceptual Design of Chemical Processes, McGraw-Hill, New York, 1988에 나와 있다.

43) 전 동료는 "실험실에서 보낸 1주일이 도서관에서의 한 두 시간을 절감할 수 있다"라고 언급했으나 우리는 이제 "또는 온라인에서"라는 말을 덧붙인다.

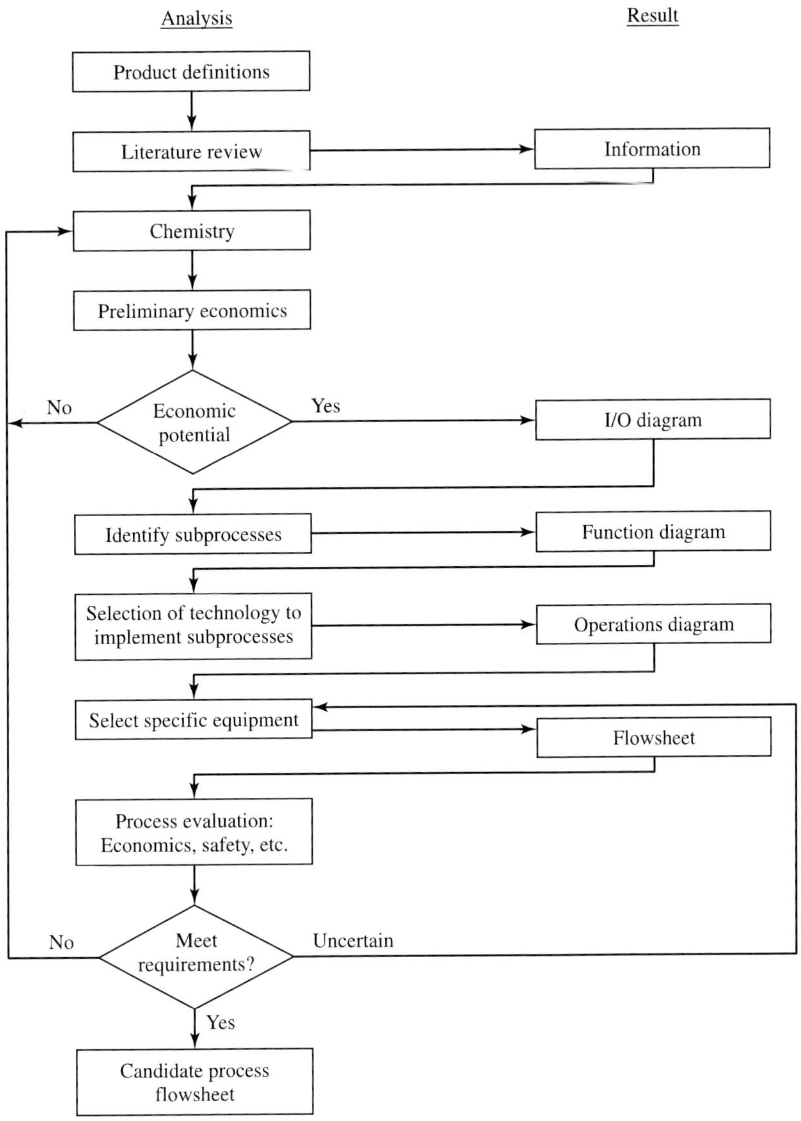


**그림 4-1**
공정도 합성, 개발, 평가, 선택의 계층적 과정을 보여주는 흐름도

다. 그림 4-2c에서 보듯이 이 단계의 결과가 다음 단계에 쓰이기 위한 조업 그림이다.

**공정도** 대부분의 흐름이 여러 물질 성분으로 구성되므로 대부분의 분리는 실제적으로 분리 기차에서의 여러 조업을 필요로 한다. 가끔 기차 안에서의 모든 조업은 예를 들면 여러 개의 증류탑과 같은 동일 기술로 구성된다. 때때로 액체-증기 상분리 후의 증기 응축 및 액체 증류와 같은 한 개 이상의 기술이 사용된다. 에너지의 효율적인 사용도 공정도 개발에 있어 또 다른 중요한 인자인데 이 장의 후반부 및 9장에서 다루고자 한다.

이 단계의 결과가 정성적인 공정도이다. 공정의 조업 및 단계가 가능한 곳에서는 추정된 물질 및 에너지 흐름과 함께 보여진다. 합성세제 공정을 위한 최종 공정도가 그림 4-2d에 나타나 있다.

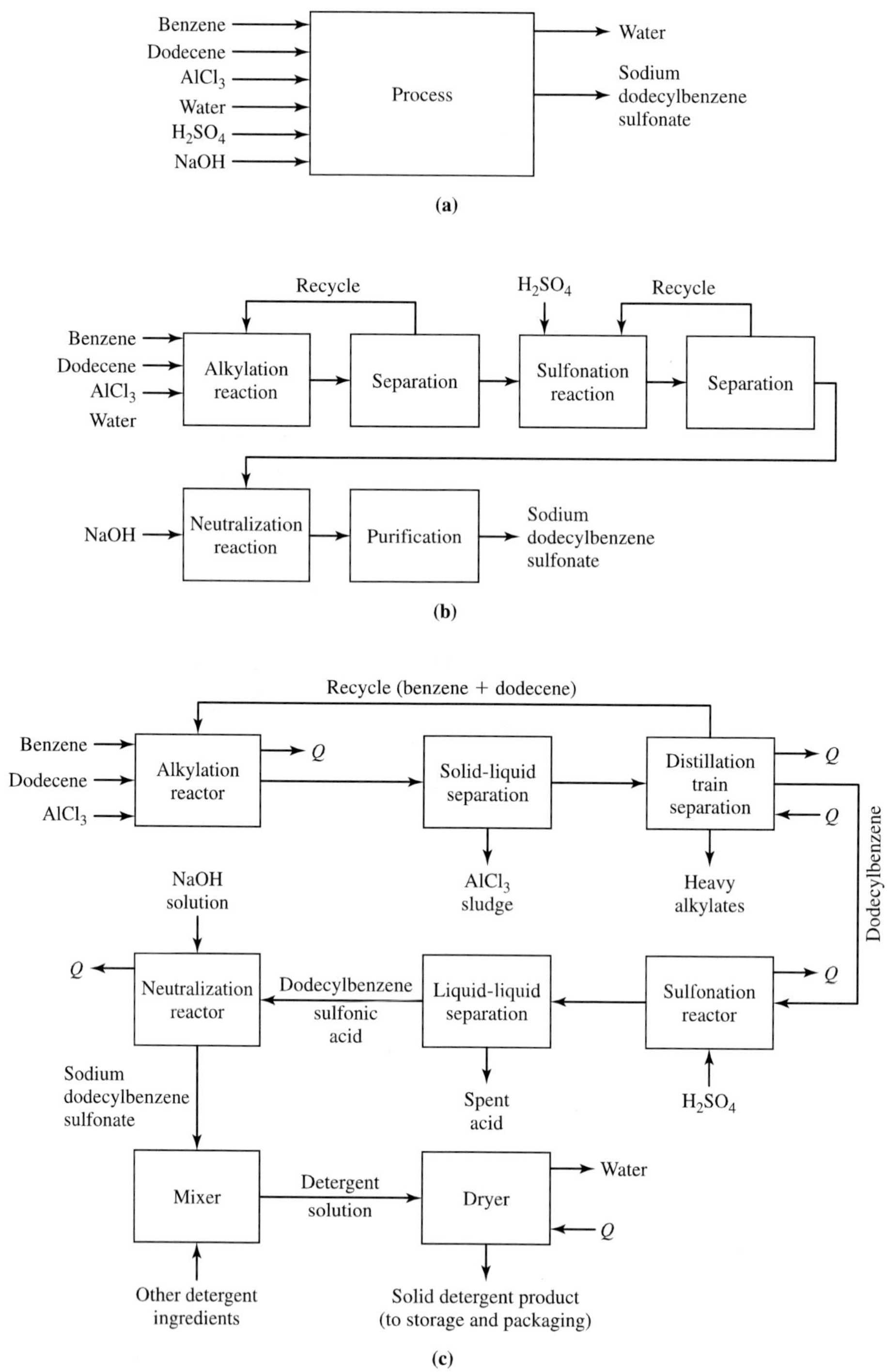


**그림 4-2**

도데실벤젠 황산나트륨 생산을 위한 개발 단계 (a) 입출력 그림, (b) 기능 그림, (c) 조업 그림

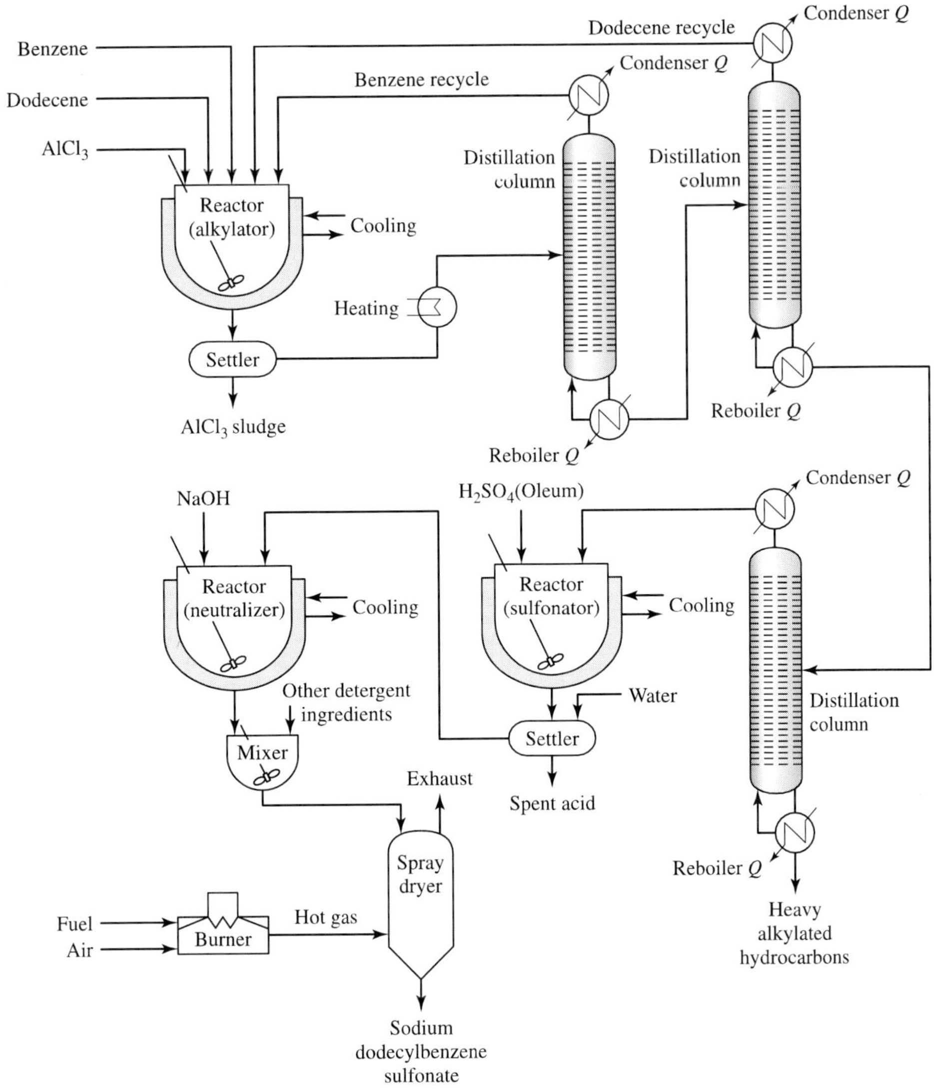


(d)

**그림 4-2 (계속)**
도데실벤젠 황산나트륨 생산을 위한 개발 단계 (d) 최종 공정도

**기본-경우 설계 및 최적화** 앞서의 방법은 개별적으로 평가되어야 하는 여러 후보 공정도를 가져온다. 평가하기 위해서는 각 공정도에 대해 상세한 물질 및 에너지 수지가 필요하다. 앞서의 단계가 잘 이루어졌다면, 이러한 수지는 별 어려움 없이 공정도의 정량적 분석을 위한 기초를 제공한다. 물질 및 에너지 수지를 사용하거나 모사 소프트웨어를 쓸 경우 이들 수지와 함께 반응기 부피 및 열 요구량 같은 공정장치의 주요 설계 매개변수가 계산될 수 있다. 이러한 설계정보는 각 공정도에 대해 기본-경우 설계를 제공한다.

제품사양, 환경 요구사항, 보건 및 안전 요구를 충족할 수 있는지를 결정하기 위해 각 기본-경우 설계는 검토된다. 또한 경제적 평가도 수행된다. 이러한 검토와 평가를 가지고 공정 및 경제적 요구사항을 충족 못하는 몇 개의 공정도를 제거하는 것은 가능하다. 그러나 공정이 제거되기 전에, 조건과 설계 매개변수를 변경함으로써 공정이 요구조건을 충족하는지 여부를 결정해야 한다. 최적화를 수행하지 않고도 이것을 결정하는 것은 가능할 수도 있다. 모든 남은 후보 공정들은 최적화된 후 가장 좋은 대안이 선택되어져야 한다.

공정도 개발에 있어 처음 다섯 단계는 이 장에서 다루어진다. 설계 및 최적화 단계는 9장에서 논의된다.

## 공정 정보

### 배경 정보

가능성 있는 화학공정을 위한 기초를 수립하는 데에는 완전한 기존 설계의 사용, 기존 설계의 수정이나 일부 사용, 완전히 새로운 설계의 발생 등 세 가지 접근법이 있다. 원하는 제품의 생산을 가능하게 해주는 기존 설계나 기본 화학공정의 유용성을 결정하기 위해 설계 시점부터 이 세 가지는 다 광범위한 조사를 필요로 한다. 초기 단계에서의 불완전한 조사는 적어도 설계 후반에서 많은 어려움을 가져오고 매력적인 공정 대안들을 간과하게 되므로 이러한 초기 단계의 중요성은 과장될 수 없다.

공정을 위한 조사는 핸드북, 백과사전, 교과서, 전문서적과 같은 일반적인 자료로 시작된다. 이런 것들은 사용될 수 있거나 변경될 수 있는 현재 기술의 명백한 내용을 가끔 제시한다. 다음으로 더 일반적인 정보의 확장과 새로운 공정 기술이나 대안을 제시하기 위해 학술지, 특허, 데이터베이스, 전문가 자문 등과 같은 좀더 구체적인 자료가 사용될 수 있다. 반응속도론 데이터, 열역학 데이터, 원료 및 제품 가격과 같은 구체적인 정보는 모든 가능성 있는 공정에 대해 얻어져야 한다. 특히 새로운 제품이나 처리 조건이 조사될 경우, 이 단계에서는 값을 결정하거나 확정하기 위해 실험실 측정을 요구할 수도 있다.

### 분자 경로 합성

새로운 분자를 원하는 경우, 이것의 합성을 위한 화학적 경로는 찾아져야 한다. 분자의 원자들을 함께 묶는 결합은 분자를 가치있게 만드는 분자의 여러 물성의 기초가 된다. 이러한 똑같은 결합은 원하는 분자의 조립에 어려움을 주는 주요인인데 이는 대규모의 원자와 결합의 방법론적 조립이 타당하지 않기 때문이다. 대신에 반응 기차라 일컫는 일련의 반응들이 원하는 제품을 얻기 위해 사용되어야 한다. 반응 기차는 원하는 분자와는 독립적으로 보이는 방향으로 이끄는 일련의 단계를 필요로 할 수 있는데 이는 원하는 분자가 기차의 최종 몇 단계에서만 이루어질 수 있기 때문이다. 원하는 분자로 이끄는 반응과 반응순서는 유일하지는 않다.

수율, 부산물, 추가 반응단계와 같은 인자들은 분자 합성 계획의 생존능력을 어렵게 한다. 더 나아가 어떤 원료가 사용되어야 하는지도 항상 명확하지 않으며 어떤 경우 일산화탄소나 수소 같은 단순한 종류로 시작하는 것이 가능하다. 셀룰로즈 에스테르와 에테르 같은 경우 합성은 공장이나 동물에서 나온 복잡한 분자로 시작된다. 어떤 경우건, 요구되는 추가 합성에 관련된 비용이 합성 기차의 상위의 원료를 사용하는 비용을 초과할 수 있으므로 가장 기초적인 가능성있는 반응물로 시작하는 것이 가치가 더 없을 수도 있다.

적절한 반응과 반응 조합의 선택은 보통 원하는 제품에서 시작하여 거꾸로 요구되는 원료를 찾아가는 방식으로 진행된다. 목표분자의 주요 화학 활성적 기능성 그룹은 이러한 절차로 찾아진다. 기능성 그룹은 가능성 있는 외부 결합 지역을 가지고 있는 상대적으로 안전한 원자 그룹이다. 많은 기능성 그룹의 조성, 구조, 결합은 완벽히 찾아져 있으며 데이터베이스에서도 유용하다. 일반적인 지침이 유용하나 새로운 기능성 그룹의 합성이 요구되고 있다.[44)]

분자 조립을 위한 몇 개의 경험적 법칙은 다음과 같다.

**1.** 분자, 특히 큰 유기분자를 하부영역으로 나눈다.
**2.** 분자를 반복되는 하부영역으로 나눈다.
**3.** 분자의 하부영역을 기능성 그룹으로 나눈다.
**4.** 민감한 지역을 활성 그룹의 모자로 씌우고 일단 분자가 완성되고 안전하면 모자를 제거한다.
**5.** 영원히 또는 임시로 입체방해를 통해 결합 형성을 제한한다.
**6.** 더 복잡한 분자를 붙인 후 잘라 쪼갠다.
**7.** 고리로 입체방해와 방향 문제를 만든다. 선형 분자를 만들 필요가 있다면 고리를 자른다.
**8.** 이미 유용하며 비싸지 않은 원료를 찾는다.

일단 기능성 그룹과 이들의 하부조립 가능성이 알려지면, 기능성 그룹 조립 반응을 조사하는 과정은 분자 합성 기차 그림을 만들어낸다.

## 공정 경로 선택

만약 원하는 제품에 대하여 상업적 화학공정이 존재한다면 그것이 사용될 수 있다. 만일 특허권이 공정에 걸려 있고 특허 사용 허가가 가능하다면, 이러한 공정을 사용하는 비용은 새로운 공정 개발이나 특허가 걸리지 않은 다른 공정의 비용과 비교되어야 한다. 새로운 공정을 개발하는 것은 보통 비싸며 시간이 많이 소요되나 경쟁력 있는 장점을 가질 수 있다. 알려진 기술의 보호되지 않는 부분을 사용하는 것은 비용과 시간을 줄일 수 있다. 그러나 새로운 제품에 대하여는 연구와 개발이 일반적으로 수행되어야 한다. 최종 결정은 주로 경제적 비교에 기초를 두게 된다.

## 생산 방식

3장에서 언급하였듯이 화학공정의 설계에 있어서의 주요 기준은 생산 방식이다. 선택은 회분식, 연속식, 또는 이 둘의 조합이다. 연속식 공정은 화학공정 산업에서 많이 쓰인다. 연속

44) 분자 경로에 관한 더 자세한 내용을 위해, 많은 유용한 유기 분자합성 교과서를 포함한 첨단 화학 합성 자료를 보라.

식 공정에서는 장치 크기 단위당 상대적으로 높은 생산 속도, 지속적인 품질, 상대적으로 일정한 운전조건과 요구사항이 결과로 나타난다. 더욱이 회분식 조업에 비해 노동요구량은 보통 훨씬 더 작다. 회분식 조업에서는 덜 지속적인 품질, 더 낮은 장치 크기 단위당 생산 속도, 변하는 조업조건과 요구사항이 결과로 나타날 수 있다. 회분식 조업은 더 좋은 조업 일정의 유연성, 다른 제품을 위한 동일 장치 사용의 기회, 회분당 공정확인과 특성을 제공한다. 조합된 방식은 연속식 및 회분식 둘 다의 많은 장단점을 제공할 수 있다.

회분식 공정의 선택을 위한 경험적 법칙은 다음과 같다.[45]

**1.** 보통 생산속도가 50만 kg/yr 미만일 때
**2.** 심각한 화울링이 예상될 때
**3.** 생물학적 공정에 대해
**4.** 제약공정에 대해
**5.** 1 내지 2년의 짧은 제품 수명 기간
**6.** 제품 값이 총 생산비를 훨씬 초과할 때

## 결정 기록

공정도 개발에서 발생하는 분기 본질은 공정에서 뒤따를 경로를 결정하기 위해 각 분기점에서 결정이 내려져야 함을 필요로 한다. 이러한 결정의 일부는 명백한 기준에 근거를 두므로 재방문할 필요가 없다. 그러나 다른 결정은 다소 임의로 결정이 내려질 수 있으므로 다른 결정을 추구할 것인가를 조사하기 위해 결국 재방문할 필요가 있다. 이럴 경우 재검토할 결정항목 목록을 만든다. 예제 4-4와 4-5는 이런 기술을 사용하며 각 결정항목을 제시한다.

### 예제 4-1 염화비닐 생산에 대한 정보

염화비닐 생산과 관련된 가능성 있는 반응경로, 물성 및 조업 물성에 대한 정보를 개발하라.

■ **풀이**

염화비닐은 PVC를 만들기 위한 단량체 역할을 하는 주요 화학물질이다. 생산공정은 잘 정립되어 있으며 제품에 대한 상당한 정보로 공개된 문헌에 널리 나와 있다.[46] 미국과 기타 나라에는 염화비닐을 생산하기 위한 여러 개의 특허 공정이 있다. 1997년에는 세계적으로 2천3백만 톤이 생산되었으며 이중 26%는 미국에서 생산되었다. 미국 공장의 평균 생산능력은 50만 톤이며 이는 연속식 공정을 사용하는 결정을 굳건하게 만든다.

생산에 사용되고 부생되는 염화비닐 단량체와 거의 모든 원료는 가연성이며 독성을 지닌다. 이 때문에 공장으로부터 방출물질과 공장 작업지역 인근의 농도에 대해 엄격한 제한이 요구된

45) J. M. Douglas, Conceptual Design of Chemical Processes, McGraw-Hill, New York, 1988
46) 이 예제와 예제 4-2에서 4-4에 있는 염화비닐에 관한 많은 정보는 Kirk-Othmer Encyclopedia of Chemical Technology, 4th ed., M. Howe-Grant, ed., J. Wiley, New York, 1994에 보고된 것에 출처를 둔다.

다. 공장설계에서는 이러한 물질의 규제를 고려해야 한다.

염화 물질, 특별히 염화수소는 고온에서 특히 물이 존재할 때 부식성이 있다. 원료와 염화수소 흐름은 10 ppm 수분 미만으로 매우 건조해야 한다. 승온에서의 장치는 Inconel, Hastelloy B, 니켈 피복 같은 내부식성 합금을 써야 하는데 이는 장치비 상승을 크게 가져온다. 비록 재질 선정이 설계에 있어 후반에 오더라도 공정 조건에 대한 결정을 내릴 때 재질 선정을 꼭 명심해야 한다.

다양한 염화비닐 공정에서의 가장 중요한 물질들의 몇 개의 주요 물성 및 열역학적 성질이 다음 표에 나열되어 있다.

**염화비닐 반응경로 성분의 물성**

| Material | Molecular weight, kg/kg mol | Vapor pressure, MPa 0.1 | 0.2 | 0.5 | 1.0 | 2.0 | $\Delta H_R$ MJ/kg mol 25°C | $\Delta H_V$ MJ/kg mol NBP | $C_p$ at 20°C kJ/(kg mol·K) Liquid | Vapor |
|---|---|---|---|---|---|---|---|---|---|---|
| | | Temp., °C | | | | | | | | |
| $O_2$ | 32.0 | −183 | −176 | −165 | −153 | −140 | — | 7 | — | 29 |
| $C_2H_4$ | 28.1 | −104 | −91 | −71 | −53 | −29 | — | 14 | — | 59 |
| HCl | 36.5 | −85 | −71 | −50 | −32 | −9 | — | 16 | — | 31 |
| $Cl_2$ | 70.9 | −34 | −17 | 10 | 36 | 65 | — | 20 | — | 36 |
| $C_2H_3Cl$ | 62.5 | −14 | 5 | 33 | 58 | 92 | 71‡ | 20 | 74 | 33 |
| $C_2H_4Cl_2$ | 99.0 | 84 | 108 | 148 | 183 | 226 | −180§ −239¶ | 32 | 125 | 52 |

†*Kirk-Othmer Encyclopedia of Chemical Technology*, 4th ed., M. Howe-Grant, ed., J. Wiley, New York, 1994.
‡Pyrolysis of EDC to vinyl chloride.
§Direct chlorination.
¶Oxychlorination.

두개의 가능성 있는 유기 원료로부터 염화비닐로 가는 다섯 가지 가능한 반응경로가 문헌에서 찾아졌다.

**1.** 아세틸렌 염화수소화:

$$C_2H_2 + HCl \rightarrow C_2H_3Cl$$

**2.** 에틸렌의 직접 염화:

$$C_2H_4 + Cl_2 \rightarrow C_2H_3Cl + HCl$$

**3.** 에틸렌 염화 및 1,2-이염화에탄 열분해:

$$C_2H_4 + Cl_2 \rightarrow C_2H_4Cl_2$$
$$C_2H_4Cl_2 \rightarrow C_2H_3Cl + HCl$$
$$C_2H_4 + Cl_2 \rightarrow C_2H_3Cl + HCl \text{ (overall)}$$

**4.** 산소염화 및 1,2-이염화에탄 열분해:

$$C_2H_4 + 2HCl + \tfrac{1}{2}O_2 \rightarrow C_2H_4Cl_2 + H_2O$$
$$C_2H_4Cl_2 \rightarrow C_2H_3Cl + HCl$$
$$C_2H_4 + HCl + \tfrac{1}{2}O_2 \rightarrow C_2H_3Cl + H_2O \text{ (overall)}$$

**5.** 염화 및 산소염화 및 열분해:

$$C_2H_4 + Cl_2 \rightarrow C_2H_4Cl_2$$
$$C_2H_4 + 2HCl + \tfrac{1}{2}O_2 \rightarrow C_2H_4Cl_2 + H_2O$$
$$2C_2H_4Cl_2 \rightarrow 2C_2H_3Cl + 2HCl$$
$$2C_2H_4 + Cl_2 + \tfrac{1}{2}O_2 \rightarrow 2C_2H_3Cl + H_2O \text{ (overall)}$$

이러한 반응경로는 다음 절에서 더 상세히 비교된다.

---

## 입력/출력 구조

화학공정에서의 투자 목적은 제품을 생산하여 이익을 내는 것이다. 전형적으로 원료는 제품을 생산하는 총비용의 상당부분을 차지한다. 명백하게도 만약 제품값이 원료값을 초과하지 못한다면 공정은 경제적일 수 없다. 그러나 반대의 경우 더 많이 분석해야만 공정이 진짜 경제적인지를 알 수 있다. 원료값이 더 비싼 반응경로는 더 고려하는데서 제외될 수 있다. 출력에 상대적인 입력값의 검토는 따라서 중요한 거르는 도구가 된다. 매력적으로 경제적 가능성을 보이는 공정에 대하여 더 분석하기 위한 기초로서 주요 물질의 입력과 출력을 보여주는 입력/출력 그림을 그릴 수 있다. 예제 4-1에서 나타난 염화비닐 반응들이 검토되며 기본 경제 분석을 위한 절차가 예제 4-2에 나와 있다.

### 예제 4-2 염화비닐 경로를 위한 제품 및 원료값

염화비닐 1 kg 생산을 근거로 하여 앞서 찾은 다섯 가지 염화비닐 반응경로에 대한 제품 및 원료값을 비교하라.

■ **풀이**

관련된 화학물질의 가격은 다음 표와 같다.

**2002년 1월 가격을 사용한 염화비닐 반응경로 비교***

| Species | Price, $/kg | Reaction path, kg/kg vinyl chloride | | | | |
|---|---|---|---|---|---|---|
| | | 1 | 2 | 3 | 4 | 5 |
| $Cl_2$ | 0.03 | 0.00 | −1.13 | −1.13 | 0.00 | −0.57 |
| HCl | 0.22 | −0.58 | 0.58 | 0.58 | −0.58 | 0.00 |
| $C_2H_2$ | 1.39 | −0.42 | 0.00 | 0.00 | 0.00 | 0.00 |
| $C_2H_4$ | 0.45 | 0.00 | −0.45 | −0.45 | −0.45 | −0.45 |
| $C_2H_3Cl$ | 0.45 | 1.00 | 1.00 | 1.00 | 1.00 | 1.00 |
| $O_2$ | 0.04 | 0.00 | 0.00 | 0.00 | −0.26 | −0.13 |
| Excess value of products over raw materials, $/kg vinyl chloride | | −0.26 | 0.34 | 0.34 | 0.11 | 0.23 |

이 표의 결과로부터 반응경로 1은 아세틸렌의 높은 가격 때문에 경제적이지 못하며 따라서 제거될 수 있다는 것이 명백하다. 반응경로 2와 3은 순반응이 양쪽 경우 똑같으므로 같은 결과

를 준다. 그러나 문헌을 찾아보면 염소와 에틸렌이 반응할 때 생성물은 거의 EDC이며 염화비닐이 아님이 명백해진다. 따라서 반응경로 3은 화학적으로 타당하나 반응경로 2는 아니므로 역시 제거될 수 있다.

반응경로 4와 5는 반응경로 3에 나타난 것 보다 덜 경제적인 것처럼 보이나 경제적 가능성을 보여준다. 반응경로 3이 더 매력적으로 보이게 하는 주요 인자는 염소의 낮은 가격과 더불어 부산물 염화수소의 높은 가격이다. 반응경로 4에서 염화수소는 원료이므로 이의 높은 가격은 이 경로의 전체적인 매력에 상당히 영향을 미친다. 염화수소를 사용하거나 만들어내지 않는 반응경로 5는 겉보기 경제적 가능성에 있어서 반응경로 3과 4 사이에 놓인다. 염화수소와 염소의 상대적으로 높은 가격이 반응경로 3과 4의 경제성에 상당한 영향을 미치므로 이들 관계는 더 근접하여 검토될 필요가 있다. 사실, 사용되는 모든 가격은 단지 1회성 가격이어서는 안되며 가능하다면 확장된 기간동안에 검토되어야 한다. 염화비닐 합성에 대하여 이런 방법이 그림 4-3에 나타난 결과를 가지고 수행되었다.

포함된 네 종류의 가격은 보여준 12년 기간동안 변동되었다. 에틸렌, 염화비닐, 연화수소의 2002년초 가격은 12년 평균과 비슷하나 2002년 1월 염소의 $0.03/kg 가격은 장기간 평균값인 $0.21/kg에 비해 너무 낮다. 이렇게 낮은 가격에 근거하여 공정의 경제성에 기초를 두는 것은 현명하지 못하다. 따라서 반응경로 3, 4, 5에 대한 기본적인 경제적 계산은 에틸렌, 염소, 염화비닐, 염화수소에 대하여는 1990년과 2002년 사이의 평균가격을 사용했고 산소에 대하여는 8년치 평균값을 사용해 다시 계산하였다. 그 결과는 다음 표와 같다.

**장기간 평균 가격을 이용한 염화비닐 반응경로 비교**

| | | Reaction path, kg/kg vinyl chloride | | |
|---|---|---|---|---|
| **Species** | **Price, $/kg** | **3** | **4** | **5** |
| $Cl_2$ | 0.21 | −1.13 | 0.00 | −0.57 |
| HCl | 0.27 | 0.58 | −0.58 | 0.00 |
| $C_2H_4$ | 0.53 | −0.45 | −0.45 | −0.45 |
| $C_2H_3Cl$ | 0.41 | 1.00 | 1.00 | 1.00 |
| $O_2$ | 0.04 | 0.00 | −0.26 | −0.13 |
| Excess value of products over raw materials, $/kg vinyl chloride | | 0.09 | 0.00 | 0.04 |

[†]See Fig. 4-3 for long-term prices.

결과에서 보듯 반응경로 4는 반응물에 대한 생성물의 잉여 가치가 0이며 따라서 더 고려할 필요가 없다. 경로 3은 경로 5보다 더 큰 잉여 가치를 보이나 부산물 염화수소의 판매가 없다면 마이너스의 초과 가치를 보인다. 따라서 경로 3과 5 사이의 선택은 부산물 염화수소의 시장 판매 가능성에 달려 있다. 미국에서 생산되는 모든 염화수소의 약 95%는 염화 공정의 부산물이다. 그렇게 만들어진 염화수소의 약 2/3을 생산자가 사용하고 총 염화수소 생산량의 60%가 염화비닐 제조에 쓰인다. 염화수소 판매를 위한 실제 시장은 이렇게 생산된 것의 1/3에 불과하다. 염화수소의 시장은 염화비닐 생산자만에 의해 만들어진 양의 반 정도에 불과하므로 새로운 양의 염화비닐을 시장가격으로 판매할 가능성은 매우 적다. 따라서 기본적인 경제성 분석을 위해 부산물로 판매될 수 있는 염화수소의 가치를 0으로 할당하는 것이 바람직해 보인다. 이럴 경우 반응경로 3의 결과는 마이너스 값을 갖는다. 오직 반응경로 5만이 반응물에 대한 생성물의 플러스 잉여 가치로 남으므로 더 고려할 선택대상이 된다.

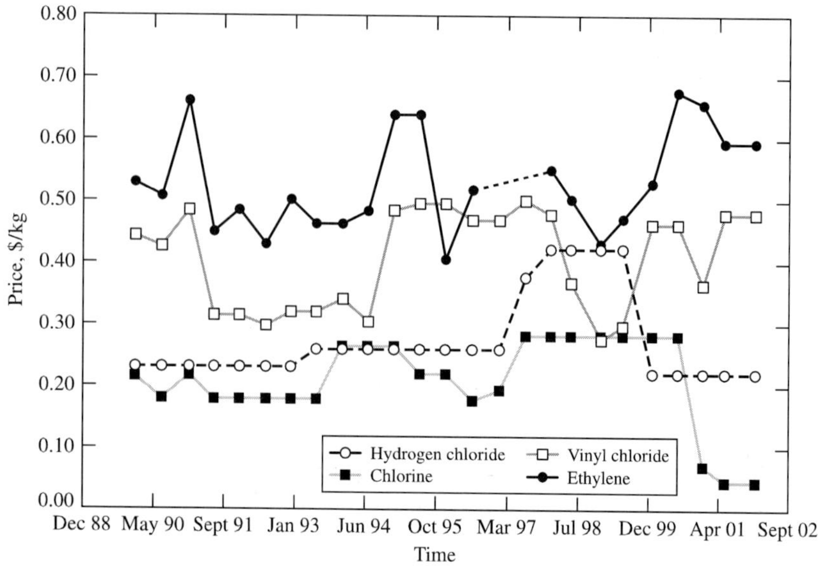


**그림 4-3**
염화비닐 생산 공정의 원료 및 제품 가격 동향

따라서 반응경로 5에 대한 입력/출력 그림이 작성된다. 사각형은 공정을 나타내고 화학반응은 사각형 안에 보여진다. 사각형 안팎으로의 화살은 2 몰의 염화비닐 제품을 기준으로 한 원료 입력과 제품 출력을 보여준다. 여기에 결과가 나타나 있다.

Inputs: $2C_2H_4 \rightarrow$, $Cl_2 \rightarrow$, $\frac{1}{2}O_2 \rightarrow$

$C_2H_4 + Cl_2 \rightarrow C_2H_4Cl_2$
Liquid-phase chlorination

$2C_2H_4Cl_2 \rightarrow 2C_2H_3Cl + 2HCl$
Gas-phase pyrolysis

$C_2H_4 + 2HCl + \frac{1}{2}O_2 \rightarrow C_2H_4Cl_2 + H_2O$
Gas-phase oxychlorination

$2C_2H_4 + Cl_2 + \frac{1}{2}O_2 \rightarrow 2C_2H_3Cl + H_2O$

Outputs: $\rightarrow 2C_2H_3Cl$, $\rightarrow H_2O$

## 기능그림

이 단계에서는 원하는 제품을 생산하기 위해 공정에 의해 이룩되어야할 주요 기능이나 하부공정의 확인을 포함한다. 주요 제품과 원료에 대한 물질 흐름과 함께 기능을 보여주는 그림으로 결과를 나타낸다.

반응기 사각형은 경로에서 나머지와는 분리되어 발생하는 각 반응을 위해 사용되는데 이는 반응조건들이 명백히 다르기 때문이다. 반응기 사각형으로의 화살은 필요한 재순환은 물론 반응기로 주입되는 원료를 나타낸다. 사각형에서 나오는 하나의 화살은 제품흐름을 보여준다. 사양이나 관련된 화학으로부터 원료가 반응에 필요한 적절한 조건이나 순도로 유용하지 않는다면 들어가는 각 원료흐름에 대하여 전처리 사각형이 더해진다. 각 반응기를 뒤따르는 것은 분리 사각형이다. 거의 모든 화학반응은 미반응물, 반응 부산물, 반응에 쓰인 기타 물질로부터 원하는 제품을 얻는 분리가 필요하다. 원료와 용매같이 공정에 유용한 기능을 갖는 분리된 물질은 분리된 곳으로부터 공정에 사용될 지점으로의 재순환으로 나타내진다. 공정 내에서의 이러한 내부 재순환은 화학공학의 주요 개념중 하나이며 많은 상업용 화학공정의 경제적 생존 능력에 필수적이다.

공정 내에서 축적되는 것을 막기 위해 피할 수 없이 만들어져 제거되어야 하는 원하지 않는 물질의 방출은 분리시스템으로부터 보여진다. 법적 및 환경적 이유로 이러한 흐름은 보통 처리되고 적절히 처분되어야 한다. 건조, 혼합, 추가 정제, 포장, 저장과 같은 제품과 부산물의 부수적 처리는 마침 사각형으로 표시된다.

## 전처리

원료흐름의 상태와 조성은 공정의 화학반응 요구를 맞추지 못할 수 있다. 이럴 때, 이러한 요구사항을 맞추도록 원료흐름은 처리되어야 한다. 전처리를 위한 지침(때로는 경험적 법칙이라 함)은 다음과 같다.

1. 공정에 주입되기 전에 원료는 가열 또는 냉각되거나 상변화가 필요할 수 있다.
2. 원료의 분순물이 공정조업에 미치는 영향을 무시하지 못할 경우 불순물은 허용수준까지 제거되어야 한다.
3. 촉매독으로 알려진 불순물은 가능하다면 완벽히 제거되어야 한다.
4. 원료흐름에 최종제품이나 부산물이 포함되어 있다면 그 흐름을 제품이나 부산물을 회수하는 분리 사각형으로 주입하는 것이 쓸모 있을 수 있다.
5. 원료 불순물이 공정의 경제성에 영향을 줄 정도로 많이 존재하면 원료로부터 이를 제거하라.
6. 공정을 위해 필요하거나 제거하기 힘든 원료의 비활성 성분은 제거되어서는 안된다.
7. 각 경험법칙에는 예외가 있다.

## 반응

반응경로에 있는 각 주요 반응에 대해 데이터가 필요하다. 촉매의 필요성, 필요한 촉매 형태, 온도 및 압력의 운전 조건, 주요 반응의 속도론 정보, 반응이 일어나는 상태 등을 결정하기 위해 정보가 필요하다. 제품이나 원료를 소모하고 원하지 않는 제품을 만들어내는 연속 및 평형 반응에 대한 속도론 데이터가 또한 필요하다. 반응은 완전히 이루어지지 않으므로 원료의 전환율, 즉 반응기에서 반응되는 각 원료의 분율을 실험이나 계산에 의해 평가하는 것이 중요하다. 보통 수율이라고 정의되는, 반응물이 원하는 제품으로 전환되는 분율도 마찬가지로 중요하다.

## 재순환

공정에 사용된 물질이 장치의 출력흐름에 나타날 때마다 재순환시켜야 한다. 평형, 속도론,

전달의 제약 때문에 대부분의 화학반응은 완전히 이루어지지 않는다. 따라서 미반응 원료는 반응기 출력 흐름에서 발생한다. 이러한 물질은 전형적으로 생산비의 많은 부분을 차지하므로, 회수하여 반응기로 재순환시키는 것은 매우 경제적으로 고무적이다. 원하는 제품을 반응기로 재순환하는 것은 유리하지 않으므로, 재순환 전에 원하는 제품으로부터 이러한 물질을 분리하는 것이 바람직하다. 용매와 촉매 같은 다른 물질도 자주 재순환된다. 재순환을 위한 지침은 다음과 같다.

1. 출력 흐름에 있는 공정에 유용한 물질에 대해 항상 분리와 재순환을 고려하라.
2. 같은 장치로 재순환될 성분들의 혼합물은 분리할 필요가 없다.
3. 일반적으로 최적의 재순환/방출 비율이 있다.
4. 기체보다는 액체가 재가압하는데 덜 비싸므로, 가능하다면 기체보다는 액체로 물질을 재 순환하라.

## 부산물, 중간제품, 폐기물

화학반응이 수행될 때 출력흐름에는 원하는 제품 이외에도 다른 제품이 얻어질 수 있다. 이들은 원하는 제품을 만들어내는 똑같은 반응의 제품들이다. 예를 들면 앞서 보였듯이 EDC 열분해에서 염화비닐과 함께 만들어지는 염화수소이다. 이 염화수소는 주요반응의 공동제품이며 또한 EDC처럼 반응경로 5에서는 중간제품인데 이는 반응경로에서 합성된 것이 뒤따르는 다른 반응에서 소비되기 때문이다. 반응경로 4에서 염화수소는 공정의 제품이며 염화비닐 공정의 부산물로 알려져 있다. 화학공정에서의 또 다른 형태의 부산물은 에틸렌 산소염화에서 소량으로 만들어진 1,1-이염화에탄 같이 의도한 반응 이외의 반응으로부터 만들어지는 물질이다. 부산물 자체는 상업적으로 가치가 있고 공정의 판매 수입에 기여하는데 염소 제조에서의 부산물인 수산화나트륨이 그 예이다. 부산물이 별로 가치가 없다면 공정에서 제거되어 책임지는 방식으로 처분되어야 한다. 에틸렌의 산소염화에서, 염화된 탄화수소로 오염된 물은 이러한 부산물이다. 이런 경우, 부산물은 폐기물이며 이것의 처리 및 처분 비용 때문에 부채가 된다. 발생되는 폐기물의 양을 최소화하기 위해 공정에서의 화학을 항상 여러 가지 면으로 검토하여야 한다.

## 분리

화학공정에서의 어쩔 수 없는 혼합물은 거의 순수한 성분이나 덜 복잡한 혼합물로 분리되어야 한다. 따라서 혼합물 분리단계가 거의 모든 화학공정에 존재한다. 분리기술은 다양한 물리적 및 화학적 성질에 기초를 두고 있는데 대부분은 상 차이 또는 상 변화에 의존한다. 분리기술의 선택에 대한 더 많은 정보가 15장에서 제공된다.

공정도 개발의 초기단계에서는 단지 어디서 혼합물의 분리가 필요한가를 확인하는 것이 목적이다. 일반적인 지침은 다음과 같다.

1. 반응기 제품 흐름은 중간제품, 최종 제품, 부산물, 재순환을 위한 반응물로 분리될 필요가 있다.

2. 분리는 때때로 입력 및 출력 형태로 분리 사각형으로 들어가고 나오며 Q 화살로 표시되는 여러 형태의 에너지를 수반한다.

## 예제 4-3 염화비닐 공정의 기능그림

예제 4-2의 반응경로 5에 근거하여 염화비닐 공정의 기능그림을 개발하라.

■ **풀이**

염화비닐 경로에서의 반응조건에 대한 정보는 다음과 같다.[47]

| Reaction | Data from literature sources |
|---|---|
| Chlorination of acetylene | |
| $C_2H_2 + HCl \rightarrow C_2H_3Cl$ | This reaction was once the main pathway to vinyl chloride, but now acetylene is too expensive to use. |
| Direct chlorination of ethylene to vinyl chloride | |
| $C_2H_4 + Cl_2 \rightarrow C_2H_3Cl + HCl$ | This occurs to a negligible extent at conditions where the following reaction occurs at high conversion; so this reaction is not feasible. |
| Direct chlorination of ethylene to 1,2-dichloroethane (EDC) | |
| $C_2H_4 + Cl_2 \rightarrow C_2H_4Cl_2$ | It occurs rapidly at temperatures greater than 65°C up to about 200°C in liquid EDC with a solid $AlCl_3$ catalyst. Pressure must be equal to or greater than the vapor pressure of EDC at the reaction temperature. Conversion of reactants is essentially 100 percent and conversion to EDC is >99.5 percent. |
| Oxychlorination of ethylene to 1,2-dichloroethane | |
| $C_2H_4 + 2HCl + \frac{1}{2}O_2 \rightarrow C_2H_4Cl_2 + H_2O$ | This occurs rapidly at temperatures in the range of 220 to 300°C over a $CuCl_2$ catalyst on a solid. Pressures of 250 to 1500 kPa absolute are typical. HCl must contain <10 ppm $H_2O$. Air or oxygen can be used as the $O_2$ source. With air, conversion of ethylene is 94 to 99 percent, HCl is 98 to 99+ percent, and conversion to EDC is 94 to 99 percent. With $O_2$ results are similar, and the conversion to EDC from ethylene is about 90 to 92 percent. The EDC from this reaction is not as pure as that from the direct chlorination, and purification is required before its use in pyrolysis. It must be cooled rapidly to avoid product loss. |
| Pyrolysis of 1,2-dichloroethane to vinyl chloride | |
| $C_2H_4Cl_2 \rightarrow C_2H_3Cl + HCl$ | This noncatalytic thermal reaction takes place in the range of 475 to 525°C and 1.5 to 3.1 MPa absolute. Conversion of reactants is about 53 to 63 percent per pass, with 2- to 30-s residence time. Conversion of EDC to vinyl chloride is >99 percent. Increasing conversion decreases selectivity. It must be cooled rapidly to avoid product loss. |

47) M. Howe-Grant, ed., Kirk-Othmer Encyclopedia of Chemical Technology, J. Wiley, New York, 1994

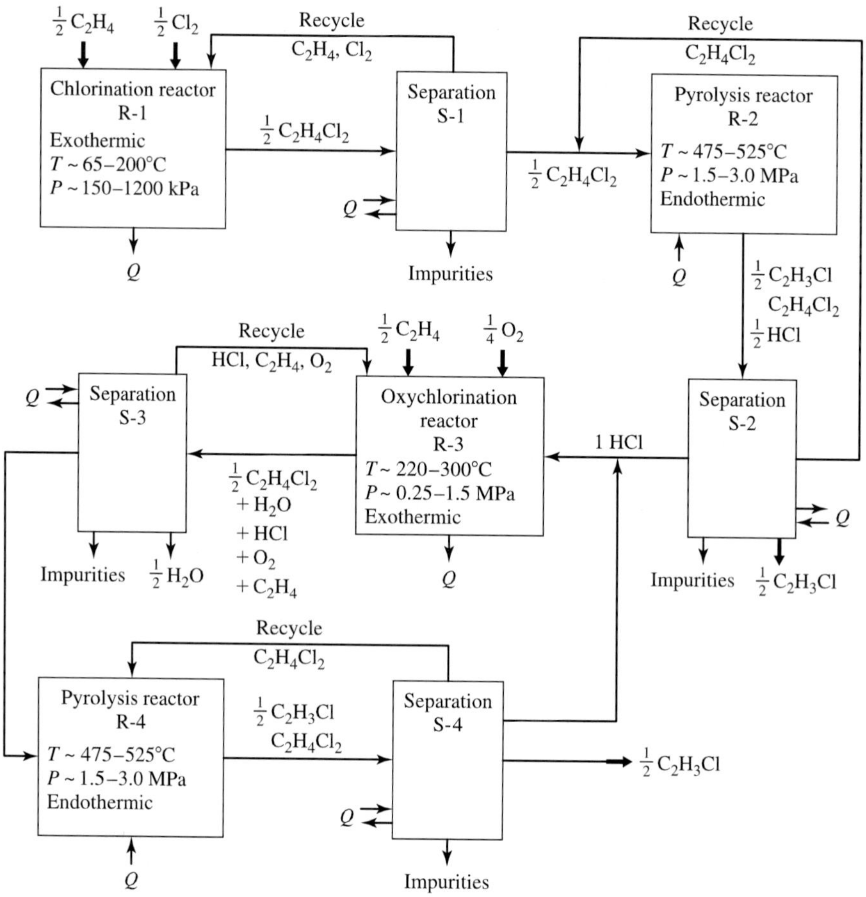


**그림 4-4**
염화비닐 생산용 기능 그림

완성된 기능그림은 그림 4-4에 나와 있다. 경로에서의 세 가지 주요 반응, 즉 직접 염화, 산소염화, 열분해는 분명히 서로 다른 조건을 필요로 하므로 각각은 별도의 반응기에서 이루어져야 한다.

에틸렌 염화 반응기 R-1로 들어가는 원료는 에틸렌과 염소이며 생성물은 1,2-이염화에탄(EDC)이다. 각 원료의 양론적 양은 그림에 나와 있으며 이 반응은 고체 염화알루미늄이 촉매가 되며 액체 EDC에서 일어난다. 각 원료의 전처리를 고려하라. 참고문헌에 의하면 각 원료의 상업용 상태는 반응기에 도입되기에 충분히 순수하다. 저장상태에서 원료를 도입하는 것은 (염소는 보통 액체로 저장된다) 반응열 일부를 흡수하고 원료의 예열을 줄여준다. 따라서 이 두 원료 흐름에 대하여는 전처리가 필요하지 않다.

반응은 섭씨 65에서 200°C 사이 온도범위에서 이루어지며 압력범위는 반응온도에서의 EDC 증기압과 같은 150 kPa에서 1.2 MPa (절대압력) 사이이다. 염소와 에틸렌은 반응조건에서 기체이므로 액체 EDC를 통과하며 기포가 되어 용해돼 반응한다. 전환 속도는 기상에서 액상으로의 에틸렌과 염소의 물질전달 속도에 의해 제어된다. 액상반응 자체는 매우 빠르다. 만약 반응기가 충분한 혼합 및 물질전달을 위한 접촉시간이 허용되도록 설계된다면 반응물의 전환은 근본적으로 완벽하다. 두 반응물의 EDC로의 전환은 99.5% 이상인 것으로 보고되어 있다. 따라서

R-1로의 반응물 재순환은 필요하지 않다. 또한 반응기 R-1 생성물의 고순도 때문에 열분해 반응기 R-2로의 EDC 원료 전처리도 필요하지 않다. 직접 염화 반응은 발열반응이므로 반응기를 떠나는 *Q* 화살로 보여주듯 열이 반응기로부터 제거되어야 한다.

공정 중간제품인 EDC가 반응기 R-2의 유일한 원료이며 주요 생성물은 염화비닐(VC)와 염화수소이다. 반응기에서 EDC는 열분해되어 염화비닐과 염화수소를 만들 수 있는 온도인 섭씨 475와 525°C 사이의 온도로 가열된다. 이 반응은 반응기 사각형으로 들어가는 *Q* 화살로 표시된 흡열반응이다. 반응은 상압에서 이루어질 수 있으나 보통 1.5에서 3.0 MPa(절대압력) 범위의 압력에서 이뤄진다. 승압된 압력은 염화비닐로부터 염화수소의 분리를 쉽게 만들며 반응기 및 후속 장치 부피를 작게 해준다.

반응한 EDC의 99% 이상이 VC로 전환되나 전형적인 설계조건에서의 1회 통과당 전환율은 EDC의 53에서 63%에 불과하다. 반응은 EDC 높은 전환율 쪽으로 유도될 수 있으나 그렇게 하기 위해 필요한 조건은 염화비닐의 분해를 야기한다. 사실 고온에서의 체류시간이 너무 길면 염화비닐은 전형적인 반응조건에서 분해될 것이다. 따라서 체류시간은 일부러 2에서 30초 사이로 짧게 유지된다. 염화비닐의 손실을 막기 위해 반응기 배출물은 빨리 냉각(급냉)되어야 한다. 급냉후 배출물은 산소염화 반응에 쓰이는 중간제품인 염화수소, 염화비닐 제품, 열분해 반응기로 재순환되는 미반응 EDC로 분리된다. 이러한 출력 흐름 및 불순물 폐기 흐름을 보여주는 분리 사각형 S-2가 반응기 R-2를 뒤따른다. VC 흐름은 최종 제품이며 고분자반응 사양에 맞도록 S-2에서 충분히 정제될 수 있으므로 직접 저장소로 보내질 수 있다.

다음은 그림에서 R-3으로 표시되는 산소염화 반응기이다. 열분해 화학은 염화수소는 반응의 부산물임을 보여주나 예제 4-2에서 언급했듯이 시장 현실은 시장 판매를 기대할 수 없음을 보여준다. 다행히도 산소염화 반응은 염화수소를 사용하여 더 많은 EDC를 생산하는 것을 가능하게 해준다. R-3으로의 원료흐름은 염화수소, 에틸렌, 산소(공기나 정화된 산소)이며 주요 생성물은 EDC와 물이다. 반응은 알루미나나 실리카-알루미나 같은 고체 지지물에 함침된 염화구리 촉매에서 이루어진다. 전형적으로 온도는 20에서 300°C 범위이며 압력은 0.25에서 1.5 MPa(절대 압력)이다. 반응은 매우 발열반응이므로 너무 높은 반응온도에 도달되지 않도록 빠른 제열 속도가 중요하다. *Q* 제열 화살이 반응기 사각형에 보인다. 전형적인 전환율은 에틸렌에 대해 94에서 99%이며, 염화수소에 대해 98에서 99.5%이며, 산소에 대해서는 근본적으로 100%이다. 에틸렌으로부터의 EDC 수율은 94에서 97% 범위이다. 분리 사각형 S-3는 반응기를 뒤따르며 생성된 EDC는 열분해 반응기 R-4로 보내지기 전에 적어도 99.5%까지 다시 정제되어야 한다. 특히 심각한 부식 문제를 피하기 위해 수분함량은 10 ppm 미만으로 줄여야 한다.

이제 기능그림이 완성되었다. EDC 및 VC 이외의 염화 탄소 화합물로 주로 구성된 부산물 불순물 흐름이 여러 개 있다. 처리 및 처분, 판매, 공정내 사용용 회수를 위한 전략이 이러한 불순물에 대해 개발되어야 한다.

## 조업그림

다음 단계는 앞서 확인된 기능을 성취하기 위해 필요한 처리 장치 형태나 장치 조업의 선택으로 온도 및 압력 같은 주요 조건의 사양과 함께 이루어진다. 조업그림은 이러한 선택을 나타내며 그려진다.

## 전처리

전처리의 필요성은 원료의 순도, 온도, 압력, 공정에서 요구되는 상태에 의해 결정된다. 전처리 조업을 선택하는데 있어서의 고려사항은 뒤에 설명할 분리와 열전달의 것과 유사하다.

## 반응기

용기 형태, 운전 온도 및 압력, 체류 시간, 촉매 필요성, 반응물과 촉매간의 접촉 증진을 위한 수단, 고체 촉매 위로의 공간 속도, 가열이나 제열의 제공 등은 각 반응의 요구사항에 기초를 둔다. 13장에서는 반응기 형태의 선택에 관한 더 많은 정보가 나와 있다.

조업그림에서의 주요 성분의 유량은 간단한 반응 양론에 기초를 두며 반응 수율이나 분리 정도는 별로 고려하지 않는다.

조업온도 및 압력범위가 유용하다면 각 범위의 중간 값을 선택하라. 지속적으로 이렇게 하는 것이 조건이 모두 거의 중간범위가 되는 최종 기본-경우의 집합이 된다. 이것은 최적이 아닐지 몰라도 최적화 조사를 위해 편리하면서도 평균인 시작점을 제공한다.

## 분리 방법

분리공정의 기초를 두는 물리화학적 물성의 선택은 공정도 개발에 있어서의 주요 결정이다. 이것은 분리 목적을 위해 궁금한 물질의 어떤 물성을 이용할 것인가를 정하는데 달려있다. 표 4-1은 분리공정의 기초가 되는 이용할 수 있는 물성 차이의 일부를 해당 분리 방법과 함께 보여주고 있다. 적절한 분리공정의 선택에 관한 광범위한 정보는 15장에 있다.

적절한 분리기술을 선택하는데 기초를 제공하는 하나의 길은 공정의 주요 물질의 가능성 있는 분리 물성의 값을 찾아 목록을 만드는 것이다. 예를 들면, 각종 용매에 대한 물질의 용해도는 추출제로서의 용매 사용 가능성에 대한 지침을 제공한다. 다른 예는 단열 기화나 다단 증류에 의해 성분을 분리할 수 있는 전망의 지시표로 쓰이는 특정 온도에서의 정상 비점이나 증기압인 물질의 휘발성 값이다. 각종 분리막을 통과하는 성분에 대한 투과도 데이터는 분리막 투과를 통한 분리의 가능성을 보여준다.

분리기술 선택을 위한 지침은 다음과 같다.

1. 주요 성분의 상대 휘발도가 1.2보다 크면 증류를 이용하라.
2. 증류, 추출, 여과와 같은 알려진 기술을 선호하라.
3. 다른 물질 도입을 피하되 사용할 경우 사용 후 즉시 이를 제거하라.
4. 물질을 이용한 분리보다는 에너지를 이용하는 것을 선호하라.

## 가열 및 냉각

조업 그림은 또한 사용될 가열 및 냉각 근원을 구체적으로 지적하는 것을 요구한다. 이러한 요구사항을 맞추기 위해 유틸리티가 가끔 쓰일 수 있다. 예를 들면, 약 20에서 30°C로의 모든 냉각은 냉각수로 될 수 있으며 더 낮은 온도에 대하여는 냉장이 사용된다. 약 400°C 이

표 4-1 분리 방법의 물성 기초

| Property | Separation method |
|---|---|
| Size | Screening<br>Molecular sieves |
| Charge | Ion exchange<br>Electrostatic<br>Electrophoretic |
| Volatility | Flash vaporization<br>Distillation<br>Drying<br>Evaporation |
| Solubility/phase affinity | Gas adsorption<br>Liquid absorption<br>Solid adsorption<br>Liquid extraction<br>Solid leaching |
| Different phases | Settling<br>Coalescence<br>Filtration<br>Centrifugation<br>Flotation |
| Permeability | Membrane |
| Phase change | Crystallization<br>Melting<br>Solidification |

상으로의 열은 연소에 의해 공급될 수 있으며 더 낮은 온도는 뜨거운 액체 유틸리티나 스팀으로 된다. 그러나 공정장치가 있고 가열을 필요로 하는 흐름과 냉각을 필요로 하는 흐름이 있으므로 서로 열 교환할 기회가 존재하며 이로써 유틸리티 필요량을 줄이고 에너지 절감을 가져올 수 있다. 물론 이러한 절감은 열교환기에 대한 투자의 비용이 들 때 온다. 경험적으로 이러한 열교환은 가끔 경제적으로 선호된다. 열교환 기회를 찾아내기 위한 간단한 접근법이 이 장의 마지막에 나와 있다.

## 처리의 최소화

장치 및 조업비용 절감은 처리 단계를 합치거나 통합에 의해 성취될 수 있다. 예를 들면, 가끔 추출과 증류와 같이 반응과 증류는 증류탑에서 둘 다 이루어질 수 있다. 이런 종류의 통합에 있어서의 핵심은 시스템의 특성과 공정 운전조건으로 제어할 수 있는 능력이다. 또 다른 통합 형태는 비슷한 조업이 같은 공정 또는 다르지만 인접한 공정의 다른 부분에서 이루어질 때 나타난다. 이에 대한 좋은 예가 그림 4-4의 염화비닐 기능 그림에서 보인다. 유사하나 약간 다른 처리를 하고 있는 두 개의 다른 반응기가 이염화에탄을 만들고 있다. 예제 4-4에서 보듯이, 몇 개의 처리 단계에 대하여 EDC 흐름을 합치는 것이 가능하다. 공정도를 개발할 때 처리 단계를 합칠 기회를 항상 조사해야 한다.

## 예제 4-4 염화비닐용 조업그림

예제 4-2에서 제시된 염화비닐 공정의 반응경로 5에 대하여 반응기 형태, 운전조건, 분리기술을 선택하라.

■ **풀이**

1/2 kg몰의 EDC를 만들기 위한 간단한 물질수지로부터 반응기 R-1로의 원료인 에틸렌 및 염소는 각각 1/2 kg몰이 필요하다. 기체 반응물의 물질전달이 율속이므로 액체 EDC 안으로 기체를 활발하게 분산시키는 것이 중요하다. 이것은 보통 수직의 원통형 용기안에서 기체 분포가 넓게 퍼지도록 다공관을 이용한 분무기로 이뤄진다. 높은 반응 발열량은 열의 빠른 제거를 필요로 한다. 수냉 자켓이나 내부 코일로 용기를 냉각하는 전형적인 방법은 적절하지 못하므로 다른 방법이 요구된다. 반응이 액상 EDC에서 일어나므로 한 가지 대안은 외부 열교환기를 통해 EDC를 순환시키는 것이다. 또 다른 대안은 EDC 일부를 증발시켜 응축기에서 열을 제거하는 것이다. 일반적으로 상변화와 연관된 높은 전열 속도 때문에 외부 응축기가 선택되며 그림 4-5의 E-1로 표시된다. 이 결정은 추후 재방문될 것이다.

**결정:** *냉각을 위해 증기 응축기를 사용하라.*

반응기의 온도 및 압력은 예제 4-3에서 수립한 반응조건 표에 나타난 범위 안에 들도록 선택될 수 있다. 온도가 높을수록 R-2에서 추가될 열을 더 적어지고 응축열은 공정에서 다른 목

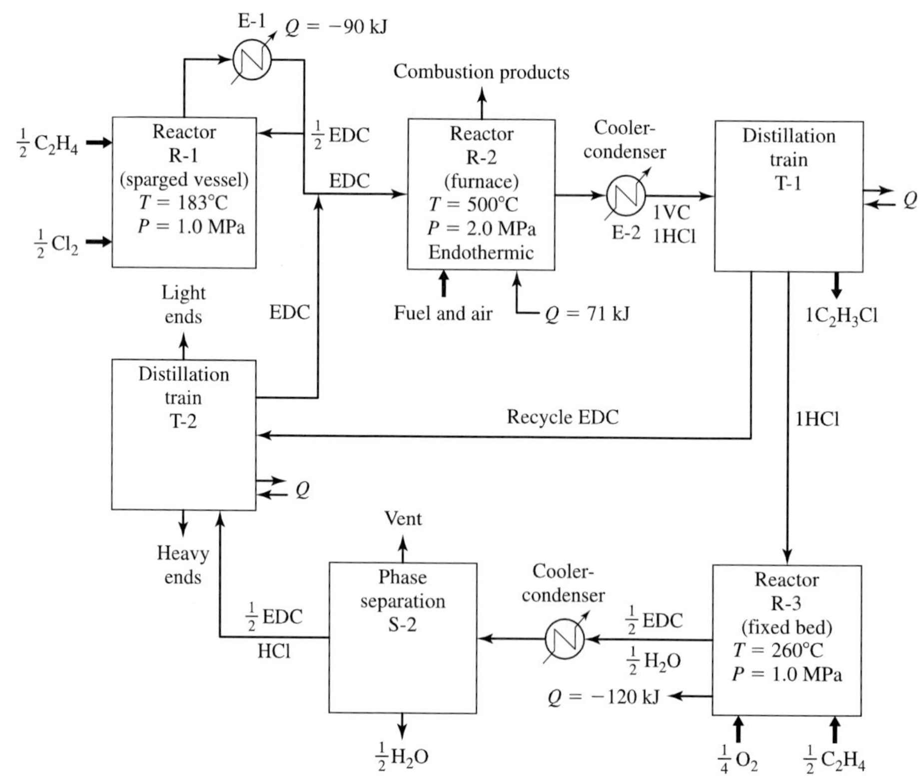


**그림 4-5**
염화비닐 생산용 조업 그림

적에 사용될 가능성이 더 높다. 이럴 경우, 압력 범위의 대략 중간점이 선택되는데 즉 1 MPa 압력이 되며 이에 해당되는 온도는 183°C이다.

**결정:** *R-1을 1 MPa 및 183°C에서 운전하라.*

그림 4-4는 반응기 R-1을 뒤따르는 분리 단계를 보여주나 직접 염화에 의해 만들어진 EDC는 순도 99.5+%이므로 정제 단계가 불필요하며 따라서 S-1은 제거된다.

반응기 R-1에서 나온 EDC는 475에서 525°C로 가열되어야 하며 열분해 발열량은 반응기 R-2로 더해져야 한다. 1.5에서 3 MPa 범위의 압력이 추천된다. 운전조건을 위해서는 대략 중간점의 온도와 압력을 선택하라.

**결정:** *R-2를 2 MPa 및 500°C에서 운전하라.*

열분해 반응은 열적으로 이뤄지며 촉매가 필요 없으며 고온이므로 연소 같은 열원이 요구된다. 이것은 공정 열로가 사용되어야 하며 노안에서 관내 EDC는 노의 연소기체와 근본적으로 반대 방향으로 흘러야 함을 제시한다. 노를 떠나는 생성기체는 염화비닐의 열적 분해를 막기 위해 매우 급히 냉각되어야 한다. 이러한 급냉 형태는 가끔 냉각될 기체로의 차가운 휘발성 액체를 살포함으로써 이루어진다. 오염물이 시스템으로 더해지지 않도록 공정의 액체 성분인 EDC나 VC가 사용되어야 한다. 액체는 별도의 열교환기에서 냉각되며 급냉 분사로 재순환되어야 한다. 액체 급냉의 단점은 많은 양의 액체가 생성물 안으로 증발되므로 이를 추가 분리해야 한다는 것이다. 또 다른 대안은 반응기로부터 나오는 배출 라인에 즉시 전열라인 열교환기를 사용하는 것이다. 비록 액체 분사가 더 빠른 냉각을 가져오나 인라인 열교환기에서는 열회수 기회가 더 크다. 이러한 이유로 다음과 같은 결정을 한다.

**결정:** *R-2 배출물을 급냉하기 위해 인라인 열교환기를 사용하라.*

빠른 급냉을 이루기 위한 인라인 열교환기 E-2가 그림 4-5에 나와 있다. 반응을 급냉시키기 위해 일단 배출물을 약 250°C로 냉각하면 후속 처리 전에 응축이 필요할 수도 안할 수도 있다. E-2를 냉각기-응축기로 지정하나 이러한 결정을 위해 추가 분석이 필요하다.

열분해 반응기로부터의 생성물은 VC, HCl, EDC 그리고 고온에서 대부분 끓는 분순물이다. 이들의 휘발성이 예제 4-1의 물성 표에서 보듯 서로 다르기 때문에 HCl, VC, EDC를 분리하는 논리적 후보로 증류가 된다. 그림 4-5의 증류기차 T-1이 이 업무를 성취한다. 염화비닐은 최종 제품이며 분리 기차의 적절한 설계에 의해 중합용으로 충분한 순도로 생산될 수 있다. EDC는 열분해 반응기로 직접 재순환될 정도의 충분한 순도가 아니므로 R-2로 재순환되기 전에 불순물을 제거하기 위해 추가 처리되어야 한다.

증류 기차 T-1에서 나오는 HCl과 함께 에틸렌과 산소는 산소염화 반응기인 R-3으로 들어간다. 산소는 공기 형태거나 부화된 (99.5%까지) 산소일 수 있다. 공기는 상대적으로 싼 반면 부화된 공기는 다른 원료값에 비해 적당한 값이다. 부화산소를 쓰는 장점은 배기가스의 양을 현저히 줄인다는 것이다. 이것은 처리되어야 하는 배기가스의 염화 탄화수소와 에틸렌 양을 해당되는 양만큼 줄이므로 처리의 어려움과 비용을 현저히 감소시킨다. 이러한 결정은 추가 검토를 필요로 한다.

**결정:** *반응기 R-3에서는 부화산소를 사용하라.*

산소염화 반응은 고체 지지의 염화구리 촉매상에서 일어나는 부분산화이다. 따라서 반응기는 촉매를 포함하며 반응물이 촉매 구조를 관통해 흘러 직접 촉매와 섭촉한다. 반응은 매우 발열이므로 반응기는 고속의 제열 능력이 있어야 한다. 반응은 대략 등온이어야 하므로 중간 온도가 선택된다. 압력은 대략 1 MPa의 증류기차 압력보다 낮은 대략 20에서 40 kPa이다.

**결정:** *R-3에 대하여 260°C 온도와 약 1 MPa 압력을 선택한다.*

전형적인 반응기는 촉매 유동층이나 충전층으로 되어 있다. 유동층은 내부 냉각 코일이나 열교환기를 가지며 유동중 뛰어난 혼합으로 인해 근본적으로 등온이 된다. 유동층 반응기는 상대적으로 낮은 반응물 농도와 단위 부피당 낮은 반응 및 열발생을 갖는 완벽히 혼합된 반응기처럼 조업된다. 충전층 반응기는 관내에는 촉매 입자와 반응 기체를 갖고 통쪽에는 냉각 매체를 갖는 통관형 열교환기를 닮고 있다. 충전층 반응기의 관내 흐름은 근본적으로 플럭 흐름이므로 VC로의 전환에 거꾸로 영향을 줄 수 있는 온도 구배와 열점이 발생할 경향이 있다. 이러한 문제를 피할 한 가지 길은 지지물의 촉매 양을 변동시키는 덧인데 즉 반응물 농도가 가장 높은 관 입구에는 촉매를 적게 하고 흐르는 방향으로 점점 촉매 양을 증가시키는 것이다. 또 다른 길은 반응기를 따라 산소를 나눠 넣는 일련의 다중 반응기를 쓰는 것이다. 분포된 촉매 양을 갖는 통관 충전층을 선택하는데 이의 주된 이유는 반응기중 하나는 관에 있어 증류탑 재비기에 필요한 열을 공급해야 한다. 사실 하나의 유동층과 하나의 충전층 반응기로 하거나 단지 한 개의 유동층 반응기로 하는 것도 가능하다.

**결정:** *충전층 산소염화 반응기를 사용하라.*

산소염화 반응기에서 나오는 생성물 흐름은 EDC, 물, 소량의 에틸렌 및 HCl를 함유한 기체이다. 기체는 냉각되어 EDC와 물이 응축되는 반면 다량의 에틸렌과 HCl은 일부 EDC처럼 기상에 남는다(공기보다 부화 산소를 쓸 경우 양이 훨씬 줄어든다). 후속 장치의 부식을 줄이기 위해 EDC에서의 수분의 농도를 10 ppm 미만으로 줄이는 것은 특히 중요하다. 이 생성물 흐름은 흐름이 기체, 물, EDC로 분리되기에 충분한 체류시간을 주는 분리탱크 S-2로 간다. 기체는 추가 처리를 위해 통기되고, 물은 빼내 처리지로 보내지며, EDC는 증류탑 T-2로 간다. 증류탑에서는 가벼운 성분(더 많은 물 포함)과 처리지로 가는 무거운 성분이 제거된다.

그림 4-4에 나타난 기능 그림은 S-3으로부터의 EDC가 열분해 반응기 R-4와 분리장치 S-4로 보내지는 것을 보여준다. 그러나 검토한 결과 R-4와 S-4는 R-2와 S-2의 똑같은 기능을 수행한다. 여기에 공정통합의 명백한 기회가 있다. 사실 S-4로부터의 EDC는 S-2가 뒤따르는 R-2로 보내질 수 있다. R-2와 S-2의 용량은 EDC의 양쪽 근원을 다 수용할 정도로 커야 하나 유용한 경험적 법칙은주어진 처리량을 위한 한 개의 공정은 각각이 똑같은 처리량의 분율을 처리하는 두 개의 분리된 장치보다 거의 항상 싸다(규모의 경제 법칙).

따라서 R-1과 증류기차 T-1 둘 다의 배출물을 위한 한 개의 배출물 분리기차 T-2가 뒤따르는 한 개의 열분해 반응기 R-2를 써야 하는 명백한 결정이 내려진다. 이제 조업 그림이 적절히 정의되었다.

## 공정도

공정도를 정의하는데 있어 최종 단계는 주요 장치의 성능 매개변수를 추정하고, 물질수지를 향상시키며, 대략적인 에너지수지를 추정하고, 분리기차를 정의하고, 열통합 기회를 개발하는 것이다.

## 반응기

원료의 전환율과 제품의 수율은 화학반응기의 설계기초를 형성한다. 공정도 진화의 이런 단계에서는, 원하는 제품으로의 전환율을 선택하는 것이 평범하다. 이 정보는 물질수지를 향상시키는데 필요하다. 적절한 평형, 속도론, 물질전달 모델이 선택된 전환율을 이루는데 필요한 반응기 크기를 정하는데 추후 사용될 것으로 기대된다. 온도 및 압력의 설계변수나 전환율은 최종 반응기 설계에 있어 최적화 변수가 될 수 있다.

## 물질 및 에너지 수지

분리기차와 열교환 기회를 조사하기 전에 적어도 대략의 물질 및 에너지 수지가 행해져야 한다. 물질수지는 전환율 기준을 선택함으로써 시작된다. 어느 생산속도에도 쉽게 쓰일 수 있는 간단한 기준은 원하는 제품 1 또는 100 몰(kg몰)이다. 그러면 조업 그림을 준비할 때 작성한 조건을 사용하여 물질수지가 계산되며 문헌에서의 열역학 물성을 이용한 에너지 수지가 뒤따른다. 분리조업은 열통합에 포함될 경우 그들의 에너지 소요량이 추정될 수 있도록 충분히 정의되어야 한다. 예를 들면, 최소한 운전 압력과 환류비가 증류탑에 대해 명시되어야 한다. 보통 압력은 주변 압력장치의 압력이나 적절한 이슬점 및 비점 온도를 결정하기 위한 반복 계산에 의해 정립된다. 조업 환류비를 추정하기 위한 절차가 예제 4-5에 나와 있다.

만약 화학공정 모사 전산코드가 유용하다면 물질 및 에너지 수지를 위해 사용될 수 있는데 이러한 코드는 5장에서 설명한다. 그러나 이런 경우라도, 전산 지원 모사를 수행하기 전에 가능한 열교환의 확인과 대략의 수지를 행하는 것은 쓸모 있는데 이는 모사를 위한 더 완벽한 공정도를 제공하고 모사 결과의 실제적 검증을 위한 기초를 제공하기 때문이다.

## 분리 기차

대부분의 분리공정은 두 개의 제품 흐름을 가져온다. 따라서 $c$개 성분을 함유한 혼합물을 $c$개의 순수 제품으로 분리하기 위해서는 $c-1$개의 서로 다른 분리 작업 단계가 필요하다.[48] 따라서 다성분 혼합물을 다양한 순수 성분으로 분리하려면 분리 기차가 필요하다. 이러한 분리는 비록 가끔 그렇다 하더라도 모두 같은 기술일 필요는 없다. 분리기술이 선택되었다고 가정하면 분리 기차의 순서는 정립될 필요가 있다. 분리 기차 순서에 관한 몇 개의 일반적인 경험적 법칙은 다음과 같다.[49]

1. 가능하다면 흐름을 나누거나 합침으로써 분리량을 줄인다.
2. 어려운 분리는 가장 뒤에 수행한다.
3. 높은 농도의 성분은 일찍 제거한다.

48) 거의 순수한 생성물 흐름이라는 것은 98+%임이 보통이다. 편의상 이러한 순도나 그 이상을 순수 생성물이라고 언급한다.

49) D. F. Rudd, G. J. Powers, and J. J. Siirola, *Process Synthesis*, Prentice-Hall, Englewood Cliffs, NJ, 1973; W. D. Seider, J. D. Seader, and D. R. Lewin, *Process Design Principles*, J. Wiley, New York, 1999

4. 공정에서 잘 존재하지 않는 성분은 사용 후 곧 제거한다.
5. 온도와 압력의 폭넓은 시행을 피한다. 특히 상온 이상에서의 냉각은 비교적 저렴하나 가열은 더 비싼 반면 상온 이하로의 냉각은 매우 비싸다.

위에서 언급한 경험적 법칙 이외에도 특히 증류 기차에서 더 적용되는 다른 법칙은[50])

1. 열적으로 불안정하고 부식을 가져오거나 반응하는 성분은 일찍 제거한다.
2. 가장 휘발성이 있는 물질부터 시작하여 휘발도가 감소하는 차례로 최종 제품을 하나씩 제거한다.
3. 많은 양이 존재하는 성분을 먼저 제거한다.
4. 상대 휘발고가 줄어드는 순서로 한다. 즉 더 힘든 분리를 더 늦게 한다.
5. 제품순도 요구사항 순서로 한다.
6. 탑상 및 탑저 제품의 유량이 가능한 한 같도록 순서를 정한다.

모든 경험적 법칙들을 동시에 다 만족시킬 순 없으나 위의 순서 목록대로 적용하는 것을 추천한다.

## 열 교환

가열이 필요한 공정장치와 냉각이 필요한 흐름이 있으므로 열교환시켜 유틸리티 필요량을 줄일 기회가 거의 항상 존재한다. 따라서 열교환 기회를 초기에 찾을 필요가 있다. 분리 조업의 가열 및 냉각 필요량은 이 조사에 포함되어야 한다. 일단 기본-경우 공정도가 정의되면 이러한 조사를 위한 효과적인 알고리듬이 유용하다. 여기서의 목적은 상업용 열통합 소프트웨어로 보다 완벽히 조사될 수 있는 열교환 가능성을 확인하기 위해 사용되는 간단한 접근법을 예로 드는 것이다.[51])

### 예제 4-5 염화비닐을 위한 최종 공정도

예제 4-2에서 선택된 염화비닐 공정과 예제 4-4의 조업 그림에 대하여 주요 공정장치를 보이는 공정도를 개발하고, 물질 및 에너지 수지를 추정하고, 열통합을 적용하라.

■ **풀이**

반응기 형태와 조업조건은 예제 4-4에서 정립되었다. 반응물 전환율과 제품 수율은 이제 예제 4-3의 염화비닐 생산 경로에 대한 반응정보를 요약한 표로부터 추정될 수 있다. 두 개의 증류 기차는 상세히 개발될 필요가 있다. 공정장치의 부가적인 조업조건은 여전히 대략적이지만 더 상세한 물질 및 에너지 수지를 준비하기 위해 구체화 되어야 한다. 폐기물 흐름의 처분도 고려되어야 한다. 다음 분석 결과가 염화비닐 공정의 반응경로 5를 체계적으로 나타내는 공정도로서 그림 4-6에 나타나 있다.

---

50) D. F. Rudd, G. J. Powers, and J. J. Siirola, Process Synthesis, Prentice-Hall, Englewood Cliffs, NJ, 1973
51) 더 상세한 정보는 9장을 보라.

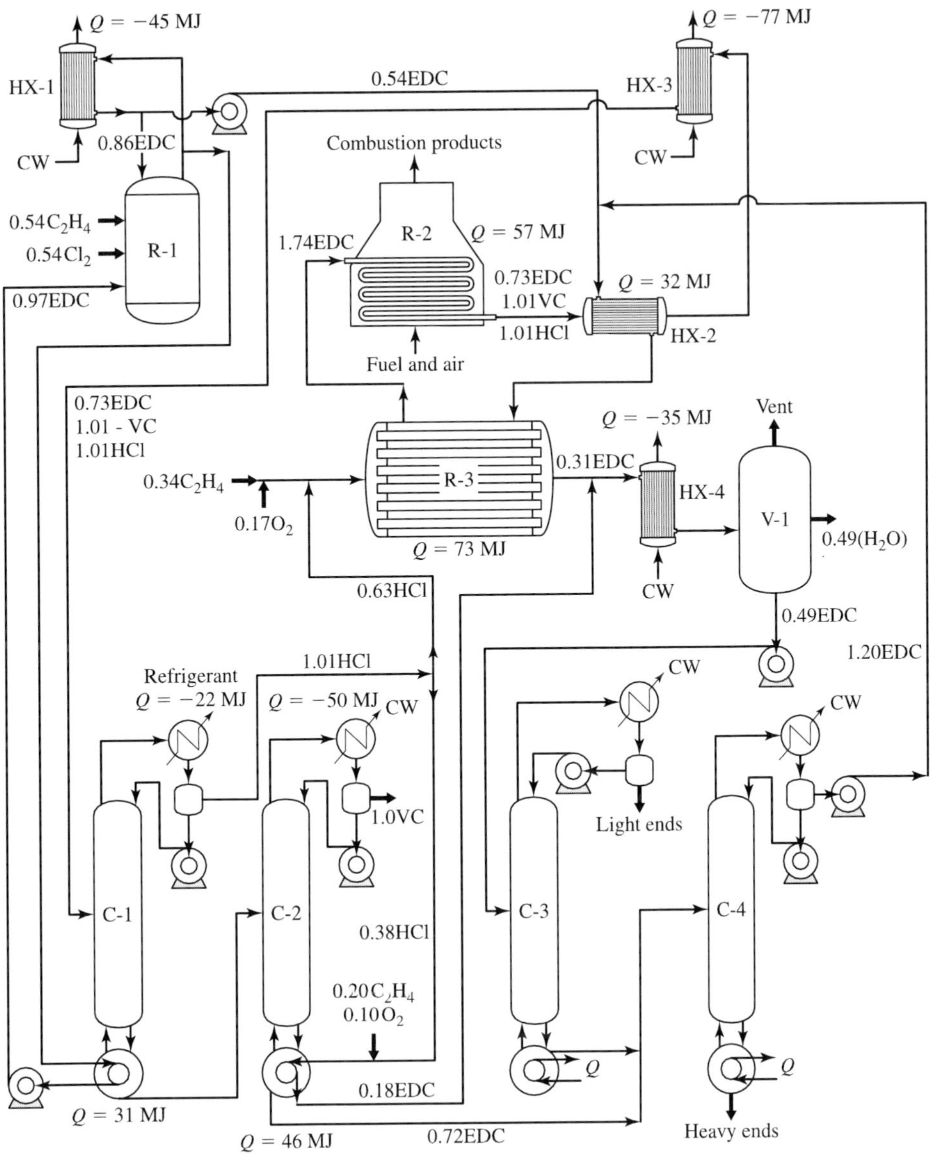


**그림 4-6**
염화비닐 생산을 위한 공정도.생산된 염화비닐 1 kg몰을 기준으로 하여 흐름 양은 kg몰이고 열량은 MJ이다. CW는 냉각수.

반응기 R-1에서 염소와 에틸렌 간의 반응은 근본적으로 완전하며 EDC로의 전환율은 99.5+%이다. 분리 단계와 재순환이 불필요하며 EDC는 열분해 반응기로 직접 넣기에 충분할 정도로 순수하다. 열분해 반응기 R-2에서는 반응물 EDC 통과당 전환율은 53에서 63%이다. 중간점인 58%가 반응기를 위한 설계 목표치로 선택된다. VC로의 EDC 전환율은 99%로 기대된다.

**결정:** *반응된 EDC의 99%가 VC로 전환되는 것과 함께 58%의 통과당 EDC의 전환율이 얻어지도록 반응기 R-2를 설계한다.*

산소염화 반응기 R-3는 통과당 에틸렌의 96% 전환율, HCl의 98% 전환율이 기대되며 92%의 에틸렌이 EDC로 전환된다.

**결정:** *이러한 기준에 맞도록 R-3를 설계한다.*

이제 각 증류 기차가 확장된다. 그림 4-5의 기차 T-1은 세 성분의 혼합물을 세 가지 순수 성분으로 분리해야 한다. 따라서 두 개의 증류탑이 필요하다. 증류탑은 1과 2 MPa 사이에서 조업된다. 첫 번째 탑은 2 MPa 바로 아래 고압이어야 하며 HCl은 높은 증기압과 부식성으로 인해 제품으로 제거되어야 한다. 심지어 이 압력에서는 탑으로부터의 탑상 증기를 응축하기 위해 냉장이 필요로 된다. 그러나 HCl 제품은 R-3가 1 MPa이므로 압축기 필요없이 R-3로 공급되기 때문에 단지 부분 응축기만 필요하다. 원료의 휘발성 성분도 HCl과 함께 나가는 경향이 있다.

**결정:** *탑 C-1에서 HCl를 제거하며, 2 MPa 이하로 조업하며, 부분 응축기를 사용한다.*

C-2로 표시된 두 번째 탑은 염화비닐을 탑상제품으로 EDC를 탑저제품으로 분리한다. EDC는 원료의 비휘발성 성분도 포함하게 된다. 이 흐름은 열분해 반응기 R-2로 재순환되기 전에 더 정제될 필요가 있다. 따라서 그림 4-5에서 보듯 증류 기차 T-2로 보내진다. 1 MPa 보다 어느 정도 높은 압력, 약 1.2 MPa이면 만족스럽다.

**결정:** *탑 C-2는 1.2 MPa로 조업한다.*

증류 기차 T-2는 분리기 V-1로부터 나온 휘발성 및 비휘발성 성분을 포함하는 EDC를 첫 번째 원료로, C-2로부터의 비휘발성 성분을 포함한 EDC를 두 번째 원료로 받아들인다. 이것은 근본적으로 세 가지 성분으로 구성되므로 두 개의 탑이 필요하다. 타당성 있는 조합은 탑 C-3에서 첫 번째 원료의 휘발성 성분을 제거한 후 비휘발성 성분을 제거하고 EDC 탑상 제품을 HX-2 및 R-3를 통해 열분해 반응기 R-2로 재순환시키기 위해 C-3 및 C-2의 탑저물을 네 번째 탑에 넣는 것이다. 혼합물이 양쪽 탑을 통과해야 하므로 이 두 흐름을 혼합하는 것은 불필요하며 바람직하지도 않다. 휘발성 및 비휘발성 성분은 EDC와 서로 다른 휘발도를 가지며 각각 원료의 1% 미만으로 존재하므로 이러한 분리는 단순하며 약간의 단과 낮은 환류 비율을 요구한다. 이러한 탑들은 거의 1 MPa에서 조업할 수 있다. 탑 C-3은 탑 C-4보다 충분히 더 높은 압력에서 운전되어야 하는데 이는 둘 사이에 흐름에 펌프가 필요없기 때문이다.

**결정:** *C-3는 1.1 MPa로 C-4는 1 MPa로 운전한다.*

이러한 분리단계에서 각 제품(EDC, VC, HCl)에 대해 99.5%의 회수율을 할당한다.

**결정:** *각 반응단계에서의 반응 생성물에 대해 적어도 99.5%의 회수율이 이뤄지도록 분리를 설계한다.*

상분리 용기 V-1에서는 세 상(기체, 물, EDC)의 분리가 적어도 99.5% 완성되도록 충분한 체류시간을 가져야 한다.

**결정:** *상분리 용기에서는 적절한 체류시간을 설계한다.*

열교환 기회를 조사하기 전에 대략의 물질 및 에너지 수지가 요구된다. 기준은 염화비닐 1 kg몰을 생산하는 것이다. 공정의 주된 원료는 R-1로의 에틸렌 및 염소와 R-3으로의 에틸렌 및 산소이다. 수지를 맞춘 화학방정식으로부터 같은 양의 에틸렌이 각 반응기로 제공되어야 함을 알 수 있다. 그러나 에틸렌 전환율이 두 반응기에 대해 같지 않으므로, 이것은 사실이 아님이 명백하다. 그럼에도 불구하고 이 해에서 가정된 전환율을 갖고 수행된 더 상세한 물질수지는 원료가 같아야 함을 보여준다. 필요한 다양한 원료의 양은 에틸렌 및 EDC 전환율과 EDC 회수율에 근거한 염화비닐 수지를 풂으로써 얻어진다. 즉

$$\text{염화비닐 1 kg몰} = \frac{FE}{2}(CR1)(CR2)(0.995)^{ss1} + \frac{FE}{2}(CR3)(CR2)(0.995)^{ss2}$$

여기서 FE는 두 반응기 R-1과 R-2로 동등하게 나눠진 에틸렌의 총 원료 kg몰이고, $CR1$은 R-1에서의 에틸렌의 EDC로의 전환율(0.995)이며, $CR2$는 R-2에서의 EDC의 염화비닐로의 전환율(0.99)이며, $CR3$은 R-3에서의 에틸렌의 염화비닐로의 전환율(0.92)이며, ss1 및 ss2는 에틸렌 원료로부터 염화비닐 제품까지 가면서 만나게 되는 분리 단계의 수로 R-1에 대해서는 2, R-2에 대해서는 5이다(이것은 그림 4-6에 나타나 있다). 그러므로

$$1 = \frac{FE}{2}[(0.995)(0.99)(0.995)^2 + (0.92)(0.99)(0.995)^5]$$

이 관계식을 풀면 $FE$ 값은 1.073 kg몰이 된다. 두 에틸렌 원료의 각각은 이 값의 반이므로 0.537 kg몰이다. 사실 이 값은 산소염화 반응기에서 HCl보다 약간 초과하는 에틸렌을 보여주나 그것이 이 반응이 어떻게 일어나는가를 나타낸다. 에틸렌 원료 속도는 반올림하여 0.54 kg몰이다. 모든 물질 흐름 값은 반올림되어 염화비닐 1 kg몰의 생산을 기준으로 한 공정도에서 보여진다.

공정도에 나타난 나머지 주요 성분의 양은 이 원료속도와 정해진 전환율 및 회수율로부터 계산된다. R-2에서의 EDC 전환율은 58%로 고정된다. 따라서 두 분리단계 후에도 여전히 1.0 kg몰이 되려면 VC 1 kg몰이 R-2로부터 나와야 한다. 반응기 원료에서의 EDC 양은

$$(F_{\mathrm{EDC}})(0.58) = 1.01 \qquad \text{or} \qquad F_{\mathrm{EDC}} = 1.74\ \text{kg mol}$$

여기서 $F_{\mathrm{EDC}}$는 반응기 R-2 원료인 EDC의 kg몰이다. R-2 배출물에서의 미반응 EDC 양은 1.74 − 1.01 = 0.73 kg몰이다.

이제 각 장치와 흐름에 대한 에너지 수지를 수행하는 것이 가능해졌다. 이는 물질수지 결과와 특정 온도, 반응열, 열용량으로부터 계산된다. 공정에서 만들어지는 VC 1 kg몰당 0.54 kg몰의 EDC가 반응기 R-1에서 생성된다. R-1에 대한 에너지 수지는 다음과 같다.

$$Q_{\mathrm{R\text{-}1}} = n_{\mathrm{EDC}}\,\Delta H_{\mathrm{R}} + \sum_{\text{reactants}}[nC_p(25 - T_{\mathrm{in}}) + n\Delta H_{\mathrm{V}}] + \sum_{\text{products}}[nC_p(T_{\mathrm{out}} - 25) + n\Delta H_{\mathrm{V}}]$$

여기서 $Q_{\mathrm{R\text{-}1}}$은 MJ의 추가되는(마이너스 경우는 제거되는) 열, $\Delta H_{\mathrm{R}}$은 MJ/kg몰의 반응열, $n_{\mathrm{EDC}}$는 EDC의 kg몰 수, $n$은 kg몰 수, $C_p$는 MJ/(kg몰 · K)의 열용량, $T$는 °C, $\Delta H_{\mathrm{v}}$는 MJ/kg몰의 기화열이다. R-1에 대하여, 반응물은 35°C 액체로 들어가는 염소와 25°C 기체로 들어가는 에틸렌이며 생성물은 183°C 증기로 나오는 EDC이다. 이 관계식에 적절한 값을 치환하면 다음 결과를 얻어진다.

$$\begin{aligned} Q_{\mathrm{R\text{-}1}} &= (0.54)(-180) + (0.54)(0.036)(25 - 35) + (0.54)(20) + (0.54)(0.125)(183 - 25) \\ &= -76\ \text{MJ} \end{aligned}$$

이러한 열량은 HX-1과 재비기 C-1에서의 2.37 kg몰의 EDC 응축으로 제거되어야 한다. 단지 0.54 kg몰의 EDC가 만들어져 R-2로 들어가므로 나머지 EDC는 반응기 R-1로 재환류된다.

증류탑 응축기과 재비기의 열처리량은 열통합에 사용되기 위하여 추정될 필요가 있다. 탑 C-1과 C-2에 대하여 주성분을 위한 Underwood 2성분 방정식을 사용하여 각 탑의 최소

환류비를 먼저 추정한다.[52] 예제 4-1에서 표시된 물성표로부터의 증기압이 상대 휘발도를 추정하기 위해 사용된다. 대기 온도 이하에서의 최소 환류에 대한 실제 환류 비율이 1.1에서 1.5 사이라는 경험적 법칙에 의거하여, 실제 환류비는 C-1에 대해 최소값의 1.1배. C-2에 대해 1.25배로 추정된다.[53]

**결정:** *C-1에 대해 최소 환류비의 1.1배를 사용하며 C-2에 대해 최소 환류비의 1.25배를 쓴다.*

물질수지를 완성하기 위해 휘발성 및 비휘발성 성분의 조성과 농도는 수립되고 정량적으로 정의될 필요가 있다. 그러나 불순물의 양이 매우 낮으므로 공정도 개발과 열통합에서의 이들의 영향은 무시할 만하다. 따라서 이러한 양의 수립은 이번 분석에 포함되지 않았다.

물질수지 결과를 이용하여 이제 각 흐름이나 장치에 대한 에너지 수지를 수행할 수 있다. 지금까지 개발된 염화비닐 공정에 대하여 에너지 수지로부터 얻어진 열처리량은 생성된 염화비닐 kg몰당 총 239 MJ의 열이 공정에 더해져야 하는데, 97 MJ은 연료 연소로부터 142 MJ은 스팀이나 뜨거운 기름으로부터 나온다. 또한 411 MJ의 열이 제거되어야 하는데 22 MJ은 냉매로 389 MJ은 냉각제로 제거된다. 이 에너지 수지에서 11개의 열교환이 일어나는데, 6개는 공정장치(반응기, 탑 재비기, 응축기)에서, 5개는 별도 열교환기 (탑 C-3 및 C-4와 관련된 열교환기를 제외한)에서 일어난다.

명백히 냉각제에 의해 제거될 필요가 있는 389 MJ은 냉각수에 의해 제거될 수 있다. 그러나 공정의 다른 부분에 열을 공급할 수 있는 고온(~245°C) 스팀을 만들 정도로 상당량의 에너지가 R-2 배출물 급냉과 반응기 R-3로부터 유용하다. 이것은 공정에 대한 열통합의 기회를 보여준다. 앞서 보여준 열교환량 요약표로부터 C-2 재비기의 모든 열량과 R-2 원료를 가열하고 기화시키는데 필요한 모든 열량을 공급할 스팀이 반응기 R-3 및 R-2로부터 만들

**공정 열통합 전의 열수지 요약***

| Unit | Heat exchange | Heat source or sink, MJ/kg mol VC | $T$ or $\Delta T$, °C | Utility required |
|---|---|---|---|---|
| R-1 | Heat of reaction | −76 | 183 | Cooling water |
| R-2 feed | Heat and vaporize | +65 | 183–226 | Steam or oil |
| | Heat gas | +25 | 226–500 | Fuel |
| | Heat of reaction | +72 | 500 | Fuel |
| R-2 effluent | Quench and cool | −49 | 500–140 | Cooling water |
| | Condense | −60 | 140–40 | Cooling water |
| C-1 | Reboiler | +31 | 150 | Steam or oil |
| | Condenser | −22 | −10 | Refrigerant |
| C-2 | Reboiler | +46 | 180 | Steam or oil |
| | Condenser | −50 | 58 | Cooling water |
| R-3 | Heat of reaction | −119 | 260 | Cooling water |
| R-3 effluent | Cool and condense | −35 | 260–50 | Cooling water |

†Basis: 1 kg mol of vinyl chloride produced.

52) J. M. Douglas, *Conceptual Design of Chemical Processes*, McGraw-Hill, New York, 1988

53) R. H. Perry and D. W. Green, eds., *Perry's Chemical Engineers' Handbook*, 7th ed., McGraw-Hill, New York, 1997

어질 수 있음을 알 수 있다. R-2 원료에 필요한 나머지 열은 반응기 R-2에서 공급되며 C-1 재비기의 31 MJ의 열량은 여전히 스팀 유틸리티나 뜨거운 기름으로 제공된다. 이러한 통합은 유틸리티를 통한 필요 입열을 60%나 줄여준다. 즉 공정 안에서 발생된 143 MJ의 스팀을 사용함으로써 239에서 96 MJ로 된다. 142 MJ의 스팀을 통합해 사용함으로써 냉각수의 열처리량도 389에서 246 MJ로 37% 줄어든다. 그러나 이러한 열통합은 통합없이 요구되었던 11개의 총 열교환과 5개의 별도 열교환을 여전히 필요로 한다.

공정에서의 스팀 생산과 응축의 통합에 의해 이뤄진 실제적인 유틸리티 절감에도 불구하고 열통합에 대한 추가 기회가 여전히 있다. 중간매체로서의 스팀 사용은 직접 전열과 비교하여 온도차이에서 25에서 35°C의 손실을 갖고 있는 추가 전열단계를 필요로 한다. 공정 흐름들 간의 열교환에 대한 다른 기회가 있으므로 열통합에 대한 더 쓸모있는 접근법이 적용될 필요가 생긴다.

열교환량 요약표에 수록된 각 열량은 그림 4-7에 온도 대 열량을 그림으로써 나타난다. 각 선의 두 끝점 사이의 수평적 차이는 대응되는 상변화나 온도변화를 이루기 위해 필요한 염화비닐 생성 kg몰 당 MJ인 열량 $Q$이다. 상변화는 순수 성분과 재비기 및 응축기의 혼합물에 대해 수평선으로 표시된다. 응축이 일어남에 따라 이슬점에서 기포점으로의 온도변화를 보여주는 혼합물의 응축인 R-2 배출물 곡선의 하부를 제외한 비수평선은 현열 온도변화를 나타낸다. 선상의 화살은 흐름이 가열되거나 기화될 때 엔탈피 증가를 지적하며 냉각되거나 응축될 때 엔탈피 감소를 나타낸다. 이것은 현열에 대하여 일정한 열용량을, 기화하거나 응축하는 혼합물에 대하여는 같고 일정한 기화열을 가정한다.

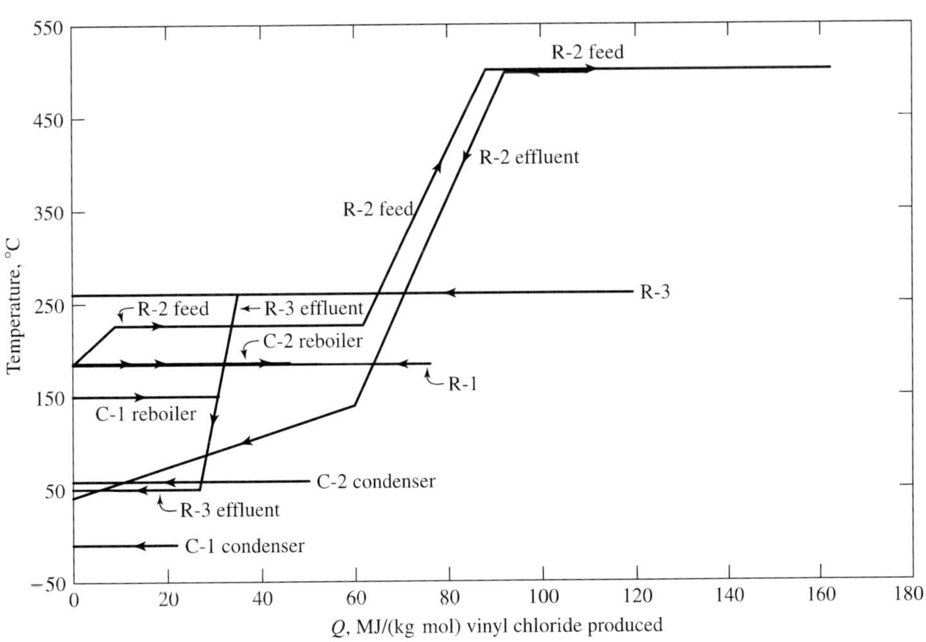


**그림 4-7**
염화비닐 공정에 대한 온도 대 열요구량

이러한 형태의 그래프의 장점은 열교환 기회의 위치를 찾는 것이 가능해지며 흐름 온도와 가열 및 냉각 요구량 사의의 관계가 명백해진다 것이다. 물론 열교환 수자가 커질수록 그래프는 사용하기에 더 어려워진다. 초기에 150°C 미만의 모든 흐름은 냉각을 필요로 하며 가열이 필요한 150°C 미만 흐름은 없다. 따라서 150°C 미만의 모든 흐름은 유틸리티로 냉각되어야 하며, C-1 응축기(−10°C)는 냉매로 냉각되어야 하며, C-2 응축기와 R-2 및 R-3 배출물은 냉각수로 냉각되어야 한다. 사실 180°C 미만의 R-2 배출물은 C-1 재비기 가열에만 사용될 수 있으나 유용한 열량이 너무 적어 경제적 가치가 없으며 역시 냉각수로 냉각되어야 한다.

반응기 R-1은 183°C에서 제거될 필요가 있는 염화비닐 제품 kg몰 당 76 MJ을 가지고 있다. 150°C에서 31 MJ을 필요로 하는 재비기 C-1은 반응기 R-1로부터의 열을 활용하기에 충분히 낮은 온도에서 가열량만 제시한다. 이 31 MJ의 열량은 C-1 재비기로 보내기 위해 R-1로부터 0.97 몰의 EDC증기를 필요로 한다. C-1에서 응축된 EDC는 R-1로 되돌려 보내야 한다. 183°C의 남은 45 MJ 열량은 생성된 VC 1 kg몰 당 1.4 kg몰의 EDC를 응축하는 응축기 HX-1에서 냉각수로 제거되어야 한다. 단지 0.54 kg몰의 EDC가 반응기 R-2로 들어가며 나머지 0.86 kg몰은 반응기 R-1로 환류된다. 더 높은 압력 때문에 EDC가 가열되고 재기화되어야 하는 반응기 R-2로 들어가는 0.54 kg몰의 EDC를 응축할 필요가 없어 보인다. 만약 응축되지 않으면 HX-1의 응축 열량은 변하지 않으나 반응기 R-2의 가열 부하가 감소함을 주의하라. 이 결과와 같은 양의 기체나 증기보다는 액체의 압력을 높이는 것이 더 경제적이라는 경험법칙에 근거하여 응축과 액체 펌핑은 확고한 선택이 된다.

산소염화 반응은 260°C에서 119 MJ의 열을 제공할 수 있다. 이 열원은 R-2 원료를 기화시키고 가열하는데 필요한 열은 물론 C-2 재비기에서 183°C에서 필요한 모든 열을 공급하는데 사용될 수 있다. 이것은 두 개의 산소염화 반응기를 필요로 하는데 하나는 C-2 재비기에 있는 관다발이고 나머지는 R-3 반응기이다. 비록 C-2 재비기에서 합금 관, 헤드, 관판 사용이 요구되지만 장치는 더 비싸서는 안되는데 이는 재비기는 어디서든 필요하며 반응기 R-3는 더 작을 수 있기 때문이다.

고체촉매 반응기가 C-2 재비기로 열을 공급하게 하는 것의 단점은 시간에 따른 촉매 활성도의 피할 수 없는 저하와 함께 재비기로의 열공급이 감소하는 것이다. 과잉 촉매를 넣거나 초기 원료 주입속도를 더 낮추거나 둘 다를 다 사용함으로써 이러한 저하를 보상하는 것이 가능하므로 거의 일정한 비등과 환류를 시간 내내 유지할 수 있다. C-2 재비기로의 원료 속도 변화는 두 번째 산소염화 반응기 R-3의 설계와 조업에 의해 조절될 수 있다. 이러한 설계를 성취하는 것은 열전달 및 반응 온도에 대한 매우 조심스런 분석과 촉매 저하 조건에 대한 상당한 지식을 요구한다.

반응기 R-2 배출물은 500°C로부터 빨리 냉각되어야 한다. 이를 위한 효과적 방법은 끓는 액체에 의해 냉각되는 인라인 열교환기 HX-2를 사용하는 것이다. 183°C의 R-2 원료는 반응기 배출물로부터 32 MJ의 제거하고 200°C로 냉각함으로써 열교환기 HX-2에서 226°C로 가열되고 부분적으로 기화된다. 반응기 R-2의 배출물은 77 MJ을 전달하면서 HX-3에서 냉각수로 더 냉각되고 응축된다. 반응기 R-2의 배출물은 또한 반응기 R-2로의 원료를 추가

기화하도록 반응기 R-3으로부터 73 MJ을 제거하는데 사용된다.

57 MJ에 달하는 추가 현열과 반응열이 500°C에서 반응기 R-2로 더해져야 한다. 500°C 이상의 열원 부족으로 인해 외부 유틸리티가 필요하다. 오직 연료 연소가 이러한 고온을 제공하므로 공정 열로가 이러한 열공급에 사용된다.

260°C 미만 온도로 가열되어야 하는 흐름이 남아있지 않으므로 반응기 R-3 배출물은 HX-4에서 35 MJ을 전달하며 260°C에서 50°C로 냉각수로 냉각되며 응축된다.

**결정:** *그림 4-6에서 보인 통합된 공정도를 선택한다.*

이 공정통합의 결과는 그림 4-6의 통합된 공정도에 대한 열교환 필요량을 보여주는 다음 표에 요약되어 있다. 이제 열교환은 6개는 공정장치로, 4개는 열교환기로 되는 총 10개의 열교환기를 필요로 함에 주의하라. 입열량은 76% 감소되었고 제거열도 그림 4-7의 도움으로 수행된 공정 열통합으로 48% 줄었다.

공정도에서 보인 벤트 가스, 휘발 및 비휘발물, 폐수 흐름의 처리에 대해 고려해야 한다. 각 흐름은 염화 탄화수소를 포함하므로 이러한 물질의 처리는 매우 규제된다. 기체의 염화 탄화수소는 이산화탄소나 HCl을 생성하도록 공기나 더 좋게는 부화된 산소로 태울 수 있다. HCl은 물로의 흡수나 응축을 통해 회수되어 건조된 후 공정으로 되돌릴 수 있다. 염화

**공정 열통합 후의 열수지 요약***

| Unit | Heat source | Source $Q$, MJ/kg mol | $T$ or $\Delta T$, °C | Heat sink | Sink $Q$, MJ/kg mol | $T$ or $\Delta T$, °C |
|---|---|---|---|---|---|---|
| HX-1 | R-1 heat of reaction | −45 | 183 | Cooling water | +45 | 25–40 |
| C-1 reboiler | R-1 heat of reaction | −31 | 180 | Column boil-up | +31 | 150 |
| C-1 condenser | C-1 vapor | −22 | −10 | Refrigerant | +22 | ~−15 |
| HX-2 | R-2 effluent quench and cool | −32 | 500–40 | R-2 feed, heat and vaporize | +32 | 183–226 |
| R-3 | R-3 heat of reaction | −73 | 260 | R-2 feed, vaporize | +73 | 226 |
| R-2 | Fuel | −57 | 500 | R-2 feed, heat of reaction | +57 | 226–500<br>500 |
| HX-3 | R-2 effluent cool and condense | −77 | 240–40 | Cooling water | +77 | 25–40 |
| C-2 reboiler | R-3 heat of reaction | −46 | 260 | Column boil-up | +46 | 180 |
| C-2 condenser | C-2 vapor | −50 | 58 | Cooling water | +50 | 25–40 |
| HX-4 | R-3 and C-2 effluents quench and condense | −35 | 260–50 | Cooling water | +35 | 25–40 |

Sum of heat inputs = +57 MJ (fuel)
Sum of heat outputs = −229 MJ (22 to refrigerant, 207 to cooling water)
Sum of heat exchanged = 182 MJ (process streams)
Requires 10 heat exchanges; 6 are process units and 4 are exchangers (excluding columns C-3 and C-4).

†Basis: 1 kg mol of vinyl chloride produced.

화합물은 폐수로부터 공기-탈기되어 다른 폐흐름과 함께 태울 수 있으며 폐수는 더 종래적인 방법으로 처리된다.

**결정:** *배출물 규제를 위해 모든 기체 배출물의 연소하고 HCl 회수와 재순환과 함께 폐수탈기에 이어 종래의 폐수처리를 활용한다.*

공정 도처로의 물질 이동이 필요하다. 공정 안에서 이동은 펌프나 압력차로 이뤄진다. 압력 증가나 흐름 에너지 손실을 극복하는데 필요한 펌프는 그림 4-6에 나타나 있다. 다른 모든 이동은 흐르는 방향으로의 압력 감소 결과이다.

그림 4-6에 보인 기본적 공정 흐름도가 이제 완성되었다. 공정도는 공정설계의 추가 정리나 최적화를 위한 기초를 제공하는데 사용된다. 그러나 약 16개의 검토되어야 할 결정(여러 개는 한 개의 장치에 적용되고 있다)이 이 공정도를 얻는 과정에서 기록되었다. 평가와 비교를 위한 대안 공정도가 만들어지도록 이러한 결정들은 재방문되어야 한다.

## 알고리듬적 공정도 생성[54)]

공정도 합성에 대한 종래 접근법은 결과를 얻기 위해 일련의 계층적 단계를 사용한다. 이것은 견고하고 구체적인 방법이 아니라 오히려 상식, 경험법칙, 분석의 응용이다. 이러한 접근법의 문제는 모든 대안을 분석하는 것은 고사하고 모든 대안을 찾아내는 것도 불가능하다는 것이다. 따라서 이번 방법으로의 만들어진 공정도는 심지어 준최적이라고도 볼 수 없다.

순서에 의한 수학적 분석이 포함된 다른 방법은 알고리듬적 접근법이다. 모든 가능한 공정도를 발생시키고 평가하여 비최적인 많은 공정도를 제거하기 위하여 여기서 수학적 도구가 사용된다. 그러나 종래의 알고리듬적 방법이 적용될 때 최적화 계산에 걸리는 노력은 물론 모든 가능한 공정구조를 개발하는데 관여되는 모든 노력은 수없다. 예를 들면, 실제 산업공정의 35개 운전 장치로부터 $3.4 \times 10^9$개의 가능한 공정도 가운데 단지 3465개 구조가 타당한 공정도일 수 있다.[55)] 타당한 공정도가 가능한 공정도의 0.00001%이므로 최적 또는 준최적 공정도를 찾는 업무가 매우 어려울 수 있다는 것이 명백하다.

공정도 합성의 심오한 복잡성과 어려움을 우회하기 위해 앞서 언급한 필요성은 공정 그래프 즉 P-그래프로 불리는 유일한 그래프 계층에 근거한 그래프 이론에 매달림으로써 알고리듬적 방법의 개발을 가져왔다.[56)] 이러한 그래프를 가지고 이 방법은 공정망의 정밀한 구조적 모델을 만들어내는데 공정망은 물질 처리 시스템에 관여된 유일한 조합적 특성을 묘사하는 공리 집합으로부터 유도된 알고리듬의 적용을 통하여 합성된다. 이 방법은 최적의 공정도나 공정망을 찾기 위한 탐색 영역을 상당히 줄일 수 있다.

54) 알고리듬적 공정도 생성이라는 이 절을 준비하는데 도움을 준 Kansas State University의 L. T. Fan교수와 헝가리 University of Veszprem의 F. Friedler교수에게 감사한다.

55) F. Friedler, J. B. Varga, and L. T. Fan, *Chem. Eng. Sci.*, **50**: 1755 (1995)

56) F. Friedler, J. B. Varga, and L. T. Fan, *State of the Art in Global Optimization, Computational Methods and Applications*, C. A. Floudas and P. M. Pardalos, eds., Kluwer, Norwell, MA, 1996, pp. 609-626

## 알고리듬적 공정망 합성의 기초

P-그래프에 근거한 공정망 합성(PNS)을 위한 알고리듬적 방법의 구조가 그림 4-8에 묘사되어 있다.

명백히 이 방법에 관여된 수학적 개념 및 조작은 물론 기본적 용어는 계층적 접근법에 근거한 공정도 개발에 있어서와 같은 화학제품인 염화비닐의 합성의 단순한 예제로 보여줄 수 있다.

**염화비닐 합성** 이 간단한 화학물질은 예제 4-1에서 보였듯이 수많은 반응으로부터 합성될 수 있다. 염화비닐은 현재 에틸렌, 염소, 산소의 전환으로부터 수지가 맞춰진 공정에 의해

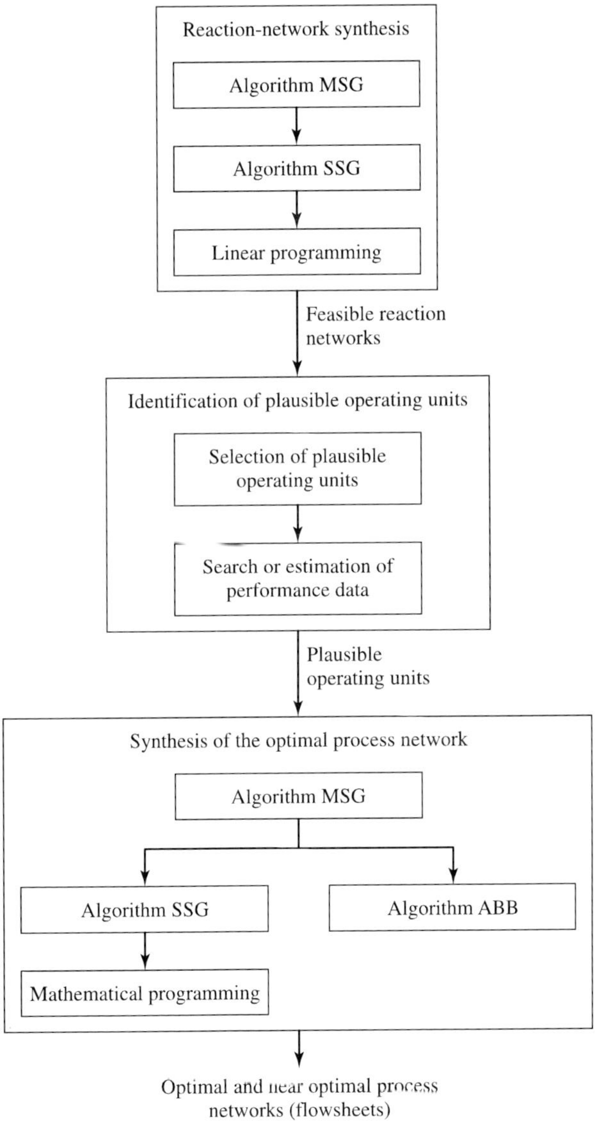


**그림 4-8**
그래프 이론에 근거한 알고리듬적 공정망 합성을 위한 주요 단계들

거의 독점적으로 생산된다. 이 공정의 합성 단계는 예제 4-3에 지적하였듯이 세 가지 반응, 즉 에틸렌의 직접 염화, 에틸렌의 산소염화, 이염화 에틸렌의 열분해를 포함한다.[57)]

수지가 맞춰진 공정을 사용한 염화비닐의 제조에서, 열분해 반응기에서 만들어진 염화수소는 그것이 재순환되는 산소염화 반응기에서 전량 소비된다. 각각 이런 반응기는 염화 탄화수소, 일산화탄소, 이산화탄소를 부산물로 만들어낸다. 각 반응기는 부산물을 제거하며, 염화수소를 재순환시키며, 최종 제품을 정제하기 위해 하나, 또는 그 이상의 분리기를 동반한다.

**물질 및 조업 장치** 이 알고리듬적 방법을 다루기 앞서, 방법을 묘사하는데 언급될 약간의 용어를 정의하는 것이 유익하다. 예를 들면, 조업 장치는 혼합, 반응, 분리 같은 각종 조업을 수행하는 공정망에서의 기능적 장치이다. 이러한 조업장치는 합성될 공정도에서의 블록에 해당된다. 각 조업장치에서 반응기, 분리기, 혼합기와 같은 다양한 처리 장치는 처리되는 물질의 물리적 화학적 상태를 변형시킨다. 공정도에 의해 표시된 화학 공정은 이러한 조업장치를 활용하여 원료를 원하는 재품으로 전환시킨다. 공정에서 생긴 부산물은 회수되거나 처리될 폐기물로 간주될 수 있다.

공정망 합성에서 물질은 유일하게 성분과 농도, 즉 조성으로 정의된다. 공정망 합성, 즉 공정도에 관여된 물질의 유한집합 *M*이 주어졌다고 가정하자. *M*에 대한 예는 *ABC*로 표현되는 세 성분 *A*, *B*, *C*로 구성된 원료를 단지 고순도 분리기를 활용하여 순수 생성물인 *A*, *B*, *C*로 분리하는 데에서 찾을 수 있다. 예를 들면, 원료 *ABC*는 *AB*, *AC* 또는 *BC*로 분리될 수 있다. 따라서 각 분리기의 입력과 출력에 있는 모든 물질을 고려함으로써 $M = \{A, B, C, AB, AC, BC, ABC\}$가 된다. 원료에서의 *A*, *B*, *C* 양이 고정되어 있으므로 *M*의 각 원소는 특정 조성을 나타낸다. 더 구체적인 예는 다음 반응에 따라 연속-흐름 반응기에서 염화비닐 생성의 중간체로서의 이염화 에틸렌을 만들기 위한 에틸렌의 염화이다.

$$C_2H_4 + Cl_2 \longrightarrow C_2H_4Cl_2$$

반응기로 들어가는 두 원료 흐름중 하나는 순수 $C_2H_4$이고 나머지가 순수 $Cl_2$일 경우라도 반응기로부터의 하나의 생성물 흐름은 모두 특정 조성의 $C_2H_2Cl_2$, 추적될 정도의 양인 미반응 $C_2H_4$와 $Cl_2$,그리고 부산물 $C_2H_4Cl_2$의 균일한 기체 혼합물이다. 즉 생성물 흐름은 순수 $C_2H_4Cl_2$가 아니다. 이러한 균일한 혼합물을 $m_p$라 표시하면

$$M = \{C_2H_4, Cl_2, m_p\}$$

공정망 합성은 모든 최종 생성물 집합 *P*, 모든 원료 집합 *R*, 모든 부산물과 중간체를 내포하는 집합 *M*으로 표시된 물질은 물론 집합 *O*로 표시되는 모든 조업장치를 포함하고 있다. 일반적으로 각 조업장치는 처리 장치나 단위 조작의 한 개 또는 그 이상으로 구성되며 공정도에서는 블록에 해당된다. 결과적으로 다음 기본적 관계식이 *M*, *P*, *R*, *O* 사이에 존재한다.

57) F. Borelli, Encyclopedia of Chemical Processing and Design, vol. 62, J. J. McKetta and G. E. Weismantel, eds., Marcel Dekker, New York, 1998, pp. 313-340.

$$P \subseteq M \qquad R \subseteq M \qquad \text{and} \qquad M \cap O = \emptyset \tag{4-1}$$

위 관계식은 스스로 증명되는데 즉 정의에 의해 최종 생성물 집합 $P$와 원료 집합 $R$은 중간체를 내포한 다른 공존물질도 포함하는 재료집합 $M$의 일부분이어야 한다. 더욱이 재료집합 $M$과 조업장치 집합 $O$는 상호 배타적이다. 수지가 맞춰진 공정을 활용한 염화비닐의 제조에서 $P = \{C_2H_3Cl\}$이며 $R = \{C_2H_4, Cl_2, O_2\}$이다. 집합 $P$의 $C_2H_3Cl$과 집합 $R$의 $C_2H_4$, $Cl_3$, $O_2$ 이외에도 집합 $M$은 부산물 물과 다양한 중간체 및 미량의 부산물을 함유한 모든 반응 및 분리 장치로부터 나오는 흐름안의 물질을 포함한다. 따라서 $P$와 $R$은 $M$의 부분집합이다. 물질과 조업장치는 전적으로 다른 요소이므로 집합 $M$과 $O$는 공통 원소를 공유하지 않는다. 즉 이 두 집합은 중복되는 것이 없으며 이들의 교집합은 공집합이 된다. 이러한 관계들은 화학공학 입장에서 볼 때 사소해 보인다. 그럼에도 불구하고 공정망 합성을 위한 수학적 엄격성과 전산 알고리듬의 실수 없는 실행을 확신하는데 필수적이다.

물질이나 물질 흐름의 두 가지 계층은 조업 장치와 관련이 있다. 첫째 계층은 입력물질을 포함하고 둘째 계층은 출력물질을 포함한다. 물질은 한 가지 또는 그 이상의 성분으로 구성될 수 있음에 유의하라. 입력 및 출력 물질이 확정될 때 조업장치는 정의된다. 더욱이 하나의 조업장치로부터 나오는 출력 물질은 모든 다른 조업장치의 입력물질이 될 수 있다.

**공정 그래프(P-그래프)** 이런 형태의 그래프는 두 형태의 꼭지점이나 노드를 보이는 방향성 상호 그래프이다. 그림 4-9에 묘사했듯이 원으로 표시된 한 형태는 물질을 나타내는 $M$-형태 것이고 수평 막대로 표시된 나머지 형태는 조업장치를 나타내는 $O$-형태 것이다. 물질 흐름의 방향을 지시하는 화살을 갖는 선은 물질을 나타내는 꼭지점에서 나와 조업장치로 들어가거나 그 반대이다. 편의상, $M$-형태 꼭지점에 대한 신호로서 원의 네 계층이 그림 4-9에 나와 있다. 다시 한번, 앞서 언급한 에틸렌 연화 반응기를 고려하는데 여기서 $M = \{C_2H_4, Cl_2, m_p\}$이다. $C_2H_4$를 $A$로, $Cl_2$를 $B$로, $m_p$를 $C$로 표시함으로써 이 관계가 그림 4-9a에 나타나 있다.

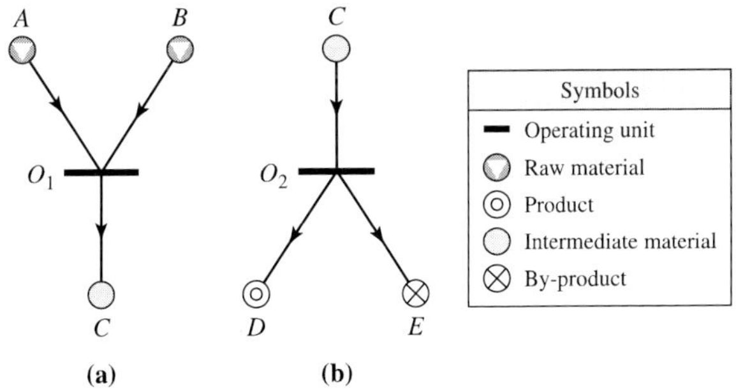


**그림 4-9**
일부 조업장치와 그와 공존하는 물질흐름의 P-그래프 (a) 물질 $A$, $B$, $C$와 조업장치 $(\{A, B\}, \{C\}) = O_1$ (b) 물질 $C$, $D$, $E$와 조업장치 $(\{C\}, \{D, E\}) = O_2$

**문제 정의** 공정도 공정의 착수 시점에서는 원료로부터 제조된 원하는 최종 생성물은 물론 원료도 알 수 있다. 공정망 합성(PNS)의 첫 단계는 모든 가능한 조업장치와 원료에서 생성물로 변형되는데 관여된 공존하는 중간물질을 확인하는 것이다. 따라서 모든 PNS 문제는 기호적으로 합성문제 (*P*, *R*, *O*)로 표현되며 이것은 최종 생성물 집합 *P*, 원료 집합 *R*, 모든 가능한 후보 조업장치 집합 *O*의 사양으로 정의된다. 모든 물질집합 *M*은 *P*, *R*, *O*에 의해 자동적으로 정의되며 모든 부산물과 중간 생성물은 집합 *O*의 모든 조업장치와 연관하여 구체화된다.

P-그래프(*M*, *O*)는 합성 안에 포함된 모든 물질과 조업장치를 포함하는 망의 P-그래프 표현을 나타낸다. 이와 마찬가지로 P-그래프(*m*, *o*)는 부분집합 *m*으로 표시되는 *M*의 물질 일부와 부분집합 *o*로 표시되는 *O*의 조업장치 일부를 포함하는 망의 P-그래프 표현을 나타낸다.

**공리** 공정 그래프(P-그래프)의 개념은 공정합성에 대한 현재의 그래프-이론이나 조합적 접근법의 초석이다. P-그래프는 공정망 구조의 표현을 용이하게 하므로 쉽게 조합적으로 조작될 수 있게 해준다. 공정합성에 대한 현재 접근법의 기초는 5개의 공리를 포함한다(공리란 질문 없이 받아들여지는 원리라고 정의된다). 이러한 알고리듬적 방법을 개발하는 동안 5개 공리가 이 정의를 만족시킨다는 것이 충분히 명백해진다. 따라서 만약 다음 공리가 만족된다면 P-그래프(*m*, *o*)는 조합적으로 타당하고 합성문제(*P*, *R*, *O*) 해-구조가 된다고 정의된다.[58)]

**S1.** 각 최종 생성물은 그래프에 표시된다.

**S2.** *M*-형태의 꼭지점은 원료를 표시할 경우 입력을 갖지 않는다.

**S3.** *O*-형태의 각 꼭지점은 합성문제에서 정의된 조업장치를 나타낸다.

**S4.** *O*-형태의 각 꼭지점은 최종 생성물을 나타내는 *M*-형태의 꼭지점으로 이끄는 적어도 한 개의 경로를 갖는다.

**S5.** 만약 *M*-형태의 꼭지점이 그래프의 일부라면 그것은 그래프의 *O*-형태의 입력이거야 적어도 한 개의 꼭지점으로부터 나오는 출력이어야 한다.

이러한 공리의 의미는 다음 문장으로 정의될 수 있다. 공리 S1은 각 생성물은 시스템의 적어도 한 개의 조업장치에 의해 만들어짐을 의미한다. 공리 S2는 만약 물질이 원료라면 그 물질은 시스템의 조업장치에 의해 만들어지지 않음을 말해준다. 공리 S3은 문제에서 가능한 조업장치만 합성에서 고려됨을 의미한다. 공리 S4는 시스템의 조업장치는 적어도 하나의 생성물을 생산하는 조업장치로 궁극적으로 이끄는 일련의 연결을 갖고 있음을 말해준다. 공리 S5는 시스템에 나타나는 각 물질은 적어도 하나의 시스템 조업장치의 입력이나 출력임을 나타낸다.

각 공리는 명백히 공리라는 의미를 만족시키는데 이는 공리가 단순히 원료나 생성물 같은 용어이며, 완전히 논리적인 관계의 서술이며, 물질 보존의 법칙 결과이기 때문이다. 실제로 각 공리는 스스로 단순하거나 무의미할지도 모른다. 그럼에도 불구하고 공정 구조에 어쩔 수 없이 포함되는 모든 조합적으로 불가능하거나 무효한 망을 제거하기 위해 5개 공리

58) F. Friedler, K. Tarjan, Y. W. Huang, and L. T. Fan, *Chem. Eng. Sci.*, **47**: 1973 (1992).

는 여과기처럼 모여 작용된다. 공정의 망구조, 즉 공정도의 P-그래프 표현과 함께 5개의 공리는 컴퓨터에서 최적과 기타 타당한 공정도를 효과적이며 자동적으로 생성시키도록 세 알고리듬(계산 절차)을 가져온다. 이러한 공정도는 목적함수 결과 값에 따라 순위가 매겨질 수 있다. 세 알고리듬은 최대 구조 생성의 MSG 알고리듬, 해-구조 생성의 SSG 알고리듬, 가속된 분지 한계법의 ABB 알고리듬이다. 그러나 그림 4-8에 표시하였듯이 망 개발에 있어 SSG 알고리듬은 수학적 최적화 알고리듬으로 보충되어야 한다.

**MSG 알고리듬** 최대 구조를 생성시키기 위한 이 알고리듬은 위에 나타난 5개 공리 기초 위에 수립된다. 이 알고리듬에 의한 계산 단계는 $n_m(n_m+1)n_o$를 넘지 않는데 여기서 $n_m$과 $n_o$는 각각 문제정의에 포함된 물질과 조업장치의 수이다. 따라서 MSG 알고리듬은 다항식형 알고리듬이다.[59)]

합성문제($P$, $R$, $O$)의 최대 구조는 주어진 원료로부터 원하는 생성물을 만들 수 있는 조합적으로 가능한 모든 구조를 포함한다. 합성문제($P$, $R$, $O$)의 최대 구조는 주어진 원료로부터 원하는 생성물을 만들 수 있는 조합적으로 가능한 모든 구조로 구성된다. MSG 알고리듬의 실행은 두 주요단계를 포함하며 편의상 망의 초기 또는 입력 구조는 각각 •으로 표시된 모든 공통 물질 노드를 합침으로써 착수된다.

첫 단계에서는 최대 구조에 속하지 않는 물질과 운전 장치가 단계별로 층층이 제거된다. 어떠한 노드도 하나 또는 그 이상의 공리를 범하지 않는다는 것을 확신하도록 물질 층의 노드(꼭지점)를 연속되는 조업장치 층에 교대로 평가함으로써 이 절차는 입력구조의 가장 깊은 층, 즉 원료 끝으로부터 시작된다.

둘째 단계에서는 연결된 노드가 하나 또는 그 이상의 공리를 범하는가를 평가하면서 노드(꼭지점)들은 나머지 입력구조의 가장 얕은 끝 즉 최종 생성물 끝에서부터 시작하면서 다시 단계별로 층층이 연결된다.

MSG 알고리듬에 의한 최대 구조 생성은 염화비닐 합성을 예를 들어 보여질 것이다.

**SSG 알고리듬** 이 알고리듬도 역시 앞서 언급한 5개 공리를 기초로 수립되었다. MSG 알고리듬에 의해 생성된 최대 구조는 주어진 원료로부터 원하는 생성물을 만들 수 있는 모든 해 구조(조합적으로 가능한 공정도)를 배타적으로 포함한다. 이러한 공정도는 최대 구조 자체에 의해 나타나듯 가장 단순한 것부터 가장 복잡한 것까지의 범위를 갖는다. 명백히 비용처럼 특정한 목적함수로 표시된 최적 구조가 최대 구조 안에 포함된다. 그럼에도 불구하고 가장 단순한 것이 반드시 최적이지는 않는다.

SSG 알고리듬은 합성될 공정의 모든 해-구조(조합적으로 가능한 공정도) 생성을 가능하도록 한다. 모든 이러한 조합적으로 가능한 공정도를 만들기 위해, 조업장치를 포함하거나 배제하도록 대안 결정이나 결정 순서가 수행되어야 한다.[60)] 적어도 하나 또는 두 개 이상의 조업장치의 조합이 각 생성물을 만들어내는 공정도에 포함되어야 한다. 마찬가지로 적어도 하나 또는 두 개 이상의 추가 조업장치의 조합이 원료가 아닌 경우 구조에서 소비될 각 물

59) F. Friedler, K. Tarjan, Y. W. Huang, and L. T. Fan, *Comp. Chem. Eng.*, **17**: 929 (1993).
60) F. Friedler, J. B. Varga, and L. T. Fan, *Chem. Eng. Sci.*, **50**: 1755 (1995)

질을 생성하도록 포함되어야 한다.

일관성 없는 결정이 포함되지 않는 경우 결정 순서는 일관성이 있다. 어떤 조업장치가 어떤 결정에 의해서는 포함되고 다른 결정에 의해서는 배제될 때 비일관성이 초래될 수 있다. 비일관성을 피하기 위해, SSG 알고리듬은 조업장치를 세 집합으로 분류한다. 즉 구조에 포함된 장치 집합, 구조에서 배제된 장치 집합, 공정에 포함되지도 배제되지도 않은 자유 조업장치 집합이다. 초기에 각 조업장치는 자유 조업장치 집합에 포함된다.

생산이 결정될 물질의 집합은 활성집합이라고 부른다. 초기에 최종 생성물은 활성집합에 포함된다. 활성집합의 물질을 만들 것인가에 대한 결정은 이 물질을 만들며 나머지는 배제할 수 있는 적어도 하나 이상의 후보 조업장치를 포함함으로써 성취된다. 구조에 포함된 조업장치의 어떤 입력 물질도 원료물질이나 이미 생산이 결정된 물질이 아닌 경우 활성집합에 포함되며 이런 원료물질 등은 활성집합에서 배제된다.

만약 활성집합이 일관성 있는 결정의 결과로 공집합이 된다면 구조에 포함된 조업장치의 집합이 해-구조를 나타낸다. 결정 순서는 활성집합의 어떤 물질을 만들 수 있는 모든 조업장치를 배제하는 결과를 가져오며 모순으로 끝날 수도 있다. 모든 대안의 일관성 있는 결정 순서의 열거는 완벽한 해-구조(조합적으로 가능한 공정도) 집합을 가져온다.

더 정교히 설명하기 위해 해-구조(조합적으로 가능한 공정도) 생성은 염화비닐 합성으로 다시 보여줄 것이다.

**최적 및 가능한 공정도** 목적함수의 선형 또는 비선형과 조업장치의 수학적 모델에 따라 선형 또는 비선형계획법으로써 각 결과 해-구조(조합적으로 가능한 공정도)는 개별적으로 최적화될 수 있다(그림 4-8 참조). 최적화 과정에서 예를 들면 항상 선형인 물질수지 제약조건을 범하기 때문에 하나 또는 그 이상의 조합적으로 가능한 공정도는 해를 주지 못할 수도 있다. 다시 말해, 조합적으로 가능한 공정도의 타당성은 최적화 과정에서 자동적으로 결정된다. 명백히, 타당한 공정도는 목적함수나 이익함수 값으로 단순히 비교해 순위를 매길 수 있다. 최적이나 기타 가능한 공정도를 결정하기 위한 조합적으로 가능한 공정도의 최적화도 역시 염화비닐 합성으로 예들어 보여질 것이다.

**ABB 알고리듬** SSG 알고리듬에 의해 만들어진 해-구조의 수가 너무 클 때 그들의 최적화는 실로 시간이 많이 소요될 수 있다. 실제로 단지 제한된 최적 또는 준최적 해만 설계자에게 관심이 된다. 나머지 공정도의 제거는 ABB 알고리듬으로 성취된다.[61] 이 알고리듬은 종래의 분지-한계법을 수정하여 개발되었다. 그러나 ABB 알고리듬은 종래의 분지-한계법을과 매우 다르게 실행된다.

종래의 분지-한계법은 가끔 대부분이 필요이상의 많은 적절치 못한 망을 가져오기 때문에 공정합성에서 쓰이기엔 부족했다. 이유는 이 방법이 공정 시스템의 구조적 특징을 활용하지 못해서이다. 이와 반대로 ABB 알고리듬은 합성될 공정의 구조적 특징을 적절히 활용하므로 결과적으로 필요 이상의 망을 생성하지 않는다.

61) F. Friedler, J. B. Varga, E. Feher, and L. T. Fan, State of the Art in Global Optimization, Computational Methods and Applications, C. A. Floudas and P. M. Pardalos, eds., Kluwer, Norwell, MA, 1996, pp. 609-626

## 알고리듬적 공정-망 합성의 염화비닐 생산으로의 적용

지금까지 보여준 공정-망 합성을 위한 알고리듬적 방법을 염화비닐 생산용 공정의 구조적 공정도 최적화에 적용함으로써 예로 보여준다. 이 방법은 주로 공정망(공정도)의 P-그래프 표현, 이러한 공정도의 유일한 구조적 특징을 유지하는 5개의 공리 집합, P-그래프와 공리에 근거한 알고리듬으로 구성된다. 이 방법을 실행하는 주요 단계는 첫 주요 단계가 반응-망 합성을 포함함을 보여주며 그림 4-8에 나타나 있다.

앞서의 작업으로부터 반응망 합성은 여러 다중 화학반응을 포함하는 화학공정에 대한 공정-망 합성을 앞서야 한다는 것이 수립되었다.[62] 이러한 다중 반응은 반응물과 최종 생성물의 특정 집합에 대해서도 대안의 합성 경로(반응경로)를 나타내며 어쩔 수 없이 다중 반응망을 가져온다. 자연적으로 구조적 공정도 최적화 과정에서 하나라도 미리 제거되어서는 안 되는 이러한 대안의 합성 경로를 실행하는 데에는 다른 공정망(공정도)이 필요하다는 것이 예견된다.

정성적으로 말해, 펌프나 열교환기 같은 보조적 장치없는 공정도의 윤곽은 반응망으로부터 만들어질 수 있다. 이것은 각 반응을 하나 또는 그 이상의 반응기로 대체하고 각 반응기에는 원하는 제품을 중간물질, 부산물, 미량 불순물로부터 분리하는 하나 또는 그 이상의 분리기가 뒤따르게 함으로써 수행된다. 중간물질은 이어지는 반응장치로 들어간다.[63] 이것은 대안의 합성 경로(반응경로)에 해당하는 반응망 생성이 공정도에 포함되기 위한 조업장치의 선택을 손쉽게 해줌을 의미한다.

공정-망 합성을 위한 알고리듬적 방법은 그림 4-8에 나타난 반응-망 합성에 곧바로 강건히 적용된다. 하드웨어 개념은 반응-망 합성에서 역할을 하지 않는다. 그럼에도 불구하고 반응은 정수 몰 단위로 표시된 반응물질을 변형시키는 기능적 장치로 알려진 조업장치로 간주될 수 있다. 반응 생성물은 반응 양론에 따른 정수 몰 단위로 역시 표시되며 조업장치에서 나간다. 반응-망 합성을 위한 수학적 구성은 공정-망 합성과 같으므로 지금의 알고리듬적 방법은 반응-망에도 채택될 수 있다. 다시 말해 반응망은 P-그래프로 표현될 수 있다. 따라서 타당한 반응망은 MSG 및 SSG 알고리듬에 의해 합성될 수 있으며 그림 4-8의 첫 번째 주요 블록에 표시되었듯이 타당성을 결정하기 위해 조합적으로 타당한 공정망의 선형계획법 최적화가 뒤따른다.

**반응망 합성** 예제 4-3에서 언급했듯이 염화비닐 제조를 위한 공정에 관여된 세 개의 반응이 편의상 여기서 반복된다(계수 1 미만을 없애기 위해 계수는 두 배가되었다).

$$\begin{array}{ll} r_1: & 2C_2H_4 + 2Cl_2 \longrightarrow 2C_2H_4Cl_2 \\ r_2: & 2C_2H_4 + 4HCl + O_2 \longrightarrow 2C_2H_4Cl_2 + 2H_2O \\ r_3: & 4C_2H_4Cl_2 \longrightarrow 4C_2H_3Cl + 4HCl \\ \hline \text{Overall:} & 4C_2H_4 + 2Cl_2 + O_2 \longrightarrow 4C_2H_3Cl + 2H_2O \end{array}$$

62) D. F. Rudd, G. J. Powers, and J. J. Siirola, *Process Synthesis*, Prentice-Hall, Englewood Cliffs, NJ, 1973, pp. 40-45; and A. Lakshmanan and L. T. Biegler, *Computer & Chem Eng.*, **21**: S785 (1997).

63) J. M. Douglas, Conceptual Design of Chemical Processes, McGraw-Hill, New York, 1988

총괄 반응은 단지 반응물과 최종 생성물만 포함함을 유의하라.

***문제 정의*** 합성문제($P$, $R$, $O$)로 표시된 반응-망 합성 문제는 원하는 최종 반응 생성물로 구성된 생성물 집합 $P$, 시작 반응물(선구 물질)로 구성된 반응물 집합 $R$, 총괄 반응을 이끄는 반응집합으로 구성된 조업장치 집합 $O$로 정의된다. 지금의 예에 대하여는

$$P = \{C_2H_3Cl\}$$
$$R = \{C_2H_4, Cl_2, O_2\}$$
$$O = \{r_1, r_2, r_3\}$$
$$= \{(\{C_2H_4, Cl_2\}, \{C_2H_4Cl_2\}), (\{C_2H_4, HCl, O_2\}, \{C_2H_4Cl_2, H_2O\}), (\{C_2H_4Cl_2\}, \{C_2H_3Cl, HCl\})\}$$

$$(P, R, O) = (\{C_2H_3Cl\}, \{C_2H_4, Cl_2, O_2\}, \{r_1, r_2, r_3\})$$

그리고

$$M = \Big\{ \overset{\text{starting reactants}}{\underset{\text{raw materials}}{C_2H_4, Cl_2, O_2}} \quad \overset{\text{final products}}{\underset{\text{desired product and by-product}}{C_2H_3Cl, H_2O}} \quad \overset{\text{intermediates}}{\underset{\text{intermediate materials}}{C_2H_4Cl_2, HCl}} \Big\}$$

***그래프 표현*** 그림 4-10은 관여된 세 반응 $r_1$, $r_2$, $r_3$의 P-그래프를 묘사한다. 최대 반응망을 나타내는 최대 구조는 이 P-그래프에서 만들어진다.

***MSG 알고리듬에 의한 최대 반응망에 해당되는 최대 구조의 생성*** 앞서 언급하였듯이 MSG 알고리듬을 가지고 최대 구조로서의 최대 반응망을 만드는 데에는 두 단계가 있다. 이 구조는 조업장치로서 세 반응을 포함한다. 두 단계는 초기 구조로부터의 무효한 꼭지점(노드)의 제거와 최대 구조의 구성이다.

초기 구조는 각 반응 $r_1$, $r_2$, $r_3$의 P-그래프에서 •으로 표현된 반응에 참여하는 성분인 물질에 대한 모든 공통 꼭지점을 합침으로써 만들어진다. 그림 4-10을 참조해 보면 절차는 다음과 같다.

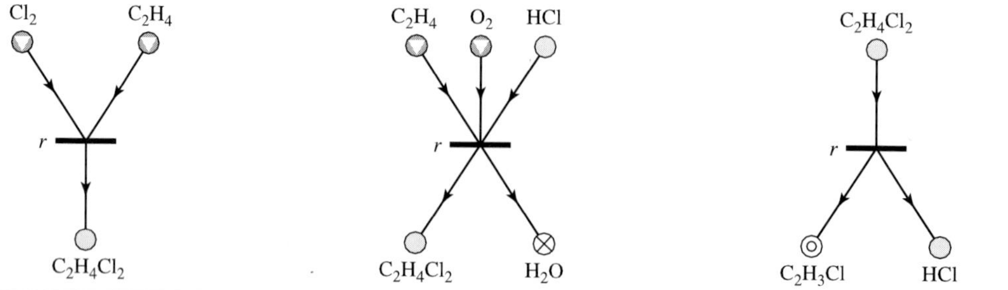


$r_1$: $C_2H_4 + Cl_2 \longrightarrow C_2H_4Cl_2$ $r_2$: $2C_2H_4 + 4HCl + O_2 \longrightarrow 2C_2H_4Cl_2 + 2H_2O$ $r_3$: $C_2H_4Cl_2 \longrightarrow C_2H_3Cl + HCl$

**그림 4-10**
조업장치로 간주된 반응 $r_1$, $r_2$, $r_3$의 P-그래프

**단계 1.** $r_1$및 $r_2$에서 $C_2H_4$에 대한 꼭지점을 합친다.

**단계 2.** $r_1$, $r_2$ 및 $r_3$에서 $C_2H_4Cl_2$에 대한 꼭지점을 합친다.

**단계 3.** $r_2$ 및 $r_3$에서 HCl에 대한 꼭지점을 합친다.

더 이상 추가된 공통 물질 꼭지점이 존재하지 않으므로 입력 구조 결과는 그림 4-11과 같이 나타난다.

a. *입력 구조에서의 무효한 꼭지점 제거* 이 업무는 5개 공리 관점에서 각 꼭지점(노드)을 평가함으로써 성취된다. 공리 S1은 원하는 최종 생성물에 대한 꼭지점에만 적용되며 S2와 S5는 물질에 대한 *M*-형태 꼭지점에 적용되며 공리 S3와 S4는 조업장치에 대한 *O*-형태의 꼭지점에 적용된다. 입력 구조의 P-그래프의 원료(시작 반응물) 끝으로부터 시작하여 단계별로 제거가 실행된다.

**단계 1.** 시작 반응물 $Cl_2$, $C_2H_4$, $O_2$에 대한 꼭지점은 제거되지 않는다. 이 꼭지점은 공리 S2와 S5를 범하지 않는다. 각 꼭지점은 입력이 없으나 반응 $r_1$, $r_2$에 대한 꼭지점에는 입력이 있음에 유의하라.

**단계 2.** HCl에 대한 꼭지점은 제거되지 않는다. 이 꼭지점은 공리 S2와 S5를 범하지 않는다. 이 꼭지점은 입력이 있으며 또한 반응 $r_2$로의 입력이 됨을 관찰하라.

**단계 3.** 반응 $r_1$, $r_2$에 대한 꼭지점은 제거되지 않는다. 이 꼭지점은 공리 S3와 S4를 범하지 않는다. 각 꼭지점은 원하는 최종 생성물 $C_2H_3Cl$로 이끄는 하나의 경로를 가지고 있으며 둘 다 합성문제에서 정의된다.

**단계 4.** $C_2H_4Cl_2$, $H_2O$에 대한 꼭지점은 제거되지 않는다. 이 꼭지점은 공리 S2와 S5를 범하지 않는다. 각 꼭지점은 입력이 있으며 또한 반응 $r_1$, $r_2$에 대한 꼭지점으로부터의 출력도 된다.

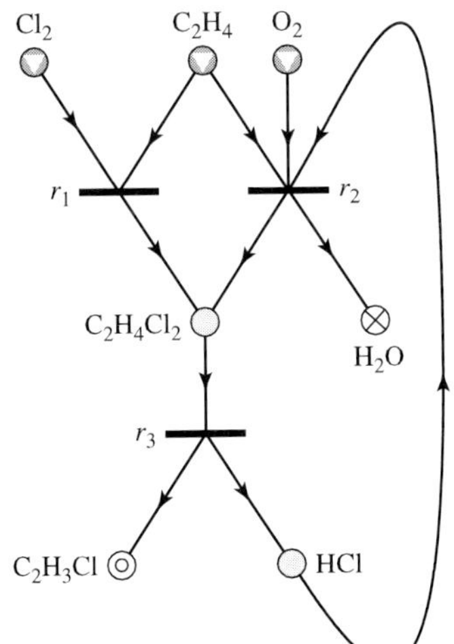


| | |
|---|---|
| $r_1$: | $C_2H_4 + Cl_2 \longrightarrow C_2H_4Cl_2$ |
| $r_2$: | $2C_2H_4 + 4HCl + O_2 \longrightarrow 2C_2H_4Cl_2 + 2H_2O$ |
| $r_3$: | $C_2H_4Cl_2 \longrightarrow C_2H_3Cl + HCl$ |

**그림 4-11**
최대 구조 조성을 위한 입력 구조의 P-그래프 작성. 이것은 또한 최종 최대 구조 즉 최대 반응망이다.

**단계 5.** 반응 $r_3$에 대한 꼭지점은 제거되지 않는다. 이 꼭지점은 공리 S3와 S4를 범하지 않는다. 이 꼭지점은 원하는 최종 생성물 $C_2H_3Cl$로 이끄는 하나의 경로를 가지고 있음에 유의하라.

**단계 6.** $C_2H_3Cl$에 대한 꼭지점은 제거되지 않는다. 이 꼭지점은 공리 S2와 S5를 범하지 않는다. 이 경우 꼭지점은 입력이 있으며 또한 반응 $r_3$에 대한 꼭지점으로부터의 출력도 된다.

상대적으로 단순한 적용을 고려하기 위해 제거 단계로부터 결과로 얻은 구조는 입력 구조와 똑같다. 이것은 항상 그렇지는 않는다.

b. *최대 구조의 구성* 일반적으로 만약 약간의 무효한 꼭지점이 제거된다면 입력 구조에서의 하나 또는 그 이상의 타당한 경로와 유효한 꼭지점은 사라질 수 있다. 따라서 제거가 완료된 후 최종 최대 구조는 입력구조의 나머지 부분으로부터 구성되거나 다시 만들어진다. 물질의 *M*-형태 꼭지점을 조업장치의 *O*-형태 꼭지점으로 교대로 연결시키거나 반대로 함으로써 이것은 단계별로 이루어진다. 제거 단계와 유사하게 연결된 꼭지점은 각 단계에서 5개 공리 관점으로부터 평가된다. *M*-형태의 꼭지점은 공리 S1, S2, S5를 만족시켜야 하고 *O*-형태의 꼭지점은 공리 S3, S4를 만족해야 한다. 실행은 원하는 최종 생성물 끝으로부터 시작되는데 이는 이것이 구조의 가장 얇은 층이기 때문이다. 구성을 위한 단계별 절차가 그림 4-12에 보여진다.

다시 염화비닐 문제의 단순성 때문에 구성의 결과로부터 오는 최대 구조는 제거의 결과로부터 얻은 구조가 똑같으며 이번에는 입력 구조와도 같다. 모든 해 구조나 조합적으로 타당한 반응망을 포함하는 최대 구조는 그림 4-11에 나타나 있다.

***SSG 알고리듬의 해-구조로서 조합적으로 타당한 반응망에 해당하는 해-구조의 생성*** 이것은 최대 반응망을 나타내는 최대 구조의 P-그래프에서 확인된 활성 집합에 포함된 물질의 생산에 대한 일련의 결정으로 실행된다. SSG 알고리듬과 생산에 대한 결정이 앞 절에서 서술되었음을 기억하라.

표 4-2a에서 4-2c에 주어진 행렬은 각 단계에서의 활성 집합의 확인과 최대 구조(최대 반응망)를 위한 P-그래프에서의 해-구조(조합적으로 타당한 반응망)를 만들기 위한 SSG 알고리듬의 실행을 보여주기 위하여 그림 4-11을 참조하여 작성된다. 그림 4-13은 SSG 알고리듬의 실행을 위한 탐색 나무를 예시한다.

초기에 오직 최종 생성물 $C_2H_3Cl$만 생산이 결정되어야 할 활성 물질에 포함되어 있다. 더욱이 아무 반응도 포함되거나 배제되지 않고 있다 즉 모든 반응이 자유롭게 고려된다. 이 접점에서 활성 집합은 단일 원소 $C_2H_3Cl$을 갖고 있으며 이것은 반응 $r_3$에 의해서만 생산될 수 있기에 생산에 대한 어떤 대안도 없다. 첫 단계에서 반응 $r_3$ ($C_2H_4Cl_2 \rightarrow C_2H_3Cl + HCl$)이 $C_2H_3Cl$을 만들기 위해 포함되며 이것의 입력물질인 $C_2H_4Cl_2$가 활성화된다. 즉 이것은 활성 집합의 새로운 원소가 된다. 이것은 반응 $r_1$로만, 반응 $r_2$로만, 또는 두 반응 $r_1$ 및 $r_2$에 의해 만들어질 수 있다. 이 세 가지 결정 대안은 둘째, 셋째, 다섯째 단계에서 열거된다. 반응 $r_1$($C_2H_4 + Cl_2 \rightarrow C_2H_4Cl_2$)의 입력물질 둘 다는 원료이다. $C_2H_4Cl_2$를 만들기 위한 $r_1$을 포

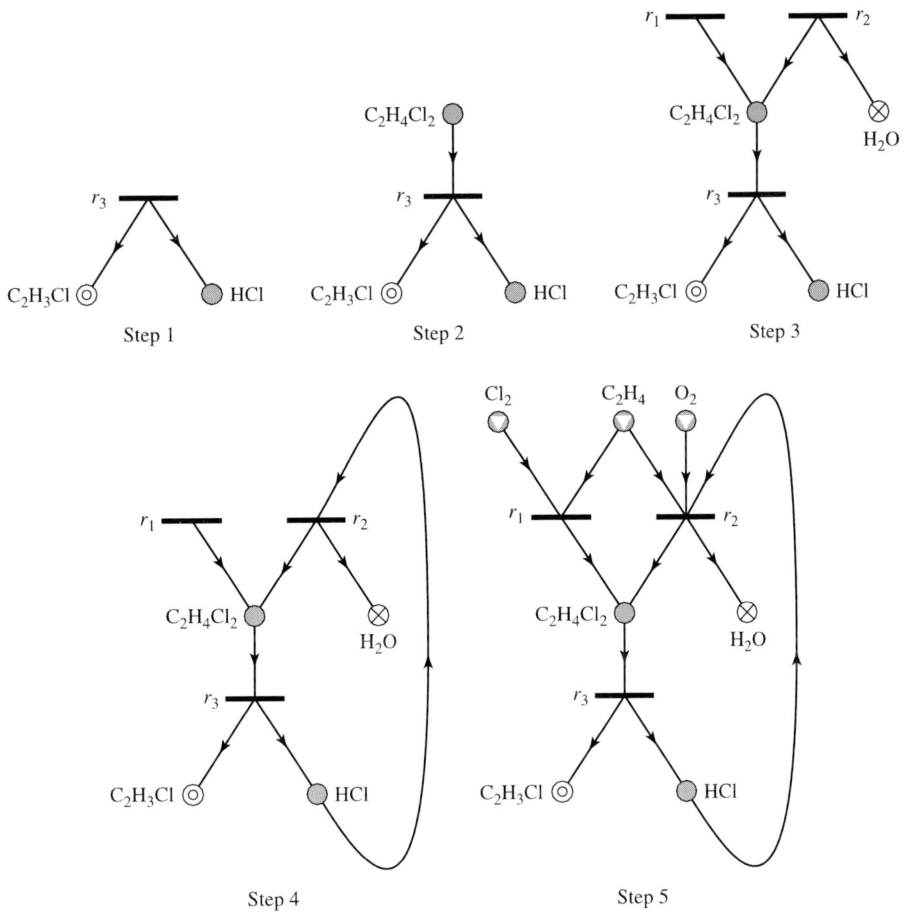


**그림 4-12**
최대 반응망을 나타내는 최대 구조의 구성을 위한 단계들

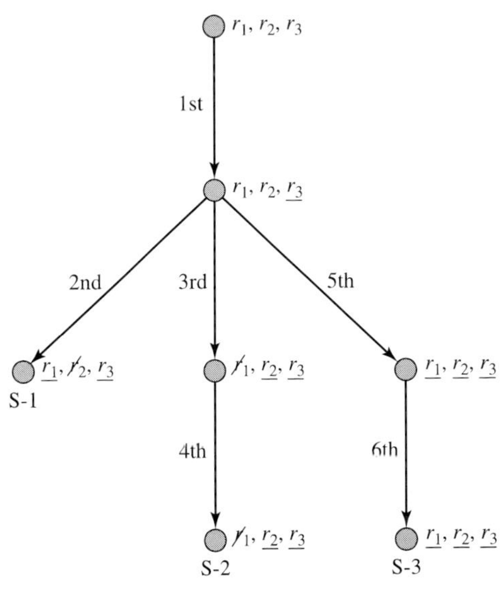


**그림 4-13**
해-구조 즉 조합적으로 타당한 반응망을 만들기 위해 SSG 알고리듬의 실행을 위한 탐색 나무: S1, S2, S3은 세 해-구조를 나타낸다.

표 4-2a 해-구조 S1을 만들기 위한 SSG 알고리듬의 단계들

| Step | Operating units | | | Materials | |
|---|---|---|---|---|---|
| | Included | Free | Excluded | Active | Decided |
| 1 | — | $r_1$, $r_2$, ($r_3$) | — | $C_2H_3Cl$ | — |
| 2 | $\underline{r_3}$ | ($r_1$), ($r_2$) | — | $C_2H_4Cl_2$ | $C_2H_3Cl$ |
| | $\underline{r_1}$, $\underline{r_3}$ | — | $r_2$ | — | $C_2H_3Cl$, $C_2H_4Cl_2$ |

표 4-2b 해-구조 S2을 만들기 위한 SSG 알고리듬의 단계들

| Step | Operating units | | | Materials | |
|---|---|---|---|---|---|
| | Included | Free | Excluded | Active | Decided |
| 1 | — | $r_1$, $r_2$, ($r_3$) | — | $C_2H_3Cl$ | — |
| 3 | $\underline{r_3}$ | ($r_1$), ($r_2$) | — | $C_2H_4Cl_2$ | $C_2H_3Cl$ |
| | $\underline{r_2}$, $\underline{r_3}$ | — | $r_1$ | HCl | $C_2H_3Cl$, $C_2H_4Cl_2$ |
| 4 | $\underline{r_2}$, $\underline{r_3}$ | — | $r_1$ | — | $C_2H_3Cl$, $C_2H_4Cl_2$, HCl |

표 4-2c 해-구조 S3을 만들기 위한 SSG 알고리듬의 단계들

| Step | Operating units | | | Materials | |
|---|---|---|---|---|---|
| | Included | Free | Excluded | Active | Decided |
| 1 | — | $r_1$, $r_2$, ($r_3$) | — | $C_2H_3Cl$ | — |
| 5 | $\underline{r_3}$ | ($r_1$), ($r_2$) | — | $C_2H_4Cl_2$ | $C_2H_3Cl$ |
| | $\underline{r_3}$, $\underline{r_2}$, $\underline{r_3}$ | — | — | HCl | $C_2H_3Cl$, $C_2H_4Cl_2$ |
| 6 | $\underline{r_3}$, $\underline{r_2}$, $\underline{r_3}$ | — | — | — | $C_2H_3Cl$, $C_2H_4Cl_2$, HCl |

함시키고 $r_2$를 배제시키고 나면 활성 집합은 공집합이 되므로 둘째 단계에서 해-구조가 만들어졌음을 보여준다. 셋째 및 다섯째 단계에서 반응 $r_2(2C_2H_4 + 4HCl + O_2 \rightarrow 2C_2H_4Cl_2 + 2H_2O)$를 포함시키면 물질 HCl은 원료가 아니므로 활성화된다. 넷째 및 여섯째 단계에서 첫째 단계에서의 결정과 일관된 HCl을 만들기 위해 반응 $r_3$이 포함된다. 따라서 각각의 단계는 해-구조를 생성한다. 그림 4-14는 세 해-구조(조합적으로 타당한 반응망) 결과를 보여준다.

***선형계획법에 의해 조합적으로 타당한 것들 중에서 타당한 반응망을 찾음*** 조합적으로 타당한 반응망은 몰 수지 측면에서 물질수지를 범할 수 있으므로 반드시 타당하지만은 않다. 이들의 타당성은 선형 계획법, 즉 구체적으로 정수해만 주는 정수 선형계획법(ILP)에 의해 편리하게 테스트될 수 있다.

어떠한 목적함수도 반응-망 합성을 위한 공정-망 합성의 알고리듬적 방법을 채택하는데 주관적으로 정의될 수 없으므로 SSG 알고리듬에 의해 만들어진 조합적으로 타당한 반응망은 물질수지 특히 몰수지 관점에서 개별적으로 평가되어야 한다(화학반응의 양론적 표현에서의 물질은 몰 단위로 주어진다). 몰 수지는 망의 반응(반응 단계)에 반응의 합이 총괄 반응이 되도록 조작되는 미지의 양정수를 곱해 얻어진다. 더욱이 합은 최소화되어야 한다. (이것은 $2A + 4B \rightarrow 2C$가 $A + 2B \rightarrow C$에 해당된다는 것을 인식함으로써 알 수 있다) 따라서 이러한 곱수는 몰 수지 제약조건을 만족시키는 정수 선형계획법(ILP)으로 합을 최소화시킴으로써 결정된다. 해를 구하는데 실패한 망은 타당하지 못하다. 예를 위해 그림 4-14c의 조합적으로 타당한 반응망을 고려해 보자.

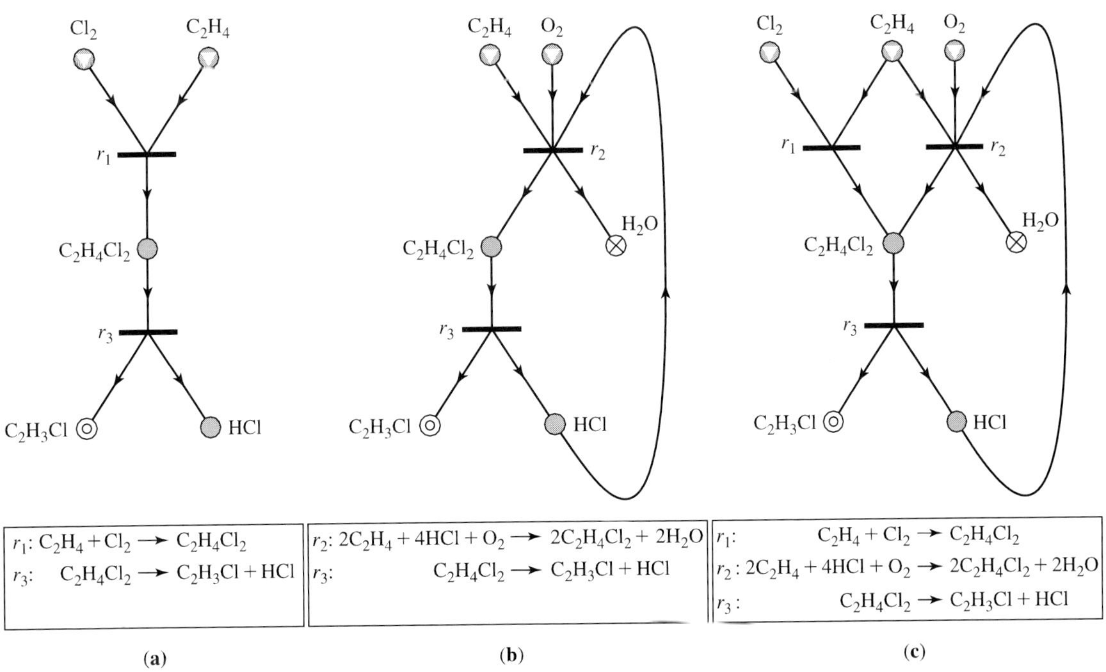


**그림 4-14**
해 구조 즉 조합적으로 타당한 반응망: 오직 (c)만 타당하므로 타당한 반응망이 된다.

반응 $r_i(i = 1, 2, 3)$에 곱해질 양의 정수를 $x_i$라고 할 때 문제는 다음과 같이 수식화된다.

$$
\begin{array}{ll}
x_1 \times r_1 & C_2H_4 + Cl_2 \rightarrow C_2H_4Cl_2 \\
x_2 \times r_2 & 2C_2H_4 + 4HCl + O_2 \rightarrow 2C_2H_4Cl_2 + 2H_2O \\
x_3 \times r_3 & C_2H_4Cl_2 \rightarrow C_2H_3Cl + HCl \\
\hline
\text{Overall} & 4C_2H_4 + 2Cl_2 + O_2 \rightarrow 4C_2H_3Cl + 2H_2O
\end{array}
$$

편의상 위 표현은 음의 부호는 소비를, 양의 부호는 발생을 나타내는 다음의 행렬로 변형된다.

| | $x_1$ | $x_2$ | $x_3$ | |
|---|---|---|---|---|
| | $r_1$ | $r_2$ | $r_3$ | **Overall** |
| $C_2H_4$ | −1 | −2 | 0 | −4 |
| $C_2H_4Cl_2$ | +1 | +2 | −1 | 0 |
| $Cl_2$ | −1 | 0 | 0 | −2 |
| HCl | 0 | −4 | +1 | 0 |
| $O_2$ | 0 | −1 | 0 | −1 |
| $C_2H_3Cl$ | 0 | 0 | +1 | +4 |
| $H_2O$ | 0 | +2 | 0 | +2 |

이 행렬은 다음의 선형계획법(LP), 또는 구체적으로는 결정변수 $x_i$가 정수값만 취하는 정수선형계획법(ILP)를 가져온다.

$$\text{Min} \sum_{i=l}^{3} x_i$$

제약조건

$$
\begin{aligned}
& x_1(-1, 1, -1, 0, 0, 0, 0) + x_2(-2, 2, 0, -4, -1, 0, 2) + x_3(0, -1, 0, 1, 0, 1, 0) \\
&\quad = (-4, 0, -2, 0, -1, 4, 2)
\end{aligned}
$$

또는

$$
\begin{aligned}
-x_1 - 2x_2 \qquad &= -4 \\
x_1 + 2x_2 - x_3 &= 0 \\
-x_1 \qquad\qquad &= -2 \\
-4x_2 + x_3 &= 0 \\
-x_2 \qquad &= -1 \\
x_3 &= 4 \\
2x_2 \qquad &= 2
\end{aligned}
$$

해는 $x_1 = 2$, $x_2 = 1$, $x_3 = 4$이다. 따라서.

$$
\begin{array}{ll}
r_1: & 2C_2H_4 + 2Cl_2 \rightarrow 2C_2H_4Cl_2 \\
r_2: & 2C_2H_4 + 4HCl + O_2 \rightarrow 2C_2H_4Cl_2 + 2H_2O \\
r_3: & 4C_2H_4Cl_2 \rightarrow 4C_2H_3Cl + 4HCl
\end{array}
$$

이러한 반응 집합은 공정의 총괄 반응을 가져온다.

$$\text{Overall:} \quad 4C_2H_4 + 2Cl_2 + O_2 \rightarrow 4C_2H_3Cl + 2H_2O$$

그림 4-14a와 4-14b의 조합적으로 타당한 반응망은 $x_i$에 대한 양의 정수해를 주지 못하며 따라서 이런 반응망은 몰 수지 제약조건을 만족시키지 못하므로 타당하지 않음을 쉽게 알 수 있다.

**공정망 합성** 앞서 언급했듯이 타당한 반응망은 분리장치가 각각 뒤따르는 반응장치인 주요 조업장치의 초기 선택을 이끌어낸다. 이러한 망을 가지고 그림 4-8의 둘째 주요 블록에 해당하는 알고리듬적 방법의 다음 단계로 나아간다. 이 단계에서 공정도에 포함되기에 가능한 조업장치가 최대한도로 찾아진다. 각 조업장치는 하나 또는 그 이상의 처리장치나 화학반응기로 구성된다. 조업장치의 확인은 합성될 공정과 관련된 유용한 기술적 정보의 광범위한 온라인 탐색으로 성취된다. 이러한 정보는 3장에서 제시했듯이 다양한 자료로부터 얻을 수 있다.

때때로 필요한 정보나 데이터는 원리, 기존 데이터의 실험식, 경험법칙에 근거한 전산지원 모사를 통해 생성될 필요가 있다. 새로운 공정을 합성할 때 특히 더 그렇다. 반대로 지금의 염화비닐 생산의 적용에서와 같이 기존 공정이 구조적 최적화를 평가하기 위해 검토될 때 필요한 정보와 데이터의 많은 양은 이미 유용하다.

***가능한 조업장치의 확인*** 지금의 알고리듬적 방법의 이 단계는 그림 4-8의 둘째 주요 블록의 첫 번째 하부블럭에 표시되어 있다. 그림 4-11 또는 4-14c에 보인 염화비닐 생산을 위한 타당한 반응망에 따르면 가능한 공정도는 분리장치가 각각 뒤따르는 세 반응장치를 포함할 것 같다. 세 반응장치는 반응 $r_1$을 수행하는 R-1, 반응 $r_2$를 위한 R-2, 반응 $r_3$을 위한 R-3으로 표시된다. 이에 해당하는 세 분리장치는 각각 S-1, S-2, S-3으로 표시된다.

이염화에틸렌($C_2H_4Cl_2$)을 열분해하여 염화비닐($C_2H_3Cl$)을 만드는 반응장치 R-3의 출력은 소량의 부산물 이외에도 미반응 $C_2H_4Cl_2$를 상당량 포함한다. 열분해 반응의 평형으로 인해 이 반응의 완결은 이뤄지지 않는다. 따라서 $C_2H_4Cl_2$를 정제하여 S-3으로부터 R-3의 입구로 R-1과 R-2로부터의 $C_2H_4Cl_2$와 함께 재순환시키는 것은 논리적이다. 이것은 S-1을 S-2 뒤에 위치시킴으로써 성취된다. S-2는 물, HCl, 소량의 과잉 산소를 $C_2H_4Cl_2$의 주흐름으로부터 제거하며 S-1로 들어가기에 적합하게 된다.

$C_2H_4Cl_2$ 외에도, S-3은 R-2로 재순환될 HCl과 원하는 생성물로서의 $C_2H_3Cl$을 분리한다. 편의상, M-1로 표시된 혼합장치가 R-3에 앞섬을 본다. 이 혼합장치는 R-3의 원료로 제공되기 전 R-1, S-2, S-3으로부터의 저순도 $C_2H_4Cl_2$의 세 흐름의 어쩔 수 없는 인라인 혼합을 기능적으로 나타낸다.

위에서 언급한 가능한 조업장치는 그림 4-15에서 P-그래프 형태로 보여진다. 표 4-3은 각 조업장치의 입출력 흐름의 조성을 산업용 생산에서 관찰된 것과 유사한 이 흐름들의 성분 유량과 함께 표시한다.[64)]

64) F. Borelli, *Encyclopedia of Chemical Processing and Design*, vol. 62, J. J. McKetta and G. E. Weismantel, eds., Marcel Dekker, New York, 1998, pp. 313; M. Turkay and I. E. Grossmann, *Computers & Chem. Eng.*,

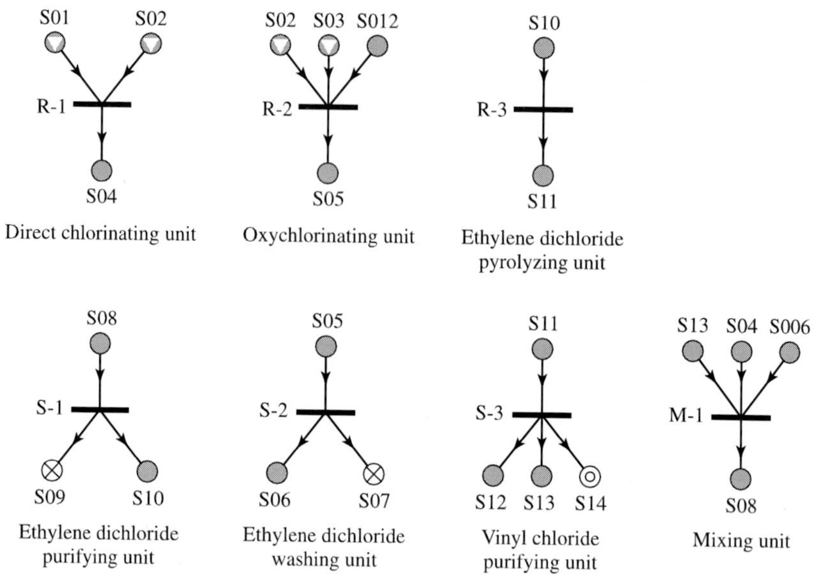


**그림 4-15**
염화비닐 제조용 공정을 위해 찾아진 가능한 조업장치의 P-그래프 표현들

각 조업장치 주변의 물질수지는 염화비닐 4535 kg/h를 기준으로 한다. 염화비닐 1 kg몰의 생산을 기준으로 하여 문헌에 또한 보고된 흐름 조성 데이터로부터 물질수지가 계산되었다. 물질수지 계산은 모든 미량 성분의 포함을 확신하기 위해 소수점 이하 4에서 6자리까지 실행되었다. 이러한 지식은 배출물 규제와 오염방지 입장에서 볼 때 필수적이다. 그러나 조업장치의 처리장치와 반응기의 규모나 크기를 추정하는데 있어서는 그렇게 상세한 계산은 일반적으로 불필요하다. 완성을 위해서는 포함된 물질수지 해 표들이 이러한 계산적 정확도 수준을 만족해야한다.

***MSG 알고리듬을 이용한 최대 구조의 생성*** 그림 4-8에서 보듯이, 일단 가능한 조업장치가 확인되면 공정의 최대 구조는 MSG 알고리듬으로 생성된다. 이 과업에 관여된 일반적 절차가 앞선 절에서 요약되었으며 또한 그림 4-11의 결과를 가져온 염화비닐의 반응-망 합성으로 예시되었다. 착수로서, 입력 구조는 그림 4-15에서 보였듯이 가능한 조업장치의 P-그래프로부터 작성된다. 이것은 반응망 생성에서 보였듯이 단지 *M*-형태의 모든 공통 꼭지점(노드)을 연결함으로써 실행된다(기호 *Sij*로 표시된 노드, 여기서 $i = 0, 1$이며 $j = 1, 2, ..., 5$이다). 결과로 얻어진 입력 구조는 그림 4-16에 나와 있다. 이 절차는 두 단계로 계속된다.

a. *입력 구조로부터 무효한 꼭지점의 제거* 그림 4-11과 연계된 반응망 생성에서 미리 보였듯이 최대 구조에 없어야 할 물질과 조업장치에 대한 꼭지점(노드)은 입력 구조로부터 제거된다. 이것은 조합적 구조의 타당성에 5개의 공리를 적용하면서 구조의 원료 끝에서 시작하여 단계별로 이뤄진다. 예상하듯이, 구조가 상대적으로 단순한 염화비닐 생산을 위한 잘 정립된 공정의 P-그래프로부터 어떤 꼭지점도 제거되지 않는다. 사실, 공정도로 표현된

---

**22**: 673 (1998); A. Lakshmanan, W. C. Rooney, and L. T. Biegler, *A Case Study for Reaction Network Synthesis, An Aspen Plus Simulation Case Study*, Aspen Technology, Cambridge, MA 1999.

표 4-3 유량으로 표시된 염화비닐 제조용 공정의 가능한 조업장치의 입력흐름과 출력흐름의 조성

| Material stream | | Material species | | | |
|---|---|---|---|---|---|
| | | | | Flow rate | |
| Designation | Type | Component | | kg mol/h | kg/h |
| **R-1 (direct chlorinating unit)** | | | | | |
| S01 | Input | $Cl_2$ | | 38.32224 | 2,720.87904 |
| | | | Total | 38.32224 | 2,720.87904 |
| S02 | Input | $C_2H_4$ | | 38.68514 | 1,083.18392 |
| | | | Total | 38.68514 | 1,083.18392 |
| S04 | Output/(input) | $C_2H_4$ | | 0.3629 | 10.1612 |
| | | $C_2H_4Cl_2$ | | 37.81418 | 3,743.60382 |
| | | $C_2H_3Cl_3/Cl_2$ | | Trace | |
| | | | Total | 38.18912 | 3,754.6930 |
| **R-2 (oxychlorinating unit)** | | | | | |
| S02 | Input | $C_2H_4$ | | 34.91098 | 977.5074 |
| | | | Total | 34.91098 | 977.5074 |
| S03 | Input | $O_2$ | | 17.49178 | 559.737 |
| | | | Total | 17.49178 | 559.737 |
| S12 | (Output)/input | HCl | | 72.58 | 2,649.17 |
| | | | Total | 72.58 | 2,649.17 |
| S05 | (Output)/input | $C_2H_4Cl_2$ | | 34.8384 | 3,449.002 |
| | | HCl | | 2.75804 | 100.6685 |
| | | $H_2O$ | | 34.8384 | 627.0912 |
| | | $CO_2/C_2H_4/O_2$ | | Trace | |
| | | | Total | 72.54371 | 4,180.094 |
| **S-2 (ethylene dichloride washing unit)** | | | | | |
| S05 | (Output)/input | $C_2H_4Cl_2$ | | 34.8384 | 3,449.002 |
| | | HCl | | 2.75804 | 100.6685 |
| | | $H_2O$ | | 34.8384 | 627.0912 |
| | | $C_2H_4/CO_2/O_2$ | | Trace | |
| | | | Total | 72.5437 | 4,180.094 |
| S06 | Output/(input) | $C_2H_4$ | | 0.07258 | 2.03224 |
| | | $C_2H_4Cl_2$ | | 34.8384 | 3,449.002 |
| | | $O_2/CO_2$ | | Trace | |
| | | | Total | 34.9328 | 3,451.87 |
| S07 | Output | HCl | | 2.75804 | 100.6685 |
| | | $H_2O$ | | 34.8384 | 627.0912 |
| | | $O_2$ | | Trace | |
| | | | Total | 37.611 | 728.2242 |
| **M-1 (mixing unit)** | | | | | |
| S04 | (Output/input) | $C_2H_4$ | | 0.3629 | 10.1612 |
| | | $Cl_2$ | | 0.01089 | 0.77297 |
| | | $C_2H_4Cl_2$ | | 37.8142 | 3,743.604 |
| | | $C_2H_3Cl_3$ | | 0.00116 | 0.155031 |
| | | | Total | 38.1891 | 3,754.693 |
| S06 | (Output)/input | $C_2H_4$ | | 0.07258 | 2.03224 |
| | | $C_2H_4Cl_2$ | | 34.8384 | 3,449.002 |
| | | $O_2$ | | 0.01016 | 0.325158 |
| | | $CO_2$ | | 0.01016 | 0.510963 |
| | | | Total | 34.9328 | 3,451.87 |

표 4-3 계속

| Material stream | | Material species | | |
|---|---|---|---|---|
| | | | Flow rate | |
| Designation | Type | Component | kg mol/h | kg/h |
| S13 | (Output)/input | $C_2H_4$ | 0.00051 | 0.014226 |
| | | $C_2H_4Cl_2$ | 48.6286 | 4,814.231 |
| | | $C_2H_2/C_4H_6/C_2H_2/Cl_2$ | Trace | |
| | | Total | 48.6312 | 4,814.37 |
| S08 | (Output)/input | $C_2H_4$ | 0.50806 | 14.22568 |
| | | $Cl_2$ | 0.01089 | 0.772977 |
| | | $C_2H_4Cl_2$ | 121.281 | 12,006.84 |
| | | $O_2$ | 0.01016 | 0.325158 |
| | | $CO_2$ | 0.01016 | 0.510963 |
| | | $C_2H_3Cl_3$ | 0.00116 | 0.155031 |
| | | $C_2H_2/C_4H_6/C_2H_2/Cl_2$ | Trace | |
| | | Total | 121.825 | 12,022.95 |
| **S-1 (ethylene dichloride purifying unit)** | | | | |
| S08 | (Output)/input | $C_2H_4$ | 0.50806 | 14.22568 |
| | | $C_2H_4Cl_2$ | 121.28118 | 12,006.836 |
| | | $Cl_2/O_2/CO_2/$ $C_2H_3Cl_3/$ $C_2H_2,C_4H_6,C_2H_2Cl_2$ | Trace | |
| | | Total | 121.82517 | 12,022.951 |
| S09 | Output | $C_2H_4$ | 0.50806 | 14.22568 |
| | | $C_2H_4Cl_2$ | 0.07258 | 7.18542 |
| | | $O_2$, $CO_2$, $C_2H_2,C_4H_6,C_2H_2Cl_2$ | Trace | |
| | | Total | 0.6045189 | 22.371406 |
| S10 | Output/(input) | $C_2H_4Cl_2$ | 121.2086 | 11,999.651 |
| | | $C_2H_4$ | Trace | |
| | | Total | 121.20912 | 11,999.666 |
| **R-3 (ethylene dichloride pyrolyzing unit)** | | | | |
| S10 | (Output)/input | $C_2H_4Cl_2$ | 121.2086 | 11,999.651 |
| | | $C_2H_4$ | Trace | |
| | | Total | 121.2091 | 11,999.666 |
| S11 | Output/(input) | $C_2H_4Cl_2$ | 48.6286 | 4,814.2314 |
| | | HCl | 72.58 | 2,649.17 |
| | | $C_2H_3Cl$ | 72.58 | 4,536.25 |
| | | $C_2H_4/C_2H_2,C_4H_6,$ $C_2H_2Cl_2$ | Trace | |
| | | Total | 193.79121 | 11,999.79 |
| **S-3 (vinyl chloride purifying unit)** | | | | |
| S11 | (Output)/input | $C_2H_4Cl_2$ | 48.6286 | 4,814.2314 |
| | | HCl | 72.58 | 2,649.17 |
| | | $C_2H_3Cl$ | 72.58 | 4,536.25 |
| | | $C_2H_4/C_2H_2,C_4H_6,$ $C_2H_2Cl_2$ | Trace | |
| | | Total | 193.79121 | 11,999.790 |
| S12 | Output/(input) | HCl | 72.58 | 2,649.17 |
| | | Total | 72.58 | 2,649.17 |

표 4-3 계속

| Material stream | | Material species | | |
|---|---|---|---|---|
| | | | Flow rate | |
| Designation | Type | Component | kg mol/h | kg/h |
| S13 | Output/(input) | $C_2H_4Cl_2$ | 48.6286 | 4,814.2314 |
| | | $C_2H_4/C_2H_2,C_4H_6$, $C_2H_2Cl_2$ | Trace | |
| | | Total | 48.631213 | 4,814.3698 |
| S14 | Output | $C_2H_3Cl$ | 72.58 | 4,536.25 |
| | | Total | 72.58 | 4,536.25 |

[†]Flow rates are based on a production capacity of 4,535 kg/h of vinyl chloride using the balanced process. The stream type (output)/input signifies that the stream is the output from another operating unit but is the input to this operating unit; conversely, output/(input) indicates that the stream is the output of this operating unit but is the input to another operating unit. The same statement applies to all other operating units.

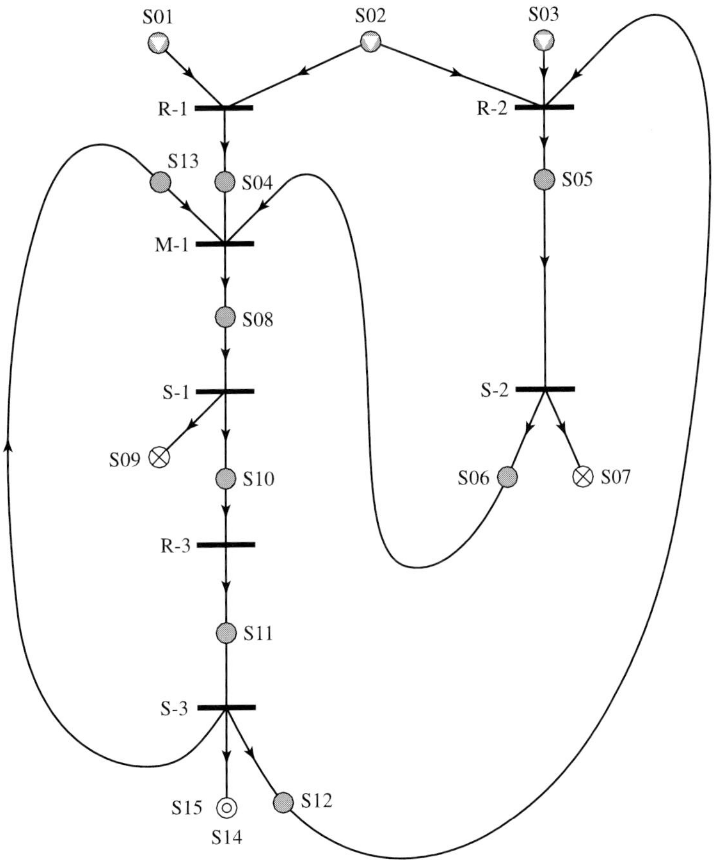


**그림 4-16**
염화비닐 제조용 공정의 최대-구조 생성을 위한 입력 구조. 이것은 난지 애-구조(조합적으로 타당한 공정도)일 뿐만 아니라 또한 최대 구조이다. 각 조업장치는 특정 과업을 연결해 수행하는 하나 또는 그 이상의 처리 장치로 구성된다.

공정 구조는 오랜 존속기간 중에 최적화 되어왔을 가능성이 매우 높다. 그러나 복잡한 공정의 경우 다년간 조업되어 왔던 공정에 대해서는 꼭 그렇지도 않다. 그러한 공정에 지금의 방법을 적용하면서 불필요한 여분의 조업장치가 찾아졌다.[65]

b. *최대 구조의 조성* 그림 4-16의 입력 구조로부터 제거된 조업장치가 없으므로 최대 구조는 이러한 조업장치로부터 개발된다. 최대 반응망을 작성하기 위한 그림 4-12에 요약된 절차에 따라 단계별로 제거된다. 물질에 대한 *M*-형태의 노드(꼭지점)는 조업장치에 대한 *O*-형태의 꼭지점과 교대로 연결되며 그 반대도 마찬가지이다. 흐름 S-14의 원하는 생성물의 꼭지점으로부터 시작하여 원료(흐름 S02의 $Cl_2$, 흐름 S02의 $C_2H_4$, 흐름 S03의 $O_2$)의 꼭지점을 향해 위로 계속된다. 각 단계마다, 연결되는 각 꼭지점에서 조합적으로 가능한 공정망의 5개 공리를 범하는지를 검토된다. 예상되고 그림 4-16에 보였듯이, 이 구조적으로 단순하고 성숙된 공정에 대해 입력 구조는 최대 구조가 됨이 입증된다.

***SSG 알고리듬을 이용한 조합적으로 타당한 공정망에 해당되는 해-구조의 생성*** 그림 4-8에 따라 해-구조, 즉 조합적으로 타당한 공정망(공정도)은 SSG 알고리듬에 의해 생성된다. SSG 알고리듬을 실행하는 절차가 기초지식에 대해서는 앞선 절에서, 염화비닐 합성을 위한 반응-망 합성에 대해서는 표 4-2a에서 4-2c 및 그림 4-13에 의해 상세히 기술되어 있다. 이 절차는 그림 4-16에 보인 입력 또는 최대 구조와 똑같은 오직 하나의 해 구조(조합적으로 타당한 공정도)를 가져온다. 이러한 하나의 해-구조를 만들어내기 위한 각 단계에서의 활성 집합 확인과 SSG 알고리듬의 실행을 보여주기 위하여 표 4-4에 주어진 행렬은 그림 4-16을 참조하여 작성된다. 이 공정도는 종래의 블록 공정도로서 그림 4-17에 또한 주어진다.

***가능한 조업장치 내의 망 구조*** 일반적으로 공정도로의 연관성이 공정합성 초기에 결정되는 각 가능한 조업장치는 둘, 또는 그 이상의 처리 장치와 반응기로 구성될 수 있다. 이것은

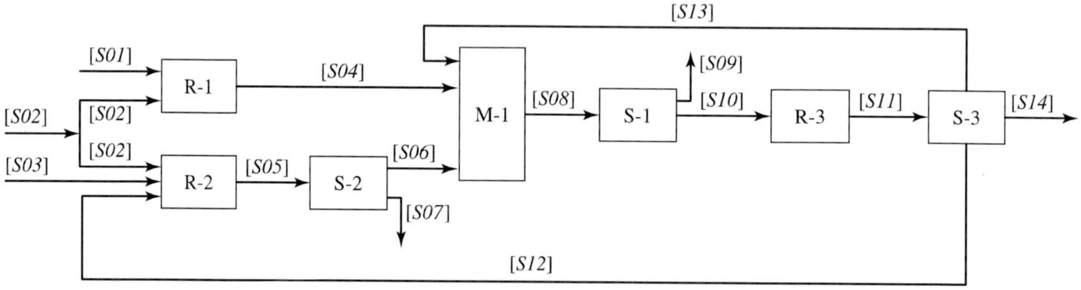


| Unit descriptions | | |
|---|---|---|
| R-1: Direct chlorinating unit | M-1: Mixing unit | R-3: Ethylene dichloride pyrolyzing unit |
| R-2: Oxychlorinating unit | S-1: Ethylene dichloride purifying unit | S-3: Vinyl chloride purifying unit |
| S-2: Ethylene dichloride washing unit | | |

**그림 4-17**
각 조업장치가 특정 과업을 연결해 수행하는 하나 또는 그 이상의 처리 장치 형태로 구성될 수 있는 조합적으로 타당한 공정도

65) F. Friedler, K. Tarjan, Y. W. Huang, and L. T. Fan, *Computers & Chem. Eng.*, **16**: S313 (1992); and F. Friedler, K. Tarjan, Y. W. Huang, and L. T. Fan, *Chem. Eng. Sci.*, **47**: 1973(1992).

**표 4-4 최대 구조와 같은 하나의 조합적으로 타당한 공정망을 생성하기 위한 SSG 알고리듬의 단계들**

| Step | Operating units | | | Materials | |
|---|---|---|---|---|---|
| | Included | Free | Excluded | Active | Decided |
| | — | R-1, R-2, R-3, M-1 S-1, S-2, S-3 | — | S14 | — |
| 1 | | | | | |
| | S-3 | R-1, R-2, R-3, M-1, S-1, S-2 | — | S11 | S14 |
| 2 | | | | | |
| | R-3, S-3 | R-1, R-2, M-1, S-1, S-2 | — | S10 | S11, S14 |
| 3 | | | | | |
| | R-3, S-1, S-3, | R-1, R-2, M-1, S-2 | — | S08 | S10, S11, S14 |
| 4 | | | | | |
| | R-3, M-1, S-1, S-3 | R-1, R-2, S-2 | — | S04, S06, S13 | S08, S10, S11, S14 |
| 5 | | | | | |
| | R-3, M-1, S-1, S-3 | R-1, R-2, S-2 | — | S04, S06 | S08, S10, S11, S13, S14 |
| 6 | | | | | |
| | R-3, M-1, S-1, S-2, S-3 | R-1, R-2 | — | S04, S05 | S06, S08, S10, S11, S13, S14 |
| 7 | | | | | |
| | R-2, R-3, M-1, S-1, S-2, S-3 | R-1 | — | S04, S12 | S05, S06, S08, S10, S11, S13, S14 |
| 8 | | | | | |
| | R-2, R-3, M-1, S-1, S-2, S-3 | R-1 | — | S04 | S05, S06, S08, S10, S11, S12, S13, S14 |
| 9 | | | | | |
| | R-1, R-2, R-3, M-1, S-1, S-2, S-3 | — | — | — | S04, S05, S06, S08, S10, S11, S12, S13, S14 |

조업장치의 망구조가 초기 문헌조사를 통해 이미 수립된 입출력 조건과는 별도로 독립적으로 결정되는 2단계로 자연적으로 이끈다. 유용한 정보는 아래와 같다.

분리장치 S-1: 그림 4-17에서 보인 이염화에틸렌을 정제하기 위한 분리장치는 두 형태의 증류탑을 필요로 하는데 휘발성의 유분이나 불순물 제거를 위한 S-11과 비휘발성 유분이나 불순물 제거를 위한 S-12이다.

분리장치 S-3: 원하는 생성물을 정제하기 위한 분리장치도 또한 두 증류탑으로 구성되는데 재순환되어야 하는 HCl을 제거하기 위한 S-31과 재순환되어야 하는 염화비닐을 이염화에틸렌으로부터 분리하기 위한 S-32이다. 네 분리기 S-11, S-12, S-31, S-32 주변의 물질수지는 표 4-5에 나타나 있다. 그림 4-18은 해-구조(조합적으로 타당한 공정도)의 P-그래프 표현이며 네 분리기를 보여주고 있다. 그림 4-19는 그림 4-18의 종래의 대응물이다. 다음 절에서는 이 공정도가 구조적으로 최적일 뿐 아니라 타당하다는 것을 보이고자 한다.

표 4-5 분리장치에 대한 입력흐름과 출력흐름의 유량

| Material stream | | Material species | | | |
|---|---|---|---|---|---|
| | | | | Flow rate | |
| Designation | Type | Component | | kg mol/h | kg/h |
| **S-11 (lights column)** | | | | | |
| S08 | (Output)/ input | $C_2H_4$ | | 0.50806 | 14.22568 |
| | | $C_2H_4Cl_2$ | | 121.28118 | 12,006.8368 |
| | | $Cl_2/O_2/CO_2/C_2H_3Cl_3$, $C_2H_2,C_4H_6,C_2H_2Cl_2$ | | Trace | |
| | | | Total | 121.825167 | 12,022.95081 |
| S091 | Output/ (input) | $O_2$ | | 0.0101612 | 0.3251584 |
| | | $CO_2$ | | 0.0116128 | 0.5109632 |
| | | $C_2H_2,C_4H_6,C_2H_2Cl_2$ | | 0.00210482 | 0.1241844 |
| | | | Total | 0.02387882 | 0.9603060 |
| S15 | Output/ (input) | $C_2H_4$ | | 0.50806 | 14.22568 |
| | | $C_2H_4Cl_2$ | | 121.28118 | 12,006.83682 |
| | | $Cl_2/C_2H_3Cl_3$ | | Trace | |
| | | | Total | 121.801288 | 12,021.990504 |
| **S-12 (heavies column)** | | | | | |
| S15 | (Output)/ input | $C_2H_4$ | | 0.50806 | 14.22568 |
| | | $C_2H_4Cl_2$ | | 121.28118 | 12,006.83682 |
| | | $Cl_2/C_2H_3Cl_3$ | | Trace | |
| | | | Total | 121.801288 | 12,021.990504 |
| S092 | Output | $C_2H_4$ | | 0.50806 | 14.22568 |
| | | $Cl_2$, $C_2H_4Cl_2$, $C_2H_3Cl_3$ | | Trace | |
| | | | Total | 0.5926883 | 22.3391079 |
| S10 | Output/ (input) | $C_2H_4Cl_2$ | | 121.2086 | 11,999.6514 |
| | | | Total | 121.2086 | 11,999.6514 |
| **S-31 (HCl column)** | | | | | |
| S11 | (Output)/ input | $C_2H_4Cl_2$ | | 48.6286 | 4,814.2314 |
| | | HCl | | 72.58 | 2,649.17 |
| | | $C_2H_3Cl$ | | 72.58 | 4,536.25 |
| | | $C_2H_4/C_2H_2,C_4H_6,$ $C_2H_2Cl_2$ | | Trace | |
| | | | Total | 193.791213 | 11,999.78981 |
| S16 | Output/ (input) | $C_2H_4Cl_2$ | | 48.6286 | 4,814.2314 |
| | | $C_2H_3Cl$ | | 72.58 | 4,536.25 |
| | | $C_2H_4/C_2H_2,C_4H_6,$ $C_2H_2Cl_2$ | | Trace | |
| | | | Total | 121.2112129 | 9,350.6198101 |
| S12 | Output/ (input) | HCl | | 72.58 | 2,649.17 |
| | | | Total | 72.58 | 2,649.17 |
| **S-32 (Vinyl chloride monomer column)** | | | | | |
| S16 | (Output)/ input | $C_2H_4Cl_2$ | | 48.6286 | 4,814.2314 |
| | | $C_2H_3Cl$ | | 72.58 | 4,536.25 |
| | | $C_2H_4/C_2H_2,C_4H_6,$ $C_2H_2Cl_2$ | | Trace | |
| | | | Total | 121.211212 | 9,350.619810 |

**표 4-5 계속**

| Material stream | | Material species | | |
|---|---|---|---|---|
| | | | Flow rate | |
| Designation | Type | Component | kg mol/h | kg/h |
| S13 | Output/ (input) | $C_2H_4Cl_2$ | 48.6286 | 4,814.2314 |
| | | $C_2H_4/C_2H_2, C_4H_6,$ | 0.0021048 | 0.1241844 |
| | | $C_2H_2Cl_2$ | Trace | |
| | | Total | 48.6312129 | 4,814.36981 |
| S14 | Output | $C_2H_3Cl$ | 72.58 | 4,536.25 |
| | | Total | 72.58 | 4,536.25 |

†Flow rates are based on a production capacity of 4,535 kg/h of vinyl chloride using the balanced process. The stream type (output)/input signifies that the stream is the output from another operating unit but is the input to this operating unit; conversely; output/(input) indicates that the stream is the output of this operating unit but is the input to another operating unit. The same statement applies to all other operating units.

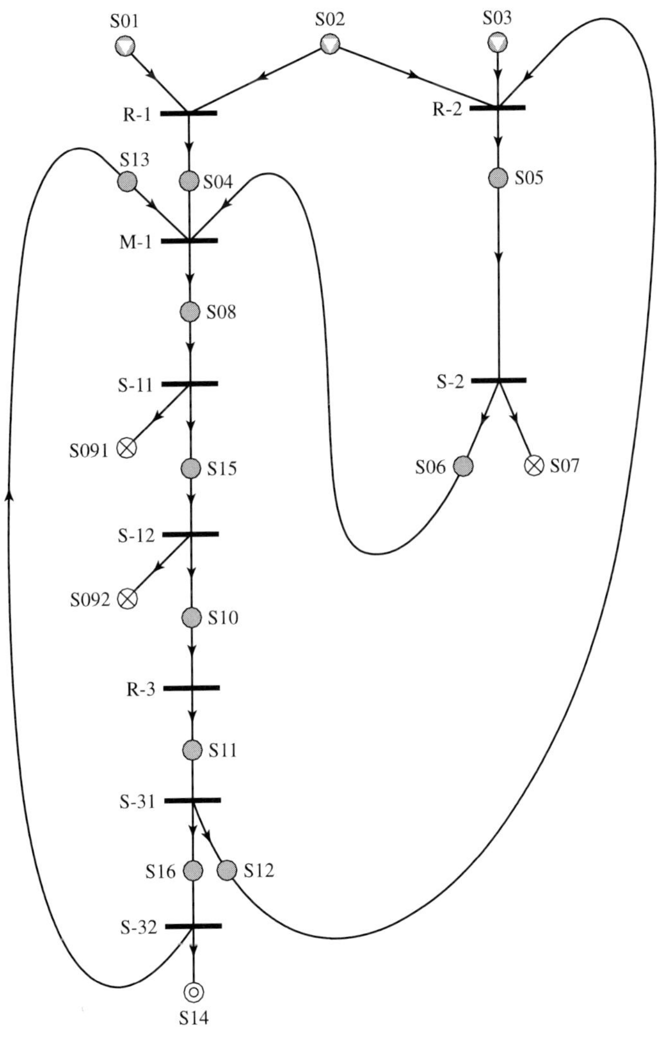


**그림 4-18**
염화비닐 제조용 공정을 위해 확인된 가능한 조업장치의 망구조를 갖는 조합적으로 타당한 공정도의 *P*-그래프. 이것은 각 조업장치가 특정 과입을 수행하는 하나 또는 그 이상의 처리 장치로 구성된 최적일 뿐만 아니라 또한 타당한 공정도이다.

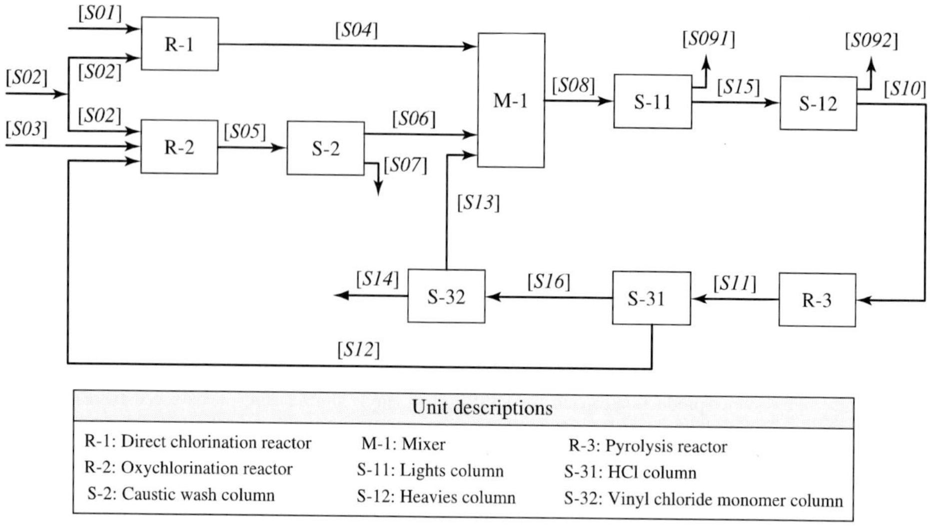


**그림 4-19**
특정 과업을 수행하는 오직 하나의 처리장치가 조업장치를 나타내는 각 블록으로 할당된 조합적으로 타당하며 최적인 공정도

***최적화 및 타당한 공정도*** 표 4-6에는 온도, 압력, 평균 체류시간으로 표시된 조업장치의 처리장치 형태와 운전조건이 수록되어 있다. 이러한 정보로부터 그림 4-18이나 그림 4-19의 조합적으로 타당한 공정도는 최적화되며 그림 4-8의 주블록에서 언급했듯이 P-그래프에 근거한 알고리듬적 공정-망 합성의 최종 단계에서 그의 타당성은 동시에 검증된다.

조업장치의 배제 (1)나 포함 (0)을 나타내는 각 정수 변수는 조합적으로 타당한 공정도의 최적화에 있어 더 이상 역할을 하지 않는다. 모든 운전장치의 포함 여부는 MSG 알고리듬에 이은 SSG 알고리듬을 통해 명료하면서도 엄격하게 결정된다. 따라서 일반적으로, 조합적으로 가능한 공정도의 최적화에 있어 최소화되어야 할 총 연간 자본비로 표시되는 목적함수의 형태는 다음과 같다.

$$S = \sum_{i=1}^{n} \left(a_i + b_i x_i^{\eta}\right) \qquad x_i \leq M \tag{4-2}$$

여기서 $M$은 $x_i$의 상한을 나타내는 큰 양의 값이다. 이 식에서 $a_i$는 투자비의 고정부분이며, $b_i$는 단위 크기당 장치 $O_i$의 투자비의 크기 종속 부분을 나타내는 비례 상수이며, $x_i$는 하나의 처리장치를 포함하는 조업장치 $O_i$의 크기이며, $n$은 고려되는 조합적으로 타당한 공정도에 있는 조업장치의 수이다. $a_i$ 및 $b_i$의 평가는 6장에서 다뤄진다. 식 (4-2)의 $\eta$ 값은 선형 비용함수의 경우 1이며 따라서 최소화를 위해 선형계획법이 요구된다. 일반적으로 $\eta$ 값은 1보다 작으며 실제로는 가끔 0.6이 되어 비선형 최적화를 필요로 한다. 선형 및 비선형 계획법의 몇 가지 방법은 9장에서 다뤄진다.

식 (4-2)에 주어진 연간 총비용 $S$의 최소화는 $x_i$의 선형으로 표현되는 관련된 물질의 물질수지로 구성된 제약조건 집합을 만족시키며 수행된다. 크기 $x_i$의 조업장치에 대한 물질의 유량은 단지 단위 크기당 해당되는 조업장치 물질의 유량과 $x_i$의 곱이다. 새로운 공정이나

표 4-6 각 처리장치, 조업조건, 크기, 비용으로 표시된 염화비닐 제조용 공정의 가능한 조업장치들의 요약

| Operating units | | Operating conditions | | | Equipment cost estimation parameters and cost | | | | |
|---|---|---|---|---|---|---|---|---|---|
| Name | Type | Temperature, °C | Pressure, kPa | Holding time, s | Number of trays | Diameter, m | Height, m | Volume, $m^3$ | Cost, million US$ |
| R-1 Direct chlorination reactor | CSTR followed by PFR | 59.9 | 200 | 9293 (CSTR)<br>0.01 (PFR) | | | | 14.9 | 0.21 |
| R-2 Oxychlorination reactor | PFR (fixed bed) followed by CSTR | Inlet: 193.1<br>Outlet: 192.5 | 640 | 324 (PFR)<br>5.6 (CSTR) | | | | 14.5 | 0.31 |
| R-3 Pyrolysis reactor | PFR | 500 | 2130 | 0.35 | | | | | 0.62 |
| S-11 Lights column | Distillation column | Overhead: 68.9<br>Bottom: 85.5 | 200 | | 20 | 0.5 | 7.3 | 14.5 | 0.07 |
| S-12 Heavies column | Distillation column | Overhead: 86.7<br>Bottom: 88.9 | 200 | | 40 | 1.8 | 15.2 | | 0.32 |
| S-2 Caustic wash column | Flash tank | Inlet: 90.6<br>Outlet: 90.6 | 210 | | | 1.0 | 3.0 | | 0.05 |
| M-1 Mixer | (Online) | | | | | | | | |
| S-31 HCl column | Distillation column | Overhead: −1.1<br>Bottom: 140.8 | 2630 | | 30 | 1.1 | 11.3 | | 0.58 |
| S-32 Vinyl chloride monomer column | Distillation column | Overhead: 32.8<br>Bottom: 140.0 | 610 | | 26 | 0.6 | 11.3 | | 0.09 |
| | | | | | | | | Total | 2.25 |

[†]Based on a production rate of 4535 kg/h of vinyl chloride using the balanced process.

규모를 변경하기 위한 기존 공정의 광범위한 개조를 위한 구조적 공정도 최적화를 수행하는데 있어 이러한 선형 제약조건은 부등식으로 나타난다. 이러한 부등식은 생성된 어떤 물질의 양은 소비된 양과 같거나 더 많아야 하며, 생산된 원하는 생성물의 양은 특정 양과 같거나 많아야 하며, 소비된 원료의 양은 유용한 양과 같거나 적어야 함을 나타낸다.

기존 염화비닐 공정도의 구조적 최적화를 수행하는데 있어 조합적으로 타당한 공정도의 각 조업장치의 물질에 대해 유량은 알고 있다. 각 물질의 생산 및 소비 속도는 이러한 유량으로부터 계산할 수 있으며 둘 간의 수지 검증을 가능하게 해준다. 필요할 경우, 어느 조업장치 물질의 입출력 유량은 수지를 맞추도록 비례적으로 변한다. 조업장치의 수행에 관련된 데이터와 정보는 다른 자료로부터 얻을 수도 있다. 4535 kg/h 염화비닐 생산을 위한 표 4-3과 4-5에 있는 유량에 근거하여 물질수지가 관여된 모든 물질에 대해 만족되므로 조합적으로 타당한 공정도는 실제로 타당함을 쉽게 계산적으로 확인할 수 있다. 다른 타당한 공정이 존재하지 않으므로 이것은 또한 구조적으로 최적이다.

식 (4-2)의 조업장치 크기는 유용할 수 있는 최적의 조업 데이터나 장치를 위해 개발된 수학적 모델에 근거하여 연속변수인 조업조건의 수행을 최적화함으로써 추정된다. 이것은 ASPEN PLUS, PRO III, HYSYS와 같은 기존 모사용 소프트웨어의 도움으로 용이하게 실행될 수 있다. 고려되는 공정과 가타 매우 성숙된 공정에 대하여, 조업장치의 수행에 관련된 많은 정보가 존재하며 이중 많은 것들이 이미 최적화되었다. 표 4-6에 수록된 이러한 정보, 특히 세 반응기에 대한 상당 부분이 실제 적용 측면에서 최적화되었고 검증을 위해 완벽히 분석되었다.

구조적 공정도 최적화에 대한 이 절을 마치면서 지금의 예는 오히려 사소해 보임에 유의하라. 이의 부분적 이유는 염화비닐을 만드는 공정이 매우 성숙되어 있으며, 완벽히 최적화되었고, 공정이 단지 세 화학반응만 포함하기 때문이다. 또 다른 이유는 P-그래프에 근거한 공정-망 합성을 위한 알고리듬적 방법이 고려되는 불필요한 여분의 망을 상당히 엄격하게 제거하는데 매우 효과적이기 때문이다. 이것은 그림 4-8에 보인 절차에서 두 번 실행된 조합적 알고리듬 집합을 사용함으로써 성취된다. 이 알고리듬의 첫째 실행에 있어 반응망은 빨리 결정되었고, 공정도를 위한 시작점으로 쓰였으며, 조업장치의 선정과 위치 결정을 위한 초기 지침을 제공했다. 두 번째 실행에서는 공정도 자체의 최적 구조가 조합적으로 타당한 공정도의 제한된 숫자 중에서 실제로 찾아졌다. 이것은 온구조에 근거한 종래의 알고리듬적 방법과는 정반대이다. 예를 들면, 공정의 9개 조업장치를 가지면 온구조는 511개의 망을 포함한다. 최적 공정도를 확인하려면 모든 511개의 망이 고려되어야 한다. 이러한 일은 실제로 어렵고 시간이 많이 든다. 이러한 심각한 어려움을 엄밀히 피하는 모든 노력이 현재로서는 성공적이지 못하다.

조합적으로 타당한 공정도가 너무 과잉일 경우 종래의 분지한계법을 수정한 ABB 알고리듬을 적용하는 것은 매우 유익하다. 염화비닐 제조에 있어 수지 맞춘 공정의 세 반응집합 $r_1$, $r_2$, $r_3$에 아래 주어진 반응 $r_4$가 더해진 수지를 맞추지 못한 공정을 고려함으로써 보여주는 것처럼 이런 상황은 쉽게 일어날 수 있다.

$$r_4: \quad C_2H_2 + HCl \rightarrow C_2H_3Cl$$

한 반응을 단지 더함으로써 조합적으로 가능한 반응망의 수는 2에서 12로 증가하며 이들 중 10개는 타당하다. 이것은 지수적 증폭을 가져온다. 자연적으로, 타당한 반응망으로부터 얻어진 조합적으로 타당한 공정도의 숫자는 반응 $r_4$를 수용하는데 포함될 필요가 있는 반응기와 분리기의 형태와 숫자에 좌우되어 증가할 것이다. 이 단순한 예가 최적 및 준최적 공정도의 정해진 숫자를 주어진 순서로 알아내는데 ABB 알고리듬의 유용성과 필요성을 보여준다. ABB 알고리듬의 빠른 가속은 공정도의 고유한 구조적 특성을 현명하게 활용함으로써 이뤄진다.[66)]

MSG, SSG, ABB 알고리듬을 실행하는 절차는 시범을 위해 http://www.p-graph.com에서 유용하다. 더욱이 합성문제(*P*, *R*, *O*)가 소개된 후 세 알고리듬의 매우 자동화되고 통합된 실행은 소프트웨어 SYNPHONY를 통해 가능하다.

## 계층적 및 알고리듬적 결과의 비교

염화비닐 공정에 대한 공정도는 계층적 및 알고리듬적 접근법에 의해 얻어졌다. 그림 4-17과 4-19를 비교할 때 두 그림은 산소염화 반응에서 나오는 이염화에탄(EDC), 물, 기체 생성물의 분리 형태에서만 다를 뿐 현저히 유사하다. 염화비닐 공정이 잘 개발되었고 문헌에 묘사되어 있으므로 이러한 일치는 기대된 것이다. 덜 개발된 공정이나 더 복잡한 공정에 대하여, 알고리듬적 접근법은 계층적 접근보다 더 명확한 결과를 가져온다.

둘 사이에는 상세한 차이가 있다. 알고리듬적 방법에서의 물질수지는 훨씬 더 상세하고 종속적이다. 예를 들면 계층적 방법에서 사용된 개략적 물질수지는 1 kg몰의 염화비닐을 생산하는데 1.08 kg몰의 에틸렌이 필요하며 이 양은 직접 및 산소염화 반응기로 동등하게 나눠짐을 보이는 반면 알고리듬적 수지는 염화비닐 1 kg몰 당 1.06 kg몰의 에틸렌을 보이며 53%가 직접 염화로, 47%가 산소염화로 간다. 이것은 열분해 반응기에서 염화비닐로의 EDC 전환율 차이는 물론 두 염화반응기에서 에틸렌의 EDC로의 전환율로 사용된 값 차이 때문이다. 더 상세한 수지는 매우 낮은 농도의 조성을 포함하며 이것은 휘발 및 비휘발 성분 증류탑을 더 효율적으로 다루는 것을 가능하게 해준다.

알고리듬적 방법은 열통합을 포함하지 않았는데 이는 이 목적을 위한 뛰어난 알고리듬이 이미 유용하기 때문이다. 계층적 방법에서는 공정의 조업장치 최소화를 가져오는 열통합에 대해 간단한 접근법을 예시한다. 알고리듬적 방법은 장치 크기에 근거한 최적화를 포함한다. 이러한 최적화는 전산-근거 알고리듬에서만 타당하다. 염화비닐보다 더 복잡한 화학반응이 고려될 때 알고리듬적 접근법은 더 정의되어 있고 완벽하므로 적절한 소프트웨어와 함께 사용이 명백히 추천된다.

66) F. Friedler, J. B. Varga, and L. T. Fan, *State of the Art in Global Optimization, Computational Methods and Applications*, C. A. Floudas and P. M. Pardalos, eds., Kluwer, Norwell, MA, 1996.

## 유전 알고리듬

유전 알고리듬(GA)은 자연 선택과 유전의 기작 흉내에 근거를 둔 절차이다. 이러한 알고리듬은 최적화 문제를 풀기 위해 생물학적 진화론을 모방한다.

화학 공정도 합성문제에 GA를 적용하는 것은 복잡하다. 공정설계에 구조적 성분 유사성을 부여하는 것은 어렵지 않다. 특징은 과업에 해당되며 유전자는 하부과업에 해당된다. 자손의 유사성은 또한 단순하며 알고리듬적 반복계산에 해당된다. 주된 어려움은 자연-선택-유사성 기준을 수립하는데 있다.[67] 주요 원소로 시작하는 절대 에너지 요구량과 같은 수많은 접근법이 제안되었으나 폭넓은 지지를 얻거나 스스로 증명하지 못했다. 또한, 돌연변이의 중요한 개념은 돌연변이를 일으키는 힘이 확실하지 않으므로 모방하기에 어렵다. 그러나 초기 조사에 의하면 돌연변이에 해당되어 보이는 결정에 어느 정도 임의성을 간단히 도입함으로써 일부 성공함을 보여준다. 이러한 어려움에도 불구하고, 상당한 효율을 보이며 인간-생성 알고리듬에 조화될 수 있기에 GA는 추구된다.

## 공정도 합성 및 개발에 대한 향후 접근

공정도 합성, 평가, 선택에 있어 알고리듬적 접근법의 도래는 정확성, 완벽성, 규모에서의 큰 향상의 가능성을 보여준다. 알고리듬적 공정도 절차는 공정도의 구조를 제공한다. 이것은 종래의 공정도에서 사용된 것과 유사한 계층적 접근법을 각종 화학 장치의 고급 수학적 모델과 비선형 수학적 원리를 합침으로써 이뤄진다. 현재까지, 알고리듬적 접근법은 공정산업에서 폭넓게 쓰이는 정교성, 성숙성, 적용성 수준까지 도달하지 못했다. 그러나 성숙한 알고리듬으로 될 것은 확실하다. 또한, 풍부하며 지수적으로 증가하는 계산능력의 유용성은 현재 가장 큰 전망을 보이는 가장 계산-집약적 알고리듬이 다루기 쉬울 수 있다는 것을 보증한다.

## 공정도 합성에서의 소프트웨어 사용

공정도 생성, 선택, 개발을 도우며 용이하게 하는 수많은 소프트웨어 응용이 현재 나와있다. 이것에는 개별 알고리듬 프로그램과 상업용 소프트웨어 패키지가 있다. 알고리듬의 연구와 실행을 목표로 한 개별 프로그램은 제한된 숫자의 연구에서 쓸모 있음을 보여 왔다. 그러나 이들은 거의 모든 단계에서 인간의 간섭을 필요로 하며 정의상 특정 연구 경우에 사용된다. 공정도 합성을 목표로 한 수많은 상용 패키지가 있다. 상용 패키지는 더 광범위하게 적용되나 역시 집중적인 인간의 간섭과 지속적인 감독을 보통 필요로 한다. 따라서 일단 공정이 정의되면 공정의 배치와 더 복잡하게 정의된 공정시스템의 분석에 있어서는 유용한 것으로 판명되나 현재의 소프트웨어는 완벽히 자동적인 공정도 합성과 평가에 대해 충분히 개발되지 못하고 있다.

---

67) C. Laquerbe, J. C. Laborde, S. Soares, P. Floquet, L. Pibouleau, and S. Domench, *Comp. & Chem. Eng.*, **25**: 1169 (2001)

# 공정도 분석과 평가

## 설계 평가를 위한 기준

공정도의 복잡하고 변하며 진화하는 본성 때문에 다양한 많은 후보 공정도로부터 더 바람직한 가능성을 쉽게 선택하지 못한다. 그러나 공정도를 선택할 때 특정 설계기준에 따른 중요성과 함께 조심스레 항상 고려되어야 하는 수많은 요인이 있다. 이 기준은 경제적 가변성, 안전, 환경 및 법적 문제를 포함한다. 이러한 요인과 함께 전망있는 공정도를 평가하는 것은 어느 공정도가 모든 설계 기준을 가장 근접하게 만족시키느냐를 결정하는데 도움이 된다.

**경제적 가변성** 공정도의 경제적 평가는 설계목적이 경제적으로 활력있는 공정을 만들어내는 것이므로 공정도 선택에서 가장 중요한 요인이다. 경제적 분석은 장치 및 건설비용과 원료, 유틸리티, 조업자 임금 같은 운전비용을 고려하여야 한다. 더 나아가 완벽한 경제적 분석은 예견할 수 있는 제도와 규제의 변화를 포함한 운전비용과 제품가격의 향후 변동 가능성을 평가함으로써 미래의 공정 가변성을 조사하여야 한다. 완벽한 경제성 평가를 수행하는 특성은 6, 7, 8장에서 더 언급된다.

**안전 문제** 사회적, 규제적, 경제적 압력의 증가는 공정설계 초기 단계에서 설계의 안전을 매우 중요시하게 만들었다. 자세히 조사되는 안전은 작업자에 대한 화학-노출 영향, 가동 및 중단 문제를 포함한다. 또한 장치 고장, 원료나 분순물의 검출되지 않는 변화 같은 조업 변화의 상세한 조사도 포함한다. 많은 이러한 안전 고려와 평가 절차는 직접 수행되고, 잘 문서화되고, 표준화되는 반면 많은 것은 그렇지 않다. 더욱이, 비록 더 많은 초기 시간과 비용이 소요되더라도 늘어나는 엄격한 규제와 예상되는 향후 규제를 맞추기 위한 계획은 궁극적으로 가치가 있을 수 있다.

**환경 문제** 이들은 일반적으로 정부의 다양한 기관에서 수립된 법적으로 부과된 규제이다. 이러한 규제는 심지어 유용한 폐기물 처리 용역과 같은 지역에서의 작은 변화에 따라 변할 수 있다. 더 나아가, 환경규제는 일반적으로 숫자, 대상, 엄격성에서 늘어나고 있다. 공정이 환경 요구사항을 만족시키는지 알기 위하여 모든 제안된 공정의 완벽한 환경 환경규제 제도를 완전히 이해하는 것은 필수적하다.

환경법에 의해 일반적으로 부과된 제한의 형태는 세 영역 즉 사용될 수 있는 물질, 사용될 수 있는 유틸리티, 허용된 폐기물로 나눌 수 있다. 이들 중 폐기물이 가장 심하게 규제된다. 폐기물은 농도, 온도, 유량, 심지어 상태에 의해 규제된다. 미리 정해진 폐기물 규제를 감시하고 맞추고 고수하는 것은 가끔 상당량의 특수 장비를 갖춘 몇몇 전문가나 환경 감시 전문회사의 고용을 필요로 한다. 더 나아가, 많은 경우 환경규제는 처분하기 전의 추가 처리를 필요로 하므로 조업비를 더 들게 만든다. 마지막으로, 환경을 인식하는 고용인의 증가는 때때로 고용자에게 훨씬 더 엄격한 환경적 요구를 한다. 또 계획단계에서의 예견은 가끔 미래의 환경규제를 맞추거나 적어도 예측되는 규제 강화에 준비하는데 도움이 될 수 있다.

**법적 문제** 화학공정의 복잡성에 따른 연구 개발의 많은 비용은 소유, 특허, 기타 법적으로 제한된 공정정보의 문제를 가져온다. 화학공정 정보가 속한 지적 재산권 관련법은 관련 요구사항을 맞추기 위한 전문지식 및 감정을 필요로 하며 지역 및 시간에 따라 변한다. 더 나아가 일부 공정은 법적으로 제한되어 있는 것이 널리 알려져 있는 반면 나머지는 아니므로 공정이 실행되거나 사용되기 전에 공정의 가능한 법적 측면에 대한 조심스런 연구가 절대적으로 필요하다. 동시에, 특허 데이터는 가끔 초기 연구 단계에서 가능한 공정을 결정하기 위한 정보의 좋은 자료가 된다.

법적 문제의 민감성과 법적 얽매임의 주요 경제적 반향이 회사 내의 법적 전문가나 심지어 화학공정 법을 전문으로 하는 회사의 관여를 필요로 한다.

## 요약

설계 평가의 기준은 규제에 응하며 향후 요구사항을 마음에 두면서 어떻게 원하는 제품을 가장 이익을 내며 잘 만들 수 있는가에 의해 공정도가 평가되어야 함을 서술함으로써 요약될 수 있다.

## 사용부호

$a_i$ = 조업 장치 $O_i$에 대한 자본비의 연간 고정 부분, \$/yr

$b_i$ = 조업 장치 $O_i$에 대한 자본비의 연간 크기-의존 부분, (\$/yr)[(장치 크기 단위)$^n$]

$c$ = 요구되는 계산 단계의 수를 표시하기 위한 상수, 무차원

$C_p$ = 일정 압력에서의 열용량, kJ/kg mol·K

$CR_i$ = 반응 $i$에서의 주반응물의 전환율, 무차원

$F_{\mathrm{EDC}}$ = 반응기 R-2에서의 이염화에틸렌 주입량, kg몰/(염화비닐 제품 kg몰)

$FE$ = 총 에틸렌 주입량, kg몰/(염화비닐 제품 kg몰)

$\Delta H_R$ = 반응열, kg/kg몰

$\Delta H_V$ = 기화열, kg/kg몰

$m$ = 타당한 공정도에 있는 모든 물질을 포함하는 $M$의 부분집합

$m_p$ = 성분들의 균일한 혼합물

$M$ = 공정망 합성에 관여된 물질들의 유한 집합; 조업 장치 크기 $x_i$의 상한

$n$ = 최대 구조에서의 조업 장치의 수; 반응물이나 생성물의 몰 수; 특별히 타당한 공 정도에서의 조업 장치 수; 성분들의 수

$n_{\mathrm{EDC}}$ = 이염화에틸렌 kg몰 수/(염화비닐 제품 kg몰)

$o$ = 타당한 공정도에서의 모든 조업을 포항하는 $O$의 부분집합

$O$ = 모든 조업 장치의 수; 하첨자 $i$는 조업 장치 $i$를 나타낸다.

$P$ = 모든 최종 생성물의 집합

$Q$ = 전달된 열량, MJ/(염화비닐 제품 kg몰)
$r_i$ = 반응 수 $i$
$R$ = 모든 원료의 집합
$S$ = 총 연간 비용, $/yr
ssi = 반응기 $i$를 통한 에틸렌 원료와 염화비닐 제품간의 분리 단계의 수, 무차원
$T$ = 온도, K; 하첨자 $i$와 $o$는 입력과 출력을 나타낸다.
$\Delta T$ = 온도 변화, K
$x_i$ = 정수 반응식의 곱수, 무차원; 조업 장치 $O_i$에 있어서 개별 장치의 크기, 장치 형태에 의존한다.

## 그리이스 문자

$\eta$ = 비용 수식에서 장치 크기 항의 지수

# 연습문제

**4-1** 천연가스 처리공정은 천연가스를 에탄 흐름, 프로판/$n$-부탄 흐름, 주로 메탄인 판매 가스 흐름으로 분리한다. 천연가스 원료 속도는 $2.5 \times 10^3$ kg 몰/h이며, 조성은 각각 83, 12, 4, 1 몰% 메탄, 에탄, 프로판, $n$-부탄이다. 에탄 생성물 흐름은 1 몰% 메탄, 2 몰% 프로판, 무시할만한 부탄을 함유한다. 프로판 생성물 흐름은 모든 부탄, 2 몰% 에탄, 무시할만한 메탄을 함유한다. 판매 가스 흐름은 0.5 몰% 에탄과 나머지는 메탄이다.

a. 이 공정에 대하여 I/O 그림을 그려라.

b. 각 생성물 흐름의 유량을 계산하라.

c. 나음 비용을 이용하여 모든 흐름의 돈 가치를 구하라.
천연가스의 낮은 가열 값(LHV)에 대하여 $4.00/GJ
에탄 생성물 흐름에 대하여 $0.40/kg
프로판 생성물 흐름에 대하여 $0.44/kg
판매 가스 생성물의 낮은 가열 값(LHV)에 대하여 $3.25/GJ

| Component | LHV, GJ/kg mol |
|---|---|
| Methane | 0.802 |
| Ethane | 1.428 |
| Propane | 2.044 |
| $n$-Butane | 2.686 |

d. 이 공정에 대하여 원료 비용과 분리 비용 합계보다 낮은 판매 수입이 0이 되게 하는 분리 비용을 시간당 달러로 계산하라.

**4-2** $C_4$까지의 거의 순수 성분과 휘발유로의 Y-등급 NGL(천연가스 액체) 분리에 대하여 분리 열차를 만들라.

**4-3** 스틸렌 모노머를 생산하기 위한 두 개의 주요 화학공정을 연구하고 수립하라. 이러한 공정에 대하여 I/O 그림을 그려라. 스틸렌 모노머 공정의 기본 경제성을 분석하고 어느 공정이 더 전망이 있는지를 수립하라.

**4-4** 문제 4-3에서 분석된 두 스틸렌-생산 공정중 하나에 대하여 기능 그림을 만들라.

**4-5** 문제 4-3에서 분석된 스틸렌-생산 공정중 하나에 대하여 조업 그림을 만들라. 이 문제에 대하여는 추가 문헌조사가 필요할 수도 있다.

**4-6** 스틸렌 공정에 대해 개발된 운전 그림으로부터 열통합 없이 최종 공정도를 개발하라. 그리고 열통합을 갖는 최종 공정도를 개발하라. 열통합 단계를 통해 무슨 절감이 생성될 수 있는가? 이러한 공정도는 무슨 형태의 주요 고려사항을 야기하는가? 이러한 문제들은 공정도의 재설계를 요구하는가?

**4-7** 다음과 같은 가정을 사용하여 스틸렌 모노머 생산을 위해 만들어진 최종 공정도의 경제적 가능성을 평가하라: 고체 촉매 비용 \$5/kg, \$0.15/kg 비용 및 50시간이 드는 재생 공정이 요구되기 전의 운전시간은 800시간이다. 나아가, 촉매 무게에 대한 시간당 원료의 비율은 100으로 가정하라.

**4-8** 통과당 30% 에틸벤젠 전환을 가정하여, 스틸렌 모노머 공정에 대하여 전산화된 공정 흐름도(PFD)를 만들라. 재순환으로 반응기 입구로 돌아오는 유체의 부피 양은 반응기를 떠나는 생성물의 부피의 2.6배이다. 모든 분리는 증류탑당 하나의 단일 생성물에 의한다.

**4-9** 스틸렌을 만들기 위하여 사용된 공정에 대하여 주요 반응물을 생산하기 위해 사용될 수 있는 가능성 있는 화학 공정을 연구하고 수립하라.

**4-10** 문제 4-9에서 수립된 반응물-생산 공정중 어떤 것은 스틸렌 공정으로 통합될 가치가 있는가? 정당화하라.

**4-11** 문제 4-9에서 찾아진 가능성 있는 원료 공정을 스틸렌 모노머 공정으로 도입하고 통합하라.

**4-12** 문제 4-10의 가정을 이용하여 새로운 합쳐진 최종 스틸렌 공정도를 평가하라.

**4-13** 물, 석탄, 천연가스로부터 수소를 생산하기 위한 기본 경제성을 분석하고 I/O 그림을 보여라. $3 \times 10^7$ 및 $1 \times 10^8$ kg/yr의 생산 속도를 얻기 위해 무슨 생산 모드가 활용되어야 하는가?

**4-14** 문제 4-3에서 찾아진 수익성 있는 스틸렌 생산 공장에 대하여 다음을 가정하라.

촉매 비용 = \$6.6/kg
촉매 무게에 대한 시간당 원료 비율 = 100
촉매 수명 = 1100 시간
촉매 재생 비용 = \$0.25/kg
촉매 재생 시간 = 40 시간
촉매 대체 시간 = 8 시간

반응기 출구 흐름으로부터 모든 에틸벤젠의 100% 분리, 모든 남은 물질의 100% 재순환

100% 순도, 단일 성분 분리
모든 분리에 사용된 증류 열 필요량에 대해 20% 수정된 이상적인 증류
a. 이 공정에 대하여 기능 그림을 수립하라.
b. 이 공정에 대하여 조업 그림을 수립하라.
c. 이 공정에 대하여 열통합과 함께 최종 공정도를 수립하라.
d. 장치 비용을 무시하고, 이 공정의 조업 경제성을 평가하라.

**4-15** 아크릴산은 프로필렌으로부터 생산될 수 있다.
a. 이 공정을 연구하고 공정도 합성을 위해 필요한 충분한 상세사항을 결정하라.
b. 이 제안된 공정에 대하여 총괄 경제성을 결정하라.
c. 이 공정에 대하여 열통합 없이 기능 그림, 조업 그림, 최종 공정도를 만들라.
d. 이 공정에서 무슨 열통합이 수행될 수 있는가?
e. 이 공정에 대하여 전산화된 PFD를 만들라.

**4-16** 비닐 아세테이트는 수많은 주요 화학공정에 대한 원료이다.
a. 비닐 아세테이트 생산을 위한 반응 경로를 찾아라.
b. 이러한 가능성 있는 합성 경로에 대하여 총괄 경제성을 결정하라.
c. 비닐 아세테이트 생산을 위한 대부분의 현재 방법들은 에틸렌과 아세트산의 산화에 의존한다. 에틸렌의 부반응 연소를 고려하여 이 공정에 대한 진보된 공정도를 만들라. 또한 너의 공정도에 패키징을 넣은 것을 확실히 하라.
d. 가장 전망 있는 공정을 평가하라.
e. 이 공정에 대하여 전산화된 PFD를 만들라.

**4-17** 산업용 에탄올은 원료를 반응시키거나 유기물질을 발효시킴으로써 생산될 수 있다. 에탄올을 생산하기 위한 두 원료반응 및 유기물질 발효공정에 대하여 I/O 및 기능 그림을 그려라. 두 개념적 공정을 비교하라

**4-18** 보통의 자동차 촉매 전환기는 2-kg의 세라믹 벌집형 블록에 포함된 대략 0.5 kg의 팔라듐-그룹 금속 분말을 함유한다. 사용하고 버린 촉매 전환기에서 팔라듐-그룹 금속을 분리하여 회수하는 공정에 대한 공정도를 설계하라.

CHAPTER

# 5

# 공정설계에서의 소프트웨어 사용

일상생활은 물론 공학의 다른 관점에서와 같이 전산 소프트웨어 사용과 활용은 지금 공정설계와 경제성 평가에 깊이 스며들어 없어서는 안되게 되었다. 컴퓨터는 기존의 업무를 수행하는 설계공학자의 능력을 쉽게 해주고 강화시켜주며, 과거 수작업의 확장을 가능하게 만들며, 현재 공정설계 및 평가의 과정이 된 과거에 불가능했던 업무도 용이하게 한다.

개발 과정의 첫 단계에서 전산화된 데이터베이스, 연구결과, 종래 출간물의 전자 출판은 원하는 제품을 만드는 가능성 있는 화학공정을 결정하는데 있어 반응과 원료의 적절한 선택에 도움을 준다. 컴퓨터는 또한 실험을 계획하고 수행하고 분석하기 위해 실험이 필요할 때마다 쓸모 있다. 소프트웨어는 가장 좋은 공정도를 만들고 평가하고 선택하는데 사용될 수 있다.[68] 공정모사 소프트웨어는 선택된 공정도에 근거한 공정 흐름도를 만들어내는데 사용된다. 설계과정에서 가장 강조되는 소프트웨어 사용의 측면인 이러한 모사는 넓은 범위의 조업조건과 시나리오에 대해 매우 정확한 공정모사를 가져온다. 후보 화학공정에 대한 공정모사는 안전과 조업성 확인을 위해 넓은 범위의 조건에서 검토될 수 있다. 일부 공정에 대해 공정설계의 종래의 시험공장 단계를 거치지 않아도 될 정도로 정확한 모사는 경제적 평가 소프트웨어에 의해 공정의 경제성을 평가하는데 사용될 수 있다. 그런 후 공정의 전산화된 최적화는 전용 최적화 소프트웨어나 최적화 비전용 소프트웨어의 조합을 사용함으로써 또한 가능해진다. 일단 공정 요소와 조업조건이 수립되면 공정의 물리적 배치도 평가되고 최적화될 수 있다. 마지막으로 공정을 건설하기 위한 그림, 도면, 필요한 계획 등도 컴퓨터를 사용하여 만들 수 있다. 공정 설계 및 평가에서의 이런 모든 측면들이 그림 5-1에 나와 있다.

소프트웨어의 사용은 공정설계 및 평가의 덜 관련이 있는 부분에도 확장된다. 여기에는

68) 공정 흐름도는 소프트웨어 사용에 있어 공정모사라는 말과 상호 교환돼 사용된다.

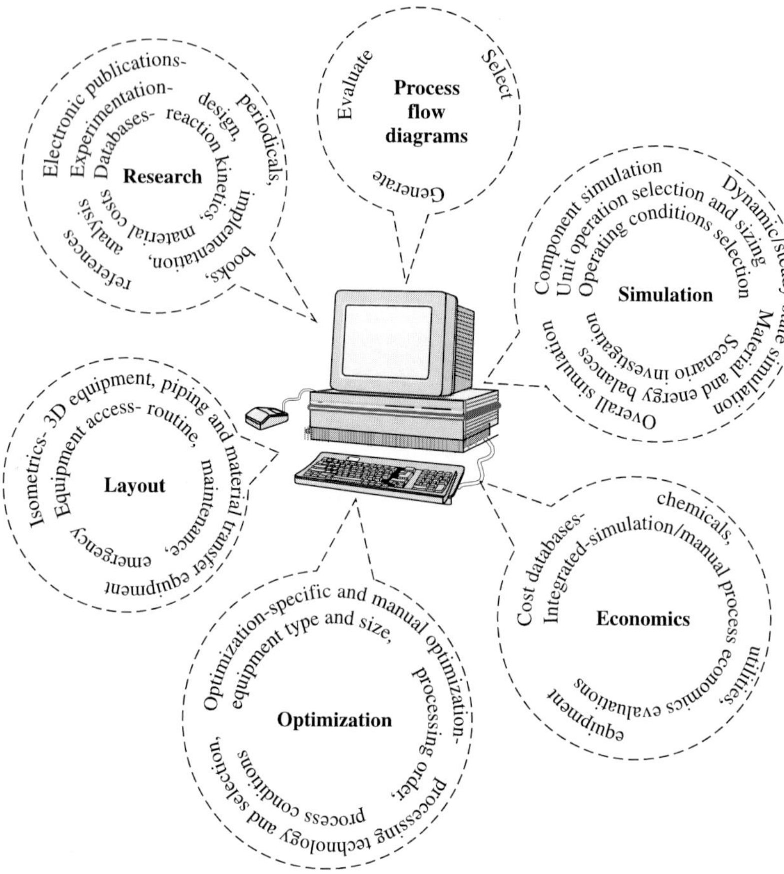


**그림 5-1**
공정설계 및 평가에서의 소프트웨어 역할

작문의 모든 측면을 크게 용이하게 하며 강화시키는 문서작성기, 빠르고 효과적인 의사소통에 유익한 통신 소프트웨어, 계산과 수리적 분석에 도움을 주는 많은 수학적 평가용 소프트웨어 프로그램이 포함된다. 이러한 형태의 일반적인 소프트웨어는 공정설계 및 평가에서 결정적인 역할을 하지 않으나 여러 면에서 공정설계 및 개발용 소프트웨어로서 필수적이다.

공정 및 경제적 평가에서의 소프트웨어의 올바른 이해, 선택, 사용, 평가는 소프트웨어 구조의 검토로부터 시작된다. 이것은 소프트웨어 기초를 형성하는 주요 소프트웨어 기능을 알려주며, 소프트웨어의 이어지는 선택, 사용, 평가의 근간을 이룬다. 다음으로 설계 및 평가 과업을 수행하는데 도움을 주도록 소프트웨어가 선택된 후 실행된다. 그 결과는 적절한 소프트웨어 사용 결과인지를 확신하는 검토를 포함하여 정확성을 위해 평가된다.

## 소프트웨어 구조

공정설계 및 평가에 사용되는 모든 소프트웨어 프로그램은 다른 조합으로 묶거나 통합되어 다양할 정도로 공정설계 및 평가의 실제를 완수하는 많은 기초 기능을 특징으로 한다. 이 기능은 화학물성을 추정하는 것을 포함하며, 반응이나 상분포 같은 분자 상호작용을 묘사하며, 처리장치를 모형화한다. 기타 기본 기능에는 경제적 평가는 물론 장치, 화학물질, 유틸리티 비용 기능이 포함된다. 추가적인 기본 소프트웨어 기능은 열통합, 공정제어, 공정최적화를 포함한다. 이 세 기능은 비록 복잡하고 다른 기능에 의존할지라도 기본적인 것으로 고려된다. 이 책이 발간되기 전까지 유용했던 일부 공정설계 소프트웨어의 표가 기능별로 분류되어 부록 F에 나와 있다. 또한 일부 설계 소프트웨어 개발자의 접촉 정보도 제공된다.

## 화학물성 추정

공정설계에서는 화학물질을 묘사하는 다양한 물성을 정확하게 재생산하는 것이 필요하다. 정확한 모델링과 모사에 필요한 물성은 가끔 분자 반응 및 속도론 데이터, 열역학 물성, 이동 물성을 포함한다.[69] 화학반응 속도론 데이터의 경우, 주요 물성은 속도식, 활성화 에너지, 반응기작이다. 필요한 열역학 물성은 엔탈피, 엔트로피, 퓨개시티 계수, Gibbs 자유에너지 등이다. 가장 관심있는 이동 물성은 확산계수와 모델, 열 전도도, 점도이다.

이러한 주요 화학물성의 추정은 세 모델을 통해 이뤄진다. 첫 번째는 실험적으로 결정된 물성표의 안짐작, 바깥 짐작, 실험적 곡선 맞춤이다. 이러한 실험적 물성추정은 매우 정확할 수 있으나 실험 기초로 사용되어 실험적으로 결정된 데이터와 같은 조건 하에서만 사용되어야 한다. 물성추정의 두 번째 접근법은 상태방정식 사용을 통해서이다. 상태방정식은 분자 반발 및 끌어당김의 근본적인 분자 원리로부터 유도된 일반화된 식이다.[70] 이런 관계식은 특정 계수를 사용을 통한 압력, 온도, 부피 관계를 직접 묘사하여 엔탈피, 퓨개시티 계수 같은 다른 열역학 물성을 제시한다. 상태방정식에 사용된 계수는 실험적으로 결정되거나 분자 행동 원리로부터 유도될 수 있다. 상태방정식은 유도하는데 사용된 가정이 맞고 관심 화학물질에 대한 특정 계수를 알고 있는 한 쓸모 있고 편리하다. 이것은 고압의 심한 비이상 시스템은 물론 하부임계 및 초임계 영역을 포함하는 광범위한 온도 압력에서 이상, 또는 준이상 유체 시스템에 대해 상태방정식이 쓸모 있음을 의미한다.[71] 더 나아가 많은 소프트웨어 프로그램은 사용자가 자체 계수를 넣음으로써 상태방정식에 근거한 물성 추정의 정확성을 올리도록 하고 있다. 활동도 계수 방법이라는 세 번째 방법은 기본적 분자 상호작용 원리와 이에 따른 열역학적 현상을 통해 화학물질의 비이상적 행동을 설명하는 접근법이다. 비이상성 보상은 화학물질의 기본적 분자열역학 행동을 묘사하는 식에 분자 크기 불일치와 더 강한 분자 상호작용을 더함으로써 이뤄진다. 이것은 분자행동 식을 더 복잡하게 만드나 특히 저압에서의 심한 비이상 유체와 액체 혼합물에 대해서는 화학물성 추정의 정확성을 높인다. 활동도 계수 방법에 사용된 비이상성 보상 기술의 본질은 많은 요구사항과 제약으로 이끈다. 활동도 계수 모델에 사용된 계수는 실험적으로 결정되어야 하며 수립된 조건에서만 유효하다. 또한 활동도 계수 모델의 정확성은 모델이 유도된 조건에 국한된다. 따라서

69) S. Bumble, *Computer Generated Physical Properties*, Lewis Publishers, Washington, 1999

70) 상태방정식과 활동도 계수 모델에 관한 더 많은 정보를 위해서는 일반적인 열역학 교과서를 찬조하라.

71) J. M. Smith, H. C. Van Ness, and M. Abbott, *Introduction to Chemical Engineering Thermodynamics*, 6th ed., McGraw-Hill, New York, 2001; and R. Span, *Multiparameter Equation of State: An Accurate Source of Thermodynamic Property Data*, Springer-Verlag, Berlin, Germany, 2000.

특별히 액-액 평형과 같이 특수 경우에 대해 쓸모 있고 정확한 활동도 계수 방법은 조심스레 사용되어야 한다.

물성추정 방법의 본질은 모든 물성이 한 개의 물성 추정법이나 식으로부터 얻어지지는 않는다는 것이다. 여러 방법과 물성관련 식은 물성 추정능력을 더 제한하는 특정 압력, 온도, 분자량, 분자 크기 범위에 국한된다. 이러한 제한과 세 물성추정 접근법의 유용성은 물성추정 루틴으로 하여금 다른 화학물질의 다른 물성을 추정하기 위해 다른 접근법을 합치도록 한다. 이것은 다소 정확성이 변화되면서 화학물질에 대해 완벽하고 적절한 물성추정 방법이 되도록 한다. 이러한 물성추정법은 다양하게 열역학, 물리적, 유체 물성 패키지로 불린다.[72] 주요 물성추정 모델, 이들의 제약, 응용의 요약이 표 5-1에 열거되어 있다.

전해질 용액은 비전해질 용액에서 발견된 것보다 더 다양한 상호작용과 현상을 가진다. 이러한 용액은 짧고 긴 다상 상호작용을 설명하는 다양한 실험 모델로 평가된다. 이러한 모델은 가끔 전해질 시스템으로의 모델 응용을 확장하기 위해 활동도, 상태방정식, 반실험 모델과 합쳐진다.

## 공정장치 모델

공정장치 모델은 기본 공정장치 운전 원리로부터 유도된 정밀한 물질 및 에너지 수지의 집합이며 수치해법을 이용해 풀린다.[73] 이 집합은 모델이 반영하고자 의도한 특정 운전 및 물리적 배열에 적합한 많은 수식을 선택하고 분리하고 묶는 논리적 루틴과 합쳐진다. 따라서 결과 모델은 원료와 배출의 형태, 질, 양에 대해 광범위한 처리장치 사양을 재생산하는데 사용될 수 있다. 예를 들면, 다단계 증류탑은 단지 열역학 평형단의 계층이다. 물질 및 에너지 수지는 열역학 평형 계산과 합쳐진 다단계 흐름으로부터 수립되며, 실제 유속과 평형 조성과 상태는 화학물성 데이터를 이용해 수립된다.[74]

기본 공정장치 조업 원리로부터 유도된 일반적인 물질 및 에너지 수지식 이외에도 모델은 모형화되는 공정 장치의 조업 특성을 설명해야 한다. 정확하고 쓸모있는 모델링에 대한 열쇠는 더 구체적인 특성을 포함하는 것이다. 비록 많은 경우 단순한 원리의 반복적 사용이 전체적인 모델 복잡성을 가져올지라도 대부분의 공정장치의 기본 조업 원리는 잘 이해되고, 단순하며, 수학적으로 표현하기 쉽다. 그러나 공정원리를 쓸모 있는 장치에 적용하는데 필요한 기계적 설계와 제작 고려사항 때문에 실제 장치가 기본 운전 원리에 의해 정확하게 묘사되는 것은 드물다. 실제 공정장치의 더 구체적인 특성은 정량화하고 수학적으로 표현하여, 일반-원리 모델에 넣기에 쉽지 않다. 그러나 효율, 압력 강하, 마찰 손실 같은 장치의 특성은 실제 공정장치 운전을 묘사하는데 필요하다.[75] 세 주요 접근법과 이들 접근법의 조합

72) J. P. O'Connel and M. Neurock, *Fifth International Conference on Foundations of Computer-Aided process Design*, M. Malone, J. A. Trainham, and B. Carnahan, eds., 96, series 323, pp. 5-19, American Institute of Chemical Engineers-CACHE, New York, 2000.

73) 공정장치의 수학적 모델링에 대한 더 상세한 묘사는 일반적인 화공 수치 해석이나 모델링 교과서에서 찾을 수 있다.

74) 각종 공정 조업에 깔려 있는 원리는 뒤 장에서 더욱 상세히 다룬다.

75) A. Rutherford, *Mathematical Modeling: A Chemical Engineer's Perspective*, Academic Press, San Diego, CA, 1999.

표 5-1 물성 추정 모델 요약

| | Description | Typical uses | Range of application |
|---|---|---|---|
| **Equation of state** | | | |
| Lee-Kesler-Plocker | Most accurate general method for nonpolar substances and mixtures | Refinery and gas processing | All (least accurate near critical property values) |
| Peng-Robinson | Model appropriate for vapor-liquid equilibrium calculations. Many modified models based on basic PR model are available with extended nonideal applicability ranges, including sour systems. | Refinery, petrochemical, and gas processing | All (least accurate near critical property values) |
| Soave-Redlich-Kwong | Similar to PR, but its range of application is more limited and is less reliable for nonideal systems. | Refinery, petrochemical, and gas processing | All (least accurate near critical property values) |
| **Activity model** | | | |
| Braun K10 | Based on K10 charts for 70 hydrocarbons and light gases | Petrochemicals | Hydrocarbons under low pressures and low to moderately high temperatures (100–800 K) |
| NRTL *(nonrandom two-liquid)* | Extension of the Wilson equation. Uses statistical mechanics and the liquid cell theory to represent the liquid structure. Many modifications to model available for modeling of dissimilar fluid mixtures | Strongly nonideal VLE, LLE, and VLLE phase behavior | Fluids and fluid mixtures with similar phase behavior characteristics. Modifications allow modeling of dissimilar phase behavior characteristics |
| UNIFAC | Modification of UNIQUAC. Applies UNIQUAC principles to functional groups instead of molecules | Strongly nonideal VLE, LLE, and VLLE phase behavior | Similar to UNIQUAC |
| UNIQUAC *(universal quasi chemical)* | Uses statistical mechanics and quasi-chemical theory to represent the liquid structures. Many modifications of model available to allow modeling of dissimilar fluid mixtures | Strongly nonideal VLE, LLE, and VLLE phase behavior | Similar to NRTL |
| Wilson | First activity coefficient equation. Uses local composition model to derive the Gibbs excess-energy expression. Offers a thermodynamically consistent approach to predicting multicomponent behavior from regressed binary equilibrium data | Highly nonideal systems, especially alcohol-aqueous systems | Limited to single-liquid-phase system and nonelectrolytes |
| **Semiempirical** | | | |
| Chao-Seader | A semiempirical method developed for systems containing hydrocarbons and light gases, such as $CO_2$ and $H_2S$, but with the exception of $H_2$ | Nonpolar systems, especially hydrocarbons | Valid for high pressures (<10 MPa) and moderate temperatures (200–550 K) |

*(Continued)*

**표 5-1 계속**

| | Description | Typical uses | Range of application |
|---|---|---|---|
| Grayson-Streed | An extension of Chao-Seader, with an emphasis on $H_2$ | Nonpolar systems, especially hydrocarbons and heavy hydrocarbons | High pressures (<20 MPa) and moderate temperatures (300–700 K). Caution should be observed for temperatures below 300 K, pressures above 4 MPa, and separation of mixtures with similar VLE behavior |

[†]S. Bumble, *Computer Generated Physical Properties*, Lewis Publishers, Washington, 1999; L. T. Biegler, I. E. Grossman and W. Westerberg, *Systematic Methods of Chemical Process Design*, Prentice-Hall, Upper Saddle River, NJ, 1997; and various software manuals including products by Aspen Tech, Chemstations, Epcon, and Hyprotech.

을 통해 모델은 이러한 특성을 설명한다. 첫째 접근법은 외재적 모델이 가정된 값과 특징을 포함하도록 일반적 모델에 근거한 여러 개의 외재적 모델을 만드는 것이다. 둘째 접근법에서는 사용자로 하여금 가능한 장치 특성과 값을 구체화하는 것을 요구한다. 셋째 모델링 접근법에서는 사용자로 하여금 값을 변하고 정하게 하면서 타당한 평균의 가정된 특성이 내포되도록 한다. 실제 특성과 이에 해당되는 정량화된 조업 실행값은 기계적 조업과 제작으로 용인된 것으로부터 유도되며 일반적으로 장치제작자와 공정장치 교과서로부터 얻을 수 있게 된다.

## 공정장치 비용 추정

과거에는 공정장치 비용 추정은 공정장치 비용을 주요 처리 인자인 공정장치 특징과 연관시킨 일반적 식이나 도표에 근거하였다. 설계공학자는 선택된 장치 형태에 대한 비용 관계식을 얻어야 했고, 적정 크기 장치의 비용을 알아냈으며, 압력, 온도, 재질, 보조 장치 고려사항에 대해 단위 비용을 조정해야 했었다. 이후 공학자는 가끔 실제 장치비용보다 더 큰 장치 설치비를 추정해야 했다. 지금의 공정장치 비용 추정 소프트웨어는 전산화된 절차에 들어 있는 증가된 정확성과 공정장치 비용 실제에 대한 약간의 개선을 가지고 이런 모든 업무를 자동적으로 수행한다.

종래의 비용 계산에 대한 첫째 주요 개선은 이 교과서의 사용자 웹사이트에서 얻을 수 있는 것 같은 전산화된 장치비용 데이터베이스의 사용이다.[76] 전산화된 데이터베이스는 장치 비용의 더 많은 형태를 포함하며 불연속, 비이상 비용 관계식을 허용할 수 있다. 장치 비용 데이터베이스에서 유용한 비용 데이터와 장치 유용성의 정확성은 일년에 여러 차례 실시간 장치 제조 시장을 반영한 정기적인 갱신으로 개선될 수 있다. 추가적인 데이터베이스의 정확성은 장치 비용 데이터베이스의 기본을 이루는 비용 데이터와 장치의 유용성을 공급하는 장치 제작자의 권유를 통해 일부 소프트웨어 회사에 의해 현실화된다. 이러한 권

76) 공정장치에 대한 전산화된 2002년 1월 비용 데이터는 웹사이트로부터 얻을 수 있다.

유에는 정규적이면서도 정확한 장치제작 능력과 비용보고를 위한 장치 제작자의 변상과 광고 형태로 장치 제작자에게 공학자-제작자간의 직접 교류를 용이하게 하는 것도 포함된다.

전산화된 장치 비용 추정에 있어서 아마도 가장 의미심장한 두 번째 주요 향상은 장치 설치비 추정에 있다.[77] 장치 유용성과 비용 데이터베이스에서처럼 장치비용 루틴은 대부분의 장치 형태에 대해 광범위한 데이터베이스와 장치설치 인자, 요구사항, 비용의 관계를 포함할 수 있다.[78] 이것은 훨씬 더 정확하고 실제적인 설치비용 추정을 가능하게 해준다.

종래 수작업의 장치 비용계산보다 개선된 다른 것은 커진 정확성과 전산화된 조업에 들어 있는 계산 오차의 감소, 장치크기 계산을 장치 비용계산 소프트웨어에 넣은 것, 최적화를 위해 장치 비용계산을 소프트웨어의 기타 성분으로 통합시킨 능력 등이다.

## 공정 경제성 평가

전산화된 경제성 평가 루틴는 근본적으로 경제성 평가 관계, 수식, 수작업 경제성 평가에서 사용된 루틴 등의 편집이다.[79] 전산화된 경제성 평가 루틴의 장점은 역시 자동화, 증가된 속도, 공정 경제성 평가의 증가된 정확성이다. 더욱이 경제성 평가 루틴의 전산화는 공정설계 및 평가에 들어 있는 다른 업무의 전산화를 허용하면서 소프트웨어의 다른 루틴과의 통합을 용이하게 한다. 이들 중 결정적인 공정도 생성, 평가, 분석, 공정 최적화는 전산화된 경제성 평가 루틴에 의존한다.

## 열통합

공정 열통합은 전통적으로 다량의 반복계산을 요구하는 복잡하며 문제가 되는 공정설계의 일부분이다. 동시에 열통합은 또한 잘 수립된 적용과 알고리듬을 가진 성숙되며 비교적 잘 이해된 공정이다.[80] 이렇게 잘 이해된 실제 적용은 반복 계산 요구와 맞물려 전산화된 형태로 편리하게 들어가게 되었다. 따라서 현재의 공정 열통합 루틴은 주로 표준 열통합 적용의 전산화된 표현이며 유용성, 정확성, 효과성의 증대를 위해 기타 공정설계 및 경제성 평가 기본 기능에 열통합을 넣는 능력의 추가된 이득을 보게 된다.

## 공정제어

공정제어 소프트웨어는 많은 영역으로 나뉜다. 첫째는 공정제어 구조와 매개변수의 수립, 수정, 실증을 위한 모사되거나 실제 실험 데이터 분석이다.[81] 이것은 예상된 공정조건 하에서 실험의 설계와 분석을 포함하는 수립된 제어의 실제적용을 이용하는 직선적인 업무이다. 비록 전산화가 종래의 방법의 매우 용이한 실행과 분석에 기여하더라도 이러한 업무는 수

77) 설치비에 영향을 주는 각종 인자에 대하여는 6장을 참조하라.

78) Aspen Tech, *Icarus Process Evaluator 6.0 Documentations*, Aspen Tech, Cambridge, MA, 2002.

79) 공정 경제성 평가의 더 상세한 서술을 위해서는 6, 7, 8장을 보라.

80) 공정 열통합은 9장에서 더 자세히 다뤄진다.

81) 받아들여진 공정제어 실제적용에 관한 더 자세한 내용은 공정제어 교과서와 일반 참고문헌에서 폭넓게 얻을 수 있다.

작업으로 되는 절차를 이용함으로써 가능하다. 공정제어 소프트웨어가 다루는 둘째 업무는 전산화된 공정 모델을 통해 실제 제어구조를 만드는 것이다. 이것은 공정모델 해석, 모델을 위한 제어 구조의 수립, 앞서 수립된 제어구조와 매개변수의 최종 테스트로 이뤄진다. 공정 제어 소프트웨어의 최종 사용은 운전하는 공정의 제어에 있다. 여기서 실시간 공장전체 제어를 실행하면서 실제 조업 공정이 감시되며 제어된다. 과거에는 공정 모델링과 제어의 전산화가 불가능 했기에 이것은 종래의 제어 방법에 비해 공정제어 절차에서 상당한 개선을 가져왔다.[82)]

### 공정 최적화

공정제어에서와 마찬가지로, 공정 최적화의 전산화는 9장에서 설명할 수립된 최적화의 실제 적용을 공정 모델과 해석과 함께 소프트웨어로 변환시키는 형태를 취한다.[83)] 수립된 최적화 기술과 실제적용의 전산화는 계산-집약적인 절차의 전산화에 관련된 수혜를 보이며 최적화의 정확성과 속도에 상당한 개선을 가져왔다. 기타 기본 소프트웨어 기능을 통합하고 조작하는 공정 최적화 기능 루틴의 능력은 공정모델의 속도와 정확성 이득을 통한 수작업의 최적화에 대한 부가적인 개선이다. 과거의 금지된 절차를 가능하게 하며 이러한 이득은 증가된 범위와 정확성을 통해 전통적인 공정 최적화에 약간의 수정을 가져왔다. 종래의 수작업 최적화에 대한 속도와 정확성의 개선과 이를 통한 비실제적 최적화 실제적용을 가능케 한 것 이외에도 전산화는 전망있는 상당한 개선을 보이는 공정 최적화에 있어 많은 새로운 접근법과 기술을 가져왔다.

## 소프트웨어 능력

공정설계에 사용된 소프트웨어 형태는 근본적으로 비전용과 전용의 두 범주로 나눌 수 있다. 비전용 소프트웨어는 원래 공정설계나 평가에 사용하려고 개발되지 않았다. 오히려 이러한 도구는 문서작성, 펼친표, 데이터베이스, 수치 계산, 전산지원 설계 및 제조와 같은 더 일반적인 사용을 목표로 하였다. 그러나 이러한 소프트웨어 도구는 설계 및 평가 과정의 많은 측면을 용이하게 해주며 일부 경우에 있어서는 공정설계와 평가 실제적용의 통합 부분이 된다. 더욱이 전용 설계 및 평가 소프트웨어로 이루어질 수 있는 공정설계 및 평가의 많은 측면이 몹시 증가된 수작업과 떨어진 정확성의 대가를 치루더라도 비전용 소프트웨어를 이용하여 또한 이뤄질 수 있다. 전용 소프트웨어는 공정설계 및 평가나 설계 및 평가의 실제적용에 들어 있는 절차에서의 사용을 위해 특별히 의도되었다. 공정설계 및 경제성 평가에 사용되는 소프트웨어의 일반적인 형태에는 공정모사, 공정장치 비용 추정, 공정 경제성 평가, 열통합 및 절감 관리, 공정도 생성, 공정최적화가 포함된다. 이들은 가끔 기타 일반 공정설계 및 경제성 평가 소프트웨어에 통합되거나 적어도 데이터 전송이 용이하도록 기타 소프트웨어와 접속할 수 있다.

82) E. F. Camacho and C. Bordons, Model Predictive Control, Springer-Verlag, Berlin, Germany, 1999.

83) 공정 최적화, 일반적으로 공정 최적화에서의 소프트웨어 역할과 전산화된 공정 최적화는 9장에서 다뤄진다.

## 일반 형태의 소프트웨어

공정설계 및 평가의 실제적용에서의 사용을 특별히 의도하지 않은 소프트웨어 사용을 통해 공정설계 및 경제성 평가의 많은 측면이 매우 용이하게 되고, 강화되고, 심지어 가능하게 될 수 있다. 이러한 측면에는 초기 문헌조사, 특허 탐색, 모든 필요한 수치 계산, 설계 및 경제성 평가 결과의 준비와 발표가 포함된다.

**조사** 공정설계의 초기 단계는 거의 항상 어느 정도의 조사를 요구한다.[84] 이러한 조사는 일반적으로 기존 문헌조사로 시작되며 실험의 설계, 실행, 분석을 필요로 할 수 있다. 이런 모든 업무는 효과적으로 수행되려면 유용한 소프트웨어의 정확한 사용을 일반적으로 요구한다.

미래에는 더욱 그렇겠지만 오늘날 문헌조사는 실제 데이터와 참고문헌에 대해 전자 데이터베이스 사용을 요구한다. 적절한 발간물들이 꾸준히 전산화되고 있고 많은 발간물들이 상당 수준 전자 탐색 선택기능을 제공하므로 적절한 데이터베이스를 바르게 찾고 탐색하는 것이 필요하다. 참고문헌 데이터베이스의 실제 선택과 탐색은 특히 데이터베이스에 포함된 참고문헌과 데이터베이스가 갖고 있는 정보에 대하여 데이터베이스의 제약을 고려해야 한다. 따라서 많은 참고문헌 데이터베이스를 탐색한 후 찾아진 참고문헌을 전자적으로 탐색하는 것이 가끔 현명하다. 이런 절차는 거의 모든 가능한 참고문헌 자원이 탐색되며 그런 데이터베이스에 있는 적절한 논문이 찾아짐을 확신시키는데 도움을 준다.

실험 결과의 올바른 설계, 실행, 분석의 중요성은 과언되어서는 안되며 적절히 고려되어야 한다. 실험의 적절한 설계 및 분석은 많은 조심, 세심한 주의, 실험 설계 및 절차의 이해, 설계 및 분석을 위한 시간을 요구한다. 비록 실험 설계 및 분석과 연관된 계산 오차를 줄이는 높은 질, 사용 편이성, 저 비용, 능력 때문에 심지어 단순한 업무에 대해서도 실험 설계 및 분석 소프트웨어가 사용되어야 함에도 불구하고 이러한 업무는 수동적으로 이뤄질 수 있다. 이것은 공정설계 관련 실험에서 자주 부딪치는 상황인 특히 많은 변수가 분석되어야 하는 경우에 그렇다. 부가적으로, 이것은 실험을 제어할 뿐 아니라 전자적으로 실험 데이터를 수집하는데 아주 편리하다. 이것은 소프트웨어 문제에 국한된 것이 아닌 반면, 검출기와 제어장치가 필요한 것처럼 실험을 제어하고 수집하는 소프트웨어는 엄밀히 필요하지 않더라도 중요하다. 여기서 다시, 실험을 제어하고 데이터를 수집하는데 쓰이는 소프트웨어 선택과 사용에 있어서 특정 소프트웨어 응용성의 고려에 대한 많은 조심이 필요하다. 소프트웨어와 제어 기작 및 검출기로의 전기 신호 입출력 사이의 접속에 특별한 주의가 기울여져야 한다. 접속은 전기 신호를 소프트웨어가 인식하고 받아들이는 값으로 전환시키는, 프로그램되거나 항상 조율될 수 있는 절차의 집합을 일반적으로 포함한다.

**수치적 및 해석적 계산** 공정설계 및 경제적 평가는 대부분 수치적이나 일부 해석적인 상당한 계산을 필요로 한다. 공정의 각종 설계 측면을 묘사하고, 공정 실행을 평가하고, 설계 대안을 생성하고, 공정의 경제성을 평가하기 위해 계산이 필요하다. 이러한 계산은 수작업으로 이뤄질 수 있으나 물질 및 에너지 수지 계산, 화학물성 추정, 공정장치 조업 실행 평가를

84) 조사 요구사항에 대한 더 구체적인 것은 3장과 4장을 참조하라.

위한 집약적인 계산이 필요하므로 약간 복잡성을 지닌 설계에서는 수작업 계산이 금지된다. 대신, 하나 또는 그 이상의 전산화된 계산 기술을 사용하는 것이 훨씬 더 효율적이다.

다양한 프로그램 언어를 먼저 고려해야 한다. 계산에 강조를 둔 소프트웨어는 광범위하게 유용하며 계산을 크게 용이하게 해주는 프로그램된 루틴이 많이 있다.[85] 비록 프로그래밍 소요 시간을 크게 줄이지는 못하더라도 이들은 꽤 표준화되어 있으며, 대부분 프로그래밍을 쉽게 하는 광범위한 문서와 사용자 지침서를 가지고 있다. 나아가, 현재 많은 유용한 계산용 프로그래밍 소프트웨어 패키지가 있어 계산을 위한 프로그램하기가 더 효율적이고 쉽게 된다. 소프트웨어 프로그래밍의 본질은 프로그램된 계산이 또한 설계 및 자동 평가의 완전한 모사도 가능하도록 되어 있다. 그러나 이것은 공정설계 및 경제성 평가를 위한 상업용 소프트웨어 패키지를 복제하는 것이므로 좋은 선택이 못된다. 대신 공정설계 및 경제성 평가용 소프트웨어 패키지 하나를 사용하는 것이 더 효과적이며 필요한 경우 선택된 공정 부분에 대해서만 프로그램한다.

소프트웨어의 다른 쓸모 있는 형태는 계산전용 소프트웨어이다.[86] 이들은 많은 시간이 소요되는 프로그래밍의 기계적 측면을 제거하면서 계산을 용이하게 하도록 설계된 소프트웨어 프로그램이다. 이들의 사용은 공정설계 및 경제성 평가 계산을 실제로 단순화하나 계산 소프트웨어를 단순한 업무에 쓸모 있도록 공정설계에 맞추어 주는 충분한 구조를 갖지 못한다. 따라서 계산 소프트웨어는 시간 집약적이고 공정설계 및 경제성 평가의 작은 부분에만 사용하기에 적합하다는 면에서 프로그래밍 계산과 유사하다.[87] 게다가 계산 소프트웨어는 소프트웨어에 부과된 구조 때문에 프로그램된 계산과 비교할 때 유연성과 자율성을 잃는다. 이것은 또한 모든 절차에 대해 계산 소프트웨어의 유용성을 제한한다.

아마도 제일 광범위하게 사용되는 계산 소프트웨어는 펼친표이다. 이것은 내부 함수, 전용화, 시각 표현, 많은 반복 계산 능력 때문에 공정설계 및 경제성 평가에서 마주치는 계산 형태에 이상적으로 맞는다. 펼친표는 사용자로 하여금 많은 반복 계산을 가능하게 해주며, 중간 계산값도 검사를 위해 검토할 수 있으며, 전용 프로그램 루틴도 사용할 수 있다. 게다가 펼친표는 공정설계 및 평가에서 부딪치는 업무에 대한 전용 도구를 덧붙인 많은 내부 수학도구를 포함한다. 이것은 특히 실험 설계, 실행, 분석에 유용한데 이는 이런 업무에서 발생하는 계산의 본질 때문이다. 펼친표는 특히 공정설계 및 평가를 위한 소프트웨어를 포함한 많은 형태의 소프트웨어와 조화되는 부가적인 장점을 가지고 있다. 이것은 다른 소프트웨어의 제어 및 조작은 물론 소프트웨어 간의 데이터 전송을 가능하게 한다. 이 능력은 실험 설계 및 분석은 물론 최적화 및 경제성 평가 루틴에도 매우 쓸모 있다. 펼친표는 매우 능력이 있어 단순하고 작은 공정모사는 이것을 사용하여 수행된다. 그러나 이들은 실험설계, 실행, 분석과 같이 특별히 언급된 더 단순한 계산과 업무에 가장 잘 맞는다.[88] 설계가

85) 공정설계 및 경제성 평가의 계산 요구에 특히 알맞은 프로그래밍 소프트웨어 패키지 두 개는 다양한 Fortran과 Matlab이다. 둘 다는 광범위한 사용지침서와 안내서는 물론 광범위한 기존 함수를 가지고 있다.

86) 일부 전용 계산 소프트웨어 패키지로는 Mathcad, Polymath, TK Solver가 있다. 또한 계산-친화 프로그래밍 언어인 Matlab도 매우 쓸모 있다.

87) A Rutherford, *Mathematical Modeling: A Chemical Engineer's Perspective*, Academic, San Diego, CA 1999.

88) P. J. Pritchard, *Spreadsheet Tools for Engineers: Excel 2000*, McGraw-Hill, Boston, 2000.

너무 크지 않고 펼친표 한계를 수용할 정도로 단순화되는 한 이들은 또한 최적화, 경제적 평가, 다중 소프트웨어 패키지 통합을 요구하는 업무에 잘 맞는다.[89)]

**보고서 및 발표** 공정설계 및 경제적 평가에서의 실제적용의 중요한 부분은 작성된 보고서를 준비하고 구두 발표를 하는 것이다.[90)] 이 두 가지 업무에 도움을 주는 소프트웨어 프로그램은 여러 형태와 수준으로 유용하다. 비록 주요 소프트웨어 형태가 대부분의 설계 사업의 작성 및 발표에 충분하더라도 공정설계 및 평가 실제적용에 맞는 유일한 특수 적합물들이 있다. 보고서 작문 및 발표에 사용될 문서 작성, 발표, 전자 출간, 제도 프로그램 소프트웨어에서의 주요 부족한 내용은 이들의 제한된 방정식-표기법 및 주석 능력이다. 그러나 이러한 능력은 주요 작성 및 발표 소프트웨어의 능력에 보충되도록 특수 설계된 소프트웨어에 의해 덧붙일 수 있다.

## 공정설계용 소프트웨어

공정설계 및 경제적 평가에서의 특별한 사용을 위한 소프트웨어 사용에서의 주요 고려사항은 유용한 소프트웨어 형태이다. 부록 F에는 공정설계 및 경제적 평가에 연관된 현재 유용한 일부 소프트웨어 목록이 나와 있다. 일반적으로 오늘날의 소프트웨어는 공정설계 및 경제적 평가의 모든 측면을 수용하는 패키지로의 사용을 꾸준히 목표로 하고 있다. 또한 비록 공정 최적화와 개념 설계 같은 일부 업무는 현재의 소프트웨어로 충분히 지원받지 못한다 하더라도 많은 업무는 증가된 정확성과 변하는 용이성을 갖고 이뤄진다. 따라서 공정설계 및 경제적 평가를 위한 실제적용에 사용하기에 어떤 형태의 소프트웨어가 유용한가를 아는 것은 중요하다.

### 분자 반응 데이터베이스와 모사기들

대부분의 화학공정은 자주 연속적으로 조업되는 다중반응을 필요로 하면서 분자 반응을 포함한다. 따라서 본래 운전조건 요구사항과 제약을 갖고 원하는 제품과 반응기작을 만들 수 있는 가능한 반응을 결정하는 것은 매우 흥미롭다. 이 업무는 많은 소프트웨어 도구에 의해 용이해진다. 이들 중 첫째는 화학반응 목록인 전자식 화학반응 데이터베이스와 관련된 반응속도론 및 기작 측면이다. 일부 이러한 데이터베이스는 국가지원 연구개발 제품으로 무료로 유용하며,[91)] 나머지는 상업적으로 유용하다. 일부 이러한 상업적 전자식 화학 반응 데이터베이스는 공정도 및 반응경로 설계 소프트웨어와의 통합을 목표로 설계된 추가 장점을 지니고 있다. 두 번째 소프트웨어 도구는 분자 모사를 통하여 가능한 바람직한 반응을 찾는 소프트웨어 형태에 있다. 비록 결과의 실험실적 확인이 필요하며 분자 특성을 수립하기 위한 일

89) 펼친표 사용에 관한 더 많은 정보는 많은 펼친표 공학 계산 지침서에서 종래의 출판물 형태나 전자 형태 기타 자유스런 형태로 찾을 수 있다.

90) 공학 보고서 작성 및 발표용 소프트웨어 사용 지침은 업계 잡지에 정기적으로 게재되는 논문처럼 유용하다.

91) U. S. National Institute of Standards and Technology (NIST)는 반응 기작 및 관련 속도론 상수는 물론 38,000 반응을 수록한 무료 온라인 화학 속도론 데이터베이스를 가지고 있다.

부 실험이 또한 필요할지 몰라도 이 소프트웨어 도구는 가능한 반응을 결정하는데 유용하다. 이 교재를 발간할 시점에서의 이 도구의 현재 버전은 제약되어 있었으나 값싼 계산 능력이 증가함에 따라 분자 모사가 반응 선택 및 결정에 있어 더욱 유용하고 우위일 수 있다.

## 화학물질 비용 데이터베이스

제안된 화학공정의 주요 목적은 이익을 내는 것이다. 수익성에 있어 두 가지 주요 인자는 제품의 판매가와 원료비이다. 화학물질 비용은 일반적으로 시장 평균, 직접 공급자 발간 비용, 직접 제조자 견적 비용으로서 유용하다. 이 비용의 세 형태 중 하나를 결정하는 것은 공정설계에 중요하다. 화학물질 비용 결정은 컴퓨터 없이도 가능하나 전산화된 데이터베이스, 전자식 발간, 화학물질 비용을 결정하는 업무를 도와줄 특수 목적의 소프트웨어의 사용은 이러한 비용을 수립하는데 필요한 시간을 크게 줄인다.

시장 평균 화학물질 비용은 업계 잡지나 화학 관련 기관에 의해 일반적으로 가장 흔히 추정된다.[92] 이것은 실시간에서 전자적으로 유용하며 유료 구독자나 회원에게 온라인으로 또는 정상 비용으로 유용하다. 게다가, 많은 화학물질 공급자와 제조자는 그들의 생산비를 온라인으로 공개함으로써 화학물질 비용 획득을 용이하게 한다. 화학물질 비용은 또한 적절한 화학물질 비용 데이터베이스 소프트웨어를 사용함으로써 유용하다. 이들은 자주 제조자 데이터베이스와 통합되고 기타 공정설계 및 경제적 평가 소프트웨어와 통합되도록 일반적으로 설계된 화학물질 비용의 데이터베이스와 연속적으로 갱신되는 배달 스케쥴이다. 비록 다른 방법에 비해 비싸다 하더라도 이것은 실시간, 시간 평균, 시장 평균 비용을 제공하면서 현재의 화학물질 비용을 수립하기 위한 가장 정확한 방법이다. 이러한 데이터베이스를 설계 및 평가 소프트웨어와 통합하는 능력은 특히 화학반응 경로 합성과 분리기차 설계를 위해 또한 매우 쓸모 있다.

## 공정도 계산 소프트웨어

공정도 실제적용의 요구사항과 원리는 쉽게 소프트웨어로 전환되지 못한다. 그러나 4장에서도 언급하였듯이 비록 다른 소프트웨어 응용 영역과 보통 관련이 있는 자동화 없이도 공정도 하부원리, 또는 심지어 전체 공정도 공정의 실행에 도움을 주는 많은 소프트웨어가 있다. 공정도 원리와 실제 적용을 소프트웨어로 전환하는 어려움은 완전히 자동화되고 전산화된 공정도 개발을 가져오지 못하며 따라서 최선의 결과를 위한 집중적인 사용자 간여, 감독, 평가, 지시를 필요로 한다. 나아가 사용자는 자주 거의 자동화된 소프트웨어를 사용해야 하거나 유용한 소프트웨어, 공정도 루틴, 소프트웨어가 공정도 개발 특수 사업에 사용될 수 있는 위치에서의 알고리듬을 전용화하고 통합하기 위해 상당한 노력을 해야 한다. 수작업의 공정도에 비해 소프트웨어를 활용하는 공정도에서 부딪치는 어려움을 완화시키는 장점은 전산화된 단위조작 모델을 공정도 소프트웨어에 통합시켜 정량적 정확성의 증가를 가져오

92) 발간물 *Chemical Market Reporter*는 광범위한 화학물질의 주간 시장-평균 비용을 발간하는 것으로 특별히 유명하다.

는 능력이다.

**공정도 하부원리 소프트웨어** 이러한 형태의 소프트웨어는 공정도 공정의 반응, 열전달, 분리 측면을 다룬다. 화학반응 공정도 소프트웨어는 원하는 공정제품을 생산하기 위한 화학반응, 반응 합성 경로, 반응 순서의 선택, 주문, 조립을 목표로 한다. 이것은 반응 데이터베이스로부터 적절한 반응을 선택하고, 가능한 반응 경로 및 순서를 생성한 후, 예측된 반응 성능 및 화학물질 비용을 이용하여 최소-비용의 경로를 평가하고 선택하는 루틴을 사용하여 이뤄진다. 화학물질 비용은 사용자에 의해 공급되거나 통합된 화학물질 비용 데이터베이스로부터 얻어질 수 있다.

다른 주요 공정도 하부원리는 공정 열교환 요구량 맞춤을 다룬다. 가열 및 냉각은 실제 물질의 냉각 및 가열 이외에도 많은 공정 조업에서 필요하다. 대부분의 가열 및 냉각 유틸리티 비용은 단위당 기준으로는 일반적으로 낮으나, 대부분 화학공정에서 필요한 유틸리티 유량은 가열 및 냉각 유틸리티 필요량이 운전비의 상당 부분을 보이도록 된다. 가열 및 냉각의 운전비에서의 상당한 역할은 적절한 가열 및 냉각 시스템 설계가 가치있는 설계 활동이 되도록 만들며 공정 가열 및 냉각 비용을 줄일 목적의 많은 성공적인 소프트웨어 형태의 개발을 이끌어 왔다. 이러한 소프트웨어 패키지는 열교환기와 적절한 장치 선택과 크기 결정을 통해 비용을 줄이는 다른 전열장치를 위한 특수 단위조작 모사기와를 포함한다. 또한 이런 패키지에는 열 기차 설계용 소프트웨어와 열통합용 소프트웨어가 포함된다. 이 두 업무는 수립된 수작업 실제적용을 복제하는 소프트웨어 프로그램에 의해 수행된다. 이러한 실제적용에 있어서의 소프트웨어 장점은 열교환망 설계 및 열통합에 들어 있는 반복적인 루틴을 효과적으로 실행하는 소프트웨어의 능력에 있다. 열교환 기차 설계 및 열통합 소프트웨어는 또한 전열과 전열 효과를 더 잘 정량화하는 능력에 있어 수작업 실제적용에 비해 부가적 수혜를 가지고 있다. 이것은 더 정확하고 가치있는 열교환망 설계 및 열통합을 가지고 훨씬 더 엄격하고 더 정확한 열전달 추정을 가능하게 한다.

마지막 주요 공정도 하부원리는 분리기차 설계이다. 분리기차 설계 소프트웨어의 기본적 원리와 조업은 근본적으로 수작업의 분리기차 합성에서 사용된 것이나 소프트웨어가 수작업 실제적용보다 장점을 보인다. 첫째 주요 차이는 물성 데이터 제공에 있다. 분리기차 설계 소프트웨어 패키지는 통합된 물성 추정 루틴과 데이터베이스를 이용하여 데이터를 결정한다. 이것은 수작업 분석에서 일반적으로 가능한 것 보다 더 완벽한 분리 목적용 물성 차이의 결정을 가능하게 해준다. 분리될 물질 사이의 최대 물성 차이를 결정하도록 물질의 상대적 물성이 검토된다. 소프트웨어는 이것을 수작업으로 가능한 것보다 더 광범위하고 정확하게 한다. 이후 이러한 물성은 물성 차이를 이용하는 분리기술과 관련지은 후 관련된 분리기술로부터 유도된 처리장치를 선택하는데 사용된다. 이 단계는 또한 소프트웨어로 더 빨리 완벽하게 이뤄진다. 모든 각종 분리기술과 장치는 각 가능한 조합으로 합쳐지며 공정분리 요구사항을 만족시키는지 보기 위해 검토된다. 반복적이고 계산 집약 단계이므로 이 마지막 단계가 소프트웨어가 실제로 수작업 분리기차 설계보다 우월성을 보여주는 곳이다. 분리기차 설계 소프트웨어의 마지막 주요 장점은 가능한 처리기술과 장치 조합의 평가에서의 공정장치 모델 사용 능력이다. 이 단계의 수작업 실행은 정확한 공정장치 모델과 쉽게 합쳐지지 않는다. 따라서 분리기차 설계 소프트웨어에 의해 결정된 분리기차 전체 성능은 수동적으로 얻어진 성능보다 더 정확하다.

**완벽한 공정도 소프트웨어** 이러한 형태의 공정도 소프트웨어는 주어진 제품에 대한 전체 공정도 공정을 완성하는데 사용된다. 이러한 프로그램은 근본적으로 평가 루틴의 결과에 의해 통합된 앞서 서술된 공정도 하부원리 소프트웨어의 모든 능력을 합친 패키지가 된다.[93] 증명되고 시험된 완벽한 공정도 소프트웨어 패키지는 이번 공정도 소프트웨어 검토 시점에서 유용하지 않았다. 그러나 그러한 소프트웨어가 다음 10년 안에 유용하게 되리라는 많은 징조가 있다. 최근 발간물로부터의 이러한 징조는 처리기술 선택, 결과 평가, 전산화된 공정도를 위해 필요한 통합을 개발하는데 진보를 보여준다.

현재 유용한 한 형태의 공정도 소프트웨어는 완벽한 공정도 능력의 절단된 형태를 제공한다. 일부 주요 처리단계의 선택, 특히 분리기술 선택에서 일부 사용자 지침을 필요로 하면서 이런 형태의 소프트웨어는 사용자로 하여금 반응 및 반응장치를 지정하는 것을 요구한다. 이것은 쓸모 있는 소프트웨어 형태이며 공정도 계산에서의 소프트웨어 사용이 더 추천되면서 지금의 실행은 긍정적으로 받아들여져 테스트되었다.

## 단위조작 모사기

공정설계, 궁극적으로는 공정의 경제적 평가에서 사용되는 가장 흔한 형태의 소프트웨어의 하나는 공정 모사이다. 공정 모사기는 공정 조업 모델, 물성 추정 루틴, 공정 모델을 만드는 수치해 방법 등의 조합을 사용한다. 이러한 공정 모델은 일반적으로 특정 장치에 대한 성능 추정을 결정할 뿐만 아니라 흐름 및 공정장치에 대한 물질 및 에너지 수지를 평가하고 결정한다. 각종 유용한 모사 소프트웨어의 차이는 장치 행동, 화학적-물리적 성질 추정 능력, 소프트웨어가 모델화할 수 있는 조업의 숫자를 포함하는 많은 요인에 달려 있다. 이산이냐 연속이냐와 같은 사용된 수학 모델 형태, 정상상태냐 동적이냐와 같은 모사의 시간 본질에 있어서 모사 소프트웨어는 또한 차이가 있다. 후자 요인의 영향과 중요성은 추정하기 더 어려우나 모사 요구사항에 관련된 이러한 평가는 적절한 공정모사 소프트웨어에 중요하다.

**수학적 모델형태** 이러한 형태의 모델은 모델 차원 의존성에 따라 분류된다. 화학공정의 가장 일반적인 수학 모델은 시간과 공간 좌표에서 기울기를 고려해야 한다. 따라서 조성이나 농도같이 관여된 기울기는 4차원까지 가시화될 수 있고 적절한 수학적 표현을 위해 편미분 방정식을 사용해야 한다. 이러한 수학적 모델은 모델 성질이 1차원 이상에 의존하므로 이산적이며 분산 시스템이다.[94] 즉 그들의 성질은 이산적이거나 차원적으로 분산되어 있다고 말한다. 이산적 수학 모델을 묘사하는데 필요한 편미분 방정식을 푸는 것은 매우 어려울 수 있다. 따라서 1차원에서만 기울기를 명백히 가정하거나 한 차원에서의 기울기가 다른 차원의 기울기보다 훨씬 크다고 가정함으로써 오직 1차원 기울기를 근본적으로 가정하는 것이 자주 쓸모 있다. 차원의 연속성이나 차원 효과의 뭉침의 가정이 관여된 이러한 모델은 연속

93) 공정도 절차, 실제적용, 요구사항에 관련된 서술은 4장을 보라.

94) A Rutherford, *Mathematical Modeling: A Chemical Engineer's Perspective*, Academic, San Diego, CA 1999.

식 또는 뭉친 모델이라고 말한다. 차원 차수 의존성의 감소는 또한 공정을 수학적으로 모델링하는데 필요한 미분방정식을 편미분에서 상미분 형태로 줄이는 것을 가능하게 한다. 이러한 1차원 표현으로의 줄임과 상미분 방정식의 사용은 화학공정을 표현하는 수학적 모델을 푸는데 요구되는 노력과 시간을 매우 줄인다. 따라서 공정의 연속식 모델을 만들거나 이산 모델을 단순화하는 것이 가끔 편리하다.

일반적으로 대부분의 단위조작 모사 소프트웨어 프로그램은 이산 모델보다는 연속식 모델에 근거한다. 이것은 상당량의 계산 요구량 절감을 가져오며 대부분의 경우 실제 조업장치를 묘사하는데 충분하다. 그러나 다차원 의존도 때문에 추출 증류탑 같은 일부 단위조작은 어느 수준의 이산적 행동 모델링을 필요로 한다. 이러한 형태의 모델은 각종 소프트웨어 개발자에 의해 다양한 이산화 수준으로 유용해지며 지원되고 있다. 많은 것이 다른 소프트웨어와 소프트웨어 성분과 통합될 수 있다. 따라서 실제 이산된 모델을 단순화하기 위해 연속식 모델이 사용될 때 다차원 영향에 대한 공정 민감도, 이산 모델 사용에 들어 있는 어려움, 정확성 손실 등에 근거한 모델 모사 요구사항을 맞추기 위해 필요한 수학적 모델의 형태를 고려하는 것은 중요하다.

**정상 상태 및 동적 모사기** 공정 모사는 동적이거나 정상 상태이다.[95] 정상 상태 모사 소프트웨어는 장시간에 걸친 일정한 공정 행동을 수립하는데 노력한다. 이러한 형태의 소프트웨어는 물질 및 에너지 수지와 조성을 수립하는데, 장시간 장치성능을 조사하는데, 공정장치, 원료 소요, 유틸리티 필요량 등의 타당한 좋은 추정을 제공하는데 특히 유용하다. 정상 상태 모사는 일반적으로 동적 모사보다 풀기가 더 쉽다. 그러나 시간에 대한 무시 때문에 정상 상태 모사기는 시간에 따른 공정 성능을 설명하지 못한다. 나아가 정상-상태 모사는 연속식 공정만 모사할 수 있으며 충분한 정확성을 갖고 비선형 행동을 묘사하지 못하며 따라서 일부 공정에 대한 모사 요구사항을 충족하지 못한다.

동적 모사는 연속적인 시간단계로 공정을 평가하고 모델링하며, 시작 시간단계에서 얻어진 모델에 근거하여 최종 시간단계에서 전체 공정 모델이 재평가된다. 일반적으로 시간단계 크기, 순차적으로 모델링되는 단계의 숫자, 총 모델링 시간을 정하는 것이 가능하다. 이것은 시간에 민감한 공정, 가동 및 중지 같은 주기적 공정 요구사항, 비선형 시스템, 비연속식 공정등의 모사를 가능하게 한다. 시간-의존 행동을 모델링하는 능력은 비선형 시스템과 공정 제어 방안의 창조, 수립, 설정, 시험에 특히 가치가 있다. 또한 포함되는 변수의 형태는 정상 상태 모사보다 실제- 계 상황을 더 반영할 수 있다. 마지막으로 동적 모사는 주기적 행동의 전체 수명에 걸친 공정 행동을 모델링하는데 이용될 수 있다. 수명 모사는 장치 요구사항 및 크기와 비용을 더 정확하게 정하는데 쓰일 수 있다. 그러나 정상 상태 모사에 비한 동적 모사의 능력 증가는 훨씬 많은 계산 능력의 비용을 가져오며 일반적으로 개발하고 운전하는데 더 어렵고 시간이 많이 든다. 따라서 좋은 절충은 정상 상태 모사를 하되 설계에서 특히 민감하거나 비선형 부분만 동적으로 모사하는 것이다.

95) Aspen Tech, AEA technologies, Chemstation, Scientific Computing, 기타 회사에 의해 만들어진 소프트웨어를 포함한 소프트웨어 사용지침서는 이러한 모사 형태를 강조한다.

**특정 단위조작 모사기** 이러한 형태의 모사는 특정 장치를 위해 준비된다. 이들은 운전조건을 제외한 모든 것이 미리 프로그램된 채 일반 공정장치 모델을 사용하여 개발된다. 단위조작 모사기의 프로그래밍은 매우 정확한 모델링을 가져온다. 모사기가 장치 제조자에 의해 개발될 때 더욱 정확한데 이는 장치 운전을 위한 실험적 설계 고려사항과 실험적 운전 데이터가 모사 모델에 포함되어 있기 때문이다.

**형태에 따른 단위조작 모사기** 이것은 화학공정 단위조작의 한 형태를 위한 모사기이다. 이들은 일반적인 모델링 식과 원리에 근거하며, 열교환기에서의 관배열 같이 구조 사양에 있어 어느 정도 유연성도 주며, 변하는 성능 사양도 받아들인다. 따라서 형태에 따른 단위조작 모사기는 장치의 특정 성능을 묘사하는데 필요한 성능 변수가 알려질 경우 단위조작의 한 형태를 위한 구조의 범위를 모델링할 수 있다. 이러한 형태의 모델은 모델을 위한 일반화된 성능변수처럼 일반 소프트웨어 설계자와 특정 장치의 전문화된 회사 및 기관으로부터 유용하다. 부가적으로, 일부 제조자는 더 광범위하게 사용되는 형태에 따른 모사기에서 사용될 수 있는 장치에 대해 성능 변수와 효율을 제공한다. 이것은 단위조작 모사기 소프트웨어의 전용화와 유연한 사용을 가져오면서 모델링의 정확성을 좋게 한다.

**전체 공정 모사기** 이러한 형태의 소프트웨어 프로그램은 완전한 공정을 모사하기 위한 일반화된 모델이다. 각 단위조작과 장치 상호작용의 영향의 모사가 가능하므로 이들은 공정설계 및 경제적 평가를 위한 가장 쓸모 있는 형태의 모사기이다. 이러한 형태는 일반적으로 완벽한 공정장치 조업과 흐름 모사를 가능케 하는 다중 내부연결형 형태에 따른 단위조작 모델의 구조를 갖는다. 이들은 형태에 따른 단위조작 모사기와 같이 같은 구조와 조업변수 요구사항을 갖는다. 비록 전체 공정 모사기가 미리 정한 단위조작 모델과 같은 수준의 정확성을 갖고 모델링하지 못한다 하더라도 이것은 완전한 공장의 더 정확한 모델링을 가능케 한다. 많은 전체 공정 모사기의 특징은 사용자-프로그램의 장치 모델과 일부 미리 정하거나 형태에 따른 모사기를 포함시키는 능력이다. 이러한 특징은 특수 전용화된 주요 장치의 높은 정확성과 유연한 모델링을 가능케 하면서 전체 공정에 대한 사용의 용이성과 타당한 정확성을 결합시킨 소프트웨어를 만들어낸다.

## 관 시스템 설계

공정설계의 나중 단계 중 하나는 3장에서 언급했듯이 공정의 유체 전달 요구사항을 만족시키도록 관 시스템을 준비하는 것을 요구한다. 관 시스템 설계는 잘 이해되며 계산 집약적이고, 현재 유용한 많은 관 시스템 설계 소프트웨어 패키지 중 하나의 사용을 통해 매우 단순화될 수 있는 반복적 과정이다. 소프트웨어 패키지는 많은 경우 필요한 밸브, 펌프, 압축기, 압력 변화 장치를 포함하는 공정장치의 주어진 배열에 대하여 관 시스템을 설계한다. 나아가 일부 이러한 소프트웨어 패키지는 관 시스템 이성체를 생성하며 다른 관, 통로, 처리 장치와 부딪치지 않음을 확인하기 위해 이들의 공간적 위치를 테스트한다. 많은 이러한 관 시스템 설계 소프트웨어 패키지에 부가된 장점은 관 시스템이 유도될 수 있는 입력으로서 공정모사를 취할 수 있는 이들의 능력이다.

## 공장 배치

소프트웨어 사용에 의해 도움을 받는 나중 설계단계의 하나는 적절하고 최적인 공장 배치 결정이다. 이러한 형태의 소프트웨어는 장치 공간 요구사항, 장치 공간방향, 건물 크기 최소화, 장치 공간위치 확정 등을 포함한 하나 또는 그 이상의 기본 업무를 수행한다. 이러한 소프트웨어를 사용하는 장점의 하나는 대부분의 장치에 대하여 실제 안전공간 요구사항을 결정하기 위해 프로그램이 가끔 내부에 만들어진 루틴을 가지고 있다는 것이다. 나아가 이러한 업무는 가끔 관 설계 및 공정모사 소프트웨어 등과 통합된다. 공장 배치는 장치, 배관, 통로 등이 공간 흐름이나 다른 것과 방해되지 않는다는 것을 확신하기 위해 3차원 묘사를 이용해 전시되고 검토된다.

## 경제적 평가

공정 경제성 소프트웨어는 공정장치 비용 추정과 공정 경제성 평가라는 두 기본적 기능을 갖고 있다. 비용평가 목적을 위한 공정장치의 사양은 소프트웨어에서 유용한 형태로부터 장치를 수작업으로 사용자가 선택하거나, 공정 모사기와 자동 통합되거나, 공정 모사를 읽음으로써 정하여 진다. 자동적으로 장치를 결정하는 소프트웨어는 모사된 장치 형태를 맞추도록 특정 공정장치를 선택하고 크기결정을 하기 위해 가끔 물질흐름 조건, 물질흐름 조성, 실제 장치 조업 요구사항과 같은 모사 정보를 이용한다.[96] 이들은 또한 모사 데이터를 이용하여 요구되는 장치 제작 재질을 결정한다.[97] 앞서 언급했듯이, 표준 상업용 장치 형태, 크기, 제작 재질을 선택할 경우 장치 비용을 가끔 줄일 수 있다. 일부 소프트웨어는 이것을 자동적으로 실행하거나 사용자에게 하도록 제안하지만 다른 소프트웨어는 그렇지 않다.

공정 경제성 평가라는 공정 경제성 소프트웨어의 둘째 기능은 많은 경제적 요인에 따라 좌우된다. 일부 이러한 요인은 지리적 위치와 1년, 또는 그 이상의 기간에 대해 비교적 일정하다. 따라서 세율과 자본비 같은 이러한 요인은 일반적으로 더 섬세한 경제적 평가 소프트웨어에서는 미리 정해진다. 지역 임금 수준과 유틸리티 같은 기타 더 사업에 따르는 요인은 소프트웨어 작업자에 의해 들어가야 한다. 일반적으로 소프트웨어는 필요한 경제적 평가 요인 값을 위해 사용자에게 할 일을 가르쳐 준다. 경제적 평가를 위한 기타 요구사항은 장치 비용, 공정 유틸리티 필요량, 화학물질 비용이다. 장치 비용은 별도의 또는 통합된 공정장치 비용 소프트웨어로부터 직접 얻거나 수작업으로 들어간다. 공정 유틸리티 필요량은 유사하게 얻어지거나 모사기 요구량 계산으로부터 읽혀지거나 수작업으로 들어간다. 화학물질 비용은 통합된 화학물질 비용 데이터베이스로부터 유사하게 수립되거나 별도의 데이터베이스나 다른 화학물질 비용 자료로부터 수작업으로 수립된다. 일단 모든 필요한 경제적 요인, 장치 비용, 유틸리티 비용, 화학물질 비용이 수립되면 공정의 경제적 활성도를 결정하기 위해 표준 경제적 지표를 만들어내면서 소프트웨어는 공정을 평가한다.

경제적 평가 소프트웨어에 들어 있는 속도, 정확성, 사용 용이성 이외에도 부가적인 장점

96) 장치 형태 결정은 12장부터 15장에 걸쳐 나와 있다.

97) 장치 제작 재질의 선택은 10장에 설명되어 있다.

은 최적화 소프트웨어의 제어아래 공정 모사기와 통합되는 능력이다. 이러한 통합과 제어는 매우 정확하고 자동화된 공정 최적화를 가능하게 한다.

## 소프트웨어 선택

공정설계 및 경제적 평가용 소프트웨어 선택은 가끔 소프트웨어 능력과 비용간의 절묘한 균형이다. 각종 설계 및 평가 업무를 지원하는 소프트웨어의 통합은 덜 통합된 패키지보다 더 큰 경비가 들지만 소프트웨어 사용을 쉽게 하고 향상시켜 준다. 따라서 소프트웨어 능력, 소프트웨어 사용이 수작업 실제적용보다 유리한 것, 소프트웨어 비용 등을 평가하는 것은 중요하다.

부록 F에는 일부 유용한 설계 및 경제적 평가 소프트웨어와 각종 소프트웨어 개발자 연락처가 나와 있다. 또한 미국 화학공학회(AIChE)는 유용한 소프트웨어 데이터베이스, 소프트웨어 형태와 적용, 소프트웨어 제작자와 연락정보를 가지고 있다.[98] 이것은 제품 제작자를 알아내기에 좋은 자료가 된다. 각종 업계 발간물도 또한 적어도 원하는 소프트웨어의 유용성을 수립하는데 사용될 소프트웨어 검토 및 제품 광고를 갖고 있다. 소프트웨어 유용성의 다른 공급원은 설계 및 평가 사업에 초점을 맞춘 유사한 영역에서 전문화된 회사이다. 일단 관심있는 소프트웨어 제작자가 수립되면 그들의 실제 능력과 사용 의도는 일반적으로 회사 제품 웹사이트에서 얻어지는 제품 자료에서 찾을 수 있다. 제품 자료를 제공하는 것 이외에도 대부분의 소프트웨어 제작자는 요청할 경우 데모용 소프트웨어를 제공한다. 이러한 데모의 범위는 소프트웨어 능력을 보여주는 예제부터 한 달 정도 제한된 완전한 조업 설치까지이다. 데모 소프트웨어 획득은 때때로 제조사 영업 담당자와의 직접 접촉을 필요로 하며 이의 유용성은 공공화되어 있지 않다. 따라서 소프트웨어 비용 견적서를 위해 영업 담당자를 접촉할 때 데모 소프트웨어에 관해 문의하는 것은 좋은 실제가 된다. 영업부와 계약할 때 구매하는 소프트웨어의 다른 사용자를 물어보며 그들의 접촉 정보를 요청하는 것은 또한 도움이 된다. 이러한 기존 소프트웨어 사용자에게 자문을 구하는 것은 가장 계몽직하다.

이러한 실제적용, 특히 데모 소프트웨어와 소프트웨어 가격의 검토는 소프트웨어 비용과 능력의 균형잡힌 평가를 위해 충분히 정확하고 상세한 정보를 가져다준다. 이 시점에서 후보 소프트웨어 패키지를 이미 사용하고 있는 회사를 접촉하는 것은 또한 좋은 생각이다.

## 소프트웨어 사용

소프트웨어는 도구이며, 어떻게 사용되느냐는 것은 도구 자체만큼 중요하다. 이것은 가장 단순한 펌프 모사기에서처럼 통합된 모사 및 경제적 평가 패키지에서도 사실이다. 다행히도 사용의 용이성이 소프트웨어 제작자의 주요 고려사항이다. 소프트웨어는 가끔 사용자 지침, 또는 다중 수준의 복잡성을 포함하면서 꾸준히 사용하기에 더 쉬워진다. 이러한 경향에도 불구하고 조심스레 사용지침서를 읽는 것은 여전히 결정적이며 가끔 소프트웨어 사용자 강

98) AIChE 웹사이트에서 유용하며 Chem. Eng. Prog.에 매년 발표된다.

의나 세미나에 등록하는 것이 현명하다. 이것을 마음에 품을 때 대부분의 소프트웨어에 공통된 많은 일반적 절차와 실제적용이 있다.

항상 소프트웨어 뒤에 있는 기본 원리를 기억하고 고려하는 것이 절대로 필요하다. 소프트웨어는 사용자를 위한 도움물이지 대체물이 아니다.

## 물성추정 지침

물성은 공정설계에 결정적이다. 따라서 적절한 물성추정 방법의 선택은 설계 실제적용에 주요 부분이다. 물성추정 방법을 선택할 때 사용자는 우선 능력, 의도한 사용, 방법의 제약을 고려해야 한다. 이들 중 특정 화학물질에 대한 방법 데이터의 유용성이 최고이다. 모델의 제약과 부정확성은 다중-물성 추정 방법을 사용함으로써 또한 어느 정도 줄일 수 있다. 즉 하나의 물성추정 방법을 사용하여 모사를 한 후 방법을 바꾸는 것이다. 이러한 실제작용은 일반적으로 쉽게 이루어지며 물성추정 방법에 대한 모사된 공정의 민감도를 제공한다.

물성추정 모델 선택에 대한 일반적 지침이 표 5-2와 그림 5-2에 나타나 있다. 정의, 이름, 물성추정 방법이 소프트웨어마다 다르므로 사용자는 또한 사용되는 특정 소프트웨어에 대한 사용지침서를 참조해야 한다.

## 공정모사 지침

공정모사는 근본적으로 공정장치 모델과 물성 추정 소프트웨어와 연합된 일련의 물질 및 에너지 수지이다. 다음은 제안된 실제적용 지침이다:

**표 5-2 각종 응용을 위한 추천된 물성 추정 모델**

| Application, specific use, or specific chemical | Recommended physical property estimation model† |
|---|---|
| Air | CS, GS |
| Ammonia | PR, SRK |
| Azeotropic separation alcohol systems | Wilson, NRTL, UNIQUAC, and variants |
| Carboxylic acids | Wilson, NRTL, UNIQUAC, and variants |
| Esters | Wilson, NRTL, UNIQUAC, and variants |
| Phenols | Wilson, NRTL, UNIQUAC, and variants |
| Liquid-phase reactions | Wilson, NRTL, UNIQUAC, and variants |
| Cryogenic gas processing | PR and variants |
| Aromatics | Wilson, NRTL, UNIQUAC, and variants |
| Ethylene tower | Lee-Kesler Plocker |
| Ethers | Wilson, NRTL, UNIQUAC, and variants |
| Solvent recovery hydrocarbon stripping | Wilson, NRTL, UNIQUAC, and variants |
| Substituted aromatics | PR, SRK |
| Substituted hydrocarbons | PR, SRK |
| Vacuum towers | PR and variants, GS, Braun K10 |
| Steam | CS, GS |

†Consult Table 5-1 for further details on the estimation model listed.

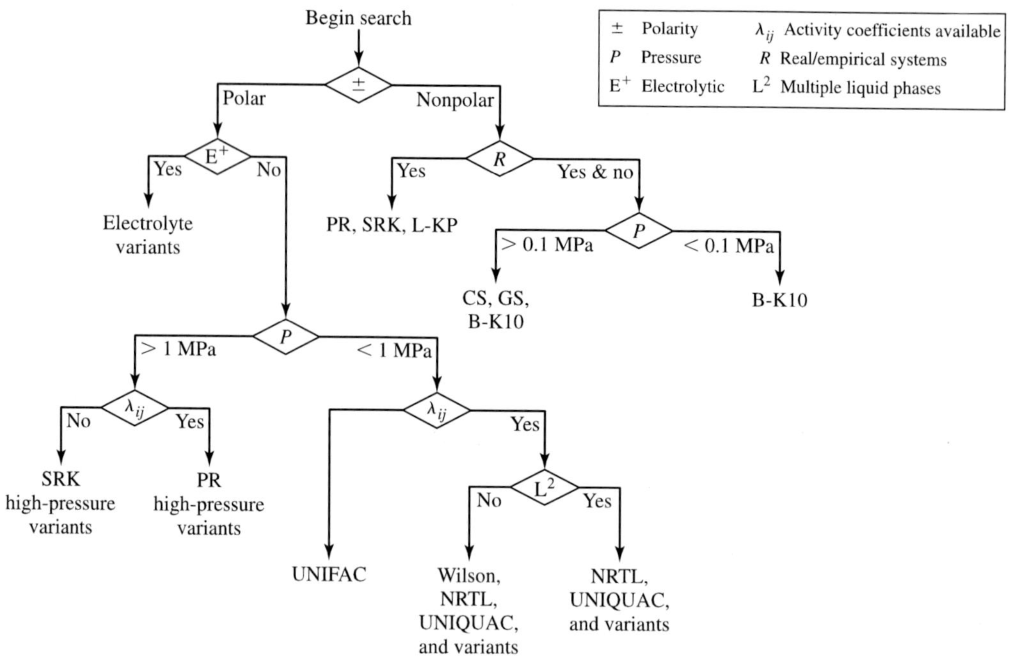


**그림 5-2**
물성 추정 모델 선택을 위한 그림 지침

1. 처음에서 시작하여 끝으로 진행한다. 모든 연결된 장치와 흐름이 평가되고 정해질 때까지 모사로 진행하지 말라. 흐름이 재순환되는 경우에 대해, 물질 및 성분 수지에 근거한 흐름 유량과 조성을 추정하라. 이것은 재순환 흐름 값이 결정되기 전에 재순환 흐름 영향이 시스템을 통해 전파되는 것을 확인하는데 결정적이다.
2. 특별히 어려운 부분이나 단위조작을 고립시키는 것이 가끔 쓸모 있다. 이들은 전체 공정으로부터 분리되어 조사되고 최적화되며 일단 적절히 정리되면 재통합된다. 이런 일을 실패하면 전체 모사는 서로 충돌하게 되며 증가된 계산 요구량 때문에 일반적으로 푸는 데 더 오래 걸리게 될 수 있다.
3. 설계를 개선하기 위해 실험 설계와 분석 기술을 사용하라. 모사를 실험적 설정치로 다루고 각종 장치 및 흐름 값을 갖고 실험을 행하라. 그 결과는 모사에서의 정성적 및 정량적 경향을 위해 분석될 수 있다.
4. 실제 매개변수를 사용하라. 모사는 100% 초과 환류비를 허용할지 모르나 실제 장치에서는 아니다.
5. 모든 장치 허용치와 같이 수치해 매개변수가 적절히 설정되었는지 확실히 하라.
6. 공정모사 소프트웨어를 목표 추구기, 펼친표, 환류 제어기와 같은 논리적 도구로 사용하는 것을 기억하라.
7. 상호작용 계수의 올바른 상평형이 물성추정 모델에 선택되었는지 확실히 하라. 또한 사용자는 열역학 데이터와 루틴을 테스트함으로써 그들이 모델화된 혼합물의 알려진 특징을 만드는지 확인해야 한다.

8. 문제가 제기되기 전에 소프트웨어 자문가나 전문 사용자와 상의하는 것이 현명할 수 있다.
9. 단위조작에 깔려있는 원리와 이들이 어떻게 작동하는지를 간과하지 말라. 이들의 작동 원리의 여러 예제가 일부 일반적인 사용 힌트와 함께 표 5-3에 제공되어 있다.

**표 5-3 선택된 단위조작과 깔려있는 원리 및 쓸모 있는 힌트**

| Operation | Principle | Useful hints |
|---|---|---|
| Distillation | Separation by differing volatilities | Uses energy inputs, energy removal, and multiple real or virtual equilibrium stages to separate mixtures by differing volatilities. Energy in the system is controlled through coolers, condensers, and reboilers. |
| Extraction | Phase affinity | Correct species selection and their ratios are key. Phase equilibrium is often sensitive to temperature change |
| Heat exchange | Fluid-fluid heat transfer | Do not disregard pressure losses |
| Reaction | Chemical reaction | Select correct type of reactor, and ensure reactions are correctly specified for type, phase, and reaction mechanism and constants. Ensure proper temperature and pressure operation conditions |

### *정상 상태 모사*

1. 정상 상태 모사기는 재순환, 장치 체류시간, 유틸리티 필요량과 같은 논리적 조업의 사용을 필요로 한다.
2. 정상 상태 모사기는 가끔 비합리적인 매개변수에 대해 충분히 민감하지 못하다. 이를 피하기 위해 추가 주의가 취해져야 한다.
3. 장치 열손실이 모사에 중요한가를 결정하고, 이 손실을 계산하기 위한 적절한 열손실 모델을 선택하라.
4. 모사의 어느 부분이 정상상태에서 적절히 모사되는가와 어느 것이 동적 모사를 필요로 하는가를 고려하라.

### *동적 모사*

1. 물질흐름 유량을 설정하기 위해 질량 흐름보다는 압력같이, 모사를 위해 올바른 사양 형태를 취하는 것을 기억하라.
2. 수치 계산 방법과 매개변수를 정하는데 추가 주의를 하라. 미리 정한 값을 주의하라.
3. 만약 모사가 충돌하면 감소하는 시간 단계 크기를, 장기간 공정 행동을 수립할 때에는 증가하는 시간 단계 크기를 고려하라.
4. 모사의 어느 부분이 정상상태에서 적절히 모사되는가와 어느 것이 동적 모사를 필요로 하는가를 고려하라. 동적 모사는 일반적으로 더 시간을 많이 소비한다.
5. 정상 상태를 이루기 위해 필요한 시간 척도를 고려하라.

*열교환 설계 및 통합*

1. 특히 핀치와 수렴 기준 같은 매개변수를 설정하는데 유의하라.
2. 일관성을 위해 전체 결과를 검토하라.

*분리망*

1. 물성추정 패키지에 유의하라.
2. 분산된 모델 대 연속식 모델에 대한 필요성을 평가하라.
3. 용액 혼합 매개변수에 유의하라.

*배관*

1. 열손실 모델에 유의하라.
2. 배관 재질과 연결장치에 대한 마찰 손실 매개변수를 검증하라.

*경제성*

1. 임금 같은 올바른 지역 경제적 요인을 확인하라.
2. 올바른 유틸리티 선택을 확인하라. 특히 폐기물 처분 기준과 비용에 대해 유틸리티 유용성과 비용은 지역별로 변한다.
3. 예를 들면, 감가상각법과 같은 올바른 평가 방법과 매개변수를 확인하라.
4. 소프트웨어에 의해 선택된 것에 비해 표준화된 장치 형태와 크기를 사용할 때의 수혜를 조사하라.

*최적화*

1. 목적함수를 정의하라.
2. 먼저 더 일반적이며 덜 정의된 공정 표현들을 평가한 후 그들의 간격을 채우라. (4장에서 언급했듯이 계층적 분해 방법으로 내려가라.)
3. 적절한 수치해임을 확신하기 위해 다중풀이 방법을 사용하라.

## 소프트웨어 사용에서의 함정 피하기

설계 관련 소프트웨어는 2, 30년 전, 또는 심지어 10년 전에는 상상하지 못했던 설계 정확성을 허용하는 매우 가치있는 도구이다. 실제화, 유연성, 응용성에서의 지수적인 증가 이외에도 설계 관련 소프트웨어는 사용하고 이해하기에 훨씬 더 쉬워졌다. 사용하기 편리한 소프트웨어를 지원하는 지속적인 경향의 수혜는 증가하고있다. 그러나 사용하고 배우기에 쉬운 소프트웨어 제작을 지원하는 경향으로부터 오는 많은 가능한 설계 및 경제적 평가 함정이 있다. 따라서 설계 과정에서의 가능한 소프트웨어 사용 관련 실수를 피하는 것은 실제 소프트웨어 사용만큼 중요하다.

## 그림 접속과 사용 용이성

소프트웨어 사용을 쉽게 하고자 하는 시도로부터 발생한 설계 및 평가에서의 네 근원의 실수가 있다. 첫째는 화면에 한 개체로서 다중 작업을 보여주는 끼워 넣기 때문이다. 많은 화학공정 소프트웨어 패키지는 더 큰 전체 모사 안에서의 여러 조각으로 구성된 복잡한 작업을 갖고 있다. 이것은 복잡한 모사에서 발생하는 혼잡을 줄이면서 공정 모사의 더 분명한 그림을 제공한다. 끼워 넣기는 또한 큰 계산 과업을 더 작고 더 다루기 쉬운 모사 루틴으로 나눔으로써 계산 과업을 줄일 수 있다. 그러나 끼워 넣기는 끼워 넣어진 작업, 기능, 절차에서 설계 및 모사 문제를 간과하기 쉽기 때문에 모사 실수의 근원이 될 수 있다. 나아가 과거에 끼워 넣어진 모사와 전체 모사 사이의 접속을 통해 정보를 서로 전달하는데 실수를 보여왔다. 사실 오직 전체 모사만이 맞을 때 결과적인 전달 실수는 모사가 완벽하다는 인상을 줄 수 있다. 끼워 넣기 관련 실수의 명백한 예는 많은 상용 모사 소프트웨어 패키지에 의한 증류탑의 취급이다. 모사 계획은 하나의 장치를 보여주는 반면 증류탑의 끼워 넣은 모사는 재비기, 응축기, 펌프, 가타 가능한 하부 성분요소를 포함한다. 끼워 넣어진 모사는 비록 모사 공정도가 오직 하나의 탑을 보여주더라도 또한 전체 다중 분리탑을 포함할 수 있다. 따라서 끼워 넣기는 틀린 경제적 평가를 가져오면서 잘못된 장치 사양으로 이끌 수 있다. 나아가 전체와 끼워 넣은 모사 사이의 접속은 기능을 적절히 발휘하지 못하며 끼워진 모사해의 거짓 결과를 가져온다.

소프트웨어를 더 쉽게 사용하기 위한 시도로부터 오는 설계 및 평가 실수의 둘째 근원은 수치계산 허용수준에 기인한다.[99] 소프트웨어에 사용된 수치평가 기술은 소프트웨어에 의해 정해진 수렴 기준에 매우 민감하다. 이러한 허용 수준은 일반적으로 수작업으로 변할 수 있고 소프트웨어 프로그래머에 의해 정해진 생략성 값을 가질 수 있다. 정해진 생략성 값의 허용치는 단순한 계산에 대하여는 가끔 충분하다. 그러나 생략성 허용 수준은 섬세하고, 비선형이며, 복잡한 시스템에 대하여는 부적절하다. 사실 허용 수준은 비파괴 실수 전파가 가능한 상황에서는 심각히 고려되고 평가되어야 한다. 적절한 고려없이 생략성 허용치를 자동적으로 사용하는 것은 거짓 모사, 추정, 틀린 설계로 이끌 수 있다. 예를 들면, 0.1% 물질수지 허용치는 열교환기 같은 단일-장치 모사에서는 꽤 타당하다. 6개의 증류탑, 15개 펌프, 14개 열교환기로 구성된 물질-전달 조업을 포함한 보통의 정유 모사에 있어 이러한 타당해 보이는 허용치는 받아들일 수 없는 전파된 3% 이상의 물질 오차로 이끌 수 있다. 이러한 문제를 피하기 위한 좋은 접근법은 수렴 한계치에 도달할 때까지 더 큰 수렴 기준을 갖고 시작하고 수렴 후 이를 줄여 나가는 것이다.

사용자 편리의 고려에서 오는 소프트웨어 사용 실수의 셋째 흔한 근원은 비자동적 절차의 활용이다. 소프트웨어 사용을 쉽게 하고자 하는 시도에서, 많은 패키지는 사용자로 하여금 각종 정확도와 복잡도를 사용토록 한다. 이러한 경향은 사용자가 정확성을 위한 단계를 간과하게 한다. 예를 들면, 많은 소프트웨어 패키는 분리탑 크기결정, 열교환기 면적 결정, 각종 장치 압력강하 등과 같은 항목을 완성하기 위해 외부 처리를 활용한다. 이와 같은 외

99) 수치 해에 대한 허용 기준 영향에 대한 더 많은 정보를 위해서는 일반적인 수치 평가 방법 교과서를 보라.

부 소프트웨어 활용 기능의 사용 실패는 상당한 잘못의 원인이 될 수 있다.

소프트웨어 사용의 용이성과 관련된 실수의 마지막 근원은 내부에 있는 생략성 소프트웨어 가정이다. 모든 소프트웨어는 소프트웨어를 조작하는데 필요한 각종 인자에 대해 생략성 값을 갖고 있다. 이들 대부분은 타당하고 적절하다. 그러나 광범위한 소프트웨어의 사용은 매우 정확한 생략성 값을 허용하지 못한다. 따라서 특별 경우에 대해 올바른 생략성 값을 결정하는 것은 소프트웨어 사용자에게 달려 있다.생략성 값을 결정하고 올바르게 바꿔야 하는 필요성을 무시하는 것은 모사 오차에서부터 경제적 평가 오차까지 중대한 문제를 일으킨다. 올바로 설정되어야 할 가장 흔한 생략성 값 형태의 일부가 표 5-4에 나와 있다.

## 열역학 물성 패키지

이 장의 앞부분에서 상세히 언급했듯이 열역학 물성 패키지의 올바른 선택은 정확하고 가치있는 모사에 결정적이다. 그러나 하나의 열역학 물성추정 방법에서 작동되는 모사의 유효성은 열역학 물성 패키지가 추정값이므로 문제가 된다. 따라서 공정을 모사하기 위해 다중 물성 패키지를 사용하는 것이 추천된다. 많은 열역학 패키지가 근거를 두고 있는 각종 가정하에서의 설계 평가의 수혜는 더 강건한 설계를 가져온다는 것이다. 나아가 이것은 현재 유용한 거의 모든 소프트웨어에서 실행하기에 쉽다. 다중 열역학 패키지를 수용하기 위해 필요한 연관된 설계 변경은 실세계의 상황에 필요한 공정설계 강건성의 요구를 반영하고 있으며 이러한 요구사항을 만족시키는 장치 사양은 더 현실적인 공정을 가져온다. 따라서 설계를 모사하는데 있어서의 다중 열역학 패키지 활용은 상대적으로 적은 노력을 요구하면서 부가된 현실성, 강건성, 수용성을 가져다준다.

## 모사 현실성

아마도 소프트웨어 사용 실수의 가장 심각한 근원은 모사 소프트웨어의 비현실적 사용에서 야기된다. 많은 현재 모사 소프트웨어 프로그램은 비현실적 방법으로 기능을 발휘할 수 있다. 따라서 비현실적 행동을 할 수 있는 소프트웨어를 사용할 때 소프트웨어 사용자가 건전한 공학 판단을 하는 것은 결정적이다. 모사기의 비현실적 행동은 많은 영역으로 확장된다. 첫째 불가능한 매개변수 값에 대한 경고도 없이 모사기는 비현실적 매개변수의 사용을 허용한다. 이들은 효율, 장치 크기, 재순환 비율, 가타 기준 등과 같은 인자에 적용된다. 표 5-5는 가장 흔히 부딪치는 일부 비현실 모사 매개변수를 보여주며 이들의 영향을 설명하고 있다.

적절하지 못한 매개변수 값의 사용은 소프트웨어가 제공하는 각종 상세한 수준을 이해함으로써 어느 정도 방지될 수 있다. 물질 및 에너지 흐름을 더 정확하게 모사하는 동적 모사의 활용은 설계를 위해 훨씬 더 현실적인 행동 그림을 보여준다. 동적 모사가 물질 및 에너지 흐름을 다루는데 더 현실적이므로 이들은 비현실적 매개변수에 대해 일반적으로 잘 작동하지 못하며 비현실적 매개변수가 정해진 것을 가끔 지적한다.

다른 주요 가능한 실수의 근원은 모사에서의 논리 연산의 활용에 기인한다. 많은 모사기는 논리 연산의 사용을 허용한다. 이들은 보통 재순환, 분할기, 혼합기, 이론적 열전달 장치

표 5-4 흔히 생략된 소프트웨어 매개변수

| Application | Commonly defaulted parameters |
|---|---|
| Simulators | |
| Thermodynamic property package | Binary coefficient types<br>Possible phases |
| Equipment | |
| Pumps and compressors | Efficiencies<br>Values and types |
| Liquid storage vessels | Liquid level |
| Vapor storage vessels | Pressure |
| Separation columns | Tray/packing efficiencies<br>Subcomponent equipment types<br>Specification types<br>Reflux ratios<br>Draw types<br>Tray performance |
| Heat exchangers | Type<br>Pressure drop<br>Heat-transfer efficiency |
| Economic evaluators | Utility availability<br>Utility costs<br>Tax rates<br>Local economic factors<br>Salaries<br>Construction costs |

표 5-5 흔히 부딪치는 비현실 모사 매개변수의 예들

| Operation | Parameter | Error | Explanation |
|---|---|---|---|
| Distillation columns | Reflux ratio/ reboil ratio | High reflux/reboil ratios are attractive to use since they allow easy control and good performance | High reflux and reboil ratios, compared to their minimum, results in poor economics. |
| | Pressure drop | No pressure gradient across the tray/packed section | Lack of a pressure gradient affects vapor flow |
| Extraction columns | Pressure drop | No pressure gradient across the tray/packed section | Lack of a pressure gradient can result in anomalous numerical solutions and similar simulation results |
| All operations | Pressure drop | No frictional pressure losses | Avoiding frictional losses does not give an accurate picture of necessary pressurizing equipment |
| Pressurization units | Efficiency | Unrealistically high efficiencies | Does not portray real equipment requirements and possibly allows physically impossible processing |

를 포함한다. 이러한 논리적 연산이 쓸모 있는 반면 실제 장치를 갖고 유사한 처리를 실행하는 것이 어려울 수 있으므로 이들이 사용될 때 조심해야 한다. 예를 들면, 두 증기흐름 혼합 조업은 두 개의 일방통행 밸브를 통해 두 관을 세 번째에 연결하는 것만큼 단순할 수 있다. 반면 하나의 논리적 연산을 요구하는 액체흐름 분할기는 관련된 모든 보조장치와 함께 일련의 증류탑과 흡착탑을 필요로 할 수 있다. 물론 논리연산에 의해 수행되는 일부 공정은 불가능하기도 하다.

## 소프트웨어 결과 평가

소프트웨어는 보기에 독립적으로 조작되는 미묘하고 복잡한 도구이다. 소프트웨어의 미묘와 능력은 불행히도 소프트웨어 결과가 올바르다고 분별없이 가정하는 사용자의 경향을 가져온다. 이것은 반드시 피해야 할 경향이다. 소프트웨어는 도구이며 오직 사용자의 명령에만 응답한다. 사실 소프트웨어의 그 복잡성이 사용에 있어서 부정확성의 더 큰 가능성을 만들어낸다. 그러나 계산이 너무 복잡하여 수작업의 재구조가 불가능할 때 소프트웨어 결과는 어떻게 평가될 수 있는가? 소프트웨어 결과의 질을 확신하는 세 가지 길이 있다. 첫째는 소프트웨어의 적절한 사용이다. 틀린 소프트웨어 결과의 대부분은 올바른 소프트웨어를 사용하고, 올바른 설계 매개변수를 집어넣고, 올바른 소프트웨어 절차를 따르는데 있어서의 사용자의 실수이다. 소프트웨어의 모든 사용 단계를 주의하는 것, 실제 매개변수 사용, 항상 판단하는 것은 소프트웨어 설정에 있어서의 인간 실수 가능성을 크게 줄인다. 다음으로 각 개별적 조작에 대한 수동적인 대략의 분별은 일반적으로 너무 많은 어려움없이 가능하며 역시 인간 실수를 줄일 수 있다. 마지막으로, 비판하는 마음을 갖고 결과를 검토하는 것은 소프트웨어가 존재하는지를 결정하는데 도움이 될 수 있다. 결과의 비판적인 평가의 예는 350 kPa 및 700 K에서의 이산화탄소 흐름이 액체상태라는 것이 타당하지 않다는 결정이다. 모사의 조사는 실수가 없음을 드러내므로 따라서 소프트웨어 실수의 가능성을 보여준다. 올바른 소프트웨어 사용의 열쇠는 사용자가 항상 활동적이며, 비판적이며, 사색적이어야 한다는 것이다.

CHAPTER

# 6

# 비용 추정

공장설계의 결과가 타당성을 가지기 위하여는, 설계된 플랜트에서 생산되는 제품으로부터 이익을 기대할 수 있어야 한다. 초기에는 플랜트를 구성하고 제품을 생산하기까지의 모든 설비를 갖추는 데에 필요한 충분한 자금이 소요될 것이다. 순이익은 총 수입에서 생산에 관계되는 모든 비용을 뺀 값이므로, 화학공학 엔지니어는 제품의 생산단계에서 발생되는 여러가지 형태의 비용에 대하여 충분히 이해하여야 할 필요가 있다. 예컨데 제품생산에 직접적인 관계가 있는 직접비용(원료비, 노무비, 유틸리티 비용 등)과 간접비용(관리비, 판매비, 유통비 등) 등의 자금이 제품의 생산단계에서 필요하게 된다. 본 장에서는 투자비와 플랜트 운영비에 대하여 알아보며 자금의 흐름, 총이익과 순이익에 관하여 살펴보기로 한다.

## 사업체 운영에서의 현금흐름

### 현금흐름(cash flow)

기업에서의 전반적인 자금 흐름의 형태를 간단히 나타내면 그림 6-1과 같다. 기업으로 유입되는 자금의 종류로는 대부금, 주식대금, 회사채 및 기타 자금 차입, 이익 잉여금 등이 있다. 반면 기업으로부터 유출되는 자금은 각종 프로젝트에 대한 투자비, 주식 배당금, 부채상환, 기타 투자비 등으로 구성된다.

그림 6-1은 기업 운영에 따른 자금의 유입, 유출 상태를 나무의 형태로 나타낸 것이다. 그림에서 나무의 몸통에 해당되는 부분은 땅값을 제외한 총 자본 투자비로 나타내었다. 총 자본 투자비는 플랜트와 장비, 기타 생산에 필요한 부대설비들에 대한 자본 투자비와 직접 제조에 관계되지 않은 설비에 대한 자본 투자비(고정자본 투자비; fixed-capital investment)) 및 운전자본 투자비(working-capital investment)로 구성된다. 일반적으로 자본 투자비는 플랜트의 건설 경과에 따라 순차적으로 소요가 되나 운전자본의 경우에는 플랜트의 건설이 완결되

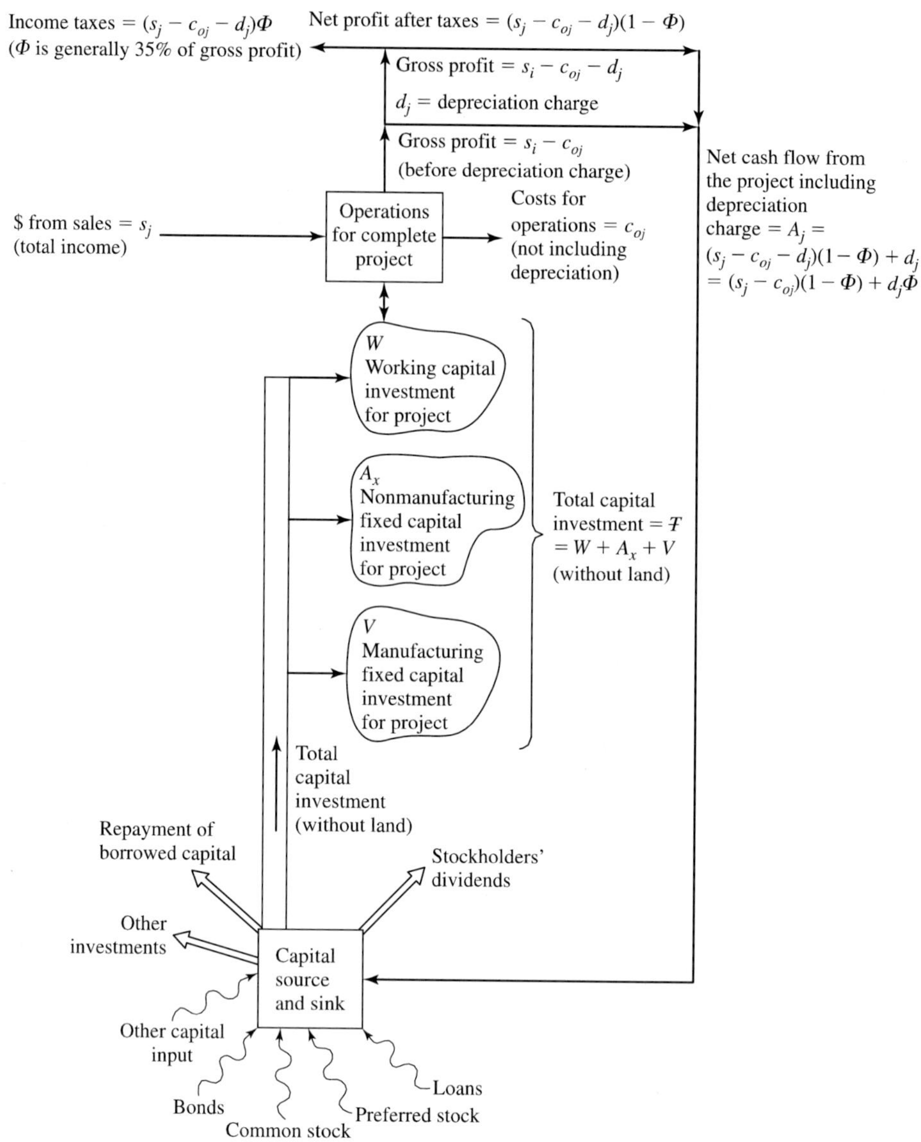


**그림 6-1**
기업 운영에서의 현금 흐름도

는 시점에서 일괄적으로 소요되는 것으로 간주한다. 제품의 판매에 의한 수입과 기업 운영에 따른 지출은 불규칙하게 발생된다. 이에 따라서 일시적인 자금 부족 문제가 발생할 수 있으므로, 이를 해결하기 위한 자금완충의 역할을 운전자본이 하게된다.

플랜트가 완성되고 충분한 운전자금이 확보됨에 따라, 기업이 정상적으로 운영되기 시작한 이후의 단계에 대한 현금 흐름은 그림 6-1 위 부분의 직사각형으로 나타내었다. 공정운영 단계의 현금 흐름을 나타내는 그림 6-1의 사각형에서, 제품 판매에 따른 수익이 현금유입에 해당되며 $s_j$로 나타내고, 원료비 · 노무비 등과 같이 공정 운영과 관련하여 발생되는 각종 경비는 현금 유출에 해당되며 $c_{oj}$로 나타내었다. 이러한 현금 흐름은 동일한 시간 기준(매년, 매월 등) 하에서 연속적으로 일어나는 것으로 가정하였다. 따라서 현금 유입, 유출을 나타내는 기호 중 하첨자 $j$는 $j$ 번째의 시간 기간을 나타낸다. 공정운영 단계에서 발생되는 경비 중 감가상각비는 제외하였다. 제 7장에서 다룰 예정인 감가상각비는 실제로 발생되는 경비가 아니며, 회계 기간의 말에 회사의 자본으로 계상하게 되므로 현금 운영 비용에서 제외되는 것이다. 수익에서 운영 경비를 제한 값, $s_j - c_{oj}$이 감가상각 반영 전 총 이익(the gross profit before depreciation charge)이 되며 그림 6-1의 공정 운영 사각형에서 수직으로 그은 직선이 이를 나타낸다.

총 이익에서 감가상각, $d_j$를 비용으로 처리하여 공제하게 되면 순 이익(net profit)이 되며 이에 대한 현금 흐름을 그림 6-1의 최 상단에 나타내었다. 감가상각이 고려된 총 이익, 즉 $s_j - c_{oj} - d_j$에 대하여 소득세(법인세)가 부과된다. 연간 총 이익에 대한 소득세율을 $\Phi$로 나타내면, 부과되는 소득세는 $(s_j - c_{oj} - d_j)(\Phi)$가 된다. 따라서 소득세 부과 후의 순 이익은 $(s_j - c_{oj} - d_j)(1 - \Phi)$로 계산되어지며, 이 현금은 그림 6-1에 나타낸 바와 같이 회사의 자본금 공급원으로 유입된다. 따라서, 어떠한 프로젝트를 수행함으로써 발생되는 연간 자본금 유입은 순수익과 감가상각비가 되며, 다음의 식으로 주어진다.

$$A_j = (s_j - c_{oj})(1 - \Phi) + d_j\Phi \tag{6-1}$$

여기서 $A_j$는 $j$ 년째 한해 동안의 프로젝트 수행 결과에 따라 회사의 자본금으로 유입된 현금 흐름을 나타내며, $s_j$는 그 해의 판매 수익, $c_{oj}$와 $d_j$는 각각 그 해의 운영 비용(감가상각 제외)과 감가상각을 뜻한다. 또한 $\Phi$는 소득세율을 나타낸 것이다. 자본금의 유출로는 그림 6-1에 나타낸 바와 같이 새로운 투자, 주주에 대한 배당금, 대부금의 상환 등이 있다.

## 누적 현금 위치(cumulative cash position)

그림 6-1의 현금 흐름도는 동일한 시간 간격에서 $s_j$, $c_{oj}$, $d_j$ 등의 현금 흐름을 나타낸 것이다. 그림 6-2는 프로젝트가 지속되는 동안 발생되는 현금 흐름을 기간에 따른 누적 값으로 나타낸 것이다. 그림에서 나타낸 숫자는 현금 흐름을 설명하기 위한 목적으로 임의로 부여한 것이다.

그림 6-2에서는 토지 비용을 총 자본 투자비에 포함시켰다. 프로젝트의 평가에서는 일반적으로 토지비를 고려하지 않으나, 본 그림에서는 산업 프로젝트를 수행함에 있어서 지속되는 동안 순차적으로 발생되는 현금 흐름의 단계를 명확히 설명하기 위하여 토지 비용을 현금 흐름에 포함하여 나타내었다. 그림에서 $x$ 축은 프로젝트 수행에 따른 시간 경과를 나타내며, 원점은 플랜트 건설이 완전히 끝나고 시운전(start-up)이 시작되는 시점이다. 시간 0에서의 총 자본 투자비는 토지 비용, 고정자본 투자비 및 운전자본 투자비의 합이 되며, 현금 위치도에서는 음의 값으로 주어진다. 이상적인 상황에서는 플랜트의 가동이 시작되는 시점 이후부터, 즉 현금 위치도에서 시간 축이 양의 값을 나타내는 순간부터 수익이 발생하기 시작한다. 이에 따라 회사에 유입되는 현금 흐름인 세후 순이익과 감가상각은 누적이 되기 시작하며, 그 결과 총 자본 투자비를 점차 회수하게 된다. 기업 운영의 경우, 운영 시간에 따라 계속적인 현금 흐름의 변동이 발생되나, 그림에서는 시간 0부터 기업 운영이 끝나는 시

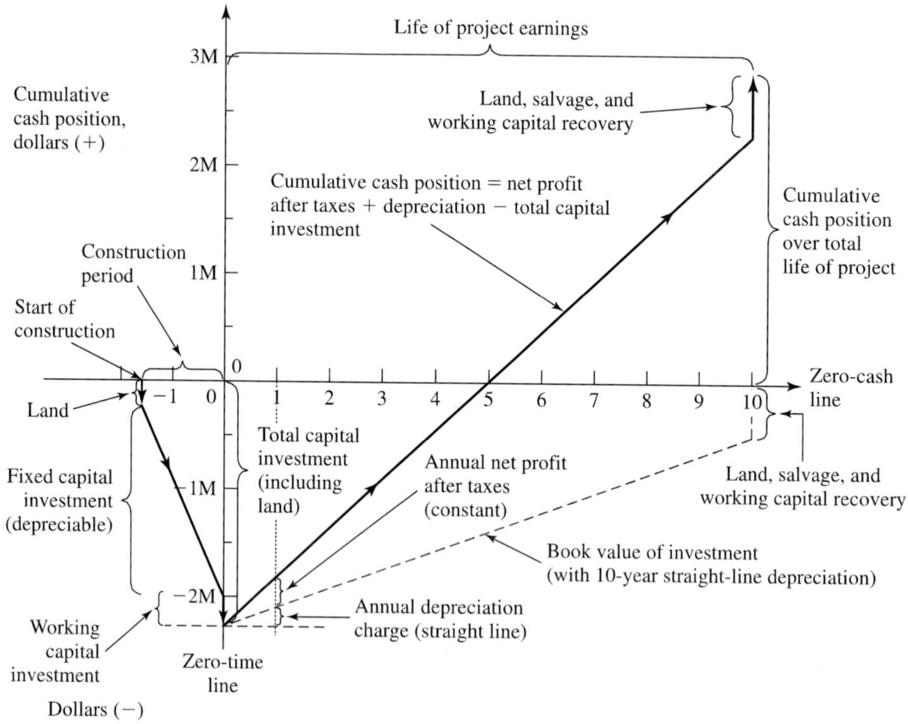


**그림 6-2**
기업 운영에 따른 사업이 지속되는 동안의 누적 현금 위치도(돈의 시간적 가치를 고려하지 않은 경우)

점까지 현금 흐름률은 일정하다고 가정하였다. 그림 6-2에 나타낸 기업 운영의 경우는 5년이 되는 시점에서 누적 현금 흐름이 0이 되고 있음을 보여주고 있다. 즉, 5년만에 총 자본 투자비를 모두 회수하게 되는 경우이다. 투자비가 회수된 이후에는 기업 운영의 수명이 완전히 끝나서 운영이 멈추게 되는 10년까지 수익이 지속적으로 축적됨을 나타내고 있다. 기업 운영이 폐쇄되는 시점에서 운전 자본과 토지 비용이 회수된다. 이때 운전 자본은 공정 내에 남아있는 원·부재료, 장치 등을 처분하여 회수하게 되며, 토지는 처분하거나, 다른 회사에 넘김으로써 비용을 회수하게 된다. 경제성 분석에서는 회수되는 운전 자본과 토지 비용은 일반적으로 투자 단계에서의 비용과 동일한 것으로 간주한다. 따라서 프로젝트가 지속되어 10년이 경과한 시점에서 최종적인 누적 현금 위치는 그림 6-2에서 오른쪽 화살표의 맨 위 부분에 위치하게 된다.

그림 6-2에 나타낸 여러 용어들과 이들의 관계는, 이후에 다루게 될 투자와 경제성 분석 등을 추정하기 위한 여러 인자들을 설명하는데 중요한 요소가 된다. 그림 6-2는 현금 흐름의 역할을 설명하기 위한 목적으로, 돈의 시간적 가치를 고려하지 않았으며, 연간 수익과 감가상각이 일정하게 발생하는 것으로 가정함으로써 단순한 형태의 현금 흐름도를 나타내었다. 이후의 장에서는 현실성이 있는 보다 복잡한 현금 흐름들의 경우에 대하여 자세히 다룬다.

## 투자와 생산 비용에 영향을 주는 인자들

화학공학 엔지니어가 어떠한 산업 공정에 대하여 관련 비용들을 결정하는 경우, 이들 비용에 근거하여 내리는 의사 결정이 신뢰가 갈 만큼 충분한 정확도를 가지는 비용을 산출하여야 한다. 이를 위하여 화학공학 엔지니어는 비용에 영향을 주는 여러 가지 인자들을 충분히 이해하여야 한다. 예를 들어 어떤 회사가 그 회사에서 사용하고자 하는 원료를 일반적인 시장 가격보다 싸게 구입할 수 있는 특별한 관계를 가지는 다른 회사가 있다고 가정하자. 이 경우 원료가를 일반 시중에서 구입하는 것을 기준하여 경제성 분석을 실시하면, 실제의 경우보다 이익률이 떨어지는 결과를 얻을 것이다. 따라서 엔지니어는 원료와 장치들의 실제 가격, 회사의 정책, 정부의 규제 및 비용에 영향을 미치는 기타 여러 인자들을 잘 파악하고 있어야 한다.

### 장치제작

화학공정에서 가장 큰 비중을 차지하는 비용 중의 하나가 장치와 관련된 비용이다. 많은 경우에 있어서 표준화 된 탱크, 반응기 및 기타 장치들을 사용함으로써 비용의 절감을 이룰 수 있고, 유휴 장치나 중고 장치를 사용하는 경우 추가의 비용 절감이 가능하게 된다. 새로운 장치를 구매하는 경우에는, 여러 제작사로부터 견적서를 받아서 결정하여야 한다. 제작사에 장치 사양을 제시하는 경우에는, 설계에 따른 각종 제약 사항을 최소화할 경우 제작 비용을 낮출 수 있는 여지가 더 많아지게 된다.

### 가격 변동

오늘날의 경제상황에서는 시장 가격이 대단히 큰 폭으로 변화하고 있다. 예를 들어, 공장 운전자나 감독자를 1985년도의 임금으로 고용할 수는 없다. 또한, 동일한 공정 장치의 경우에 있어서도 서로 다른 기간 대에 구입할 경우 구입가격은 달라지게 될 것이다. 미국 노동통계국(U.S. Bureau of Labor Statistics)에서 발행하고있는 Monthly Labor Review는 미국 내에서의 여러 형태의 산업체들과 관련된 각종 가격과 급료에 대한 최신 정보를 매달 싣고 있다.

### 회사 정책

개인회사의 정책은 비용에 직접적인 영향을 미친다. 예를 들면, 안전을 특별히 강조하여 안전규정을 엄격히 적용하는 회사의 경우, 회사의 모든 부문에 있어서 이러한 규정을 만족시켜야 할 것이다. 또한 회계의 절차와, 비용의 할당 방법이 회사마다 다를 수 있다. 노동 조합에 대한 회사의 정책도 고려되어야 한다. 이는 초과근무 수당의 책정이나, 조업 운전자에 대하여 부과하는 조업의 형태 등이 영향을 받기 때문이다. 뿐만 아니라, 어떠한 장치를 설치할 경우 그 장치에 부착되는 각종 배선과 배관 작업이 얼마만큼 완료된 상태에서 공장의 부지 내로 장치 반입이 가능한 지에 대한 조항까지 노동조합과 협의가 될 수 있으며, 이 경우 장치의 설치비 추정에 영향을 주게 된다.

## 공정 운영시간과 생산률

기업 운영에 따른 이익에 영향을 주는 절대적인 요소 중의 하나가 공정이 운영되는 시간이다. 만약 공정 장치가 운영이 되지 않는다고 가정하면, 원료비와 노무비는 낮아지겠으나, 유지비 · 감가상각비 등 직접비용에 해당하는 각종 비용은 장치의 운영 여부와 관계없이 계속 발생되게 된다. 더 중요한 것은 설비의 가동이 멈추는 시간 동안 수입 또한 발생되지 않는다는 것이다. 설비의 유지, 보수를 위한 정기적인 가동정지 시간은 필요하지만, 공정 플랜트의 이익률은 설비의 가동시간에 가장 큰 영향을 받는다는 것을 고려할 경우, 그 시간 또한 최소가 되도록 하여야 한다.

제품의 판매 수요량, 생산률 및 가동시간은 서로 밀접한 관계를 가지고 있다. 가장 이상적인 플랜트의 운영은 생산 제품의 수요, 공정의 안전 및 적절한 유지 · 보수, 경제적인 운전 조건 등을 모두 고려하여 최대의 생산률을 유지하도록 작성된 생산 계획 하에서 운영되는 것이다. 이 경우, 제품 생산에 따른 평균 변동비가 낮아지게 되며, 결과적으로 단위 제품당의 총 생산비가 최소가 된다. 만약 생산 능력이 제품 수요량보다 클 경우에는 생산량을 줄여서 연속으로 운전하거나, 최대 생산량을 유지하되, 주기적으로 운전하는 방법이 사용될 수 있다. 그림 6-3은 생산률이 비용과 이익에 미치는 영향을 나타낸 것이다. 그림에서 보는 바와 같이 고정비용은 일정한 반면, 총 생산비용은 생산률에 비례하여 증가하게된다. 총 생산 비용과 총 수입이 같아지는 점을 손익분기점(breakeven point)이라고 한다. 그림 6-3에 나타낸 화학공정 플랜트의 경우, 최대의 이익이 기대되는 생산률은 $5\times 10^6$ kg/yr가 된다.

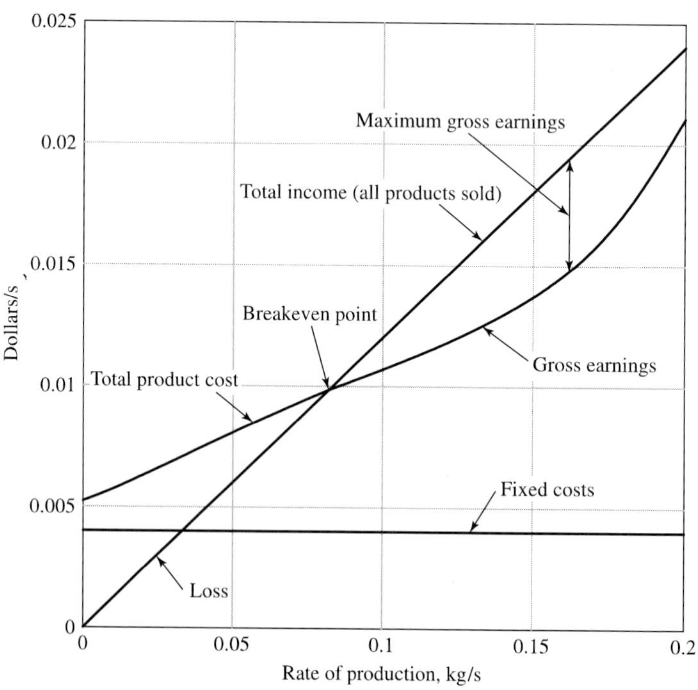


**그림 6-3**
화학공정 플랜트의 손익분기표(breakeven chart)

엔지니어는 판매 수요와 생산능력 및 장치의 운영 특성 등을 고려하여 최적의 경제적 결과를 얻기 위한 생산률과 생산계획을 결정하여야 한다.

### 정부 정책

국가가 제정하고 있는 여러 가지의 법률과 규제들은 산업의 비용에 직접적인 영향을 미친다. 예를 들면, 수입 수출품에 대한 관세, 감가상각률, 법인세법, 환경 및 안전에 대한 규제 등을 들 수 있다. 이들 중 법인세와 감가상각률에 관한 정책이 모든 사업에 가장 큰 영향을 미친다.

미국의 경우 1993년에 연방 법인세 조항이 대폭 수정되었으며, 감가상각률에 관한 수정은 1988년에 이루어졌다. 이들 두 가지 정책은 현재 수정을 위한 논의가 미국국회에서 이루어지고 있다. 세금에 관한 정책은 특정 시기에 관계없이 언제든지 변화될 수 있으므로, 설계 엔지니어가 경제성 분석을 실시할 경우에는 가장 최근의 세법을 적용할 수 있도록 세금 전문가와 상의하여야 한다. 세금 정책에 관한 자세한 내용은 제7장에서 다룬다.

## 자본 투자

자본의 전통적인 경제적 정의는 "축적된 부의 재고"이다. 다른 의미로는 소유자가 결정하여 사용할 수 있는 저축금으로 정의될 수 있다. 저축금의 사용 방법 중의 하나로 "투자"를 들 수 있다. 투자는 순간적인 만족을 위하여 저축금을 사용하는 대신, "수입과 이익을 기대하며 어떠한 물건을 생산하는 목적으로"[100]저축금을 사용하는 것이다.

산업 플랜트를 가동하기 위하여는 각종 기계 혹은 장치들을 구매하고 설치하는 단계에서 많은 양의 자금이 필요하게 된다. 이외에도 용지를 구매하고 서비스 설비를 갖추어야 하며, 배관 · 제어 장치 등을 완전히 갖추어진 상태가 되도록 건설하여야 한다. 설비가 완료된 후에도 실제 제품의 판매에 의하여 수입이 일어나기 전까지 공정을 운영하기 위한 자금이 필요하다.

제품 제조와 플랜트 시설에 필요한 자본을 고정자본 투자비(FCI; fixed-capital investment)라고 하며, 플랜트를 운영하기 위하여 필요한 자본을 운전자본(WC; working capital)이라고 한다. 이들 두 가지 투자비의 합을 총 자본 투자비(TCI; total capital investment)라고 한다. 고정 자본은 다시 두 가지 형태, 즉 직접 비용(direct cost), 혹은 제조형 고정자본 투자비(manufacturing fixed-capital investment)와 간접 비용(indirect cost), 혹은 비제조형 고정자본 투자비(nonmanufacturing fixed-capital investment)로 나눌 수 있다.

### 고정자본 투자비

제조형 고정자본 투자비는 공정 장치를 구입, 설치를 완료하기까지 소요되는 자본을 뜻한다. 이때의 장치는 공정을 운전하기 위하여 필요한 모든 부대 설비가 갖추어진 상태를 뜻한다. 따라서 부지 정지, 배관, 계장, 보온, 기초공사, 부대 설비 설치 등의 비용이 포함된다.

100) W.A. Neilson, ed., *Webster's New International Dictionary*, 2d ed., G. & C. Merriam Company, Springfield, MA, 1957.

건설 간접비와 공정 운영과 직접 관련되지 않는 시설 등에 대한 투자비는 비제조형 고정 자본 투자비로 분류된다. 이러한 시설로써는 공업 용지, 공정 관리를 위한 건물, 행정사무실, 창고, 실험실, 운송, 선적 및 하역 시설, 유틸리티(동력) 및 폐기물 처리시설, 매장, 기타 플랜트에 항구적으로 설치되는 시설물 등이 해당된다. 건설 간접비로는 현장 사무실 및 감독비, 본사 비용, 엔지니어링 비용, 기타 건설비용, 공사 계약 관련 비용 및 예비비 등이 포함된다. 일반적으로 건설 간접비는 제조형 및 비제조형 고정 자본 투자비 간의 구성 비율에 비례한다.

### 운전자본

산업 플랜트에서의 운전자본은 (1) 재고로 남아있는 원 · 부재료, (2) 미처분 제품 및 공정 내에서 처리중인 반제품, (3) 미수금 계정, (4) 급료, 원료 구매 등과 같이 한 달간 공정을 운영하기 위하여 준비한 현금, (5) 지불 계정, (6) 지불 세금 등을 모두 합한 비용이다.

운전자본에서의 원료 재고는, 통상 한 달간 사용되는 원료의 양에 해당하는 금액을 말한다. 또한 미처분 제품 및 공정 내에 처리 중인 반제품으로 평가되는 운전자본은, 대략 한 달간 제품을 생산하는 데에 소요되는 총 제조 비용과 같다. 일반적으로 고객에 대한 신용 기간은 30일을 기준하게 되므로, 운전자본에서의 미수금 계정 또한 한 달간의 생산비용으로 평가할 수 있다.

운전자본과 총 자본 투자비의 비율은 회사마다 다르나, 대부분의 화학 플랜트의 경우 10 ~ 20% 정도이다. 계절에 따라 수요가 달라지는 상품을 생산하는 회사의 경우, 총 자본 투자비 대비 운전자본의 비율이 최고 50%까지 높아지게 되는데, 이는 계절적인 수요에 대비하기 위하여 오랜 기간 동안 많은 양의 재고를 가지고 있게 되기 때문이다.

## 자본 투자비 추정

자본 투자비의 추정은 여러 가지 방법이 있으나 대부분은 프로젝트에 소요되는 장치비에 근거하게된다. 추정된 자본 투자비와 실제 자본 투자비와의 차이(에러)가 발생하는 원인을 살펴보면, 항목별로 비용의 추정을 잘못한 경우보다는 프로젝트에 소요되는 장치, 서비스 혹은 부대설비 등을 계상하지 못하고 빠뜨리는 데에 기인하는 것이 많다. 표 6-1은 새로운 설비에 대한 투자를 하는 경우에 살펴보아야 할 항목들을 나열한 체크 리스트로써 완벽한 고정자본 투자비를 추정하는 데에 상당한 도움을 줄 것이다.

### 자본비용 추정유형

공정에 대한 자본 투자비를 추정하는 유형은 프로젝트의 규모 정도만의 정보로부터 설계 이전의 단계에서 자본 투자비를 추정하는 경우와, 모든 설계도면과 장치의 사양이 완전히 결정된 단계에서 실시되는 자본 투자비 추정까지 여러 가지 유형이 있다. 이들 두 극단의 단계 사이에 프로젝트의 진행 단계에 따라 다양한 자본 투자비 추정 유형이 존재한다. 이들 추정 유형들에 대하여는 다양한 명칭들이 사용되나, 일반적으로 다음의 다섯 가지 유형으로

표 6-1 화학 공정에서의 고정 자본 투자비 항목

**Direct costs**

1. *Purchased equipment*
   - All equipment listed on a complete flowsheet
   - Spare parts and noninstalled equipment spares
   - Surplus equipment, supplies, and equipment allowance
   - Inflation cost allowance
   - Freight charges
   - Taxes, insurance, duties
   - Allowance for modifications during start-up
2. *Purchased-equipment installation*
   - Installation of all equipment listed on complete flowsheet
   - Structural supports
   - Equipment insulation and painting
3. *Instrumentation and controls*
   - Purchase, installation, calibration, computer control with supportive software
4. *Piping*
   - Process piping utilizing suitable structural materials
   - Pipe hangers, fittings, valves
   - Insulation
5. *Electrical systems*
   - Electrical equipment switches, motors, conduit, wire, fittings, feeders, grounding, instrument and control wiring, lighting, panels
   - Electrical materials and labor
6. *Buildings (including services)*
   - Process buildings—substructures, superstructures, platforms, supports, stairways, ladders, access ways, cranes, monorails, hoists, elevators
   - Auxiliary buildings—administration and office, medical or dispensary, cafeteria, garage, product warehouse, parts warehouse, guard and safety, fire station, change house, personnel building, shipping office and platform, research laboratory, control laboratory
   - Maintenance shops—electric, piping, sheet metal, machine, welding, carpentry, instrument
   - Building services—plumbing, heating, ventilation, dust collection, air conditioning, building lighting, elevators, escalators, telephones, intercommunication systems, painting, sprinkler systems, fire alarm
7. *Yard improvements*
   - Site development—site clearing, grading, roads, walkways, railroads, fences, parking areas, wharves and piers, recreational facilities, landscaping
8. *Service facilities*
   - Utilities—steam, water, power, refrigeration, compressed air, fuel, waste disposal
   - Facilities—boiler plant incinerator, wells, river intake, water treatment, cooling towers, water storage, electric substation, refrigeration plant, air plant, fuel storage, waste disposal plant, environmental controls, fire protection
   - Nonprocess equipment—office furniture and equipment, cafeteria equipment, safety and medical equipment, shop equipment, automotive equipment, yard material-handling equipment, laboratory equipment, locker-room equipment, garage equipment, shelves, bins, pallets, hand trucks, housekeeping equipment, fire extinguishers, hoses, fire engines, loading stations
   - Distribution and packaging—raw material and product storage and handling equipment, product packaging equipment, blending facilities, loading stations
9. *Land*
   - Surveys and fees
   - Property cost

(*Continued*)

**표 6-1 계속**

**Indirect costs**

1. *Engineering and supervision*
   Engineering costs—administrative, process, design and general engineering, computer graphics, cost engineering, procuring, expediting, reproduction, communications, scale models, consultant fees, travel
   Engineering supervision and inspection
2. *Legal expenses*
   Identification of applicable federal, state, and local regulations
   Preparation and submission of forms required by regulatory agencies
   Acquisition of regulatory approval
   Contract negotiations
3. *Construction expenses*
   Construction, operation, and maintenance of temporary facilities, offices, roads, parking lots, railroads, electrical, piping, communications, fencing
   Construction tools and equipment
   Construction supervision, accounting, timekeeping, purchasing, expediting
   Warehouse personnel and expense, guards
   Safety, medical, fringe benefits
   Permits, field tests, special licenses
   Taxes, insurance, interest
4. *Contractor's fee*
5. *Contingency*

나눌 수 있다.

1. *규모추정 (비례추정)*; 비슷한 프로젝트의 과거 비용 데이터로부터 추정. 오차 범위는 ±30% 이상
2. *조사추정 (인자추정)*; 주요 장치에 대한 정보로부터의 추정. 오차범위는 최대 ±30%
3. *예비추정 (예산 공인추정, 범위추정)*; 소요 예산을 추정할 만큼의 충분한 데이터로부터 추정. 오차범위는 ±20% 이내
4. *확정추정 (프로젝트 조절추정)*; 도면과 장치의 사양이 완성되지는 않았으나, 프로젝트에 관련된 완전한 데이터로부터 추정. 오차범위는 ±10% 이내
5. *상세추정 (계약추정)*; 완전한 도면, 장치 사양, 단지 조사 결과로부터 추정; 오차범위는 ±5% 이내

그림 6-4는 자본비용 추정과 관련해 각 단계 별로 요구되는 정보와 오차범위를 나타내었다. 일반적으로 정보가 충분하지 못할 경우, 실제 발생하는 비용이 추정비용보다 더 커질 확률이 작아지는 경우보다 더 높다. 이는 비용이 증가되는 기간에 대한 비용추정에서도 같은 경향을 보인다. 즉 이러한 추정의 경우 대체로 양의 오차가 음의 오차보다 크게된다. 예를 들면, 조사추정 단계의 경우 추정 비용의 오차는 +40%에서 −20%로 나타나는 것이 일반적이다.

설계 전 단계에서의 비용 추정(즉 규모 추정, 조사 추정, 예비 추정의 단계)은 확정 추정이나 상세추정의 단계에 비하여 훨씬 적은 정보만으로 비용을 추정한다. 그러나 설계 전 단계의 비용추정은 프로젝트를 계속적으로 검토할 것인지, 다른 대안의 경우와 비교할 것인지를 결정하게 되므로 대단히 중요한 추정 단계이다. 따라서 본 장에서는 설계 전 단계의 비용추정에 대하여 집중적으로 다루고 있다.

| | Required information | Detailed estimate ± 5% range | Definitive estimate ± 10% range | Preliminary estimate ± 20% range | Study estimate ± 30% range | Order-of-magnitude estimate >± 30% range |
|---|---|---|---|---|---|---|
| Site | Location | ● | ● | ● | ● | |
| | General description | ● | ● | ● | | |
| | Soil bearing | ● | ● | ● | | |
| | Location & dimensions R.R, roads, impounds, fences | ● | ● | ● | | |
| | Well-developed site plot plan & topographical map | ● | ● | | | |
| | Well-developed site facilities | ● | | | | |
| Process flowsheet | Rough sketches | | | | ● | |
| | Preliminary | | | ● | | |
| | Engineered | ● | ● | | | |
| Equipment list | Preliminary sizing & material specifications | | | ● | ● | |
| | Engineered specifications | ● | ● | | | |
| | Vessel sheets | ● | ● | | | |
| | General arrangement | | | | | |
| | (a) Preliminary | | ● | ● | | |
| | (b) Engineered | ● | | | | |
| Building and structures | Approximate sizes & type of construction | | | ● | ● | |
| | Foundation sketches | | ● | ● | | |
| | Architectural & construction | ● | ● | ● | | |
| | Preliminary structural design | | | ● | | |
| | General arrangement & elevations | ● | ● | | | |
| | Detailed drawings | ● | | | | |
| Utility requirements | Rough quantities (steam, water, electricity, etc.) | | | | ● | |
| | Preliminary heat balance | | | ● | | |
| | Preliminary flowsheets | | ● | ● | | |
| | Engineered heat balance | ● | ● | | | |
| | Engineered flowsheet | ● | | | | |
| | Well-developed drawings | ● | | | | |
| Piping | Preliminary flowsheet & specifications | | | ● | ● | |
| | Engineered flowsheet | | ● | | | |
| | Piping layouts & schedules | ● | ● | | | |
| Insulation | Rough specifications | | | ● | | |
| | Preliminary list of equipment & piping to be insulated | | ● | | | |
| | Insulation specifications & schedules | ● | ● | | | |
| | Well-developed drawings or specifications | ● | | ● | | |
| Instrumentation | Preliminary instrument list | | ● | | | |
| | Engineered list & flowsheet | ● | | | | |
| | Well-developed drawings | ● | | | | |
| Electrical | Preliminary motor list—approximate sizes | | | ● | ● | |
| | Engineered list & sizes | ● | ● | | | |
| | Substations, number & sizes, specifications | ● | ● | ● | | |
| | Distribution specifications | ● | | | | |
| | Preliminary lighting specifications | | | ● | | |
| | Preliminary interlock, control, & instrument wiring specs. | | ● | | | |
| | Engineered single-line diagrams (power & light) | ● | ● | | | |
| | Well-developed drawings | ● | | | | |
| Worker-hours | Engineering & drafting | ● | ● | ● | ● | |
| | Labor by craft | ● | | | | |
| | Supervision | ● | | | | |
| Product scope standard process | Product, capacity, location, & site requirements. Utility & service requirements. Building & auxiliary requirements. Raw materials & finished product handling & storage requirements. | | | | | ● |

**그림 6-4**
비용추정을 위한 필요 정보

설계 전 비용추정은 회사에 자본 계상을 요청하거나, 프로젝트 수행에 필요한 자본을 확보하는 데에 사용이 된다. 또한 설계가 진행이 됨에 따라 단계적으로 실시하는 비용추정으로부터 최초에 추정, 계상한 값과의 오차를 확인하고 그 비용을 조정하게 된다.

## 물가지수

설계 전 단계의 비용추정이나 예비추정에 사용되는 비용 관련 데이터들은 비용을 추정하는 시점에서만 유효한 자료이다. 일반적으로 시간이 경과함에 따라 경제적 환경이 변하게 되고 이에 따라 가격도 많이 변화하게 되므로 과거 어느 시점의 가격 데이터를 다른 시점의 가격 데이터로 변환하는 방법이 필요하다.[101] 이러한 경우 사용되는 것이 물가지수이다.

물가지수는 기준 시점 대비 주어진 시점에서의 비용의 비를 지수값으로 나타낸 것이다. 만약 과거의 어느 시점에서의 비용(원 비용)을 알 경우, 이에 상응하는 현재 시점에서의 비용은 현재의 지수값과 원비용이 적용되는 과거 시점에서의 지수값과의 비(ratio)를 원비용에 곱하여 얻게된다. 즉

$$\text{현재의비용} = \text{원비용}\left(\frac{\text{현재의 지수값}}{\text{원비용이얻어진시점의지수값}}\right)$$

물가지수는 대략의 비용의 추정을 위한 목적으로 주로 사용된다. 이는 물가지수가 특별한 기술의 발전이나 특정 지역의 상황 등 모든 조건을 고려하여 산출되는 것은 아니기 때문에 그 정확성에 한계를 지니기 때문이다. 일반적으로 10년 이내의 기간에 대하여 물가지수를 적용하여 비용을 추정하는 경우는 정확도가 높은 편이다. 물가지수를 이용하여 가까운 미래의 비용을 예측하기도 한다. 예를 들면, 프로젝트를 검토하는 단계에서 플랜트가 가동되었을 경우의 비용 예측을 물가지수를 사용하여 실시하는 경우 등이다. 이러한 경우 물가지수를 외삽에 의하여 추정하거나 인플레이션율을 가정한 뒤 적용한다.

현재 여러 가지 형태의 물가지수가 정기적으로 발표되고 있다. 즉 장치 비용을 추정하기 위한 물가지수, 기타 건설, 자재, 노임 또는 특정한 분야의 비용을 추정하기 위한 물가지수 등이 그것이다. 이들 중 가장 보편적으로 알려진 물가지수는 *Marshall and Swift all-industry, process-industry equipment indexes, Engineering News-Record construction index, Nelson-Farrar refinery construction index, Chemical Engineering plant cost index* 등이 있다. 표 6-2에는 과거 15년 간을 기준으로 다양한 형태의 물가지수 값들을 나타내었다.

이들 이외에도 특별한 목적으로 사용될 수 있는 여러 가지 물가지수들이 문헌에 소개되고 있다. 예를 들면, 여러 형태의 산업에 대한 재료 및 노임 물가지수는 매달 노동통계국에서 발행하는 Monthly Labor Review에 나와 있다. 이 물가지수는 특별한 재료 혹은 특이한 근로 조건에서의 노임 등을 추정하는 데에 유용하게 활용될 수 있다. 또 다른 예로서 *International Journals of Production Economics(Engineering Costs and Production Economics*에서 개칭) 잡지에는 여러 나라들에 대한 플랜트 건설비용 물가지수를 수록하고 있으므로 국가간의 건설비용을 비교하는 데에 활용할 수 있다.

---

101) 미래에 생길 비용과 이익에 미치는 인플레이션과 디플레이션의 영향에 관한 내용은 제 8장 참조

표 6-2

| Year | Marshall and Swift installed-equipment indexes, 1926 = 100 | | *Eng. News-Record* construction index | | | Nelson-Farrar refinery construction index, 1946 = 100 | *Chemical Engineering* plant cost index, 1957–1959 = 100 |
|---|---|---|---|---|---|---|---|
| | All industries | Process industry | 1913 = 100 | 1949 = 100 | 1967 = 100 | | |
| 1987 | 814 | 830 | 4406 | 956 | 410 | 1121.5 | 324 |
| 1988 | 852 | 859.3 | 4519 | 980 | 421 | 1164.5 | 343 |
| 1989 | 895 | 905.6 | 4615 | 1001 | 430 | 1195.9 | 355 |
| 1990 | 915.1 | 929.3 | 4732 | 1026 | 441 | 1225.7 | 357.6 |
| 1991 | 930.6 | 949.9 | 4835 | 1049 | 450 | 1252.9 | 361.3 |
| 1992 | 943.1 | 957.9 | 4985 | 1081 | 464 | 1277.3 | 358.2 |
| 1993 | 964.2 | 971.4 | 5210 | 1130 | 485 | 1310.8 | 359.2 |
| 1994 | 993.4 | 992.8 | 5408 | 1173 | 504 | 1349.7 | 368.1 |
| 1995 | 1027.5 | 1029.0 | 5471 | 1187 | 509 | 1392.1 | 381.1 |
| 1996 | 1039.1 | 1048.5 | 5620 | 1219 | 523 | 1418.9 | 381.7 |
| 1997 | 1056.8 | 1063.7 | 5825 | 1264 | 542 | 1449.2 | 386.5 |
| 1998 | 1061.9 | 1077.1 | 5920 | 1284 | 551 | 1477.6 | 389.5 |
| 1999 | 1068.3 | 1081.9 | 6060 | 1315 | 564 | 1497.2 | 390.6 |
| 2000 | 1089.0 | 1097.7 | 6221 | 1350 | 579 | 1542.7 | 394.1 |
| 2001 | 1093.9 | 1106.9 | 6342 | 1376 | 591 | 1579.7 | 394.3 |
| 2002 | 1102.5[‡] | 1116.9[‡] | 6490[‡] | 1408[‡] | 604[‡] | 1599.2[‡] | 390.4[†,§] |

[†]All costs presented in this text and in the McGraw-Hill website are based on this value for January 2002, obtained from the *Chemical Engineering* index unless otherwise indicated. The website provides the corresponding mathematical cost relationships for all the graphical cost data presented in the text.
[‡]Projected.
[§]Calculated with revised index; see *Chem. Eng.*, **109:** 62 (2002).

모든 물가지수는 한정된 재화와 상품들을 표본 채집하여 산출하게 되므로, 동일한 프로젝트에 대한 물가지수가 이를 계산하는 기관에 따라 차이가 많이 나는 경우가 있다. 그러나 물가지수는 물가의 변화 추세를 반영하는 데에 의미가 있다. 특별한 경우에 있어서 이러한 추세가 의미가 없을 수도 있다. 예를 들면, 경기가 하강하고 있을 때에는 공사 도급업자는 이윤이 거의 없을 정도의 공사금액에도 계약을 할 것이며, 노동력이 부족한 경우에는 다른 지역에 비하여 비싼 인건비를 지급하게 되는 경우 등이다.

공정 장치 비용과 화학 플랜트의 투자비를 예측하기 위하여서는 The Marshall and Swift equipment cost indexes와 *Chemical Engineering* plant cost indexes를 주로 사용한다. 이들 물가지수들은 서로 비교적 비슷한 지수값을 나타낸다. 반면 *Engineering News-Record* construction cost index는 생산성 향상 요소를 포함하지 않으므로, 시간에 따른 물가지수 값의 증가가 훨씬 크게 나타난다. 같은 이유로 Nelson-Farrar refinery construction index의 경우도 시간에 따른 물가지수 값의 증가가 매우 크므로 이를 사용할 경우에는 신중을 기하여야 하고, 정유설비 건설의 경우에만 적용하여야 한다.

## 자본 투자비를 구성하는 항목

자본 투자비는 공장을 짓고 생산 설비를 준비하는데 필요한 자금과 그 시설을 운영하는데 드는 운전 자금을 더한 총 자금을 뜻한다. 표 6-1에서 개략을 설명한 것처럼 고정 투자비는 여러 항목으로 구성되어 있는데, 본 장에서는 이들 항목에 대하여 각 항목별로 차지하는 비용이 어느정도 인지를 알아보고자 한다. 여기에서 표현하는 비용 인자는 기업 운영의 경험에 기초한 최근 자료를 면밀히 분석한 것에 기준한 것이다.

표 6-3은 고정자본 투자비를 구성하는 여러 투자항목들에 대하여, 이들 투자항목 간의 구성비율을 백분율로 나타낸 것으로, 일반적인 다목적 플랜트(grass-roots plant), 혹은 기존의 플랜트에 대규모로 새로운 공정이 추가되는 경우에 적용될 수 있다. '일반적인 플랜트'라는 것은 새로운 공장 부지에 모든 시설이 완비된 공장을 세우는 것을 뜻한다. 투자비는 공장용지의 구입, 부지의 개발, 생산지역경계 내의 시설(battery-limit facilities), 부대 설비에 관한 모든 비용을 포함한다. 프로젝트의 적용 범위를 한정하는 지리적인 경계를 생산지역경계(battery limit)라고 한다. 일반적으로 생산지역경계는, 플랜트의 제조설비가 위치하는 지역을 나타내는 것으로, 이중 저장시설, 유틸리티, 행정 건물 또는 특별히 규정하지 않은 부대설비가 들어선 지역은 제외한다. 생산지역경계 내의 투자 비산정의 경우 보통 새로운 부지를 정지하는 과정에 소요되는 경비는 제외하므로 기존 플랜트의 확장에 적용된다.

**표 6-3 다수의 공정으로 구성된 플랜트 또는 기존 시설에 대단위 공정이 추가된 플랜트의 고정 자본 투자비에 대한 직접비용 및 간접비용의 백분율**

| Component | Range of FCI, % |
|---|---|
| Direct costs | |
| Purchased equipment | 15–40 |
| Purchased-equipment installation | 6–14 |
| Instrumentation and controls (installed) | 2–12 |
| Piping (installed) | 4–17 |
| Electrical systems (installed) | 2–10 |
| Buildings (including services) | 2–18 |
| Yard improvements | 2–5 |
| Service facilities (installed) | 8–30 |
| Land | 1–2 |
| Indirect costs | |
| Engineering and supervision | 4–20 |
| Construction expenses | 4–17 |
| Legal expenses | 1–3 |
| Contractor's fee | 2–6 |
| Contingency | 5–15 |

## 예제 6-1 공정 플랜트의 항목별 비용을 적용한 고정 자본 투자비의 추정

장치 구입비가 $100,000로 추정되는 플랜트에 대하여, 고정 자본 투자비를 추정하라. 이 시설은 고체와 유체를 모두 다루는 플랜트로써, 제어장치의 자동화 비율이 높고 실외에서 운전이 이루어진다. 표 6-3에 제시된 항목별 비용을 이용하여 고정 자본 투자비를 추정하되, 부지 비용은 포함되지 않는다.

**■ 풀이**

고정 자본 투자비를 구성하는 각 항목에 대해 표 6-3의 범위 내에서 백분율을 선택한다. 선택한 백분율은 임의로 결정한 값이나, 공정 플랜트의 특성치가 낮거나 높게 제시되지 않는 한 평균치를 선택한다. 이 백분율을 모두 더할 때의 총합은 100이 되지 않으므로, 각 항목의 백분율

값을 백분율의 총합으로 나눔으로써 총합이 표준화되어 100이 되도록 한다. 고정 자본 투자비를 구성하는 각 항목별 비용의 추정값은, 우선 \$100,000에 각 항목별로 표준화된 백분율을 곱한 후, 표준화된 장치 구입비의 백분율로 나누어 계산한다. 모든 수치들은 \$1000 값에서 절삭하였으며, 계산값들은 다음 표에 나타내었다.

| Components | Selected percentage of FCI | Normalized percentage of FCI | Estimated cost |
|---|---|---|---|
| Purchased equipment | 25 | 22.9 | \$100,000 |
| Purchased-equipment installation | 9 | 8.3 | 36,000 |
| Instrumentation (installed) | 10 | 9.2 | 40,000 |
| Piping (installed) | 8 | 7.3 | 32,000 |
| Electrical (installed) | 5 | 4.6 | 20,000 |
| Buildings (including services) | 5 | 4.6 | 20,000 |
| Yard improvements | 2 | 1.8 | 8,000 |
| Service facilities (installed) | 15 | 13.8 | 60,000 |
| Engineering and supervision | 8 | 7.3 | 32,000 |
| Construction expense | 10 | 9.2 | 40,000 |
| Legal expense | 2 | 1.8 | 8,000 |
| Contractor's fee | 2 | 1.8 | 8,000 |
| Contingency | 8 | 7.3 | 32,000 |
| Total | 109 | 99.9 | \$436,000 |

추정된 투자비 \$436,000는 많은 불확실 변수들로부터 추정한 것으로써, ±30% 정도의 오차를 보인다.

## 장비의 구입

장비 구입비용은 앞서 설명한 자본 투자비를 추정하는 여러 가지 사전 설계 방법들의 기초가 된다. 그러므로 장비 가격을 추정한 출처, 장비 가격을 용량에 대해 조정하는 방법, 공정의 부대 장비에 들어가는 비용의 추정 방법 등을 아는 것은 신뢰성 있는 비용 추정을 위해 필수적이다. 여러 종류의 장비는 편의상 다음과 같이 분류된다. (1) 공정 장비, (2) 원료 전처리 장비와 저장 장비, (3) 최종 제품의 취급과 저장을 위한 장비.

화학공정에 필요한 장비의 크기와 사양은 물질수지와 에너지 수지로부터 계산되거나, 고정된 값을 가지는 장비 매개변수(equipment parameter)에 의해 결정된다. 예를 들어, 증류탑에 대한 물질수지와 에너지 수지를 얻기 위하여 공정모사를 실시하는 경우 평형 단수, 환류비, 탑상 응축기의 환류 형태(총 응축 혹은 부분 응축), 증류탑의 상단부와 같은 특별한 지점에서의 운전압력 등이 결정되어야 한다. 이러한 매개변수들의 값과 원료 조성 자료 들을 증류탑 계산용 소프트웨어에 입력함으로써, 증류 생성물의 조성, 온도, 압력뿐만 아니라 응축기, 재비기의 필요 열량까지 계산할 수 있다. 또한 실제 필요한 증류 단수는 증류단의 효율로부터 결정되어진다. 이러한 증류탑에 대한 계산 결과와 증류탑을 만들 재료에 대한 정보로부터 증류탑, 응축기, 재비기, 및 배관에 소요되는 비용을 추정하게 된다. 이와 유사한 방법으로 다른 여러 가지 공정 장비들에 대한 비용 산출 또한 물질수지와 에너지 수지로부터 계산된 사양을 근거로 실시한다.

공정 장비의 구입 비용을 결정하는 가장 정확한 방법은 장비 제작자와 공급자로부터 견적을 받는 것이다. 장비 제작자는 실제 입찰가에 근접한 장비 구입비용을 비교적 단시간에 추정해낸다. 신뢰성이 있는 비용 추정의 차선책은 과거 구입 주문서의 기록에 있는 구입가를 이용하는 것이다. 이것을 새 장비의 가격 추정에 이용할 때 구입 주문 가격은 적당한 물가지수 비율로 보정해야 한다. 또한 한정적인 정보이지만, 공정 장비의 비용에 대한 정보가 다양한 공학 잡지에 발표되어 왔다. 제12장 ~ 15장에서는 여러 가지 형태의 장비들에 대해 종류 별, 용량 별로 구입비용을 추정하는 방법을 다룬다.

## 크기비율에 따른 장비의 비용 추정

특별한 크기나 용량에 대한 비용 자료가 없는 장비에 대하여 구입비용의 산출이 필요한 경우가 있다. 이 경우, 만일 다른 용량의 유사한 장비의 비용 자료를 얻는 일이 가능하다면, 새로 구입할 장비의 예상 구입 가격은 6/10 인자 법칙(six-tenths factor rule) 관계식을 이용하여 구할 수 있다. 이 관계식에 따르면, 일정 용량을 가지는 단위 장비 $b$의 비용을 안다면, 이와 유사한 단위 장비 $a$가 $b$의 $X$ 배의 용량을 가질 때 장비 $a$의 비용은 장비 $b$의 비용에 $X^{0.6}$배를 곱하여 추정할 수 있다.

$$\text{장치 } a\text{의 비용} = (\text{장치 } b\text{의 가격})\ X^{0.6} \tag{6-2}$$

식 (6-2)를 장비에 대한 용량 대 비용의 로그-로그 도식(log-log plot)을 나타내면 기울기가 0.6인 직선식이 된다. 그림 6-5는 다관형 열교환기(shell-and-tube heat exchanger)에 대하

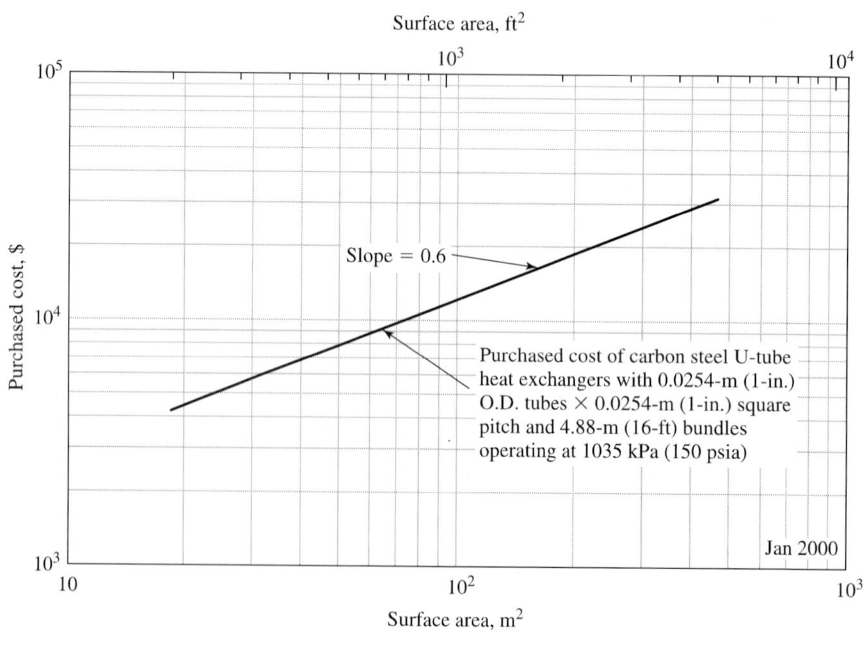


**그림 6-5**
U 관형 열교환기에 대한 "6/10 인자"의 적용

표 6-4 용량의 함수로서의 장비 비용에 대한 대표적 지수값

| Equipment | Size range | Exponent |
|---|---|---|
| Blender, double cone rotary, carbon steel (c.s.) | 1.4–7.1 $m^3$ (50–250 $ft^3$) | 0.49 |
| Blower, centrifugal | 0.5–4.7 $m^3/s$ ($10^3$–$10^4$ $ft^3/min$) | 0.59 |
| Centrifuge, solid bowl, c.s. | 7.5–75 kW (10–$10^2$ hp) drive | 0.67 |
| Crystallizer, vacuum batch, c.s. | 15–200 $m^3$ (500–7000 $ft^3$) | 0.37 |
| Compressor, reciprocating, air-cooled, two-stage, 1035-kPa discharge | 0.005–0.19 $m^3$ (10–400 $ft^3/min$) | 0.69 |
| Compressor, rotary, single-stage, sliding vane, 1035-kPa discharge | 0.05–0.5 $m^3/s$ ($10^2$–$10^3$ $ft^3/min$) | 0.79 |
| Dryer, drum, single vacuum | 1–10 $m^2$ (10–$10^2$ $ft^2$) | 0.76 |
| Dryer, drum, single atmospheric | 1–10 $m^2$ (10–$10^2$ $ft^2$) | 0.40 |
| Evaporator (installed), horizontal tank | 10–1000 $m^2$ ($10^2$–$10^4$ $ft^2$) | 0.54 |
| Fan, centrifugal | 0.5–5 $m^3/s$ ($10^3$–$10^4$ $ft^3/min$) | 0.44 |
| Fan, centrifugal | 10–35 $m^3/s$ ($2\times10^4$–$7\times10^4$ $ft^3/min$) | 1.17 |
| Heat exchanger, shell-and-tube, floating head, c.s. | 10–40 $m^2$ (100–400 $ft^2$) | 0.60 |
| Heat exchanger, shell-and-tube, fixed sheet, c.s. | 10–40 $m^2$ (100–400 $ft^2$) | 0.44 |
| Kettle, cast-iron, jacketed | 1–3 $m^3$ (250–800 gal) | 0.27 |
| Kettle, glass-lined, jacketed | 0.8–3 $m^3$ (200–800 gal) | 0.31 |
| Motor, squirrel cage, induction, 440-V, explosion-proof | 4–15 kW (5–20 hp) | 0.69 |
| Motor, squirrel cage, induction, 440-V, explosion-proof | 15–150 kW (20–200 hp) | 0.99 |
| Pump, reciprocating, horizontal cast-iron (includes motor) | $1\times10^{-4}$–$6\times10^{-3}$ $m^3/s$ (2–100 gpm) | 0.34 |
| Pump, centrifugal, horizontal, cast steel (includes motor) | 4–40 $m^3/s\cdot kPa$ ($10^4$–$10^5$ gpm·psi) | 0.33 |
| Reactor, glass-lined, jacketed (without drive) | 0.2–2.2 $m^3$ (50–600 gal) | 0.54 |
| Reactor, stainless steel, 2070-kPa | 0.4–4.0 $m^3$ ($10^2$–$10^3$ gal) | 0.56 |
| Separator, centrifugal, c.s. | 1.5–7 $m^3$ (50–250 $ft^3$) | 0.49 |
| Tank, flat head, c.s. | 0.4–40 $m^3$ ($10^2$–$10^4$ gal) | 0.57 |
| Tank, c.s., glass-lined | 0.4–4.0 $m^3$ ($10^2$–$10^3$ gal) | 0.49 |
| Tower, c.s. | $5\times10^2$–$10^6$ kg ($10^3$–$2\times10^6$ lb) | 0.62 |
| Tray, bubble cap, c.s. | 1–3 m (3–10 ft) diameter | 1.20 |
| Tray, sieve, c.s | 1–3 m (3–10 ft) diameter | 0.86 |

여 도식한 것이다. 그러나 실제 장비의 구입비용을 구할 수 있는 비용-용량 지수는 표 6-4에 보여주는 바와 같이 0.3보다 작은 값부터 1.0보다 큰 값까지 매우 큰 범위로 나타나기 때문에, 대부분의 구입 장비에 대해 경험 값인 0.6을 적용하는 것은 지나치게 간소화한 것이다. 이 때문에 0.6승은 다른 정보가 전혀 없을 때에만 사용하여야 한다. 일반적으로 비용-용량 개념을 적용하기 위하여는 비교하는 두 장비의 용량차이가 10배 이상을 넘지 않아야 하며 구조물 형태와 구조물 재료, 온도와 압력 운전 범위, 기타의 적정한 변수들에 관해 두 개의 장비가 유사하여야 정확성이 있다. 그럼에도 불구하고 장비와 전 공정 비용까지도 근사값을 구하는데 이 6/10 법칙이 널리 사용된다.

## 예제 6-2 크기비율 인자와 물가지수를 이용한 장비의 비용 추정

유리로 도금이 되어 있는 0.2 $m^3$ 용량의 자켓형 반응기(회전부위가 없는)의 구입 비용이 1991년에 $10,000이었다. 유사한 형태의 1.2 $m^3$ 용량의 유리로 도금된 자켓형 반응기(회전부위가

없는)를 1996년에 구입할 때의 비용을 산출하라. Chemical Engineering Plant cost index의 연평균 값을 사용하여 반응기의 구입 비용을 경신하라.

■ **풀이**

1991년의 연간 Chemical Engineering plant cost index는 361이었고 1996년에는 382이었다(표 6-2). 표 6-4에서 용량에 대비 장비 비용의 지수는 0.54이다. 따라서,

$$1996\text{년의 반응기 비용} = (\$10{,}000)\left(\frac{382}{361}\right)\left(\frac{1.2}{0.2}\right)^{0.54} = \$27{,}850$$

용기, 탱크, 공정과 재료를 취급하는 장비에 대한 구입 장비 비용은 종종 무게 기준으로 추정된다. 대부분의 장비의 경우, 단위 무게당의 비용이 비슷하므로, 비용 자료를 구하기 어려운 장비의 경우에는 무게당 비용으로 추정하는 방법이 유용하게 활용될 수있다. 이 방법으로 얻는 장비의 비용 자료는 조사추정 단계에서 사용하기에 충분할 정도로 신뢰성이 있다.

## 구입 장비 수송

구입 장비의 가격은 일반적으로 본선인도가격(f.o.b.; free on board, 구입자가 운임을 지불함)을 의미한다. 운임 비용은 장치의 무게와 크기, 제작지에서 플랜트까지의 거리, 수송 방법 등과 같은 많은 요인에 따라 달라진다. 사전설계 단계에서는 일반적으로 구입 장치 비용의 10%를 장비수송비용으로 적용한다.

## 구입 장비의 설치

공정 장비의 설치시 지출되는 비용은 노무비, 기초공사, 지지판, 발판, 건설 비용, 그리고 구입 장비를 조립하는데 직접 관계되는 다른 요소들에 대한 비용등으로 구성된다. 표 6-5는 여러가지 형태들의 장비에 대하여, 설치 비용의 차지하는 범위를 구입 장비 비용의 백분율(%)로 보여준다. 장비 설치 노무비를 장치 크기의 함수로 나타내는 것은 노무비의 변화가 너무 광범위하므로 부적절하다.

화학플랜트의 경우 일반적으로 장비들의 총 설치비용중 장비구입 비용이 차지하는 비율은, 장비의 복잡성과 장비가 설치되는 플랜트의 형태에 따라 다르나 대체로 65 ~ 80%로 다양하게 나타나는 것을 보이고 있다. 따라서 장비설치 비용은 장비구입 비용의 25 ~ 55%로 변화되는 것으로 추정된다. 장비의 보온과 배관의 보온에 소요되는 비용은, 장비의 설치비용과 배관 비용에 포함된다. 통상의 화학플랜트에서, 장비와 배관의 보온에 소요되는 노무비와 재료비의 총 비용은 대략 장비 구입비용의 8 ~ 9%가 된다. 이것은 대략적으로 총 자본 투자비의 2%와 같다.

## 계장 및 제어 장치

계장 비용, 설치 노무비, 부대 설비 및 재료에 대한 비용 등이 계장에 소요되는 자본 투자비의 주요 부분이다. 계장 및 제어 장치에 소요되는 비용은 어느 정도의 제어 장비가 필요한

표 6-5 구입 장비 비용을 백분율로 표시한 공정 장비에 대한 설치 비용

| Type of equipment | Installation cost, % |
|---|---|
| Centrifugal separators | 20–60 |
| Compressors | 30–60 |
| Dryers | 25–60 |
| Evaporators | 25–90 |
| Filters | 65–80 |
| Heat exchangers | 30–60 |
| Mechanical crystallizers | 30–60 |
| Metal tanks | 30–60 |
| Mixers | 20–40 |
| Pumps | 25–60 |
| Towers | 60–90 |
| Vacuum crystallizers | 40–70 |
| Wood tanks | 30–60 |

†Modified from K. M. Guthrie, *Process Plant Estimating, Evaluation, and Control,* Craftsman Book Company of America, Solana Beach, CA, 1974.

지에 따라 다르나 일반적으로 총 장비구입 비용의 8 ~ 50%를 차지한다. 일반적인 고체-유체 화학공정 플랜트의 경우, 장비구입 비용의 26% 정도가 계장 및 제어 장치 비용으로 쓰일 것으로 추정된다. 이 비용은 대략적으로 총 자본 투자비의 5%에 해당한다.

## 배관

배관 비용에 포함되는 항목은 노무비, 밸브, 연결 배관, 파이프, 지지대, 공정에 직접 관계되는 모든 배관을 완전히 설치하는데 포함되는 재료비등이다. 배관은 원료, 중간 생성물, 최종 생성물, 스팀, 공정수, 공기, 배수구, 기타 공정에 관한 배관 등을 모두 포함한다. 공정 플랜트의 배관 비용은 장비구입 비용의 80%, 혹은 고정 자본 투자비의 20% 까지 차지할 정도로 소요 비용이 높은 항목이므로, 자본비용 추정에서 중요한 비중을 차지한다.

배관 비용의 추정은 상세설계도로부터 배관의 정도를 적용하는 방법을 사용하나, 만약 상세 설계도나 공정흐름도가 없을 경우에는 인자법(a factor technique)을 적용한다. 구입 장비 비용의 백분율과 고정 자본 투자비의 백분율에 의한 인자 계산법(factoring)은 이전에 설치된 유사한 화학공정 플랜트에 대한 배관 비용 데이터로부터 얻게 된다. 표 6-6은 다양한 형태의 화학공정에 대한 배관 비용에 대한 대략적인 추정을 나타낸다. 배관비용의 추정시 사용될 수 있는 추가의 정보들은 제 12장에서 다룬다. 배관설치시 소모되는 노무비는 총 배관설치 비용의 40 ~ 50% 정도로 추정된다. 배관의 보온을 위한 재료비 및 노무비는 총 배

표 6-6 배관의 추정 비용

| Types of process plant | Percent of purchased equipment | | | Percent of fixed-capital equipment |
|---|---|---|---|---|
| | Material | Labor | Total | |
| Solid† | 9 | 7 | 16 | 4 |
| Solid-fluid‡ | 17 | 14 | 31 | 7 |
| Fluid§ | 38 | 30 | 68 | 13 |

†A coal briquetting plant would be a typical solid-processing plant.
‡A shale oil plant with crushing, grinding, retorting, and extraction would be a typical solid-fluid processing plant.
§A distillation separation system would be a typical fluid-processing plant.

관설치 비용의 15 ~ 25%의 변화폭을 가지는 것으로 추정되며 공정 내의 내용물 온도에 크게 영향을 받는다.

## 전기 시설

전기 시설은 네 가지의 주요 성분, 즉 전력선 배선, 조명, 전기전환과 전원공급, 계장과 제어용 배선으로 나누어진다. 대부분의 화학 플랜트에서 전기시설 설치비용은 장비 구입비의 15 ~30%, 혹은 고정 자본 투자비의 4 ~ 8% 정도로 추정된다.

## 건물

건물의 비용은 노무비, 재료 및 플랜트에 관계되는 모든 건물을 설치하는데 소요되는 부재료에 대한 경비로 구성된다. 배관 공사, 가열, 조명, 통풍, 그리고 유사한 건물 서비스에 대한 비용이 포함된다. 여러 다른 형태의 공정 플랜트에 대하여 건물비용이 차지하는 비율을 표 6-7에서 구입 장비 비용과 고정 자본 투자비의 백분율로 나타내었다.

## 플랜트 내의 부지 개량

플랜트 내의 부지를 개량하는 비용으로는 담 설치, 땅 고르기(grading), 차도 및 보도 설치, 철로 대피선, 조경, 기타 이와 유사한 항목들에 대한 비용 등이 포함된다. 대부분의 화학 플랜트에서 이들 항목들에 대한 비용은 대략적으로 구입장비 비용의 10 ~ 20%에 해당되며, 이는 고정 자본 투자비의 2 ~ 5% 정도와 같다.

## 서비스 시설

스팀, 물, 전력, 압축공기, 연료를 공급하는 유틸리티 설비는 화학공정 플랜트의 서비스 설비의 일부분이다. 폐기물의 폐기, 방화설비, 그리고 매점, 치료실, 식당에 설치된 주방 장비와 설비 등과 같은 여러 가지 서비스 관련 항목들의 자본투자는 일반적인 서비스 설비 비용으로 분류된다.

화학 플랜트에서 서비스 설비에 대한 총 비용은 대표적인 고체-유체 처리공정의 플랜트

**표 6-7 구입 장비 비용 또는 고정 자본 투자비에 대한 건물 비용 구성 비율**

| Type of process plant† | Percentage of purchased-equipment cost | | | Percentage of fixed-capital investment | | |
|---|---|---|---|---|---|---|
| | New plant at new site‡ | New unit at existing site§ | Expansion at existing site | New plant at new site‡ | New plant at existing site§ | Expansion at existing site |
| Solid | 68 | 25 | 15 | 18 | 7 | 4 |
| Solid-fluid | 47 | 29 | 7 | 12 | 7 | 2 |
| Fluid | 45 | 5–18¶ | 6 | 10 | 2–4¶ | 2 |

†See Table 6-6 for description of types of process plants.
‡Generally referred to as a grass-roots plant.
§Designated as a battery-limit plant.
¶Smaller figure is applicable to petroleum refining and related industries.

에 대해 일반적으로 구입 장비 비용의 30 ~ 80%의 범위에 해당되며 55%의 평균값을 나타낸다. 단일 생성물을 생산하는 작은 규모의 연속공정 플랜트의 경우는 위 범위에서 낮은 범위에 해당되며, 새로운 부지에 세운 다수의 공정으로 된 거대한 플랜트에 대한 비용은 위 범위의 높은 범위에 해당된다. 서비스 설비의 비용은 고정 자본 투자비의 항목으로 일반적으로 8 ~ 20%의 범위를 가지며 평균값으로는 14% 정도 고려된다. 표 6-8은 여러 가지 서비스 관련 항목들의 비용이 비교된 것으로 고정 자본 투자비의 백분율의 범위로 나타내어져있다. 완전히 새로운 플랜트를 건설하는 경우를 제외하고는 모든 서비스 항목이 필요한 것은 아니다. 이러한 이유로 인하여 표 6-8에 나타낸 서비스 시설비용은 넓은 범위의 변화폭을 가지고 있다. 공정의 에너지 수지에 따라 유틸리티 요구양이 달라지게 되므로 이 또한 서비스 시설비용 변화폭이 발생되는 원인이 된다. 일반적으로 플랜트의 크기가 클수록 서비스 설비가 커지게 되며, 대부분의 플랜트에서 서비스 설비는 반드시 필요한 부분이다. 필요하지 않은 유틸리티를 생략하는 경우 플랜트 대비 서비스 설비 투자비 비율이 증가하는 경향이 있다. 이상에서 언급된 상항과 플랜트에서 사용되는 서비스 설비의 종류 등을 고려하여 표 6-8에 주어진 변화폭 중 적당한 범위의 값을 선종, 사용하여야 한다.

## 건강, 안전, 환경적 기능

초과 근무와 플랜트에서 직장인의 건강 · 안전 · 환경적 기능에 대한 요구 등이 지속적으로 증가되어 왔다. 표 6-8은 이런 기능을 수행하기 위한 설비들이 차지하는 비중을 나타내었다. 그러나 실제로, 많은 플랜트에서는 표 6-8에서 제시한 것보다 높은 지출이 요구된다. 오늘날 이러한 지출을 추정하기 위한 일반적인 지침이 있는 것처럼 보이지 않는다. 이런 사항들은 플랜트를 설계할 때 모두 고려되어야 한다. 이 기능들은 단순히 추가 조항이 아니고, 공정 설계 단계에서부터 함께 고려되어야 할 설비 항목들이다. 예를 들면 오염 방지와 오염물 최소화 기술은 설계 단계에서부터 포함되어야 한다. 경우에 따라서는 오염을 최소화하기 위한 목적을 달성하기 위하여, 완전히 새로운 공정을 개발, 설계, 건설하기도 한다.

**표 6-8 서비스 설비에 대한 고정 자본 투자비의 백분율에서의 대표적 변화치**

| Service facilities | Range, % | Typical value, % |
|---|---|---|
| Steam generation | 2.6–6.0 | 3.0 |
| Steam distribution | 0.2–2.0 | 1.0 |
| Water supply, cooling, and pumping | 0.4–3.7 | 1.8 |
| Water treatment | 0.5–2.1 | 1.3 |
| Water distribution | 0.1–2.0 | 0.8 |
| Electric substation | 0.9–2.6 | 1.3 |
| Electric distribution | 0.4–2.1 | 1.0 |
| Gas supply and distribution | 0.2–0.4 | 0.3 |
| Air compression and distribution | 0.2–3.0 | 1.0 |
| Refrigeration including distribution | 0.5–2.0 | 1.0 |
| Process waste disposal | 0.6–2.4 | 1.5 |
| Sanitary waste disposal | 0.2–0.6 | 0.4 |
| Communications | 0.1–0.3 | 0.2 |
| Raw material storage | 0.3–3.2 | 0.5 |
| Finished-product storage | 0.7–2.4 | 1.5 |
| Fire protection system | 0.3–1.0 | 0.5 |
| Safety installations | 0.2–0.6 | 0.4 |

### 부지

플랜트 부지 구입비용과 이에 따른 측량과 수수료 등은 소유물의 위치에 따라 다르며, 도시 구역과 산업화가 높은 지역에서는 에이커 당 비용 인자가 30 ~ 50 정도의 높은 수치로 변화한다. 단순한 평균치로 산업 플랜트에 대한 부지 비용은 구입 장비 비용의 4 ~ 8 %에 해당되거나 총 자본 투자비의 1 ~ 2%에 해당된다. 법적으로 부지 비용은 감가상각될 수 없다. 따라서 일반적으로 부지비용은 고정 자본 투자비에 포함되지 않으며 플랜트 건설의 시점에 한번만의 투자로 나타난다.

### 설계 및 감독

건설 설계와 엔지니어링 비용, 국내에서 사용되는 것과 국제 면허를 받은 소프트웨어의 사용, 컴퓨터 설계 도면, 구매, 회계, 운송, 교통, 간접비를 포함한 본점의 경비 등은 자본투자비 중 설계 및 감독에 대한 비용에 해당된다. 이 비용은 장비, 재료 또는 노무비에 직접 부과할 수 없으므로 보통 고정 자본 투자비에서 간접비로 간주되고, 대략적으로 인수된 장비 비용의 30%에 해당하거나 공정 플랜트에 대한 고정 자본 투자비의 8%에 해당된다.

### 법률에 소요되는 경비

법률적 경비는 크게는 부지의 구입, 장비 구입과 건설 계약 등에서 발생한다. 정부, 환경, 안전 등과 관련된 부분을 관련 부처에 이해시키거나, 입증 하는 데에 소요되는 비용 등이 주요 항목이다. 이들 비용은 보통 고정 자본 투자비의 1 ~ 3%의 수준이 된다.

### 건설 비용

또다른 간접 플랜트 비용은 건설에 관한 항목 또는 현장에서 발생하는 경비이며, 일시적인 건설과 플랜트 운영, 건설 공구와 임대, 건설 지점에 위치한 본점 참여 인원, 건설 종업원, 교통과 거주, 세금과 보험, 기타 건설 간접비 등이 포함된다. 경우에 따라서 이런 경비 항목은 장비 설치에 포함되거나 설계, 감독과 건설에 포함된다. 일반적인 화학공정에 대해 건설 비용은 대략 플랜트의 고정 자본 투자비의 8 ~ 10% 정도 소요된다.

### 계약 비용

계약 비용은 상황에 따라 다르지만 직접 플랜트 비용의 2 ~ 8%로 추정하거나 고정 자본 투자비의 1.5 ~ 6%로 추정할 수 있다.

### 예비비

예비비는 예상하지 않은 사고, 혹은 프로젝트의 수행과정에서 불가피하게 증가하게 되는 비용 등을 고려하여 책정하는 것이다. 예를 들면 태풍, 홍수, 수송 사고, 쟁의 발생, 가격 변동, 작은 설계 변화, 추정 착오, 그리고 예측하지 못한 배용의 발생등은 예상하지 못하고 발생할 수 있는 것이다. 예비비 인자는 일반적으로 고정 자본 투자비의 5 ~ 15%의 범위로 적용되는데 평균적으로는 8% 정도가 적당한 것으로 간주된다.

## 자본 투자비의 추정 방법

자본 투자비의 추정에는 여러 가지 방법이 이용되고 있다. 이들 중 어떤 방법을 택할 것인가는 가지고 있는 정보의 양과 정확성에 따라 달라진다. 이 장에서는 일곱 가지 방법을 소개한다. 여기에서 소개하는 각 방법은 소개하는 순서대로 요구되는 상세 정보의 수가 적어지며 준비기간이 적게 필요하다. 따라서 소개되는 순서의 순으로 정확도는 감소된다.

### 방법 A: 상세 항목 추정

상세 항목 추정에서는 표 6-1에 나타낸 각 항목들에 대한 신중한 결정이 요구된다. 필요한 장비와 재료는 완성된 설계 도면과 사양으로부터 결정되며, 이들의 비용은 최근의 자료 혹은 제시된 견적서로부터 추정하게 된다. 설치비용을 추정하는 것은 정확한 노무량, 능률과 고용 시간의 계산 등에서 결정된다. 설계와 현장 감독 시간, 현장 경비 등도 같은 방법으로 정확히 추정되어야 한다. 플랜트 부지의 건설과 건설 비용 추정의 정확성을 기하기 위하여 플랜트 부지의 완벽한 측량과 토양에 대한 자료가 확보되어야 한다. 이러한 형태의 추정 방법은 매각인이나 공급자로부터 받는 견적서의 양에 비례하여 추정의 정확도가 결정된다. 이와 같은 상세한 항목의 추정을 준비하는 데는 광범위한 자료가 필요하고 많은 설계 시간이 요구되기 때문에, 완성된 설계 도면과 사양서를 갖춘 상태에서 총괄적인 계약을 추진하는 경우에 한하여 이루어지게 된다. 상세 추정 방법은 ±5%의 정확도가 예측된다.

### 방법 B: 단위공정 비용추정

단위공정 비용 방법은, 이전부터 축적 되어진 비용 추정 자료가 풍부한 경우 고정 자본 투자비 추정을 비교적 정확히 할 수 있다. 이 방법은 한정적이고 예비 추정하는데 자주 이용되는데, 견적서나 물가지수가 보정된 비용의 기록과 발표된 자료로부터 얻은 구입 가격의 상세한 추정치가 요구된다. 장비 설치 노무비는 인수된 장비 비용의 일부분으로 추정된다. 콘크리트, 칠재, 파이프, 전기설비, 게장, 보온 재료 등에 대한 비용은 설계도면에서 일부 도출하고 재료와 필요한 노무비에 단위공정 가격을 적용하여 얻는다. 단위공정 비용은 또한 설계 인원 고용인-시간, 설계 도면 수, 사양서 등에도 적용된다. 건설 지출, 계약자 비용, 예비비에 대한 인자는 이전에 완성된 사업으로부터 추정한다. 이 방법을 요약하면 식 (6-3)과 같다.

$$C_n = \left[\sum(E + E_L) + \sum(f_x M_x + f_y M'_L) + \sum f_e H_e + \sum f_d d_n\right] f_F \tag{6-3}$$

여기에서 $C_n$은 새로운 자본 투자를 뜻하며, $E$는 인수된 구입 장비 비용, $E_L$은 인수된 장비의 노무비, $f_x$는 특수 재료의 단위 비용, $M_x$는 적절한 단위로 나타낸 특수 재료의 양, $f_y$는 특수 재료의 고용인-시간 당 단위 노무비, $M'_L$은 특수 재료에 대한 노동 고용인-시간, $f_e$는 설계에 대한 단위 비용, $H_e$는 엔지니어 고용인-시간, $f_d$는 도면이나 사양서 당 단위 비용, $d_n$은 도면 또는 사양서의 수, $f_F$는 건설 또는 현장 경비 지수(항상 1보다 크다)를 나타낸다. 상세자료가 포함되느냐의 여부에 따라 단위 비용추정은 ±10 ~ 20 % 정확도를 나타낸다.

### 방법 C: 인수된 장비 비용의 백분율

고정자본과 총 자본 투자비를 추정하는 이 방법에서는 인수된 장비의 비용을 결정하는 것이 필요하다. 총 직접 플랜트 비용에 포함되는 다른 항목들은 인수된 장비 비용의 백분율로 추정한다. 자본 투자비로 추가되는 기타의 항목들에 대한 비용의 추정은 총 직접 플랜트 비용, 총 직접 및 간접 플랜트 비용, 또는 총 자본 투자비의 평균 백분율에 기준한다. 이 방법에 의한 비용 추정식은 다음과 같다.

$$C_n = \sum(E + f_1E + f_2E + f_3E + \cdots + f_nE) = E\sum(1 + f_1 + f_2 + \cdots + f_n) \tag{6-4}$$

여기에서 $f_1$, $f_2$, $f_3$, ..., $f_n$은 배관, 전기, 간접비용 등에 대한 곱셈 인자를 뜻한다. 이런 형태의 비용 추정을 만드는데 사용되는 인자들은 포함된 공정의 형태, 설계의 복잡성, 건설에 필요한 재료, 플랜트 위치, 과거 경험, 그리고 고려 중인 특별한 단위 공정에 관계되는 다른 항목들에 기준하여 결정하여야 한다. 표 6-9는 대표적인 화학 플랜트에 대하여 다양한 백분율의 평균값들을 나타낸 것이다.

인수된 장비 비용을 백분율로 추정하는 것은 보통 예비 추정이나 조사 추정 단계에서 사용한다. 예상되는 정확성은 ±20 ~ 30 %의 범위에 있다. 이 방법은 최근에 건설된 플랜트와 유사한 배치를 가지는 사업에 적용할 때 좀더 정확한 결과를 가져온다. 다른 용량으로 비교

**표 6-9 인수된 장비 비용에 근거한 자본 투자비 항목을 추정하기 위한 비율 인자**

*Values presented are applicable for major process plant additions to an existing site where the necessary land is available through purchase or present ownership.† The values are based on fixed-capital investments ranging from under $1 million to over $100 million.*

| | Percent of delivered-equipment cost for | | |
|---|---|---|---|
| | Solid processing plant‡ | Solid-fluid processing plant‡ | Fluid processing plant‡ |
| **Direct costs** | | | |
| Purchased equipment delivered (including fabricated equipment, process machinery, pumps, and compressors) | 100 | 100 | 100 |
| Purchased-equipment installation | 45 | 39 | 47 |
| Instrumentation and controls (installed) | 18 | 26 | 36 |
| Piping (installed) | 16 | 31 | 68 |
| Electrical systems (installed) | 10 | 10 | 11 |
| Buildings (including services) | 25 | 29 | 18 |
| Yard improvements | 15 | 12 | 10 |
| Service facilities (installed) | 40 | 55 | 70 |
| Total direct plant cost | 269 | 302 | 360 |
| **Indirect costs** | | | |
| Engineering and supervision | 33 | 32 | 33 |
| Construction expenses | 39 | 34 | 41 |
| Legal expenses | 4 | 4 | 4 |
| Contractor's fee | 17 | 19 | 22 |
| Contingency | 35 | 37 | 44 |
| Total indirect plant cost | 128 | 126 | 144 |
| Fixed-capital investment | 397 | 428 | 504 |
| Working capital (15% of total capital investment) | 70 | 75 | 89 |
| Total capital investment | 467 | 503 | 593 |

†Because of the extra expense involved in supplying service facilities, storage facilities, loading terminals, transportation facilities, and other necessary utilities at a completely undeveloped site, the fixed-capital investment for a new plant located at an undeveloped site may be as much as 100 percent greater than that for an equivalent plant constructed as an addition to the existing plant.

‡See Table 6-6 for descriptions of types of process plants.

되는 플랜트에 대하여 이 방법을 적용할 경우 때때로 확정추정 단계와 유사한 정도의 정확성, 즉 ±10%에 가까운 정확도를 갖는 것으로 보고되고 있다.

### 예제 6-3 인수 장비 비용의 백분율에 의한 고정 자본 투자비의 추정

인수장비 비용이 $100,000이라면 예제 6-1에서 설명한 공정 플랜트에 대한 고정 자본 투자비를 조사 추정 방법으로 구하라.

■ **풀이**

계장과 야외 운전의 경우를 고려하여, 표 6-9에 제시된 비율 인자를 수정하여 사용한다. 고정 자본 투자비의 10%를 계장에 드는 비용으로 추정한다. 즉, 추정계장 비용은 인수된 구입장비의 0.1(428/100) 또는 43%이다. 건물에 대해서는 구입장비의 15%로 추정한다.

| Component | Cost |
|---|---|
| Purchased equipment (delivered), $E$ | $100,000 |
| Purchased equipment installation, 39%$E$ | 39,000 |
| Instrumentation (installed), 43%$E$ | 43,000 |
| Piping (installed), 31%$E$ | 31,000 |
| Electrical (installed), 10%$E$ | 10,000 |
| Buildings (including services), 15%$E$ | 15,000 |
| Yard improvements, 12%$E$ | 12,000 |
| Service facilities (installed), 55%$E$ | 55,000 |
| Total direct plant cost, $D$ | 305,000 |
| Engineering and supervision, 32%$E$ | 32,000 |
| Construction expenses, 34%$E$ | 34,000 |
| Legal expenses, 4%$E$ | 4,000 |
| Contractor's fee, 19%$E$ | 19,000 |
| Contingency, 37%$E$ | 37,000 |
| Total indirect plant cost, $I$ | 126,000 |
| Fixed-capital investment, $D + I$ | $431,000 |

그림 6-6은 표 6-9에서 상세하게 설명한 것처럼 인수된 장비의 비율 인자 방법으로 고정 자본 투자비와 총 자본 투자비를 추정하는 펼친표(spreadsheet)를 보여준다. 세 가지 일반적인 공정 형태, 즉 고체, 고체-액체, 액체 처리 공정에 대한 초기적용 인자(default factor)를 나타내었다. 여기에 제시된 인자들은 사용자가 필요에 따라 수정하거나 제시된 값을 그대로 사용할 수 있다.

사용자는 물질수지와 에너지 수지, 그리고 장비 운전 특성으로부터 결정된 주요 장비 항목에 대한 총 구입장비 비용을 반드시 제공해야 한다. 이러한 비용을 12장-15장에서 제공한 정보로부터 추정할 수 있다.

### 방법 D: 자본 투자비의 근사치를 위한 Lang 인자

이 계산 방법은 Lang에 의해 처음 제시되었으며, 비용 추정의 규모를 결정하는데 자주 적용된다. 이 방법은 공정장비 비용에 임의의 인자를 곱함으로써 고정 자본 투자비나 총 자본

| See Table 6-9 for details. | | | | | |
|---|---|---|---|---|---|
| Project Identifier: | Fraction of delivered equipment | | | | |
| | Solid-processing plant | Solid-fluid processing plant | Fluid-processing plant | User values | Calculated values, $M |
| Direct costs | | | | | |
| Purchased equipment | | | | | |
| Delivery, percent of purchased equipment | | | | 0.10 | |
| Subtotal: delivered equipment | | | | | |
| Purchased equipment installation | 0.45 | 0.39 | 0.47 | | |
| Instrumentation and controls (installed) | 0.18 | 0.26 | 0.36 | | |
| Piping (installed) | 0.16 | 0.31 | 0.68 | | |
| Electrical systems (installed) | 0.10 | 0.10 | 0.11 | | |
| Buildings (including services) | 0.25 | 0.29 | 0.18 | | |
| Yard improvements | 0.15 | 0.12 | 0.10 | | |
| Service facilities (installed) | 0.40 | 0.55 | 0.70 | | |
| Total direct cost | | | | | |
| | | | | | |
| Indirect costs | | | | | |
| Engineering and supervision | 0.33 | 0.32 | 0.33 | | |
| Construction expenses | 0.39 | 0.34 | 0.41 | | |
| Legal expenses | 0.04 | 0.04 | 0.04 | | |
| Contractor's fee | 0.17 | 0.19 | 0.22 | | |
| Contingency | 0.35 | 0.37 | 0.44 | | |
| Total indirect cost | | | | | |
| | | | | | |
| Fixed capital investment | | | | | |
| | | | | | |
| Working capital | 0.70 | 0.75 | 0.89 | | |
| | | | | | |
| Total capital investment | | | | | |

**그림 6-6**
인수된 장비 비용에 기준한 자본 투자비 항목의 추정

투자비 등의 대략적인 공정 플랜트 비용을 얻을 수 있다는 점에 근거하여 제시된 것이다. 이러한 인자들은 취급하는 공정 플랜트의 형태에 따라 변화한다. 표 6-10에 주어진 백분율은 공정 플랜트에서 취급하는 형태에 따른 대략적인 근사값을 나타낸 것이다. 이 값들은 고정 자본 투자비나 총 자본 투자비를 추정하는 Lang 인자로 사용된다.

이 방법에서 자본 투자 추정을 보다 정확하게 하기 위 하여는 하나의 인자 값을 사용하기보다, 여러 형태의 인자들을 사용하게 된다. 예를 들면 다른 형태의 장비에 대해서는 다른 인자를 사용하는 경우이다. 또 다른 방법은 장비의 설치, 기초, 유틸리티, 배관, 기타 설비에 대해 분리된 인자를 사용하거나 각 항목의 비용을 재료비와 노무비 인자로 나누어 사용하는 것이다. 이 접근 방식으로 각 인자는 일정한 값의 범위를 가지며 화학공학 엔지니어는 각 경우에 있어 높은 수치나 평균치 또는 낮은 수치를 적용할 것인지를 과거 경험에 비추어 이용해야 한다.

**표 6-10 고정 자본 투자비 또는 총 자본 투자비를 계산하기 위한 개정된 Lang 인자**

*Factor × delivered-equipment cost = fixed-capital investment or total capital investment for major additions to an existing plant.*

| | Lang factors | |
|---|---|---|
| **Type of plant**† | **Fixed-capital investment** | **Total capital investment** |
| Solid | 4.0 | 4.7 |
| Solid-fluid | 4.3 | 5.0 |
| Fluid | 5.0 | 6.0 |

†See Table 6-6 for description of types of process plants.

표를 이용하는 것이 컴퓨터 계산 상 편리하지 않으므로 Hirsch와 Glazier가 제시한 다음 식을 이용하여 분리된 인자들을 이용하는 것이 좋을 것이다.

$$C_n = f_I[E'(1 + f_F + f_p + f_m) + E_i + A] \tag{6-5}$$

식에서 세 가지 설치비용 인자는 다음의 세 식에서 정의된다.

$$\log f_F = 0.635 - 0.154 \log(0.001 E') - 0.992\left(\frac{e}{E'}\right) + 0.506\left(\frac{f_v}{E'}\right) \tag{6-6}$$

$$\log f_p = -0.266 - 0.014 \log(0.001 E') - 0.156\left(\frac{e}{E'}\right) + 0.556\left(\frac{p}{E'}\right) \tag{6-7}$$

$$\log f_m = 0.344 + 0.033 \log(0.001 E') + 1.194\left(\frac{t}{E'}\right) \tag{6-8}$$

여기에서 $E'$은 본선인도가격(f.o.b.) 기준의 구입 장비를 나타내고, $f_I$는 1 보다 항상 큰 간접 비용 인자(보통 1.4로 취급)를, $f_F$는 현장 노무비에 대한 비용 인자를, $f_p$는 배관 재료에 대한 가격 인자를, $f_m$은 기타의 항목에 대한 가격 인자로 보온에 대한 재료비, 기초, 구조용 절재, 건물, 전선, 페인트 작업, 운임과 현장 감독 비용을 포함한다. $E_i$는 이미 설치된 장비의 비용을, $A$는 부식 방지용 합금 재료의 증가된 비용을, $e$는 열교환기 비용(합금 사용시의 증분 비용 제외), $f_v$는 현장에서 제조된 용기(합금 사용시 증분 비용 제외), $p$는 총 펌프 가격에 모터 포함 비용을(합금 사용시 증분 비용 제외) 나타낸다. 식 (6-5)는 본선인도가격(f.o.b.) 기준의 구입 장비와 완전히 설치된 장비에 대하여 적용된다.

### 방법 E: 플랜트/용량 비율을 적용하는 지수 인자

조사 추정 또는 규모 추정에 사용되는 이 방법은 신규 공정 플랜트의 고정 자본 투자비가 이전에 유사하게 건설된 플랜트의 고정 자본 투자비와 지수 승의 비율의 관계가 있다는 것에 근거한 것이다. 즉 어떤 유사한 공정 플랜트 배열에 대해 기존 설비의 용량으로 신규 설비의 용량을 나눈 값을 $R$이라고 정의할 때, 이 $R$에 $x$ 지수승을 한 다음 이 값을 다시 이미 건설된 설비의 고정 자본 투자비 $C$(물가지수 비율로 조정된)와 곱한 값이 신규 설비의 고정 자본 투자비와 같다는 것이다. 이때 지수 승 값은 대략 0.6 ~ 0.7 사이의 값이 되는 것으로 밝혀졌다. 표 6-11에 다양한 종류의 공정 플랜트에 대한 지수승 인자 $x$ 값을 소개하였다.

표 6-11 화학 공정 플랜트와 석유화학 공정 플랜트에 대한 자본 비용 자료(2000)

| Product or process | Process | Typical plant size | Fixed-capital investment, million $ | Power factor $x$‡ for specified process plant |
|---|---|---|---|---|
| | | **$10^3$ kg/yr ($10^3$ ton/yr)** | | |
| Acetic acid | $CH_3OH$ and CO—catalytic | $9 \times 10^3$ (10) | 8 | 0.68 |
| Acetone | Propylene-copper chloride catalyst | $9 \times 10^4$ (100) | 33 | 0.45 |
| Ammonia | Steam reforming | $9 \times 10^4$ (100) | 29 | 0.53 |
| Ammonium nitrate | Ammonia and nitric acid | $9 \times 10^4$ (100) | 6 | 0.65 |
| Butanol | Propylene, CO, and $H_2O$—catalytic | $4.5 \times 10^4$ (50) | 48 | 0.40 |
| Chlorine | Electrolysis of NaCl | $4.5 \times 10^4$ (50) | 33 | 0.45 |
| Ethylene | Refinery gases | $4.5 \times 10^4$ (50) | 16 | 0.83 |
| Ethylene oxide | Ethylene—catalytic | $4.5 \times 10^4$ (50) | 59 | 0.78 |
| Formaldehyde (37%) | Methanol—catalytic | $9 \times 10^3$ (10) | 19 | 0.55 |
| Glycol | Ethylene and chlorine | $4.5 \times 10^3$ (5) | 18 | 0.75 |
| Hydrofluoric acid | Hydrogen fluoride and $H_2O$ | $9 \times 10^3$ (10) | 10 | 0.68 |
| Methanol | $CO_2$, natural gas, and steam | $5.5 \times 10^4$ (60) | 15 | 0.60 |
| Nitric acid (high-strength) | Ammonia—catalytic | $9 \times 10^4$ (100) | 8 | 0.60 |
| Phosphoric acid | Calcium phosphate and $H_2SO_4$ | $4.5 \times 10^3$ (5) | 4 | 0.60 |
| Polyethylene (high-density) | Ethylene—catalytic | $4.5 \times 10^3$ (5) | 19 | 0.65 |
| Propylene | Refinery gases | $9 \times 10^3$ (10) | 4 | 0.70 |
| Sulfuric acid | Sulfur—contact catalytic | $9 \times 10^4$ (100) | 4 | 0.65 |
| Urea | Ammonia and $CO_2$ | $5.5 \times 10^4$ (60) | 10 | 0.70 |
| | | **$10^3$ m$^3$/day ($10^3$ bbl/day)** | | |
| Alkylation ($H_2SO_4$) | Catalytic | 1.6 (10) | 23 | 0.60 |
| Coking (delayed) | Thermal | 1.6 (10) | 31 | 0.38 |
| Coking (fluid) | Thermal | 1.6 (10) | 19 | 0.42 |
| Cracking (fluid) | Catalytic | 1.6 (10) | 19 | 0.70 |
| Cracking | Thermal | 1.6 (10) | 6 | 0.70 |
| Distillation (atm.) | 65% vaporized | 16 (100) | 38 | 0.90 |
| Distillation (vac.) | 65% vaporized | 16 (100) | 23 | 0.70 |
| Hydrotreating | Catalytic desulfurization | 1.6 (10) | 3.5 | 0.65 |
| Reforming | Catalytic | 1.6 (10) | 34 | 0.60 |
| Polymerization | Catalytic | 1.6 (10) | 6 | 0.58 |

†Adapted from K. M. Guthrie, *Chem. Eng.*, **77**(13): 140 (1970); and K. M. Guthrie, *Process Plant Estimating, Evaluation, and Control*, Craftsman Book Company of America, Solana Beach, CA, 1974. See also J. E. Haselbarth, *Chem. Eng.*, **74**(25): 214 (1967), and D. E. Drayer, *Petro. Chem. Eng.*, **42**(5): 10 (1970).

‡These power factors apply within roughly a 3-fold ratio extending either way from the plant size as given.

표 6-12 미국의 화학 제품과 화학/복합 제품 산업에서의 노무비 비율과 생산성 비율(1999)

| Geographic area | Relative labor rate | Relative productivity factor |
|---|---|---|
| New England | 1.14 | 0.95 |
| Middle Atlantic | 1.06 | 0.96 |
| South Atlantic | 0.84 | 0.91 |
| Midwest | 1.03 | 1.06 |
| Gulf | 0.95 | 1.22 |
| Southwest | 0.88 | 1.04 |
| Mountain | 0.88 | 0.97 |
| Pacific Coast | 1.22 | 0.89 |

†Adapted from J. M. Winton, *Chem. Week*, **121**(24): 49 (1977), and updated with data from M. Kiley, ed., *National Construction Estimator*, 37th ed., Craftsman Book Company of America, Carlsbad, CA, 1989. Productivity, as considered here, is an economic term that gives the value added (products minus raw materials) per dollar of total payroll cost. Relative values were determined by taking the average of Kiley's weighted state values in each region divided by the weighted-average value of all the regions. See also Tables 6-14 and 6-15.

$$C_n = C f_e R^x \tag{6-9}$$

여기에서 $f_e$는 $C$ 시점의 비용에 대한 $C_n$ 비용 시점에서의 물가지수 비율이다.

직접 플랜트 비용과 간접 플랜트 비용을 고려하는 경우, 관계식은 다음과 같다.

$$C_n = f(DR^x + I) \tag{6-10}$$

여기에서 $f$는 초기 설비 비용에 관련된 총괄 물가지수 인자이고, $D$는 직접비를, $I$는 동등한 위치에 있는 유사 단위공정으로 사전에 설치된 설비에 대한 총 간접비이다. 공정 장비의 크기를 증가시키는 대신 동일한 공정단위를 추가함으로써 공정설비의 용량이 증가할 때 지수 승 인자 $x$의 값은 1에 접근한다. 총괄 물가지수 인자 $f$는 지리적인 노무비 물가지수, 같은 지역의 노무비 생산성 지수, 그리고 재료비와 장비 비용지수를 말한다. 표 6-12는 미국에서 상대적 중간 노무비 비율과 여러 지역에서의 생산성 인자를 나타낸다.

## 예제 6-4 지리적 함수로서 건설 노무비의 상대적 비용 추정

화학공정 플랜트가 건설 노무비 $100,000로 달라스, 텍사스(남서부 지역) 가까이 세워진다면, 표 6-12에 인자의 인자를 이용하여, 동일한 시점에서 로스앤젤레스(태평양 연안 지역) 가까이 세워질 때 동일한 플랜트의 건설 노무비는 얼마인가?

■ **풀이**

표 6-12에서 상대적 중간 노무비는 남서부와 태평양 연안 지역에 대해 각각 0.88과 1.22이다. 이와 같은 지역적 조건에서 상대적 생산성 인자는 각각 1.04와 0.89이다.

상대적 노무비 비율 $= \frac{1.22}{0.88} = 1.3864$

상대적 생산성 인자 비율 $= \frac{0.89}{1.04} = 0.8558$

남서부에 대한 태평양 연안에 대한 노무비 $= \frac{1.3864}{0.8558} = 1.620$

L.A.에서의 노무비 $= (1.62)(\$100,000) = \$162,000$

### 예제 6-5 플랜트/용량 비율을 적용한 지수 승 인자로 고정 자본 투자비의 추정

예제 6-1에서 설명한 공정 플랜트가 달라스 지역에 1990년 $436,000의 고정 자본 투자비로 세워진다면 공정 단위가 같은 수로 두 배의 공정 용량을 가지는 유사한 공정 플랜트를 1998년 로스앤젤레스 근처에 세울 때의 고정 자본 투자비를 추정하라. 신규 고정 자본 투자비를 추정하는데 지수승 인자 방법을 사용하고 표 6-12에서의 인자를 가정하라.

■ **풀이**

식 (6-9)에 0.6의 지수승 인자와 Marshall and Swift all-industry index(표 6-2)를 사용하면 고정 자본 투자비는

$$C_n = C f_e R^x$$
$$= 436{,}000\left(\frac{1062}{915}\right)(2)^{0.6} = \$767{,}000$$

식 (6-9)에 0.7의 지수승 인자와 Marshall and Swift all-industry index를 사용하면 고정 자본 투자비는

$$C_n = 436{,}000\left(\frac{1062}{915}\right)(2)^{0.7} = \$822{,}000$$

식 (6-10)으로 부터, 고정 자본 투자비는

$$C_n = f(DR^x + I)$$

여기에서 $f = f_E f_L e_L$이고 $D$와 $I$는 예제 6-1에서 얻는다. 0.6의 지수 승 인자, Marshall and Swift all-industry index(표 6-2)와, 상대 노무비 및 생산성 지수(표 6-12)로부터 얻은 결과는

$$C_n = \left(\frac{1062}{915}\right)\left(\frac{1.22}{0.88}\right)\left(\frac{1.04}{0.89}\right)[(316{,}000)(2)^{0.6} + 120{,}000] = \$1{,}126{,}000$$

지수승 인자를 0.7로 바꾸면

$$C_n = (1.161)(1.620)[(316{,}000)(2)^{0.7} + 120{,}000] = \$1{,}191{,}000$$

후자의 순서를 이용하여 얻은 결과는 보다 상세한 방법으로 얻은 고정 자본 투자비 추정과 높은 일치성을 보여주었다. 이러한 지수승 인자 방법을 사용하여 예비 추정을 실시할 경우, 빠르고도 정확하게 고정 자본 투자비를 계산할 수 있다.

---

**방법 F : 단위 용량 당 투자 비용**

우리가 접할 수 있는 많은 비용관련 자료들은 여러 가지 공정을 설치할 때 발생하는 고정 자본 투자비를 연간 단위 생산량 기준으로 나타낸 것이다. 이와 같은 값들은 표 6-11에서 투자비를 생산용량으로 나누어 얻을 수 있다. 이 수치들은 개개의 플랜트의 용량에 어느 정도로 관계되기는 하지만, 평균값을 취함으로써 단위 투자비용을 추정하는 것이 가능하다. 주어진 공정에 대한 고정 자본 투자비의 추정은 단위 용량당 투자비에 제시한 플랜트의 연

간 생산 용량을 곱함으로써 얻을 수 있다. 시간에 따른 비용 변화는 물가지수를 이용하여 보정한다.

**방법 G: 자본 회전 비율**

투자 규모를 추정하기 위한 빠른 계산 방법은 자본 회전 비율 방법으로 알려져 있다. 자본 회전 비율은 고정 자본 투자비에 대한 연간 전 판매비의 비율로 정의된다.

$$\text{자본 회전 비율} = \frac{\text{연간 총 판매비}}{\text{고정 자본 투자비}} \tag{6-11}$$

여기에서 연간 생산 속도와 상품의 평균 판매가의 곱이 연간 총 판매비가 된다. 자본 회전 비율의 역수는 때때로 자본 비율, 또는 투자 비율이라 한다. 어떤 사업은 정착이 되면 자본 회전 비율이 4까지 높아지는 반면 어떤 사업은 0.2 만큼 낮아진다. 화학산업의 경우, 경험적인 수치에 의한 대략적인 값은 0.5 내외이다.

## 총 수입액의 추정

앞 절에서는 일정한 플랜트의 건설에 필요한 총 자본 투자비의 계산 방법을 설명하였다. 신규 플랜트 건설에 따른 비용 추정항목으로는, 필요한 자본 투자비를 결정하는 것 이외에도 플랜트 운영에 의해 발생되는 총 수입액을 추정하는 것이 중요하다. 총 수입액은 제품의 판매 또는 플랜트에서 생산된 제품에서 얻는다. 제품의 판매에서 얻는 연간 총 수입액은 각 제품의 판매량과 제품당의 단위 가격을 곱하여 얻게된다.

$$\text{연간 판매 총수입},\ \$/yr = \sum(\text{제품 판매}, \text{kg/yr})(\text{제품 판매가}, \$/\text{kg}) \tag{6-12}$$

플랜트 설계에서 주요 제품은 일정한 속도로 생산된다. 다른 제품(부생성물)의 생성 속도는 화학식과 공정의 운전 특성에 의해 결정되며 공정에 대한 물질 수지로부터 확정된다.

공정의 경제성 분석을 수행하는데 있어 엔지니어는 년간 생산 속도, 즉 설계용량대비 년간 공정 운전 실적의 분율 또는 백분율을 결정하여야 한다. 예비 경제성 검토에서 첫해에 대해서는 50%의 운전을 적용하는 것이 일반적이다. 이는 초기 시운전 기간 동안 생산 속도가 대단히 낮고 시운전 기간의 길이가 불확실하며 시운전이 시작되는 시점을 알 수 없기 때문이다. 첫 해 이후에는 연간 생산 및 판매량은 플랜트의 연간 설계 용량과 같은 것으로 간주한다. 연간 생산용량은 연간 발생될 수 있는 비 가동 기간을 고려한 실제 연간 생산량을 뜻한다. 연중 비가동 기간은 일반적으로 24 시간/일, 7 일/주일, 52 주/년의 가동일을 기준으로하는 연속 공정의 10 ~ 20%가 된다. 즉 연속공정에서의 실제 운전 시간은 대략 300 ~ 350 일/년이 된다. 이 수치는 보통 플랜트 설계시 경험상 설정하는 값이다. 따라서 90%의 운전 시간에 대해서는 운전 기간 동안의 시간당 생산 속도가 연간 생산 속도를 0.90로 나누고 8760 시간/년을 곱해야 한다.

제품 가격은 시장 조사에 의해 결정되는 것이 최선이다. 기존 제품에 대한 가격 정보는 Chemical Market Reporter와 같은 자료에서 얻을 수 있다. 화학제품의 가격에 대한 정보를 보다 자세히 살펴보는 것은 다음 절에서 소개하기로 한다.

기타 수입으로는 노후한 장비의 판매, 운전 자금의 회수, 다른 자본재의 판매 등이 있다. 이와 같이 일시적으로 발생되는 수입은 발생되는 시점에서의 수입으로 산정한다. 그러나 제품의 판매로부터 일어나는  수입은, 연속적으로 또는 비연속적이지만 정기적으로 발생하게 된다.

## 총 생산비용의 추정

경제성 분석의 세 번째 주요 내용은 플랜트 운영, 제품 판매, 자본 투자비의 회수, 관리와 연구 및 개발과 같은 조직 기능에 기여하는 모든 비용 들을 추정하는 것이다. 이 비용들의 합을 총 생산비용(total production cost)이라 한다. 총 생산 비용은 일반적으로 두 개의 범주로 분류된다. 즉 제조비용과 일반 경비이다. 제조비용은 일명 운전, 또는 생산비용이라고도 한다. 제조비용을 좀더 세분화하면 변동비, 고정비, 예비비 등으로 분리되며, 각 비용별 항목은 비용의 성격에 대한 해석에 따라 조금씩 달라지기도 한다.

자본 투자비의 추정에서와 마찬가지로, 총 생산비용의 추정에서도 정확성이 매우 중요하다. 정확한 추정을 위하여 가장 중요한 사항은 제품을 만들고 판매하는데 발생되는 모든 비용들을 빠짐없이 포함시켜야 한다는 점이다. 총 생산비용 추정에 가장 크게 오류가 생기는 이유는 비용의 구성 요소의 하나 또는 그 이상을 빠뜨린다는 것이다. 따라서 총 생산비용을 추정하는 양식을 펼친표의 형태로 작성하여 둠으로써 이러한 오류를 줄일 수 있다. 그림 6-7은 화학공정 운영에서 발생되는 모든 비용을 확인하는 항목을 나타낸 것이고, 이들 항목을 표로 나타낸 것이 그림 6-8이다. 그림 6-7과 그림 6-8의 각 항목에 대한 내용은 아래에서 상세하게 논의된다.

그림 6-8은 총 생산비용을 계산하는데 필요하기 위하여 사용자가 입력하여야 할 사항과, 일부 항목에 대한 초기 설정값을 나타낸 것이다. 사용자가 입력하여야 할 항목으로는 고정자본 투자비, 원료 물질의 연간 사용량과 단위 가격, 운전 노무비, 유틸리티, 촉매 비용, 용제 사용료 등이 포함된다. 나머지 항목들은 초기 값으로 제공하였으나, 이들 값 역시 변동이 가능하다. 감가상각은 사용자가 채택하는 방법에 따라 매년 변하기 때문에 별도로 계산한다. 그러나, 계산상의 편의를 위하여, 5년 동안 매년 20%씩 등과 같이 정액법으로 산출된 값을 적용할 수 있다.

총 생산비용은 일일기준, 제품단위기준 혹은 연간 기준의 세 가지 기준 중 하나를 적용하여 계산한다. 이 중 연간기준이 경제성 분석 목적으로 보편적으로 사용되는 방법이다. 연간을 기준한 비용추정은 (1) 계절적 변화에 의한 영향을 완화시키고, (2) 플랜트의 운전 기간이나 장비의 운전기간을 포함하며, (3) 설계 용량 보다 적은 생산이 이루어지는 경우에 대한  운전비용의 계산을 빠르게 할 수 있고, (4) 연간 계획에 의한 장비 유지 목적의 공정 운전 중단(maintenance shutdown)과 같은 커다란 지출을 고려하는 등의 장점이 있다.

총 생산비용을 추정하는 정보 자료는 유사업종 또는 같은 사업에서 얻는 것이 최선의 방법이다. 대부분의 회사들은 자신들의 플랜트를 운전한 광범위한 경험을 가지고 있으므로, 이들 데이터로부터 제조비용과 일반 경비를 빠르고 신뢰성 있게 추정할 수 있다. 이 경우

| Cost items | Subtotals |
|---|---|
| Raw materials<br>Operating labor<br>Operating supervision<br>Utilities<br>  Electricity<br>  Fuel<br>  Refrigeration<br>  Steam<br>  Waste treatment and disposal<br>  Water, process<br>  Water, cooling<br>Maintenance and repairs<br>Operating supplies<br>Laboratory charges<br>Royalties (if not on lump-sum basis)<br>Catalysts and solvents | Subtotal: Variable production costs |
| Depreciation<br>Taxes (property)<br>Financing (interest)<br>Insurance<br>Rent | Subtotal: Fixed charges |
| Medical<br>Safety and protection<br>General plant overhead<br>Payroll overhead<br>Packaging<br>Restaurant<br>Recreation<br>Salvage<br>Control laboratories<br>Plant superintendence<br>Storage facilities | Subtotal: Plant overhead costs<br>Total of above = Manufacturing costs |
| Executive salaries<br>Clerical wages<br>Engineering<br>Legal costs<br>Office maintenance<br>Communications | Subtotal: Administrative expenses |
| Sales offices<br>Sales personnel expenses<br>Shipping<br>Advertising<br>Technical sales service | Subtotal: Distribution and marketing expenses |
| Research and development | Total of administrative, distribution and marketing, R&D = General expenses<br>Total of all above = Total product cost |

**그림 6-7**
화학공정 플랜트에 대하여 총 생산비용을 구성하는 비용 항목

| Title: | Date: |
|---|---|
| Product: | Capacity, kg/h: |
| Operating time, h/yr: | Capacity, kg/s: |
| Capacity, kg/yr: | Fixed Capital Investment (FCI) |

| | Suggested factor | User variables: Rate or quantity per year | User variables: Cost per rate or quantity unit | | Calculated values, $M |
|---|---|---|---|---|---|
| Raw materials | | | | | |
| 1 | | | | | |
| 2 | | | | | |
| 3 | | | | | |
| 4 | | | | **Total** | |
| Operating labor† | | | | | |
| Operating supervision | 0.15 | of operating labor | | | |
| Utilities† | | | | | |
| Water | | | | | |
| Cooling | | | | | |
| Process | | | | | |
| Electricity | | | | | |
| Fuel | | | | | |
| Refrigeration | | | | | |
| Steam | | | | | |
| Waste treatment and disposal | | | | | |
| Maintenance and repairs | 0.07 | of FCI | | | |
| Operating supplies | 0.15 | of maintenance and repairs | | | |
| Laboratory charges | 0.15 | of operating labor | | | |
| Royalties (if not on lump-sum basis) | 0.04 | of TPC without depreciation | | | |
| Catalysts and solvents | | | | | |
| | | | | **Total variable production costs** | |
| Depreciation—calculated separately below | | | | | |
| Taxes (property) | 0.02 | of FCI | | | |
| Financing (interest) | 0.00 | of FCI | | | |
| Insurance | 0.01 | of FCI | | | |
| Rent | 0.00 | of FCI | | | |
| Depreciation‡ | | | | | — |
| | | | | **Fixed charges** (without depreciation) | |
| | | | | Plant overhead costs | |
| | | | | Administrative costs | |
| | | | | Distribution + marketing costs | |
| | | | | Research and development | |
| | | | | **General expenses** | |
| | | | | **Total product cost** (without depreciation) | |

‡Calculated according to MACRS 5-year schedule. (See Chap. 7 for details.)

| Year | Depreciation: % of FCI | Depreciation: $d_j$, $/yr | TPC = $(d_j + c_o)$, $/yr |
|---|---|---|---|
| 1 | 20 | | |
| 2 | 32 | | |
| 3 | 19.2 | | |
| 4 | 11.52 | | |
| 5 | 11.52 | | |
| 6 | 5.76 | | |
| 7 | 0 | | |
| ⋮ | ⋮ | | |
| 20 | 0 | | |

†See Table 6-14 for suggested general utility and labor costs.

**그림 6-8**

첫해와 이후의 100% 용량에 대한 연간 총 생산비용의 정산표 인플레이션에 의한 비용의 증대를 반영하여야 하며 플랜트가 위치한 지역 간 차이를 고려하여야 한다. 특별한 정보가 없을 경우에 대한 총 생산비용의 추정 방법을 다음 절에서 다루고자 한다.

## 제조비용

제품제조와 관련된 공정의 운전에 따라 발생되는 비용과 공정 플랜트의 장비에서 발생하는 모든 비용들이 제조비용에 포함된다. 이러한 비용은 다음과 같이 세 가지 분류로 나누어진다: (1) 변동적 생산비용, (2) 고정비, (3) 플랜트 간접비.

변동적 생산 비용은 제품의 제조에 따른 공정 운전과 직접 연관되는 비용을 뜻한다. 이와 같은 형태의 비용은 원부재료(수송, 하역 등을 포함하여), 직접 운전 노무비, 감독비, 제조 운전에 직접 적용되는 사무원 노무비, 유틸리티, 플랜트 유지 및 보수비, 운전관련 용품 비, 실험실 용품 비, 특허료, 촉매 비용, 용제비 등이 포함된다. 이러한 비용들은 플랜트를 운영하고 있을 때에만 발생되므로 변동비라고 한다. 그러나 여기에 언급된 몇 가지 변동비는 직접 생산비용의 일부로 그 자체에 고정비의 요소를 가지고 있기도 한다. 예를 들어, 유지 및 보수비용은 생산량이 감소됨에 따라 감소하지만, 일부 유지보수의 경우 공정 플랜트가 운전 정지인 상태에서도 여전히 발생된다.

고정비는 제품의 생산 속도와는 실제로 무관한 비용이다. 감가상각에 의한 경비, 자산에 대한 세금, 보험, 자금조달(대부금 이자), 차용 등이 이에 해당된다. 이러한 비용의 경비는 감가상각을 제외하고 인플레이션에 따라 변한다. 감가상각은 세금 규정에 의해 예정된 것이므로 해마다 다를 수 있지만 인플레이션에 영향을 받지 않는다.

플랜트 간접비는 병원과 의료 서비스를 위한 것으로, 일반 플랜트 유지비 및 간접비, 안전 서비스비, 사회 안전과 다른 퇴직 사원의 장래 계획을 포함하여 종업원을 위한 간접비, 의료비와 생명보험, 휴가비, 회사 내 사원을 위한 정책(package), 식당과 휴양 설비, 해난구조 서비스, 제어 실험실, 재산 보호, 창고 및 저장 설비, 특별 고용인의 자선 등을 포함한다. 이러한 비용은 생산 속도의 변화에 따라 넓게 변하지 않으므로 기초적인 고정비와 유사하다.

## 변동 생산 비용

**원료비** 화학산업에서 생산 운영에 드는 중요한 비용의 하나는 공정에서 사용하는 원료 물질에 대한 비용이다. 원료 물질의 범주는 보통 최종 제품을 만드는데 직접 소비되는 물질들을 포함하며, 화학 반응물과 생성물에 포함되는 구성물질 및 첨가제 역시 이 범주에 속한다. 공정 운전에 소요되나, 최종 생성물에는 포함되지 않는 촉매나 용제등과 같은 원료 물질들은 별도 목록을 만든다.

원료물질 비용은 장래 공급자로부터 직접 가격 견적을 받아서 추정하는 것이 가장 바람직하다. 이런 것이 가능하지 않으면, 공표된 가격을 이용한다. 예비비용 분석(preliminary cost analysis)의 경우, 원료비 추정은 시장가격을 이용하여 실시한다. 여러 가지 상업용 화학물질에 대한 가격은 주간지인 Chemical Market Reporter에 발표되고 있다. 이외에도 수소, 산소, 질소 등과 같은 일상적인 화학물질의 가격 자료들은 Chemical and Engineering News와 Chemical Week에서 얻을 수 있다. 기타 화학제품들의 비용 자료는 산업체와 관련된 조직과 그 단체에서 발간하는 자료들로부터 얻을 수 있다. 화학 물질의 가격은 보통 본선인도가격 기준으로 제시된다. 즉 수송 요금은 원료 물질 가격에 포함되어야 한다. 수송요금은 원료 물질 가격의 10% 정도이나, 수송의 거리와 위치에 따라 변화가 심하다.

단위 시간당 또는 단위 제품 당 공급할 원료 물질의 양은 공정의 물질수지로부터 결정된다. 공정설계에서 가장 중요한 단계의 하나는 공정에 대한 정확한 물질수지를 계산해야 하는 것으로, 이는 공정에서 소요되는 원료물질의 량을 추정하는데 필수적이다. 공정 설계는 일반적으로 주 생산물의 생산 속도를 기준하여 실시한다. 물질 수지는 대체로 투입량을 출발점으로 계산한다. 따라서 물질수지 계산은 주요 주입 물질(feed stream)의 흐름 속도를 기준하여 실시한다. 즉 주입물질이 이론적으로 전환되어, 생산하고자 하는 주요 생성물을 설계용량 대로 생산되기 위하여 필요한 원료 주입량을 기준하게 된다. 이 경우 과거의 운전경험이 있다면 이로부터 얻은 전환 효율을 기준할 수 있을 것이다. 주 원료 이외의 다른 원료 물질의 주입 속도는 공정에 대한 화학식과 전환율을 가정하여 주요 원료물질의 주입 속도에 연관시켜 결정한다. 공정의 물질수지는 이와 같이 설정된 기준으로 계산하게 되며, 이로부터 제품의 생산속도를 계산할 수 있다. 이러한 기준으로 계산된 주요 제품의 생산량은 최초의 물질수지 계산에서는 플랜트의 설계 용량과 일치하지 않을 것이다. 이 경우 원료물질의 주입속도를 다시 조절하여 물질수지를 재계산하며, 이러한 과정을 계산결과와 목표로 하는 제품의 생산용량이 일치될 때까지 반복하게 된다.

총 생산 비용에 대한 원료비의 비율은 플랜트에 형태에 따라 크게 변화한다. 화학플랜트에서 원료비는 보통 총 생산 비용의 10 ~ 60%의 범위에 있다.

**노무비** 일반적으로 운전 인력은 숙련된 인력과 비숙련된 인력으로 나눈다. 미국의 경우, 여러 지역에서 다른 산업간 운전 인력에 대한 시간당 노무비에 대한 자료는 미국 노동국에서 발간하는 Monthly Labor Review에서 얻을 수 있다. 화학 공정에 대해 노무비는 보통 총 생산비용의 10 ~ 20%에 해당된다.

예비비용 분석에서 노무비의 양은 유사한 공정의 경험이 있는 회사로부터 추정하거나 유사한 공정의 발표된 정보로부터 얻는다. 노동인력의 필요와 생산속도 간의 관계는 선형관계가 아니다. 플랜트 용량이 확장되거나 줄어들 때 용량에 대한 0.2 ~ 0.25의 지수승이 자주 이용된다.

공정 흐름도와 공정도면이 있을 경우, 공정 중 수행되는 일들을 분석함으로써 필요한 노동력을 추정할 수 있다. 이때에 장비의 형태와 배치, 단위 공정의 다수, 공정에 대한 계장과 제어의 양, 필요 노동력을 확립하는 회사의 정책과 같은 항목들이 고려된다. 표 6-13은 여러 가지 형태의 공정장비에 대한 필요 노동력을 보여주고 있다.

플랜트의 용량을 함수로 하여 필요 노동력을 추정하는 또 다른 방법은 공정 흐름도 에 여러 주요 공정 단계를 첨가하는 방법이다. 이 방법에서 공정단계라는 것은 하나의 단위조작, 단위공정 또는 증류, 증발, 건조, 여과 등의 하나의 단위공정이나 여러 단위공정들이 조합된 것으로 정의한다. 플랜트 용량이 한번 결정되면, 공정단계별 일일당의 고용인-시간은

**표 6-13 공정 장비에 대한 필요 노동력 예**

| Type of equipment | Workers/unit/shift |
|---|---|
| Blowers and compressors | 0.1–0.2 |
| Centrifugal separator | 0.25–0.50 |
| Crystallizer, mechanical | 0.16 |
| Dryer, rotary | 0.5 |
| Dryer, spray | 1.0 |
| Dryer, tray | 0.5 |
| Evaporator | 0.25 |
| Filter, vacuum | 0.125–0.25 |
| Filter, plate and frame | 1.0 |
| Filter, rotary and belt | 0.1 |
| Heat exchangers | 0.1 |
| Process vessels, towers (including auxiliary pumps and exchangers) | 0.2–0.5 |
| Reactor, batch | 1.0 |
| Reactor, continuous | 0.5 |

†For expanded process equipment labor requirements see G. D. Ulrich, *A Guide to Chemical Engineering Process Design and Economics*, J. Wiley, New York, 1984.

그림 6-9에서 얻을 수 있으므로 이 값과 공정 단계의 수를 곱함으로써 일일당의 총 고용인-시간 값을 얻는다. 고도로 자동화된 공정 단계에서부터 회분식 운전에 이르기까지의 다양한 형태의 공정에 대한 필요 노동력은 그림 6-9에 주어진 여러 곡선 중에서 적절히 선택하여 얻는다.

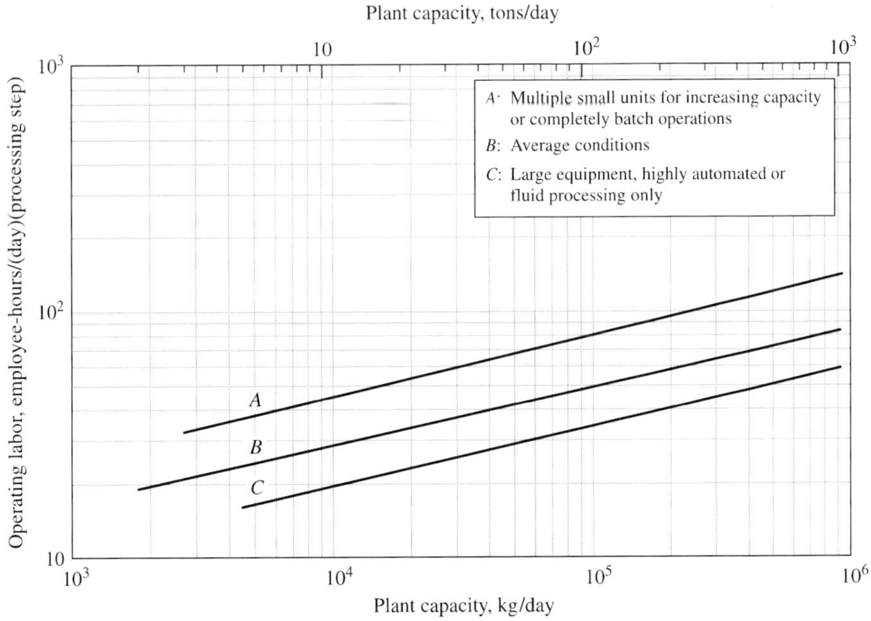


**그림 6-9**
화학 공정 산업에서 필요 운전 노동력

### 예제 6-6 필요 노동력 추정

제품 생산속도가 1.0 kg/s이며 필요한 주요 공정으로 열전달, 반응, 증류로 구성되는 고도로 자동화된 공정이 있는 플랜트의 경우 연간 300일을 운전하기 위한 필요 노동력은 얼마인가?

■ **풀이**

공정 플랜트가 세 단계의 공정이 필요하다고 간주한다. 그림 6-9로부터 생산 능력 1.0 kg/s(8.6 $\times 10^4$ kg/day)인 고도로 자동화된 공정 플랜트는 대략 33 고용인-시간/(일) · (공정단계)가 필요하다. 따라서, 연간 운전 300일에 대해 필요 노동력 = (3)(33)(300) = 29,700 고용인-시간/년이다.

---

컴퓨터 제어와 원거리 제어 장비를 포함한 새로운 기술이 개발됨에 따라, 필요한 고용인-시간을 제품의 생산량과 연관시키는 것은, 최근의 자료를 사용하지 않는 한 부정확할 수 있다. 경험적으로 에틸렌 옥사이드 플랜트와 같이 유체가 흐르는 공정의 플랜트에 대한 필요 노동력은 1000 kg의 제품 기준으로 고용인-시간의 값이 0.33-2의 낮은 범위에 있다. 혈암유(shale oil) 플랜트와 같은 고체-유체가 있는 플랜트에서 필요 노동력은 1000 kg 제품 기준으로 2-4 고용인-시간의 중간 범위의 값이 된다. 연탄 공장과 같이 주로 고체 공정으로 되어 있는 플랜트에서는 제품 1000 kg 기준으로 노동력은 4-8의 고용인-시간의 범위에 놓는 것이 적당하다.

일반적인 경험식으로부터 필요 노동력을 추정하는 것 보다는 유사한 공정에서의 경험 데이터에 기준 하는 것이 보다 정확한 결과를 기대할 수 있다. 노무비를 결정하는데 있어 노동자의 숙련도, 플랜트의 지리적 위치, 일반적인 임금, 노무자의 생산성 등을 고려하여야 한다. 표 6-12에서는 미국의 여러 지역들에 대하여 노동자의 평균적인 노무비와 생산성 인자들의 상대적인 비교를 위한 데이터를 얻을 수 있다. 표 6-14는 일종의 평균 노무비를 보여준다. Engineering News-Record 잡지는 표 6-15에서 보여준 바와 같이 많은 미국 도시에서 일반적인 노무비에 대한 자료를 제공한다.

**운전 감독 및 사무 보조 생산** 운전에는 항상 일정한 수의 지도 감독자와 사무 보조원이 필요하다. 이 형태의 필요 노동력의 양은 운전 노동력의 총량, 운전의 복잡성, 제품 질의 표준과 밀접한 관계를 가진다. 직접 감독자와 사무 보조원의 노무비는 운전 노무비의 15% 정도이다. 특히 생산 용량이 감소하여도, 감독직은 보통 100 % 생산 용량에서와 같이 고정된 비용이 소요된다.

**유틸리티(utilities)** 스팀, 전기, 공정수와 냉각수, 압축공기, 천연가스, 연료, 냉동기, 폐기물 처리 및 폐기와 같은 유틸리티 비용은 필요량과 플랜트의 위치, 출처에 따라 광범위하게 다르다. 다양한 유틸리티에 대한 비용의 범주에 대한 상세한 목록은 부록 B에 나타내었다. 유틸리티에 대한 몇 가지 전형적인 비용을 표 6-14에 나타내었다.

필요한 유틸리티 형태들은 공정조건으로부터 결정된다. 예비 비용 분석을 위한 유틸리티 소요량 추정은 유사한 공정의 운전 데이터로부터 얻은 정보를 이용하기도 한다. 일반적으로

**표 6-14 유틸리티 비용과 노동비**

| Utility | Cost |
|---|---|
| Electricity | 0.045 \$/kWh[a] |
| Fuel | |
| Coal | 0.35 \$/GJ[b] |
| Petroleum | 1.30 \$/GJ[b] |
| Petroleum coke | 0.17 \$/GJ[b] |
| Gas | 1.26 \$/GJ[b] |
| Refrigeration, to temperature | |
| 5°C | 20.0 \$/GJ[c] |
| −20°C | 32.0 \$/GJ[c] |
| −50°C | 60.0 \$/GJ[c] |
| Steam, saturated | |
| $10^3$–$10^4$ kPa (150–1500 psi) | 4.40 \$/1000 kg[e,d] |
| Wastewater | |
| Disposal | 0.53 \$/1000 kg[e] |
| Treatment | 0.53 \$/1000 kg[e] |
| Waste | |
| Hazardous | 145.00 \$/1000 kg[c] |
| Nonhazardous | 36.00 \$/1000 kg[c] |
| Water | |
| Cooling | 0.08 \$/1000 kg[e,f] |
| Process | 0.53 \$/1000 kg[e] |
| Labor | |
| Skilled | 33.67 \$/h[g] |
| Common | 25.58 \$/h[g] |

[a]Based on U.S. Department of Energy, Energy Information Administration form EIA-861, 2001. U.S. average for year 2000.
[b]Based on U.S. Department of Energy, Energy Information Administration form EIA-0348, 2001. U.S. average for year 2000.
[c]R. Turton, R. C. Bailie, W. B. Whiting, and J. A. Shaeiwitz, *Analysis, Synthesis, and Design of Chemical Processes,* Prentice-Hall, Upper Saddle River, NJ, 1998.
[d]U.S. Department of Energy, Office of Industrial Technologies, DOE/GO-102000-1115, December 2000.
[e]U.S. Department of Energy, Office of Industrial Technologies, DOE/GO-10099-953, June 2001.
[f]M. S. Peters and K. D. Timmerhaus, *Plant Design and Economics for Chemical Engineers,* 4th ed., McGraw-Hill, New York, 1991.
[g]*Engineering News-Record* indexes, December 2001.

는 유틸리티 소요량은 공정에 대한 물질 및 에너지 수지로부터 계산한다.

유틸리티는 외부로부터 사전에 정한 가격으로 구입할 수 있거나, 혹은 회사 내에서 자체 조달도 가능할 것이다. 회사가 자체 적으로 플랜트내의 하나의 공정에 대하여 유틸리티를 공급할 경우, 유틸리티 설비의 전체 설치비는 보통 제조 공정에 부과된다. 만일 유틸리티 서비스가 여러 개의 다른 생성물의 생산 공정을 대상으로 공급되는 것이라면, 공정별 사용량에 비례하여 전체 비용을 할당하게 된다.

필요 스팀량은 생산공정에서 소모된 양과 보조로 필요한 양을 합친 양이다. 이때에 열손실을 함께 고려하여야 한다.

전력은 조명, 모터, 그리고 여러 필요로 하는 각종 공정 장비에 공급되어 진다. 이때에 필요한 전력량은 전력선상의 손실과 예비 전력량을 고려하여 실제필요한 전력량의 1.1 ~ 1.25 배 정도를 확보하여야 한다. 대략적인 근사치로 보통 화학공정에서 차지하는 유틸리티

표 6-15 Engineering News-Record : 노무비 지표

| Location | Common labor | | | | | Skilled labor | | | | |
|---|---|---|---|---|---|---|---|---|---|---|
| | 1997 | 1998 | 1999 | 2000 | 2001 | 1997 | 1998 | 1999 | 2000 | 2001 |
| Atlanta | 6,305 | 6,305 | 6,563 | 7,195 | 7,326 | 3,623 | 3,698 | 3,850 | 4,152 | 4,393 |
| Baltimore | 8,442 | 8,442 | 8,592 | 8,745 | 8,745 | 4,587 | 4,671 | 4,704 | 4,917 | 4,917 |
| Birmingham | 7,853 | 7,853 | 8,432 | 8,747 | 9,300 | 3,589 | 3,659 | 3,914 | 4,084 | 4,205 |
| Boston | 14,605 | 15,132 | 15,526 | 15,526 | 15,526 | 6,560 | 6,820 | 6,951 | 7,360 | 7,360 |
| Chicago | 13,974 | 15,168 | 15,842 | 16,553 | 16,552 | 6,074 | 6,553 | 6,810 | 7,139 | 7,235 |
| Cincinnati | 11,184 | 11,316 | 11,789 | 12,211 | 12,211 | 4,659 | 4,716 | 4,839 | 5,198 | 5,198 |
| Cleveland | 12,771 | 13,156 | 13,350 | 14,232 | 14,753 | 5,544 | 5,701 | 5,846 | 6,002 | 6,201 |
| Dallas | 6,637 | 6,742 | 6,742 | 6,742 | 6,911 | 3,289 | 3,383 | 3,386 | 3,474 | 3,819 |
| Denver | 7,739 | 8,255 | 8,387 | 8,926 | 8,926 | 3,892 | 4,033 | 4,189 | 4,442 | 4,517 |
| Detroit | 13,668 | 14,216 | 14,742 | 15,374 | 16,032 | 6,123 | 6,410 | 6,631 | 6,886 | 7,177 |
| Kansas City | 11,621 | 12,053 | 12,053 | 12,834 | 13,437 | 4,875 | 5,015 | 5,260 | 5,503 | 5,653 |
| Los Angeles | 14,011 | 14,458 | 14,458 | 15,018 | 15,574 | 5,852 | 5,953 | 5,953 | 6,111 | 6,285 |
| Minneapolis | 13,368 | 13,979 | 14,532 | 15,084 | 15,953 | 5,429 | 5,672 | 5,937 | 6,222 | 6,580 |
| New Orleans | 6,842 | 6,842 | 6,842 | 6,995 | 7,274 | 3,358 | 3,359 | 3,587 | 3,669 | 3,848 |
| New York | 19,284 | 19,955 | 20,597 | 21,368 | 23,176 | 9,132 | 9,416 | 9,535 | 9,906 | 10,634 |
| Philadelphia | 14,605 | 15,211 | 15,737 | 16,000 | 16,974 | 6,450 | 6,705 | 6,978 | 7,158 | 7,476 |
| Pittsburgh | 11,884 | 12,234 | 12,497 | 12,839 | 13,195 | 5,438 | 5,584 | 5,733 | 5,911 | 6,099 |
| St. Louis | 13,726 | 14,121 | 14,553 | 15,000 | 15,474 | 5,447 | 5,696 | 5,874 | 6,094 | 6,252 |
| San Francisco | 14,157 | 14,411 | 14,411 | 16,005 | 16,011 | 6,477 | 6,740 | 6,740 | 7,057 | 7,142 |
| Seattle | 14,026 | 14,811 | 15,300 | 15,879 | 15,879 | 5,425 | 5,671 | 5,975 | 6,173 | 6,343 |
| Montreal | 12,379 | 12,379 | 12,742 | 13,074 | 13,674 | 5,381 | 5,387 | 5,520 | 5,685 | 5,988 |
| Toronto | 16,579 | 16,611 | 16,913 | 16,897 | 16,897 | 6,320 | 6,350 | 6,522 | 6,651 | 6,738 |
| National labor index | 11,835 | 12,233 | 12,547 | 13,063 | 14,461 | 5,294 | 5,473 | 5,635 | 5,873 | 6,067 |
| Wages, $/h | 22.48 | 23.24 | 23.84 | 24.82 | 25.58 | 29.38 | 30.37 | 31.27 | 32.6 | 33.67 |

†Published in December issues of *Engineering News-Record* (with permission from *Engineering News Record*, McGraw-Hill, New York).
‡Indexes = 100 in 1913.

비용은 총 생산비용의 10 ~ 20%가 된다.

오염물 조절과 폐기물 폐기에 대한 비용은 공정의 물질 수지에서 계산된 오염물질의 양으로부터 정확히 추정할 수 있다. 이 오염물질의 양들은 모사 프로그램에서 계산할 때 특별한 주의를 필요로 한다. 여러 가지 폐기물을 대상으로 처리비용에 대한 자료를 표 6-14에 나타내었다.

**유지 및 보수** 장비의 유지 및 보수에 대한 연간 비용은 장비 구입 비용의 2 ~ 20% 정도이다. 플랜트 건물에 대한 비용은 전체 건물 비용의 3 ~ 4%정도이다. 공정 산업에서 유지 및 보수에 드는 연간 총 플랜트비용은 고정 자본 투자비의 2-10 %의 범위에 놓이며 대표 값으로 7% 정도를 선택한다. 표 6-16은 공정을 적절한 상태로 유지하기 위하여 소요되는 유지 및 보수비를 추정한 자료이다.

플랜트 용량보다 적은 운전비 대한 유지 및 보수비는 일반적으로 75% 운전 비율일 때 100% 용량 기준에서의 85%로 유지보수비를 추정하고, 50% 운전 비율에 대해서는 100% 용량에서의 75%로 유지보수비를 추정한다.

표 6-16 유지 및 보수에 대한 비용 추정

| Type of operation | Maintenance cost as percentage of fixed-capital investment (on annual basis) | | |
|---|---|---|---|
| | Wages | Materials | Total |
| Simple chemical processes | 1–3 | 1–3 | 2–6 |
| Average processes with normal operating conditions | 2–4 | 3–5 | 5–9 |
| Complicated processes, severe corrosion operating conditions, or extensive instrumentation | 3–5 | 4–6 | 7–11 |

**운전 부대품** 챠트(charts), 윤활제, 시험용 화학물질, 관리용 부대품(custodial supplies) 및 유사 부대품 같은 소모품 품목은 원료나 유지 및 보수 물질로 간주할 수 없고, 이들은 운전 부대품으로 분류한다. 이런 형태의 부대품에 대해 지출되는 연간 비용은 유지 및 보수 총 비용의 약 15%가 된다.

**실험실 비용** 운전의 제어목적과 생산품 품질 관리를 위한 실험실 시험 비용등이 이에 해당된다. 이러한 비용은 일반적으로 고용인-시간의 관계식으로부터 추정하며 이 관계식에 적당한 비용을 곱하여 실험실 비용을 계산한다. 대략적으로 이들 비용은 운전 노무비의 10 ~ 20% 정도이다.

**특허료와 특허 사용료** 특허는 많은 제품과 제조 공정을 보호한다. 다른 사람이 가진 특허를 사용하려면 생산한 물질의 양에 기준한 특허료나 특허 사용료를 지불해야 한다. 회사가 자체에서 개발한 특허로 운전하는 경우에도 특허를 위한 개발 비용과 특허 취득 비용등은 운전비용으로 산정되어야 한다. 이런 경우 이런 특허에 관련된 비용은 법적으로 보호된 특허 기간 동안 감가상각된다. 특허가 되어 있는 공정의 경우 특허와 특허 사용료는 총 생산 비용의 0 ~ 6% 정도로 그리 크지는 않지만, 특허 상태가 불확실한 공정의 경우 특허관련 비용을 미리 계상해 두어야 한다.

**촉매와 용제** 촉매와 용제 비용은 공정에 따라 상당한 비중을 차지하는 경우가 있으며, 공정에서 요구되는 촉매 및 용제의 양과 가격으로부터 추정된다.

**고정비** 고정비용, 혹은 고정요금은 생산 양에 따라 거의 변화하지 않거나 전혀 변화하지 않는 비용을 말한다. 예를 들면 감가상각, 지방세, 보험과 대부금 이자 등과 같은 것이다. 이런 형태의 비용은 자본 투자비 및 자금조달 방법과 직접적인 관계가 있다. 고정비는 고정자본 투자비로 부터 추정한다. 임대의 경우는 보통 예비 추정에서 고정비가 없는 것으로 취급한다. 대략적으로 고정비는 총 생산 비용의 약 10 ~ 20%가 된다.

**감가상각비** 생산 플랜트를 구성하는 장비, 건물, 기타 설비 등은 초기 투자가 요구되며, 이러한 투자는 회수되어야 할 비용이다. 이러한 비용의 회수는 감가상각비를 제조비용의 항목으로 계정함으로써 이루어진다. 감가상각비는 법인세를 결정하는 대단히 중요한 요소이므로, 미국의 경우는 국세청(Internal Revenue Service)에서 다양한 산업설비에 따라 감가상각비를 결정하여 실시하고 있다.

가장 널리 사용되는 감가상각 계산 방법(MACRS)의 경우 감가상각으로 처리되는 비용은 매년 변하게 된다. 따라서 감가상각은 그림 6-8의 정산표의 맨 마지막 항목에서 별도 계산한다. 돈의 시간적 가치가 고려되지 않는 경제성 검토에서는 정해진 기간동안 일정하게 매년 감가상각을 하는 정액법을 적용한다.

**재무** 이자는 차용한 자본의 이용에 대한 보상으로 정의된다. 고정된 이자율은 자본을 빌리는 시점에 결정되므로, 공정 건설을 위한 투자로 사용할 자본을 빌릴 필요가 있다면 이자는 명확히 비용의 범주에 들어간다. 비록 빌려온 자본에 대한 이자가 고정비용이라도 생산 비용으로 간주될 수 없다고 주장하는 이론도 있으나, 일반적으로는 관리나 재정비용 항목으로 별도의 경비로 계상되어야 한다. 차용한 자본의 5 ~ 10%가 연간 이자 비용에 해당된다. 소득세의 계산에서 회사가 자체적으로 공급한 자금에 대한 이자는 비용으로 계상할 수 없다. 그러나 외부로부터 차용된 자금에 대한 이자는 비용으로 포함될 수 있다.

**지방세** 지방 재산세는 플랜트가 소재한 지역과 그 곳의 지역법에 관련되어 있다. 미국의 경우, 고도로 인구가 많은 지역에서 플랜트에 대한 연간 재산세는 보통 고정 자본 투자비의 2 ~ 4%의 범위에 있으며, 인구 밀집도가 낮은 지역에서의 지방 재산세는 고정 자본 투자비의 1 ~ 2% 정도가 된다.

**재산 보험** 보험 비용은 생산 운전에서 행해지는 공정의 형태와 보호설비의 설치 정도에 따라 달라진다. 연간 재산 보험료는 고정 자본 투자비의 약 1% 정도이다.

**임대** 임대 부지와 건물에 대한 연간 비용은 임대 자산 가치의 약 8-12%에 해당된다. 예비추정단계에서는 임대료를 고려하지 않는다.

## 플랜트 간접비

앞 절에서 고려한 비용은 생산 운전에 직접 관계되는 것이다. 그러나 플랜트가 효율적으로 기능을 수행하기 위하여는 보다 더 많은 항목의 비용이 포함되어야 한다. 일상의 플랜트 서비스에 필요한 경비를 플랜트 간접비로 분류한다. 일반 플랜트 서비스를 위하여는 생산에 관계되지 않는 기계, 장비, 건물 등이 필요하며, 이러한 시설에 대한 고정비와 직접비 등이 플랜트 간접비에 해당된다. 기타의 플랜트 간접비 항목들은 그림 6-7의 일람표에 나타내었다. 이들 간접비는 생산 운전과 직접적으로 관련된 노무비와 밀접한 관계가 있다. 화학플랜트에 대한 플랜트 간접비는 운전 노무비, 감독비, 보수 및 유지 비용 항목의 총합의 50 ~ 70% 정도에 이른다.

## 일반 지출

회사의 운영에 있어서 제조비용 이외에 추가적인 일반 지출이 일어나게 된다. 이러한 일반 지출은 (1) 행정 관리비, (2) 유통 및 판매비, (3) 연구 개발비 등으로 분류된다.

**행정관리비** 경영진과 관리직의 활동에 연관된 경비는 직접 제조비용에 부과될 수 없으나, 경제성 분석을 위한 비용에 포함시킬 필요가 있다. 관리자, 비서진, 회계, 컴퓨터 보조 직원,

설계 및 법적 인사에 관련된 인원에 대한 급료와 사무실 부대품과 장비, 외부 교통수단, 사무실 건물, 행정 활동에 관련된 기타 간접비 항목 등이 행정관리 경비가 된다. 이러한 비용은 플랜트마다 현저하게 다르며 고려하고 있는 플랜트가 신규 플랜트인지 기존 플랜트에 덧붙인 플랜트인지 여부에 따라서도 달라지게 된다. 이들 비용은 회사의 과거 데이터로부터 추정하는 것이 정확하나 이러한 데이터가 없는 상태에서 예비 추정을 하는 경우에는 운전 노무비의 15 ~ 25% 정도로 계상한다.

**유통 및 판매 비용** 이런 비용은 생산 제품을 판매 혹은 배포하는 단계에서 발생되는 비용이다. 실제로 제조업의 운영이 성공적이라 하는 것은 제품을 판매하거나 이윤을 내는 단계까지 완성되었을 때를 말한다. 이 범주에 포함되는 것은 판매 사무실의 운영에 따른 봉급, 임금, 부대품 및 기타 경비와 판매 대표자의 봉급, 중개(commission)료, 여행 경비 등이 포함되며 이외에도 제품의 수송비, 컨테이너 비용, 광고비용, 기술 판매 서비스 비용 등이 해당된다.

유통 및 판매비용은 플랜트에서 생산되는 제품의 종류, 플랜트의 위치, 회사의 정책 등에 따라 광범위하게 다르게 나타날 수 있다. 대부분의 화학플랜트에 대한 이러한 비용은 총 생산 비용의 2 ~ 20 % 범주에 있다. 신규 제품 또는 많은 수의 소비자에 작은 양으로 판매되는 제품인 경우 유통 및 판매비의 비중이 높으며, 낮은 수치는 부피가 큰(bulk) 화학제품과 같은 거대 체적의 제품의 경우는 그 비중이 낮다.

**연구 개발비** 화학 산업체에서는 연구 개발을 통하여 새로운 공정과 신제품 개발을 지속적으로 추진하게 된다. 특히 회사의 경쟁력 유지에 최대한 관심을 기울이는 회사일 수록 연구 개발에 많은 비용을 지출하게 된다. 연구 개발비는 이런 일에 직접 연관된 모든 인원의 봉급과 임금, 모든 기계류와 장비류에 포함된 고정비와 운전비가 포함되며, 재료와 부대품, 고문 비용 등이 모두 해당된다. 의약회사와 같은 특별한 산업체의 경우, 개발비용이 총 생산 비용 중 가장 큰 부분을 차지하기도 한다. 화학 산업체에서는 이러한 비용은 제품 판매 단가의 약 2 ~ 5% 또는 총 생산비용의 약 5% 정도를 차지한다.

## 총이익, 순이익, 현금 흐름

총이익(gross profit)은 제품 판매에 의한 총수입에서 총 생산 비용을 뺀 값이 되며, 총소득(gross earnings)이라고도 불리우기도 한다. 총이익은 다음과 같이 감가상각이 포함되기도 하고 포함되지 않기도 한다.

$$g_j = s_j - c_{oj} \tag{6-13}$$

여기에서 $g_j$는 감가상각이 포함되지 않은 $j$년의 총이익을 뜻한다. 또한

$$G_j = s_j - c_{oj} - d_j \tag{6-14}$$

여기에서 $G_j$는 $j$년의 감가상각이 포함된 총이익을 뜻한다.

순이익(net profit) 또는 순소득(net earnings)은 소득세를 내고 난 후에 남는 이익이다.

$$N_{pj} = G_j(1 - \Phi) \tag{6-15}$$

여기에서 $N_{pj}$는 $j$년의 순이익이다.

공정 운영으로 생기는 현금 흐름은 식 (6-1)에 주어지며 또한 다음과 같이 표현된다.

$$A_j = N_{pj} + d_j \tag{6-16}$$

## 예제 6-7 손익분기점, 공정 플랜트에 대한 총이익과 순이익

70%의 용량에서 운전되는 플랜트의 연간 변동 생산비가 \$280,000이다. 연간 고정비, 간접비, 일반 경비의 합은 \$200,000이며 생산량에 무관하게 발생된다. 연간 총 수입은 \$560,000이며 제품 판매 단가는 \$4/kg이다. 이때 손익분기점이 되는 위한 연간 제품 생산량은 몇 kg인가? 법인세가 총이익의 35%라면 100% 용량으로 이 플랜트를 운전할 때 얻는 연간 총이익 $G_j$(감가상각이 포함된)와 연간 순이익은 얼마인가?

■ **풀이**

손익분기점(그림 6-3)은 연간 총 생산 비용이 연간 총 수입과 같을 때 발생한다. 연간 총 생산 비용은 고정비(감가상각 포함), 간접비, 일반 경비, 그리고 변동 생산 비용의 합계이다. 연간 총 수입은 각 제품의 생산량과 판매단가를 곱하여 얻게 된다. 따라서

$$\text{직접 생산 비용/kg} = \frac{\$280{,}000}{\$560{,}000/(\$4/\text{kg})} = \$2/\text{kg}$$

손익분기점을 위하여 필요한 연간생산량(kg/yr)는

$$\$200{,}000 + (\$2)(\text{kg/yr}) = (\$4)(\text{kg/yr})$$

$$\text{kg/yr 요구량} = 100{,}000$$

연간 용량은

$$\frac{\$560{,}000}{(\$4/\text{kg})0.70} = 200{,}000\ \text{kg}$$

으로 주어지므로, 손익분기점은

$$\frac{100{,}000}{200{,}000}(100) = 50\%\ \text{용량}$$

연간 총이익 = 연간 총 수입 − 연간 총 비용. 따라서, 100% 용량의 운전에서

$$G_j = (\$4/\text{kg})(200{,}000) - [\$200{,}000 + (200{,}000\ \text{kg})(\$2/\text{kg})]$$
$$= \$200{,}000$$

연간 순이익 = \$200,000 − (0.35)(\$200,000), 즉

$$N_{pj} = \$130{,}000$$

## 예비비

파업, 폭풍, 홍수, 가격 변동, 기타 다른 예기치 않은 일 등 뜻하지 않은 사고등이 추가의 제조 운전비 발생에 영향을 줄 수 있다. 예비비는 보통 연간 공정가동 일수에 따른 생산 비용을 고려하여 결정한다.

## 요약

이 장에서는 화학공학 엔지니어가 프로젝트에 대하여 경제성 검토의 목적으로 자본 투자비와 총 생산비용을 추정하는 방법에 대하여 언급하였다. 예비설계 단계에서의 비용 추정을 특별히 의도적으로 강조하여 기술하였는데, 이는 제안된 투자에 대한 타당성 검토와 다른 대안들과의 비교들이 예비설계 단계에서 행하여지기 때문이다. 그러나 염두에 두어야 할 사항은 예비설계 단계에서의 추정은 ±20% 또는 그 이상의 불확실성을 가지는 근사값이라는 것이다. 예비추정 단계에서의 총 투자비와 총 생산비용을 추정한 값을 각각 표 6-17과 표 6-18에 나타내었다. 이들 표에서 나타내는 백분율은 대표적인 화학플랜트에 적용된다. 다른 플랜트의 경우에는 다양한 인자 값의 변화가 가능하기 때문에 표에서 제시된 자료는 보다 정확한 인자값들을 구할 수 없는 경우에만 사용하여야 한다.

**표 6-17 자본 투자비의 추정 (개별 항목별 제시)**

*The percentages indicated in the following summary of the various costs constituting the capital investment are approximations applicable to ordinary chemical processing plants. It should be realized that the values given vary depending on many factors, such as plant location, type of process, and complexity of instrumentation.*

**I. Direct costs** = material and labor involved in actual installation of complete facility (65–85% of fixed-capital investment)
- A. Equipment + installation + instrumentation + piping + electrical + insulation + painting (50–60% of fixed-capital investment)
  1. Purchased equipment (15–40% of fixed-capital investment)
  2. Installation, including insulation and painting (25–55% of purchased-equipment cost)
  3. Instrumentation and controls, installed (8–50% of purchased-equipment cost)
  4. Piping, installed (10–80% of purchased-equipment cost)
  5. Electrical, installed (10–40% of purchased-equipment cost)
- B. Buildings, process, and auxiliary (10–70% of purchased-equipment cost)
- C. Service facilities and yard improvements (40–100% of purchased-equipment cost)
- D. Land (1–2% of fixed-capital investment or 4–8% of purchased-equipment cost)

**II. Indirect costs** = expenses which are not directly involved with material and labor of actual installation of complete facility (15–35% of fixed-capital investment)
- A. Engineering and supervision (5–30% of direct costs)
- B. Legal expenses (1–3% of fixed-capital investment)
- C. Construction expense and contractor's fee (10–20% of fixed-capital investment)
- D. Contingency (5–15% of fixed-capital investment)

**III. Fixed-capital investment** = direct costs + indirect costs

**IV. Working capital** (10–20% of total capital investment)

**V. Total capital investment** = fixed-capital investment + working capital

### 표 6-18 총 생산 비용의 추정 (개별 항목별 제시)

*The percentages indicated in the following summary of the various costs involved in the complete operation of manufacturing plants are approximations applicable to ordinary chemical processing plants. It should be realized that the values given vary depending on many factors, such as plant location, type of process, and company policies.*

**I. Manufacturing cost** = direct production costs + fixed charges + plant overhead costs

- A. Direct production costs (about 66% of total product cost)
  1. Raw materials (10–80% of total product cost)
  2. Operating labor (10–20% of total product cost)
  3. Direct supervisory and clerical labor (10–20% of operating labor)
  4. Utilities (10–20% of total product cost)
  5. Maintenance and repairs (2–10% of fixed-capital investment)
  6. Operating supplies (10–20% of maintenance and repair costs, or 0.5–1% of fixed-capital investment)
  7. Laboratory charges (10–20% of operating labor)
  8. Patents and royalties (0–6% of total product cost)
- B. Fixed charges (10–20% of total product cost)
  1. Depreciation (depends on method of calculation—see Chap. 7)
  2. Local taxes (1–4% of fixed-capital investment)
  3. Insurance (0.4–1% of fixed-capital investment)
  4. Rent (8–12% of value of rented land and buildings)
  5. Financing (interest) (0–10% of total capital investment)
- C. Plant overhead costs (50–70% of cost for operating labor, supervision, and maintenance; or 5–15% of total product cost) include costs for the following: general plant upkeep and overhead, payroll overhead, packaging, medical services, safety and protection, restaurants, recreation, salvage, laboratories, and storage facilities

**II. General expenses** = administrative costs + distribution and selling costs + research and development costs (15–25% of the total product cost)

- A. Administrative costs (about 20% of costs of operating labor, supervision, and maintenance; or 2–5% of total product cost) include costs for executive salaries, clerical wages, computer support, legal fees, office supplies, and communications
- B. Distribution and marketing costs (2–20% of total product cost) include costs for sales offices, salespeople, shipping, and advertising
- C. Research and development costs (2–5% of every sales dollar, or about 5% of total product cost)

**III. Total product cost**† = manufacturing cost + general expenses

**IV. Gross earnings cost** (gross earnings = total income − total product cost; amount of gross earnings cost depends on amount of gross earnings for entire company and income tax regulations; a general range for gross earnings cost is 15–40% of gross earnings)

†If desired, a contingency factor can be included by increasing the total product cost by 1–5%.

## 사용부호

$A$ = 부식방지 합금물질 사용으로 증가하는 비용, 달러

$A_j$ = $j$ 해의 연간 현금 흐름, 달러

$A_x$ = 비제조형 고정 자본 투자비, 달러

$c_o$ = 공장 생산 용량을 100%로 운전할 때 감가상각을 제외한 모든 총생산 단가로 첫해의 운전 비용, 달러

$c_{oj}$ = $j$ 해의 감가상각을 제외한 총 생산 비용, 달러

$C$ = 초기 자본 투자비, 달러

$C_n$ = 신규 자본 투자비, 달러
$d_j$ = 일년간 감가상각 액, 달러
$d_n$ = 도면과 사양 수
$D$ = 플랜트의 총 직접 비용, 달러
$e$ = 총 열교환기 비용(합금 사용에 따른 증가비용 제외), 달러
$e_L$ = EL과 M'L의 비용에 상대적인 신규 지역에서의 노동 효율 지수
$E$ = 구입 장비 비용(인수된), 달러
$E'$ = f.o.b.(본선인도가격) 기준의 구입 장비 비용, 달러
$E_L$ = f.o.b. 기준의 구입 장비 노무비, 달러
$f$ = 초기 설치 비용에 상대적인 총괄 물가지수
$f_1, f_2, f_3$ = 배관, 전선, 계장, 기타에 대한 곱셈 인자, 무차원
$f_d$ = 도면과 사양의 단위 비용, 도면(사양) 당 달러
$f_e$ = 설계의 단위 비용, 엔지니어 고용인-시간 당 달러
$f_E$ = 초기 비용 시점의 물가지수에 대한 현 장치비용 물가지수
$f_F$ = 건설 혹은 현장 노동 비용 인자(항상 1보다 큼)
$f_I$ = 간접 비용지수 (보통 1.4로 취급)
$f_L$ = EL과 M'L의 비용에 대한 신규 지역에서의 현 노무비 지수
$f_M$ = M의 비용에 대한 최근 재료비 지수, 무차원
$f_m$ = 잡다한 항목에 대한 물가지수, 무차원
$f_p$ = 배관 재료에 대한 물가지수, 무차원
$f_v$ = 현장에서 제조하는 용기의 총 비용 (합금 사용에 따른 증가비용 제외), 달러
$f_x$ = 특수 물질의 단위 비용, 달러
$f_y$ = 특수 물질의 단위 노무비, 고용인-시간 당 달러
$g_j$ = 감가상각이 포함되지 않은 j 해의 총이익, 달러
$G_j$ = 감가상각이 포함된 j 해의 총이익, 달러
$H_e$ = 설계 고용인-시간
$I$ = 플랜트의 총 간접비, 달러
$M$ = 재료비, 달러
$M'_L$ = 특수 물질에 대한 노동력-시간
$M_L$ - 장비 실치 빛 재료 취급에 대한 직접 노무비, 달러
$M_x$ = 적절한 단위의 특수 물질의 양
$N_{pj}$ = $j$ 해의 순이익, 달러
$p$ = 펌프와 회전기의 총 비용 (합금 사용에 따른 증가비용 제외), 달러
$R$ = 초기 자본에 대한 신규 자본의 비
$s_j$ = $j$ 해의 판매 총수입, 달러
$t$ = tower shell의 총 비용 (합금 사용에 따른 증가비용 제외), 달러
$Ŧ$ = 총 자본 투자비, 달러
$V$ = 제조 고정 자본 투자비, 달러
$W$ = 운전 자본 투자비, 달러
$x$ = 비용-용량 관계식에 대한 지수 승 수치, 무차원

## 그리이스 문자

$\Phi$ = 분율로 표시된 법인세

## 연습문제

**6-1** 어느 회사에서 1990년에 구입한 다관형 열교환기는 가열면적이 100 $m^2$이며, 구입 가격은 $4200이다. 열교환 가열표면이 10 ~ 40 $m^2$ 범위의 열교환기에 대한 비용-용량지수(capacity exponent)가 0.6이면 1990년에 가열면적이 20 $m^2$인 열교환기의 구입 가격은 얼마인가? 또한 가열면적 40 ~ 200 $m^2$의 범위에 속하는 열교환기의 비용-용량지수가 0.81이면 2000년에 구입한 가열표면 100 $m^2$의 열교환기의 가격은 얼마인가?

**6-2** 문제 6-1에서 주어진 다관형 열교환기의 구입가격이 열교환 표면적의 함수로 표현될 때, 2000년에 구입한 표면적이 10 $m^2$에서 200 $m^2$ 까지의 열교환기 가격을 그래프로 도시하라. 열교환 표면적의 범위가 초과했을 때 구입비용의 용량지수(capacity exponent)는 상수가 아님을 염두에 둘 것.

**6-3** 어떤 장치의 구입과 설치비용은 용량보다 무게의 함수로 표현된다고 한다. 대형 탱크의 설치비용을 예로 들어 보자. 1990년에 무게 45,000 kg의 알루미늄 탱크를 설치하는데 $640,000의 비용이 든다고 한다. 만약, 90,000 ~ 450,000 kg의 알루미늄 탱크의 설치비용 무게지수가 0.93이면, 2000년에 무게 300,000 kg의 알루미늄 탱크를 설치하기 위하여는 얼마의 자본투자비가 필요한가?

**6-4** 1990년에 무게 135,000 kg의 스테인리스 스틸(304) 탱크의 설치비용이 $1,100,000이다. 무게가 100,000 ~ 300,000 kg의 스테인리스 스틸 탱크의 설치비용 무게지수가 0.88이라고 하면, 문제 6-3과 같은 금액의 자본투자비로 설치할 수 있는 스테인리스 스틸 탱크의 무게는 얼마인가?

**6-5** 1995년에 5 $m^3$의 스테인리스 스틸 탱크의 구입 가격은 $10,900이다. 이 탱크는 윗면과 바닥이 평평한 직경 2 m인 원통형 탱크이다. 만약 탱크의 외부 표면 전체를 두께 0.05 m의 마그네시아 벽돌(magnesia blick)로 덮으려 한다면 현재에 탱크의 설치비용과 단열에 필요한 비용의 합은 얼마인가? 1995년 기준으로 0.05 m 두께의 마그네시아 벽돌의 가격은 1 $m^2$당 $40이고, 단열재를 설치하는데 드는 노동비용은 1 $m^2$당 $95이다.

**6-6** 가로 36 m, 세로 18 m의 크기를 가진 1층짜리 창고를 기존의 공장에 추가로 설치하려고 한다. 이 창고에 인접한 가로 18 m, 세로 9 m의 아스팔트 포장도로가 필요하며, 또한 창고 사용을 위해 150 m의 직선 철로 대피선을 설치하여야 한다. 설치하려는 창고 부지에는 사용 가능한 유틸리티 설비가 이미 갖추어져 있다. 그리고 창고 바닥은 콘크리트로 설치할 예정이며 벽과 천장은 철제 프레임으로 설치하고자 한다. 난방은 별도로 필요하지 않지만 조명과 스프링클러 시설은 설치하려고 한다. 창고를 추가로 설치하는 데 필요한 총비용을 계산하라. 계산에 필요한 가격 데이터는 부록 B를 참고하라.

**6-7** 고체를 취급하는 공정 플랜트를 위한 장치의 구입 가격은 $500,000이다. 이 플랜트는 기존의 플랜트에 추가하여 건설하려고 한다. 추가 플랜트를 건설하기 위한 총 자본투자비와 고정 자본투자비를 계산하여라. 또한 엔지니어링 비용과 관리감독 비용은 얼마이며 고정 자본투자비의 몇 %를 차지하고 있는가? 그리고 계약 수수료는 얼마이며 자본 투자비의 몇 %를 차지하고 있는가?

**6-8** Pentaerythritol(solid-fluid processing plant)을 생산하기 위한 공장의 장치 구입비는 $300,000이다. 이 공장은 기존의 포름알데히드 공장에 추가로 건설하려 한다. 건설비용의 대부분은 내부 건축에 소요된다. 계약금은 직접 공장 비용(direct plant cost)의 7%이며 그 외의 다른 비용은 일반적인 화학공장에서 소요되는 평균값과 유사하다. 이러한 정보들을 기준으로 총 직접 플랜트비용(total direct plant cost), 고정 자본투자비와 총 자본투자비를 계산하여라.

**6-9** 접촉 촉매 공정을 통해 100%의 황산을 연간 $1.3 \times 10^8$ kg/yr을 생산할 수 있는 황산 공장이 있다. 표 6-11의 데이터를 기준으로 자본회전율 방법을 이용하여 2000년의 고정 자본 투자비를 계산하라. 황산의 판매 가격은 톤당 $86이고 공장은 연간 325일 동안 가동된다. 표 6-11의 데이터를 가지고 비용 용량 지수 방법(cost capacity exponent method)을 이용하여 반복 계산해라.

**6-10** 어떤 화학공장의 총 자본투자비가 $1,000,000이고, 운영자본은 $100,000이다. 만약에 공장이 연간 365일 동안 매일 평균 8,000 kg의 최종 생산물을 생산할 수 있다면 자본회전율이 1.0이 되기 위한 제품의 1 kg 당 가격은 얼마인가?

**6-11** 1990년에 필라델피아(대서양 중부)에 공장을 건설하는데 소요되는 노동비가 $425,000이다. 1998년에 마이애미와 플로리다(대서양 남부)에 같은 종류의 공장을 건설하는데 필요한 노동비는 얼마인가? 상대 노동비율(reactive labor rate)과 상대 생산성 요소(reactive productivity factor)는 상수로 가정한다.

**6-12** 어떤 회사가 30%의 물을 함유한 비누를 f.o.b 방식(본선인도가격; 소비자가 운송비를 부담하는 형태)으로 50 kg 당 $20의 가격에 판매하고 있다. 또한 이 회사는 물을 5%만 함유하고도 동일한 효력을 가진 비누도 판매하고 있다. 세탁소에서는 비누에 포함된 물의 함유량은 크게 중요하지 않다고 한다. 만약 비누의 운송비가 동일하다면 세탁소는 5% 물이 함유된 비누를 구입하려고 한다. 만약 운송비가 50 kg 당 $1.5이라면 세탁수에서 5%의 물을 함유한 비누 50 kg을 f.o.b 방식으로 구입할 경우 얼마의 비용을 비누 제조회사에 지불하여야 하는가?

**6-13** 전통적인 화학공장의 총 자본투자비는 $1,500,000이고, 연간 3백만 kg의 제품을 생산할 수 있다. 제품의 판매 가격은 kg 당 $0.82이다. 그리고 운전자본은 총 자본투자비의 15%이다. 투자비는 회사채로 조달하였으며 이자 비용은 없다. 제품 생산을 위해 운송비를 포함한 원료비들은 kg당 $0.09이고, 인건비는 kg 당 $0.08, 유틸리티는 kg 당 $0.05, 그리고 포장비용은 kg 당 $0.008이다. 생산 제품의 운송비는 총 생산비용(total product cost)의 5%이다. 다음의 사항들을 계산하라.

a. 제품의 1 kg 당 제조비용(manufacturing cost)은 얼마인가?
b. 연간 생산되는 총 생산비용(total product cost)은 얼마인가?
c. kg 당 제품의 세전 이익은 얼마나 되는가?
d. 총 수익의 35%를 세금으로 공제하면 kg 당 제품의 세후 이익은 얼마나 되는가?

**6-14** 다음과 같은 조건이 주어졌을 때에 제품 100kg당 제조비용(manufacturing cost)을 계산하라.

고정자본투자비 = \$4백만
연간 생산 출하량 = 제품 9백만 kg
원료비 = 제품 1 kg 당 \$0.25
유틸리티
　800-kPa 증기 = 제품 1 kg 당 50 kg
　구입한 전기량 = 제품 1 kg 당 0.9 kWh
　공업용수(Filtered and softened water) = 제품 1 kg 당 0.083 $m^3$
운전자 임금 = 12명이 1개조로 투입되며 고용인 시간당(employee-hour) \$25
공장은 연간 300일 동안 24시간 가동
부식성 액체의 발생을 수반한다.
선적은 한 화차분의 분량만큼의 크기로 이루어짐.
많은 양의 직접 관리가 필요함.
특허 비용, 특허권 사용료, 이자 비용과 임대비는 없다.
공장의 간접비(overhead cost)는 운전자 임금과 관리비, 그리고 유지보수 비용의 50%이다.

**6-15** 어떤 회사의 직접 생산비가 연간 총 판매비의 50%라고 한다. 그리고 고정비, 간접비, 그리고 총지출은 \$200,000이다. 만약 고정비, 간접비와 총지출이 20% 증가시키면 현재 연간 판매비가 30% 증가한 \$800,000가 된다고 한다. 현재의 공장 운전으로 같은 액수의 총 이익을 얻기 위한 연간 판매비는 얼마인가? 총수익의 35%를 법인세로 지불한 확장된 공장이 최대한 가동하면 순이익은 얼마인가? 또한 연간 총 판매비가 \$800,000로 유지되면 확장한 공장의 순이익은 얼마인가? 연간 총 판매비가 \$700,000로 감소한다면 확장한 공장의 순이익은 얼마인가?

**6-16** 어떤 공장을 최대 용량으로 운전했을 때 연간 변동생산비용(variable production cost)은 \$2백만이고 고정비용은 \$700,000이 소요된다. 이 회사에서는 판매 가격이 1 kg 당 \$1.75인 제품을 매일 5000 kg을 생산한다. 손익분기점(breakeven point)에서의 제품 1 kg 당 고정비용은 얼마인가? 제품의 판매 가격이 10% 증가하고 소득세율이 총수익의 35% 이면 공장을 최대 용량으로 가동했을 때 순이익은 얼마나 증가하는가?

**6-17** 화학산업에서는 '연간 \$1의 판매비를 위해서는 \$2의 고정 자본투자비가 필요하다.'라는 법칙이 있다. 이러한 법칙을 따르는 화학 생산공장에서 총 자본투자비가 \$2,500,000이고, 운전자본(working capital)은 총 자본투자비의 20%이다. 연간 총 생산비용(total product cost)은 \$1,500,000이다. 만약 법인세율이 총수익의 35%이면 다음의 사항들을 계산하라.

a. 총수익에 대해 연간 회수되는 총 자본 투자비는 몇 %인가?
b. 순이익에 대해 연간 회수되는 총 자본 투자비는 몇 %인가?

**6-18** 연간 \$1,500,000의 상품을 생산할 수 있는 화학 공장을 설립하는데 필요한 총 자본투자비는 \$1,000,000로 추산되며, 또한 공장이 완공되기까지는 많은 연구개발비(R&D)가 필요하다. 이에 관리자는 연구개발비가 허용 가능한 범위 내에서 이루어지기를 바라고 있다. 그러나 7년 안에 세금을 공제한 공장의 수익으로 모든 연구개발비와 총 자본 투자비를 충분히 회수할 수 있다고 한다. 이를 위해서는 세금 공제 후 얻는 수익은 최소한 판매비의 12%를 유지해야 한다. 또한 연구개발비는 비용이고, 회사의 소득세율은 총수익

의 35%이기 때문에 세금 지불 이후 연구개발비에 소요된 자금의 65%는 만회해야 한다. 위와 같은 상황에서 회사가 연구개발비로 제공할 수 있는 총 금액은 얼마인가?

**6-19** 연간 1,000,000 kg의 제품을 생산할 수 있는 화학 공정 장치가 있다. 그런데 이 장치가 가동된 이후에 연간 판매할 수 있는 제품의 양이 500,000 kg 밖에 안 된다는 사실을 알게 되었다. 주어진 상황을 분석한 결과, 장치의 운전에 관계없이 모든 고정비와 다른 불변비용들은 장치를 최대한 가동했을 때 소요되는 총 생산비용의 35%가 된다. 그리고 원료비와 생산량에 직접적으로 비례한 다른 생산비는 장치를 최대한으로 가동했을 때 생산되는 총 생산비용의 40%이다. 또한 총 생산비용 중 나머지 25%는 가변간접비와 기타의 비용들로서, 이들 비용은 공정가동 기간동안 생산되는 제품 생산속도의 1.5 지수 승에 비례하는 것으로 조사되었다. 만약 장치의 최초로 설계된 연간 $10^6$ kg의 제품생산 능력을 절반으로 축소한 연간 $0.5 \times 10^6$ kg 생산체제로 최소한의 비용범위에서 바꾸고자 할 경우 제품 1 kg 당 총비용(total cost)의 변화율은 얼마인가?

CHAPTER

7

# 이자, 돈의 시간가치, 세금, 고정비용

앞 절에서 언급한 바와 같이 제안된 프로젝트의 타당성에 관한 의사결정에 영향을 미치는 경제 변수들은 자본투자와 운영비용 이외에도 여러 가지가 있다. 특히 프로젝트의 수행을 위하여 자금차입이 일어날 경우에는 빌린 자금에 대한 이자가 발생된다. 내부자금의 경우에도 제안된 프로젝트에 투자를 할 것인지, 혹은 수익성이 더 좋은 다른 프로젝트에 투자할 것인지를 결정하여야 한다. 의사결정의 과정에서는 돈의 시간적 가치를 고려하여 투자와 수익을 평가하여야 한다.

제안된 프로젝트의 순이익을 산출할 경우 세금을 고려하여야 한다. 예를 들면, 현재 법인세가 15 ~ 39%정도이므로 이들 세금이 프로젝트의 수행에 따른 세후 순이익에 커다란 영향을 주게된다. 법인세 이외에도, 재산세, 감가상각비, 보험료 등과 같이 생산 수준에 관계없이 일정하게 지출되는 고정비가 있다.

이 장에서는 채권자와 채무자에 관계되는 여러 가지 형태의 이자에 대하여 다룬다. 또한 수익과 투자의 가치를 평가하는 여러 가지 방법을 다룸으로써 다양한 투자의 기회들을 비교하여 의사결정을 내리는 데에 도움을 주고자 한다. 마지막으로 제안된 프로젝트의 경제적 평가를 하기 위하여 고려되는 세금과 고정비에 관하여 다룬다.

## 이자

이자(interest)는 빌린 돈에 대한 비용, 혹은 빌려준 돈으로부터 얻는 수익이다. 원금은 최초의 금액 혹은 대부금 중 미회수된 잔액을 뜻한다. 이율은 단위시간, 단위 원금당 일년동안 발생되는 비용 혹은 수익을 원금에 대한 비율 혹은 퍼센트로 나타낸 것이다. 이자는 사업상 발생되는 비용이므로 사업의 수익성 분석시 반드시 포함되어야 한다.

## 단리(simple interest)

단리는 원금에 대하여 일정한 이율로 이자를 지급하는 가장 간단한 형태의 이자계산법이다. 만약 $1000을 4년동안 연이율 10%로 4년동안 빌려 주었다면, 이기간 동안 얻게되는 수익은 다음과 같이 계산된다.

$$(\$1000)(0.1)(4) = \$400$$

만약 $P$를 원금, $N$을 이자계산기간, 단위 이자계산 기간당의 이율을 $i$로 나타낼 경우, 이자기간 $N$ 동안 얻게되는 단리이자 $I$는

$$I = PiN \tag{7-1}$$

으로 표시된다. 최종적으로 원금을 갚게 되므로 이자기간 $N$ 이후의 원리금 합계는

$$F = P + I = P(1 + iN) \tag{7-2}$$

로 주어진다. 여기서 $F$는 원금과 시간 $N$에서의 누적된 이자를 합한 원리금 합계를 나타낸다.

## 복리(compound interest)

복리는 원금과 이로 인하여 발생되는 이자를 합한 금액에 대하여 이자를 계산하는 방법으로 상거래에서 가장 보편적으로 사용되고 있다. 예를 들면, $1000을 연리 10%로 투자할 경우, 1년 뒤에 얻게되는 이자 수익은 $100이 된다. 만약 원금을 회수하지 않고 이자 또한 투자비에 함께 두는 상태에서 같은 이율 10%를 다음 1년간 적용하면 두 번째 해 말에 얻게되는 이자는 ($1000 + $100)(0.10) = $110이 되므로 복리 원리금 합계는

$$\$1000 + \$100 + \$110 = \$1210$$

이 된다. 같은 방법을 적용할 경우 임의의 이자 이후의 복리 원리금 합계는 다음과 같이 나타낼 수 있다.

| Period | Principal at start of period | Interest earned during period ($i$ = interest rate based on length of one period) | Compound amount $F$ at end of period |
|---|---|---|---|
| 1 | $P$ | $Pi$ | $P + Pi = P(1+i)$ |
| 2 | $P(1+i)$ | $P(1+i)(i)$ | $P(1+i) + P(1+i)(i) = P(1+i)^2$ |
| 3 | $P(1+i)^2$ | $P(1+i)^2(i)$ | $P(1+i)^2 + P(1+i)^2(i) = P(1+i)^3$ |
| $N$ | $P(1+i)^{N-1}$ | $P(1+i)^{N-1}(i)$ | $P(1+i)^N$ |

따라서 이자기간 $N$ 이후의 복리 원리금 합계를 나타내는 식은 다음과 같다.

$$F = P(1+i)^N \tag{7-3}$$

식에서 $(1+i)^N$을 이산 단일지불 복리계수, 혹은 이산 단일지불 미래가계수라고 하며 함수형태의 기호를 써서 $(F/P, i, N)$로 표시한다.

$$(F/P, i, N) = (1+i)^N \tag{7-4}$$

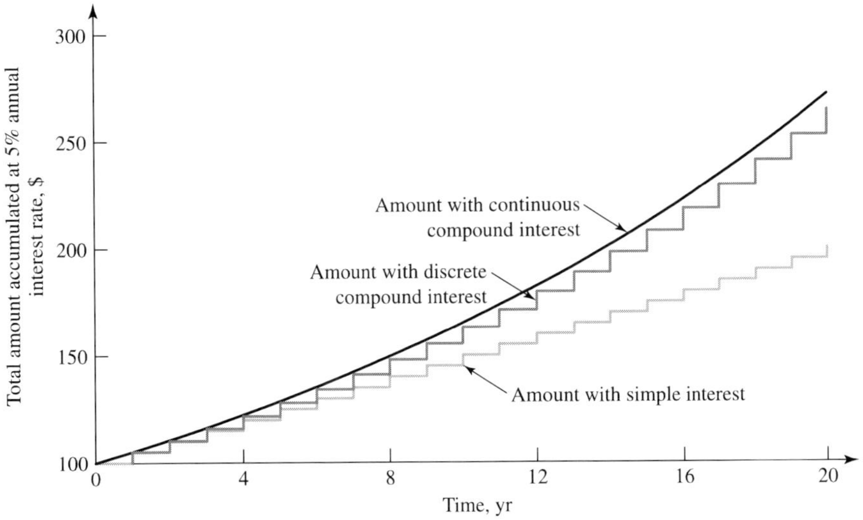


**그림 7-1**
단리, 이산복리, 연속 복리에 대한 원리금 합계 비교

따라서 식 (7-3)은 다음과 같이 나타낼 수 있다.

$$F = P(F/P, i, N) \tag{7-5}$$

계수값을 계산할 때에는 식 (7-4)를 이용하게 된다.

그림 7-1은 단리, 이산 복리 및 연속복리를 적용하였을 경우 기간에 따른 원리금 합계의 변화를 비교한 것이다. 연속복리는 추후 취급할 예정이다.

## 명목이율과 실질이율

일반적으로 이자를 계산하는 경우에는 이자기간은 1년, 이율은 1년을 기준한 값으로 사용된다. 그러나 이와는 다른 이자기간을 적용하는 경우도 발생된다. 실제 이자기간이 1년이 아니더라도 이율은 연간 기준으로 나타낸다. 예를 들면 이자기간당의 이자가 3%이고 반년마다 복리로 이자가 계산되는 경우를 살펴보자. 이러한 경우는 연이율 6%, 반년마다 복리계산이라는 표현을 쓴다. 연이율로 표시하지만 이자계산 주기가 1년이 아닌 경우를 명목이율(nominal interest rate)이라고 한다. 위의 예에서 실제로 연간 받게되는 이자(실질이율; effective interest rate)는 6% 보다 크게된다. 이는 1년 동안 두 번 복리계산이 되기 때문이다. 일반적으로 복리계산 기간에 관한 특별한 언급이 없는 경우에는 이자계산기간을 1년으로 간주한다.

명목이율 $r$로써 1년간 $m$번 복리로 계산하였을 경우와, 1년에 한번 복리 계산한 이자가 같게되는 연이율을 실질이율 $i_{eff}$라고 한다. 년이율 $r$에 대하여 $m$번 복리 계산할 경우, 이자기간당의 이율은 $r/m$으로 주어지므로, 1년 후의 미래가는 식 (7-3)으로부터

$$F = \left(1 + \frac{r}{m}\right)^m \tag{7-6}$$

으로 주어진다. 실질이율을 적용하였을 경우 1년말의 미래가는

$$F = (1 + i_{\text{eff}})^1 \tag{7-7}$$

으로 주어진다. 명목이율과 실질이율의 정의로부터 식 (7-5)과 식 (7-7)에서 구한 미래가 $F$는 동일하여야 하므로 다음의 관계식이 주어진다.

$$1 + i_{\text{eff}} = \left(1 + \frac{r}{m}\right)^m \tag{7-8}$$

위의 식으로부터 실질이율을 구하여 보면 다음과 같다.

$$i_{\text{eff}} = \left(1 + \frac{r}{m}\right)^m - 1 \tag{7-9}$$

앞의 예제의 경우 $r = 0.06$, $m = 2$(1년에 두 번 복리계산)가 되므로, 실질이율은 다음과 같이 계산된다.

$$i_{\text{eff}} = \left(1 + \frac{0.06}{2}\right)^2 - 1 = 1.0609 - 1 = 0.0609$$

명목이율의 경우 복리계산기간을 구체적으로 명시하여 나타내어야 한다. 예를 들면 \$100을 이율 20%로 연간 한번 복리 계산할 경우, 1년 후의 원리금 합계는 \$120.00이 되며, 반년마다 복리 계산할 경우는 \$121.00이 된다. 만약 연속복리를 적용하면 \$122.14가 된다. 따라서 각각의 경우에 대한 실질이율은 20.00, 21.00, 22.14%가 된다.

### 예제 7-1 다른 형태의 이자 적용

대부기관으로부터 \$1000을 차입하고자 한다. 이때 적용하는 월이율은 2%이다. 다음 물음에 답하라.

**a.** 단리 적용시 2년 후의 원리금 합계. 단 기간 중 이자인출은 일어나지 않는다.
**b.** 복리 적용시 2년 후의 원리금 합계. 단 기간 중 이자인출은 일어나지 않는다.
**c.** 매달 복리계산될 경우의 명목이율
**d.** 매달 복리계산될 경우의 실질이율

■ **풀이**

**a.** 이자기간이 1개월이므로 2년동안 24번의 이자계산 주기가 발생한다. 이자기간 $n$, 단리 이율 $i$로 주어진 경우의 원리금 합계는 식 (7-2)로부터 다음과 같이 주어진다.

$$\begin{aligned} F &= P(1 + iN) \\ &= 1000[1 + (0.02)(24)] = \$1480 \end{aligned}$$

**b.** 복리계산시의 원리금합계는 식 (7-3)으로부터 구할 수 있다.

$$\begin{aligned} F &= P(1 + i)^N \\ &= \$1000(1 + 0.02)^{24} = \$1608 \end{aligned}$$

**c.** 명목이율은 (2)(12) = 24% 매달 복리 계산이 된다.

**d.** 식 (7-9)에 $m = 12$, $r = 0.24$를 적용하면,

$$i_{\text{eff}} = \left(1 + \frac{r}{m}\right)^m - 1$$

$$= \left(1 + \frac{0.24}{12}\right)^{12} - 1 = 0.268 = 26.8\% \text{ per year}$$

## 연속 이자(continous interest)

앞서 언급한 단리 및 복리 이자 계산의 경우는 이자 지급이 주기적으로 일어나고, 이자계산기간이 일정한 시간 간격을 가지는 경우(이산시간간격)이다. 이 경우 매 이자기간 말에 이산값으로 적립되는 이자를 계산하는 방법을 다루었다. 일반적으로 이자가 계산되는 기간은 1년이나, 더 짧은 이자계산기간, 예를 들면 1달, 1일, 1시간, 1초의 경우도 가정될 수 있으며, 이자계산기간이 무한히 적게되는 극한적인 경우는 이자가 연속복리로 계산되게 된다. 연속복리의 개념은 이자의 발생은 지속적으로 일어난다는 것으로서, 이자기간 중 한번만 이자가 발생한다고 가정하는 경우보다 더 합리적일 수 있다.

연속복리의 이자 관계식은 식 (7-6)과 (7-9)로부터 얻을 수 있다. 이때 기호 $r$은 년간 $m$번의 이자계산기간이 존재할 경우의 명목이율을 나타낸다. 복리계산 주기를 연속으로 할 경우 $m$은 무한대에 접근하게 된다. 따라서 $N$년 동안 발생되는 미래가는 식 (7-6)으로부터

$$F = P \lim_{m\to\infty}\left(1 + \frac{r}{m}\right)^{mN} = P \lim_{m\to\infty}\left(1 + \frac{r}{m}\right)^{(m/r)(rN)} \tag{7-10}$$

으로 나타낼 수 있다. $e$의 값에 대한 정의가 다음과 같이 주어지므로

$$\lim_{m\to\infty}\left(1 + \frac{r}{m}\right)^{m/r} = e = 2.71828\cdots \tag{7-11}$$

즉

$$F = Pe^{rN} \tag{7-12}$$

식에서 $e^{rN}$을 연속 단일지급복리계수, 혹은 연속 단일지급 미래가 계수라고 하며 기호로는 다음과 같이 나타낸다.

$$e^{rN} = (F/P,\ r,\ N) \tag{7-13}$$

따라서 미래가 $F$는

$$F = P(F/P,\ r,\ N) \tag{7-14}$$

로 계산되어 진다. 여기서 계수 $(F/P, r, N)$은 명목이율 $r$로 연속 복리로 계산할 경우 $N$년 이후의 미래가 $F$와 현가 $P$와의 비를 나타낸다.

한편 식 (7-9)로부터 연속명목이율로부터 실질이율을 구하면

$$i_{\text{eff}} = e^r - 1 \tag{7-15}$$

가 된다. 이로부터

$$r = \ln(1 + i_{\text{eff}}) \tag{7-16}$$

$$e^{rN} = (1 + i_{\text{eff}})^N \tag{7-17}$$

을 구할 수 있으므로 미래가는 다음과 같이 표현된다.

$$F = Pe^{rN} = P(1 + i_{\text{eff}})^N \tag{7-18}$$

## 예제 7-2 연속복리 경우의 이자계산

연간명목이율 20%의 경우에 대하여 다음의 물음에 답하라.

**a.** 연 복리 계산할 경우, 원금 \$1에 대한 1년 후의 원리금 합계 및 연간 실질이율

**b.** 매달 복리 계산할 경우, 원금 \$1에 대한 1년 후의 원리금 합계 및 연간 실질이율

**c.** 매일 복리 계산할 경우, 원금 \$1에 대한 1년 후의 원리금 합계 및 연간 실질이율

**d.** 연속 복리 계산할 경우, 원금 \$1에 대한 1년 후의 원리금 합계 및 연간 실질이율

■ **풀이**

**a.** 식 (7-3)과 $P = \$1.0$, $r = 0.20$, $N = 1$로부터

$$r = i = i_{\text{eff}} = 0.20 \text{ or } 20\%$$

$$F = P(1 + i_{\text{eff}})^N = (1 + 0.20)^1 = \$1.20$$

**b.** 식 (7-6)과 $P = \$1.0$, $r = 0.20$, $m = 12$로부터

$$F = P\left(1 + \frac{r}{m}\right)^m = (1.0)\left(1 + \frac{0.20}{12}\right)^{12} = \$1.2194$$

식 (7-9)로부터

$$i_{\text{eff}} = \left(1 + \frac{r}{m}\right)^m - 1 = \left(1 + \frac{0.20}{12}\right)^{12} - 1 = 0.2194, \text{ or } 21.94\%$$

**c.** 식 (7-6)과 $P = \$1.0$, $r = 0.20$, $m = 365$로부터

$$F = P\left(1 + \frac{r}{m}\right)^m = (1.0)\left(1 + \frac{0.20}{365}\right)^{365} = \$1.2213$$

식 (7-9)로부터

$$i_{\text{eff}} = \left(1 + \frac{r}{m}\right)^m - 1 = \left(1 + \frac{0.20}{365}\right)^{365} - 1 = 0.2213, \text{ or } 22.13\%$$

**d.** 식 (7-12)와 $P = \$1.0$, $r = 0.20$, $n = 1$로부터

$$F = Pe^{rN} = (1.0)e^{(0.20)(1)} = \$1.2214$$

식 (7-15)로부터

$$i_{\text{eff}} = e^r - 1 = e^{0.20} - 1 = 0.2214, \text{ or } 22.14\%$$

예제 7-2로부터 연속복리 계산시의 이자를 이산복리 계산의 경우와 비교하여 보면 이자 계산 주기가 짧을수록, 즉 연간 복리계산 기간의 경우보다 매월 혹은 매일 복리계산 기간의 경우가 더 잘 일치함을 알 수 있다. 또한 식 (7-9)에서 구한 명목이율이 식 (7-15)에서 구한 값과 같을 경우 연간 이자도 일치하게 된다.

## 자본 비용

사업의 자본금 조달 방법은 차용금, 회사채, 주식, 사내유보자금 등 다양한 형태가 있다. 이익잉여금과 감가상각 계상 비용 등과 같은 사내 유보자금은 자본조달의 중요한 출처가 된다. 차용금은 사업 목적의 투자에 사용이 된다. 차용금과 같이 외부로부터 대부를 받음으로 인하여 지급되는 이자는 제품생산비용의 하나로 간주하여야 한다. 회사채에 대하여 지급하는 이자도 사업비용으로 간주된다. 한편 투자자 소유의 자금에 대한 이자는 사업상 발생되는 비용으로 간주하지 않는 것이 일반적이다. 따라서 사내 유보금이나, 우선주 및 보통주에 대한 배당금 등은 제조비용이 될 수 없다. 왜냐하면 이들 비용은 결국 회사 내의 자산 소유주에게 되돌아가는 것이기 때문이다. 한편 차입한 원금은 회사에 입금된 자금이지만 추후 갚아야 될 자금이므로, 차입시 수익으로 간주되지 않으며 상환시에도 공제가능한 사업비용으로 간주되지 않는다.

예비 설계단계에서의 경제성 분석을 위하여 이자 비용을 계상하는 방법은 특별한 언급이 없는 경우 다음의 두 가지를 적용한다.

1. 필요한 자금이 모두 자체 조달 가능하다고 가정하는 경우에는 투자에 대한 이자를 비용에 포함시키지 않는다. 이 경우 비교가 되는 다른 투자 대안들도 모두 자금이 자체 조달 가능한 것으로 간주하여 동일한 기준을 적용한다.
2. 총 투자에 대한 이자를 적용하는 경우에는 은행 차입시의 이율을 적용한다.

프로젝트의 추진이 최종적인 단계에 접어 들 경우에는 새로운 자금에 대한 실제의 확보방안이 결정이 될 것이므로 실제 자금조달 방법에 근거하여 적절한 이자 비용을 적용한다.

이자 비용을 취급하는 방법이 다양하므로, 경제성 분석을 실시하는 경우에는 어떠한 방법을 적용하였는 지를 명확히 기술하여야 한다. 특히 투자 대안 간의 경제성 분석을 실시하는 경우 이자비용이 중요한 요소가 된다. 이 경우 경제성 분석에서 이자를 비용으로 취급하는 방법을 명확히 정의함으로써 대안간의 비교가 정확해지고 전체적인 비용의 분석도 간단해 진다.

### 법인세의 영향

자본 비용에 대한 법인세의 영향은 대단히 중요하다. 법인세를 결정하는 데에 대부금 혹은 회사채에 대한 이자는 공제비용으로 간주되는 반면 우선주, 혹은 보통주의 배당을 위한 지출은 공제비용이 되지 않는다. 만약 연간 법인세가 35%라면, 대부금이나 회사채에 대한 이자로 $1을 지불하는 경우, 이들은 비용으로 간주되어 $0.35의 세금감면이 되므로, 실제로 지출하는 비용은 $0.65로 줄어들게 된다. 따라서 세후 이익을 고려한 경제성 분석을 실시할 경우 연리 5%로 발행된 회사채에 대한 실제의 이자는 (5)(65/100) = 3.25%로 낮아지는 결과가 된다. 한편 우선주에 대한 배당은 세후순익에서 지급이 된다. 만약 우선주에 대한 연 배당금이 8%라면 세전이익을 기준한 배당률은 (8)(100/65) = 12.3%에 해당되며 세후 기준일 경우 (12.3)(65/100) = 8%가 되는 것이다.

외부에서 차입된 다양한 형태의 자본에 대한 대표적인 이자와 배당률은 표 7-1에 나타내었다.

프로젝트를 추진하기 위하여 자금을 조달하는 방안은 회사의 최고 경영진이 회사의 상황과 주변 여건 및 정책 등을 종합적으로 고려하여 판단한다. 대개의 경우 새로운 사업을 추진하는 경우에는 일차적인 자금의 조달을 외부자금에 의존하는 반면 기존사업의 경우 내부자금의 사용비율이 높아진다.

## 대부금의 상환

대부금을 상환하는 방법은 여러 가지 가 있다. 이중 가장 일반적인 방법은 일정한 상환기간동안 원리금을 합한 금액을 균등 상환하는 방법이다. 이 경우 매번 상환하는 액수는 일정하며 이 액수는 미상환 원금과 이에 대한 이자로 구성된다. 상환이 진행됨에 따라 미상환 원금은 줄어들게 되므로, 상환이 진행되어 감에 따라 상환액수 중 이자부분이 차지하는 비율은 줄어들게 되고 원금 상환 비율은 늘어나게 된다. 이러한 균등 상환이 가장 일반적인 방법이므로 이 경우에 대한 관련식들을 설명하고자 한다.

균등상환에서 대부 기간동안 상환되는 액수는 일정하며 상환액은 이자와 원금 상환으로 구성이 된다.

$$L = I_j + p_j \tag{7-19}$$

위의 식에서 $L$은 각 기간동안 발생되는 일정 상환액이며, $j$ 번째의 상환기간에 상환되는 이자와 원금은 각각 $I_j$, $p_j$로 나타내었다. 상환은 첫해 말부터 일어나므로, $j$는 1부터 시작이 된다[이 장에서 사용되고있는 기호 $i$는 연간실질이율, 혹은 이자기간이 1년이 아닌 경우의 기간당($r/m$) 명목이율을 나타낸다]. 이자 상환은 다음의 식으로 나타내어진다.

$$I_j = iP_{j-1} \tag{7-20}$$

여기서 $i$는 이율, $P_{j\text{-}1}$는 $j - 1$ 번째의 상환이 끝난 후 남은 원금을 나타낸다. 한편 $j - 1$번째 상환이후의 미상환원금 $P_{j\text{-}1}$는 다음과 같이 나타낼 수 있다.

**표 7-1 외부 조달 자본에 대한 적용이율예**

| Source of capital | Indicated interest or dividend rate, %/yr | Interest or dividend rate before taxes, %/yr | Interest or dividend rate after taxes, % |
|---|---|---|---|
| Bonds | 5 | 5 | 3.25 |
| Bank or other loans | 8 | 8 | 5.2 |
| Preferred stock | 8 | 12.3 | 8 |
| Common stock | n/a | 13.8 | 9 |

†Income tax rate of 35 percent of taxable income.

$$P_{j-1} = P_0 - \sum_{m=1}^{j-1} p_m \tag{7-21}$$

여기서 $p_m$은 $m$번째의 원금상환액, $P_0$는 최초 대부금액을 나타낸다. 식 (7-19), (7-20), (7-21)로부터

$$p_j = L - I_j = L - i\left(P_0 - \sum_{m=1}^{j-1} p_m\right) \tag{7-22}$$

식 (7-22)로부터

$$p_1 = L - iP_0 \tag{7-23}$$

동일한 방법으로

$$p_2 = L - i(P_0 - p_1) = L - i[P_0 - (L - iP_0)] = L(1+i) - iP_0(1+i) \tag{7-24}$$

또한

$$\begin{aligned} p_3 &= L - i(P_0 - p_i - p_2) = L - i\{P_0 - (L - iP_0) - [L(1+i) - iP_0(1+i)]\} \\ &= L[(1+i) + i(1+i)] - iP_0[1 + i + i(1+i)] \end{aligned} \tag{7-25}$$

로 주어지므로

$$p_3 = L(1+i)^2 - iP_0(1+i)^2 \tag{7-26}$$

과 같이 얻어진다. 일반적으로

$$p_j = L(1+i)^{j-1} - iP_0(1+i)^{j-1} \tag{7-27}$$

로 나타내어진다. 이자 기간동안 상환되는 원금의 총액은 최초 대부금액과 같아야 하므로

$$\begin{aligned} \sum_{j=1}^{N} p_j = P_0 &= \sum_{1}^{N} L(1+i)^{j-1} - \sum_{1}^{N} iP_0(1+i)^{j-1} \\ &= L\sum_{1}^{N}(1+i)^{j-1} - iP_0\sum_{1}^{N}(1+i)^{j-1} \end{aligned} \tag{7-28}$$

따라서 균등 상환액 $L$은

$$L = \frac{P_0\left[1 + i\sum_{1}^{N}(1+i)^{j-1}\right]}{\sum_{1}^{N}(1+i)^{j-1}} \tag{7-29}$$

로부터 계산되어진다. 식 (7-29)로부터 최초 대부금, 이율, 총 상환기간이 주어진 경우의 균등 상환액을 계산한다. 또한 각 이자 지급 기간동안의 이자와 원금상환 비율은 식 (7-20)과 (7-22)로부터 구할 수 있다. 식 (7-21)은 임의의 기간에서 미상환된 원금을 계산할 때에 사용된다. 이러한 방법으로 이자 상환이 끝나는 기간까지 반복하여 계산한다. 예제 7-3은 이

에 관한 계산 예이다.

## 예제 7-3 년복리로 계산되는 대부금의 상환

어느 기관으로부터 $100,000을 명목이율 10%로 10년간에 걸쳐 상환하는 조건으로 차입하였다. 매달 균일한 액수로 상환할 경우, 상환되는 액수와 상환액에서 이자 및 원금상환 부분에 해당하는 액수를 계산하고 남은 원금을 계산하라. 매년 균일한 액수로 상환할 경우에 대하여도 동일한 계산을 하라(1년 12달은 동일한 날짜수로 구성된 것으로 간주한다).

■ **풀이**

두 가지 경우 모두 다음의 절차에 의하여 계산한다. 즉 식 (7-29)로부터 균등지불액 $L$을 계산한다. 식 (7-20)으로부터 최초 이자 지급액을 계산한다. 균등지불액 $L$에서 이자 지불액을 제함으로써 첫해의 원금 상환액을 계산한다[식 (7-22)]. 전체 대부금에서 첫해 원금상환액을 제하여 첫 번 상환 후 남은 원금을 계산한다[식 (7-21)]. 이러한 과정을 마지막 상환기간인 10년까지 반복한다. 결과는 다음의 표에 나타내었다.

*검토:* 계산이 정확히 이루어진 경우, 최종적으로 남는 원금은 0이 되어야 한다.

### 매달 대부금 상환의 경우

$P_0$ = $100,000.00; *nominal interest* $r = 0.1$ *fraction/yr; payments/yr* = 12, *for 10 yr*

| Month $j$ | $(1 + 0.1/12)^{j-1}$ Column sum = 204.84498 | Constant payment $L$, $/month, Eq. (7-29) | Interest payment, $/month, Eq. (7-20) | Principal payment, $/month, Eq. (7-22) | Remaining principal, $, Eq. (7-21) |
|---|---|---|---|---|---|
| 0 | | | | | 100,000.00 |
| 1 | 1.0000000 | 1,321.51 | 833.33 | 488.17 | 99,511.83 |
| 2 | 1.0083333 | 1,321.51 | 829.27 | 492.24 | 99,019.58 |
| 3 | 1.0167361 | 1,321.51 | 825.16 | 496.34 | 98,523.24 |
| 4 | 1.0252089 | 1,321.51 | 821.03 | 500.48 | 98,022.76 |
| 5 | 1.0337523 | 1,321.51 | 816.86 | 504.65 | 97,518.11 |
| 6 | 1.0423669 | 1,321.51 | 812.65 | 508.86 | 97,009.25 |
| 7 | 1.0510533 | 1,321.51 | 808.41 | 513.10 | 96,496.15 |
| 8 | 1.0598121 | 1,321.51 | 804.13 | 517.37 | 95,978.78 |
| 9 | 1.0686439 | 1,321.51 | 799.82 | 521.68 | 95,457.10 |
| 10 | 1.0775492 | 1,321.51 | 795.48 | 526.03 | 94,931.07 |
| 11 | 1.0865288 | 1,321.51 | 791.09 | 530.42 | 94,400.65 |
| 12 | 1.0955832 | 1,321.51 | 786.67 | 534.84 | 93,865.82 |
| From here, most results are deleted; only those for every 12th month are shown. | | | | | |
| 24 | 1.2103051 | 1,321.51 | 730.67 | 590.84 | 87,089.30 |
| 36 | 1.3370398 | 1,321.51 | 668.80 | 652.71 | 79,603.20 |
| 48 | 1.4770454 | 1,321.51 | 600.45 | 721.06 | 71,333.20 |
| 60 | 1.6317113 | 1,321.51 | 524.95 | 796.56 | 62,197.23 |
| 72 | 1.8025728 | 1,321.51 | 441.54 | 879.97 | 52,104.60 |
| 84 | 1.9913258 | 1,321.51 | 349.39 | 972.11 | 40,955.15 |
| 96 | 2.1998436 | 1,321.51 | 247.60 | 1,073.91 | 28,638.19 |
| 108 | 2.4301960 | 1,321.51 | 135.15 | 1,186.36 | 15,031.50 |
| 120 | 2.6846692 | 1,321.51 | 10.92 | 1,310.59 | 0.00 |
| | | Total payments $158,580.88 | Total interest paid $58,580.88 | Total principal paid $100,000.00 | |

매년 대부금 상환의 경우는 $i_{\text{eff}}$를 0.10, 기간 $N$은 10을 적용한다.

**매년 대부금 상환의 경우**

$P_0$ = \$100,000.00; *interest i* = 0.1 *fraction/yr; payments/yr* = 1, *for 10 yr*

| Year $j$ | $(1 + 0.1)^{j-1}$ Column sum = 15.937425 | Constant payment, \$/yr, Eq. (7-29) | Interest payment, \$/yr, Eq. (7-20) | Principal payment, \$/yr, Eq. (7-22) | Remaining principal, \$, Eq. (7-21) |
|---|---|---|---|---|---|
| 0 | | | | | 100,000.00 |
| 1 | 1.000000 | 16,274.54 | 10,000.00 | 6,274.54 | 93,725.46 |
| 2 | 1.100000 | 16,274.54 | 9,372.55 | 6,901.99 | 86,823.47 |
| 3 | 1.210000 | 16,274.54 | 8,682.35 | 7,592.19 | 79,231.27 |
| 4 | 1.331000 | 16,274.54 | 7,923.13 | 8,351.41 | 70,879.86 |
| 5 | 1.464100 | 16,274.54 | 7,087.99 | 9,186.55 | 61,693.31 |
| 6 | 1.610510 | 16,274.54 | 6,169.33 | 10,105.21 | 51,588.10 |
| 7 | 1.771561 | 16,274.54 | 5,158.81 | 11,115.73 | 40,472.37 |
| 8 | 1.948717 | 16,274.54 | 4,047.24 | 12,227.30 | 28,245.07 |
| 9 | 2.143589 | 16,274.54 | 2,824.51 | 13,450.03 | 14,795.04 |
| 10 | 2.357948 | 16,274.54 | 1,479.50 | 14,795.04 | 0.00 |
| | | Total payments \$162,745.39 | Total interest paid \$62,745.39 | Total principal paid \$100,000.00 | |

이 경우 매달 상환하는 경우가 매년 상환하는 경우에 비하여 이자지급 총액이 7.1% 더 적게 된다. 일반적으로 상환 회수가 많아질수록 이자지급 총액은 줄어들게 된다.

## 돈의 시간적 가치

돈은 저축, 공채 매입, 주식, 프로젝트 등과 같은 다양한 투자를 통하여 돈을 버는 데에 사용된다. 따라서 최초에 투자된 돈은 시간이 경과함에 따라 가치가 증대된다. 이러한 효과를 돈의 시간적 가치(time value of money)라고 한다. 이와 같이 돈은 수익의 증대를 이루는 능력을 가지고 있으므로, 동일한 액수의 돈이라도 현재의 가치가 미래에 비하여 더 크게 평가된다. 예를 들면 현재 \$1000인 돈을 복리이율 10%로 투자되는 경우, 1년 뒤의 \$1100과 동일한 가치를 가지며, 10년 뒤의 \$2594와 동일한 가치를 지니게 된다. 따라서 1년, 혹은 10년 뒤의 \$1000은 현재의 \$1000에 비하여 낮은 가치를 가지게 된다. 미래의 현금 가치를 미래가(future value, future worth)라고 한다. 이러한 돈의 수익력은 사업의 수익성 평가에 반영되어야 한다. 시간에 따른 돈의 가치를 계산하는 방법은 이자를 계산하는 방법과 유사하다.

위에서 언급한 바와 같이 미래가와 동일한 가치를 가지는 현가는 더 적은 금액이 된다. 예를 들면 10%의 이율로 연 복리로 계산되어 1년 후에 \$1100가 되는 금액은 현재 금액으로 평가 할 경우에는 \$1000와 동일한 가치를 지닌 것이다. 이때의 \$1000를 미래가 \$1100에 대한 현가(present value, present worth)라고 한다. 이러한 비교를 통하여 돈의 시간적 가치를 이해할 수 있다. 즉 이율 10%, 연 복리의 조건하에서는 현재의 \$1000가 1년 후의 \$1100, 10년 후의 \$2594와 동일한 가치를 가진다.

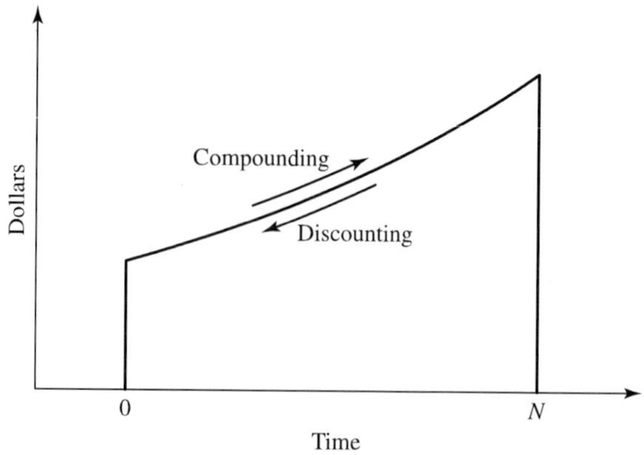


**그림 7-2**
복리와 할인의 개념도

일반적으로 여러 투자대안을 비교할 경우, 예상되는 투자와 발생되는 이익 등에 의한 현금 흐름이 서로 동일하지 않으므로 돈의 시간적 가치를 고려하여 비교하는 것이 대단히 중요하다. 실제로 지출과 수익이 발생되는 시점에 따라 현가의 값이 매우 다르게 평가된다.

따라서 경제성을 비교하기 위하여는 모든 현금흐름을 동등한 조건에서 평가하여야 한다. 따라서 어느 시점에서 발생되는 투자의 가치를 임의의 시점에서의 동등한 가치로 평가할 수 있어야 한다.

돈의 시간적 가치는 돈이 가지는 수익성에만 관련이 되며 인플레이션이나 디플레이션과는 무관하다. 인플레이션, 혹은 디플레이션은 상품이나 서비스의 가격이 변하는 것을 나타낸다. 예를 들면 연간 인플레이션율이 4%일 경우, 현재 \$100인 품목은 1년 후 \$104로 인상된다는 의미이며 이는 돈의 시간적 가치와 무관하다. 인플레이션이 경제성 분석에 미치는 영향은 제8장에서 자세히 다루도록 한다.

현가와 동일한 가치를 지니는 미래가는 복리(compounding)에 의하여 계산되며, 이에 관하여는 제7장의 초반부에 자세히 다루었다. 이와는 역의 개념으로 미래가와 동등한 현가를 구하는 것을 할인(discounting)이라고 한다. 단일 지불에 대하여, 현가와 동등한 미래가를 이산 복리를 적용하여 구하는 경우에 대하여는 식 (7-3)과 식 (7-5)에 나타내었다. 한편 단일지불 이산복리가 적용되는 경우, 미래가와 동등한 현가를 계산하는 식은 식 (7-3)으로부터 구할 수 있다.

$$P = F(1+i)^{-N} \tag{7-30}$$

이를 ANSI 계수 형태로 나타내면

$$P = F(P/F, i, N) \tag{7-30a}$$

로 표현된다. 따라서 이산 단일지불 할인계수 혹은 이산 단일지불 현가계수는 다음과 같이 주어진다.

$$(P/F, i, N) = (1+i)^{-N} \tag{7-31}$$

복리와 할인은 서로 역 함수의 관계가 된다. 식 (7-31)의 현가계수는 식 (7-4)의 미래가 계수의 역수이다. 그림 7-2는 복리와 할인이 서로 역수관계임을 나타낸 것이다.

연속 복리의 경우 현가에 대한 미래가를 구하는 식은 식 (7-12)와 (7-14)로 주어졌다. 미래가에 대한 할인된 현가는 식 (7-12)로부터

$$P = Fe^{-rN} \tag{7-32}$$

로 구할 수 있다. 따라서 연속복리의 경우에 대한 현가할인계수는 다음의 식으로 주어진다.

$$(P/F, r, N) = e^{-rN} \tag{7-33}$$

ANSI의 규정에 의하면 이산복리와 연속복리를 구별하기 위하여 이산복리의 이율은 $i$로 나타내며, 연속복리의 경우는 $r$로 표기한다.

할인은 복리의 역수이며 이에 따라 할인계수 ($P/F$, $i$, $N$), ($P/F$, $r$, $N$)은 복리계수 ($F/P$, $i$, $N$), ($F/P$, $r$, $N$)의 역수로 주어진다. 할인은 돈의 수익력을 고려한 미래가를 이와 동등한 현가로 평가하는 과정이므로 복리와 동일한 개념으로 이해하면 된다.

# 현금 흐름 형태

기업에서의 자금의 흐름에 관한 일반적인 설명은 제6장의 도입부에서 언급하였다. 즉 연간 현금흐름은 세후 순이익과 감가상각 계상비용이 된다. 프로젝트의 수행에 따른 현금흐름은 프로젝트의 수명기간동안 계속되므로, 이러한 현금 흐름들을 돈의 시간적 가치를 고려한 등가액으로 나타낼 필요가 있다. 즉 임의의 기준시점 이후에 발생되는 미래의 현금흐름은 할인하여 평가하고, 이전 현금 흐름들은 복리로 평가하는 것이다. 이때 다른 시간대에 발생하는 모든 현금흐름들을 동일한 시간을 기준으로 평가하는 것이지만, 어느 시점을 기준 시간으로 할 것인가는 중요하지 않다. 왜냐하면 임의의 시간에서 평가된 현가의 우선 순위나 비율은 기준이 되는 시간대에 관계없이 항상 일정하기 때문이다. 일반적으로 공정설계단계에서 현가를 평가하는 기준시간은 프로젝트가 완료되어 가동이 시작되는 시점(start-up time)으로 한다.

## 이산 현금 흐름

현금흐름은 그래프로 나타내는 것이 가장 이상적이다. 그림 7-3은 1년 동안 매달 일정한 현금흐름이 발생하는 것을 나타내고 있다. 각 현금흐름은 막대로 나타내었다.

그림 7-4는 현금 흐름이 1년간에 걸쳐 매달 불균일 하게 발생하는 경우를 나타내고 있다. 그림 7-3과 7-4에 나타낸 현금 흐름은 연간 할인율 10%를 적용할 경우, 동등한 현금흐름이 된다. 즉 10% 할인율을 적용하여 시간 0에서의 현가를 구할 경우, 두 현금흐름은 같은 값을 나타낸다. 뿐만 아니라, 기준 시간을 12월 혹은 임의의 어느 달을 기준하여도 할인율 10%를 적용할 경우 동일한 값이 된다. 그러나 10%가 아닌 다른 할인율을 적용할 경우는 두 현금흐름이 동등하지 않게 된다. 즉 특정 이율에서 동등한 현금흐름을 나타내는 서로 다른 현금흐름에 대하여, 다른 이율을 적용한 경우에는 동등한 현금흐름이 되지 않게 된다.

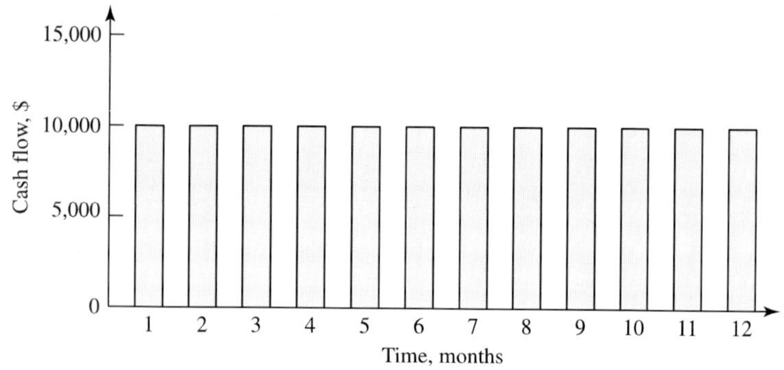


**그림 7-3**
매달 일정한 현금흐름이 1년간 발생하는 경우

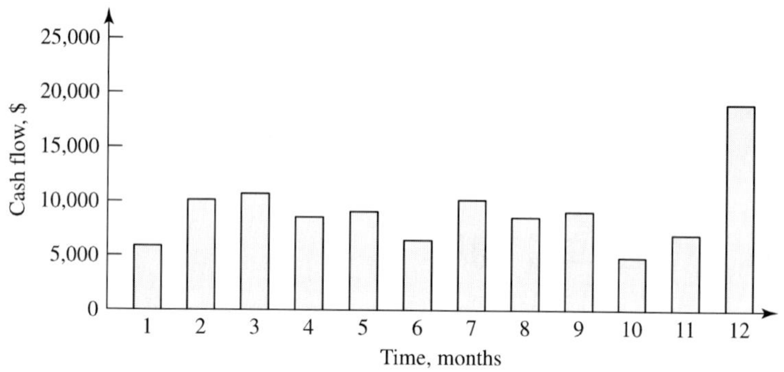


**그림 7-4**
매달 불균일한 현금흐름이 발생하는 경우

## 예제 7-4 서로 다른 현금흐름에서의 현가계산

그림 7-3과 7-4에 나타낸 현금흐름을 아래 표의 두 번째 열에 숫자로 표시하였다. 연이율 10%로 매달 복리계산될 경우 현금흐름의 총액, 시간 0에서의 현가 및 12개월 째에서의 미래가를 구하라.

■ **풀이**

**균일 현금흐름의 경우**

| End of month $j$ | Cash flow, $ | Present-worth factor = $(1 + 0.1/12)^{-j}$ | Present worth, $, @ 0 mo | Future-worth factor = $(1 + 0.1/12)^{(12-j)}$ | Future worth, $, @ 12 mo |
|---|---|---|---|---|---|
| 1 | 10,000 | 0.9917 | 9,917 | 1.0956 | 10,956 |
| 2 | 10,000 | 0.9835 | 9,835 | 1.0865 | 10,865 |
| 3 | 10,000 | 0.9754 | 9,754 | 1.0775 | 10,775 |
| 4 | 10,000 | 0.9673 | 9,673 | 1.0686 | 10,686 |
| 5 | 10,000 | 0.9594 | 9,594 | 1.0598 | 10,598 |
| 6 | 10,000 | 0.9514 | 9,514 | 1.0511 | 10,511 |
| 7 | 10,000 | 0.9436 | 9,436 | 1.0424 | 10,424 |
| 8 | 10,000 | 0.9358 | 9,358 | 1.0338 | 10,338 |
| 9 | 10,000 | 0.9280 | 9,280 | 1.0252 | 10,252 |
| 10 | 10,000 | 0.9204 | 9,204 | 1.0167 | 10,167 |
| 11 | 10,000 | 0.9128 | 9,128 | 1.0083 | 10,083 |
| 12 | 10,000 | 0.9052 | 9,052 | 1.0000 | 10,000 |
| Total | $120,000 | Total | $113,745 | Total | $125,656 |

**불균일 현금흐름의 경우**

| End of month $j$ | Cash flow, $ | Present-worth factor = $(1 + 0.1/12)^{-j}$ | Present worth, $, @ 0 mo | Future-worth factor = $(1 + 0.1/12)^{(12-j)}$ | Future worth, $, @ 12 mo |
|---|---|---|---|---|---|
| 1 | 7,000 | 0.9917 | 6,942 | 1.0956 | 7,669 |
| 2 | 11,000 | 0.9835 | 10,819 | 1.0865 | 11,952 |
| 3 | 11,500 | 0.9754 | 11,217 | 1.0775 | 12,392 |
| 4 | 9,500 | 0.9673 | 9,190 | 1.0686 | 10,152 |
| 5 | 10,000 | 0.9594 | 9,594 | 1.0598 | 10,598 |
| 6 | 7,500 | 0.9514 | 7,136 | 1.0511 | 7,883 |
| 7 | 11,000 | 0.9436 | 10,379 | 1.0424 | 11,466 |
| 8 | 9,500 | 0.9358 | 8,890 | 1.0338 | 9,821 |
| 9 | 10,000 | 0.9280 | 9,280 | 1.0252 | 10,252 |
| 10 | 6,000 | 0.9204 | 5,522 | 1.0167 | 6,100 |
| 11 | 8,000 | 0.9128 | 7,302 | 1.0083 | 8,067 |
| 12 | 19,304 | 0.9052 | 17,474 | 1.0000 | 19,304 |
| Total | $120,304 | Total | $113,745 | Total | $125,656 |

계산 결과 두 가지 서로 다른 현금흐름에 대한 현가 및 미래가가 같음을 알 수 있다. 즉 두 현금흐름은 연이율 10%에서 동등한 현금흐름이다.

---

연복리 및 할인은 프로젝트의 평가에도 사용된다. 일반적으로 연간 현금흐름에서는 단일 지급은 매 년말에 일어나는 것으로 가정한다(year-end convention). 기간이 일년이 아닌 경우에는, 예를 들면 매달 현금 흐름이 나타나는 경우 현금흐름은 매 기간말에 일어나는 것으로 가정한다. 예를 들면 연중 현금 흐름이 일어날 경우에 대한 현가는 매년말에 현금흐름이 발생하는 것으로 가정하여 계산하게 된다.

## 연속 현금흐름

연속 현금흐름은 자금의 유입과 유출이 연속적으로 일어나는 경우이다. 이는 실제 자금의 유입과 유출이 연중 여러번에 걸쳐 일어나는 경우, 이 현금흐름을 가장 이상적으로 가정한 모델이다. 실제의 사업에서 가장 좋은 경우는 가용 가능한 자본이 발생되는 즉시, 경제성이 있는 프로젝트에 투자를 하는 것이다. 연속 흐름의 경우도 현금이 유입되는 즉시 연속적으로 투자를 한다는 개념이다. 또한 연속 복리로 이자를 계산할 경우, 어느 시점에서 발생되는 수익률은 다음의 두 가지 항목으로 구성된다: (1) 기간동안(보통 1년) 연속적으로 일정 유동율로 발생되는 현금흐름 $\bar{P}$, (2) 적립된 금액 $M$을 이자율 $r$로 투자할 경우의 수익에 대한 복리율. 이들 변수들의 관계는 다음의 식으로 주어진다.

$$\frac{dM}{d\theta} = \bar{P} + rM \tag{7-34}$$

식을 적분 형태로 정리하면

$$\int_0^F \frac{dM}{\bar{P} + rM} = \int_{j-1}^{j} d\theta \tag{7-35}$$

식에서 $F$는 1년 말에서의 미래가로서 이자수익을 합한 것이다. 적분을 하면

$$\frac{1}{r}\ln\frac{\bar{P}+rF}{\bar{P}} = j-(j-1) = 1 \tag{7-36}$$

지수식으로 나타내면

$$\frac{\bar{P}+rF}{\bar{P}} = e^{r} \tag{7-37}$$

이 되며 $F$에 대하여 풀면

$$F = \bar{P}\left(\frac{e^{r}-1}{r}\right) \tag{7-38}$$

로 주어진다 즉 $(e^{r}-1)/r$ 항과 $\bar{P}$를 곱한 값은 일정한 액수의 투자를 연속적으로 하며 이 때의 이율을 $r$로 할 경우 1년 말에 발생되는 미래가가 된다. 복리계수를 ANSI에서 규정한 형식으로 표현하면 다음과 같이 나타낼 수 있다.

$$\frac{e^{r}-1}{r} = (F/\bar{P}, r, j) \tag{7-39a}$$

$N$년 말의 미래가는 다음의 식으로 표현된다.

$$(F/\bar{P}, r, N) = \left(\frac{e^{r}-1}{r}\right)e^{(N-j)} \tag{7-39b}$$

한편 $j-1$년에 시작되어 $j$년 말까지 1년간 연속적으로 일정 액수를 투자한 경우, 연속 할인을 적용한 경우의 현가는 식 (7-38)에 할인계수 $e^{-rj}$[식 (7-32)에 주어져 있음]를 곱하여 구하게된다.

$$P = \bar{P}\left(\frac{e^{r}-1}{r}\right)e^{-rj} \tag{7-40}$$

이 경우의 현가계수는 다음과 같이 나타낼 수 있다.

$$(P/\bar{P}, r, j) = \left(\frac{e^{r}-1}{r}\right)e^{-rj} \tag{7-41}$$

식 (7-41)은 연속지불 연속복리 할인계수로서, 단일지불 연속복리 할인계수를 나타낸 식 (7-33)과 비교하여 보면, $(e^{r}-1)/r$ 항이 추가되어 있음을 알 수 있다. 이 항은 연간 연속지불이 일어남으로써 발생되는 수익을 나타낸다. 한편 식 (7-41)의 $e^{-rj}$항은 1년말까지 적립된 자금에 대한 할인을 나타낸 것으로 식 (7-33)의 $e^{-rN}$ 항과 동일한 개념이다.

시간 0으로부터 $N$년동안 현금 흐름이 발생하는 경우에 대한 미래가 계수는 다음의 식으로 주어진다.

$$(F/\bar{A}, r, N) = \frac{e^{rN}-1}{r} \tag{7-42}$$

여기서 $\bar{A}$는 $N$년 동안 매년 연속적으로 균일하게 발생되는 현금흐름을 나타낸다. 이 경우의 현가계수는 다음과 같다.

$$(P/\bar{A}, r, N) = \left(\frac{e^{rN} - 1}{r}\right) e^{-rN}$$

## 예제 7-5 연속 현금 흐름 계산

매년 년 $450,000씩 6년간 연속적으로 현금 흐름이 발생한 경우에 대하여 매 년초의 현가와 매 년말의 미래가를 계산하라. 이때 이자는 연속복리로 계산되며 이율은 8%이다. 식 (7-39b) 와 식 (7-41)을 이용하여 현금 흐름표를 작성하라.

■ **풀이**

식 (7-42)로부터 6년 말의 미래가를 계산하면

$$F = \bar{A}(F/\bar{P}, r, N) = \bar{A}\left(\frac{e^{rN} - 1}{r}\right)$$

$$= \$450{,}000 \frac{e^{(0.08)(6)} - 1}{0.08} = \$3.465 \times 10^6$$

매년 $450,000의 현금흐름이 발생하므로 6년간의 총 현금 흐름은 $2.7백만이 된다. 따라서 차액인 $0.765백만은 현금흐름에 대하여 연속복리 이자를 적용한 값이다.

시간 0에서의 현가는 식 (7-43)으로부터

$$P = \bar{A}\left(\frac{e^{rN} - 1}{r}\right) e^{-rN}$$

으로 주어진다.

식 (7-42)로부터 구한 미래가에 할인계수 $e^{-rN}$을 곱하여도 같은 결과를 얻는다.

$$P = Fe^{-rN}$$

$$= (\$3.465 \times 10^6)(e^{-(0.08)(6)}) = \$2.144 \times 10^6$$

이상의 계산을 매년마다 적용한 결과를 아래의 표로 나타내었다.

| Year | $\bar{P}$, \$1000/yr | $F/\bar{P}$, yr, Eq. (7-39*b*) | Future worth $F$ at 6 yr, \$1000 | $P/F$, yr at 6 yr, Eq. (7-33) | Present worth $P$ at 0 yr, \$1000 |
|---|---|---|---|---|---|
| 1 | 450 | 1.5531 | 699 | 0.6188 | 432 |
| 2 | 450 | 1.4337 | 645 | 0.6188 | 399 |
| 3 | 450 | 1.3235 | 596 | 0.6188 | 369 |
| 4 | 450 | 1.2217 | 550 | 0.6188 | 340 |
| 5 | 450 | 1.1278 | 508 | 0.6188 | 314 |
| 6 | 450 | 1.0411 | 468 | 0.6188 | 290 |
| Totals | $2700 | | $3465 | | $2144 |

표에서 구한 값들은 식 (7-42)와 (7-43)을 이용하여 직접 계산한 결과와 일치한다. 따라서 본 예제와 같은 경우에는 이들 식을 이용하여 계산하는 것이 간단한 방법이다. 그러나 현금의 흐름이 매년 달라지는 경우에는 표에서와 같은 방법으로 연도별로 순차적으로 계산하는 것이 더 효율적일 수 있다. 연간 현가의 경우도 식 (7-40)으로부터 직접 계산될 수 있다.

## 복리 및 할인 계수들

앞 장에서 몇 가지 복리 및 할인 계수에 관하여 소개하였다. 현금흐름과 이자의 복리계산은 각각 이산 혹은 연속의 두 가지 형태로 나눌 수 있으므로 총 4가지 조합이 가능하다(표 7-2 참조). 이산 복리주기는 주어진 기간 내에서 여러 번 일어날 수 있고, 이산 현금흐름 역시 주어진 기간내에서 여러 번에 걸쳐 일어 날 수 있다. 편의상 본 장에서는 복리계산 주기는 1년, 현금흐름은 매년말에 발생하는 것으로 간주하기로 한다.

가장 간단한 현금흐름의 형태는 그림 7-5에 나타낸 바와 같이 특정 시점에 단 한번의 현금흐름이 발생하는 단일 현금흐름이거나, 주어진 기간내에서 항상 일정한 값의 현금흐름을 나타내는 균일지불 현금흐름(그림 7-6)의 경우로 나눌 수 있다. 이러한 현금흐름을 대상으로 몇 가지 계수들은 앞장에 이미 언급하였으나, 기타 관련되는 계수들을 정리하여 표 7-3에 나타내었다. 이들 계수를 구하는 관계식의 유도는 생략하며, 여러 문헌들에서 이에 관한 자료를 찾아볼 수 있다. 표 7-3은 이산현금흐름과 이산 이자계산시(표 7-2의 case 1 )의 복리 및 할인 계수들을 나타낸 것이다. 표 7-3은 연속현금흐름과 이산 이자계산의 경우인 case 3에도 적용이 되는데, 이는 이산 이자는 매년초의 원금에 대하여 계산하게 되므로 연중 현금흐름의 형태와는 무관하게 되기 때문이다.

**표 7-2 현금흐름과 이자계산 형태의 조합**

| | Interest compounding | |
|---|---|---|
| **Cash flow pattern** | **Annual** | **Continuous** |
| Annual, end of year | Case 1 | Case 2 |
| Continuous | Case 3 | Case 4 |

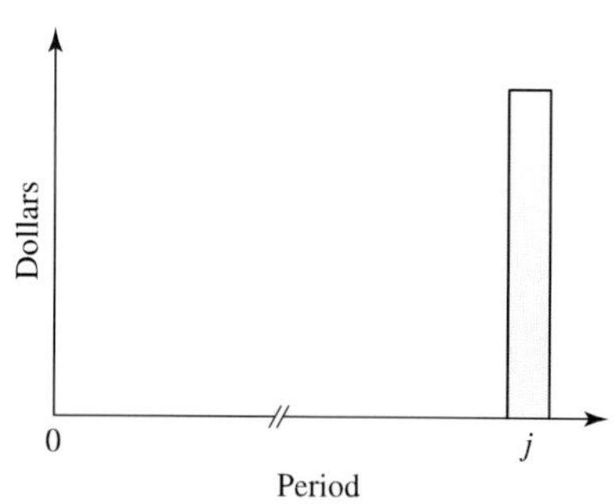


**그림 7-5**
단일 현금흐름

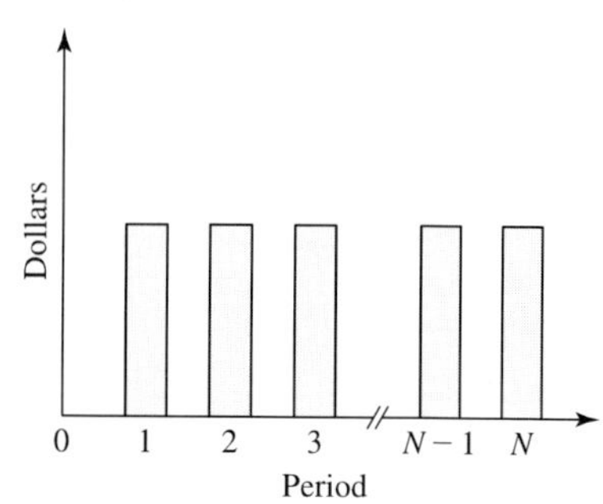


**그림 7-6**
균일지불 현금흐름

표 7-3 이산 혹은 연속 현금흐름과 이산 복리이자 계산시의 복리 및 할인 계수들

| | Compounding | | | Discounting | | |
|---|---|---|---|---|---|---|
| Cash flow pattern | Factor name; description; units | Symbol | Formula | Factor name; description; units | Symbol | Formula |
| Single amount at end of year *j*. See Fig. 7-5. | Future worth; multiplies a single amount at time *j* to give a single amount at *N*; dimensionless | $(F/P, i, N-j)$ | $(1+i)^{N-j}$ | Present worth; multiplies a single amount at time *j* to give a single amount at time zero; dimensionless | $(P/F, i, j)$ | $(1+i)^{-j}$ |
| Series of equal amounts from time 1 to *N*; uniform series. See Fig. 7-6. | Future worth; multiplies the annual rate of a series of *N* equal amounts to give a single amount at *N*; years | $(F/A, i, N)$ | $\frac{(1+i)^N-1}{i}$ | Sinking fund; multiplies a single amount at *N* to give the annual rate of a series of *N* equal amounts; $(\text{years})^{-1}$ | $(A/F, i, N)$ | $\frac{i}{(1+i)^N-1}$ |
| Series of equal amounts from time 1 to *N*; uniform series. See Fig. 7-6. | Capital recovery; multiplies a single amount at time zero to give the annual rate of a series of *N* equal amounts; $(\text{years})^{-1}$ | $(A/P, i, N)$ | $\frac{i(1+i)^N}{(1+i)^N-1}$ | Present worth; multiplies the annual rate of a series of *N* equal amounts to give a single amount at time zero; years | $(P/A, i, N)$ | $\frac{(1+i)^N-1}{i(1+i)^N}$ |

## 예제 7-6 연 현금흐름, 연 복리 시의 현가

매년말 $10,000씩 10년간 현금이 유입될 것으로 기대되는 프로젝트가 있다. 이자는 10%로써 연 복리계산된다. 시간 0에서의 현가를 구하고 10년 말의 미래가를 구하라.

**■ 풀이**

현금흐름이 균일지불 형태로 주어지므로, 표 7-3으로부터 현가계수 $(P/A, i, N)$을 사용하여 현가를 구한다.

$A = \$10{,}000/\text{yr}$, $i = 0.1$, $N = 10$으로 주어졌으므로, 현가는

$$P = A(P/A, i, N) = \frac{A[(1+i)^N - 1]}{i(1+i)^N} = \frac{10{,}000[(1.1)^{10} - 1]}{0.1(1.1)^{10}}$$

$$= 10{,}000(6.144567) = \$61{,}445.67, \text{ or } \$61{,}446$$

이다. 10년간 일어난 총 현금유입은 10($10,000) = $100,000이다. 즉 위에서 구한 현가인 $61,446을 시간 0에서 이자율 10%로 투자할 경우, 10년간에 걸쳐 총 $100,000의 현금유입이 가능하다는 의미가 된다.

미래가를 구하기 위하여는 표 7-3에 주어진 계수 ($F/A$, $i$, $N$)을 사용한다. 혹은 위에서 구한 현가와 미래가계수 ($F/P$, $i$, $N$)를 곱하여 얻어도 그 결과는 같다.

$$F = P(F/P, i, N) = P(1+i)^N = \$61{,}446(1.1)^{10} = \$159{,}375$$

즉 $100,000을 10년간에 걸쳐 균일하게 지급받는 것은, 시간 0의 시점에서 $61,446을 투자하거나 10년말에 $159,375를 지급받는 것과 경제적으로 동등한 의미가 된다.

이 계산은 현금흐름이 연속적으로 일어나는 경우에 대하여도, 이자계산이 매년초의 원금을 기준으로 계산하는 한 동일한 결과를 가져다 준다(case 3).

---

이산현금흐름, 연속 복리계산의 경우(case 2)에 대한 복리 및 할인 계수는 표 7-4에 나타내었다.

**표 7-4 이산현금흐름, 연속 복리계산에 대한 복리 및 할인 계수**

| Cash flow pattern | Compounding: Factor name; description; units | Compounding: Symbol | Compounding: Formula | Discounting: Factor name; description; units | Discounting: Symbol | Discounting: Formula |
|---|---|---|---|---|---|---|
| Single amount at end of year $j$. See Fig. 7-5. | Future worth; multiplies a single amount at $j$ to give a single amount at $N$; dimensionless | $(F/P, r, N-j)$ | $e^{r(N-j)}$ | Present worth; multiplies a single amount at $j$ to give a single amount at zero; dimensionless | $(P/F, r, j)$ | $e^{-rj}$ |
| Series of equal amounts from time 1 to $N$; uniform series. See Fig. 7-6. | Future worth, annuity; multiplies the annual rate of a series of $N$ equal amounts to give a single amount at $N$; years | $(F/A, r, N)$ | $\dfrac{e^{rN}-1}{e^r-1}$ | Sinking fund; multiplies a single amount at $N$ to give the annual rate of a series of equal amounts; $(\text{years})^{-1}$ | $(A/F, r, j)$ | $\dfrac{e^r-1}{e^{rN}-1}$ |
| Series of equal amounts from time 1 to $N$; uniform series. See Fig. 7-6. | Capital recovery; multiplies a single amount at time zero to give the annual rate of a series of $N$ equal amounts; $(\text{years})^{-1}$ | $(A/P, r, N)$ | $\dfrac{e^{rN}(e^r-1)}{e^{rN}-1}$ | Present worth; multiplies the annual rate of a series of equal amounts to give a single amount at time zero; years | $(P/A, r, j)$ | $\dfrac{e^{rN}-1}{e^{rN}(e^r-1)}$ |

## 예제 7-7

예제 7-6에 대하여 연속 복리계산시의 값을 구하라. 단 명목이율 $r = 0.1$을 적용한 경우와 실질이율 $i_{\text{eff}} = 0.1$을 적용한 각각의 경우에 대하여 계산하라.

■ **풀이**

현금흐름은 예제 7-6과 동일하며 관련식은 표 7-4를 이용한다. 미래가는 다음의 식으로부터 구할 수 있다.

$$F = \bar{A}\left(\frac{e^{rN} - 1}{e^{r} - 1}\right)$$

$$= \$10,000\left(\frac{e^{1.0} - 1}{e^{0.1} - 1}\right) = \$163,380$$

현재가의 계산결과는 다음과 같다.

$$P = \bar{A}\left(\frac{e^{rN} - 1}{e^{r} - 1}\right)e^{-rN}$$

$$= Fe^{-rN}$$

$$= \$163,380(e^{-1.0}) = \$60,104$$

명목이율 10%의 경우는 결과 값이 예제 7-6과 상이함을 알 수 있다. 실질이율 $i_{\text{eff}} = 0.1$을 적용하는 경우는 $r = \ln(1 + i_{\text{eff}})$로 주어지므로

$$r = \ln(1 + 0.1) = 0.09531$$

따라서 미래가와 현가는 각각

$$F = \$10,000\left(\frac{e^{0.9531} - 1}{e^{0.09531} - 1}\right) = \$159,375$$

$$P = (\$159,375)(e^{-0.9531}) = \$61,446$$

으로 계산된다. 예제 7-6과 비교할 경우 그 값이 일치함으로 알 수 있다.

---

연속현금흐름, 연속복리계산의 경우인 case4에 대한 복리 및 할인계수는 표 7-5에 나타내었다. 그림 7-7은 1년 연속현금흐름을 나타낸 것이며, 그림 7-8은 $N$년간 일정한 값의 연속 현금흐름을 나타낸 것이다.

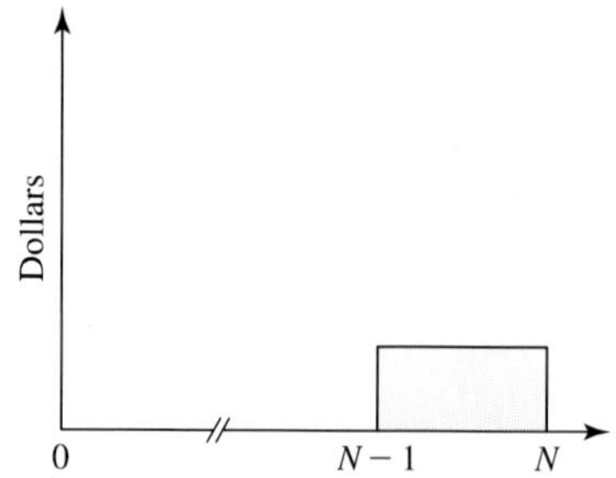


그림 7-7
1년 연속현금흐름

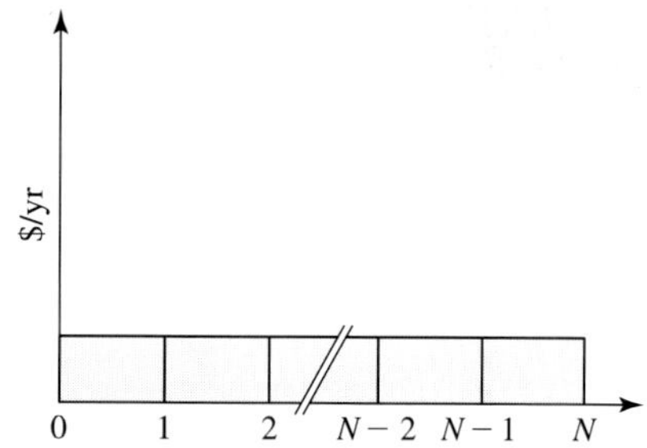


그림 7-8
연속현금흐름

**표 7-5 연속현금흐름, 연속복리 이자계산에 대한 복리 및 할인 계수**

| Cash flow pattern | Compounding: Factor name; description; units | Compounding: Symbol | Compounding: Formula | Discounting: Factor name; description; units | Discounting: Symbol | Discounting: Formula |
|---|---|---|---|---|---|---|
| Continuous, constant rate for 1 year only, ending at the end of year *j*. See Fig. 7-7. | Future worth; multiplies continuous annual rate to give a single amount at *N*; dimensionless | $(F/\bar{P}, r, N)$ | $\frac{e^r - 1}{r} e^{r(N-j)}$ | Present worth; multiplies continuous annual rate to give a single amount at time zero; dimensionless | $(P/\bar{P}, r, j)$ | $\left(\frac{e^r - 1}{r}\right) e^{-rj}$ |
| Series of continuous, constant annual amounts from time zero to *N*. See Fig. 7-8. | Future worth, multiplies the annual rate of a series of continuous, equal amounts to give a single amount at *N*; years | $(F/\bar{A}, r, N)$ | $\frac{e^{rN} - 1}{r}$ | Sinking fund; multiplies a single amount at *N* to give the annual rate of a series of continuous, equal amounts, $(\text{years})^{-1}$ | $(\bar{A}/F, r, N)$ | $\frac{r}{e^{rN} - 1}$ |
| Series of continuous, constant annual amounts from time zero to *N*. See Fig. 7-8. | Capital recovery; multiplies a single amount at time zero to give the annual rate of a series of continuous, equal amounts; $(\text{years})^{-1}$ | $(\bar{A}/P, r, N)$ | $\frac{re^{rN}}{e^{rN} - 1}$ | Present worth; multiplies the annual rate of a series of continuous, equal amounts to give a single amount at time zero; years | $(P/\bar{A}, r, N)$ | $\frac{e^{rN} - 1}{r} e^{-rN}$ |

## 예제 7-8 투자비의 연속균일 현금흐름으로의 변환

연속 명목수익율이 12%로 예상되는 프로젝트가 있다.

**a.** 다음과 같이 투자되는 경우에 대하여, 시간 0에서의 미래가를 구하라. 플랜트 가동 2년전부터 1년간은 $3백만이 연속으로 투자되며, 이후 플랜트 가동 1년전부터 가동 직전까지 1년간은 $7백만이 연속적으로 투자된다.

**b.** 이러한 투자에 대하여 가동 후 10년간의 연속 균일현금흐름값을 구하라.

■ **풀이**

문제에 주어진 현금흐름을 그림으로 나타내면 그림 7-9와 같다.

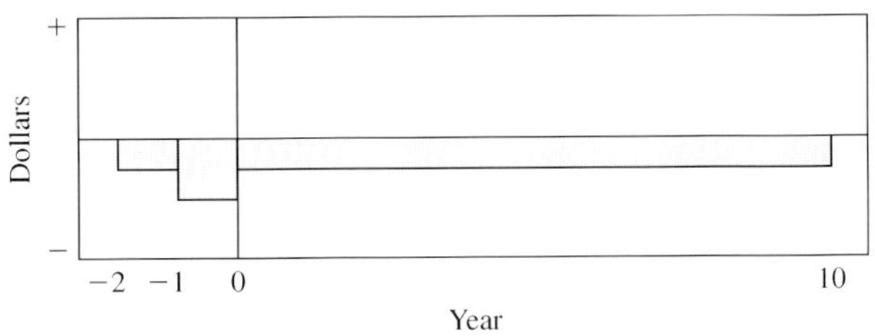


**그림 7-9**

**a.** 두 가지 투자에 대한 시간 0에서의 미래가는 표 7-5에 주어진 연속현금흐름 미래가계수를 이용하여 구할 수 있다.

$$F = \bar{P}\left(\frac{e^r - 1}{r}\right)e^{r(N-j)}$$

따라서

$$F_1 = (3 \times 10^6)\left(\frac{e^{0.12} - 1}{0.12}\right)e^{0.12[0-(-2)]} = \$4.052 \times 10^6$$

$$F_2 = (7 \times 10^6)\left(\frac{e^{0.12} - 1}{0.12}\right)e^{0.12[0-(-1)]} = \$8.386 \times 10^6$$

플랜트 가동시점에서의 투자는 이들 두 값을 합한 값이되므로, $12.44 $\times$ $10^6$이 된다.

**b.** 시간 0에서의 현가를 연간균일가로 변환하기 위하여 표 7-5에 주어진 자본회수계수를 사용하면

$$\bar{A} = P\left(\frac{re^{rN}}{e^{rN} - 1}\right)$$

$$\bar{A} = (\$12.44 \times 10^6)\left(\frac{0.12e^{(0.12)(10)}}{e^{(0.12)(10)} - 1}\right) = \$2.14 \times 10^6 \text{ per year}$$

이 된다.

# 법인세

법인세등 기업과 관련된 각종 세금은 국가와 지방자치단체에 의하여 부과된다. 이들 항목 중 가장 큰 비중을 차지하는 것이 연간 총 수익에 대하여 부과되는 법인세이다. 법인세율은 과세대상 수익의 정도에 따라 차등화 되어있다. 또한 법인세율은 국가의 정책, 사회환경 변화 등에 따라 새로이 조절되어 고시되기도 한다. 참고로 미국의 경우를 대상으로 2000년 9월을 기준한 과세대상 수익의 단계별 연방 법인세율표를 나타내면 표 7-6과 같다. 또한 각 과세대상 수익 단계에서의 평균 법인세율을 살펴보면 표 7-7과 같다. 표에서 보는바와 같이 세율은 과세대상 수익이 어느 정도 인지에 따라 15%부터 35% 까지 누진적으로 변함을 알 수 있다. 따라서 새로운 프로젝트를 검토할 경우에는 과세대상 수익을 예측하고 이에 기준한 세율을 적용하여야 한다. 편의상 본 장에서는 특별한 언급이 없는 한 35%의 세율을 적용하는 것으로 한다.

**표 7-6 증분 법인세율표(미국)**

| Taxable income | | Incremental tax rate, % |
|---|---|---|
| Over | But not over | |
| $ 0 | $ 50,000 | 15 |
| 50,000 | 75,000 | 25 |
| 75,000 | 100,000 | 34 |
| 100,000 | 335,000 | 39 |
| 335,000 | 10,000,000 | 34 |
| 10,000,000 | 15,000,000 | 35 |
| 15,000,000 | 18,333,333 | 38 |
| 18,333,333 | — | 35 |

†Source: © 2002 CCH Incorporated. All Rights Reserved. Reprinted with permission from *2000 U.S. Master Tax Guide*.

**표 7-7 평균 법인세율표(미국)**

| Taxable income | | Average tax rate, % (increases are linear with income over each range) | |
|---|---|---|---|
| Over | But not over | From | To |
| $ 0 | $ 50,000 | 15 | 15 |
| 50,000 | 75,000 | 15 | 18.333 |
| 75,000 | 100,000 | 18.333 | 22.25 |
| 100,000 | 335,000 | 22.25 | 34 |
| 335,000 | 10,000,000 | 34 | 34 |
| 10,000,000 | 15,000,000 | 34 | 34.333 |
| 15,000,000 | 18,333,333 | 34.333 | 35 |
| 18,333,333 | — | 35 | 35 |

†Source: © 2002 CCH Incorporated. All Rights Reserved. Reprinted with permission from *2000 U.S. Master Tax Guide*.

### 과세대상 수익

법인세는 총 수익에 대하여 부과되며, 이 때 총수익을 과세대상 수익이라고 한다. 총수익은 총매출액에서 총생산비용을 제한 값이 된다. 총매출액은 관련 상품의 판매에 의한 소득 뿐만 아니라 자산의 판매, 기술료 징수, 기타 발생되는 모든 소득이 포함된다. 주주에 대한 배당, 내부 유보자금에 대한 이자, 주주에게 지급되는 이자, 원금 상환액 등은 비용으로 간주되지 않으므로 총수익에 영향을 주지 않는다. 플랜트내의 특정 생산시설이나 공정에 대하여 평가를 할 경우에는 평가대상 시설 혹은 공정으로 인하여 발생되는 매출과 비용을 추정한 후 평가를 실시한다. 이때에는 플랜트의 단위공정 보다 상위의 단계, 즉 회사 전체 차원에서 발생하는 경비의 처리가 문제가 있다. 예를 들면 안전관련 지출, 식당 등의 복리후생시설, 실험실, 폐기물 처리시설, 일반 사무행정 비용, 기부금, 선전비, 연구개발비 등이 이에 해당된다. 이들 비용을 플랜트를 구성하는 개별 공정에 할당할 경우에는 각각의 공정에 투입된 투자비 비율대로 나누어 할당한다. 법인세율은 총수익의 정도에 따라 달라지므로, 새로운 투자를 검토할 때에 적용하는 법인세율을 결정하여야 한다. 원칙적으로는 현재 발생되고 있는 총수익에서 새로운 투자로 인하여 기대되는 총수익을 더할 경우의 단계에 해당되는 법인세율을 적용하여야 한다. 그러나 일반적으로는 계산을 간단히 하기 위하여 고정된 법인세율, 예를 들면 35%를 적용한다.

세법은 수시로 변하게 된다. 대체적으로 세금을 계산하는 방법과 이를 경제성 분석에 반영하는 원칙 등은 회사의 정책에 의하여 결정된다. 따라서 경제성 분석을 실시하는 엔지니어는, 세금에 관계되는 항목의 처리 방법을 회사내의 세법 및 경리 담당자와 협의하여 결정하여야 한다.

### 손실

세법에는 프로젝트 운영 중 발생되는 손실에 대하여도 명문화하고 있다. 회사 내에서 발생되는 손실은 당해연도의 수익에서 제하여 줌으로써 과세대상 수익을 줄여주고 결과적으로 납부하여야 할 법인세가 낮아지게 된다. 만약 당해연도의 총괄 수지에서 적자가 일어났다면, 이 적자값은 과거 3년 이내의 플랜트 운영기간 중 발생된 흑자에서 제하여 주거나, 향후 5년 이내의 플랜트 운영기간동안 발생되는 흑자에서 공제할 수 있다.

일반적으로 새로운 투자를 고려하는 프로젝트는 전체적으로는 당연히 흑자가 예상되는 것이나, 경우에 따라서는 1년 혹은 몇 년간의 적자가 예상될 수도 있다. 이러한 경우 프로젝트의 경제성 분석시 전체적인 법인세를 줄여서 평가하거나 적자에 대한 세금의 반환으로 평가할 수도 있으나, 경제적 평가를 수행하는 단계에서는 이러한 원칙을 적용하지 않는 것이 좋다. 일반적으로 최종적인 의사결정은 회사의 정책에 의하여 내려지게 된다.

## 고정비용들

그림 6-7에 나타낸 바와 같이, 총 생산비용중에는 고정비 항목이 있다. 이들 비용 중 처음의 세가지 비용 — 감가상각, 재산세, 보험 — 등이 프로젝트의 투자비와 관련된 고정비용이다.

프로젝트의 설비가 완성이 되면 이들 비용은 생산수준과 관계없이 일정하게 지출되는 비용이다. 이외에도 부지를 임대할 경우의 임차료 등도 고정비가 될 수 있다. 이외에도 이자 등도 고정비에 해당되나 경제성 분석에 매우 커다란 영향을 미치는 중요한 요소이므로 앞장에서 별도로 취급하여 설명하였다.

## 감가상각

감가상각은 회사의 자금으로 지불되어지는 특별한 비용이다. 회사내에서 자금이 이동되는 다른 경우로는, 회사내의 A부서에서 발생되는 원자재, 유틸리티 등을 B 부서에서 구매하는 경우 등이다. 그러나 이러한 자금의 이동은 회사의 전체적인 자금의 흐름에 거의 영향을 미치지 않는다. 반면 감가상각은 회사내의 현금흐름에 커다란 영향을 미친다.

기계적인 장치들은 마모 등으로 인하여 시간이 지남에 따라 효용가치가 떨어지게 되는데 이러한 설비가치의 하락이 감가상각이다. 물리적 감가상각은 장치의 마모, 부식, 고장, 노후화에 의한 가치하락 등과 같이 자산의 가치 변화가 물리적인 변화에 의하여 일어나는 것을 일컫는다. 이러한 형태의 감가상각은 물리적 변화로 인하여 자산의 유용성이 감소하게 된다.

물리적 원인 이외의 이유로 감가상각이 일어나는 것을 기능적 감가상각이라고 한다. 대표적인 예가 기술적인 진보로 인하여 장치의 진부화가 일어나는 경우이다. 이외에도 (1)서비스에 대한 수요의 감소, (2) 인구의 이동, (3) 공공기관의 요구조건의 변동, (4) 적절하지 못하거나 불충분한 생산용량, (5) 회사에서 스스로 사용을 포기하는 경우 등이 기능적 감가상각의 예가된다.

## 감가상각과 법인세

감가상각은 법인세에 커다란 영향을 주므로, 정부와 회사 모두 감가상각의 평가를 주의깊게 하고 있으며, 정부에서는 감가상각을 계상하는 규칙을 자세히 정하여 적용하고 있다.

감가상각은 자산의 투자를 통하여 발생되는 소득에 부과된다. 즉 투자자가 투자된 원금을 회수하는 것은 지극히 타당하며, 이때 원금의 회수는 투자에 의하여 발생되는 수익으로부터 이루어지게 된다. 즉 은행에 예금을 하는 방법으로 투자를 하는 경우, 만기시에 이자뿐만 아니라 원금도 회수하는 것과 마찬가지로, 플랜트에 투자하는 경우에도 투자비를 회수하여야 한다. 감가상각은 비용으로 처리되어 생산비용으로 제하게 되나, 실제로 비용으로 발생되어 지출되는 것이 아니고, 다시 회사에 적립되게 된다. 따라서 이러한 자금의 흐름은 실제 발생되는 것이 아니고, 회사의 장부상에서만 더하여 지고, 빼지게 되므로 회계 가공품이라고 불리우기도 한다. 그러나 감가상각은 회사가 납부하여야 할 세금에 큰 영향을 미치므로 단순한 회계 가공품이 아니다. 감가상각의 또 다른 정의는 다음과 같다: “감가상각에 따른 공제는 사업의 목적으로 혹은 수입이 발생되는 제품생산을 목적으로 자산이 사용되고 있는 수명기간 동안 매년 이루어져야 한다. 이러한 감가상각은 납세자가 자신의 자산을 사용하는 비용을 회수하는 것이다.”

분할상환(amortization)은 감가상각과 같은 의미로 사용되기도 하나 세법에는 좀더 엄밀

한 의미로 사용된다: "분할상환에 의한 공제는 특허나 저작권과 같은 무형자산에 대하여 일어나며, 이들 무형자산의 유효기간은 적절한 방법으로 예측되어야 한다."

제6장에서 언급한 바와 같이 감가상각은 회사의 자금으로 다시 유입하게 되는데 다음의 관계식으로 나타내어진다.

$$A_j = (s_j - c_{oj})(1 - \Phi) + \Phi d_j$$

여기서 하첨자 $j$는 $j$연도에서의 가치를 나타낸다. $A$는 연간현금흐름, $s$는 연간 판매수입, $c$와 $d$는 각각 그해의 운영비용(감가상각 제외)과 감가상각을 뜻한다. 또한 $\Phi$는 소득세율을 나타낸다. 식 (6-1)에서 $\Phi d_j$ 값이 양수가 되는 것은 법인세가 계산되기 전에 감가상각을 비용을 공제하기 때문이다. 이 경우 과세대상 수입은 $d_j$ 만큼 줄어들게 되고, 이에 따라 세금은 $\Phi d_j$ 만큼 줄어들게 되며, 세후 순익은 $(1 - \Phi)d_j$ 만큼 줄어들게 된다. 감가상각을 회수하게 됨으로써 회사의 순 현금흐름은 증가하게 된다(자세한 내용은 그림 6-1참조). 세법의 관점에서는 이러한 감가상각의 공제에 의한 자금의 추가유입이 투자비의 회수라고 보고 있다.

## 감가상각 대상 투자

일반적으로 사업 혹은 무역의 목적으로 사용되거나 수입을 창출하는 목적으로 보유하고 있는 자산으로서 수명기간이 1년 이상이 되는 경우는 감가상각의 대상이 된다. 각종 장치들은 장치의 구입비용 이외에도 장치에 투자된 설계, 엔지니어링, 운송 및 설치비용까지 모두 감가상각의 대상이 된다. 부지(용지, 땅)는 감가상각의 대상이 아니나 부지정지비용과 필요한 유틸리티 설치비용 등은 감가상각이 된다. 운전자본 비용과 시운전 비용, 판매를 위한 재고 등은 감가상각 대상비용이 아니다. 프로젝트에 사용되는 용어로 정리하면 부지를 제외한 고정자본 투자비는 감가상각의 대상이 되는 투자비이다.

보수유지는 자산이 좋은 상태를 유지하도록 하는 노력을 의미하며, 수리수신은 자신을 구성하는 부품이 고장이 나거나 닳아진 경우, 이를 교체하거나 수리하는 것을 의미한다. 보수유지비와 수리수선비는 직접운전비이므로 감가상각의 대상이 아니다.

따라서 감가상각의 대상이 되는 비용을 한마디로 정리하면 자산에 대한 최초 투자비가 된다. 또한 감가상각은 인플레이션이나 디플레이션이 되지 않는다.

## 현재비용

자산의 현재비용은 자산가치를 평가하는 시점에서의 자산가치를 의미한다. 장부가는 자산의 원 구입비용에서 자산평가 시점까지 평가된 총 감가상각비를 제한 값이다. 장부가는 회사가 보유하고있는 모든 자산에 대한 총 가치를 나타내므로 대단히 중요한 수치이다. 감가상각은 법인세 납부의 목적과 회사보유 자산의 장부가 결정 등 두 가지 목적으로 사용된다. 이들 중 어느 목적에 더 큰 비중을 두느냐에 따라 감가상각의 계산방법이 달라질 수 있으며 이는 회사의 정책에 따라 결정되겠지만 대체로 장부가의 결정에 더 큰 비중을 둔다. 시상가는 자산을 시장에 내다 팔려고 할 경우 거래될 수 있는 가격을 뜻한다. 이 값은 장부가와 큰 차이가 날 수도 있으며 시장가는 회사 보유자산의 실제가치를 평가하는데 중요하다.

## 잔존가치

잔존가치는 어떤 자산의 사용 목적이 끝나게 되어 처분하였을 경우 얻게 되는 수익에서 처분비용을 제외한 순수익을 일컫는다. 잔존가치라는 의미는 자산이 계속 사용되어질 수 있다는 의미를 지닌다. 만약 자산의 수명이 다한 경우에는 회수가능한 재료값으로 처분하게 되는데 이 경우는 폐기가치(Scrap value)라고 한다. 미국의 경우 2002년 이후부터 감가상각의 계산시 자산의 잔존가치 혹은 폐기가치를 인정하지 않고 있다. 따라서 어떤 자산을 처분하였을 때 미감가상각된 액수보다 더 많은 액수에 판매되었을 경우 그 차액은 과세대상이 되는 자본이득이 된다. 만약 자산의 순 판매가가 미감가상각된 액수보다 적을 경우 과세대상이 되지는 않으나 판매가 이루어진 시점에서의 수익으로 계산된다.

## 회수기간

자산의 사용이 경제성을 가지는 기간동안을 그 자산에 대한 서비스 수명이라고 한다. 회수기간은 감가상각이 적용되는 기간을 말하며 세법으로 규정되어 있다. 원칙적으로는 회수기간은 서비스수명과 상관관계를 가지고 있어야 하나 현실적으로는 이들 두 기간 사이에는 특별한 관계가 없다. 표 7-8은 화학산업과 공정산업에서의 몇 가지 장치들에 대한 회수기간을 나열한 것이다.

**표 7-8 화학산업과 관련된 자산의 회수기간의 예**

| Type of assets | Recovery period, years | |
|---|---|---|
| | MACRS | Straight line |
| Heavy general-purpose trucks | 5 | 5 |
| Industrial steam and electric generation and/or distribution systems | 15 | 22 |
| Information systems (e.g., computers) | 5 | 5 |
| Manufacture of chemicals and allied products (including petrochemicals) | 5 | 9.5 |
| Manufacture of electronic components, products, and systems | 5 | 5 |
| Manufacture of finished plastic products | 7 | 11 |
| Manufacture of other (than grain, sugar, and vegetable oils) food and kindred products | 7 | 12 |
| Manufacture of pulp and paper | 7 | 13 |
| Manufacture of rubber products | 7 | 14 |
| Manufacture of semiconductors | 5 | 5 |
| Petroleum refining | 10 | 16 |
| Pipeline transportation | 15 | 22 |
| Gas utility synthetic natural gas (SNG) | 7 | 14 |
| SNG—coal gasification | 10 | 18 |
| Liquefied natural gas plant | 15 | 22 |
| Waste reduction and resource recovery plant | 7 | 10 |
| Alternative energy property | 5 | 12 |

[†]Source: © 2002 CCH Incorporated. All Rights Reserved. Reprinted with permission from *1997 Depreciation Guide Featuring MACRS.*

## 감가상각 계산방법

감가상각은 여러 가지 방법으로 계산될 수있다. 미국의 경우 1987년 이후 법인세법에 의하여 세 가지 방법, 즉 정액법, 이중정율법, 변형 가속비용 회수법(MACRS; modified accelerated cost recovery system) 등이 감가상각의 계산에 사용되므로 이에 관하여 설명하고자 한다. 감가상각은 비용으로 처리되므로 그만큼 과세대상 수입이 줄어들게 되고 결과적으로 법인세를 적게 내는 효과를 가지고 온다. 총감가상각액은 감가상각 대상이 되는 자산에 대한 총 투자비와 동일하므로 고정되어 있다. 따라서 회수기간 중 감가상각이 되는 총액은 일정하고, 따라서 세금 경감이 되는 총액도 일정하다. 그러나 돈은 시간적 가치를 가지므로 세금감면의 혜택을 일찍 받는 것이 늦게 받는 것에 비하여 유리하다. 따라서 납세자는 가능한 한 빨리 세금감면 혜택을 받으려고 하며, 반대로 정부는 세금의 부과를 가능한 한 빨리 하고자 할 것이다. 따라서 정부에서는 이들 두 입장을 고려하여 가능한 한 경제를 활성화시키고, 이에따라 세수의 증대를 꾀하는 방향으로 감가상각율과 기간을 정책적으로 조정하게 된다.

**정액법** 정액법은 MACRS에 비하여 초기에 감가상각되는 액수가 적으므로, 특별한 경우에 한하여 세금계산의 목적으로 사용된다. 예를 들면 신생회사의 경우 초기에는 순익이 크지 않으므로 세금부담이 크지 않으나, 이후 사업이 본 괘도에 오름으로써 순익이 증가하여 세금부담이 커질 것으로 예상되는 경우 초기의 감가상각을 줄이고 추후 세금 부담이 커질 경우 감가삭강을 늘림으로써 세금 부담을 줄이고자 하는 경우 등이다. 프로젝트의 경제성 평가를 위하여 돈의 시간적 가치를 고려하지 않는 수익성 측정법을 사용할 경우, 감가상각율은 경제성 평가에 영향을 주는 중요한 요소가 아니므로, 정액법이 주로 사용된다.

정액법에서는 자산의 가치가 회수기간에 비례하여 감소하는 것으로 가정한다. 잔존가치나 폐기가치는 없는 것으로 간주한다. 따라서 회수기간동안 매년발생되는 감가상각액은

$$d = \frac{V}{n} \tag{7-44}$$

로 주어진다. 여기서 $d$는 연간 감가상각액을 나타내며, $V$는 자산의 초기 투자비, $n$은 정액 회수기간을 나타낸다. 세금의 계산을 위하여 적용되는 화학플랜트의 회수기간은 표 7-8에서 주어진 바와 같이 9.5년임을 알 수 있다. 세금계산 이외의 목적으로 감가상각액을 구하고자 하는 경우는, 회수기간은 회사에서 임의로 선정할 수있다. 일반적으로 돈의 시간적 가치를 고려하지 않는 방법으로 경제성 분석을 실시하는 경우에서의 정액법에 의한 감가상각 계산시에는 회수기간을 경제성 평가를 검토하는 기간과 동일한 것으로 간주한다. 혹은 MACRS에서의 평균 감가상각율과 동일한 6년을 회수기간으로 하기도 한다.

**변형된 가속비용 회수법(MACRS)** MACRS 방법은 이중정율법을 바탕으로 하되 다음의 세 가지 전제조건을 함께 고려하는 감가상각 계산방법이다. 첫째 잔존가치나 폐기가치는 인정하지 않는다. 둘째 첫해의 감가상각은 1/2만 인정한다(half-year convention). 셋째 연도별로 정액법에 의한 감가상각액과 비교하여 정액법이 유리한 년도에는 정액법을 적용한다.

이중정율법은 미상각된 값을 전체 회수기간으로 나눈 값의 두 배 만큼 감가상각을 하는 방법이다. 만약 회수기간이 5년이고, 투자비를 1이라고 할 경우 첫해의 감가상각은 (2)($\frac{1}{5}$),

즉 40%가 된다. 둘째 해는 미상각된 값이 60%이므로, $(2)(\frac{0.6}{5})$ 즉 24%가 된다. 이와 같은 방법으로 5년간의 감가상각을 계산한다. 이 방법은 감가상각액의 결정을 미상각된 값에 대한 비율을 적용하므로 감가상각 대상값을 완전히 상각시키지 못하는 문제가 있다. 이러한 문제는 정액법에 의한 감가상각과 이중정율법에 의한 감가상각 중 더 큰값을 적용할 경우 해결될 수 있다.

MACRS 법에서는 첫 해의 감가상각은 이중정율법에 의한 값의 1/2만 인정하므로 회수기간보다 1년 더 감가상각을 하게 된다.

### 예제 7-9 MACRS법에 의한 연도별 감가상각율의 계산

회수기간이 5년인 화학플랜트에 대하여 MACRS법에 의한 연도별 감가상각율(%)를 계산하라. 즉 이중정율법과 half-year convention을 사용하되, 연도별로 정액법에 의한 감가상각과 비교하여 큰 값을 각 연도의 감가상각율로 한다.

■ **풀이**

*첫째 해:* 첫 해에는 이중정율법(DDB; double-declining-balance)에 의한 감가상각율 $(2)(\frac{1}{5}) = 0.4$의 1/2 만 적용하므로 첫 해의 감가상각율은 0.2, 즉 20%가 된다.

정액법(SL; straight-line)의 경우 $(\frac{1}{5}) = 0.2$, 즉 20%로서 감각상각율의 값은 동일하다.

*둘째 해:* 미감가상각액은 $1 - 0.2 = 0.8$이 되므로 DDB에 의한 감가상각율은 $(2)(0.8/5) = 0.32$, 32%이다. SL 방법에 의할 경우 4.5년의 회수기간이 남아 있으므로 $0.8/4.5 = 0.177$, 17.7%이 된다. 따라서 DDB 방법을 적용한다.

*셋째 해:* 미감가상각액은 $1 - 0.52 = 0.48$이 되므로, DDB에 의한 감가상각율은 $(2)(0.48/5) = 0.192$, 19.2%이다. SL 방법에 의할 경우 3.5년의 회수기간이 남아 있으므로 $0.48/3.5 = 0.137$, 13.7%가 된다. 따라서 DDB 방법을 적용한다.

*넷째 해:* 미감가상각액은 $1 - 0.712 = 0.288$이 되므로, DDB에 의한 감가상각율은 $(2)(0.288/5) = 0.1152$, 11.52%이다. SL 방법에 의할 경우, 2.5년의 회수기간이 남아 있으므로 $0.288/2.5 = 0.1152$, 11.52%가 된다. 두 방법이 동일한 감가상각율을 나타낸다.

*다섯째 해:* 미감가상각액은 $1 - 0.8272 = 0.1728$이 되므로, DDB에 의한 감가상각율은 $(2)(0.1728/5) = 0.06912$, 6.912%이다. SL 방법에 의할 경우 1.5년의 회수기간이 남아 있으므로 $0.1728/1.5 = 0.1152$, 11.52%가 된다. SL 방법에 의한 감가상각율이 더 높은 값을 나타내므로 SL 방법에 의한 값을 택한다.

*여섯째 해:* half-year convention이 사용되었으므로 회수기간 5년이 지났으나 미감가상각된 값이 존재한다. 즉 $1 - 0.9424 = 0.0576$, 5.76%를 감가상각한다.

표 7-9에는 회수기간에 따른 MACRS법에 의한 감가상각율을 나타내었다. 표에서 회수기간이 3, 5, 7, 10년인 경우는 이중정율법, 즉 200% 정율법을 적용하였으며 회수기간이 15, 20년인 경우는 150% 정율법을 적용한 결과이다.

**표 7-9 MACRS 감가상각율**

*General depreciation system*
*Applicable depreciation method: 200 or 150 percent*
*Declining balance switching to straight-line method*
*Applicable recovery periods: 3, 5, 7, 10, 15, 20 years*
*Applicable convention: half-year*

| Recovery year | Recovery period | | | | | |
|---|---|---|---|---|---|---|
| | 3-year | 5-year | 7-year | 10-year | 15-year | 20-year |
| | Depreciation rate, % | | | | | |
| 1 | 33.33 | 20.00 | 14.29 | 10.00 | 5.00 | 3.750 |
| 2 | 44.45 | 32.00 | 24.49 | 18.00 | 9.50 | 7.219 |
| 3 | 14.81 | 19.20 | 17.49 | 14.40 | 8.55 | 6.677 |
| 4 | 7.41 | 11.52 | 12.49 | 11.52 | 7.70 | 6.177 |
| 5 | | 11.52 | 8.93 | 9.22 | 6.93 | 5.713 |
| 6 | | 5.76 | 8.92 | 7.37 | 6.23 | 5.285 |
| 7 | | | 8.93 | 6.55 | 5.90 | 4.888 |
| 8 | | | 4.46 | 6.55 | 5.90 | 4.522 |
| 9 | | | | 6.56 | 5.91 | 4.462 |
| 10 | | | | 6.55 | 5.90 | 4.461 |
| 11 | | | | 3.28 | 5.91 | 4.462 |
| 12 | | | | | 5.90 | 4.461 |
| 13 | | | | | 5.91 | 4.462 |
| 14 | | | | | 5.90 | 4.461 |
| 15 | | | | | 5.91 | 4.462 |
| 16 | | | | | 2.95 | 4.461 |
| 17 | | | | | | 4.462 |
| 18 | | | | | | 4.461 |
| 19 | | | | | | 4.462 |
| 20 | | | | | | 4.461 |
| 21 | | | | | | 2.231 |

[†]Source: © 2002 CCH Incorporated. All Rights Reserved. Reprinted with permission from *2000 U.S. Master Tax Guide*.

## 보험

일반 산업프로젝트의 경우 연간 보험료는 대략 고정자본투자비의 1% 정도가 된다. 보험료로 지불되는 비용이 전체 비용에 비하면 작은 부분을 차지한다. 그러나 플랜트의 운영중에 발생되는 비상사태나 예측치 못한 상태에 대비하고, 경제적인 플랜트의 운영을 확실히 하기 위하여 여러 가지 보험들의 가입을 신중히 검토하여야 한다.

설계엔지니어는 산업체 관련 보험에서 요구되는 사항들을 설계에 적절히 반영함으로써 보험료를 낮출 수 있다. 특히 엔지니어는 여러형태의 보험들에 관하여 충분히 숙지할 필요가 있으며 사고나 예상치 못한 비상시에 대비한 회사의 법적 책임등에 관하여도 잘 알고 있어야 한다.

**법적 책임** 회사는 여러 가지 요인으로 재산상의 손실이 발생할 경우를 대비하여 보험을 들게된다. 보험의 대상은 직접적인 재산상의 손실뿐만 아니라, 예기치 못한 비상상황으로 발생되는 여러 손실에 대한 보상도 포함된다. 예를 들면, 화재나 폭발에 의하여 부상자가 발생될 경우도 보험의 대상에 해당이 된다. 모든 가능한 사고들에 대하여 완벽하게 보험으로 대비할 수는 없으나, 여러 가지 형태의 사고들에 대한 법적인 책임과 사고에 따라 발생될 수 있는 여러 가지 결과들을 신중히 고려하여야 한다. 법적 책임이 있는 사고의 경우 이를 수습하는 데에 들어가는 비용은 일반적으로 재산손실에 의하여 발생되는 비용손실보다 훨씬 크다.

설계엔지니어는 플랜트나 장치의 설계시 법적으로 요구되는 사항들을 숙지하고 있어야 한다. 사고가 발생하였을 경우 이러한 요구조건들이 설계에 반영되었는가의 여부가 법적 책임을 결정하는 데에 중요한 요소가 된다. 이러한 법적 요구조건들이 모두 다 반영되었더라도 사고시의 모든 책임을 면할 수는 없다. 즉 안전관련 설비들이 충분히 설계에 반영되어야 하며 공정의 운영에 있어서도 안전을 충분히 고려하고 있음을 입증함으로써 법적 책임을 면할 수 있다.

최근들어서는 생산자의 책임에 관한 일반인의 인식이 높아지면서 제조물 안전이 중요한 관심사가 되고 있다. 최소한 생산된 제품에 대한 안전성 실험을 실시하고 사용 중 일어날지모르는 사고, 부작용 등에 대하여 경고문구를 제품에 표기하여야 한다.

**보험의 종류** 재산상의 손실이나 법적 책임에 의한 보상등에 대비하기 위한 보험들은 다양한 종류가 개발되어 있다. 여러 가지 노력에도 불구하고, 예상치 못한 사고로 인하여 회사의 재정적인 압박을 초래할 가능성은 항상 있으므로, 이러한 잠재적인 비상상황에 효율적으로 대체하기 위하여 보험에 가입하게 된다.

제조업에서 주로 요구되는 보험들은 다음과 같은 것이 있다.

1. 화재보험과 이와 유사한 형태의 보험으로, 홍수, 해일, 폭풍 등의 천재지변, 자동차 사고, 폭발, 지진 등의 사고로부터 건물, 장치, 기타 자산을 보호하기 위한 목적의 보험.
2. 자동차, 엘리베이터, 유혹적 방해물, 항공관련 제품, 플랜트 이외의 지역에서 발생되는 공식적인 회사의 활동 등과 관련하여 발생되는 상해, 재산상의 손실 등을 대상으로 하는 공중-책임보험(public-liability insurance)
3. 사업중단 보험. 화재나 기타의 사고로 사업이 중지됨으로 인하여 발생되는 수익손실은 재산손실에 비하여 훨씬 그 규모가 크다. 따라서 이러한 형태의 사업중단에 대한 보험은 대단히 중요하다.
4. 동력설비, 기계류, 기타 특별히 운전상 위험이 있는 설비에 대한 보험
5. 작업자 보상보험
6. 해상 운송중인 제품, 자산 등에 대한 보험.
7. 포괄적인 범죄에 대한 보험.
8. 피고용자 복지보험. 예를들면 생명보험, 의료보험, 건강보험, 연금보험 등
9. 제조물 책임보험

### 자가보험

일반적으로 보험회사에서 지급되는 보험금은 대체로 청구금액의 55 ~ 60% 정도가 되므로, 보험비용을 줄이기 위하여 자가보험을 들기도 한다. 자가보험의 가입여부는 손실이 발생되었을 경우에 지급될 수 있는 보험금과 납부하여야 할 보험료를 대비, 비교하여 결정한다. 또한 세금 공제의 혜택이 부여되는 보험인지를 함께 고려하여야 한다. 회사에서 가입하고 있는 보험의 종류와 보상규모 등은 종업원들에게 고시가 된다. 그러나 개개인이 적절한 보험가입의 전략을 마련하여야 하며, 이를 위하여 각각의 보험이 보장하고있는 범위와 공정운영 중에 발생될 수 있는 문제점 등을 충분히 파악하여야 한다.

## 사용부호

$A$ = 균일지불, 연말현금흐름, 달러
$A_j$ = $j$년에서의 현금흐름, 달러
$\bar{A}$ = $N$ 년간 동일한 속도로 일어나는 연속현금흐름, 달러
$c_{oj}$ = $j$년에 발생되는 운전비용으로 감가상각을 제외한 모든비용, 달러
$d$ = 정액법에 의한 감가상각액, 달러
$d_j$ = $j$년에서의 감가상각, 달러
$F$ = 미래가, 달러
$i$ = 단위 이자 기간당의 이율, 퍼센트
$i_{\text{eff}}$ = 실질이율
$I$ = 기간에 발생되는 이자수익, 달러/기간
$I_j$ = 기간 $j$에서 발생되는 이자수익, 달러/기간
$j$ = 특정이자기간, 시간단위
$L$ = 기간당의 일정 원금상환액, 달러/기간
$m$ = 연간 이자 기간 횟수, 무차원(단위없음)
$N$ = 총 이자기간 횟수, 무차원
$n$ = 정액법에서의 회수기간, 년
$p_i$ = 기간 $j$에서의 원금 상환액, 달러/기간
$p_m$ = 기간 $m$에서의 원금 상환액, 달러/기간
$P$ = 원금, 현가, 달러
$P_{j\text{-}1}$ = $j - 1$번 상환 이후의 미상환 원금, 달러
$P_0$ = 최초 대부금액, 달러
$\bar{P}$ = 1년간 일정속도로 진행되는 연속현금흐름, 달러/년
$r$ = 1년 이외의 이자기간에 대한 명목이율, 퍼센트
$s_j$ = $j$년의 판매액, 달러
$V$ = 감가상각 대상 투자비, 달러

## 그리이스 문자

$\Phi$ = 법인세율, 퍼센트

# 연습문제

**7-1** 명목이율 6%, 반년 복리로 \$10,000를 저축했다면 10년 후의 금액은 얼마인가.

**7-2** 증류탑의 초기비용(original cost)은 \$50,000이고, 사용연수는 10년으로 평가된다. 10년 후에 증류탑을 교체할 충분한 자금을 얻기 위해서 연리 6%로 매년 얼마나 적립해야 하는가? 증류탑의 잔존가치가 \$5,000이고, 정액법에 의한 감가상각을 실시하면, 5년 후의 자산가치(증류탑의 장부가치)는 얼마인가?

**7-3** 10년 동안 매년 \$10,000씩 지급이 일어나는 경우에 대하여 지불방식이 (1) 매년 말, (2) 매주, (3) 연속복리 일 각각의 경우에 대하여, 10년 후에 축적되는 복리 금액을 구하라. 매년 실질이율은 8%이며, 지불금액은 균일하다. 그리고 (1), (2), (3)의 지불방식에 대한 현가는 각각 얼마인가?

**7-4** (1) 연간이산복리와 (2) 연속복리의 경우에 대한 자본화비용을 각각 유도하여라. 자본화비용(capitalized cost)은 장비 또는 설비자산의 초기비용 $C_V$와 이들 장비/자산의 수명이 $N$년일 경우, 수명기간말의 시점에서 장비/설비자산을 교체하기 위한 비용 $C_R$의 현가인 $P$의 합으로 정의된다. 즉 투자비는 $P$와 $C_V$의 합과 같다.

**7-5** 가열공정에 사용되는 열교환기를 구입하려 한다. 표준형 열교환기는 \$20,000의 구입비가 들며, 사용연수는 6년이다. 6년 후 잔존가치는 없다. 표준형 열교환기와 동등한 용량을 가진 다른 열교환기의 구입비는 \$34,000이며, 사용연수는 10년이다. 10년 후 잔존가치는 \$4,000이다. 각각의 열교환기의 자본화비용을 비교하여 어떤 열교환기가 더 저렴한지 결정하여라. 문제 7-4에서 언급한 자본화비용에 대한 정의 참조.

**7-6** 새로운 저장탱크를 구입, 설치하는 데 \$10,000의 비용이 든다. 이 탱크의 사용연수는 10년으로 평가되었다. 한편 새로운 탱크를 구입하는 대신에 동등한 용량을 가진 기존 탱크를 수리하여 사용하는 방안이 제안되었다. 사용연수는 유사한 수리가 다시 되기까지 3년이다. 3년 후 기존 탱크의 잔존가치는 없다. 연간복리 6%일 때 두 탱크의 자본화비용이 같다면 기존의 탱크를 수리하는 데 사용되는 비용은 얼마인가? 문제 7-4 자본화비용에 대한 정의 참조.

**7-7** 새로운 화학공장을 설립하는데 필요한 총투자비는 \$20,000,000로 추정된다. 총투자비의 50%는 회사의 비자본금(noncapital resources)으로 충당될 것이며, 나머지 투자비의 1/2은 실질이율 6%로 대부한다. 또한 나머지 1/2은 실질이율 8%로 배당금을 지불하는 우선주를 발행하여 충당하려 한다. 회사의 법인세율은 세금을 포함한 소득의 35%이다. 이러한 상황에서 실질이율 6%로 대부하는 대신에 8%의 배당금을 지불하는 우선주 발행을 통하여 투자비를 충당하면 회사가 매년 얼마의 손실(세후 기준)을 보는가?

**7-8** 한 회사가 신규사업에 자기자본의 $1,000,000를 투자하여 연간 $1,000,000의 수익을 얻을 수 있는 사업을 제안 받았다. 이 사업의 운영시 연간 발생되는 총비용은 $800,000으로 추정된다. 한편 대안으로 제시된 다른 신규사업은 회사가 $600,000를 투자하여 매년 $600,000의 수익을 얻을 수 있는 것으로 분석되었다. 이때 남은 투자비 $400,000는 화폐의 평가절하와 소득세 효과를 고려되지 않고 실질이율 6%로 융자하여 이자소득을 얻을 수 있다. 이들 중 더 많은 이익을 낼 수 있는 사업은 무엇인가?

**7-9** 현재 화학공장의 고정자본투자비가 $2,000,000이며, 연간 재산세는 고정투자비의 1%이고, 지방소득세는 총 수익의 5%이다. 또한 모든 세액을 공제한 순이익은 $2,000,000이고, 연간 법인세는 총수익의 35%이다. 만약 지방 소득세가 총수익의 2%이고 재산세가 고정자본투자비의 4%인 지역에 있는 것을 제외하고는 같은 고정자본투자비를 가진 화학공장을 건설한다면 세액을 공제한 총수익은 얼마인가? 모든 다른 비용 요소는 불변이라 가정한다.

**7-10** 화학공장에서는 자가 보험을 이용하는데 자가보험(self insurance)이 포함된 고정자본투자비가 $50,000이고 완벽한 보호를 위한 보험비용은 연간 $500이다. 회사가 자가보험을 이용하면 회사의 권한으로 적립금이 적립될 수 있으며 연간 $400의 annual premiums은 초기 연금 계획에 의해 자본금에 적립된다. 적립된 자금은 연간복리 6%로 이자를 벌어들인다. 적립금의 자금관리를 위한 모든 비용을 무시한다면, 10년 후 $50,000의 손실을 대체 할 수 있는 충분한 자금을 적립하기 위해서는 본 프로그램이 시작할 때 얼마의 자금이 적립되어야 하는가?

**7-11** 새 장비의 초기 설치비는 $10,000이며, 장비를 4년간 사용한 후에 $7,000에 팔았다. 그리고 장비를 소유한 회사는 정액법을 사용하여 감가상각을 실시하였다. 만약 회사가 MACRS-5년 방법으로 감가상각을 한다면 4년 말에 장비의 자산가치 또는 장부 가격은 $1,782이 된다. 회사의 법인세율은 총수익의 35%이며 자본이득세는 이득의 20%이다. 회사가 정액법 대신 MACRS 방법을 사용했다면 얼마의 순 절약(net saving)을 얻을 수 있는가?

**7-12** 문제 7-8에 대하여 세후(after tax)를 기준하여 계산하라. 단 매년 감가상각비는 프로젝트 투자비의 20%이고 법인세율이 연간 총수익의 35%로 가정한다.

**7-13** 잔존가치가 없는 장비를 MACRS와 정액법을 사용했을 때 5년의 회수기간을 가진 것으로 평가되었다. 장비의 실제 가격은 $50,000이다. (1) 정액법을 사용할 경우, 2년째의 감가삼각비와 최초 2년 동안 감가상각으로 회수된 투자비는 원 투자비 대비 몇 %인가? (2) MACRS법이 사용될 경우, 5년째의 감가상각비를 구하라. 또한 최초 2년 동안 감가상각으로 회수된 투자비는 원 투자비 대비 몇 %인가?

**7-14** 어느 화학회사의 연간 총수익은 $1,000,000이고, 감가상각비가 포함되지 않은 총비용은 $600,000이다. 가동 첫 해에 감가상각 될 수 있는 설비자산들의 가치는 $850,000로써 감가상각은 정액법 적용시 회수기간은 9.5년으로 계산하며, MACRS 방법을 적용할 경우는 회수기간을 5년으로 한다. 법인세는 총 이익의 35%이다. 감가상각을 MACRS법에 의하여 실시할 경우, 정액법을 적용하는 경우와 비교하여 가동 첫 해에 얼마만큼의 법인세를 감면 받을 수 있는가?

**7-15** 새 액화 천연가스 공장의 전체 가치는 $10,000,000이다. 이 플랜트는 국가의 필요시설로서 최초 5년 이내에 공장의 초기 비용의 60%를 감가계정(write-off) 할 수 있도록 승인되었다. 이 플랜트에 대한 투자비의 감가계정 기간은 10년이다. 정액법을 사용하여 감가상각을 하고 잔존가치가 없다고 가정하고, 첫 해의 총 감가상각비를 결정하여라. 만약 MACRS 방법을 사용한다면(15년의 회수기간), 첫 해 동안의 총 감가상각비는 얼마인가?

**7-16** 중소 회사가 감가상각비를 결정하기 위하여 unit-of-production 방법을 적용한다. 이 회사가 보유하고 있는 설비자산의 최초가치(original value)는 $110,000이며 이 장비는 잔존가치가 없는 것으로 평가되었다. 이 장비를 사용하여 수명기간동안 생산할 수 있는 제품의 수는 11,000개로 예상된다. 즉 제품 개수 당 감가상각비는 $10이다. 첫 해에는 200개의 제품을 생산하며 생산율은 처음 4년 동안 매년 두 배로 증가한다. 이후에는 장비의 수명이 다 할 때까지 일정한 생산율을 유지한다. 같은 기간에 대하여 정액법에 의한 감가상각을 실시한다면 매년 감가상각비는 얼마인가?

**7-17** 실험장비가 $350,000에 구입되었고, 5년 동안 사용할 수 있으며 $5,000의 잔존가치를 가지는 것으로 평가되었다. 5년 동안 매년 감가삼각비와 매년 말 장부가액을 (1) 정액법 (2) MACRS-5년 (3) 연수합계법(sum-of-the-digit depreciation method)을 사용하여 구하고 표로 작성하여라.

**7-18** $10,000의 실질 가치를 가지고 잔존가치가 없는 장비가 연수합계법의 방법으로 감가상각할 경우 2년째의 감가상각 값은 $2,381이 된다. 사용되어진 회수기간(recovery period)은 얼마인가?

CHAPTER

# 8

# 수익성, 투자대안 및 교체

새로운 화학 플랜트의 건설, 운영 등과 같은 신규 프로젝트에는 자본금이 투입되어야 한다. 이러한 자본금의 투입 여부를 결정하는 데에는 여러 가지 의사결정 인자들이 관여하고 있다. 자본주의적 경제 시스템 영역에서는, 이들 인자 중 가장 중요한 것은 자본금의 사용에 따른 이득의 실현 정도 여부이다. 이외에도 의사결정에 영향을 미치는 인자들은 가용자본금의 양, 시장의 위치, 건강 · 안정 · 환경 관련 사항, 의사결정자의 개인적인 경험, 사업 다각화의 필요성 등이 있다. 그러나 이와 같은 인자들을 본 장에서 다루고 있는 경제성 평가 방법에서 고려하는 부분에 해당되지 않는다.

프로젝트를 수행하는 데 필요한 자원은 항상 한정되어 있다. 따라서 한정된 자원들을 적절하고 효과적인 방법으로 사용하는 것이 중요하다. 현명한 투자가는 가능한 한 자본금에서 최대의 수익이 예상되는 투자를 선택할 것이다.

제안된 투자에 대한 평가는 경제적 타당성 분석에 근거하여야 한다. 신규 기술 프로젝트가 제시될 때, 설계 연구(design study)가 수행되어야 한다. 설계 연구를 통하여 각 장치들의 규격이 결정되고, 이로부터 비용의 추정이 이루어진다. 이러한 비용 평가를 바탕으로 프로젝트의 경제성을 평가하게 된다. 본 장에서는 경제성 평가를 수행하는 원칙과 방법을 소개한다. 이와 같은 경제성 평가는 제한된 자원을 어떻게 효과적으로 이용할 것인가에 대한 의사결정을 내리기 위한, 충분하지는 않지만 필수적인 정보를 제공한다.

수익성을 계산하는 다양한 방법들이 경제성 분석에 적용되고 있다. 이들 방법들에 적용되고 있는 경제성 분석의 기본원리와 각각의 방법에 대한 경제성 측정 항목들을 정의한다. 각 방법들을 적용하는 데 고려하여야 할 사항들에 대하여도 논하고자 한다.

프로젝트에 자원을 투자하기로 결정을 내렸을 때, 이 결정은 투자의 결과로 예측되는 미래의 결과에 대한 경제성과 다른 관련 조건들에 근거하게 되는 것이며, 특별히 프로젝트의 미래에 기대되는 목표달성에 의거하게 된다. 미래를 예측하는 것은 정확히 과학적으로 예견하는 것과는 거리가 멀기 때문에, 투자와 관련한 의사결정에서는 항상 어느 정도의 불확실성이 존재하게 된다. 그러나 이러한 불확실성의 크기 정도는 투자의 형태에 따라 다르다.

국채가 주식보다 덜 위험하고, 규모가 크며 시장 공급이 불충분한 확실한 화학공정에 투자하는 것이 신규 화학물질을 생산하는 검증되지 못한 공정에 투자하는 것보다 덜 위험하다. 반면, 보다 더 큰 위험을 감수해야 하는 프로젝트에 투자할 경우, 더 많은 보상을 받을 수 있다. 본 장에서는 경제성 평가에 있어 위험성의 고려하는 방안을 다룬다.

신규 화학공정의 연구개발 단계에서도 공장설계와 경제성 평가 방법을 유용하게 적용할 수 있다. 이 경우 경제성 평가는 대략적인 수치들에 근거하여 수행하게 되나, 프로젝트의 경제적 가능성에 대해 유용한 지침을 줄 수 있다. 더욱이 이러한 경제성 평가를 통하여 공정 중 비용 절약에 가장 큰 기여를 하는 부분을 확인할 수 있으므로, 그 부분에 대하여 집중적인 연구개발을 실시하게 된다.

특별한 프로젝트의 경제성 평가에서는 자원을 투자하는 여러 가지 대안들이 존재한다. 예를 들면 가용 가능한 자본을 현재 검토하고 있는 프로젝트 이외의 다른 프로젝트에 투자하거나, 주식 · 회사채 · 저축 계정과 같이 다양한 재정적 분야에 투자할 수 있다. 경제성 평가는 항상 이러한 투자대안들이 존재하는 배경 하에서 수행되기 때문에 이러한 투자 대안들을 합리적으로 비교하기 위한 평가방법이 제시되어야 한다. 본 장에서는 이들 방법들을 다루고자 한다. 장비를 교체하기 위한 전략도 이와 같은 경제성 평가 기준에 근거하여 논한다.

## 수익성 표준(profitability standards)

투자를 결정하는 과정에서, 투자로부터 예상되는 이익을 판단하는 데에는 몇 가지 수익성 표준에 근거하게 된다. 수익성 표준이란 이익을 발생시키는데 필요한 투자와 관련된 이익을 정량적으로 측정한 것이다.

투자의 목적이 이익이지만 이익의 최대화가 수익성 표준이라고 하기에는 부적당하다. 이익은 투자의 규모 등과 관련하여 판단해야 한다. 예를 들어 투자에 대한 확실성이 똑 같이 보장되는 두 개의 투자 기회가 있다고 가정하자. 이들 중 하나는 \$100,000의 자본 투자가 필요하고 이익은 연간 \$10,000이 되는 것으로 기대되는 반면, 다른 하나는 \$1,000,000의 자본 투자와 년 \$25,000의 이익이 발생한다고 하자. 이 경우 두 번째 투자가 첫 번째 투자보다 연간 이익은 더 높으나 투자에 대한 연간 수익률(annual rate of return)은 단지 (\$25,000/\$1,000,000)(100), 또는 2.5%에 지나지 않는다. 반면 첫 번째 투자의 경우는 10%의 연간 수익률을 가져온다. 만약 \$1,000,000을 투자하고자 하는 사람이 이 자금을 이용하는데 달리 대안이 없다면, 두 번째 투자 안을 선택할 것이다. 그러나 현실적으로는 회사채 등과 같이 2.5% 이상의 연간 수익률을 가져다주는 확실한 투자대안이 많기 때문에 두 번째 투자는 매력적이지 못하다. 이 경우 첫 번째 투자대안에 \$100,000을 투자하고, 나머지 \$900,000은 두 번째 투자대안보다 위험성이 크지 않으면서 더 높은 연간 수익을 보장하는 다른 투자대안에 투자하는 것이 타당할 것이다.

## 자본비용

기본적인 수익성 표준에서는 자본비용의 책정을 회사들의 경험에 기초하여 적용하는 경우가 흔하다. 자본비용이란 회사채, 보통주와 우선주, 대부금과 같은 외부의 자본을 사용한 대가로 지불하는 금융비용을 뜻한다. 세후 자본비용은 이들 자본비용에 외부에서 차입한 총자본중 외부차입 자본의 종류에 따른 분율만큼의 가중치를 곱하여 구하게 된다. 회사채 배당금과 대부금 이자는 계약상의 금액이며 이 금액은 사업상의 지출로 부과한다. 기본적인 수익성 표준으로 자본비용을 사용하는 의미는, 어떤 프로젝트이든 적어도 외부에서 차입한 자본비용은 갚을 수 있을 정도의 수익은 발생하여야 한다는 것이다.

## 최저 허용 수익률

일반적으로 사용하는 수익성 표준은 최저 허용 수익률(MARR; minimum attractive rate of return)이다. 최저 허용 수익률은 투자자가 투자를 결정하기 위하여 투자로부터 기대하는 최소한의 수익률을 나타낸다. 최저 허용율을 나타내는 사용 기호는 $m_{ar}$이며, 단위는 연간 분율, 혹은 퍼센트이다. 일반적으로 $m_{ar}$은 회사채, 국채, 대부금과 같이 안전한 투자를 통하여 얻을 수 있는 수익들 중 가장 높은 수익률을 기준한다. 이 기준의 의미는 어떤 프로젝트에 투자를 하기 위하여는 그 프로젝트를 통하여 기대되는 수익이 그 투자회사에 언제든지 안전하게 투자하여 기대되는 수익률 이상이 보장되는 투자대안 이어야 한다는 것이다. 자본비용을 최저 허용 수익률을 실현시키는 기준으로 삼을 경우 수익성 표준의 대안으로 적용할 수 있다. 기본적이고 안전한 투자를 기준한 $m_{ar}$값을 선정한 이후에는 신규프로젝트를 수행하는 과정에서 초래되는 불확실성을 고려하여 최저 허용 수익률을 조정한다. 불확실한 미래의 경제 환경부터 특정 제품에 대한 가격과 수요의 불확실에 이르기까지 프로젝트에는 투자와 연관된 위험 요소들이 많이 존재한다. 대부분의 자본을 장비와 공장건설에 투자할 경우 투자에 따른 위험성은 더욱 증가하게 되는데, 이는 자본이 유동적이지 못한 까닭이다. 즉 자본이란 필요에 따라 쉽게 되찾을 수 있는 성격이 아니다. 그러므로 현실적으로는 위험성과 상응하는 최저 허용 수익률을 얻을 수 있도록 안전한 자본비용, 또는 소득율의 조절이 요구된다. 이것을 행하는데 주어진 공식은 없다. 이러한 위험에 상응하는 투자에 대한 실행 여부의 판단은 최고 경영진에 의하여 이루어진다. 다음에는 위험 보상의 수준을 결정하는 방안에 대한 일반적인 지침을 설명하고자 한다.

표 7-1에 주어진 바와 같이, 어느 회사에서 차입하는 자금에 대하여 연평균 8%의 세후 자본비용이 일어난다고 가정하자. 이 회사에서는 안전한 투자에 대한 수익률을 나타내는 이 자본비용 수치 8%를 $m_{ar}$로 설정할 수 있다. 만약 8%를 세후 수익률의 기준으로 설정하고 외부차입금과 회사 자금의 사용에 따른 기대수익 모두 이 수치를 적용한다고 하면, 이는 즉 프로젝트의 수행을 통하여 기대되는 수익은 주주들에 대한 배당금, 외부 차입 자본에 대한 이자와 회사 자금에 대한 기대 수익 등을 충당하는 금액과 일치하게 된다는 뜻이다. 이러한 정도의 수익률은 경영자나 주주 모두를 만족시킬 수 없다. 오히려 투자의 위험성을 고려하더라도 만족할 만한 수익률의 증가를 기대할 것이고, 이렇게 해서 프로젝트 평가에 사용될 수 있는 $m_{ar}$ 값이 결정되게 된다.

표 8-1 투자된 자본에 대한 위험성과 최저 허용 소득률 예시

| Investment description | Level of risk | Minimum acceptable return $m_{ar}$ (after income taxes), percent/year |
|---|---|---|
| *Basis:* Safe corporate investment opportunities or cost of capital | Safe | 4–8 |
| New capacity with established corporate market position | Low | 8–16 |
| New product entering into established market, or new process technology | Medium | 16–24 |
| New product or process in a new application | High | 24–32 |
| Everything new, high R&D and marketing effort | Very high | 32–48+ |

투자로부터 얻게되는 자본비용과 소득률은 세후 기준으로 연말에 한꺼번에 발생하는 것으로 간주하며, 투자하거나 차용한 자본에 대한 연간 퍼센트로 계산한다. 프로젝트 용어로 이것은 순이익을 총자본투자비로 나눈 값에 해당한다.

위험성의 다양한 정도와 여기에 해당하는 $m_{ar}$ 값을 표 8-1에 나타낸다. 이것은 다른 지침이 제공되지 않을 때 사용하는 것으로, 다수의 자료에서 얻은 소득률을 추론하여 제시한 값들이다. 위험성과 $m_{ar}$값은 연속 상에 있다고 간주하여야 한다.

연구개발과 최종 제품으로 사용되기 전에 많은 실험이 요구되는 생명공학 제품과 같은 신규 제품에 대한 최저 허용 수익률은, 표에서 제시한 값들보다 특히 프로젝트 연구 초기 단계에서 높게 책정하여야 할 것이다.

## 수익성 계산 방법

수익성 계산은 일반적으로 아래 제시된 방법들 중 하나를 이용하여 수행한다. 수익성 계산 방법으로서 돈의 시간적 가치를 고려하지 않는 방법은 투자 회수률, 자본 회수기간, 순회수 등이 있으며, 돈의 시간적 가치를 고려하는 방법은 할인 현금흐름 수익률, 순현재가 등이 있다. 이외에도 할인현금흐름 자본회수기간 방법이 있으나, 잘 사용되지 않으므로 제외하였다. 표 8-2 에는 경제성 분석에서 이 방법들을 사용한 최근 조사 결과를 보여준다.

표 8-2에서 보는 바와 같이 작은 규모의 회사와 큰 규모의 회사들 간에 사용하는 수익성 계산 방법이 다름을 알 수 있고, 큰 회사는 한 가지 이상의 방법을 사용한다는 것을 알 수 있다.

표 8-2 수익성 측정 방법의 사용

| Evaluation method | Percentage use | |
|---|---|---|
| | Small companies | Large companies |
| Payback period | 43 | 52 |
| Return on investment | 22 | 34 |
| Net present worth | 16 | 80 |
| Discounted cash flow rate of return | 11 | 78 |

[†]E. J. Farragher, R. T. Kleiman, and A. P. Sahu, *Eng. Econ.*, **44**(2): 137 (1999).

## 돈의 시간적 가치를 고려하지 않는 방법

돈의 시간적 가치를 고려하지 않는 방법에서는 감가상각을 어떠한 방법으로 실시하는가는 중요하지 않다. 따라서 편의상 정액법에 의한 감가상각을 적용한다. 수익성 계산을 위한 감가상각 기간은 임의로 결정하여 사용할 수 있으나, 법인세 추산을 위하여는 국세청에서 정한 감가상각 기준에 근거하여야 한다.

**투자 회수율(ROI; return on investment)** ROI에 의한 수익성 측정은 투자에 대한 이익의 비율로 정의한다. 분석에 사용되는 이익과 투자는 여러 가지 방법으로 정의될 수 있으나, 가장 일반적인 것은 순이익과 총 자본 투자를 기준으로 하는 것이다. 이것은 다음과 같이 나타낸다.

$$\mathrm{ROI} = \frac{N_p}{T} \tag{8-1a}$$

여기에서 ROI는 투자에 대한 연간 수익의 분율 또는 퍼센트를 나타내며 $N_p$는 연간 순이익, $T$는 총 자본투자비를 나타낸다. 이 정의는 표 8-1에서 $m_{ar}$를 정의하는 것과 일치한다. 때로는 총수익(gross profit), 세전 수익, 또는 자금 흐름 등을 순이익 대신 사용하기도 한다. 고정 자본 투자비를 총 투자 대신 사용할 수도 있다. 이러한 선택은 회사의 정책, 또는 수익성 분석자들이 결정한다.

일반적인 프로젝트의 경우 순이익은 매년 일정하지 않으며, 총 투자의 경우에도 추가 투자 등이 이루어지는 경우 달라질 수 있다. 이 경우 특정한 해가 반드시 전체 프로젝트 기간 동안을 대표할 수 없을 것이다. 그러므로 식 (8-1a)에서 순이익에 대해 어떤 수치를 적용할 것인가의 문제가 제기된다. 일반적으로는 전체 프로젝트 기간에 대해 평균 ROI를 취하게 되며, 이 경우 다음의 식으로 주어진다.

$$\mathrm{ROI} = \frac{(1/N)\sum_{j=1}^{N}(N_{p,j})}{\sum_{j=-b}^{N}(T_j)} \tag{8-1b}$$

여기에서 $N$은 프로젝트의 평가 기간, $N_{p,j}$는 $j$년의 순이익, $-b$는 시운전이 시작되는 시간 0를 기준으로 프로젝트에서 첫 투자가 이루어진 년도, $T$는 $j$년의 총자본투자비를 나타낸다. 일반적으로 $j > 0$ 이후, 즉 원래 목표가 되는 투자가 일어난 이후에는 거의 새로운 투자가 일어나지 않거나, 투자가 일어나더라도 그 금액은 원래의 투자에 비하여 매우 적은 값을 가지는 것이 일반적이므로, 식 (8-1b)의 식 중의 $T_j$는 초기 총자본 투자비 $T$로 대체되어 다음과 같이 간단히 나타낼 수 있다.

$$\mathrm{ROI} = \frac{(1/N)\sum_{j=1}^{N}(N_{p,j})}{T} = \frac{N_{p,\mathrm{ave}}}{T} \tag{8-1c}$$

여기에서 $N_{p,\mathrm{ave}}$는 평가기간 동안 연간 순이익의 평균치를 나타낸다.

앞의 세 가지 식으로부터 계산한 ROI 값은 표 8-1에 주어진 $m_{ar}$값과 직접 비교할 수 있다. ROI 값이 최저 허용 수익률 $m_{ar}$값과 같거나 크다면 이 프로젝트는 채택된다. 그렇지 못하다면 프로젝트를 하기 위해 자금을 빌려오거나 회사 자금으로 투자하기에 바람직하지 못하다는 결론에 도달한다.

**자본회수기간(PBP; payback period)** 자본회수기간 또는 지불 기간은 자본투자비와 같은 액수의 총 수익을 실현시키는 데에 소요되는 시간을 말한다. 초기 고정 자본 투자비와 연간 현금 흐름을 사용하여 계산하며 관계식은 다음과 같다.

$$\text{PBP} = \frac{V + A_x}{A_j} \tag{8-2a}$$

여기에서 PBP는 자본회수기간(단위; 년), $V$는 제조 고정 자본 투자비, $A_x$는 비제조 고정 자본 투자비, $V + A_x$는 고정 자본 투자비를, $A_j$는 연간 현금 흐름을 나타낸다. PBP는 최초의 고정 자본 투자비와 같은 현금 흐름이 달성되기 위하여 소요되는 시간을 나타낸다. 일반적으로 현금 흐름은 해마다 바뀌게 되므로, 어떤 연간 수치를 적용할 것인가를 결정하여야 한다. 이 경우 특별한 해를 선택하거나 $A_j$의 평균치를 사용할 수 있으며 다음의 식으로 주어진다.

$$\text{PBP} = \frac{V + A_x}{(1/N)\sum_{j=1}^{N}(A_j)} = \frac{V + A_x}{(A_j)_{\text{ave}}} \tag{8-2b}$$

식 (8-2a)나 식 (8-2b)에서 계산한 PBP는 최저 허용 수익률을 적용하였을 때의 PBP와 비교하여야 한다. $V + A_x$는 대략 $0.85\,Ŧ$[102] 와 같고, $(A_j)_{\text{ave}}$는 $N_{p,\text{ave}} + d_{j,\text{ave}} = m_{ar}Ŧ + 0.85\,Ŧ/N$와 같으므로

$$\text{PBP} = \frac{0.85Ŧ}{m_{ar}Ŧ + 0.85Ŧ/N} = \frac{0.85}{m_{ar} + 0.85/N} \tag{8-2c}$$

채택 가능한 프로젝트의 자본회수기간은 식 (8-2c)으로부터 구한 값보다 적거나 같아야 한다.

**순회수(net return)** 수익성 측정의 또다른 방법으로는, 프로젝트로 인하여 발생되는 현금 흐름이 총 투자비와 최저허용 수익률을 기준한 현금흐름의 합보다 얼마만큼 초과하는 지를 측정하는 것이다. 이 양은 총 현금 흐름에서 총 자본투자비와 최소 허용 수익률을 기준한 이익들의 총합을 제함으로써 얻을 수 있다. 이들 각각의 현금흐름의 수치는 평가 기간 동안 얻어진 총량을 나타낸다. 순회수는 다음과 같이 나타낸다.

$$R_n = \sum_{j=1}^{N}(N_{p,j} + d_j + rec_j) - \sum_{j=-b}^{N} Ŧ_j - m_{ar}N \sum_{j=-b}^{N} Ŧ_j \tag{8-3a}$$

여기에서 $R_n$은 순회수를 의미하며(단위; 달러), $rec_j$는 $j$년에 회수한 운전자본 투자비와 자산(장비, 건물, 토지 등)의 판매에서 얻은 현금흐름을 나타낸다(단위; 달러). $j$년에 일어나는 감가상각 $d_j$와 회수되는 양 $rec_j$를 합하면 총 자본투자비와 같게 되며, 이는 $Ŧ_j$의 합과 같다. 따라서 순회수에 대한 식은 다음과 같이 단순하게 나타낼 수 있다.

102) 0.85는 운전자본 투자비를 $0.15\,Ŧ$로 가정할 경우 얻게되는 값임.

$$R_n = \sum_{j=1}^{N} N_{p,j} - m_{ar}\left(N \sum_{j=-b}^{N} \mathcal{T}_j\right) \quad (8\text{-}3b)$$

식 (8-3b)를 $N$으로 나누면

$$R_{n,\text{ave}} = N_{p,\text{ave}} - m_{ar}\mathcal{T} \quad (8\text{-}3c)$$

여기에서 $R_{n,\text{ave}}$는 연간 평균 순회수를 나타내며 단위는 달러이다.

식 (8-3a), 식 (8-3b), 또는 식 (8-3c)의 우변은 총 현금흐름에서 총 자본투자비를 갚는데 필요한 돈을 제하며, 또한 최소 허용 수익률을 실현하기 위하여 요구되는 수익을 제한 총 현금 흐름을 나타낸다. $R_n$이 양의 값을 가지는 것은 프로젝트에 대한 현금 흐름이 실제로 투자비를 갚는데 필요한 양보다 클 뿐만 아니라, 최저 허용 수익률을 만족하는 수익보다 더 많은 현금 흐름이 나타난다는 것을 뜻한다. 즉 최저 허용 수익률보다 더 큰 수익률이 실현됨을 의미한다. $R_n$이 0인 경우는 투자비를 회수하고 요구되는 $m_{ar}$ 만큼의 수익을 실현함을 의미한다. 어느 경우이든 프로젝트는 채택 대상이 된다. $R_n$이 음의 값이 되는 것은 프로젝트를 통한 수익률이 $m_{ar}$보다 적다는 것을 의미하므로 채택 가능성이 낮은 프로젝트가 된다. 이 방법은 널리 사용되는 않으나 최적화의 기준으로 효과적이다.

## 예제 8-1 돈의 시간적 가치를 고려하지 않은 수익성 측정

규모가 큰 특수 단량체 및 고분자 제품을 제조하는 회사의 연구 부서는 신규 제품을 개발하였다. 개발된 제품은 새로운 콘크리트나 오래되고 경화된 콘크리트의 갈라진 틈과 연결부위에 대한 접착제와 밀폐제로 높은 성능을 보이는 것이 실험을 통하여 입증되었으므로 사업의 가능성을 높였다. 이 회사가 보다 정밀한 제품 개발과 시장의 개발을 통하여 빠르게 시장 진입을 이룰 수 있다면, 건설과 수리 업계에서 경쟁자가 없는 시장의 확보가 예상된다. 개발된 제품에 대한 기초설계 연구가 최근 완료되었다. 본 프로젝트와 관련된 추정 경제 매개변수들은 다음과 같다.

100% 생산 용량 = $2 \times 10^6$ kg/yr
회분식 공정, 총자본투자비 = $28백만
고정 자본 투자비 = $24백만
운전 자본 투자비 = $4백만
100% 생산시의 변동 생산비의 합 = $5백만/yr
고정비의 합 (감가상각 제외) = $1백만/yr

회사의 평가 정책은 다음과 같다.

5년 회수 기간을 적용하며, 첫해의 감가상각은 1/2만 적용(half-year convention)한다. 모든 평가에서 MACRS 방법에 의하여 감가상각을 계산 함. 운전자본과 잔존가치는 무시한다. 법인세율은 35%를 적용함.

프로젝트 평가기간은 10년; 첫해는 생산량을 50%로 계산하고, 둘째 해는 90%, 이후 100%의 생산성을 기준함.
모든 자본투자는 시간 0에서 발생한다고 가정.
사업의 높은 위험성을 감안하여, 예비 경제성 평가 단계에서는 30%의 최저 허용 수익률을 수익성 표준으로 채택함.

이러한 프로젝트에 대하여 $m_{ar}$를 달성하기 위한 제품 판매가를 투자회수율, 자본회수기간, 그리고 순회수의 방법을 이용하여 구하라.

■ **풀이**

우선 평가 기준의 계산에 사용되는 값들을 계산한다.

**수익성 분석에서 사용되는 경제성 데이터의 요약**

| | Year | | | | | | | | | | |
|---|---|---|---|---|---|---|---|---|---|---|---|
| | 1 | 2 | 3 | 4 | 5 | 6 | 7 | 8 | 9 | 10 | Sum |
| A. Percent of operating time | 50 | 90 | 100 | 100 | 100 | 100 | 100 | 100 | 100 | 100 | — |
| B. Product rate, $\$10^6$ kg/yr | 1 | 1.8 | 2 | 2 | 2 | 2 | 2 | 2 | 2 | 2 | 18.8 |
| C. All variable costs, $\$10^6$/yr | 2.5 | 4.5 | 5 | 5 | 5 | 5 | 5 | 5 | 5 | 5 | 47 |
| D. All fixed costs (except depreciation), $\$10^6$/yr | 1 | 1 | 1 | 1 | 1 | 1 | 1 | 1 | 1 | 1 | 10 |
| E. Depreciation,† $\$10^6$/yr | 4.8 | 7.7 | 4.6 | 2.8 | 2.7 | 1.4 | 0 | 0 | 0 | 0 | 24 |
| F. Total product cost (C + D + E), $\$10^6$/yr | 8.3 | 13.2 | 10.6 | 8.8 | 8.7 | 7.4 | 6 | 6 | 6 | 6 | 81 |

†Fixed-capital investment of $24 million multiplied by MACRS factors from Table 7-9.

**투자회수율**

이 방법은 식 (8-1c)를 적용한다. 첫 번째로 평균 순이익을 계산하면

$$N_{p,\text{ave}} = \frac{1}{10}[p(18.8) - 81](1 - 0.35)(10^6) = (1.222p - 5.265)(10^6)$$

여기에서 $p$는 제품 단가를 나타내며, \$/kg의 단위를 가진다. $T = \$28 \times 10^6$이므로

$$\text{ROI} = 0.30 = \frac{(1.222p - 5.265)(10^6)}{28 \times 10^6}$$

$p$에 대해 풀어보면

$$p = \frac{0.30(28) + 5.265}{1.222} = \$11.18/\text{kg}$$

**자본회수기간**

30%의 ROI 조건에 대응하는 PBP는 식 (8-2c)로부터 구할 수 있다.

$$PBP = \frac{0.85}{0.3 + 0.85/10} = 2.21 \text{ years}$$

한편 식 (8-2b)로부터

$$2.21 = \frac{(24)(10^6)}{p(1.222)(10^6) - (5.265)(10^6) + (2.4)(10^6)}$$

$p$에 대하여 계산하면

$$p = \frac{24/2.21 + 2.865}{1.222} = \$11.23/\text{kg}$$

**순회수**

순회수는 식 (8-3a)에 주어져 있다. 회수율이 주어질 경우 순회수가 0가 되는 값이 제품가격이 된다. 즉,

$$0 = p(12.22)(10^6) - (52.65)(10^6) + (24)(10^6) - (28)(10^6) - (0.30)(10)(28)(10^6)$$

$p$에 대해 풀면

$$p = \frac{52.65 - 24 + 28 + 84}{12.22} = \$11.51$$

이상의 결과로부터 세 가지 방법에 의한 가격은 정확히 일치하지는 않으나, 추정오차 범위 내에서 잘 일치하고 있음을 알 수 있다. 이러한 결과를 기준으로 하여 돈의 시간적 가치를 고려하지 않을 경우, 제품가격은 \$11.20/kg에서 \$11.50/kg 범위에서 책정하는 것이 합리적이다.

## 돈의 시간적 가치를 고려한 방법

돈의 시간적 가치를 고려하는 수익성 분석 방법으로는 순현재가와 할인 현금 흐름 수익률의 두 가지를 들 수 있다. 이 방법들은 7장에서 설명한 할인의 개념을 적용하여 투자한 돈의 수익력을 평가하게 된다. 표 8-2에 보여준 바와 같이 이들 방법은 많은 회사들이 가장 자주 이용하는 경제성 분석 방법이다. 이 외에도 시장 가치 포함(market value added) 방법이 자주 사용되는 또 다른 평가 방법의 하나이나 순현재와 동등한 개념이므로 여기에서는 소개를 생략하기로 한다.

**순현재가(NPW; net present worth)** 순현재가 방법은 모든 현금 흐름들을 현재가치로 평가하여 합한 값에서 모든 자본 투자의 현재가를 뺀 것으로 정의되며 다음의 식으로 나타낼 수 있다.

$$NPW = \sum_{j=1}^{N} PWF_{cf,j}[(s_j - c_{oj} - d_j)(1 - \Phi) + rec_j + d_j] - \sum_{j=-b}^{N} PWF_{v,j}T_j \tag{8-4}$$

여기에서 NPW는 순현재가이고, $PWF_{cf,j}$는 $j$년의 현금 흐름에 적용한 현재가 인자(표 7-3, 7-4, 또는 7-5로부터 인용)를 뜻한다. $s_j$는 $j$년의 판매가, $c_{oj}$는 $j$년에 감가상각을 포함하지 않은 총 생산비용, $PWF_{v,j}$는 $j$년에 발생한 투자에 대한 적절한 현재가 인자를 의미하며, $\mathcal{T}_j$는 $j$년의 총 투자비를 뜻한다. 현금흐름의 수익력은 적용된 할인율을 통하여 현재가 인자로 반영된다. 즉, 순현재가는 투자를 통하여 벌어드린 돈에서, 프로젝트에 관련되어 발생된 모든 투자비를 회수하고 투자에 대한 기대 수익을 할인율을 적용하여 현재가로 평가한 값을 제한 비용이 된다.

복리계산의 경우 일반적으로 채택하는 할인율은 평가표준으로 채택되고 있는 최저 허용 수익률인 $m_{ar}$이다. 연속복리의 경우에 사용되는 명목이율은 다음과 같이 주어진다.

$$r_{ma} = \ln(1 + m_{ar}) \tag{8-5}$$

여기에서 $r_{ma}$는 연속복리에서의 최저 허용 명목이율을 말한다.

순현재가는 식 (8-3)에서 정의된 순회수와 동등한 돈의 시간적 가치를 말한다. 순현재가가 양의 값이면 투자에 대한 회수율은 계산에서 적용한 할인율보다 크다는 의미이므로 채택 가능성이 높다. 즉 투자를 비교할 때 순현재가가 커지면 커질수록 투자는 더 유리할 것이다. 순현재가가 0이면 프로젝트를 통한 수익률은 할인율과 같음을 의미한다. 이상의 두 가지 경우를 보이는 프로젝트의 수익률은 선택된 $m_{ar}$과 비교하여 유리한 것으로 판단되므로 선택을 고려하게 된다. 만약 순현재가가 0보다 적어지면 그 프로젝트는 $m_{ar}$ 표준에 비하여 불리한 수익률을 가짐을 알 수 있다.

**할인 현금 흐름 수익률(DCFR ; discounted cash flow rate of return)**[103] 할인 현금흐름 수익률(DCFR)은 모든 투자와 현금 흐름을 할인할 경우 얻게 되는 투자에 대한 수익률 말한다. 이 값은 식 (8-4)에서 NPW를 0으로 하는 할인율에 해당되는 값이다. 즉,

$$0 = \sum_{j=1}^{N} PWF_{cf,j}[(s_j - c_{oj} - d_j)(1 - \Phi) + rec_j + d_j] - \sum_{j=-b}^{N} PWF_{v,j}\mathcal{T}_j \tag{8-6}$$

DCFR은 순현재가를 계산하는데 사용한 $m_{ar}$의 값과 프로젝트의 회수율 만을 고려하여 비교하는 것이다. 만약 계산된 NPW 값이 0이면 DCFR은 $m_{ar}$ 또는 $r_{am}$이 된다. 그러나 NPW가 0보다 큰 값일 경우에는 식 (8-6)을 이용하여 DCFR을 구하게 된다. 식에서 보는 바와 같이 할인율이 관계되는 항들에는 수많은 지수항이 존재하므로, 수식해적 방법으로 할인율을 구하는 것은 불가능하며 반복적인 계산이 필요하다. 일반적으로 할인 현금 흐름 수익률은 $m_{ar}$ 또는 $r_{am}$보다 큰 값이 될 것이므로, 할인율을 구하기 위한 반복계산은 $m_{ar}$ 또는 $r_{am}$을 적용한 값으로부터 시작한다. 프로젝트의 수익성 평가에서 NPW를 적용한 결과 유리하다는 결론이 날 경우, DCFR를 적용한 계산 역시 동일한 결과를 얻게되며 계산된 DCFR 값은 투자에 대한 실제의 수익력을 나타낸다. 이 두 방법, 즉 순현재가와 DCFR은 거의 항상 함께 사용된다.

103) 이 방법에 대한 다른 일반 명칭은 내부 수익률, 수익률 지수, 이자 수익률, 실수익률, 그리고 투자자의 수익률 등이다.

## 예제 8-2 돈의 시간적 가치를 포함하는 수익성의 측정

예제 8-1에서 제공한 것과 같은 경제 정보와 회사 정책을 적용하여, 연간 30 %의 복리 수익력을 얻기 위한 제품의 생산 가격을 결정하고자 한다. 현금 흐름들은 연말 현금 흐름과 이산 복리를 적용한다. 이 회사에서 제품 가격을 $11.50로 책정 할 경우의 할인현금흐름 수익률을 계산하라.

■ **풀이**

현금 흐름이 매년 다르므로 단일 연도의 할인 인자, 또는 현재가 인자를 매년 적용하여야 한다. 표 7-3으로 부터 할인 인자 $(P/F, i, j) = (1+i)^{-j}$를 적용한다. 모든 투자가 시간 0에서 이루어지므로 $PWF_{v,j}$는 1이 된다. 할인율이 고정되어 있으므로, 식 (8-6)으로부터 순현재가는 0이어야 한다. 이 식에 생산 속도를 대입한 결과는 다음과 같다.

$$0 = \sum_{j=1}^{N} (1+i)^{-j} \{[p(P_{r,j}) - c_{oj} - d_j](1-\Phi) + d_j\} - \mathit{Ŧ}$$

여기에서 $P_r$은 생산 속도로 kg/yr의 단위를 가진다.

$(c_{oj} + d_j)$는 $j$해의 총 생산 비용이다. $p$는 상수이므로 해석이 편하도록 식을 변형하면

$$0 = p\sum_{j=1}^{N} P_{r,j}(1+i)^{-j}(1-\Phi) - \sum_{j=1}^{N}(c_{oj}+d_j)(1+i)^{-j}(1-\Phi) + \sum_{j=1}^{N} d_j(1+i)^{-j} - \mathit{Ŧ}$$

$p$에 대해 풀면

$$p = \frac{\mathit{Ŧ} + \sum_{j=1}^{N}(c_{oj}+d_j)(1+i)^{-j}(1-\Phi) - \sum_{j=1}^{N}[d_j(1+i)^{-j}]}{\sum_{j=1}^{N}[P_{r,j}(1+i)^{-j}(1-\Phi)]}$$

매 년도별로 항목별 계산 값은 아래의 표에 나타내었다. 표에서 열 A, B, C 값들은 예제 8-1의 표로부터 구한 것이다.

**NPW 수익성 분석에서 적용한 경제성 자료의 요약**

| | Year | | | | | | | | | | Sum of row |
|---|---|---|---|---|---|---|---|---|---|---|---|
| | 1 | 2 | 3 | 4 | 5 | 6 | 7 | 8 | 9 | 10 | |
| A. Product rate, $10^6$ kg/yr | 1 | 1.8 | 2 | 2 | 2 | 2 | 2 | 2 | 2 | 2 | 18.8 |
| B. Total product cost, $\$10^6$/yr | 8.31 | 13.18 | 10.61 | 8.77 | 8.76 | 7.38 | 6 | 6 | 6 | 6 | 81 |
| C. Depreciation, $\$10^6$/yr | 4.8 | 7.68 | 4.61 | 2.77 | 2.76 | 1.38 | 0 | 0 | 0 | 0 | 24 |
| D. $(1+0.3)^{-j}$ | 0.769 | 0.592 | 0.455 | 0.350 | 0.269 | 0.207 | 0.159 | 0.123 | 0.094 | 0.073 | 3.09 |
| E. (A)(0.65)(D), $10^6$ kg/yr | 0.500 | 0.692 | 0.592 | 0.455 | 0.350 | 0.269 | 0.206 | 0.159 | 0.122 | 0.095 | 3.44 |
| F. (B)(0.65)(D), $\$10^6$/yr | 4.15 | 5.08 | 3.13 | 2.00 | 1.53 | 0.99 | 0.62 | 0.48 | 0.37 | 0.28 | 18.63 |
| G. (C)(D), $\$10^6$/yr | 3.69 | 4.55 | 2.10 | 0.97 | 0.74 | 0.29 | 0 | 0 | 0 | 0 | 12.34 |

표에서 나타난 값들을 앞의 식에 적용하면 제품 판매가를 구할 수 있다.

$$p = \frac{(28)(10^6) + (18.63)(10^6) - (12.34)(10^6)}{(3.44)(10^6)} = \$9.97/\text{kg}$$

이 수치는 예제 8-1에서 돈의 시간적 가치를 고려하지 않은 방법을 사용하여 얻은 판매가인 \$11.20/kg에서 \$11.50/kg까지의 수치보다는 상당히 낮다. 만약 이 계산에서 정액법에 의한 감가상각으로 10년 동안 연간 $\$2.4 \times 10^6$을 적용하여 제품 판매단가를 구하여 보면 kg 당 \$11.40로써 예제 8-1에서 계산한 수치와 매우 잘 일치함을 알 수 있다. 앞의 계산에서 판매단가가 낮게 나타나는 이유는, 감가상각의 대부분이 초기에 일어남으로 인하여 이들에 대한 할인이 제품 판매가와 총 생산비용의 할인에 비하여 적게되기 때문이다. 즉 감가상각이 현금 흐름에 미치는 영향이 상대적으로 크게 평가된 결과이다.

한편 생산 가격을 \$11.50/kg으로 책정할 때의 할인현금흐름 수익률을 결정하기 위하여는 식 (8-6)의 반복 계산이 필요하다. 이 경우에도 예제 8-1에서 나타낸 데이터 값을 일부 사용한다.

**DCFR 수익성 분석에서 적용된 경제성 자료의 요약**

| | Year | | | | | | | | | | Sum of row |
|---|---|---|---|---|---|---|---|---|---|---|---|
| | 1 | 2 | 3 | 4 | 5 | 6 | 7 | 8 | 9 | 10 | |
| A. Product rate, $10^6$ kg/yr | 1 | 1.8 | 2 | 2 | 2 | 2 | 2 | 2 | 2 | 2 | 18.8 |
| B. Sales revenue A (\$11.50/kg), $\$10^6$/yr | 11.5 | 20.7 | 23 | 23 | 23 | 23 | 23 | 23 | 23 | 23 | 216.2 |
| C. Total product cost, $\$10^6$/yr | 8.31 | 13.18 | 10.61 | 8.77 | 8.76 | 7.38 | 6 | 6 | 6 | 6 | 81 |
| D. B − C, $\$10^6$/yr | 3.19 | 6.92 | 12.39 | 14.23 | 14.24 | 15.62 | 17 | 17 | 17 | 17 | 134.6 |
| E. Depreciation, $\$10^6$/yr | 4.8 | 7.68 | 4.61 | 2.77 | 2.76 | 1.38 | 0 | 0 | 0 | 0 | 24 |

이들 값들을 식 (8-6)에 치환하면,

$$0 = -(28 \times 10^6) + 0.65 \sum_{j=1}^{N} (s_j - c_{oj} - d_j)(1+i)^{-j} + \sum_{j=1}^{N} d_j (1+i)^{-j}$$

편의상, 식을 $(28 \times 10^6)$으로 나누어 모든 항목이 1의 차원이 되게 한다. 제품의 가격이 \$9.97/kg일 때 합이 0이 되는 $i = 3.0$이므로 현재의 경우 $i$는 0.30보다 커야 한다. $i = 0.35$를 출발값으로 하여 여러 번의 반복계산을 하면 $i = 0.3603$에서 식의 우변 값이 0.001보다 적은 수치를 가지게 된다. 따라서 제품단가가 \$11.50/kg일 경우의 DCFR은 36.0%가 된다.

## 수익성 분석 방법의 선택

경제적인 의사결정을 하기 위한 수익성 분석 방법들 중 순현재가 방법과 할인현금흐름 수익률 방법이 가장 많이 채택되고 있다. 이들 방법은 기타의 수익성 분석 방법에서 사용하는 현금흐름에 관한 정보들을 이용할 뿐만 아니라 돈의 시간적 가치를 함께 고려하기 때문이다. 따라서 이들 방법들은 돈의 시간적 가치를 고려하지 않는 다른 방법들에 비하여, 투자와 수익의 관계를 보다 현실적으로 이해하고 해석할 수 있도록 하여준다.

법인세가 프로젝트의 수익성에 미치는 영향을 분석하는 것은 앞서 언급한 수익성 분석 방법들 모두에서 가능하며, 수익성 분석에서 법인세를 고려하지 않을 특별한 이유는 없다. 법인세는 순수익과 회사내의 자금 흐름에 영향을 미치나 자본 투자에는 영향을 미치지 않는다. 즉 세금은 투자에 대한 자금의 회수에 영향을 미치게 되고, 앞서 언급한 다섯 가지 수익성 분석 방법 모두가 자금의 회수에 의한 현금흐름에 바탕을 두고 있으므로 이들 분석 방법은 세금의 고려에 따른 영향을 받게 된다. 표 8-3은 법인세의 영향을 분명히 나타내기 위하여 이와 관련된 현금흐름을 정량적으로 정리하여 나타내었다.

여러 가지 투자대안 들을 분석하는 경우에는 동일한 수익성 분석 방법을 사용하여 비교하는 것이 타당하다. 각각의 수익성 분석방법들이 장단점을 가지고 있으므로, 경제성 분석에서는 동일한 방법을 적용하고 그 결과를 비교하는 것이 일관성을 가지게 된다. 그러나 투자대안들에 대하여 특정한 한가지 방법으로 수익성을 분석한 결과와 또 다른 분석방법을 사용한 결과가 일치하지 않는 경우가 있을 수 있다. 이 경우에는 일반적으로 순현재가 방법에 의한 결과를 채택하는 것이 바람직하다. 일반적으로 순현재가 방법은 투자의 수익성에 영향을 미치는 모든 요소들을 가장 잘 반영하는 것으로 알려져 있다.

**표 8-3 수익성 분석에서 법인세의 영향을 나타내기 위한 용어들의 정의**

Revenue = total income
Net profits = revenue − all expenses − income tax
All expenses = cash expenses + depreciation
Income tax = (revenue − all expenses)(tax rate)
Cash flow = net profits + depreciation
Cash flow = (revenue)(1 − tax rate) − (cash expenses)(1 − tax rate) + (depreciation)(tax rate)
Cash flow = (revenue)(1 − tax rate) − (all expenses)(1 − tax rate) + depreciation

*For the case of a 35 percent tax rate*:
$1.00 of revenue (as either sales income or savings) yields a cash flow of $0.65.
$1.00 of cash expenses (as raw materials, labor, etc.) yields a cash outflow of $0.65.
$1.00 of depreciation yields a cash inflow of $0.35.

### 예제 8-3 투자대안들에 대한 수익성 비교

어느 회사에서 세 가지의 투자 안을 비교하고 있다. 세 가지 투자 안들은 비슷한 형태의 장치와 서비스를 제공하므로, 이들 중 한가지만 채택하고자 한다. 세 가지 투자 안들의 위험 요소는 모두 동일한 것으로 간주한다. 현재의 경제상황에서 회사에서 채택하고있는 최저허용 수익률은 세후 기준 15%이다(즉 회사에서는 세후 수익률 15%가 보장되는 투자대안은 항상 확보하고 있다는 의미가 된다). 이 회사에서는 정액법에 의한 감가상각을 실시하며, 돈의 시간적 가치를 고려하는 경우 연속현금흐름과 연속복리를 적용한다. 부지 비용과 공정 가동전 비용은 무시한다. 검토중인 투자 안들에 대한 데이터가 아래의 표와 같을 경우, 다음의 다섯 가지 수익성 비교방법에 대하여 투자 안들에 대한 경제성 분석을 실시하라.

**a.** 투자회수율
**b.** 자본회수기간
**c.** 순회수
**d.** 순현재가
**e.** 할인현금흐름 수익률

| Investment number | Total initial fixed-capital investment | Working-capital investment | Salvage value at end of service life | Service life, years | Annual earnings after taxes† |
|---|---|---|---|---|---|
| 1 | $100,000 | $10,000 | $10,000 | 5 | See yearly tabulation‡ |
| 2 | 170,000 | 10,000 | 15,000 | 7 | $42,000 (constant) |
| 3 | 210,000 | 15,000 | 20,000 | 8 | 48,000 (constant) |

†This is total annual income minus all costs except depreciation.
‡For investment 1, annual earnings flow to project are: year 1 = $30,000, year 2 = $31,000, year 3 = $36,000, year 4 = $40,000, year 5 = $43,000.

■ **풀이**

본 계산에서 십달러 이하는 반올림하였다.

**a.** *투자 회수율.* 투자회수율에 의한 경제성 비교 방법은 식 (8-1c)에 주어진 바와 같이 ROI $= N_{p,\text{ave}} / \mathcal{T}$

**투자안 1**

$N_{p,j}$는 감가상각을 고려하지 않은 세후 수익 $-0.65d_j$로 주어지므로,

| Year | Annual earnings − $(0.65)d_j$, $ | $N_{p,j}$ |
|---|---|---|
| 1 | 30,000 − (100,000 − 10,000)(0.65)/5 | $18,300 |
| 2 | 31,000 − 11,700 | 19,300 |
| 3 | 36,000 − 11,700 | 24,300 |
| 4 | 40,000 − 11,700 | 28,300 |
| 5 | 43,000 − 11,700 | 31,300 |
| | | $121,500 |

따라서

$$N_{p,\text{ave}} = \frac{121{,}500}{5} = \$24{,}300/\text{yr}$$

즉 투자안 1에 대한 ROI = (24,300)(100)/110,000 = 22.2%/yr로 주어진다. 이 ROI는 회사의 최저허용수익률 $m_{ar}$인 15% 보다 높으므로 투자안 1은 채택된다.

**투자안 2**

투자안 2의 경우

$$N_{p,\text{ave}} = \$42,000 - \frac{(170,000 - 15,000)(0.65)}{7} = \$27,600$$

$$\text{ROI} = \frac{(27,600)(100)}{180,000} = 15.3\%/\text{yr}$$

ROI가 $m_{ar}$ 보다 높으므로 투자안 2는 채택된다.

**투자안 3**

투자안 3의 경우

$$N_{p,\text{ave}} = \$48,000 - \frac{(210,000 - 20,000)(0.65)}{8} = \$32,560$$

$$\text{ROI} = \frac{(32,560)(100)}{225,000} = 14.5\%/\text{yr}$$

ROI가 $m_{ar}$ 15% 보다 낮으므로 투자안 3은 채택되지 않는다.

**b.** *자본회수기간.* 자본회수기간은 식 (8-2b)에서 주어진 바와 같이 PBP = 고정자본투자비/($N_{p,\text{ave}}$ + $d_{j,\text{ave}}$)로 정의된다. 최저허용수익률과 특정한 총자본투자 대비 고정자본 투자비값을 적용한 PBP 기준값은 식 (8-2c)에서 주어진 바와 같이 PBP = 0.85/($m_{ar}$ + 0.85/$N$)으로 주어진다. 본 문제의 경우, 총자본투자비 대비 고정자본 투자비의 값이 각각의 투자안에 대하여 주어져 있으므로 그 값을 사용한다.

**투자안 1**

PBP 기준값은: 0.91/(0.15 + 0.91/5) = 2.74년

$$\text{PBP} = \frac{100,000}{24,300 + 18,000} = 2.36 \text{ years}$$

자본회수기간이 기준값 보다 적으므로 투자안 1은 채택된다.

**투자안 2**

투자안 2의 PBP 기준값은: 0.94/(0.15 + 0.94/7) = 3.31년

$$\text{PBP} = \frac{170,000}{27,600 + 22,140} = 3.41 \text{ years}$$

여기서 $27,600은 연 평균 현금흐름, $22,140은 투자안 2에서의 연간 감가상각회수 금액을 나타낸다. 자본회수기간이 기준값보다 크므로 투자안 2은 채택되지 않는다.

**투자안 3**

투자안 3의 PBP 기준값은: 0.93/(0.15 + 0.93) = 3.49년

$$\text{PBP} = \frac{210,000}{32,560 + 23,750} = 3.72 \text{ years}$$

자본회수기간이 기준값보다 크므로 투자안 3은 채택되지 않는다.

**c.** *순회수.* 순회수는 식 (8-3b)로부터 $R_n = \sum_{j=1}^{N}(N_{p,j}) - m_{ar}N\bar{T}$로 주어진다.

**투자안 1**

$$R_n = 24,300(5) - (0.15)(5)(110,000) = \$39,000$$

양수값이 나오므로 투자안 1은 채택된다.

**투자안 2**

$$R_n = 27,600(7) - (0.15)(7)(180,000) = \$4,200$$

양수값이 나오므로 투자안 2는 채택된다.

**투자안 3**

$$R_n = 32,560(8) - (0.15)(8)(225,000) = -\$9,500$$

음수값이 나오므로 투자안 3은 채택되지 않는다.

**d.** *순현재가*

**투자안 1**

투자안 1의 수입이 매년 바뀌므로, 순 현재가는 식 (8-4)로부터 다음과 같이 나타낼 수 있다.

$$\text{NPW} = -\bar{T} + \sum_{n=1}^{N} \text{PWF}_j(N_{p,j} + d_j + rec_j)$$

여기서 $\text{PWF}_j$ 값은 1연간 일정액의 연속현금흐름이 일어나는 경우로서, 표 7-5로부터 $(P/\bar{P}, r, j) = [(e^r - 1)r]e^{-rj}$로 주어진다. 다만 마지막 연도에 일시적으로 회수되는 현금에 대한 $\text{PWF}_j$ 값은 $(P/F, r, j) = e^{-rj}$로 주어진다. 식 (8-5)로부터 $r = r_{am} = \ln\ 1.15 = 0.1398$로 주어지며, $d_j$는 이미 계산한 바와 같이 \$18,000/년으로 주어진다. 또한 $rec_j$는 5년 말에 회수되는 운전자본투자비와 잔존가치의 합인 \$20,000을 나타낸다. 이러한 현금흐름에 대한 현재가는 다음의 표로 나타내었다.

| Year | $N_{p,j}$ | $d_j$ | $rec_j$ | $[(e^r - 1)/r]e^{-rj}$ | Present worth |
|---|---|---|---|---|---|
| 1 | 18,300 | 18,000 | 0 | 0.933 | \$33,900 |
| 2 | 19,300 | 18,000 | 0 | 0.811 | 30,300 |
| 3 | 24,300 | 18,000 | 0 | 0.705 | 29,900 |
| 4 | 28,300 | 18,000 | 0 | 0.613 | 28,400 |
| 5 | 31,300 | 18,000 | 0 | 0.533 | 26,300 |
| | | | | $e^{-rj\dagger}$ | |
| 5 end | 0 | 0 | 20,000 | 0.497 | 9,900 |
| | | | | Total | \$158,700 |

†Since the recovery of the working capital and the salvage occurs at the end of the fifth year, the discount factor is $e^{-rj}$ rather than $[(e^r - 1)/r]e^{-rj}$.

따라서 투자안 1의 순현재가는 \$158,700 − \$110,000 = \$48,700으로써 양의 값을 나타내므로 채택된다.

**투자안 2**

투자안 2에 대한 순현재가는 표 7-5에 주어진 일정한 연속현금흐름의 식을 사용할 경우, PWF = $(P/A, r, N) = [(e^{rN} - 1)/r]e^{rN}$의 관계식을 사용한다. 회수비용은 \$25,000이며 할인인자는 $e^{-rN}$이다. 투자안 2에 대한 연간 현금흐름은

$$\text{현금흐름} = 42{,}000 + (155{,}000)(0.35)/7 = \$49{,}750$$

따라서

$$\text{현재가} = 49{,}750(4.465) + 25{,}000(0.376) = \$231{,}500$$

으로 주어지므로 순현재가는

$$\text{NPW} = \$231{,}500 - \$180{,}000 = \$51{,}500$$

양의 값을 가지므로 투자안 2는 채택된다.

**투자안 3**

투자안 3의 현재가는

$$\text{현금흐름} = 49{,}000 + (190{,}000)(0.35)/8 = \$57{,}300/\text{년}$$

$$\text{현재가} = 57{,}300(4.815) + 35{,}000(0.326) = \$287{,}400$$

즉 순현재가는 \$287,400 − \$225,000 = \$62,400으로 주어진다. 계산 값이 양수이므로 투자안 3은 채택된다.

**e.** *할인현금흐름 수익률.* 할인현금흐름 수익률(DCFR)은 현재가가 0이 되는 이자율 $r$을 나타내는 것으로서, 현재가를 구하는 공식으로부터 그 값이 0이 되는 $r$이 구해질때까지 반복계산하여 얻을 수 있다.

**투자안 1**

투자안 1의 DCFR은 표에서 주어진 현재가의 총 합이 총 투자비와 같은 \$110,000이 될 때의 $r$ 값이다. 0.14보다 큰 여러 가지 $r$값을 대입하여 현재가를 구하여 본 결과, $r = 0.33$일때의 값이 위의 조건을 만족 시킴을 알 수 있다. 즉 투자안 1의 할인 현금흐름 수익률은 년 33%이다.

**투자안 2**

투자안 2의 경우도 $r$에 대하여 반복계산하면 22.6%의 DCFR 값을 얻을 수 있다. 이 값은 최저 허용수일율 15%보다 크므로 투자안 2는 채택된다.

**투자안 3**

투자안 3의 DCFR 값은 21.5%로서 역시 채택이 된다.

이상의 결과를 정리하면 투자안 1은 다섯 가지의 수익성 분석 방법 모두에서 채택이 되는

것으로 나타났으며, 투자안 2의 경우는 자본회수기간을 제외한 나머지 분석방법에서 채택이 되는 것으로 나타났다. 한편 투자안 3은 순현재가 분석과 할인 현금흐름 수익률 분석 방법의 경우 채택이 되는 것으로 주어졌다. 즉 투자안 3의 경우 돈의 시간적 가치를 고려하지 않는 방법인 투자회수율, 자본회수기간, 순회수의 방법 모두에서 채택이 되지 않는 것으로 나타났다. 이와 같이 수익성 분석 방법에 따라 그 결과들이 일치하지 않는 것은, 수익성을 측정하기 위하여 각 방법별로 분석에 반영하는 현금흐름들이 정량적으로 각기 다르기 때문이다.

---

일반적으로 순현재가와 할인현금흐름 수익률 방법이 수익성을 평가하는 가장 적절한 도구로 받아들여지는데, 이는 이들 방법이 수익성에 영향을 주는 여러 요소들을 가장 많이 반영하기 때문이다.

## 수익성 분석에서의 인플레이션의 영향

인플레이션은 시간이 경과함에 따라 상품과 서비스의 가격이 올라가는 것을 말하며, 디플레이션은 가격이 내려가는 것이다. 인플레이션은 상품과 서비스를 구입하는 데에 소요되는 돈의 양에 영향을 준다. 그러나 돈의 시간적 가치에는 영향을 주지 않는다. 즉 돈의 시간적 가치는 돈의 구매력에 관한 것으로서, 같은 액수의 돈이라도 시간에 따라 그 가치가 달라지는 것을 의미하나, 상품이나 서비스를 구매하는 데에 필요한 돈의 양과는 무관하기 때문이다.

인플레이션은 시간에 따른 가격의 변화 정도를 퍼센트, 혹은 분율로 표시한 것으로, 일반적으로는 연간 복리로 계산된 퍼센트로 나타낸다. 즉 연간 유효 이자율과 같은 개념이다. 인플레이션으로 인한 상품 혹은 서비스의 가격변화는, 연간 복리의 경우 다음의 식으로 주어진다.

$$\text{Price at } j \text{ years} = (\text{price at 0 years})(1+i')^j \tag{8-7a}$$

연속복리의 경우는 다음의 식으로 주어진다.

$$\text{Price at } j \text{ years} = (\text{price at 0 years})(e^{r'j}) \tag{8-7b}$$

여기서 $i'$는 연간 인플레이션율, $j$는 년수, $r'$는 연속복리시의 명목 인플레이션율으로서 복리계산시의 $i'$에 해당된다. 제7장에서 논한 바와 같이 이들 변수들 간에는 $r' = \ln(1+i')$의 관계가 있다.

프로젝트의 평가에 인플레이션이 미치는 영향을 분석하는 것은 플랜트 가동 개시시간(시간 0) 전과 후로 나누어 실시하는 것이 타당하다.

**플랜트 가동 이전의 인플레이션** 프로젝트의 투자비용을 추정하는 시점과 실제로 투자가 일어나는 시점 사이에 인플레이션이 일어날 경우, 프로젝트 수행을 위하여 소요되는 투자비용에 영향을 주게 된다. 뿐만 아니라 시간 0(플랜트의 가동이 시작되는 시점)에서의 총 생산비용과 제품가격에도 영향을 미친다. 이들 세 가지 비용, 즉 투자비, 총 생산비, 제품가격 등은 경제성 분석에서 가장 기본적인 값들이므로, 비용 추정의 정확성을 기하기 위하여는 수익성 분석시 인플레이션을 함께 고려하여야 한다. 이 경우 적용 인플레이션율을 적절히 선택하여야 한다. 제6장에서 언급한 CE지수 등과 같은 자본물가지수 등은 자본투자에 대한 인플레이션을 평가하기 위한 인플레이션율로서 적절하다. 그러나 선정된 인플레이션율은 외삽을 실시하여, 실제 자본투자가 일어나는 시점에서의 인플레이션율을 결정하여야 한다. 총 생산비용은 여러 가지 항목으로 구성되어있으며, 항목별로 다른 인플레이션율이 적용될 수 있다. 항목별로 적용할 적절한 인플레이션율에 관한 정보가 없을 경우, 소비자 물가지수 등을 시간 0로 외삽하여 사용하는 것이 타당하다. 기타 화학물질과 노동비 등의 경우, 이들 항목만을 대상으로 특별히 조사된 인플레이션율을 적용할 수 있다. 화학제품 가격의 경우 일반적인 인플레이션율이 적용되지 않는다. 일반적으로 화학제품은 수요공급의 심각한 불균형이 일어나지 않는 한 대체로 안정된 가격을 유지한다. 제품과 원료들의 인플레이션율은 전문가들로부터 정보를 얻는 것이 타당하다. 한편 인플레이션을 전혀 고려하지 않을 수도 있는데, 특히 전혀 새로운 제품을 생산하는 경우에는 이 방법을 적용하는 것이 타당하다. 원료비의 경우도 동일한 전략을 적용한다.

## 예제 8-4 시간 0 이전의 인플레이션의 영향

새로운 프로젝트에 대하여 현재의 가격을 기준으로 비용추정을 실시하였다. 이 프로젝트는 6개월 후부터 실질적인 건설에 들어가도록 예정되어 있다. 추정 고정자본 투자비의 30%는 지금부터 1년 후에 집행 예정이며, 이 기간동안 연 5%의 인플레이션이 예상된다. 나머지 70%는 2년 이후에 집행 예정이며, 이 기간동안의 인플레이션 역시 5%로 예상된다. 운전자본은 2년 후에 일괄 투자될 것으로 예상되며, 예상 인플레이션은 연 4%이다. 제품판매에 따른 인플레이션은 없으며, 감가상각을 제외한 총 생산비용은 연 4%의 인플레이션이 예상된다. 인플레이션율은 연 복리가 되며, 시간 0는 지금부터 2년 후로 예상된다.

항목별로 예측된 현재의 비용은 다음과 같다.

| | |
|---|---|
| 고정 자본 투자비 | \$6.45백만 |
| 운전자본 투자비 | \$1.14백만 |
| 연간 판매수입액 | \$3.88백만 |
| 연간 운전비용<br>(감가상각 제외) | \$2.05백만 |

플랜트의 가동이 시작되는 시점(지금부터 2년 후)에서 소요되는 고정자본 투자비, 운전자본 투자비 및 연 운전비용을 계산하라.

■ **풀이**

현재의 시점에서 예상되는 고정자본 투자비는 \$6.45백만이다. 이중 30%가 지금부터 1년 후에 소요되므로 인플레이션이 되는 금액은

$$(6.45 \times 10^6)(0.30)(1.05) = \$2.03 \times 10^6$$

나머지 70%는 2년 후에 소요되므로 인플레이션이 되는 액수는

$$(6.45 \times 10^6)(0.7)(1.05)^2 = \$4.98 \times 10^6$$

따라서 2년 후 인플레이션에 의하여 늘어나는 총 고정자본 투자비는

$$(2.03 + 4.98)(10^6) = \$7.01 \times 10^6$$

이 된다. 한편 2년 후의 인플레이션에 의하여 증가되는 운전자본은

$$(1.14 \times 10^6)(1.04)^2 = \$1.23 \times 10^6$$

이 된다. 연간 운전경비는 연 4%의 인플레이션이 예상되므로, 2년 후에 예상되는 비용은

$$(2.05 \times 10^6)(1.04)^2 = \$2.22 \times 10^6$$

이 된다.

---

**플랜트 가동 이후의 인플레이션** 플랜트의 가동 중에는 제품의 가격, 감가상각을 제외한 모든 운전비용 등은 인플레이션의 영향을 받는다. 이러한 가격, 비용의 변화는 공정운영에 따른 현금흐름에 영향을 주고, 결과적으로 프로젝트의 수익성에 영향을 준다. 그러나 일단 플랜트가 건설된 이후에는 자본 투자비는 이미 집행이 된 비용으로 인플레이션에 영향을 받지 않는다. 새로운 투자가 추가될 경우에는 투자가 집행되는 시점까지 인플레이션의 영향을 받으나, 일단 투자가 집행된 이후에는 이 역시 인플레이션의 영향을 받지 않는다. 감가상각은 이미 투자된 돈의 일부분을 회수하는 것이므로, 당연히 인플레이션, 혹은 디플레이션의 영향을 받지 않는다. 그러나 연도별로 감가상각을 하는 정도는 감가상각의 방법에 따라 달라질 수 있다. 실제 세법에서도 감가상각에 대하여 어떠한 인플레이션 혹은 디플레이션을 인정하지 않고 있으며, 실제 발생된 최초의 고정자본 투자비에 대하여만 감가상각을 인정하고 있다.

플랜트의 가동 이후의 인플레이션 영향을 이해하기 위하여, 현금흐름 관련 식을 살펴볼 필요가 있다. $j$년에서의 현금흐름은, 식 (6-1)로부터

$$A_j = (s_j - c_{oj})(1 - \Phi) + \Phi d_j \qquad (8\text{-}8)$$

인플레이션에 의한 현금흐름의 영향을 반영하기 위하여 플랜트 가동시점부터 $j$년까지의 인플레이션율을 적용하면, 식 (8-7a)로부터,

$$A_j = [s_o(1 + i')^j - c_{o,o}(1 + i')^j](1 - \Phi) + \Phi d_j \qquad (8\text{-}9)$$

여기서 $s_o$는 플랜트 가동시점에서의 판매수입, $c_{o,o}$는 플랜트 가동시점에서 감가상각을 제외한 총 생산비용을 나타낸다. 감가상각은 이전에 언급한 바와 같이 인플레이션이 되지 않는다. 식 (8-9)로부터, 판매수입과 총 생산비용(감가상각제외)에 대하여 동일한 인플레이션율을 적용할 경우, 판매수입과 총 생산비용의 증가폭은 동일함을 알 수 있다. 따라서 모든 항목에 대하여 동일한 인플레이션율을 적용할 경우, 플랜트 가동시점에서 현금흐름이 흑자를

나타내는 프로젝트에 대한 인플레이션을 고려한 현금 흐름은 시간이 경과할수록 더 큰 흑자 폭을 나타내게 됨을 알 수 있다. 이러한 분석은 각 시점에서의 현금흐름을 현재의 시점을 기준으로 인플레이션을 고려한 현금흐름으로 변환한 것이다.

그러나 일반적으로는 각 시점에서 발생되는 현금흐름들을 시간 0를 기준한 구매력으로 변환하여 분석하게 된다. 시간 0에서의 구매력이란 시간 $j$에서 $A_j$의 비용으로 구매가 가능한 상품 혹은 서비스의 양과 동일한 양을 시간 0에서 구입할 경우 소요되는 비용을 뜻한다. 이 값은 식 (8-9)를 $(1+i')^j$로 나눔으로써 구할 수 있다.

$$\frac{A_j}{(1+i')^j} = A_{j,o} = (s_o - c_{o,o})(1-\Phi) + \frac{\Phi d_j}{(1+i')^j} \tag{8-10}$$

여기서 $A_{j,o}$는 $j$년에서 발생되는 현금흐름의 구매력을 시간 0에서의 구매력으로 변환한 값이다. 식에서 보는 바와 같이 시간 0에서의 구매력으로 환산하는 경우에 영향을 미치는 것은 감가상각 항목뿐이며, 나머지 항목에 대한 인플레이션의 영향은 서로 상쇄되어 없어진다. 식으로부터 $j$년에서의 현금흐름에 대한 구매력을 시간 0에서의 구매력으로 변환할 경우, 감가상각에 의한 구매력 감소는 $\Phi d_j[1-(1+i')^{-j}]$으로 주어진다. 만약 인플레이션율이 5%이면, 총 자본투자비의 0 ~ 3%정도가 감소하게 된다. 프로젝트의 수명기간이 10년일 경우, 전체 감소량은 $\mathcal{T}$의 1%정도이다.

이상의 분석으로부터 인플레이션에 의한 구매력 감소의 변화량은 그리 크지 않음을 알 수 있으며, 더욱이 인플레이션율을 예측하는 데에 따른 오차를 감안할 경우 일반적으로 경제성 분석에서는 시간 0 이후의 인플레이션은 무시한다. 그러나 인플레이션율이 두 자리 이상일 경우는 이를 고려하여야 한다. 또 다른 분석방법으로는 판매수입과 총 생산비용을 구성하는 각 항목별로 서로 다른 인플레이션율을 적용하여 민감도 분석을 실시하는 방법이 있다. 일반적으로는 생산제품에 대하여는 한가지 인플레이션율을 적용하고, 원료에 대하여는 다른 인플레이션율을 적용한다.

### 예제 8-5 플랜트 가동 이후의 인플레이션

예제 8-4에서 주어진 시간 0에서의 판매가 및 비용들을 사용하여 물음에 답하라. 감가상각은 6연간에 걸쳐 일어나며, 잔존가는 없는 것으로 가정한다. 인플레이션율은 예제 8-4에 주어진 값을 사용하며, 법인세는 35%이다.

**a.** 프로젝트의 수명기간인 8년 동안에 대하여 인플레이션을 고려한 연간 및 총 순 수익에 대한 현금흐름을 계산하라.

**b.** 시간 0 에서의 연간 및 총 순 수익 현금흐름을 계산하라.

**c.** 시간 0 이후에 인플레이션이 없다고 가정할 경우에 대하여, 연간 및 총 순 수익에 대한 현금흐름을 계산하라.

**d.** 상기의 세 가지 경우에 대하여 투자회수율을 계산하라.

■ **풀이**

세 가지 경우 모두에 적용되는 연간 감가상각액은, 6연간의 수명기간과 정액법을 적용할 경우, $(7.01 \times 10^6)/6 = \$1.17 \times 10^6$이 된다. 시간 0에서의 비용들은

$$s_o = \$3.88 \times 10^6 \qquad c_{o,o} = \$2.22 \times 10^6 \qquad d_j = \$1.17 \times 10^6$$

으로 주어진다. $\Phi = 0.35$로 가정하면,

**a.** 인플레이션을 고려한 순 수익과 현금흐름은 다음의 식으로 주어진다.

$$N_{p,j} = (s_j - c_{oj} - d_j)(1 - \Phi) = [s_o - c_{o,o}(1 + i')^j - d_j](1 - \Phi)$$
$$A_j = N_{p,j} + d_j$$

**b.** (a)에서 구한 순 수익과 현금흐름을 시간 0에서의 값으로 변환하면,

$$N_{p,j} = \left[\frac{s_j}{(1 + i')^j} - c_{o,o} - \frac{d_j}{(1 + i')^j}\right](1 - \Phi)$$
$$A_j = N_{p,j} + \frac{d_j}{(1 + i')^j}$$

**c.** 시간 0 이후의 인플레이션을 고려하지 않을 경우의 순 수익과 현금흐름은

$$N_{p,j} = (s_o - c_{o,o} - d_j)(1 - \Phi)$$
$$A_j = N_{p,j} + d_j$$

이상의 세 가지 경우에 대한 계산 결과는 아래의 표로 나타내었다.

**순 수익과 현금흐름 계산 결과 (단위 $10^6$ 달러)**

| Year | $s_j$ | $c_{oj}$ | $d_j$ | Case (a) $N_{p,j}$ | Case (a) $A_j$ | Case (b) $N_{p,j}$ | Case (b) $A_j$ | Case (c) $N_{p,j}$ | Case (c) $A_j$ |
|---|---|---|---|---|---|---|---|---|---|
| 0 | 3.88 | 2.22 | 1.17 | 0.32 | 1.49 | 0.32 | 1.49 | 0.32 | 1.49 |
| 1 | 3.88 | 2.31 | 1.17 | 0.26 | 1.43 | 0.25 | 1.38 | 0.32 | 1.49 |
| 2 | 3.88 | 2.40 | 1.17 | 0.20 | 1.37 | 0.19 | 1.27 | 0.32 | 1.49 |
| 3 | 3.88 | 2.50 | 1.17 | 0.14 | 1.31 | 0.12 | 1.16 | 0.32 | 1.49 |
| 4 | 3.88 | 2.60 | 1.17 | 0.08 | 1.25 | 0.06 | 1.06 | 0.32 | 1.49 |
| 5 | 3.88 | 2.70 | 1.17 | 0.01 | 1.18 | 0.01 | 0.97 | 0.32 | 1.49 |
| 6 | 3.88 | 2.81 | 1.16 | −0.06 | 1.10 | −0.04 | 0.87 | 0.33 | 1.49 |
| 7 | 3.88 | 2.92 | 0 | 0.63 | 0.62 | 0.48 | 0.47 | 1.08 | 1.08 |
| 8 | 3.88 | 3.04 | 0 | 0.55 | 0.55 | 0.40 | 0.40 | 1.08 | 1.08 |
| Total (1–8) | 31.04 | 21.28 | 7.01 | 1.81 | 8.81 | 1.47 | 7.58 | 4.09 | 11.10 |

d. (a)의 경우: $\text{ROI} = \dfrac{100(1.81/8)}{7.01} = 3.2\%$

(b)의 경우: $\text{ROI} = \dfrac{100(1.47/8)}{7.01} = 2.6\%$

(c)의 경우: $\text{ROI} = \dfrac{100(4.09/8)}{7.01} = 7.3\%$

본 예제의 경우 인플레이션이 ROI에 미치는 영향이 크게 나타나고 있는데, 이는 제품을 제외한 모든 비용이 인플레이션 되는 것으로 가정하였기 때문이다. 이 예는 인플레이션 영향에 대한 민감도 분석이 중요함을 보여준다.

### 시운전 비용

플랜트의 건설이 끝난 후에는, 플랜트를 구성하는 모든 공정단위들에 대하여 가동 특성과 안전성을 확인하는 시운전 기간을 가지게 된다. 이러한 시운전은 설계된 공정 조건이 달성되고, 모든 제어장치들이 적절히 가동되고 있음을 확인할 때까지 진행된다. 시운전은 이러한 공정 운전 조건의 확인과 함께 원하는 제품이 소량이나마 생산될 때까지 진행이 되며, 그 기간은 플랜트의 복잡성과 엔지니어 및 공정운전자 들의 경험 등에 따라 다르나 대개 수주에서 1년이 걸리기도 한다. 비용 분석 시에는 이러한 시운전에 따른 비용의 지출은 플랜트 가동 첫 해에 일시에 발생하는 것으로 간주한다. 일반적으로 시운전 비용은 고정자본 투자비의 5 ~ 20% 정도를 차지하며, 10%를 대표값으로 한다. 새로운 플랜트의 경우, 첫 해의 가동율은 100%보다 낮게 되는데, 이는 시운전 기간동안 제품의 생산이 불가능할뿐더러, 시운전이 시작되는 시점이 1년 중 언제부터인지 분명하지 않기 때문이다. 예비경제성 검토단계에서는 일반적으로 첫해의 제품 생산량을 정상속도의 50%로 가정한다. 이러한 가정은 그 해의 판매액과 경비의 지출에 커다란 영향을 미치므로 만약 시운전 시작 시점을 정확히 알 수 있다면 가정치를 변경할 수도 있을 것이다.

시운전 기간 중 설계된 최대 생산량을 유지하기 위하여 일부의 장치들이 교체되는 경우가 발생할 수 있다. 이러한 장비 혹은 부품들의 교체비용은 자본 투자의 일부분이나, 이러한 투자비는 대체로 그리 큰 액수가 아니므로 예비비 항목으로 계상할 수도 있다. 만약 이러한 투자들을 별도 관리하고자 한다면 투자부분에 새로운 항목을 추가하여 계상하는 것도 가능하다. 장비의 교체 등으로 인한 제품 판매액 손실 부분은 플랜트 생산용량의 오차범위에 들어가므로 고려하지 않는다.

### 경제성 분석 계산을 위한 계산표

앞 절에서 언급한 다섯 가지 경제성 분석 방법을 실시하기 위한 표준화된 계산표 양식을 그림 8-1에 제시하였다. 계산표의 사용자는 우선 기초적인 데이터를 입력하여야 한다(그림 6-7, 6-8참조). 사용자가 입력하여야 할 최소한의 항목은 그림 8-1의 상부와 1, 9, 11번 항목이다. 기타의 기본값 또한 사용자가 필요시 임의로 변경할 수 있다. 계산표의 제일 마지막 부분에서 지금까지 언급한 다섯 가지 방법에 의한 경제성 분석 결과를 기입한다.

## 투자대안

실제 산업에서는 동일한 제품을 다른 방법으로 생산하는 것이 가능할 경우가 있다. 이 경우 물리적인 생산품은 동일하나, 필요한 자본투자와 생산비용은 생산방법에 따라 크게 달라 질

All data through items 11 are user-supplied, except as indicated by a default value.
Inputs: Design capacity, kg/yr (produced during the projected number of operated days per year)
Minimum acceptable rate of return (as an after-tax, discrete annual fraction per year)
Number of years in evaluation period, $N$
Discount rate, fraction/yr

Enter expenditures as negative numbers and incomes as positive numbers.
Numbers in parentheses refer to line numbers.

| | Default value | Year $j$ from −3 to 20 | Row sum −3 to 20 |
|---|---|---|---|
| 1. Fixed capital investment, \$ | | | |
| 2. Working capital, \$ | 0.176 (1) | | |
| 3. Salvage value, \$ | 0 | | |
| 4. Total capital investment, \$ | (1 + 2) | | |
| 5. Annual investment, \$ | 0 | | |
| 6. Start-up cost, \$ | 0.1(1) | | |
| 7. Operating rate, % of capacity per year | $0, j \leqq 0$<br>$50, j = 1$<br>$90, j = 2$<br>$100, j = 3, \ldots, N$ | | |
| 8. Annual sales, \$ | (sales @ 100% capacity)(7) | | |
| 9. Annual manufacturing cost, \$ | | | |
| *a.* Raw materials | | | |
| *b.* Labor | | | |
| *c.* Utilities | | | |
| *d.* Maintenance and repair | | | |
| *e.* Operating supplies | | | |
| *f.* Royalties | | | |
| *g.* Catalysts and solvents | | | |
| *h.* Depreciation | MACRS | | |
| *i.* Property taxes and insurance | | | |
| *j.* Interest | | | |
| *k.* Plant overhead | | | |
| *l.* Other | 0 | | |
| 10. Total of (9) | calculated | | |
| 11. Annual general expenses | | | |
| *a.* Administration | | | |
| *b.* Distribution and marketing | | | |
| *c.* Research and development | | | |
| *d.* Other | 0 | | |
| 12. Total of (11) | calculated | | |
| 13. Total product cost | | | |
| 14. Annual gross profit | | | |
| 15. Annual net profit | | | |
| 16. Annual operating cash flow | | | |
| 17. Total annual cash flow | | | |
| 18. Average return on investment, %/yr | | | |
| 19. Payback period | | | |
| 20. Net return | | | |
| 21. Discount factors | | | |
| 22. Annual present worth, \$/yr | | | |
| 23. Net present worth | | | |
| 24. Discounted cash flow rate of return | | | |

**그림 8-1**
경제성 분석 계산을 위한 계산표

수 있다. 마찬가지로 주어진 자본을 활용하여, 자본투자와 생산비용의 수준이 다른 사업을 수행할 수도 있다. 따라서 현재 조사되고있는 사업에 대한 경제성 검토와 함께 다른 가능한 사업들에 대한 경제성 검토를 함께 수행하여 가장 경제성이 높은 사업을 선택하여야 한다.

이러한 투자 대안들로부터 최종적인 의사결정을 내리는 원칙은 간단히 정의될 수 있다. 즉 추가로 소요되는 투자비에 대하여는 반드시 적절한 자본회수율이 보장되어야 한다는 것이다. 실제로는 어떤 프로젝트를 수행할 때에 비교 검토가 되는 투자 대안들의 수가 그리 많지 않으며, 이들 대안의 비교는 대안간의 필요한 자본의 차이(증분투자)를 기준하여 실시한다.

다음의 예는 이러한 투자대안 간의 비교 방법에 대한 원칙을 설명한다. 어느 화학회사에서 새로운 제품을 생산하기 위한 프로젝트를 진행하고 있으며 예상되는 투자비는 $1,200,000, 연간 예상 세후 순이익은 $240,000으로 분석되었다. 다른 투자 대안은 예상 투자비가 $2,000,000이며 세후 순이익은 $300,000으로 분석되었다. 이 회사에서는 연 14%정도의 세후 순이익이 기대되는 프로젝트를 수행할 수 있는 기회는 항상 있는 것으로 간주하고 있다. 즉 이 회사에서 인정하고있는 최저 허용 수익률은 14%이다.

$1,200,000 투자안의 경우 자본 회수율은 20%이며, 다른 대안의 경우는 15%이다. 두 투자안 모두 최저 허용 수익률을 초과하므로, 연간 순이익이 더 많은 $2,000,000 투자 안을 채택하는 것이 타당할 것으로 보인다. 그러나 두 번째 투자안은 첫 번째 투자안에 비하여 $800,000의 추가 투자비(증분투자)에 대하여 $60,000의 추가 순이익(증분 순이익)을 올리는 것이므로, 증분투자에 대한 자본 회수율은 7.5%에 불과하다. 따라서 만약 이 회사가 $2,000,000의 자본을 투자하고자 한다면, 우선 $1,200,000의 투자안을 채택하고, 나머지 투자비 $800,000은 14%의 자본 회수율이 보장되는 또 다른 투자안에 투자하는 것이 더 경제적일 것이다.

투자대안들 간의 경제성을 비교하는 일반적인 원칙은 다음과 같다: 필요한 제품을 생산하는 것이 가능하고 원하는 자본 회수율의 실현이 가능한 경우, 항상 가장 투자비가 적게 드는 투자 안을 선택한다. 이보다 더 많은 자본이 소요되는 투자 대안을 선택하는 경우에는 분명한 이유가 있어야 한다. 이러한 원칙에 의거할 경우, 투자대안들의 증분 투자에 대하여는 최소한 최저 허용 수익률 이상이 보장될 수 있어야 채택이 가능해 진다.

## 반드시 투자가 일어나야 하는 경우에 대한 투자대안

여러 가지 투자대안들 중에 반드시 한가지를 택하여 투자가 일어나야 되는 경우가 있다. 예를 들면 증발 시스템이 필요한 플랜트를 설계한다고 하자. 이 경우 공정의 에너지 수지 와 물질 수지에 근거하여 반드시 증발 시스템을 갖추어야 하되 선택 가능한 증발 시스템은 여러 가지가 있을 것이다. 우선 일단으로 구성된 증발기의 설치가 가능할 것이다. 이외에도 다단 증발기의 선택도 가능하며, 이 경우 일단 증발기에 비하여 스팀의 소모량이 적어지므로 증발기 운전비는 줄어드나 투자비는 늘어나게 된다. 따라서 최적 증발기 단수는 단수의 추가에 따라 증가되는 투자비에 대하여 절약하게되는 운전비를 비교하여 결정하게 된다. 이러한 투자대안들의 비교 방법을 표 8-2에 나타내었다.

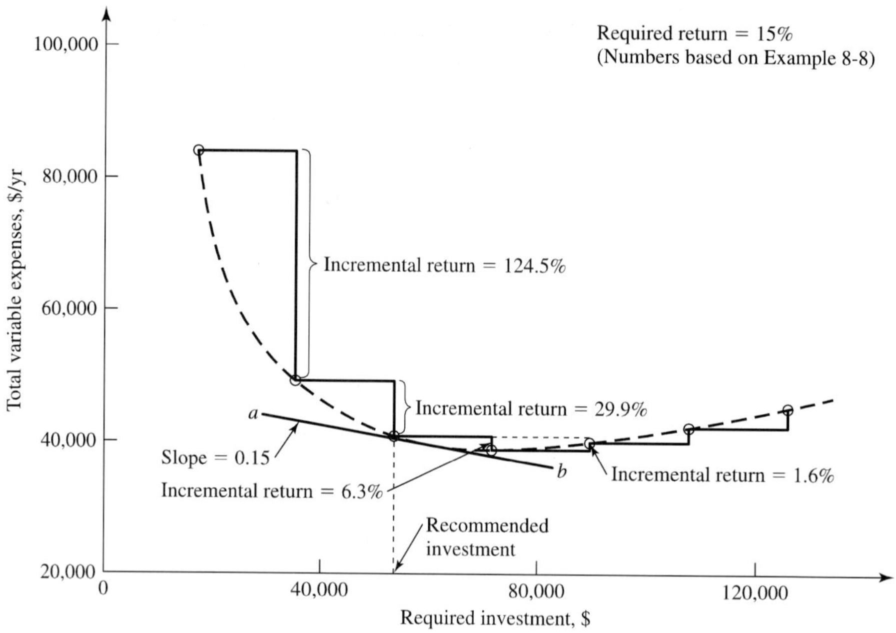


**그림 8-2**
주어진 투자 안들 중 한가지 투자 안을 반드시 선택하여야 하는 경우의 투자 대안의 비교

투자안들 간의 비교에서 기본 투자계획은, 앞 절에서 언급한 바와 같이 필요한 기능을 수행하는 투자안 중 투자비가 가장 적게 드는 투자 안에 투자하는 것이다. 다른 투자대안들은 이러한 기본 투자안과 비교하여 발생되는 증분투자에 대하여 분명한 이득이 보장될 경우에만 채택하게 된다.

투자안들 간의 증분투자를 기준 한 경제성 분석을 실시하는 경우, 채택된 투자안 중 가장 낮은 투자비를 요구하는 투자안과 투자비 증분을 비교하여야 한다. 예를 들면 \$50,000 투자안이 경제성이 있는 것으로 분석이 되었고, 이외에도 \$60,000과 \$70,000의 투자 안이 동일한 결과를 보여주나 연간 필요 경비가 더 적은 것으로 나타났다고 하자. 만약 \$50,000 투자안과 \$60,000 투자안을 비교하여 \$50,000 투자 안이 더 타당한 것으로 분석되었다면 다음 단계의 경제성 비교는 \$70,000 투자안과 \$50,000 투자안 간에 이루어 질 것이다. 여러 투자안들 중 한 가지를 채택하여야 하는 경우(상호 배제적 투자; mutually exclusive investment)에는 투자안들을 순차적으로 비교하여 증분투자에 대한 자본 회수율(return on incremental investment)이 만족되는 투자 안을 선택하게 된다. 예제 8-6은 이러한 원칙을 설명하고 있다.

## 예제 8-6 증분투자 회수율을 기준한 투자대안의 분석

기존의 플랜트는 공정중 발생되는 폐가스를 통하여 다량의 에너지가 손실되고 있으며, 이러한 에너지를 회수할 경우 공정 운전비용을 감소할 수 있는 것으로 분석되었다. 이러한 목적으로 네 가지 형태의 열교환기를 설계하였다. 각각의 열교환기 형태에 대하여는 다음의 표와 같이 설치비, 운전비 , 고정비 및 회수 가능한 에너지 양 등이 계산, 제시되었다.

| | Design | | | |
|---|---|---|---|---|
| | No. 1 | No. 2 | No. 3 | No. 4 |
| Total initial installed cost, \$ | 10,000 | 16,000 | 20,000 | 26,000 |
| Operating costs, \$/yr | 100 | 100 | 100 | 100 |
| Fixed charges, % of initial cost/yr | 20 | 20 | 20 | 20 |
| Value of heat saved, \$/yr | 4100 | 6300 | 7300 | 8850 |

회사의 정책은 세전 기준 15%의 투자회수율이 보장되는 프로젝트에만 투자한다. 네 가지 투자안 중 오직 한 가지만 선택할 경우(상호 배제적 투자 안), 세전 투자회수율을 기준하여 어느 투자안을 채택할 것인 지를 결정하라.

■ **풀이**

첫 번째 단계에서는 각각의 투자안에 대하여 연간 절약되는 에너지 비용을 계산하여 연 투자회수율을 계산한다. 순 절감액은 절약되는 에너지 비용에서 플랜트 운전비와 고정비를 제한 값이 된다.

**설계 1**

$$\text{연간 절감액} = 4100 - (0.2)(10{,}000) - 100 = \$2000$$

$$\text{연 회수율} = \frac{2000}{10{,}000}(100) = 20\%$$

**설계 2**

$$\text{연간 절감액} = 6300 - (0.2)(16{,}000) - 100 = \$3000$$

$$\text{연 회수율} = \frac{3000}{16{,}000}(100) = 18.8\%$$

**설계 3**

$$\text{연간 절감액} = 7300 - (0.2)(20{,}000) - 100 = \$3200$$

$$\text{연 회수율} = \frac{3200}{20{,}000}(100) = 16\%$$

**설계 4**

$$\text{연간 절감액} = 8850 - (0.2)(26{,}000) - 100 = \$3550$$

$$\text{연 회수율} = \frac{3550}{26{,}000}(100) = 13.7\%$$

처유의 3가지 설계는 최저 허용 수익률 15%보다 회수율이 크므로 이들 중 한 가지를 채택한다. 이들 중 한 가지를 결정하는 것은 증분투자에 대한 회수율을 기준 한다. 증분 투자에 대한 회수율 분석은 채택된 투자안과 비교 대상이 되는 투자안을 순차적으로 비교하는 방법에 의하여 이루어진다. 만약 설계 1을 채택된 기준 투자안으로 선정하면, 설계 2는 설계 1에 비하여 $6,000의 추가 투자가 일어나는 반면 $3000 − $2000 = $1000의 추가 절감이 일어난다. 따라서 증분 투자에 대한 회수율은 (1000/6000)(100) = 16.7%로써 최저 허용 수익률 15% 보다 크다. 따라서 설계 2를 채택한다. 설계 2와 설계 3을 비교할 경우 (200/4000)(100) = 5%가 되므로 최종적으로 설계 2를 채택한다.

순회수의 방법과 마찬가지로, 요구되는 최소 회수를 비용으로 간주하여 경제성 분석을 실시한 후 연간 이득이 최대가 되는 투자안을 선택하는 방법도 동일한 결과를 보여준다.

### 예제 8-7 요구되는 최소 회수를 비용을 간주하는 방법에 의한 투자대안에 대한 분석

예제 8-6에서 다룬 열교환기의 투자대안들의 경우, 회사에서 기대하는 투자되는 자본에 대한 회수율은 15%이다. 따라서

**설계 1**

요구되는 회수율을 제한 연간 이득은

$$2000 - (0.15)(10,000) = \$500$$

**설계 2**

요구되는 회수율을 제한 연간 이득은

$$3000 - (0.15)(16,000) = \$600$$

**설계 3**

요구되는 회수율을 제한 연간 이득은

$$3200 - (0.15)(20,000) = \$200$$

**설계 4**

요구되는 회수율을 제한 연간 이득은

$$3550 - (0.15)(26,000) = -\$350$$

설계 2의 경우에 대한 연간 이득이 가장 크므로, 설계 2를 채택한다. 이 결과는 증분투자 분석에 의한 결과와 일치한다.

예제 8-6과 8-7에서 다룬 간단한 예를 통하여 투자대안들 중의 선택을 위한 의사결정 개념을 설명하였다. 이상에서 다룬 방법들은 돈의 시간적 가치를 고려하지 않으며 초기투자에 대한 회수율에 근거하고 있다. 이러한 방법은 예비 조사, 혹은 대략적인 경제성을 분석하는 데에 적당하나, 보다 자세한 경제성 분석의 경우에는 돈의 시간적 가치와 함께 기타 실제적인 여러 요소들을 고려함으로써 가장 적절한 선택을 할 수 있다. 이러한 보다 진보된 경제성 분석 방법은 다음의 장에서 다루고자 한다.

## 소규모 투자증분에 대한 분석

공정 설계시 소규모의 투자 증가의 고려가 가능한 경우가 있다. 예를 들면 폐열을 회수하기 위한 열교환기 설계시, 열 전달 면적을 증가시킴에 따라 전체적인 열 회수 량은 증가되나, 단위 열 전달 면적 당 열 회수량은 감소하게 된다. 열교환기에 대한 투자비는 열전달 면적의 함수이므로, 투자비에 따른 순 비용절감(열교환기 설치로 기대되는 에너지 절감에 의한 순 이익)을 도식할 경우 그림 8-3에 주어진 바와 같은 곡선의 그래프를 얻게 된다.

그래프로부터 순 비용절감이 최대가 되는 점은 그림 8-3에 주어진 *O* 지점이다. 그러나 이 경우 최대점 직전의 투자로부터 최대점까지의 증분 투자에 대한 회수율은 0%가 된다. 즉 증분투자에 대한 회수율에 근거한 투자대안 비교를 기준 할 경우, 채택되는 투자대안은 최대점 보다 낮은 투자에서 결정될 것이다.

증분투자에 대하여 정확히 요구되는 회수율이 달성되는 투자비 지점은, 순 비용절감 대비 투자비의 기울기가 요구 수익률과 일치하는 지점이 된다. 이 지점은 투자비-순비용절감 그래프에서 증분 투자에 대한 요구 수익률과 동일한 기울기를 가지는 직선을 나타내는 접선을 얻을 수 있는 투자지점이 된다. 예를 들면 그림 8-3에서 증분 투자에 대한 요구 수익률이 20%일 경우, 접선의 기울기가 0.2인 투자직선을 얻을 수 있는 투자비는 *RI* 값이 됨을 알 수 있고 이 투자비가 증분투자 분석에 의하여 채택이 되는 투자안이 된다. 만약 투자비-순 비용절감 관계가 수식으로 주어진다면, 순비용 절감액에 대한 투자비의 미분값이 증분투자에 대한 요구 수익률과 같아지는 관계식으로부터 채택되는 투자안 값을 구할 수 있다.

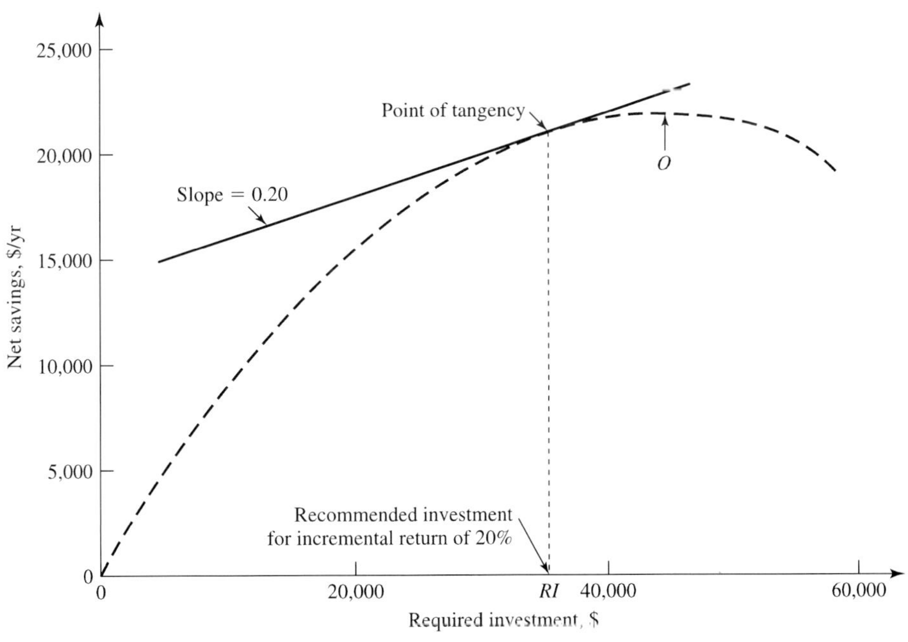


**그림 8-3**
증분투자에 대한 회수율로부터 투자비를 결정하기 위한도식적 방법

이상에서 언급한 개념을 전장에서 다룬 그림 8-2의 경우에 적용할 경우, 직선 *ab*가 증분 투자에 대한 요구 수익률 15%의 기울기를 나타내므로 직선 *ab*의 접점이 되는 투자비가 채택이 되는 것이다.

## 예제 8-8 한정된 선택 조건하에서의 최적 공정운전을 위한 투자비 비교

무게비로 5%인 물-가성소다 용액을 40%로 농축시키는 설비가 있다. 이 설비에서 하루 처리되는 물-가성소다 용액량은 204,000kg이며, 용액의 농축을 위하여 증발기가 사용되고 있다. 일단 증발기의 경우 초기 투자비는 $18,000이 소요되며, 증발기의 수명기간은 10년, 잔존가치는 $6,000이다. 이 증발기에 소요되는 연간 고정비용(감가상각제외)은 투자비의 20%로 추산된다. 다단 증발기를 사용할 경우, 단수가 하나 증가할 때마다 일단 증발기와 동일한 투자비와 운전비용이 소요되게 된다. 스팀의 가격은 $\$1.32/10^3$ kg이며, 기타 행정노무비는 증발기의 단수에 관계없이 $40/일이 소요된다.

만약 *X*를 증발기의 단수라 할 경우, 이 증발기에서는 스팀 1 kg 당 0.9*X* kg의 물이 증발된다. 1년 중 플랜트 가동일은 300일로 가정하며 법인세는 35%이다. 만약 세후 최저 허용 수익률이 15%이면 몇 단의 증발기를 사용하는 것이 경제적인가?

■ **풀이**

1일 운전을 기준으로 한다. *X*를 증발기의 단수로 할 경우, 정액법에 의한 일일 감가상각은

$$\frac{X(18{,}000-6{,}000)}{10(300)} = \$4.00X/\text{day}$$

$$\text{고정비} - \text{감가상각} = \frac{X(18{,}000)(0.20)}{300} = \$12.00X/\text{day}$$

일일 증발되는 물의 양은

$$(204{,}000)(0.05)\left(\frac{95}{5}\right) - (204{,}000)(0.05)\left(\frac{60}{40}\right) = 178{,}500\ \text{kg/day}$$

따라서 소요되는 스팀 비용은

$$\text{Steam costs} = \frac{(178{,}500)(1.32)}{X(0.9)(1000)} = \$261.80/(X/\text{day})$$

**증발기 단수에 따른 운전비용 계산 결과**

| No. of effects *X* | Steam costs per day | Fixed charges minus depreciation per day | Depreciation per day | Labor, etc., per day | Total cost per day |
|---|---|---|---|---|---|
| 1 | $261.8 | $12 | $ 4 | $40 | $317.8 |
| 2 | 130.9 | 24 | 8 | 40 | 202.9 |
| 3 | 87.3 | 36 | 12 | 40 | 175.3 |
| 4 | 65.5 | 48 | 16 | 40 | 169.5 |
| 5 | 52.4 | 60 | 20 | 40 | 172.4 |
| 6 | 43.6 | 72 | 24 | 40 | 179.6 |

일단과 이단 증발기를 비교하면

$$회수율 = \frac{(317.8 - 202.9)(300)(100)(0.65)}{36{,}000 - 18{,}000} = 124.5\%$$

따라서 이단 증발기를 채택한다.

이단과 삼단 증발기를 비교하면

$$회수율 = \frac{(202.9 - 175.3)(300)(100)(0.65)}{54{,}000 - 36{,}000} = 29.9\%$$

따라서 삼단 증발기를 채택한다.

삼단과 사단 증발기를 비교하면

$$회수율 = \frac{(175.3 - 169.5)(300)(100)(0.65)}{72{,}000 - 54{,}000} = 6.3\%$$

투자에 대한 요구 회수율은 15%이므로, 삼단 증발기가 사단 증발기에 비하여 유리하다. 따라서 사단 증발기는 고려 대상에서 제외한다.

오단과 삼단 증발기를 비교하면

$$회수율 = \frac{(175.3 - 172.4)(300)(100)(0.65)}{90{,}000 - 54{,}000} = 1.6\%$$

따라서 삼단증발기를 채택한다.

오단 증발기 이상의 경우 증발기 단수가 증가함에 따라 일일 비용 또한 증가하므로 더 이상의 비교가 필요하지 않다. 따라서 삼단 증발기를 채택한다.

## 교체

본 절에서 사용하는 교체의 의미는 투자대안의 특별한 경우로서 기존에 존재하는 설비를 다른 설비로 바꾸는 것을 의미한다. 막연한 여러 가지 요소들이 설비를 교체하는 커다란 원인이 되기도 하지만, 설계 엔지니어는 기존 설비 혹은 장비를 교체하고자 제안할 경우 경제성과 관련된 유형적인 개념을 이해하고 제시하여야 한다. 일반적으로 교체를 하는 원인은 다음의 두 가지 유형으로 나눌 수 있다.

1. 현재의 조업을 지속하고 제품이나 서비스에 대한 수요자의 요구조건을 만족시키기 위하여 기존의 자산을 반드시 교체하여야 하는 경우. 이러한 형태의 교체가 일어나는 이유의 예를 들면,
   *a.* 기존의 자산이 너무 낡아져서 적절한 기능을 더 이상 수행할 수 없을 경우
   *b.* 기존 자산의 생산능력이 수요에 미치지 못하게 될 경우
   *c.* 새로운 제품이나 새로운 기능이 첨가된 제품으로 시장이 변화 됨에 따라 기존의 설비를 운영하는 것이 더 이상 경제적인 타당성이 없을 경우
2. 기존의 설비를 이용하여 요구하는 제품이나 서비스를 생산할 수 있으나, 효율이 더 높은 새로운 설비 혹은 자산으로 교체함으로써 경비 절감이 가능한 경우.

교체의 이유가 첫 번째 언급한 유형일 경우에는, 교체를 하거나 사업을 중단하는 두 가지 선택 밖에 없다. 이러한 조건하에서는 최종적인 경제성 분석은 투자대안들을 비교하는 경우로 귀착된다.

기존의 자산이 필요한 제품이나 서비스를 제공할 수 있음에도 교체를 하고자 할 경우에는, 교체에 관한 정책적인 이론을 검토함과 동시에 여러 가지 현실적인 요인들을 주의 깊게 고려하여 분명히 이해를 한 후 판단하여야 한다. 이론적으로 교체가 타당성을 가지기 위 하여는 기존 장비의 운영비와 교체시 절감이 예상되는 운영비의 차이를 비교 검토하여야 한다. 현실적으로 고려되어야 할 요인들, 예를 들면 운용 가능한 자본액, 경쟁자의 기준에 맞춤으로써 얻을 것으로 예상되는 이득 등 또한 교체의 의사결정을 내리는 데에 중요한 영향을 준다.

### 교체에 따른 수익성 평가 방법

앞 절에서 논의되었던 수익성 검토 방법들은 교체에 대한 타당성 검토에도 사용될 수 있다. 순현재가와 할인현금흐름 수익률 방법은 투자의 결과로 얻게되는 미래가를 최대로 평가하는 가장 신뢰성 있는 결과를 보여주는 방법이다. 그러나 돈의 시간적 가치를 고려하는 위의 두 가지 방법 보다 간단한 투자회수율 방법으로도 교체에 대한 경제성 분석의 원칙을 효과적으로 설명할 수 있다. 따라서 다음에 언급하는 교체에 관한 경제성 분석에서는, 투자회수율 방법을 이용하여 교체의 기본 원칙과 이러한 투자에 대한 수익성 측정 방법을 설명하고자 한다.

### 교체 정책의 예

다음의 예를 이용하여 교체의 타당성 검토를 실시한다. 어느 회사에서 최초 구입비가 $30,000인 설비를 사용하고 있다. 이 설비는 5년 전부터 사용이 되어 오고 있었으며, 현재의 실제 가치는 $6000이다. 현 설비의 설치 당시에는 현 설비의 수명은 10년 잔존가치는 없는 것으로 평가되었다. 현 설비의 운전비용은 연간 $22,000 이며 향후 3년간 더 사용이 가능한 것으로 예측된다.

현 설비에 비하여 진보된 기능을 가지는 새로운 설비로의 교체를 검토하고자 한다. 새로운 설비의 구입가는 $40,000이며, 연간 운영비는 $15,000이다. 이 설비의 수명은 10년, 잔존가치는 없는 것으로 평가된다. 두 설비 모두 동일한 서비스를 제공하며, 운영비와 감가상각 이외의 비용은 모두 동일한 것으로 간주한다. 감가상각은 정액법을 사용한다. 이 회사에서는 10%의 최저허용수익률을 적용하고 있다.

이 경우 회사에서 결정하는 투자대안은 현재의 설비를 계속 사용하는 경우와 새로운 설비로 교체하는 경우 등 두 가지이다. 경제적으로 더 유리한 방안을 선택하기 위 하여는, 새로운 설비로의 교체시 발생되는 투자비와 이에 따른 유지비용의 감소를 고려하여야 한다. 유지비용과 관련된 변수는 운전비와 감가상각비이다. 즉 제안된 새로운 설비의 연간 유지비는 $15,000 + $40,000/10 = $19,000이 된다.

현재의 설비를 계속 가동하는 경우 소요되는 유지비는 $22,000 + $30,000/10 = $25,000

이다. 따라서 연간 유지비용의 절감액은 $25,000 − $19,000 = $6000이 된다. 한편 새로운 설비의 구입비용은 $40,000인 반면, 현재 설비는 $6000에 처분이 가능하므로, 새로운 설비에 대한 투자비는 $34,000이 된다. 따라서 $34,000의 투자로부터 $6000의 절감을 기대할 수 있고 이는 회사에서 요구하는 최저허용수익률 10%보다 크므로, 현 설비는 교체하여야 한다.

## 장부가치와 미상각 가치

앞의 예제에서 교체를 검토하는 시점에서의 현 설비의 장부가치는 $15,000이다. 그러나 교체의 타당성을 검토하는 시점에서 이 가격은 전혀 고려되지 않았다. 장부가치는 과거의 추산에 의한 것이나, 교체를 검토하는 현 시점에서의 의사결정은 현재의 상태를 기준하여야 한다. 이 경우 장부가치와 어느 시점에서의 실제 가치와의 차이를 미상각 가치라고 한다.

미상각 가치는 교체의 타당성 검토에서는 제외되었으나, 어떠한 형태로든 고려되어야 하는 비용이다. 한 가지 방법은 이러한 미상각 가치에 의한 자본의 손실 혹은 이득을 당해 연도의 회기에서 손익계정 처리하는 것이다. 그러나 손실이 너무 큰 경우, 적절치 못한 방법이며 당해 연도의 수익에도 너무 큰 영향을 주게 된다. 많은 회사에서는 이러한 미상각에 의한 손실에 대비하기 위하여 초과자금을 충당하여 두고 있다. 이 자금은 매 회계 연도마다 일정액씩 따로 적립하여 마련한다. 만약 미상각에 의한 손실이 발생할 경우, 적립된 자금을 이용하여 정산하게 되는 것이다. 이러한 방법으로 당해 연도의 손익에 커다란 영향을 주지 않으면서 미상각 가치를 해결할 수 있다.

## 교체의 타당성 검토를 위한 기준이 되는 투자

교체에 관한 의사결정은 투자되는 비용에 대한 연간 회수율에 근거하고 있다. 즉 투자비를 평가하는 것이 대단히 중요하다. 교체에서 필요한 투자비는 새로운 설비에 관한 총 비용과 현재 설비의 실제가치와의 차이로 결정된다. 따라서 교체로 인한 투자비는 교체가 일어났을 때에 실제로 소요되는 비용만 고려하면 된다.

교체의 검토에서 현재 설비의 실제가치는 시장가격을 의미한다. 일반적으로 시장가치는 설비 소유자의 입장에서는 실제가치보다 낮게 평가된다고 여기게되나, 설비 교체시 현재의 설비로부터 실제로 회수할 수 있는 금액이 되므로 이를 반영하여야 한다. 현 설비에 대하여 실제가치보다 더 높게 평가하는 방법을 적용하는 것은 교체를 위한 새로운 설비를 더 높게 평가하는 결과를 주므로 경제적으로 불공평한 기준이 된다.

### 예제 8-9 교체의 경제적 분석을 설명하는 극단적인 경우

미국 중서부 지역에 새로운 제조시설을 갖추고 운영에 들어갔다. 새로운 시설에서 채택하고 있는 제어시스템은 이 회사의 연구개발부서에서 최근에 개발한 OVT 컴퓨터를 이용하고 있다. 이 제조시설은 일주일 전에 운영을 시작하여 현재 정상적으로 가동되고 있다. 그러나 새로운 컴퓨터(NTR)가 시장에 출시되었다. 새로운 컴퓨터는 손쉽게 현재의 OVT 컴퓨터를 대체하여 설치할 수 있으며, 현재 채택하고 있는 컴퓨터와 동일한 성능을 나타내면서도 유지관리비를 위한 비용은 훨씬 적게드는 것으로 예상되었다. 그러나 새로운 컴퓨터로의 교체시, 현 컴퓨터는 마땅한 대체 용도가 없으므로 완전히 폐기되어야 한다.

이들 두 컴퓨터와 관련된 경제적인 정보는 다음과 같다.

| | OVT computer | NTR computer |
|---|---|---|
| Capital investment, $ | 2,000,000 | 1,000,000 |
| Estimated economic life, years | 10 | 10 |
| Salvage value at end of economic life, $ | 0 | 0 |
| Annual cash expenses, $ | 250,000 | 50,000 |

$2,000,000이 투자되어 가동을 개시한 현 설비를 교체하여야 하는 지를 판정하라.

■ **풀이**

현재의 OVT 컴퓨터를 계속 유지하기 위하여 소요되는 비용은 세전 기준으로 현금비용과 감가상각이므로 250,000 + 2,000,000/10 = $450,000이 된다.

새로운 NTR 컴퓨터를 설치할 경우, OVT 컴퓨터는 완전히 폐기되어야 하므로 새로운 NTR 컴퓨터를 설치하기 위한 투자비는 $1,000,000이 된다. 새로운 컴퓨터로의 대체에 따른 세후 이득(법인세 35%)은 (450,000)(0.65) − [50,000 + (1,000,000/10)]0.65 = $195,000. 따라서 투자에 대한 세후기준 회수율은 (195,000/1,000,000)(100) = 19.5%가 된다. 이러한 회수율은 회사가 요구하는 최저허용수익률보다 클 것으로 판단되므로 교체가 타당하다. 만약 이러한 회수율이 만족스럽지 못할 경우, 현재의 OVT 컴퓨터를 폐시하는 데에 따른 세금 감면 등을 통하여 추가의 자본 회수가 가능한지를 검토한 후 이들 요인들을 경제성 분석에 반영하여 재검토하여야 한다.

본 예제의 경우, NTR 컴퓨터로의 교체에 따른 운영비 감소가 교체의 타당성을 부여하는 경우이므로, 돈의 시간적 가치를 고려하는 방법으로 교체를 검토할 경우 회수율 방법에 비하여 타당성은 더욱 커지게 된다.

## 투자대안과 교체 시에 고려하여야 할 실제적인 요인들

현재까지는 투자대안의 결정과 대체에 따른 경제성 분석을 이론적인 관점에서 다루었다. 그러나 여러 가지 현실적인 관점들 또한 최종적인 의사결정에 영향을 주게된다. 많은 경우에 있어서 사용 가능한 자본은 제한되어 있다. 따라서 필요한 서비스를 제공하고 회수율이 기준치를 넘어서는 경우, 투자비가 최소가 되는 안을 택하는 것이 타당하다. 이 경우 이론적으로는 더 많은 투자가 바람직하나, 추가의 투자로 기대되는 회수액의 증가분과 투자를 늘리기 위하여 외부로부터 자금을 차입하는 경우에 발생되는 위험의 증가를 고려할 경우 타당하지 못 할 수도 있다.

두 번째 현실적으로 고려하여야 할 사항은 회수율을 추정하는 데에 사용한 데이터의 정확도이다. 투자를 결정하는 데에는 모든 위험 요소들을 세밀히 검토하여야 한다. 특히 절대적으로 필요한 분량 이상의 투자를 결정하는 경우에는 이러한 위험요소 들을 더욱 주의 깊게 고려하여야 한다.

특정시간의 경제적 상황 또한 최종적인 의사결정에 중대한 영향을 미친다. 경기 불황기 혹은 경제적 상황이 매우 불확실한 상황에서는 필수적으로 요구되는 투자 이외에는 자제하는 것이 바람직하다. 세금에 관한 사항 역시 의사결정에 영향을 미친다.
이외에도 많은 불명확한 요인들이 의사결정에 영향을 미친다. 경우에 따라서는 보유하고 있는 자산이나 생산하고자 하는 제품을 외부에 널리 홍보할 필요가 있다. 이러한 광고에 의한 이득은 경제성 분석의 이론에서는 다루어지지 않고 있으나, 의사결정자가 투자에 관한 최종결정을 내리는 데에 영향을 준다.

개인적인 성향이나 편견, 경쟁 회사보다 더 나은 제품 혹은 생산량을 유지하려는 열망, 가용 여유 자금의 여부, 기존 설비의 확장의 시급성 여부, 기타 여러 가지 현실적인 요인들이 특정 투자의 성사여부를 결정짓는 데에 영향을 준다. 투자대안의 선정과 교체 여부를 판단하는 이론적인 분석은 투자에 따른 결과를 자세히 분석, 예측하는 데에 도움이 된다. 최종적인 의사결정 단계에서는 이러한 이론적인 분석과 현실적인 요인들을 함께 고려하게 된다.

## 사용부호

$A_j$ = $j$년에서의 현금흐름, 달러

$A_x$ = 비제조 고정자본 투자비, 달러

$-b$ = 투자가 일어난 해, 무차원

$c_{oj}$ = $j$년에서의 감가상각을 제외한 제조비용의 합, 달러

$d_j$ = $j$년에 부과도는 감가상각, 달러

DCFR = 할인된 현금흐름율, 퍼센트/100

$i$ = 단위 이자기간 중의 이자율, 퍼센트/100

$i'$ = 연간 인플레이션 율, 퍼센트/100

$j$ = 경제성 검토에 해당되는 해, 무차원

$m_{ar}$ = 최저 허용 수익률, 퍼센트/100

$N$ = 경제성 분석을 실시하는 기간, 년

$N_p$ = 연간 순 이득, 달러 ; 하첨자 p,av 는 연 평균 순이득을 뜻함; 하첨자 $p, j$는 $j$년에서의 순이득을 나타냄

NPW = 순현재가, 달러

$p$ = 제품가격, 달러/kg

PBP = 자본회수기간, 년

PWF = 현재가 인자, 무차원

$r$ = 연간이 아닌 복리이자 계산시의 명목 이율, 퍼센트/100

$r_{ma}$ = $m_{ar}$에 대한 연속복리에서의 최저 허용 수익률, 퍼센트/100

$r'$ = $i'$에 대한 연속복리에서의 명목 이자율, 퍼센트/100

| | | |
|---|---|---|
| $rec_j$ | = | $j$년에서 회수되는 운전자본 및 자산, 달러 |
| $R_n$ | = | 순회수, 달러; 하첨자 av 는 평균 순회수를 뜻함 |
| ROI | = | 투자회수율, 퍼센트 혹은 퍼센트/100 |
| $s_j$ | = | $j$년에서의 판매액, 달러 |
| $T$ | = | 총자본투자비, 달러 |
| $V$ | = | 제조 자본 투자비, 달러 |

## 그리이스 문자

| | | |
|---|---|---|
| $\Phi$ | = | 법인세율, 퍼센트/100 |

# 연습문제

**8-1** 월 6%의 복리로 $10,000를 저축하면, 10년 후의 세전 총액은 얼마가 되는가? 또한 이율 6%, 반년 복리 계산할 경우, 총 저축액이 원금의 두 배가 되려면 몇 년이 필요한가? 동일한 이율로 연속복리를 적용할 경우, 원금의 2배가 되는데 걸리는 최소 기간은 얼마인가?

**8-2** 화학공장을 설립하는데 고정-자본 투자비로 $10,000,000이 필요하다. 또한 운전비용이 총 투자비의 25%로 추정되며, 연간 감가상각비는 고정투자비의 10%이다. 이 투자에서 기대되는 연간 이익이 $3,000,000일 경우, 연간 투자회수율과 자본회수기간을 계산하라.

**8-3** 제안된 투자에 대한 경제분석을 실시하여 다음의 결과를 얻었다. 자본회수기간은 5년, 연간 감가상각비는 고정투자비의 10%이며, 고정투자비는 총 투자비의 85%이다. 이상의 결과를 이용하여 총 투자에 대한 자본회수율(ROI)을 계산하라.

**8-4** 저수지에서 물을 공급하기 위하여 다음 두 펌프를 고려하려고 한다. 두 펌프에 대한 설치비와 잔존가치는 아래와 같다.

| | Pump A | Pump B |
|---|---|---|
| Installed cost | $20,000 | $25,000 |
| Salvage value | 2,000 | 4,000 |

펌프 A의 수명기간은 4년이다. 만약 연간 실질이율이 15%이고 두 펌프가 서로 경쟁적일 경우, 펌프 B의 수명기간을 결정하여라. 경쟁적(competitiveness)이라 함은 다음의 두 가지 비용을 합친 것을 의미한다. 첫째 펌프의 설치비용, 둘째 펌프를 수명기간까지 사용한 후 교체를 하는 시점에서 필요한 투자비(즉 최초 투자비에서 잔존가치를 제외한 비용)를 마련하기 위하여, 현재 시점에서 확보되어야 할 비용.

**8-5** 열교환기 설계에서 보온을 검토하고 있다. 검토되는 보온두께는 0.025 , 0.051 , 0.076 , 0.102 m이다. 보온 두께에 따른 관련 비용은 다음의 표와 같다.

| | 0.025 m | 0.051 m | 0.076 m | 0.102 m |
|---|---|---|---|---|
| kJ/s energy saved | 88 | 102 | 108 | 111 |
| Cost for installed insulation | $8,000 | $10,100 | $11,100 | $11,500 |
| Annual fixed charges, % of installed cost | 10 | 10 | 10 | 10 |

만약 열의 값이 $1.50/GJ이고 요구되는 세후 회수율이 고정투자비의 15%이며 소득세율은 연간 35%일 경우, 어떤 절연두께를 사용해야 하는가? 열교환기의 가동일수는 년 300일이다.

**8-6** 설계기술자가 부식성 용액을 취급하기 위한 두 펌프를 평가하려 한다. 펌프에 대한 정보는 아래와 같다.

| | Pump A | Pump B |
|---|---|---|
| Installed cost | $15,000 | $22,000 |
| Service life, years | 2 | 5 |

두 펌프가 상호 경쟁적(competitive)일 경우의 년 이율을 계산하여라. 단 잔존가치는 무시한다. 경쟁(competitiveness)의 정의는 문제 8-4 참조. 또한 어떤 펌프를 추천할 것인가?

**8-7** 화학회사가 전체 생산 공정에 사용하기 위하여 형식이 서로 다른 네 가지 반응기를 대상으로 구입을 고려하고있다. 각 반응기의 처리용량은 동일하며, 반응기들에 대한 데이터는 다음과 같다.

| | Design 1 | Design 2 | Design 3 | Design 4 |
|---|---|---|---|---|
| Fixed-capital investment | $10,000 | $12,000 | $14,000 | $16,000 |
| Sum of after-tax operating and fixed costs per year (all other costs are constant) | 3,000 | 2,800 | 2,350 | 2,100 |

화학회사가 세후 회수율을 투자비의 15%로 설정하고 있을 경우, 4가지 반응기 중 어떤 반응기를 채택할 것인가?

**8-8** 화학공장 설계에서 공정이 정상 가동된 이후에 예상되는 운영비용과 연간 판매수익 등은 다음과 같다.

| | |
|---|---|
| 총 투자비 | $10,000,000 |
| 운전 자본 투자비 | $1,000,000 |
| 연간 판매 수입 | $8,000,000/yr |
| 연간 총 운영비 | $2,000,000/yr |

프로젝트 수명기간은 10년이며 정액법에 의한 감가상각을 실시할 경우, 다음을 결정하여라.

a. 세후 투자회수율

b. 자본회수기간

**8-9** 현재 보유한 창고의 가치는 \$500,000이고, 창고에 보관된 상품의 평균가치는 \$400,000이다. 또한 창고의 연간 보험율은 1.1%이고, 창고에 보관된 상품의 보험율은 0.95%이다. 만약, 화재예방 시설을 창고에 설치할 경우, 창고와 상품의 보험율은 각각 3/4으로 감소된다. 화재예방시설의 설치비용은 \$20,000이고, 매년 유지, 조사, 세금 등의 비용은 총 \$300가 소요된다. 화재예방시설을 포함한 전체 투자비에 대한 감가상각 기간은 20년이다. 투자에 필요한 자본은 충분하다. 창고의 가동에 따른 투자회수율은 8%이다. 이 경우 화재예방시설의 설치 여부를 결정하고 그 이유를 설명하여라.

**8-10** 화학공장의 연간 수익과 운전비용은 아래 표와 같다.

| Year | Annual revenue | Annual operating expenses (excluding depreciation) |
|---|---|---|
| 1 | 7.0 | 4.0 |
| 2 | 10.0 | 5.6 |
| 3 | 15.0 | 6.8 |
| 4 | 20.0 | 7.8 |
| 5 | 22.5 | 8.8 |
| 6 | 24.0 | 9.6 |
| 7 | 25.0 | 10.0 |

공장의 고정투자비는 \$50,000,000이며, 운전자본 투자비는 \$7,500,000이다. 만약 5년의 class life를 가진 MACRS 방법으로 감가상각을 한다면 다음을 결정하여라.

a. 연간 현금흐름

b. 명목 할인율 15%를 적용할 경우의 순현재가

c. DCFR

**8-11** 전기를 생산하는 발전소를 설립하는데, 보일러와 스팀 터빈을 사용하는 방안과 가스 터빈을 사용하는 방안이 제안되었다. 각 방안에 대한 정보는 아래와 같다.

| | Boiler and steam turbine | Gas turbine |
|---|---|---|
| Initial investment, \$ | 600,000 | 400,000 |
| Fuel costs per year, \$ | 160,000 | 230,000 |
| Maintenance and repairs per year, \$ | 12,000 | 15,000 |
| Insurance and taxes per year, \$ | 18,000 | 12,000 |
| Depreciation recovery period, yr | 20 | 10 |
| Salvage value at end of service life, \$ | 0 | 0 |

두 방안에 대한 다른 모든 비용은 같으며, 모든 투자비에 대해 12%의 회수율을 가진다. 두 방안에 대해서 반드시 하나를 채택하여야 한다면 어떤 방안을 추천하겠는가?

**8-12** 화학회사가 공장 운영을 지속하기 위해 새로운 시설을 확충하는데 두 가지의 대안이 제안되었다. 첫 번째 대안은 현재의 공장을 확충하는 것이다. 확충하는 데 드는 비용은 \$130,000이며, 추가 인건비는 연간 \$150,000이다. 간접비, 감가삼각비, 재산세, 보험료 등의 추가 비용은 연간 \$60,000이다. 두 번째 대안은 현 공장으로부터 50마일 떨어진 위

치에 새로운 시설을 설립하는 방안이다. 이 방안은 저렴한 인건비가 매혹적이다. 새로운 시설의 비용은 $200,000이며 인건비는 연간 $120,00, 간접비는 연간 $70,000이다. 또한 연간 보험료 및 재산세는 초기비용의 2%이다. 감가삼각비를 제외한 다른 모든 비용은 두 장소에서 모두 같다. 이 회사에서 적용하는 법인세 35%를 제한 세후 최저 허용 수익률이 9%일 때, 두 번째 대안이 증분투자에 대한 회사기준의 회수율을 만족시키기 위한 최소 투자회수기간을 결정하여라. 잔존가치는 없으며 감가상각은 정액법을 사용하여라.

**8-13** 화학회사가 회분식 반응기를 연속반응기로 교체하려 한다. 현재설비를 5년 전 구입할 당시의 구입비용은 $40,000이었으며, 감가상각은 수명기간 10년, 잔존가치 $1,000을 적용하여 정액법으로 실시하여 왔다. 새로운 장치의 구입비용은 $70,000이며, 감가삼각비를 제외한 비용은 연간 $15,000가 절약된다. 새로운 장치에 대한 감가상각은 정액법을 적용하며, 수명기간은 10년, 잔존가치는 무시한다. 인건비, 보험료, 세금, 감가삼각비 이외의 다른 비용은 두 장치에서 모두 같다. 현재 구형 장치는 $5,000에 처분할 수 있으며, 법인세는 연간 35%이다. 만약 세후 최저 허용 회수율이 투자비의 15%일 경우, 반응기의 교체 여부를 결정하여라.

**8-14** 프로젝트를 실행하는데 고정투자비 $1,000,000과 운전자본 투자비 $100,000가 필요하다. 고정자본은 정액법으로 감가상각하며, 5년 말의 잔존가치는 없다. 5년 동안의 년 소득은 $500,000이며, 감가삼각비를 포함하지 않은 총 생산비는 연간 $100,000이다. 할인율은 10%이며, 소득세율는 35%이다. 연간 현금흐름, 할인된 현금흐름과 순 현재가에 대한 정산표를 작성하여라. 공정가동 시점(시간 0)에서 평가되는 총 투자비를 계산하여라. 단 수익과 비용은 연속적으로 발생하고, 연속복리를 적용한다.

또한 수익과 비용에 대하여 5%의 인플레이션율을 가정한다면, 연간 현금 흐름, 할인된 현금 흐름과 순현재가에 대한 정산표를 작성하여라.

**8-15** 소규모 해동공장의 소유주는 10년 전에 $5,000에 구입한 통조림 제조장치를 가지고 있다. 소유하고 있는 장치는 완전히 감가상각이 된 상태이다. 하지만 소유주는 아직도 5년 이상은 가동될 것으로 평가한다. 5년 후 잔존가치는 없다. 한편 소유자는 수명기간이 10년이고 잔존가치가 없는 것으로 평가되는 새로운 통조림 제조 장치를 $6,000에 구입하라는 제안을 받았다. 새로운 장치는 연간 $1,000의 유지비와 인건비를 줄일 수 있으며, 세금과 보험료는 연간 $100 증가될 것으로 판단된다. 감가삼각비를 제외한 다른 비용은 동일하다. 구형 통조림장치는 $600의 시장가치를 가지고 있다. 만약 소유주가 장치의 교체를 결정했다면 자본투자비에 대한 대체 회수율(replacement return)은 얼마인가?

**8-16** 엔지니어가 공정 설계하는데 회분식이나 연속시스템 중에 하나를 결정하려고 한다. 회분식 시스템은 초기에 낮은 비용이 드나, 고급의 노동력이 필요하기 때문에 더 높은 운전비용이 든다. 적절한 결정을 위하여 현금 흐름이 아래와 같이 평가되었다.

| | Year | | Discounted cash flow rate of return | Net present worth at 10% |
|---|---|---|---|---|
| | 0 | 1–10 (after taxes) | | |
| Batch system | −$20,000 | $5600/year | 25% | $14,400 |
| Continuous system | −$30,000 | $7650/year | 22% | $17,000 |

주어진 할인 현금흐름 회수율과 순현재가를 검토하고, 만약 화학회사가 10%의 최저 허용 회수율을 요구한다면, 어떤 시스템이 선택해야 하는지 판정하여라.

**8-17** 석유회사가 일차 매장량이 거의 고갈된 유정 임대를 제안 받았다. 이 회사가 유정을 구입하는 대가로, 5년 후에 시행 예정인 유정에서의 2차 회수 프로젝트에 참여할 수 있다. 석유회사에 선 지불이 요구되지는 않았다. 현금 흐름은 다음과 같이 추정된다.

| Year | | | | Discounted cash flow rate of return | Net present worth at 10% |
|---|---|---|---|---|---|
| **0** | **1–4** | **5** | **6–20** | | |
| 0 | \$50,000 | −\$650,000 | \$100,000 | ? | \$242,000 |

경제성 분석에서는 5년 말에 일시적으로 발생하는 경비 이외에는 모든 현금흐름에 대하여 연리 10%의 연속 현금 흐름을 사용한다. 순 현재가를 계산하고, 신규프로젝트의 참여를 전제로 한 임대 제안의 수용 여부를 결정하라. 할인 현금흐름 수익률을 적용하는 경우는 어떻게 평가되는가?

**8-18** 투자비 \$100,000,000이 소요된 공정이 3년에 걸쳐 진행되었다. 투자비는 모두 감가상각 대상이 된다. 시운전을 위한 운전자본 투자비는 \$20,000,000이며, 공장은 10년 동안 운전될 것으로 기대된다. 조업개시 후 3년 이후부터 최대 용량으로 운전이 가능하며, 이때의 판매수입은 연간 \$150,000,000이며, 감가상각비를 제외한 총 운전비용은 연간 \$100,000,000 이다. 조업개시 후 1 ~ 2년 동안의 판매수입은 3년 이후의 판매수입의 50 ~ 75%로 예상된다. 처음 1 ~ 2년의 운전비용은 3년 이후의 운전비용과 같다. 법인세율이 35%일 경우, 조업개시 후 3년 차를 기준으로 다음을 결정하여라.

a. 세후 투자 회수율

b. 자본회수기간

**8-19** 문제 8-18에서 공장 건설에 있어서 첫 해의 투자비는 \$20,000,000이며, 두 번째 해는 \$30,000,000, 3년째는 \$50,000,000의 투자비가 소요된다면, 프로젝트의 연간 순현재가와 전체 순현재가를 계산하여라. 건설비용은 건설기간 3년 동안 연속적이며, 연속 현금 흐름과 연속 복리를 적용하여라.

CHAPTER

# 9

# 최적설계와 설계전략

공정설계에서 최적이라는 기준은 궁극적으로 비용, 혹은 수익에 대한 고려로 요약될 수 있다. 설계의 경제적인 성과에 영향을 미치는 요인들에는 사용된 공정기술의 유형, 사용된 공정 설비, 설계에 이용된 공정 설비들의 배치와 순서, 설비의 실제 물리적인 매개변수들이 포함된다. 물론 설비에 대한 공정 조건들도 중요한 문제이다. 따라서 공정설계에 있어 최적 조건은 비용면에서 가장 효과적인 공정 설비의 선택, 배치, 순서, 공정 조건들이다.

공정설계의 최적화는 일반적인 최적화의 양상과 과정을 그대로 따른다. 첫째로 최적화 기준이 확립되어야 하는데, 이것은 경제적 측면의 성과를 측정하는 목적함수에 의해서 이루어진다. 그 다음 최적화 문제가 정의되어야 한다. 그러기 위해서 설계의 여러 면들을 표현하는 다양한 수학적 관계와 한계를 명백하게 해야 한다. 이러한 관계들은 그것들이 목적함수에 미치는 영향을 알아보기 위해서, 또한 설계의 경제적인 성과에 영향을 끼치는 매개변수의 최적 수치를 결정하는데 사용되게 된다.

비용에 대한 고려와 수입·지출간의 균형이 대부분의 최적 설계에서 기본원리가 되긴 하지만, 비용 외에 요인들에 의해 가장 유리한 조건이 정해지는 경우도 있다. 예를 들어, 촉매 반응 장치 공정에서 최적 공정온도는 평형, 혹은 반응속도의 한계 때문에 각각의 반응 장치 크기에 따라 다를 수 있다. 이러한 각각의 온도는 최대 전환 퍼센트나 단위시간 당 최종 생산물의 최대량에 달려 있을 수도 있다. 그러나 결국은 비용 변수들을 고려해야 하며 최적 공정설계는 경제적 최적 설계를 결정하는 데 있어 한 단계에 불과하다.

설계 변수가 변하면 늘어나는 비용도 있고, 줄어드는 비용도 있다. 이러한 조건 하에서 총 비용은 특정한 설계 변수의 한 수치에서 최소가 될 수 있고 그 때의 수치가 그 설계 변수의 최적치이다. 경제적 최적 설계의 원리를 보여주는 한 예가 그림 9-1이다. 그림에서와 같이 단순한 경우, 문제는 정해진 스팀 파이프 설비에서 단열재의 최적 두께를 결정하는 것이다. 단열재 두께가 두꺼워질수록 연간 고정 비용이 증가하고 열 손실 비용은 감소하며 그

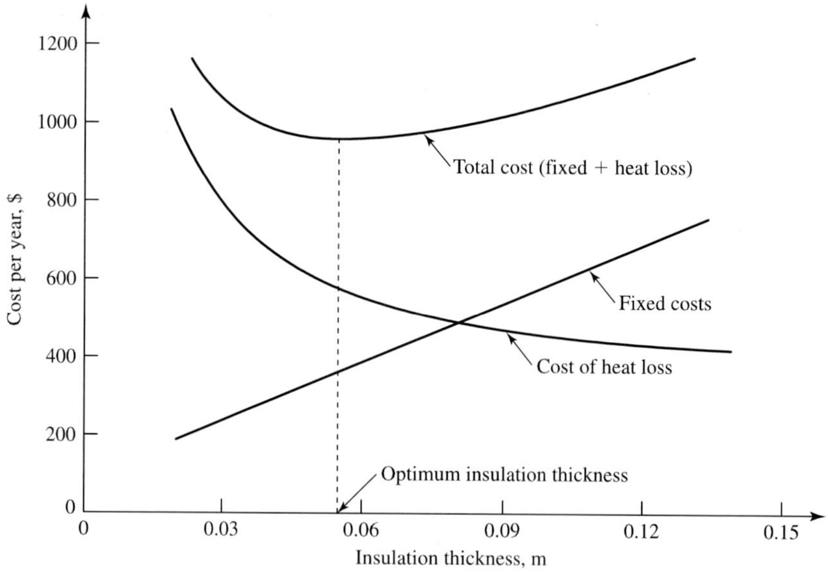


**그림 9-1**
최적 설계의 기본적 원리 작도

외의 모든 비용에는 변화가 없다. 그러므로 그림 9-1에서 나타난 것처럼 총 비용은 최소치가 있고 그것이 단열재의 최적 두께를 결정하게 된다.

수익성과 비용이 일반적으로 최적화의 기본 원리이긴 하지만 실제적인 유형의 요인들도 최종 투자를 결정하는데 포함시켜야 한다. 이러한 요인들은 정량화하기가 어렵거나 아예 불가능한 경우도 자주 있기 때문에, 결정하는 사람이 자신의 판단에 따라 최종 분석에서 이러한 요인들을 신중히 고려해야 한다.

최적 설계 분석은 최적화 작업을 확정하면서 시작된다. 최적화 작업에서는 목적함수가 될 경제적 기준을 선택해야 한다. 그 다음 공정의 성과와 목적함수에 영향을 미치는 변수들과 제약조건를 결정하기 위해 공정을 검토한다. 그리고 나서 최적 조건을 찾아내기 위해 적절한 비용과 경제성 데이터를 가진 공정 모델이 극한값 탐색 전략에 따라 사용된다.

## 최적화 문제의 정의

최적 설계를 해나가는데 있어 첫 번째 단계는 구조상의 매개 변수와 목적함수에 영향을 주는 제약조건들뿐만 아니라 최대화 또는 최소화시킬 목적함수를 결정하는 일이다. 단위 생산물 당, 또는 단위시간 당 총 비용, 수익, 단위시간 당 총 생산량, 전환 퍼센트가 그러한 요인이 될 수 있다. 이 단계에서 실제적인 유형의 요인들도 고려해 주어야 한다. 목적함수는 일반적으로 경제적인 성과를 수치화 한다.

일단 최적화 기준이 결정되면 최적화시킬 설계상의 공정 변수들을 결정해야 한다. 공정 변수들은 목적 함수의 수치에 영향을 미치는 변수들을 말한다. 대개 공정변수가 아주 많지만 모두 단순하고 구체적이다. 공정 변수들을 자세히 검토하고 결정변수와 종속변수로 나눈다. 결정변수는 결정되거나 정해질 수 있는 변수인 반면 종속 변수는 공정의 제약조건에 의해 생겨나거나 제약조건에 영향을 받는다. 결정변수와 종속 변수의 예로는 증류탑에서 단수뿐만 아니라 온도와 압력 같은 공정 조건들이 있다. 이것들은 최적의 설계 성과를 위해서 분석되고 정해질 위상변수이자 매개변수이다. 공정 제약조건들은 공정상의 제약조건을 말한다. 때때로 이런 조건들이 너무나 명백해서 간과되기도 하지만 공정 제약조건을 분명하게 해 놓은 것은 아주 중요하다. 공정 제약조건의 일반적인 예로는 공정 조업의 한계, 반응 화학종의 종속성, 생산물의 순도와 생산 속도 등이 있다. 최적화 영역에 대한 고려(선형) 외에 변수, 목적함수 제약조건들이 한계(연속적이거나 이산된)에 따라 조정되어야 한다. 연속변수는 일정한 범위 내에서 계속적으로 변할 수도 있다. 이러한 연속 변수에는 온도, 흐름속도들이 있으며 0이상의 어떤 수로든 쉽게 정할 수 있다. 반대로 이산된 요인들은 이산된 일단의 수치들에 한정된다. 이산변수의 예로는 정해진 위치 변경이 있으며 최대처리량 내에서 정해져야 한다. 아주 일반적인 이산변수들은 정수치만을 가진다. 정수치를 갖는 변수의 예로는 공정 설비의 개수가 있는데, 이 경우 설비의 분수값은 아무 의미가 없다. 흔하게 볼수 있는 정수 이산변수의 하위 그룹 －이진법형 변수 －에도 주위를 기울이는 것이 중요하다. 이진법형 변수란 두 개의 수치만이 가능한 변수를 말하는데, 가장 일반적으로는 켬/끔, 폐쇄/개방, 예/아니오 등이 될 수 있다. 비정수 이산변수들도 어떤 수치와 정수의 곱으로 나타낼 수 있으며 프로그래밍과 분석을 하기 위해 그런 식으로 표시되는 일이 많다는 사실은 알아둘만한 가치가 있다(1, 3/4, 1/2, 1/4라는 이산 초함수 집합은 4, 3, 2, 1에 1/4를 곱한 것으로 나타낼 수 있다).

한 설계에 일반적으로 포함되는 많은 변수들을 설계 성과와 비용에 미치는 각각의 변수의 영향을 비교하여 가려내는 분석을 통해 줄일 수 있다. 후에 있을 전체 설계 최적화나 직접 분석의 기초로서, 전체 설계의 부분만을 다루는 부분 최적화를 이용하면 그 이상의 단순화 작업도 가능할 수 있다.

## 목적함수의 선택

최적화에서 최대화시키거나 최소화시키는 수량을 목적함수라고 부른다. 이 목적함수의 정의는 최적화 작업을 성공시키는데 있어 근본적인 요소이다. 목적함수는 거의 항상 경제적 측면의 함수이다. 8장에서 투자액을 산정하기 위한 다섯 가지의 기준이 논의되었다. 다섯 가지 모두 경제적인 성과를 판단하는 데 있어 장점과 단점을 가지고 있다. “최선의” 투자 전략은 무엇일까? 앞에서 논의된 수익성에 기초를 두면 최선의 전략은 각각의 투자에서 받아들여질 수 있는 최소 투자 회수율을 충족시키거나 초과하는 투자는 하고, 허용된 수익 기준에 미치지 못할 때는 투자를 하지 않는 것이다. 특히 투자를 늘릴 때에는 허용된 최소 수익 기준을 반드시 충족시켜야 한다. 서로 다른 몇 가지의 투자방안이 비교되고 있을 때에는 우선 허용된 최소 수익 기준에 미치는 것이 무엇인지 알아내는 작업이 이루어져야 한다. 그 다음에는 늘린 투자금이 정해진 기준에 부합하는지 결정하기 위해 각각의 방안에 대해 늘린 투자금에 대한 수익과 이전의 최선의 방안을 비교해 보아야 한다.

최적화를 위한 방법론들은 목적 함수에서 최대치나 최소치를 얻는 것을 기본으로 하고 있다. 최적화를 위해 투자에 대한 수익, 원금회수 기간, 할인된 현금 유동률의 방법들은 이상적인 것이 되지 못하는데, 왜냐하면 이러한 수치의 최대치나 최소치로 지정된 양 이상을 투자하고도 수익기준 이상으로 수익률을 얻을 수 있기 때문이다. 그 외에도 최적화 문제에서 목적함수의 기초로서 추천되는 수익성 평가 방법이 두 가지가 더 있다. 순수익과 현재 순가치이다. 이 두 가지 중에서 현재 순가치를 사용하는 방법을 더 강력히 권하는데 왜냐하면 그것이 돈의 시간적 가치를 포함하고 있기 때문이다.

## 구조상의 최적화

최적화 작업은 편의상 매개변수와 구조상의 최적화의 두 가지 독립된 분야로 나누어지곤 한다. 구조적 최적화는 설비 선택방안, 배치, 설비 상호간과 설비내의 연결에 관계한다. 이것은 공정 단계들의 가능한 순서, 대안적인 공정 기술에 대한 고려, 공정 설비 하나와 그룹 모두의 대안적인 유형에 대한 고려와 같은 문제들로 귀착된다.

구조상의 최적화는 어떤 공정에서 하나 이상의 "최선의" 흐름도를 찾는데 있다. 흐름도를 전개시키는 문제에 대해서는 4장에서 이미 충분히 다루어졌다고 본다. 경험적 기법(heuristic)이나 알고리듬적인 절차(algorithmic procedures)를 사용함으로써 가능한 작업공정도들을 확인할 수 있다. 설비의 선택은 주로 경험적 기법을 통해 이루어진다. 선택된 설비의 배치와 순서는 경험적, 알고리듬적 기법, 또는 두 가지 방법을 결합하여 결정된다. 이 모든 절차들이 구조적 최적화를 구성하지만 처음의 세 단계는 이미 다루어졌기 때문에 마지막 경제적 측면에서의 비교만을 검토해 보자.

이론적으로 매개변수 최적화와 구조적 최적화는 동시에 이루어진다. 그러나 방법론들과 계산 능력이 아직은 부족하여 단순한 공정을 제외하고는 동시에 이루어질 수 없다. 가능한 공정의 흐름도의 수가 10개 이하 정도라면 각각의 흐름도에 대해 합리적인 공정 조건을 지정할 수 있고 직접적인 경제적 측면을 비교할 수 있다. 현재 순가치 같은 적절한 목적함수를 최대화하거나 비용함수를 최소화하면 된다. 만약 흐름도와 매개변수의 갯수가 충분히 적다면 모든 흐름도의 공정 매개변수들을 MINLP 방법에 의해 최적화할 수 있다. 그리고 나서 어떤 것이 경제적으로 최선인지 결정하기 위해 최적화시킨 공정 흐름도들을 비교하면 된다. 가능한 흐름도의 수가 많다면 가속화된 branch and bound 방법을 이용하여 실행 불가능하고 경제적이지 않은 흐름도를 동시에 제거해 나갈 수 있다. 이 장에서 뒤에 논의하게 될 branch and bound 방법의 변화량은 실질적으로 조사의 범위를 줄이기 위해 화학공정의 특성을 이용한다. 그러나 이 방법이 각각의 흐름도에서의 매개변수를 최적화하진 못하기 때문에 최적화되었을 때 허용될 수 있는 흐름도를 고려에서 제외시킬지도 모른다. 대개 최적에 가까운 흐름도는 가능한 몇 가지 흐름도를 정하고 그것의 현재순가치나 연간 수익를 비교함으로써 얻어진다. 흐름도들 중 하나 이상은 매개변수 최적화작업을 거치게 되며 경제적으로 가장 유리한 것이 선택된다.

## 매개변수 최적화

매개변수 최적화는 전적으로 구조상의 일과 관련된 변수들보다는 공정 운영 변수와 설비 설계 변수를 다룬다. 이러한 결정의 더 이해하기 쉬운 예를 들면 운영 조건, 순환율, 유동

속도와 혼합물 같은 흐름의 특성들이 있다. 대부분의 공정 설비들이 공통으로 가지는 결정 변수 외에 공정 설비의 모든 유형과 변형형은 하나부터 대 여섯 개까지의 독자적인 결정변수를 가질 수 있다. 따라서 매개변수 최적화 문제에는 대개 수 백 개의 결정 변수가 포함되고 많은 결정 변수가 여러 개의 설비에 공통적으로 적용되는데 그 예로는 공정 압력과 온도가 있다. 또한 모든 결정 변수에 대한 최적화는 현실적으로 불가능하다. 그 대신에 결정변수들이 공정 성과와 경제에 미치는 영향의 정도를 분석하여 더 영향력이 큰 변수들을 선택하는 것이 보다 효율적이다. 이런 방법으로 변수가 너무 많아 생긴 어려움과 최적화 작업의 정확성 사이에서 균형을 이룰 수 있다.

### 변수의 선별과 선택

공정의 기초가 되는 원칙을 분석하고 최적화에 대한 문헌을 참조함으로써 최적화를 위해 더 영향력이 큰 중요 결정 변수를 선택할 수 있다. 그러나 이런 유형의 선택은 질에 관련된 것이기 때문에 영향력이 큰 변수를 간과하거나 불필요한 변수를 포함시켜 최적화에 요구되는 조건을 불필요하게 복잡하게 만드는 결과를 초래할 수도 있다. 공정 모델을 이용할 수 있다면 보다 양적인 선택이 가능하다. 공정 모델은 통계학적 요인 선별 작업(statistical factor screening practices)을 이용하는 공정 성과에 결정변수들이 미치는 상대적 영향을 분석하는데 이용될 수 있다. 모델분석을 통해 변수를 선택하는 방법이 더 복잡하고 시간도 많이 소요되지만 이 방법을 통해 양적인 결과를 얻을 수 있다. 이 방법의 또 하나의 장점으로는 질적인 면에서는 결정할 수 없는 변수간의 상호작용효과를 밝혀준다는 것이다. 게다가 이 방법에는 완전한 모델이 필요하지 않고 부분적인 공정이나 단일 설비 모델을 사용할 수도 있다.

기본 설계(base case design)와 관련이 있는 설비와 공정 비용을 검토함으로써 설계에 있어 가장 중요한 경제적 측면에 대해 많은 것을 배울 수 있다. 이 과정을 통해 더 중요한 설비와 공정 비용을 가지는 설계의 경제적인 영역에 대해서도 알 수 있을 것이다. 그래서 비용에 영향을 끼치고 수익성을 향상시키는데 가장 큰 기회를 제공하는 것도, 최적화 작업이 가장 큰 영향을 주는 것도 바로 이러한 설계 영역이다.

## 부분 최적화(Suboprimization)

화학공정 설계에 존재하는 많은 매개변수들을 동시에 최적화하는 작업은 아무리 컴퓨터 기반의 시스템을 가지고 한다 할지라도 힘든 일이다. 왜냐하면 정수와 연속 형태로 존재할 수 있는 변수의 수가 많고 속성 예측관계(the property prediction relationships)와 성과 모델이 비선형성을 나타내며 재순환이 어디에서나 자주 일어날 수 있기 때문이다. 그러므로 이러한 문제의 범위를 줄이기 위해 변수 중 몇 개에 대해서만 부분 최적화를 추구하는 것이 일반적이다. 부분 최적화를 하기 위해선 전체 설계의 한 부분만을 취하여 나머지 공정에 대해선 전혀 고려하지 않고 그 부분만을 최적화해야 한다. 나머지 공정에 영향을 끼치지 않고 하부의 문제가 최적화될 수 있다면 이 방법이 가능해진다. 실제적으로 그런 상황에 완벽히 일치하는게 불가능하다 해도 실용적이고 경제적인 측면에서 부분최적화가 유효한 경우가 있다. 나머지 공정에서 정해진 상태(온도, 압력, 구성 성분, 유동 속도)의 원료를 공급받고 생성물을 정해진 상태의 공정으로 전달하는 것이 주요기능인 하부 시스템을 최적화하는 것이 일반적인 경우이다. 예로는 펌프, 압축기, 열 교환망, 다단 분리기(separation train)가 있다. 투입물과 산출물의 정해진 상태가 나머지 공정을 최적화한 결과로 현저하게 변화하지 않는 이상 부분최적화는 사실상 독립적일 수 있다. 하지만 부분 최적화가 유틸리티(utility)의 필요에는 상당한 영향을 끼칠 수 있다는 점을 유의해라. 예를 들어 그런 경우에는 유틸리티를 공급하는데 드는 비용 때문에 생긴 변화를 부분 최적화에 포함시켜야 한다.

화학공정에서 매개변수의 최적화는 대개 고정 설비의 생산능력을 높이기 위해 행해진다. 이런 경우, 판매수입은 분석에 포함시키지 않고 현재 순가치를 최대화시키기보다는 연간 비용(이 경우에서 실제적인 것으로 생각되는 비용)을 최소화시키는 것이 일반적이다. 사실 고려할 필요가 있는 것은 최적화 변수에 따라 실제로 변하는 비용뿐인 것이다. 상당히 타당한 방법이긴 하지만 현재 순가치 방법론과 양립할 수 있는 방법으로 최적화시키기 위해선 변수 비용들이 식 (8-4)처럼 현재의 순 가치로 표시되는 형식에 포함되어야 한다.

### 실질적이면서도 불분명한 고려사항

이 장에서 소개되고 있는 양적인 면에서의 최적화 방법들은 매우 유용하다. 그러나 양적으로 표시하거나 수학적인 최적화 방법에 포함시키기가 아직은 어려운 실제적이면서도 불분명한 요인들이 있고 그 요인들은 최선의 설계가 무엇인지 결정하는데 상당한 영향을 끼친다. 투자 결정에 있어 이러한 요인들은 이 장에서 논의된 방법과는 다른 방법으로 고려된다.

실질적인 고려사항은 현실성과 불확실성으로, 이것들은 최적화 절차에 포함시키기 어렵거나 특별한 처리와 판단이 필요하다. 설비와 보조물의 크기의 이산화(discrete sizes)와 재고 설비의 더 저렴한 가격 같은 현실적인 것들은 수학적 프로그래밍의 정수 도구에 포함될 수 있다. 또 다른 현실적인 문제, 즉 시장에 제품을 일찍 내어놓아서 생기는 이익, 기회나 제약이 가져다주는 제정적 범위, 그리고 조립과 건설을 이루어 가는 시간 등은 프로그램하기는 힘들지만 프로젝트를 성공시키는데 매우 중요한 것들이다. 불확실성에는 미래의 경제적인 시장 조건, 원료나 중간 공급물의 신뢰성, 증명되지 않은 기술같은 요인들이 포함된다. 앞에서 언급한 것들과 그 외의 현실성과 비확실성은 감도 분석, 허용 최소 수익률로의 조정, 결정자의 판단 등을 통해 투자을 결정하기 위한 계산에 포함된다.

불분명한 고려사항들은 수치화 할 수 없는 요인들이다. 그 예로는 회사의 이미지, 투자자들의 인식, 지역 공동체와 노동자 사이의 관계, 회사의 생간 라인과 정책 사이의 양립성 등이 있다. 이러한 요인들은 회사의 계획을 세우고 결정을 하는데 중요할 수도 있으며 투자를 결정할 때 이러한 사항들을 고려하는 것은 회사 고위관리자의 의무중 하나이다.

## 최적화 문제의 프로그래밍

설계 최적화에서 사용되는 프로그래밍이라는 단어는 실제로 최적화를 의미한다. 응용 프로그래밍은 설계 공정과 그 공정의 경제적 성과를 나타내는 수학적 관계를 구성하여 설계를 조사하고 최적화하는데 그 관계를 사용한다.

모든 설계에 적용될 수 있는 일반적이고도 체계적인 프로그래밍은 없다. 그 대신에 아주 일반적으로 접할 수 있는 여러 가지 종류의 최적화 작업을 위해 수많은 프로그래밍 도구가 발전되었다. 프로그래밍 유형은 수많은 분류기준에 따라 나누어진다. 첫 번째 구분은 최적화 문제의 수학적 관계 범위에 대해 프로그래밍을 연속적인 것과 이산적인 것으로 나누는 것이다. 이러한 범주화를 통해 두 가지의 최적화 상황, 선형 정수 계획법(linear integer programming, LIP), 복합 정수 선형 계획법(mixed-integer linear programming, MILP)이 산출된다. 이것은 최적화에 필요한 모든 또는 몇몇의 변수들이 정수여야 하거나 앞에서 설명한 바와 같이 정수로 표현될 수 있는 상황들이다.

다음은 프로그래밍으로 공식화하는데 있어 제약조건이 필요하다는 문제가 대두된다. 실제 공학에서의 최적화 상황은 필수적으로 제약을 받을 수밖에 없기 때문에 프로그래밍에 접근하는 데에도 대부분 제약 조건이 있다. 그러나 분석과 최적화 작업을 할 때는 많은 문제들에 제약조건이 없다고 여기며 제약조건이 있는 해결방법은 대개 제약이 없는 접근법의 범위를 확대시킨 것이다. 제약조건을 가진 이산적, 또는 연속적인 최적화 문제 때문에 확률 프로그래밍(stochastic programing)이 생긴다. 확률적인 프로그래밍 방법들은 특히 어느 정도의 불확실성을 보이는 불확실한 공정에 유용하며 공정의 융통성 정도를 평가할 수 있다. 일반적으로 이러한 방법들은 공정 설계 최적화에 적용할 수 있는 가능성이 적다.

제약조건이 있는 연속적인 프로그래밍의 하위그룹으로는 한계 제약프로그래밍(bound constrained programming)이 있다. 이것은 몇몇의 변수와 관계들을 인위적으로 결합시킨 상황을 말한다. 이러한 방법들을 실용적으로 발전시킨 것을 branch and bound(BB)라고 부른다. BB는 선형과 비선형 정수, 복합정수 상태일 때 모두 가장 많이 사용되는 프로그래밍 접근법이다. BB 도구의 기본 요소는 모든 평가 변수를 이진법 형태로 전환하여 연속적인 이진법 선형 프로그래밍 하위문제나 부문들의 세트로 만들어 놓은 것이다. 하위문제 중 어느 하나의 답이 비정수리면 그 하위문제는 두 개의 하위문제로 바뀌는데 이를 완화(relaxation)라고 한다. 정수 해결안은 그것들이 지금까지 얻어낸 최선의 것보다 나은 목적함수 수치를 낼 수 있는지를 보기 위해 차례로 평가를 받는다. 그것이 BB의 bounding 부분이다. 하위문제 들의 최적 수치는 본문제의 하계이다. 이 수치가 여태까지 얻어낸 최선의 수치와 같거나 더 크다면 그 때 사용한 branching은 최적화의 방법의 아니며 이전의 변수 수치 조사 방법으로 되돌아가야 한다.

제약조건이 있는 연속적인 최적화 유형으로 널리 쓰이는 또 하나의 방법이 선형 계획법이다. 선형 계획법은 비교적 간단하고 우수한 일반적인 목적의 신형 최적화 알고리듬과 실제 문제들이 널리 활용될 수 있다는 점, 그리고 실제 상황들을 별로 어렵지 않게 정확성도 어느정도 유지하면서 선형 거동으로 변환할 수 있다는 점 때문에 널리 이용된다.

더 나아가 선형 계획법으로 변환하면 특히 모델과 데이터의 정확도가 엄밀하지 않거나 잘 알려져 있지 않은 경우 정확성의 손실을 초래하지 않는다. 제약조건이 있는 연속적인 최적화 접근법으로 널리 사용되는 또 하나의 방법이 비선형 계획법(NLP)이다. 이 종류의 프로그래밍은 비선형 목적함수들이나 제약 조건들을 결합시킨 가장 일반적으로 볼 수 있는 상황에 사용된다. 일반적으로 이 방법은 많은 시간과 노력이 필요하고 수행하기도 어렵지만 가장 유용한 방법이기도 하다. 그림 9-2는 다양한 프로그래밍 접근법들 간의 관계를 보여주고 있다. 특히 정수(LIP와 NLIP)와 복합정수(MILP와 MINLP) 형태인 선형과 비선형 계획법은 최적화 방법 전체에서 대다수를 차치한다.

**선형 계획법(Linear Programming)** 프로그래밍 문제를 단순화시키는 한 가지 전략은 제약조건들과 목적함수를 수학적인 형태로 표현하는 것을 기본으로 한다. 직선, 즉 선형 표현은 수학적으로 다음과 같이 나타난다.

$$av_1 + bv_2 + \cdots + jv_j + \cdots + nv_n = b \tag{9-1}$$

여기에서 $a, \ldots, n$와 $b$는 주어진 수치이고 $v_1, \ldots, v_n$은 미지의 변수들이다. 변수가 두개라면 결과는 2차원 도표상의 직선이 되고 변수가 세 개인 경우에는 3차원 도표상의 평면이 된다. 이와 마찬가지로 세 개 이상의 변수일 경우에는 기하학적인 하이퍼플레인(hyperlane)이 된다. 앞 단락에서 언급한 일반적인 절차를 선형 계획법이라고 부른다. 이것은 일정한 목적함수를 얻기 위해 자원과 공정 능력을 지정하는 데 있어서 최적의 조건을 결정하는 수학적인 기술이다. 그 뿐만 아니라 선형 계획법은 대체 가능한 자원이용, 혹은 목적함수를 분석하는 데도 유용하게 쓰인다.

최적조건을 결정하기 위해 선형 계획법이 관련된 기본적인 방법들을 보여주는 예로서 다

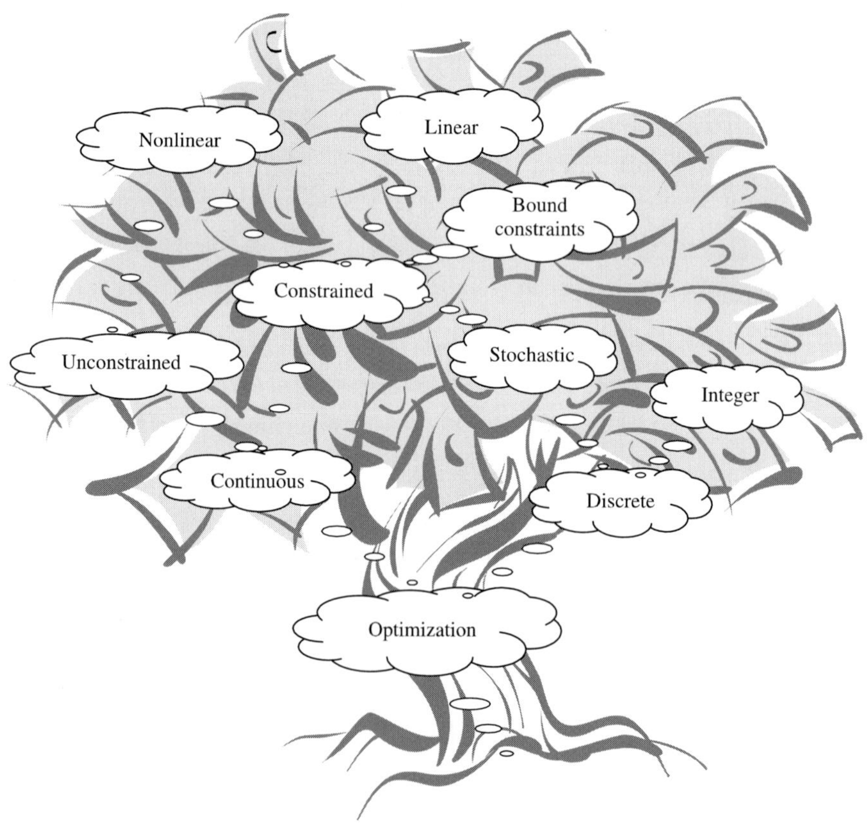


**그림 9-2**
프로그래밍 접근 방법론들 – 그 분야와 관계

음의 단순화된 문제를 검토해 보자. 맥주 공장에서 단위 체적 당 4%의 알콜이 포함되어야 하고 즉시 공급되어야 한다는 조건으로 400리터의 맥주를 주문 받았다. 맥주공장은 주문을 처리해주고 싶지만 4% 맥주의 재고가 없다. 요구받은 최종 생산물에 맞추기 위해 당장 재고가 있는 두 가지의 맥주를 혼합하기로 결정한다. 재고가 있는 맥주 중 하나(맥주 *A*)는 단위체적 당 알콜이 4.5%이고 리터 당 가격이 $0.09이다. 재고가 있는 다른 맥주(맥주 *B*)는 단위체적 당 알콜이 4.7%이고 리터 당 $0.07이다. 혼합하는데 더해지는 물은 비용이 들지 않는다. 적어도 맥주 *A*가 40리터 이상 들어가야 한다는 조건에서 재고가 있는 두 가지의 맥주를 얼마만큼씩 물과 혼합해야 최소의 비용으로 4%의 맥주를 400리터 만들 수 있을까?

포함된 제한조건이 몇 가지뿐이고 독립변수가 맥주 *A*의 체적($V_A$), 맥주 *B*의 체적($V_B$), 물의 체적($V_W$)의 세 가지 뿐이라는 점에서 볼 때 이 예는 아주 단순하다. 가능한 선택이 수없이 많이 있는 경우에는 선택할 최적의 조건들이 전혀 명백하지 않으며 선형 계획법은 그런 문제에 접근하는 최선의 해결 방법이 아닐 수도 있다. 선형 계획법을 하기 위해선 단계적이면서도 합리적으로 접근해가야 한다. 이러한 일반적이고도 합리적인 접근 방법을 위에 들었던 맥주 혼합 예에 적용시켜 대략적으로 설명해 보겠다.

**선형 계획법을 포함하는 문제들에 대한 분석적 접근법** 선형 계획법에 의해 풀려고 하는 문제을 체계적으로 합리화하는 작업은 다음과 같은 단계들로 나눌 수 있다.

**1.** 제한이나 제약 조건을 체계적으로 나타내라. 맥주공장의 예에서 제약조건은 다음과 같다.

*a.* 생산물의 총 체적은 400리터이다. 즉

$$V_W + V_A + V_B = 400 \tag{9-2}$$

*b.* 생산물에는 반드시 4%의 알콜이 들어있어야 한다. 즉

$$0.0V_W + 4.5V_A + 3.7V_B = 4.0(400) \tag{9-3}$$

*c.* 물과 맥주 *B*의 체적은 0이상이어야 하지만 맥주 *A*의 체적은 40리터 이상이어야 한다. 즉

$$V_W \geq 0 \qquad V_B \geq 0 \qquad V_A \geq 40 \qquad \text{or} \qquad V_A - S = 40 \tag{9-4}$$

여기서 *S*는 여유 변수(slack variable)이다.

**2.** 목적함수를 체계적으로 나타내라. 맥주 공장 예에서 목적 함수는 원료의 비용을 최소화시키는 것이다. 즉 목적 함수는

$$C = \text{cost} = \text{a minimum} = 0.0V_W + 0.09V_A + 0.07V_B \tag{9-5}$$

**3.** 많은 가능성 중에서 최선의 결과를 선택하기 위해 제약조건들과 목적함수를 결합시킨다. 그렇게 하기 위한 방법으로 합리적인 가능성을 모두 고려하고 시행착오에 의해 결국 최선의 결과에 도달하는 직관적인 접근법을 사용할 수 있다. 맥주공장의 예는 단순하기 때문에 이 방법이 효과가 있다. 하지만 대부분의 실제 상황에서는 직관적인 접근법은 만족스럽지 못하며 대신 선형 계획법을 이용할 수 있다. 보통 계산이 너무 복잡해져서 최종 답을 얻으려면 컴퓨터가 필요하다. 만약 해답이 아주 간단해서 컴퓨터가 필

요 없는 정도라면 아마 선형 계획법도 필요 없을 것이다. 기본원칙을 설명하자면 맥주 공장의 예는 직관, 그래프, 컴퓨터를 이용한 풀이법을 포함하는 선형 계획법에 의해 다음과 같이 풀린다.

앞서 언급한 관계들로 인해 다음과 같은 선형화된 기본방정식들이 산출되었다.

$$V_W + V_A + V_B = 400$$

$$4.5V_A + 3.7V_B = 1600$$

$$0.09V_A + 0.07V_B = C = \text{minimum value}$$

여기서 $C$는 목적함수이다.

처음의 두 방정식을 합치면

$$V_A = 150 + 4.625V_W \tag{9-6}$$

우리는 여기서 최적조건이 이 관계를 보여주는 직선위에 있어야만 한다는 것을 알 수 있다. 처음의 두 관계와 목적함수를 합치면 다음과 같다.

$$V_A = 50C + 3.5V_W - 1400 \tag{9-7}$$

**선형 계획법을 포함하는 문제에 대한 직관적인 접근법** 목적함수 $C$의 최소값은 $V_W$가 0일 때임은 식 (9-6)과 식 (9-7)을 보고 직관적으로 알 수 있다. 그러므로 식 (9-6)에서 $V_A$의 최적치는 150리터가 되고 식 (9-2)에서 $V_B$의 최적치는 250리터가 된다.

**선형 계획법을 포함하는 문제에 그래프을 이용한 접근법** 그림 9-3은 이 문제를 그래프로 나타낸 것이다. 적선 $OE$는 방정식 (9-2), (9-3), (9-4)에 의해 이 문제에 부과된 제약조건 전체를 나타낸다. 점선으로 표시된 평행선들은 가능한 비용의 상태를 나타낸다. 이 프로그램의 목표는 문제의 제약조건에서 벗어나지 않은 상태로 비용을 최소화(즉, $C$를 최소화)시키는 것이다. 제약조건들과 만나는 $C$의 최소치는 선 $OD$에서 생기며 최적치는 점 $O$의 값이 된다. 그러므로 제시된 블렌드에는 물은 넣지 않고, 맥주 $A$는 150리터, 맥주 $B$는 250리터를 넣어 전제 400리터를 만들고 그에 대한 총비용 $C$는 \$31이다.

**선형 계획법을 포함하는 문제에 컴퓨터를 이용한 접근법** 이 문제가 간단한 관계로 해답을 얻기 위해 컴퓨터를 이용하는 것을 별 가치 없는 일로 보이게 하긴 하지만 다음의 내용들은 선형화된 시스템을 위한 컴퓨터 프로그램 전개에 필요한 추론의 기본 유형을 한 예로써 설명하기 위한 것이다.

컴퓨터가 최소 목적함수 $C$를 구할 때까지 반복되는 가능성을 계산하도록 하는 컴퓨터 해답을 위해 반복적인 절차가 사용될 것이다. 이 경우에 변수는 네 가지($V_A$, $V_B$, $V_W$, $S$)이고, 0이 아닌 제약조건은 세 가지(총 체적, 최종 알콜 함유량, $V_A = 40 + S$)이다. 실제변수의 개수가 0이 아닌 제약조건의 개수보다 많기 때문에 네 변수중 하나는 0이어야 한다. 따라서 컴퓨터 해답에 접근하기 위해선 얻고자 하는 조합이 비용을 최소로 만들어야 한다는 지시에 따르면서 0에 가까워지도록 정해진 각각의 변수에 대해서 $4 \times 3$ 행렬만 풀면 된다.

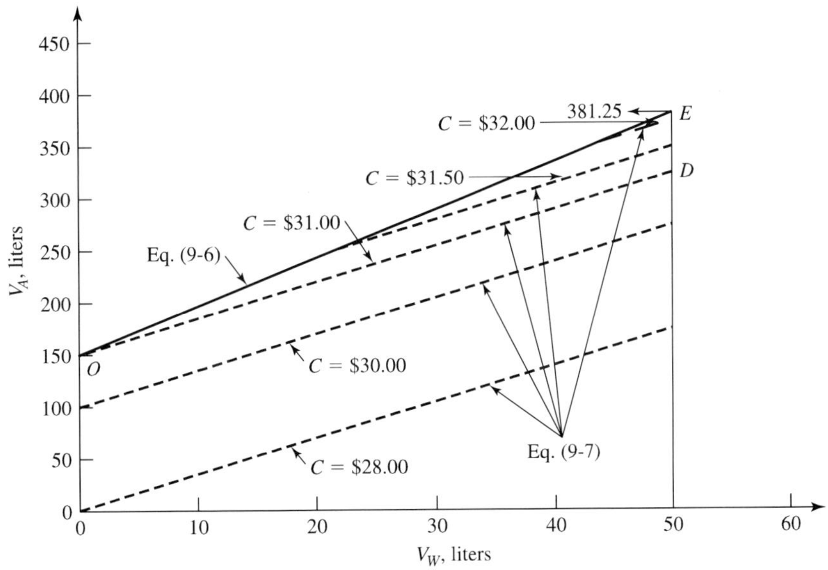


**그림 9-3**
맥주 혼합 문제의 선형계획의 그래프적 표현

선형 계획법 해답을 위해 컴퓨터화된 많은 절차들이 어떻게 구성되고 어떤 일을 하는지는 이장에서 다룰 수 있는 범위를 초과한다.

## 선형 계획법을 위한 일반화된 전략

선형 계획법에서 기본 문제는 식 (9-1)과 같은 형태의 선형 함수를 최대화하거나 최소화시키는 것이다. 해답 도구들을 단순하게 만들기 위해 전개시킬 수 있는 전략은 다양하고 그것들중 몇몇은 기계적 해답에 적합하도록 만들어진 rote, 혹은 pure number-plugging methods of solution을 가능하게 하는 알고리듬이 된다.

선형 계획법에서 변수 $v_1, \ldots, v_n$은 대개 0 이상의 수치로 제한을 받는다(또는 변환이 가능하다). 이것은 $v_j$에 대한 nonnegativity restriction이라고 알려져 있다. 즉

$$v_j \geq 0 \qquad j = 1, 2, \ldots, n$$

다음과 같은 간단한 2차원적 문제를 생각해 보자. 목적함수는 최대화시키는 것이다.

$$3v_1 + 4v_2 \tag{9-8}$$

다음의 선형 제약조건들을 전제로 하여

$$2v_1 + 5v_2 \leq 10 \tag{9-9}$$

$$4v_1 + 3v_2 \leq 12 \tag{9-10}$$

$$v_1 \geq 0 \tag{9-11}$$

$$v_2 \geq 0 \tag{9-12}$$

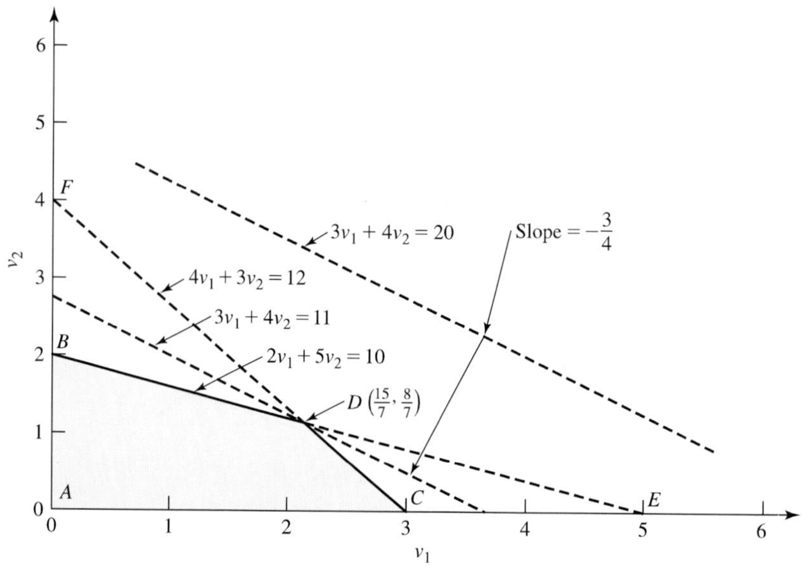


**그림 9-4**
2차원 선형계획 해법의 그래프적 표현

이 문제와 그에 대한 풀이법이 그림 9-4에 그래프로 나타나 있으며 답은 $3v_1 + 4v_2 = 11$이다. 그림 9-4에서 부등식으로 나타낸 선형 제약 조건들은 빗금친 영역(crosshatched area)으로 정답범위를 한정시킨다. 빗금친 영역에서 두 점 사이에 있는 선 위의 모든 점들이 제약조건을 충족시키기 때문에 이 정답 범위는 convex라고 불리는 다각형이 된다.

목적함수 집합은 기울기가 $-\frac{3}{4}$인 모든 직선들이다. 목적함수는 최대치는 다각형의 꼭지점 $D$를 지나는 직선에서 생긴다. 그러므로 목적함수의 최대치는 $3v_1 + 4v_2 = 11$인 선 위에 $v_1 = 15/7$, $v_2 = 8/7$일 때이다. 위 단락에서처럼 2차원인 경우에는 하나의 선형 조건으로 한 평면을 반으로 나누는 선을 알아낼 수 있다. 3차원인 경우에는 하나의 선형 조건이 입체를 반으로 나눌 수 있는 일정한 평면의 범위를 정한다. 이와 마찬가지로 $n$차원인 경우에는 하나의 선형 조건으로 공간을 둘로 똑같이 나눌 수 있는 하이퍼플레인(hyperplane)을 정할 수 있다.

$n$차원인 경우, 선형 조건에서 생기는 하이퍼플레인(hyperplane)들에 의해 정해진 범위는 그 문제의 제약조건을 충족시키는 모든 점들의 convex set을 나타낸다. 만약 그것이 경계가 있는 세트라면 둘러싸인 공간은 볼록 다면체(convex polyhedron)이다. 목적함수의 수치가 증가하기만 하거나 감소하기만 하는 경우에는 목적 함수의 최고치나 최소치는 항상 볼록 다면체의 꼭지점이나 극점과 연결될 것이다. 이와 같이 목적함수를 얻기 위해 정해진 수치와 결합된 부등식이나 등식형태의 제한조건이 있는 모델에 대해서는 선형 계획법이 문제의 조건을 만족시키는 모든 점들 중에서 극점에서의 목적함수 수치를 결정하게 된다. 그리고 극점들에서의 수치를 비교하면 얻고자 했던 목적함수가 정해질 수 있다. 만약 두 개의 극점에서 똑같은 결과가 나온다면 두 개의 극점을 잇는 선 위에 모든 점이 답이 되어 무한히 많은 정답이 존재하게 된다.

### 비선형 계획법(Nonlinear Programming)

앞서 설명한 대로, 비선형 계획법은 비선형성 거동이 목적함수 혹은 제약조건에 나타나는 최적화 상태를 말한다. 그러나 일반적으로 목적함수에 비선형이 개입된 경우가 많다. 비선형 문제의 형태는 다음의 수식조합과 같다.

| | | |
|---|---|---|
| Minimize (or maximize): | $f'(\mathbf{v})$ | $\mathbf{v} = v_1, v_2, \ldots, v_n$ |
| Subject to the constraints: | $h_i(\mathbf{v}) = b_i$ | $i = 1, 2, \ldots, m$ |
| | $g_j(\mathbf{v}) \le c_j$ | $j = 1, 2, \ldots, r'$ |

여기서 $f'$는 비선형 함수이고 $h$와 $g$도 비선형 함수일 수 있다. 이 모두 보통 미분가능, 좀더 구체적으로 2번 미분가능하다고 가정되어진다. 이들 문제의 풀이접근법은 선형문제보다 더 다양하다. 비선형 문제의 주된 풀이법은 Successive Linear Programming(SLP), Successive Quadratic Programming(SQP), Augmental Lagrangian 법 혹은 Lagrangian Multiplier 법 그리고 Reduced Gradient(GRG) 법 등이다. 선형 계획법(LP)와 달리 앞서 밝힌 비선형 계획법(NLP)들은 전체 최적해를 보장하지는 못한다.

**혼합정수계획법(Mixed Integer Programming)** 일반적으로 최적화 문제에 연속 변수들과 정수 변수들이 같이 포함된 경우를 말한다. 이들은 많은 공학적 문제에 유용한데, 특히 최적 공정 설계에 많이 요구되어지는 형태이다. 혼합 정수계획법은 혼합 선형 정수 계획법(MILP)과 혼합 비선형 정수 계획법(MINLP)을 모두 포함한다. 정수 혼합 문제는 매우 그 풀이법이 복잡하여 이 장의 범주를 넘어선다.

### 최적화 문제의 풀이 알고리듬들

최적화 풀이 알고리듬들은 최적해를 얻기까지 프로그래밍 방법과 많은 수치해석적 방법들을 기반으로 반복적 프로그램 수행과정을 겪는다. 알고리듬에 대한 input은 설계거농의 지배 관계식들로 이루어지며 사용자가 알고리듬에 넣어 주어야 한다. 그래서 알고리듬의 사용은 프로그래밍 방법들, 혹은 방법들의 조합 중 선택하여 사용하게 되고 이들은 또한 앞서 밝힌 목적함수, 제약 조건들을 요구하게 된다. 표 9-1에 일반적으로 사용되어지고 있는 알고리듬들을 간략하게 요약하여 나타내었다.

## 최적조건 결정을 위한 일반적 순서

최적 설계의 첫 번째 단계는 어떤 인자를 최적화해야 하는가를 결정하는 것이다. 전형적 인자. 또는 단위 생산량 당 또는 단위시간 당 총 비용 또는 이윤, 단위시간 당 최종 생산물의 양과 전환율 등이 있다. 기준이 결정되어지면, 선택된 인자가 다른 변수들에 어떻게 영향을 주는가를 보여주는 상관관계를 구해야 한다. 최종적으로, 이러한 상관관계들을 도식적, 또는 해석적으로 결합하여 요구되는 최적조건들을 구하게 된다.

**표 9-1 몇 가지 상업화된 알고리듬들**

| System type | Algorithm | Notes |
|---|---|---|
| Linear | | |
| | LINDO | |
| | CPLEX | |
| | OSL | |
| | LAPMS | |
| Nonlinear | Augmented Lagrangian | |
| | LANCELOT | Allows sparse matrix solution |
| | Successive quadratic | |
| | NPSOL | |
| | SNOPT | |
| | DONLP2 | |
| | NLPQL | |
| | MINOS | Available at a nominal fee for educational purposes. Default for linear and nonlinear problems in GAMS software |
| | General reduced gradient | |
| | CONOPT | Allows sparse matrix solution |
| | LSGRG2 | Allows sparse matrix solution |
| | GRG2 | The most widely used GRG code, used in the Excel solver |
| MILP‡ | | |
| | LINDO | |
| | OSL/GAMS | |
| MINLP‡ | | |
| | DICOPT++/GAMS | |
| | MINOPT | An academic algorithm |
| | Extended cutting plane method | |
| | $\alpha$-ECP | An academic algorithm |

†The general algebraic modeling system (GAMS) is perhaps the most widely used optimization software and contains several algorithms including the following:

Linear programming problems—BDMLP, CONOPT, CPLEX, MINOS, OSL, SNOPT, XA, and XPRESS
Nonlinear programming problems—CONOPT, MINOS, SNOPT
Mixed-integer linear programming problems—BDMLP, CPLEX, OSL, XA, and XPRESS
Mixed-integer nonlinear programming problems—DICOPT and SBB

‡The branch and bound method is particularly useful to these applications. Several specialized algorithms are available that form the basis for many of the algorithms used for these types of problems.

## 단일 변수 경우의 순서

많은 경우, 최적화 되어야 할 변수가 단일 변수의 함수로 표현될 수 있는데 이 경우의 순서는 매우 간단해진다. 최소 총비용을 가져다주는 단열 두께를 얻기 위한 예를 그림 9-1에 나타내었다. 연관된 주 변수는 단열 두께가 되는데 이 변수가 모든 비용들에 미치는 영향을 보여주는 상관관계들을 구할 수 있다.

단열의 설치와 구입에 대한 비용 데이터가 가용하고 내구연한을 산정할 수 있는 경우, 고정 비용에 대한 단열 두께의 영향에 대한 관계를 구할 수 있다. 유사하게, 단열 두께의 함수로서의 열 손실비용을 보여주는 관계식도 스팀의 값, 단열재의 성상, 열전달 등에 대한 데이터들로 구할 수 있다. 유지보수, 공장 경비 등과 같은 다른 모든 비용들은 단열 두께와 무관하다고 가정할 수 있다.

구하여진 두 비용 관계식은 아래와 유사한 간단한 형태로 표현할 수 있다.

$$\text{Fixed charges} = \phi(x) = ax + b \tag{9-13}$$

$$\text{Cost of heat loss} = \phi^{i}(x) = \frac{c}{x} + d \tag{9-14}$$

$$\text{Total variable cost} = C_T = \phi(x) + \phi^{i}(x) = ax + b + \frac{c}{x} + d \tag{9-15}$$

여기서 $a$, $b$, $c$와 $d$는 상수이고 $x$는 공통 변수(단열 두께)이다.

그림 9-1은 최적 단열 두께를 결정하기 위한 도식적 방법을 보여주고 있다. 최적 단열 두께는 총 변동비용 대 단열 두께의 곡선에서의 최소점이 된다.

총 변동비용의 기울기는 최적 단열 두께점에서 0이 된다. 따라서 만약 식 (9-15)을 적용하면, 최적값은 단지 $x$에 대한 $C_T$의 미분값을 0으로 하는 $x$를 구함으로써 해석적으로 찾을 수 있다.

$$\frac{dC_T}{dx} = a - \frac{c}{x^2} = 0 \tag{9-16}$$

$$x = \left(\frac{c}{a}\right)^{1/2} \tag{9-17}$$

만약 최적화되어야 할 인자($C_T$)가 최대값 이나 최소값을 찾지 못한다면, 종속 변수에 대한 해는 무한대, 0 또는 음의 제곱근 등과 같은 불가능한 결과를 보일 것이다.

식 (9-17)에서 보인 $x$의 값은 최적점, 또는 변곡점에서 발생한다. 식 (9-15)의 주어진 점에서의 2차 미분은, 그 값이 최소점(이차 미분은 영보다 크다), 최대점(이차 미분은 영보다 작다) 또는 변곡점(이차 미분은 영이다)인지를 알려 준다. 임의의 지점에서의 형태를 결정하기 위한 다른 방법은 종속변수의 최적값 보다 조금 크거나 조금 작은 지점에서의 최적화 변수의 값을 계산하는 것이다.

식 (9-15)의 2차 미분은 다음과 같다.

$$\frac{d^2C_T}{dx^2} = \frac{2c}{x^3} \tag{9-18}$$

만약 $x$가 단열 두께 등과 같은 변수를 의미한다면, 그 값은 양의 값이어야 한다. 그러므로 만약 $c$가 양의 값이라면 최적 점에서 2차 미분의 값은 0보다 커야하고, $(c/a)^{1/2}$는 총 변수값이 최소인 점에서의 $x$값을 의미한다.

## 둘 이상의 변수 경우의 순서

둘 또는 그 이상의 독립변수들이 최적화 인자에 영향을 주는 경우 최적 조건들을 결정하기 위한 순서는 조금 더 복잡하게 될 것이다. 그렇지만, 일반적인 접근방법은 단일 변수의 경우와 같다.

주어진 소업에 대한 총 비용이 두 개의 독립 변수인 $x$, $y$의 함수로 표현되는 경우를 고려해 보자. 즉

$$C_T = \phi^{ii}(x, y) \tag{9-19}$$

모든 관련 비용의 분석과 관계식을 단순한 형태로 간략화하면 식 (9-19)은 아래와 같이 될 수 있다.

$$C_T = ax + \frac{b}{xy} + cy + d \tag{9-20}$$

여기서 $a$, $b$, $c$와 $d$는 양의 상수 값이다.

**도표에 의한 방법** $C_T$, $x$, $y$에 의한 상관관계는 $x$, $y$의 최적값에서 발생하는 $C_T$의 최소값이 함께 표시된 3차원 도표에서의 곡면으로 보여질 수 있다. 그렇지만 3차원 도표는 대부분의 공학적 결정에서는 실제적이지 못하다.

식 (9-20)에서의 $x$와 $y$의 최적값은 그림 9-5에서 보여준 방법을 사용함으로서 2차원 도표 상에서 도식적으로 쉽게 찾을 수 있다. 이 그림에서는 최적화 되어야 할 인자가 독립변수 중의 하나($x$)에 대해 두 번째 변수($y$)가 고정된 상태에서 나타내어진다. 이러한 플롯의 연속은 두 번째 변수의 다른 상수 값을 보여주는 각각의 점괘선으로 만들어진다. 그림 9-5에서 보였듯이 각각의 곡선들($A$, $B$, $C$, $D$와 $E$)은 총 비용이 최소가 되는 지점에서의 첫 번째 변수 x의 값을 보여 준다. 곡선 NM은 이러한 모든 최소점들의 궤적을 나타내며, $x$와 $y$의 최적 값은 곡선 $NM$의 최소점에서 발생한다.

이와 유사한 도식적 방법들이 둘 이상의 독립변수들이 있을 때 사용될 수 있다. 예를 들어, 만약 제3의 변수 $z$가 식 (9-20)에 포함되어 있다면, 첫 번째 단계는 $z$ 변수의 상수값에서 그림 9-5과 비슷한 도표를 만드는 것이다. 유사한 그림이 $z$의 다른 상수 값에서 그려진다. 각각의 그림은 특정한 $z$ 값에 대한 $x$, $y$, $C_T$의 최적값을 준다. 결국 그림 9-5에서와 같이, $x$, $y$, $z$, $C_T$의 전체 최적값은 $z$ 대 $C_T$의 개별 최적값을 그려 줌으로써 얻을 수 있다.

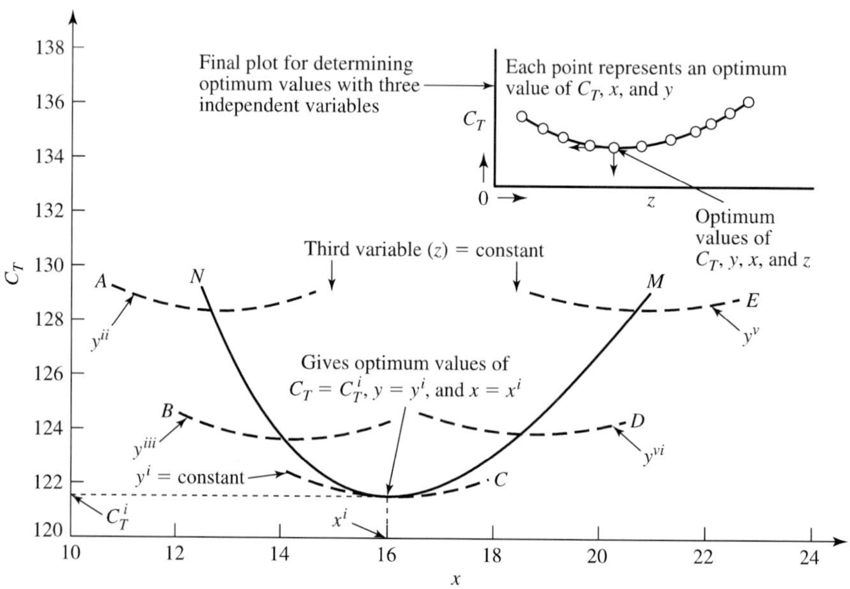


**그림 9-5**
둘 이상의 독립변수를 갖는 문제의 도식적 최적조건 결정

**해석적인 방법** 그림 9-5에서, $x$의 최적 값은 $(\partial C_T/\partial x)_{y=y'}$이 0이 되는 점에서 찾을 수 있다. 유사하게, 만약 $y$가 가로축 $x$ 대신 사용될 때도 같은 결과가 얻어진다. 이 경우에, $y$(즉 $y^i$)의 최적값은 $(\partial C_T/\partial y)_{x=x'}$이 0이 되는 점에서 찾을 수 있다. 이러한 사실은 최적값의 결정에 대한 해석적인 방법에 대한 순서를 보여준다.

식 (9-20)의 경우에 대하여

$$\frac{\partial C_T}{\partial x} = a - \frac{b}{x^2 y} \tag{9-21}$$

$$\frac{\partial C_T}{\partial y} = c - \frac{b}{x y^2} \tag{9-22}$$

최적조건에서 이 편미분은 0이 되어야 한다. 여기서 식 (9-21)과 (9-22)은 0으로 다시 쓸 수 있고 $x = (cb/a^2)^{1/3}$과 $y = (ab/c^2)^{1/3}$의 최적값은 두 식을 연립하여 풀음으로써 얻을 수 있다. 두 개 이상의 독립변수가 포함된 경우에도 같은 방법으로 독립변수의 수와 방정식의 수를 같게 하여 풀 수 있다.

## 예제 9-1 두 독립변수 경우의 최적 값 결정.

아래의 식은 특정 조업에서의 총 비용에 대한 변수 $x$와 $y$의 영향을 보여주고 있다.

$$C_T = 2.33x + \frac{11{,}900}{xy} + 1.86y + 10$$

최소 총 비용을 위한 $x$와 $y$의 값을 결정하여라.

■ **풀이**

**해석적 방법**

$$\frac{\partial C_T}{\partial x} = 2.33 - \frac{11{,}900}{x^2 y}$$

$$\frac{\partial C_T}{\partial y} = 1.86 - \frac{11{,}900}{x y^2}$$

최적 점에서

$$0 = 2.33 - \frac{11{,}900}{x^2 y}$$

$$0 = 1.86 - \frac{11{,}900}{x y^2}$$

$x$와 $y$의 최적값에 대해 동시에 풀면

$$x = 16 \qquad y = 20 \qquad C_T = 121.7$$

구해진 값이 최소 비용의 조건을 나타내는 가를 확인하기 위한 검사가 실행되어져야 한다.

$$\frac{\partial^2 C_T}{\partial x^2} = \frac{2(11,900)}{(16)^3(20)} = +0.290 \text{ at optimum point}$$

$$\frac{\partial^2 C_T}{\partial y^2} = \frac{2(11,900)}{16(20)^3} = +0.186 \text{ at optimum point}$$

2차 미분 값이 양이기 때문에, 최적조건들은 최소 비용점에서 발생한다.

**도표에 의한 방법**

아래 $y$의 상수값은 임의로 선택한 값이다.

$$y^i = 20 \qquad y^{ii} = 32 \qquad y^{iii} = 26 \qquad y^{iv} = 15 \qquad y^v = 12$$

$y$의 각 상수값에서, $C_T$ 대 $x$의 그림을 만들 수 있다. 이러한 그림들은 그림 9-6에서 곡선 $A$, $B$, $C$, $D$와 $E$로 나타내어진다. 그 결과를 아래의 표에 요약하였다.

**도표에 의한 방법과 해석적 방법의 비교**

| $y$ | Optimum $x$ | Optimum $C_T$ |
|---|---|---|
| $y^i = 20$ | 16.0 | 121.7 |
| $y^{ii} = 32$ | 12.7 | 128.3 |
| $y^{iii} = 26$ | 14.1 | 123.6 |
| $y^{iv} = 15$ | 18.5 | 123.9 |
| $y^v = 12$ | 20.7 | 128.5 |

여러 가지 최적점을 통과하는 곡선(그림 9-5의 NM)은 전체 최적점이 다음과 같다는 것을 보여준다.

$$x = 16 \qquad y = 20 \qquad \text{where } C_T = 121.7$$

*주의* : 이 경우에는, $y$의 값은 최적값에 해당되는 값으로 선택되어졌다. 일반적으로, 최종의 최적조건들을 결정하기 위해서는 추가의 계산이나 안짐작이 필요로 한다.

**도표에 의한 방법과 해석적 방법의 비교** 최적조건의 결정에 있어서, 같은 결과들이 도표에 의한 방법이나 해석적 방법에 의해 얻어진다. 때로는 미분에 대한 해석적 함수의 수립이 불가능할 수 있는데 이 경우에는 도표에 의한 방법이 사용되어야 한다. 만약 총괄 해석 함수의 개발과 단순화를 위해 복잡한 수학이 요구된다면, 도표에 의한 직접적 해답이 보다 간단한 접근법이 될 것이다. 그렇지만 각각의 개별적인 문제는 주어진 환경을 토대로 분석되어져야 한다. 예를 들어 만약 다수의 반복된 시도가 필수적인 경우에는 해석적인 해를 얻기 위한 추가적 노력이 바람직할 수 있다.

도표에 의한 방법은 해석적 방법에 비해 한 가지 확실한 장점을 가진다. 곡선의 형태는 최적조건, 또는 이에 가까운 조업의 중요성을 나타낸다. 만약 최대, 혹은 최소가 곡선이 완만한 기울기 변화와 편평한 점에서 발생한다면, 최적조건들에 대한 선택 범위는 상당히 넓을 것이고, 증분에 비용 분석이 필요할 것이다. 반면에, 만약 최대 혹은 최소가 가파르다면, 정확한 최적조건에서의 조업이 필수적일 것이다.

## 최적 생산 분석을 위한 손익분기표

공장 조업에서의 전체 비용이나 이익을 고려할 때 경제성에 중요한 영향을 주는 인자들 중의 하나는 총 가용 시간 중의 조업시간 비율이다. 만약 공장이 공운전 되고 있거나 또는 낮은 용량으로 조업된다면, 원료와 노동력 등과 같은 비용은 줄어들지만, 감가상각과 유지를 위한 비용은 비록 공장이 완전 가동되지 않더라도 완전 가동시와 같은 비율만큼 들어가게 된다.

조업 시간, 생산속도, 판매가격 간에는 아주 밀접한 상호관계가 있다. 시장 수급을 만족하고 최선의 경제적 결과를 가져다 줄 수 있도록 공장의 생산용량을 사용하면서 고정비용들이 최대한 활용될 수 있도록 하는 일정으로 공장을 운전하는 것이 바람직하다. 그림 9-6은 생산속도가 비용과 이익에 대해 어떻게 영향을 주는가를 보여주고 있다. 이익뿐만 아니라 총 생산 비용이 생산속도 증가값이 증가하는 반면에 일정하게 유지된다. 총 생산 비용이 총 수입과 같아지는 점이 손익 분기점이 최적 생산 일정에서의 생산속도는 손익 분기점에 해당되는 생산속도보다 높아야 할 것이다.

## 공정모사의 실험 계획과 분석

정확한 공정설계모사를 수행할 수 있다면 공정최적화를 위한 또 다른 접근방법(모사실험 최적화(SEO)라 불리우는)을 취할 수 있다. 이 방법은 모사기법을 실험도구로 활용하게 되

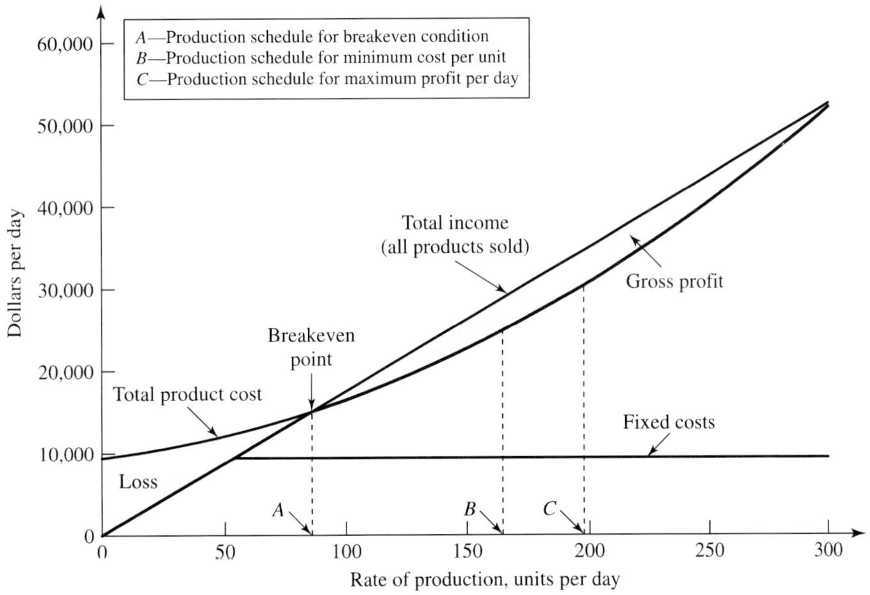


**그림 9-6**
생산공장 조업을 위한 손익분기표(예 2의 생산일정을 기준으로)

는데 설계의 위상학적 또는 매개변수 관점들을 설계할 수 있다. 이러한 위상적 또는 매개변수들에 대한 모사성능은 잘 정립된 실험계획기법들을 이용하여 분석되게 된다. 실험계획기법들 중 factorial 실험계획법이 특히 SEO에 적합하다.

모사실험 최적화는 모사의 구축으로부터 시작한다: 이것은 다른 최적화 방법들에서 사용되는 설계의 수학적 성능을 평가하는 과정에 해당된다. 다른 방법에서와 같이 부분적 최적화가 적절할 수 있다. 다음으로는, 설계에 보다 중요한 변수들을 가려내기 위한 모사를 하게 된다. 이 단계에서는 변수들에 대한 정량적 평가가 요구되므로 factorial 설계와 분석 방법이 적합하다.

최적 설계에서 사용된 것과 같은 원리가 적절한 조업조건을 결정할 때 적용될 수 있다. 어떠한 공장의 조업에 있어서도 가장 중요한 변수 중의 하나는 단위 시간당 생산되는 생산물 양이다. 생산속도는 일간, 주간, 월간 조업 시간, 장치부하, 가용한 시장조건 등과 같은 수많은 인자들에 의존한다. 다양한 상황에서의 비용 분석과 공장에 영향을 주는 다른 인자들을 고려함으로써 최적 생산속도 또는 경제적 생산규모를 결정할 수 있다.

설계 엔지니어가 완전한 공장 설계 보고서를 제출할 때, 그 연구는 일반적으로 그 공장에 주어진 생산 능력에 기초한다. 그러나 공장이 조업에 들어가게 되면 원래 설계 인자중의 몇몇은 바뀌게 되고, 최적 생산속도는 "설계 용량"으로부터 상당하게 바뀔 수도 있다. 예를 들어 어떤 공장이 원래는 매 8시간마다 한 회분이 이루어진다는 조건 하에서 유기 화학물질이 회분식으로 생산되도록 설계되어졌다고 가정하자. 공장이 조업에 들어간 후에 실제 비용 데이터가 얻어지고, 다양한 조업 방법에 대한 실험이 수행된다. 회분 당 소요 시간이 감소한다면 보다 많은 월간 생산이 가능할 것이다. 그렇지만 회분 시간이 짧아질수록 보다 많은 노동력이 소요되고, 원료 물질의 전환율이 감소하며, 스팀과 동력 비용이 증가하게 된다. 다음의 분석은 경제적 생산속도를 결정하기 위한 일반적인 방법을 보여준다.

시간 당 총 생산비용도 운전비용과 조직비용의 두 가지로 분류된다. 운전비용은 생산속도에 의존하며 직접노동비, 원료비, 동력비, 열 및 각종 유틸리티비 등 생산량의 함수인 항목들에 의하여 결정된다. 조직비용은 직원 관리, 물리적 장비, 생산량에 관계없이 유지되어야 하는 다른 시설이나 서비스 이용에 의하여 발생한다. 운전비용은 단위생산량을 기준으로 다루는 것이 편리하다. 운전비용은 다음 두 가지 종류의 비용으로 나눌 수 있다: (1) 물질이 조금이라도 생산되어지는 한 지불 또는 유지되어야 하는 원료 물질, 노동력, 동력 등에 대한 최소 비용, (2) 생산량 증가에 따른 추가 비용. 이런 추가 비용은 과도생산비용이라고 하며 높은 생산속도에 있어서 특히 중요하게 된다. 과도생산비용의 예로서 동력설비의 과부하, 추가 노동력의 필요, 또는 전환 효율의 감소 등에 의한 비용이다. 과도생산비용은 다음과 같이 표현될 수 있다.

$$\text{Superproduction costs per unit of production} = mP_r^n \tag{9-23}$$

여기서 $P_r$는 단위시간 당 총 생산 단위로서의 생산 속도이며 $m$과 $n$은 상수이다.

$h$를 단위생산 당 일정하게 유지되는 운전비용, $O_c$를 단위시간 당 조직비용으로 표시할 때, 단위생산 당 총 생산 경비 $c_T$는

$$c_T = h + mP_r^n + \frac{O_c}{P_r} \tag{9-24}$$

다양한 종류의 비용이나 이익에 대한 아래 식은 식 (9-24)에서 나온다.

$$C_T = c_T P_r = \left(h + mP_r^n + \frac{O_c}{P_r}\right) P_r \tag{9-25}$$

$$p_r = s - c_T = s - h - mP_r^n - \frac{O_c}{P_r} \tag{9-26}$$

$$R' = p_r P_r = \left(s - h - mP_r^n - \frac{O_c}{P_r}\right) P_r \tag{9-27}$$

여기서 $C_T$ = 단위시간 당 총 생산비용, $r$ = 단위생산 당 이윤, $R'$ = 단위시간 당 이윤, $s$ = 단위생산 당 판매 가격이다.

**단위생산 당 최소비용을 위한 최적 생산속도** 생산된 물질 한 단위를 기준으로 최소비용을 가져오는 생산속도를 알아야 할 필요가 종종 있다. 이러한 특정한 최적 속도에 있어서, 단위생산 당 총 생산비용 대 생산속도를 그려보면 최소 생산비용을 알 수 있다. 최적 생산속도는 $dC_T/dP_o = 0$일 때 발생한다. 이 경우에 대한 해석적인 해는 식 (9-25)로부터 얻어지며, 단위생산 당 최소비용를 주는 최적 속도 $P_o$ 아래와 같이 표현된다.

$$\frac{dc_T}{dP} = 0 = nmP_{r,o}^{n-1} - \frac{O_c}{P_{r,o}^2} \tag{9-28}$$

$$P_{r,o} = \left(\frac{O_c}{nm}\right)^{1/(n+1)} \tag{9-29}$$

만약 판매가격이 일정하게 유지된다면 식 (9-29)에서 보여준 최적속도는 단위생산 당 최대 이윤을 가져온다.

**단위시간 당 최대 총 이윤을 위한 최적 생산속도** 대부분의 사업에서는, 주어진 기간동안 번 돈의 양은 판매된 제품단위 당 번 돈의 양보다 훨씬 더 중요하다. 따라서 단위시간 당 최대 이윤을 위한 생산속도는 단위생산 당 최소비용을 위한 생산속도와 상당히 다를 수도 있다는 사실을 주지해야 할 필요가 있다.

식 (9-27)는 비용과 이윤에 대한 기본적인 상관관계를 보여준다. 단위시간 당 이윤 대 생산속도를 그려보면 최대점을 통과하게 된다. 따라서 식 (9-27)은 최적 생산속도의 해석적인 값을 찾기 위해 사용된다. 판매가격이 일정하게 유지될 때, 단위시간 당 최대이윤을 주는 최적속도는 다음과 같다.

$$P_{r,o} = \left[\frac{s - h}{(n+1)m}\right]^{1/n} \tag{9-30}$$

다음의 예는 이러한 원리를 보여주며 또한 그림 9-6의 예에 대한 해석적 해를 나타내고 있다.

## 예제 9-2 최적 생산속도에서 이윤 결정

1일에 $P_r$의 속도로 냉장고를 생산하는 공장이 있다. 냉장고에 대한 변동비용은 $\$47.73 + 0.1P_r^{1.2}$에 의해 얻어진다. 총 고정 지출 비용은 \$1750이고, 다른 전체 비용은 1일에 \$7325로 일정하다. 냉장고 한 대의 판매가격이 \$173일 때, 다음을 결정하여라.

**a.** 냉장고 한 대당 최소 비용이 드는 생산일정에서의 1일 이윤

**b.** 1일 최대 이윤을 주는 생산일정에서의 1일 이윤

**c.** 손익분기점에서의 생산일정

■ **풀이**

**a.** 냉장고 한 대당 총 비용

$$C_T = 47.73 + 0.1P_r^{1.2} + \frac{1750 + 7325}{P_r}$$

냉장고 한 대당 최소비용을 위한 생산속도에서

$$\frac{dC_T}{dP_r} = 0 = 0.12P_o^{0.2} - \frac{9075}{P_{r,o}^2}$$

따라서 장치 당 최소비용을 위한 $P_o = 165$ 단위/일

냉장고 한 대 당 최소 비용을 위한 생산 일정에서의 1일 이윤

$$R' = \left[173 - 47.73 - 0.1(165)^{1.2} - \frac{9075}{165}\right]165 = \$4040$$

**b.** 1일 이윤

$$R' = \left(173 - 47.73 - 0.1P_r^{1.2} - \frac{1750 + 7325}{P_r}\right)P_r$$

1일 당 최대 이윤을 위한 생산 일정에서

$$\frac{dR'}{dP_r} = 0 = 125.27 - 0.22P_{r,o}^{1.2}$$

따라서 1일 최대 이윤을 위한 $P_o = 198$ 단위/일

1일 최대 이윤를 위한 생산속도에서 1일 이윤

$$R'\left[173 - 47.73 - 0.1(198)^{1.2} - \frac{9075}{198}\right]198 = \$4440$$

**c.** 1일당 최대 이윤은 손익분기점에서

$$\left[173 - \left(47.73 + 0.1P_r^{1.2} + \frac{1750 + 7325}{P_r}\right)\right]P_r = 0$$

$P_r$에 대해 이전의 방정식을 풀면

$$P_{\text{at breakeven point}} = 88 \text{ units/day}$$

## 최적화 응용 : 주기적 조업

많은 공정들이 배출, 청소, 또는 조업 재개를 위한 주기적인 조업중단 등을 포함하는 주기적 조업으로 운전되고 있다. 이런 종류의 조업은 제품이 회분식 공정에서 생산될 때, 또는 판-틀 여과 조작에서 생산속도가 시간에 대해 감소할 때 주로 발생한다. 실제 회분식 조업에 있어서, 하역을 위한 장치의 조업중단 중에는 어떠한 제품도 생산되지 않는다. 반 연속식 주기적 조업은 장치가 조업중일 때 연속적으로 제품이 생산되지만, 생산속도는 시간이 흐름에 따라 감소한다. 따라서, 회분식 혹은 반 연속식 주기적 조업에 있어서는 최적 조건을 결정할 때 한 주기당 요구되는 총시간 변수가 고려되어져야 한다.

조업의 분석은 한 주기를 위한 시간을 기준으로 하여 쉽게 수행할 수 있다. 이러한 분석에 의하여, 아래와 유사한 상관관계가 연간 총 비용 또는 연간 생산속도 등과 같은 전체적 인자가 표현되도록 개발될 수가 있다.

$$\text{Total annual cost} = (\text{operating and shutdown costs per cycle})(\text{cycles per year}) + \text{annual fixed costs} \tag{9-31}$$

$$\text{Annual production} = (\text{production per cycle})(\text{cycles per year}) \tag{9-32}$$

$$\text{Cycles per year} = \frac{\text{operating and shutdown time used per year}}{\text{operating and shutdown time per cycle}} \tag{9-33}$$

다음의 예는 회분식 조업에서의 최적 조건 결정을 위한 일반적인 방법들을 보여준다.

### 예제 9-3 회분식 조업에서의 최소 총비용을 위한 조건 결정

한 회분이 끝나야만 제품이 완성되는 회분식 조업에 의해 어떤 유기 화학물질이 생산된다. 각각의 주기는 하역, 충전을 위한 1.4시간과 반응이 완료되기 위한 조업시간으로 구성된다. 한 주기당 조업 시간은 $1.5P_b^{0.25}$시간으로 표현되는데, 여기서 $P_b$는 한 회분당 생산되는 제품의 킬로그램이다. 조업을 하는 동안 조업 비용은 시간당 \$20이며, 하역-충전 기간동안의 비용은 시간당 \$15이다. 장비에 대한 연간 고정 비용은 한 회분의 크기에 따라 다음과 같이 바뀐다.

$$C_F = 340P_b^{0.8} \text{ \$/yr}$$

재고와 창고에 대한 경비는 무시할 수 있으며, 공장은 일년에 300일 1일에 24시간 조업 이 가능하다. 연간 생산량은 100만 kg이며 이 생산량에서 원료물질과 다른 잡다한 비용을 모두 합하면 연간 \$260,000 정도가 된다. 연간 최소 총비용 조건을 위한 주기를 결정하여라.

■ **풀이**

$$\text{Cycles/year} = \frac{\text{annual production}}{\text{production/cycle}} = \frac{1,000,000}{P_b}$$

$$\text{Cycle time} = \text{operating time} + \text{shutdown time} = 1.5P_b^{0.25} + 1.4 \text{ h}$$

$$\frac{\text{Operating + shutdown costs}}{\text{cycle}} = 20\left(1.5P_b^{0.25}\right) + (15)(1.4)\ \$/\text{cycle}$$

$$\text{Annual fixed costs} = 340P_b^{0.8} + 260{,}000\ \$/\text{yr}$$

$$\text{Total annual costs} = \frac{\left[20\left(1.5P_b^{0.25}\right) + 15(1.4)\right]1{,}000{,}000}{P_b} + 340P_b^{0.8} + 260{,}000\ \$/\text{yr}$$

연간 총 비용은 $d$(연간 총 비용)/$dP_b = 0$일 때 최소가 된다.

실행의 차이는 결과를 0으로 두고 $P_b$에 대해 풀면

$$P_{b,\text{optimum cost}} = 1630\ \text{kg/batch}$$

연간 총 비용 대 $P_b$를 그려서 연간 최소 비용점에서의 $P_b$값을 결정해도 같은 결과를 얻을 수 있다.

최소 연간 비용의 조건과 $10^6$ kg/year 생산에 대해

$$\text{Cycle time} = 1.5(1630)^{0.25} + 1.4 = 11\ \text{h}$$

$$\text{Total time used per year} = \frac{11(1{,}000{,}000)}{1630} = 6750\ \text{h}$$

$$\text{Total time available per year} = 300(24) = 7200\ \text{h}$$

따라서, $10^6$ kg/year 생산에 대한 최소 연간 비용 조건을 더하기 위해, 모든 가용 조업과 조업 중지 시간이 사용되지는 않았다.

---

**반연속식 주기적 조업** 반연속식 주기적 조업은 화학산업에서 종종 접하게 되는데, 설계 엔지니어는 이러한 종류의 조업에서의 최적 주기를 결정하기 위한 방법을 이해하고 있어야 한다. 비록 제품이 연속적으로 생산되지만, 생산 속도는 스케일링, 부산물의 축적, 전환율의 감소, 또는 다른 유사한 원인들에 의해 시간이 지남에 따라 감소한다. 따라서 높은 생산속도를 유지시키기 위해 주기적으로 조업을 중지해야 할 필요가 있다. 최적 주기는 단위시간 당 최대 생산속도, 혹은 단위생산 당 최소 비용등과 같은 조건에 대하여 결정될 수 있다.

**증발기 에서의 스케일 형성** 스케일 형성은 증발이 포함된 주기적 조업에서 흔히 접하게 되는 문제이다. 증발기가 조업되는 동안, 열 전달 표면 위에 종종 고체가 쌓여 스케일을 형성하게 된다. 스케일의 연속적인 생성은 열 흐름에 대한 저항의 점진적인 증가를 야기하여 만약 같은 온도차이가 유지된다면 결과적으로 열전달 속도와 증발 속도를 감소시킨다. 만약 이러한 조건 하에서 증발장치는 최적 조업 시간에 이르면 조업을 중지하고 청소를 해야하며 순환이 반복된다.

스케일의 형성은 모든 종류의 증발기에서 어느 정도 일어나지만 원료 혼합물에 정반대의

용해도를 가지는 물질이 포함된 경우에 특히 심각하다. “정반대의 용해도”란 표현은 용액의 온도가 증가할 때 용해도가 감소함을 의미한다. 이러한 종류의 물질에서, 용해도는 온도가 가장 높은 지점인 열전달 표면 가까이에서 가장 낮아지므로 이 표면에서 스케일이 가장 잘 형성되게 된다. 가장 흔한 스케일 형성 물질은 황화칼슘, 수산화칼슘, 탄산나트륨, 황화나트륨, 그리고 특정 유기산으로 구성된 칼슘염 등이 있다.

실제 스케일 형성이 일어날 때, 전체 열전달 계수는 증발기가 조업된 시간과 선형적인 관계를 가질 것이다.

$$\frac{1}{U^2} = a\theta_b + c \tag{9-34}$$

여기서 $a$와 $c$는 주어진 조업조건에서의 상수이고 $U$는 조업이 시작된 이후 경과된 특정 조업 시간 $\theta_b$에서의 전체 열전달 계수이다.

식 (9-34)에서 보여준 관련된 상수와 열전달 계수를 결정하는 것이 용이하지 않다면, 열전달 계수에 비례하는 어떠한 물리량이라도 대신 사용 할 수 있을 것이다. 그래서 만약 스케일 형성을 제외한 모든 조건이 일정하게 유지된다면 공급 속도, 생산속도, 증발 속도는 식 (9-34) 형태와 비슷하게 표현될 수 있다. 이들 관계식 중 어떠한 것도 최적조건을 구하는 기준으로 사용될 수 있다. 식 (9-34)을 기반으로 하는 일반적인 방법은 다음과 같다.
만약 $Q$가 조업 시간 $\theta_b$에서 전달되는 열의 총량을 의미하고, $A$와 $\Delta T$는 각각 열전달 면적과 온도차 구동력을 의미한다면, 어떤 순간에서의 열전달 속도는

$$\frac{dQ}{d\theta_b} = UA\Delta T = \frac{A\Delta T}{(a\theta_b + c)^{1/2}} \tag{9-35}$$

열전달 속도는 조업 과정 중 변화되지만 열전달 면적과 온도차 구동력은 일정하게 유지된다. 따라서 조업시간 $\theta_b$ 동안 전달되는 전체 열전달양은 아래와 같이 식 (9-35)를 적분함으로서 구할 수 있다.

$$\int_0^Q dQ = A\,\Delta T \int_0^{\theta_b} \left(\frac{1}{a\theta_b + c}\right)^{1/2} d\theta_b \tag{9-36}$$

$$Q = \frac{2A\Delta T}{a}[(a\theta_b + c)^{1/2} - c^{1/2}] \tag{9-37}$$

**최대 열전달량을 위한 주기** 주기적 조업에서의 또 하나의 공통적 관심사는 열전달 주기 시간을 결정하는 것인데 이를 위한 접근방법은 두 가지로 분류된다. 첫 번째는 열전달을 최대로하는 주기를 찾는 것이다. 식 (9-37)은 주어진 기간동안의 최대 열전달을 가져다 주는 주기시간을 찾기 위한 기본식으로 사용될 수 있다. 각각의 주기는 $\theta_b$의 조업 시간으로 이루어진다. 만약 한 주기당 비우기, 청소, 재충전에 요구되는 시간이 $\theta_c$이면, 한 주기 당 전체 소요시간 $\theta_t = \theta_b + \theta_c$가 된다. 따라서 비우기, 청소, 재충전에 사용된 총 시간을 $H$라 하면, 총 시간 동안의 주기 횟수는 $H/(\theta_b + \theta_c)$로 주어진다.

따라서 $H$ 시간 동안에 전달된 열전달 총량은

$$Q_H = \left(\frac{Q}{\text{cycle}}\right)\left(\frac{\text{cycles}}{H}\right)$$

따라서

$$Q_H = \frac{2A\,\Delta T}{a}[(a\theta_b + c)^{1/2} - c^{1/2}]\frac{H}{\theta_b + \theta_c} \tag{9-38}$$

일반적 경우 식 (9-38)의 변수는 오로지 조업시간 $\theta_b$이다. 총 열전달량 대 $\theta_b$을 그렸을 때 최대점에서 $\theta_b$의 최적 값이 된다. 그림 9-7은 이런 형태의 그래프를 보여준다. 최적 주기시간은 식 (9-38)을 $\theta_b$로 미분한 것을 0으로 놓고 $\theta_b$를 구함으로써 얻어지며 그 결과는 다음과 같다.

$$\theta_{b,\text{per cycle for maximum amount of heat transferred}} = \theta_c + \left(\frac{2}{a}\right)(ac\theta_c)^{1/2} \tag{9-39}$$

식 (9-39)은 주어진 최적 비등시간에서 최대 열전달량을 위한 조업 일정을 알려준다. 조업, 비우기, 청소와 재충전에 필요한 모든 시간이 사용되어야 한다. 일정한 조업 조건 하에서, 이와 같은 일정은 사용되는 원료, 만들어진 생산물, 증발되는 액체의 량 모두를 최대로 해준다.

최적 주기시간 결정을 위한 세 번째 방법은 최적 조건을 찾기 위한 접선 방법으로 알려져 있는데 많은 종류의 주기적 조업에 적용 될 수 있다. 그림 9-8는 전달된 열에 대한 비등시간을 도시한 것으로서 위의 세 번째 방법을 일정한 청소 시간( $\theta_c$) 조건에 대한 묘사하고 있

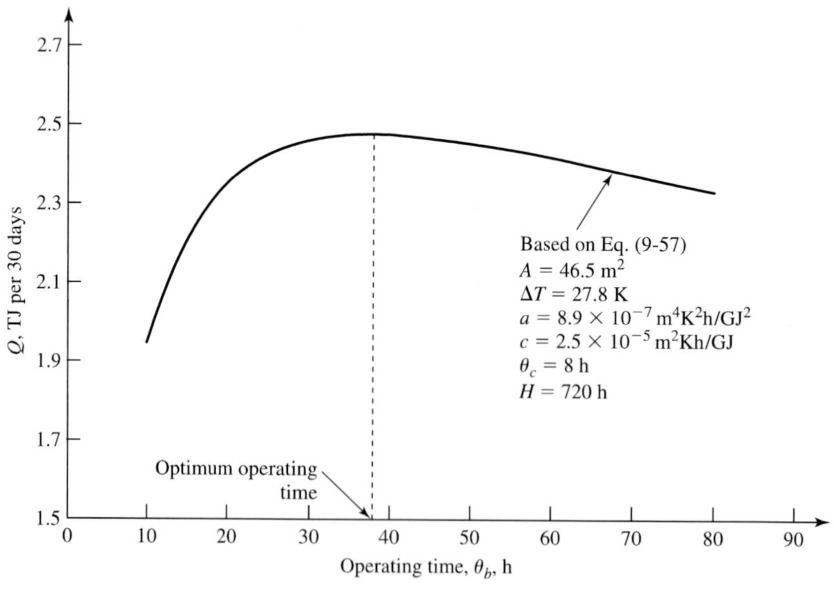


**그림 9-7**
스케일이 생성된 증발기에서 최대 열전달량을 위한 최적 조업시간 결정

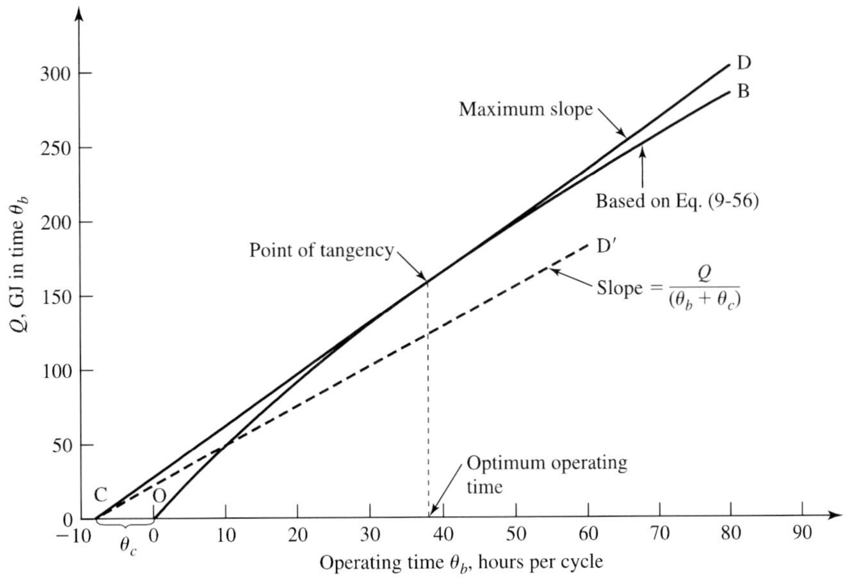


**그림 9-8**
스케일이 생성된 증발기에서 접선법에 의하여 최대 열전달량을 위한 최적시간을 구하는 방법

다. 곡선 $OB$는 식 (9-37)에서 나왔다. 완전한 한 주기 동안의 단위 시간당 평균 열전달량은 $Q/(\theta_b + \theta_c)$이다. 반복 주기 동안의 총 열전달량이 최대가 되면, 단위 시간당 평균 열전달량 또한 최대가 된다. 따라서 최적 주기시간은 $Q/(\theta_b + \theta_c)$가 최대일 때 얻어진다.

그림 9-8에서 직선 $CD'$는 좌표 원점에서 좌측으로 $\theta_c$ 만큼의 거리에서부터 시작한다. 이 직선의 기울기는 $Q/(\theta_b + \theta_c)$이고, 직선 $CD'$와 곡선 $OB$의 교차점에서 $Q$와 $\theta_b$의 값이 결정된다. $Q/(\theta_b + \theta_c)$의 최대값은 직선 $CD$가 곡선 $OB$와 접할 때 일어나고, 접점은 최대 열전달량 조건에 대한 단위 주기 당 끓는 시간의 최적값을 의미한다.

**단위 열전달량당 최소비용을 위한 주기 시간** 열전달 주기시간을 결정하는데 공통적으로 적용되는 또 다른 접근법은 단위 열전달량 당 비용을 최소로 하는 주기의 결정이다. 증발기 조업에 있어서 단위 열전달량 당 최소비용에 영향을 줄 수 있는 다른 많은 인자들이 있는데 그 중 간단하면서도 일반적인 한 경우를 고려해 보도록 하자. 고정된 용량의 증발기가 있어 매일 정해진 양의 원료의 증발을 수행해야 한다고 가정한다. 한번의 청소와 재고 충전에 대한 총 비용은 끓는 시간의 길이에 관계없이 일정하다고 가정한다. 우리의 문제는 최소 총 비용에서 운전할 수 있게 해 주는 주기 시간을 결정하는 것이다.

총 비용은 (1) 장치의 고정비용과 고정 오버헤드 비용, (2) 원료와 증발의 양의 비례하는 스팀, 물질, 및 저장 비용, (3) 실제 증발 조업기간 동안의 직접 노동비용 (4) 청소 비용 등을 포함한다. 장비의 크기, 원료와 증발량이 고정되었으므로 (1)과 (2)에 포함된 비용은 주기 시간과 무관하다. 따라서, 최적 주기는 청소비용과 증발조업을 하는 동안의 직접 노동비용의 합을 최소화 할 때 얻어진다.

만약 $C_c$가 1회의 청소에 대한 비용을 나타내고 $S_b$가 조업을 하는 동안의 시간당 직접 노동비용을 의미한다면, 조업과 청소 시간 $H$ 시간 동안의 총 변동비용은 다음과 같이 된다.

$$C_{T,\text{ for }H} = (C_c + S_b\theta_b)\frac{H}{\theta_b + \theta_c} \tag{9-40}$$

식 (9-38)과 식 (9-40)을 결합하면

$$C_{T,\text{ for }H} = \frac{aQ_H(C_c + S_b\theta_b)}{2A\,\Delta T[(a\theta_b + c)^{1/2} - c^{1/2}]} \tag{9-41}$$

최소 총 비용에 대한 최적 $\theta_b$에 대한 값은 $C_T$ 대 $\theta_b$을 도시하거나 또는 $\theta_b$에 대한 식 (9-41)의 미분을 0으로 하는 $\theta_b$를 풀음으로써 얻을 수 있다. 그 결과는

$$\theta_{b,\text{ per cycle for minimum total cost}} = \frac{C_c}{S_b} + \frac{2}{aS_b}(acC_cS_b)^{1/2} \tag{9-42}$$

식 (9-39)는 최적 주기 시간이 열 전달 요구량 $Q_H$와는 무관함을 보여준다. 그러므로 최소 비용에 대한 최적 주기 시간이 열 전달 요구량을 만족하는지를 확인해야 한다. 이것은 식 (9-38)을 기초로 한 아래의 식을 사용하여 쉽게 할 수 있다.

$$\theta_t = \theta_b + \theta_c = \frac{2AH'\Delta T}{aQ_H}[(a\theta_{b,\text{opt}} + c)^{1/2} - c^{1/2}] \tag{9-43}$$

여기서 $H'$은 운전, 비우기, 청소와 재충전을 위해 가용한 총 시간을 의미한다. 만약 $\theta_t$가 $\theta_{b,\text{opt}} + \theta_c$보다 크거나 같으면, 식 (9-42)에서 나온 최적 끓는시간을 이용할 수 있으며, 요구되는 생산량은 최소 비용의 조건에서 얻어진다.

앞서의 방법에 의해 결정된 최적 시간은 편리한 조업일정에는 적절하지 못할 수도 있다. 그림 9-7과 9-8에서 보였듯이, 다행히도 일반적으로 최적점은 주기 시간이 상당량 변화해도 최적화 인자에 그리 큰 영향을 받지 않는 지점에서 발생하기 때문에 최종결과에 큰 영향을 주지 않으면서 편리한 조업 일정에 맞도록 주기시간을 조정하는 것이 가능하다.

앞 절에서 보여준 이런 접근 방법은 다른 많은 반 연속적 주기 조업에 적용 가능하다. 같은 방법이 여과-압력 조업에서의 최적 운전시간 결정을 위해 어떻게 사용되어 지는가를 보여주는 예를 예제 9-4에 나타내었다.

## 예제 9-4 판-틀형 여과-압축기에서의 최대생산량을 위한 주기 시간

일정한 압력에서 운전되는 판-틀형 여과-압축기를 시험한 결과, 여과물의 부피와 조업시간 간의 상관관계는 아래와 같이 표현됨을 알 수 있었다.

$$V_f^2 = 18(\theta_f + 0.11)$$

여기서 $V_f$는 여과시간 $\theta_f$ 시간 동안 전달된 여과물의 $ft^3$이다.

각 주기에서 형성된 케이크는 단위주기 당 생성된 여과물 부피의 1/6배의 물로 씻어주어야

한다. 씻는 속도는 일정하게 유지되는데 여과 종료시 끝점에서의 여과물 배출 속도의 1/4과 같다. 단위주기 당의 해체, 수거, 재조립에 소요되는 시간은 6 시간이다. 위와 같은 조건하에서, 매 24 시간 동안 여과물을 최대로 산출하기 위해 필요한 총 주기 시간을 결정하여라.

■ **풀이**

$\theta_f$를 주기 당 여과 시간이라 하면

$$\text{Filtrate delivered per cycle} = \mathcal{V}_{f,\text{cycle}} = 4.24(\theta_f + 0.11)^{1/2}\ \text{m}^3$$

주기 종료시점에서의 여과물의 배출속도는

$$(\text{Washing rate})(4) = \frac{d\mathcal{V}_f}{d\theta_f} = \frac{4.24}{2}\frac{1}{(\theta_f + 0.11)^{1/2}}\ \text{m}^3/\text{h}$$

$$\text{Time for washing} = \frac{\text{volume of wash water}}{\text{washing rate}}$$

$$= \frac{\frac{1}{16}[4.24(\theta_f + 0.11)^{1/2}]}{\frac{1}{4}[(4.24/2)(\theta_f + 0.11)^{1/2}]}$$

$$= \frac{1}{2}(\theta_f + 0.11)\ \text{h}$$

$$\text{Total time per cycle} = \theta_f + \frac{1}{2}(\theta_f + 0.11) + 6 = 1.5\theta_f + 6.06$$

$$\text{Cycle per 24 h} = \frac{24}{1.5\theta_f + 6.06}$$

매 24 시간 동안의 여과물 배출량 $\text{ft}^3$은

$$\mathcal{V}_{f,\text{cycle}}(\text{cycles per 24 h}) = 4.24(\theta_f + 0.11)^{1/2}\left(\frac{24}{1.5\theta_f + 6.06}\right)$$

24 시간 당 최대 여과물의 배출을 위한 최적 주기 시간은

$$\frac{d(\text{volume filtrate delivered per 24 h})}{d\theta_f} = 0$$

미분하여 $\theta_f$에 대해 풀면,

$$\theta_{f,\text{opt}} = 3.8\ \text{h}$$

최대 여과물 배출을 위한 총 주기시간

$$1.5\theta_f + 6.06 = 1.5(3.8) + 6.06 = 11.8\ \text{h}$$

## 최적화 응용: 경제적 파이프 직경

최적화 분석에 대하여 정교함이 어떻게 부가될 수 있는 가를 보여주는 고전적인 예를 유체의 수송에 대한 파이프의 최적 직경을 결정하기 위한 방법에서 설명하고자 한다. 파이프의 최적 직경을 다루는 아래의 분석을 어떻게 최적 조건을 간단하게 표현할 수 있는가에 대한 상세한 유도 과정을 보여준다. 민감도에 대한 다른 변수들의 영향에 대한 논의도 나타내었다.

파이프와 파이프 부속물에 대한 투자는 화학공장의 총 투자에 있어서 중요한 부분을 차지한다. 따라서, 펌핑과 고정 비용에 대해 총 비용을 최소에 가깝게 해 주는 파이프 크기를 선택하는 것이 필요하다. 어떤 흐름에 있어서, 파이프의 직경이 커지면 고정비용은 증가하지만 펌핑 비용이 감소하게 되므로 최적의 파이프 크기가 존재하게 된다. 이 최적 직경 값은 유체 동특성의 원리와 비용 고려를 조합해서 결정할 수 있다. 최적 파이프 직경은 펌핑 비용과 고정비용의 합이 최소가 되는 점에서 발견된다.

**펌핑 비용** 일정한 직경의 파이프를 통과하는 비압축성 유체에 대한 총 물리적-에너지 수지는 아래와 같이 단순화할 수 있다.

$$W_s = \frac{2\mathfrak{f}V^2L(1+J)}{D_i} + B \tag{9-44}$$

여기서 $W_s$는 외부로부터 시스템에 부여된 기계적 일, $\mathfrak{f}$는 fanning 마찰 인자, $V$는 유체의 선속도, $J$는 곧은 파이프에서 등가의 마찰손실로 표현된 접합점과 구부림에 의한 마찰 손실, $D_i$는 파이프의 내부 직경, $B$는 기계적 에너지 수지 상의 모든 다른 인자를 고려한 상수를 의미한다.

난류 영역(Re > 2100)에서 새 강철 파이프에 대해 $\mathfrak{f}$는 아래의 식으로 근사할 수 있다.

$$\mathfrak{f} = \frac{0.04}{(\mathrm{Re})^{0.16}} \tag{9-45}$$

여기서 Re는 Reynolds 수이다. 만약 흐름이 층류라면(Re < 2100)

$$\mathfrak{f} = \frac{16}{\mathrm{Re}} \tag{9-46}$$

식 (9-44)와 (9-45)를 조합하고 필요한 전환을 수행하면 난류의 유체에 대한 연간 펌핑 비용을 계산하는 아래의 식을 얻을 수 있다.

$$C_{\text{pumping}} = \frac{1.248 \times 10^{-4} q_f^{2.84} \rho^{0.84} \mu_c^{0.16} K(1+J)H_y}{D_i^{4.84} E} + B' \tag{9-47}$$

여기서 $C_{\text{pumping}}$은 유체가 난류일 때 파이프 단위길이 당 년간 펌핑 비용, $q_f$는 유체 흐름 속도($m^3$/s), $\rho$, $\mu_c$는 유체 점도(Pa·s), $K$는 전기에너지 비용($/kWh), $H_y$는 연간 조업시간, $E$는 펌프와 모터의 효율을 나타내는 분율, $B'$는 $D_i$와 무관한 상수를 의미한다.

유사하게, 식 (9-44)와 (9-46)을 조합하고 필요한 전환을 수행하면 유체가 층류일 때의 연간 펌핑 비용을 계산할 수 있다.

$$C'_{\text{pumping}} = \frac{0.0407 q_f^2 \mu_c K(1+J)H_y}{D_i^4 E} + B' \tag{9-48}$$

여기서 $C'_{\text{pumping}}$는 유체가 층류일 때의 파이프 단위길이 당 연간 펌핑 비용이다.

식 (9-47)과 (9-48)은 비압축성 유체에 적용된다. 이 방정식들은 총 압력 강하가 초기 압력의 10%보다 적은 가스계에 대해서도 공학적 용도로 적용될 수 있다.

**배관 시스템의 고정 비용** 대부분의 종류의 파이프에 있어서, 파이프 직경 로그 대 파이프 단위길이 당 구입 비용의 로그 간의 관계는 본질적으로 직선이다. 따라서 파이프 구입비용은 아래의 식으로 표현된다.

$$c_{\text{pipe}} = X\left(\frac{D_i}{0.0254}\right)^n \tag{9-49}$$

이 때 $c_{\text{pipe}}$는 새 파이프의 단위 미터 당 구입 비용, $X$는 내부직경 0.0254 m 새 파이프의 단위미터 당 구입 비용, $n$은 파이프 종류에 의존하는 상수이다.

설치된 파이프의 연간 비용은 아래와 같이 표현된다.

$$C_{\text{pipe}} = (1+F)X\left(\frac{D_i}{0.0254}\right)^n K_F \tag{9-50}$$

여기서 $C_{\text{pipe}}$는 설치된 파이핑 시스템에 대한 미터 당 년간 비용[104], $F$는 새 파이프 구입 비용에 대한 조정과 설치에 대한 총 비용 비율, $K_F$는 설치가 끝난 파이프의 초기 비용의 분율로 표현되는, 유지보수를 포함하는 연간 고정 비용이다.

**최적 파이프 직경** 배관시스템과 펌핑에 대한 연간 총 비용은 식 (9-47)에 (9-50)을 더하거나 또는 식 (9-48)에 (9-50)을 더해서 얻어진다. 총 비용 식에서의 유일한 변수는 파이프 직경이다. 최적 파이프 직경은 연간 총비용 식을 파이프 직경에 대하여 미분하고 그 결과를 0으로 두고 $D_i$에 대해 풂음으로써 얻을 수 있다.

난류 흐름에서는

$$D_{i,\text{opt}} = \left[\frac{6.04\times10^{-4}(0.0254)^n q_f^{2.84}\rho^{0.84}\mu_c^{0.16}K(1+J)H_y}{n(1+F)XEK_F}\right]^{1/(4.84+n)} \tag{9-51}$$

층류 흐름에서는

$$D_{i,\text{opt}} = \left[\frac{0.1628(0.0254)^n q_f^2 \mu_c K(1+J)H_y}{n(1+F)XEK_F}\right]^{1/(4.0+n)} \tag{9-52}$$

104) 필요한 경우, 펌핑 비용이 포함될 수 있다; 그렇지만, 이 분석에서는 펌핑비용은 파이프 직경에 대해 근본적으로 불변으로 고려하였다.

강철 파이프에 대한 $n$ 값은 파이프 직경이 0.0254 m 보다 크면 1.5 정도가 되고 만약 직경이 0.0254 m 보다 작으면 1이 된다. 식 (9-51)과 (9-52)에 이 값을 대입하면,

강철 파이프 내의 난류 흐름에 대해
$D_i \geq 0.0254$ m:

$$D_{i,\text{opt}} = q_f^{0.448} \rho^{0.132} \mu_c^{0.025} \left[ \frac{1.63 \times 10^{-6} K(1+J)H_y}{(1+F)XEK_F} \right]^{0.158} \tag{9-53}$$

$D_i < 0.0254$ m:

$$D_{i,\text{opt}} = q_f^{0.487} \rho^{0.144} \mu_c^{0.027} \left[ \frac{1.53 \times 10^{-5} K(1+J)H_y}{(1+F)XEK_F} \right]^{0.171} \tag{9-54}$$

강철 파이프 내의 층류 흐름에 대해
$D_i \geq 0.0254$ m:

$$D_{i,\text{opt}} = q_f^{0.364} \mu_c^{0.182} \left[ \frac{4.39 \times 10^{-4} K(1+J)H_y}{(1+F)XEK_F} \right]^{0.182} \tag{9-55}$$

$D_i < 0.0254$ m :

$$D_{i,\text{opt}} = q_f^{0.40} \mu_c^{0.20} \left[ \frac{4.14 \times 10^{-3} K(1+J)H_y}{(1+F)XEK_F} \right]^{0.20} \tag{9-56}$$

식 (9-53)부터 (9-56)까지에 포함된 멱지수들은 최적 직경이 대부분의 항들에 대해 비교적 둔감함을 말해준다. 덜 중요한 몇몇 항들에 대하여는 평균값을 사용함으로써 식을 좀 더 간략화 할 수 있다. 일반적인 운전조건 하에서는 아래의 값들을 적용할 수 있다 :

$K = \$0.05/\text{kWh}$
$J = 0.35$, or 35 percent
$H_y = 8760$ h/yr
$E = 0.50$, or 50 percent
$F = 1.4$
$K_F = 0.20$, or 20 percent
$X = \$2.43$ per meter for a 0.0254-m $D_i$ steel pipe

식 (9-53)부터 (9-56)까지를 이 값들로 치환하면 아래의 간략화된 결과를 얻을 수 있다.
강철 파이프 내의 난류 흐름에 대해
$D_i \geq 0.0254$ m:

$$D_{i,\text{opt}} = 0.363 q_f^{0.45} \rho^{0.13} \mu_c^{0.025} = \frac{0.363 \dot{m}^{0.45} \mu_c^{0.025}}{\rho^{0.32}} \tag{9-57}$$

여기서 $\dot{m}$은 질량 흐름, kg/s

$D_i < 0.0254$ m:

$$D_{i,\mathrm{opt}} = 0.49 q_f^{0.49} \rho^{0.14} \mu_c^{0.027} \tag{9-58}$$

강철 파이프 내의 층류 흐름에 대해
$D_i \geq 0.0254$ m:

$$D_{i,\mathrm{opt}} = 0.863 q_f^{0.36} \mu_c^{0.18} \tag{9-59}$$

$D_i < 0.0254$ m:

$$D_{i,\mathrm{opt}} = 1.33 q_f^{0.40} \mu_c^{0.20} \tag{9-60}$$

요구되는 정확도와 흐름의 종류에 따라서 식 (9-48)부터 (9-60)까지가 최적 파이프 직경을 계산하기 위해 사용될 수 있다. 단순화된 식 (9-57)부터 (9-60)까지, 표 9-4에 보인 바와 같이 일반적 운전조건 하의 설계평가를 하기에는 충분히 정확하다. 구해진 직경은 대개는 보다 정교한 방법을 적용했을 때 보다 작은 결과를 내어주기 때문에 일반적으로 안전하다. 이런 식들을 기초로 한 도표가 12장(물질 전달, 취급, 처리 장비 설계와 비용)에 나타나 있다.

**투자회수와 세금 효과를 포함한 분석** 앞에서 언급한 분석은 분명히 투자비용 또는 투자 회수율, 펌핑 장비 비용, 세금, 그리고 돈의 시간 가치와 같은 최적 파이프 직경에 영향을 주는 많은 인자들을 무시하였다. 만약 난류 흐름에 대한 식 (9-51)을 세금과 투자비용(또는 투자 회수율)의 영향과 더불어 접합과 구부림에 의한 마찰 손실에 대한 더 정교한 표현으로 개선하면 그 결과는[105]

난류 흐름에 대해

$$\frac{D_{\mathrm{opt}}^{4.84+n}}{1 + 0.794 L'_e D_{\mathrm{opt}}} = \frac{7.61 \times 10^{-5} Y K \dot{m}^{2.84} \mu_c^{0.16} \{[1 + (a' + b')M](1 - \Phi) + ZM\}}{n(1 + F) X' [Z + (a + b)(1 - \Phi)] E \rho^2} \tag{9-61}$$

여기서 $D_{\mathrm{opt}}$는 최적 내경 $m$, $X'$는 $c_{\mathrm{pipe}} = X'(D/0.0254)^n$를 기준으로 하여 파이프 내경이 미터로 표현될 때 새 파이프의 단위미터 당 구입비용 \$/m, $L'_e$는 파이프 단위길이 당 파이프 직경 내에 동등한 파이프 길이로 표현되는, 접합과 구부림 때문에 발생하는 마찰 손실, $\dot{m}$은 질량유속 kg/s, $M$은 펌프 설치비용에 대한 연간 펌핑 동력 비용의 비, $Y$는 연간 운전 일자, $a$는 연간 감가상각에 대한 설치된 파이핑 시스템의 초기 비용의 비, $a'$는 연간 감가상각에 대한 펌핑 설치 초기 비용의 비, $b$는 설치된 파이핑 시스템의 연간 유지에 대한 초기 비용의 비, $b'$는 펌핑 설치의 연간 유지에 대한 초기 비용의 비, $\Phi$는 과세율에 대한 분율 인자, $Z$는 투자증가분에 대하여 받아들일 수 있는 회수(또는 세전 투자비용)분율을 뜻한다.

표 9-2에 수록된 값을 이용하여 강철 파이프의 내의 난류흐름에 대해 식 (9-61)을 간단히 쓰면:

105) 유사한 식이 J. H. Perry and C.H.Chilton, ed., " Chemical Engineers' Handbook," 5th ed., p5-32, McGraw-Hill Book Company, New York, 1973.에 의해 발표된 바 있다. 식 (9-61)의 유도와 참고 문헌에 나온 식의 형태를 비교는 이 장의 끝 부분 문제 9-15를 참고하라.

표 9-2 식 (9-62)를 얻기 위해 사용된 변수 값들

| Turbulent flow, steel pipe diameter 0.025 m or larger | | | |
|---|---|---|---|
| Variable | Value used | Variable | Value used |
| $n$ | 1.5 | $\Phi$ | 0.35 |
| $L'_e$ | 2.35 | $Z$ | 0.20 |
| $Y$ | 328 | $X$ | 2.43 |
| $K$ | 0.05 | $a+b$ | 0.18 |
| $\mu_c$ | $1\times10^{-3}$ | $a'+b'$ | 0.40 |
| $M$ | 0.8 | $E$ | 0.50 |

The variable $F$ is a function of diameter and can be approximated by $F = 3 + 0.23/D_{\text{opt}}$.
†For turbulent flow in a steel pipe with $D \geq 0.0254$ m.

$$D_{\text{opt}} = \frac{0.38(1 + 1.865\,D_{\text{opt}})^{0.158}\dot{m}^{0.45}\mu_c^{0.025}}{(1+F)^{0.158}\rho^{0.32}} \tag{9-62}$$

**민감도 분석** 식 (9-57)부터 (9-60)까지와 식 (9-62)를 구하는 데 사용된 단순화는 그것들이 상대적으로 크게 변해도 최종 결과에는 영향을 거의 주지 않는 특정 변수들이 식에 나타날 때 근사화된 결과를 얻기 위해 사용될 수 있는 접근 방법을 보여 준다. 표 9-2와 식 (9-56)에 나타난 변수들은 파이프 직경과 상대적으로 무관하며, 최종 직경의 결정에 큰 영향을 주지 않는다. 따라서 실무 엔지니어는 근사식을 사용하여 얻어진 결과가 절대적 정확도의 작은 손실을 감수할 만한 가치가 있는 가에 대하여 판단해야 할지도 모른다.

표 9-3은 식 (9-62)와 식 (9-57)에 의한 최적 직경 값의 차이 정도와, 일부 변수들 값 변화뿐만 아니라 부가된 정교성이 가져다 준 효과를 보여준다.

## 최적화 응용: 냉각수 유량

물을 냉매로 사용하는 응축기가 주어진 부하를 수행하도록 설계되었다면, 냉각수는 물 온도의 변화가 작도록 큰 유량으로 운전 될 수도 있고, 혹은 물 온도의 변화가 커지게 되는 작은 유량으로 운전 될 수도 있다. 물의 온도는 열전달을 위한 온도차이 구동력에 영향을 준다. 따라서 많은 양의 물 사용은 열전달 면적의 감소와 초기 투자와 고정 투자의 감소를 가져온다. 반면에 만약 더 많은 물이 사용된다면 물에 대한 비용은 증가한다. 높은 유속-작은 접촉면적과 작은 유속-큰 접촉면적의 조건 사이의 경제적 균형은 냉각수 비용과 고정 시설 투자 비용의 합을 최소로 하는 점에서 냉각수의 최적유량이 결정됨을 의미한다.

표 9-3 식 (9-57)과 (9-62)로부터 추정된 경제적 최적 파이프 직경의 비교

| $D_{i,\text{opt}}$, m | | | |
|---|---|---|---|
| By Eq. (9-81) | By Eq. (9-76) | $\dot{m}$, kg/s | $\rho$, kg/m³ |
| 0.21 | 0.25 | 204 | 3200 |
| 0.12 | 0.14 | 2.04 | 32 |
| 0.071 | 0.091 | 5.68 | 560 |
| 0.036 | 0.049 | 0.204 | 32 |

†Turbulent flow, schedule 40 steel pipe, approximate 4.5-m spacing of fittings.

열이 $\dot{q}$ (kJ/s) 만큼 응축 증기로부터 제거되어야 하는 일반적인 경우를 고려하자. 일정한 온도 $T_{cond}$에서 기체가 응축되고, 냉각수는 $T_1$의 온도로 공급된다고 하면 열전달 속도는 다음과 같이 표현된다.

$$\dot{q} = \dot{m}C_p(T_2 - T_1) = UA\,\Delta T_{\log\,\text{mean}} = \frac{UA(T_2 - T_1)}{\ln[(T_{cond} - T_1)/(T_{cond} - T_2)]} \tag{9-63}$$

여기서 $\dot{m}$은 냉각수 유속, $C_p$는 냉각수의 열용량, $T_2$는 응축기를 나가는 냉각수의 온도, $U$는 최적 조건에서의 총괄 열전달 계수, $A$는 열전달 면적이다. 식 (9-63)을 냉각수 유속에 대하여 풀면

$$\dot{m} = \frac{\dot{q}}{C_p(T_2 - T_1)} \tag{9-64}$$

설계조건에 의하여 $\dot{q}$와 $T_1$의 값이 고정되며, 물의 열용량은 근사적으로 4.2 kJ/kg K이다. 따라서 식 (9-64)는 응축기를 떠나는 물의 온도가 고정된다면 냉각수 유량이 고정됨을 보여준다. 이러한 조건 하에서, 최적 냉각수 유량은 $T_2$의 최적값으로부터 직접 얻을 수 있다. 냉각수의 연간 비용은 $\dot{m}\,H_yC_w$이다. 식 (9-64)로부터,

$$\dot{m}H_yC_w = \frac{\dot{q}H_yC_w}{C_p(T_2 - T_1)} \tag{9-65}$$

응축기에 대한 연간 고정 비용은 $A\,K_F\,C_A$인데 이때 $K_F$는 설치 완료된 장비에 대한 초기 비용의 비율로 표현된 유지 비용을 포함하는 연간 고정 투자 비용이고 $C_A$는 열전달 단위면적당 열 교환기 설치비용이다. 모든 다른 비용들은 일정하다고 하면 냉각수의 총 연간 변동비용과 고정비용의 합은

$$\text{Total annual variable cost} = \frac{\dot{q}H_yC_w}{C_p(T_2 - T_1)} + AK_FC_A \tag{9-66}$$

식 (9-63)으로부터 $A$를 치환하면,

$$\text{Total annual variable cost} = \frac{\dot{q}H_yC_w}{C_p(T_2 - T_1)} + \frac{\dot{q}K_FC_A\ln[(T_{cond} - T_1)/T_{cond} - T_2]}{U(T_2 - T_1)} \tag{9-67}$$

식 (9-67)에서의 유일한 변수는 응축기를 떠나는 냉각수의 온도이다. 최적 냉각수 유량은 총 연간 비용이 최소가 될 때 발생한다. 따라서 이에 해당하는 최적 출구 온도는 식 (9-67)을 $T_2$(또는, 더 간단히, $T_{cond} - T_2$)에 대하여 미분하여 이를 0으로 하는 값이 된다. 이 과정을 수행하면 아래의 식이 얻어진다.

$$\frac{T_{cond} - T_1}{T_{cond} - T_{2,opt}} - 1 + \ln\frac{T_{cond} - T_{2,opt}}{T_{cond} - T_1} = \frac{UH_yC_w}{K_FC_pC_A} \tag{9-68}$$

$T_2$의 최적값은 식 (9-68)로부터 시행-착오법에 의하여 얻을 수 있고, 식 (9-64)는 냉각수의

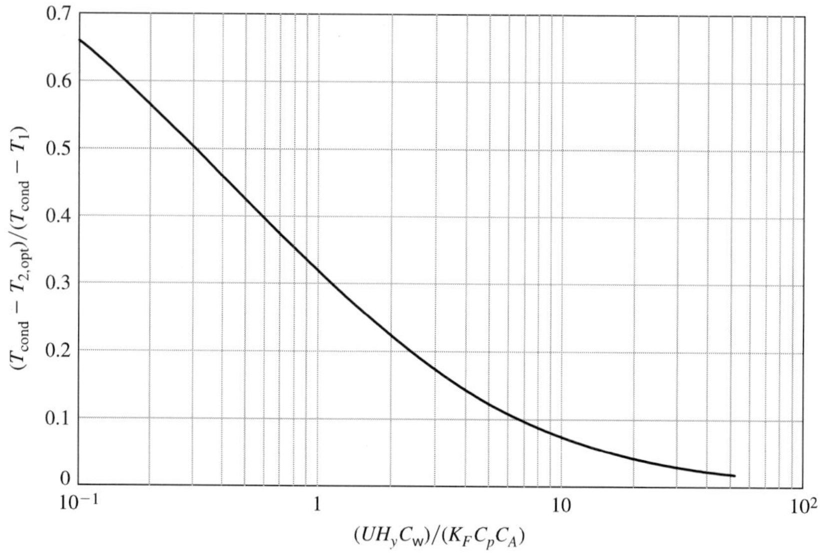


**그림 9-9**
응축기 냉매의 최적유량을 계산하기 위한 식 (9-68)의 해

최적 유속을 결정하는 데 사용될 수 있다. 시행착오법 대신 식 (9-68)을 도시한 그림 9-9를 사용함으로서 해를 직접 얻을 수도 있다.

## 예제 9-5 응축기의 최적 냉각수 유량

어떤 증류장치의 응축기가 시간당 2300 kg의 증기를 응축시켜야 한다. 증기의 응축온도는 77°C이며 응축열은 465 kJ/kg이다. 21°C의 냉각수가 가용하며 비용은 $2.56/100 m^3$이다. 최적 조건에서의 총괄 열전달 계수는 0.284 kJ/m$^2$·s·K로 산정되며 열 교환기 설치 비용은 열전달 면적 제곱미터 당 $380이고, 유지비용을 포함한 고정비용은 초기 투자비용의 20%이다. 물의 열용량은 4.2 kJ/Kg·K로 일정하다고 가정한다. 응축기가 6000 h/yr로 운전된다고 할 때 최적 조건에서의 냉각수 유량 kg/h을 구하라.

■ **풀이**

$$U = 0.284\ \text{kJ/(m}^2\cdot\text{s}\cdot\text{K)}$$
$$H_y = 6000\ \text{h/yr}$$
$$K_F = 0.20$$
$$C_p = 4.2\ \text{kJ/(kg}\cdot\text{K)}$$
$$C_A = \$380/\text{m}^2$$

$$C_w = \frac{2.56}{100(1000)} = \$0.0000256/\text{kg}$$

$$\frac{UH_yC_w}{K_FC_pC_A} = \frac{(0.284)(6000)(3600)(0.0000256)}{(0.2)(4.2)(380)} = 0.492$$

최적 출구온도는 식 (9-68)을 컴퓨터를 사용하여 해를 구하면 53.1°C가 얻어진다. 그림 9-9를 이용해도 유사한 결과를 얻을 수 있다.

식 (9-64)에 의해 최적 조건에서는

$$\dot{m} = \frac{\dot{q}}{C_p(T_{2,\text{opt}} - T_1)} = \frac{2300(465)}{4.2(53.1 - 21)} = 7930\ \text{kg/h water}$$

## 최적화 응용 : 증류 환류비

증류탑의 설계는 원료의 조성, 온도, 유량이 주어졌을 때 요구되어지는 분리의 정도를 기본으로 하여 이루어진다. 설계 엔지니어는 설계 사양에 부합되게 하기 위해 필요한 증류탑의 크기와 환류비를 결정하여야 한다. 환류비가 증가하면 주어진 분리에 요구되는 이론 단수는 감소한다. 따라서 환류비의 증가는 증류탑에 대한 고정 비용의 감소와 재비기 열 공급과 응축기 냉매비용을 증가시킨다.

최적 환류비는 고정비용과 운전비용 합의 최소점에서 발생한다. 대략적인 근사값으로, 최적 환류비는 대개는 최소 환류비의 1.3에서 1.5배 사이의 범위에 있게 된다. 예제 9-6은 증류 운전에서의 최적 환류비의 결정에 대한 일반적인 방법을 보여준다.

### 예제 9-6 최적 환류비의 결정

어떤 체 판 증류탑이 시간당 318 kg의 원료를 취급할 수 있도록 설계되어야 한다. 장치는 1atm의 압력에서 연속적으로 운전되고 원료는 45 몰% 벤젠과 55 몰% 톨루엔을 포함하고 끓는점에서 공급된다. 증류탑의 상부 제품은 92 몰%의 벤젠을 하부 제품은 95 몰%의 톨루엔이 포함되어 있어야 한다. 아래의 항을 결정하여라.

**a.** 생산되는 증류 제품 몰 당 탑으로 되돌아가는 액의 몰비로 정의 되는 최적 환류비

**b.** 최소 환류비 대 최적 환류비의 비

**c.** 최적 조건에서의 스팀 소요에 의한 총 변동 비용 퍼센트

아래의 자료를 적용하라.

상압에서의 벤젠-톨루엔 혼합물에 대한 기-액 평형 데이터는 그림 9-10에 나타나 있다.
벤젠 - 톨루엔 혼합물의 몰 열용량은 $1.67 \times 10^5$ J/kg 몰·K라고 가정한다.
벤젠과 톨루엔의 몰 기화열은 $3.2 \times 10^4$ kJ/kg 몰로 주어진다.
열용량과 기화열에서의 온도에 대한 영향과 탑으로부터의 열손실, 그리고 탑내 압력강하의 영향은 무시한다.
총괄 열전달 계수는 재비기에서 0.454 kJ/(m$^2$·s·K)이고 응축기에서 0.568 kJ/(m$^2$·s·K)이다.

원료, 탑상 제품, 탑저 제품에 대하여 끓는점은 각각 94°C, 81.7°C, 108°C이다. 환류 응축기 내의 온도-차이 구동력은 32.2°C 냉각수 온도를 기준으로 하고, 냉각수 온도 변화는 모든 경우에 대해 27.8°C이다. 415 kPa의 포화 스팀이 재비기에 사용되는데 이 압력에서 응축 스팀의

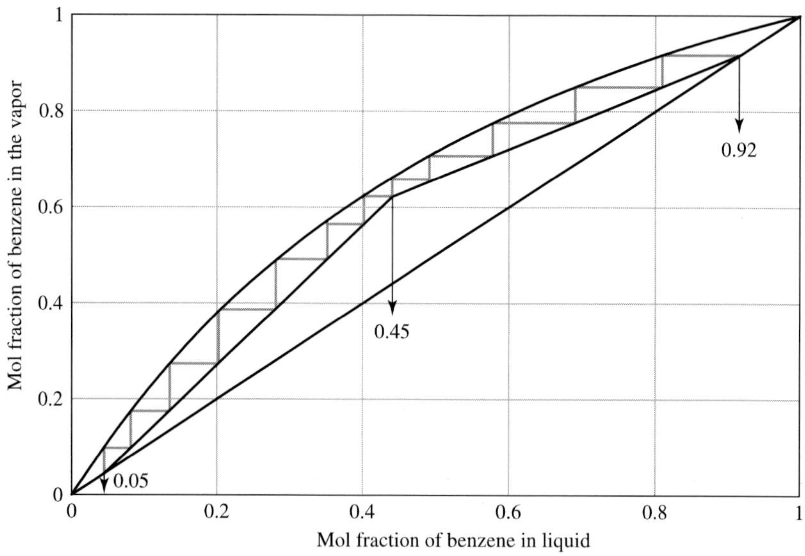


**그림 9-10**
벤젠-톨루엔 혼합물의 1 atm에서의 평형 다이아그램

온도는 144.8°C이고 응축열은 2.13 × $10^3$ kJ/kg이다. 에너지 절약 장치는 사용되지 않는다.

탑의 지름은 탑의 상부에서 최대 허용 가능한 증기 유속 0.76 m/s을 기준으로 하며 전체 단의 효율은 70%로 가정한다. 장치는 8500 h/yr로 운전된다.

### 비용 데이터

$$\text{Steam} = \$3.31 \text{ per } 10^3 \text{ kg}$$

$$\text{Cooling water} = \$0.0238 \text{ per } 10^3 \text{ kg}$$

배관, 단열, 계장 비용의 합은 장비(설치포함) 비용의 60%이다. 연간 고정비용은 설치된 장비, 배관, 계장, 단열에 의한 총 비용의 15%에 달한다.

증류탑, 응축기, 재비기에 대한 아래의 비용은 설치된 장비에 대한 것으로 선적 및 운반 비용을 포함한다.

| Sieve-plate distillation column | | Condenser, tube-and-shell heat exchanger | | Reboiler, tube-and-shell heat exchanger | |
|---|---|---|---|---|---|
| Diameter, m | $/plate | Heat-transfer area, m² | Cost, $ | Heat-transfer area, m² | Cost, $ |
| 1.50 | 2640 | 75 | 21,100 | 90 | 37,200 |
| 1.75 | 3170 | 95 | 24,600 | 130 | 45,700 |
| 2.0 | 3910 | 110 | 27,000 | 165 | 52,700 |
| 2.25 | 4730 | 130 | 29,800 | 200 | 59,100 |
| 2.5 | 5680 | 150 | 32,250 | 240 | 65,200 |

■ **풀이**

변동 비용은 탑 본체 비용, 재비기 비용, 응축기 비용, 스팀 비용, 냉각수 비용 등을 포함한다. 이 변수들은 환류비의 함수이고, 최적 환류비는 연간 변동비용이 최소가 되는 점에서 발생한다. 다양한 환류비에 대하여 총 변동 비용이 결정될 것이고, 최적 환류비는 도식적 방법으로 구할 것이다. 환류비는 1.5에 대한 간단한 계산 예는 다음과 같다.

**증류탑 본체에 대한 연간 비용**

McCabe-Thiele의 간단한 가정을 이 경우에 적용하면 이론 단수는 그림 9-10의 표준 도식 방법으로 결정할 수 있다. 정류 선의 기울기는 1.5/(1.5 + 1) = 0.6이다. 그림 9-10으로부터, 주어진 분리를 위해 필요한 이론 단수는 12.1임을 알 수 있다.

실제 단수 = (12.1 − 1)/0.70 = 16

시간당 탑상제품의 몰과 탑저제품의 몰은 아래와 같은 벤젠 물질 수지에 의해 결정된다.

$$0.45(318) = 0.92D + 0.05(318 - D)$$

$$D = 146 \text{ kg mol/h of distillate}$$

$$B = 318 - 146 = 172 \text{ kg mol/h of bottoms}$$

탑 상부에서의 시간 당 증기 몰은

$$146(1 + 1.5) = 365 \text{ kg mol/h}$$

탑 상부에서의 허용가능한 증기 속도를 0.76 m/s라 하고 이상기체 법칙을 적용하면

$$0.76 = \frac{365(22.4)(355)(4)}{3600(273.1)(\pi D^2)}$$

$$D = 2.22 \text{ m}$$

이 직경에서의 1단 당 비용은 $4630

$$\text{Annual cost for distillation column} = (4630)(16)(1 + 0.6)(0.15) = \$17,780$$

**응축기에 대한 연간 비용**

응축기에서의 시간당 열 전달 속도는

$$\dot{q}_c = (\text{kg mol/h condensed})(\text{molal heat of condensation}) = (365)(3.2 \times 10^4) = 11.68 \times 10^6 \text{ kJ/h}$$

응축에 필요한 열전달 면적은

$$A = \frac{\dot{q}_c}{U\Delta T} = \frac{11.68 \times 10^6}{0.568(81.7 - 32.2)(3600)} = 115.4 \text{ m}^2$$

$$\text{Annual cost for condenser} = (27,750)(1 + 0.6)(0.15) = \$6660$$

### 재비기에 대한 연간 비용

재비기 내의 열전달 속도는 증류 장치 주변의 총에너지 수지로 구할 수 있다. 공급액의 온도를 에너지 기준 준위로 사용한다. 에너지 수지는

$$\dot{q}_r + (318)(94 - 81.7)(1.67\times 10^2) = 11.68\times 10^6 + (172)(108 - 81.7)(1.67\times 10^2)$$
$$\dot{q}_r = 11.782\times 10^6 \text{ kJ/h}$$

재비에 필요한 열전달 면적은

$$A = \frac{\dot{q}_r}{U\Delta T} = \frac{11.782\times 10^6}{(0.454)(144.8 - 108)(3600)}$$
$$= 195.9\text{ m}^2$$

$$\text{Annual cost for reboiler} = (58,350)(1 + 0.6)(0.15)$$
$$= \$14,000$$

### 연간 냉각수 비용

응축기의 열전달 속도는 11,680,000 kJ/h.

$$\text{Annual cost for cooling water} = \frac{(11.68\times 10^6)(0.0238)(8500)}{(4.2)(27.8)(1000)}$$
$$= \$20,230$$

### 연간 스팀 비용

$$\text{Annual cost for steam} = \frac{(11.782\times 10^6)(3.31)(8500)}{(2.13\times 10^3)(1000)}$$
$$= \$155,630$$

### 환류비 1.5 에서의 연간 총 변동 비용

$$\text{Cost} = 17,780 + 6660 + 14,000 + 20,230 + 155,630$$
$$= \$214,300$$

간단한 컴퓨터 루틴을 사용하여 이와 같은 계산을 여러 가지 환류비에 대하여 반복한 결과를 아래의 표에 수록하였다.

| Reflux ratio | No. of actual plates required | Column diameter, m | Annual cost, $ | | | | | Total annual cost, $ |
|---|---|---|---|---|---|---|---|---|
| | | | Column | Condenser | Reboiler | Cooling water | Steam | |
| 1.14 | ∞ | 2.04 | ∞ | 6060 | 12,830 | 17,350 | 133,000 | ∞ |
| 1.2 | 29 | 2.07 | 28,930 | 6190 | 13,090 | 17,830 | 136,700 | 202,740 |
| 1.3 | 21 | 2.13 | 21,450 | 6320 | 13,380 | 18,600 | 142,900 | 202,650 |
| 1.4 | 18 | 2.16 | 19,180 | 6480 | 13,740 | 19,420 | 149,200 | 208,020 |
| 1.5 | 16 | 2.22 | 17,780 | 6660 | 14,000 | 20,230 | 155,630 | 214,300 |
| 1.7 | 14 | 2.35 | 17,140 | 6960 | 14,700 | 21,880 | 167,600 | 228,280 |
| 2.0 | 13 | 2.44 | 16,880 | 7390 | 15,550 | 24,300 | 186,000 | 250,120 |

a. 표에 수록된 데이터를 그림 9-11에 나타내었다. 연간 최소 총 비용은 최대 환류비가 1.25일 때 일어난다. 따라서 최적 환류비는 1.25이다.

b. 최소 환류비의 조건에 대한, 그림 9-11의 진한 선의 기울기는 0.532이다.

$$\frac{\text{Minimum reflux ratio}}{\text{Minimum reflux ratio} + 1} = 0.532$$

$$\text{Minimum reflux ratio} = 1.14$$

$$\frac{\text{Optimum reflux ratio}}{\text{Minimum reflux ratio}} = \frac{1.25}{1.14} = 1.1$$

c. 최적조건에서

$$\text{Annual steam cost} = \$139{,}600$$

$$\text{Total annual variable cost} = \$201{,}200$$

스팀 소비에 따른 변동 비용 퍼센트 $= \dfrac{139{,}600}{201{,}200}(100) = 69.4\%$

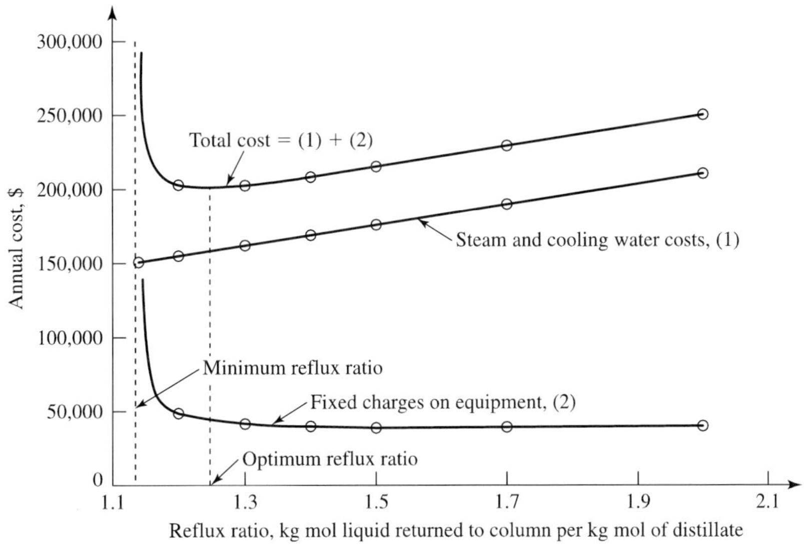


**그림 9-11**
증류조업에서의 최적 환류비

## 최적화의 실례: Pinch Technology Analysis

**Pinch Technology 개념** 열역학 원리를 기본으로 하는 Pinch Technology는 어떤 공정에서 최적으로 에너지를 통합하는 체계적인 방법이다. 이 기술을 사용한 공정이 개선될 수 있는 것은 향상된 설비 때문이 아니라 열 통합 계획을 세웠기 때문이다. 종래의 설계 도구들이 할 수 없었던 Pinch Technology의 가장 중요한 장점은 설계를 위해 에너지 목표치(energy target)를 정할 수 있다는 것이다. 에너지 목표치는 전체 공정에 필요한 이론상의 최소에너지를 말한다.

이 기술의 주요 목적은 외부에서 공급되는 에너지 유틸리티에 대한 필요량을 최소화시키기 위해 공정의 차가운 흐름과 뜨거운 흐름을 열교환기망과 잘 조화시키는 것이다. Pinch Technology는 pinch point라고 불리는 온도차를 정하는데, 그 온도차는 공정의 전체 온도 범위를 두개의 온도 범위로 나눈다. 일단 pinch point가 정해지면 외부에서 들어오는 열은 온도가 pinch point보다 높은 공정에만 공급되어야 하며 pinch point보다 낮는 공정에서는 냉각 매체를 통해 열을 제거시켜야 한다. Pinch 분석 원칙에 입각한 열 교환망을 구축해 놓은 공정에서는 이러한 방법으로 열 회수률을 최대화시킬 수 있을 것이다. 에너지 효율적인 열교환망을 위한 최선의 설계에서는 회수된 에너지와 그 에너지 회수에 필요한 자본비용 사이에 선택을 해야 할 것이다.

Pinch Technology가 성공함으로써 공정 통합(process integration)이라는 보다 포괄적인 개념이 생겼는데, 공정 통합과정에서는 전체 에너지와 에너지 효율이라는 두가지 면에서 화학공정들을 검토하게 된다. 공정 통합이 비교적 새로운 기술이긴 하지만 공정이 점점 복잡해짐에 때라 공정 설계에서 공정 통합의 중요성이 계속 커지고 있다.

앞에서 언급한 바와 같이 pinch 분석의 개념 중 하나는 열교환망을 설계하기에 앞서 에너치 목표치를 설정하는 것이다. 설계를 완성하지 못했어도 열교환망에 대한 목표치를 정할 수 있다. 냉각과 증기 열 공급의 경우 같은 서로 다른 온도 수준에서도 유틸리티의 필요에너지(heat duties)에 대한 에너지 목표치를 정할 수 있다. pinch 분석은 열교환망 설계를 하는 동안 에너지 목표치가 확실히 달성되도록 할 수 있는 열역학적 규칙들을 제공한다.

**Pinch Technology 분석** Pinch technology 분석은 관련 공정에서의 모든 흐름을 가열이 필요한 것과 냉각이 필요할 것으로 분류하는 작업에서부터 시작된다. 즉 흐름과 흐름속도, 열적인 특성, 상태변화, 가열되거나 냉각되어야 하는 온도범위을 확인하는 것을 말한다. 전체 균형이 잡히고 공정의 흐름에 대해서 온도와 압력이 설정된 후에야 그런 작업을 수행할 수 있다. 에너지량은 시뮬레이션 프로그램이나 종래의 열역학 계산을 이용하여 쉽게 구할 수 있다. 필요 에너지(heat duties) 중 어떤 것은 통합과는 관계없이 다루어지기 때문에 열교환망 분석에 포함되지 않을 수도 있다. 예를 들어 증류탑 재비기 가열과 농축기 냉각은 나머지 필요 에너지와는 상관없이 처리된다. 그러나 그러한 독립적인 에너지들도 항상 열교환망에 포함되는 걸로 간주해야 한다.

가열될 모든 공정흐름, 그 흐름들의 온도, 그리고 그 흐름들의 온도변화나 상태변화에 상응하는 엔탈피 변화율을 도표화 한다. 각각의 흐름에 대한 엔탈피 변화율은 다음의 식에서 구할 수 있다.

$$\Delta \dot{H} = \dot{m} C_p \Delta T = CP \Delta T \quad (9\text{-}69)$$

여기에서 $\Delta\dot{H}$는 엔탈피 변화율, $\dot{m}$은 전체 흐름 속도, $C_p$는 열용량, $\Delta T$는 흐름에서의 온도변화, $C_P$는 $\dot{m}C_p$로 정의된 열용량률(heat capacity rate)이다. 그리고 나서 엔탈피 변화율은 가열될 하나 이상의 흐름을 포함하는 각각의 온도구간에 더해진다. 그 결과로 얻어지는 수치로 온도 대 엔탈피 변화율의 좌표를 얻어 열공급이 필요한 모든 흐름에 대한 복합 곡선을

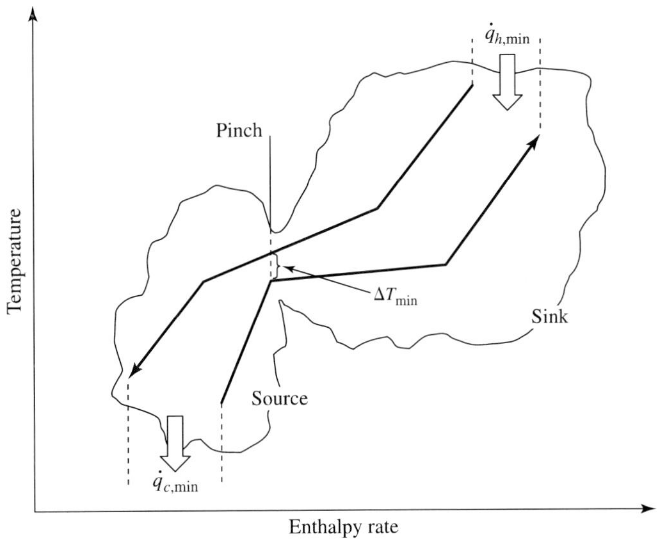


**그림 9-12**
Pinch technology 분석에 의해 얻어진 복합선도

그릴 수 있다. 똑같은 자료와 절차를 통해 냉각이 필요한 복합 곡선도 얻을 수 있다. 결과로 얻는 그림 9-12와 같은 그래프를 복합선도(composite diagram)라고 부른다. 이러한 그래프를 만들어내는데 필요한 실제 단계들은 예제 9-7에서 볼 수 있다.

수직축의 모든 온도는 정해진 수치인 반면 엔탈피 변화율은 열역학적으로 세기상태 함수로서 상대적인 양이라는 것을 알고 있어야 한다. 절대 엔탈피가 아닌 엔탈피 변화량은 열역학 도구를 통해 계산된다. 그러므로 그래프에서 복합선도의 수평 위치는 임의적으로 정해진다. Pinch technology analysis를 하기 위해서는 냉각될 흐름들에 대한 복합선도는 모든 온도에서 가열될 흐름들에 대한 복합선도의 왼쪽에 위치해야 한다. 미리 정해놓은 $\Delta T_{\min}$ 수치를 사용하여 서로에 대한 복합선도들의 위치를 정하면 전체 복합선도가 완성된다.

복합선도 상에서 $\Delta T_{\min}$의 위치는 수직 방향으로 측정했을때 두 곡선이 온도 면에서 서로 가장 가까이 접근한 곳이다. 이 두 곡선을 처음 좌표 위에 그렸을 때는 수직 거리가 미리 정해놓은 $\Delta T_{\min}$과 일치하는 일은 거의 없다. 가장 가까운 수직거리가 정해진 $\Delta T_{\min}$과 일치할 때까지 두 곡선 중 하나를 수평방향으로 옮김으로써 $\Delta T_{\min}$과 일치하는 두 직선의 수직 거리차를 만들 수 있다. 또한 그 작업은 그래프를 사용하거나 계산을 해서 이루어질 수 있다. 열역학적 특성을 나타내는 충분한 수치들이 주어진다면 펼친표로 이 모든 단계들을 쉽게 수행할 수 있다.

$\Delta T_{\min}$의 최적치는 일반적으로 열교환망의 온도가 3에서 40°C 범위 안에 있을 때 나타나지만, $\Delta T_{\min}$의 최적치는 각각의 열교환망에 따라 다르며 pinch technology 분석이 끝나기 전에 설정해 두어야 한다. 약 10°C이하로 냉각하는 매체가 필요없다면 $\Delta T_{\min}$의 최적치는 대개 10에서 40°C 범위 안에 있다. $\Delta T_{\min}$가 주어진 경우에는 복합선도는 가열과 냉각에 필요한 에너지량을 알려준다.

복합선도는 전 온도 범위에 걸쳐 이용 가능한 열량과 필요한 열량에 대한 전반적인 윤곽을 보여준다. 또한 복합선도로 공정에서 점차 증가하고 있는 누적 열공급량과 처리량(cumulative heat sources and heat sinks)도 알 수 있다. 두 복합선도 사이에 겹쳐진 부분은 공정 내에서 가능한 최대 열회수량을 나타낸다. 열을 받는 복합선도에서의 겹쳐지지 않는 부분은 외부에서 공급되는 필수 냉각량 $\dot{q}_{c,\min}$의 최소치를 나타내고, 냉각되는 복합선도에서의 겹쳐지지 않는 부분은 외부에서 공급되는 필수 가열량 $\dot{q}_{h,\min}$의 최소치를 나타낸다.

또한 복합선도가 에너지와 자본 비용 중에 전체적으로 어떤 것을 선택할 것인지를 산정하는 데도 이용될 수 있다는 사실을 알고 있어야 한다. $\Delta T_{\min}$값이 커지면 에너지 비용도 증가하지만 또한 열 교환 추진력도 증가시켜 자본 비용을 줄일 수 있다.

## 예제 9-7 복합 그래프 작도

그림 9-13은 한 공정의 흐름도를 보여주고 있는데, 여기서 20°C인 두 개의 반응물 흐름은 160°C로 가열되어 반응기에 투입된다. 두 반응물이 같은 온도까지 가열되어야 하고 반응기에서 결국 섞일 것이기 때문에 열을 가하기 전에 두 흐름을 혼합시키기로 정했다. 반응기에 투입하기 전에 흐름들을 혼합함으로써 필요한 열교환기의 수를 둘에서 하나로 줄일 수 있다. 약간 흡열반응이기 때문에 반응기에서 나오는 흐름은 120°C가 된다. 반응물 흐름에 열을 더 가하여 260°C로 만든 후에 생성물을 만들어 내는 증류탑으로 보낸다. 증류탑에서 생성된 증류액은 180°C이며 저장하기 위해 20°C까지 냉각시켜야 한다. 증류탑의 하단생성물은 280°C에서 60°C까지 냉각시켜야 한다. 고온과 저온의 에너지들(hot and cold utilities)을 요구되는 가열과 냉각작용에 사용할 수도 있지만, 그림 9-13에서 보면 공정 흐름들이 대부분 겹치는 온도범위 안에 있기 때문에 분명히 열 교환기에 의해 에너지를 절감하는 경우도 있을 것이다.

재비기의 온도가 두 공정 흐름들의 온도들보다 높기 때문에 공정흐름들과의 열교환과는 별개의 문제가 된다. 그래서 고온의 기름 흐름이 재비기를 가열하기 위해 사용되어 320°C에서

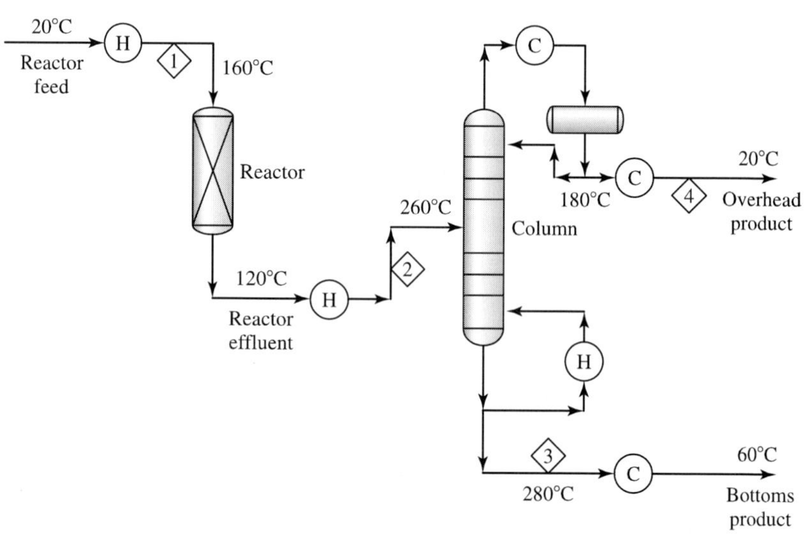


**그림 9-13**
예제 9-7에 대한 공정 흐름도

사용가능하고 310°C까지 냉각된다. 고온의 기름 비용은 GJ당 $2.25이다. 농축기의 온도는 공정 흐름 중 몇 가지에 열을 가하는데 사용할 수 있는 범위 내에 있다. 그러나 간략하게 하기 위해 이 분석에서는 그 사실을 제외시킬 것이다. 냉각물은 10°C에서 사용 가능한 냉각수이고 허용된 온도 상승폭은 10°C까지이며 비용은 GJ당 $0.25이다.

공정 유체에 대한 자료가 다음 표에 주어져 있다.

| Stream Number | Stream description | Temperature interval, °C | | Heat capacity rate, kJ/(s·°C) | | Enthalpy change rate, kJ/s |
|---|---|---|---|---|---|---|
| | | | | $CP = \dot{m}C_p$ | | $CP(T_{out} - T_{in})$ |
| Streams to be heated | | In | Out | | | |
| 1 | Reactor feed | 20 | 160 | 50 | | 7,000 |
| 2 | Reactor effluent | 120 | 260 | 55 | | 7,700 |
| | | | | | Total | 14,700 |
| Streams to be cooled | | | | | | |
| 3 | Bottom product | 280 | 60 | 30 | | −6,600 |
| 4 | Overhead product | 180 | 20 | 40 | | −6,400 |
| | | | | | Total | −13,000 |

**a.** 가열과 냉각 유틸리티로만 공정 흐름을 가열하거나 냉각하는 일을 수행할 때 연간비용이 얼마인지 구하여라.

**b.** $\Delta T_{min}$인 20°C가 되도록 복합선도를 재구성하라.

**c.** $\Delta T_{min}$이 20°C인 공정에 대해 균형(balanced) 복합선도를 그리고, 최소 필요에너지량과 열통합에 필요한 에너지의 연간 비용을 구하여라.

■ **풀이**

**a.** 표에 제시된 총 엔탈피 변화율은 가열과 냉각에 필요한 총 물질에 대한 비용을 구하는데 직접적으로 이용될 수 있다.

$$\text{Hot utility cost} = \left(\frac{2.25}{10^6}\right)(14,700) = \$0.0331/\text{s}$$

$$\text{Cold utility cost} = \left(\frac{0.25}{10^6}\right)(13,000) = \$0.00325/\text{s}$$

Total utility cost = $0.0363/s, or $\$1.03 \times 10^6$/yr (at 90% operating factor)

표에서 흐름에 대한 자료를 검토해 보면 흐름 1이 20에서 120°C 사이의 온도 범위 내에서 가열된다는 것을 알 수 있으며 120에서 160°C 사이에서는 흐름 1과 2가 모두 가열된다. 그리고 160에서 260°C 사이에서는 흐름 2만이 가열될 것이다. 이와 같은 네 가지의 온도와 그에 상응하는 유체 숫자, 열 용량률 수치는 다음에 나오는 온도 구간에 따른 도표에 제시되어 있다. 구간 내에 하나 이상의 유체가 있을 때에는 모든 유체에 대한 총 열용량율이 나타나 있다. 유체가 냉각될 때도 같은 절차를 따른다. 엔탈피 변화율은 모든 온도 구간에서 총 열용량을 온도 구간으로 곱함으로써 구해질 수 있으며 그 결과치는 표의 여섯 번째 줄에 해당한다.

엔탈피 변화율은 흐름의 온도에서 엔탈피 변화율에 대한 기준수치를 선택함으로써 정해진다. 가열되는 흐름에 대해서는 시작점이 20°C에 엔탈피 변화율 5000 kJ/s가 되고 냉각되는 흐름에 대해서는 시작점이 280°C에 연탈피 변화율 15,000 kJ/s이다. $\Delta T_{min}$를 사용하기 전까지는 유일한 복합선도를 얻을 수 없기 때문에 앞의 수치들은 그래프로 나타내기 편하도록 임의적으로 선택한 것이다. 표에 나타난 엔탈피 변화율를 최초의 엔탈피 변화율에 더하면 그 결과로 온도에 상응하는 엔탈피율 수치를 표로 나타낼 수 있다.

**초기 온도구간표**

| Stream number† | Required temperature interval, °C | | Heat capacity rate $CP$, kJ/(s·°C) | Enthalpy change rate, kJ/s | Initial enthalpy selection | |
|---|---|---|---|---|---|---|
| | | | | | $X$ | $Y$ |
| Streams to be heated | In | Out | | | 5,000 | 20 |
| 1 | 20 | 120 | 50 | 5,000 | 10,000 | 120 |
| 1 & 2 | 120 | 160 | 105 | 4,200 | 14,200 | 160 |
| 2 | 160 | 260 | 55 | 5,500 | 19,700 | 260 |
| | | | Total | 14,700 | | |
| Streams to be cooled | | | | | 15,000 | 280 |
| 3 | 280 | 180 | 30 | −3,000 | 12,000 | 180 |
| 3 & 4 | 180 | 60 | 70 | −8,400 | 3,600 | 60 |
| 4 | 60 | 20 | 40 | −1,600 | 2,000 | 20 |
| | | | Total | −13,000 | | |
| Utilities | | | | | | |
| Hot oil | 320 | 310 | | −3,900 | | |
| Cooling water | 10 | 20 | | 2,200 | | |

†See Fig. 9-14 to identify these streams.

그림 9-14는 냉각되고 가열될 흐름에 대해 정해진 온도 대 엔탈피율 수치의 조합을 보여준다. 이 그림은 열 통합 문제에 대한 복합선도이다. 그림에서 두 곡선간의 수직거리가 가장 짧은 곳에서 엔탈피 변화율이 10,000 kJ/s이라는 사실을 알아낼 수 있다. 이것이 두 복합선도의 pinch point이며 가열되는 흐름의 온도가 120°C, 냉각되는 흐름의 온도가 약 153°C일 때이다. $\Delta T_{min}$이 33°C인 것은 단지 처음에 선택된 최초 엔탈피율 때문이다.

**b.** $\Delta T_{min}$을 20°C로 만들기 위해서는 두 곡선이 더 가까워지도록 곡선중 하나를 수평방향으로 이동시켜야 한다. 냉각될 흐름에 해당하는 곡선을 오른쪽으로 엔탈피 변화율이 10,000 kJ/s인 점에서 140°C가 될 때까지 옮기는 방법이 있다. 그림 9-14를 보면 pinch point에서 냉각될 흐름 곡선의 기울기는 다음과 같이 구해질 수 있다.

$$\frac{180 - 60}{12{,}000 - 3600} = 0.01428$$

그리고 이동을 정지시켜야 하는 점은

$$180 - (0.01428)(12{,}000) = 8.57$$

140°C에서 엔탈피율은

$$\frac{140 - 8.57}{0.01428} = 9204 \text{ kJ/s}, \quad \text{or} \quad \sim 9200 \text{ kJ/s}$$

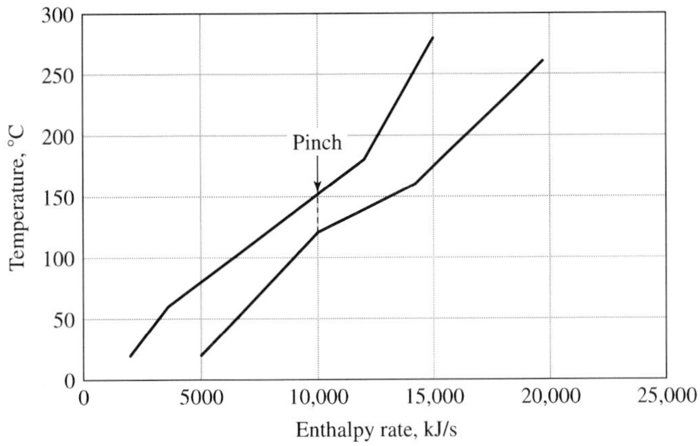


**그림 9-14**
33℃ 접근 온도의 복합선도

9200이라는 수치는 pinch point에서 $\Delta T$를 20°C로 만들기 위해 10,000 kJ/s까지 늘려야 한다. 그러므로 800 kJ/s라는 수치를 가열될 흐름에 해당하는 모든 엔탈피 변화율에 더해야 한다. 그렇게 함으로서 엔탈피율이 15,800 kJ/s로 바뀐다. 수정된 온도구간표가 아래 제시되어 있다.

**수정된 온도 구간표**

| Stream number[†] | Required temperature interval, °C | | Heat capacity rate, kJ/(s·°C) | Enthalpy change rate, kJ/s | | Revised enthalpy selection | |
|---|---|---|---|---|---|---|---|
| | | | | | | X | Y |
| Streams to be heated | In | Out | | | | 5,000 | 20 |
| 1 | 20 | 120 | 50 | | 5,000 | 10,000 | 120 |
| 1 & 2 | 120 | 160 | 105 | | 4,200 | 14,200 | 160 |
| 2 | 160 | 260 | 55 | | 5,500 | 19,700 | 260 |
| | | | | Total | 14,700 | | |
| Streams to be cooled | | | | | | 15,800 | 280 |
| 3 | 280 | 180 | 30 | | −3,000 | 12,800 | 180 |
| 3 & 4 | 180 | 60 | 70 | | −8,400 | 4,400 | 60 |
| 4 | 60 | 20 | 40 | | −1,600 | 2,800 | 20 |
| | | | | Total | −13,000 | | |
| Utilities | | | | | | | |
| Hot oil | 320 | 310 | | | −3,900 | 15,800 | 310 |
| | | | | | | 19,700 | 320 |
| Cooling water | 10 | 20 | | | 2,200 | 2,800 | 10 |
| | | | | | | 5,000 | 20 |

[†]See Fig. 9-14 to identify these streams.

그림 9-15는 $\Delta T_{min}$이 20°C인 문제에 대한 복합선도에 나온 수치를 그래프로 그린 것이다.

**c.** 그림 9-15의 복합선도를 보면 약 190°C인 고온흐름 위로는 고온 흐름곡선이 저온 흐름 곡선 위로 올라가는 일이 없다는 것을 알 수 있다. 모든 열 전달은 복합그래프 상에 수직으로 나타나기 때문에 3900 kJ/s인 엔탈피 변화율에 190에서 260°C 사이인 고온 흐름을 가

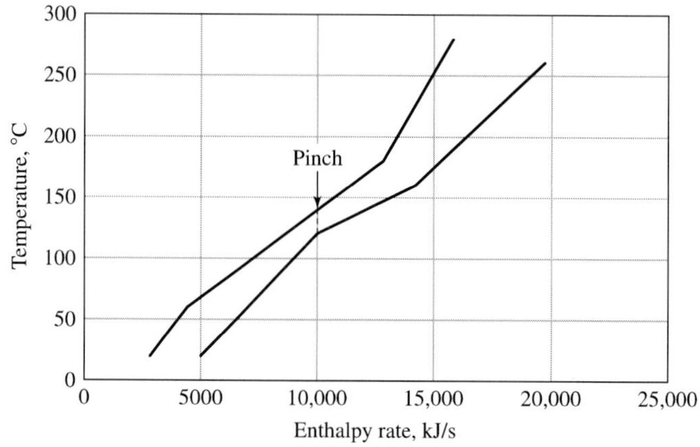


**그림 9-15**
20°C접근온도에서의 복합선도

열하는데 사용할 수 있는 공정 흐름은 없다. 따라서 이러한 열을 공급하기 위해서는 고온 유틸리티가 사용되어야 한다. 사실 여기에 필요한 열량은 그림 9-15에 나타난 바와 같은 온도, 열부하 20°C로 지정된 $\Delta T_{min}$을 가진 문제에 대한 고온 유틸리티의 최소 필요량이다. 이와 마찬가지로 약 70°C인 고온 흐름 아래로는 고온 공정 흐름을 냉각시키는데 사용할 수 있는 저온의 공정흐름이 없다. 그래서 저온 유틸리티가 이러한 열을 빼앗기 위해 사용되어야 한다. 약 2200 kJ/s에 달하는 $\Delta H$가 제시된 문제에 대한 저온 유틸리티의 최소 필요량이다. $\Delta T_{min}$이 20°C인 이 공정에서는 더 많은 고온과 저온 유틸리티를 필요로 하는 여러 가지 열교환망을 고안해 낼 수 있지만 더 적은 유틸리티가 필요한 열교환망은 불가능하다. $\Delta T_{min}$을 줄여야만 에너지 필요량도 줄일 수 있으며 $\Delta T_{min}$이 0일 때의 수치 이상으로는 줄일 수 없다. 가열과 냉각에 필요한 유틸리티의 양이 복합선도에 포함되고 모든 필요량이 채워진다면 그 그래프를 균형 복합선도라고 부르며 그림 9-16에 제시되어 있다.

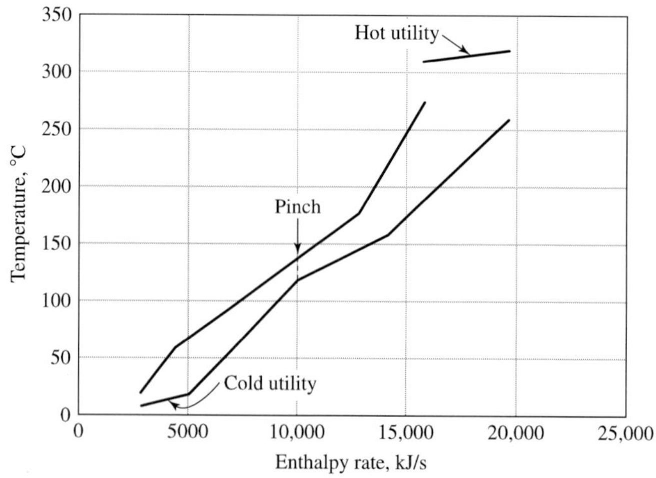


**그림 9-16**
균형 복합선도

그림 9-16을 검토해 보면 열교환망의 저온 끝점에서 공정유체의 온도는 20°C이고 10°C인 냉각수가 들어오므로 온도 차는 10°C밖에 되지 않는다. 이것은 적당한 온도의 흐름에 대해서 투입할 수 있는 물 온도와 요구되는 배출온도 때문이다. 이 온도차는 $\Delta T_{min}$이 20°C라는 지정사항에 어긋나는 것처럼 보이지만 $\Delta T_{min}$이 공정흐름 열교환기에만 적용되고 유틸리티 공정 열 교환기에는 적용되지 않기 때문에 사실은 그렇지가 않다. 그럼에도 불구하고 적당한 온도의 흐름도 20°C의 배출온도를 지켜야 하는지 아닌지를 결정하는 것은 유용할 수도 있다. 그 온도가 커질수 있다면 냉각기의 면적을 줄일 수 있기 때문이다.

고온 물질의 최소필요량은 3900 kJ/s이며, 이 수치는 열이 가해지는 흐름을 대한 최대 엔탈피율 19,700 kJ/s와 열을 빼앗기는 흐름에 대한 최대 엔탈피율 15,800 kJ/s의 차이다. 저온 유틸리티의 최소필요량은 2200 kJ/s이며, 이 수치는 가열되는 흐름에 대한 최소 엔탈피율 5000 kJ/s와 냉각되는 흐름에 대한 최소 엔탈피율 2800 kJ/s의 차이다. 이러한 작업에 대한 총 유틸리티 비용은 다음과 같다.

$$\left(\frac{2.25}{10^6}\right)(3900) + \left(\frac{0.25}{10^6}\right)(2200) = \$0.00933/\mathrm{s}$$

모든 가열과 냉각작업에 필요한 유틸리티들을 사용했을 때와 비교하여 일초 당 0.0270달러, 년간 $7.66 × $10^5$의 유틸리티 비용을 절약할 수 있다(가동율 90%에서). 공정과 공정간에 열을 교환하는데 필요한 열 교환기를 구매하고 설치하고 작동시키고 유지해야 하기 때문에 돈을 쓰지 않고도 열을 모을 수 있다는 얘기는 아니다. 이것이 가치가 있는지 없는지는 에너지 절감과 비용에 대한 경제적 측면의 분석 결과에 달려 있다.

---

**Pinch Technology Guidelines** Pinch technology는 실현가능하고 실제에 가까운 최적의 열교환망을 구축하도록 이끌어주는 몇 가지 원칙을 가지고 있다.

1. 열을 pinch point에서 엇갈리게 전달하지 말라. Pinch point는 열교환망을 두 개의 서로 다른 영역으로 나눈다.
2. Pinch point 이하구간에서는 열을 가하는 유틸리티를 사용하지 말아라.
3. Pinch point 이상구간에서는 열을 빼앗는 유틸리티를 사용하지 말아라.
4. 열전달은 항상 높은 온도에서 낮은 온도로 이루어진다.
5. 공정간의 열교환기는 지정된 $\Delta T_{min}$ 보다 낮은 접근 온도를 가져서는 안 된다.
6. 필요한 열 교환기의 개수를 최소화하라.
7. 열 통합 시스템에서 루프를 피하라.

이러한 지침에 있는 몇 개의 항목은 도움이 될지도 모른다. 예를 들어 pinch point의 한쪽 면에서 다른쪽 면으로 전달되는 모든 공정흐름의 열은 가열과 냉각에 드는 유틸리티들의 필요량을 증가시킨다. 이렇게 되면 대개 열교환망 설계가 최적이 되지 않으므로 그 방법이 경제적으로 정당화될 수 있을 때에만 사용하라고 권할 수 있을 것이다. 또한 pinch point 이하에서 열을 가하는 유틸리티를 사용하거나 pinch point 이상에서 열을 빼앗는 유틸리티를 사용하면 각 유틸리티의 필요량이 증가되고 그 결과 거의 항상 비최적 설계가 되어 버린다.

$\Delta T_{\min}$에 대한 지침을 어기면 열통합 시스템을 변경해야 하며 아마 해답도 최적상태와 거리가 먼 것이 될 것이다. 최적 열교환망은 일반적으로 최소 갯수의 열 교환기를 이용하여 문제가 필요로 하는 것들을 만족시키는 것을 가리킨다. 지침에서 언급된 루프(loop)는 따라가다 보면 시작점으로 다시 돌아오게 되는 에너지 루트가 있다는 것을 의미한다. 예를 들어 똑같은 두 유체가 하나 이상의 열 교환기에서 열을 교환하거나 유틸리티를 불필요한 곳에서 이용할 때 그런 일이 생길 수 있다. 루프가 하나 생길 때마다 전체 망에 불필요한 열교환기 하나씩이 더 부가된다.

어떤 복합 그래프가 주어져 있을 때 필요한 열교환기의 최소 개수는 그 그래프에서 구할 수 있다. 필요한 열교환기 개수는 다음과 같다.

$$N_E = N_s - 1 \tag{9-70}$$

여기서 $N_E$는 교환기의 최소 개수이며 $N_s$는 열을 교환하는 흐름의 총 개수이다. 이 원칙은 모든 열 전달 부분에 적용되어야 하며 일반적으로 대부분의 열교환망 문제에서는 네 개의 부분에 적용된다. 이 네 부분은 균형 복합 그래프에서 알아낼 수 있다. Pinch point에서 수직선을 그리고 처음으로 고온 유틸리티가 필요한 점에서 또 다른 수직선을 그린 다음 처음으로 저온 유틸리티가 필요한 점에서 세 번째 수직선을 그린다. 이렇게 하면 그래프가 서로 다른 네 개의 부분으로 나누어지는데 그래프상에서 왼쪽에서 오른쪽으로, 저온 유틸리티 부분, pinch point 이하의 공정 열교환 부분(source section이라고도 부른다), pinch점 이상의 공정 교환 부분(sink section이라고도 부른다), 고온 유틸리티 부분이라고 한다. 각 부분에서 열을 받을 모든 흐름에 대한 엔탈피 변화율 총 수치는 열을 빼앗길 모든 흐름에 대한 총 수치와 일치한다. 하지만 후자가 똑같은 수치에 −부호를 갖게 된다. 더구나 두 곡선은 pinch point 한 개를 갖게 되어 있기 때문에 지정된 $\Delta T_{\min}$과 일치하는 공정 흐름 조합이 존재할 것이다.

각각의 네 부분에서 유틸리티 흐름도 모두 포함하여 열 교환에 관여하는 흐름의 갯수를 센다. 그래프상의 네 개의 선에 흐름 이름이나 숫자를 표시하면 세는 작업을 신속하게 할 수 있다. 한 부분 내에서는 각각의 흐름을 한 번씩만 세지만 모든 부분에 대해서는 그 흐름이 나올 때마다 다시 센다. 어떤 부분에 필요한 열교환기의 최소개수는 식 (9-70)에서 바로 구할 수 있다. 네 부분에 대한 결과치를 더하면 전체 열교환망에 필요한 총 열교환기의 최소개수가 나온다. 사용하는 열교환기 개수를 최소화시키려는 목적을 중요시한다면 설계자는 최소 개수의 열교환기만을 가지고 열 통합망을 만들어낼 수 있을 것이다. 그렇게 만들어진 열통합망은 적어도 주어진 문제의 최적상태에 가까이 간 것이다. 최소 개수의 열교환기 이상을 사용한 열 통합망이 최적이 아니라는 것은 거의 확실하다.

**최적 열교환망 확인 작업** 흐름이 두 개인 열교환 문제를 제외하고는 어떤 문제에 대해서도 유일한 열교환망은 있을 수 없다. 따라서 설계자는 많은 가능성 중에서 적절한 열교환망을 식별해 내는 절차를 알고 있어야 할 뿐만 아니라 통찰력과 창조력도 갖추고 있어야 한다. 열교환망은 한 번에 한 부분씩만 전개된다. 열교환기의 최소 개수는 이미 정해졌기 때문에 이젠 어떤 열교환기에서 어떤 열교환기로 가느냐하는 문제를 알아내야 한다. 각 열교환기에 대해서는 열 평형이 이루어져야 한다. 무시해도 좋은 열 취득이나 손실이 있다고 가정한다면 열 평형 방정식은 다음과 같다.

$$\Delta \dot{H} = 0 = [CP(T_{out} - T_{in})]_{hot\,stream} + [CP(T_{out} - T_{in})]_{cold\,stream} \quad (9\text{-}71)$$

다음은 적당한 열교환 조합을 찾는데 유용한 몇 가지 지침들이다.

1. Pinch point에서 가열되는 모든 흐름은 pinch point, 즉 저온 복합 온도에서 열교환기에 들어가거나 열교환기에서 나온다. 냉각되는 모든 흐름은 pinch point, 즉 고온 복합 온도에서 교환기에 들어가거나 열교환기에서 나온다.
2. 모든 온도가 정해진 pinch point에서 sink와 source 부분에서의 열교환기를 분석하는 작업에 착수하라.
3. 복합선도 상의 불연속점은 어떤 흐름이 더해지거나 없어졌다든지, 아니면 상태 변화가 시작되었다든지 하는 것을 나타낸다. 추가되거나 없어진 흐름은 불연속점이 나타난 온도에서 교환기에 들어가거나 열교환기에서 나온다.
4. 한 부분에 흐름이 두개 밖에 없다면 둘 다 그 부분에 마련되어 있는 하나의 교환기에 들어간다.
5. 한 부분에 흐름이 세 개 있다면 엔탈피 변화가 가장 큰 흐름이 다른 두 흐름 각각에 대한 열부하를 채우기 위해 나누어져 두 개의 열교환기에 들어가게 된다.
6. 한 부분에 흐름이 네 개 있다면 열 교환기가 세 개 필요할 것이다. 세 개의 흐름이 가열되거나 냉각된다면 네 번째 흐름이 다른 세 흐름에서 열부하를 충족시키기 위해 나누어져 다른 세 개의 흐름에 합쳐진다. 가열되는 흐름이 두 개, 냉각되는 흐름이 두 개라면 흐름들을 열 교환기에 배치하는 편리한 방법은 새로운 복합선도를 만들어 사용하는 것이다.
7. 한 부분에 네 개 이상의 흐름이 있다면 먼저 6항목을 따르도록 하라. 이와 같이 복잡한 경우에는 컴퓨터 기반의 알고리듬을 사용할 것을 권장한다.
8. 열교환 열부하 사이에 조합들이 결과적으로 필요한 교환기의 최소 개수를 넘으면 다른 조합을 시도해 보라. 루프(loops)을 찾아서 제거하라.
9. 한 유틸리티 부분 내에서 공정 흐름곡선 상에 불연속점이 나타난다면 불연속점에서는 곡선이 없는 것으로 생각하고 인접한 공정 부분에 의해 $\Delta T_{min}$를 맞추면서도 흐름의 열부하를 충족시킬 수 있다. 그렇게 하면 필요 유틸리티량을 변화시키지 않고도 필요한 열교환기의 개수를 한 개 줄일 수 있으며 많은 경우 그것이 경제적인 선택이 된다.

## 사용부호

$a$ = 제약 조건식 계수; 하첨자 $i$는 변수에 $i$에 해당하는 상수로 나타냄; 하첨자 $j$는 변수 $j$에 해당하는 상수를 나타냄; 비용 수식 계수

$A$ = 열 전달 면적, $m^2$

$b$ = 상수

$B$ = 기계적 일 에너지 수지 계산을 위해 사용된 상수, J/kg

| | | |
|---|---|---|
| $B'$ | = | 펌프 비용 수식의 상수 |
| $c$ | = | 비용계수; 하첨자 $j$는 변수 $j$의 상수를 나타냄 |
| $c_{pipe}$ | = | 새 파이프의 파이프 길이 m 당 구입비용, \$/m |
| $c_T$ | = | 생산 unit 당 총 비용, \$/unit |
| $C$ | = | 비용, \$; 하첨자 $F$는 설비의 년간 고정비용을 나타냄, \$/yr; 하첨자 $c$는 1회 세척비용; 하첨자 pumping은 파이프 길이 m당 년간 펌프비용 미국 달라(\$)로 나타냄; 하첨자 $w$는 냉각수비용을 나타냄; 하첨자 $A$는 열교환 면적 $m^2$당 응축기의 설치비용을 나타냄; 하첨자 pipe는 파이프길이 m당 년간 파이프 시스템의 설치비용을 나타냄; 상첨자 prime부호는 점성 유체를 나타냄 |
| $C_P$ | = | 열용량, KJ/(Kg·℃), KJ/(Kg·k), KJ/(Kg mol·℃), 혹은 KJ/(Kgmol·k) |
| $C_T$ | = | 총 비용, \$; 시간단위별 비용, \$/s |
| $CP$ | = | 열용량율, $\dot{m}C_p$를 나타냄, KJ/(s·℃) 혹은 KJ/(s·k) |
| $d$ | = | 상수 결정 변수; 하첨자는 j번째 stage를 나타냄 |
| $D_i$ | = | 파이프 내경, m |
| $E$ | = | 모터와 펌프효율; 무차원수 |
| $f'$ | = | 시간당 혹은 unit당 비용으로서의 목적함수, \$/s 혹은 \$/unit; 하첨자 $j$는 $j$ stage의 목적함수를 나타냄 |
| $\mathfrak{f}$ | = | Fanning 마찰계수, 무차원수 |
| $F$ | = | 새파이프 구입비용중 고정 및 설치 비용의 총 비용에 대한 비율 |
| $g$ | = | 변수 $v_j$와 상수 $c_j$ 항으로의 부등제약함수; 하첨자 $j$는 제약조건 $j$를 나타냄; 굵은 글씨체는 vector함수를 나타냄 |
| $h$ | = | 변수 $v_j$와 상수 $b_i$항으로의 등식 제약상수; 하첨자 $i$는 제약조건 $i$를 나타냄; 굵은 글씨체는 vector함수들을 나타냄 |
| $\hbar$ | = | 단위생산당 나머지 상수의 조업 비용, \$/unit |
| $H$ | = | 설비의 실제 조업, 비움, 세척, 재장입을 위한 총 사용시간, $s$; 상첨자 prime부호는 조업, 비움, 세척, 그리고 재장입을 휘한 총 가용시간을 나타냄; 하첨자 $y$는 년간 조업시간을 나타냄, $h$ |
| $J$ | = | 파이프 연결부(fitting, bend)들로 인한 직선 관에서의 마찰 손실과 상응하는 값으로 마찰 손실, 무차원수 |
| $K$ | = | 전기 에너지 비용, \$/KWh |
| $K_F$ | = | 유지비를 포함하는 년간 고정비용, 설비 설치를 위한 초기 비용의 비율로 표현, 무차원수 |
| $L$ | = | 파이프 길이, m; 재순환 흐름속도, Kg mol/s |
| $L'_e$ | = | 파이프 연결부(fitting, bend)로 인한 마찰손실, 단위 파이프 길이를 파이프 직경으로 나눈 파이프 직경에 대한 길이에 상응하는 값으로 표현, $m^2$ |
| $\dot{m}$ | = | 질량 흐름 속도, kg/s |
| $m$ | = | 여러수식들의 상수; 수식들의 수 |
| $n$ | = | 여러수식들의 상수; 수식들의 수 |
| $N_E$ | = | 열 교환기 개수 |
| $N_s$ | = | 열교환 흐름의 개수 |
| $O_c$ | = | 시간당 조직비용(organization cost), \$/time |
| $p_r$ | = | 단위 생산당 이익, \$/unit |
| $P$ | = | 목적함수, 시간 혹은 unit당 비용으로의 목적함수, \$/s 혹은 \$/unit |
| | = | 이익 혹은 회수비용, \$; 하첨자 $j$는 $j$번째 stage를 뜻함 |

$P$ = batch당 생산되는 제품의 질량, Kg/batch

$P_f$ = $\theta_f$ 여과 시간 동안의 여과된 운반액, $m^3/h$

$P_r$ = 생산량, 시간당 총 생산물의 unit들; 하첨자 $o$는 최적값을 나타냄; 하첨자 cycle은 1회 반복 당 cycle을 의미함

$\dot{q}$ = 열전달 혹은 열부하의 속돈, KJ/s혹은 KW; 하첨자 $r$은 재비기 부하량, 하첨자 $c$는 응축기 혹은 냉각 부하량; 하첨자 min은 열부하 최소화를 뜻함

$q_f$ = 흐름의 부피유량 (부피흐름속도), $m^3/s$

$Q$ = 주어진 시간동안 총 열전달량, KJ; 하첨자 $H$는 시간 H h 동안 열전달량을 뜻함

$r$ = 목적함수 재 조합시 사용되는 양의 벌칙 파라메터(penalty parameter), 무차원수 prime부호는 부등식의 수를 말함

$R'$ = 단위 시간당 이익, \$/time

$s$ = 단위 생산물당 판매가격, \$/unit

$S$ = 여유 변수(slack variable)

$S_h$ = 조업중 시간당 직접노동비용, \$

$T$ = 온도, K; 하첨자는 $i$는 $i$흐름의 온도; 하첨자 cons는 응축온도

$U$ = 총괄 열전달 계수, $KJ/(s \cdot m^2 \cdot K)$

$v$ = 변수; 하첨자 $j$는 $j$변수를 뜻함; 하첨자 $o$는 초기 변수값, 하첨자 min은 최소 목적함수 값을 뜻함; 여유 변수(slack variable); 굵은 글씨체는 vector값을 뜻함

$V$ = 부피, $m^3$; 하첨자 $A$는 $A$ 화학종의 부피; 하첨자 $B$는 $B$ 화학종의 부피; 하첨자 $W$는 물의 부피; 선속도, m/s

$W_s$ = 외부기계로부터 시스템으로 가해지는 기계적일, kJ/kg

$x$ = 독립변수; 단열 두께, m; 열교환기로 들어가는 흐름의 비율

$y$ = 독립변수

$X$ = 파이프 직경이 0.0254 m일 때 새 파이프의 구입가격, \$/m

$\Delta T$ = 온도차, K혹은 ℃; 하첨자 1은 한 부분에서의 온도차; 하첨자 2는 다른 부분에서 온도차; 하첨자 min은 $\Delta T_1$과 $\Delta T_2$ 중 더 작은 온도차; 하첨자 log mean은 두 온도차의 로그 평균온도차

$z$ = 목적함수; 하첨자 $j$는 변수 $j$에 해당하는 값

$Z$ = 회수의 분율

## 그리스 문자

$\mu$ = 가중치 변수, 무차원수; 하첨자 $i$는 $i$ 변수의 가중치; 하첨자 min은 최소 목적함수에서의 값

$\mu_c$ = 유체의 점도, $Pa \cdot s$

$\phi$ = 수입 세율, 이율/yr

$\rho$ = 유체의 밀도, $kg/m^3$

$\theta$ = 조업시간, $s$; 하첨자 $b$는 끓는 시간; 하첨자 $c$는 재 장입시간; 하첨자 $i$는 끓임과 재 장입시간의 합; 하첨자 $f$는 여과시간; 하첨자 $t$는 1회주기 완료 총시간; 하첨자 opt는 최적값을 나타냄

$\nabla$ = gradient 연산자

# 연습문제

**9-1** 다중기능 증발기는 소금 용액으로부터 하루 당 200,000 kg의 물을 증발시키는 데 사용된다. 첫 번째 기능에 대한 총 초기 비용은 $18,000이며, 각각의 부가적인 기능은 $15.000의 비용이 든다. 수명은 10년으로 추정되며, 수명이 끝난 지점에서의 폐장치의 가치는 0으로 가정된다. 또 직선의 감가상각 방법이 이용된다. 고정비용에서 감가 상각비를 뺀 비용은 장치의 첫 비용을 기본으로 했을 때 연간 15%이다. 증기는 $0.0033/kg이다. 연간 유지비용은 장치의 초기 비용의 5%이다. 그 외의 모든 비용들은 기능의 수와는 관계가 없다. 장치는 연간 300일 동안 작동된다. 증기 1 kg 당 증발시키는 물의 kg이 0.85(효율수)와 같다면 최소의 연간 비용을 가지는 최적의 효율수를 결정하여라.

**9-2** 다음의 조건 하에서 사용되어야 하는 단열재의 경제적인 최적 두께를 결정하여라: 포화 증기가 외부 직경 0.273 m인 강철 파이프를 계속해서 통과하고 있다. 증기의 온도는 480 K이며, 비용은 $0.004/kg이다. 이 파이프는 $5.2 \times 10^{-2}$ W/m·k의 열 전도성을 가진 재료로 단열되어 있다. 파이프 길이 피트 당 설치된 단열재의 비용은 $180I_t$이며, 여기서 $I_t$는 인치 단위의 단열재 두께이다. 유지비용을 포함한 연간 고정비용은 초기 설치 비용의 20%에 달한다. 파이프의 총 길이는 300 m이며, 주위의 평균온도는 295 K로 간주된다. 증기막, 보일러의 안쪽에 끼는 물 때, 파이프 벽에 의한 열 전달 저항은 무시할 수 있다. 단열재 외부의 공기막 열전달 계수는 모든 단열재 두께에서 일정하게 11.4 W/($m^2$·K)로 가정된다.

**9-3** 목재 그리드를 가지고 있는 흡수탑은 황산나트륨 용액에서 $SO_2$를 흡수하는 데 사용된다. 공기와 $SO_2$의 혼합물이 속도 33 $m^3$/s, 온도 400 K, 압력 111 kPa의 상태로 타워에 들어갈 것이다. 유입 가스에서 $SO_2$의 농도는 명시되어지며, 들어간 $SO_2$중에서 주어진 분율 만큼이 흡수탑에서 제거되어야 한다. 유입 가스 혼합물의 분자 무게는 29.1로 가정된다. 지정된 설계 조건들 하에서 전달 unit의 수는 다음과 같이 외면상의 기체 속도에 의해 변한다.

$$\text{전달 unit의 수} = 1.05\ G_s^{0.18}$$

여기서 $G_s$는 빈 타워의 횡단면적에 대해 kg/$m^2$·s로 나타낸 유입 가스의 속도이다. 전달 unit의 높이는 4.5 m로 고정되어 있다. 설치된 탑의 비용은 내부면적의 $40/$m^3$이며, 연간 고정 비용은 초기 비용의 20%에 이른다. 흡수제, 송풍기 전력(blower power), 펌프 전력의 가변성이 있는 공정 비용은 다음과 같은 식으로 표현된다:

$$\text{가변적 조업 총 비용(\$/s)} = 9.78 \times 10^5 G_s^2 + \frac{0.1098}{G_s} + \frac{0.0244}{G_s^{0.8}}$$

이 장치는 년간 8000시간 운행할 것이다. 최소의 연간 비용의 조건을 충족시키는 흡수탑의 높이와 직경을 결정하여라.

**9-4** 단열재의 $m^2$ 당 연간 고정 비용이 두께에 정비례하고, (a) 공기막을 무시할 때, (b) 공기막을 고려할 때, 평평한 표면에 설치할 단열재의 최적의 경제적인 두께에 대한 식을 도

출하여라. 열 전달의 공기막 계수는 모든 단열재 두께에서 일정하다고 가정된다.

**9-5** 연속 증발기는 생산물의 농도가 일정하게 유지되는 조건 하에서 주어진 공급물을 가지고 작동된다. 관을 세척한 후에 한 주기의 시작점에서 공급률은 5000 kg/h가 된다. 연속 공정 48시간 후에 테스트 결과는 공급률이 2500 kg/h로 감소했다는 것을 보여 준다. 성능의 저하는 스케일 생성 때문이다. 주기 당 비움, 청소, 재충전을 위한 휴지시간이 6시간이, 30일 당 최고량의 생산물을 얻기 위해서는 청소작업과 다음 청소작업 사이에 얼마 동안 증발기가 작동되어야 하는가?

**9-6** 용매 추출 공정은 중력 흐름으로 단 증류탑에서 연속적으로 수행된다. 이 장치는 하루에 24시간 운행된다. 40 $m^3$/day의 공급물 속도로 일 년에 300일이 작동되어야 한다. 탑의 횡단면적 피트 제곱 당 허용되는 속도는 시간 당 결합된 용매와 투입물 12.2 $m^3$이다. 설치를 위한 연간 고정 비용은 다음의 식으로부터 예측할 수 있다.

$$C_F = 8800F_{sf}^2 - 51{,}000F_{sf} + 110{,}000 \text{ \$/yr}$$

여기서 $F_{sf}$는 공급 재료 $m^3$ 당 용매의 $m^3$이다. 공정과 다른 가변 비용은 회수되어야 하는 용매의 양에 달려 있으며, 이 비용은 탑을 통과하는 용매의 $m^3$ 당 $1.41이다. 연간 최저 총 비용이라는 최적 조건을 위해서 탑의 직경은 얼마이어야 하는가?

**9-7** 다음의 조건 하에서 최적의 경제적 파이프 직경 대 파이프의 유체 흐름속 도의 그래프를 작성하여라:

산업에서 일반적으로 적용될 수 있는 비용과 공정 조건들이 사용될 수 있다.
유체의 흐름은 난류 영역이 있는 것으로 간주한다.
유체의 점성도는 0.1에서 20 cP 영역에 있다.
이 그래프는 강철 파이프에 해당된다.
직경은 m로 표시하고 내부 직경을 사용하라.
그래프는 직경 $2.5 \times 10^{-3}$에서 2.5 m범위를 다루어야 한다.
흐름 속도는 kg/s로 나타내라.
그래프는 흐름 속도 $1 \times 10^{-3}$에서 10 kg/s 범위를 다루어야 한다.
그래프 상의 하나의 선은 다음의 유체밀도: 1600, 800, 160, 16, 1.6, 0.16 그리고 0.016 kg/$m^3$ 각각에 대해 그려져야 한다.

**9-8** 문제 9-7에 제시된 조건에 따라 m/s의 유체 속도 대 인치로 표현된 최적의 경제적 파이프 직경의 그래프를 작성하라. 그래프는 0.1에서 30 m/s 범위의 유체 속도와 0.01에서 0.25 m 범위의 파이프 직경을 다루어야 한다.

**9-9** 연속 증발기가 물에서 스케일을 형성하는 황화 나트륨 용액을 응축시키는 데 이용되고 있다. 총괄 열전달 계수는 다음의 식에 따라 감소한다.

$$U^{-2} = 6.88 \times 10^{-5}\theta_b + 0.186$$

여기서 $U$ = 총괄 열전달 계수, (kJ/s)/($m^2 \cdot$K), $\theta_b$ = 조업 시간, s. 총괄 열전달 계수에 영향을 미치는 단 하나의 요인은 스케일 형성이다. 액체는 끓는점에서 증발기에 들어가고, 증발 온도와 열은 일정하다. 이 공정 조건에서 1 kg의 물을 증발시키는데 2300 kJ가 필요하며, 열 전달 면적은 37 $m^2$이며, 열전달 온도 차이는 40°C이다. 폐쇄하고 청소하고 다시 돌아오는데 요구되는 시간은 각 폐쇄작업으로 보았을 때 4시간이며, 이러한 청소 작업의 총 비용은 주기 당 $100이다. 증발기의 작동시간 동안 노동 비용은 시간 당 $20이다. 다음에 나오는 조건 하에서 최저의 총 비용을 쓰기 위한 주기 당 총 시간을 결정하여라.

a. 24시간 하루 당 평균 총 30,000 kg의 물을 각각의 30일이라는 기간 동안 증발시켜야 한다.

b. 24시간 하루 당 평균 총 37,000 kg의 물을 각각의 30일이라는 기간 동안 증발시켜야 한다.

**9-10** 유기 화학물이 회분식 공정에 의하여 생산된다. 이 과정에서 화학물 *X*와 *Y*가 화학물 *Z*를 만들기 위해 서로 반응한다. 반응 속도가 매우 빠르기 때문에 회분 당 요구되는 총 시간은 재료의 양과 무관하며, 각각의 회분은 장입, 가열, 비움공정 시간을 포함하여 2시간을 필요로 한다. 다음의 식은 생산된 $Z(kg_Z)$의 파운드와 공급된 $X(kg_X)$, $Y(kg_Y)$의 파운드 사이의 관계를 보여 준다:

$$kg_Z = 1.5(1.1kg_X kg_Z + 1.3kg_Y kg_Z - kg_X kg_Y)^{0.5}$$

화학물 *X*의 비용은 $0.2/kg이다. 화학물 *Y*의 비용은 $0.1/Kg이다. 화학물 *Z*는 $1.75/kg에 팔린다. 만약 화학물 *Z*의 판매가격의 절반이 원료이외 비용이라면 화학물 *Z*의 kg 당 얻을 수 있는 최고 이익은 얼마인가?

**9-11** 냉각되어지고 있는 재료의 온도가 일정하지 않을 때 열 교환기로부터 배출되는 냉각수의 최적 온도를 구하기 위해 식 (9-87)과 유사한 식을 도출하여라. 열전달 가능케 하는 온도 차이를 $F_G\ \Delta T_{lm}$으로 나타내는데, 여기서 $F_G$는 교환기 안 통로들의 기하학적인 배열과 관련이 있는 값을 가진 수정 계수이다. 냉각되어 지고 있는 재료의 온도는 초기상태를 사용하라.

**9-12** 다음과 같은 조건을 가질 때 800 kPa의 포화증기를 운반하는 0.038 m($1\frac{1}{2}$-in standard)의 파이프에 대한 최적의 경제적 단열재 두께를 결정하여라. 이 라인은 연속적으로 사용된다. 표면은 경량 탄산마그네슘이고, 이것은 다음의 두께로만 판매된다(예를 들어 0.025 m, 0.05 m, 0.075 m 등). 설치된 단열재의 가격은 단열재 $m^3$ 당 $700으로 어림잡을 수 있다. 연간 고정 비용은 초기 투자의 20%이며, 증기의 열에 대한 가격은 $1.42/GJ 값이 매겨진다. 주위 온도는 300 K로 가정된다.

L. B. McMillan, [*Trans. ASME*, **48**:1269 (1926)]은 파이프 크기를 매개변수로 하는 그룹$(kb_cH_y\ \Delta T/a_c)^{0.5}$에 대한 최적의 경제적 단열재 두께의 근사값을 제시했다.

$k$ = 단열재의 열 전도성, (kJ/s)/(m·K)

$b_c$ = 열의 비용, $/kJ

$H_y$ = 연간 조업시간, s/year

$\Delta T$ = 열전달 온도 차이, K

$a_c$ = 단열재의 가격, ($/$m^3$)/yr

다음 표의 수치들은 McMillan의 결과를 근거로 하고 있으며, 이런 수치들은 이 문제의 조건들에 적용할 수 있다:

| $\left(\frac{kb_c H_y \Delta T}{a_c}\right)^{0.5}$ | Optimum economic thickness of insulation, for a nominal pipe diameter of | | | |
|---|---|---|---|---|
| | **0.013 m ($\frac{1}{2}$ in.)** | **0.025 m (1.0 in.)** | **0.051 m (2.0 in.)** | **0.102 m (4.0 in.)** |
| 0.03 | — | 0.010 | 0.013 | 0.015 |
| 0.06 | 0.020 | 0.024 | 0.028 | 0.033 |
| 0.09 | 0.030 | 0.036 | 0.041 | 0.048 |
| 0.15 | 0.047 | 0.053 | 0.062 | 0.074 |
| 0.24 | 0.070 | 0.079 | 0.091 | 0.109 |
| 0.37 | 0.097 | 0.109 | 0.124 | — |

**9-13** 전환 효율이 줄어듦에 따라 주기적으로 재생을 거쳐야 하는 촉매를 사용하는 촉매 공정이 있다. 한번 재생시 $800이 든다. 이 경비는 실제로 촉매를 재생하는 경비 외에도 가동정지(shut down), 가동시작(start-up) 비용을 포함하는 경비이다. 반응기로의 원료 도입은 70 kg/day로 관리되고 있고, 원료 물질은 $5.5/kg이 든다. 하루 조업비용은 $300이고 고정비용 더하기 일반적인 overhead 비용은 년간 $100,000이다. 촉매를 테스트해 본 결과 재생된 촉매하의 첫날 조업에서 생산물의 수율(yield)즉 생산물 kg/도입원료 kg은 0.87로 나타났다. 그리고 이 수율은 $\theta_D$를 조업한시간 즉 날짜로 표현할 때 $0.87/\theta_D^{025}$로 감소된다. 공장을 가동정지하고, 촉매를 갈고, 가동을 시작하는데 필요한 시간은 무시될 수 있다. 생산물의 가치는 $31.00/kg이고 공장은 300 days/yr로 가동된다. 위에 설명한 비용이외에는 어떤 비용도 들지 않는다고 가정하고, 이 조건하에 얻을 수 있는 연간 최대 이익은 얼마가 되겠는가?

**9-14** $k_m$은 단열의 평균 열전도도 계수이고 $(h_c + h_r)_c$는 대류와 복사의 복합 열전달 계수일 때 최대 열손실에 대한 도선 단열 외부 직경의 최적 수식인 다음 식을 유도하여라.

$$D_{\text{opt}} = \frac{2k_m}{(h_c + h_r)_c}$$

$k_m$과 $(h_c + h_r)_c$는 온도의 높낮음과 단열 두께에 관계없는 상수값으로 간주될 수 있다.

**9-15** 최적 경제적 관 직경 식인 식 (9-61)을 유도하여라. 그리고 이것과 상응하는 수식 표현인 *Perry's Chemical Engineers' Handbook*, 5thed · 외(J.H. Perry and C.H. Chilton. eds. McGraw-Hill, New York 1973, p5-32) 식 (5-90)과 비교하여라.

**9-16** 작은 용량의 화학공장이 계속 조업하기 위해서는 시스템 내의 반응기 중 하나에 변화를 주어야 한다. 경영층에서 결정을 내리기를 향우 12년간 계속 조업은 이루어져야 하고, 적어도 수입세금을 낸 후 년말 결산시 8%이상의 회수가 있지 않는 곳에는 투자를 할 수 없다고 회사 정책을 세웠다. 이에 두 가지의 만족스런 반응기 변화 방법은 다음과 같다.

**1.** 지금 $5800을 투자하여 모든 주요한 반응기 변화를 가하여, 12년간 사용하는 것

**2.** 지금 $5000을 투자하여 어느 정도 반응기를 변화시켜 8년간 조업허가를 얻고 그 후 다시 $2500을 들여 나머지 4년간 조업할 수 있도록 반응기 변화를 준다.

a. 12년간 인플레이션이 없다면 위 두 방법 중 어느 방법이 채택될 것인가?

b. 년말 결산 방식으로 약 7%의 인플레이션이 있다고 가정한다면 어느 방법이 택하여 질 것인가?

CHAPTER

# 10

# 재료와 장치제작의 선정

화학공정에서 수율과 생산량을 늘리기 위해 조업 조건을 고온, 고유량으로 가져갈수록 부식 작용이 심해질 수 있으므로 장치 건설재료의 선택 문제가 더욱 중요하게 된다. 다행히도 현재 부식작용에 대한 내성을 지니는 다양한 재료들이 나와 있다. 그러나, 이처럼 분명 풍부한 재료의 다양성은 특정 응용 분야에서 충분한 부식 내성을 갖는 수많은 합금과 플라스틱 중에서 "가장 좋은" 재료를 선택하는 작업이 매우 복잡하게 될 수 있음을 의미한다. 최종적인 선택은 단순히 부식표(corrosion table)를 바탕으로 적절한 재료를 고르는 것이 아니라, 서로 필적하는 재료 사이에서 올바른 경제성 분석에 의거하여 이루어져야 한다.

이 장의 목적은 공정 설계자에게 이용 가능한 재료들의 주요한 형태와 타입, 기능 및 이를 규정하는 방법에 관한 실용적인 지식을 제공하려는 것이다. 이와 같은 기본 지식을 갖춘다면, 기술자는 초기 설계 단계에서 재료 전문가와 상의하여 공정 조건에 맞는 재료를 선정할 수 있을 것이다.

## 부식에 기여하는 인자들

부식은 하나, 또는 그 이상의 형태를 보이는 복잡한 현상이다. 금속의 부식은 주로 화학적 또는 전기화학적 공격에 의해 나타난다. 부식은 주로 금속 표면에 한정되지만, 공격에 대한 저항이나 국부적인 전해 작용의 차이 때문에 내부 결정간 경계나 기타 약점 부위를 따라 발생하는 경우도 가끔 있다.

플라스틱이나 다른 비금속 재료의 노후화는 본질적으로 전기화학보다는 물리화학적 현상이라고 할 수 있으며, 팽윤, 잔금, 균열, 연화, 분해 등의 형태를 띤다. 비금속 재료는 특정 환경에 노출될 때 급속히 노후화 될 수도 있지만, 별 영향을 받지 않는 경우도 많다.

금속의 부식에는 국부적 측면과 구조적 측면이 다 관련된다. 국부적 수준의 부식 작용은 균열, 결정간 경계, 산소결핍 셀, 또는 응력이 활성화되는 표면 등의 영역에서 일어난다. 부식 작용은 갈바니 작용, 충돌, 공동화, 수소 공격 등에 의해 촉발될 수도 있다. 예를 들어 갈바니 부식에서는 전도성 유체와 접촉하고 있는 두 개의 다른 금속 사이에 전위차가 형성될 수 있다. 표10-1은 여러 금속의 갈바니 계열을 나타낸 것이다. 금속 재료를 실제 사용할 때에는 이 표의 순위에 예외가 나타날 수 있으므로 조심해야 한다. 그러나 서로 다른 금속을 접촉시킨 상태로 전기 전도성을 갖는 용액에 노출된 환경에서 사용하려면, 대체로 갈바니 계열에서 될 수 있는 한 가까이 위치한 금속들끼리 묶어야만 된다. 금속을 서로 절연시키면 갈바니 부식을 방지할 수 있다.

대부분 금속의 부식 속도는 pH의 영향을 받는다. 알루미늄과 아연 같은 금속들은 산성 또는 염기성 용액에서 빨리 녹지만, 귀금속은 pH의 영향을 받지 않는다. 산화제는 대개 강력한 부식 촉진제이다. 많은 경우 용액의 산화력은 부식 활성도와 관련된 가장 중요한 성질로 볼 수 있다. 예를 들어 pH 4-10의 범위에서 철과 같이 산에 녹는 금속의 부식 속도는

**표 10-1 금속과 합금의 갈바니 계열**

| Corroded end (anodic, or least noble) |
|---|
| Magnesium |
| Magnesium alloys |
| Zinc |
| Aluminum alloys |
| Aluminum |
| Al-clad |
| Cadmium |
| Mild steel |
| Cast iron |
| Ni-resist |
| 13% Chromium stainless (active) |
| 50-50 Lead-tin solder |
| 18-8 Stainless type 304 (active) |
| 18-8-3 Stainless type 316 (active) |
| Lead |
| Tin |
| Muntz metal |
| Naval brass |
| Nickel (active) |
| Inconel 600 (active) |
| Yellow brass |
| Admiralty brass |
| Aluminum bronze |
| Red brass |
| Copper |
| Silicon bronze |
| 70-30 Cupronickel |
| Nickel (passive) |
| Inconel 600 (passive) |
| Monel 400 |
| 18-8 Stainless type 304 (passive) |
| 18-8-3 Stainless type 316 (passive) |
| Silver |
| Graphite |
| Gold |
| Platinum |
| Protected end (cathodic, or most noble) |

산화제(대개 용존 산소)가 금속 표면에 전달되는 속도에 따라 좌우된다. 그러나 산화제는 어떤 부류의 금속의 부식을 촉진시키지만, 다른 부류의 금속의 경우 표면에 보호막 역할을 하는 산화물을 형성함으로써 부식을 억제하기도 한다. 크롬의 이런 성질 때문에 스테인리스강은 부식에 대한 내성을 띠게 된다.

부식 속도는 온도가 올라감에 따라 증가하는 경향이 있다. 이 외에 온도는 부식에 영향을 끼치는 주요 산화제인 공기 중 산소의 용해도에 미치는 영향을 통해 2차적인 효과를 보인다. 부식 속도는 금속 표면에 대한 부식 용액의 상대 속도가 늘어남에 따라 증가하는 경우도 매우 흔하다.

반면에 구조적 부식에서는 적어도 세 가지 다른 유형의 재료 훼손을 포함한다. 흑연 부식은 대개 주철에서 금속이 부식 생성물과 흑연이 혼합된 상태로 변환되는 과정이다. 탈아연화는 아연을 포함하는 황동 합금에서 금속성 구리가 생성되는 부식 현상이다. 생물학적 부식은 미생물의 대사 활성도가 직·간접적으로 금속의 열화를 일으키는 부식 과정이다.

유체가 생물학적으로 활성화되면 부식 환경이 만들어지거나, 금속 표면에 전해질 농도차 전지가 생성되고, 표면 막의 내성이 바뀌며, 양극/음극 반응 속도가 영향을 받거나 외부 조성이 바뀔 수 있다. 부식과 관련된 미생물은 호기성일 경우 산소 함유 환경에서 쉽게 살아가는 반면, 혐기성일 경우 산소가 거의 없는 환경에서 살 수 있다.

대부분의 미생물이 겪는 화학적 과정은 매우 복잡하다. 집단으로 볼 때 이런 파괴적인 미생물들은 대략 pH 0 ~ 11의 범위에 걸쳐 증식할 수 있다. 포함된 박테리아는 거의 모든 유기 탄소 분자뿐 아니라 무기 원소나 철까지 에너지원으로 사용할 수도 있다. 영양학적 요구 조건은 분명 매우 단순한 수준에서 아주 복잡한 수준까지 그 범위가 넓지만 대개는 양 극단 사이에 일정 수의 유기 분자, 적절한 온도, 습한 환경, 7 근방의 pH가 필요하다.

대부분의 화공 기술자는 생물학적 부식의 전문가가 아니며, 또 그럴 필요도 없다. 그러나 이런 유형의 부식 과정이 실제 일어날 수 있고, 공정 장치나 구조물이 위험에 처할 수 있으며, 미생물로 인한 부식을 검출하거나 감시할 수 있는 많은 도구가 있다는 사실을 인식하고 있을 필요가 있다.

## 부식 방지책

부식과 연관된 문제를 감안할 때 설계 기술자는 공정의 요구 조건을 가장 경제적으로 달성할 수 있도록 재료를 선택할 필요가 있다. 그런 결정을 위한 최선의 지침은 동일한 공정 장치에 대한 사례를 잘 정리해 놓은 자료일 것이다. 그런 자료가 없다면 다른 자료원을 사용해야 한다. 대체 자료를 사용할 때는 그 데이터를 얻을 당시의 조건과 현재의 조건 간 차이를 염두에 두고 평가하여야 한다. 이런 검토를 통해 부식과정을 최소화하기 위해 운전 환경 변경, 부식 억제제 사용, 양극화 또는 음극화 보호, 덜 부식하는 재료로의 대체 등의 방안을 강구할 수 있다 또, 부식이 예상되는 장치의 설계시 허용 가능한 부식 속도를 적절히 감안하여 두께를 계산할 수 있을 것이다.

간단히 환경을 바꾸기만 해도 금속의 부식을 상당히 줄일 수 있으므로 이를 부식 방지의 수단으로 고려할 필요가 있다. 산소는 중요한 인자로서 이를 제거하거나 첨가함으로써 획기적인 변화를 가져올 수 있다. 보일러 공급수를 처리하여 산소를 제거하면 용기나 관 내의 물의 부식성을 크게 줄일 수 있다. 반면에, 스테인리스 합금에 대한 산성 유체의 부식성은 오히려 산소를 첨가하여 보호 산화막을 형성함으로써 줄일 수 있다. 온도를 낮추는 것은 부식을 줄일 수 있는 유용한 방법이다. pH 값을 조정하여 산성도를 줄이거나 계 내의 습기를 제거하는 것도 금속의 부식을 줄일 수 있으므로, 이처럼 환경을 바꾸는 방법을 항상 고려해야 한다.

부식 환경에 첨가제로서 억제제를 사용하는 것는 부식을 줄이기 위한 또 다른 방법이다. 억제제는 음극이나 양극 반응에 영향을 미칠 수 있을 때 효과를 발휘한다. 억제제의 전형적인 예로 수용액 내에서 철과 강의 부식을 최소화하기 위해 첨가하는 크롬염, 인산염, 규산염 등을 들 수 있다.

음극화 보호는 땅 속의 관이나 탱크를 외부 토양 부식으로부터 보호하거나 물 저장 탱크나 해변에 설치한 구조물을 물로 인한 부식으로부터 보호하는 데 널리 사용된다. 현재 음극화 보호를 위한 두 가지 방법이 알려져 있다. 두 방법 모두 전해질 용액에서 보호하려는 금속을 음극으로 만드는 방식을 채택하고 있다.

강이나 다른 재료에 비금속 주형과 속입힘 재료를 결합하여 사용하는 것도 부식에 대항하기 위한 경제적인 해결책으로 자주 입증된 방법이다. 가장 믿을만한 속입힘 재료로는 비늘유리 강화 수지, 탄성체 및 가소화 플라스틱이 있다. 두께 1.5 ~ 2.5 mm의 특수 유리를 강에 접착시켜 유체가 통할 수 없는 라이너로 사용한다.

강을 합금으로 피복하는 것도 부식 문제를 해결하기 위한 다른 방법이다. 그리 심한 환경이 아니라면 강을 아연, 카드뮴, 알루미늄, 납 등으로 피복시킬 수도 있다. 특정 환경에 가장 경제적인 방법을 선택해야 할 경우 시험을 실시할 필요가 있다.

## 재료의 성질

공정산업에서 쓰이는 재료는 일반적으로 금속과 비금속의 두 부류로 나눌 수 있다. 순수 금속과 금속 합금은 첫 번째 부류에 속한다. 많은 종류의 금속 제품이 산업에서 쓰이기 때문에 그런 제품들의 화학 조성과 성질을 정의하기 위해 기본 사양이 개발되었다. 미국 철 및 강 협회(AISI)는 강 제품에 대한 일련의 표준들을 만들었다. AISI가 제공하는 표 10-2에서 볼 수 있는 비교적 단순한 제품 설명조차도 주의 깊게 이용해야 한다. 예를 들어 AISI 1020 탄소강은 탄소 함유량이 0.20%인 모든 탄소강을 가리키지는 않는다. AISI 1020은 주로 봉, 선, 관 형태의 강 제품에 이용되는 특정한 "표준 강"의 화학 조성을 정의하는 수많은 명칭 체계의 일부분일 뿐이다. 이러한 체계는 거의 얇은 철판(sheet), 스트립(strip), 판형(plate) 또는 구조적 재료에는 적용되지 않는다. 그 한가지 이유는 표준 강의 화학적 구성 범위가 많은 응용 분야에서 불필요하게 제한적이라는 데 있다.

반응기에 사용되는 탄소강판이 하나의 좋은 예이다. 이런 응용 분야에서는 일반적으로 최소 수준의 기계적 성질, 용접성, 성형성, 인성 외에 판 전체에 걸친 균일성을 요구하고 있다. 강의 상세 조성을 아는 것만으로는 이러한 요구조건들에 부합하는지를 보장할 수 없다. 판형 제품에 대한 용접 요구 조건은 최소 경도와 인장 강도를 갖도록 열처리하기에 적당한 봉 제품에 쓰이는 강보다 훨씬 완화된 화학 조성을 갖고도 충족시킬 수 있다.

**표 10-2 AISI 표준 강**

| Carbon steel AISI series designations | Nominal composition or range‡ |
|---|---|
| 10XX | Nonresulfurized carbon steels with 44 compositions ranging from 1008 to 1095. Manganese ranges from 0.30 to 1.65%; if specified, silicon is 0.10 max. to 0.30 max., each depending on grade. Phosphorus is 0.040 max., sulfur is 0.050 max. |
| 11XX | Resulfurized carbon steels with 15 standard compositions. Sulfur may range up to 0.33%, depending on grade. |
| B11XX | Acid Bessemer resulfurized carbon steels with three compositions. Phosphorus generally is higher than 11XX series. |
| 12XX | Rephosphorized and resulfurized carbon steels with five standard compositions. Phosphorus may range up to 0.12% and sulfur up to 0.35%, depending on grade. |
| 13XX | Manganese, 1.75%. Four compositions from 1330 to 1345. |
| 40XX | Molybdenum, 0.20 or 0.25%. Seven compositions from 4012 to 4047. |
| 41XX | Chromium, to 0.95%; molybdenum, to 0.30%. Nine compositions from 4118 to 4161. |
| 43XX | Nickel, 1.83%; chromium to 0.80%; molybdenum, 0.25%. Three compositions from 4320 to E4340. |
| 44XX | Molybdenum, 0.53%. One composition, 4419. |
| 46XX | Nickel, to 1.83%; molybdenum to 0.25%. Four compositions from 4615 to 4626. |
| 47XX | Nickel, 1.05%; chromium, 0.45%; molybdenum to 0.35%. Two compositions, 4718 and 4720. |
| 48XX | Nickel, 3.50%; molybdenum, 0.25%. Three compositions from 4815 to 4820. |
| 50XX | Chromium, 0.40%. One composition, 5015. |
| 51XX | Chromium to 1.00%. Ten compositions from 5120 to 5160 |
| 5XXXX | Carbon, 1.04%; chromium to 1.45%. Two compositions, 51100 and 52100. |
| 61XX | Chromium to 0.95%, vanadium to 0.15% min. Two compositions, 6118 and 6150. |
| 86XX | Nickel, 0.55%; chromium, 0.50%; molybdenum 0.20%. Twelve compositions from 8615 to 8655. |
| 87XX | Nickel, 0.55%; chromium, 0.50%; molybdenum, 0.25%. Two compositions, 8720 and 8740. |
| 88XX | Nickel, 0.55%; chromium, 0.50%; molybdenum, 0.35%. One composition, 8822. |
| 92XX | Silicon, 2.00%. Two compositions, 9255 and 9260. |
| 50BXX | Chromium to 0.50%, also containing boron. Four compositions from 50B44 to 50B60. |
| 51BXX | Chromium to 0.80%, also containing boron. One composition, 51B60. |
| 81BXX | Nickel, 0.30%; chromium, 0.45%; molybdenum, 0.12%, also containing boron. One composition, 81B45. |
| 94BXX | Nickel, 0.45%; chromium, 0.40%; molybdenum, 0.12%, also containing boron. Two compositions, 94B17 and 94B30. |

†When a carbon or alloy steel also contains the letter L in the code, it contains from 0.15 to 0.35 percent lead as a free-machining additive, that is, 12L14 or 41L40. The prefix E before an alloy steel, such as E4340, indicates the steel is made only by electric furnace. The suffix H indicates an alloy steel made to more restrictive chemical composition than that of standard steels and produced to a measured and known hardenability requirement; for example, 8630H or 94B30H.XX indicates nominal carbon content within range.

‡For a detailed listing of nominal composition or range, see *Perry's Chemical Engineers' Handbook*, 7th ed., R. H. Perry and D. W. Green, eds., McGraw-Hill, New York, 1997.

## 철과 합금

**강** 탄소강은 부식 내성이 다소 떨어짐에도 불구하고 화학 공정에서 가장 흔히 쓰이는 재료이다. 이 유형의 강은 그리 높지 않은 온도에서 대부분의 유기 화합물, 중성 또는 염기성 수용액을 다루는데 자주 사용된다. 탄소강은 구하기 쉽고, 저렴하며, 제작이 간편하기 때문에 부식 속도가 0.13 ~ 0.5 mm/yr나 되는 환경에서도 원하는 내구 수명을 맞출 수 있도록 두께를 늘려 사용된다.

저합금강은 하나 이상의 합금 성분을 포함시켜 탄소강보다 기계적 성질과 부식 내성을 개선시킨 것이다. 니켈은 인성을 늘리고 저온 성질과 부식 내성을 향상시킨다. 크롬과 규소는 경도, 마모 내성, 부식 내성 및 산화 내성을 개선시킨다. 몰리브덴은 고온 조업에 필요한 강도를 늘린다.

**스테인리스강** 현재 70 가지가 넘는 표준 스테인리스강과 많은 특수 합금이 나와 있다. 이들은 정련된 형태(AISI형)나 주조합금(ACI형)으로 생산된다. 전자의 스테인리스강은 마르텐사이트, 페라이트, 오스테나이트의 세 그룹으로 구분된다.

마르텐사이트 합금은 12 ~ 20%의 크롬 외에 적절한 양의 탄소 및 다른 합금을 포함한다. 이 합금들을 열처리하여 단련시키면 인장강도를 550 ~ 1380 MPa까지 올릴 수 있다. 오스테나이트 스테인리스강에 비해 부식 내성은 떨어지므로 그리 부식이 심하지 않은 환경에서 주로 사용된다.

페라이트 스테인리스강은 15 ~ 30%의 크롬과 0.1% 이하의 탄소를 포함한다. 페라이트 스테인리스강은 열처리가 아니라 냉간 성형으로 강도를 높일 수 있다. 부식 내성은 우수하나, 염산과 같은 환원성 산에서는 상당히 부식될 수 있다. 그러나, 그리 심하지 않은 부식 용액과 산화성 유체를 다루면서도 훼손을 최소화할 수 있다.

오스테나이트 스테인리스강은 세 그룹 중 부식 내성이 가장 뛰어나다. 이 강은 16 ~ 26%의 크롬과 6 ~ 22%의 니켈을 함유한다. 탄소 함량은 탄화물 침전을 최소화하기 위해 0.8% 이하로 유지한다. 이 합금들을 가공 경화시킬 수 있지만 열처리로는 경화가 안 된다. 어닐링 조건에서 인장 강도는 약 585 MPa이지만 가공 경화로 2000 MPa까지 높일 수 있다. 316형처럼 오스테나이트 스테인리스강에 몰리브덴을 첨가하면 부식 내성과 고온 강도를 높일 수 있다.

표준 탄소강보다 더 어렵기는 하지만 모든 유형의 스테인리스강은 성공적으로 제작 작업을 할 수 있다. 타입 430F, 416, 410, 310, 309, 303의 특성들은 이러한 재료들이 기계가공 또는 다른 제작조업에 특히 잘 부합되도록 만든다. 일반적으로 합금에 소량의 인과 셀레늄, 또는 황이 포함되어 있을 때에는 피절삭성이 향상된다.

특정 응용분야에서 요구되는 스테인리스강을 선택하기 위한 첫 번째 작업으로 합금 성분, 미세구조 및 주요 특성에 따라 다양한 유형으로 분류한다. 표 10-3은 스테인리스강의 그룹(오스테나니트, 마르텐사이트, 페라이트)에 따른 정보를 개괄한 것이다. 표 10-4는 다양한 유형의 스테인리스강의 특성과 전형적인 응용분야를 나타내며, 표 10-5는 공기 중에서 산화에 대한 내성을 나타낸다.

위에 언급한 세 그룹의 스테인리스강 외에 많은 스테인리스 합금이 시판되어 펌프, 밸브,

**표 10-3 합금 성분과 미세구조로 구분한 스테인리스강의 분류**

| | | | |
|---|---|---|---|
| Stainless steels | Chromium types | Martensitic | Hardenable (types 403, 410, 414, 416, 416Se, 420, 431, 440A, 440B, 440C) |
| | | Ferritic | Nonhardenable (types 405, 430, 430F, 430Se, 442, 446) |
| | Chromium-nickel types | Austenitic | Nonhardenable, except by cold working (types 201, 202, 301, 302, 302B, 303, 303Se, 304, 304L, 305, 308, 309, 309S, 310, 310S, 314, 316, 316L, 317, 321, 347, and 348) |
| | | | Strengthened by aging or precipitation-hardening (types 17-14 CuMo, 17-10P, HNM) |
| | | Semiaustenitic | Precipitation-hardening (PH 15-7 Mo, 17-7 PH, AM 355) |
| | | Martensitic | Precipitation-hardening (17-4 PH, 15-5 PH, stainless W) |

관 이음쇠에 널리 사용된다. 이러한 주조 합금은 ACI계열로 정의되는데, 문자 L은 부식 내성 합금, H는 내열 등급 합금, PH는 침전 경화 스테인리스강을 각각 의미한다. 본질적으로 이러한 주조 스테인리스 합금은 크롬과 니켈 외에 동, 알루미늄, 베릴륨, 몰리브덴, 질소, 인 같은 합금제를 포함한다.

스테인리스강보다 다소 우수한 부식 내성을 갖는 대개 특허등록된 합금 그룹은 중합금으로 알려져 있다. 이 그룹의 하나인 20 합금은 원래 시판되는 스테인리스강보다 고온의 황산에 더 강한 내성을 갖도록 개발되었다. 중합금 그룹의 다른 합금들로는 Incoy 825, Hastelloy G-3, G-30이 있다.

고합금으로 명명된 또 한 그룹의 재료는 모두 니켈의 함량이 높다. 예를 들어 Hastelloy B는 니켈 61%와 몰리브덴 28%를 포함하고 있다. 이 합금은 산화성 산이나 염으로 빨리 부식되지만, 산화제가 없을 경우 임의의 온도에서 임의의 농도의 염산에 높은 내성을 지닌다. 반면에 Hastelloy C는 니켈과 몰리브덴의 함량을 줄이고 크롬, 철, 텅스텐과 몇몇 주요 성분을 늘린 합금으로서 고온에서 구조적 강도와 우수한 부식 내성을 보인다. 이 합금은 이런 성질 때문에 밸브, 관, 열 교환기나 다양한 유형의 용기에 사용할 수 있다. 특수한 부식 조건에서 쓸 수 있는 다른 유형의 Hastelloy와 Chlorimet도 시판되고 있다.

표 10-4 화학공정산업에서 가장 널리 사용되고 있는 스테인리스강

| Type[§] | Composition, % | | | Other significant elements[‡] | Major characteristics | Properties | Applications |
|---|---|---|---|---|---|---|---|
| | Cr | Ni | C max. | | | | |
| 301 | 16.00–18.00 | 6.00–8.00 | 0.15 | | High work-hardening rate combines cold-worked high strength with good ductility | Good structural qualities | Structural applications, bins and containers |
| 302 | 17.00–19.00 | 8.00–10.00 | 0.15 | | Basic, general-purpose austenitic type with good corrosion resistance and mechanical properties | General-purpose | Heat exchangers, towers, tanks, pipes, heaters, general chemical equipment |
| 303 | 17.00–19.00 | 8.00–10.00 | 0.15 | S 0.15 min | Free-machining modification of type 302; contains extra sulfur | Type 303Se is also available for parts involving extensive machining | Pumps, valves, instruments, fittings |
| 304 | 18.00–20.00 | 8.00–12.00 | 0.08 | | Low-carbon variation of type 302, minimizes carbide precipitation during welding | General-purpose. Also available as 304L with 0.03% carbon to minimize carbide precipitation during welding | Perforated blow-pit screens, heat exchanger tubing, preheater tubes |
| 305 | 17.00–19.00 | 10.00–13.00 | 0.12 | | Higher heat and corrosion resistance than type 304 | Good corrosion resistance | Funnels, utensils, hoods |
| 308 | 19.00–21.00 | 10.00–12.00 | 0.08 | | High Cr and Ni produce good heat and corrosion resistance. Used widely for welding rod | In order of their numbers, these alloys show increased resistance to high-temperature corrosion. Types 308S, 309S, and 310S are also available for welded construction (308, 309, 310) | Welding rod, more ductile welds for type 430 |
| 309 | 22.00–24.00 | 12.00–15.00 | 0.20 | | High strength and resistance to scaling at high temperatures | | Welding rod for type 304, heat exchangers, pump parts |
| 310 | 24.00–26.00 | 19.00–22.00 | 0.25 | | Higher alloy content improves basic characteristics of type 309 | | Jacketed high-temperature, high-pressure reactors, oil-refining still tubes |
| 314 | 23.00–26.00 | 19.00–22.00 | 0.25 | Si 1.5–3.0 | High silicon content | Resistant to oxidation in air to 1100°C | Radiant tubes, carburizing boxes, annealing boxes |
| 316 | 16.00–18.00 | 10.00–14.00 | 0.08 | Mo 2.00–3.00 | Mo improves general corrosion and pitting resistance and high-temperature strength over that of type 302 | Resistant to high pitting corrosion. Also available as 316L for welded construction | Distillation equipment for producing fatty acids, sulfite paper processing equipment |
| 317 | 18.00–20.00 | 11.00–15.00 | 0.08 | Mo 3.00–4.00 | Higher alloy content improves basic advantages of type 316 | Type 317 has the highest aqueous corrosion resistance of all AISI stainless steels | Process equipment involving strong acids or chlorinated solvents |
| 321 | 17.00–19.00 | 9.00–12.00 | 0.08 | Ti 5 × C, min. | Stabilized to permit use in 420–870 C range without harmful carbide precipitation | Stabilized with titanium and columbium-tantalum, respectively, to permit their use for large welded structures which cannot be annealed after welding (321, 347) | Furnace parts in presence of corrosive fumes |
| 347 | 17.00–19.00 | 9.00–13.00 | 0.08 | Cb-Ta 10 × C, min. | Characteristics similar to type 321. Stabilized by Cb and Ta | | Like 302 but used where carbide precipitation during fabrication or service may be harmful, welding rod for type 321 |

| | | | | | | | |
|---|---|---|---|---|---|---|---|
| 403 | 11.50–13.50 | | 0.15 | Si 0.50 max. | Version of type 410 with limited hardenability but improved fabricability | Not highly resistant to high-temperature oxidation in air | Steam turbine blades |
| 405 | 11.50–14.50 | | 0.08 | Al 0.10–0.30 | Version of type 410 with limited hardenability but improved weldability | Good weldability and cladding properties | Tower linings, baffles, separator towers, heat exchanger tubing |
| 410 | 11.50–13.50 | | 0.15 | | Lowest-cost general-purpose stainless steel | Wide use where corrosion is not severe | Bubble-tower parts for petroleum refining, pump rods and valves, machine parts, turbine blades |
| 416 | 12.00–14.00 | | 0.15 | S 0.15 min. | Sulfur added for free-machining version of type 410. Type 416Se also available | The most free-machining type of martensitic stainless | Valve stems, plugs, gates, useful for screws, bolts, nuts, and other parts requiring considerable machining during fabrication |
| 420 | 12.00–14.00 | | 0.15 min. | | Similar to type 410 but higher carbon produces higher strength and hardness | High-spring temper | Utensils, bushings, valve stems, and wear-resisting parts |
| 430 | 14.00–18.00 | | 0.12 | | Most popular of nonhardening chromium types. Combines good corrosion resistance (to nitric acid and other oxidizing media) | Good heat resistance and good mechanical properties. Also available in type 430F | Chemical and processing towers, condensers. Furnace parts such as retorts and low stressed parts subject to temperatures up to 800°C. Type 430 nitric acid storage tanks, furnace parts, fan scrolls. Type 430F pump shafts, instrument parts, valve parts |
| 431 | 15.00–17.00 | 1.25–2.50 | 0.20 | | High yield point | Very resistant to shock | Products requiring high yield point and resistance to shock |
| 442 | 18.00–23.00 | | 0.25 | | High-chromium nonhardenable type | High-temperature uses where high-sulfur atmospheres make presence of nickel undesirable | Fume furnaces, flare stacks, materials in contact with high-sulfur atmospheres |
| 446 | 23.00–27.00 | | 0.20 | | Similar to type 442 but Cr increased to provide maximum resistance to scaling. Especially suited to intermittent high temperatures | Excellent corrosion resistance to many liquid solutions; fabrication difficulties limit its use primarily to high-temperature applications. Useful in high-sulfur atmospheres | Burner nozzles, stack dampers, boiler baffles, furnace linings, glass molds |

†Adapted from Biennial Material of Construction reports published regularly in *Chemical Engineering* and from tabulations in *Perry's Chemical Engineers' Handbook*, 7th ed., McGraw-Hill, New York, 1997. See the latter reference for mechanical property data such as yield strength, tensile strength, percent elongation, and hardness.

‡For a detailed listing of nominal composition or range, see the latest issue of *Data on Physical and Mechanical Properties of Stainless and Heat-Resisting Steels*, Carpenter Steel Company, Reading, PA 19603.

§In general, stainless steels in the 300 series contain large amounts of chromium and nickel; those in the 400 series contain large amounts of chromium and little or no nickel; those in the 500 series contain low amounts of chromium and little or no nickel; in the 300 series, except for type 309, the nickel content can be 10 percent or less if the second number is 0 and greater than 10 percent if the second number is 1; in the 400 series, an increase in the number represented by the last two digits indicates an increase in the chromium content.

**표 10-5 공기 중에서 스테인리스강의 내산화성**

| Maximum temperature, °C | Stainless steel type |
|---|---|
| 650 | 416 |
| 700 | 403, 405, 410, 414 |
| 800 | 430F |
| 850 | 430, 431 |
| 900 | 302, 303, 304, 316, 317, 321, 347, 348, 17-14 CuMo |
| 1000 | 302B, 308, 442 |
| 1100 | 309, 310, 314, 329, 446 |

## 비철금속과 합금

**니켈과 그 합금** 니켈은 대부분의 알칼리에 대하여 높은 부식 내성을 보인다. 니켈을 입힌 철은 가성소다와 알칼리를 생산하는 장치에 광범위하게 사용된다. 니켈의 강도와 경도는 거의 탄소강만큼 크며, 쉽게 조립이 가능하다. 일반적으로 산화 조건들은 니켈의 부식을 촉진시키고, 환원 조건은 부식을 지연시킨다.

67%의 니켈과 30%의 동의 합금인 Monel은 식품산업에서 자주 이용된다. 이 합금은 니켈보다 강하고 동이나 니켈보다 더 부식 내성이 크다. 다른 중요한 니켈 합금으로는 Inconel(77%의 니켈과 15%의 크롬)이 있다. 이 합금에 포함된 크롬 때문에 산화 조건에서의 내성이 커진다.

**알루미늄과 그 합금** 알루미늄과 그 합금은 가볍고 상대적으로 조립이 쉬운 장점 때문에 많이 선호된다. 알루미늄은 비활성의 수화알루미늄 산화물로 이루어진 표면막을 형성하기 때문에 산의 공격에 대항한다. 이 막은 표면에 고착되어 있으며, 할로겐 산이나 알칼리 같은 산화물을 제거하는 물질이 존재하지 않는 한 잘 보호해 준다. 알루미늄 합금은 일반적으로 순수 알루미늄보다 내식성이 낮다. 이런 단점을 극복하기 위해 합금 위에 순수 알루미늄을 야금학적으로 접착시킨 Al-피복 합금이 개발되었다.

알루미늄과 그 합금의 부식 내성은 미량의 불순물에 매우 민감한 경향이 있다. 미량의 금속 수은, 중금속 이온, 염소 이온 등은 불순물이 없었으면 충분히 잘 견디었을 상황에서 급격한 부식을 초래할 수 있다.

**동과 그 합금** 동은 비교적 값이 싸고, 기계적 강도가 상당히 높으며, 다양한 형태로 쉽게 제작할 수 있다. 이것은 비산화성 산에는 거의 녹지 않는 경향을 보이지만, 산화작용에 쉽게 영향을 받는다. 주로 동 산화물로 이루어진 보호막이 표면에 형성되기 때문에, 동은 대기 중의 습기나 산소에 내성을 갖는다. 그러나, 이 산화물은 대부분의 산에서 녹으므로 동은 산소나 산화제가 있는 산에 접촉할 때에는 구조 재료로 적당하지 않다. 동은 수산화암모늄을 제외하고는 강알칼리에 좋은 내식성을 보인다. 동은 실내온도에서 모든 농도의 수산화나트륨과 수산화칼륨을 처리할 수 있으며, 대부분의 유기 용매와 유기산 수용액에 내성을 보인다.

황동, 청동, admiralty, Muntz금속과 같은 동 합금은 순동보다도 좋은 내식성과 기계적 특성을 보인다. 일반적으로 고아연 합금은 탈아연화의 가능성 때문에 산이나 알칼리와 함께 사용해서는 안 된다. 대부분의 저아연 합금은 고온의 묽은 알칼리에 내성을 보인다.

**납과 그 합금** 순수한 납은 변형과 피로에 대한 내성이 낮지만, 소량의 은, 구리, 안티몬이나 텔루르를 첨가함으로써 물리적인 성질을 향상시킬 수 있다. 납을 입힌 장치들은 많은 화학공장에서 자주 사용된다. 납 위에 표면 보호막이 형성되어 내식성을 띠게 된다. 만약 그 막이 황산염, 탄산염, 또는 인산염과 같은 강한 비용해성 납염류라면, 좋은 부식 내성이 얻어진다. 그러나 만약 막이 질산염, 초산염, 또는 염화물과 같은 용해성 염류라면 거의 보호가 되지 않는다. 결과적으로 납은 황산과 인산에 대해 저항을 잘 하나, 초산과 질산의 공격에는 영향을 받기 쉽다.

**탄탈**. 탄탈은 연강과 비교할 때 녹는점(2996°C)이 훨씬 높다는 점을 제외하고는 다른 물리적인 성질은 비슷하다. 탄탈은 보통 순수한 형태로 사용되며, 여러 가지 다양한 모양으로 쉽게 조립된다. 탄탈의 부식 내성은 유리와 비슷하다. 이 금속은 불화수소산과 고농도의 알칼리, 유리된 삼산화황에 부식되나, 다른 모든 산에는 내성을 보여 염산과 접촉하는 장치에 자주 사용된다.

**티타늄** 티타늄은 강도가 높고 무게가 많이 나가지 않아 건설 재료로 그 중요성을 더해가고 있다. 산화성 유체나 약한 환원성 유체에 대한 부식 내성이 뛰어나고, 해수에 대한 내성도 우수하다. 티타늄은 발연 질산을 제외하고는 모든 농도의 질산에 내성을 갖는다. 또 이 금속은 염화철, 염화구리나 그 밖의 고온 염화물 용액에 대해서도 잘 견딘다. 티타늄은 성형이나 용접이 쉽지 않다는 단점 때문에 다소 제한적인 용도를 갖는다.

**지르코늄** 상업용 등급의 지르코늄은 제작 면에서 볼 때 티타늄과 유사하다. 환원성 환경에 우수한 내성을 갖지만, 산화제에 대해서는 부식이 가속화되는 경우가 흔하다. 지르코늄은 염화철과 염화구리를 제외하고는 모든 염화물에 대해 내성을 갖는다. 지르코늄 합금은 약 70% 이상의 황산에 노출되면 심하게 훼손된다.

## 무기 비금속류

유리, 석기, 벽돌, 시멘트 재료는 건설 재료로 사용되는 무기 비금속의 흔한 예이다. 많은 비금속들은 구조적 강도가 낮기 때문에 주로 금속 지지물에 덧붙이는 라이닝이나 피복으로 쓰인다. 예를 들어 유리로 라이닝한 장치는 화학산업에서 많이 쓰이고 있다.

**유리 혹은 유리를 입힌 강** 유리는 내식성이 커 오로지 불화수소산과 강알칼리 용액에 의해서만 부식되므로 오염 수준이 극심한 공정에 적당하다. 그러나, 깨지기 쉽고 열 충격에 손상을 입는다는 점이 단점이다. 반면에, 유리를 입힌 강은 유리의 내식성과 강의 기계적 강도를 다 갖도록 만든 것이다. 이와 유사하게 Nucerite는 세라믹과 금속을 결합시킨 복합재이다. 이 재료는 650°C에서 부식성의 염화수소 기체, 염소, 이산화황에 내성을 보이며, 안전유리의 18배에 이르는 충격 강도와 법랑보다 우수한 마모 내성을 갖는다.

**석기류와 자기류** 석기와 자기 재료는 대략 유리만큼 산과 화학물에 대한 내성을 보이면서도 강도가 더 큰 이점을 지니고 있다. 이런 이점은 열전도성이 나쁘고 열 충격에 의해 손상을 입기 쉽다는 단점에 의해 상쇄된다. 자기류 에나멜은 철을 코팅하는데 사용되지만, 에나멜은 표면 결함 때문에 화합물에 대한 내성이 약간 떨어진다.

**벽돌과 시멘트 재료** 벽돌로 라이닝한 구조물은 고합금이 다룰 수 없는 많은 심한 부식 환경에서 사용할 수 있다. 내산성 내화물질은 900°C까지 사용할 수 있다.

많은 시멘트 재료들은 벽돌과 함께 사용할 수 있다. 표준적인 것들로 페놀수지와 푸란수지, 폴리에스테르, 황, 규산염, 에폭시 수지를 바탕으로 하는 재료들이 있다. 탄소로 충전된 폴리에스테르와 푸란은 비산화성 산, 염, 용매에 좋은 내식성을 보인다. 실리콘 충전 수지들은 불화수소산과 불화규산염에 사용해서는 안 된다. 황에 기반을 둔 시멘트들은 95°C까지만 쓸 수 있는 반면에, 수지들은 약 175°C까지 쓸 수 있다. 규산나트륨 기반의 시멘트는 400°C까지 산에 좋은 내성을 보인다.

## 유기 비금속류

금속 재료와 비교할 때 유기 비금속은 상대적으로 그리 높지 않은 온도와 압력 조건에서만 그 사용이 제한된다. 예를 들어, 플라스틱은 기계적으로 마구 사용하기 힘들고, 높은 팽창률과 (열가소성 플라스틱의 경우) 낮은 강도를 지니며, 용매에 대해서만 괜찮은 내성을 보인다. 그러나 플라스틱은 가볍고, 열과 전기의 절연체이며, 조립과 설치가 쉽고, 낮은 마찰계수를 지닌다.

**플라스틱** 일반적으로 플라스틱은 약한 무기산에 뛰어난 내식성을 가지며, 무기염 용액에 영향을 받지 않아 금속을 사용하기에 완전히 적합하지는 않은 조건에서 사용할 수 있다. 플라스틱은 전기 화학적 부식이 적용되지 않는다는 점에서 금속보다 나은 또 다른 장점을 가지고 있다. 즉, 대부분의 금속은 pH, 소량의 불순물, 산소 함유량의 작은 변동에 영향을 받는 반면, 플라스틱은 이와 같은 변화에 내성을 유지한다.

오늘날 상업적으로 이용 가능한 플라스틱 중에서 가장 화학적인 내성이 큰 것은 4-불화에틸렌, 즉 TFE(Teflon)이다. 이 열가소성 플라스틱은 고온의 불소 및 염소기체와 용융 금속을 제외하고는 모든 알칼리와 산에 영향을 받지 않으며, 260°C까지 이런 성질을 유지한다. 1-염화-3-불화 에틸렌, 즉 CTFE(Kel-F)는 175°C까지 거의 모든 산과 알칼리에 대해 뛰어난 내성을 보인다. 4-불화 에틸렌과 6-불화에틸렌의 공중합체(FEP)는 200°C 이상의 온도에 지속적으로 노출되지만 않는다면 TFE와 비슷한 특성을 갖는다. 또한 FEP는 전통적인 압출장치로 압출할 수 있는 반면, TFE는 복잡한 분말 야금술에 의해 제작하여야만 한다. 폴리불화비닐리덴 즉, $PVF_2$(Kynar)는 150°C의 알칼리와 산에 우수한 내성을 갖는다. 반면에, 과불화알콕시(PFA)는 FEP의 일반적인 성질과 화학적 내성을 보이면서도 300°C까지의 온도에 견딜 수 있다.

폴리에틸렌은 시판되는 플라스틱 중 가장 싼 플라스틱이다. 기계적 성질이 대체로 떨어지며, 특히 50°C이상의 온도에서 더욱 나쁘기 때문에 그로 만든 파이프는 완전히 지지하여야 한다. 탄소를 충전한 등급은 태양광과 풍화작용에 내성을 갖는다.

가소화되지 않은 폴리염화비닐(타입 I)은 농축되지 않은 산화성 산과 대부분의 비산화성 산에 강한 내식성을 보인다. 약염기 및 강염기 용액에 노출되어도 내식성을 보인다. 염화탄화수소에 대한 내성은 좋지 않으나, Saran으로 알려진 폴리비닐리디엔으로 대체하면 내성을 크게 향상시킬 수 있다.

아크릴로니트릴 부타디엔 스타이렌(ABS) 폴리머류는 비산화성 산과 약산에 좋은 내성을 보이나, 산화성 산에는 만족스럽지 않다. 최고 온도 한계는 대략 65°C이다. 약 알칼리 용액에 대한 내성은 우수하다. 또 방향족 또는 염화탄화수소에는 만족스럽지 못하나, 지방족 탄화수소에는 좋은 내성을 갖는다.

염화 폴리에테르는 125°C까지 계속 사용할 수 있으며, 150°C까지는 간헐적으로 사용할 수 있다. 화학적 내성은 폴리염화비닐과 불화탄소 사이의 값을 갖는다. 묽은 산, 알칼리, 염류는 화학적 내성에 영향을 주지 않는다. 105°C까지 모든 농도의 염화수소, 불화수소, 인산을 다룰 수 있다. 60% 이상의 황산과 25% 이상의 질산, 방향족, 케톤은 열화를 초래한다.

아세탈 수지는 대부분의 유기 용매에는 우수한 내성을 보이나, 강산과 강알칼리에 사용할 때에는 만족스럽지 않다. 셀룰로즈 아세테이트 부틸레이트는 묽은 산과 알칼리 또는 가솔린에는 영향을 받지 않지만, 염화 용매에서는 약간의 팽윤이 일어난다. 나일론은 많은 유기용매에 견디나 페놀, 강한 산화제, 무기산의 공격을 받는다.

폴리프로필렌의 화학적 내성은 대략 폴리에틸렌과 같지만, 120°C에서도 사용할 수 있다. 폴리카보네이트는 비교적 고온 플라스틱이어서 150°C까지 사용할 수 있으며, 무기산에 대한 내성도 좋다. 강알칼리에서는 천천히 분해되지만 약알칼리에서는 괜찮다. 폴리카보네이트는 방향족 용매에 일부 녹으며, 염화탄화수소에 녹는다.

폴리페닐렌 설파이드는 수용성 무기염 및 염기에 내성이 있다. 사실, 190 ~ 205°C 이하의 온도에서는 어떤 용매에도 녹지 않으며, 235°C에서 공기에 노출되어도 기계적 성질이 변하지 않는다. 폴리술폰은 무기산, 알칼리 및 염 용액, 계면활성제, 기름, 알코올에 대해 175°C까지의 온도에서 높은 내성을 갖지만, 케톤, 염화탄화수소, 방향족 탄화수소와 같은 용매에 노출되면 훼손을 입는다. 폴리페닐렌 옥사이드는 지방족 용매, 산, 염기에 대해 좋은 내성을 보이나, 에스테르, 케톤, 방향족이나 염화 용매에 대한 내성은 좋지 않다.

폴리아미드나 폴리이미드 고분자는 많은 산계 및 염기계 뿐 아니라 지방족, 방향족, 염화 또는 불화 탄화수소에 대해 내성을 가지나 고온의 가성 물질에 노출되면 열화된다.

열경화성 재료 중에는 탄소 그라파이트나 실리카를 섞은 페놀계 플라스틱이 있다. 비교적 저렴하고 기계적 성질이 좋으며 강알칼리를 제외하고는 화학적 내성이 뛰어나 화학장치에 자주 쓰인다. 석면을 충전한 푸란 플라스틱은 페놀계 석면보다 알칼리에 대해 훨씬 더 큰 내성을 보인다. 페놀계 플라스틱보다 비싸지만, 다소 높은 강도를 갖고 있다.

유리섬유로 강화시킨 범용 폴리에스테르 수지는 높은 강도를 가지며, 알칼리를 제외하고는 좋은 화학적 내성을 보인다. 이 부류에서 비스페놀을 기반으로 하는 몇몇의 특수 재료들은 알칼리에 더 강한 내성을 보인다. 폴리에스테르의 온도 한계점은 약 95°C이다. 일반적인 유리섬유강화 플라스틱(FRP)들은 공정 장치용 재료로 그 응용이 급격히 늘어나고 있는 플라스틱의 대표적 예이지만, 제작 표준을 정형화해야 할 필요가 있다.

유리섬유에 의해 강화된 에폭시 수지는 높은 강도와 열에 대한 높은 저항력을 가진다. 에폭시 수지는 비산화성 산과 약산에 대해서는 화학적 내성이 좋으나, 강산에 대해서는 좋지 않다. 알칼리에 대한 내성은 묽은 용액이면 좋다. 에폭시-유리 적층 플라스틱의 화학적 내성은 적층 내에 노출된 유리에 의해 영향을 받는다.

페놀계 석면, 범용 폴리에스테르 유리, Saran, CAB(셀룰로우스 아세테이트 부틸레이트)는 알칼리에 나쁜 영향을 받는다. 열가소성 플라스틱은 일반적으로 유기물에 대한 내성이 약하다.

**고무와 엘라스토머류** 천연고무와 합성고무는 화학산업에 쓰이는 장치에서 내장재나 구조적인 요소로 사용된다. 적절한 성분을 첨가함으로써 다양한 경도와 화학적 내성을 갖는 천연고무를 만들어 낼 수 있다. 단단한 고무는 화학적으로 황 포화상태이다. 가황처리된 제품은 단단하며, 묽은 황산과 염화수소산의 화학적 공격에 강한 내성을 보인다.

천연고무는 묽은 무기산, 알칼리, 염류에는 견디나, 산화제, 기름, 벤젠, 케톤에는 공격을 받는다. 염화프렌이나 네오프렌 고무는 오존, 태양광, 기름, 가솔린, 방향족 또는 할로겐화 용매에 저항한다. 스타이렌 고무는 천연고무와 유사한 화학적 내성을 보인다. 나이트릴 고무는 기름과 용매에 견디는 것으로 알려져 있다. 부틸 고무는 묽은 무기산과 알칼리에 대한 내성이 특히 뛰어나고, 일반적으로 질산과 황산을 제외한 강산에도 내성을 지닌다. 폴리실록산이라고도 알려진 실리콘 고무는 지방성 용매, 기름, 유지뿐만 아니라, 고온과 저온에도 뛰어난 저항력을 보인다. 하이팔론으로 알려진 염화술폰화 처리된 폴리에틸렌은 오존, 발연질산, 황산을 제외한 산화제에 뛰어난 저항력을 갖는다. 기름에 대한 내성도 좋다. 불소화 엘라스토머(Viton A, Kel-F)는 화학물질과 고온에 모두 잘 견딘다. 폴리염화비닐 엘라스토머(Koroseal)는 천연고무와 합성고무의 몇 가지 한계를 극복할 수 있게 개발되어 무기산과 석유에 잘 견딘다.

**탄소와 흑연** 일반적으로 불침투성 흑연은 아주 심한 산화조건일 때를 제외하고는 모든 경우에 화학 작용을 일으키지 않는다. 이러한 성질과 우수한 열전도성 때문에 불침투성 탄소와 흑연은 열교환기의 벽돌형 내장재료, 파이프와 펌프에 많이 쓰인다. 이 재료의 한가지 한계는 낮은 인장 강도이다. 한계 산화 온도는 탄소에서는 350°C이고 흑연에서는 400°C이다.

**목재류** 나무를 구조재료로 사용할 때 거의 화학적 작용을 일으키지 않는 반면에, 고농도 용액에는 쉽게 수분이 빠져 심하게 수축된다. 또, 목재는 강산과 강알칼리에 접촉했을 때 천천히 가수분해하는 경향을 보인다.

## 저온 재료와 고온 재료

최근 많은 화학공정에서 쓰이는 극저온과 극고온 조건은 장치를 제작하는데 특수한 문제를 발생시켜 왔다. 예를 들어, 어떤 금속은 온도가 낮아지면 항복강도와 인장강도가 커지는 경우도 많지만, 대개 연성과 충격강도를 잃는다. 낮은 온도에서 충격에 견디는 재료를 선택하는 일은 중요하다. 일반적으로 운전 온도에서 요구되는 최소 Charpy값이 지정된다. 연성 시험에서는 노치(notch)시킨 시편을 사용하는데, 이는 매끄러운 표본은 대체로 뛰어난 연성을 보여 주기 때문이다. 표 10-6은 낮은 온도에서 권장되는 금속과 합금에 대한 개요를 보여 주고 있다.

고온에서 사용되는 재료의 가장 중요한 성질은 크리프(creep), 파단(rupture), 단기 강도이

표 10-6 저온 공정에서 사용되는 금속과 합금들

| ASTM specification and grade | Recommended minimum service temperature, °C |
|---|---|
| Carbon and alloy steels: | |
| T-1 | −45 |
| A 201, A 212, flange or firebox quality | −45 |
| A 203, grades A and B (2.25% Ni) | −60 |
| A 203, grades D and E (3.50% Ni) | −100 |
| A 353 (9% Ni) | −195 |
| Copper alloys, silicon bronze, 70-30 brass, copper | −195 |
| Stainless steel types 302, 304L, 304, 310, 347 | −255 |
| Aluminum alloys 5052, 5083, 5086, 5154, 5356, 5454, 5456 | −255 |

다. 응력 파단은 파단을 일으키는 응력과 시간의 관계를 나타내기 때문에 고온에서 고려해야 할 또 하나의 사항이다. 페라이트 합금은 오스테나이트 합금보다 약한데, 이 두 그룹 모두 몰리브덴으로 강도를 늘릴 수 있다. Inconel, 코발트 기반의 Stellite 25, 철 기반의 A286은 더 높은 강도를 지닌다. 고온에서 중요해지는 다른 성질로는 열전도, 열팽창, 연성, 합금 조성, 안정성이 있다.

실제로 공정에 적용할 때 강도와 기계적 성질은 대체로 부식 환경에 대한 내식성보다 중요하게 취급되지 않는다. 모든 일반적인 내열 합금은 고온의 산화 환경에 노출되었을 때 산화물을 형성한다. 합금의 내식성은 산화물이 안정한 보호막을 형성하는지 여부에 달려 있다. 그래서, 연강은 표면막이 지나치게 벗겨지는 성질 때문에 500°C이상에서는 거의 사용되지 않는다. 더 높은 온도에서는 크롬이 필요하다. 이 사실은 표 10-5 뿐만 아니라 고온에서 이용되는 중요한 상업적 합금들을 목록화한 표 10-7에서도 명백하다.

### 가스켓 재료

많은 다양한 형태와 조성을 지닌 금속 및 비금속 가스켓이 산업 장치에 이용된다. 표10-8에서 볼 수 있듯이 가스켓 재료의 선택은 가스켓과 접촉하는 화학물질의 부식 작용과 가스켓의 위치, 가스켓 구조의 유형에 달려 있다. 다른 중요한 요인들로는 재료의 가격, 사용 압력과 온도, 조인트를 여는 빈도가 있다.

## 건설 재료를 선택하기 위한 데이터 표

표 10-8은 몇몇 일반적인 금속들과 비금속, 가스켓 재료의 내부식성에 대한 정보를 보여 준다. 표 10-9는 다양한 유형의 플라스틱에 관해 유사한 정보를 보여 준다. 이러한 표들은 설계상의 다양한 구성 요소에 사용할 재료를 선택하는데 보조적 도구로 이용할 수 있지만, 표 하나로는 부식에 영향을 줄 수 있는 모든 요인들을 고려할 수는 없다. 온도 수준, 부식제의 농도, 불순물의 존재, 물리적 운전 방법, 구조 재료 구성의 경미한 변경은 내부식성 수준에 영향을 미칠 수 있다. 그래서, 구조 재료를 최종적으로 선택할 때에는 제품 설명서를 참조하거나 특정 응용분야의 전문가와 상담할 필요가 있다.

표 10-7 고온 공정에 사용되는 합금들

| Alloys | Nominal composition, % Cr | Ni | Fe | Other | Max. temp., °C |
|---|---|---|---|---|---|
| Ferritic steels: | | | | | |
| Carbon steel | | | bal. | | 480 |
| $2\frac{1}{4}$ chrome | $2\frac{1}{4}$ | | bal. | Mo | |
| Type 502 | 5 | | bal. | Mo | 620 |
| Type 410 | 12 | | bal. | | 700 |
| Type 430 | 16 | | bal. | | 850 |
| Type 446 | 27 | | bal. | | 1100 |
| Austenitic steels: | | | | | |
| Type 304 | 18 | 8 | bal. | | 900 |
| Type 321 | 18 | 10 | bal. | Ti | |
| Type 347 | 18 | 11 | bal. | Cb | |
| Type 316 | 18 | 12 | bal. | Mo | |
| Type 309 | 24 | 12 | bal. | | 1100 |
| Type 310 | 25 | 20 | bal. | | 1100 |
| Type 330 | 15 | 35 | bal. | | |
| Nickel-base alloys: | | | | | |
| Nickel | | bal. | | | |
| Incoloy | 21 | 32 | bal. | | 1100 |
| Hastelloy B | | bal. | 6 | Mo | |
| Hastelloy C | 16 | bal. | 6 | W, Mo | |
| 60/15 | 15 | bal. | 25 | | |
| Inconel | 15 | bal. | 7 | | 1100 |
| 80/20 | 20 | bal. | | | |
| Hastelloy X | 22 | bal. | 19 | Co, Mo | |
| Multimet | 21 | 20 | bal. | Co | |
| Rene 41 | 19 | bal. | 5 | Co, Mo, Ti | |
| Cast irons: | | | | | |
| Ductile iron | | | bal. | C, Si, Mg | |
| Ni-resist, D-2 | 2 | 20 | bal. | Si, C | |
| Ni-resist, D-4 | 5 | 30 | bal. | Si, C | |
| Cast stainless (ACI types): | | | | | |
| HC | 28 | 4 | bal. | | |
| HF | 21 | 11 | bal. | | |
| HH | 26 | 12 | bal. | | |
| HK | 26 | 20 | bal. | | |
| HT | 15 | 35 | bal. | | |
| HW | 12 | bal. | 28 | | |
| Superalloys: | | | | | |
| Inconel X | 15 | bal. | 7 | Ti, Al, Cb | |
| A 286 | 15 | 25 | bal. | Mo, Ti | |
| Stellite 25 | 20 | 10 | Co-base | W | 1100 |
| Stellite 21 (cast) | 27.3 | 2.8 | Co-base | Mo | |
| Stellite 31 (cast) | 25.2 | 10.5 | Co-base | W | |

† *Perry's Chemical Engineers' Handbook*, 7th ed., R. H. Perry and D. W. Green, eds., McGraw-Hill, New York, 1997.

## 표 10-8 장치 건설재료의 부식 내성

*Code designation for corrosion resistance*

A = Acceptable, can be used successfully
C = Caution, resistance varies widely depending on conditions; used when some corrosion is permissible
X = Unsuitable
Blank = Information lacking

*Code designation for gasket materials*[‡]

a = Asbestos, white (compressed or woven)
b = Asbestos, blue (compressed or woven)
c = Asbestos (compressed and rubber-bonded)
d = Asbestos (woven and rubber-frictioned)
e = GR-S or natural rubber
f = Teflon

| | Metals | | | | | | | | Nonmetals | | | | | |
|---|---|---|---|---|---|---|---|---|---|---|---|---|---|---|
| | | | Stainless steel | | | | | | | | | | | |
| Chemical | Iron and steel | Cast iron (Ni-resist) | 18-8 | 18-8 Mo | Nickel | Monel | Red brass | Aluminum | Industrial glass | Carbon (Karbate) | Phenolic resins (Haveg) | Acrylic resins (Lucite) | Vinylidene chloride (Saran) | Acceptable nonmetallic gasket materials |
| Acetic acid, crude | C | C | C | C | C | C | C | A | A | A | A | A | C | b, c, d, f |
| Acetic acid, pure | X | X | C | A | C | A | X | A | A | A | A | X | X | b, c, d, f |
| Acetic anhydride | C | C | A | A | A | A | X | A | A | A | A | X | C | b, c, d, f |
| Acetone | A | A | A | A | A | A | A | A | A | A | C | X | C | a, e, f |
| Aluminum chloride | X | C | X | X | C | C | A | A | A | A | A | ... | A | a, c, e, f |
| Aluminum sulfate | X | C | C | A | C | C | X | A | A | A | A | A | A | a, c, d, e, f |
| Alums | X | C | C | A | C | A | X | A | A | A | A | A | A | a, c, d, e, f |
| Ammonia (gas) | A | A | C | A | A | A | X | C | A | ... | A | ... | C | a, f |
| Ammonium chloride | C | A | C | C | A | A | C | C | A | A | A | A | A | b, c, d, e, f |
| Ammonium hydroxide | A | A | A | A | C | C | X | C | A | ... | A | A | C | a, c, d, f |
| Ammonium phosphate, monobasic | X | C | A | A | ... | C | X | X | A | A | A | ... | ... | b, c, d, e, f |
| Ammonium phosphate, dibasic | C | A | A | A | ... | A | C | C | A | A | A | ... | ... | a, c, d, e, f |
| Ammonium phosphate, tribasic | A | A | A | A | A | A | X | C | A | A | A | ... | ... | a, c, d, e, f |
| Ammonium sulfate | C | A | C | C | A | A | C | A | A | A | A | A | A | b, c, d, e, f |
| Aniline | A | A | A | A | ... | A | X | ... | A | A | C | ... | C | a, f |
| Benzene, benzol | A | A | A | A | A | A | A | A | A | A | A | ... | C | a, f |
| Boric acid | X | C | A | A | A | A | C | A | A | A | A | ... | A | a, c, d, e, f |
| Bromine | X | C | C | C | C | C | C | ... | A | C | X | ... | X | b, f |

*(Continued)*

표 10-8 장치 건설재료의 부식 내성 (계속)

| Chemical | Metals | | | | | | | | Nonmetals | | | | | Acceptable nonmetallic gasket materials |
|---|---|---|---|---|---|---|---|---|---|---|---|---|---|---|
| | Iron and steel | Cast iron (Ni-resist) | Stainless steel 18-8 | Stainless steel 18-8 Mo | Nickel | Monel | Red brass | Aluminum | Industrial glass | Carbon (Karbate) | Phenolic resins (Haveg) | Acrylic resins (Lucite) | Vinylidene chloride (Saran) | |
| Calcium chloride | C | A | C | C | A | A | C | C | A | A | A | A | A | b, c, d, e, f |
| Calcium hydroxide | A | A | A | A | ... | A | C | ... | ... | ... | ... | ... | ... | a, c, d, e, f |
| Calcium hypochlorite | X | C | C | A | C | C | C | C | A | A | C | ... | C | b, c, d, f |
| Carbon tetrachloride | C | C | C | A | A | A | C | C | A | A | A | A | C | a, f |
| Carbonic acid | C | C | A | A | A | A | C | A | A | A | A | A | A | a, e, f |
| Chloracetic acid | X | ... | X | X | C | C | X | C | A | ... | A | ... | ... | b, f |
| Chlorine, dry | A | A | C | A | A | A | A | A | A | A | A | ... | X | b, e, f |
| Chlorine, wet | X | X | X | X | X | X | X | X | A | C | A | ... | X | b, e, f |
| Chromic acid | C | C | C | C | C | C | X | C | A | X | X | X | A | b, f |
| Citric acid | X | C | C | A | C | A | C | A | A | A | A | A | A | b, c, d, e, f |
| Copper sulfate | X | C | A | A | C | C | X | X | A | A | A | X | ... | b, c, d, e, f |
| Ethanol | A | A | A | A | A | A | A | A | A | A | A | ... | A | a, c, e, f |
| Ethylene glycol | A | A | A | A | A | A | A | A | A | A | A | A | C | a, c, e, f, |
| Fatty acids | C | C | A | A | A | A | C | A | A | A | A | ... | A | a, e, f |
| Ferric chloride | X | X | X | C | X | X | X | X | A | C | A | ... | A | b, e, f |
| Ferric sulfate | X | X | C | A | C | C | X | C | A | C | A | ... | A | b, c, e, f |
| Ferrous sulfate | C | A | A | A | A | A | C | C | A | A | A | ... | C | |
| Formaldehyde | C | C | A | A | A | A | C | A | A | A | A | ... | A | a, c, e, f |
| Formic acid | X | ... | C | C | C | C | X | X | A | A | A | ... | A | b, c, e, f |
| Glycerol | A | A | ... | A | A | A | A | A | A | A | C | A | C | a, c, e, f |
| Hydrocarbons (aliphatic) | A | A | A | A | A | A | A | A | A | A | A | A | C | a, c, d, f |
| Hydrochloric acid | X | X | X | X | C | C | X | X | A | A | A | A | C | b, c, d, f |
| Hydrofluoric acid | C | X | X | X | C | C | X | X | X | A | C | ... | C | b, f |
| Hydrogen peroxide | C | ... | C | C | C | C | C | A | A | A | A | A | C | a, e, f |
| Lactic acid | X | C | C | A | C | C | A | C | A | A | A | ... | ... | a, b, c, d, e, f |
| Magnesium chloride | C | C | C | C | A | A | C | C | A | A | A | ... | A | b, c, e, f |
| Magnesium sulfate | A | A | A | A | A | A | A | A | A | ... | A | ... | A | b, c, e, f |
| Methanol | A | A | A | A | A | A | A | A | A | A | A | ... | A | a, c, e, f |
| Nitric acid | X | C | C | C | X | X | X | C | A | C | C | ... | C | b, f |
| Oleic acid | C | C | A | A | A | A | C | A | A | A | A | ... | A | a, e, f |
| Oxalic acid | C | C | C | C | C | A | C | C | A | A | A | ... | ... | b, c, d, e, f |

| | | | | | | | | | | | | | | |
|---|---|---|---|---|---|---|---|---|---|---|---|---|---|---|
| Phenol (carbolic acid) | C | A | C | A | A | A | C | A | A | A | C | A | C | a, f |
| Phosphoric acid | C | C | C | A | C | C | X | X | C | A | A | ... | A | b, c, f |
| Potassium hydroxide | C | C | A | A | A | A | X | X | ... | ... | ... | ... | C | a, e, f |
| Sodium bisulfate | X | C | A | A | A | A | C | C | A | A | A | ... | A | b, c, d, e, f |
| Sodium carbonate | A | A | A | A | A | A | C | C | C | A | A | X | ... | a, c, d, e, f |
| Sodium chloride | A | A | C | C | A | A | C | C | A | A | A | ... | ... | a, c, d, e, f |
| Sodium hydroxide | A | A | A | A | A | A | C | X | C | A | A | A | C | a, c, d, f |
| Sodium hypochlorite | X | C | C | A | C | C | C | X | A | C | X | ... | A | b, c, d, f |
| Sodium nitrate | A | A | A | A | A | A | C | A | A | A | A | ... | ... | b, c, d, e, f |
| Sodium sulfate | A | A | A | C | A | A | A | A | A | A | A | ... | A | a, c, d, e, f |
| Sodium sulfide | A | A | C | A | A | A | X | X | C | A | A | ... | ... | a, e, f |
| Sodium sulfite | A | A | A | A | A | A | C | C | A | A | A | | | |
| Sodium thiosulfate | C | ... | A | A | A | A | C | C | A | A | A | ... | A | a, c, d, e, f |
| Stearic acid | C | A | A | A | A | A | C | A | A | A | A | ... | ... | a, e, f |
| Sulfur | A | C | C | C | C | C | C | C | A | A | A | ... | ... | a, e, f |
| Sulfur dioxide | C | C | C | C | C | C | C | A | A | A | A | ... | A | a, f |
| Sulfuric acid, 98% to fuming | A | C | X | C | X | X | X | C | A | X | X | X | C | b, f |
| Sulfuric acid, 75–95% | A | C | X | X | X | C | X | X | A | C | X | X | C | b, f |
| Sulfuric acid, 10–75% | X | C | X | X | C | C | X | X | A | A | C | C | A | b, f |
| Sulfuric acid, <10% | X | C | X | C | C | C | C | C | A | A | C | A | A | a, b, c, e, f |
| Sulfurous acid | X | ... | C | A | X | X | C | C | A | A | A | ... | C | b, c, d, e, f |
| Trichloroethylene | C | A | C | A | A | A | C | C | A | A | A | ... | C | a, f |
| Zinc chloride | C | C | C | X | A | A | X | C | ... | ... | A | A | ... | b, c, d, e, f |
| Zinc sulfate | C | A | A | A | A | A | C | C | ... | ... | ... | ... | ... | b, c, d, e, f |

†From miscellaneous sources. For additional details, see *Perry's Chemical Engineers' Handbook*, 7th ed., R. H. Perry and D. W. Green, eds., McGraw-Hill, New York, 1997, D. A. Hansen and R. B. Puyear, *Materials Selection for Hydrocarbon and Chemical Plants*, Marcel Dekker, New York, 2000, and P. A. Schweitzer, *Corrosion Resistance Tables*, Marcel Dekker, New York, 1990.

‡Asbestos is listed because many seals still in operation contain this unacceptable material.

표 10-9 여러 가지 용매에서의 플라스틱의 화학적 내성

| Plastics[a] | Specific gravity | Tensile strength | Modulus of elasticity, tension | Impact strength, Izod[b] | Maximum temp. (no load) | HDT[c] at 1.75 MPa | Chemical resistance[d] | | | | | |
|---|---|---|---|---|---|---|---|---|---|---|---|---|
| | | MPa | MPa × $10^2$ | J | °C | °C | Weather resistance | Weak acid | Strong acid | Weak alkali | Strong alkali | Solvents |
| Alkyds | | | | | | | | | | | | |
| Glass-filled | 2.12–2.15 | 28–66 | 138–193 | 0.8–14 | 230 | 200–260 | R | A | A | A | A | A |
| Mineral-filled | 1.60–2.30 | 21–62 | 34–207 | 0.4–0.7 | 150–230 | 180–260 | R | R | A | A | D | A |
| Asbestos-filled | 1.65 | 31–48 | | 0.6–0.7 | 230 | 160 | R | R | S | R | S | R |
| Synthetic fiber-filled | 1.24–2.10 | 31–48 | 138 | 0.7–6.1 | 150–220 | 120–220 | R | R | S | R | S | A |
| Alkyl diglycol carbonate | 1.30–1.40 | 34–41 | 21 | 0.3–0.5 | 100 | 60–90 | R | R | A[e] | R | R–S | R |
| Diallyl phthalates | | | | | | | | | | | | |
| Glass-filled | 1.61–1.78 | 41–76 | 97–152 | 0.5–20 | 150–200 | 165–280 | R | R | S | R–S | S | R |
| Mineral-filled | 1.65–1.68 | 34–62 | 83–152 | 0.4–1 | 150–200 | 160–280 | R | R | S | R–S | S | R |
| Asbestos-filled | 1.55–1.65 | 48–55 | 83–152 | 0.5–0.7 | 150–200 | 160–280 | R | R | S | R–S | S | R |
| Epoxies (*bis*-A) | | | | | | | | | | | | |
| No filler | 1.06–1.40 | 28–90 | 15–36 | 0.3–1.4 | 120–260 | 45–260 | R | R | A | R | S | R–S |
| Graphite-fiber | 1.37–1.38 | 1280–1380 | 814–827 | | | | S | R | R | R | R | R–S |
| Mineral-filled | 1.6–2.0 | 34–103 | | 0.4–0.5 | 150–260 | 120–260 | S | R | R | R | R | R–S |
| Glass-filled | 1.7–2.0 | 69–207 | 207 | 14–41 | 150–260 | 120–260 | S | R | R–S | R | R | R–S |
| Epoxies (novolac): no filler | 1.12–1.24 | 34–76 | 15–36 | 0.4–0.9 | 200–260 | 230–260 | R | R | R | R | R | R |
| Epoxies (cycloaliphatic), no filler | 1.12–1.18 | 69–121 | 34–48 | | 250–290 | 260–290 | R | R | R–A | R | R–A | R |
| Melamines | | | | | | | | | | | | |
| Cellulose-filled | 1.45–1.52 | 34–62 | 76 | 0.3–0.5 | 120 | 130 | S | R–S | D | R | D | R |
| Flock-filled | 1.50–1.55 | 48–62 | | 0.5–0.7 | 120 | 130 | S | R–S | D | R | D | R–S |
| Asbestos-filled | 1.70–2.0 | 34–48 | 138 | 0.4–0.5 | 120–200 | 130 | S | R–S | D | S | S | R |
| Fabric-filled | 1.5 | 55–76 | 97–110 | 0.8–1.4 | 120 | 150 | S | R | D | R | A | R–S |
| Glass-filled | 1.8–2.0 | 34–69 | 165 | 0.8–24 | 150–200 | 200 | S | R | D | R | R–S | R |
| Phenolics | | | | | | | | | | | | |
| Wood-flour-filled | 1.34–1.45 | 34–62 | 55–117 | 0.3–0.8 | 150–180 | 150–190 | S | R–S | S–D | S–D | A | R–S |
| Asbestos-filled | 1.45–2.00 | 31–52 | 69–207 | 0.3–0.5 | 180–260 | 150–260 | S | R–S | S–D | S–D | A | R–S |
| Mica-filled | 1.65–1.92 | 38–48 | 172–345 | 0.4–0.5 | 120–150 | 150–180 | S | R–S | S–D | S–D | A | R–S |
| Glass-filled | 1.69–1.95 | 34–124 | 131–228 | 0.4–24 | 180–290 | 150–320 | S | R–S | S–D | S–D | A | R–S |
| Fabric-filled | 1.36–1.43 | 21–62 | 62–97 | 1.1–11 | 100–120 | 120–170 | S | R–S | S–D | S–D | A | R–S |
| Polybutadienes, very high vinyl (no filler) | 1.00 | 55 | 14 | 1.5 | 260 | — | S | R | R | R | R | R |
| Polyesters | | | | | | | | | | | | |
| Glass-filled BMC | 1.7–2.3 | 28–69 | 110–172 | 2.0–22 | 150–180 | 200–230 | R–E | R–A | S–A | S–A | S–D | A–D |
| Glass-filled SMC | 1.7–2.1 | 55–138 | 110–172 | 11–30 | 150–180 | 200–230 | R–E | R–A | S–A | S–A | S–D | A–D |
| Glass-cloth reinforced | 1.3–2.1 | 172–345 | 131–310 | 7–41 | 150–180 | 200–230 | R–E | R–A | S–A | S–A | S–D | A–D |
| Silicones | | | | | | | | | | | | |
| Glass-filled | 1.7–2.0 | 28–45 | 69–103 | 4–20 | 320 | 320 | R–S | R–S | R–S | S | S–A | R–A |
| Mineral-filled | 1.8–2.8 | 28–41 | 90–124 | 0.4–0.5 | 320 | 320 | R–S | R–S | R–S | S | S–A | R–A |
| Ureas | | | | | | | | | | | | |
| Cellulose-filled | 1.47–1.52 | 38–90 | 69–103 | 0.3–0.5 | 80 | 130–140 | S | R–S | A–D | S–A | D | R–S |
| Urethanes, no filler | 1.1–1.5 | 1–69 | 7–69 | 7 | 90–120 | — | R–S | S | A | S | S–A | R–S |

| | | | | | | | | | | | | |
|---|---|---|---|---|---|---|---|---|---|---|---|---|
| Alkyds | | | | | | | | | | | | |
| Glass-filled | 2.12–2.15 | 28–66 | 138–193 | 0.8–14 | 230 | 200–260 | R | A | A | A | A | A |
| Mineral-filled | 1.60–2.30 | 21–62 | 34–207 | 0.4–0.7 | 150–230 | 180–260 | R | R | A | A | D | A |
| Asbestos-filled | 1.65 | 31–48 | | 0.6–0.7 | 230 | 160 | R | R | S | R | S | R |
| Synthetic fiber-filled | 1.24–2.10 | 31–48 | 138 | 0.7–6.1 | 150–220 | 120–220 | R | R | S | R | S | A |
| Alkyl diglycol carbonate | 1.30–1.40 | 34–41 | 21 | 0.3–0.5 | 100 | 60–90 | R | R | A[e] | R | R–S | R |
| Diallyl phthalates | | | | | | | | | | | | |
| Glass-filled | 1.61–1.78 | 41–76 | 97–152 | 0.5–20 | 150–200 | 165–280 | R | R | S | R–S | S | R |
| Mineral-filled | 1.65–1.68 | 34–62 | 83–152 | 0.4–1 | 150–200 | 160–280 | R | R | S | R–S | S | R |
| Asbestos-filled | 1.55–1.65 | 48–55 | 83–152 | 0.5–0.7 | 150–200 | 160–280 | R | R | S | R–S | S | R |
| Epoxies (*bis*-A) | | | | | | | | | | | | |
| No filler | 1.06–1.40 | 28–90 | 15–36 | 0.3–1.4 | 120–260 | 45–260 | R | R | A | R | S | R–S |
| Graphite-fiber | 1.37–1.38 | 1280–1380 | 814–827 | | | | S | R | R | R | R | R–S |
| Mineral-filled | 1.6–2.0 | 34–103 | | 0.4–0.5 | 150–260 | 120–260 | S | R | R | R | R | R–S |
| Glass-filled | 1.7–2.0 | 69–207 | 207 | 14–41 | 150–260 | 120–260 | S | R | R–S | R | R | R–S |
| Epoxies (novolac): no filler | 1.12–1.24 | 34–76 | 15–36 | 0.4–0.9 | 200–260 | 230–260 | R | R | R | R | R | R |
| Epoxies (cycloaliphatic), no filler | 1.12–1.18 | 69–121 | 34–48 | | 250–290 | 260–290 | R | R | R–A | R | R–A | R |
| Melamines | | | | | | | | | | | | |
| Cellulose-filled | 1.45–1.52 | 34–62 | 76 | 0.3–0.5 | 120 | 130 | S | R–S | D | R | D | R |
| Flock-filled | 1.50–1.55 | 48–62 | | 0.5–0.7 | 120 | 130 | S | R–S | D | R | D | R–S |
| Asbestos-filled | 1.70–2.0 | 34–48 | 138 | 0.4–0.5 | 120–200 | 130 | S | R–S | D | S | S | R |
| Fabric-filled | 1.5 | 55–76 | 97–110 | 0.8–1.4 | 120 | 150 | S | R | D | R | A | R–S |
| Glass-filled | 1.8–2.0 | 34–69 | 165 | 0.8–24 | 150–200 | 200 | S | R | D | R | R–S | R |
| Phenolics | | | | | | | | | | | | |
| Wood-flour-filled | 1.34–1.45 | 34–62 | 55–117 | 0.3–0.8 | 150–180 | 150–190 | S | R–S | S–D | S–D | A | R–S |
| Asbestos-filled | 1.45–2.00 | 31–52 | 69–207 | 0.3–0.5 | 180–260 | 150–260 | S | R–S | S–D | S–D | A | R–S |
| Mica-filled | 1.65–1.92 | 38–48 | 172–345 | 0.4–0.5 | 120–150 | 150–180 | S | R–S | S–D | S–D | A | R–S |
| Glass-filled | 1.69–1.95 | 34–124 | 131–228 | 0.4–24 | 180–290 | 150–320 | S | R–S | S–D | S–D | A | R–S |
| Fabric-filled | 1.36–1.43 | 21–62 | 62–97 | 1.1–11 | 100–120 | 120–170 | S | R–S | S–D | S–D | A | R–S |
| Polybutadienes, very high vinyl (no filler) | 1.00 | 55 | 14 | 1.5 | 260 | — | S | R | R | R | R | R |
| Polyesters | | | | | | | | | | | | |
| Glass-filled BMC | 1.7–2.3 | 28–69 | 110–172 | 2.0–22 | 150–180 | 200–230 | R–E | R–A | S–A | S–A | S–D | A–D |
| Glass-filled SMC | 1.7–2.1 | 55–138 | 110–172 | 11–30 | 150–180 | 200–230 | R–E | R–A | S–A | S–A | S–D | A–D |
| Glass-cloth reinforced | 1.3–2.1 | 172–345 | 131–310 | 7–41 | 150–180 | 200–230 | R–E | R–A | S–A | S–A | S–D | A–D |
| Silicones | | | | | | | | | | | | |
| Glass-filled | 1.7–2.0 | 28–45 | 69–103 | 4–20 | 320 | 320 | R–S | R–S | R–S | S | S–A | R–A |
| Mineral-filled | 1.8–2.8 | 28–41 | 90–124 | 0.4–0.5 | 320 | 320 | R–S | R–S | R–S | S | S–A | R–A |
| Ureas | | | | | | | | | | | | |
| Cellulose-filled | 1.47–1.52 | 38–90 | 69–103 | 0.3–0.5 | 80 | 130–140 | S | R–S | A–D | S–A | D | R–S |
| Urethanes, no filler | 1.1–1.5 | 1–69 | 7–69 | 7 | 90–120 | — | R–S | S | A | S | S–A | R–S |

(*Continued*)

표 10-9 여러 가지 용매에서의 플라스틱의 화학적 내성

| Plastics[a] | Specific gravity | Tensile strength MPa | Modulus of elasticity, tension MPa × $10^2$ | Impact strength, Izod[b] J | Maximum temp. (no load) °C | HDT[c] at 1.75 MPa °C | Chemical resistance[d] Weather resistance | Weak acid | Strong acid | Weak alkali | Strong alkali | Solvents |
|---|---|---|---|---|---|---|---|---|---|---|---|---|
| Polyesters | | | | | | | | | | | | |
| PET | 1.37 | 72 | | 1.1 | 80 | 85 | R | R | A[e] | R | A | R–A[i] |
| PBT | 1.31 | 55–57 | 25 | 1.6–1.8 | 140 | 55 | R | R | R | R | A | R |
| PTMT | 1.31 | 57 | | 1.4 | 130 | 50 | R | R | R | R | A | R |
| Copolymers | 1.2 | 50 | | 1.4 | | 70 | | | | | | |
| Polyaryl ether | 1.14 | 52 | 22 | 14 | 120 | 150 | E | R | R | R | R | A |
| Polyaryl sulfone | 1.36 | 90 | 26 | 2.7 | 260 | 275 | Darkens | R | R | R | R | R |
| Polybutylene | 0.910 | 26 | 1.8 | | 105 | 55 | E | R | A[e] | R | R | |
| Polycarbonate | 1.2 | 62 | 24 | 16–22 | 120 | 130–140 | R | R | A[e] | A | A | A |
| PC-ABS | 1.14 | 57 | 26 | 14 | 105 | 105 | R–E | R | A[e] | R | S | A |
| Polyethylenes | | | | | | | | | | | | |
| LD | 0.91–0.93 | 6–17 | 1.4–1.9 | | 80–100 | 30–40 | E | R | A[e] | R | R | R |
| HD | 0.95–0.96 | 20–37 | | 0.5–19 | 80–120 | 45–55 | E | R | R–A[e] | R | R | R |
| HMW | 0.95 | 17 | 7 | | | 40–80 | E | R | A[e] | R | R | R |
| Polypropylenes | | | | | | | | | | | | |
| GP | 0.90–0.91 | 33–38 | 11–15 | 0.5–3.0 | 105–150 | 50–60 | E | R | A[e] | R | R | R |
| High-impact | 0.90–0.91 | 21–34 | 9 | 2–16 | 95–120 | 50–60 | E | R | A[e] | R | R | A |
| Polystyrenes | | | | | | | | | | | | |
| GP | 1.04–1.07 | 41–50 | 31 | 0.4 | 65–80 | 80–105 | S | R | A[e] | R | R | D |
| High-impact | 1.04–1.07 | 20–32 | 20–28 | 0.9–1.4 | 60–80 | 80–100 | S | R | A[e] | R | R | D |
| Polysulfone | 1.24 | 70 | 25 | 1.6 | 150 | 175 | S | R | R | R | R | R–A |
| Polyurethanes | 1.11–1.25 | 31–58 | 0.7–24 | | 90 | | R–S | S–D | S–D | S–D | S–D | R |
| Vinyl, rigid | 1.3–1.5 | 34–55 | 21–34 | 0.7–27 | 65–80 | 55–80 | R | R | R–S | R | R | R–A |
| Vinyl, flexible | 1.2–1.7 | 7–28 | | 0.7–27 | 60–80 | | S | R | R–S | R | R | R–A |
| Rigid CPVC | 1.49–1.58 | 52–62 | 25–32 | 1.4–7.6 | 110 | 95–115 | R | R | R | R | R | R |
| PVC-acrylic | 1.30–1.35 | 38–45 | 19–23 | 20 | | 80 | R | R | S | R | R | A |
| PVC-ABS | 1.10–1.21 | 18–41 | 6–23 | 14–20 | | | S | R | R–S | R | R | R–D |
| SAN | 1.08 | 69–83 | 34–39 | 0.5–0.7 | 60–95 | 90–105 | S–E | R | A | R | R | A |

[a]All values at room temperature unless otherwise listed
[b]Notched samples
[c]Heat deflection temperature
[d]R = resistant; A = attacked; S = slight effects; E = embrittles; D = decomposes
[e]By oxidizing acids
[f]By ketones, esters, and chlorinated and aromatic hydrocarbons
[g]Halogenated solvents cause swelling
[h]By fuming sulfuric
[i]Dissolved by phenols and formic acid
‡Modified from *Plastics Engineering Handbook of the Society of the Plastics Industry*, 5th ed., Kluwer Academic Publishers, Dordrecht, The Netherlands, 1991, and P. A. Schweitzer, *Mechanical and Corrosion Resistant Properties of Plastics and Elastomers*, Marcel Dekker, New York, 2001.

## 재료의 선택

장치 건설 재료를 선택할 책임이 있는 화학공학자는 구할 수 있는 모든 기본적인 공정 정보를 철저하게 이해하고 있어야 한다. 이런 공정 지식을 바탕으로 건설 재료를 논리적으로 선택할 수 있다. 장치 건설 재료를 선택하기 위한 간략한 계획은 다음과 같다.

1. 예비 선택 — 경험, 제조자의 정보, 특수 문헌, 일반적인 문헌, 구입 가능성, 안전에 관한 측면, 예비 실험실 테스트
2. 실험실 테스트 — 겉보기에 적절한 재료를 공정 조건 하에서 재평가
3. 실험실 테스트 결과와 다른 정보들의 해석 — 장치 내에 가능한 불순물, 초과 온도, 초과 압력, 교반, 공정 내 잔존 공기의 영향, 전기분해 작용의 방지, 제작 방법
4. 겉보기에 적절한 재료에 대한 경제적 측면에서의 비교 — 재료와 유지비용, 예상 수명, 제품 분해 비용, 특수한 위험에 처할 가능성
5. 최종 선택

경제적 측면에서 비교할 때, 기술자는 철과 나무 같은 상대적으로 값싼 기본 재료들 대신 비싼 피복이나 코팅을 어디에 사용해야 하는가라는 질문에 자주 직면하게 된다. 예를 들어, 공정 유체와 접촉하는 탑을 지을 때 탑 전체에 값비싼 합금강을 사용하는 대신 탄소강 구조재료 내부에 합금 피복을 입히는 방법을 사용할 수 있을 것이다. 화학공정장치에 사용되는 상업용 피복의 다른 예로는 구운 세라믹이나 유리코팅, 화염 방사된 금속, 딱딱한 고무, 많은 유기 플라스틱들이 있다. 코팅의 내구성은 특히 침식과 기계적 마모가 심할 때 의문시된다. 일반적인 원칙으로서, 만약 완전히 균질한 재료 대신 피복된 재료를 사용하여 얻는 경제적 이익이 별로 없다면 더 나은 기계적 안정성을 위해 균질 재료 쪽을 선택해야 한다.

### 경제적인 재료 선택

재료나 장치에 대한 초기 비용 산정치만으로는 화학공정 장치에 쓰일 수 있는 대체 재료를 비교하기 위한 좋은 경제적 기준으로 삼지 못할 경우가 많다. 모든 비용 산정은 다음의 항목들을 포함하여야 한다.

1. 총 장치 또는 재료의 비용
2. 설치 비용
3. 유지를 위한 비용, 양 및 시기
4. 사용 기간
5. 교체 비용
6. 휴지 시간 비용
7. 추정 사용 기간을 이루기 위해 필요한 억제제나 제어 설비의 비용
8. 감기상각 및 세금
9. 돈의 시간 가치
10. 물가상승율

이런 요인들을 고려하여 산정한 가격 비교치는 초기 산정치와 많이 틀릴 것이다. 표 10-10은 투자 회수율을 기준으로 삼아 대체 재료의 비용을 비교한 전형적인 분석 결과를 보여 준다. 이러한 비교에서 겪는 한 가지 어려움은 "추정 수명"이 확실치 않나는 점이지만, 잘 계획된 실험실과 공장 테스트를 통해 적어도 대략적인 산정치를 얻을 수 있다. 또 다른 어려움은 연간 유지비용을 산정하는 데에서 발생하는데, 이는 오로지 특정 재료에 대한 이전의 경험에 의해서만 예측할 수 있다.

**표 10-10 대체 투자의 비교**

| | Material *A* | Material *B* | Material *C* |
|---|---|---|---|
| Purchased cost | $25,000 | $30,000 | $35,000 |
| Installation cost | 15,000 | 20,000 | 25,000 |
| Total installed cost | 40,000 | 50,000 | 60,000 |
| Additional cost over material *A* | | 10,000 | 20,000 |
| Estimated life, years | 4 | 8 | 10 |
| Estimated maintenance cost/year | 5,000 | 4,500 | 3,000 |
| Annual replacement cost (installed cost/estimated life) | 10,000 | 6,250 | 6,000 |
| Total annual cost | 15,000 | 10,750 | 9,000 |
| Annual savings vs. cost for material *A* | | 4,250 | 6,000 |
| Tax on savings, 34% | | 1,445 | 2,040 |
| Net annual savings | | 2,805 | 3,960 |
| Return on investment over material *A*, % (net savings/additional cost over material *A*) 100 | | 28.05 | 19.8 |
| Return on investment of material *C* versus *B*, % | | | 11.5 |

7장에서 소개한 복리 계산법을 사용하여 위와 같은 비교를 확장하면 회사에 돌아오는 돈의 시간 가치를 구할 수 있다. 표 10-10에서 복리를 감안하지 않은 채 연간 투자 회수율로 판단할 경우 재료 *B*와 *C* 둘 다 재료 *A*보다 나으며, *C*가 *B*보다 약간 낫다는 것을 알 수 있다. 그러나 회사에 돌아오는 돈의 시간 가치에 따라서는 이런 판정이 바뀔 수도 있다.

## 장치의 제작

제작 비용은 장치의 구입 비용 중 큰 부분을 차지한다. 그러므로 화학공학자는 장치 제작 방법을 잘 알고 있어야 하며, 장치 명세서를 준비할 때 제작에 관련된 문제들을 고려해야 한다.

장치의 설계와 제작의 많은 세부 사항은 ASME 코드와 같은 다양한 규약을 따른다. 이러한 규약들은 명확한 사양이나 허용 한계를 규정하고 있으나, 제한 사항에 대한 상세한 설명은 거의 포함되어 있지 않다. 예를 들어 고정(fastening) 작업의 경우 모든 용접이 ASME 코드에 부합하여야 한다는 규정만 나와 있을 뿐이다.

## 제작 방법

제작을 위한 정확한 방법은 만들려는 장치의 유형과 복잡성에 따라 다르다. 그러나 탱크, 고압반응기, 반응기, 탑, 열교환기와 같은 화학장치의 주요 부분들을 완전하게 제작하기 위해 일반적으로 다음과 같은 단계를 거친다.

1. 재료의 배치(layout)
2. 정확한 치수로 절단
3. 요구된 형태로 성형
4. 고정
5. 검사
6. 열처리
7. 마무리 손질

**배치** 제작의 첫 번째 단계는 제작자에 의해 준비된 상세한 지시사항을 근거로 다양한 구성요소들을 배치하는 것이다. 평평한 금속판이나 그 밖의 구조 재료에 절단과 성형이 필요한 부위를 표시한다. 절단, 용접으로 인한 수축, 또는 여러 가지 성형 작업으로 인한 변형으로부터 발생할 수 있는 손실을 참작하여야 한다. 일단 장치의 형태가 갖춰지면 여러 가지 출구와 부착물의 위치를 결정할 수 있다.

**절단** 배치가 끝난 재료를 정확한 크기로 자르기 위해 몇 가지 방법을 사용할 수 있다. 전단법(shearing)은 가장 싼 방법으로서 얇은 금속판을 자르는 데 적합하다. 절단의 결과로 생긴 모서리는 용접에 적합하지 않으므로, 그라인딩이나 절삭 같은 후처리가 필요할 수도 있다. 연소법(burning)은 금속을 자르는데 자주 사용된다. 이 방법은 자름과 동시에 모서리를 용접하기 쉽도록 경사지게 만든다. 톱질(sawing)은 평평한 판형태로 되어 있는 금속을 자르는 데 이용할 수 있다. 그러나 톱질은 비용이 비싸기 때문에, 연소로 인한 열 효과가 해로울 때에만 사용된다.

**성형** 구조재료를 절단한 후 다음 단계는 요구된 형태로 성형하는 것이다. 이를 위해 압연(rolling), 굽힘(bending), 프레싱(pressing), 범핑(bumping), 다이(die) 위에서의 스피닝(spinning)과 같은 다양한 방법을 사용할 수 있다. 어떤 경우에는 성형 작업을 위해 가열해야 할 때도 있다. 재료의 가공 경화 때문에 성형 작업 전이나 작업 사이에 어닐링이 필요할 수도 있다.

형태를 갖추는 작업이 끝나면, 서로 다른 부분들을 조립하여 맞춤으로써 고정 작업의 준비를 한다. 맞춤 작업이 끝나 모든 가장자리가 정확하게 일직선이 되면 주요 접합 지점들을 붙임 용접한다.

**고정** 리벳을 사용하여 고정 작업을 할 수 있지만, 전기 용접이 훨씬 더 일반적이고 우월한 결과를 낳는다. 용접의 질이 매우 중요한 까닭은 용접 부위에 따라 장치의 내압성과 내부식성이 좌우되기 때문이다. 용접 부위의 강도가 금속보다 높을 수도 있지만, 내재 설계 기술자는 용접 부위가 완벽하지 않다고 가정하고, 압력 용기 설계에서 80 ~ 95%의 용접 효율을 감안한다.

어떤 경우에는 다양한 땜납을 사용하여 고정시킬 수 있다. 나사, 패킹, 가스켓과 다른 기계적 도구들도 장치의 여러 가지 부분들을 고정하는데 사용할 수 있다.

**검사** 용접된 모든 연결부위들은 드러나지 않은 결함을 찾기 위해 *X*선 검사를 받는데, 시방서의 규약은 일반적으로 주요 이음매에 *X*선 검사를 요구하고 있다. 유체 정력학적 시험을 실시하여 누출 구멍의 위치를 찾아낼 수 있다. 때로는 헬륨 검침 시험 등과 같은 복잡한 시험을 통해 매우 작은 누출을 찾아내기도 한다.

**열처리** 예비 검사와 그에 따른 수리를 끝마친 후에는 열처리를 통해 성형과 용접 응력을 제거하고, 열의 영향을 받은 재료의 내부식성을 재생시키며, 응력-부식 조건들을 방지한다. 어떤 때는 저온 처리 또는 충분한 어닐링 후 급랭이 필요할 수도 있다.

**마무리 작업** 마무리 작업은 선적을 위한 마지막 준비 작업을 말한다. 모래뿜기, 광내기, 페인팅이 필요할 수도 있다. 설계 압력의 1.5 ~ 2 배로 하는 최종 압력 테스트와 더불어 명시된 규약이나 검사관이 요구하는 다른 테스트를 치른다.

## 연습문제

**10-1** 다음의 각 구조 재료를 황산 및 질산 수용액에 사용할 때, 일반적으로 허용되는 내식성의 조건을 보여 주는 온도 대 농도의 그래프를 개략적으로 작성하라.

a. 스테인리스강 타입 302
b. 스테인리스강 타입 316
c. Karbate
d. Haveg

**10-2** 페놀을 술폰화하는 공정에 11.4 $m^3$의 저장 용기가 필요하다. 이 용기에 가장 적합한 구조 재료를 결정하고자 한다. 설치 비용에는 연 이율 10%의 이자가 부과된다.

저장 용기의 수명은 3.175 mm의 부식 허용치를 추정 부식 속도로 나눠 얻는다. 이 장치의 사용 기간이 끝난 후의 잔존 가치는 원래 비용의 10%이다.

이 문제의 부식 데이터로 미루어 볼 때 내부식성 합금 중 극히 일부만이 적합할 것이다.

| Vessel type | Installed cost | Average corrosion rate, mm/yr |
|---|---|---|
| Nickel-clad | \$ 88,000 | 0.5 |
| Monel-clad | 105,000 | 0.25 |
| Hastelloy B | 198,000 | 0.114 |

사용해야 할 구조 재료를 선택하고, 그 사유를 개략적으로 밝혀라.

**10-3** 어떤 새 공장에서 액체 20 kg당 1 kg의 고체 황화아연을 포함하는 슬러리로부터 황화아연을 거르기 위한 대형 회전 진공 여과기가 필요하다. 액체는 물, 황화나트륨, 이황화나

트륨을 포함하고 있다. 필터는 시간당 8000 kg의 슬러리를 처리해야 한다. 이 회전 진공 여과기를 설계하는 데 어떤 정보가 더 필요한가? 이 정보 중 얼마만큼을 실험실이나 파일럿 공장 시험에서 얻을 수 있는가? 시험 결과를 최종 설계에 적용할 수 있는 조건으로 변환시키는 방법에 대해 개괄하라.

**10-4** 반응기에 쓰이는 맨홀 덮개는 두께가 0.05 m이고 직경은 0.5 m이다. 전체 덮개를 스테인리스 유형 316으로 만들려고 한다. 덮개는 18개의 볼트 구멍을 가지게 되며, 일부 표면은 가스켓을 밀착시킬 수 있도록 절삭할 필요가 있다. 산업용 강판 형태의 스테인리스강의 기본 가격이 kg당 $10.00일 때, 맨홀 덮개의 구입 가격을 산정하라.

**10-5** 서로 다른 장치 건설재료로 만들어진 여섯 개의 탱크와 이 탱크에 저장할 서로 다른 여섯 가지의 물질의 목록은 다음과 같다.

| *Tanks* | *Materials* |
|---|---|
| Brass-lined | 20% hydrochloric acid |
| Carbon steel | 10% caustic soda |
| Concrete | 75% phosphoric acid for food products |
| Nickel-lined | 98% sulfuric acid |
| Stainless steel type 316 | Vinegar |
| Wood | Water |

한 탱크에 한 물질 씩 할당하여 모든 물질을 저장하려고 할 때 각 탱크에 저장하여야 하는 물질을 나타내라.

**10-6** 내경 3.6 m, 길이 11 m의 원통형 저장 탱크를 제작하려고 한다. 이음새는 용접하고($E$ = 0.90), 재료로는 탄소 함량 0.15%의 보통 탄소강을 사용한다. 탱크 내 최대 작업 압력은 790 kPa이며, 최대 온도는 25°C이다. 표 12-10에서 제시한 통일된 압력 용기를 위한 API-ASME코드에서 추천하는 식을 사용하여, 필요한 벽 두께를 추정하라.

**10-7** 핵 반응기의 열 전달 시스템의 일부에 스테인리스강 터빈을 사용하자는 제안이 있다. 높은 온도와 매우 빠른 열전달 속도가 나타날 것이다. 이런 조건에서는 튜브 벽에 걸친 온도 응력이 높을 것이므로 설계 기술자는 안전한 벽 두께와 튜브 직경을 선택해야 한다. 제안된 튜브 직경과 게이지 수가 만족스러운지 여부를 결정하는데 필요한 모든 정보와 수치를 자세하게 목록으로 작성하라.

**10-8** 문제 3-16에서 묘사한 티오펜 공정을 짓기 위해서는 어떤 재료를 선택하여야 하겠는가? 이 공정에서는 재생 단계와 H2S 및 가성 물질 때문에 극심한 온도 및 부식 조건이 나타남을 유의하라.

**10-9** 액체 염소 저장 탱크를 건조 염소 기체로 가압하여 액체 염소를 수송하려고 한다. 이 수송 공정을 위해 어떤 건설 재료를 선정하여야 하는가? 어떤 부식 효과가 예상되는가? 어떤 방법으로 부식을 최소화시킬 수 있겠는가?

**10-10** 이 책의 4판에 제시되어 있는 암모니아 산화에 의한 질산 제조 공정의 공정도를 검토하라. 각 장치에 대해 10년의 사용기간을 가장 경제적으로 달성할 수 있는 건설 재료를 선정하라.

CHAPTER

11

# 서면 및 구두 설계 보고서

성공적인 기술자가 되려면 이론적이고 실용적인 원리를 적용하여 구상과 방법을 개발할 수 있어야 하고, 또한 서면 및 구두 발표를 통해 그 결과를 분명하고 설득력 있게 표현할 수 있어야 한다. 설계 과제를 수행하는 동안에 기술자는 수많은 서면 및 구두 보고서를 제출토록 요구받을 것이다. 이런 보고서들에는 타당성 조사, 환경 영향 평가, 진도 보고서, 프로젝트의 결론 및 추천안 등이 포함될 것이다. 과제의 지속 여부에 대한 타당성 결정은 흔히 서면 및 구두 보고서에 제시된 자료를 기반으로 하여 이루어진다. 기술자가 수행한 작업의 가치는 대체로 설계 연구를 다룬 다양한 보고서에 나타난 결과와 이 결과를 제시하는 방식에 따라 평가된다.

모든 서면 및 구두 교신의 근본적인 목적은 결과와 그에 따른 추천안을 필요로 하는 다른 사람에게 정보를 간결히 전달하는 것이다. 서면이나 구두 보고서를 작성하는 설계 기술자는 결코 "다른 사람들에게"라는 말을 잊지 말아야 한다. 그러한 보고서를 작성하는 과정에서 그 보고를 읽거나 듣는 사람의 능력, 역할 및 요구 사항을 늘 염두에 두어야 한다. 이러한 정보 전달의 성공 여부는 대체로 수신자가(동료 화공 기술자나 다른 기술자, 상급자, 임원, 고객 또는 일반 대중 그 누구가 되었든지 간에) 기대하는 정보의 유형, 세부 사항, 범위에 따라 달라진다. 수신자의 배경에 따라 보고서의 주안점과 세부사항의 적정 수준이 변할 것이다. 각 설계 기술자가 보고서를 시작하고, 준비하며, 마무리하기 전에 스스로 물어봐야 할 몇 가지 질문을 정리하면 다음과 같다.

이 보고서의 목적은 무엇인가?
누가 이 보고를 읽거나 들을 것인가?
그들의 역할은 무엇인가?
그들은 어떤 배경 정보를 가지고 있는가?
그들이 이해할 수 있는 기술 수준은 어느 정도인가?
그들로부터 어떤 반응을 기대하고 있는가?

이 질문들에 대한 해답은 제시하여야 하는 정보의 유형과 필요한 세부 사항의 양, 그리고 가장 적합한 발표 방법을 지적해 준다.

## 서면 보고서

일반적으로 설계 보고서는 설계 작업의 결과를 회사의 의사 결정자에게 제시하여 그의 임무 수행을 보좌하기 위한 것이다. 설계 과정과 마찬가지로 설계 보고서는 다루는 범위, 세부 사항, 복잡성의 수준이 다양하다. 개략적인 연구에서 주로 도출되는 비교적 짧은 보고서는 의사 결정자로 하여금 공정 평가 작업을 지속하거나 다른 더 수익성이 있는 사업을 위해 현재의 프로젝트를 포기할 것인지 등에 관해 확신시키는 것을 목적으로 삼는다. 예비 설계, 정의 및 상세한 추정값에 기반한 설계 보고서는 대개 프로젝트 기술자나 기술 관리자와 같은 기술 지향적인 인사에게 제출된다. 이 사람들은 보고서 세부 사항에 더 큰 관심을 가지고 회사가 수행해야 할 더 상세한 설계 작업, 수율 개선을 위한 공정 개조, 환경 영향 최소화 작업 등을 결정할 것이다.

보고서는 공식 보고서와 비공식 보고서로 나눌 수 있다. 공식 보고서는 대개 연구, 개발, 설계와 관련된 보고서로서, 꽤 자세하게 결과를 제시하게 되며, 작성자는 어느 정도 자유롭게 표현의 형태를 선택할 수 있다. 비공식 보고서에는 메모, 편지, 진도 보고서, 조사 결과 보고서 등이 포함되는데, 그 주요 목적은 자세한 정보를 빼고 결과만을 제시하는 것이다. 비공식 보고서에는 정형화된 양식이 흔히 사용되는데, 그 예로는 판매, 생산, 계산, 진도, 분석, 경제성 평가 요약 보고서와 같은 것이 있다.

서면 보고서 작성을 위한 많은 일반적인 규칙들이 있지만 각 회사마다 고유의 지침과 사양을 가지고 있음에 유의해야 할 것이다. 정형화된 양식은 어떤 정보가 필요한지를 정확하게 보여주며, 다른 유형의 비공식 보고서에서도 자세한 작성 지침이 주어지는 경우가 많다. 공식 보고서의 경우에도 많은 회사들이 반드시 따라야 하는 작성 표준을 가지고 있다. 일반적으로 여기서 설명한 보고서의 윤곽은 다음 절에서 다루는 구두 보고서에도 비슷하게 적용된다.

### 서면 보고서의 구성

공식 보고서는 분명하고 효과적인 설명을 위해 섹션 구분과 소제목을 사용하여 구성할 필요가 있다. 약간은 덜 하지만 비공식 보고서를 위해서도 섹션 구분은 중요하다. 다음의 논의는 공식 보고서에 적용되는 것이지만, 섹션을 적절히 삭제하거나 통합함으로써 어떤 유형의 보고서를 구성할 때에도 같은 원리를 적용할 수 있다.

완전한 설계 보고서는 여러 개의 독립된 부분들로 구성되는데, 뒤로 갈수록 설계와 개발에 대한 더 자세한 설명을 제공한다. 표지를 이루는 전달서한은 대개 어떤 보고서에서도 첫 번째로 나오며, 다음에 보고서의 제목 쪽, 목차, 초록 또는 요약이 오게 된다. 그 다음에 오는 보고서 본문에는 필수적인 정보를 논의, 도식, 표, 그림 등의 형태로 제시한다. 보고서의 마지막에 오는 부록에는 본문에 나타낸 결과들을 완전히 입증할 수 있는 자세한 정보로서 데이터 표, 계산 예, 기타 보충 자료가 포함된다. 전형적인 설계 보고서의 윤곽을 표 11-1에 나타내었다.

**표 11-1 전형적인 서면 설계 보고서의 구성**

I. Letter of transmittal
  A. Indicates why the report has been prepared
  B. Gives essential results that have been *specifically requested*

II. Title page
  A. Includes title of report, name of individual to whom report is submitted, name and organization of the writer, and date

III. Table of contents
  A. Indicates location and title of figures, tables, and all major sections

IV. Summary
  A. Briefly presents essential results and conclusions in a clear and precise manner

V. Body of report
  A. Introduction
    1. Presents a brief discussion to explain what the report is about and the reason for the report; no results are included
  B. Previous work
    1. Discusses important results obtained from literature surveys and other previous work
  C. Discussion
    1. Outlines method of attack on project and gives design basis
    2. Includes graphs, tables, and figures that are essential for understanding the discussion
    3. Discusses technical matters of importance
    4. Indicates assumptions made and their justification
    5. Indicates possible sources of error
    6. Gives a general discussion of results and proposed design
  D. Final recommended design with appropriate data
    1. Drawings of proposed design
      *a.* Qualitative flowsheets
      *b.* Quantitative flowsheets
      *c.* Combined-detail flowsheets
    2. Tables listing equipment and specifications
    3. Tables giving material and energy balances
    4. Process economics including costs, profits, and return on investment
  E. Conclusions and recommendations
    1. Presented in greater detail than that provided in the summary
  F. Acknowledgment
    1. Acknowledges important assistance of others who are not listed as preparing the report
  G. Table of nomenclature
    1. Sample units should be shown
  H. References to literature (bibliography)
    1. Gives complete identification of literature sources referred to in the report

VI. Appendix
  A. Sample calculations
    1. One example should be presented and explained clearly for each type of calculation
    2. Computer programs developed or used in the calculations
  B. Derivation of equations essential to understanding the report but not presented in detail in the main body of the report
  C. Tables of data employed with reference to sources
  D. Results of laboratory tests
    1. If laboratory tests were used to obtain design data, the experimental data, apparatus and procedure description, and interpretation of the results may be included as a special appendix to the design report.

**전달서한** 전달서한의 목적은 그 보고서의 작성 취지 및 과정을 언급하는 것이다. 전달서한은 간단해야 하지만 보고서의 특정한 관련 부분에 대한 독자의 흥미를 유발시킬 수도 있고 특별히 중요한 특정 결과를 제시할 수도 있다. 보고서 작성자의 사적인 견해는 보고서 내에서보다는 전달서한에서 언급하여야 한다. 인칭 대명사와 비공식적인 업무형 문체를 사용할 수도 있다.

**제목 쪽과 목차** 제목 쪽에는 보고서의 제목 외에 제출자의 이름과 소속, 제출 날짜 등과 같은 기본 정보를 담는다. 목차는 6 ~ 8쪽 짜리 짧은 보고서에는 필요하지 않을 수도 있지만 좀 더 긴 보고서에서는 독자가 보고서 전체를 대략적으로 파악할 수 있도록 편리한 안내 역할을 한다. 보고서에 나타나 있는 제목과 소제목을 해당 쪽 번호와 함께 싣는다. 들여쓰기를 사용하여 여러 소제목들의 관계를 나타낼 수도 있다. 표, 그림, 도표에 관한 목록은 목차 마지막 부분에 별도로 제시한다.

**요약** 요약은 가장 자주 참조되고 또한 종종 보고서에서 유일하게 읽히는 부분이기 때문에 아마도 보고서에서 가장 중요한 부분일 것이다. 요약의 목적은 독자들에게 보고서의 전체 내용을 한두 쪽으로 보여주는 것이다. 요약은 설계 과제의 모든 단계를 포괄하지만 어느 특정한 단계를 자세하게 다루지는 않는다. 모든 문장들은 간결하고 일반적인 정성적 정보를 최소 수준으로 제공해야 한다. 요약의 목적은 불필요한 세부사항을 담지 않고 간결하고 정량적인 정보와 최종 결론을 나타내는 것이다.

다음은 요약에서 다루어야 할 내용을 개략적으로 보여준다.

1. 독자에게 주제를 소개하는 문장
2. 수행한 작업과 보고서의 범위
3. 최종 결과를 얻은 방법
4. 정량적 정보, 주요 결론, 제안 등을 포함하는 중요 결과들

이상적인 요약은 한 쪽만으로 작성할 수 있다. 만약 요약이 두 쪽보다 길어야 한다면, 주제, 한 일, 그리고 주요 결과에 대한 간략한 기술만을 포함한 초록을 요약에 앞서 제시하는 것이 더 적절할지도 모른다.

**보고서의 본문** 보고서의 본문에서 첫 번째 섹션은 서론이다. 보고서의 목적과 범위를 설명하고, 원래 설계 과제가 왜 필요하게 되었는지를 제시한다. 보고서에 담은 정보와 회사가 수행하는 다른 과제와의 관계를 다룰 수 있다. 향후의 개발이 갖는 효과도 충분히 언급할 만하다. 이전의 연구 결과를 참조하여 서론에서 논의하거나, 또는 문헌 조사 결과와 그 밖의 이전 연구 결과를 별도의 섹션에서 다룰 수도 있다.

현대적인 문헌 소프트웨어를 이용하여 최근의 참고 자료로부터 정보를 얻어 데이터를 정리하거나, 일관성 있게 정렬하고 쉽게 찾을 수 있도록 만들 수 있다. 문헌 소프트웨어는 인쇄물, PDF 파일, 또는 전자 인용문과 같은 정보 형태에 무관하게 참고자료의 체계화 작업을 쉽게 만들고 보고서 작성의 효율을 높인다. 이러한 이점 외에 문헌 소프트웨어의 가장 매력적인 특징은 문맥 내 인용, 서지 사항, 주석, 권말 주석등을 쉽게 생성할 수 있는 기능이다.

제안된 설계를 도출하는 과정에서 이용한 방법에 대한 설명을 다음 섹션에서 논의라는 제목을 달아 제시한다. 여기서는 작성자가 최종 결론에 도달하기 위해 사용된 방법을 독자에게 보여준다. 그 방법의 타당성이 명백해야 하지만 짜증날 만큼 자세하거나 산만해서는 안 된다. 결과에 관한 어떤 가정이나 제한도 이 단락에서 논의되어야 한다.

다음 단락에서는 추천된 설계를 제시하고 모든 필요한 정성적 및 정량적 데이터를 그림과 표로 제공한다. 이와 함께 제안된 공정의 비용과 예상 이익에 대한 분석을 추가한다. 많은 경우 설계 보고서의 본문은 모든 결론과 추천에 대한 상세한 논의를 제시하는 섹션을 포함한다. 필요시 감사의 글, 사용기호 표, 참고문헌 섹션을 추가할 수도 있다.

**부록** 보고서의 서술 부분을 더 읽기 쉽게 하기 위해서는 종종 계산 방법, 실험 데이터, 참고 자료, 특정한 형태의 유도 과정, 그리고 기타 유사 항목들을 별도의 부록으로 보고서에 추가할 수 있다. 따라서 이 작업에 대해 완벽한 확인을 원하는 사람이라면 누구나 이용할 수 있게 만드면서도, 보고서의 서술 부분이 과도한 정보 때문에 비효율적으로 되는 것을 막을 수 있다.

## 보고서 작성

보고서 작성을 위한 단계는 다음과 같다.

1. 연구 주제 및 범위, 예상 독자를 정의한다.
2. 기본적 윤곽을 작성한 다음, 자세한 윤곽을 작성한다.
3. 초안을 작성한다.
4. 초안을 수정, 향상시켜 나감으로써 최종안에 이른다.
5. 최종안을 주의 깊게 확인하고 인쇄한 후 최종 교정을 본다.

각 단계의 작업을 성공적으로 수행하기 위해서는 미리 정해진 마감일 내에 전체 작업을 성공적으로 마칠 수 있도록 보고서 작성 작업을 빨리 시작해야 한다. 여러 가지 그림, 도표, 표나 일부 섹션은 설계 작업을 진행하는 동안에도 준비할 수 있다.

문서 편집기, 펼친표 및 그래픽 소프트웨어는 더 나은 최종 보고서를 만들 수 있도록 도와주는 현대적인 도구들이다. 그러나, 이를 사용할 때 보고서 작성자는 많은 프로그램들이 한계를 갖고 있음을 인식하여야만 한다. 이런 소프트웨어 문제는 프로그래밍 오류 또는 소프트웨어 개발자가  보고서 작성 규칙이나 다른 형태의 서면 보고서와의 차이점을 잘못 이해한 데서 비롯된다.

## 결과 제시

보고서 전체를 통해 정확성과 논리를 유지하여야 한다. 작성자는 사실을 정확히 표현해야 할 도덕적 책임이 있으며 부정확하거나 의심스러운 말로 독자를 오도해서는 안 된다. 근사값이나 가정이 도입된 경우에는 이들이 결과의 정확성에 미치는 영향를 제시하여야 한다. 예를 들면, 초기 설계 결과 공장에 대한 전체 투자비용이 $5,500,000이라고 제시할 수 있다. 이 때 단지 두 개의 유효숫자만이 나타나 있으므로 결과의 정확성에 관해 오도할 염려는 없다. 반면에 $5,554,328이라고 제시하는 것은 의미가 닿지 않으며, 작성자가 결과의 정확성을 결정하는 데 있어서 어떠한 논리적인 근거도 사용하지 않았음을 독자는 즉시 알아챌 것이다.

기술 보고서의 문체는 간결하고 직설적이어야 한다. 비록 짧은 문장이 낫기는 하지만, 지나치게 분리된 단편처럼 보이는 것을 막기 위해 다양한 길이의 문장이 필요하다. 문장은 설득력이 있어야 하지만, 요점에서 벗어나거나 불필요한 세부 사항은 피하도록 한다. 글을 좀 더 재미있게 만들기 위해 화려한 표현과 기술적인 은어를 잘못 사용하는 경우가 종종 있다. 물론, 우아하거나 힘있는 문체도 때때로 바람직하지만 주요 목적은 명확하고 이해하기 쉽게 정보를 전달하는 것이라는 점을 명심해야 한다.

**소제목과 문단** 소제목을 효과적으로 잘 배치시키는 것은 보고서를 더욱 쉽게 읽을 수 있도록 해준다. 보고서 개략의 논리적 순서를 따르는 섹션과 소제목은 독자로 하여금 새로운 주제에 대한 준비를 하게 한다.

문단은 하나의 일반적인 생각을 다루는 데 이용된다. 그러나 문단 구분은 소제목만큼 분명하지는 않다. 문단의 길이는 전체적으로 다양할 수 있지만 문단으로 분리할 가치가 있는 생각은 최소한 두 문장은 되어야 한다. 긴 문단은 독자에게 피곤함을 주기 때문에, 10 ~ 12줄이 넘는 긴 문단을 계속해서 사용할 경우 독자의 주의를 집중시키기가 어려울 것이다.

**표** 표를 효과적으로 사용하면 많은 단어를 절약할 수 있고, 특히 정량적인 결과를 나타낼 때 더욱 효과가 크다. 표는 보고서를 이해하는 데 반드시 필요한 것이라면 보고서의 본문에 포함시킨다. 논의와 직접적으로 관계가 없는 경우에는 어떠한 형태의 데이터 표라도 모두 부록에 수록해야 한다.

모든 표에는 제목을 달아야 하고, 각 열의 제목은 자명해야 한다. 만약 숫자를 사용한다면, 열의 제목이나 그 열에서 가장 먼저 나타나는 수에 정확한 단위를 제시해야 한다. 표는 양이 많아 불가피한 경우를 제외하고는 두 쪽에 걸쳐 나타내서는 안 된다.

**도표** 명확한 수치를 나타내는 표와 달리 도표는 경향, 혹은 비교를 나타내는 데 유용하다. 표에 담긴 정보를 도표의 형태로 나타내면 결과를 해석하기 더 쉽다. 가능하다면, 곡선과 함께 실험점과 계산점을 나타내어야 하며, 이 점들을 큰 점, 작은 원, 사각형, 삼각형, 혹은 다른 표식으로 표시할 수도 있다. 표시된 점들을 바탕으로 가장 그럴 듯한 곡선을 그릴 수도 있으며, 혹은 각 점들을 단순히 연결하는 직선이 더 적당할 수도 있다. 어떤 경우라도 곡선은 데이터 점들보다 영역을 확장해서 그려서는 안 된다. 곡선의 안짐작이나 바깥짐작이 의심스럽다면, 불확실한 영역은 점선이나 점쇄선으로 표시할 수 있다.

세로축과 가로축은 분명하게 명명하여야 하고 사용된 어떠한 기호라도 도표나 보고서의 본문에서 정의하여야 한다. 수치를 사용한다면, 세로축과 가로축의 이름 바로 다음에 적당한 단위를 나타내어야 한다. 도표화된 정보에 대한 제한 사항들은 도표 상이나 제목에서 밝혀야 한다.

도표의 제목은 명확해야 하지만 너무 세부적인 사항을 설명할 필요는 없다. 예를 들면 순수한 글리세롤의 온도 대 증기압의 로그-로그 도표는 "순수한 글리세롤에 대한 온도 대 증기압의 로그-로그 도표"보다 "순수한 글리세롤의 증기압에 대한 온도의 영향"이 더 좋은 제목이 될 것이다.

도표 작성을 위한 기타 제안은 다음과 같다:

1. 독립 변수는 가로축으로, 그에 의하여 결정되는 변수는 세로축으로 표시한다.
2. 난잡해지는 것을 피하기 위해서 눈금 사이는 충분한 공간을 확보한다(보통은 인치 당 두 개에서 네 개의 눈금선이 적당하다).
3. 전 도표에 대해서 곡선을 적당한 비율로 나타낼 만한 축 크기를 사용하되, 결과의 정확성을 왜곡해서는 안 된다.
4. 쉽고 편리하게 내삽할 수 있도록 눈금 수치를 매긴다.
5. 가능하다면, 세로축의 이름은 읽기 쉽도록 수평으로 배열한다.
6. 일군의 곡선을 포함하지 않는다면, 한 도표의 곡선의 수는 3개 이하가 좋다.
7. 곡선은 도표에서 굵은 선으로 그리고, 축은 눈금선 보다 더 굵어야 한다.

**예시** 흐름도, 사진, 장치 선도, 그리고 다른 유형의 예시들이 보고서의 필수적 부분이 될 수도 있다. 이들은 보고서의 본론이나 부록에 삽입할 수 있다. 대형 용지에 그린 전체 흐름도와 그 밖의 대형 그림들은 종종 보고서의 끝 부분에서 접거나 봉투 안에 넣는다.

공정모사 소프트웨어는 대개 흐름도를 마련하기 위해 사용된다. 그러나, 이 소프트웨어가 장치 기호, 선 교차, 표지 등에 관한 인정된 규범을 따르지 않는다면 생성된 흐름도는 참된 공정도가 될 수 없을 것이다. 그밖에도 저장탱크처럼 계산이 필요하지 않은 특정 공정 장치들은 공정 모사기의 모사 범위에서 제외되어 생성된 공정 흐름도에 포함되지 않을 수도 가끔 있다. 그럼에도 불구하고, 공정 모사기로 작성한 흐름도는 모사 공정을 시각적으로 파악하는 데 도움이 되므로 보고서 부록에 포함시켜야 한다.

**사용기호** 여러 개의 다른 기호들을 보고서 전체에 걸쳐 반복적으로 사용한다면 기호 및 의미, 그리고 단위를 보여주는 사용기호 표를 보고서에 포함하여야 한나. 각 기호는 문서에 처음 나타날 때 정의하여야 한다. 그렇지 않다면 첫 번째 식에서 사용기호 표를 참조하라는 언급을 해야 한다.

보통은 주어진 물리적 양에 대해서 단위와는 상관없이 같은 기호가 사용된다. 특별한 의미를 나타내기 위해 아래 첨자, 위 첨자를 사용할 수 있다. 사용기호는 일반적인 용법과 일치해야 한다

**참고문헌** 문헌 소프트웨어를 사용하여 보고서 작성자는 웹 상의 데이터베이스 서비스나 CD-ROM으로부터 최신의 정보를 수집하거나, 인터넷을 통해 전 세계에 산재한 도서관을 검색하여 참고 자료를 아주 짧은 시간 내에 자동으로 다운로드받을 수 있다. 이런 정보를 보고서 내에서 적절히 인용하려면 인터넷 주소(URL)를 이용하여 해당 파일에 접근하여 저자, 출판사, 출판일과 그 밖의 원하는 정보를 얻어야 할 것이다.

보고서에서 언급된 모든 문헌의 출처는 보고서의 본문 마지막에 정리하여야 한다. 참고문헌은 보고서에 언급된 순서에 따라서 정리하기도 하지만, 보통은 저자의 성을 기준으로 삼아 알파벳 순으로 번호를 매긴다.

참고문헌을 문장 중에 인용할 때 저자의 성을 밝히고 그 바로 뒤나 문장의 끝에 위 첨자로 표시한다. 위 첨자 대신 대괄호로 둘러쌀 수도 있다. 서지 사항은 다음과 같은 정보를 담아야 한다.

**1.** 전문 잡지에 대해서는 (a) 저자 이름과 성, (b) 잡지명(*Chemical Abstracts*의 정기 간행물 목록에 부합하는 약어 사용), (c) 권, (d) 호(필요시), (e) 쪽수, (f) 연도(괄호 안에). 논문 제목은 보통 생략한다. 호 번호는 연도를 기초로 쪽번호를 매길 때에는 생략할 수 있다. 때때로 호 번호 대신에 연도와 함께 날짜를 표시한다.

McCormick, J. E., *Chem. Eng.*, **95**(13): 75 (1988).
McCormick, J. E., *Chem. Eng.*, **95**: 75 (Sept. 26, 1988).
Seibert, A, Fair, J. R., *Ind. Eng. Chem.*, **32**: 2213(1993).

**2.** 저서, 안내 책자와 같은 단행본에 대해서는: (a) 저자 이름과 성, (b) 제목(인용부호 안에), (c) 판(초판 이상이라면), (d) 권수(한 권 이상이라면), (e) 출판사, (f) 출판 장소, (g) 출판 연도. (h) 장 번호 혹은 쪽 번호는 종종 출판사의 이름 앞에 놓는다. 학위논문의 제목은 종종 생략된다.

Humphrey, J. L., and Keller, II, G. E., *Separation Process Technology*, McGraw-Hill, New York, 1997.
Al-Rabiah, A. A., Ph.D. thesis in chemical engineering, University of Colorado, Boulder, 2001.

**3.** 이름이 밝혀지지 않은 저자에 대해서는 그 문헌을 출판한 잡지나 단체 이름을 알파벳 순으로 정리한다.

*Chem. Eng.*, **95**(13): 26 (1988).

**4.** 특허에 대해서는 (a) 특허권 소유자의 이름과 성, 그리고 괄호 안에 양수인(있을 경우), (b) 특허권과 번호를 수여한 나라, (c) 발행 날짜

Fenske, E. R. (to Universal Oil Products Co.), U.S. Patent 3,249,650, May 3, 1986.

**5.** 출판되지 않은 정보에 대해서는 (a) "인쇄 중"은 제시된 잡지나 출판사에 의해 출판이 공식적으로 승인되었음을 의미한다; (b) "개인 통신"과 "출판되지 않은 자료"는 독자가 참고 문헌의 출처를 찾는 것이 불가능하다고 여길 수 있기 때문에 반드시 필요한 경우를 제외하면 가급적 사용하지 않는 것이 좋다.

Morari, M., *Chem. Eng. Prog.*, in press, 1988.

**계산 예** 제안된 설계를 도출하는 데 이용된 일반적인 방법은 보고서의 본문에서 논의하지만 자세한 계산 방법은 부록에 싣는다. 모든 형태의 계산에 대해서 예가 있어야 하고, 독자가 계산 순서를 잘 이해하도록 충분한 설명이 있어야 한다. 계산 예를 위해 선택된 특정 조건이 제시되어야 한다. 계산을 위해 이용된 자료는 비록 같은 자료가 보고서에 제시된 표를 참고하여 이용될 수 있을지라도 섹션 초두에 자세히 열거하여야 한다.

**문서편집** 문서편집기의 출현은 서면 설계보고서 작성 방식에 큰 영향을 끼쳐 왔다. 문서의 여러 섹션을 쉽게 잘라 붙일 수 있기 때문에, 공정이 개조될 때 이전에 작성된 섹션을 잘라 붙인 후 필요한 수정을 가하는 방식으로 매우 쉽게 새로운 섹션을 구성할 수 있다. 기술 보고서 작성을 위해 가장 흔히 사용되는 문서편집기로는 Word, WordPerfect, LaTex 등이 있다.

대개 긴 보고서에는 섹션간에 교차 참조를 하는 경우가 많기 때문에 섹션 번호와 제목을 식별할 수 있도록 각 쪽에 머리글을 추가하는 것이 도움이 된다. 또, 찾아보기를 넣으면 보고서의 특정 주제에 관심이 있는 독자에게 상당한 도움을 줄 수 있다. 머리글이나 찾아보기를 추가하기 위해서는 PageMaker와 같은 데스크탑 출판 패키지가 매우 유용하다.

**외면적인 세부 사항** 최종 보고서는 깔끔하고 사업상의 문서 형태로 제출되어야 한다. 공식적인 보고서는 보통 두꺼운 표지를 사용하고, 제목 쪽에 제시된 정보는 표지에도 기입한다. 보고서는 종이의 모든 면에서 최소한 1 in의 여유를 두고 좋은 품질의 종이에 인쇄하여야 한다. 보통은 종이의 한 면만 사용하며 전달 서한, 긴 인용문을 제외한 모든 글들은 두줄띄기를 적용한다. 요약부터 시작해서, 도표, 삽화, 표를 포함한 모든 쪽들은 차례로 번호를 매겨야 한다.

때때로 짧은 수식은 번호가 매겨지지 않는다면 문장 속에 직접 인용할 수 있다. 그러나 일반적으로 수식은 별도의 줄에 가운데 정렬로 작성하고, 오른쪽 여백 가까이에 식 번호를 단다. 사용된 기호는 식 바로 다음에서 설명할 수 있다.

**최종 교정과 검사** 최종 제출 전에 보고서를 자세히 검토하여 인쇄상의 오류, 표와 도표에서 사용된 자료와 글 중간에 인용된 자료의 일치성, 문법적 오류, 철자 오류, 그리고 이와 유사한 실수를 교정하여야 한다. 과도한 교정이나 수정이 필요하다면 보고서의 발행 여부를 다시 고려해야 하며, 몇 섹션은 문서편집기로 다시 작업해야 할지도 모른다.

요즈음과 같이 컴퓨터가 보편화된 상태에서 맞춤법 검사기를 사용하여 검사하지 않은 채 보고서를 제출해서는 안 된다. 그러나 맞춤법 검사기는 단지 단어의 철자만 검사할 뿐이고 저자가 의도하는 바로 그 단어인지를 판별해 낼 수는 없기 때문에 완벽한 것이 아니다. 예를 들어 저자가 principle라는 용어 대신 principal이라는 용어를 잘못 사용할 때 맞춤법 검사기는 그 오류를 찾아낼 수 없을 것이다.

문법 검사기는 지난 10년간 많이 개선되었지만, 단순한 규칙에 의거한 검사기는 기술 보고서 재편집 과정에서, 특히 소유격 구문이나 주어/동사 일치와 관련된 긴 문장에서, 여전히 문제를 일으키고 있다.

**약어** 약어를 사용함으로써 시간과 공간을 절약할 수 있지만, 작성자는 독자가 약어의 의미를 알고 있다는 것을 확인하여야 한다. 만약 약어가 표준이 아니라면, 약어를 처음 사용할 때 설명하여야 한다. 약어를 사용할 때 다음 일반적인 규칙들을 적용할 수 있다.

1. 약어는 공간이 모자랄 때 표, 도표, 삽화에서 사용할 수 있다.
2. 약어는 문장 속에서는 일반적으로 숫자 다음에 올 때만 사용할 수 있다[3 cm/s(초당 3 cm)]

3. 마침표는 그 약어가 다른 단어가 될 때를 제외하고는, 보통의 과학용어와 기술용어에 대한 약어 다음에서 생략될 수 있다(예를 들면, inch에 대한 in.).

허용된 약어의 예는 부록 A에 수록되어 있다.

**수사학** 정확한 문법, 구두법, 문체는 어떤 보고서에서도 명백한 필수 사항이다. 그러나 많은 기술자들은 기술 보고서에 필요한 형식적인 문체에 관심을 두지 않기 때문에 별로 인상적이지 못한 보고서를 제출한다. 이 섹션에서는 형식적인 문체에 관한 몇 가지의 제한을 다루고 범하기 쉬운 실수에 대해서 논의한다.

***인칭대명사*** 인칭대명사의 사용은 기술적인 작문에서는 피해야 한다. 많은 작성자들은 수동태를 사용하여 인칭대명사를 사용하는 것을 피한다. 수동태는 확실히 허용되지만, 능동태를 사용할 때 다소 덜 딱딱한 문체가 된다. 예를 들면, "우리는 ...를 기초로 하여 흡수탑을 설계했다."라고 하는 대신, "흡수탑은 ...를 기초로 하여 설계되었다." 혹은 "흡수탑 설계의 기초는 ...이었다."가 더욱 바람직한 형태일 것이다.

인칭대명사 "one"은 때때로 기술적인 문서에서 사용된다. 그러나 공식적인 문서에서는 거의 사용하지 말아야 하거나 필요한 경우에만 사용하여야 한다.

***시제*** 과거 시제와 현재 시제 모두 보고서 작성에 흔히 사용된다. 그러나 문장의 의미를 살리기 위해 필요한 경우 외에는 한 문단이나 한 섹션 내에서 시제를 바꾸면 안 된다. 시간에 의해 제한받지 않는 일반적 사실은 현재 시제로 표현한다. 반면에 과거의 특정 사건에 대한 언급은 과거 시제로 표현한다(예를 들면, "수은의 비중은 13.6이다." "그 실험은 ... 수행되었다").

***어법*** 비공식적이고 구어체적인 단어는 피해야 한다. 익살스럽고 재치 있는 표현은 비록 그런 표현들이 흥미를 유발시키기 때문에 필요하다고 느낄 수는 있지만 기술 보고서에 어울리지는 않는다. 흔히 독자가 기술 보고서를 읽을 때, 특히 업무상 그 내용을 이해하기 위해 몰입해 있을 때는 유머를 생각할 겨를이 없을 것이다. 좋은 보고서는 명료한 표현, 능숙한 구성, 그리고 중요한 내용을 갖출 때 흥미있게 될 것이다.

## 최종 보고서에 대한 점검 사항

최종 보고서를 제출하기 전에 작성자는 보고서를 자세하게 분석해야 한다. 다음은 작성자가 보고서를 검토할 때 신경 써야 할 사항들이다. 이 질문들은 보고서 작성에 있어서 중요하게 고려해야 할 사항들이고 경험이 많은 작성자나 초보자 모두를 위한 지침으로 삼을 수 있다.

1. 보고서는 그 목적을 완수하고 있는가?
2. 주요 독자들에게 이해될 것인가?
3. 보고서가 너무 넓은 주제를 다루려고 시도하지는 않는가?
4. 충분한 정보를 포함하고 있는가?
5. 보고서의 본문에 너무 세부 사항이 포함되지 않았는가?
6. 목적은 분명히 기술되었는가?

7. 보고서의 취지가 나타나 있는가?
8. 요약은 간결한가? 그리고 명확한가? 중요한 결과, 결론, 제안을 제시하고 있는가? 보고서 전체를 제대로 요약했는가?
9. 수행한 작업을 적절히 설명하였는가?
10. 중요한 가정과 정확성 정도가 나타나 있는가?
11. 결론과 제안이 근거가 있는가?
12. 결론과 제안을 입증할 충분한 자료가 있는가?
13. 해당 분야에 대한 이전 데이터와 연구가 고려되었는가?
14. 보고서는 잘 구성되어 있는가?
15. 문체는 읽을 만하고 흥미 있는가?
16. 원고는 철저히 수정되고 편집되었는가?
17. 부록은 완전한가?
18. 표, 도표, 삽화는 깔끔하고 읽을 수 있게, 그리고 잘 구성된 형태로 되어 있는가? 모든 필요한 정보가 나타나 있는가?
19. 보고서는 최종 교정이 되었는가? 쪽, 표, 그림은 정확하게 번호가 매겨져 있는가?
20. 보고서는 제때에 제출할 수 있는가?

## 구두 보고서

설계 작업의 결과를 전달하기 위해서 서면 보고서 외에 구두 발표를 하는 경우가 자주 있다. 구두 발표가 잘 되면 글로 쓴 경우보다 정보를 신속하게 전달할 수 있으며, 청중의 반응을 즉각 파악할 수 있을 뿐 아니라 청중 사이의 교감도 파악할 수 있다. 그러나 구두발표에서 청중의 관심을 유지하는 것은 서면 보고서를 읽는 독자의 관심을 유지하는 것보다 어려울 수 있는데, 이는 보고서에 쓰여진 글을 읽을 때 독자는 관심이 없는 부분은 건너 뛰어 더 관심 있는 항목으로 바로 옮아갈 수 있기 때문이다.

설계 보고서의 구두 발표는 서면 보고서의 작성과 다소 다르다. 짧은 발표 시간에 연사는 청중의 주의를 끌기 위하여 서면 보고에서는 서로 독립적이었을 여러 부분들을 알찬 내용과 일관된 순서로 전달해야 할 필요가 있다. 이 목표를 달성하기 위해서, 연사나 청중 모두 느끼기에 설계 연구의 주요 요점이 될만한 부분에 청중의 주의를 집중시킬 수 있도록 발표 방식 및 시각화 도구를 잘 구성해야 한다.

### 구두 설계 보고의 구성 및 발표

발표는 연구 제목과 그 연구에 관련된 사람들을 밝히는 화면으로 시작한다. 이 소개에서 연구의 목적을 제시한다. 다음 제안된 공정과 이 연구에서 고려되었던 대체 설계의 개요를 간략히 설명한다. 이를 배경으로 발표자는 제안된 공정의 주요 영역을 검토할 수 있다. 제안된 공정의 수익성을 높이는 새로운 설계 내용이 있다면 뒤따르는 경제성 분석 부분에서 강조할 수 있다. 다음 공정과 관련된 환경 · 안전 문제와 이들이 공장 종업원과 일반 대중에게 미치는 영향에 주목하게 만든다. 구두 발표는 대개 공정 설계 결과를 요약하고 취하여야 할 조치를 추천하는 것으로 맺는다. 설계 보고를 위한 구두 발표의 전형적인 순서를 표 11-2에 나타내었다.

**구두 발표** 구두 보고의 발표자가 겪게 되는 가장 큰 어려움의 하나는 방대한 서면 보고서 중 가장 중`요한 특징을 요약하는 일이다. 이 때문에 발표자의 책임은 설계 연구의 세부 사항을 이제 막 소개받은 청중들이 이해할 수 있도록 그 특징들을 가려내어 알맞은 순서로 설명해 나가는 것이다. 청중들은 서면 보고서를 읽을 때처럼 기술적인 내용들을 소화해 낼 수 없다는 사실을 깨닫는 것이 중요하다. 예를 들어, 상세한 물질 및 에너지 수지는 일반 청중이 쉽게 이해할 수 없을 것이다. 또한, 서면 보고서라면 표를 사용하여 효과적으로 전달할 수 있는 내용일지라도 이를 소화할 시간이 별로 없는 청중 입장에서 보면 별 관심을 끌지 못할 것이다. 그런 정보는 구두 발표 때에는 그래프나 파이 차트 등을 사용하면 더 잘 전달할 수 있다. 이런 이유들 때문에 연사는 아마도 동료들 앞에서 사전 발표 연습을 실시하여 건설적인 평을 구함으로써 격식을 갖춘 발표의 구두 전달 효과를 향상시키는 것이 꼭 필요하다. 연습을 들어줄 청중이 없다면 비데오테이프와 같은 현대 기술을 이용하여 구두 발표를 녹화한 뒤 스스로 평가를 함으로써 발표 기법이나 화면 등을 개선시킬 수 있을 것이다.

**시각화 도구** 기술적 내용을 전달하는 대부분의 구두 발표는 시각화 도구를 사용하여 진행된다. 투명지, 슬라이드, 컴퓨터 투영기, 비데오 등을 시각화 도구로 사용할 수 있다. 각 도구는 나름의 장점을 갖고 있으므로 발표자는 사전에 발표 내용에 맞는 최상의 도구를 선택하여야 한다.

**표 11-2 구두 설계 보고의 전형적인 순서**

I. Title of presentation
   A. Identify report and the presenter(s)
II. Outline of presentation (optional)
III. Introduction of the design problem
   A. Orients audience to the design problem
   B. Outlines objective of study
IV. Overview of proposed process
   A. If applicable, brief overview of alternative processes considered
   B. Brief review of proposed process and its justification
   C. Selective review of key areas in proposed process
   D. Highlighting of innovative areas
V. Economic analysis of the process design
   A. Present results of the analysis
   B. Economic effect of assumptions and uncertainties
VI. Recognition of other factors related to the design
   A. Environmental effects
   B. Safety and health concerns
   C. Site location
VII. Summary and recommendations
VIII. Acknowledgments

투명지를 비추는 오버헤드 프로젝터는 설계 보고의 주요 개념, 그래프, 그림 등을 보여주기 위해 가장 널리 쓰이는 도구이다. 투명지를 사용할 때 발표자는 꽤 자유롭게 화면 순서를 재배열하거나, 발표 전이나 발표 중이라도 특정 투명지를 바꾸고 가필할 수 있다. 반면에 슬라이드를 사용할 때는 발표 전에 순서를 재배열할 수는 있지만 발표 중에 변경할 기회는 없다. 그러나 슬라이드를 사용하는 구두 발표는 더 전문가다운 발표라는 인상을 준다.

LCD 패드나 컴퓨터 투영 장치가 보편화되면서 발표자들은 점점 더 이러한 도구들을 선호하게 되었다. 영상을 준비하고 보여주기 위해 Powerpoint와 같은 다양한 소프트웨어 패키지가 개발되어 있다. Powerpoint에서는 동영상, 반색조, 비데오를 보여줄 수 있어 대부분의 경우 투명지나 슬라이드를 사용할 때보다 효과가 더 높다.

어떤 시각화 도구를 사용하든지 간에 발표 자료를 준비할 때 많은 조심을 해야 한다. 글씨 크기나 한 쪽에 담을 정보의 양에 관한 많은 지침이 나와 있다. 글씨가 너무 작다든가 내용이 너무 많으면 청중의 관심이 줄어들어 발표 효과가 상당히 떨어진다. 시각화 자료를 준비할 때 가장 좋은 방법은 제시할 화면에 대한 청중의 반응이 어떠할지를 상상해 보는 것이다. Turton 등이 지적했듯이, "시각화 자료를 발표장과 비슷한 방에서 비슷한 장치로 청중석 중 가장 먼 곳에서 사전에 검토하지 않고서는 발표에 사용해서는 안된다."

## 연습문제

**11-1** 기술자를 고용하고 있는 어떤 회사로부터 서면 보고서 작성 지침을 얻은 후, 이 장에서 제시된 지침과 비교하라. 양자 사이에 차이가 있다면 그 차이에 대해서 설명하라.

**11-2** 당신의 부서에 실험 보고서 작성 지침이 있다면, 그 지침과 이 장에서 제시한 지침을 비교하라. 왜 두 지침은 몇 가지 주요한 차이점을 보이는가?

**11-3** 동료가 작성한 설계 보고서를 검토하라. 보고서를 빨리 훑어보고 나서 다음 질문에 답하라.
이 연구의 목적은 무엇인가?
설계 연구는 명확하고 간결히 제시되었는가?
주요 결론 및 추천 사항은 무엇인가?
보고서는 추천 사항을 받아들일 만큼 충분한 설득력이 있는가?

**11-4** 어떤 완성된 설계보고서에 대해 맞춤법 검사 및 문법 검사를 수행하고 개선해야 할 점이 있는지 결정하라.

**11-5** 그래프를 작성하기 위해 쓰이는 소프트웨어 패키지의 특징을 조사하고, 별로 좋지 않은 시각화 자료가 나오도록 만들지 모르는 특징들을 열거하라.

**11-6** 증류 장치의 상세 설계에 관한 최종 보고서를 위한 개요 개략도와 세부 개략도를 준비하라. 장치는 물과 메탄올을 함유하고 있는 부산물로부터 메탄올을 회수하기 위해서 사용된다. 과거에는 이 부산물을 다른 회사에 판매하였지만, 기술 개발부의 책임자는 자사가

직접 회수해야 한다고 생각한다. 보고서는 설계팀의 책임자에 의해 검토된 다음 최종 승인을 위해 공장 경영진에게 제출될 것이다.

CHAPTER

# 12

# 물질의 이송, 취급 및 처리 장치 – 설계와 비용

물질의 이송, 취급, 처리에 이용되는 장치들과 시스템에 대한 설계와 비용산정은 거의 모든 공장설계와 중요한 관련이 있다. 물질을 이송하기 위한 가장 일반적인 수단은 펌프와 파이프에 의한 것이다. 컨베이어, 슈트, 게이트, 호이스트, 팬, 블로어도 기체와 고체 물질들을 취급하고 운반하는데 광범위하게 이용되는 전형적 장치들이다. 브렌더, 혼합기, 반죽기, 분쇄기, 그라인더 등과 같은 장치를 사용하여 물질의 특성을 변화시킬 수도 있다.

설계 엔지니어는 어넌 타입의 장치가 목적에 가장 잘 부합하는지를 결정하고 합리적인 비용 조건 하에서 공정의 작동 요구 조건을 충족시키는 장치의 명세서를 준비할 수 있어야 한다. 또한 물질의 이송, 취급, 처리와 관련된 장치의 최종 선정 시에는 이론적인 설계 원칙, 조업상의 실제적 문제, 비용 등 모두에 대하여 고려해야 한다.

## 유체이송의 기본개념

유체를 어느 한 지점에서 다른 지점으로 이송하기 위한 시스템의 설계에 관련된 중요한 요소는 이에 요구되는 동력량이다. 예를 들면 마찰 저항, 위치에너지의 차이, 내부에너지의 변화, 그리고 흐름 체계에서 발생하는 다른 저항들을 극복하기 위한 기계적 동력이 필요할 것이다.

여러 가지 형태의 에너지가 전체 에너지 수지식이나 전체 기계적 에너지 수지식과 관련될 수 있다. 어떤 시스템의 유입부와 유출부 사이를 정상상태 조건하에서 흐르는 1 kg의 유체를 기준하면, 전체 에너지 수지식은 다음과 같은 미분식으로 나타낼 수 있다.

$$Z_1 g + p_1 v_1 + \frac{V_1^2}{2\alpha} + u_1 + Q + W = Z_2 g + p_2 v_2 + \frac{V_2^2}{2\alpha} + u_2 \qquad (12\text{-}1)$$

기계적 에너지 수지식은

$$Z_1 g - \int_1^2 v\,dp + \frac{V_1^2}{2\alpha} + W_o = Z_2 g + \frac{V_2^2}{2\alpha} + \sum F \qquad (12\text{-}2)$$

여기서, $g$는 국부 중력 가속도, $Z$는 임의로 선택된 기준면 위 수직 거리, $v$는 유체의 단위 무게당 부피, $p$는 절대 압력, $V$는 평균 유속, $u$는 유체의 내부 에너지, $Q$는 유체 경계면을 통하여 외부로부터 유체 시스템에 주어진 열 에너지, $W$는 외부로부터 유체 시스템에 투입된 총 축일, $W_o$는 외부로부터 제공된 기계적 일, $F$는 마찰로 인한 기계 에너지 손실을 나타낸다. $\alpha$는 유체가 난류이면 1.0으로 유체가 점성유체이면 0.5로 가정한다. 식 (12-1)과 (12-2)는 충분히 일반적이어서 거의 대부분의 유체흐름 문제를 취급할 수 있으며 많은 단순화된 설계식에서의 기본이 된다.

압축성유체가 시스템을 통과하여 흐르고 있을 경우 압축과 팽창하는 정확한 경로가 잘 알려져 있지 않기 때문에, 식 (12-2)에 있는 항 $\int_1^2 v\,dp$의 계산은 어려울 수도 있다. 그러나 나 비압축성 유체에서는 $v$가 본질적으로 일정하게 유지되며, 적분항은 단순히 $v(p_2 - p_1)$으로 간략화된다. 결과적으로 총 기계적 에너지 수지식이 특히 유용하며 흐르는 유체가 비압축성으로 간주될 때 적용하기가 쉽다.

## 뉴턴 유체

매끄러운 배관 속의 뉴턴 유체에 대하여, 마찰 손실량에 영향을 미치는 변수는 유속, 유체의 밀도, 유체의 점도, 관의 직경, 관의 길이, 관 내부표면의 거칠기들이며 이러한 변수들에 차원 분석 방법을 적용하면 아래와 같은 Fanning 마찰계수와

$$f = \frac{D\,\Delta p}{2\rho^2 VL} \qquad (12\text{-}3)$$

Reynolds 수

$$\mathrm{Re} = \frac{DV\rho}{\mu} \qquad (12\text{-}3b)$$

의 두 가지 무차원군으로 관계된다. 매끄러운 배관 내의 마찰계수는 Reynolds 수의 함수이다. 그러나 거친 배관의 경우에는 상대 거칠기 $\varepsilon/D$도 마찰계수에 영향을 준다. 그림 12-1은 Reynolds 수와 $\varepsilon/D$의 함수로서의 마찰계수를 도시한 것이다. 여러 가지 재료들에 대한 표면 거칠기 계수 $\varepsilon$에 대한 대표적 값들도 그림 12-1에 표시되어 있다.

Reynolds 수가 2100 보다 작으면 층류가 되며 Fanning 마찰계수는 Hagen-Poiseulle 식에 의해 주어진다.

$$f = \frac{16}{\mathrm{Re}} = \frac{16\mu}{DV\rho} \qquad \mathrm{Re} \le 2100 \qquad (12\text{-}4)$$

층류로부터 난류로의 전환은 $2100 < \mathrm{Re} < 4000$에서 이루어진다. 이 영역에서는 어떤 형태의 흐름이 우세한지 정확히 알 수 없으므로 안전한 설계를 위하여 종종 난류로 가정하게 된다.

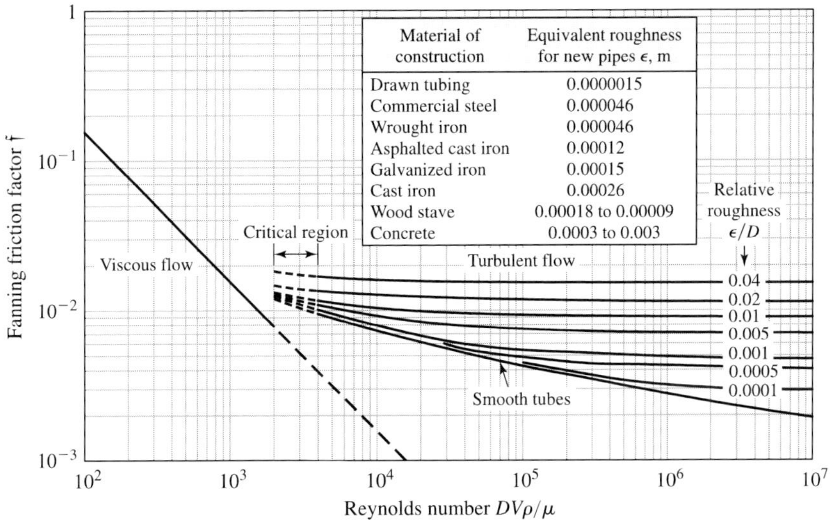


**그림 12-1**
긴 직선 배관에서의 Fanning 마찰계수

매끄러운 배관에서의 난류에 대해서는 다음과 같은 Blasius 식이 넓은 Reynolds 수 영역에 대하여 정확한 마찰계수 값을 내어준다.

$$\mathfrak{f} = \frac{0.079}{(\mathrm{Re})^{0.25}} \qquad 4000 < \mathrm{Re} < 10^5 \tag{12-5}$$

거친 배관에 대하여는 다음과 같은 Colebrook 식이 넓은 난류영역에서 정확한 값을 내어준다.

$$\frac{1}{\mathfrak{f}^{1/2}} = -4\log\left[\frac{\varepsilon}{3.7D} + \frac{1.256}{\mathrm{Re}(\mathfrak{f})^{1/2}}\right] \qquad \mathrm{Re} > 4000 \tag{12-6}$$

배관과 관련하여 많이 접하는 문제는 주어진 유량 또는 유속에 대하여 압력강하를 결정하거나 혹은 주어진 압력강하를 위한 유량을 결정하는 것이다. 유속이 주어진 경우, Reynolds 수는 유체영역과 적절한 마찰계수를 확인함으로써 결정된다. 압력강하가 주어지고 유속을 모르는 경우, 유체영역을 가정하여 Reynolds수를 계산함으로써 가정된 값을 검증하게 된다. 만일 흐르고 있는 유체의 선 속도, 밀도, 점도가 일정하게 유지되고 파이프 직경도 일정하게 유지된다면 마찰에 의한 기계적 에너지 손실은 다음과 같다.

$$F = \frac{2\mathfrak{f}V^2L}{D} \tag{12-7}$$

엄격한 의미에서 식 (12-7)은 흐르는 유체가 비압축성이고 일정한 유체 온도가 조건에 한정된다. 공기나 증기, 또는 다른 가스 등과 같은 압축성 유체를 다룰시에는 시스템에서 압력강하가 초기 압력의 10%미만일 때만 식 (12-7)을 사용하는 것이 좋다. 만약 유체 온도의 변화가 발생했을시 유체 점성도의 전체 변화가 최대 점성을 기본으로 약50%보다 작다면 식 (12-7)에 제시된 형태로 사용되어서는 안 된다. 만약 식 (12-7)이 압력 변화와 온도 변화가 일어났을 때 사용된다면 평균 온도와 압력에서 결정된 유체의 선 속도, 밀도, 점성을 사용하는 것이 가장 정확하다. 압축 가능한 유체나 등온이 아닌 흐름의 정확한 결과는 모든 변화를 고려하여 미분식을 적분함으로써 얻어 질 수 있다.

원형이 아닌 횡단면의 도관을 흐르는 난류는 원형 단면에서의 어떤 직경의 관으로 대체될 수 있으며, 그리고 나서 큰 오차없이 원형 파이프에 대한 공식을 적용할 수 있다. 이러한 동일한 직경은 수력학적 직경 $R_H$의 네 배로 정해지며, 여기서 수력학적 직경은 흐름 횡단면적 대 적셔진 길이의 비이다. 흐름이 점성을 가질 때 $D$를 $4R_H$로 치환하면 정확한 결과를 얻지 못하며, 다만 특정한 도관 형태에 대해서만 마찰 압력강하와 속도에 관한 정확한 공식을 얻을 수 있다.

## 비 뉴턴 및 빙햄 유체

비 뉴턴 유체에 대해서는 Dodge와 Metzner가 개발한 Fanning 마찰계수 도표(그림 12-2)가 주로 이용된다. 이 도표에서 $n'$은 로그 스케일 상의 $D\,\Delta p/(4L)$ 대 $8V/D$ 선의 기울기이며, $\gamma$는 유체응력의 일반적 관계식으로서 다음과 같이 주어진다.

$$\gamma = \frac{8V}{D}\frac{1+3n'}{4n'} \tag{12-8}$$

Bingham 유체의 경우 Dodge와 Metzner 방법에서 $n' = 1$로 놓고 계산하게 된다.

## 진공하의 유체

고진공 조건하의 기체흐름에 대해서는, 앞서의 흐름 계산에 적용되었던 연속성 가정이 더 이상 적절하지 못하게 된다. 따라서 진공 흐름은 일반적으로 펌핑속도 $S$와 용량 $Q'$으로 표현한다. 펌핑속도는 흐름단면을 통한 기체의 실제 체적 흐름량이다. 질량유속 $\dot{m}$은 이상기

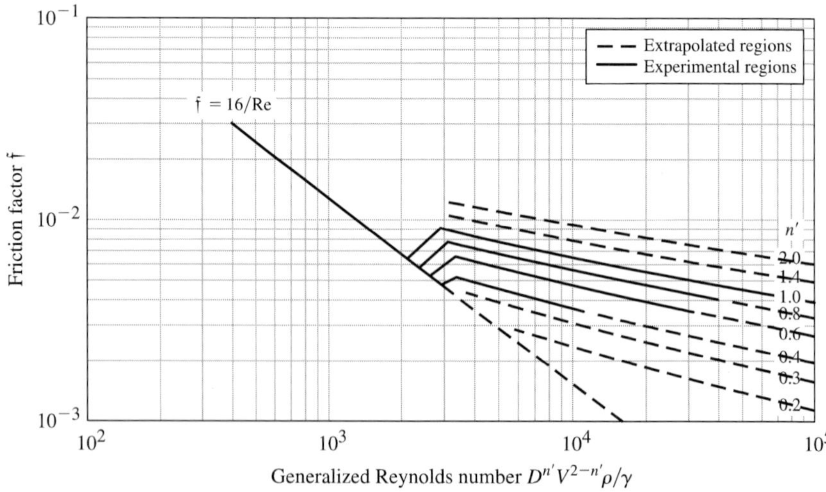


**그림 12-2**

$n' = d\ln(D\,\Delta p/4L)/d\ln(8V/D)$ 일 때 비 뉴턴 흐름의 Fanning 마찰 계수

체 방정식을 사용하면 펌핑 용량과 다음과 같이 관계된다.

$$\dot{m} = \frac{M}{RT} Q' \tag{12-9}$$

여기서 $M$은 기체의 분자량이다. 주어진 질량유속에서 용량은 압력에 무관하며 압력강하와 용량 간의 관계는 다음과 같이 정의된 컨덕턴스 $C_c$의 항으로 표현된다.

$$C_c = \frac{Q'}{\Delta p} \tag{12-10}$$

진공용기로부터 기체를 빨아들이기 위한 펌핑속도 $S$는 다음과 같이 계산된다.

$$S = \frac{S_p C_{cp}}{S_p + C_{cp}} \tag{12-11}$$

## 배관 내의 마찰 손실

관의 횡단면적이 새로운 횡단면적으로 점차 변화할 시에는, 흐름 유형에 미치는 방해 정도가 아주 작아서 횡단면의 변화에 의해 생기는 마찰로 손실된 기계적 에너지량은 무시할 수 있다. 그러나 만약 변화가 갑작스럽게 일어난다면 상당한 양의 에너지가 마찰로 손실될 수 있다. 이와 유사하게 흐름의 유형을 방해하는 이음매, 피팅, 밸브, 오리피스나 다른 설치물들이 있을시에도 마찰 손실을 야기시킬 수 있다. 이러한 모든 영향들이 전체 기계적 에너지 수지식에서 나타나는 마찰 항목에 포함된다. 마찰 손실의 중요한 타입들을 평가하는데 쓰이도록 권장된 식들이 표 12-1에 제시되어 있다.

**표 12-1 배관을 통하여 흐르는 유체에서의 마찰 손실을 평가하기 위한 식**

*For noncircular, cross-sectional area and turbulent flow, replace $D$ by $4R_H = 4$ (cross-sectional flow area/wetted perimeter) for an approximate frictional loss.*

| Friction caused by | General expression for frictional loss | Limited expressions and remarks |
|---|---|---|
| Flow through long, straight pipe of constant cross-sectional area | $dF = \frac{2fV^2\,dL}{D}$ | For cases in which fluid is essentially noncompressible and temperature is constant $F = \frac{2fV^2 L}{D}$ |
| Sudden enlargement | $F_e = \frac{(V_1 - V_2)^2}{2\alpha}$ | The following values for $\alpha$ may be used in design calculations: turbulent flow, $\alpha = 1$; streamline flow, $\alpha = 0.5$. 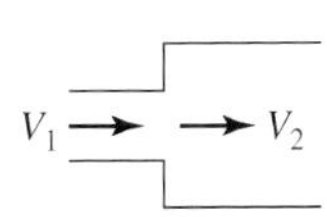  |

표 12-1 계속

**Sudden constriction**

$$F_c = \frac{K_c V_2^2}{2\alpha}$$

The following values for $\alpha$ may be used in design calculations: turbulent flow, $\alpha = 1$; streamline flow, $\alpha = 0.5$.

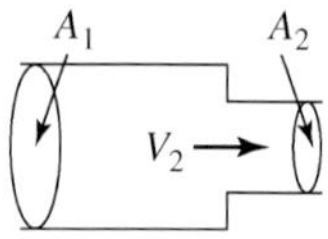


For $A_2/A_1 < 0.715$, $K_c = 0.4(1.25 - A_2/A_1)$.
For $A_2/A_1 > 0.715$, $K_c = 0.75(1 - A_2/A_1)$.
For conical or rounded shape, $K_c = 0.05$.

**Fittings, valves, etc.**

$$F = \frac{2\mathfrak{f} V^2 L_e}{D}$$

| | $L_e/D$ per fitting (dimensionless) |
|---|---|
| 45° elbows | 15 |
| 90° elbows, std. radius | 32 |
| 90° elbows, medium radius | 26 |
| 90° elbows, long sweep | 20 |
| 90° square elbows | 60 |
| 180° close-return bends | 75 |
| 180° medium-radius return bends | 50 |
| Tee (used as elbow, entering run) | 60 |
| Tee (used as elbow, entering branch) | 90 |
| Couplings | Negligible |
| Unions | Negligible |
| Gate valves, open | 7 |
| Globe valves, open | 300 |
| Angle valves, open | 170 |
| Water meters, disk | 400 |
| Water meters, piston | 600 |
| Water meters, impulse wheel | 300 |

**Sharp-edged orifice**

$$F_p = -\Delta p_f$$

| $\dfrac{D_o}{D}$ | $\dfrac{\Delta p_f(100)}{\Delta p \text{ across orifice}}$, % |
|---|---|
| 0.8 | 40 |
| 0.7 | 52 |
| 0.6 | 63 |
| 0.5 | 73 |
| 0.4 | 81 |
| 0.3 | 89 |
| 0.2 | 95 |

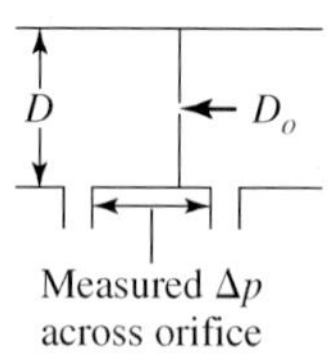


**Rounded orifice**

$$F_p = \frac{(V_o - V_2)^2}{2\alpha}$$

The following values for $\alpha$ may be used in design calculations: turbulent flow, $\alpha = 1$; streamline flow, $\alpha = 0.5$

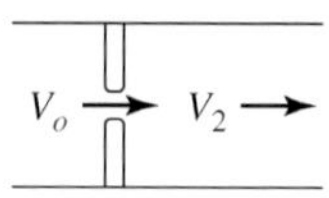


**Venturi**

$$F_p = -\Delta p_f$$

$-\Delta p_f = \frac{1}{8}$ to $\frac{1}{10}$ of total pressure drop from upstream section to venturi throat

## 액체와 기체의 이송에 대한 동력 요구량

비압축성 유체의 경우, 식 (12-2)는 다음과 같이 간략화된다.

$$W_o = g\,\Delta Z + \Delta\left(\frac{V^2}{2\alpha}\right) + \Delta(pv) + \sum F \tag{12-12}$$

식 (12-12)의 개별 항들은 시스템의 물리적 속성과 흐름의 조건들에 의해 값이 결정될 수 있기 때문에, 이 식은 어떤 중요한 가정이 없이도 많은 액체 흐름 시스템들에 적용할 수 있다. 예제 12-1은 주어진 펌프를 작동시키는 데 필요한 모터의 크기를 결정하는 설계 계산에 식 (12-12)를 적용하는 방법을 보여준다.

### 예제 12-1 기계적 에너지 수지의 비 압축성 흐름 시스템에의 적용

대규모의 저수지로부터 상단의 탱크 상부로 0.0525 m 내경의 강관을 사용하여 16°C의 물이 펌프에 의해 퍼 올려 진다. 저수지와 상단탱크는 대기에 개방되어 있으며, 저수통의 물 표면과 상단탱크의 상부 배출지점 사이의 수직높이 차이는 21.3 m이다. 배관의 길이는 305 m이다. 이 시스템에는 두 개의 게이트 밸브와 표준 90° 엘보우 세 개가 있다. 펌프의 효율은 40%이다. 이것은 펌프외장의 입구와 출구에서의 손실량을 포함한 것이다. 물의 흐름 속도가 $3.15 \times 10^{-3}$ $m^3/s$로 유지될 때 펌프를 작동하는 데 요구되는 모터의 마력을 계산하여라.

■ **풀이**

지점 1(저수지의 물표면)과 지점 2(탱크 배출지점에 있는 파이프 바로 밖) 사이의 전체 기계적 에너지 수지식을 이용하라.

$$W_o = g(Z_2 - Z_1) + \left(\frac{V_2^2}{2\alpha} - \frac{V_1^2}{2\alpha}\right) + (p_2v_2 - p_1v_1) + \sum F$$

지점 1과 지점 2는 유체의 선 속도를 무시할 수 있는 지점으로 본다; 따라서 $V_2^2/(2\alpha) = 0$, $V_1^2/(2\alpha) = 0$. $p_2 = p_1$. 액체상태의 물은 비압축성 유체로 간주되기 때문에 $v_1 = v_2$. $p_2v_2 = p_1v_1$. $Z_2 - Z_1 = 21.3$ m.

$$g(Z_2 - Z_1) = (21.3)(9.806) = 208.7\ \text{N}\cdot\text{m/kg}$$

마찰계수의 결정:

$$\text{관 내의 평균 유속} = \frac{3.15 \times 10^{-3}}{(\pi/4)(0.0525)^2} = 1.455\ \text{m/s}$$

$$\mu_{H_2O}(16^\circ C) = 1.12 \times 10^{-3}\ \text{Pa}\cdot\text{s} \qquad \rho_{H_2O}(16^\circ C) = 997\ \text{kg/m}^3$$

$$\text{Re} = \frac{DV\rho}{\mu} = \frac{0.0525(1.455)(997)}{1.12 \times 10^{-3}} = 68{,}000$$

$$\frac{\varepsilon}{D} = \frac{4.57 \times 10^{-5}}{0.0525} = 0.00087$$

그림 12-1에서 마찰계수는 0.0057로 추정된다. 고정물과 밸브에 대한 총 $L_e$는

$$L_e = 2(7)(0.0525) + 3(32)(0.0525) = 5.8 \text{ m}$$

관과 모든 고정물을 지나는 흐름으로 인한 마찰은

$$F = \frac{2fV^2(L + L_e)}{D}$$

$$= \frac{2(0.0057)(1.455)^2(305 + 5.8)}{0.0525} = 143.4 \text{ N}\cdot\text{m/kg}$$

축소나 확장으로 인한 마찰(표 12-1로부터)은

$$F = \frac{0.5(1.455)^2}{2(1)} + \frac{(1.455 - 0)^2}{2(1)} = 1.6 \text{ N}\cdot\text{m/kg}$$

$$\sum F = 143.4 + 1.6 = 145.0 \text{ N}\cdot\text{m/kg}$$

전체 기계적 에너지 수지식으로부터 펌프에 필요한 이론적인 기계적 에너지는 208.7 + 145.0 = 353.7 N·m/kg. 펌프를 작동하는 데 요구되는 모터의 마력은

$$P = \frac{353.7(3.15 \times 10^{-3})(997)}{0.4} = 2780 \text{ W} \simeq 3 \text{ kW}$$

따라서 3.5 kW의 모터가 필요하다.

---

압축성 유체의 $v\,dp$와 $dF$의 정확한 적분값을 산정하는데 생길 수 있는 어려움 때문에, 큰 압력 강하가 있을 때 압축성 유체에는 전체 기계적 에너지 수지의 사용을 권장하지 않는다. 대신에 총 에너지 수지식이 필수적인 수치들을 이용할 수 있을 경우에 사용된다. 만약 $g$가 수치적으로 $g_c$와 같다고 가정된다면, 총 에너지 수지식 (12-1)을 다시 정리하면 다음과 같다.

$$W = g\,\Delta Z + \Delta h + \Delta\left(\frac{V^2}{2\alpha}\right) - Q \tag{12-13}$$

여기서 $h$는 엔탈피로서 $u + pv$와 같다. 식 (12-13)이 설계 계산에 적용될 때, 관련된 온도와 압력의 범위를 넘을 시의 엔탈피 변화를 결정하는 데 필요한 정보를 입수할 수 있어야 한다. 예제 12-2는 압축성 유체가 관련되어 있을 경우 식 (12-13)이 펌프 동력을 계산하는 데 어떻게 이용될 수 있는지를 보여준다.

## 예제 12-2 총 에너지 수지의 이상 기체의 흐름에의 적용

질소 기체가 난류 조건하에서 긴 수평 직선 관을 일정 부피 속도로 흐르고 있다. 이 관은 0.0525 m의 일정한 내부 직경을 가진다. 상류 지점(지점1)에서 질소 기체의 온도는 21°C이고

압력은 103 kPa이며, 기체의 평균 선속도는 15 m/s이다. 주어진 하류 지점(지점 2)에서 기체의 온도는 60°C이고 압력은 345 kPa이다. 외부 가열기는 지점 1과 2 사이에 위치하며, kg당 23.2 kJ이 가열기로부터 기체 각 kg에 전달된다. 가열기를 제외하면 주변 환경에서 어떤 열도 전달되지 않는다. 이러한 조건 하에서 질소 기체는 이상 기체로 간주되며, 기체의 평균 열 용량 $C_p$는 1.044 kJ/(kg·°C)이다. 지점 1과 2 사이에 위치한 압축기에 의해 공급되는 일량(kJ/kg)을 산정하라.

■ **풀이**

시스템이 수평이고 난류일 경우 지점1과 2 사이의 총 에너지 수지식:

$$W = (h_2 - h_1) + \left(\frac{V_2^2}{2} - \frac{V_1^2}{2}\right) - Q$$

여기서 $V_1 = 15$ m/s이고 $V_2 = 15(333)(103)/(294)(345) = 5.07$ m/s이다. 질소기체가 이상 기체로 간주되기 때문에,

$$h_2 - h_1 = C_p(T_2 - T_1) = (1.044)(60 - 21) = 40.7 \text{ kJ/kg}$$

$$Q = 23.2 \text{ kJ/kg}$$

$$W = 40.7 + \left[\frac{(5.07)^2}{2} - \frac{(15)^2}{2}\right]10^{-3} - 23.2 = 17.4 \text{ kJ/kg}$$

---

총괄 에너지 수지식을 적용하기 위하여 필요한 데이터가 가용하지 않을 경우, 엔지니어는 비록 압축성 유체와 큰 압력강하가 관여되어 있을지라도 설계계산을 위하여 기계적 에너지 수지를 사용할 수 밖에 없을 수도 있다. 예제 12-3은 이러한 상황에서 총괄 기계적 에너지 수지를 적용하는 일반적 방법을 보여준다.

## 예제 12-3 높은 압력 강하를 가지는 압축성 유체의 흐름에 전체 기계적 에너지 수지의 적용

공기는 내부직경이 0.0525 m인 수평 직선 강관을 0.115 kg/s로 통과하도록 힘을 받는다. 관의 길이는 1000 m이며, 펌프는 관의 상류 끝 부분에 위치한다. 시스템의 하류 끝 부분에 있는 관의 압력은 135 kPa이며 온도는 21°C이다. 펌프의 입구에서 공기의 압력이 170 kPa이고 온도가 27C일 때 다음을 결정하여라. (1) 펌프의 배출구에 있는 관의 압력, (2) 펌프의 작동이 등온에서 진행된다고 가정할 때 펌프에 의해 공기에 부가되는 기계적 에너지(N·m/kg).

■ **풀이**

주변환경과 시스템 사이에서 교환되는 열의 양이 알려져 있지 않기 때문에 이 문제를 푸는데는 총 에너지 수지를 이용할 수 없다. 그러나 전체 기계적 에너지 수지식으로부터 대략의 결과치를 얻을 수 있다.

펌프로 들어오는 입구를 지점 1이라 부르고 펌프에서 나가는 출구를 지점 2라 부르며 관의 하류 끝 부분을 지점 3이라 부르자. 이러한 조건 하에서 지점 2와 3 사이에 시스템의 전체 기

계적 에너지 수지식은 다음과 같다

$$\int_2^3 v\,dp + \int_2^3 \frac{V\,dV}{\alpha} = -\int_2^3 \frac{2\text{f}V^2\,dL}{D} \tag{1}$$

질량 유속은 $G[\text{kg/(m}^2\cdot\text{s)}]$로 일정하고,

$$V = Gv$$
$$dV = G\,dv$$

식 (1)에서 $V$와 $dV$를 소거하고 $v^2$으로 나누면 다음과 같다.

$$-\int_2^3 \frac{dp}{v} = \int_2^3 \frac{G^2\,dv}{\alpha v} + \int_2^3 \frac{2\text{f}G^2\,dL}{D} \tag{2}$$

공기가 주어진 압력에서 이상 기체로 작용하는 것을 가정한다면

$$v = \frac{RT}{Mp} \tag{3}$$

여기서 $M$ = 공기의 분자량, $R$ = 이상기체 상수, $T$ = 절대온도이다. 식 (3)을 식 (2)로 치환하고 적분하면

$$\frac{M\left(p_2^2 - p_1^2\right)}{2RT_{\text{avg}}} = \frac{G^2}{\alpha}\ln\frac{v_3}{v_2} + \frac{2\text{f}_{\text{avg}}G^2L}{D} \tag{4}$$

$T_{\text{avg}}$는 지점 2와 3 사이의 평균 절대 압력을 나타내며 평균 절대값에서 20%까지의 온도 변화는 최종 결과에 아주 작은 차이만을 생기게 한다. 정확한 적분값 대신에 상수 $\text{f}_{\text{avg}}$를 사용함으로써 발생하는 오류는 이 문제에 관련된 것보다 압력 변화가 상당히 크지 않는 한 중요하지 않다.

펌프가 등온에서 작동된다면, $T_2$ = 27°C이고 $T_{\text{avg}}$ = (21 + 27)/2 + 273 = 297 K이다(만약 펌프가 단열된 상태에서 작동하는 것을 가정한다면 다른 $T_{\text{avg}}$ 값이 얻어질 것이다).

$$\mu(297\,\text{K}) = 0.018\ \text{cP} = 1.8\times10^{-5}\ \text{Pa}\cdot\text{s}$$

$$G = \frac{0.115/0.0525^2}{\pi/4} = 53.15\ \text{kg/(m}^2\cdot\text{s)}$$

$$\text{Re} = \frac{DG}{\mu} = \frac{0.0525(53.15)}{1.8\times10^{-5}} = 155{,}000$$

$$\alpha = 1 \qquad \frac{\varepsilon}{D} = \frac{4.57\times10^{-5}}{0.0525} = 0.00087$$

그림 12-1로부터 $\text{f}_{\text{avg}} = 0.0052$

공기가 이상기체라고 가정하기 때문에

$$\frac{v_3}{v_2} = \frac{T_3p_2}{T_2p_3} = \frac{294p_2}{300(135)} = \frac{p_2}{137.7}$$

이 값을 식 (4)에 대입하면

$$\frac{29\times10^6}{2(8.31\times10^3)(297)}\left[p_2^2 - (135)^2\right] = (53.15)^2\ln\frac{p_2}{137.7} + \frac{2(0.0052)(53.15)^2(1000)}{0.0525}$$

이 방정식의 해를 구하면

$$p_2 = 337\ \text{kPa}$$

펌프에 의해 부가된 기계적 에너지는 지점 1과 3 사이의 전체 기계적 에너지 수지를 세움으로써 구할 수 있다.

$$\int_1^3 v\,dp + \int_1^3 \frac{V\,dV}{\alpha} = \int_1^3 dW_o - \int_1^3 \delta F \tag{5}$$

정의에 따라 마찰 항은 펌프에서 발생하는 것을 제외한 모든 마찰을 포함한다. 그러므로

$$\int_1^3 \delta F = \int_2^3 \delta F$$

그리고

$$\int_1^2 v\,dp + \int_2^3 v\,dp + \int_1^2 \frac{V\,dV}{\alpha} + \int_2^3 \frac{V\,dV}{\alpha} = W_o - \int_2^3 \delta F \tag{6}$$

식 (6)에서 식 (1)을 빼면

$$\int_1^2 v\,dp + \int_1^2 \frac{V\,dV}{\alpha} = W_o$$

$\int_1^2 v\,dp$의 값은 펌프에 이어지는 통로나 조건들에 의존하며, 필요한 $p$-$v$관계를 안다면 적분값을 계산할 수 있다. 많은 펌프와 압축기가 단열 조건과 흡사한 상태에서 작동되기는 하지만 이 예에서는 펌프 작동이 등온 상태에서 진행된다고 가정할 것이다.

이상 기체와 등온 압축에서

$$\int_1^2 v\,dp - \frac{RT}{M}\ln\frac{p_2}{p_1}$$

$$V_1 = Gv_1 = \frac{53.15(22.4)(300)(101.3)}{29(273)(170)} = 26.88\ \text{m/s}$$

$$V_2 = \frac{V_1 p_1}{p_2} = \frac{26.88(170)}{337} = 13.56\ \text{m/s}$$

$$W_o = \left(\frac{RT}{M}\right)\ln\frac{p_2}{p_1} + \frac{V_2^2}{2} - \frac{V_1^2}{2}$$

$$= \left[\frac{(8.31\times 10^3)(300)}{29}\right]\ln\frac{337}{170} + \frac{(13.56)^2}{2} - \frac{(26.88)^2}{2}$$

$$= 58{,}600\ \text{N}\cdot\text{m/kg}$$

펌프의 작동이 등온에서 진행된다고 가정할 때 펌프에 의해 공기에 부가되는 기계적 에너지는

$$P = (58{,}600)(0.115) = 6740\ \text{N}\cdot\text{m/s} = 6740\ \text{W}$$

만약 펌프의 등온 효율을 알고 있다면 펌프에 공급되는 총 동력을 구할 수 있다. ■

# 유체이송 공정에서의 배관

## 배관재료 선정

배관재료를 선정할 때 평가되어야 할 일반적 사안들은 (1) 배관이나 지지대의 강도 손실에 따른 화재에의 노출 가능성, (2) 화재에의 노출 시 열충격 또는 파괴 의심성, (3) 화재로부터 배관을 보호하기 위한 열적 단열 능력, (4) 부식 또는 전기적 부영향 가능성, (5) 이음새나 연결에 사용되는 패킹, 가스켓, 윤활 등의 적절성, (6) 휘발성 유체 처리 시 급작스러운 압력강하 중의 냉동 효과, (7) 처리하는 유체와의 조화성들이다.

표 12-2에 배관재료 선정시의 고려사항들을 수록하였다. 강관은 미국표준협회(American Standards Association)에 의해 이름이 붙여진 schedule 수라는 표준 공식에 의한 벽 두께에 따라서 규정된다. 미국표준협회에서 규정한 schedule 수는 대략 다음과 같은 값으로 정의된다.

$$\frac{1000\,p_s}{S_s} = \text{schedule number} \tag{12-14}$$

여기서 $S_s$(kPa)는 안전작업 응력, $p_s$(kPa)는 다음과 같이 정의되는 안전작업 압력이다.

$$p_s = \frac{2S_s t_m}{D_m} \tag{12-14a}$$

여기서 $t$는 최소 벽두께(m), $D_m$은 평균 직경(m)이다. 120°C까지의 온도에서 권장되는 안전작업 응력은 겹침 용접된 강관에서는 62,000 kPa이고 이음 용접된 강관에서는 49,000 kPa이다. 만일 schedule 수를 알고 있다면, 안전작업 압력을 식 (12-14)로부터 직접 계산할 수 있다. 10가지의 schedule 수가 현재 사용 중에 있다.

관의 크기는 직경의 근사값을 바탕으로 하고 있으며 공칭 관 크기로 불리워 진다. 벽두께는 schedule 수에 따라 다양하지만, 주어진 공칭 크기를 가지고 있는 모든 관의 외경은 일정하며 schedule 수에 영향을 받지 않는다. 이러한 사실은 서로 다른 schedule 수를 가지고 있는 관 상의 표준 부속물이나 나사 홈 도구를 사용할 수 있게 해 준다. 다양한 직경과 schedule 수의 관에 대한 내경, 외경, 그 밖의 크기들이 부록 D에 제시되어 있다.

여러 가지 배관재료들이 산업공정에서 광범위하게 사용된다. 관의 명세 사항은 표준 공칭 크기에 바탕을 두고 있지만 튜브의 명세 사항은 벽두께로 명명되는 실제 외경에 기초하고 있다. Birmingham wire gauge(BWG)같은 전통적인 시스템이 벽두께를 나타내기 위해 사용된다. 튜브 크기를 나타내는 일반적인 명칭이 부록 D에 제시되어 있다.

다른 직경의 관을 연결하는 고정물, 프렌지, 밸브, 유량계, 스팀 트랩, 그밖의 많은 다른 보조물들이 관들을 함께 연결하기 위해, 흐름의 방향을 바꾸기 위해, 흐름을 조절하기 위해, 흐름 시스템에서 요구되는 조건들을 얻기 위해 배관 시스템에 사용된다. 플랜지는 관 직경이 0.075 m 보다 더 클 때 일반적으로 관 연결에 쓰이는 반면에 나사로 고정되는 부속물은 보통 더 작은 크기에 사용된다. 주철관이 지하에 흐르는 물의 라인으로 사용되는 경우에는 종-마게 형(bell-and-pigot) 이음세가 플랜지보다 오히려 일반적으로 사용된다.

표 12-2 배관시스템에 대한 유의사항들

| Metal piping materials | Possible material precautions and alternatives |
|---|---|
| **Metal** | |
| Iron (cast, malleable, and high-silicon) | Lack of ductility and sensitivity to thermal and mechanical shock. |
| Carbon steel and several low-alloy steels | Embrittlement when handling alkaline or strong caustic fluids; conversion of carbides to graphite during long-time exposure at temperature above 427°C; hydrogen damage when exposed to hydrogen or aqueous acid solutions; deterioration when exposed to hydrogen sulfide. (Consider silicon-killed carbon steel for temperatures above 480°C.) |
| High-alloy stainless steels | Stress corrosion cracking of austenitic stainless steels exposed to chlorides and other halides; intergranular corrosion of austenitic stainless steel after long-term exposure to temperatures between 427 and 871°C unless stabilized or low-carbon grades are used; intercrystalline attack of austenitic stainless steels on contact with molten lead and zinc; brittleness of ferritic stainless steels at room temperature after use at temperatures above 315°C. |
| Nickel and nickel-base alloys | Grain boundary attack of both materials not containing chromium when exposed to sulfur at temperatures above 315°C; grain boundary attack of other materials containing chromium at temperatures above 595°C under reducing conditions and above 760°C under oxidizing conditions; stress-corrosion cracking of 70Ni-30Cu alloy in HF vapor. |
| Aluminum and aluminum alloys | Corrosion from concrete, mortar, lime, plaster, and other alkaline materials; intergranular attack of alloys 5154, 5087, 5083, and 5456 when exposed to temperatures above 65°C. |
| Copper and copper alloys | Loss of zinc from brass alloys; stress-corrosion cracking of copper-based alloys; unstable acetylide formation when exposed to acetylene. |
| Titanium and titanium alloys | Deterioration of titanium and its alloys above 315°C. |
| Zirconium and zirconium alloys | Deterioration of zirconium and its alloys above 315°C. |
| **Nonmetal piping materials** | |
| Thermoplastics | Minimum and maximum operating temperatures limits between −34 and 210°C for thermoplastic pipe materials and −198 and 260°C for thermoplastics used in linings;[‡] special precautions when used for transporting compressed air or other gases. |
| Reinforced thermosetting resins | Minimum and maximum operating temperature limits between 29 and 93°C.[‡] |
| Borosilicate glass and impregnated graphite | Lack of ductility and sensitivity to thermal and mechanical shock. |

[†]Modified from data presented by M. P. Boyce, in *Perry's Chemical Engineers' Handbook*, 7th ed., R. H. Perry and D. W. Green, eds., McGraw-Hill, New York, 1997, p. 10-68, as extracted from the *Chemical Plant and Petroleum Refinery Piping Code*, ANSI B31.3.

[‡]Recommended temperature limits for specific thermoplastics and reinforced thermosetting resins are given in Tables 10-15, 10-16, and 10-17 of *Perry's Chemical Engineers' Handbook*, 7th ed., R. H. Perry and D. W. Green, eds., McGraw-Hill, New York, 1997.

배관 시스템의 보조물들은 공정 중에 만나는 압력이나 다른 응력들에 저항할 수 있는 충분한 구조적 강도를 가지고 있어야 하며, 설계 기술자는 이러한 보조물들의 등급을 표시할 때 충분한 안전성 여유를 주어야 한다.

## 배관 시스템의 설계

배관 시스템 설계시 엔지니어가 고려해야 할 여러 항목들이 있다. 이 중에서 가장 우선 되어야할 인자는 배관 시스템의 안전조업을 확실히 하기 위하여 요구되는 다음의 항목들이다: (1) 유체의 위험 성질, (2) 배관 파손시 누출될 수 있는 유체의 양, (3) 파손시 전 공장 안전성에 미치는 영향, (4) 유체와 주위환경과의 반응 효과 평가, (5) 배관 파손시의 사람에의 노출의 가능성 정도, (6) 배관 시스템의 원천적 안전성.

이러한 안전성 고려사항들은 다음의 설계 항목들에 대하여 검토되어야 한다. (1) 재료와 크기의 선택, (2) 온도 수준과 온도 변화의 열팽창, 냉동, 단열요구에의 영향, (3) 물리적 또는 열 충격에 대한 시스템의 탄력성, (4) 적절한 지지구조, (5) 설치, 유지, 검사가 용이한 시스템 구성.

**동특성 효과** 열 팽창과 그로 인해 야기되는 관의 응력은 모든 배관 시스템에서 고려되어야 한다. 예를 들어 만약 온도가 10°C에서 315°C로 변화하면 강관은 길이가 100 m 당 0.4 m, 동 관은 0.6 m 증가할 것이다. 이러한 열 팽창량은 관이 양쪽 끝에서 팽창에 대한 여유 없이 단단하게 묶여 있다면 쉽게 관이나 벽을 휘어지게 만들 수 있다. 배관 시스템에 필수적인 탄력성은 팽창 루프의 이용, 방향의 변화, 벨로우즈 이음세, 슬립 이음세, 그 외 다른 장치들에 의해 제공되어야 한다.

유체의 응결 가능성은 배관 시스템을 설계하는 과정에서 간과되어서는 안 된다. 단열재, 스팀 트랩, 라인을 배수 밸브로 경사지게 하는 것은 이런 유형의 문제를 처리하는 방법들이다.

수격 작용(water hammer)은 관 라인의 연결부위에 심한 응력을 발생시킬 수 있다. 결과적으로 액체 주머니 모양 구조는 스팀 트랩을 이용하거나 라인을 흐름 방향으로 기울임으로써 증기 라인에서 방지되어야 한다. 빠른 개폐 밸브는 수격 작용 손상을 줄 수 있으며, 이러한 유형의 밸브는 팽창 또는 써지 챔버를 이용하여 보호하는 것이 필요하다.

**주위환경 효과** 만약 유체의 냉각이 진공을 가져온다면, 시스템이 가지게 될 추가적 압력차이가 설계에 고려되어야 한다. 진공 제거기가 설치될 필요가 있을지도 모른다. 닫힌 밸브 속이나 사이에 갇혀진 유체의 열팽창에 대한 방비는 반드시 필요하다. 비금속 배관이나 비금속 내부코팅 배관은 주위온도가 설계온도를 초과할때의 방비가 필요하다. 유체의 고체화 가능성도 간과되서는 안된다. 단열, 스팀 트래이싱 등은 이러한 문제를 취급하기 위한 방법들이다.

**관의 크기 결정** 설계 엔지니어는 주어진 배관 시스템에 사용될 관의 직경을 명시해야 하며, 최적의 관 직경을 결정하는 데 있어서 경제적 요인들을 고려해야 한다. 이론적으로 최적의 관 직경은 특정 배관 시스템에서의 연간 펌프 동력과 고정 비용의 합이 가장 적은 총 비용을 가지는 것이다. 배관 직경의 설계 산정에 사용하기 위한 일반적 추천사항들이 표 12-3에 수록되었다.

최적의 경제적 관경을 결정하기 위한 식의 유도 과정은 9장(최적 설계와 설계 전략)에 제시되어 있다. 다음의 단순화된 식들이 최적직경 설계계산을 하기 위해 이용될 수 있다.

난류이고(Re > 2100), $D_i \geq 0.0254$ m일 경우

$$D_{i,\text{opt}} = 0.363 \dot{m}_v^{0.45} \rho^{0.13} \qquad (12\text{-}15)$$

표 12-3 강관의 크기 선정을 위한 경제적 유속

| Turbulent flow | |
|---|---|
| **Type of fluid** | **Recommended velocity range, m/s**† |
| Water or fluid similar to water | 1–3 |
| Low-pressure steam (250 kPa) | 15–30 |
| High-pressure steam (750 kPa) | 30–60 |
| Air (250–500 kPa) | 15–30 |

| Viscous flow | | | |
|---|---|---|---|
| | **Recommended velocity range, m/s**† | | |
| **Nominal pipe diameter, m (in.)** | **$\mu$ = 50 cP** | **$\mu$ = 100 cP** | **$\mu$ = 1000 cP** |
| 0.0254 (1) | 0.5–1 | 0.3–0.6 | 0.1–0.2 |
| 0.0508 (2) | 0.75–1.07 | 0.5–0.75 | 0.15–0.24 |
| 0.102 (4) | 1.07–1.5 | 0.75–1.07 | 0.24–0.36 |
| 0.203 (8) | — | 1.2–1.5 | 0.4–0.55 |

†These values apply for motor drives. Multiply indicated velocities by 0.6 to give recommended velocities when steam turbine drives are used.

층류이고(Re < 2100), $D_i \leq 0.0254$ m일 경우

$$D_{i,\text{opt}} = 0.133\dot{m}_v^{0.40}\mu_f^{0.20} \tag{12-16}$$

여기서 $D_{i,\text{opt}}$는 최적의 관 내부 직경(m), $\dot{m}_v$는 부피 유속($m^3/s$), $\rho$는 유체 밀도($kg/m^3$), $\mu_f$는 유체 점도(Pa·s)이다.

앞의 식들은 그림 12-3에 제시된 계산 도표의 기본식이며, 일반적인 공장조건 하에서 강관의 최적 직경을 계산하는데 이 수치들을 이용할 수 있다. 식 (12-15)와 (12-16)은 흐르는 유체가 증기일 때는 적용되어서는 안 되는데, 이는 유도 과정에서 압력 강하가 흐르는 재료에 미치는 영향을 참작하지 않았기 때문이다. 식 (12 15)는 유체의 점도가 0.02와 20 cP 사이로 제한된다. 식 (12-15)와 (12-16)은 평균적인 비용과 공정 조건을 바탕으로 둔다. 보통이 아닌 조건이 관련되어 있거나 최적 직경의 더욱 정확한 결정이 요구될 때에는 9장에 나온 다른 식을 이용할 수 있다.

## 관과 배관 시스템 보조물에 대한 비용

배관은 화학공장의 비용에서 주요한 항목이다. 유체공정 설비에서 이러한 관에 대한 비용은 구입비용의 80%나 고정 자본 투자의 20%까지 차지할 수 있다. 배관비용 산정을 준비하는 데에는 두 가지의 기본적인 방법들이 있다. 그것은 설치된 설비비용 백분율 방법과재료와 노동을 제거한 비용산정방법이다. 각 방법의 변형들은 다른 문헌들에 나와 있다. 설치된 설비 백분율은 초기 투자비 산정 혹은 대체적인 투자 규모 산정을 위한 신속한 계산 방법이다. 경험있는 산정인에게 맡겨져 있을 시에는 이것은 상당히 정확한 도구이며, 특히 몇몇 전형적인 유형의 장치들의 투자비 계산에서는 너욱 그리하다.

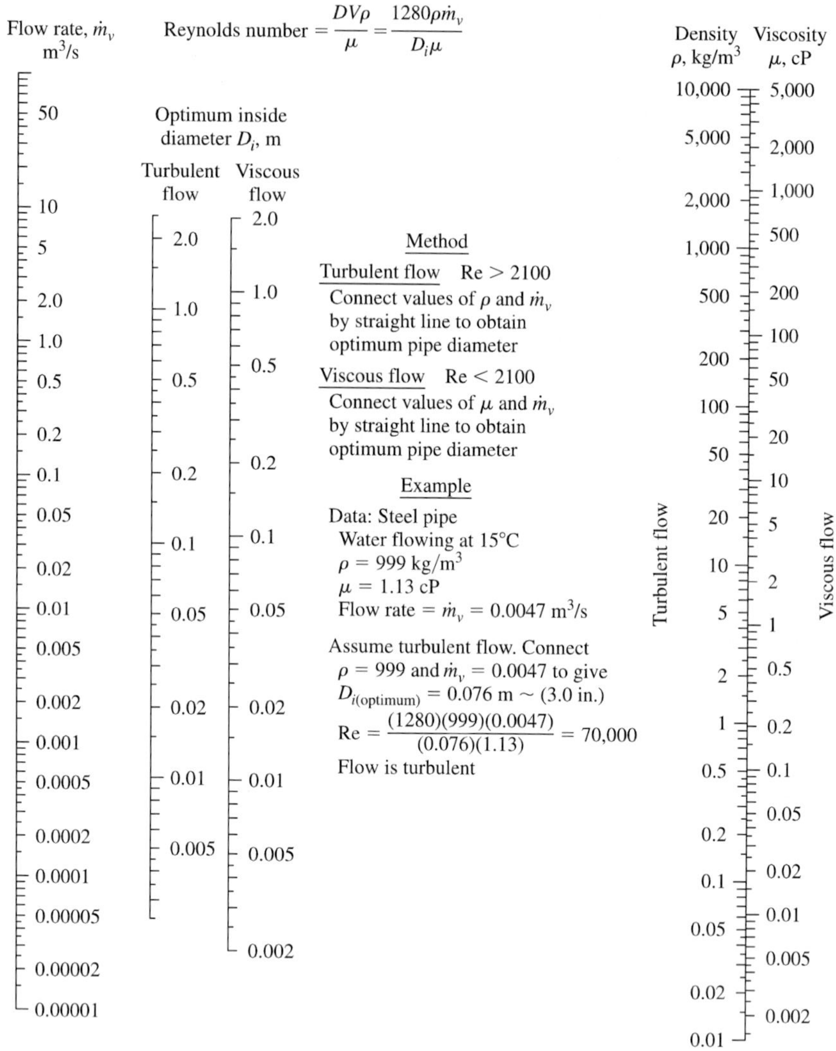


**그림 12-3**
식 (12-15)와 (12-16)에 기준한 난류 및 층류에 대한 최적 경제적 관 직경 산정을 위한 도표

그러나 여러 종류의 대안들의 투자비를 비교하는 작업이나 설치된 총 장비의 비용이 $150,000 미만인 프로젝트에서는 이 방법은 권장될 수 없다.

재료와 노동을 제거한 계산방법은 10% 이내의 정확성이 요구되는 정확한 산정을 위한 방법으로 추천되어진다. 이 방법에 의한 비용 산정을 준비하는 데에는 대개 관의 설계도와 설명서, 재료의 비용, 조립과 건설에 드는 노동비용, 시험비용, 보조비, 지원, 그리고 도색 요구사항들이 필요하다. 도면 작성 이후의 작업들은 가능한 가장 정확하게 만들어져야 하는데, 왜냐하면 이것이 재료와 노동비용을 결정하는 기초가 되기 때문이다. 이미 존재하는 설비를 수정하는 경우에는, 철저한 현장 연구가 작업조건과 그것에 의해 가능한 영향들을 결정하는 데에 필수적이다.

비록 관, 밸브, 관 보조 구조물에 대한 정확한 비용은 제작사의 직접적인 견적에 의해서만 얻어질 수 있다 하더라도, 설계 엔지니어는 그림 12-4에서 12-6의 그래프로부터 만족스러운 산정을 할 수 있다. 그림 12-7에서 12-11은 다양한 종류의 밸브에 대한 데이터를 보여주며 그림 12-12는 단열과 도색 비용을 나타낸다.

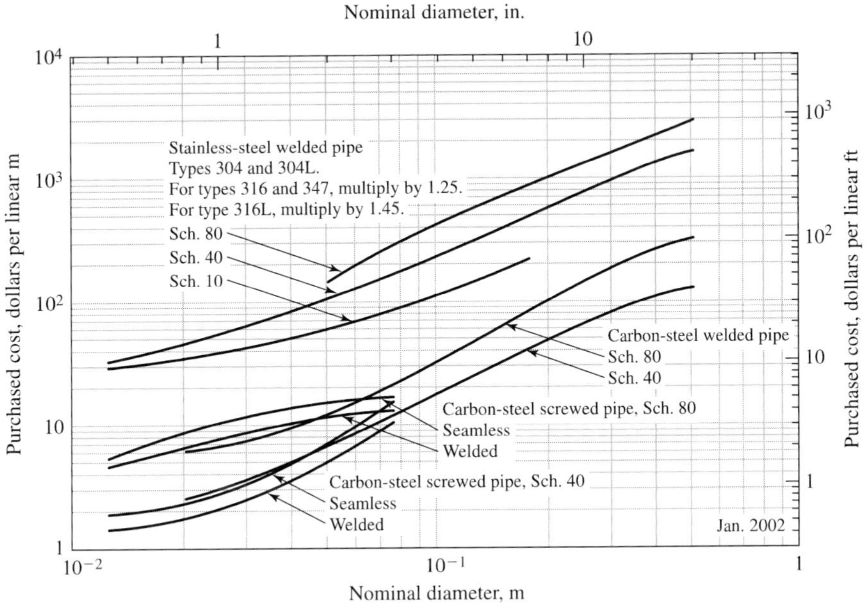


**그림 12-4**
용접 배관의 단위 길이당 구입 비용

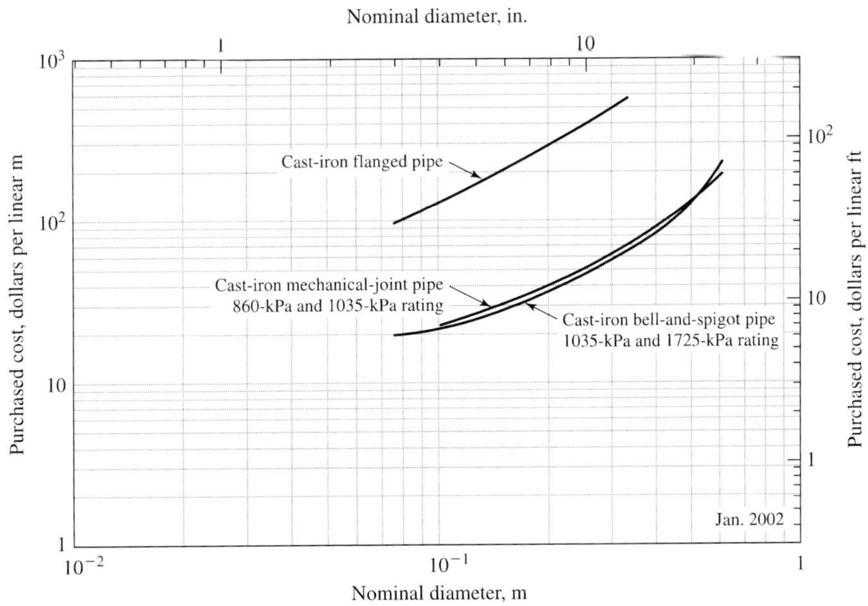


**그림 12-5**
주조강 배관의 단위 길이당 구입 비용

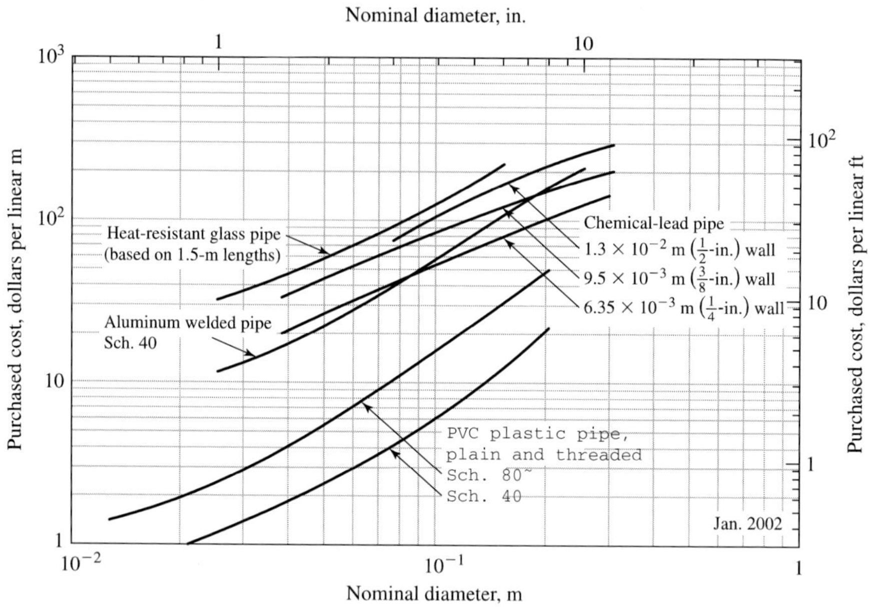


**그림 12-6**
특수 배관의 단위 길이당 구입 비용

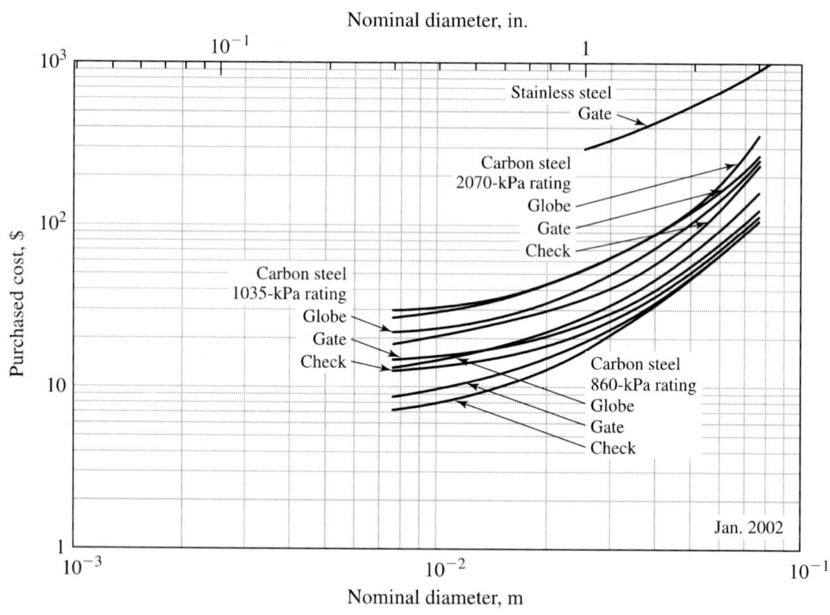


**그림 12-7**
물, 기름, 기체에 대한 스크류 밸브의 구입 비용

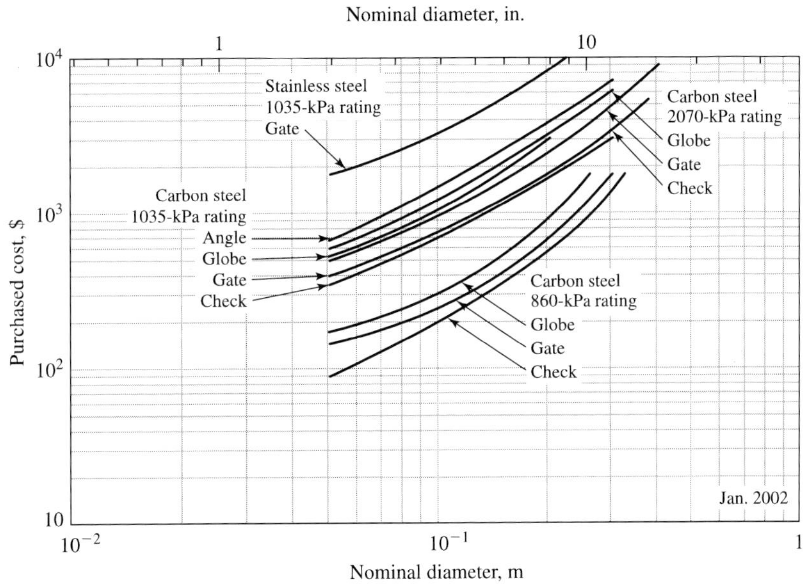


**그림 12-8**

물, 기름, 기체에 대한 플랜지 밸브의 구입 비용

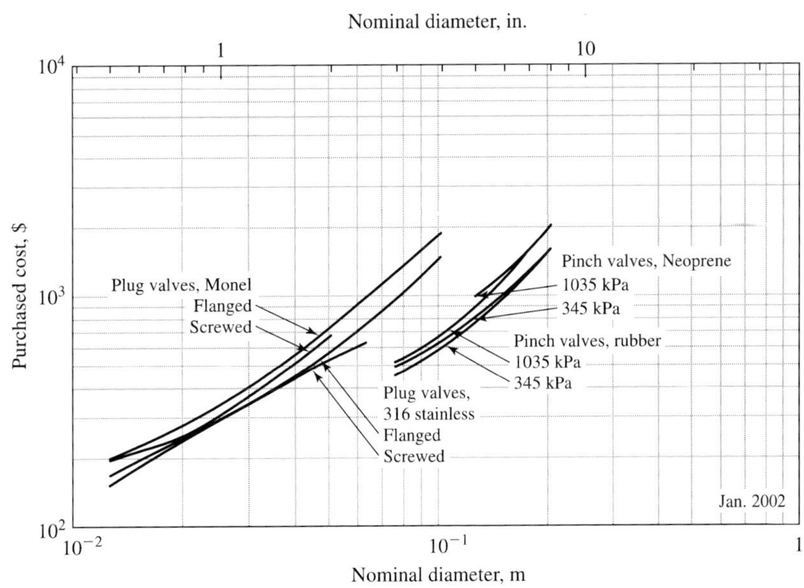


**그림 12-9**

플러그 및 핀치 밸브의 구입 비용

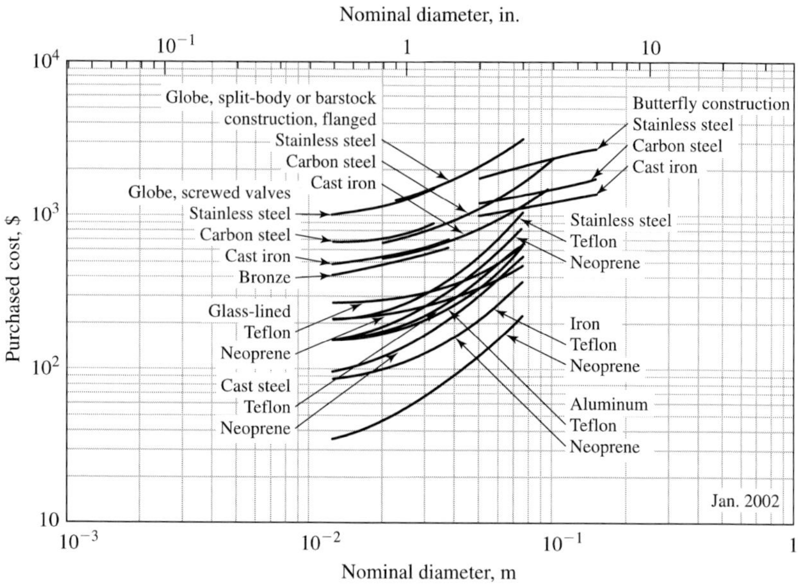


**그림 12-10**
다이아프램 밸브의 구입 비용

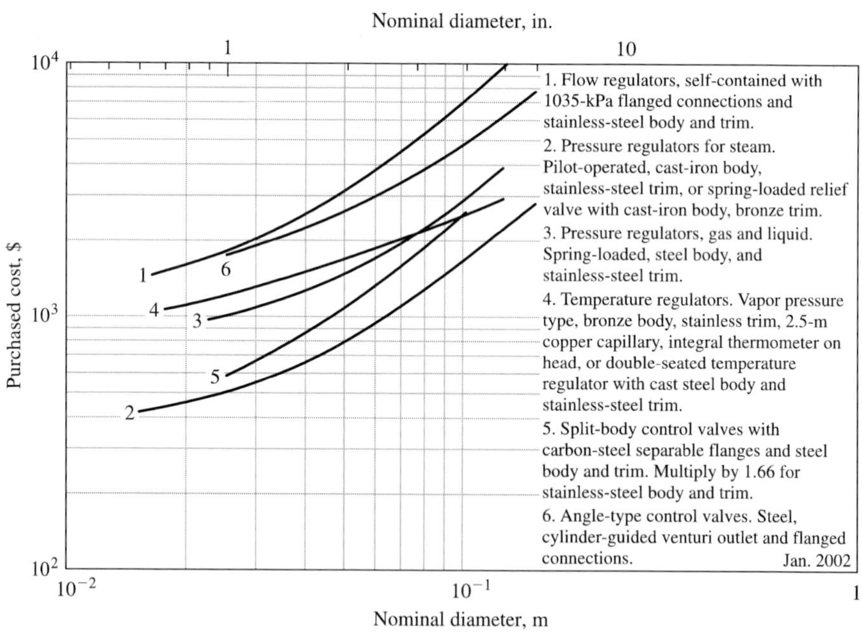


**그림 12-11**
제어 및 릴리프 밸브의 구입 비용

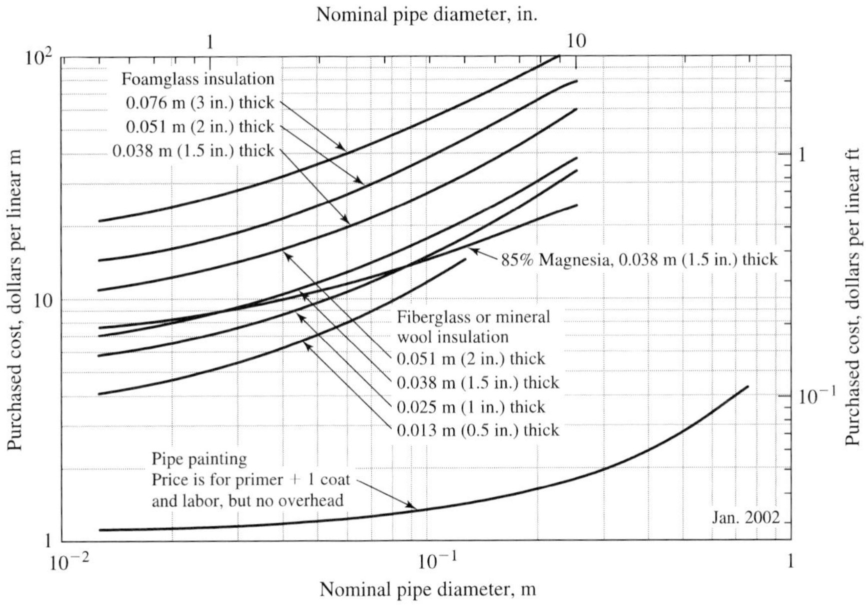


**그림 12-12**
배관 단열 및 도색의 단위 길이당 비용

# 유체의 펌핑

펌프는 유체를 한 위치에서 다른 위치로 이송시킬 때 사용된다. 펌프는 유체의 압력을 증가시킴으로서 흐름에 필요한 추진력을 공급하여 이러한 이송을 수행한다. 힘은 어떠한 외부 원천으로부터 전달되어야 한다. 예를 들어 전기에너지, 또는 증기에너지는 펌프를 작동시키는데 사용되는 기계적 에너지로 변환될 수 있다. 이 기계적 에너지의 한 부분은 열에너지로 유체에 더해지고, 나머지는 펌프와 구동장치의 효율저하에 기인하는 마찰로 잃어버린다. 기체 펌프와 액체 펌프의 기본적인 작동원칙은 유사하지만, 기체와 액체의 물리적 속성이 유사하지 않기 때문에 기계적인 세부 항목들은 서로 다르다. 일반적으로 기체를 이송시키는데 이용되는 펌프는 액체를 이송시키는데 이용되는 펌프보다 높은 속도로 작동하고, 액체의 경우보다 기체의 낮은 점도와 누출발생 성향 때문에 기체 펌프에서는 움직이는 부분들 사이의 틈이 더 작아야 한다.

## 펌프의 선정

산업체에서 사용 중인 펌프들은 (1) 원심펌프 (2) 양정펌프 (3) 제트펌프 (4) 전자기펌프로 분류될 수 있다. 그림 12-13은 펌프의 선정을 위한 여러 가지 펌프들의 운전영역을 보여주고 있다. 표 12-4는 펌프 선정을 위한 추가적 정보를 제공해 준다.

**원심펌프** 원심펌프는 화학산업에서 가장 널리 사용되는 펌프이다. 이 펌프는 용량이 0.5 ~ $2 \times 10^4$ $m^3/h$까지, 배출수두는 $4.9 \times 10^3$ m 까지 범위에서 사용된다. 그림 12-14에 보여진 대로 원심펌프에서 유체는 펌프 중앙에 있는 회전하는 임펠러에 공급되고 원심력에

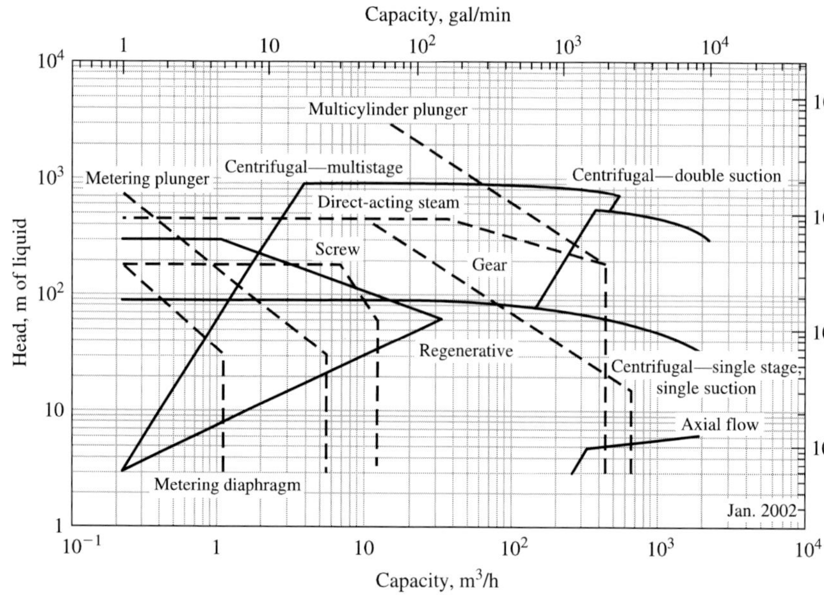


**그림 12-13**
상용 펌프의 정규 운전 범위

의해 바깥쪽으로 방출된다. 임펠러의 바깥쪽 영역에 있는 유체는 높은 속도를 갖게 되고, 결과적으로 높은 운동에너지를 갖게 된다. 이 운동에너지의 압력 에너지로의 전환은 펌프의 흡입측과 방출측 사이의 압력 차이에 의해 이루어진다. 원심펌프에서는 여러 형태의 임펠러가 사용된다.

폐쇄 임펠러라고 알려진 일반적인 유형 중 하나는 임펠러가 중앙의 허브에 부착된 일련의 굽은 곡선 날개 판들로 구성되어 있고, 서로 둘러싸고 있는 두 개의 판들 사이에서 바깥쪽으로 뻗어 나있다. 폐쇄된 판들이 없는 것을 제외하고는 개방 임펠러도 이와 유사하다. 이 유형의 임펠러는 볼류트 펌프에 사용되는데, 이 펌프는 원심펌프 중에서 가장 단순한 형태이다.

유체 경로가 외장 내의 본래 흐름에서 다른 방향의 흐름으로 변화하는 지점에서 나타나는 난류에 의해 야기되는 에너지 손실은 터빈펌프를 사용하여 줄일 수 있다. 이 타입의 원심펌프에서는 유체가 임펠러로부터 발산고리를 형성하는 일련의 고정된 날개판들을 통과하면서 흐른다. 유체 방향의 변화는 볼류트펌프의 경우보다 더 점진적이고 운동에너지에서 압력에너지 분의 전환이 보다 효율적으로 이루어진다. 이상적인 원심펌프에서 임펠러의 속도 $N_r$는 유체방출 속도 $\dot{m}_v$에 정확하게 비례해야 한다. 즉

$$\frac{N_{r,1}}{N_{r,2}} = \frac{\dot{m}_{v,1}}{\dot{m}_{v,2}} \tag{12-17}$$

펌프에 의해 발생된 압력차는 임펠러로부터 방출된 지점에서 생겨난 운동에너지의 작용이므로 이상적인 펌프에 의해 생겨난 압력은 임펠러 속도의 제곱에 비례해야 한다. 이상적 펌프에 요구되는 전력은 압력과 흐름속도의 곱에 비례하므로 다음의 관계가 성립한다.

$$\frac{\text{Power}_1}{\text{Power}_2} = \frac{\dot{m}_{v,1}^3}{\dot{m}_{v,2}^3} = \frac{N_{r_1}^3}{N_{r_2}^3} \tag{12-18}$$

표 12-4 액체 펌프의 초기선정을 위한 일반적 지침

| Type of pump | Max. system press., kPa | Max. $\Delta p$/stage, kPa | Approx. capacity limit, $m^3/s$ | Pump efficiency range, % | Advantages or limitations |
|---|---|---|---|---|---|
| Centrifugal | | | | | |
| Centrifugal (radial) | 48,000 | 2000 | 10 | 40–80* | Simple, inexpensive, low maintenance cost, viscosities <0.1 Pa·s, require priming, possible cavitation, limited peak efficiency. |
| Axial | 35,000 | 200 | 10 | 50–85* | Moderate cost, low maintenance cost, viscosities <0.1 Pa·s, possible cavitation, high speed, and low head. |
| Regenerative (turbine) | 5,000 | 3500 | <1.0 | 20–40* | Moderate cost and maintenance, handles volatile liquids, viscosities <0.1 Pa·s, low capacity, high head. |
| Positive displacement | | | | | |
| Gear | 35,000 | 20,000 | 0.1 | 40–85 | Moderate cost, low maintenance cost, wide range of viscosities to 400 Pa·s, low capacity, high head, low noise, overpressure protection recommended. |
| Lobe | 35,000 | 1700 | 0.1 | 40–85 | High cost, low maintenance cost, viscosities <1.0 Pa·s, low capacity, high head, overpressure protection recommended. |
| Piston (circumferential) | 35,000 | 1700 | 0.04 | 40–85 | Moderate cost, low maintenance cost, wide range of viscosities to 400 Pa·s, low capacity, low noise, overpressure protection recommended. |
| Screw | 20,000 | 2000 | 0.1 | 40–70 | High cost, moderate maintenance cost, wide range of viscosities to 1000 Pa·s, low capacity, high head, and moderate noise. |
| Sliding vane | 35,000 | 15,000 | 0.1 | 40–85 | Moderate cost, low maintenance cost, wide range of viscosities to 100 Pa·s, low capacity, high head, no abrasive liquids. |
| Reciprocating | | | | | |
| Piston | 100,000 | 15,000 | 0.03 | 50–90 | High cost, high maintenance cost, very high head, low capacity, viscosities to 400 Pa·s, pulsating flow, fluid leakage, noisy. |
| Diaphragm | 35,000 | 7,000 | 0.006 | 20–50 | High cost, moderate maintenance cost, very low capacity, low viscosities, pulsating flow, no fluid leakage, failure potential. |
| Momentum transfer | | | | | |
| Jet | 35,000 | 100 | 1.0 | 5–20 | Low cost, low maintenance cost, low capacity, low head, low viscosities, contamination of fluid, can handle corrosive fluids. |

†Modified from data presented by G. D. Ulrich, *A Guide to Chemical Engineering Process Design and Economics*, J. Wiley, New York, 1984, D. R. Woods, *Process Design and Engineering Practice*, Prentice-Hall, Englewood Cliffs, NJ, 1995, R. H. Perry and D. W. Green, *Perry's Chemical Engineers' Handbook*, 7th ed., McGraw-Hill, New York, 1997, S. M. Walas, *Chemical Process Equipment—Selection and Design*, Butterworth-Heinemann, Newton, MA, 1990, and M. S. Peters and K. D. Timmerhaus, *Plant Design and Economics for Chemical Engineers*, 4th ed., McGraw-Hill, New York, 1991.
*Independent of viscosity up to 0.05 Pa·s.

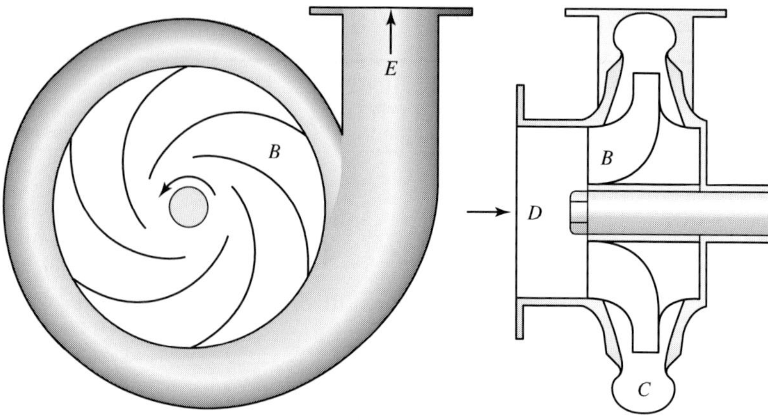


**그림 12-14**
단순 원심펌프. A. 축, B. 임펠러, C. 케스팅, D. 석션관, E. 배출관

앞의 공식들은 마찰, 유출, 재순환 손실이 없는 이상적인 경우에 적용된다. 그러나 실제 펌프에서는 이러한 손실들이 발생하며 그것의 크기는 실제실험만을 통하여 정해질 수 있다. 결과적으로 그림 12-15에 보인 바와 같은 어떤 특정한 원심펌프의 성능을 나타내기 위한 특성곡선은 펌프 공급자에 의해 제공된다. 어떠한 고정된 회전속도에 대해서도 펌프는 이 곡선을 따라 움직일 것이지만 이 곡선상에 있지 않은 다른 운전조건에서는 매우 비효율적으로 운전될 것임을 주지해야 한다. 예를 들면 54.5 $m^3$/h의 유량에서 펌프는 23.2 m의 수두를 제공할 수 있다. 만약 수두가 26.5 m로 증가되면 45.4 $m^3$/h이 토출될 것이다, 23.2 m의 수두에 대하여 45.4 $m^3$/h으로 용량을 줄이는 것은 배출부분을 쓰로틀링시켜 수두를 26.5 m로 올리지 않는한 불가능하며 이러한 동작은 펌프의 효율을 저하시킬 것이다. 결과적으로

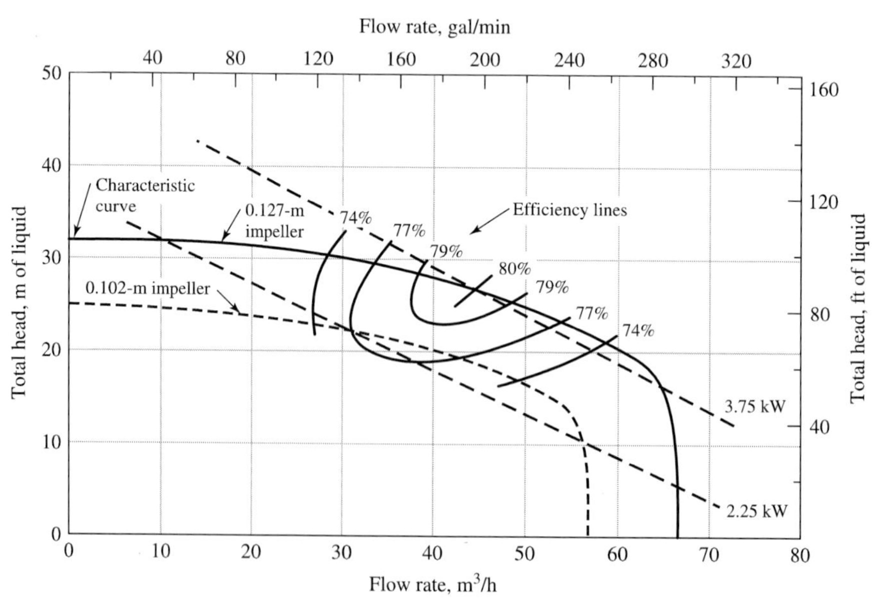


**그림 12-15**
3450 r/min의 일정속도에서 운전되는 원심펌프의 특성곡선

표 12-5 여러 가지 종류의 펌프의 비속도

| Pump type | Range of specific speeds |
|---|---|
| Process pumps and feed pumps | Below 2000 |
| Turbine pumps | 2000–5000 |
| Mixed-flow pumps | 4000–10,000 |
| Axial-flow pumps | 9,000–15,000 |

†*Perry's Chemical Engineers' Handbook*, 7th ed., p. 10-75.

설계 엔지니어는 최고효율로 작동하는 정확한 펌프를 얻기 위해서는 항상 가능한 정확하게 필요한 펌프의 상세설계 명세서를 공급하도록 해야 한다.

펌프에 의하여 생성된 수두는 유체의 속도에 의존하며 이것은 결과적으로 유체에 에너지를 전달해주는 임펠러의 성능에 의존한다.이것은 유체 점도와 임펠러 설계의 함수이다. 같은 점도의 액체에 대해서는 생성되는 수두는 같다.

원심펌프의 종류 선정에 유용한 매개변수 중 하나로 비속도 $N_s$가 있다. 이 변수는 설계속도, 유속, 생성된 수두에 기반하여 다음과 같이 추정될 수 있다.

$$N_s = \frac{286.4 N_r \dot{m}_v^{0.5}}{H^{0.75}} \tag{12-19}$$

여기서 $N_r$은 임펠러의 분당 회전수, $\dot{m}_v$는 유속($m^3/s$), $H$는 수두 (N·m/kg)를 나타낸다. 비속도는 0.3048 m의 수두에 대하여 유사한 형태의 임펠러로 $6.31 \times 10^{-5}$ $m^3/s$의 토출량을 낼 수 있는 속도로 정의된다. 여러 가지 원심펌프들에 대한 비속도가 표 12-5에 수록되었다. 일반적으로 낮은 비속도의 펌프는 낮은 토출용량을, 높은 비속도는 높은 토출용량을 가진다. 그림 12-16은 여러 가지 종류의 원심펌프 중 재생펌프에 대한 전형적 특성곡선을 보여주고 있다.

원심펌프가 가지는 주요 장점은 다음과 같다.

**1.** 제조가 간단하고 값이 싸다.
**2.** 유체가 충격이나 맥동없이 일정한 압력에서 운반된다.
**3.** 여러대가 구동장치에 직접적으로 연결되어 사용될 수 있다. 일반적으로 속도가 빠를수록 주어진 역할에 대해 요구되는 펌프와 모터의 크기는 작아진다.
**4.** 펌프에 손상을 입히지 않고 방출라인이 부분적으로 차단되거나 완전히 차단될 수 있다.
**5.** 다량의 고체를 함유한 유체를 다룰 수 있다.
**6.** 폐쇄된 금속 대 금속 접합 설비가 없다.
**7.** 펌프운전에 관련된 밸브가 없다.
**8.** 유지비용이 다른 타입의 펌프보다 더 낮다.

반면에 다음과 같은 단점을 가지고 있다.

**1.** 높은 압력에서 작동할 수 없다.
**2.** 공기가 들어가기 쉽고, 대개 초기 마중물을 부어 주어야 한다.
**3.** 주어진 펌프의 최대 효율은 상당히 좁은 범위의 조건 하에서 유지된다.
**4.** 점도가 높은 유체는 효율적으로 다룰 수 없다.

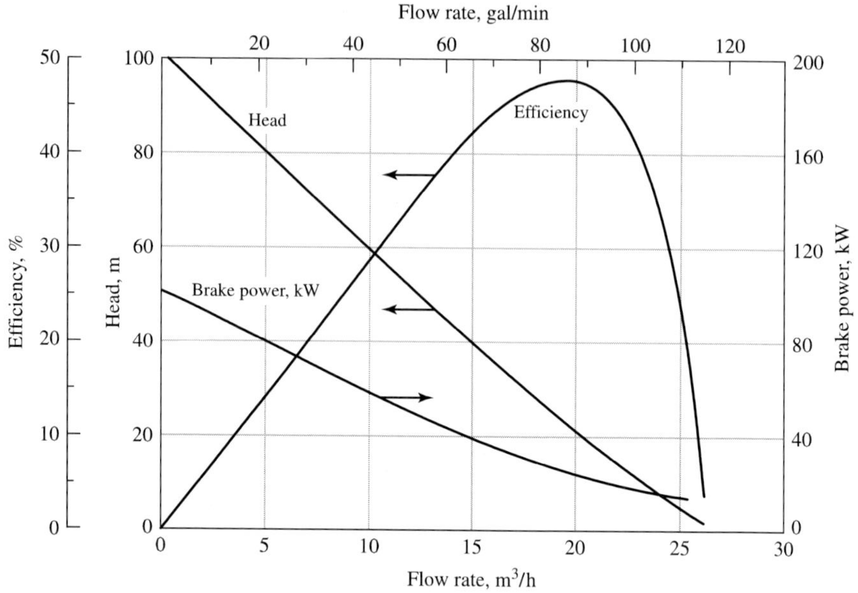


**그림 12-16**
재생 펌프의 특성곡선

**양정펌프** 왕복운동을 하는 피스톤 펌프는 실린더 사이에서 작동하는 피스톤에 의하여 에너지를 유체에 전달한다. 이 타입의 펌프에서 증기가 흔히 힘의 근원으로 사용되긴 하지만, 진동모터에 의해 작동되어 회전하는 크랭크축과 같은 다른 방법으로도 동력을 제공 받을 수도 있다. 그래서 왕복운동 피스톤 펌프는 증기펌프와 동력 펌프로 분류될 수 있다. 그것은 또한 에너지가 피스톤의 왕복 양쪽 모두에서 유체에 전달되어지는지 아닌지에 따라 단동, 또는 복동으로 분류될 수 있다.

왕복운동 증기펌프의 사양은 단동인치로 나타낸 증기실린더의 직경, 물 실린더의 직경과 피스톤 왕복운동의 길이와 같은 간략화 된 형태로 표현된다. 예를 들어 $7 \times 4\frac{1}{2} \times 12$ 펌프는 직경 7인치의 공기 실린더, 직경 $4\frac{1}{2}$인치의 물 실린더와 12인치의 피스톤 왕복 운동의 길이를 가진다.

일반적으로 10인치 미만의 왕복추진 길이를 가진 왕복운동 증기 펌프는 과도한 마모손실 때문에 분당 100 왕복추진수 이상으로 작동해서는 안 된다. 더 긴 왕복운동 길이를 가진 경우에 합리적인 피스톤 속도는 분당 보통 50에서 90ft 정도의 범위에 있다.

왕복운동 증기펌프에서 증기는 일반적인 타입의 증기엔진처럼 고가로 사용되지는 않는다. 그 대신에 증기의 최대 압력은 최대 스트로크를 하는 도중에 증기 투입구를 완전히 열어 놓은 상태를 유지함으로써 유지된다. 피스톤이 펌프의 유체공급부분으로 실린더를 따라 앞으로 움직임에 따라, 유체는 압축되고 실린더 밖으로 나가려는 힘을 가지게 된다. 개폐밸브 시스템에 의해, 피스톤은  모든 왕복운동에서 유체에 에너지를 전달할 수 있다. 실린더에서의 유체방출속도는 피스톤 스트로크의 시작점에서는 0이고, 피스톤이 전속력에 이르렀을 때는 최고치로 증가한다. 만약에 한 개의 방출 실린더가 사용되면, 흐름속도는 맥동할 것이다. 이러한 맥동은 방출라인에 공기실을 위치시키거나 다수의 방출 실린더를 같이 적절하게 사용함으로서 줄일 수 있다. 단일펌프는 단지 하나의 방출 실린더를 가지고, 이중펌프는 두 개의 실린더를, 삼중펌프는 세 개의 실린더를 가진다.

왕복운동 펌프는 일반적으로 높은 압력에 반하여 유체를 전달할 수 있고, 광범위한 조업조건들 하에서 높은 효율을 가지고 작동할 수 있다는 장점을 가지고 있다. 피스톤과 플런지 펌프의 주요단점은 그것들이 마멸시키는 성질을 기진 고체를 함유하고 있는 유체에는 사용될 수 없다는 것이다. 그러나 왕복형 다이어프램 펌프는 낮은 압력으로 부유하고 있는 다량의 고체를 가진 유체를 다루기에 충분하다.

회전 양정펌프는 회전운동과 유체의 양정을 조합한 형태이다. 서로 맞물려 있는 두 개의 기어들은 각각의 분리된 톱니공간을 효과적으로 밀폐하기 위한 충분한 밀폐 공간을 가지고 있는 외장안에 맞추어진다. 기어가 반대방향으로 회전할 때, 유체는 각각의 톱니공간에 갇히고, 펌프의 출구 쪽으로 운반된다. 회전하는 편심 캠이나 몇 개의 로브를 가지고 분리되어 작동되는 임펠러를 사용함으로써 유사한 결과를 얻을 수 있다.

회전 양정펌프는 작동 시작때 필요한 마중물을 붓는 일이 필요하지 않고, 그것은 높은 점성을 가진 유체를 퍼올리는데 잘 적용된다. 일정한 이동속도가 가능하고, 유체는 높은 압력에서 이동될 수도 있다. 작은 틈새가 유지되어야 하기 때문에, 이 타입의 펌프는 비윤활 유체나 고체입자를 함유하는 유체에는 사용해서는 안 된다.

**제트펌프** 제트펌프는 유체를 이송하기 위하여 유체의 모멘텀을 활용하는 원리를 이용한다. 응축기와 진공장치로부터 공기, 가스 증기를 제거하는 데 사용되고, 증기 제트들은 직렬로 연결되거나 더 많은 양의 가스를 다루거나 더 큰 진공을 만들기 위해서 병렬로 연결된다. 실제 목적을 위해서 다양한 배출기 능력과 조건에 대한 증기의 필요조건을 대략 산정해 보는 것이 종종 필요하다.

**전자기펌프** 모든 전자기펌프는 자기장 방향으로 흐르는 전류를 수반하는 콘덕터가 그것에 미치는 힘을 가지고 있다는 원리를 이용하고 있다. 이 펌프는 전기전도성을 가지는 유체를 이송하는데 사용되기 때문에 그 유체에 가해진 힘이 곧바로 압력으로 작용하게 된다.

## 펌프의 설계 순서

펌프에 의하여 수행되는 유용한 일의 양은 펌프에 의하여 처리되는 유량과 펌프 전후의 압력차이를 곱한 값과 같다. 후자의 양은 단열조건에서 펌핑되는 유체의 등가높이 항(단순히 수두라고 정의되는)으로 표현된다. 따라서 펌프의 축일(kW)은

$$W_o = \frac{H \dot{m}_v \rho}{10^3} \tag{12-20a}$$

여기서 $H$는 총괄 동적 수두(N·m/kg), $\dot{m}_v$는 부피유량($m^3$/s), $\rho$는 액체밀도 (kg/$m^3$)이다. 총괄 동적 수두가 pascal 단위로 표현되는 경우, 펌프의 축일(kW)는 다음과 같이 주어진다.

$$W_o = \frac{H \dot{m}_v}{10^3} \tag{12-20b}$$

그림 12-17은 원심펌프 효율의 설계산정에 적합한 값들을 보여준다. 총 동력비용을 결정할

때는 펌프와 드라이버 효율이 동시에 고려되어야 한다. 전기모터의 효율에 대한 필수적 설계 데이터가 그림 12-18에 주어져 있다.

## 펌프 및 모터의 비용

그림 12-19에서 12-24는 여러 가지 펌프와 모터에 대한 초기비용을 산정하는 데 사용될 수 있다. 정확한 산정은 제조사가 제공하는 데이터를 사용하여야 한다.

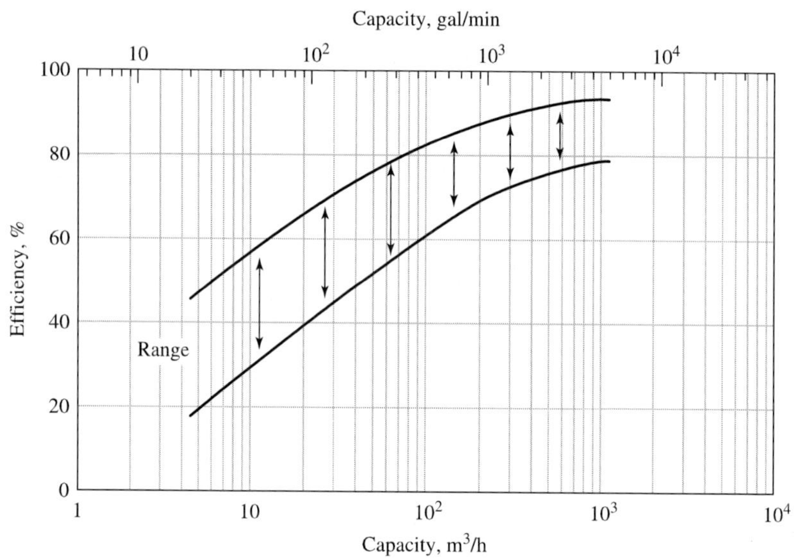


**그림 12-17**
원심펌프의 효율

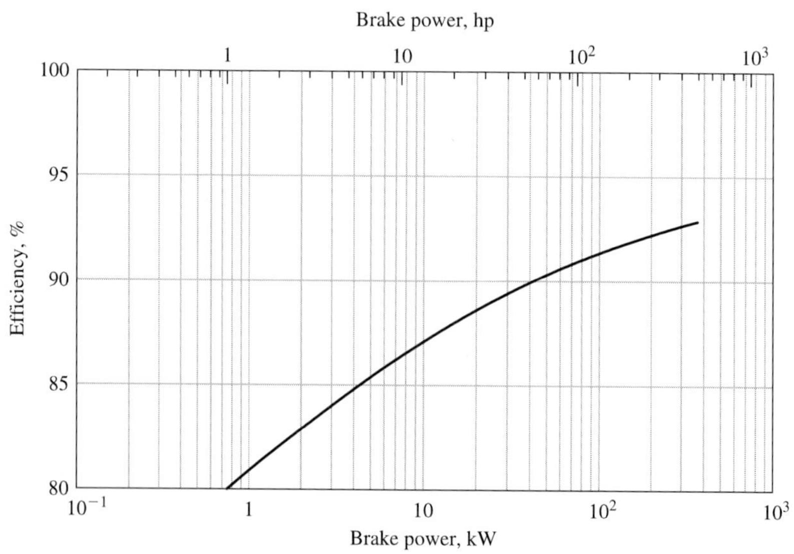


**그림 12-18**
삼상 모터의 효율

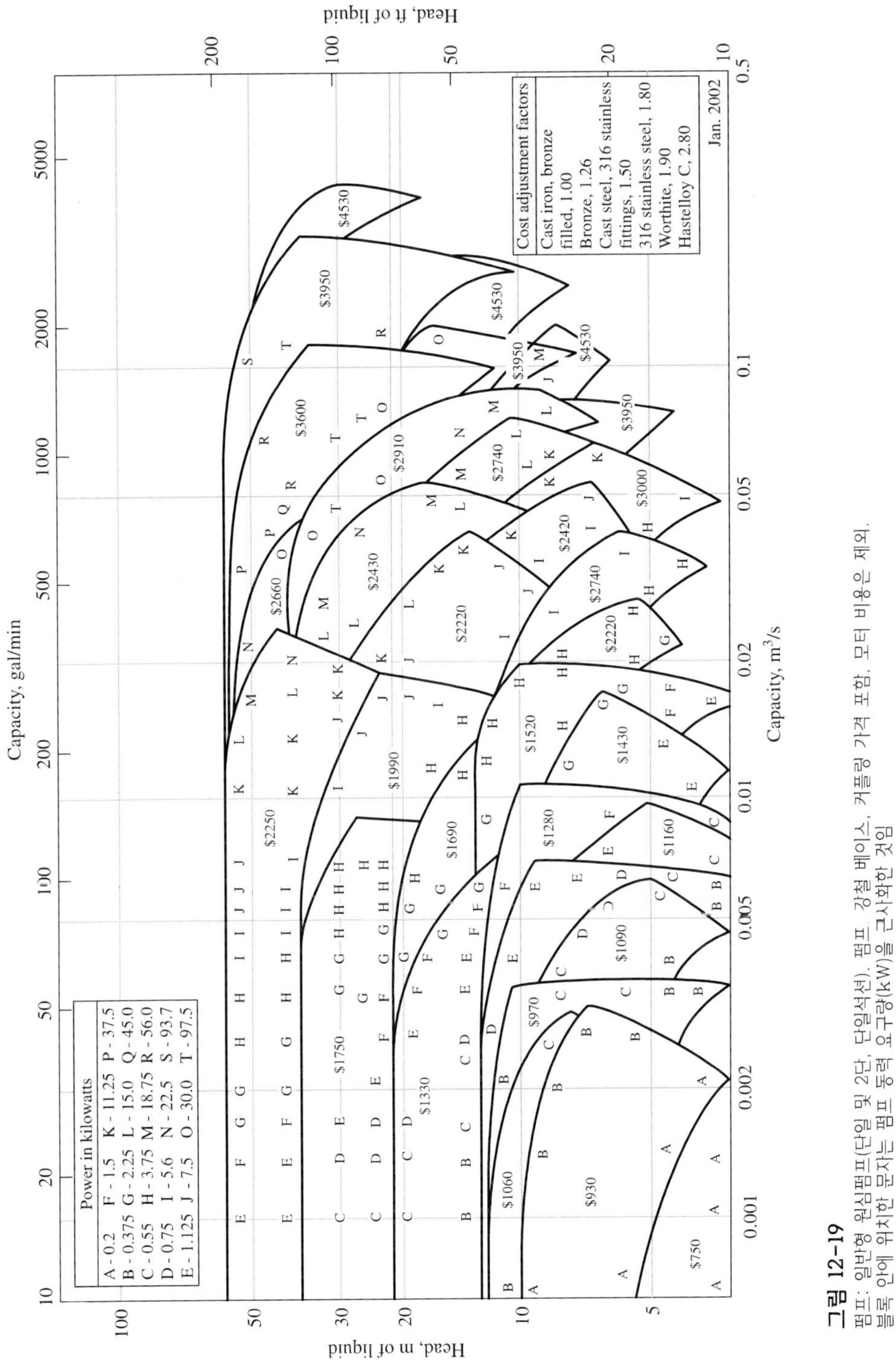


**그림 12-19**
펌프: 일반형 원심펌프(단일 및 2단, 단일석션), 펌프 강철 베이스, 커플링 가격 포함, 모터 비용은 제외.
블록 안에 위치한 문자는 펌프 동력 요구량(kW)을 근사화한 것임

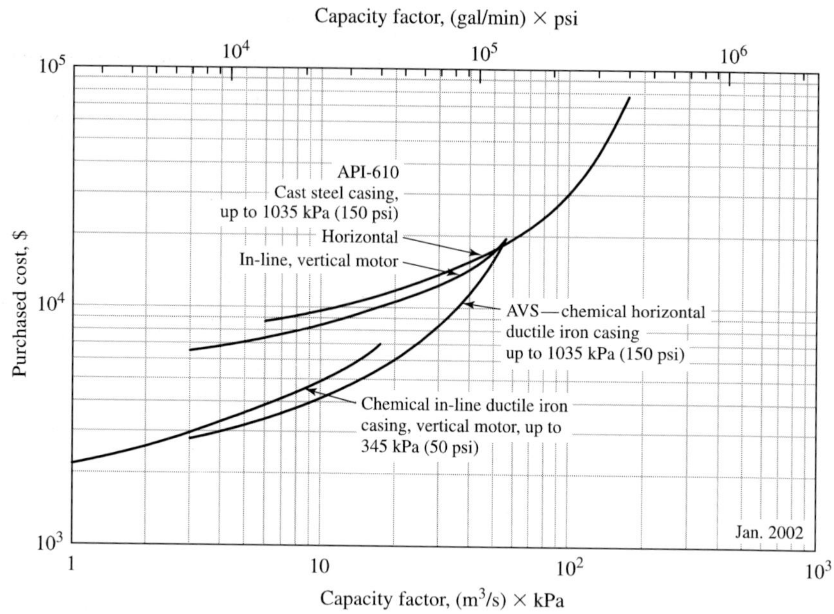


**그림 12-20**
원심펌프의 구입 비용. 전기모터 비용 포함

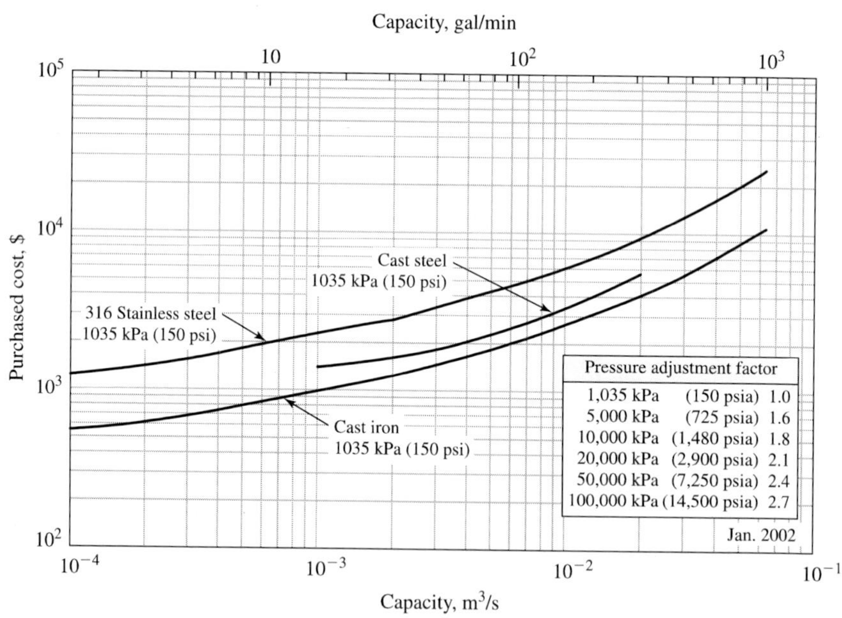


**그림 12-21**
왕복 펌프의 구입 비용, 펌프와 모터 비용 포함

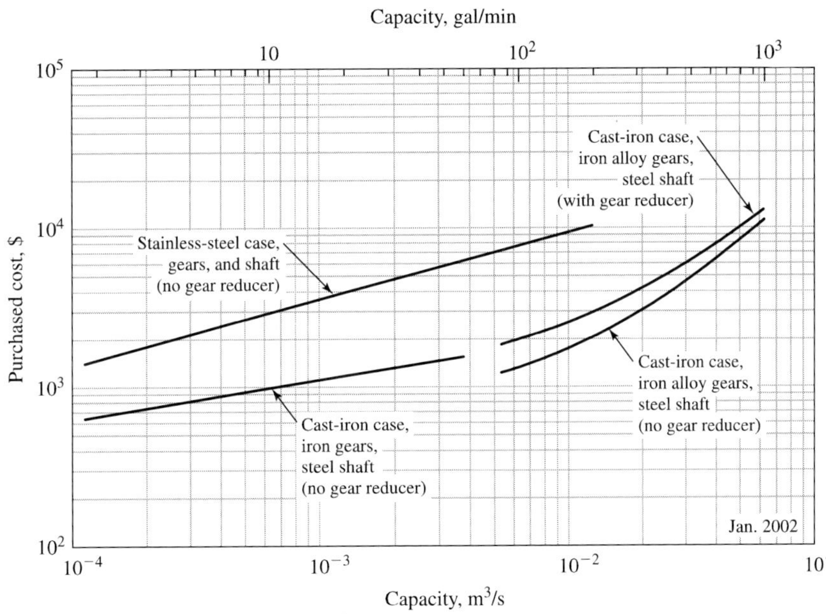


**그림 12-22**
690 kpa 배출압을 가지는 기어 팜프의 구입비용. 펌프, 베이스 판, V-벨트 드라이브 비용 포함. 모터 비용 제외

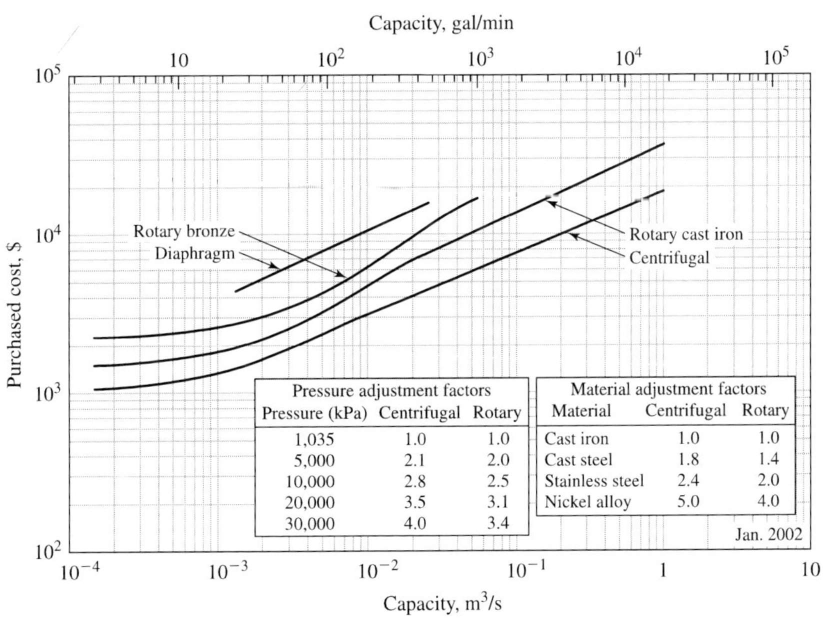


Pressure adjustment factors

| Pressure (kPa) | Centrifugal | Rotary |
|---|---|---|
| 1,035 | 1.0 | 1.0 |
| 5,000 | 2.1 | 2.0 |
| 10,000 | 2.8 | 2.5 |
| 20,000 | 3.5 | 3.1 |
| 30,000 | 4.0 | 3.4 |

Material adjustment factors

| Material | Centrifugal | Rotary |
|---|---|---|
| Cast iron | 1.0 | 1.0 |
| Cast steel | 1.8 | 1.4 |
| Stainless steel | 2.4 | 2.0 |
| Nickel alloy | 5.0 | 4.0 |

**그림 12-23**
다이아프램, 원심, 회전 펌프의 구입 비용

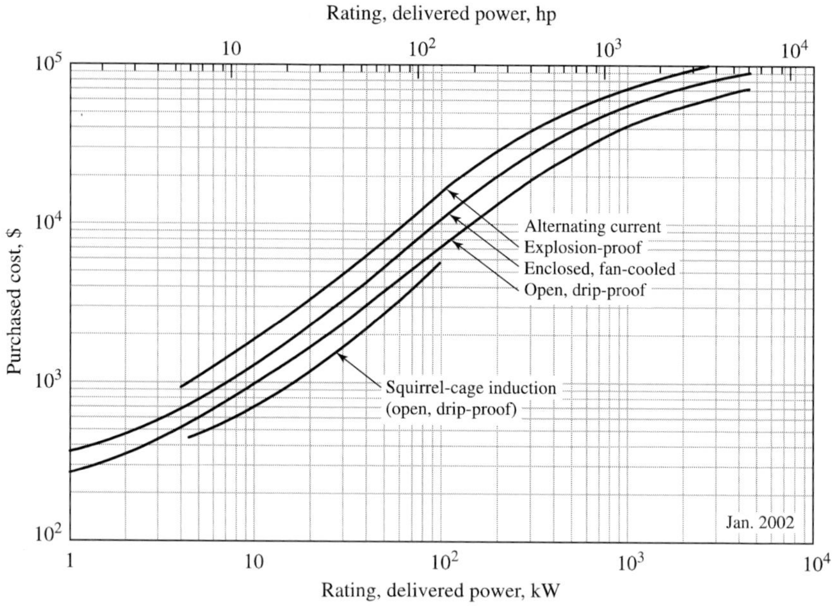


**그림 12-24**
전기모터의 구입 비용

# 유체의 압축과 팽창

압축기는 대용량의 기체를 이송하는 장치이며 기체의 압력을 입구조건으로부터 300 MPa 만큼이나 올릴수 있다. 많은 종류의 압축기가 사용되고 있지만 일반적으로 연속흐름식 압축기와 양정형의 두가지로 크게 분류될 수 있다. 유사하게 팬도 기체를 이송하는데 사용되지만 압렵 상승차가 10 kPa를 넘지 않는다. 블로어는 차압이 팬보다는 약간 높지만 10 kPa를 넘지 않는다. 팬과 블로어는 원심형이거나 축흐름 장치 중의 하나가 된다. 반면에 익스팬더는 유체의 팽창을 통하여 기체나 증기의 압력에너지를 기계적 일로 바꾸어 준다. 스팀을 일반적으로 사용하는 익스팬더는 전기를 만드는데 사용하는 것과 펌프, 압축기 등을 구동하기 위한 것의 두 부류로 나뉜다. 스팀 이외의 유체가 사용될 때는 기계적 일의 생성은 부차적인 것이 되며 유체를 냉각시키고자 하는 것이 주 목적이다. 터보 익스팬더는 극저온 유체에 널리 사용되는데 주목적은 기체의 분리나 액화를 위한 냉동을 제공하기 위한 것이다.

## 압축기의 선정

특정 공정상황에 적합한 압축기를 초기 선정하기 위해서는 부피용량, 부하, 토출압력이 중요한 변수가 된다. 그림 12-25는 이 절에서 논의될 네 가지 종류의 압축기(즉, 원심형, 축형, 왕복형, 회전형)에 대하여 이들 변수를 사용하는 범위를 보여준다. 선정 과정에서는 기체가 특정온도 이상에서 폭발할 수 있는 잠재적 위험성과 작은양의 윤활 오일이나 물의 유입이 공정기체를 오염시킬수 있을 가능성들이 인식되어야 한다. 마지막으로 연속공정조업에서는 잦은 가동정지가 허용되지 못하기 때문에 장치의 높은 신뢰성이 요구될 것이다.

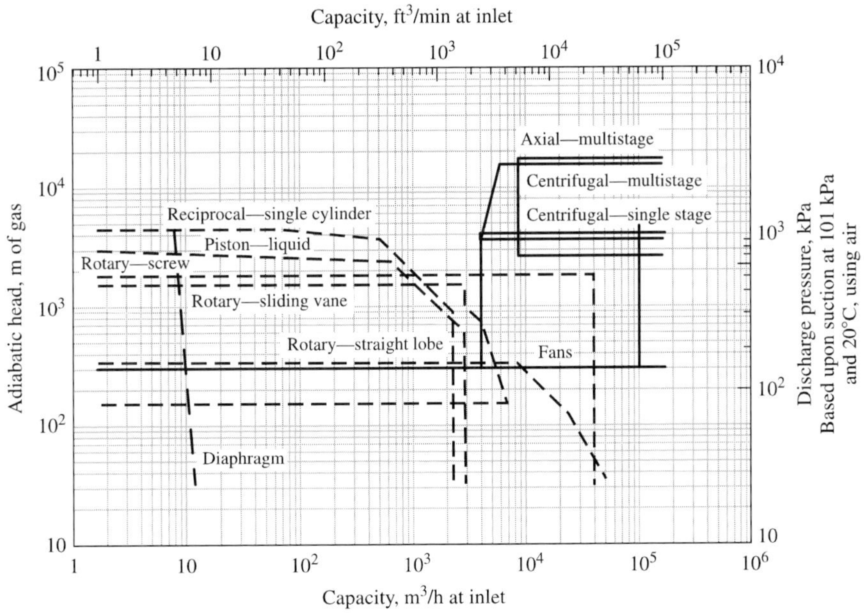


**그림 12-25**
산업적 압축기들의 일반적 운전범위에 기준한 압축기 선정 도표. 실선은 왼쪽 축, 점선은 오른쪽 축을 사용

**원심형 및 축형 압축기** 원심형 및 축형 압축기는 둘다 연속흐름식 압축기에 속한다. 원심형 압축기는 일반적으로 보다 높은 압축비와 낮은 유량에 사용되고 축형은 낮은 압축비와 큰 유량의 경우에 사용된다. 석유화학 산업분야에서 사용되고 있는 1단 원심형 압축기의 압축비는 대략 1.2 : 1 정도이며 축형 압축기는 1.05 : 1에서 1.15 : 1 정도이다. 각 단에서의 낮은 압축비 때문에 요구되는 전체 압축비를 만족하기 위하여 여러 단으로 이루어지게 된다. 원심형 압축기의 운전범위는 안전운전의 최소 제한치인 서지압력과 주어진 운전속도에서 압축기를 통하여 최대로 흐를 수 있는 쵸크압력 사이가 된다. 이 운전범위는 단 사이의 압축비가 증가하거나 단 수가 증가할수록 줄어든다. 서지-쵸크 운전범위를 늘리기 위해서 대부분의 원심형 압축기들은 고효율과 매우 낮은 압축비를 제공해주는 후향 곡면화 임펠러를 사용한다.

축형 압축기는 주로 터빈용으로 사용되며 다단의 사용으로 전체 압축비를 30 : 1 까지 올릴수 있다. 효율은 원심형 압축기보다 높다. 앞서 언급한 바와 같이 축형 압축기의 케이싱당 압축비는 원심형에 비하여 상당히 큰데 이것은 흐름경로 면적이 크기 때문에 주어진 케이싱 직경에 대하여 보다 많은 유량이 흐를 수 있기 때문이다.

**양정 압축기** 이 압축기는 변동 배출압력에서의 기체이송에 사용되며 왕복형과 회전형으로 구분된다. 왕복형은 작은 유량에 고압축비가 요구될 때 사용되는데 1단에서 다단으로의 구성이 가능하다. 단구동 공랭식 및 수냉식 공기 압축기 모두 75 kW 크기로 24 MPa까지 압력을 올릴 수 있다. 그러나 가스누출과 윤활오일 오염을 막는 것이 어렵기 때문에 공기 이외의 기체에 대한 압축에는 거의 사용되지 않는다. 다단 장치에서는 냉각기가 각 단마다 설

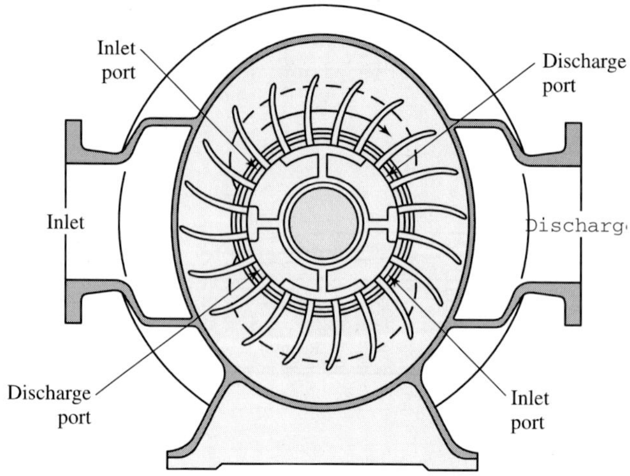


**그림 12-26**
액체 피스톤 형의 회전 압축기

치되어 압축열을 제거해줌으로써 다음 단으로 가는 기체의 체적과 압축에 소요되는 동력을 줄여주게 되며 보다 중요한 것은 안전운전 한계치 내로 온도를 유지하게 해준다. 25m/s 보다 큰 피스톤 속도가 허용되는 경우, 흡입부와 배출부의 밸브손실은 실제 내부압축비에 상당한 영향을 끼치기 시작하게 된다. 운전온도의 상승으로 인한 소요동력의 상승이 가장 큰 영향이며 밸브문제에 따른 유지보수비 상승도 있을 수 있다.

양정형 압축기는 직선 로브, 스쿠류, 슬라이딩 베인, 액체 피스톤의 4가지 종류가 있다. 직선 로브 형은 압력을 80 kPa까지 용량은 $2.5 \times 10^4$ $m^3/h$까지 올리는 데 적절하며 다단을 사용하여 이보다 더 높은 압력까지도 압축할 수 있다. 스쿠류 형은 압축비 4 : 1에서 용량을 $4.2 \times 10^4$ $m^3/h$까지 올릴 수 있다. 슬라이딩 베인 형은 압력을 850 kPa 까지 용량은 $3.4 \times 10^3$ $m^3/h$까지의 경우에 적절한데 베인의 윤활이 필요하기 때문에 배출가스에 윤활오일이 포함될 수 있다. 액체 피스톤 형은 위험한 기체를 다루는데 매우 유용하며 습식진공을 위한 진공펌프로서도 널리 사용되고 있다. 이 형은 그림 12-26에서 볼수 있듯이 밀폐 유체로서 액체를 사용하는데 임펠러가 회전하면서 원심력이 밀폐 액체를 펌프 하우징 벽 쪽으로 작용하게 함으로써 가스가 성공적으로 베인 공동 속으로 들어가게 한다. 이 형은 작은 규모의 1단의 경우 압축비가 520 kPa 까지 가용하며 낮은 압축비에 적용될 경우에는 용량을 $6.8 \times 10^3$ $m^3/h$ 까지 올리는데 적절하다.

## 팬과 블로어 선정

팬과 블로어는 덕트를 통하여 대용량의 공기나 가스를 이송하는데 사용되며 가스흐름 속의 미세물질을 이송하거나 연무를 제거하고, 건조 및 응축탑에 공기를 공급하며, 그밖에 고유량 저압력 응용에 활용된다. 원심형 팬에서 가스는 축방향으로 들어와 방사상으로 배출된다.

원심형 블로어의 성능은 처리하는 가스의 온도, 밀도, 유속에 따라 변한다. 만약 블로어가 공급자에 의하여 명시된 조건에서 운전되지 않을 경우, 이러한 변동을 고려한 보상이 필요

표 12-6 펌프와 이젝터에 의하여 얻을수 있는 진공 정도

| Pump equipment required | Approx. vacuum level, mmHg abs | Ejector equipment required | Approx. vacuum level, mmHg abs |
|---|---|---|---|
| Multistage centrifugal pump | 200–760 | Single-stage steam-jet ejector | 70–760 |
| Rotary (water-sealed) pump | 100–450 | Two-stage steam-jet ejector | 10–100 |
| Reciprocating (dry vacuum) pump | 10–250 | Three-stage steam-jet ejector | 2–25 |
| Rotary (oil-sealed) pump | 0.05–15 | Four-stage steam-jet ejector | 0.2–2.5 |
| Single-stage diffusion pump with discharge to rotary pump or steam-jet ejector | 0.01–0.1 | Five-stage steam-jet ejector | 0.05–0.5 |
| Multistage diffusion pump with discharge to rotary pump or steam-jet ejector | 0.001–0.01 | | |

하다. 예를 들면 블로어의 속도가 변할 때, (1) 용량은 속도비에 따라 직접적으로 변동하고 (2) 압력은 속도비의 제곱에 따라 변하며, (3) 동력은 속도비의 3승에 따라 변하게 된다. 가스의 온도가 변할 때, 소요동력과 압력은 절대온도에 반비례하여 변한다.

## 진공장치 선정

진공시스템을 만들기 위해서는 기계적 진공펌프나 스팀-제트 이젝터를 사용해야 한다. 표 12-6은 이들 장치에 의해 얻어질 수 있는 진공 정도를 보여주고 있다. 표 12-6에 수록된 장치 중 확산펌프와 이젝터를 제외하면 이미 앞서 논의된바 있다. 확산펌프에서는 매우 낮은 증기압의 액체가 펌프 속에서 기화되어 고속으로 하부방향으로 토출됨으로써 진공화된 공간으로부터 흘러나온 분자를 끌어들이게 된다. 끌어들여진 분자들은 오일-밀폐형 로터리 펌프와 같은 백업펌프에 의하여 배출라인을 통하여 제거된다. 확산펌프 증기는 응축되어 펌프로 되돌아 간다. 확산펌프에 의하여 얻어질 수 있는 궁극적 진공은 펌프 액체의 응축온도에 어느정도 의존한다.

반면에 이젝터는 압축기나 진공펌프가 이송부분이 없어진 단순화된 형태로서 진공시스템에서 진공시켜야 할 공간으로 연결된 흡입챔버를 가로지르는 고속의 제트류를 배출하는 노즐로 구성되어 있다. 진공화된 공간으로부터 나온 가스는 고속가스나 스팀에 의하여 딸려가서 벤츄리 형태의 확산기로 이송된다.

스팀-제트 이젝터는 표 12-6에서 보듯이 대용량 가스를 다루기 위하여 병렬로 연결되기도 하며 고진공을 얻기 위하여는 직렬로 연결되어 사용한다. 설계를 위하여 여러 가지 이젝터 용량과 조건에 대한 스팀 소요량의 대략적인 추정이 종종 필요하다. 표 12-7에 이에 대한 자료가 수록되어 있다.

어떤 이젝터 종류가 가장 적절한지를 결정하기 위해서는 최대 허용 물 온도, 요구되는 흐름량 및 진공 정도에 대한 정보가 필요하다. 이젝터는 초기투자비용이 작고 운전이 용이한 반면 많은 양의 스팀이 필요하다. 이송부분이 없기 때문에 장치가 오래가고 효율이 높으며 유지보수 비용이 저렴하다. 어떠한 가스나 증기도 이젝터로 처리할 수 있다. 먼지 등과 같은 끈적하고 딱딱한 물질을 함유한 가스 뿐만 아니라 습하거나 건조한 가스도 처리할 수 있다.

표 12-7 다양한 진공정도를 제공하는 스팀-제트 이젝터의 775 kPa 스팀의 평균 소모량(kg/h)

| Capacity, kg/h gas-vapor mixture handled‡ | Wt% net dry air (noncondensibles) in gas-vapor | Suction pressure, mmHg absolute | | | | | | | | | |
|---|---|---|---|---|---|---|---|---|---|---|---|
| | | 12.5 | | 25 | | 37.5 | 50 | 75 | 100 | | 150 |
| | | 3-stage | 2-stage | 3-stage | 2-stage | 2-stage | 2-stage | 2-stage | 2-stage | 1-stage | 1-stage |
| 4.5 | 100 | 33 | 45 | 27 | 32 | 26 | 23 | 19 | 17 | 26 | 16 |
| 4.5 | 70 | 27 | 38 | 21 | 27 | 22 | 19 | 16 | 14 | 29 | 17 |
| 4.5 | 40 | 20 | 31 | 15 | 21 | 17 | 15 | 12 | 10 | 31 | 18 |
| 4.5 | 10 | 11 | 20 | 7 | 13 | 10 | 8 | 6 | 5 | 34 | 19 |

†From R. H. Perry and D.W. Green, *Perry's Chemical Engineer's Handbook*, 4th ed., McGraw-Hill, New York, 1963. Reproduced with permission of The McGraw-Hill Companies.
‡For larger and smaller capacities, steam consumption is approximately proportional to capacity.

## 터빈 선정

몇몇 형태의 스팀 터빈이 가용한데 그 중 1단 단일밸브 터빈이 가장 단순하다. 여기서 스팀은 가버너 밸브를 통과한 후 노즐에서 팽창되어 터빈 바퀴를 돌릴 수 있는 속도와 모멘텀을 얻게 된다. 1100 kW 이하에서 4100 kPa까지의 스팀압력으로 운전하는 경우에 널리 사용된다. 4500 kW 이상의 동력을 얻고자 할 경우에는 다단 단일밸브 터빈이 널리 사용되고 있다. 팽창된 스팀의 배출 압력은 대개 7에서 14 kPa의 응축압력을 가진다.

스팀터빈 선정에 영향을 주는 주요 변수들은 (1) 구동되어야 하는 장치의 동력과 속도, (2) 가용한 스팀의 압력, 온도, 비용, (3) 터빈 효율에 의거하여 요구되는 스팀 양, (4) 요구되는 제어 및 안전 특성들이 있다. 선정을 위한 첫 번째 단계로는 효율의 대략적 추정을 위하여 그림 12-27을 이용하여 여러 가지 스팀 압력에서 스팀양을 추정하는 것이다. 보다 비싼 재료가 필요함에 따른 급격한 비용상승 우려가 없는 스팀 터빈을 위한 적당한 상한 온도값으로서 538°C가 적절하다.

단순주기형의 가스터빈은 공기를 압축하는 압축기와 가열하는 연소기, 그리고 연소가스를 팽창시켜 동력을 생산하는 터빈으로 구성되어 있다. 공기를 압축하기 위해 소요되는 동력은 터빈에 의해 생산된 동력의 40 ~ 60% 정도이다. 가스터빈에 가장 널리 사용되고 있는 형은 축형이며 방사흐름 형에 비하여 효율이 높아 88 ~ 92% 정도에 이른다. 방사흐름형은 동력생산비용이 작고 좀더 강건한 반면 냉각에서의 제약 때문에 터빈유입온도가 낮은 경우에 사용된다.

## 압축기 설계 순서

압축기의 이론적 동력 요구량 식은 열역학 기본 식으로부터 구할 수 있다. 대부분의 압축기는 단열로 접근하는 폴리트로픽 경로를 따라서 운전되므로 압축기 계산은 일반적으로 $pv^k$ = 일정으로 표현되는 단열곡선을 기초로 한다. 여기서 $k$는 정압비열 대 정적비열의 비이다. 압축기의 단열 헤드는 다음과 같이 표현된다.

$$H_{ad} = R'T_1\left(\frac{k}{k-1}\right)\left[\left(\frac{p_2}{p_1}\right)^{(k-1)/k} - 1\right] \tag{12-21}$$

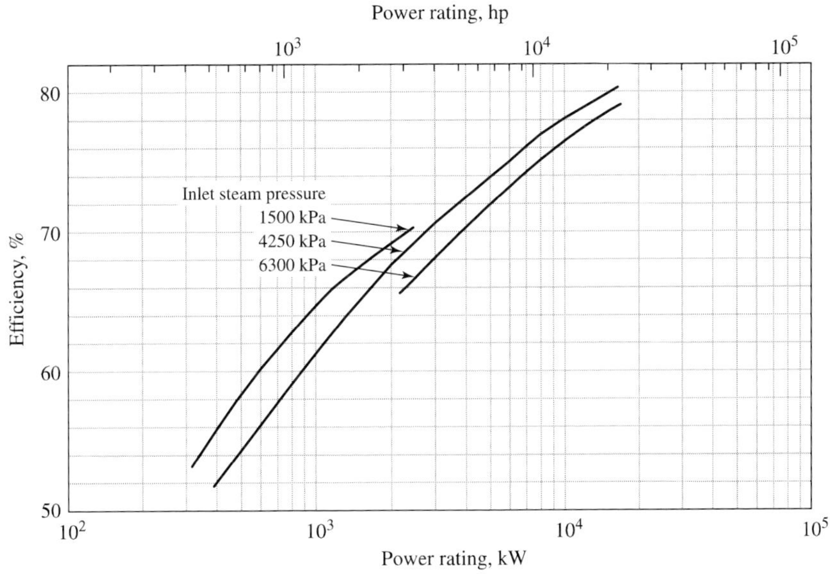


**그림 12-27**
다단 터빈의 근사적 효율

여기서 $H_{ad}$는 단열 헤드(N·m/kg), $R'$은 가스상수 kJ/(kg·K), $T_1$은 입구기체온도(K), $p_1$은 입구압력(kPa), $p_2$는 출구압력(kPa)이다. 압축에 필요한 동력은 단열헤드와 기체의 질량유속의 곱과 같다. 따라서 1단 압축에서의 단열 동력은 다음과 같이 주어진다.

$$P_{ad} = \dot{m} H_{ad} = \dot{m} R' T_1 \left(\frac{k}{k-1}\right)\left[\left(\frac{p_2}{p_1}\right)^{(k-1)/k} - 1\right] \tag{12-22a}$$

$$P_{ad} = 2.78 \times 10^{-4} \dot{m}_{v,1} p_1 \left(\frac{k}{k-1}\right)\left[\left(\frac{p_2}{p_1}\right)^{(k-1)/k} - 1\right] \tag{12-22b}$$

여기서 $P_{ad}$는 단열동력(kW), $\dot{m}$은 질량유속(kg/s), $\dot{m}_{v,1}$은 압축기 입구에서의 부피유속($m^3$/h)이다. 단열 배출온도는 다음 식에서 구해진다.

$$T_2 = T_1 \left(\frac{p_2}{p_1}\right)^{(k-1)/k} \tag{12-23}$$

앞서 언급되었듯이 이상적 조건하에서의 압축일은 등엔트로피하에서 일어난다. 그러나 실제 압축과정은 폴리트로픽이다. 압축의 1단 폴리트로픽 헤드와 폴리트로픽 동력을 정의하는 식은 단열헤드와 압축동력에 대한 식과 유사하다. 그러므로

$$H_{poly} = Z_c R T_1 \left(\frac{n}{n-1}\right)\left[\left(\frac{p_2}{p_1}\right)^{(n-1)/n} - 1\right] \tag{12-24}$$

$$P_{\text{poly}} = \dot{m} Z_c R T_1 \left(\frac{n}{n-1}\right)\left[\left(\frac{p_2}{p_1}\right)^{(n-1)/n} - 1\right] \tag{12-25}$$

식 (12-24)와 (12-25)에서의 평균압축인자 $Z_c$의 추가는 이상기체 법칙과의 편차를 고려해 준다. 다단 단열압축의 경우 식 (12-22b)는 다음과 같이 수정된다.

$$P_{\text{ad}} = 2.78 \times 10^{-4} N_{\text{st}} \dot{m}_{v,1} p_1 \left(\frac{k}{k-1}\right)\left[\left(\frac{p_2}{p_1}\right)^{(k-1)/kN_{\text{st}}} - 1\right] \tag{12-26}$$

$$T_2 = T_1 (p_2/p_1)^{(k-1)/(kN_{\text{st}})} \tag{12-27}$$

여기서 $N_{st}$는 압축에 관여된 단의 개수, $T_1$은 압축기 입구에서의 기체온도(K), $T_2$는 압축기 출구에서의 기체온도(K)이다. 만약 압축 사이클이 $pv$ = 일정인 등온 조건에 접근한다면 이상기체 압축을 위한 단순한 표현식은 다음과 같게 된다.

$$P_{\text{iso}} = 2.78 \times 10^{-4} \dot{m}_{v,1} p_1 \ln \frac{p_2}{p_1} \tag{12-28}$$

여기서 $P_{iso}$는 1단 등온 압축(kW)이다.

압축효율은 일반적으로 등엔트로피 즉 단열가역 공정을 기준으로한 효율로 표현된다. 등온효율도 설계계산이 단순화되기 때문에 종종 사용된다. 두 가지 경우 모두, 효율은 이상적인 공정에서의 동력요구량과 실제 동력과의 비로서 정의된다. 단열 효율은 전체압력 변화의 항으로 나타낼 수 있다.

$$\eta_{\text{ad}} = \frac{(p_2/p_1)^{(k-1)/k} - 1}{(p_2/p_1)^{(n-1)/n} - 1} \tag{12-29}$$

유사하게 폴리트로픽 효율은 다음과 같이 구해지고.

$$\eta_{\text{poly}} = \frac{(k-1)/k}{(n-1)/n} \tag{12-30}$$

압력비가 1로 접근할수록 등엔트로피 효율의 한계값이 된다. 표 12-8에 이 절에서 논의된 몇몇 압축기들에 대한 전형적인 단열효율성을 수록하였다.

**표 12-8 여러 가지 종류의 압축기의 전형적 효율**

| Type of compressor | Typical efficiency range, % |
|---|---|
| Centrifugal | 70–80 |
| Axial | 80–85 |
| Reciprocating | 60–80 |
| Rotary | 60–80 |
| Rotary (vacuum) | 40–60 |
| Ejector | 25–30 |

## 터빈 설계 순서

터빈의 설계에는 압축기 설계와 동일한 이론과 원리가 적용된다. 단순화된 기계적 에너지식이나 총괄 에너지 수지가 활용될 수 있다. 위치에너지와 운동에너지를 배제하면 예제 12-2에서 개발된 에너지 관계식은 다음과 같이 쓸 수 있다.

$$(h_2 - h_1) - Q - W = 0 \tag{12-31}$$

여기서 $h_1$과 $h_2$는 각각 팽창장치를 통한 유입 및 유출 흐름의 엔탈피이다. 일반적으로 단열운전에 해당되므로 이 식은 다음과 같은 익숙한 형태가 된다.

$$W = -(h_1 - h_2) \tag{12-32}$$

이때 회수된 에너지는 식 (12-31)에서 정의된 바와 같이 양의 값이다. 식 (12-32)를 적용하는데 있어서의 근본적인 어려움은 $h_2$의 값이 결정되지 않았다는 데 있다. 이러한 어려움은 팽창과정이 등 엔트로피 경로를 따른다고 가정함으로써 극복될 수 있다. 따라서

$$W_{\text{ad}} = -(h_1 - h_{2,s}) \tag{12-33}$$

여기서 $h_{2,s}$는 유입 엔트로피와 유출압력 조건에서의 유출 엔탈피이다. $W = \eta W_i$이므로 실제 회수동력은

$$P = -\eta \dot{m}(h_1 - h_{2,s}) \tag{12-34}$$

가 되고 실제 유출 엔탈피는

$$h_2 = h_1 - \eta(h_1 - h_{2,s}) \tag{12-35}$$

로부터 구할 수 있다. 에너지 회수는 식 (12-32)로부터 구할 수 있는데 엔탈피-엔트로피 표를 이용하면 훨씬 편리하게 구할 수 있다.

### 예제 12-4 스팀터빈으로부터의 에너지 회수값 결정

어떤 종이분쇄기가 종이건조에 사용되기 위하여 690 kPa로 감압되는 4240 kPa, 400°C의 스팀 2 kg/s를 가진다 한다. 만약 이 스팀을 건조공정으로 가기 전에 터빈을 거치게 한다면 얼마만큼의 에너지를 회수할 수 있을 것인가?

■ **풀이**

스팀테이블에서:

$$h_1 = 3204 \text{ kJ/kg} \qquad s_1 = 6.73 \text{ kJ/(kg·K)}$$

690 kPa로 등엔트로피 팽창할 때의 유출 조건에서, 이상적 유출 엔탈피는 2770 kJ/kg이 된다. 이상적 등엔트로피 에너지 회수는

$$P_{\text{ad}} = -2.0(3204 - 2770) = -868 \text{ kW}$$

그림 12-27에서 이러한 조건하에서는 대략 60% 효율이 기대됨을 알 수 있다. 따라서 회수되는

실제 에너지는 521 kW가 된다. 식 (12-35)를 이용하여 실제 엔탈피를 계산하면

$$h_2 = 3204 - 0.6(3204 - 2770) = 2944 \text{ kJ/kg}$$

스팀테이블로부터 이러한 엔탈피 및 압력 조건에서의 유출엔탈피와 엔트로피 값이 각각 246°C, 7.09 kJ/(kg·K) 임을 알수 있다.

---

대안적인 분석으로서 식 (12-2)의 기계적 에너지 수지를 사용할 수 있다. 실제기체의 폴리트로픽 팽창을 가정하면 에너지 회수는 식 (12-25)와 유사한 관계식으로부터 추정할 수 있다. 즉

$$P_{\text{poly}} = \dot{m} Z_c R T_1 \left(\frac{n}{n-1}\right)\left[\left(\frac{p_2}{p_1}\right)^{(n-1)/n} - 1\right] \quad (12\text{-}36)$$

여기서 $Z_c$는 기체의 압축인자이다. 고압액체에 의하여 구동되는 장치는 액체의 비용적이 크게 변하지 않기 때문에 익스팬더가 아니다. 액체터빈에서의 에너지 회수는 일정 밀도 가정하에 기계적 에너지 수지의 단순화된 형태로부터 추정될 수 있다.

$$P = \frac{\eta \dot{m}(p_2 - p_1)}{\rho} \quad (12\text{-}37)$$

### 예제 12-5 액체터빈을 사용한 에너지 회수값 결정

초기에 입구압력이 4240 kPa이고 온도가 25°C인 물이 2 kg/s로 배출압력 690 kPa로 팽창될 때 회수되는 에너지를 구하라.

■ **풀이**

터빈 효율을 0.6, 액체밀도를 1000 kg/m3이라 가정하면, 팽창에 의한 에너지 회수는 식 (12-37)로 주어진다. 여기서 $p_2 - p_1 = -3550$ kPa:

$$P = -0.6(2)(3550)/10^3 = -4.26 \text{ kW}$$

이 단열 시스템의 출구온도는 에너지 수지로부터 계산될 수 있다.

$$P = \dot{m}(h_2 - h_1) = \dot{m} C_p (T_2 - T_1)$$

$$T_2 - T_1 = \frac{-4.26}{2(4.19)} = -0.5^\circ\text{C}$$

$$T_2 = 24.5^\circ\text{C}$$

이 예제는 압축액체로부터 가용한 에너지는 같은 질량의 기체로부터 가용한 양보다 훨씬 작음을 보여준다. 결과적으로 새로운 고압용기에 대한 수력학적 시험은 압축 공기 대신 압축 물을 사용한다.

---

## 압축기, 팬, 블로어, 터빈 비용

그림 12-28부터 12-30은 여러 가지 부류의 압축기에 대한 비용 데이터를 보여주고 있다. 그림 12-31과 12-32는 팬과 블로어의 비용 데이터를 보여주고 있으며 그림 12-33은 스팀-제트 이젝터에 대한 비용 데이터이다. 터빈에 대한 비용 데이터는 그림 12-34와 12-35에 보였으며 변속 장치들에 대한 비용 데이터는 그림 12-36과 12-37에 나타내었다.

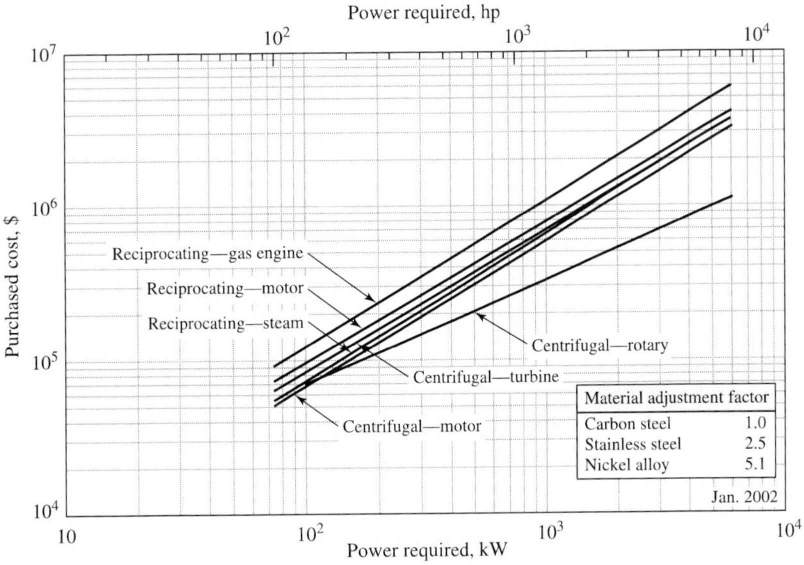


**그림 12-28**
압축기 구입 비용. 드라이브, 기어 마운팅, 베이스 판, 부속장치 등의 비용을 포함; 운전압력은 7000 kPa(1000 psig) 까지.

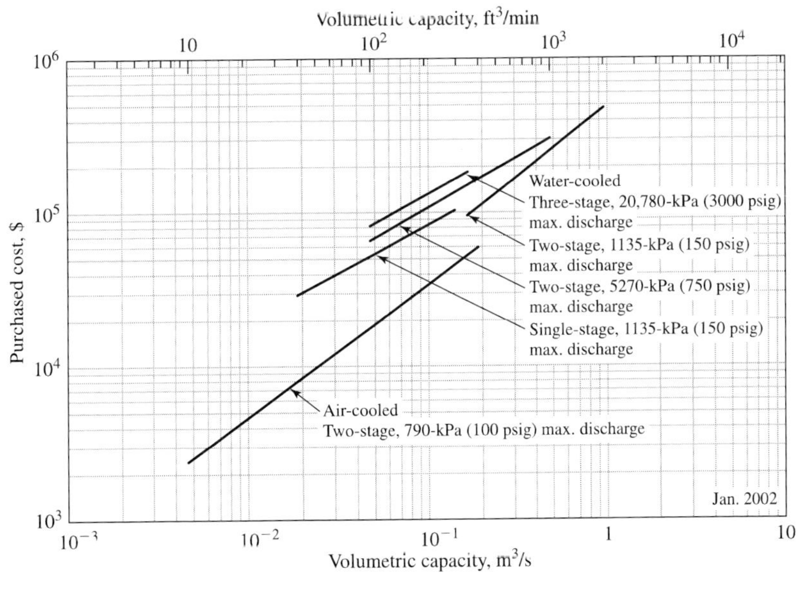


**그림 12-29**
왕복 압축기의 구입 비용

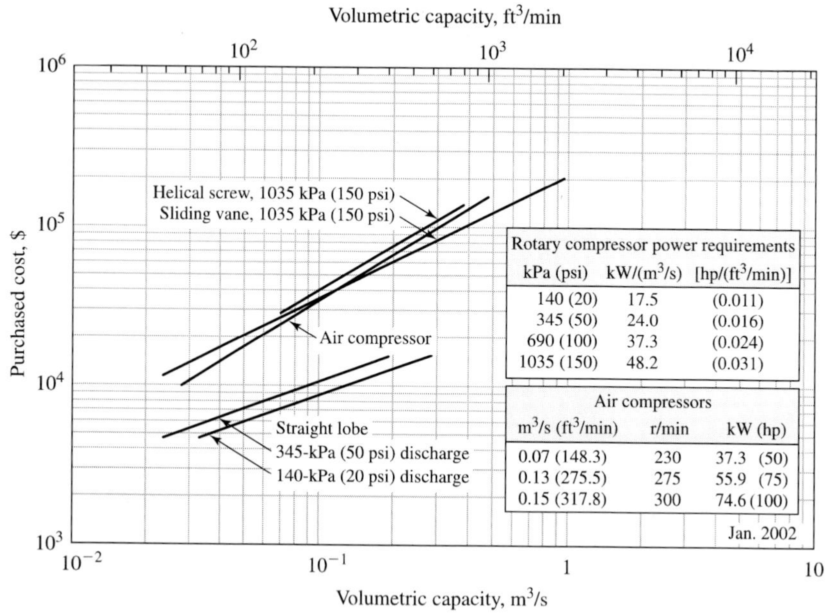


**그림 12-30**

1단 회전 압축기와 공기 압축기 구입 비용. 일체의 압축기 부품을 포함(선적 및 설치 비용은 제외). 직선 로브 값에 후냉각기, 트랩, 제어기 등은 제외됨

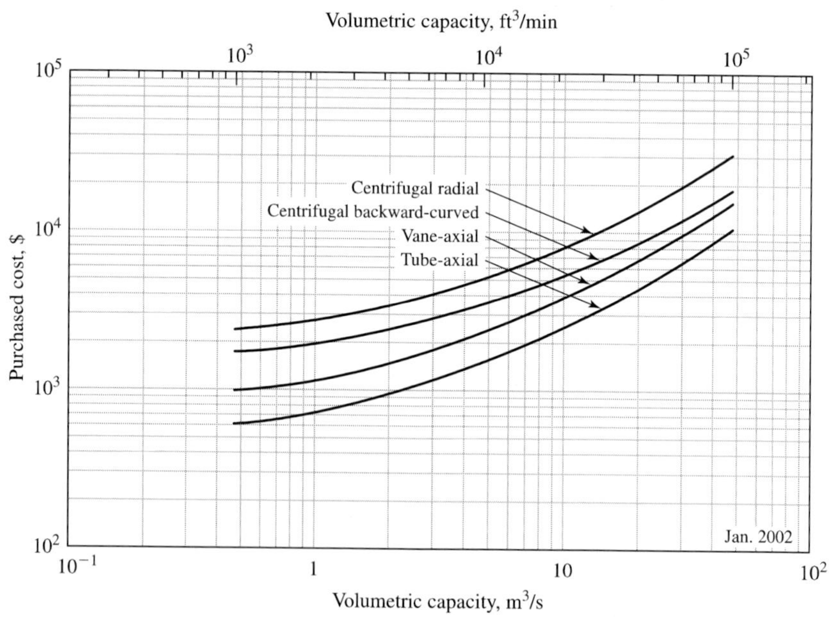


**그림 12-31**

전기 드라이브를 포함한 원심 팬의 구입 비용

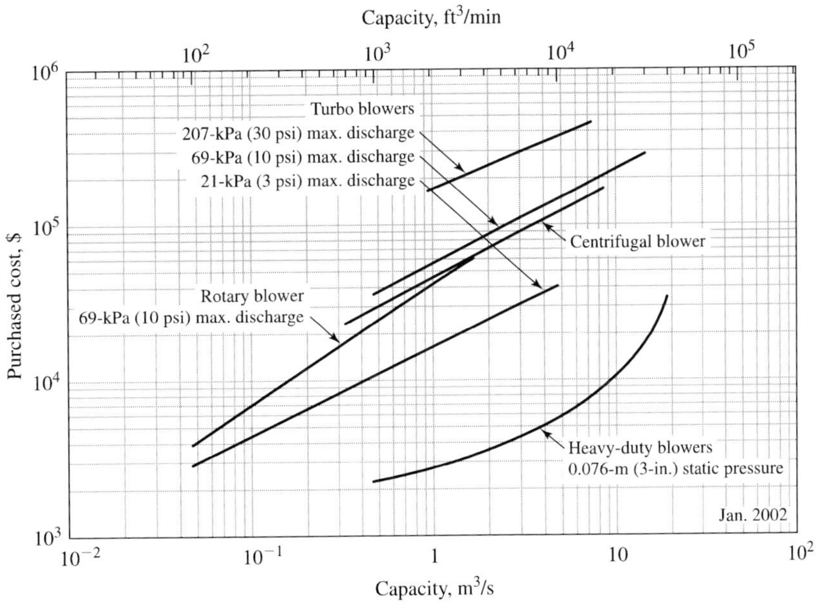


**그림 12-32**
블로어 구입 비용(고부하, 공업용)

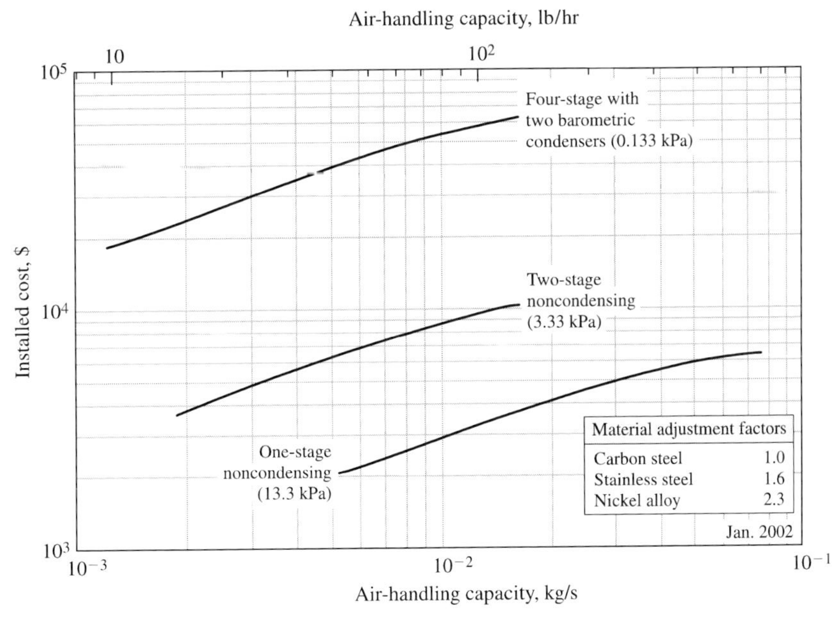


**그림 12-33**
$1.26 \times 10^{-1}$ kg/s 스팀 요양의 스팀-제트 이젝터의 구입 비용

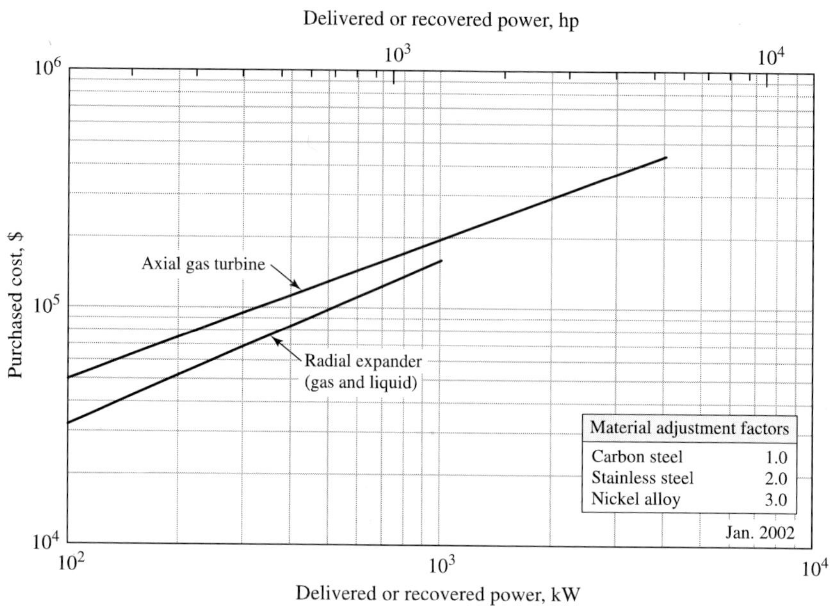


**그림 12-34**
터빈과 익스팬더의 구입 비용

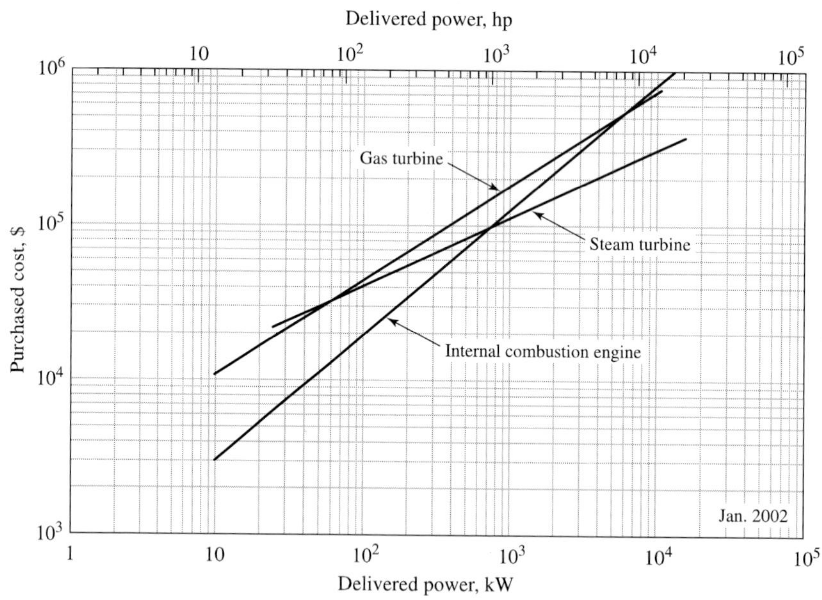


**그림 12-35**
터빈과 내부연소엔진 드라이브의 구입 비용

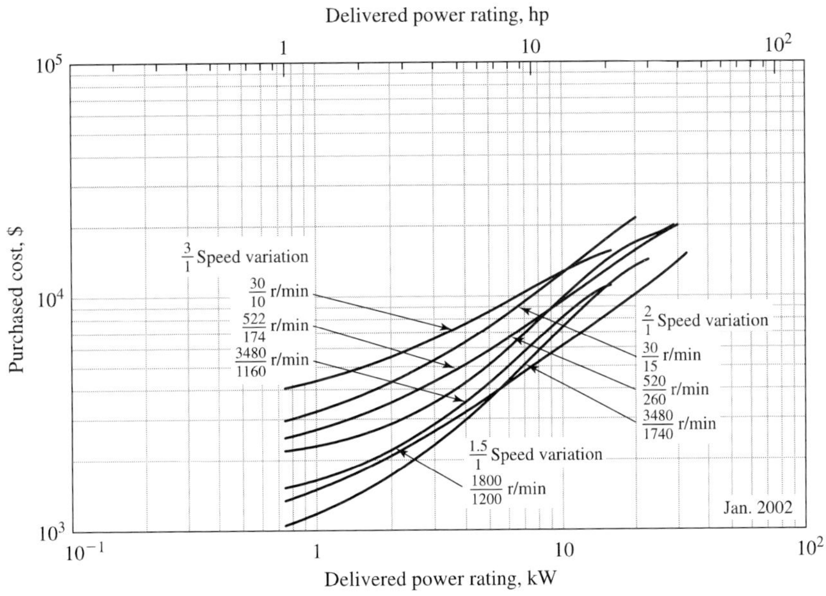


**그림 12-36**

가변 속도 드라이브의 구입 비용. 빌트-인 감지기와 TEFC 모터가 장착된 핸드휠 제어 비용 포함

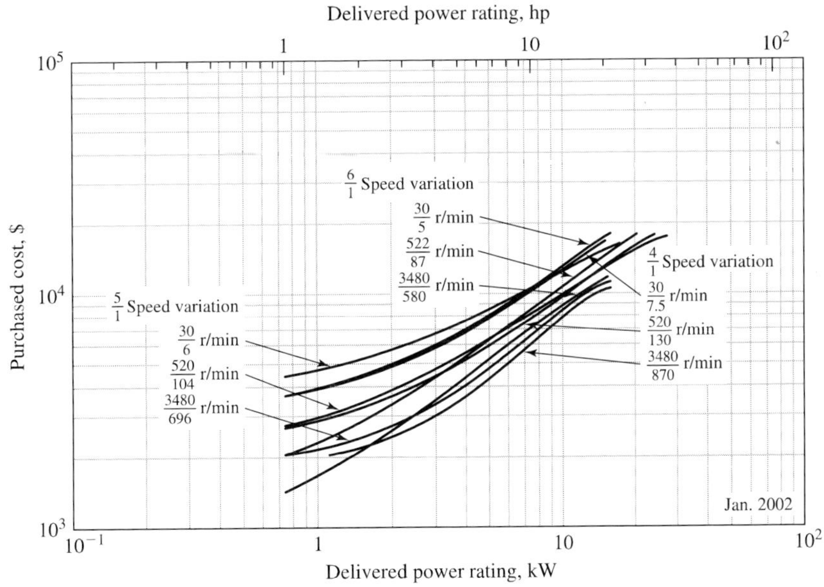


**그림 12-37**

가변 속도 드라이브의 구입 비용. 빌트-인 감지기와 TEFC 모터가 장착된 핸드휠 제어 비용 포함

# 유체의 교반 및 혼합

교반기와 혼합기는 명백한 차이가 있다. 교반기는 유체를 혼합하는 기능 이외에도 유체에 고체를 부유시키거나, 기체를 분산시키고, 액체를 유화시키고, 유체와 고체 표면 사이의 열전달을 강화시키고, 서로 다른 상 사이의 물질전달을 강화시키는 데 사용될 수 있다. 반면에 혼합기는 미시적 분산이나 응력으로 보다 완전한 균일성을 갖도록 개별 유체를 혼합시키는 역할을 한다.

저점도 비혼화성 유체의 혼합은 상대적 유체 운동 또는 여러 가지 유체 난류 생성기에 의한 난류를 생성시키는 장치에 의하여 이루어진다. 유체의 점도 그리고/또는 비혼화성이 증가할수록 요구되는 혼합정도를 달성하기 위해서는 보다 큰 기계적 에너지가 필요하다. 일반적으로 유체 중의 고체입자의 분산은 이보다 더 큰 교반이 필요하다. 프로펠러형 터빈 교반기는 제어성과 유연성이 좋아 이러한 혼합용도로 거의 언제나 사용되고 있다. 고 점도 액체, 반죽, 고체 분말용으로는 더욱 에너지 고집적형인 교반기가 사용된다. 따라서 혼합장치 선정은 주어진 원료의 특성에 따라 결정된다.

## 교반기와 혼합기의 선정

저점도 유체의 혼합은 종종 유체가 이송되는 배관 내에서 이루어질 수 있다. 예를 들면 기체는 서로 다른 유체운동이나 유체의 주입을 통해서 혼합될 수 있다. 기체의 보다 고정도 혼합을 위한 일반적 현장방법으로는 저속 흐름에 유체를 음속으로 주입하는 것으로서 기준 흐름의 약 두 배의 압력이 주입 기체에 요구된다. 적절한 난류를 달성하기 위한 혼합 액체 간의 압력 차이는 상당히 커야 한다. 보다 점성이 큰 액체를 혼합하기 위한 압력차이는 점도의 제곱에 직선적으로 비례한다. 따라서 점도가 0.01 Pa·s 보다 큰 점도를 가진 액체를 혼합하기 위해서는 유체-제트형 혼합은 비현실적이 된다.

오리피스 판은 기체나 저점도 액체의 혼합을 증진시키는 데 사용된다. 오리피스 대 배관 직경 비는 0.5에서 0.2 정도이며 압력강하는 5에서 30 kPa이 생성된다.

무동작 혼합기는 점성 액체, 슬러리, 반죽 요소를 가르고, 돌리고, 재배열시키는 장치로서 꼬여진 금속 리본열을 배관 속에 주입한 형태이다. 혼합특성이 좋고 압력강하가 작을 뿐만 아니라 투자, 유지, 운전비용이 작다는 장점이 오리피스 판에 비하여 보다 많이 선호되게 하고 있다.

기체 스파저는 탱크 내의 부식성 액체의 혼합이나 기체-액체 접촉이 요구되는 약한 혼합에 주로 사용되며 기체 방울을 생성시켜 표면으로 올라오게 하는 다공성 튜브나 장치를 탱크 바닥에 설치하는 방식이다. 약한 교반을 위해서는 단위 단면적 당 0.004 $m^3/s$, 중간 정도 교반은 0.008 $m^3/s$, 강한 교반은 0.02 $m^3/s$ 가 적절한 기체 속도로서 추천되며 1 Pa·s 정도 점도의 액체에 사용될 수 있다.

원심펌프를 배관에 직접 설치하거나 탱크 내로 들어가는 외부 순환라인에 설치하여 혼합, 분산, 호화를 달성할 수도 있다. 압력강하나 혼합정도, 소요동력은 무기계적 모드와 유사하다. 경험상 적절한 혼합을 위해서는 탱크 내의 유체 부피와 동일한 양의 유체가 외부루프를 통하여 순환되어야 한다.

프로펠러나 터빈 혼합기는 저점도에서 중간 점도의 유체를 혼합하는데 아직까지도 가장 널리 사용되고 있는 장치로서 탱크 내의 액체에 잠겨진 모터구동 회전 임펠러로 구성되어 있다. 프로펠러 교반기는 선박형 3 날개 프로펠러를 주로 사용하며 작은 크기의 유연한 운전에 널리 적용되고 있다. 이 장치는 회전속도에 의하여 성능이 결정되며 프로펠러 직경은 1.5 m를 넘지 않는다. 더 큰 탱크의 교반을 위해서는 여러개의 프로펠러를 이용하게 된다. 프로펠러 교반기의 요구동력은 용기의 크기와 액체의 점도에 따라 실험실 수준에서부터 50 kW 이상까지의 범위이다.

터빈 임펠러는 프로펠러 교반기보다 훨씬 크며 낮은 속도로 운전된다. 터빈은 프로펠러 구동 교반기에 비해 다양한 임펠러 설계가 가능하고, 보다 유연하고 효율적이어서 많은 특수 응용에 적용되고 있다. 축형과 방사형 흐름으로 구분되는데 이러한 흐름은 임펠러 날의 구성에 의하여 결정된다.

대부분의 터빈 교반 용기는 탱크 직경 대 임펠러 직경이 2에서 4 정도이며 임펠러 직경이 5 m를 넘지 않도록 탱크 직경을 20 m 정도 이내로 제한하게 된다. 임펠러는 탱크 바닥으로부터 1/4 내지 1/3 정도 되는 지점에 설치하며 액위 높이는 탱크 직경의 0.75배에서 1.5배 정도가 된다. 보다 높은 액위에 대해서는 같은 축에 여러개의 임펠러를 설치하게 되며 유체 교반을 보다 증진시키기 위하여 방해판을 설치하기도 한다.

프로펠러와 터빈 교반기의 요구동력은 점도 25 Pa·s 까지에 대해서는 일반적으로 약한 교반의 경우 0.03에서 0.2 kW/m$^3$, 강한 교반의 경우 0.2에서 0.5 kW/m$^3$, 매우 강한 교반의 경우 0.5에서 2 kW/m$^3$ 정도의 범위이다. 보다 높은 점도에 대해서는 특수한 임펠러가 사용된다.

반죽이나 고분자 등과 같이 200 Pa·s 이상의 점도를 가진 물질을 혼합하기 위해서는 단순한 교반으로는 불충분하며 동시에 짜고, 나누고, 접는 동작이 필요하며 점도가 증가할수록 동력 요구량도 증가하게 된다. 그림 12-38은 혼합 장치 종류와 이들의 점도 증가에 따른 동력 소모량을 보여준다.

반죽기는 무겁고, 진득한 물질을 1.0 kg/s 까지 처리할 수 있으며 200에서 2000 Pa·s 까지의 점도를 취급한다. 동력소모는 10 kW/(kg/s)의 저점도 반죽에서 150 kW/(kg/s)의 폴리머까지의 범위이다.

플라스틱 성형에 사용되는 압출기도 혼합기로 사용될 수 있다. 이 장치에서 물질은 변동 가능한 피치와 직경의 스쿠류가 원추형 원통 속에서 회전하여 혼합되어 압출되게 된다. 반죽기가 취급할 수 있는 점도의 물질에서부터 보다 큰 점도의 고분자와 탄성 중합체까지 취급 가능하다. 동력 소모량은 10000 Pa·s 점도 물질의 경우 1000 kW/(kg/s)에 이른다.

고점도 반고체 물질에 사용되는 기타 혼합기로서 회전 혼합기, 혼쇄기, 혼합 롤 등이 있다.

## 교반기와 혼합기의 설계 순서

교반기와 혼합기에 있어서 가장 중요한 설계 변수는 요구되는 혼합정도의 달성을 위한 동력소모량과 체류시간이다. 제트 혼합, 오리피스 판, 무동작 혼합, 원심펌프 혼합에서의 동력소모는 좀더 단순하다.

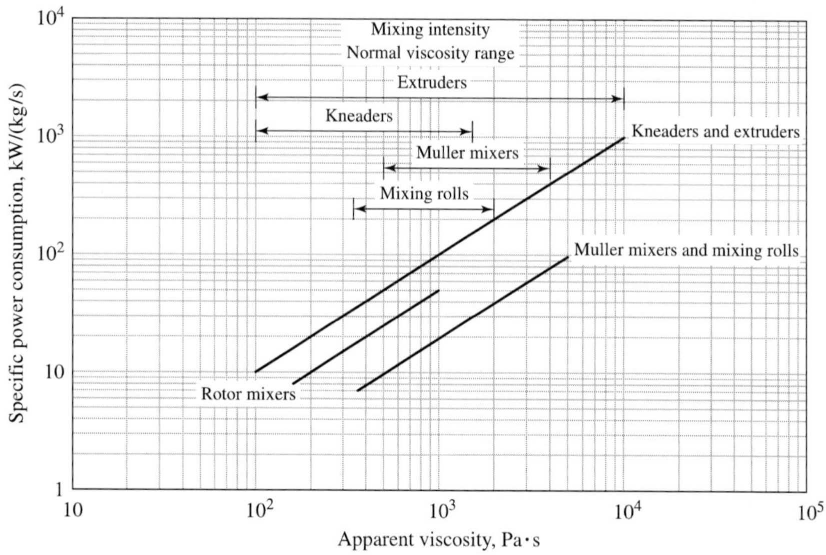


**그림 12-38**

고점도 반죽 및 고분자의 처리를 위한 혼합기의 정규 동력 소모량 범위

제트 혼합의 경우, 에너지는 두 기체 흐름 간의 압력 차이가 최소 100 kPa이 되도록 한 흐름의 속도를 증가시킬 수 있는 양이어야 한다. 이 방식의 액체 혼합의 경우에는 압력차이는 좀 더 커야 하는데 100, 200, 300 kPa 정도가 약한, 중간, 강한 혼합에 각각 적용된다. 액체 점도는 0.001 Pa·s를 넘지 않아야 한다.

오리피스 판과 무동작 혼합기의 경우, 동력 소모는 저항에 의해 야기된 압력강하를 극복하기 위해 필요한 에너지이다. 펌프 또는 교반-라인 혼합기의 경우, 동력소모는 바이패스 라인을 통하여 탱크 내로 유체를 재순환시키는 펌프에 요구되는 에너지이다.

가스 스파저의 동력 소모는 다음과 같다.

$$P = \frac{\dot{m}_G \eta_c \Delta p}{\rho_V} \tag{12-38}$$

여기서 $\dot{m}_G$는 기체질량유속, $\eta_c$는 총괄 압축기 효율, $\Delta p$는 압축기 편차압력, $\rho_v$는 기체 밀도이다. $\Delta p$는 스파저를 통한 압력강하값으로서 10에서 30 kPa를 가정하고 여기에 탱크 내의 유체에 의한 정압을 더함으로서 결정한다.

프로펠러와 터빈 교반기에 의한 혼합에서의 동력소모는 보다 복잡하게 되는데 혼합기 내의 유체패턴과 장치의 구조에 의존한다. 차원분석에 의하면 이들 변수는 다음의 관계를 가진다.

$$N_{\mathrm{Po}} = f'(\mathrm{Re},\ \mathrm{Fr},\ S_1, \ldots, S_n) \tag{12-39}$$

여기서 $N_{\mathrm{Po}}$는 $P/(N_r^3 D_a^5 \rho)$ 로 정의되는 power 수이며 $D_a N_r^2/g$로 표현되는 Froude 수의 함수이다. 형상인자 $S_1, \ldots, S_n$은 그림 12-39에 보여진 바대로 혼합기의 크기에 기반한다. 위의 세 식에서 $P$는 동력소모, $N_r$은 단위시간 당 임펠러 회전, $D_a$는 임펠러 직경, $\rho$는 유체 밀도, $\mu$는 유체 점도, $g$는 중력가속도이다. 식 (12-39)에서의 Froude 수는 Reynolds 수가 300을 넘을 때에만 인자가 되는데 Power 수와의 관계는 다음과 같다.

$$N_{\text{Po}}/\text{Fr}^m = \tilde{f}'(\text{Re}, S_1, \ldots, S_n) = \phi \tag{12-40}$$

여기서 $\phi$는 파워함수, 지수 $m$은 Reynolds 수와 다음과 같은 경험적 관계를 가진다.

$$m = \frac{a - \log \text{Re}}{b} \tag{12-41}$$

상수 $a$와 $b$는 형상인자에 대하여 경험적으로 산정되어야 한다.

그림 12-40은 6날을 가진 평날 터빈 혼합기에 대한 Reynolds 수의 함수로서의 power함수를 도시한 것이다.

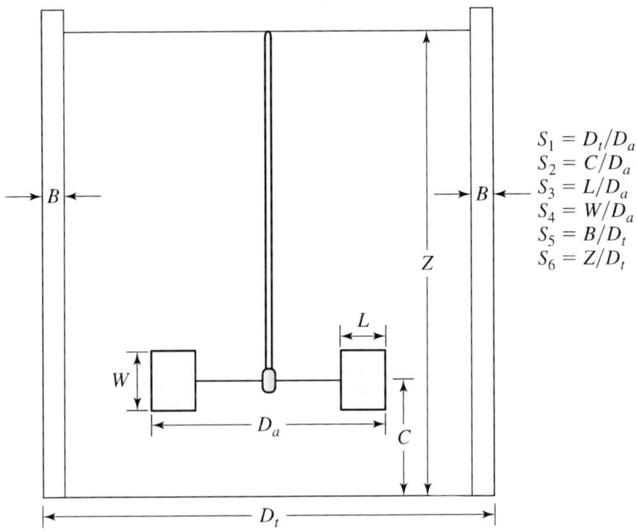


**그림 12-39**
혼합기에서의 동력소모 산정을 위해 사용되는 형상인자들과 터빈 혼합기 크기

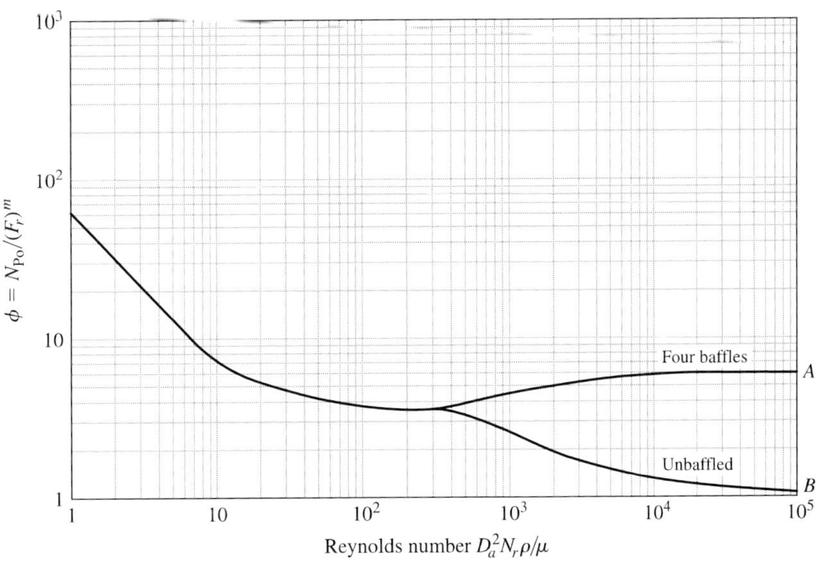


**그림 12-40**
6날을 가진 평날 터빈 혼합기에서의 power 함수 $\phi$와 Reynold 수와의 관계. 식 (12-41)의 상수 $a$와 $b$는 각각 1.0, 40.0 임

**표 12-9 형상인자 $S_5$ = 0.1인 방해판 설치 탱크에서의 식 (12-43)과 (12-44)의 상수**

| Type of impeller | $K_L$ | $K_T$ |
|---|---|---|
| Propeller (square pitch, three blades) | 41.0 | 0.32 |
| Propeller (pitch 2:1, three blades) | 43.5 | 1.00 |
| Turbine (six flat blades) | 71.0 | 6.30 |
| Turbine (six curved blades) | 70.0 | 4.80 |
| Turbine (six arrowhead blades) | 71.0 | 4.00 |
| Fan turbine (six blades) | 70.0 | 1.65 |
| Flat paddle (two blades) | 36.5 | 1.70 |
| Shrouded turbine (six blades) | 97.5 | 1.08 |

†Reprinted with permission from J. H. Rushton, *Ind. Eng. Chem.*, 44, 2931 (1952).


형상인자는 $S_1 = 3.0$, $S_2 = 1.0$, $S_3 = 0.25$, $S_6 = 1.0$이며 특히 곡선 $A$에서 $S_5 = 0.1$이다. 유체에 의한 동력소모는 식 (12-40)과 power 수의 정의를 조합하여 다음과 같이 얻어진다.

$$P = \phi \mathrm{Fr}^m N_r^3 D_a^5 \rho \tag{12-42}$$

Froude 수가 인자가 아닐 때는 power 관계식은 다음과 같이 축약된다.

$$P = \phi N_r^3 D_a^5 \rho \tag{12-42a}$$

Reynolds 수가 작거나 크면 보다 더 단순화될 수 있다. Reynolds 수가 10보다 작은 경우, 흐름은 층류이고 밀도는 더 이상 인자가 아니므로 식 (12-40)은

$$N_{\mathrm{Po}}\mathrm{Re} = \mathfrak{f}'_L(S_1, \ldots, S_m) = \frac{P}{N_r^2 D_a^3 \mu} = K_L \tag{12-43}$$

Reynolds 수가 10000보다 큰 방해판 설치 탱크에서 power 함수는 Reynolds 수에 독립적이 되고 점도는 인자가 아니게 된다. 이 영역에서 유체는 난류이고 식 (12-39)는

$$N_{\mathrm{Po}} = \mathfrak{f}'_T(S_1, \ldots, S_n) = K_T \tag{12-44}$$

4개의 방해판을 가진 탱크에서 운전되는 여러 가지 임펠러에 대한 상수 $K_L$과 $K_T$는 표 12-9에 수록되었다.

프로펠러나 터빈 임펠러에 대하여 혼화성 액체나 용액의 혼합을 위한 혼합 시간은 다음과 같이 산정될 수 있다.

$$\theta_r = 12{,}000\left(\frac{\mu V'}{P}\right)^{0.5}\left(\frac{V'}{1.0\ \mathrm{m}^3}\right)^{0.2} \tag{12-45}$$

여기서 $V'$은 탱크 내의 혼합유체 부피($m^3$)이다.

## 예제 12-6 혼합기에서의 동력소모 결정

터빈 혼합기를 이용하여 65°C, 101.3 kPa에서 농축 수산화나트륨을 물과 혼합하여 50% 소다

용액을 만들고자 한다. 세워진 탱크는 직경 1.8 m이고 1.8 m 깊이로 액체를 채우고자 한다. 6날의 직경 0.6 m 평날 터빈이 탱크 바닥에서 0.6 m 높이에 장착되어 90 r/min의 속도로 회전한다. 방해판은 설치되어 있지 않다. 이 혼합기의 필요동력은 얼마인가?

■ **풀이**

Reynolds 수와 Froude 수를 계산하기 위한 power 함수 산정. Perry 핸드북으로부터 데이터를 구하면 65°C에서의 50% 소다 용액의 점도와 밀도는 각각 12 cP와 1498 kg/m$^3$이다, 형상인자는 $S_1 = 3.0$, $S_2 = 1.0$, $S_6 = 1.0$이다. 그림 12-40의 곡선 $B$에 해당되므로 계산을 단순화하기 위하여 이 그림을 사용한다. Reynolds 수와 Froude 수는

$$\mathrm{Re} = \frac{D_t^2 N_r \rho}{\mu} = \frac{(0.6)^2(90/60)(1498)}{12(10^{-3})} = 67,400$$

$$\mathrm{Fr} = \frac{D_t N_r^2}{g} = \frac{(0.6)(90/60)^2}{9.8} = 0.137$$

식 (12-42)를 이용하여 동력소모량을 구할 수 있다. 이를 위하여 식 (12-41)로부터 지수 $m$을 구해야 하는데 방해판이 없는 탱크에서의 6날 터빈 혼합기에서의 상수 $a$와 $b$는 1.0과 4.0이므로 $m$은

$$m = \frac{a - \log \mathrm{Re}}{b} = \frac{1.0 - \log 67,400}{40} = -0.096$$

그림 12-40의 곡선 $B$로부터 power 함수는 1.06임을 알 수 있다. 따라서 동력소모는 식 (12-42)로부터 다음과 같이 구해진다.

$$P = (1.06)(0.137)^{-0.096}\left(\frac{90}{60}\right)^3(0.6)^5(1498)(10^{-3}) = 0.504\ \mathrm{kW}$$

이 결과를 기반으로하여 보수적 값으로서 0.75 kW의 모터가 추천된다.

0.02 m 넓이의 방해판 4개가 있는 경우($S_5 = 0.1$)의 동력소모는 얼마인가? 모든 형상인자가 그림 12-40의 곡선 $A$에 해당되므로 앞서의 경우와 동일한 순서가 적용될 수 있다. Reynold 수 67400에서 power 함수는 6.0이고 이 조건에서 Froude 수는 더 이상 인자가 아니므로 식 (12-42a)가 사용될 수 있다.

$$P = (6.0)\left(\frac{90}{60}\right)^3(0.6)^5(1498)(10^{-3}) = 2.35\ \mathrm{kW}$$

동력소모는 식 (12-44)와 표 12-9로 부터도 계산될 수 있다. 식 (12-44)를 정리하면

$$P = K_T N_r^3 D_a^5 \rho = (6.3)\left(\frac{90}{60}\right)^3(0.6)^5(1498)(10^{-3}) = 2.47\ \mathrm{kW}$$

## 교반기와 혼합기의 비용

제트 혼합기, 오리피스 판, 가스 스파지의 비용은 다른 공정 장치와 비교하여 매우 작다. 일반적으로 이들 장치의 비용은 유체를 압축하거나 압력강하를 극복하기 위하여 필요한 압축기나 펌프의 비용이다. 용기나 탱크가 가스 스파저나 펌프 혼합 루프에 포함되면 용기나 탱

크의 비용이 포함된다. 교반-라인 혼합기는 같은 용량의 원심펌프보다 1.5배 비싸다.

무동작 혼합기, 프로펠러, 터빈 교반기, 블랜더, 반죽기, 혼쇄기, 압출기 등에 대한 비용 데이터가 그림 12-41에서 12-49에 도시되어 있다. 혼합기로서의 분쇄장치의 비용은 그림 12-68에서 12-74에 수록되었다.

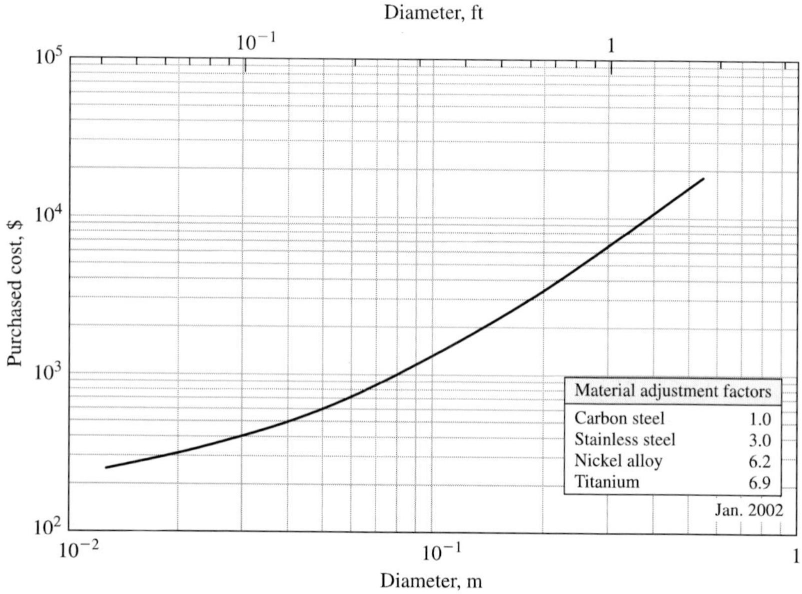


**그림 12-41**
무동작 혼합기의 구입비용

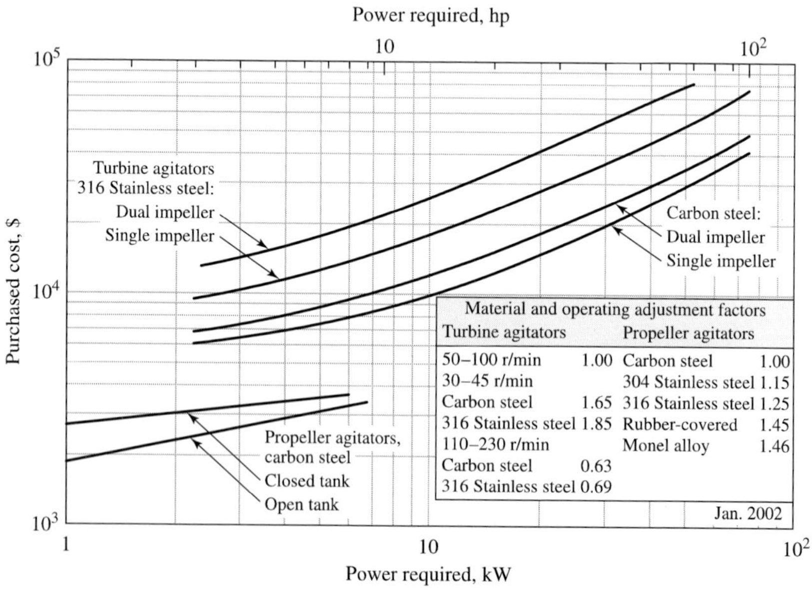


**그림 12-42**
터빈과 프로펠러 교반기의 구입비용

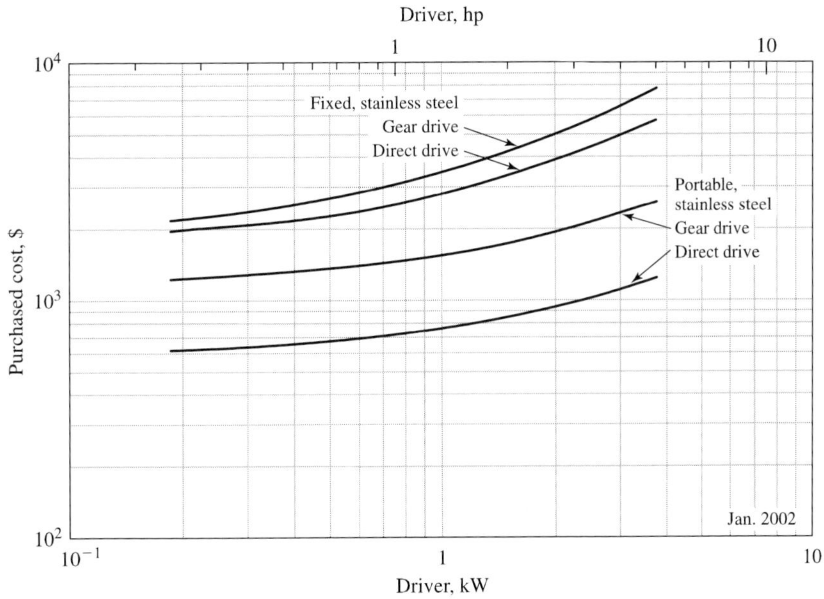


**그림 12-43**
프로펠러 혼합기의 구입비용

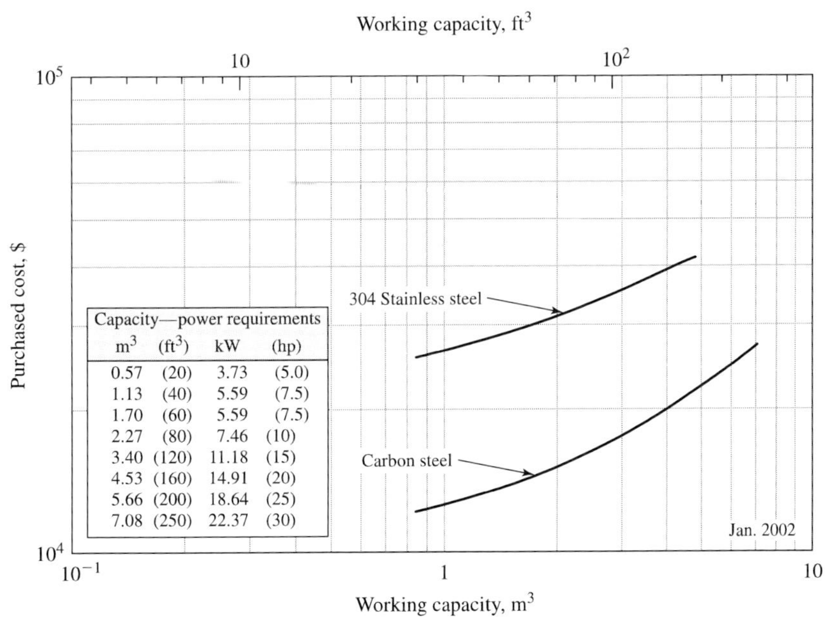


| Capacity—power requirements | | | |
|---|---|---|---|
| $m^3$ | ($ft^3$) | kW | (hp) |
| 0.57 | (20) | 3.73 | (5.0) |
| 1.13 | (40) | 5.59 | (7.5) |
| 1.70 | (60) | 5.59 | (7.5) |
| 2.27 | (80) | 7.46 | (10) |
| 3.40 | (120) | 11.18 | (15) |
| 4.53 | (160) | 14.91 | (20) |
| 5.66 | (200) | 18.64 | (25) |
| 7.08 | (250) | 22.37 | (30) |

**그림 12-44**
이중 콘형 회전 블랜더의 구입비용. 모터 비용은 제외

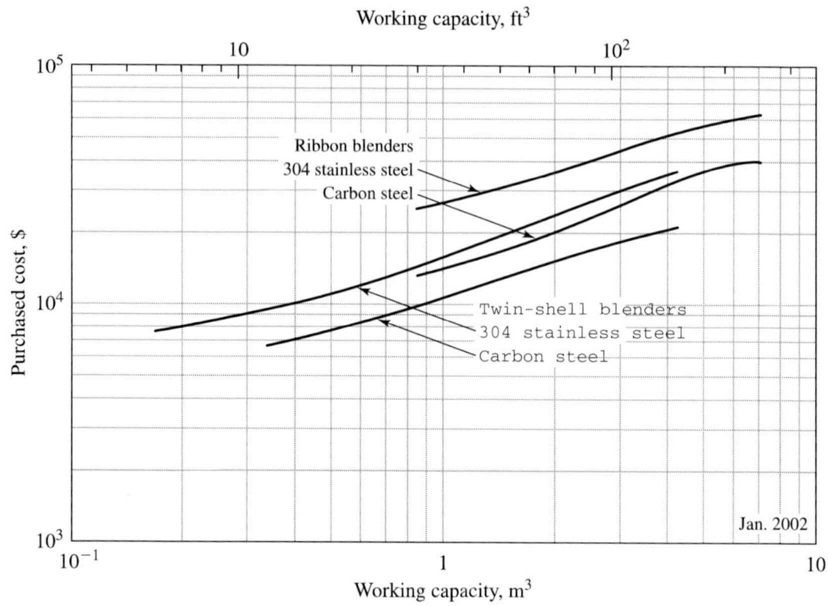


**그림 12-45**
리본 블렌더와 쌍둥이 셸 블렌더의 구입비용

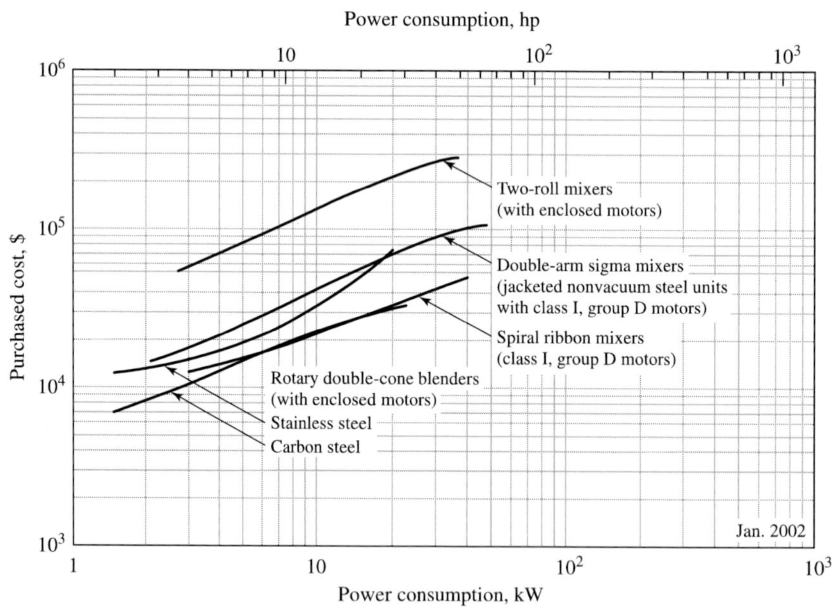


**그림 12-46**
저동력 소모형 혼합기와 블랜더의 구입비용

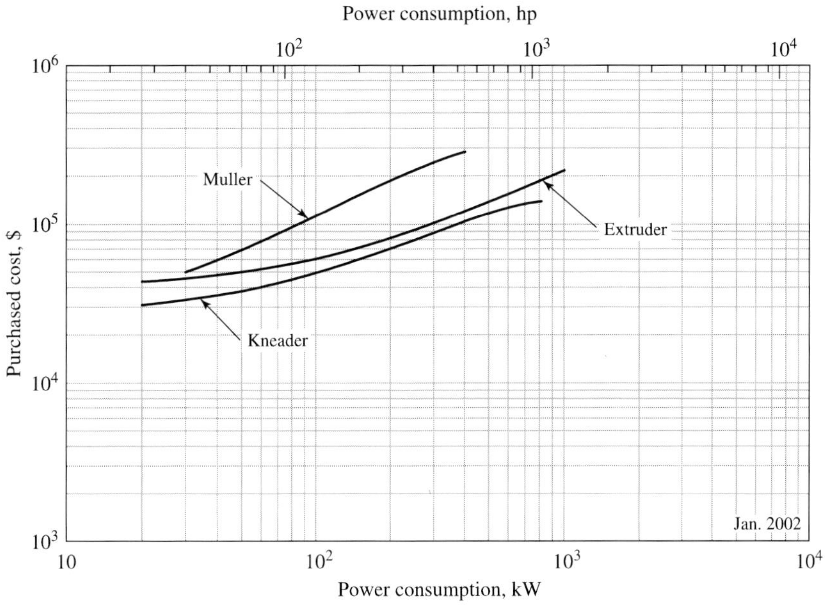


**그림 12-47**
고 동력 소모 공정을 위한 혼합기(모터 포함)의 구입비용

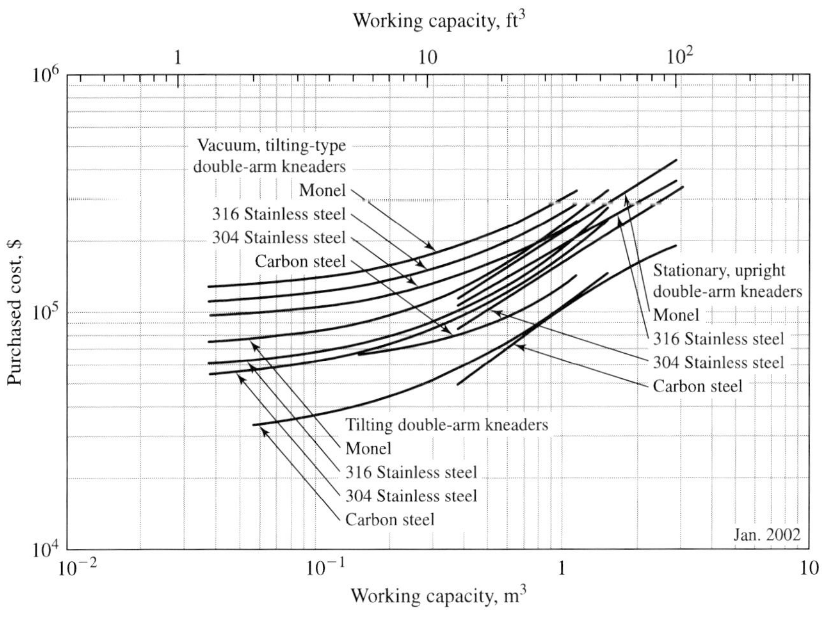


**그림 12-48**
반죽기의 구입비용. 기계, 자켓, 기어 리듀서, 드라이브, 커버, 노즐, 교반기 비용을 모두 포함

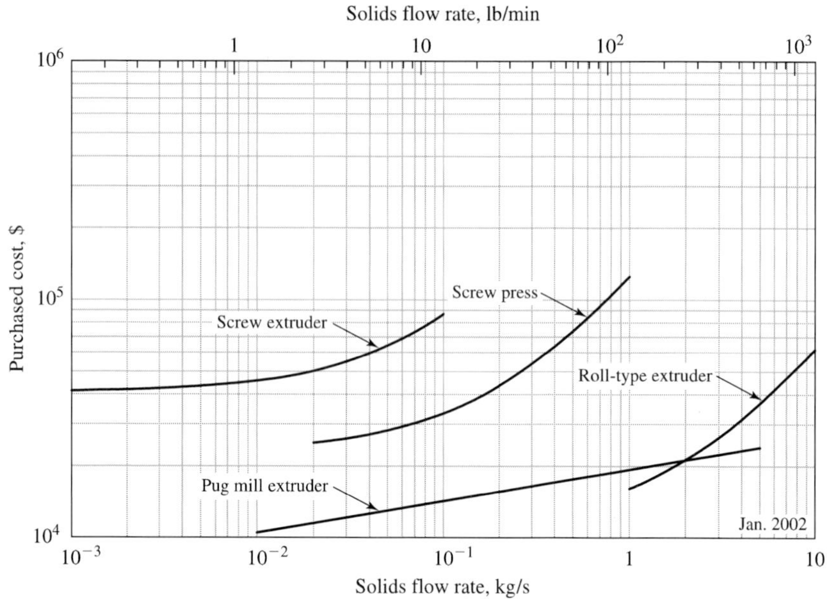


**그림 12-49**
고체 압출 장치의 구입비용

# 흐름 측정 장치

오리피스 미터, 벤츄리 미터, 로타 미터, 변위 유량계(displacement meter)들은 유체 흐름 속도를 측정하기 위해 산업공정에서 널리 사용된다. 위어(weir), 피토트 튜브, 풍속계, 습식-시험계와 같은 다른 흐름 측정 장치들도 산업 공정에 유용하다. 이들 중 로타 미터와 오리피스 미터가 가장 널리 사용되고 있다. 로타미터는 약간 가늘어지는 관 속의 추가 유체흐름정도에 의하여 지지 및 균형되는 원리이다. 일반적으로, 오리피스 미터는 유체 흐름 측정을 하는 다양한 타입의 장치들 중에서 가장 값이 저렴하고 융통성이 있다. 오리피스를 설치하였을 때 영구 압력이 크게 떨어지는 결점에도 불구하고 산업공정에 사용되는 유체흐름 측정장치 중 가장 흔한 타입이다. 벤츄리 미터는 고가이며, 주의를 기울여 균형을 잡고 조립해야 한다. 그러나 이것은 영구 압력의 큰 하락을 발생시키지 않기 때문에 동력 비용이 중요한 요소일 경우에 매우 유용하다.

오리피스 미터, 벤츄리 미터, 로타 미터의 설계와 작동에 사용할 기본 공식은 이 장의 시작 부분에서 언급된 에너지 수지식으로부터 유도될 수 있다. 다음의 식은 액체와 기체에 대하여 적용된다.

로터미터의 경우

$$\dot{m}_v = YC_d A_c \left[ \frac{2V'_p g(\rho_p - \rho)/\rho}{A_p(1-\beta^4)} \right]^{1/2} \tag{12-46}$$

오리피스 미터와 벤츄리 미터의 경우

$$\dot{m}_v = YC_d A_c \left[\frac{2(p_1 - p_2)/\rho}{1 - \beta^4}\right]^{1/2} \tag{12-47}$$

여기서 $\dot{m}_v$는 체적 유속($m^3/s$), $Y$는 확장인자(무차원), $C_d$는 배출 계수(무차원), $A_c$는 최소점에서의 흐름 횡단면적($m^2$), $A_p$는 압축이 있기 전 덕트의 상류부분에서의 흐름 횡단면적, ($m^2$), $g$는 국부 중력 가속도($m/s^2$), $\rho$는 유체의 평균 밀도($kg/m^3$), $\rho_p$는 추의 밀도($kg/m^3$), $p_1$는 압축 전 덕트 상류 부분의 정압력(kPa), $p_2$는 흐름의 횡단면적 최소점에서의 정압력(kPa), $V'_p$는 추의 부피($m^3$), $\beta$는 쓰로트 직경과 배관 직경 비, $V'_p$는 추의 부피($m^3$) 이다. 액체 흐름에 대해서 확장인자 $Y$는 1.0이다. 벤츄리 미터와 노즐에 대한 기체 흐름의 경우, $Y$는

$$Y = \left[r^{2/k}\left(\frac{k}{k-1}\right)\left(\frac{1 - r^{(k-1)/k}}{1 - r}\right)\left(\frac{1 - \beta^4}{1 - \beta^4 r^{2/k}}\right)\right]^{1/2} \tag{12-48}$$

여기서 $r = p_2/p_1$, $k$는 기체의 정압비열 대 정적비열의 비이다. 식 (12-48)에서 구한 $Y$값을 $r$, $k$, $\beta$의 함수로서 그림 12-50에 도시하였다.

오리피스 미터의 배출 계수값인 $C_d$는 흐름 시스템의 성질, 오리피스 직경 대 상류의 직경비, 압력측정 탭(tap)의 위치에 따라 결정된다. 가장자리가 날카로운 오리피스 미터의 $C_d$ 값은 그림 12-51에 나타나 있다. 이 수치는 잘룩한 탭(throat tap)을 가진 오리피스관에 정확히 적용되는데, 여기에서 하류압력 탭은 오리피스 관 하류 측에 있는 관 하나의 직경의 1/3에 위치되며, 상류 탭은 하류 측에 있는 관 하나의 직경에 위치된다. 그러나 5% 정도의 오차 내에서 그림 12-51에 나타낸 $C_d$값은 오리피스판과 가설의 잘룩한 탭 사이의 모든 곳에 위치된 압력계 탭에도 이용될 수 있다.

벤츄리 미터는 대개 총 각도가 25에서 30°인 내부로 지름이 작아지는 입구와 내부각도 7°로 지름이 작아지는 출구를 가지고 있다. 이러한 조건 하에서, 상류 영역의 조건을 기본으로 한 Reynolds 수가 5000보다 크다면 배출 계수 값은 0.98로 가정될 수 있다. 로타미터의 다양한 추의 형태들에 대한 $C_d$값은 그림 12-51에 나타나 있다. 로타미터의 배출 계수에 적용할 수 있는 Reynolds 수는 추와 컨테이닝 튜브사이에 있는 고리모양의 출구를 통과하는 흐름 조건에 바탕을 둔다. Reynolds 수에 사용하는 등가 직경은 추가 위치한 곳에 있는 로타미터의 직경과 추의 최대 직경사이의 차이로 계산된다.

위어는 개방 통로 내를 흐르는 액체 흐름을 측정하는데 사용된다. 사각형 위어를 통한 흐름은 다음과 같이 주어진다.

$$\dot{m}_v = 0.415(L - 0.2H_o)H_o^{1.5}(2g)^{1/2} \tag{12-49}$$

여기서 $L$은 직사각형 위어의 길이, $H_o$는 위어 헤드를 나타낸다. 이 관계식은 길이가 $2H_o$보다 크고, 위어 헤드가 0.09 m 보다 작고, 통로의 바닥으로부터의 꼭대기의 높이가 최소 $3H_o$인 경우 실험결과와 3% 내의 오차값을 가져다 준다.

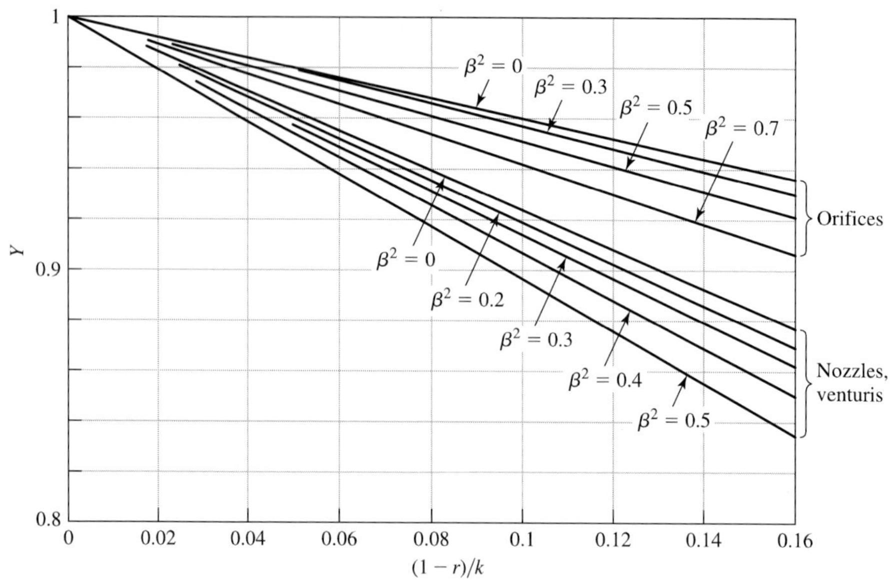


**그림 12-50**

오리피스, 노즐, 벤츄리의 확장 인자 $Y$값

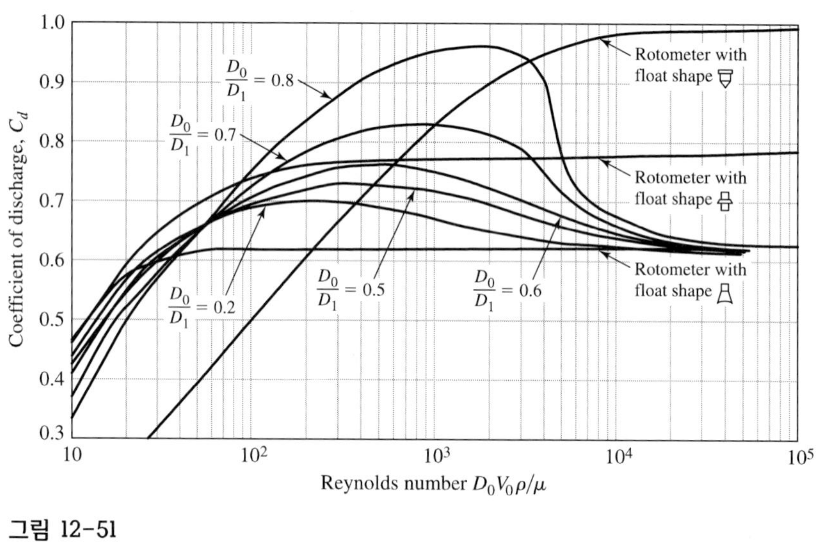


**그림 12-51**

로타미터와 중앙에 구멍이 있는 직각 가장자리 오리피스의 배출 계수

## 유체의 저장 및 보관

액체 물질은 산업공장에서 원통 모양, 구 모양, 사각 모양의 탱크를 이용하여 저장된다. 이러한 탱크들은 목재, 콘크리트, 섬유 보강 플라스틱(FRP), 금속 등으로 만들어진다. FRP의 이용이 더욱 중요해지고 있기는 하지만, 금속이 가장 일반적인 구조 재료이다. 저장 용기의 설계는 벽의 두께, 입·출구의 크기와 개수, 용기 헤드의 모양, 요구되는 온도와 압력 제한, 내용물의 부식작용 등과 같은 상세 사항의 고려를 포함한다.

설계시와 동일한 원칙들이 다른 유형의 탱크에도 적용되는데, 화학 반응기, 혼합기, 증류탑에 사용되어지는 것과 같은 압력 용기에서도 마찬가지이다. 이러한 경우에 외형은 흔히 단 조합구조물(tray assembly), 교반기, 내부 코팅(lining), 충진재와 같은 다른 구성 요소와는 별개로 다루어지면서, 별개로 설계되며, 비용도 별개로 산정된다. 압력 용기의 공정은 일반적으로 ASME 보일러와 압력 용기 코드에 따라서 설계된다. 이것들은 흔히 타원이나 반구형의 헤드로 양쪽 끝 부분에 뚜껑을 덮은, 수직이나 수평적인 위치로 설치된 원통 모양의 외형이다. 설계에 있어 주요한 관심사는 모든 공정조건 하에서 안전하게 사용할 수 있을 만큼 충분히 두꺼운 두께의 벽을 확보하는 것이다.

### 압력용기의 설계 순서

금속 용기에 요구되는 벽 두께는 (1) 공정 온도에서의 최고 신장 강도나 금속의 항복점, (2) 공정 압력, (3) 탱크 직경, (4) 연결부위나 용접 효율과 상관관계에 있다. 표 12-10은 Division 1의 Section Ⅷ에 명시된 ASME 보일러와 압력 용기 코드에 바탕을 둔 탱크와 압력 용기를 설계할 시에 이용하는 설계공식과 데이터의 개요를 보여 주고 있다.

### 탱크, 압력용기, 저장장치의 비용

조립에 관련된 재료, 노동, 노즐, 맨홀, 간접비와 같은 각각의 구성 요소에 대한 상세한 가격 견적서를 바탕으로 용기와 탱크의 비용을 구하기 위한 수많은 접근방법들이 개발되어 왔다. 최종적인 설치비용은 장치를 공장까지 옮겨서 사용 가능하도록 설치하는 데 관련된 화물 운송, 노동, 재료, 공사, 간접비를 고려한 요인들을 적용함으로써 얻어질 수 있다. 이러한 방법들은 공정 온도와 압력뿐만 아니라 사용되어질 구조재료들을 고려한다. 그러나 이러한 비용 산정에 필요한 시간은 초기설계 단계에서는 가용하지 않다.

탱크와 압력용기의 초기비용 산정을 위해서는 그것의 무게를 산정하여 단위 무게 당 비용을 적용하는 것이 선호된다. 탄소강과 304 스테인레스 강의 단위 f.o.b. 비용은 무게의 −0.34 지수로 변화된다. 많은 스테인레스 강 용기들이 지지대, 브레키트, 플렌지, 볼트 등에 상당량의 탄소강을 사용하고 있기 때문에 탄소강 1 kg은 0.4 kg 스테인레스 강에 해당된다고 가정하는 것이 필수적이다.

탱크와 압력용기의 무게는 원통 셀과 헤드를 분리하여 계산한 후 노즐, 맨홀, 스커트, 새들 등의 무게를 더함으로써 구해진다. 만약 탱크의 하드웨어에 대한 무게 정보가 없는 경우, 수평형의 경우에는 탱크 셀과 2개의 헤드 무게에 15% 정도를 증가시키고 수직형의 경우

표 12-10 ASME 보일러와 압력용기 코드에 기반한 압력용기 설계공식 및 데이터

| Recommended design equations for vessels under internal pressure | Limiting conditions |
|---|---|
| For cylindrical shells | |
| $t = \dfrac{Pr_i}{SE_J - 0.6P} + C_c$ | $t \le \dfrac{r_i}{2}$ or $P \le 0.385SE_J$ |
| $t = r_i\left(\dfrac{SE_J + P}{SE_J - P}\right)^{1/2} - r_i + C_c$ | $t > \dfrac{r_i}{2}$ or $P > 0.385SE_J$ |
| For spherical shells | |
| $t = \dfrac{Pr_i}{SE_J - 0.2P} + C_c$ | $t \le 0.356r_i$ or $P \le 0.665SE_J$ |
| $t = r_i\left(\dfrac{2SE_J + 2P}{2SE_J - P}\right)^{1/3} - r_i + C_c$ | $t > 0.356r_i$ or $P > 0.665SE_J$ |
| For ellipsoidal head | |
| $t = \dfrac{PD_a}{2SE_J - 0.2P} + C_c$ | 0.5 (minor axis) $0 = 0.25D_a$ |
| For torispherical (spherically dished) head | |
| $t = \dfrac{0.885PL_a}{SE_J - 0.1P} + C_c$ | $r$ = knuckle radius = 6% of inside crown radius and is not less than $3t$ |
| For hemispherical head<br>Same as for spherical shells with $r_i = L_a$ | |

| Properties of vessel heads (include corrosion allowance in variables) | 2:1 Ellipsoidal | Hemi-spherical | Standard ASME torispherical |
|---|---|---|---|
| Capacity as volume in head, $m^3$ | $\dfrac{\pi D_a^3}{24}$ | $\dfrac{2}{3}\pi L_a^3$ | $0.9\left(\dfrac{2\pi L_a^2}{3}\text{IDD}\right)$ |
| IDD = inside depth of dish, m | $\dfrac{D_a}{4}$ | $L_a$ | $L_a - [(L_a - r)^2 - (L_a - t - r)^2]^{1/2}$ |
| Approximate weight of dished portion of head, kg | $\rho_m \dfrac{\pi(nD_a + t)^2 t}{4}$ | $\rho_m\left(2\pi L_a^2 t\right)$ | $\rho_m \dfrac{\pi(\text{OD} + \text{OD}/24 + at)^2 t}{4}$ |

표 12-10 계속

| Joint efficiencies | Recommended stress values Metal | Temp., °C | S, kPa |
|---|---|---|---|
| For double-welded butt joints | Carbon steel | −29 to 343 | 94,500 |
| If fully radiographed = 1.0 | (SA-285, Gr. C) | 399 | 82,700 |
| If spot-examined = 0.85 | | 454 | 57,200 |
| If not radiographed = 0.70 | | | |
| In general, for spot examined | Low-alloy steel | −29 to 427 | 94,500 |
| If electric resistance weld = 0.85 | for resistance to | 510 | 75,800 |
| If lap-welded = 0.80 | $H_2$ and $H_2S$ | 565 | 34,500 |
| If single-butt-welded = 0.60 | (SA-387, Gr.12C1.1) | 649 | 6,900 |
| | High-tensile steel | −29 to 399 | 137,900 |
| | for heavy-wall | 454 | 115,800 |
| | vessels | 510 | 69,000 |
| | (SA-302, Gr.B) | 538 | 42,750 |
| | High-alloy steel | | |
| | for cladding and | −29 | 128,900 |
| | corrosion resistance | 343 | 77,200 |
| | Stainless 304 | 427 | 72,400 |
| | (SA-240) | 538 | 66,900 |
| | Stainless 316 | −29 | 128,900 |
| | (SA-240) | 345 | 79,300 |
| | | 427 | 75,800 |
| | | 538 | 73,100 |
| | Nonferrous metals | | |
| | Copper | 38 | 46,200 |
| | (SB-11) | 204 | 20,700 |
| | Aluminum | 38 | 15,900 |
| | (SB-209, 1100-0) | 204 | 6,900 |

**Nomenclature for Table 12-10**

$a$ = 2 for thicknesses <0.0254 m and 3 for thicknesses ≥0.0254 m
$C_c$ = allowance for corrosion, m
$D_a$ = major axis of an ellipsoidal head, before corrosion allowance is added, m
$E_J$ = efficiency of joints expressed as a fraction
IDD = inside depth of dish, m
$L_a$ = inside radius of hemispherical head or inside crown radius of torispherical head, before corrosion allowance is added, m
$n$ = 1.2 for $D \leq 1.55$ m, 1.21 for $D = 1.55$–2.0 m, 1.22 for $D = 2.0$–2.7 m, and 1.23 for $D > 2.7$ m
OD = outside diameter, m
$P$ = maximum allowable internal pressure, kPa (gauge)
$r$ = knuckle radius, m
$r_i$ = inside radius of shell, before corrosion allowance is added, m
$S$ = maximum allowable working stress, kPa
$t$ = minimum wall thickness, m
$\rho$ = density of metal, kg/m$^3$

[†]See the latest *ASME Boiler and Pressure Vessel Code* for further details.

**표 12-11 3가지 종류 형상의 헤드를 위한 공 원판의 직경 계산을 위한 인자들**

| Type of head | Ratio $D/t$[†] | Blank diameter factor |
|---|---|---|
| ASME head | >50 | 1.09 |
| | 30–50 | 1.11 |
| | 20–30 | 1.15 |
| Ellipsoidal head | >20 | 1.24 |
| | 10–20 | 1.30 |
| Hemispherical head | >30 | 1.60 |
| | 18–30 | 1.65 |
| | 10–18 | 1.70 |

[†] $D$ is the head diameter and $t$ the nominal minimum head thickness.

**표 12-12 용기의 내부 압력 수준을 고려한 비용 인자들**

| Pressure level, kPa | Cost factor | Pressure level, kPa | Cost factor |
|---|---|---|---|
| Up to 425 | 1.0 (basis) | 5,500 | 3.8 |
| 775 | 1.3 | 6,150 | 4.0 |
| 1450 | 1.6 | 6,850 | 4.2 |
| 2100 | 2.0 | 10,200 | 5.4 |
| 2800 | 2.4 | 13,600 | 6.5 |
| 3450 | 2.8 | 20,300 | 8.8 |
| 4150 | 3.0 | 27,000 | 11.3 |
| 4800 | 3.3 | 33,800 | 13.8 |

[†] If the data are available, it is much better to use the design equations presented in Table 12-10 to obtain the necessary wall thickness based on the stress value at the operating temperature, in place of using the given pressure factors since there is a critical interrelationship among material of construction, operating pressure, and operating temperature in establishing the design and cost of pressure vessels.

20% 정도를 증가시켜 구한다. 강 밀도는 7833 kg/m$^3$으로 가정할 수 있다.

이러한 탱크에서의 특정 형상 헤드는 그러한 모양을 형성하는 데 사용된 공 원판의 면적으로 근사한다. 표 12-11에 수록된 적절한 인자를 셸의 실제 외경에 곱함으로써 공 원판의 요구직경을 구할 수 있다. 이들 인자는 용접에 필수적인 플랜지를 위한 여유분을 포함한다.

2002년 1월 시점 비용 기준으로서 탄소강 단위 f.o.b.의 1 kg 당 압력 용기 달러 비용(노즐, 맨홀, 새들, 스커트 포함, 단이나 교반기는 불포함)은 다음과 같다.

$$\text{Cost} = 73(W_v)^{-0.34} \tag{12-50}$$

여기서 $W_v$는 용기의 계산된 총 무게(kg)이다. 이 관계는 400에서 50000 kg의 범위에 적용된다. 제조단위 재료로서 탄소강을 304 스테인레스 강으로 전환하기 위한 비용 인자는 2.0에서 3.5이고, 316 스테인레스 강의 경우는 2.4에서 4.3, 모넬의 경우는 4.5에서 9.8, 티타늄의 경우 4.9에서 10.6 범위이다.

내부압력이 식 (12-50)에서 허용된 425 kPa 이상으로 운전되는 압력용기의 구매비용을 산정하기 위해서는 표 12-12가 사용된다. 예를 들면 2100 kPa 압력하의 용기 비용은 425

kPa 한계 이하에서 운전되는 같은 용량의 용기 비용의 2배가 된다.

일반적으로 부식에 대한 여유분을 가지지 않은, 압력에 영향을 받는 모든 판의 최소 벽 두께는 용접되거나 납땜질된 구조물에서는 2.4 mm 보다 작아서는 안되고, 리벳으로 고정된 구조물의 경우에는 불발화 증기 보일러에서는 4.8 mm 보다 작아서는 안 된다.

부식에 대한 여유분은 년당 0.25에서 0.38 mm이거나, 수명 10년에 대하여 3 mm가 합리적이다.

선적된 용기의 기준비용으로부터 단이나 교반기와 같은 특정 내부장치 비용으로 전환하기 위한 Lang 인자는 수평형 용기의 경우는 3.0, 수직형의 경우는 4.0이다. 만약 탱크나 용기에 대한 무게 정보가 가용하지 않을 때는 초기비용 산정은 소형 혼합 및 저장탱크의 경우에 그림 12-52에 있는 부피용량을, 벽 두께가 6.35 mm인 표준형 탱크의 경우에는 그림 12-53에 기준한다. 그림 12-55와 12-56은 대기압에서 운전되는 대용량 기체 저장 탱크의 비용을 보여준다. 용기의 총 비용을 결정할 때에는 용기의 모든 내부품뿐만 아니라 기초와 지지부, {의 노즐, 플랫홈, 노동, 간접비용을 참작하여야 한다. 표 12-13은 몇몇 소형 용기에 대한 비용을 보여준다.

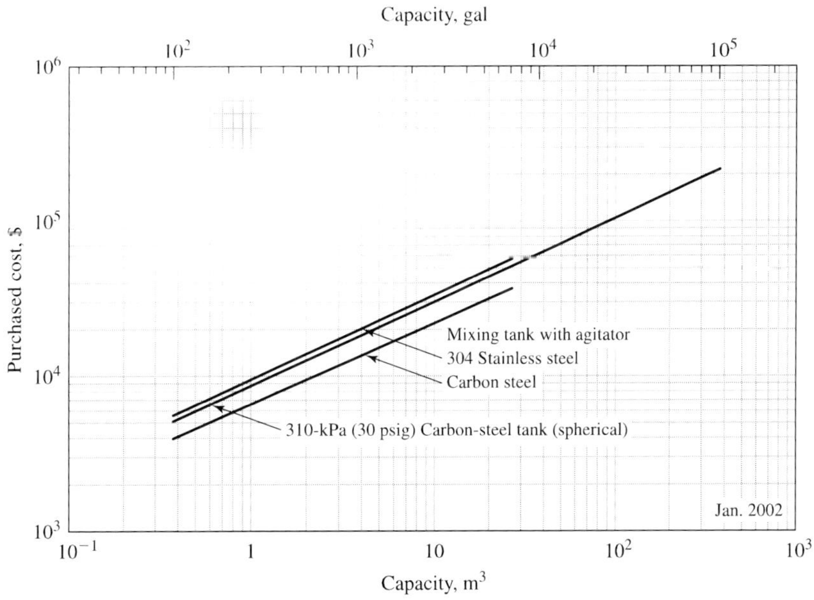


**그림 12-52**
혼합 및 저장 탱크의 구입 비용. 혼합탱크에 대한 비용은 드라이빙 장치 비용을 포함한다.

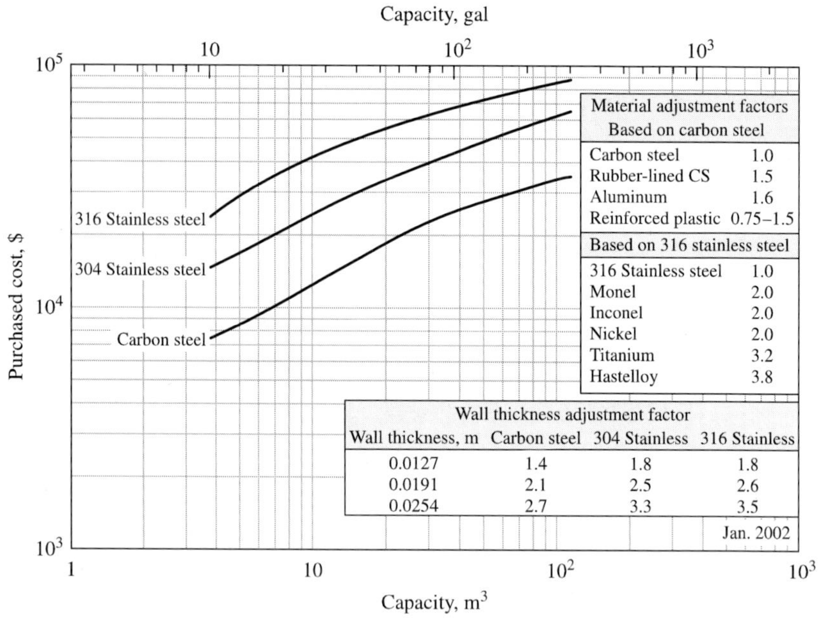


**그림 12-53**

$6.35 \times 10^{-3}$ m 벽 두께의 표준형 탱크의 구입 비용. 보다 두꺼운 벽의 탱크에 대해서는 벽두께 보정인자를 사용한다.

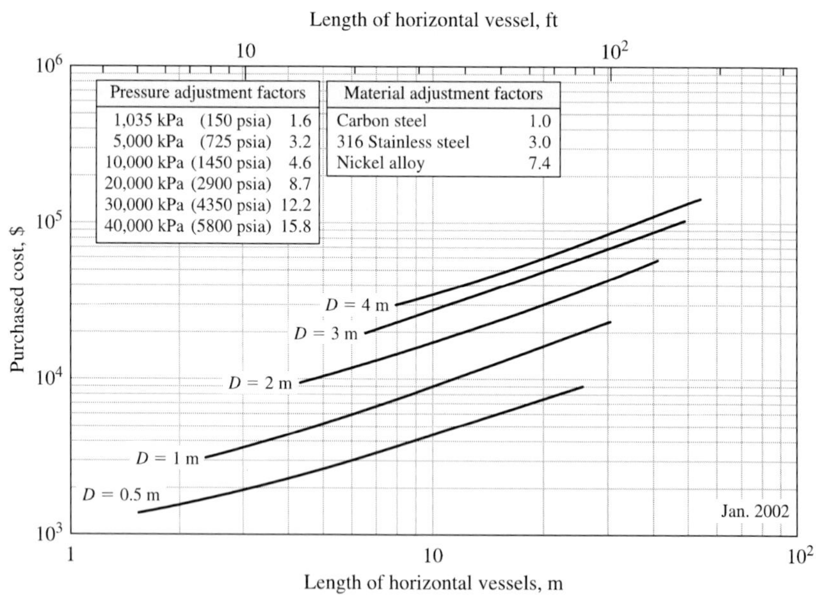


**그림 12-54**

수평형 저장 탱크의 구입 비용

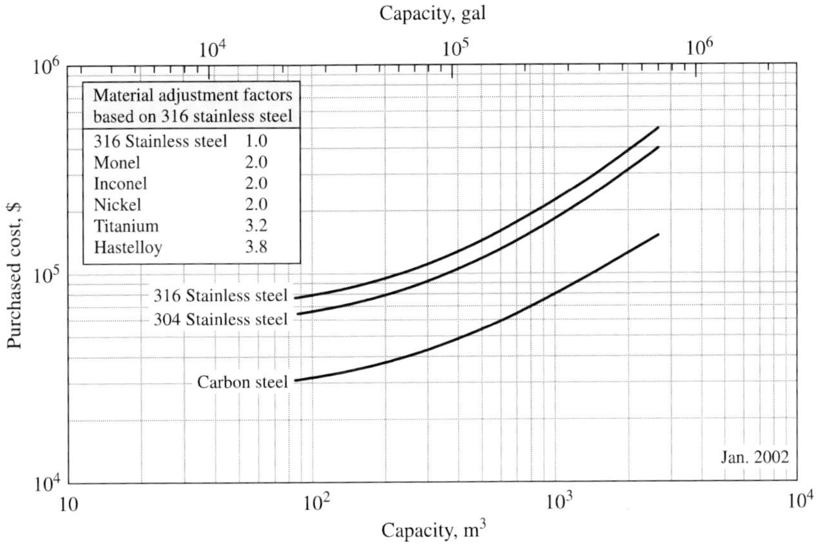


**그림 12-55**

소형 탱크의 비용. 계단, 플랫홈, 정규 구성부품들을 포함. 탄소강 탱크는 API 표준 650 탱크에 대한 것이며 다른 두개는 대기압에서의 평 바닥형 스테인레스 강 탱크에 대한 것이다.

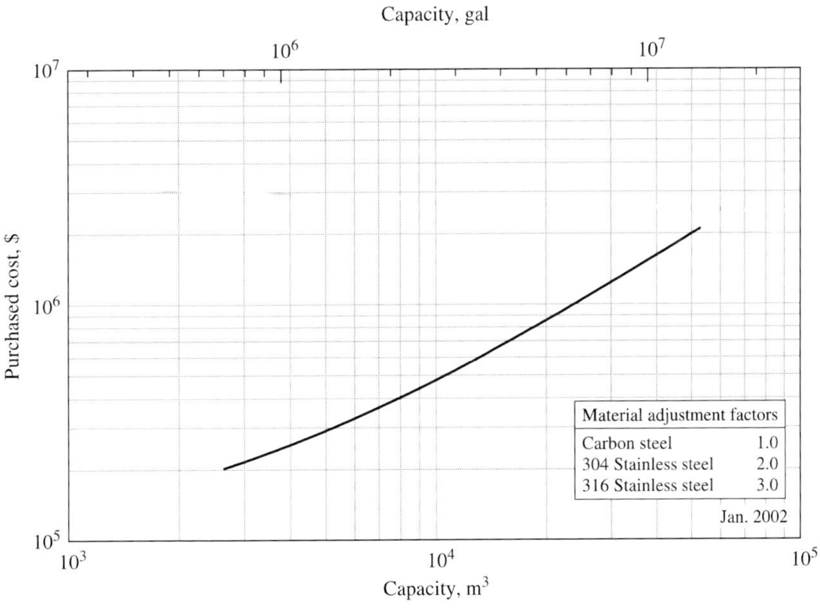


**그림 12-56**

대형 탱크의 비용. 계단, 플랫홈, 정규 구성부품들을 포함

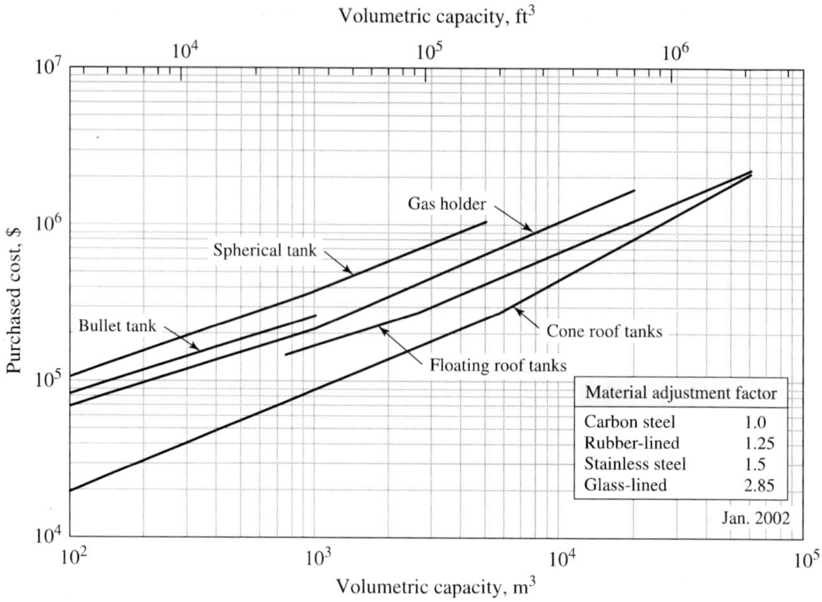


**그림 12-57**
대기압에서 대용량 탄소강 기체 저장탱크의 구매비용

**표 12-13 소형 용기의 추정 비용**

| Customary size and description | Approx. unit cost, $ | Usable volume, $m^3$ |
|---|---|---|
| 55-gal steel drum, new | 27.00 | 0.21 |
| 55-gal steel drum, used | 15.00 | 0.21 |
| 55-gal aluminum drum, new | 124.00 | 0.21 |
| 55-gal 304 stainless-steel drum | 328.00 | 0.21 |
| 30-gal steel drum | 18.00 | 0.11 |
| 16-gal steel drum | 3.70 | 0.06 |
| 61-gal fiber drum for dry products | 12.00 | 0.23 |
| 55-gal fiber drum for dry products | 11.00 | 0.21 |
| 47-gal fiber drum for dry products | 11.00 | 0.18 |
| 41-gal fiber drum for dry products | 10.00 | 0.155 |
| 30-gal fiber drum for dry products | 8.60 | 0.11 |
| 15-gal fiber drum for dry products | 4.00 | 0.057 |
| Pallets, expendable, approx. 1.0 × 1.2 m | 8.00–15.00 | — |
| Pallets, warehouse type, approx. 1.0 × 1.2 m | 16.50–23.00 | — |

# 고체 이송

액체와 기체의 이송은 이 장의 앞쪽에서 이미 다루었다. 이 절은 고체를 이송하는데 사용되고 있는 특수한 장치에 관한 사항이다. 액체와 기체의 경우와 마찬가지로 다양한 형태의 장치가 고체의 이송에도 사용되고 있다. 일반적으로 이들은 아주 광범위하게 분류되고 있는데, 스크류, 벨트, 연속흐름식, 에이프론, 버킷, 공기식 및 진동식 컨베이어 등이 있다. 이들을 사용하는데 있어서 각각의 장점과 제한사항을 지적하고 간략히 정리하고자 한다.

## 고체이송 장치의 선정

고체이송에 가장 적정한 장치를 선정하기는 비교적 복잡한데, 이것은 고려해야 할 연관 인자가 많기 때문이다. 소요 용량은 이 선정에 있어서 가장 지배적인 인자이다. 고체이송의 길이는 컨베이어의 일정한 형태로 제한된다. 예를 들면 벨트 컨베이어의 이송 길이는 수 킬로미터가 될 수 있는 반면에 공기식 컨베이어, 또는 진동식 컨베이어는 불과 200에서 300 m 미만에 불과하다. 수직으로 고체 물질을 이송하는 데는 버킷 엘리베이터로 하는 것이 가장 경제적으로 다룰 수 있다. 그러나 수직 리프트와 수평 이송이 모두 수반될 때에는 다른 컨베이어를 고려할 필요가 있다. 최종적으로는 고체의 물리 · 화학적 성질이 선정에 직접적인 영향을 미칠 수 있다. 고체에 있어서 더 중요한 성질은 입자크기와 유동성, 부식성이다.[106)]

고체이송계의 초기비용은 일반적으로 설계유량 이외에도 예측수명이 밀접한 관련이 있다. 이송장치의 비용은 각 이송장치계에 대한 명확한 조사에 근거해서 비교 · 검토되어야 한다. 표 12-14는 각 이송장치에 있어서 필요한 이송기능, 취급 가능한 벌크용량 및 소요동력을 기준으로 이송장치 선정의 기준을 제시한 것이다.

이송장치의 구동은 장치계 총비용의 10 ~30%로 계상할 수 있다. 정속 구동은 이송속도가 정규 조작중에 일정하게 유지될 때 사용된다. 가변 구동은 조작에 변화가 예상될 때 사용된다.

**스크류 컨베이어와 벨트 컨베이어** 스크류 컨베이어는 물리적으로 나선형의 나선, 또는 도랑 내부에서 회전하는 파이프나 축에 장착된 조립식 날개로 구성되어 있다. 고체 물질을 이송하는 동력은 이 파이프나 축을 통해 전달된다. 이 컨베이어 부품의 직경에는 제한이 있다.

고체를 이송하는 것 이외에도 스크류 컨베이어는 다른 처리조건에서도 유용하게 사용된다. 혼합의 거의 대부분은 회전 기구에 변화를 주면 달성할 수 있다. 예를 들면, 리본 날개를 사용하여 아주 끈적한 물질도 처리할 수 있다. 변동 핏치, 감쇠 날개, 또는 계단형 날개의 스크류 컨베이어는 고체의 공급 조절을 우수하게 할 수 있다. 짧은 핏치 스크류는 경사형 수직이송에 적용하여 사용되고, 이중 날개형 짧은 핏치는 수세작용을 효과적으로 소형화시킬 수 있다.

벨트 컨베이어는 속도 5 m/s로 수 km까지 고체를 이송할 수 있고, 시간당 4500 톤까지 취급할 수 있다. 협로인 평면 벨트는 소량의 고체를 이송하는데 사용된다. 0.35 m 이상의 광폭 벨트는 모두가 도랑형인데, 이와 같은 조작 형태는 벨트의 이송용량의 2배에 이른다.

이송되고 있는 고체의 휴면각은 컨베이어 벨트의 용량뿐만 아니라 벨트를 기울일 수 있는 최대각도에 제한을 받는다. 이와 같은 최대 경사각은 고체의 휴면각 보다는 상당히 작은데, 15 ~ 20°가 표준범위이며 최대 30°이다. 그러나 벨트의 경사도는 이송용량을 5 ~ 10 % 감소시킨다.

106) 보통 컨베이어로 이송하는 약150 종류의 벌크고체의 물성은 Perry's Chemical Engineers' Handbook, 7th ed., R.H. Perry and D.W. Green, eds., McGraw-Hill, New York, 1997, Table 21-6, p. 21-6에 제시되어 있다.

표 12-14 고체이송 장치 선정의 기준

| Type of solids transport equipment | Max. bulk capacity, $m^3/s$ | Conveying speed, m/s | Power required, kW[‡] | Advantages and limitations |
|---|---|---|---|---|
| Screw | 0.08[§] | 0.1 | $P = 0.07\dot{m}^{0.85} L$ | Accepts dusty, fibrous, and sticky solids; not limited by angle of incline; capacity and length limited by shaft diameter; high annual cost |
| Belt | 2.0 | 1–5 | $P = 0.0027\dot{m}^{0.82} L$ | Conveys lumpy, fibrous, and abrasive solids; limiting angle of incline of 30°; large capacities in one direction over long lengths; low annual cost |
| Continuous flow | 0.01 | 0.5–1 | $P = 0.07\dot{m}^{0.85} L$ | Conveys lumpy and fibrous solids, not limited by angle of incline and direction, cannot handle abrasive or sticky solids, capacity low, moderate annual cost |
| Apron | 0.06 | 0.25–0.4 | $P = 0.006\dot{m}^{0.82} L$ | Conveys lumpy and fibrous solids, limiting angle of incline of 30°, cannot handle abrasive or sticky solids, limited pathwise, moderate annual cost, used only when belt conveyor is unacceptable |
| Bucket | 0.02 | 1–2 | $P = 0.07\dot{m}^{0.63}\,\Delta Z$ | Handles all solids except sticky and corrosive ones, limited to vertical lifting, moderate annual cost |
| Pneumatic | 0.03 | 15–50 | ¶ | Handles only small, free-flowing particles, can convey up or down an incline, provides good vertical lifting, capacity low, compression costs high, potential explosion problems |
| Vibratory | 0.06 | — | $P = 0.02\dot{m}^{0.72} L$ | Conveys lumpy and abrasive materials, very limited in conveying up or down an incline, no vertical lifting or path variation, moderate annual cost |

[†]Modified from data presented by G. D. Ulrich, *A Guide to Chemical Engineering Process Design and Economics*, J. Wiley, New York, 1984, D. R. Woods, *Process Design and Engineering Practice*, Prentice-Hall, Englewood Cliffs, NJ, 1995, G. J. Raymus, in *Perry's Chemical Engineers' Handbook*, 7th ed., R. H. Perry and D. W. Green, eds., McGraw-Hill, New York, 1997.

[‡]Power requirement based on horizontal conveying except for bucket conveyors. If elevation is involved, account for the change in power by the change in potential energy given by $P = 0.012\dot{m}\,\Delta Z$.

[§]For mildly abrasive solids this value is 0.025 $m^3/s$, and for highly abrasive solids it is 0.007 $m^3/s$.

[¶]See Figure 21-13, p. 21-22, in *Perry's Chemical Engineers' Handbook*, loc. cit., for a monograph to determine the power requirement and pressure drop for a pneumatic conveyor. See also Example 12-8.

온도, 화학적 활성 및 연속 서비스 시간은 벨트 선정에 중요한 역할을 한다. 조작조건에 따라서 벨트는 다양한 종류의 탄성체, 특수고무, 면 및 석면 섬유로부터 제조된다. 벨트 폭과 속도는 이송하려는 물질의 벌크밀도와 덩어리 크기에 따라 달라진다. 일반적으로 주어진 덩어리 크기에 가장 좁은 벨트를 사용하고 최대속도로 조작을 하는 경우 비교적 낮은 초기 비용이 얻어지더라도, 좋은 벨트 도랑 특성을 가지면서 필요한 인장강도를 달성하기 위해서는 몇 겹의 광폭 벨트를 사용하는 것이 장기간의 기준으로 볼 때 더 경제적일 수 있다. 마모성, 또는 아주 큰 덩어리 물질의 이송도 미세한 과립형 물질의 이송에 추천하는 것보다 벨트의 폭이 더 넓을 것을 요구한다.

**연속 흐름식 컨베이어** 이 컨베이어는 이송되고 있는 고체를 가로로 끌어당기는 체인-받침 이송요소를 채용하고 있다. 다양한 설계의 연속 흐름식 컨베이어의 이송작용은 사용되는 이송 날개의 형태에 따라 다르다. 수반되는 이송원리 때문에 이들 장치는 전체적으로 밀폐되어 있고, 단면적 단위당 비교적 고용량을 공급한다.

매우 튼튼한 덮개요소와 체인-받침 요소로 조합되는 조립비용은 비교적 비싸다. 그러나 이들 장치는 조작공간이 작고, 유지관리 비용이 낮고, 단일 구동만으로 여러 방향으로 이송시킬 수 있고, 자가공급이 되면서 고체를 이송시키는 동안에 여러 지점에서 공급과 배출이 가능하다. 이들 요소는 이송 길이당 비용이 높아질 수 있는 것을 상쇄시킬 수 있다. 실제로 이와 같은 컨베이어의 형태는 화학공업에서 고체를 재처리하여야 하는 경우나 고체를 공급하고 배출하는 지점이 많이 요구되는 경우에 광범위하게 사용되고 있다.

가장 보편적인 체인 컨베이어는 에이프론 컨베이어이다. 이 장치는 수평식과 경사식 이송에 모두 여러 종류의 크기로 이용할 수 있다. 대표적인 설계는 고체 손실을 최소화시키기 위해 중첩되어 있는 팬으로 롤러 체인의 두 가닥 사이에 장착된 연속된 팬이 있다. 팬 설계는 물질 소요량에 따라 변화시킬 수 있다. 이들 컨베이어의 주요 활용은 제어된 속도로 고체를 공급하는 것이다.

**공기식 컨베이어** 미분체에서 6.35 mm의 입자 크기까지와 벌크밀도 15 ~3500 kg/m$^3$의 고체는 고속 공기흐름에 분산시킬 수 있고, 100 m 거리 이상을 수직과 수평으로 모두 공기식 컨베이어에서 이동시킬 수 있다. 공기식 이송계의 용량은 고체의 벌크밀도, 이송계의 직경과 길이 및 이송계에 있는 공기의 에너지 함량에 따라 달라진다. 공기식 컨베이어의 최소 용량은 이송 공기의 에너지가 고체가 침강에 의한 손실이 생기지 않고 계를 통해 고체 물질을 이송하기에 충분할 때 달성된다. 공기식 컨베이어는 일반적으로 다음과 같이 5가지 형태로 분류된다.

압력제어 공기식 컨베이어에서 고체 물질은 공기흐름 속으로 떨어지게 되는데, 이곳에서 고체가 다시 공기와 분리되는 수집용기에 공기흐름이 도달할 때까지 분산된다. 압력계는 입자크기 6.35 mm까지의 자유 흐름 고체에 사용되고, 고체 흐름속도는 2.5 kg/s를 초과한다. 이들 계는 한 고체원을 여러 용기에 공급해야 할 때 더욱 좋다.

진공계의 장점은 펌핑 에너지를 모두 고체 이동에 사용하는 것이다. 그렇지 않으면 진공계의 조작은 압력계와 유사하다. 진공계는 일반적으로 고체흐름이 2 kg/s를 초과하지 않고 이송거리가 300 m 이하일 때 사용된다. 이들 장치는 미세 고체 물질을 이동시키는데 광범위하게 사용된다.

압력-진공계는 컨베이어에 저장되어 있는 고체를 도입하는 동시에 용기에 분산되어 있는 고체를 이송하는 앞의 두 계의 장점을 결합한 것이다. 진공은 첫 번째 단계에서 사용되고, 이어서 압력은 두 번째 단계에서 사용된다. 가장 대표적인 활용은 벌크 수송차량에서 하차시켜서 고체를 제품 저장고로 이송하도록 결합시킨 것이다.

공기식 컨베이어의 또 다른 형태는 유동화계이다. 이들 컨베이어는 일반적으로 예비 유동화시켜서 미세하게 분할시키고 짧은 거리를 비자유 흐름 고체로 이송한다. 유동화는 용기 내에서 수행되는데, 공기는 컨베이어의 바닥에 놓여 있는 다공성 막을 통과시킨다. 초기 유동화 시점에서 고체 입자는 자유 흐름의 특성을 띄게 된다. 예비 유동화는 이송된 고체의 단위 질량당 필요한 공기의 부피를 감소시키고, 이어서 이것은 소요동력을 감소시킨다. 이 계의 정지의 특성은 규칙적인 압력 또는 진공형 컨베이어의 특성과 유사하다.

공기식 이송의 또 다른 형태는 압축공기를 분체와 과립의 저장에 사용되는 압력용기에 도입하는 송풍 탱크이다. 고체 물질이 자유로이 흐르고 있으면, 용기의 바닥에 있는 밸브를 통해 흐르게 될 것이며, 고체 특성에 따라 짧은 이송 라인을 통해 이동할 것이다. 송풍 탱크의 원리는 규칙적인 공기식 컨베이어에 사용될 수 있다.

**진동식 컨베이어** 대부분의 진동식 컨베이어는 원래 직결 편심부와 회전 편심 중력에 의해 진동되고 있는 스프링-지지 수평 팬으로 된 방향 행정이 있다. 고체 물질 입자로 분배되는 운동이 변할 수 있지만, 그 목적은 물질을 상방과 전방으로 내던지기 위한 것이다. 따라서 이것은 짧은 거리를 연속으로 컨베이어 행로를 따라 이동하게 된다.

진동식 컨베이어의 고체 용량은 도랑 변위의 크기, 이 변위의 주기, 도랑의 기울기, 행정의 각도 및 도랑의 방향 행정을 통해 그것의 질량을 받아들이고 전달하는 고체의 능력에 의해 정해진다. 정확히 이송하기 위해서는 고체는 팬과 함께 높은 마찰 인자를 가져야 한다. 진동식 컨베이어의 성능에 영향을 미치는 변수가 많이 있기 때문에 이들 이송 장치의 용량과 소요동력을 결정하기 위한 간단한 상관관계식은 없다. 일반적으로 이용 가능한 자료는 실험식으로 양을 정해둔 실제 경험치이다.

**버킷 엘리베이터** 버킷 엘리베이터는 수직 방향으로 끈적하지 않은 고체를 이송하기 위한 가장 간단하고, 신뢰할 수 있는 설비이다. 컨베이어는 벨트를 연속된 버킷으로 교체시킨 벨트 컨베이어로 상상될 수 있다. 후자는 회전 정상과 바닥 톱니바퀴 사이를 상하로 움직이는 연속 체인이 함께 연결되어 있다. 버킷 엘리베이터는 분진 제어를 위해 둘러쌀 수 있으나 환경오염 방지 조작을 위해서나 감압하에서 누출 방지로 조작할 수는 없다. 버킷 엘리베이터는 마모성 덩어리 물질을 수직으로 끌어올려야 하는 광물 처리에 사용하는 것이 일반적이다.

## 고체이송 장치의 일반 설계 순서

고체이송 장치의 용량과 소요동력을 추정하기 위한 더 중요한 설계과정의 대부분은 소유주이고, 그와 같은 장치의 매각자로부터 이용할 수 있는 것이긴 하지만, 아직도 몇몇 일반화된 고체 이송 자료를 지원해주는 몇 가지 간단한 상관관계식으로 이들 설계량의 적정한 추산이 가능하다. 이와 같은 접근은 앞 절에서 논의한 몇 가지 고체 이송 장치의 설계에 기준으로 제공되어 사용될 수 있다.

스크류 컨베이어를 조작하는데 필요한 동력은 빈 장치를 구동하는데 필요한 동력과 고체 물질을 이동하는데 필요한 동력을 합한 것이다. 첫 번째 구성요소는 컨베이어 길이, 회전속도 및 컨베이어 베어링에서의 마찰의 함수이다. 두 번째는 단위시간, 이송길이 및 도랑에 채워지는 깊이 당의 이송되는 물질의 총중량의 함수이다. 이어서 후자의 동력 구성요소는 고체 물질과 회전 컨베이어 표면 사이의 마찰의 함수이다. 이들 인자는 컨베이어의 기계 설계에 영향을 미치기 때문에 특별한 상관관계식을 활용할 필요는 없다. 그러나 스크류 컨베이어에서 고체의 수평 이동에 필요한 동력의 예비추산은 다음과 같다.

$$P = \frac{C_{sc}\dot{m}_s L}{114} \tag{12-51}$$

여기서 $P$는 동력(kW), $\dot{m}_s$는 고체의 질량유량(kg/s), $L$은 컨베이어의 길이(m)이다. 상수 $C_{sc}$는 이송하고 있는 고체의 형태와 위에서 제시한 동력 구성요소 모두에 대해 설명한다. 자유흐름 비마모성 고체, 자유 흐름 저마모성 고체 및 자유 흐름 고마모성 고체에 대한 $C_{sc}$의 값은 각각 1.3, 2.5 및 4.0이다. 이들 세 형태의 고체는 각각 등급 I, 등급 IIX 및 등급 III과 같이 하나의 분류 모형으로 확인된다. 이와 같은 분류 모형은 표 12-15에서도 사용되고 있는데, 여기에서는 직경이 서로 다른 여러 가지 수평식 스크류 컨베이어에 대한 대표적인 용량과 조작조건을 제시하고 있다. 경사형 컨베이어에 대해서는 이 리프트를 획득하기 위한 부가 동력이 총 소요동력에 더해져야 한다.

먼저 벨트 컨베이어의 설계는 이송할 고체의 덩어리 크기와 입방미터 당의 중량을 정확히 결정해야 한다. 예를 들면, 0.6 m 벨트에 대하여 균일한 덩어리 크기는 약 0.1 m까지 맞출 수 있다. 벨트 폭이 0.15 m 증가되면, 덩어리 크기는 약 0.05 m로 증가될 수 있다. 덩어리 크기가 커지면 커질수록 벨트로 떨어져 내리거나 경사면에 되돌아 올 가능성은 더욱 크다.

벨트 컨베이어를 구동하기 위한 동력은 고체 물질을 수평과 수직으로 이동시키기 위한 동력과 빈 벨트를 이동시키는데 필요한 동력의 합이다. 대부분의 다른 이송계와 마찬가지로 이들을 계산하는데는 판매자로부터 상관관계를 입수하는 것이 현명하다. 벨트 컨베이어의 제작 업체 중의 하나로부터 얻은 대표적인 식은 다음과 같다.

$$P = P_{\text{empty}} + P_{\text{horizontal}} + P_{\text{vertical}} \tag{12-52a}$$

또는

$$P = C_1 V_{\text{BS}} + 0.0295\left(0.4 + \frac{L}{91.42}\right)\dot{m} + 9.69 \times 10^{-3} \Delta Z \dot{m} \tag{12-52b}$$

여기서 $P$는 총소요동력(kW), $C_1$은 명시된 벨트 폭과 길이에 대하여 그림 12-58로부터 구한 상수, $V_{\text{BS}}$는 벨트 속도(m/s), $L$은 컨베이어의 수평 길이(m), $\dot{m}$은 고체 물질의 질량 유량(kg/s)이다. 표 12-16은 벨트 컨베이어의 소요동력을 추산하는 또 다른 방법을 제시한 것이다. 이들 두 접근 방법은 예제 12-7에서 설명한다.

표 12-15 수평식 스크류 컨베이어의 용량과 조작조건

| Screw diameter, m | Maximum capacity for economical service‡ Class I,§ m³/h (r/min) | Class IIX,§ m³/h (r/min) | Class III,§ m³/h (r/min) | Maximum power at 100 r/min, kW |
|---|---|---|---|---|
| 0.15 | 10.6 (165) | 2.1 (60) | 0.7 (60) | 3.75 |
| 0.25 | 76.5 (140) | 18.8 (50) | 5.7 (50) | 7.5 |
| 0.40 | 158.6 (120) | 44.5 (45) | 12.0 (45) | 18.6 |
| 0.51 | 283.2 (105) | 87.9 (40) | 22.1 (40) | 29.8 |

†Data provided by FMC Corporation, Material Handling Systems Division.

‡These classifications cover a broad list of materials that can be conveyed in screw compressors. Care must be given to highly corrosive or highly aerated materials.

§Class I material: free-flowing nonabrasive solid, occupying 45% of the conveyor trough area; class IIX: free-flowing, slightly abrasive solid, occupying 30% of the conveyor trough area; class III: free-flowing, highly abrasive solid, occupying 15% of the conveyor trough area.

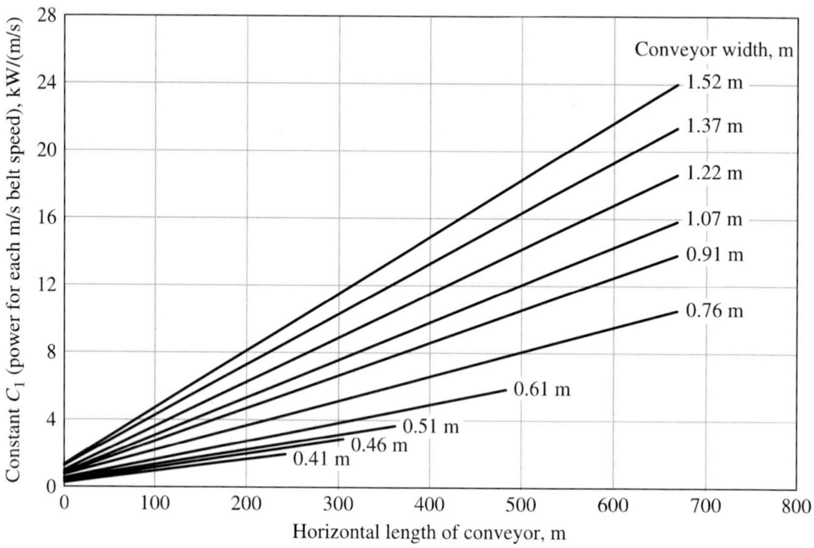


**그림 12-58**

빈 벨트 컨베이어를 움직이는데 필요한 동력

벨트 선정은 전개되는 구동축 동력과 벨트 재질의 소요 인장강도에 따라 달라진다. 폭과 중첩 두께의 여러 가지 조합은 소요 강도를 제시하는 것이므로 최종 선정은 덩어리 크기, 벨트의 도랑 크기 및 유동바퀴 사이의 부하를 벨트가 지탱하는 능력에 달려있다. 또한 용량을 증가시키는데는 도랑형 벨트를 사용하면 가능하다. 20°도랑형 벨트가 가장 일반적이고 0°도랑형 벨트보다 약 33% 이상의 용량을 증가시킬 수 있다. 이들 많은 관점을 고찰하면 벨트 선정을 할 때에 경험적인 접근을 활용하는 것이 필요하다.

표 12-16 45도량형 벨트켄베이어의 설계자료

| Belt width, m | Belt speed, m/s[‡] | Capacity, kg/s, at indicated slope angle[§] | | | | Power req'mt., kW/$L$ (horizontal movement) | Power req'mt., kW/$\Delta Z$ (vertical movement) |
|---|---|---|---|---|---|---|---|
| | | 0° | 10° | 20° | 30° | | |
| 0.46 | 0.51 | 13.6 | 15.1 | 17.4 | 19.8 | 0.0171 | 0.142 |
| | (1.27) | 33.8 | 37.8 | 43.5 | 49.5 | 0.0431 | 0.348 |
| 0.61 | 0.51 | 24.7 | 29.0 | 33.3 | 37.8 | 0.0250 | 0.250 |
| | (1.52) | 74.2 | 87.0 | 99.9 | 113.4 | 0.0744 | 0.749 |
| 0.91 | 0.51 | 58.1 | 70.2 | 80.3 | 91.0 | 0.0389 | 0.597 |
| | (2.03) | 232 | 281 | 321 | 364 | 0.1560 | 2.384 |
| 1.22 | 0.51 | 111 | 129 | 148 | 167 | 0.0744 | 1.141 |
| | (2.03) | 444 | 516 | 592 | 668 | 0.297 | 4.577 |
| 1.52 | 0.51 | 182 | 205 | 235 | 266 | 0.122 | 1.870 |
| | (2.29) | 818 | 927 | 1058 | 1197 | 0.548 | 8.420 |
| 1.83 | 0.51 | 259 | 301 | 343 | 388 | 0.232 | 3.573 |
| | (2.29) | 1166 | 1355 | 1543 | 1745 | 1.042 | 16.165 |

[†] Data attributed to Conveyor Equipment Manufacturers Association and Fairfield Engineering Company.
[‡] Normal belt speed for each belt width shown in parentheses.
[§] Density of the material conveyed, 1600 kg/$m^3$. Slope angle is angle of repose of material.
For inclined conveyors, add vertical lift power to horizontal movement power. For terminals, multiply the total power by the following factors: 0 to 15.2 m, 1.20; 15.2 to 30.5 m, 1.10; 30.5 to 45.7 m, 1.05. Add tripping power if a tripper device is used.

## 예제 12-7 벨트컨베이어의 소요동력 결정

벌크밀도가 1600 kg/m$^3$인 시멘트 클링커 고체를 5°경사로 수평거리 365 m를 이송하려고 한다. 19°휴지 운전각으로 이 물질 101 kg/s를 취급하도록 도랑형 벨트 컨베이어가 선정되었다. 표준 벨트 속도를 가정하면 최소 벨트 폭은 얼마가 되어야 하는가? 이 고체 이송에 필요한 소요동력은 얼마인가?

■ **풀이**

표 12-16을 검토하면 지시 경사각 20°이면서 표준 벨트 속도 1.52 m/s에서 조작되고 있는 0.61 m 도랑형 벨트 컨베이어는 용량이 99.9 kg/s라고 제시하고 있다. 그러므로, 벨트 속도 1 % 이하를 증가시켜도 이송 소요량은 충족될 수 있다. 0.91 m 벨트 컨베이어도 아주 크다.

벨트 컨베이어의 실제 길이 $L_a$는 다음과 같다.

$$L_a = \frac{365}{\cos 5^\circ} = 366.4\ \text{m}$$

컨베이어의 리프트는,

$$\Delta Z = 365 \tan 5^\circ = 31.9\ \text{m}$$

식 (12-52b)와 그림 12-58에서 $C_1 = 4.6$ kW/(m/s)이고, 소요동력은 다음과 같이 평가된다(벨트 속도 1% 증가는 무시한다).

$$P = 4.6(1.52) + 0.0295\left(0.4 + \frac{365}{91.42}\right)(101) + (9.69 \times 10^{-3})(31.9)(101)$$
$$= 51.3\ \text{kW}$$

실제의 소용동력은 구동 기어와 모터에서 손실을 고려하여 최소한 10~20 % 이상이 될 것이다. 표 12-16으로부터 자료와 기록을 이용하여 동일한 컨베이어에 대한 소요동력을 추산한다.

$$P = [0.0744(365) + 0.749(31.9)](1.05) = 53.5\ \text{kW}$$

표 12-16에서 추산한 동력값과 그림 12-58에서 내삽법으로 수행한 것을 비교하면, 두 방법 사이에 가깝게 일치하게 되기를 기대하기는 어렵다.

---

공기식 컨베이어의 소요동력은 공기의 압축일과 이송 라인을 따라서 공기와 고체가 흐르면서 생기는 마찰손실의 합이다. 공기의 압축일은 식 (12-22a) 또는 식 (12-22b)을 이용하여 계산한다. 마찰손실은 이송되고 있는 공기와 고체를 분리하여 사정한다. 이들 각각에 대하여 마찰손실은 이송 라인 자체에서와 엘보우, 배관라인 및 반입장치에서 생긴다. 일반적으로 공기의 선속도와 고체 분산은 동일한 것으로 가정한다. 이송 라인 내의 공기의 마찰손실을 사정하는 식은 표 12-1에 제시되어 있다. 공기흐름은 정상적으로는 높은 Reynolds 수이므로 공기의 마찰계수는 0.015로 일정한 것으로 가정한다.

명시된 속도에서 고체를 움직이는 일은 컨베이어 입구에서 고체의 운동에너지 이득, 위치변화를 통해 고체에 공급되는 리프트, 이송 라인에서의 마찰 및 엘보우나 배관라인에서의 마찰에 기인한다. 운동에너지의 이득(N·m/s)은 다음과 같다.

$$W_{\mathrm{KE}} = \left(\frac{V^2}{2}\right) \tag{12-53}$$

고체를 올리는데 수반되는 일은 다음 식으로 평가한다.

$$W_L = \Delta Z\, g \tag{12-54}$$

여기서 $\Delta Z$는 고도 변화이고, $g$는 지구중력가속도이다. 고체의 미끄럼 마찰계수 $f_s$는 접사각의 접선과 같은데, 대부분의 고체는 30 ~ 45°이다. 이송 라인에서 미끄럼 마찰에 수반되는 일(N·m/s)은,

$$W_{\mathrm{sf}} = f_s L g \tag{12-55}$$

여기서 $L$은 공기식 컨베이어의 길이이다. 엘보우에서의 마찰은 원심력 때문에 증가하므로 부가되는 일(N·m/s)은 다음과 같이 나타낸다.

$$W_e = 1.155 f_s V^2 \tag{12-56}$$

그러므로 필요한 총마찰 동력(kW)은,

$$P_f = (W_{\mathrm{air}})\dot{m}_a + (W_{\mathrm{KE}} + W_L + W_{\mathrm{sf}} + W_e)\dot{m}_s \tag{12-57}$$

이고 총소요동력은

$$P = 0.001\left(\frac{W_c \dot{m}_a}{\eta} + P_f\right) \tag{12-58}$$

여기서 $\eta$는 송풍기의 효율이고, $P$의 단위는 $\mathrm{kW/(kg/s)_{solid}}$이다. 이송 라인에서의 압력강하(kPa)는 마찰동력, 총유량 및 혼합물의 밀도로부터 구한다.

$$\Delta p = \frac{0.001\, P_f \rho_m}{\dot{m}_a + \dot{m}_s} \tag{12-59}$$

공기 비유량(흔히 포화로 표시)은 이송된 고체의 질량에 필요한 공기의 비 $(\mathrm{m^3/s})/(\mathrm{kg/s})$로 정의한다. 공기 비유량을 결정하는데는 비교 목적으로 대기압에서 공기의 속도를 평가한다.

### 예제 12-8 공기식 컨베이어의 소요동력 결정

벌크밀도 1000 kg/m$^3$인 미분쇄 물질을 2.5 kg/s의 고체 이송속도로 관경 0.154 m의 공기식 컨베이어로 이송하려고 한다. 100 m의 컨베이어 관에는 90° 엘보우 2개가 놓이있고, 15 m인 리프트도 포함되어 있다. 이송에 활용되는 공기는 온도 38°C, 압력 101.3 kPa, 밀도 1.132 kg/m$^3$에서 속도가 73.4 m/s이다. 기체의 압축과 냉각 후에 공기식 컨베이어계로의 유입조건은 38°C, 186 kPa이다. 이 고체이송계의 이론 소요동력은 얼마인가?

■ **풀이**

신속추산을 위하여, 컨베이어를 통한 압력강하는 약 40 kPa이고 온도는 일정하게 유지되는 것으로 가정한다. 이와 같은 압력손실 가정은 검증에 필요하다.

다음 식으로 공기유량을 계산;

$$\dot{m}_a = VA\rho = (73.4)\left(\frac{\pi}{4}\right)(0.154)^2(1.132) = 1.55 \text{ kg/s}$$

38°C, 186 − 40/2또는 166 kPa의 평균압력에서 공기의 평균밀도는(이상기체로 가정),

$$\rho_a = (1.132)\left(\frac{166}{101.3}\right) = 1.855 \text{ kg/m}^3$$

혼합물의 평균밀도는 다음과 같다.

$$\rho_m = \frac{\dot{m}_a + \dot{m}_s}{\dot{m}_a/\rho_a + \dot{m}_s/\rho_s} = \frac{1.55 + 2.5}{1.55/1.855 + 2.5/1000} = 4.83 \text{ kg/m}^3$$

컨베이어 내의 공기의 평균속도는

$$V = (73.4)\left(\frac{101.3}{166}\right) = 44.8 \text{ m/s}$$

이것은 고체를 분산시키는 데 필요한 최소속도 37 m/s(입구조건) 보다 크다[107]. 38°C, 101.3 kPa에서 186 kPa까지 공기의 압축동력은 식 (12-22a)를 이용하면,

$$P_c = RT\left(\frac{k}{k-1}\right)\left[\left(\frac{p_2}{p_1}\right)^{(k-1)/k} - 1\right]\dot{m}_a$$

$$= \left(\frac{8314}{28.9}\right)(311)\left(\frac{1.4}{0.4}\right)\left[\left(\frac{186}{101.3}\right)^{0.4/1.4} - 1\right](1.55)(10^{-3}) = 92.0 \text{ kW}$$

표 12-1에 제시한 것을 이용하여 공기의 마찰손실을 계산하면

$$P_a = \left(F_c + F_e + \sum F\right)\dot{m}_a$$

$$F_c = \frac{K_c V^2}{2\alpha} \qquad \text{assume} \qquad \frac{A_2}{A_1} = 0.75 \qquad K_c = 0.2 \qquad \alpha = 0.5$$

$$F_e = \frac{V^2}{2\alpha} \qquad \alpha = 0.5$$

$$\sum F = \frac{\mathfrak{f}(V^2/2)\left(L + \sum L_e\right)}{D} \qquad L = 100 \text{ m} \qquad \mathfrak{f} = 0.015$$

107) Chemical Engineers' Handbook, 7th ed., R.H. Perry and D.W. Green, eds., McGraw-Hill, New York, 1997, Table 21-13 참조.

$$\sum L_e = 2(20D) = 2(20)(0.154) = 6.16 \text{ m}$$

$$P_a = \left[\frac{(44.8)^2}{2}\right]\left[\frac{0.2}{0.5} + \frac{1}{0.5} + \frac{0.015(100+6.16)}{0.154}\right](1.55)(10^{-3})$$

$$= 19.8 \text{ kW}$$

고체의 마찰손실에서 미끄럼 마찰계수를 1로 가정하면 마찰손실은

$$P_s = (W_{KE} + W_L + W_{sf} + W_e)\dot{m}_s$$

$$= \left[\frac{V^2}{2} + \Delta Z g + \bar{f}_s L g + 2(1.155)\bar{f}_s V^2\right]\dot{m}_s$$

$$= \left[\frac{(44.8)^2}{2} + 15(9.8) + 1(100)(9.8) + 2(1.155)(1)(44.8)^2\right](2.5)(10^{-3})$$

$$= 16.9 \text{ kW}$$

총 마찰손실은

$$P_f = P_a + P_s = 19.8 + 16.9 = 36.7 \text{ kW}$$

총 소요동력은

$$P = P_c + P_f = 92.0 + 36.7 = 128.7 \text{ kW}$$

압력강하의 계산값은

$$\Delta p = \left(\frac{P_f}{\dot{m}_a + \dot{m}_s}\right)\rho_m$$

$$= \left(\frac{36.7}{1.55 + 2.5}\right)(4.83) = 43.8 \text{ kPa}$$

따라서 가정한 압력강하가 비교적 계산값에 접근하고 있고 재계산은 이 예제에서 이론적 소요동력에 별로 효과는 없다. 마찰 부분도 Perry's Chemical Engineers' Handbook[108]에 제시된 도표를 이용하면 추산할 수 있다. 이 예제에서 마찰 부분은 54 kW, 공기식 컨베이어를 통한 압력강하는 35 kPa로 추정된다. 이것을 계산값 36.7 kW와 43.8 kPa에 각각 비교하여 보자. 두 방법 사이의 결과의 편차는 20 ~ 30 % 수준이다.

공기식 컨베이어의 조작을 모사하는 소프트웨어는 위의 계산에서 구했던 것보다 소요동력이 거의 10 % 정도 높다는 것을 알 수 있다. 이와 같은 감소는 이송계 내에서 부딪치게 되는 비효율성이 더 높아지는 것으로 판단된다.

---

108) G.R. Raymus, in Perry's Chemical Engineers' Handbook, 7th ed., R.H. Perry and D.W. Green, eds., McGraw-Hill, New York, 1997, Fig. 21-13, pp.21-22.

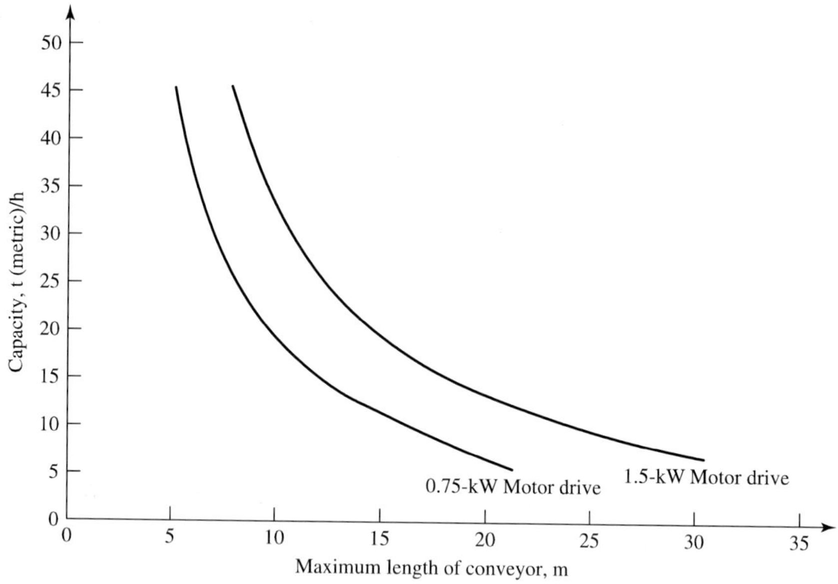


**그림 12-59**
고정식 모터구동형 판스프링 기계진동식 컨베이어의 용량(FMC Corporation Materials Handling Systems Division 제공)

추산 목적으로 원심식 배출과 연속식 버킷 엘리베이터의 명세서와 소요동력도 참고서적을 활용할 수 있다.[109] 진동식 컨베이어의 용량과 소요동력의 계산은 그림 12-59를 이용하면 잘 수행할 수 있으나, 고체이송에 영향을 미치는 변수를 모두 표현하기는 어렵다.

### 고체이송 장치의 비용

스크류, 벨트, 에이프론, 버킷, 롤러, 공기식 및 진동식 컨베이어의 구입비용은 그림 12-60에서 12-64에 제시한다. 활송장치, 게이트 및 기중기의 장치비용은 그림 12-65와 12-66을 이용할 수 있다.

## 고체의 취급

일반적으로 고체는 액체나 기체보다 처리 조작에서 취급하기가 더 어렵다. 고체는 많은 형상으로 존재한다. 그 형상은 마모성, 연약성, 미분, 폭발성, 소성 또는 접착성일 수 있다. 화학처리 공정에서 고체의 사용은 일반적으로 분쇄의 몇 가지 형상을 요구한다. 분쇄의 목적은 수반되는 분리에서 목적 생성물을 제거하거나, 수반되는 분리를 위한 물질을 준비하거나, 다른 성분과 더 쉽게 배합시킬 수 있도록 물질을 세분하거나, 최종 생성물의 크기 수요에 맞출 수 있거나, 또는 저장과 순환을 위한 폐기물을 준비하기 위한 것이다.

109) Perry's Chemical Engineers' Handbook, Table 21-8과 21-9 인용

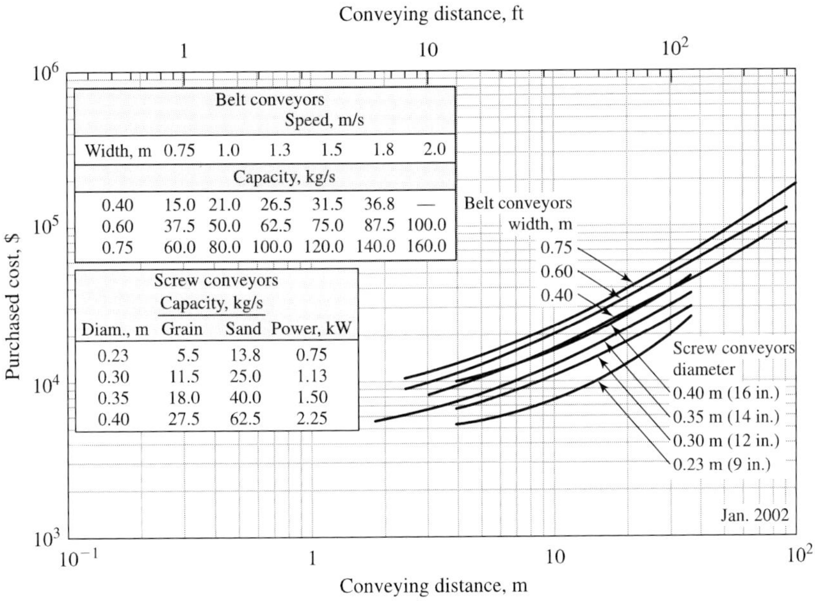


**그림 12-60**
스크류컨베이어와 벨트컨베이어의 구입비용

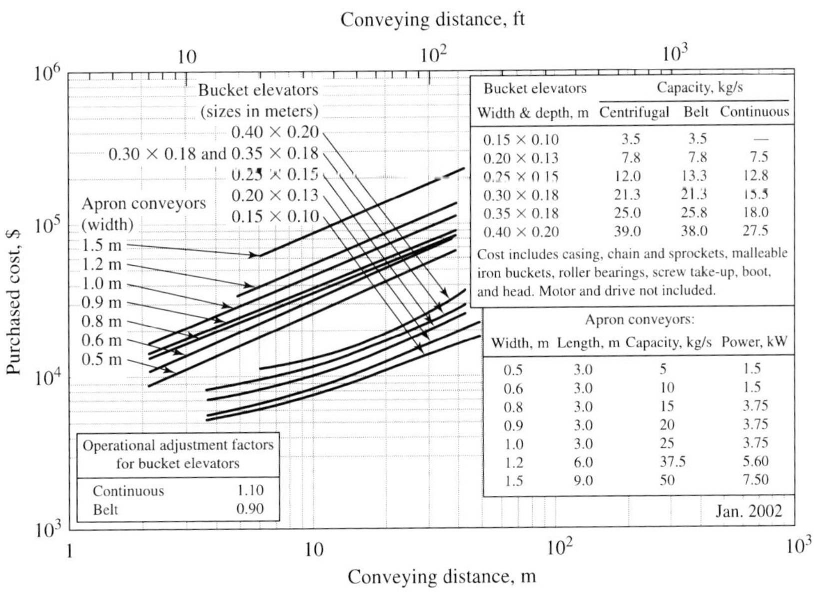


**그림 12-61**
에이프론 컨베이어와 버킷 엘리베이터의 구입비용

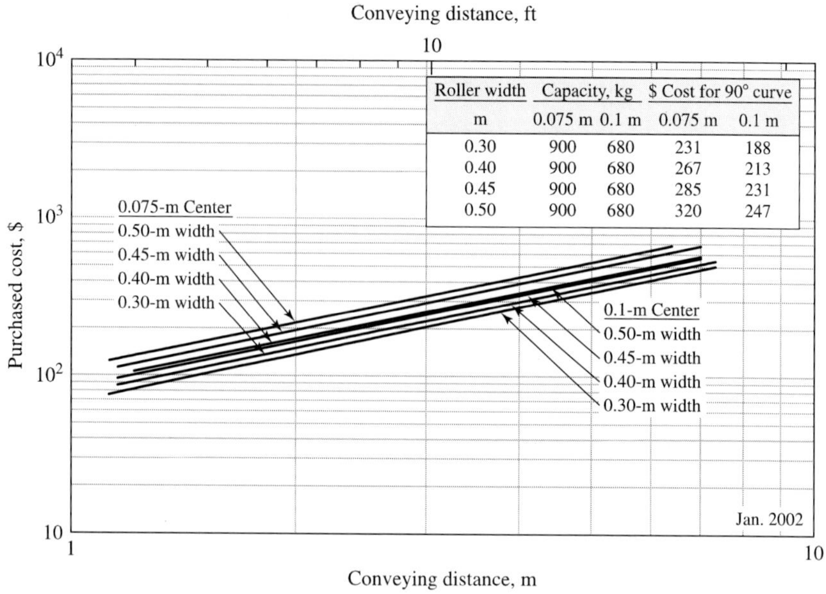


| Roller width | Capacity, kg | | $ Cost for 90° curve | |
|---|---|---|---|---|
| m | 0.075 m | 0.1 m | 0.075 m | 0.1 m |
| 0.30 | 900 | 680 | 231 | 188 |
| 0.40 | 900 | 680 | 267 | 213 |
| 0.45 | 900 | 680 | 285 | 231 |
| 0.50 | 900 | 680 | 320 | 247 |

**그림 12-62**
롤러 컨베이어의 구입비용

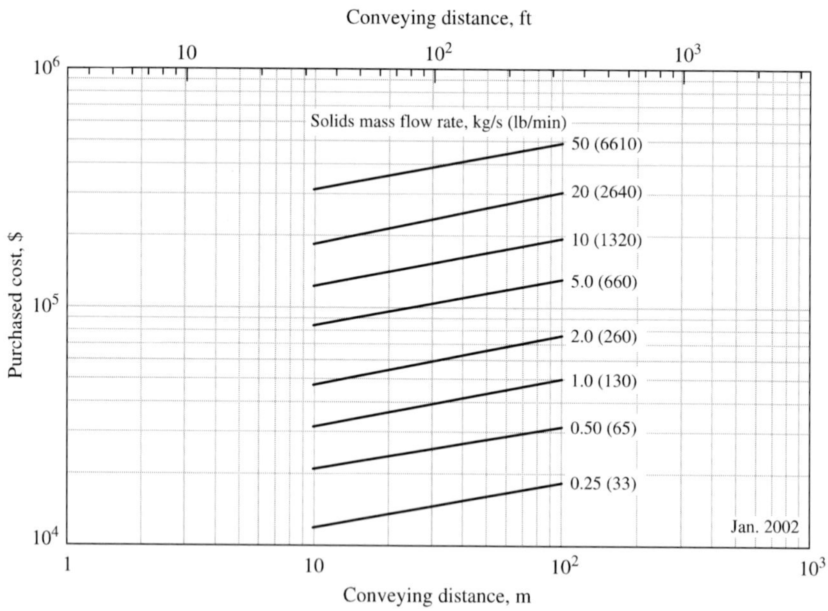


**그림 12-63**
공기식 고체이송 장치의 구입비용. 구동장치는 포함되어 있다.

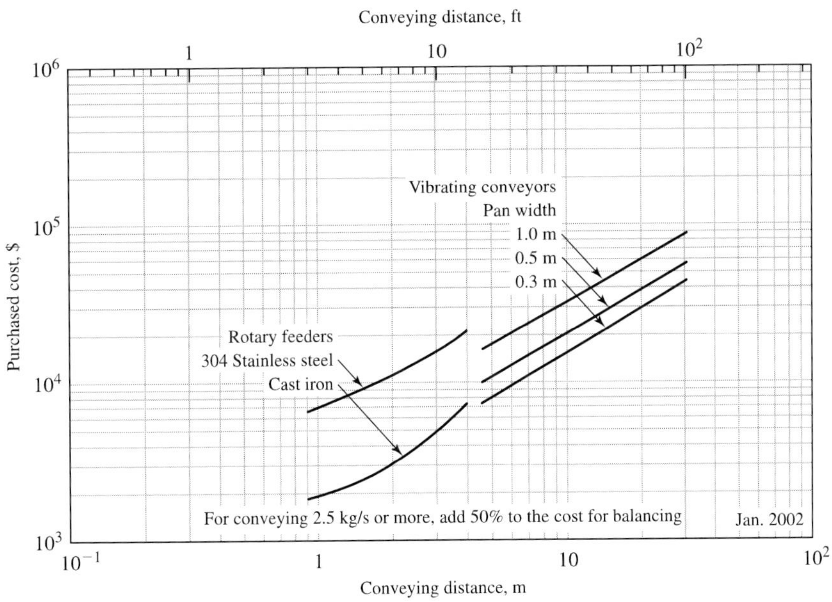


**그림 12-64**
회전공급기와 진동식 컨베이어의 구입비용

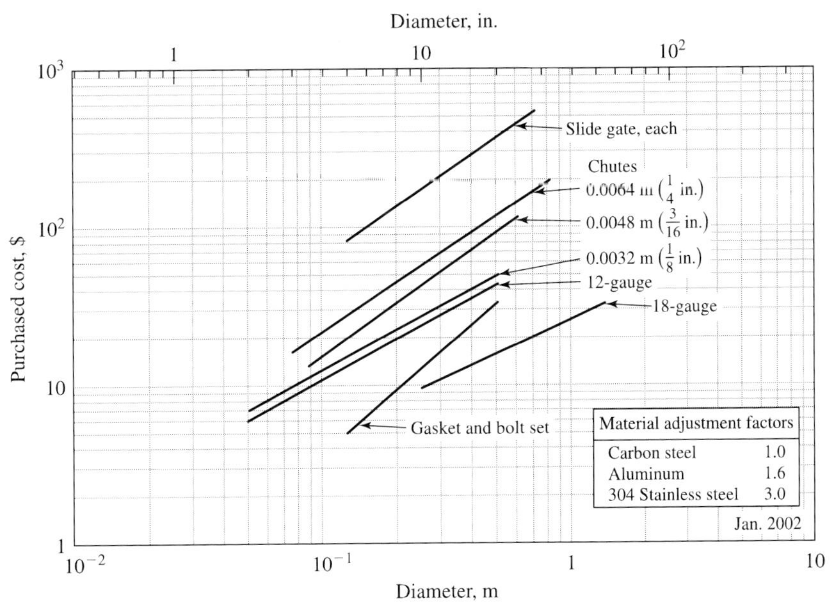


**그림 12-65**
활송장치와 게이트의 구입비용. 연장접속비용은 불포함

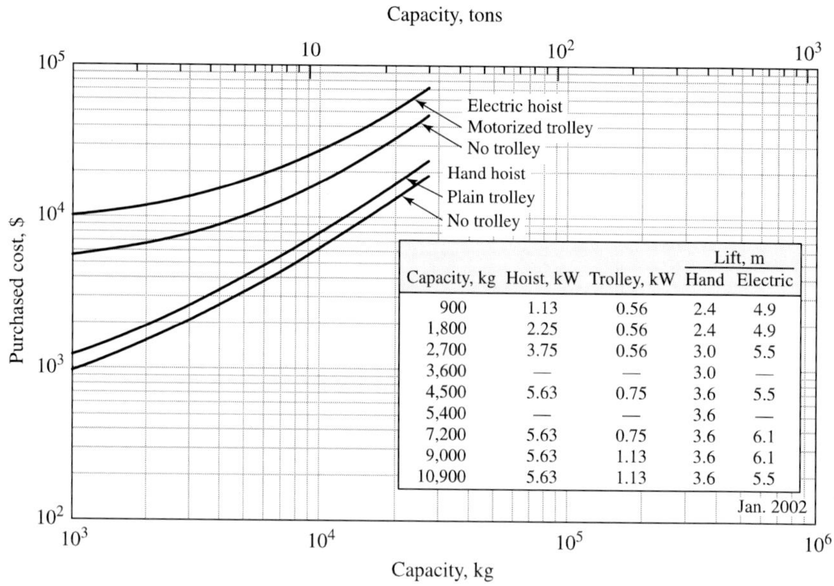


| Capacity, kg | Hoist, kW | Trolley, kW | Lift, m Hand | Lift, m Electric |
|---|---|---|---|---|
| 900 | 1.13 | 0.56 | 2.4 | 4.9 |
| 1,800 | 2.25 | 0.56 | 2.4 | 4.9 |
| 2,700 | 3.75 | 0.56 | 3.0 | 5.5 |
| 3,600 | — | — | 3.0 | — |
| 4,500 | 5.63 | 0.75 | 3.6 | 5.5 |
| 5,400 | — | — | 3.6 | — |
| 7,200 | 5.63 | 0.75 | 3.6 | 6.1 |
| 9,000 | 5.63 | 1.13 | 3.6 | 6.1 |
| 10,900 | 5.63 | 1.13 | 3.6 | 5.5 |

**그림 12-66**

기중기 장치. 기타 비용은 내산 제작, 먼지유입방지 제작, 동력회전부 및 체인용기를 포함한다.

## 고체취급 장치의 선정

다양한 종류의 분쇄 장치가 이용가능 하다. 관련된 장치는 일반적으로 힘을 분쇄에 활용하는 방법에 따라 분류한다. 이들 힘은 두 고체 표면사이에서 한쪽 표면에 충격을 가하거나, 입자사이에서 주변 매질의 활동을 전단 변형시키거나, 또는 에너지를 비기계적으로 도입하여 작용시킨다.

다수의 일반적인 원리가 분쇄기의 선정을 좌우한다. 고체가 응집되는 경향이 있는 물질의 양이 압도적으로 많이 함유할 때는 반복 압력 분쇄기의 형태가 분쇄 영역의 출구를 감싸고 막으면 미분을 얻을 수 있다. 이와 같은 상태에서는 고체의 경도와 마모성이 아주 심하지 않은 것이면 충격 파쇄기가 더 적정하다.

고체가 경질이 아니고 응집성이 있을 때는 톱니 롤 밀이 충분한 성능을 낼 수 있다. 경도가 더 높은 고체(8 ~ 10 moh)이면, 조우와 아귀 조쇄기와 선회 조쇄기가 필요하다. 2차 분쇄를 위해서는 고속 원뿔형 선회 조쇄기가 끈적한 물질이 이것의 사용을 배제하는 때를 제외하고는 더 우선적이다. 광범위한 분쇄를 예방해야 하는 때는 압축형 조쇄기가 보통 추천된다.

표 12-17은 원료 크기와 취급 고체의 경도에 기초한 분쇄 장치의 선정을 위한 유용한 지침을 제시한 것이다. 제시된 선정 기준은 지침이고, 실제로 예외적인 것도 있을 수 있다는 것을 강조한다. 이들 지침의 더 상세한 사항은 이 표에 제시한 장치의 형태에 따라 아래에 정리되어 있다.

**조분쇄기** 아귀 조쇄기와 선회 조쇄기는 경질 물질의 분쇄에 사용되고, 보통 더 미세한 분쇄는 다른 조쇄기로 수행한다. 아귀 조쇄기는 일반적으로 공급물 면적의 치수로 평가되고,

표 12-17 분쇄장치 선정의 지침[†]

| Size reduction operation | Hardness of solid[‡] | Range of particle size,[§] mm | | | | Open circuit reduction ratio[¶] | Equipment type generally applicable for this specified size reduction |
|---|---|---|---|---|---|---|---|
| | | Feed | | Product | | | |
| | | Max. | Min. | Max. | Min. | | |
| Crushing | | | | | | | |
| Primary | Hard | 1500 | 300 | 500 | 100 | 3 to 1 | Jaw and gyratory crushers |
| | | 500 | 100 | 125 | 25 | 4 to 1 | |
| Secondary | Hard | 125 | 25 | 25 | 5 | 5 to 1 | Jaw, gyratory, impact, roll and pan crushers |
| | | 35 | 6 | 5 | 0.8 | 7 to 1 | |
| | Soft | 1500 | 100 | 150 | 10 | 10 to 1 | Impact, roll and pan crushers, disk mills, rotary cutters |
| Grinding | | | | | | | |
| Pulverizing | | | | | | | |
| Coarse | Hard | 5.0 | 0.8 | 0.5 | 0.08 | 10 to 1 | Roll and pan crushers; rotary cutters; tumbling, vibratory, and ring-roller mills |
| Fine | Hard | 1.2 | 0.15 | 0.08 | 0.01 | 15 to 1 | Tumbling, vibratory, ring-roller, high-speed, colloid, and jet mills |
| Disintegration | | | | | | | |
| Coarse | Soft | 12 | 1.6 | 0.6 | 0.08 | 20 to 1 | Disk and ring-roller mills |
| Fine | Soft | 4 | 0.5 | 0.08 | 0.01 | 50 to 1 | Ring-roller, high-speed, colloid, and jet mills |

[†]Modified from data presented by R. H. Snow, in *Perry's Chemical Engineers' Handbook*, 7th ed., R. H. Perry and D. W. Green, eds., McGraw-Hill, New York, 1997, Table 20-7, p. 20-23, D. R. Woods, *Process Design and Engineering Practice*, Prentice-Hall, Englewood Cliffs, NJ, 1995, and G. D. Ulrich, *A Guide to Chemical Engineering Process Design and Economics*, J. Wiley, New York, 1984.

[‡]Hard (8–10 moh); soft (1–3 moh).

[§]85% by weight smaller than the size given.

[¶]Higher reduction ratios achievable for closed-circuit operations.

선회 조쇄기에 받아들인 것과 같은 동일한 크기의 고체 물질을 다룰 수 있다. 이들 두 조쇄기를 비교하면 아귀 조쇄기는 선회 조쇄기 보다 자본투자비와 유지비용이 더 낮고, 조립비용은 비슷하지만 처리량이 더 낮다는 점이다. 선회 조쇄기의 동력 소모량은 아귀 조쇄기 보다는 더 낮으며, 225 kg/s 또는 그 이상의 용량을 요구하는 때는 전자를 우선적으로 선택한다.

강력 햄머 분쇄기와 회전자 충격 파쇄기 같은 충격 조쇄기를 사용하면 단단하거나 섬유질 또는 끈적한 물질을 파쇄하고 분쇄하는데 가장 적정하다. 햄머 밀의 경우에 고체는 햄머와 받침 사이에서 전단 변화와 마찰이 조합된 고속 햄머의 충격에 의해 파쇄된다. 한편 회전자 충격기는 분쇄를 위해 단독으로 충격을 의존한다. 이 형태의 충격기는 햄머 분쇄기 보다 동력소요는 더 낮지만 충격으로 쉽게 부서지는 비마모성 고체에는 제한된다. 바구니 충격기는 비교적 큰 감소비가 요구되는 중급 조작에 사용된다. 압축 또는 충격 분쇄기가 모두 분쇄 소요를 취급할 수 있는 곳의 활용에 있어서 자본 투자비가 아귀 조쇄기와 선회 조쇄기의 1/2 ~ 1/3에 불과하기 때문에 충격 분쇄기가 일반적으로 선정된다.

아귀 조쇄기와 선회 조쇄기가 이들 장치의 마모 특성이 나쁘기 때문에 많은 부분을 롤 분쇄기로 대체하고 있음에도 불구하고, 롤 분쇄기는 연질 고체의 1차와 2차 분쇄에 모두 아직도 보편적으로 사용되고 있다. 롤 압착기는 시멘트 공업에서 상업적인 성공을 거두고 있다. 이것은 조분 볼밀이나 3차 분쇄기의 기능을 대체하는 미분쇄에 사용되고 있다.

한편 건식 팬 분쇄기는 중질과 연질 물질 및 광물을 분쇄하는데 적합하다. 동력과 유지비용이 낮은 고 축소비가 이 형태의 분쇄기 유형이다.

**분쇄 밀** 원판 또는 마모 밀은 초기 버스톤 밀의 현대적 대응물이다. 그 효율은 비교적 낮지만, 이 형태의 밀은 단단하거나 탄력있는 입자의 분쇄에 가장 적합하다. 이들 장치의 장점은 가열이나 냉각이 가능하고 배합하는데 아주 잘 사용할 수 있다.

볼밀, 페블밀, 막대 밀, 튜브 밀 또는 구슬 밀은 텀블링 밀 또는 매체 밀로 모두 분류된다. 각각의 이들 장치에서, 금속 볼, 막대 또는 페블과 같은 분쇄 매체는 경질과 마모성 분체의 미분쇄 또는 초미분쇄를 만드는데 사용된다. 특별한 장애가 없을 때는 습식 분쇄가 동력을 약 30% 절감하면서 더 미세한 분말을 얻을 수 있다.

페블 밀의 용량은 철제 분쇄 매체와 라이너가 있는 동일 크기의 볼밀 용량의 30 ~ 50%이다. 더 작은 철제 또는 세라믹 볼을 사용하고 더 미세한 분말을 얻는데는 본래 길이가 더 긴 볼밀이 튜브밀이다. 막대 밀은 미분쇄에는 효율적이지 못하고 조분쇄나 중간 분쇄에 광범위하게 사용되고 있다. 때때로 이들은 볼밀에 앞서 채택되기도 한다. 일반적으로 텀블링 밀은 낮은 운전비로는 비교적 비싸지는 않다. 효율은 좋으나 미세 분체를 다루어야 하기 때문에 동력 소모량은 높다.

볼밀이나 막대 밀 분쇄 장치의 선정은 실험실 자료와 생산이 유입 에너지에 비례하는데 따른 대형화에 기준을 둔다. 실험적 자료가 없으면, 성능은 비슷한 형태의 물질에 대하여 분쇄능력이나 에너지 소요량으로 나타낸 발표 자료를 기준으로 잡는다. 이들 밀을 규격화하고 최적 성능에 대한 조작 조건을 결정하는 더 새로운 방법은 실험실 또는 실제 규모의 시험에서 얻어진 속도와 파쇄 함수의 값으로 분쇄 방정식의 컴퓨터 해에 기초한다.

**미분쇄 밀** 진동식 밀은 경질 물질에 대하여 일반적으로는 건식으로 입자크기 1 μm 또는 더 미세한 입자를 얻을 수 있도록 매체를 미세 밀링 하는데 1차로 활용한다. 분쇄도는 체류시간, 활성 밀부피, 에너지 밀도 및 진동주기에 따라 증가한다. 진동 진폭이 더 커질수록 더 높은 주파수 보다 동력전달이 더 유리하다. 진동식 밀의 장점은 간단한 설치와 저렴한 투자비용, 초미세 제품 크기의 달성, 1회 통과로 큰 축소비, 작은 공간과 소요중량 및 저렴한 유지비용이다. 단점은 밀 규모가 제한되어 있어서 용량, 지지 구조물의 진동 및 특히 건식조작을 할 때 높은 소음 배출을 규제 받게 된다.

내부 공기 분류가 있는 링 로울러 밀은 대부분의 연질의 비금속 광물의 대용량 미분쇄에 사용되는데, 이와 같은 형태의 밀은 볼밀이나 햄머 밀보다 에너지 효율이 더 좋다. 경도가 5 moh 이상의 물질은 이 장치로 경제적으로 취급한다.

고속에서 조작되는 햄머 밀은 미분쇄와 해쇄에 사용된다. 분쇄작용은 중력장의 입자, 밀 보호구조물 및 분쇄 구성요소 사이에서 충격과 마찰에 의해 일어난다. 생성물의 미세도는 회전자 속도 변화, 공급유량 또는 회전 햄머와 분쇄판 사이의 간격으로 조절된다. 일반적으로 공급물은 경도가 1.5 moh 이하로 비마모성이어야 한다.

주변 햄머와는 대조적으로, 핀 밀은 분쇄 순환로에 핀 파쇄기를 가지고 있다. 이들은 회전자 판 위에 있는 핀의 원형 줄 사이에 고정날개 핀이 있는 회전자 위에 있을 수 있거나, 반대 방향에서 조작하는 회전자 위에 놓일 수 있어서 증가된 속도차를 얻는다.

가볍게 결합된 덩어리를 분쇄하기 위해서는 새로운 개념의 미분쇄가 필요하다. 이와 같은 목적에 사용되는 콜로이드 밀과 분산 밀은 고속 유체 전단력의 원리로 조작한다. 이 작용은 약 3 ~ 5 μm 정도의 분산 액적을 생성한다. 이 형태의 밀은 다량의 열이 발생되기 때문에 에너지 농도가 높다. 이것은 냉각수 재킷을 사용하면 감소시킬 수 있다. 공교롭게도 이와 같은 물리적 분쇄에 필요한 소요 에너지는 함유되어 있는 물질의 형태에 따라 상당히 나르기 때문에 다른 장치는 이 임무를 수행하는데 사용된다. 이들 장치는 고속 교반기, 터빈 혼합기, 구슬 밀 및 진동식 밀이다.

젯트밀에서는 고에너지 방출과 고차수의 난류로 생긴 미세한 고속 흐름에 의해 입자를 이송하거나 차단시킨다. 후자는 최후에 파열되면서 스스로 입자의 분쇄를 유발한다. 모든 입자가 완전히 기준이 되는 것은 아니므로 대형 입자를 더 분쇄하도록 되돌리는 분급조작을 수행할 필요가 있다. 대부분의 밀은 원심분급을 실행하여 흐름 유체 유동의 에너지를 이용한다.

**회전 파쇄기** 연질 · 섬유질 물질을 더 작은 치수로 파쇄하는데 사용되는 가장 보편적인 장치는 회전 칼날 파쇄기이다. 적정한 기계 설계가 되면, 회전 파쇄기는 막대를 펠렛으로나 평판을 육면체 모양으로 파쇄하는 가장 경제적인 수단이다.

## 고체 취급 장치의 일반 설계 순서

분쇄와 연계된 과학은 고체를 파쇄하는데 필요한 이론직 에너지는 현재의 컴퓨터 소프트웨어로 아주 정확히 평가될 수 있다는 관점으로 개발되고 있다. 그러나, 이 이론 동력은 때때로 전달 목적을 달성하기 위해 분쇄기나 미분쇄기에 요구되는 동력의 2 % 이하이다. 동력의 수지는 마찰을 압도하는데 사용되거나 열로서 방출된다.

고체입자로서 전달 증가에 소요되는 동력은 더 작아진다. 따라서 미분쇄기는 단위 생성물 당의 동력을 1차 분쇄기보다 더 많이 요구한다. 동력 소모량도 취급하고 있는 고체의 경도에 따라 다르기 때문에 표 12-17에 인용된 분쇄 장치는 모든 형태의 고체에 적정한 것은 없다. 각 장치에 대하여 표 12-18에 제시한 동력의 상관관계는 명시된 경도 범위에만 적용되는 것을 유념하라. 이들 상관관계식이 추정식이고 실제 조작 자료를 활용할 수 없을 때만 예비 설계작업에 사용해야 하는 것에 설계자는 주의를 기울여야 한다.

조금 더 준이론적인 상관관계식은 대형 공급물 입자로부터 크기 $D_{pp}$의 입자를 만드는데 필요한 동력은 생성물의 표면적/부피 비의 제곱근에 비례한다는 가정을 활용할 수 있다. 이 상관관계식은 80 %의 생성물이 100 $\mu$m 스크린을 통과하여 공급물의 입자크기를 감소시키는데 필요한 kg 당의 총에너지로 정의되는 작업지수 $W_i$의 사용을 요구한다. 따라서 공급물의 80 %는 그물눈 크기 $D_{pf}$이고 생성물의 80 %는 그물눈 크기 $D_{pp}$이면 상관관계식은 다음과 같이 나타낼 수 있다.

$$P = 0.01\dot{m}_s W_i\left(\frac{1}{D_{pp}^{1/2}} - \frac{1}{D_{pf}^{1/2}}\right) \tag{12-60}$$

여기서 $P$는 소요동력(kW), $\dot{m}_s$는 고체의 질량유량(kg/s), $W_i$는 공급물의 작업지수, $D_{pp}$와 $D_{pf}$는 각각 생성물과 공급물의 입자크기이다.

**표 12-18 폐회로 조작에 있어서 분쇄 장치의 설계 기준**

| Equipment type | Solid hardness, moh | Max. capacity, kg/s | Max. reduction ratio $R^*$ | Relationship for power requirement, kW[‡] |
|---|---|---|---|---|
| Jaw crusher | 8–10 | 400 (coarse)<br>200 (intermediate) | 8 | $P = 3\dot{m}_s^{0.88}R^*$ |
| Gyratory crusher | 8–10 | 4000 (coarse)<br>400 (intermediate) | 8 | $P = 2.5\dot{m}_s^{0.88}R^*$ |
| Impact crusher | 1–3 | 400 | 35 | $P = 1.0\dot{m}_s^{0.88}R^*$ |
| Roll crusher | 8–10<br>4–7 | 125 | 16 | $P = 0.6\dot{m}_s R^*$<br>$P = 0.3\dot{m}_s R^*$ |
| Disk or attrition mill | 1–3 | 15 | 15 | $P = 10\dot{m}_s$ to $50\,\dot{m}_s$ |
| Tumbling mills | | | | |
| Rod mill | 8–10 | 50 | 15 | $P = 0.007\dot{m}_s/D_{pp}$ |
| Ball mill | 8–10 | 15 | 20 | $P = 0.008\dot{m}_s/D_{pp}$ |
| Vibratory mill | 8–10 | 0.1 | 30 | $P = 40\dot{m}_s/D_{pp}^{0.3}$ |
| Ring-roll grinder | 4–7 | 15 | 15 | $P = 0.3\dot{m}_s R^*$ |
| Hammer mill | 1–3 | 2 | 50 | $P = 40\dot{m}_s \ln R^*$ |
| Jet mill | 8–10 | 1 | 50 | 1–10 kg air (800 kPa/kg solid) |
| Rotary cutter | 1–3 | 50 | 50 | $P = 100\dot{m}_s$ to $500\dot{m}_s$ |

[†]Modified from data presented by G. D. Ulrich, *A Guide to Chemical Engineering Process Design and Economics*, J. Wiley, New York, 1984, R. H. Snow, in *Perry's Chemical Engineers' Handbook*, 7th ed., R. H. Perry and D. W. Green, eds., McGraw-Hill, New York, 1997, and vendor literature.

[‡]Power $P$ in kW, solids mass flow rate $\dot{m}_s$ in kg/s, reduction ratio $R^*$ dimensionless, and product diameter of particle $D_{pp}$ in m.

**표 12-19 특정물질 미분쇄를 위한 작업 지수**

| Material | Density, $kg/m^3$ | Work index, kJ/kg |
|---|---|---|
| Cement clinker | 3140 | 53.26 |
| Cement (raw material) | 2665 | 41.62 |
| Coal | 1395 | 51.48 |
| Coke | 1305 | 59.91 |
| Granite | 2655 | 59.91 |
| Gravel | 2655 | 63.60 |
| Iron ore | 3520 | 50.85 |
| Limestone | 2655 | 50.45 |
| Quartz | 2645 | 53.74 |
| Shale | 2625 | 62.85 |
| Slate | 2565 | 56.63 |

표 12-19는 분쇄와 미분쇄에 일반적으로 요구되는 여러 가지 물질에 대한 대표적인 작업 지수를 정리한 것이다. 이들 지수는 동일한 일반적인 형태의 다른 분쇄 장치에 대해서 크게 변하지는 않으며 습식 분쇄에는 적용할 수 없다. 건식 미분쇄의 경우에 식 (12-60)에서 계산된 동력은 33 %를 증가시켜야 한다.

## 예제 12-9 석회석 2차 분쇄에 필요한 소요동력

0.051 m의 체에서 원료의 80 %가 통과하고, 0.0032 m의 체에서 제품의 80 %가 통과하면, 석회석 25.3 kg/s를 분쇄하는 데 필요한 동력은 얼마인가?

**■ 풀이**

석회석의 작업지수는 표 12-19에서 50.45이다. 건조 미분쇄에 대한 소요동력은 식 (12-60)에서,

$$P = (0.01)(25.3)(50.45)\left[\frac{1}{(0.0032)^{1/2}} - \frac{1}{(0.051)^{1/2}}\right](1.33) = 225\ \text{kW}$$

이 결과를 표 12-18에 나타낸 관계식을 이용하여 얻어진 결과와 비교하라. 경질 물질의 2차 분쇄가 수반되므로, 롤 분쇄기는 15.9의 축소비로서 임무에 적정하다.

$$\begin{aligned} P &= 0.6\dot{m}_s R^* \\ &= 0.6(25.3)(15.9) = 241\ \text{kW} \end{aligned}$$

비교하면 두 상관 관계식에서 개발된 가정은 비교적 잘 맞는다.

석회석의 분쇄에 필요한 소요동력은 이 목적에 맞도록 특별히 개발된 소프트웨어로도 검토하기도 한다. 이 경우에 소요동력은 위에서 얻어진 결과보다 약 10 % 정도 낮다.

## 고체 취급 장치의 비용

여러 형태의 1차 및 2차 분쇄기의 구입비용은 그림 12-67에 제시되어 있다. 구입하거나 설치한 분쇄기, 절단기 및 미분쇄기의 비용은 그림 12-68에서 12-73에 나타내고 있다. 그림 12-74는 절단기와 해쇄기의 비용 자료이다.

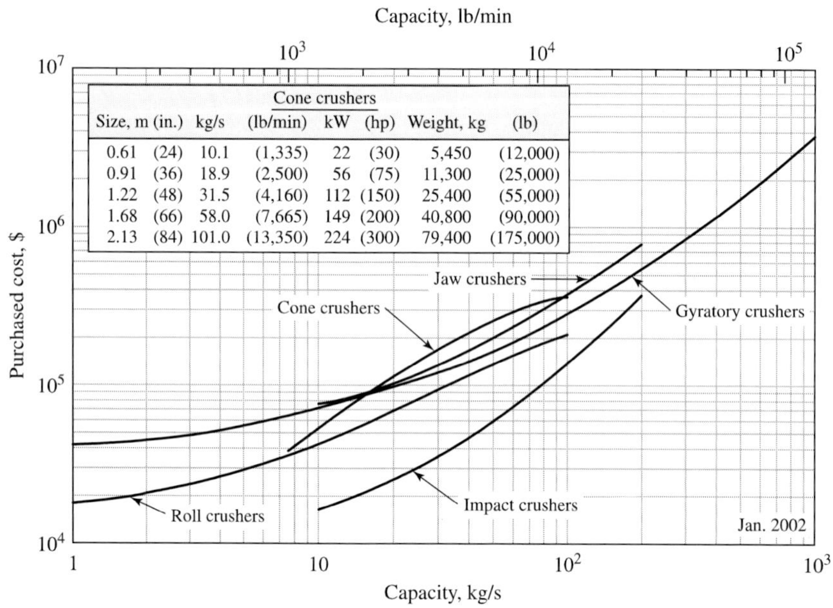


| Size, m | (in.) | kg/s | (lb/min) | kW | (hp) | Weight, kg | (lb) |
|---|---|---|---|---|---|---|---|
| Cone crushers | | | | | | | |
| 0.61 | (24) | 10.1 | (1,335) | 22 | (30) | 5,450 | (12,000) |
| 0.91 | (36) | 18.9 | (2,500) | 56 | (75) | 11,300 | (25,000) |
| 1.22 | (48) | 31.5 | (4,160) | 112 | (150) | 25,400 | (55,000) |
| 1.68 | (66) | 58.0 | (7,665) | 149 | (200) | 40,800 | (90,000) |
| 2.13 | (84) | 101.0 | (13,350) | 224 | (300) | 79,400 | (175,000) |

**그림 12-67**
분쇄기의 구입비용-모터와 구동 가격 포함

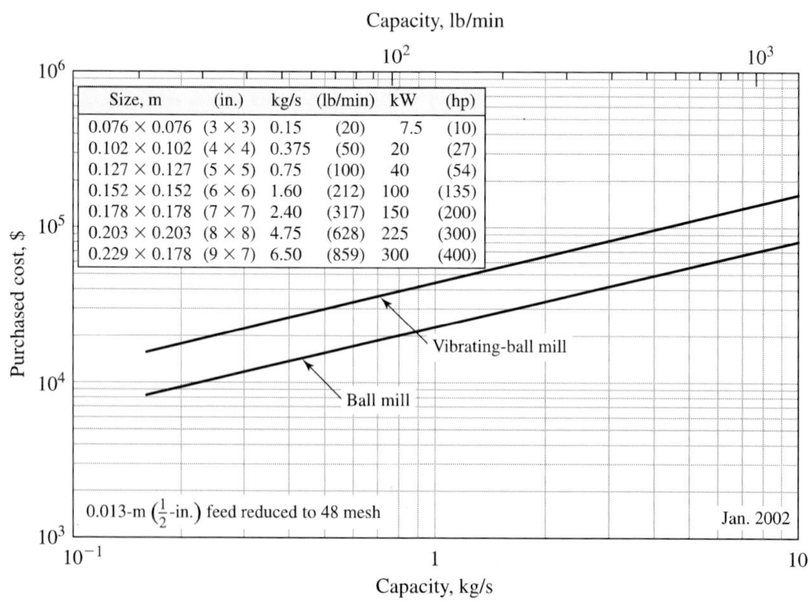


| Size, m | (in.) | kg/s | (lb/min) | kW | (hp) |
|---|---|---|---|---|---|
| 0.076 × 0.076 | (3 × 3) | 0.15 | (20) | 7.5 | (10) |
| 0.102 × 0.102 | (4 × 4) | 0.375 | (50) | 20 | (27) |
| 0.127 × 0.127 | (5 × 5) | 0.75 | (100) | 40 | (54) |
| 0.152 × 0.152 | (6 × 6) | 1.60 | (212) | 100 | (135) |
| 0.178 × 0.178 | (7 × 7) | 2.40 | (317) | 150 | (200) |
| 0.203 × 0.203 | (8 × 8) | 4.75 | (628) | 225 | (300) |
| 0.229 × 0.178 | (9 × 7) | 6.50 | (859) | 300 | (400) |

**그림 12-68**
볼 분쇄기의 구입비용-라이너, 모터, 구동 및 보호대 가격 포함

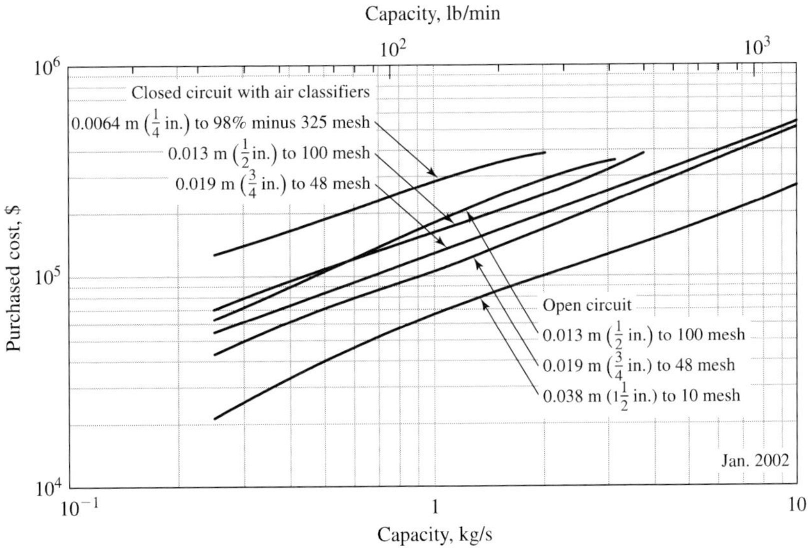


**그림 12-69**
건식 분쇄용 볼 밀의 구입비용–조립, 분급기, 모터, 구동 및 조립 허용오차 포함. 운송비, 보조장치 및 취급 장치는 불포함

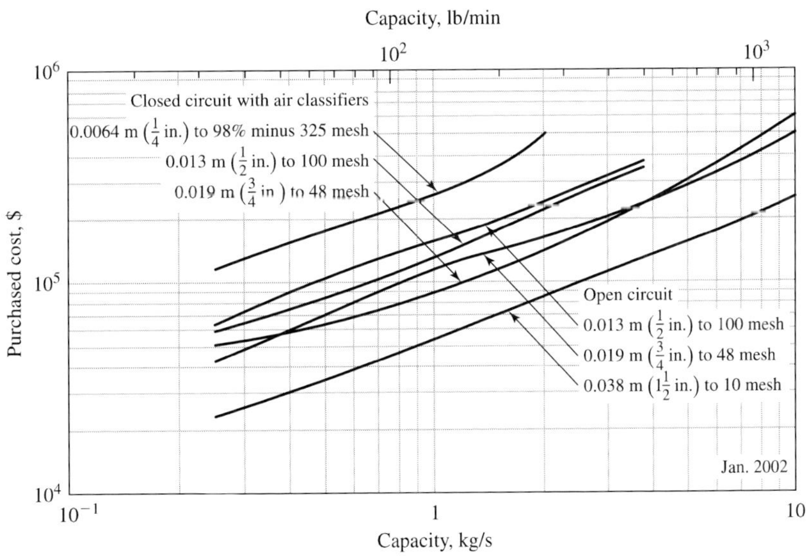


**그림 12-70**
습식 분쇄용 볼 밀의 구입비용 – 조립, 분급기, 모터, 구동 및 조립 허용오차 포함. 운송비, 보조장치 및 취급 장치는 불포함.

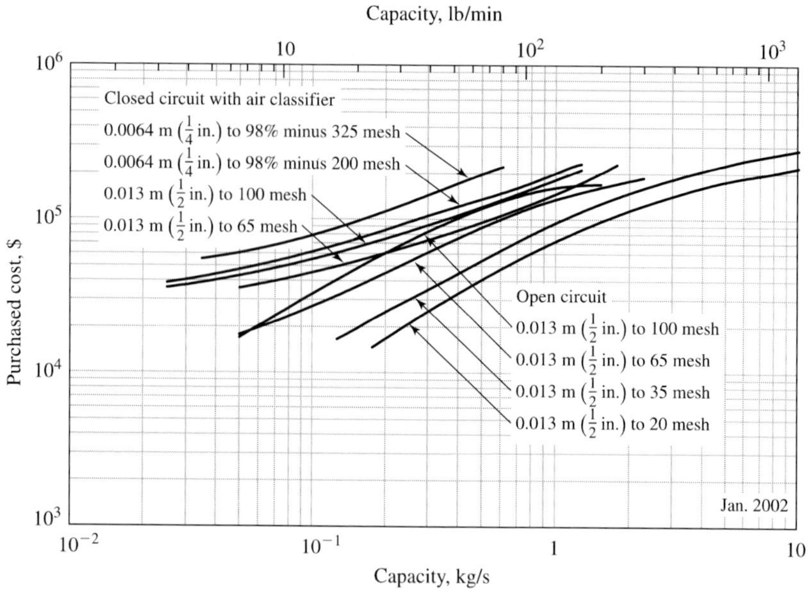


**그림 12-71**

건식 분쇄용 AG/SAG 밀의 구입비용-조립, 분급기, 모터, 및 구동은 포함. 운송비, 보조장치 및 취급 장치는 불포함

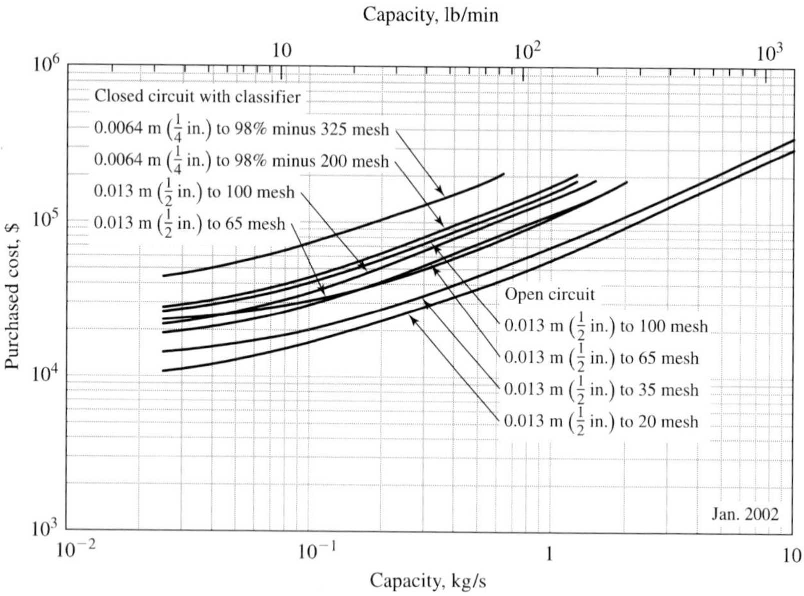


**그림 12-72**

습식 분쇄용 AG/SAG 밀의 구입비용-조립, 분급기, 모터, 및 구동은 포함. 운송비, 보조장치 및 취급 장치는 불포함

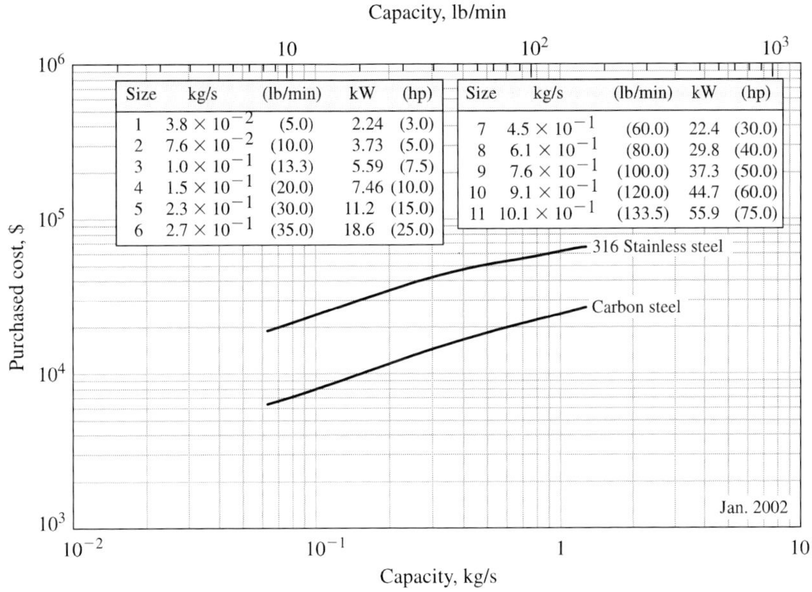


**그림 12-73**

풀버라이저의 구입비용-모터와 구동은 불포함

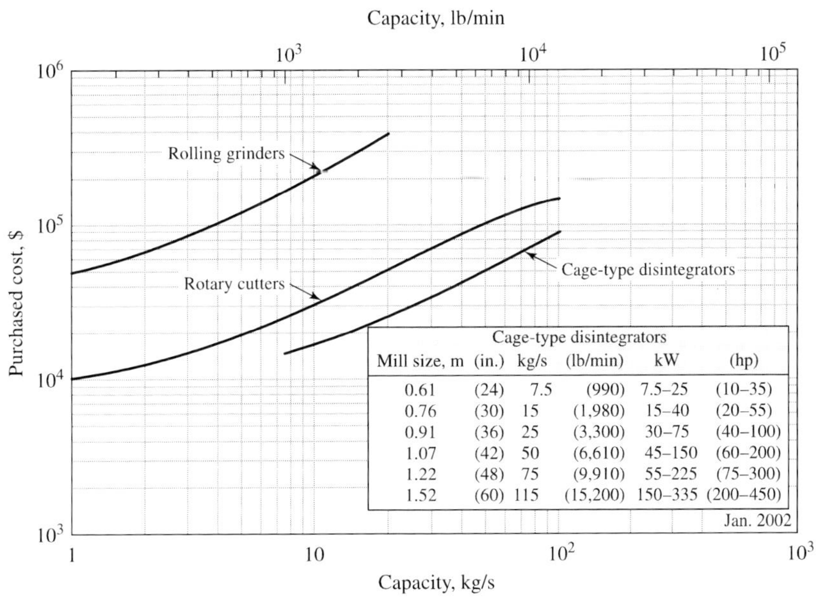


**그림 12-74**

미분쇄기, 절단기 및 해쇄기의 구입비용-모터, 구동 및 부후대 포함

# 사용부호

$a$ = 식 (12-41)에서의 상수, −

$A_c$ = 유량계의 최소 단면적에서 단면 유로 면적, $m^2$

$A_p$ = 유량계의 유로 축소 전 상향류의 단면적, $m^2$

$b$ = 식 (12-41)에서의 상수, −

$C_c$ = 식 (12-10)에서 정의된 진공계의 콘덕턴스, $m^3/s$

$C_{cp}$ = 진공계에 연결된 관의 콘덕턴스, $m^3/s$

$C_d$ = 방출계수, −

$C_{sc}$ = 스크류 컨베이어에서 동력 구성요소에 관계되는 상수, −

$C_1$ = 그림 12-58에서 구한 식 (12-52b)에서의 상수, −

$D$ = 직경, $m$; 하첨자 $a$는 임펠러 직경; 하첨자 $i$는 내경; 하첨자 $i$, opt는 최적 내경; 하첨자 $m$은 평균 직경; 하첨자 $o$는 오리피스 직경; 하첨자 $t$는 혼합기의 용기 내경

$D_{pf}$ = 공급물의 고체 입자크기, m

$D_{pp}$ = 생성물의 고체 입자크기, m

$E_J$ = 용접 이음쇠의 효율, 분율

f = Fanning 마찰계수, −; 하첨자 L, T와 s는 각각 층류, 난류 및 미끄럼 마찰계수

f′ = 함수 항, −

$F$ = 마찰에 의한 기계적 에너지 손실, N-m/kg

$F_c$ = 급축소에 의한 마찰손실, N-m/kg

$F_e$ = 급확대에 의한 마칠손실, N-m/kg

Fr = Froude 수($V^2/gD$), −

$g$ = 중력가속도, $m/s^2$

$G$ = 질량속도, $kg/s \cdot m^2$

$h$ = 엔탈피, kN-m/kg 또는 kJ/kg; 하첨자 1과 2는 각각 입구와 출구 조건; 하첨자 2, $s$는 팽창기의 입구에서 출구로일정 엔트로피를 유지하는 동안의 출구 조건

$H$ = 유체의 머리압, N-m/kg; 하첨자 ad는 단열 머리압

$H_o$ = 개방 유로의 위어 머리압, m

$k$ = 정용 비열에 대한 정압 비렬의 비, −

$K_c$ = 유체의 급축소로 인한 마찰을 평가하는 식의 상수(표 12-1 참조), −

$K_L$ = 층류 혼합에 대한 식 (12-43)에서의 상수, −

$K_T$ = 난류 혼합에 대한 식 (12-44)에서의 상수, −

$L$ = 관 또는 장치의 길이, m; 하첨자 $e$는 실제 길이; 하첨자 $e$는 상당길이

$m$ = 식 (12-40)에서와 식 (12-41)에서 정의된 상수, −

$\dot{m}$ = 질량유량, kg/s; 하첨자 $a$는 공기; 하첨자 $G$는 기체; 하첨자 $s$는 고체

$\dot{m}_v$ = 부피유량, $m^3/s$

$M$ = 분자량, kg/kg-mol

$n$ = 다방향 압축에 사용된 상수, −

$n'$ = 대수좌표 위의 비뉴튼 유체에 대한 $D\,\Delta p/(4L)$ vs $8V/D$의 기울기, −

$N_r$ = 임펠러 속도, r/min
$N_{Po}$ = 혼합의 동력수, –
$N_{st}$ = 압축에 포함된 단의 수, –
$p$ = 절대압, kPa; 하첨자 *s*는 안전작업압력
$\Delta p_f$ = 마찰손실에 의한 압력강하, kPa
$P$ = 소요 동력, kW; 하첨자 *ad*, *iso*와 *poly*는 단열, 등온과 다방향 압축에 소요되는 동력; 하첨자 *empty*는 벨트 컨베이어에 하중이 걸리지 않을 때에 소요되는 동력; 하첨자 *horizontal*은 벨트 컨베이어가 수평조작에 하중이 걸릴 때에 소요되는 동력; 하첨자 *vertical*은 벨트 컨베이어가 수직조작에 하중이 걸릴 때에 소요되는 동력
$Q$ = 외부 원천으로부터 계에 전송된 열량, kW
$Q'$ = 펌핑 속도와 절대압의 곱, $(m^3/s)(kPa)$
$r$ = $p_2/p_1$비, -
$R$ = 기체상수, kJ/(kg mol·K)
$R^*$ = 축소비, –
$R_H$ = 유체역학 반경, m
Re = 식 (12-3b)로 정의되는 Reynolds 수, –
$S$ = 펌핑 속도, $m^3/s$
$S_p$ = 진공펌프의 펌핑속도, $m^3/s$
$S_s$ = 관에 대한 안전 작업응력, kPa
$t$ = 최소 관벽 두께, m
$T$ = 온도, ℃ 또는 K
$u$ = 내부에너지, kN-m/kg 또는 kJ/kg
$v$ = 비용적, $m^3/kg$
$V$ = 속도, m/s; 하첨자 BS는 벨트속도
$V'$ = 부피, $m^3$; 하첨자 *p*는 추의 부피
$W$ = 축 일, N-m/kg; 하첨자 *ad*는 등엔트로피 압축과정의 일; 하첨자 *e*는 엘보우를 흐르는데 필요한 원심 일; 하첨자 KE는 컨베이어 입구에서 운동에너지 이득; 하첨자 *L*은 상승 고체에서의 일; 하첨자 *sf*는 고체입자 사이에서 미끄럼 마찰에 의한 일; 하첨자 *s*는 고체이송에 결합되는 전체 일; 하첨자 *a*는 공기가 있는 일
$Wi$ = 작업지수, kJ/kg
$W_o$ = 외부 원천으로부터 계로 제공된 기계적 일, kJ/kg
$W_v$ = 저장조나 압력조의 중량, kg
$Y$ = 유량계의 팽창계수, -
$Z$ = 임의로 선택한 기준평면 위의 수직거리, m
$Z_c$ = 압축계수, –

## 그리이스 문자

$\alpha$ = 평균속도의 사용을 계상한 보정계수, –
$\beta$ = 유량계에서 관경에 대한 목 직경의 비, –
$\gamma$ = 유체의 전단속도에 대한 일반 관계식, $s^{-1}$

$\varepsilon$ = 상당 거칠기, m
$\eta_{ad}$ = 단열효율, −; 하첨자 $c$는 압축기 효율; 하첨자 poly는 다방향 효율
$\theta_r$ = 체류시간, s
$\mu$ = 점도, Pa·s
$\rho$ = 밀도, $kg/m^3$; 하첨자 $m$은 평균밀도; 하첨자 V는 증기; 하첨자 $p$는 추의 밀도
$\pi$ = 혼합에서 동력 함수, −

# 연습문제

**12-1** 압력 445 kPa에서 조작하고 있는 흡수탑의 상부로 희석유를 펌핑하는데 필요한 모터의 크기의 추산하라. 희석유는 내경 0.078 m의 관 46 m를 통해 평면에서 액위 3 m인 개방 탱크로부터 펌핑되고 있다. 라인 중에는 5개의 90°엘보우가 있고, 탑 상부는 평면 위로 9 m 위치에 있다. 희석유는 2.7 kg/s의 유량이 요구된다. 희석유의 점도는 15 cP이고, 밀도는 857 $kg/m^3$이다. 모터를 포함한 펌핑계의 효율은 40 %로 가정하라.

**12-2** 40°C의 순 벤젠이 2.14 kg/s로 내경 0.0409 m, 길이 21 m의 직관을 흐를 때의 압력손실은 얼마인가? 배관은 6개의 90° 엘보우, 엘보우로 사용된 1개의 티(상당 저항은 60 관경과 같음), 1개의 글로브 밸브 및 1개의 게이트 밸브를 포함하고 있다. 벤젠의 밀도는 849 $kg/m^3$이고, 40°C에서 점도는 $5 \times 10^{-4}$ Pa·s이다.

**12-3** 응축기가 25°C에서 냉각수를 0.0095 $m^3/s$로 공급받고 있다. 이곳에 사용하도록 추천할 수 있는 schedule 수 40의 관경은 얼마인가?

**12-4** 증기압 26.4 $kN/m^2$, 밀도 860 $kg/m^3$인 38°C의 액체 벤젠을 저장탱크로부터 탱크의 액위 3 m 지점에 위치한 토출구로 0.0025 $m^3/s$의 유량으로 펌핑시킨다. 기계적 효율이 60 %인 펌프는 액위 1 m 상부에 설치되어 있다. 저장탱크는 대기압 상태에 있다. 토출 라인의 끝 지점의 절대압력은 445 kPa이다. 벤젠 이송에 사용된 관의 내경은 0.0409 m이다. 흡입라인과 토출라인에서 마찰 압력손실은 각각 3.45와 37.9 $kN/m^2$으로 추정되고 있다. 펌프와 총소요동력에 의해 생긴 머리압을 계산하라. 펌프 제작자가 소요되는 순 양정 높이압이 0.3 m로 명시하면, 그와 같은 펌프를 이 과정에 활용할 수 있겠는가?

**12-5** 임펠러 속도가 1800 r/min이고, 펌프를 통한 압력강하가 138 kPa일 때, 원심펌프가 15°C의 물을 0.0063 $m^3/s$로 분출시킨다. 임펠러 속도를 1200 r/min으로 줄일 때, 물의 분출유량과 펌프조작이 이상적이라면 펌프에 의해 생기는 머리압을 추정하라.

**12-6** 어떤 설계 프로젝트에서 완전히 조립된 펌핑계에 대한 총비용의 예비추산이 요구되고 있다. 이 계에는 15.5°C인 냉각수 15.75 kg/s가 305 m 배관을 사용하여 제공되고 있다. 펌프의 이론 소요동력(효율 100 %)은 7.5 kW로 추정되고 있다. 다음 자료를 이용하여 펌핑계의 총설치비용을 추산하라.
제작재질 — 탄소강
관이음쇠의 수(티에 상응) — 40

밸브(게이트)의 수 — 4
단열(85 % 마그네시아) — 두께 0.038 m
펌프 — 대기가 없는 원심형
모터 — 교류, 보합, 3상, 1800 r/min

**12-7** 2단 스팀 젯트가 대형 진공계에 사용되고 있다. 매시간 계로부터 10 kg의 공기가 제거되어야 하는 것으로 추정된다. 제거되고 있는 증기는 15°C에서 물의 평형 증기압에 상당하는 압력에서 수증기를 함유할 것이다. 흡입압력이 50 mmHg 절대압으로 스팀 젯트에 의해 유지되게 하려면, 젯트를 조작하는 데 소요될 수 있는 시간당의 스팀의 양(kg)을 추산하라.

**12-8** 왕복식 압축기가 25°C의 메탄 가스 0.085 $m^3$/s를 100에서 6200 kPa까지 압축하기 위해 선정되었다. 열용량은 압축 온도 범위에서 2433 J/(kg·K)에서 일정하게 유지되고 있고 $C_p / C_v$의 비는 1.31로 일정하게 유지되고 있는 것으로 가정한다. 여기에 사용될 압축 단수는 몇 단이 되어야 하는가? 압축기가 80 % 효율을 나타내면 소요 동력은 얼마인가? 제1단으로부터 출구에 있는 가스의 출구온도는 얼마인가? 냉각수의 온도가 15°C만 증가될 수 있으면, 냉각 이후에 각 단으로부터 압축 가스가 25°C로 다시 되돌아오도록 중간 냉각기와 최종냉각기에 소요되는 물의 양은 얼마인가?

**12-9** 열역학적 특성을 추정하기 위해 적절한 상태방정식과 과정을 이용한 소프트웨어 패키지를 활용하여 문제 12-8을 재수행하고, 그 결과를 비교 검토하라. 이들 두 계산 사이에는 가장 큰 오차가 어디에서 생기는가?

**12-10** 온도 20°C, 절대압 1380 kPa인 수소 가스가 4140 kPa로 압축되고 있다. 압축기의 기계적 효율이 등온, 가역 조작을 기준으로 55 %이면, 압축기에 공급되는 동력이 224 kW일 때 1초당 압축시킬 수 있는 수소의 양(kg)을 계산하라. 운동에너지 효과는 무시할 수 있는 것으로 가정한다. 단열, 가역 조작을 기준으로 압축기의 기계적 효율도 추산하라. 단일 단 압축기가 사용되고, $C_p / C_v$의 비는 1.4로 일정하게 유지되는 것으로 가정한다.

**12-11** 압력 100 kPa, 온도 32°C의 대형 격납고 내에 있는 정체 공기를 제거하고, 103 kPa 압력과 40 m/s의 속도로 외부로 방출시키기 위해 원심 환풍기가 사용된다. 4.7 표준 $m^3$/s 공기를 제거하는데 필요한 소요동력을 계산하라. 환풍기의 효율은 65 %로 가정할 수 있다.

**12-12** 예제 12-6에서 사용했던 동일한 혼합기에서 점도 1.2 × 105 cP, 밀도 1121 kg/$m^3$인 고무라텍스 화합물을 혼합하는데 소요될 유입 동력(kW)은 얼마가 되겠는가? 방해판이 혼합 탱크에 부설되면 소요동력에 어떤 차이가 생기게 되겠는가?

**12-13** 방해판이 있는 직경 2 m의 탱크에서 50% NaOH 수용액을 혼합하는데 소요될 동력은 얼마가 되겠는가? 혼합은 6개 평판 날개가 있는 디스크 터빈으로 2 m 높이에 채운 수직 탱크에서 수행될 것이다. 터빈은 직경이 0.67 m이고, 탱크 밑면의 상부 0.67 m 지점에 위치하고 있다. 터빈 날개는 너비가 0.134 m 이고, 90 r/min으로 회전한다. 용액의 점도는 0.012 Pa·s이고, 밀도는 1500 kg/$m^3$이다.

**12-14** 내경 9 m인 구형 탄소강 탱크가 작업 절대압력 310 kPa, 온도 27°C로 제시되고 있다. 용접은 모두 조각을 맞추는 맞대기 용접이다. 부식 허용차가 요구되지 않는 것으로 가정할 때, 탱크의 필요한 벽두께는 얼마인가? 철판 가격이 $1.10/kg이면, 이 탱크에 대한 철재의 비용을 추산하라. 그림 12-52에 제시된 자료를 기준으로 철재 비용에 의한 탱크의 구입비용의 비율을 계산하라.

**12-15** 15°C, 275 kPa에서 공기가 내경 0.0779 m인 수평 철관의 입구로 들어간다. 유입속도는 15 m/s이다. 평균 입경 60 mesh인 구형입자는 관의 입구로부터 공기흐름 중간의 하류에 의해 들어오고 있다. 공기에 대한 고체 입자의 중량비는 4:1이고, 입자의 밀도는 2690 $kg/m^3$이다. 관길이가 50 m이면, 관에서의 압력손실은 얼마인가?

**12-16** 유용한 분쇄기에 부피-표면 평균 직경이 0.069 m인 암괴를 도입하여 부피-표면 평균 직경 $5 \times 10^{-3}$ m인 생성물을 얻는다. 이 암괴 10,000 kg/h를 분쇄하는데 소요되는 동력은 6.35 kW이다. 동일한 성질의 공급물을 9000 kg/h로 용량을 줄이면서 생성물의 부피-표면 평균 직경을 $4 \times 10^{-3}$ m로 줄이면 동력 소모량은 어떻게 되겠는가? 장치의 기계적 효율은 변하지 않고 유지되는 것으로 가정한다.

CHAPTER

# 13

# 반응기 장치 — 설계 및 비용

화학반응공학은 화학공학에 있어서 독특한 2개 분야 중의 하나이고, 다른 한 분야는 분리공정이다. 화학반응과 반응기의 다양성과 반응기 설계에 활용할 수 있는 일반적인 분석방법은 창조성에 많은 기회를 제공하기도 한다. 화학반응공학의 복잡한 성질은 대부분의 반응의 분석 및 반응기 형태의 선정과 배열을 위해 설계 엔지니어가 바로 활용하도록 정교한 컴퓨터 모델에 의해 수행될 수 있도록 많은 반복적인 계산을 흔히 요구한다.

목적 생성물을 제조하기 위해서 출발물질을 목석 생싱물로 전환시키는데 필요한 반응을 표시하는 반응 경로를 요구한다. 설계공정의 분야로 선정된 반응 경로는 연구 개발 프로그램에 의해 입증시키거나 또는 명시된 출발물질의 유용성을 사전에 명시하거나, 제한할 수 있다. 이어서 반응기 성능과 결부된 반응 경로는 원료 흐름의 성질, 양과 순도, 조작온도와 압력, 촉매, 안전성 문제와 생성물 분리 및 정제 필요성과 같은 많은 공정 조건을 결정하기도 한다. 반응 경로는 이미 한 번 정리를 하였고, 4장에서 논의하였던 것과 같이 완전한 공정 흐름도는 개발되어 있다.

화학반응기와 반응 장치계의 설계와 선정에 수반되는 공정은 다음의 방법으로 시작한다. 먼저 평가하려는 반응기 형태를 정해야 한다. 다음으로 적정한 설계식, 이용할 반응속도 및 열역학적 자료를 풀어서 반응 혼합물 또는 촉매 부피를 정한다.

요구되는 반응속도 자료가 활용될 수 없을 수 있고, 경험적인 결정을 요구할 수도 있기 때문에 설계공정에서 부피 확립 단계는 많은 문제점이 제기될 수 있다. 반응 혼합물이나 촉매 부피, 손실 보전, 또는 공극 부피로부터 반응기의 제원을 정립한다. 이것은 반응기/반응의 물질수지와 에너지 수지로부터 얻은 가열과 냉각 필요성을 결정하는데 따르게 된다. 10장에서 논의한 것과 같이 요구되는 장치의 제작 재질은 반응 혼합물과 온도, 압력에 명시된 특성에 따라 이때 정해진다. 이와 같은 모든 자료는 반응기계에 대한 장치와 유틸리티 비용을 추산하는데 사용된다. 여러 가지 가능한 설계와 설계 연관비용이 한번 확인되면, 최적 설계를 결정할 수 있다. 화학반응 설계를 도식화하여 흐름도로 설명한 것이 그림 13-1이다.

그렇게 공정의 총괄 경제성 평가와 마찬가지로 많은 화학공정에서 반응기의 주요한 역할은 반응 경로, 반응기 선정 및 설계가 완벽한 공정 설계를 하는데 있어서 주역할을 담당할 수 있음을 암시한다. 그러므로 반응 경로와 반응기 형태의 선정은 공정을 조직적으로 최적화하는데 있어서 주요한 변수가 될 수 있다.

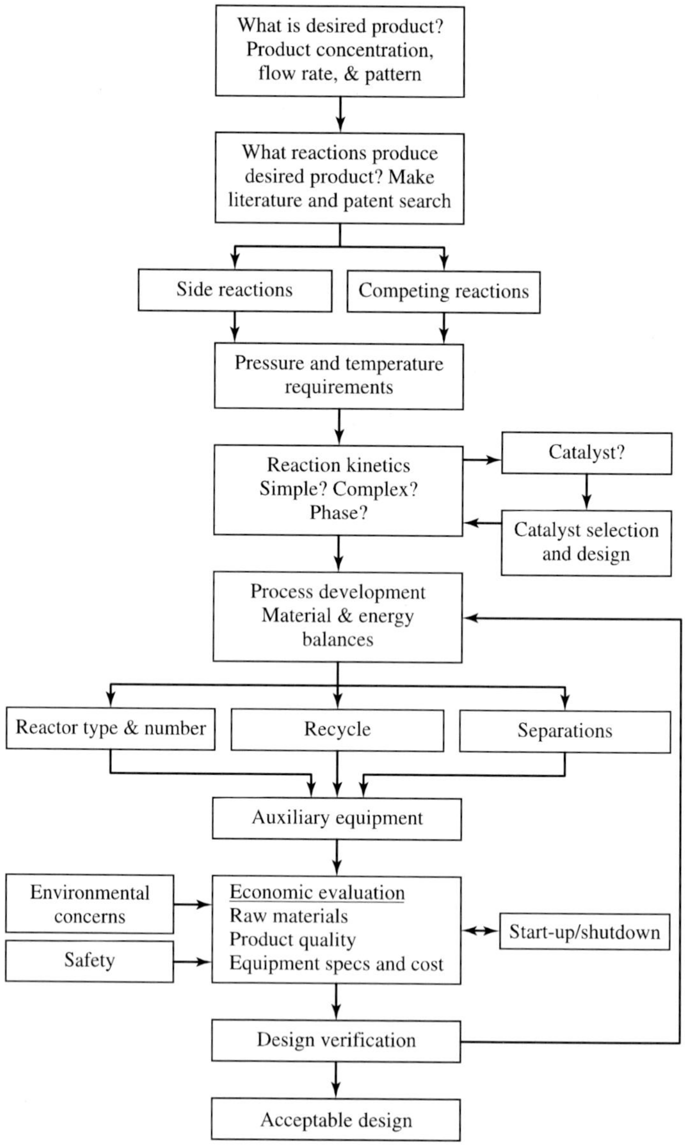


**그림 13-1**
반응기 설계와 평가 구조도

# 반응기 원리

반응기계의 기본적인 수학적 모델은 다음과 같이 개발한다. (1) 메카니즘 정의와 온도 기능을 결합시키는 반응속도 표시; (2) 유입흐름, 배출흐름, 반응속도, 혼합효과 및 확산효과를 포함하는 물질수지; (3) 반응, 열전달 및 현열/잠열 효과를 포함하는 에너지 수지; (4) 경제성 평가; (5) 설계에 관한 특수한 제약조건. 그림 13-2에 도식적으로 나타낸 물질수지와 에너지수지는 반응계의 미분부피를 기준으로 기초적인 보존 방정식으로부터 개발된 것이다.

물질 수지는 다음과 같다.

$$\begin{bmatrix} \text{대상부피 내의} \\ \text{성분 } i\text{의} \\ \text{축적속도} \end{bmatrix} = \begin{bmatrix} \text{대상부피로} \\ \text{성분 } i\text{의} \\ \text{유입흐름속도} \end{bmatrix} - \begin{bmatrix} \text{대상부피에서} \\ \text{성분 } i\text{의} \\ \text{배출흐름속도} \end{bmatrix} + \begin{bmatrix} \text{대상부피 내의} \\ \text{성분 } i\text{의} \\ \text{생성속도} \end{bmatrix} \tag{13-1}$$

에너지 수지는 다음과 같다.

$$\begin{bmatrix} \text{대상부피 내의} \\ \text{에너지의} \\ \text{축적속도} \end{bmatrix} = \begin{bmatrix} \text{대상부피로} \\ \text{에너지의} \\ \text{유입흐름속도} \end{bmatrix} - \begin{bmatrix} \text{대상부피에서} \\ \text{에너지의} \\ \text{배출흐름속도} \end{bmatrix} + \begin{bmatrix} \text{대상부피 내의} \\ \text{에너지의} \\ \text{생성속도} \end{bmatrix} \tag{13-2}$$

완전혼합 반응기에 대하여 식 (13-2)에 주어진 에너지 수지에 대한 총괄식은

$$\sum_{\text{species}} m_i C_{p_i} \frac{dT}{d\theta} = \sum_{\text{species}} \dot{m}_i \int_{T_{i,\text{in}}}^{T_{i,\text{out}}} C_{p_i}\, dT + V_R \sum (-\Delta H_{\text{rxn}}) r_i + P \tag{13-3}$$

여기서 $m_i$는 성분 $i$의 밀도, $C_{pi}$는 성분 $i$의 열용량, $\dot{m}_i$는 성분 $i$의 질량유량, $V_R$은 반응기 부피, $\Delta H_{\text{rxn}}$은 단위 반응의 반응생성열, $r_i$는 단위부피당의 반응속도, 및 $P$는 반응기에 공급되는 동력이다. 일반적인 물질수지 표현에 대한 더 명확하고 유용한 형태는 주요 반응기 형태에 관한 장에서 다루기로 한다.

회분식, 흐름식, 균일, 불균일 및 정상상태와 같은 여러 조건에서 조작되는 많은 형태의 화학반응기가 있다. 따라서 모든 형태의 반응기에 적용할 수 있는 하나의 일반적인 수학적 해석은 대단히 복잡하다. 그러므로 반응기 설계의 일반적인 접근은 고려중인 반응기의 형태에 대한 명시된 반응계를 나타낼 수 있는 적정한 수학적 모델을 개발하는 것이다. 예를 들

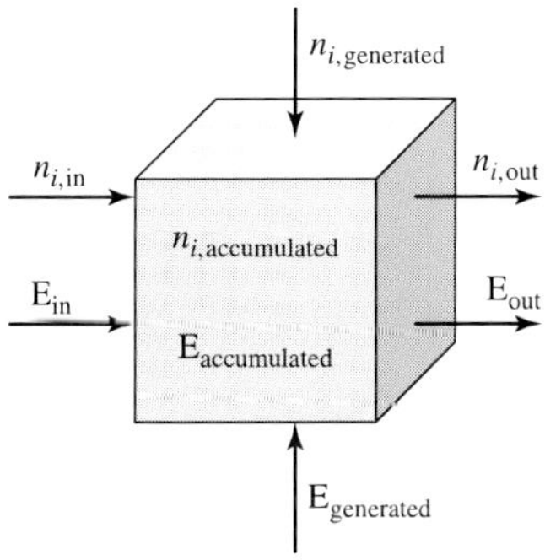


**그림 13-2**
반응계의 대상 부피에 작용하는 물질 및 에너지 수지

면, 반응계가 정상상태 조작 조건에 대해 평가되는 것이면 식 (13-1)과 (13-2)의 좌변의 시간 미분항은 0이 되어 단순화된 수학적 모델을 얻게 된다.

선정된 반응계와 연계되어 있는 반응열에 기인한 에너지의 생성속도와 성분 $i$의 생성속도를 나타내기 위해서는 미분형을 사용하는 것이 편리하다. 예를 들어 균일반응에 수반되는 부피 $V_R$의 회분식 반응기를 고려하면, 반응물로 성분 $i$를 기준으로 반응속도를 나타내는 편리한 형태는 다음과 같다.

$$r_i = \frac{1}{V_R}\frac{dN_i}{d\theta} = k_i(c_a, c_b, \ldots, c_i, \ldots, c_{n-1}, c_n) \tag{13-4}$$

여기서 $N_i$는 시간 $\theta$에서 반응기에 존재하는 성분 $i$의 양, $k_i$는 성분 $i$에 대한 반응속도상수이고, $c_a, c_b, \ldots, c_n$은 시간 $\theta$에서 반응기에 있는 성분 $a, b, \ldots, n$의 농도이다. 다른 한편으로 반응기 내에 농도가 변하는 흐름식 반응기에 대해서는 반응기의 미분 부피에 관한 속도를 기준으로 하는 것이 편리한데, 일반적으로 사용하는 속도식은 다음과 같다.

$$r_i = \mathrm{div}(\mathbf{U}c_i) \tag{13-5}$$

여기서 $\mathbf{U}$는 직교좌표를 사용하여 $x, y, z$ 방향 속도요소를 갖는 속도 벡터이다. 흐름 방향으로 반응기의 길이를 $z$로 표시하는 플러그 흐름 반응기의 경우에 식 (13-5)는 다음과 같이 일반적인 형태로 줄어든다.

$$r_i = \frac{d(U_z c_i)}{dz} \tag{13-6}$$

유사한 방법으로 간소화한 표현은 역혼합 탱크형 반응기와 다른 형태의 반응기 계에서도 개발할 수 있다.

## 반응기 형태

보통 이상형 반응기의 형태는 회분식, 플러그 흐름 및 역혼합 또는 연속 교반 탱크형이 있다. 이상형 회분식 반응기에서 반응은 처음에 완전 혼합되고, 반응 혼합물은 반응 기간 동안에 제거되는 것이 없다. 완전 혼합은 반응이 진행되는 동안으로 가정하므로 반응기의 구성요소는 모두 반응 공정에서 동일한 온도와 압력상태에 있다. 조성(과 흔히 온도)는 시간에 따라 변한다. 이상형 플러그 흐름 반응기는 관형 반응기인데, 반응 유체는 역혼합이나 반경방향 농도 기울기가 없이 관을 따라 움직인다. 조건은 정상상태에 있으므로 반응기의 길이에 따른 온도 개요와 마찬가지로 농도는 시간에 따라 변하지 않는다. 이상형 역혼합 반응기는 반응기의 구성요소가 완전 혼합이 되는 연속 교반 탱크형 반응기에 상응하므로 반응기의 완전한 구성요소는 생성물 흐름과 같이 동일한 온도와 압력 상태에 있다. 반응기는 정상상태에 대한 설계이어야 하므로 반응기 조건과 마찬가지로 유입과 유출 흐름의 유량은 시간에 따른 변화가 없이 유지된다. 그림 13-3에 나타낸 것과 같이 이들 3가지 반응기의 기본 형태는 특수한 소요에 직면하여 변형을 시키는 것과 함께 모든 반응기 설계에 대한 기준이 되고 있다. 실제로, 몇몇 반응기는 이상형을 위한 욕구를 만족시킬 수 있고, 그렇게 하여 설계 엔지니어는 일반적으로 비이상형 반응기에 대한 설계를 하기도 한다. 비이상형 반응기 거동에 대한 논리는 많지만, 이들은 일반적으로 잘 알려져 있고 설계 엔지니어는 비이상성에 대해서 고려할 수 있다. 화학반응기계를 설계하는데 있어서 또다른 유용한 개념은 반응기 생성물을 순환시키는 것과 이것을 반응기에 공급되는 흐름과 혼합하는 것이다. 특히 반응기 생성물 흐름 중에 반응 성분과 미반응 성분을 분리하면, 순환은 계의 전체 성능을 쉽게 개선할 수 있으며 미반응 반응물은 반응기 유입구로 순환된다.

## 공간속도와 공간시간

흐름형 반응기 분석은 흔히 2개의 개념을 활용하는데, 공간속도와 공간시간이다. 공간속도는 반응기 부피에 대한 부피 공급유량의 비로 정의되는데, 정해진 시간에 처리할 수 있는 공급물의 반응기 부피의 양을 결정할 수 있다. 이 개념의 식은 다음과 같다.

$$\text{Space velocity} = \frac{F_i v_{iF}}{V_R} = \frac{F_i}{V_R c_{iF}} \tag{13-7}$$

여기서 $F_i$는 성분 $i$의 공급유량, $v_{iF}$는 공급물 중의 성분 $i$의 몰 당의 공급물의 부피이고, $c_{iF}$는 단위 부피당의 $i$의 몰로서 공급물 중에 있는 성분 $i$의 농도이므로 $v_F$의 역수이다. 공간시간은 간단히 공간속도의 역수이거나, 또는 공급물을 하나의 반응기에서 처리하는데 소요되는 시간이다.

## 회분식 반응기

회분식 반응기에 대하여 식 (13-4)는 다음과 같이 설계 방정식을 재정리할 수 있다.[110)]

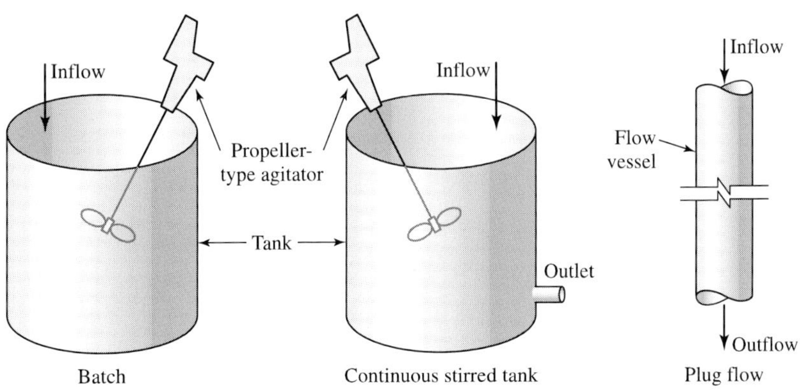


**그림 13-3**
기본 반응기 3형태의 구조도: 회분식, 연속교반탱크 및 플러그 흐름

110) 이 장에서 사용되는 것과 같은 $-r_i$는 반응물 $i$의 반응속도로 표시되는 반응속도를 나타내고, 동시에 $r_i$는 성분 $i$의 생성속도를 나타내는 것을 유의하라.

$$\int_0^{\theta} d\theta = \theta = \int_{N_{io}}^{N_{ie}} \frac{dN_i}{V_R r_i} \qquad (13\text{-}8)$$

여기서 $N_{ie}$는 반응시간의 종료점에서 유지되는 성분 $i$의 몰 수이고, $N_{io}$는 반응의 시작점에서 성분 $i$의 몰 수이다. 전화율로 나타내면, $X_{ie}$는 상수인 $N_{io}$와 함께 반응시간 $\theta$ 동안에 성분 $i$의 총 전화분율로 나타낸다.

$$N_i = N_{io} - N_{io}X_i = N_{io}(1 - X_i) \qquad \text{and} \qquad dN_i = -N_{io}\,dX_i \qquad (13\text{-}9)$$

식 (13-8)에 식 (13-9)를 치환하면

$$\theta = N_{io} \int_0^{X_{ie}} \frac{dX_i}{-V_R r_i} \qquad (13\text{-}10)$$

식 (13-10)은 회분식 반응기에 사용되는 기본 설계방정식이다. 반응기 부피 $V_R$이 반응이 진행되는 동안에 일정하게 유지되면, 식의 적분은 적분기호 내에서 $V_R$을 제외시키고 $N_{io}/V_R$은 반응 시작점에서 반응물의 농도로 인정하여 단순화시킬 수 있다. 회분식 반응기 성능을 표현하는 또 다른 유용한 방법은 정해진 시간 동안에 정해진 전화율을 얻는데 소요되는 부피를 구하는 것이다.

$$V_R = \frac{N_{io}}{\theta} \int_0^{X_{ie}} \frac{dX_i}{-r_i} \qquad (13\text{-}11)$$

## 관형 플러그흐름 반응기

관형 반응기는 이상형 플러그흐름을 기준으로 정상상태 조작에 대해 설계되므로 식 (13-6)을 활용한다.

$$z = \int_{(U_z c_i)_o}^{(U_z c_i)_e} \frac{d(U_z c_i)}{r_i} \qquad (13\text{-}12)$$

이 식을 단순화하기 위하여 흐름형 반응기의 일정한 단면적을 $A_R$로, 반응기 길이에 따라 $z$ 지점의 반응기 총부피를 $V_R$로 표시하면 $V_R = zA_R$이 되고, 성분 $i$의 일정한 공급 유량은 $F_{io}$로 표시한다. 식 (13-12)의 양변에 $A_R$을 곱할 때, $A_R U_z c_i$는 실제로 단위시간당 반응기 내의 특수한 지점 $z$에 흐르는 성분 $i$의 몰 수라는 것이 분명하다. 이 항은 $(F_{io} - F_{io} X_{iz})$에 상응하는데, 여기서 $X_{iz}$는 반응기 길이에 따라 임의 거리 $z$에서 도입 공급물 내의 성분 $i$의 전화율이다. $d(F_{io} - F_{io}X_{iz})$는 $-F_{io}\,dX_{iz}$이므로 식 (13-12)는 다음과 같이 다시 쓸 수 있다.

$$\int_0^{zA_R} d(zA_R) = \int_0^{V_R} dV_R = V_R = F_{io} \int_o^{X_{iz}} \frac{dX_{iz}}{-r_i} \qquad (13\text{-}13a)$$

또는

$$\frac{V_R}{F_{io}} = \int_0^{X_{iz}} \frac{dX_{iz}}{-r_i} \tag{13-13b}$$

플러그 흐름 반응기에 대한 대체식으로 더 일반적인 경우는 식 (13-11)에서 초기에 가정한 0 전화율을 개체하여 $X_{io}$로 표시되는 초기 전화율로 이미 부분적으로 전화되어 반응물 $i$가 반응기에 도입되는 것으로 고찰할 수 있다. 식 (13-13b)에 상응하는 설계 방정식은

$$\frac{V_R}{F_{io}} = \int_{X_{io}}^{X_{iz}} \frac{dX_{iz}}{-r_i} \tag{13-14}$$

식 (13-13b)와 식 (13-14)는 반응속도를 반응기의 부피 기준으로 나타낼 때 흔히 사용되는 관형, 이상형 플러그 흐름 반응기의 형태이다. 반응이 촉매의 표면에서 일어나는 것과 같은 불균일반응일 때는 $r_{ic}$를 $r_i$로 치환하여 반응기 부피에 관한 것보다는 오히려 촉매의 질량에 관한 반응속도를 기준으로 하는 것이 일반적인 관행이다. 얻어진 설계 방정식은

$$\frac{W_c}{F_{io}} = \int_{X_{io}}^{X_{iz}} \frac{dX_{iz}}{-r_{ic}} \tag{13-15}$$

여기서 $W_c$는 반응기에 있는 촉매의 질량이고, $r_{ic}$는 단위시간당 촉매 단위질량당 전화된 성분 $i$의 몰 수로 나타낸 반응속도이다.

## 역혼합 반응기

이상형 역혼합 반응기의 정상상태 조작에 대하여 식 (13-1)은 다음과 같이 된다.

$$\begin{pmatrix}\text{대상부피 내의}\\ \text{성분 } i\text{의}\\ \text{축적속도}\end{pmatrix} = 0 = \begin{pmatrix}\text{성분 } i\text{의}\\ \text{유입흐름속도} - \text{성분 } i\text{의}\\ \text{배출흐름속도}\end{pmatrix} + \begin{pmatrix}\text{성분}\\ i\text{의}\\ \text{생성속도}\end{pmatrix} \tag{13-16a}$$

또는

$$0 = F_{io} - F_{io}(1 - X_{ie}) + (r_i V_R) \tag{13-16b}$$

그러므로

$$-F_{io}X_{ie} = r_i V_R \tag{13-17a}$$

이것을 재정리하면

$$\frac{V_R}{F_{io}} = \frac{X_{ie}}{-r_i} \tag{13-17b}$$

여기서 $X_{ie}$는 노입물질 $i$의 진화율을 기준한 최종 전화율이고, $V_R$은 역혼합 반응기의 전체 부피이다. $X_{ie}$는 반응기 내의 어느 위치에서나 동일하기 때문에 반응속도는 출구 조건으로 평가되어야 한다.

전화율을 기준으로 공급물 흐름 성분이 이미 전화된 물질의 일부로 반응기에 도입되는 경우에는 식 (13-17a)와 식 (13-17b)의 경우에 했던 것과 같이 초기 또는 도입 전화율은 0 대신에 $X_{io}$가 된다. 그와 같은 조건으로 식 (13-17b)는 다음의 일반화된 식으로 가정할 수 있다.

$$\frac{V_R}{F_{io}} = \frac{X_{ie} - X_{io}}{-r_i} \tag{13-18}$$

## 반응기의 비이상성

이상형 반응기의 개념은 유용한 반면에 반응기와 반응기계가 이상적으로 수행되는 것은 거의 없다라고 오도하고 있는 것이 있다. 모든 반응기의 비이상성은 반응하는 성분, 반응한 성분, 비반응성 성분 및 촉매 성분의 질량 및 에너지 이송 제한에 기인하는 반응기 내의 물질과 에너지의 불완전한 분포에 대하여 추적할 수 있다. 반응성 성분 사이의 접촉이 이상적일 때, 질량전달이 불완전한 경우는 반응속도 감소, 비목적 반응의 증가 및 반응계의 오염을 유발하여 성능의 변화를 가져올 수 있다. 에너지 전달이 불충분한 경우는 반응기계 내의 열분포와 이어서 열변화 때문에 반응속도 성능의 범위에 영향을 미치게 된다. 이들 열적으로 유발된 반응속도 변화는 반응속도의 증가와 감소로 이어진다. 이 반응은 계의 속도론에 기초하고 있고, 격렬한 발열반응과 자동촉매반응이 있는 부반응, 주반응 또는 종결반응이 될 수 있기 때문이다. 반응이 정해진 온도 범위로 한정되어 있기 때문에 부적당한 에너지 전달로 유발된 반응기 내의 온도 변화는 유해하거나 위해로울 수 있는 이외의 반응으로 유도될 수 있다.

질량과 에너지 전달 제한은 두 가지 분자 지배형태로 나눌 수 있다. 그것은 분자 수준의 전달을 수반하는 것과 분자크기 전달 보다 더 큰 것을 수반하는 것이다. 대규모 전달(거대 전달) 불완전성은 반응기의 기계적 설계 결과에 기인하고 불완전한 혼합과 부적당한 냉각과 가열을 포함한다. 반응기 비이상성의 이들 원천은 그들이 모두 인위적으로 영향을 미치게 되므로 비이상성이 감소되도록 조정할 수 있기 때문에 경제적 고찰을 받아서 확실한 범위까지 제어할 수 있다. 이것은 반응기계에서 열전달의 조정과 반응기 교반의 변화를 통해 수행할 수 있다. 분자수준 전달결과는 그들의 규모 때문에 기계적 설계에 의해 경제적으로 영향을 받을 수 없는 고유의 전달결과에 기인한다. 이들 형태의 전달결과는 주로 유체-고체계에서 마주치게 되는데, 이들은 비혼화성 유체계에서도 일어날 수 있지만 유체 반응성 성분과 고체 촉매를 수반하는 계이다. 비이상성의 대규모 원천에 대하여 가능한 것보다는 범위가 크지 않지만, 미세규모 전달의 몇몇 제어는 촉매의 형태구조 설계를 통해 가능하다.[111]

---

111) 촉매의 설계는 이 교재의 범위를 넘어서고 있다. 촉매설계의 더 완벽한 조사는 다음의 촉매관련 서적을 참조; H.F. Rase, Handbook of Commercial Catalyst: Heterogeneous Catalyst, CRC Press, Boca Raton, FL, 2000.

## 반응기 비이상성의 계산

실제 화학반응기를 나타내는 모델은 설계인자의 수와 정확성이 증가되어야 하기 때문에 엄청나게 복잡하게 된다. 그러나 반응기 비이상성과 흐름 양상의 추정을 조합하여 실제 반응기의 비이상성을 모방한 이상형 반응기 모델의 조합을 사용하므로서 비이상형 화학반응기의 복잡성을 줄이는 것이 가능하다. 지금 많은 소프트웨어 패키지가 여러 표준 형태의 실제 반응기를 분석하고 설계한다. 이들 패키지의 수준도 높아지고 있고, 컴퓨터의 성능 향상으로 이상형 반응기 설계에 경험했던 것과 유사한 쉬운 실제의 반응기계를 바로 설계할 수 있다.

## 체류시간분포

흐름형 반응기에서 반응물의 체류시간분포(residence time distribution, RTD)는 반응기 흐름과 반응기 비이상성에 관한 효과와 특별히 관련이 있기 때문에 반응기의 성능에 대해서 중요하다. 반응기의 흐름 양상은 반응물 전화율의 분포에서 얻어진 입자 체류시간의 분포를 생성한다. 그러므로 반응기 체류시간분포를 이해하는 것은 화학반응계의 반응기를 설계하고 선정할 때 필요하다.

체류시간분포 조사는 일반적으로 추적자라고 하는 쉽게 탐지되는 활성 추적자 물질을 이용하여 수행한다. 추적자는 반응물이 계에 도입되는 것과 같은 방법으로 반응기계에 도입하고, 동일한 유량과 이송유체를 사용한다. 반응기 입구와 출구를 모니터하고, 수집된 추적자 응답자료는 반응기계의 체류시간분포 양상을 계산하는데 사용한다. 이와 같은 체류시간분포 양상은 포텐셜 반응물에 응용할 수 있어서 계의 설계는 계속할 수 있다.

그러나 여러 반응기를 배열하여 유사한 추적자 응답을 얻을 수 있으므로 추적자를 사용하더라도 반응기계 내의 흐름 양상의 독특한 모델을 주지는 않는 것을 유념하는 것이 중요하다. 이와 같은 추적자 응답의 중복은 단일 플러그 흐름 반응기의 체류시간분포와 거의 마찬가지로 체류시간분포 양상을 산출하는데 직렬 연속 교반탱크형 반응기의 경우에 설명되어 있다. 더 복잡한 반응속도식이 있는 경우의 지침과 마찬가지로 추적자가 독특한 흐름 양상을 예측하지 못하는 경우는 비교적 일정한 속도상수를 갖는 단순 1차 반응에 대해서 추적자 예측 체류시간분포의 사용을 제한한다.

## 이상형 반응기 조합을 이용한 비이상형 반응기 대행

비이상형 반응기를 모방한 이상형형 반응기의 이용은 간단하고 유용하다. 이상형 반응기계를 실제의 반응기에 맞추는 방법론은 설계 반응기에서 수행한 흐름 시험의 결과를 검토하여 시작한다. 이상형 반응기 모델은 동일 흐름 시험 결과를 얻은 조합으로 배열시킨다. 선택된 이상형 반응기 조합이 요구되는 흐름 양상을 생기게 하는 것을 확인하기 위해 더 많은 시험을 할 수도 있다. 그러나, 흐름 양상에 대하여 용액이 독특하지 않다는 것을 기억하는 것이 중요하고, 다중 예비 배치 구성을 평가하는 것도 중요하다. 실제 반응기 실물크기 모형을 창출하기 위한 이상형 반응기 모델을 이용하는데 단점은 진정한 흐름 양상을 알 수 없는 것과 배열 반응기의 수와 선정 가능성이 분석을 복잡하게 하는 것이다. 비이상형 실물 크기 모형 과정을 이용하는 장점은 직접 모델링한 비이상형 반응기의 극심한 복잡도를 피하는 동시에 비이상성을 검토할 수 있는 것이다.

## 예제 13-1 이상형 반응기 조합을 이용한 실제 플러그흐름 반응기의 모사

온도 50°C와 부피유량 0.00052 $m^3/s$인 묽은 수용성 공급물 흐름의 반응이 길이 200 m, 직경 0.02 m인 플러그 흐름 반응기에서 진행되고 있다. 이 반응의 실험적 전화율은 추정한 값보다 낮다. 실제 반응기의 실물크기 모형 모델을 창출하기 위한 이상형 반응기의 조합을 구성하라.

■ **풀이**

전화율이 더 낮을수록 입구 효과로 인해 반응기 입구에서 비 플러그 흐름 때문에 반응기 내에서 불완전한 플러그 흐름과 아마도 연관되어 있다. 이와 같은 실험적인 상황은 입구의 혼합 흐름 영역을 나타내는 이상형 연속 교반탱크형 반응기와 반응기 자체에 완전 발달된 흐름 영역을 나타내는 이상형 플러그흐름 반응기의 조합을 이용하여 모사할 수 있다.

입구 영역 부피는 Dombrowski 등[112]에 의해 제시된 입구 길이의 상관관계로 결정할 수 있다.

$$\frac{L_{\text{entrance}}}{D} = 0.370e^{-0.148\text{Re}} + 0.0550\,\text{Re} + 0.260$$

공급물이 묽기 때문에 반응기에 대한 Reynolds 수를 정하는데 거의 물과 같은 정도의 물성을 가정한다. $\rho = 1000\ \text{kg/m}^3$, $\mu = 0.00055\ \text{kg/(m·s)}$.

$$\text{Re} = \frac{\rho VD}{\mu} = \frac{4\rho \dot{m}_v}{\pi D\mu} = \frac{4(1000)(0.00052)}{\pi(0.02)(0.00055)} = 60{,}190$$

이제 입구 길이를 계산한다.

$$L_{\text{entrance}} = 0.02[0.370e^{(-0.148)(60{,}190)} + 0.0550(60{,}190) + 0.260] = 66.2\ \text{m}$$

이 계산된 입구 길이는 전체 반응기 길이 중 중요한 분율이다. 이것은 불완전한 플러그 흐름의 가정은 계 내에서 예상한 것보다 더 낮은 전화율이 되는 주된 역할을 할 수 있다. 입구 길이는 반응기의 입구 분율의 비플러그 흐름 특성에 직접적으로 연관되어 있는 연속 교반탱크형 반응기의 부피 $V_{\text{CSTR}}$을 계산하기 위해 이때 사용된다.

$$V_{\text{CSTR}} = A_{\text{PFR}}\,L_{\text{entrance}} = \frac{\pi}{4}D^2 L_{\text{entrance}} = \frac{\pi}{4}(0.02)^2(66.2\ \text{m}) = 0.021\ \text{m}^3$$

다음으로 모사 반응기의 플러그 흐름 비율을 계산할 수 있는 플러그 흐름 반응기 부피 $V_{\text{PFR}}$을 계산하라.

112) N. Dombrowski, E.A. Foumeny, S. Ookawara, and A. Riza, Can. J. Chem. Engr., 71: 472 (1993).

$$V_{PFR} = A_{PFR}(L_{reactor} - L_{entrance}) = \frac{\pi}{4}D^2(L_{reactor} - L_{entrance})$$
$$= \frac{\pi}{4}(0.02)^2(200 - 66.2) = 0.042 \text{ m}^3$$

반응기 입구 영역을 나타내는 연속 교반탱크형 반응기와 반응기의 플러그 흐름 영역을 나타내는 플러그 흐름 반응기로 반응기 성능을 지금 모사할 수 있다. CSTR로 나타낸 입구영역의 성능은 식 (13-18)을 사용하여 결정할 수 있다.

$$\frac{V_{CSTR}}{F_{io}} = \frac{X_{CSTR,out} - X_{initial}}{-r_i} = \frac{0.021}{0.00052} = 40 \text{ s}$$

따라서 $X_{CSTR,out} = 40(-r_i) + X_{intial}$이 계에 대한 이상형 반응기 실물크기 모형의 총괄 성능식을 찾기 위하여, 지금 반응기의 입구 영역에 대한 최종 전화율 식을 플러그 흐름에 대한 일반 성능식에 있는 초기 전화율로 치환하여 반응기에서 플러그 흐름 영역을 계산하는데는 식 (13-14)를 이용한다.

$$\frac{V_{PFR}}{F_{io}} = \frac{0.042}{0.00052} = 81 \text{ s} \quad \text{thus} \quad \int_{X_{CSTR,out}}^{X_{final}} \frac{dX_{iz}}{-r_i} = 81 \text{ s}$$

반응속도식을 조합한 것에서, 이들 두 식은 일반 이상형 반응기 성능식의 편리한 형태로 반응기의 실제적인 성능을 결정한다.

## 순환반응기

어떤 환경에서는 그림 13-4에 도시한 것과 같이 반응기 출구 흐름의 일부를 반응기 입구로 되돌려 순환시켜서 반응기 성능을 새신힐 수 있다. 그와 같은 순환은 생성물이 반응속도를 증가시키는 자동촉매 반응과 반응열이 속도를 증가시키는 자동 가열반응에서 유용하다. 자동촉매반응의 주요 예는 발효반응이고, 자동 가열반응은 높은 발열반응이다.[113]

플러그 흐름 반응기에 대한 일반식인 식 (13-13a)로 시작하여, 설계 엔지니어는 반응기에 대한 공급물 흐름이 계에 대한 새로운 공급물 흐름과 마찬가지로 순환 생성물에 의존한

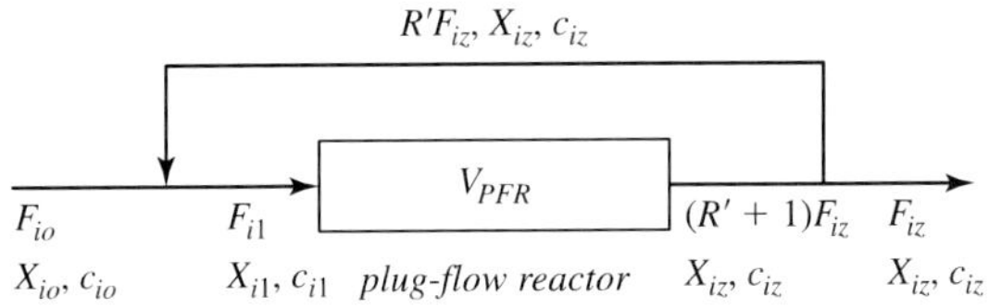


$$\textit{Recycle ratio} = R' = \frac{\text{volume of fluid returned to the reactor entrance}}{\text{volume of fluid leaving the system}}$$

**그림 13-4**
순환조작비와 상관관계도

113) O. Levenspiel, Chemical Reaction Engineering, 3rd ed., J. Wiley, New York, 1999.

다는 사실을 계상하여야 한다. 간단한 물질수지는 다음과 같다.

$$F_{i1} = \begin{pmatrix} \text{순환흐름에} \\ \text{유입되는 반응물} \end{pmatrix} + \begin{pmatrix} \text{원료공급에} \\ \text{유입되는 반응물} \end{pmatrix}$$

또는 해석적으로 나타내면

$$F_{i1} = R'F_{iz} + F_{io} = R'F_{io} + F_{io} = (R' + 1)F_{io} \tag{13-19}$$

$X_{io} = 0$이면 혼합된 공급물 흐름의 성분 $i$의 전화율 $X_{i1}$은 다음과 같다.

$$X_{i1} = \frac{1 - c_{i1}/c_{io}}{1 + \varepsilon_1 c_{i1}/c_{io}} \tag{13-20}$$

여기서 $\varepsilon_1$은 성분 $i$의 무 전화와 완전 전화 사이의 계의 부피 변화율이다. 순환과 새로운 공급물 흐름을 추가하면 반응기의 공급물 농도는

$$c_{i1} = c_{io}\frac{1 + R' - R'X_{iz}}{1 + R' + \varepsilon_1 R'X_{iz}} \tag{13-21}$$

이 되고 식 (13-20)과 식 (13-21)을 결합시키면 다음 식을 얻는다.

$$X_{i1} = \left(\frac{R'}{1 + R'}\right)X_{iz} \tag{13-22}$$

식 (13-13a)에 식 (13-19)와 식 (13-22)를 치환시켜서 일반적인 플러그 흐름 성능 방정식으로 다음과 같은 순환이 있는 플러그 흐름 반응기에 대한 일반식을 얻는다.

$$\frac{V_{\text{PFR}}}{F_{io}} = (R' + 1)\int_{R'X_{iz}/(1+R')}^{X_{iz}} \frac{dX_{iz}}{-r_i} \tag{13-23}$$

순환비가 0이 되면 이 계는 플러그 흐름 반응기로 축소되고, 순환비가 무한대가 되면 연속교반탱크형 반응기가 되는 결과가 아주 흥미롭다.

### 예제 13-2 플러그 흐름 관형 반응기의 순환조작 - 비누화 반응

에틸아세테이트(ethyl acetate, EtAc)는 공정조작에 사용되는 유해한 화학물질이다. 에틸아세테이트와 같은 유해한 물질도 환경적으로 안정한 에틸알코올(EtOH)과 소디움아세테이트(NaAc)가 생성되도록 가성소오다(NaOH)와 반응을 시키면 간단히 처리할 수 있다. 실험은 다음과 같이 40°C에서 반응과 반응속도의 결과를 얻는다.[114)]

$$\text{EtAc}(aq) + \text{NaOH}(aq) \longrightarrow \text{NaAc}(aq) + \text{EtOH}(aq)$$

$$-r_{\text{EtAc}} = kc_{\text{EtAc}}c_{\text{NaOH}} \qquad k = 0.5\ \text{m}^3/\text{kg mol}\cdot\text{s}$$

114) B. Halevi, University of Colorado, Chemical Engineering Department, private communication, 1999.

에틸아세테이트와 가성 소오다 수용액은 모두 0.0005 $m^3/s$ 부피유량과 0.1 kg-몰/$m^3$ 농도로 반응기에 공급되고 있다. 반응기는 직경 0.05 m, 길이 100 m이다. 순환비가 0.1과 5일 때, 이 계의 전화율을 비교하라. 부피변화는 무시하고, 완전발달흐름 및 등온조작으로 가정한다.

■ **풀이**

제1단계는 반응속도식을 기준한 전화율에 대하여 위에 제시된 농도 기준 속도식으로 전환하는 것이다. 이 결과는 다음과 같다.

$$-r_{\mathrm{EtAc}} = kc_{\mathrm{EtAc}}c_{\mathrm{NaOH}} = k[c_{\mathrm{EtAc},1}(1 - X_{\mathrm{EtAc},z})][c_{\mathrm{NaOH},1}(1 - X_{\mathrm{NaOH},z})]$$

모든 반응물이 동일한 농도에서 공급되고 반응식에 대하여 동등한 1차이므로, 이 식은 다음의 속도식으로 전환시킬 수 있다.

$$-r_{\mathrm{EtAc}} = kc_{\mathrm{EtAc},1}^2(1 - X_{\mathrm{EtAc},z})^2 = kc_{\mathrm{EtAc},o}^2\frac{(1 - X_{\mathrm{EtAc},z})^2}{1 + R'(1 - X_{\mathrm{EtAc},z})^2}$$

두 공급물이 혼합된 이후는 $c_{\mathrm{EtAc},o} = 0.05$ kg./$m^3$이다.

반응기 성능 방정식인 식 (13-23)과 전화율 기준 속도식을 결합하고 보정 유량과 부피 관계를 치환하면 식은 다음과 같이 정리된다.

$$\frac{k(c_{\mathrm{EtAc},o})^2(\pi/4)D_{\mathrm{PFR}}^2L_{\mathrm{PFR}}}{c_{\mathrm{EtAc},o}(\dot{m}_{v,\mathrm{EtAc}} + \dot{m}_{v,\mathrm{NaOH}})} = (R' + 1)\int_{R'(X_{\mathrm{EtAc},z})/(1+R')}^{X_{\mathrm{EtAc},z}} \frac{[1 + R'(1 - X_{\mathrm{EtAc},z})]^2 dX_{\mathrm{EtAc},z}}{(1 - X_{\mathrm{EtAc},z})^2}$$

여기서 $\dot{m}_{v,\mathrm{EtAc}}$와 $\dot{m}_{v,\mathrm{NaOH}}$는 각각 에틸아세테이트와 가성 소오다의 공급물 부피유량이다.

기지의 값을 대입하여 적분하면

$$\frac{(\pi/4)(0.05)^2(100)(0.5)(0.05)^2}{(0.0005 + 0.0005)(0.05)} = 4.90$$

$$= \frac{1}{1 - X_{\mathrm{EtAc},z}} - \frac{1}{1 - (R'/1 + R')(X_{\mathrm{EtAc},z})}$$

$$-2R'\ln\left[\frac{(1 - X_{\mathrm{EtAc},z})}{1 - (R'/1 + R')X_{\mathrm{EtAc},z}}\right] + (R')^2X_{\mathrm{EtAc},z}(1 - R'/1 + R')$$

이 식은 $X_{\mathrm{EtAc},z} = 0.831$이 주어지면, $R' = 0$에 대하여 풀 수 있다. 이것을 반복적으로 풀면, $R' =$ 1과 5에 대하여 각각 $X_{\mathrm{EtAc},z} = 0.596$과 0.131을 얻는다. 이들 결과는 분리가 없는 순환이 이와 같은 비자동촉매 반응에는 바람직하지 않다는 것을 보여주고 있다.

## 반응기와 촉매 장치

### 촉매의 선정

많은 화학공정에서 주요 인자는 촉매를 사용하는 것인데, 적정한 촉매는 소요 체류시간을 줄일 수 있고, 목적 생성물에 대하여 더 큰 선택도를 제공할 수 있고, 그것으로 인해서 투자비와 가동비용을 줄일 수 있기 때문이다. 특별한 화학반응에 대한 촉매를 찾는 단일 경로는 없다. 경험과 상상력이 아마도 주된 구성요소이다. 촉매 선정이 예술과 과학이라고는 하지만, 시행 착오 실험과 과학적인 분석을 통해 선정 지침을 마련한다.

촉매의 가장 중요한 특성은 그것의 화학적 성분요소이다. 일반적으로 하나의 원소 또는 화합물은 촉매 성능에서 주성분이다. 백금과 팔라디움과 루테늄과 같은 관련 금속 원소는 탄화수소 산화와 수소화반응에 촉매작용을 하는 것으로 알려져 있다. 아연과 염화아연은 유기화합물의 염소화에 촉매작용을 한다. 수용액에서 황산과 같은 강산은 페놀과 아세톤으로부터 비스페놀 A의 생성과 같은 다수의 유기합성반응에 촉매작용을 한다. 결정성 알루미늄 실리케이트인 제올라이트는 석유 분급물의 분해에 촉매작용을 한다. 화학 문헌과 특허 문헌은 특수한 반응에 촉매작용을 하는 성분의 선정에 유용한 안내서로 활용할 수 있다.

촉매의 화학적 성질이 제시되면, 다음 선택은 촉매가 사용되는 곳의 물리적 형상이다. 촉매는 거의 항상 액체, 액체 용액이나 현탁액 중의 고체 또는 고체이다. 액체 용액 중의 촉매는 액상 반응이 가장 보편적이지만, 고체 촉매도 그와 같은 반응에 약간은 응용되기도 한다. 기상 반응에서는 고체상 촉매가 가장 잘 선택되긴 하지만, 액상 촉매는 약간의 용도를 찾아볼 수 있다. 화학적 조성과 상이 한번 선정되어지면, 다음으로 촉매 농도와 지지체와 같은 인자가 정립되어야 한다.

가상 반응에 대한 고체 촉매의 물리적 구조가 아주 중요하다. 촉매 물질은 보통 고체의 표면에 위치가 정해진다. 그러므로 반응물에 대하여 촉매가 충분히 노출되도록 하기 위해 일반적으로 표면적이 큰 고체를 요구한다. 촉매 g당 100 $m^2$ 정도의 면적은 보기 드문 것이 아니다. 그와 같이 큰 면적은 나노미터 크기의 작은세공(micropore)과 중간세공(mesopore)을 포함하는 고체를 사용하여 얻는다. 전형적으로 이들 촉매 입자는 알루미나, 실리카와 알루미늄실리케이트와 같은 약간의 불활성 고체 지지체로부터 만들어진다. 이때 활성 촉매 성분은 지지체의 표면에 쌓이게 된다.

촉매 입자 내의 반응 부위로의 반응물과 반응 부위로부터 생성물의 전달은 촉매의 효과적인 활용을 제한할 수 있다. 그와 같은 효과는 촉매 입자 크기와 반응속도상수와 확산계수의 상대적인 값을 기준으로 예측될 수 있다. 이들 효과는 확산계수에 차례로 영향을 미치는 촉매 입자 크기, 촉매 적재 지지체 및 입자의 세공구조를 변화시켜서 최소한 부분적으로는 보완시킬 수 있다.

고체촉매 거동에 있어서 또 다른 중요한 인자는 불순물에 대한 것과 반응 환경에서 시간에 따른 분해에 대한 촉매의 안정성이다. 반응 부위로 강하게 흡착되고 있거나 반응 부위에 따라 반응하므로서 촉매 활성을 감소시키는 물질(예, 유황)도 다수 있다. 많은 유기물 반응 조건 하에서 촉매 입자는 탄소 석출물로 감싸 덮어서 활성이 감소되도록 한다. 촉매의 활성을 재생하거나 촉매독에 대한 노출로부터 촉매를 보호하는 능력은 많은 촉매 공정에 필수적이다. 휘발유로부터 납 노킹억제 화합물을 제거하는 주요 이유 중의 하나는 납이 자동차 촉매 전환기에 사용되는 촉매에 대해 독이 되기 때문이었다.

일반적으로 제시되어 있는 촉매에 대하여 운용과 마모를 잘 견디는 충분한 물리적 강도가 또 다른 중요한 특성이다. 특히 온도가 아주 높은 비정상적인 조작조건은 기계적 강도의 손실을 유발할 수 있거나 촉매활성을 감소시킬 수 있다.

촉매작용은 화학과 화학공학에 있어서 연구의 중요한 분야를 유지하고 있다. 화학반응은 전자 수준에서의 변화를 수반하기 때문에 반도체와 같은 전자 재료는 더 많은 개발을 위해 흥미로운 기회를 제공하고 있다.

## 반응기의 형태

화학반응기는 회분식 반응기 또는 역혼합 흐름 반응기에 있어서는 용기 또는 탱크의 형상이고, 유동층 반응기는 실린더형이거나, 특히 온도제어에 대한 특별한 수요가 있을 때는 플러그 흐름 반응기에 대하여 실린더형 용기 내부에 단일관 또는 다중관의 형상이다. 수반하는 물질의 부식작용뿐만 아니라 고압과 초고온은 그와 같은 계의 설계에 많은 문제점을 유발시킬 수 있다.

탱크형 반응기는 조작조건을 견딜 수 있는 폐쇄계로 설계되어야 한다. 냉각이나 가열은 그림 13-5에 도시한 것과 같은 재킷형태로 내부, 또는 외부 코일이나 파이프로 공급할 수 있다.

적절한 기초, 지지대 및 조작, 점검 및 정비를 다루는 인적 접근을 위한 설비뿐만 아니라 필요하면 배기, 압력방출, 시료채취 입구, 밀폐 및 교반을 위한 보조장치가 장착되어야 한다. 교반 탱크형 반응기에서 교반 장치와 조작에 대해서는 특별히 유의할 사항이 있는데, 그것은 정확한 교반이 반응기 성능에 중요한 역할을 하기 때문이다. 정확한 교반을 하기 위한 주요 기준은 사용하는 교반기와 방해판의 모양과 교반속도이다. 방해판이 결합된 교반기의 형태와 속도는 반응기 내의 흐름 모형을 결정한다. 광범위한 조작과 혼합 수요에 접할 수 있는 교반장치의 선택의 폭은 넓다. 그림 13-6은 가장 많이 사용되는 교반장치를 도시한 것이다.[115)]

몇몇 흐름 반응기는 반응물이 흐르는 양단을 폐쇄한 대형 실린더로서 설계되지만, 다른 것은 관 내부에 흐르는 반응물과 병렬로 놓여진 다중관의 형태로 설계되고 있다. 양 배열에서는 특히 대형 실린더형 흐름 장치인 경우에 비록 약간의 역혼합이 일어날 것이 확실하다고 하더라도 설계에 이상형 플러그 흐름 조작을 가정한다.

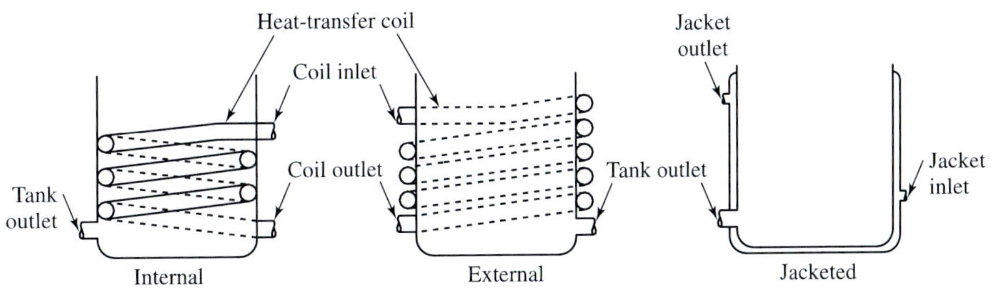


**그림 13-5**
가열 또는 냉각 반응기에 사용되는 대표적인 장치

115) 다른 형태의 교반장치와 그것과 관계되는 조작은 12장을 참조하거나 장치 핸드북을 활용할 수 있다.

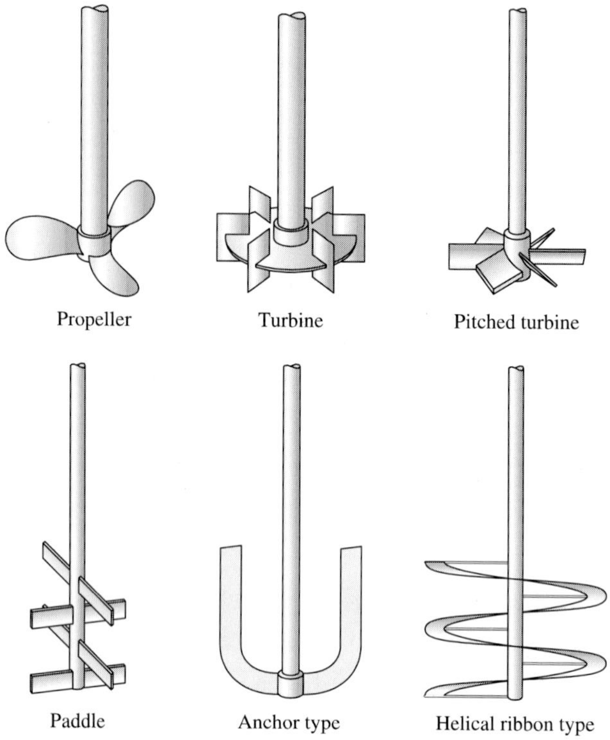


**그림 13-6**
반응기에 사용되는 교반기

촉매의 사용은 촉매작용에서 기인되는 질량과 에너지 전달문제를 감안하기 위해서 기본 반응기 설계에 대한 변형을 요구한다. 이들 변형은 고정층 반응기, 다중관 반응기, 슬러리 반응기, 이동층 반응기, 유동층 반응기, 박층 반응기, 분산형 반응기 및 경막 반응기를 포함하는 다수의 기본 반응기 설계 변화로 귀착된다. 이들 여러 반응기 구조는 그림 13-7과 13-8에 나타낸다.

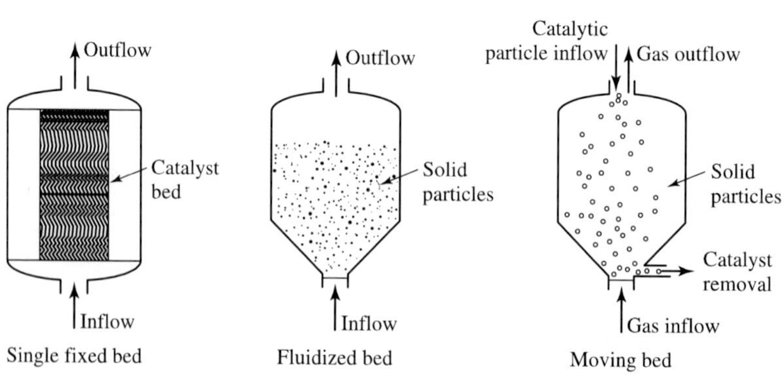


**그림 13-7**
일반적인 고체-유체 반응기 형태

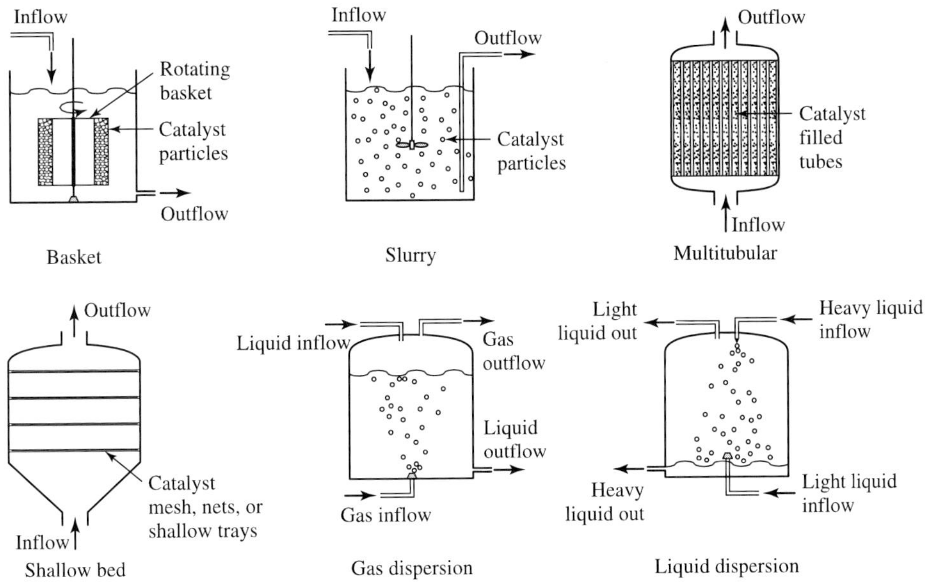


**그림 13-8**
전문화된 촉매 반응기 형태

## 반응기의 선정

제시된 공정에 대하여 가장 좋은 반응기 형태를 선정하는데는 다수의 주요한 연구가 필요하다. 예를 들면 그와 같은 설계 관점은 다음 사항을 포함한다: (1) 반응의 온도와 압력; (2) 반응물과 생성물의 제거 또는 첨가 필요성; (3) 생성물 송출의 요구 양식(회분식 또는 연속식); (4) 촉매사용 이유-고체 촉매 입자 치환 소요량과 유체반응물과 생성물과의 접촉 소요; (5) 반응기의 상대적인 비용; (6) 반응기 형태의 제한 사항. 활용할 수 있는 공간, 안전도 및 관련 인자와 같은 기타 고려 사항은 중요한 것일 수 있으므로 간과하지 말아야 한다. 복합 반응기의 물리적 요구조건은 복수 반응기 형태를 사용하면 완수할 수 있다. 여기서 비용, 안전도 및 관련 사항은 반응기를 선정하는데 결정적인 고려 사항이 된다.[116]

반응기를 선정하는데 분명한 지침을 활용할 수 없는 것을 유념해야 한다. 제시된 반응에 대하여 적절한 반응기의 선정 공정에 따를 수 있는 약간의 일반적인 경험 규칙이 있다.[117] 이것을 간략히 정리하면 다음과 같다.

1. 평형의 95 % 이상의 전화에 대해서는 직렬로 연결된 5개, 또는 그 이상의 CSTR의 성능은 PFR의 성능에 접근한다.
2. 일반적으로 CSTR은 완속 액상반응, 또는 슬러리 반응에 사용된다.

---

116) 1반응기 선정의 더 상세한 사항은 공업 촉매 교재 이외에 반응기 교재나 핸드북을 참조.

117) 다음에 제공된 선정기준을 정리: J.M. Douglas, *Conceptual Design of Chemical Processes*, McGraw-Hill, New York, 1988, L.T.Biegler, I.E. Grossmann, and A.W. Westerberg, *Systematic Methods of Chemical Process Design*, Prentice-Hall, Upper Saddle River, NJ, 1977, and W.D. Seider, J.D. Seader, and D.R. Lewin, *Process Design Principles*, J. Wiley, New York, 1999.

3. 회분식 반응기는 소규모 생산, 아주 느린 반응, 오염이 생기는 반응 또는 집중 감시와 제어가 요구되는 반응에 가장 적합하다.
4. 촉매 입자의 대표적인 크기는 대략적으로 고정층 반응기에는 0.003 m, 슬러리 반응기에는 0.001 m, 유동층 반응기에는 0.0001 m 이다.
5. 촉매 입자에 있는 세공이 크면 클수록 더 빨라지면서 더 낮은 차수의 반응이 되고, 역으로 세공이 작을수록 더 느려지면서 더 높은 차수의 반응이 된다.

## 반응기계의 설계

일반적으로 여러 개의 반응기를 연결하는 것이 동일한 전화율을 얻는데는 단일 반응기보다 더 경제적이다. 이것은 특히 기존의 장치를 사용하여 새로운 공정을 설계할 때는 확실하다. 그러므로 반응기 조합, 또는 배열이 규정된 생성물 명세에 대하여 최적이 되는 것을 확인하는 것이 좋다. 반응기의 선택과 배열은 단일 반응기 선정에 사용되는 동일한 기준을 적용하는데, 최적 반응기 배열을 결정하는 더 복잡한 방법이 부가된다.

일반적으로 $n$차 기초반응($n$은 양수)에 대하여 반응기를 직렬로 연결한다. 또한 반응물 농도는 1 미만의 반응차수에 대하여 가능한 한 낮게, 1 이상의 반응차수에 대해서는 가능한 한 높게 유지시킨다. 이 간단한 원리는 불행하게도 반응속도가 최소한 하나의 최소값 또는 최대값을 가지는 더 복잡한 비기초반응에는 적용할 수 없다. 속도론적으로 더 복잡한 이들 반응계는 유사한 성능의 여러 반응기 조합과 배열로부터 얻을 수 있는 개별적인 기준으로 분석되어야 한다. 부수적으로 동일한 반응계에서 전화율이 달라지면 반응기 조합과 배열을 다르게 할 수 있다. 그러므로 비기초반응은 현대 계산기 기술을 사용할 때 간단하지만 장황한 최적해를 찾기 위한 조합적인 접근법을 필요로 한다. 이상형 반응기의 경우, 여러 조합을 엄밀하게 또는 도식적으로 관찰하고 시험하면 이것을 수동으로 해석할 수 있다. 도식적 해석 접근법은 정확하기만 하면 쉽고, 빠르고, 상당히 정확할 때 아주 유용하다. 이 방법으로 반응기 조합은 속도의 역수 대 반응 전화율을 도식화 시켜서 분석하는데, 속도식을 알 수 없더라도 반응은 분석될 수 있다. 이들 반응기 부피는 플러그 흐름 반응기에서는 반응에 대하여 반응속도-전화율 도표 내의 면적에, 또한 연속 교반탱크형 반응기에서는 전화율 범위와 출구 전화율에 상응하는 속도의 역수의 곱으로 형성되는 사각형의 면적에 정비례하는 것이므로, 이때 명시된 전화율을 얻는데 필요한 반응기의 소요 부피는 찾을 수 있다. 이 과정을 여기에서 설명한다.

### 예제 13-3 도식법에 의한 반응기 선정과 반응기 조합

자동촉매 반응 A → B는 다음의 표에 나타낸 등온속도 대 전화율을 갖는다. 속도의 단위는 kg 몰/($m^3 \cdot s$)이다.

| $-r_A$ | $X_A$ | $-r_A$ | $X_A$ | $-r_A$ | $X_A$ |
|---|---|---|---|---|---|
| $5.43 \times 10^{-3}$ | 0 | $8.58 \times 10^{-3}$ | 0.35 | $1.40 \times 10^{-2}$ | 0.70 |
| $5.77 \times 10^{-3}$ | 0.05 | $9.21 \times 10^{-3}$ | 0.40 | $1.48 \times 10^{-2}$ | 0.75 |
| $6.14 \times 10^{-3}$ | 0.10 | $9.90 \times 10^{-3}$ | 0.45 | $1.52 \times 10^{-2}$ | 0.80 |
| $6.55 \times 10^{-3}$ | 0.15 | $1.06 \times 10^{-2}$ | 0.50 | $1.51 \times 10^{-2}$ | 0.85 |
| $6.99 \times 10^{-3}$ | 0.20 | $1.15 \times 10^{-2}$ | 0.55 | $1.36 \times 10^{-2}$ | 0.90 |
| $7.47 \times 10^{-3}$ | 0.25 | $1.23 \times 10^{-2}$ | 0.60 | $9.56 \times 10^{-3}$ | 0.95 |
| $8.00 \times 10^{-3}$ | 0.30 | $1.32 \times 10^{-2}$ | 0.65 | $2.59 \times 10^{-3}$ | 0.99 |

단일 반응기와 동일 부피 2개의 직렬 반응기에 대하여, A의 96 % 전화율을 얻는데 필요한 반응기 부피를 도식법을 사용하여 구하라.

■ **풀이**

그림 13-9에 나타낸 것과 같이 표에서 반응속도의 역수와 전화율을 도표로 작성한다. 이 도표에서 요구되는 전화율에 대한 반응기의 그래프 면적을 구한다. 소요 부피는 그래프 면적과 A의 공급유량(kg 몰/$m^3$)을 곱한 것이다. 그래프 면적은 소요 반응기 부피를 나타내는데 사용될 것이다.

식 (13-14)에 기초하여, PFR의 소요 부피는 그림 13-9에서 전화율 0.96까지 반응속도의 역수 커브 아래쪽의 빗금친 면적으로 표시되어 있다. 소요 부피는 이 그래프 상에 약 105 $m^3 \cdot s$/kg몰의 이 면적에 비례한다.

식 (13-17b)로부터 CSTR에 대한 그래프 면적은 최종 전화율 0.96에서 커브의 세로좌표와 같은 높이인 사각형 면적에 최종 전화율을 곱하여 얻는다. 그림 13-10에 나타낸 것과 같이, 결과는 1개 CSTR에 대하여 약 120 $m^3 \cdot s$/kg 몰의 면적에 비례하는 부피이다. 따라서 이 반응에 있어서는 동일한 전화율에 대하여 단일 CSTR이 단일 PFR을 사용하는 것보다 약 14 % 더 큰 부피를 필요로 한다.

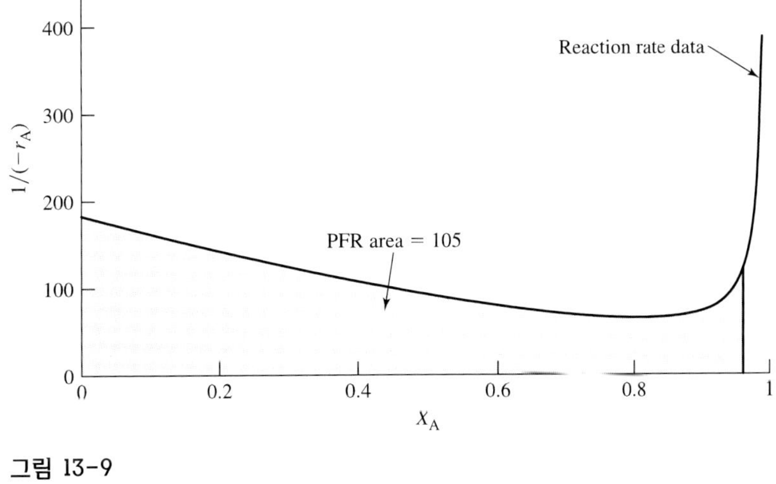


**그림 13-9**
단일 PFR에 대한 필요한 반응기 부피의 도식적 추산

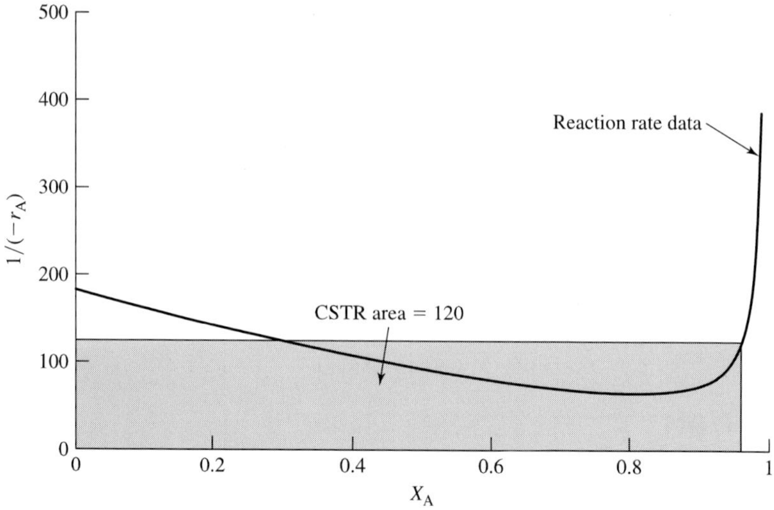


**그림 13-10**
단일 CSTR에 대한 필요한 반응기 부피의 도식적 추산

이제 부피가 같은 2개의 직렬 PFR과 CSTR의 반응기 조합을 검토해 보자. 즉, PFR+PFR, CSTR+CSTR, CSTR+PFR, 및 PFR+CSTR인 경우이다. 먼저 2개의 직렬 PFR을 검토한다. 부피가 같은 $n$개의 PFR을 직렬로 연결한 경우의 속도식은 식 (13-14)를 응용하여 나타내면 다음과 같다.

$$\frac{V_R}{F_{i0}} = \sum_{n=0}^{N} \frac{V_n}{F_{i0}} = \frac{V_1 + V_2 + \cdot\cdot\cdot + V_N}{F_{i0}}$$

$$= \int_{X_0}^{X_1} \frac{dX_{iz}}{-r_i} + \int_{X_1}^{X_2} \frac{dX_{iz}}{-r_i} + \cdot\cdot\cdot + \int_{X_{N-1}}^{X_N} \frac{dX_{iz}}{-r_i} = \int_{X_0}^{X_N} \frac{dX_{iz}}{-r_i}$$

이 식을 활용하면, 직렬 PFR은 동일한 전체 부피의 단일 PFR에서와 같은 동일한 결과를 얻는다. 전체 PFR 부피는 앞에서 구한 것과 같이 105 $m^3 \cdot s/kg$-몰에 비례한다. 따라서 부피가 같은 2개의 직렬 PFR은 각각 전체 부피의 1/2씩이면 된다. 실제로, 2개(또는 그 이상)의 직렬 PFR의 조합인 경우에 개별 부피의 합은 동일란 전화율을 얻기 위해 위에서 구했던 것과 같은 동일한 전체 부피가 되어야 한다.

2개의 동일 부피 반응기의 다른 조합의 경우에, 첫 번째 반응기의 출구 전화율(이것은 두 번째 반응기의 입구 전화율임)은 가정하고, 두 반응기의 부피는 그래프 상의 상응 면적으로부터 구한다. 이 과정은 2개의 면적이 같아질 때까지 반복한다. 2개의 CSTR에 대한 결과를 그림 13-11에 나타낸 것이다. 각각의 CSTR은 약 48 $m^3 \cdot s/kg$-몰의 면적에 비례하는 부피를 갖는다. 동일 부피 PFR에 이어진 1개의 CSTR에 대하여, 반복한 결과를 그림 13-12에 나타낸다. 소요 부피는 각 반응기에 대하여 45 $m^3 \cdot s/kg$-몰의 면적에 비례한다. 최종적으로 동일 부피 CSTR에 이어진 PFR에서 각각의 소요 부피는 그림 13-13에 나타낸 것과 같이 약 60 $m^3 \cdot s/kg$-몰의 면적에 비례한다.

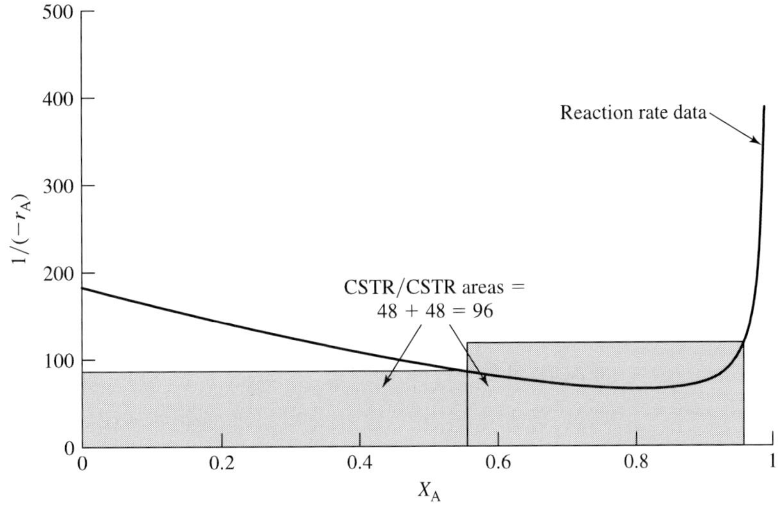


**그림 13-11**
2개의 PFR에 대한 필요한 반응기 부피의 도식적 추산

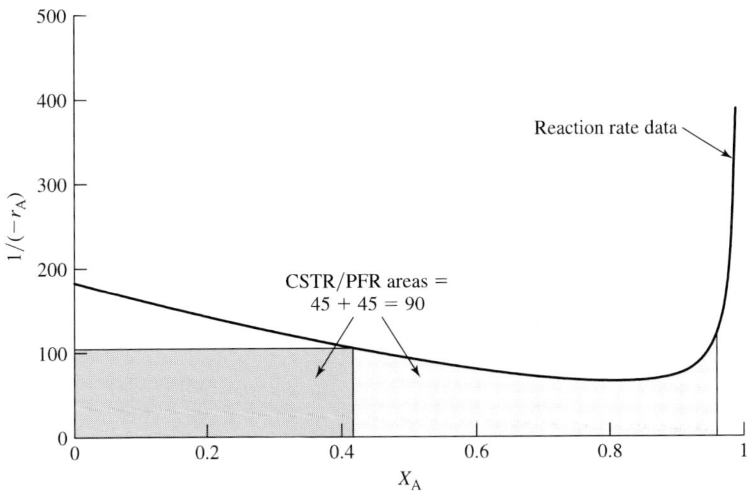


**그림 13-12**
CSTR-PFR의 연결에 필요한 반응기 부피의 도식적 추산

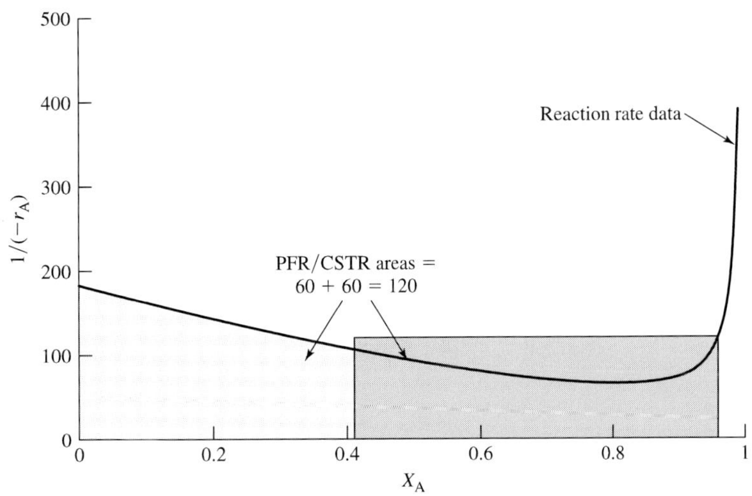


**그림 13-13**
PFR-CSTR의 연결에 필요한 반응기 부피의 도식적 추산

따라서 이들 조합 가운데 2개의 CSTR과 크게 다르지는 않지만 1개의 PFR에 이어진 1개의 CSTR이 가장 작은 반응기 부피를 얻는다. 이 반응과 전화율에 대하여 가장 작은 전체 소요 부피는 속도의 역수 커브에서 최소가 되는 최종 전화율(전화율 0.8과 0.85 사이)을 갖는 CSTR에 이어지는 PFR인 부피가 다른 2개의 반응기를 사용하여 얻어지는 그림 13-9를 검토해 보면 알 수 있다. 최적 조합은 연간 총 조작비용이 최소로 되는 것이어야 한다.

## 반응기 설계 과정

제시된 화학물질을 생산할 수 있는 많은 다른 반응 합성 구조가 있다. 이들 가운데 선택하는 데는 경제적 인자가 많이 수반되기 때문에 어려울 수 있다. 이들 인자는 원료비용, 부산물과 미반응 화학물질의 처리, 제품 분리, 안전도 및 환경규제와 같은 기타 불명확한 인자들이 포함되어 있다. 다행스럽게도 비용, 전화율과 기타 인자들을 계산하는 간단한 대수계산이 더 유익한 반응 합성 구조를 만들 수 있다. 정성적으로 이와 같은 계산 형태는 다음과 같다.

$$\text{총수익} = \text{제품판매수입} - \text{총생산비용} \tag{13-24}$$

생산비의 추산은 6장에서 논의하였다.

방정식 형태로 비용관계를 한번 개발하면, 가장 유익한 반응경로를 결정하는데 관계식을 최소화 또는 최대화시킬 수 있다. 그러나 가장 적정한 반응기를 선정하는 것은 복합반응 단계가 필요하면 더 복잡하게 될 수 있다. 또한 가장 비용 효율이 높은 구조는 공정조건을 최적화시켜서 결정할 수 있다. 이 정도의 복잡도 수준에서는 장황한 수동계산은 유사한 결과를 얻게 될 것이므로 소프트웨어를 사용할 것을 권고한다.

## 소프트웨어

가장 경제적인 반응계와 조건을 결정하기 위해 반응기와 많은 가능한 장치 배열을 모사하고 최적화 하는데 소요되는 복잡한 계산 때문에 소프트웨어는 반응공정 설계에 특별히 유익하다[118]. 그러나 다량의 반응기 변화는 규격품 소프트웨어 패키지의 정확도를 제한하는 소량의 양함수 모델만을 사용하게 한다.[119] 대부분의 소프트웨어 패키지의 정확성과 복잡성을 증대시키는 방법이 있는데, 이것은 반응기 제작자로부터 또는 사내 실험으로부터 또는 이 장의 앞쪽에서 논의한 실물 크기 모형을 사용한 접근법으로 실험 자료를 얻는 것이다.

부속 모듈과 주문형 소프트웨어와 마찬가지로 오늘날 활용할 수 있는 더 정교하고 정확한 반응기 모사 소프트웨어 패키지가 많이 있다. 이들은 상당히 정확한 반응기 모사를 할 수 있으나 복잡하고 다루기 어려우며 비교적 값이 비싸다. 그러므로 일반적인 화학공정 모사 소프트웨어를 사용하여 최소한 반응기계 분석을 시도해 볼 가치는 있다. 대부분의 패키지들이 필요조건을 충족하지 못하면, 더 전문화된 반응기 소프트웨어의 활용에 더욱 정통한

118) 화학공정설계 모사 소프트웨어의 활용성, 용도 및 제한에 관한 더 상세한 사항은 5장 참조.

119) 현재 활용가능한 가장 광범위하게 사용되는 일반적인 소프트웨어 패키지는 각각 Aspen Technologies, Hyprotech 및 ChemCAD로부터 나온 것이다.

반응 전문가와 상의하는 것이 좋다. 일반적인 소프트웨어로 모사될 수 없는 아주 복잡한 계를 결정할 때 전문가와 접촉하는 것이 좋다.

## 반응기 장치의 비용

반응기 용기의 설계와 비용계산은 12장에서 설명한 것과 같이 정식 혼합용기와 압력용기에 대한 것과 유사한 방법으로 다룬다. 직접 제작자의 견적서를 받거나 반응기 용기 설계를 전문으로 하는 제작자 대표의 도움을 받아야 가장 확실한 결과를 얻게 된다.

이미 제시된 과정에 의한 반응기의 형태와 크기를 정하는 것 이외에, 반응기 용기의 설계에 있어서 하나의 기준 항목은 제시된 조작조건에 견디는 정확한 제작 재질과 벽 두께를 선정하는 것이다. 표 12-10은 반응기 용기의 설계에 적용할 수 있는 여러 종류의 제작 재질에 대한 설계 방정식과 응력값을 제시한 것이고, 표 12-11과 표 12-12는 반응기 용기의 설계와 비용계산에 유익할 수 있는 부가 자료를 제시한 것이다.[120] 튜브가 내장된 관형 반응기에 대한 비용은 열교환기에 상응하는 반응기 장치를 검토하면 추산할 수 있는데, 예비 비용추산은 14장에 제시된 자료를 이용할 수 있다. 솥반응기에 대한 비용은 그림 13-14에 제시하였고, 동시에 그림 13-15는 자켓-교반형 반응기에 대한 비용자료이다. 그림 13-16은 가압용기의 비용자료이다. 반응기의 비용계산은 다음의 두 예제에서 설명한다.

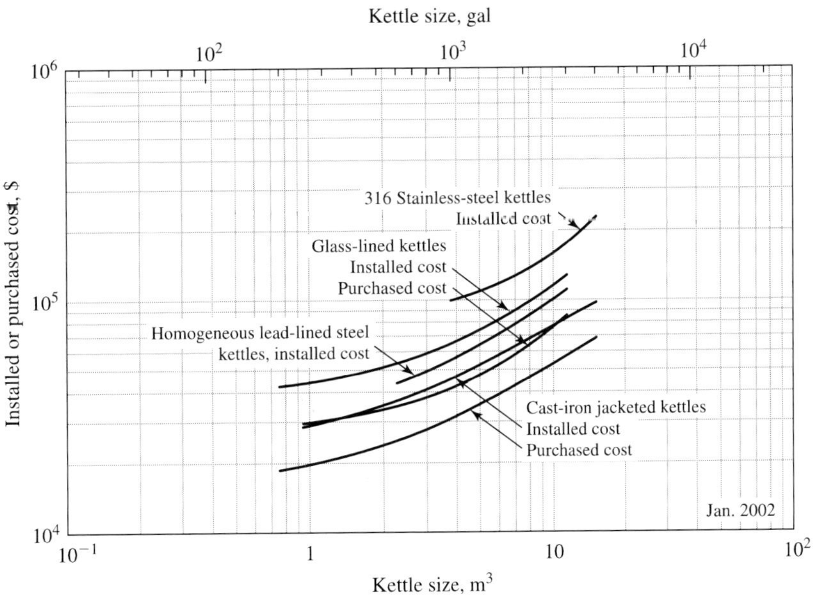


**그림 13-14**
솥 용기의 설치비 또는 구입비. 솥, 자켓, 교반기, 온도계 설치, 구동과 받침, 맨홀 덮개 및 매립박스의 비용을 포함

120) 단형과 충전형 용기에 대한 비용은 15장에 제시된 자료를 참조하고, 탱크, 압력용기 및 저장장치는 12장에 제시된 비용자료를 참조

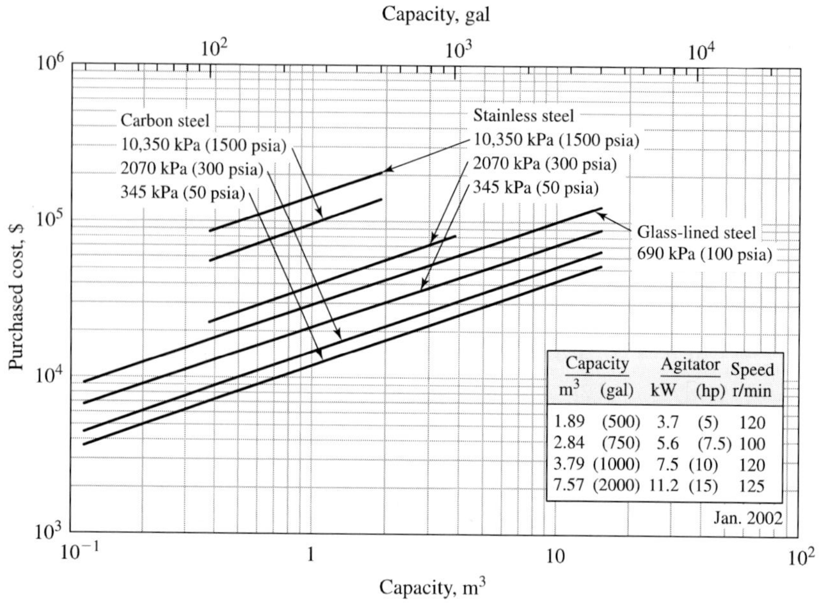


**그림 13-15**
자켓-교반형 반응기의 구입비용

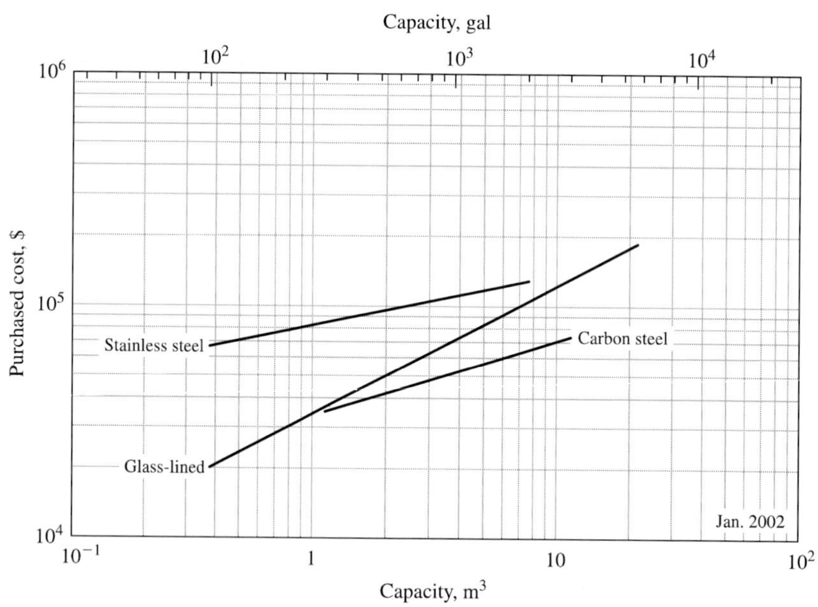


**그림 13-16**
가압용기의 구입비용

## 예제 13-4 스티렌을 생산하기 위한 반응기의 선정, 설계 및 비용계산

연간 가동시간을 8000시간으로 가정하여 스티렌(styrene)을 연간 100,000 톤 생산에 필요한 반응기의 비용을 구하라. 문헌조사에 따르면 일반적으로 현재 스티렌은 산화철/산화칼륨 촉매를 사용하여 에틸벤젠(ethylbenzene)의 탈수소화에 의해 생산한다. 탈수소화 단계 이외에도 스티렌 생산공정에서 고려해야 하는 2개의 경쟁반응이 있다. 3개의 반응은 다음과 같다.

$$C_6H_5C_2H_5 \rightleftharpoons C_6H_5CHCH_2 + H_2 \tag{1}$$

$$C_6H_5C_2H_5 \longrightarrow C_6H_6 + C_2H_4 \tag{2}$$

$$C_6H_5C_2H_5 + H_2 \longrightarrow C_6H_5CH_3 + CH_4 \tag{3}$$

또한, 이들 반응의 속도는 다음과 같다.[121)]

$$-r_1 = \rho_{\text{bulk}} A_1 \exp\left(\frac{-E_{A_1}}{RT}\right)\left(p_{\text{EB}} - \frac{p_{\text{S}} p_{\text{H}}}{K_1}\right)$$

$$-r_2 = \rho_{\text{bulk}} A_2 \exp\left(\frac{-E_{A_2}}{RT}\right) p_{\text{EB}}$$

$$-r_3 = \rho_{\text{bulk}} A_3 \exp\left(\frac{-E_{A_3}}{RT}\right) p_{\text{EB}}\, p_{\text{H}}$$

여기서 각 매개변수 값은 다음 표와 같다.

| Reaction | $E_{A_i}$, kJ/kg mol | $A_i, \dfrac{\text{kg mol/m}^3\cdot\text{s}}{(\text{kg catalyst/m}^3)(\text{kPa})^n}$ | $n$ |
|---|---|---|---|
| (1) | $9.086 \times 10^4$ | 0.03263 | 1 |
| (2) | $2.079 \times 10^5$ | 5.548 | 1 |
| (3) | $9.148 \times 10^4$ | 1.33 | 2 |

$\rho_{\text{bulk}} = 1260$이고 $K_1$[kPa]은 다음 식으로 주어진다.

$$K_1 = 101.3e^{\left(-17.34 - \frac{1.302 \times 10^4}{T} + 5.051 \ln T - 4.931 \times 10^{-3} T + 1.302 \times 10^{-6} T^2 - 2.314 \times 10^{-10} T^3\right)}$$

하첨자 EB, S 및 H는 각각 에틸벤젠, 스티렌, 수소를 나타낸다. 모든 속도는 (kg-몰/s)/m$^3$(반응기부피) 이다.

■ **풀이**

관계식에 대한 조작조건이 먼저 세워져야 한다. 이것은 반응속도상수의 온도 의존성을 도표로 작성한 세 반응의 온도 의존성을 검토하면 가능하다. 그와 같은 도표는 스티렌과 벤젠 생성 반응에 대한 속도상수가 높은 온도에서 톨루엔에 대한 속도상수보다 충분히 크다는 것을 나타내

121) J.D. Snyder and B. Subramaniam, *Chem. Eng. Sci.*, **49**: 5585 (1994), J.G.P. Sheel and C.M. Crowe, *Can. J. Chem. Eng.*, **47**: 183 (1969)에서 인용

는 것이다. 스티렌 생성반응 속도상수는 낮은 온도에서 벤젠 생성반응 속도상수보다 상당히 크다는 것에 유의해야 한다. 그러나 벤젠 생성반응 속도상수는 온도 증가에 따라 더 빠르게 증가하고 있다. 이것은 온도가 더 높아질수록 생성속도가 증가하는 동시에 목적하지 않는 벤젠 생성 부반응도 증가시키는 결과를 초래하기도 한다.

다음은 반응속도식에서 다른 온도 의존성 인자인 에틸벤젠/스티렌/수소의 평형상수 $K_1$을 검토한다. 이 도표(그림 13-17)은 평형상수가 온도 증가에 따라 지수함수적으로 증가하고 있음을 증명한다.

다음으로 반응속도식에서 기술한 것과 같이 3개 반응속도의 압력 의존성을 시험하여 반응의 압력 의존성을 분석한다. 목적하는 스티렌 생성반응은 모두 에틸벤젠 압력에 비례하고 수소와 스티렌 압력의 곱에 반비례한다. 그러므로 생성물 압력을 낮게 유지하는 동안 에틸벤젠 반응물에 대한 압력을 높게 유지하면 목적 반응을 촉진시킬 것이다. 생성물 압력을 낮게 유지하기는 어렵지만 다행히 반응속도는 수소와 스티렌의 압력을 평형상수로 나눈 값에 반비례한다. 높은 생성물 압력에 우선하는 그와 같은 수준으로 평형상수를 증가시키기에 충분히 높은 온도이기만 하면, 이것은 반응을 고압에서 조작할 수 있음을 의미한다. 이것은 에틸벤젠의 압력이 더 낮을수록 벤젠의 부생성은 감소할 것임을 의미한다. 톨루엔 생성반응은 2차 속도식을 표시하고 있는데, 여기서는 반응속도가 에틸벤젠과 수소의 두 반응물의 압력에 비례한다. 이것은 에틸벤젠과 수소의 압력이 낮으면 톨루엔의 생성을 감소시킬 필요가 있음을 의미한다. 이 공정에서 직면하고 있는 세 반응의 압력 의존성 결과를 조합하여 보면, 비목적 부산물인 벤젠과 톨루엔의 생성을 감소시키기 위해서는 낮은 압력을 우선적으로 선택하도록 유도해야 한다.

온도와 압력 의존성 결과를 모두 조합하여 보면 다수의 조작조건을 추천할 수 있다. 첫째로, 목적 반응은 온도가 높을수록 좋지만 이것은 비목적 부반응에도 유리하다. 이들 인자의 수자는 조작온도를 900 K 이상까지 끌어올리지만, 1000 K를 넘지는 않는다. 이것은 부반응에 역으로 영향을 주지 않으면서 스티렌 반응속도를 증가시키기 때문에 분석도 생성물 농도와 압력을 낮게 유지하는 것이 유리하다는 것을 의미한다. 조작압력은 반응기계 내로 외부 누출을 막기 위해 선정한다.

최종적으로 검토할 사항은 반응기 내에서 일어나고 있는 흡열반응에 대한 열을 공급할 필요성이다. 분석하면 반응기로 스팀공급은 열을 공급할 수 있을 뿐만 아니라 각 성분의 상대압력도 더 낮출 수 있고, 그로 인해서 스티렌 생산을 촉진하게 됨을 암시한다.

등온, 충전층 공정에 대하여 이와 같은 분석과 조건을 기준으로 하면 다음의 조건이 선정된다.

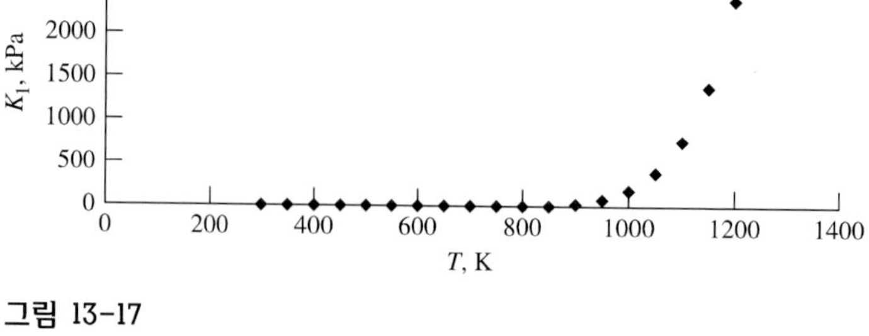


**그림 13-17**
$K_1$의 온도 의존성

압력 : 150 kPa

온도 : 930 K

유기물에 대한 스팀의 공급 몰 비 = 8

**장치선정**

반응은 고체 촉매 상에서 기상 반응물의 수소화이다. 등온 유로피안(European) 공정[122)]은 통관형 열교환기과 유사한 반응기의 관 내부에 있는 고정 촉매층을 활용한다. 탄산나트륨, 탄산리튬 및 탄산칼륨의 용융염이 열원으로 공급된다.

**반응기 재질 선정**

반응기의 통측에 용융염의 오염이 주요 관점이다. 반응기의 통과 관은 304 스테인레스강을 사용하도록 추천한다. 약 1000 K 이상은 더 비싼 합금을 사용해야 한다. 이것은 반응기 온도 930 K를 선정하는데 핵심 고려 사항 중의 하나이다.

**반응기 크기**

첫째로, 예비 크기결정을 설명하기 위한 목적으로 필요한 반응 2와 3은 계산에 포함시키지 않고 결정한다. 속도 방정식에서 알 수 있듯이, 반응 1이 평형에 근접하지 않으면 이들 반응은 반응 1에 비례해서 늦다. 대체로 에틸벤젠 약 97%가 스티렌으로 전화되는 것으로 알려져 있기 때문에 이 값은 스티렌의 물질수지에 포함되다. 반응기 1회 통과당의 에틸벤젠의 전화율 설계 목표는 70%로 정한다.

8000 시간에 100,000 톤의 설계 생산속도는,

$$\frac{10^8}{8000(3600)} = 3.472 \text{ kg styrene/s}$$

이다. 에틸벤젠을 순화시켜서 회수율 98%로 가정하고, 스티렌에 대하여 97% 선택도를 갖는 에틸벤젠의 신공급물 유량은,

$$\frac{3.472(106)}{(0.97)(0.98)(104)} = 3.723 \text{ kg ethylbenzene/s}$$

또한 반응기 1회 통과당의 전화율이 70%이면 반응기로 에틸벤젠의 공급유량은

$$\frac{3.723}{0.70} = 5.318 \text{ kg/s} = 0.05017 \text{ kg mol/s}$$

930 K에서 반응 1의 평형상수는 다음과 같다.

$$\begin{aligned} K_1 &= 101.3\exp[-17.34 - 1.302 \times 10^4(930)^{-1} + 5.051 \ln 930 \\ &\quad -4.931 \times 10^{-3}(930) + 1.302 \times 10^{-6}(930)^2 - 2.314 \times 10^{-10}(930)^3] \\ &= 63.863 \text{ kPa} \end{aligned}$$

122) Lurgi, Montedison과 Denggendarfer에 의해 제공된 이 공정은 다음에 정리되어 있다: M. Howe-Grant, ed., *Kirk-Othmer Encyclopedia of Chemical Engineering*, J. Wiley, New York, 1994.

930 K에서 반응 1의 속도상수는 다음과 같다.

$$k = \rho_{\text{bulk}} A_1 e^{-E_1/RT} = 1260(0.03263)\exp\left(\frac{-90,860}{8.314(930)}\right)$$
$$= 3.23 \times 10^{-4} \text{ kg mol/(m}^3 \text{ reactor) (kPa)(s)}$$

이상형 플러그 흐름에 대한 설계 방정식인 식 (13-14)는

$$\frac{V_R}{F_{i0}} = \int_0^{x_e} \frac{dX_i}{(-r_i)}$$

이 방정식을 적분하고 필요한 반응기 부피에 대하여 풀기 위해서는 반응속도를 전화율로 표시하여야 한다. 각 성분의 분압은 전압에 성분의 몰분율을 곱한 것과 같다. 반응 1에서 몰 수 변화량 때문에 몰량과 몰분율은 전화율로 표시되어야 한다. 공급물 중에는 에틸벤젠과 스팀뿐이고, 공급된 에틸벤젠 1 몰을 기준으로 하면, 에틸벤젠, 스티렌 및 수소의 총 몰 수는 $(1+X)$이다. 여기서, $X$는 임의 점에서의 전화율이다. 스팀의 총 몰 수는 8로 일정하고, 기체의 총 몰 수는 $(9+X)$이다. 따라서 반응 성분의 몰분율은 다음과 같다.

$$y_{\text{EB}} = (1 - X)/(9 + X)$$
$$y_{\text{S}} = X/(9 + X)$$
$$y_{\text{H}} = X/(9 + X)$$

반응속도는 다음 식으로 쓸 수 있다.

$$-r_{\text{EB}} = 3.23 \times 10^{-4}\left[p_T \frac{(1 - X)}{9 + X} - p_T^2 \frac{X^2}{(9 + X)^2 K_1}\right]$$

여기서 $p_T$는 전압으로 150 kPa이다. 반응기 설계 방정식에 치환하면,

$$\frac{V_R}{0.05017} = \frac{1}{3.23 \times 10^{-4}(150)} \int_0^{0.70} \frac{(9 + X)^2 dX}{(1 - X)(9 + X) - 150X^2/63.863}$$

이 식은 도식적인 방법이나 적분 프로그램 패키지로 적분할 수 있다. 여기서는 펼친표를 이용하여 적분하였다. 적분값이 순차 증분으로 0.01 % 이하가 될 때까지 $X$의 여러 증분에 대해 적분을 수행하였다. 결과는 적분값이 16.65이고 반응기 부피는 다음과 같다.

$$V_R = \frac{(0.05017)(16.65)}{3.23 \times 10^{-4}(150)} = 17.24 \text{ m}^3$$

**반응기와 촉매 비용의 추산**

관 내부에 촉매가 있는 관형 반응기를 사용하는데, 반응기 부피는 관의 내부 부피와 같아야 한다. 관 직경과 길이를 선정하면, 관 당의 부피는 다음과 같이 계산된다.

관 외경을 0.0508 m(2 in)로 정하면, 단면적은 0.00157 m$^2$이다. 이것은 열교환기 배관에는 큰 규격이긴 하지만, 큰 규격은 좋은 촉매 분산과 최소 관벽 효과에 이상적이다. 관 길이는 6.09 m(20 ft)로 선정하자. 따라서 관 1개의 내부 부피는

$$0.00157(6.09) = 0.00956 \text{ m}^3$$

촉매를 담지하는데 필요한 관의 수는

$$17.24/(0.00956) = 1803 \text{ tubes}$$

관 길이 당의 외표면적은 0.159 $m^2/m$ 또는 관 하나 당 0.973 $m^2$이다. 그러므로, 필요한 전열면적은 (0.973)(1803) = 1754 $m^2$이다. 그림 14-17을 참고하면 유동두가 있는 통관형 열교환기의 비용을 추산할 수 있다. 그림에서 최대 교환기 크기가 1000 $m^2$이므로, 880 $m^2$의 교환기 2개가 사용되어야 한다. 그래프에서 기본 사이즈, 최저압, 탄소강 교환기에 대한 비용은 약 $61,000 이다. 통과 관을 모두 304강을 사용하는 것을 감안하면 배율은 3이 제시되고 있다. 관경(0.0508~0.019 m), 관 길이(6.08~4.88 m) 및 조작압력(150 대 690 kPa)에 대한 조정은 그림 14-21(1.75/0.91의 값을 추산하여 외삽), 그림 14-22(0.96) 및 그림 14-23(0.93/0.96)으로부터 각각 구한다. 따라서 3개 열교환기의 구입비용은 다음으로 추산된다.

$$\$61{,}000(2)(3)(1.75/0.91)(0.96)(0.93/0.96) = \$655{,}000$$

이 결과는 그림 14-17에 기준한 U-관형 열교환기에 대한 추산과 비교할 수 있다. 스테인레스강 교환기에 대한 최대 면적은 350 $m^2$이므로 350 $m^2$ 면적의 교환기 5개가 사용될 것이다. 그래프에서 1개의 스테인레스강 교환기의 비용은 $75,000이다. 직경, 길이 및 압력을 보정한 5개 교환기의 총 비용은

$$\$75{,}000(5)(1.75)(0.93) = 610{,}000$$

이것은 유동두 열교환기에 대한 추산이 부당하지 않음을 나타낸다. 추산이 더 높아질수록 아마도 더 실질적이기 때문에 분석의 정지는 유동두의 경우로 한다.

다음으로 반응열 280,000 kJ/kg-몰을 부가한 열교환기의 성능을 확인하자. 필요한 전열속도는

$$280{,}000(0.035) = 9.8 \times 10^3 \text{ kJ/s} \quad ,$$

$\Delta T_{\text{log mean}}$을 40 K로, 총괄전열계수를 0.1 $kW/m^3 \cdot K$로 가정하여 열교환기가 취급할 수 있는 열량을 추정한다.

$$\dot{q} = UA_s \Delta T_{\text{log mean}} = 0.1(1760)(40) = 7.0 \times 10^3 \text{ kJ/s}$$

이것은 열교환기가 필요한 전열보다 작음을 암시하는 것이다.

유사한 방법으로, 유동두 설계를 단위 부피 당의 전열면적이 더 큰 0.038 m($1\frac{1}{2}$ in) 관으로 반복한다. 결과는 각각 825 $m^2$ 면적을 갖는 요구되는 부피의 열교환기 3개를 사용하는 것이다. 예상 전열속도는 $9.9 \times 10^3$ kJ/s이므로, 이 설계는 만족할 수 있다. 유동두 장치 3개의 총 구입비용은 0.0508 m 관에 대한 것보다 약 12 % 이상인 $735,000로 추산되지만, 열교환기는 더 만족할 수 있으므로 설계를 추천할 수 있다.

최종적으로 촉매비용을 추산한다. 다수의 촉매 제조업자로부터 제시된 견적인 $6.60/kg (2002년1월)의 촉매가격을 기준으로 한다.

$$\text{Cost of catalyst} = 17.24(1260)(6.60) = \$143{,}000.$$

## 예제 13-5 압력용기 반응기의 비용

반응기는 이미 설계되어 있고, 조립된 반응기에 대하여 다음과 같은 조건으로 예비 비용추산(2002년 1월)이 된 경우에 검토하여 보자.

반응기는 내경 2.74 m, 길이 9.15 m인 원통형이다. 반응기는 탄소강으로 제작될 것이고, 온도 670°K, 게이지압 670 kPa에서 조작될 것이다. 반응기는 이중 용접 맞댐 이음을 요구하고, 방사선 사진법 기술에 의한 무작위 추출 검사를 할 것이다. 반응기는 수평으로 반응물질이 흐르는 흐름형으로 조작될 것이다. 가열과 냉각은 필요하지 않으므로 특별한 내장 부속은 필요하지 않다. 반응기의 헤드는 반구형으로 통과 동일한 두께가 될 것이다. 벽 두께에 대한 부식 허용은 0.0032 m이다.

■ **풀이**

표 12-10을 이용하자. 670 K에서 탄소강에 대하여, 응력값은 82,000 kPa이고, 표 12-10에 나타낸 것과 같이 제시된 조립조건에 대하여 이음쇠 효율은 0.85이다.

최소 벽두께는(방정식과 기호설명은 표 12-10 참조),

$$\text{Thickness} = \frac{P(\text{inside radius})}{SE_J - 0.6P} + C_c$$

$$= \frac{\overbrace{(690)}^{P}\left[\overbrace{(2.74)(0.5)}^{\text{inside radius}}\right]}{\underbrace{(82{,}000)}_{S}\underbrace{(0.85)}_{E_J} - (0.6)\underbrace{(690)}_{P}} + \overbrace{0.0032}^{C_c}$$

$$= 0.017 \text{ m}$$

용기의 무게(강재 밀도) = 7840 kg/m$^3$(표 12-10 참조)

통의 무게 = $\pi$(2.74)(9.15)(0.017)(7840) = 10500 kg

$$\text{head 2개의 무게} = (2\pi)\left[\left(\frac{2.74}{2}\right)^2 (0.017)(7840)(1.6)\right](2) = 5{,}000 \text{ kg}$$

노즐, 맨홀 및 새들에 대한 15%의 무게 증가를 포함한 총무게 =(15,500)(1.15) = 17,800 kg

식 (12-50)에 기초한 반응기의 F.O.B. 가격 = (kg 당 비용)(17,800) = 147(17,800)$^{-0.34}$ × (17,800) = $94,000

## 요약

일반적으로 화학반응 공정설계는 대부분의 화학공정에서 직면하게 된다. 몇몇 화학반응의 복잡성과 질량과 에너지 이동에 대한 의존성은 반응이 있는 화학공정의 설계에서 상대적으로 어려울 수 있다. 화학반응 공정을 설계하고 최적화 하기 위한 일반적인 접근법은 공정의 요구조건, 최적설계 및 가장 좋은 조작조건을 달성하도록 설계를 가능하게 하는데 큰 역할을 할 수 있음에도 불구하고 이들 복잡성은 간단한 최적화 과정을 불가능하게 할 수 있다.

## 사용부호

$A_a$ = 촉매반응 속도식에서 상수, –
$A_R$ = 흐름 반응기의 일정 단면적, $m^2$
$A_s$ = 열교환기 표면적, $m^2$
$B_a$ = 촉매반응 속도식에서 흡착계수, –
$c$ = 농도, kg $mol/m^3$ 또는 $mg/m^3$; 하첨자 $i$는 성분 $i$의 농도
$C_a$ = 촉매반응 속도식에서 흡착계수, –
$C_{pi}$ = 성분 $i$의 열용량, kJ/kg·K 또는 kJ/kg mol·K
$D_a$ = 촉매반응 속도식에서 흡착계수, –
$E_i$ = 에너지, kJ
$F_i$ = 공급 성분 $i$의 유량, kg mol/s
$\Delta H_{rxn}$ = 반응한 몰 당의 반응에 의해 생성된 열량, kJ/kg mol
$k$ = 반응속도상수, 단위는 반응차수에 따라 다름
$K$ = 반응평형상수, 지정 단위 또는 무차원
$m_i$ = 반응기 내의 성분 $i$의 질량, kg
$\dot{m}_{v,i}$ = 성분 $i$의 부피유량, $m^3/s$
$n_i$ = 성분 $i$의 몰수, kg-mol
$N$ = 반응기의 수,
$N_i$ = 부피 $V_R$ 내에 시간 $\theta$에 존재하는 성분 $i$의 양, kg mol
$N_{ie}$ = 반응시간 $\theta$의 종심에 남아있는 성분 $i$의 양, kg mol
$N_{io}$ = 반응 시심에서 성분 $i$의 양, kg mol
$p_i$ = 성분 $i$의 분압, kPa
$P$ = 반응기에 대한 기계적 동력, kJ/s
$p_T$ = 전압, kPa
$\dot{q}$ = 전열속도, kJ/s
$r_i$ = 성분 $i$의 반응속도, 단위는 반응차수에 따라 다름
$R'$ = 순환비, –

$R$ = 이상기체상수, kJ/kg mol·K

$T$ = 온도, K

$\Delta T_{\text{log mean}}$ = 다수평균 온도차, K

**U** = 사각좌표의 $x$, $y$, $z$ 방향에서 작용하는 속도 벡터

U = 총괄전열계수, kJ/s·m$^2$·K

$v_F$ = 공급물 중의 성분 $i$의 당 공급물 부피, m$^3$

$V_R$ = 반응기 부피, m$^3$; 하첨자 PFR은 플러그 흐름 반응기의 부피, 하첨자 CSTR은 연속교반 탱크형 반응기의 부피

$W_c$ = 반응기 내의 촉매 질량, kg

X = 성분의 전화율, –

$y_i$ = 성분 $i$의 몰분율, –

$z$ = 반응기 흐름 방향의 길이, m

## 그리이스 문자

$\varepsilon$ = 촉매의 공극율, –

$\varepsilon_i$ = 성분 $i$의 무 전화와 완전 전화 사이의 계의 부피변화율, –

$\rho_{\text{bulk}}$ = 촉매의 벌크밀도, kg-촉매/m$^3$-반응기부피

$\theta$ = 시간, s

# 연습문제

**13-1** 동일 부피인 4개의 직렬 CSTR에서 반응이 수행되고 있다. 계의 흐름은 0.01 m$^3$/s이고, CSTR의 부피는 각 3 m$^3$이다. 이 반응기계를 5년 이상 가동하려고 하고, 처음 조립 이후로 계를 관리하는 엔지니어는 계의 전화율 강하가 8 %인 것으로 지침이 나와 있다. 평균 유체 밀도 870 kg/m$^3$, 평균 점도 0.00062 Pa·s를 사용하여, 장치 고장에 기인한 성능 저하의 가능성을 검토하라.

a. 성능 저하는 반응기의 바닥에서 반응물의 비혼합에 기인할 가능성이 있다. 반응기가 모두 동일한 성능을 제공하는 경우에, 반응 공정에 실제로 활용되고 있는 반응기의 실제 부피는 얼마가 되겠는가?

b. 혼합기 중의 하나 때문에 완전히 고장을 일으켜서 성능 저하가 가능한가? 또한 그렇게 되면 어느 것인가?

**13-2** Triphenyl methyl ether(TPME)는 메탄올과 triphenyl methyl chloride(TPMC)를 모두 벤젠에 녹여서 다음과 같은 반응으로 생성된다.

$$CH_3OH + (C_6H_5)_3CCl \longrightarrow (C_6H_5)_3COCH_3 + HCl$$

반응은 298 K, 101 kPa에서 속도상수 $4.48 \times 10^{-3}$ (m$^3$/kg-몰)$^2$/s로 메탄올에 대해 2차, TPMC에 대해 1차이다.[123] TPMC 공급물 농도는 0.11 kg-몰/m$^3$이고, 메탄올은 이 농

도의 $1\frac{1}{2}$이다.

a. 단일 CSTR을 사용하여 메탄올 전화율 50 %에 대하여 필요한 반응기의 공간시간을 계산하라.

b. CSTR, PFR 또는 회분식 반응기 중에서 이 반응에는 어느 것을 추천하겠는가?

**13-3** 메틸아민과 시안브롬의 가역반응으로 시안아미드(CNNH2)와 메틸브롬을 생성시킨다. 반응은 반응물 모두에 대하여 1차이고, 속도상수는 283K에서 2.22 (m3/kg-몰)/s이다.[124] 시안브롬과 메틸아민의 반응물 농도는 각각 0.1과 0.2 kg-몰/m3이다. 각 반응물의 공급 유량은 0.1 $m^3$/s이다. 사용된 CSTR의 부피는 2 $m^3$이다.

a. 이 계에서 각 반응물의 전화율은 얼마인가?

b. 반응기를 떠나는 반응물 각각의 거의 10 몰%, 물의 20 %, 시안아미드 생성물의 20 %로 구성되는 순환 흐름을 가정하면, 각 반응물에 대한 전화율은 어떻게 되는가?

**13-4** 아크릴산은 프로필렌을 촉매 산화시켜서 상업적으로 제조된다. 그러나 프로필렌의 산화는 아세트산과 이산화탄소를 생성하는 2개의 부반응을 유발한다. 프로필렌의 산화반응은,

$$C_3H_6 + \frac{3}{2}O_2 \longrightarrow C_3H_4O_2 + H_2O \tag{1}$$

$$C_3H_6 + \frac{5}{2}O_2 \longrightarrow C_2H_4O_2 + CO_2 + H_2O \tag{2}$$

$$C_3H_6 + \frac{9}{2}O_2 \longrightarrow 3CO_2 + 3H_2O \tag{3}$$

여기서 $-r_i = A_{i\exp}(-E_{Ai}/RT)\, p_{\text{propylene}} p_{\text{oxygen}}$이다.

| Reaction | $E_{A_i}$, kJ/kg mol | $A_i$, (kg mol/m$^3$)(kPa)$^{-2}$(s)$^{-1}$ |
|---|---|---|
| (1) | 3590 | $4.42 \times 10^1$ |
| (2) | 5980 | $5.03 \times 10^4$ |
| (3) | 4780 | $2.45 \times 10^2$ |

목적 반응을 최대화하고 부반응을 최소화 할 수 있도록 조작 온도, 압력, 농도에 대한 기준을 만들어라.

**13-5** 부타디엔(butadiene)의 열, 기상 2량체화 반응은 다음의 속도식으로 수행된다.

$$-r_{d-\text{butadiene}} = kc^2_{\text{butadiene}} \qquad \text{where } k = 5.4 \times 10^7 \exp\left(\frac{-100,250}{RT}\right) \text{ m}^3/(\text{kg mol}\cdot\text{s})$$

여기서 $R$은 8.314 kJ/kg-몰·K이다.

현재의 장치 구성은 부피가 각각 8, 6, 4 $m^3$인 3개의 직렬 CSTR을 채택하고 있다. 반응은 500 K, 101 kPa에서 등온으로 가정할 수 있다. 부타디엔은 7 $m^3$/day의 유량으로

123) C.G. Swain, J. Am. Chem. Soc., 70: 1119 (1948).

124) R.O. Griffith, R.S. Jobin, and A. McKeown, Trans. Far. Soc., 34: 316 (1938).

공급되고 있다.

a. 3개 반응기를 통한 부타디엔의 전화율을 추정하라.

b. 위의 계와 같은 동일한 전화율을 달성하기 위한 회분식 반응기의 크기를 구하라. 회분식 반응기는 시간의 50 %를 가동하는 것으로 가정한다.

**13-6** 글루코스(glucose) 수용액 흐름이 슬러리 탱크 반응기에서 솔비톨(sorbitol)로 촉매작용으로 수소화 되고 있다. 유량 $10^{-3}$ $m^3/s$와 양론적인 수소 가스흐름의 120%에서 공급물은 2.6 kg-몰/$m^3$의 농도인 글루코스 수용액 흐름이 공급되고 있다. 반응기는 423 K에서 등온으로 조작되고 있다. 여기서 반응은 다음과 같은 속도식이 관찰되고 있다.

$$-r_{\text{glucose}} = kc_{\text{hydrogen}}^{0.6}\, c_{\text{glucose}} \qquad k_{423\text{ K}} = 3.76 \times 10^{-4}\ (\text{kg mol/m}^3)^{-0.6}\text{s}^{-1}$$

반응을 10,000 kPa에서 수행하면 수소의 용해도가 이 압력에서는 5 kg-몰/$m^3$이 되는 것으로 가정할 수 있다.

실제의 반응 속도식은 촉매 질량 전달효과를 감안하여 조정할 필요가 있다. 이들 효과를 무시하고, 2 $m^3$의 CSTR에 대한 전화율을 계산하라.

**13-7** 희석 산화 프로필렌(propylene oxide)은 다음 속도식에 의해 단열 PFR에서 프로필렌 글리콜(propylene glycol)을 촉매작용으로 수소화시켜서 얻는다.

$$-r_{\text{propylene oxide}} = kc_{\text{propylene oxide}} \qquad k = 4.71 \times 10^{9}\exp\left(\frac{-63{,}010}{RT}\right)\ \text{s}^{-1}$$

여기서 $R$은 kJ/kg-몰·K이다. 반응은 300 K에서 등온으로 수행된다. 공급물은 유량 0.01 $m^3/s$로 300 K에서 10 wt% 산화 프로필렌 수용액 흐름으로 구성되어 있다. 300 K에서 0.1 wt% 황산(촉매)을 함유하는 물 흐름은 0.01 $m^3/s$의 유량에 첨가된다.

전화율 90 %를 얻을 수 있는 반응기 크기를 결정하라.

**13-8** 303 K에서 Saccharomyces cerevisiae에 의해 글루코스를 에탄올로 발효시키는 발효속도는 다음과 같다.[125)]

$$-r_{\text{glucose}} = k\left(1 - \frac{c_{\text{ethanol}}}{c^{*}_{\text{ethanol}}}\right)^{0.52} \frac{c_{\text{glucose}}\, c_{\textit{Saccharomyces cerevisiae}}}{c_{\text{glucose}} + c_M}$$

여기서 $k = 1.53 \times 10^{-3}$ kg/$m^3$·s, $c^{*}_{\text{ethanol}} = 93$ kg/$m^3$, $c_M = 1.7$ kg/$m^3$

세포 수율은 소비된 글루코스 kg당 생성된 *S. cerevisiae* kg으로 0.06이다.

a. 70 %를 충전한 10 $m^3$ 회분식 반응기에서 70 %초기 글루코스 충전량 10 kg/$m^3$과 초기 세포 농도 0.01 kg/$m^3$으로 회분식 반응기 내에 있는 글루코스의 95 %를 전화시키는데 소요되는 시간을 구하라.

b. 동일한 공급물 농도로 동일 부피의 PFR에 대하여 동일한 글루코스 전화율을 얻는데 필요한 유량을 결정하라. 단, S. *cerevisiae*의 농도는 0.9 kg/$m^3$이다.

c. (b)에서 계산된 유량에 대하여 소요 전화율을 얻을 수 있도록 단일 CSTR 뿐만 아니라 동일 부피의 3개의 CSTR을 직렬로 연결한 것도 크기와 비용을 추산하라.

125) R. Miller and M. Melick, Chem. Eng., 94(2): 112 (1987).

**13-9** 연습문제 13-8의 자료와 각각 부피 1과 2 $m^3$이고 직경/길이 비가 1/100인 2개의 PFR과 부피 1과 2 $m^3$인 2개의 CSTR의 유용성을 기초로 하여 다음을 구하라.

a. 2개의 직렬 PFR에 대한 최적 배열은 무엇인가?

b. 2개의 CSTR에 대한 최적 배열은 무엇인가?

c. 동일 부피의 임의의 2개의 PFR과 CSTR을 이용한 최적 배열은 무엇인가?

d. 4개 반응기를 모두에 대한 최적 배열은 무엇인가?

e. (a), (b), (c), (d)의 배열에 대한 전화율은 어떻게 되는가?

**13-10** 충전층 촉매 합성가스로 메탄올의 생산은 다음과 같은 가역반응이다.[126)]

$$CO + 2H_2 \rightleftharpoons CH_3OH \qquad \Delta H_{298} = -89.98 \text{ kJ/kg mol}$$

속도식은 다음과 같다.

$$-r_{CO} = \frac{\bar{p}_{CO}\bar{p}_{H_2}^2 - \bar{p}_{CH_3OH}/K}{(A + B\bar{p}_{CO} + C\bar{p}_{H_2})^2}, \text{ (kg·mol·CO/kg catalyst·min)}$$

506 K에서 계수는 다음과 같다.

$K = 3.18 \times 10^{-7} (\text{kPa})^{-2}$ (reaction equilibrium constant)

$A = 23{,}400\ (\text{kPa})^{3/2} (\text{kg mol/kg·min})^{-1/2}$

$B = 126\ (\text{kPa})^{1/2} (\text{kg mol/kg·min})^{-1/2}$

$C = 47\ (\text{kPa})^{1/2} (\text{kg mol/kg·min})^{-1/2}$

506 K, 5065 kPa의 상태로 충전층 반응기에서 반응을 수행한다. 촉매의 벌크밀도는 653 kg/$m^3$-반응기부피이다. 다음의 가정을 설정: 반응은 등온으로 일어나고(발열이지만 외부 냉각), 일산화탄소와 수소는 양론비로 공급하고, 퓨개시티 계수는 1.0이고, 수성가스 전이 반응은 무시할 수 있다.

a. 평형상태에서 일산화탄소의 전화율을 계산하라.

b. 일산화탄소의 전화율이 평형 전화율의 90 %이면, 공급물 유량에 대한 촉매의 비를 (kg-촉매)(min)/kg-몰-CO로 계산하라.

c. (b)의 전화율과 반응기의 메탄올 생산속도 50 t/h에 대하여, 적정한 반응기를 선정하여 크기와 비용을 추정하라.

**13-11** 프로피온산(propionic acid)은 제초제, 식품 조미료, 방부제 및 동물사료 등의 다수의 유용한 화학제품의 생산에 사용되고 있다. 제안된 공정은 미발효 유장(whey) 중의 수용성 락토스(lactose)를 프로피온산으로 전화하는데 Propionibacterium acidipropionici 박테리아를 사용한다(미발효 유장은 치즈 제조과정의 부산물로 상업적인 용도가 많지 않아서 일반적으로 합동 폐기물처리 비용으로 폐기시킨다.[127)]).

---

126) K.J. Smith, Ind. Eng. Chem. Res., 26: 401 (1987), and P. Villa, P. Forazatti, G. Buzzi-Ferraris, G. Garone, and I. Pasquon, Ind. Eng. Chem. Process Des. & Dev., 24: 12 (1985).

127) C. Coronado, J.E. Botello, and F. Herrera, Biotechnol. Prog., 17: 669 (2001).

$$-r_{\text{lactose}} = k_l\left(1 + \frac{c_{\text{propionic acid}}}{c^*_{\text{propionic acid}}}\right)^n \left(\frac{c_{\text{lactose}}\, c_{Propionibacterium\ acidipropionici}}{c_{\text{lactose}} + c_M}\right)$$

$$k_l = 0.901\ \text{h}^{-1} \qquad c_M = 32.5\ \text{kg/m}^3 \qquad c^*_{\text{propionic acid}} = 4.4218\ \text{kg/m}^3 \qquad n = -1$$

$$c_{\text{lactose(initial)}} = 50\ \text{kg/m}^3 \qquad c_{Propionibacterium\ acidipropionici\ \text{(initial)}} = 0.1\ \text{kg/m}^3$$

*P. acidipropionici*의 수율은 0.145 kg-dry cell/kg-lactose이고, 프로피온산의 수율은 0.307 kg/kg-lactose이다. 박테리아가 온도에 아주 민감하기 때문에 308 K의 정온상태를 유지시킨다. 제공된 반응상수는 308 K에 대한 것이다.

회분식 반응기에서 락토스 농도를 20 kg/m$^3$으로 줄이는데 필요한 시간을 구하라. 아울러 시간에 따른 락토스, *P. acidipropionici* 및 프로피온산 농도 변화를 도표로 작성하라.

**13-12** 촉매 전환기는 5 kg의 세라믹 벌집형 블록 내부에 약 0.05 kg의 백금군 금속을 함유하고 있다. 폐촉매 전환기에서 백금군 금속의 회수는 폐기물 처리비용을 줄이고, 매립지로 보내는 독성 중금속의 양을 줄이고, 촉매전환기에서 회수할 수 있는 유가금속을 판매하는 목적으로 효과적이다. 제안된 회수 공정은 시안나트륨 이온화로 얻어지는 과잉 시안이 있는 촉매의 슬러리 수용액으로 1 부분의 촉매를 2부분의 물로 복합화 한다. 금속 시안 복합화물을 분해하기 위한 가열과 백금을 침전시키는 시안나트륨을 잔존시켜서 실제로 백금 금속을 회수한다. 성분의 분해는 다음과 같이 일어난다.[128]

$$-r_{\text{NaCN destruction}} = k_1 c_{\text{NaCN}} \qquad k_1 = 3.78 \times 10^8 \exp\left(\frac{-11{,}320}{T}\right)\ \text{s}^{-1}$$

$$-r_{\text{metal-cyanide}} = k_2 c_{\text{metal-cyanide}} \qquad k_2 = 5.0 \times 10^7 \exp\left(\frac{-13{,}720}{T}\right)\ \text{s}^{-1}$$

1시간에 12개의 촉매 전환기를 처리하는데 금속 복화합물의 전화율을 99,99 %로 가정한다. 반응기의 공간시간은 4시간이다.

a. 침전 단계를 수행하는데 가장 적합한 이상형 반응기의 형태를 선정하라.
b. 반응기에 소요되는 조작온도와 압력을 결정하라.
c. 반응기 크기를 정하고 제작재질을 추천하라.
d. 반응기 비용을 추산하라.

**13-13** 염화철을 촉매로 하여 벤젠을 염소화 시키는데 사용되는 반응기의 설계를 고려하자.[129] 순수 벤젠을 초기에 충전시켜두고 건조 염소를 정상상태에서 공급하는 반회분식 반응기가 사용된다. 반응 용기는 202 kPa의 일정 압력에서 조작되고 있고, 55°C의 일정 온도를 유지하기 위해 코일을 장착한다. 액체는 균일한 혼합물이 되도록 교반한다. 증발된 벤젠과 클로로벤젠을 모두 반응기로 환류시키고 생성된 염화수소 기체와 과잉 염소 기체는 계에서 방출될 수 있도록 장치에는 환류 응축기가 설치되어 있다. 모노클로로벤젠, 디클로로벤젠 및 트리클로로벤젠은 다음과 같은 연속 비가역반응을 거쳐 생성된다. 여기서 $k$

128) P.M. Brown, Chem. Eng. Ed., 28: 266 (1994)에서 인용
129) 다음에 제시된 자료와 방법에서 채택: R.B. MacMullin, Chem. Eng. Progr., 44: 183 (1948) and A. Carlson, Instr. and Control Systems, 38(4): 147 (1965).

는 각 반응의 정반응 속도상수를 나타낸다.

$$C_6H_6 + Cl_2 \xrightarrow{k_1} C_6H_5Cl + HCl$$
$$C_6H_5Cl + Cl_2 \xrightarrow{k_2} C_6H_4Cl_2 + HCl$$
$$C_6H_4Cl_2 + Cl_2 \xrightarrow{k_3} C_6H_3Cl_3 + HCl$$

이들 각 반응의 속도는 각 반응물에 대하여 1차이다.

건조 염소의 공급속도는 1.4 몰-염소/(h)(kg/kg-몰-초기충전벤젠)이다. 다음의 속도상수는 320 K에서 사용된 촉매에 대하여 추정한 값이다.

$$k_1 = 31.8(\text{kg mol/m}^3)^{-1}\,\text{h}^{-1}$$
$$k_2 = 3.99(\text{kg mol/m}^3)^{-1}\,\text{h}^{-1}$$
$$k_3 = 0.131(\text{kg mol/m}^3)^{-1}\,\text{h}^{-1}$$

환류 응축기에서 액체나 증기의 체류량은 무시한다.

반응 혼합물에서 부피 변화는 무시하고, 반응기 내의 액체 부피는 0.091 $m^3$/kg-몰-초기충전벤젠으로 일정하게 유지된다.

염화수소의 액체 혼합물에 대한 용해도는 무시한다.

염소 기체는 염소의 기상 농도가 용해도 한도인 0.12 kg-몰-염소/kg-몰-벤젠에 도달하는 시간까지 액상에 완전히 용해한다. 그 시점 이후는 충분한 염소가 염소의 액상 농도를 일정하게 유지하도록 용해하고 나머지는 회수한다. 조작상으로는 액상 농도가 일정하게 유지되기만 하면 염소 첨가속도는 이 시간에서 감소시킬 수 있으나, 이것은 이 문제의 풀이에는 영향을 미치지 않는다.

모노-, 디-, 트리클로로벤젠의 농도가 최대값에 도달하는 반응시간을 구하라.

CHAPTER

# 14

# 열전달 장치— 설계와 비용

오늘날의 열전달 장치에는 간단한 동축 파이프형 열교환기 뿐만 아니라 가열 면적이 수천 평방미터에 이르는 복잡한 표면을 가지는 열교환기들이 포함된다. 이들 사이에는 통상적인 다관형 열교환기, 코일 가열기, 판형 열교환기, 응축기, 증발기, 가열로, 그리고 보다 특성화된 기타의 열전달 장치들이 존재한다. 열전달 장치를 잘 선택하기 위해서는 열전달에 대한 기본적인 이론들을 이해하는 것이 필요하다. 이러한 이론들은 요즈음에는 컴퓨터 프로그램화되어 요구되는 설계 계산을 수행하는 데에 이용된다.

다관형(shell-and-tube) 열교환기는 공정산업에서 가장 널리 사용되는 형태의 열교환기로서 오늘날 사용되고 있는 모든 열교환기의 적어도 60% 정도가 이에 해당된다. 그림 14-1은 다관형 모양의 통상적인 2-경로(pass) 열교환기를 보인 것이다. 다관형 열교환기는 다양한 금속 및 비금속 재질로 만들 수 있으며 표면적은 0.1 $m^2$에서 100,000 $m^2$에 이른다.

## 열 교환기에서의 기본적인 열전달 이론

열은 전도, 대류, 또는 복사에 의해 열원으로부터 수요처로 전달된다. 많은 경우 열교환은 이들 세 가지 방법 가운데 두 가지, 혹은 세 가지 모두의 조합에 의해 이루어진다. 열전달 속도가 일정하며 시간에 의해 영향을 받지 않는 경우 열의 흐름은 정상상태에 있다고 나타낸다. 임의의 위치에서의 열전달 속도가 시간에 따라 변하는 경우는 비정상 상태가 존재하는 경우이다. 열전달이 수반되는 대부분의 공장 운전은 정상상태 조건에서 운전되고 있는 것으로 간주한다. 한편 비정상 상태 조건은 회분식 공정, 금속이나 고분자, 혹은 유리등과 같은 물질의 냉각 및 가열, 그리고 재생이나 고화, 또는 활성화 공정등에서 찾아볼 수 있다.

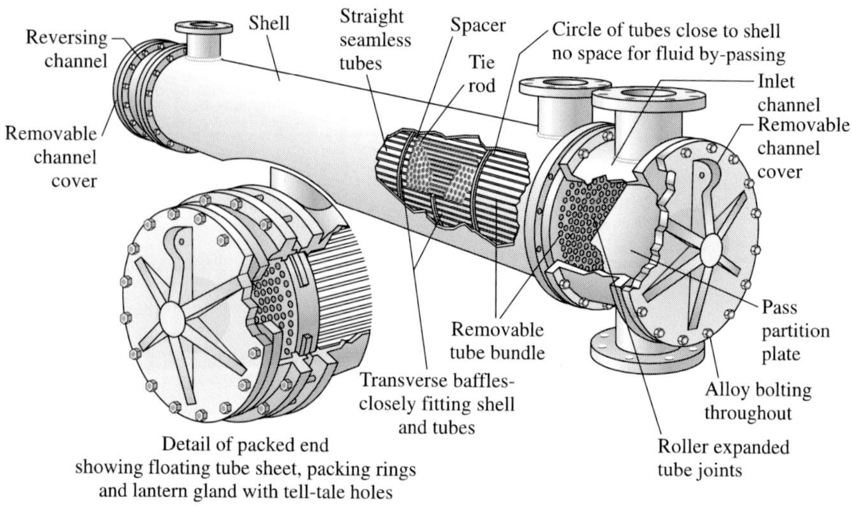


**그림 14-1**
2-경로 다관형 열 교환기의 구조

## 정상상태 열전달

열교환기에서 이루어지는 대부분의 열전달에는 벽체를 통한 한 유체로부터 다른 유체로의 열의 흐름이 수반된다. 전달되는 열은 일련의 열 저항들을 통하여 보다 뜨거운 유체로부터 보다 차가운 유체로 이동된다. 전기 전도의 경우에서와 유사하게 우리는 다음과 같이 정의되는 열전달에 대한 총괄 저항 $R_{\text{tot}}$를 도입하여 열속을 온도 구동력 $T_h - T_c$와 관련지을 수 있다:

$$R_{\text{tot}} = \frac{T_h - T_c}{\dot{q}} \tag{14-1}$$

총 저항은 두 유체들에서의 대류 열전달에 따른 저항, 시간에 따라 벽면에 쌓이는 오염(fouling)에 의한 저항, 그리고 벽체를 통한 열전달에 대한 저항들로 이루어진다. 뜨겁고 차가운 유체에서의 대류 열전달과 연관되는 저항은 각각 두 유체에서의 대류 열전달 계수인 $h_h$ 및 $h_c$의 역수이다. 벽체에서의 저항은 $x / k_w$로 주어지는데(평평한 벽체로 가정) 여기에서 $x$는 벽체의 두께이고 $k_w$는 벽체물질의 열 전도도이다. 열전달 계산의 수행에서는 $R_{\text{tot}}$의 역수를 취하여 $R$사용하며 이를 총괄 열전달 계수 $U$로 정의한다. $R_{\text{tot}}$를 $1/U$로 나타내면 다음과 같다.

$$R_{\text{tot}} = \frac{1}{U} = \frac{1}{h_h} + R_{h,f} + \frac{x}{k_w} + R_{c,f} + \frac{1}{h_c} \tag{14-2}$$

위에서 $R_{h,f}$와 $R_{c,f}$는 각각 뜨거운 흐름과 차가운 흐름에 대한 열 오염(fouling) 저항을 나타낸다. 정상적인 열전달 구조에서는 하나의 유체가 튜브 안쪽을 흐르고 다른 유체가 튜브의 바깥쪽을 흐르기 때문에 식 (14-2)를 조정하여 튜브의 외부나 내부 면적에 대한 튜브 단위 길이당 열전달 면적의 차이를 감안해 주어야 한다. 따라서 총괄 열전달 계수는 통상적으로 안쪽 벽면적 $A_i$, 바깥쪽 벽면적 $A_o$, 혹은 흔치는 않지만 이들의 평균면적 $A_m$에 바탕을 둔다. 이들 세 가지 총괄 열전달 계수들은 다음과 같이 서로 연관되며 뜨겁고 차가운 유체가 어느 쪽에 위치하는 지에 대한 구별은 없다.

$$\frac{1}{U_i A_i} = \frac{1}{U_o A_o} = \frac{1}{U_m A_m} \tag{14-3}$$

외부 벽 면적 $A_o$를 열전달의 기준면적으로 이용한다면 식 (14-2)는 다음과 같이 된다.

$$\frac{1}{U_o} = \frac{A_o}{h_i A_i} + \frac{A_o}{h_{i,d} A_i} + \frac{A_o x_w}{k_w A_{m,w}} + \frac{1}{h_o} + \frac{1}{h_{o,d}} \tag{14-4}$$

위에서 $h_i$와 $h_o$는 각각 튜브의 깨끗한 안쪽 및 바깥쪽 표면에 대하여 산정된 개별적인 열전달 계수들이며 $h_{i,d}$와 $h_{o,d}$는 두 표면의 오염을 야기시키는 오물 및 스케일(scale) 누적을 나타내는 개별적인 열전달 계수들이다. 후자의 두 계수들은 이들 표면과 연관된 오염 저항의 역수임을 상기하자. 튜브의 안쪽 표면을 기준면적으로 사용할 경우 다음 관계를 얻는다.

$$\frac{1}{U_i} = \frac{1}{h_i} + \frac{1}{h_{i,d}} + \frac{A_i x_w}{k_w A_{m,w}} + \frac{A_i}{h_o A_o} + \frac{A_i}{h_{o,d} A_o} \tag{14-4a}$$

위에서 $A_i$는 내부 표면적, $A_o$는 외부 표면적, 그리고 $A_{m,w}$는 벽의 평균 표면적으로서 각각 $A_i = \pi D_i L$, $A_o = \pi D_o L$, $A_{m,w} = [\pi L(D_o - D_i)]/\ln(D_o / D_i)$와 같이 주어진다. U의 단위는 통상 $W/m^2 \cdot K$이다.

개별적인 열전달 계수값들의 세부적인 계산에 대하여 언급하기 전에 단위면적당의 열전달 비율은 열 저항의 역수 및 두 유체 사이의 온도 구동력의 함수임을 의미하는 식 (14-1)로 되돌아 가보자. 그림 14-2에서 다수의 단일경로 열교환기에 대하여 나타낸 바와 같이 온도 구동력은 일반적으로 열교환기의 길이에 따라 변하지만 총괄 열전달 계수는 일정하다는 가정하에 다음 관계를 이용하여 식 (14-1)을 단순화시켜 열전달 속도를 구할 수 있다.

$$\dot{q} = AU \, \Delta T_{o,m} \tag{14-5}$$

위에서 $\Delta T_{o,m}$은 두 유체간의 평균 총괄 온도차이다. 각 유체에서 상 변화가 없으며 열용량은 일정하고 열교환기로부터 외부로의 열손실은 무시할 수 있다고 가정하면 열전달 속도는 다음과 같이 나타낼 수도 있다.

$$\dot{q} = -(\dot{m} C_p \Delta T)_h = (\dot{m} C_p \Delta T)_c \tag{14-6}$$

위에서 $\dot{m}$은 뜨거운 흐름 및 차거운 흐름의 질량유속이며 $C_p$는 두 흐름의 열용량이다.

그림 14-2에 보인 온도분포가 실질적으로 선형이라면 평균온도는 다음과 같이 열교환기의 양쪽 끝부분에서의 온도차로 나타낼 수 있다.

$$\Delta T_{o,m} = \Delta T_{o,\text{log mean}} = \frac{\Delta T_1 - \Delta T_2}{\ln(\Delta T_1 / \Delta T_2)} \tag{14-7}$$

위에서 $\Delta T_1$은 열교환기의 어느 한쪽 끝부분에서의 보다 큰 온도차이며 $\Delta T_2$는 보다 작은 온도차이다. 장치가 간결해지도록 다중경로 열교환기를 사용하는 경우 열교환기 내의 온도분포는 두 개의 간단한 다관형 열교환기에 대하여 그림 14-3에 나타낸 비와 같이 한층더 복잡해신다.

총괄 열전달 계수는 일정하며 각 유체의 열용량은 일정하고 열교환기로부터 외부로의 열

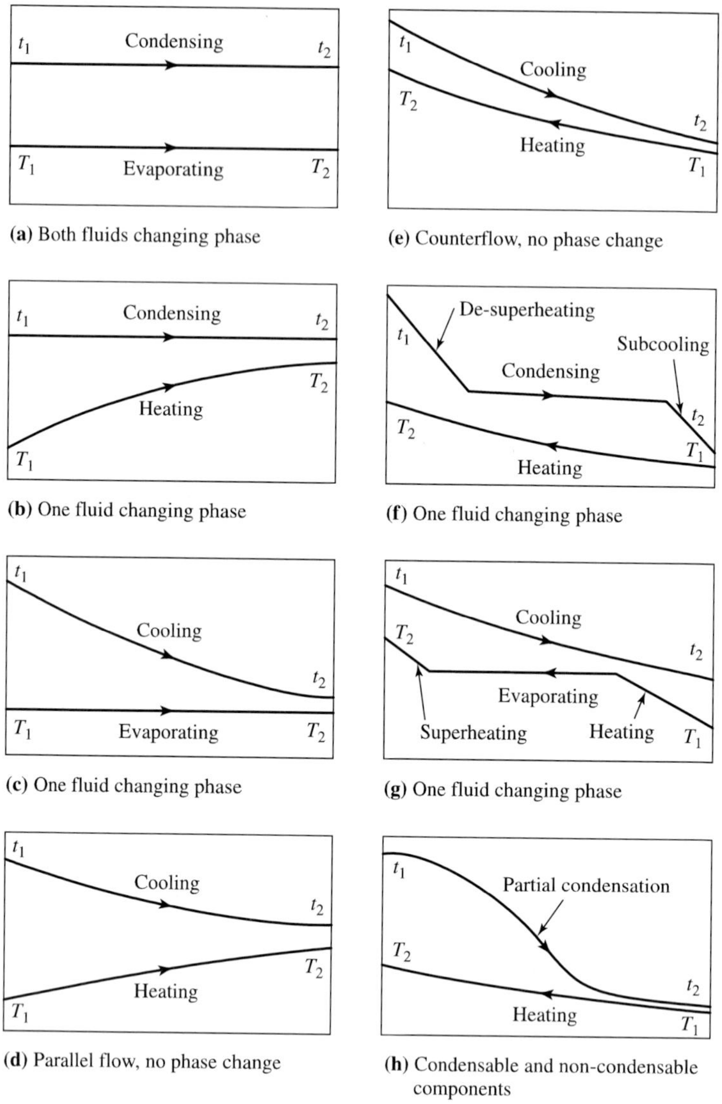


**그림 14-2**
맞흐름(countercurrent flow), 또는 병류(parallel flow)의 경우 하나, 혹은 두 개의 상이 존재하는 열교환기에 형성된 여러 가지 온도분포(온도 $t_1$과 $T_1$은 각각 뜨거운 흐름과 차가운 흐름의 유입온도이며 $t_2$와 $T_2$는 각각 뜨거운 흐름과 차거운 흐름의 유출온도이다).

손실은 무시할 수 있다고 가정하면 대류 열전달에 대한 기본적인 관계식을 적분하여 보정된 $\Delta T_{o,m}$을 얻거나 혹은 더 간단히 다음 관계에 이용되는 적절한 보정 파라미터를 제공하여 주는 그래프를 통하여 보정된 $\Delta T_{o,m}$을 얻는다.

$$\Delta T_{o,m} = F \Delta T_{o,\text{log mean}} \tag{14-8}$$

여기서 $F$는 선택된 다중경로 장치형태를 감안하여 주는 보정인자이다. 그림 14-4는 하나의 shell 경로와 두 개, 혹은 그 이상의 짝수개의 관 경로를 가지는 다중경로 열교환기에서의 보정인자를 얻는 데에 이용되는 그래프이다.

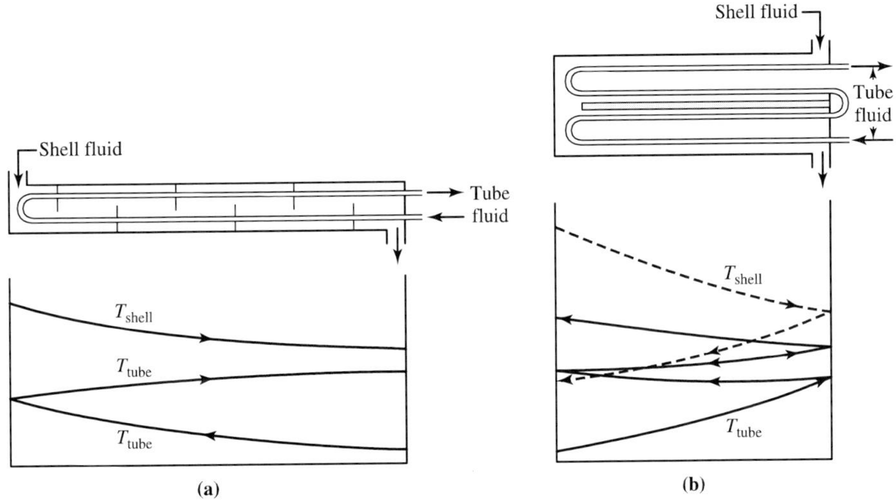


**그림 14-3**
다중경로 열교환기 내의 대표적인 온도분포. (a) 1-shell, 2-튜브 경로, (b) 2-shell, 4-튜브 경로

다중경로 장치에 대한 보정인자는 또한 다음 관계로부터 계산될 수 있다.

$$F = (R^2+1)^{1/2} \ln\left(\frac{1-P}{1-RP}\right) \Big/ (R-1) \ln \frac{2-P[(R+1)-(R^2+1)^{1/2}]}{2-P[(R+1)+(R^2+1)^{1/2}]} \tag{14-9}$$

여기서 $R$과 $P$는 다음과 같이 정의된다.

$$R = \frac{T_{h,\text{in}} - T_{h,\text{out}}}{T_{c,\text{out}} - T_{c,\text{in}}} = \frac{(\dot{m}C_p)_c}{(\dot{m}C_p)_h} \tag{14-9a}$$

$$P = \frac{T_{c,\text{out}} - T_{c,\text{in}}}{T_{h,\text{in}} - T_{c,\text{in}}} \tag{14-9b}$$

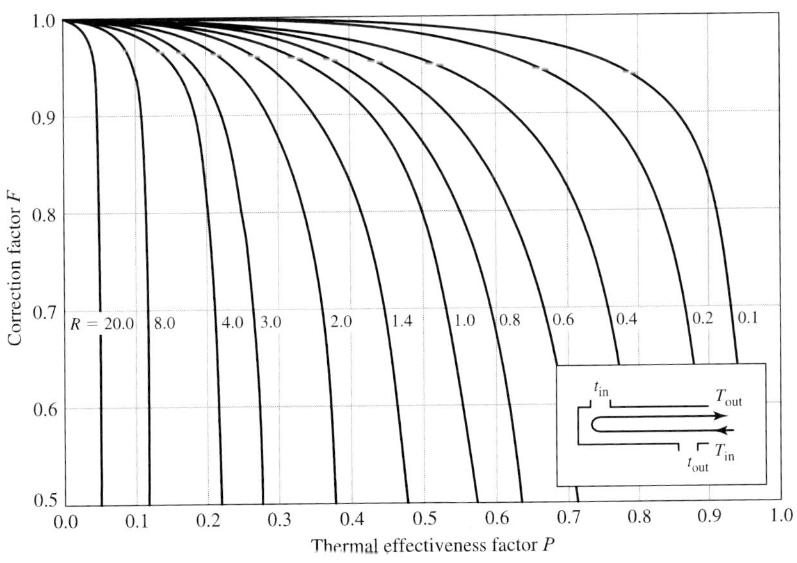


**그림 14-4**
하나의 shell 경로와 두 개, 혹은 그 이상 짝수개의 관 경로를 가지는 열교환기에서의 평균 온도 차이 구동력를 정하기 위한 도표(T와 t는 서로 바꿀수 있음). 보정인자 $F$는 맞흐름에 대한 $\Delta T_{\text{log mean}}$에 근거한다. $F$가 0.7보다 작으면 열교환기의 운전이 현실적이지 않을 수 있다.

열교환기 적용에 있어서는 보정인자 값이 0.85 혹은 그 이상인 것이 바람직하다. 보정인자 값들은 추가의 튜브경로를 지닌 다중경로 열교환기를 사용할 때에만 최소로 감소된다. 예를 들면 1-shell-8-튜브 열교환기에 대한 $F$값은 동일한 운전조건하에서 1-shell-2-튜브 열교환기에 대한 보정인자 값보다 겨우 약 2% 정도 작다.

튜브를 가로지르는 교차흐름 구조의 다중경로 열교환기들은 맞흐름 다중경로 열교환기들에 비해 다소 높은 보정인자를 나타낸다. 비혼합 교차흐름 열교환기에 대한 보정인자를 얻기 위한 그래프가 그림 14-5에 나타나 있다. 뜨거운 유체가 튜브나 shell의 어느 쪽을 흐르는가는 그리 중요하지 않음을 상기하자. 보정인자의 사용은 예제 14-1에 예시되어 있다.

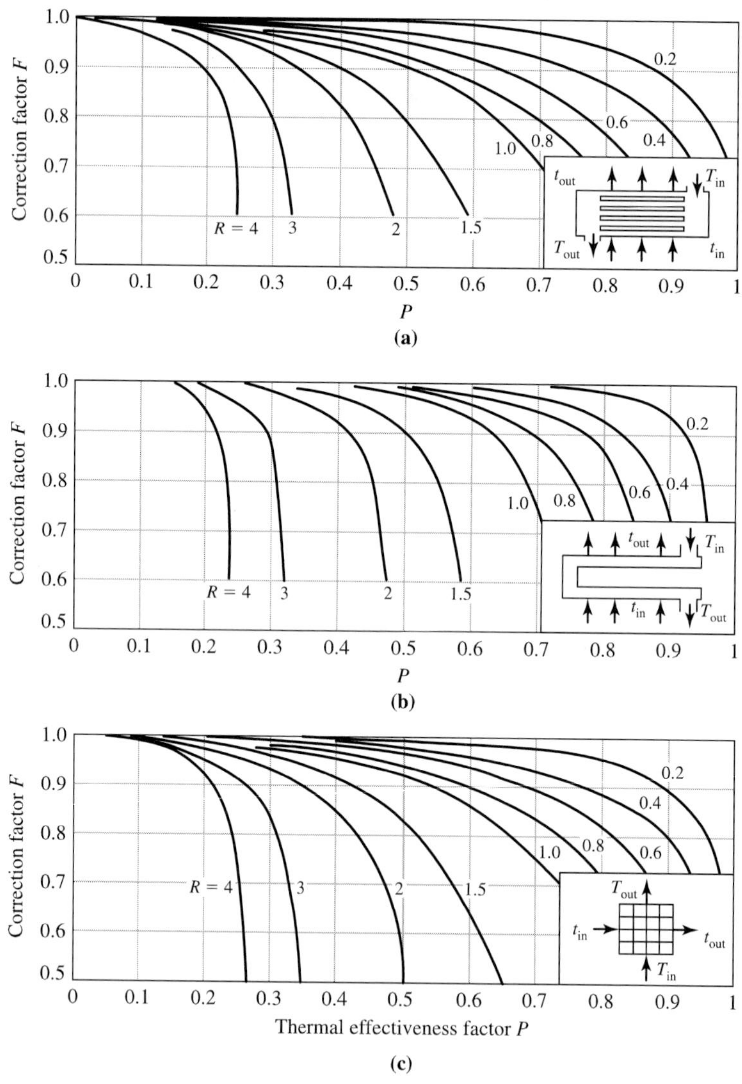


**그림 14-5**

교차흐름 열교환기에 대한 온도구동력 보정인자. (a) 1 shell 경로, 하나 혹은 그 이상의 튜브 병렬배치; (b) 2 shell 경로, 2열 튜브배치(2 경로 이상인 경우 $F = 1$을 사용); (c) 1 shell 경로, 두 유체는 비혼합($T$와 $t$는 서로 교환가능)

## 예제 14-1 다중경로 열교환기에서의 $\Delta T_{o,m}$의 결정

어떤 열교환기를 사용하여 6 kg/s의 유량으로 흐르는 윤활유를 70°C에서 30°C로 냉각시키고자 한다. 냉각수는 22°C로 열교환기로 유입되어 30°C로 유출된다. 간단한 1-shell-2-튜브경로 열교환기를 사용하는 경우 이용될 평균온도차를 구하여라. 만일 비혼합 교차흐름 구조의 열교환기를 사용한다면 평균온도차는 얼마가 되겠는가?

■ **풀이**

$F$ 보정인자를 사용하여 평균온도차를 구한다. 먼저 식 (14-9a)와 (14-9b)로부터 $R$과 $P$를 각각 계산한다.

$$R = \frac{T_{h,\text{in}} - T_{h,\text{out}}}{T_{c,\text{out}} - T_{c,\text{in}}} = \frac{70 - 30}{30 - 22} = \frac{40}{8} = 5.0$$

$$P = \frac{T_{c,\text{out}} - T_{c,\text{in}}}{T_{h,\text{in}} - T_{c,\text{in}}} = \frac{30 - 22}{70 - 22} = \frac{8}{48} = 0.167$$

그림 14-4와 14-5로부터 $F$는 1-shell-2-튜브경로 열교환기의 경우 0.83, 비혼합 교차흐름 열교환기의 경우 0.91이다.

식 (14-7)로부터 $\Delta T_{o,\text{log mean}}$을 계산한다.

$$\Delta T_{o,\text{log mean}} = \frac{(T_{h,\text{in}} - T_{c,\text{out}}) - (T_{h,\text{out}} - T_{c,\text{in}})}{\ln[(T_{h,\text{in}} - T_{c,\text{out}})/(T_{h,\text{out}} - T_{c,\text{in}})]}$$

$$= \frac{(70 - 30) - (30 - 22)}{\ln[(70 - 30)/(30 - 22)]} = 19.88^\circ\text{C}$$

식 (14-8)로부터 $\Delta T_{o,m}$을 구한다.

$$\Delta T_{o,m} = F\,\Delta T_{o,\text{log mean}} = 0.83(19.88) = 16.5^\circ\text{C} \qquad \text{(1-shell-2-튜브 경로)}$$

$$\Delta T_{o,m} = 0.91(19.88) = 18.1^\circ\text{C} \qquad \text{(비혼합 교차흐름)}$$

위의 계산으로부터 1-shell-2-튜브경로 열교환기의 사용은 $F$인자 값이 앞에서 권장한 값인 0.85보다 약간 작기 때문에 다소 한계에 가까움을 알 수 있다. $F$인자를 0.85 이상으로 증가시키기 위해서는 $F$인자가 0.91인 비혼합 교차흐름 구조를 이용하거나 혹은 2-shell 열교환기로서 임의의 짝수 튜브경로를 갖는 구조를 이용함으로써 $F$를 0.97까지 증가시킬 수 있다.

---

만일 열교환기 전체에 걸쳐 총괄 열전달계수와 국부적인 온도차가 변한다면 규모가 작은 다수의 열교환기가 직렬로 배치된 열교환기를 구상해 볼 수 있다. 이 경우 열전달 계수는 이들 소규모 열교환기 각각의 온도에 따라 선형적으로 변한다고 가정한다. 질량유속과 열용량이 일정하고 열교환기로부터의 열손실은 무시할 수 있으며 각 흐름에서 부분적인 상변화는 없는 보통의 경우, 식 (14-5)는 이들 조건들을 감안하여 다음과 같이 보정될 수 있다.

$$\dot{q} = A\frac{U_1\,\Delta T_{o,1} - U_2\,\Delta T_{o,2}}{\ln(U_1\,\Delta T_{o,1}/U_2\,\Delta T_{o,2})} \tag{14-10}$$

식 (14-10)에서 $\dot{q}$와 $A$값은 하첨자 1과 2로 표시된 한계 사이의 열교환기의 각 부분에만 적용된다. 따라서 전체 열교환기에 대한 $\dot{q}$와 $A$의 총 값은 각 열교환기 부분들의 면적을 합함으로써 얻어진다. 이 과정을 예제 14-2에 보였다.

## 예제 14-2 열교환기 내에서 $U$와 $\Delta T$가 변하는 경우의 열전달면적 계산

맞흐름 열교환기를 사용하여 유기 혼합물을 206°C에서 146°C로 응축시킴으로써 1000 kW의 에너지를 제거하고 있다. 냉각은 열교환기에 96°C로 유입되어 145°C로 유출되는 다른 유기 혼합물을 증발시켜 이루어진다. 열교환기 내에서의 각 흐름의 온도는 뜨거운 흐름으로부터 제거되어 차거운 흐름으로 전달된 열의 함수로 계산되었다. 문제를 더 간단히 하기 위해 총괄 열전달 계수들은 열교환기 내에서의 동일한 온도위치들에서 계산되었으며 풀이를 위해 아래에 제시되어 있다. 식 (14-10)을 이용하여 이 열교환기에서 요구되는 총 표면적을 구하여라. 이 문제에 필요한 자료와 열교환기의 10개 부분 각각에 대한 면적 증가분은 다음의 표에 주어져 있다.

■ **풀이**

식 (14-10)을 면적에 대하여 푼다. 즉 이 식에 $T_h$, $T_c$ 및 $U$ 값을 대입하고 열교환기의 부분 1의 소요면적에 대하여 푼다. 같은 계산을 모든 10개 부분들에 대하여 반복하고 구한 면적들을 합한다.

$$A_{1-2} = \dot{q}_{1-2} \Bigg/ \frac{U_1\,\Delta T_{o,1} - U_2\,\Delta T_{o,2}}{\ln(U_1\,\Delta T_{o,1}/U_2\,\Delta T_{o,2})}$$

부분 1에서 1000 kW의 에너지가 뜨거운 흐름으로부터 차거운 흐름으로 전달된다고 가정한다. 그러면

| Available data | | | | Calculated values | | | |
|---|---|---|---|---|---|---|---|
| $\dot{q}$, kW | $T_h$, °C | $T_c$, °C | $U$, W/m²·K | | $\Delta T_{o,1}$, °C | $\Delta T_{o,2}$, °C | $A_i$, m² |
| 0 | 206 | 145 | 705 | | | | |
| | | | | Sec. 1 | 61 | 66 | 2.024 |
| 100 | 204 | 138 | 855 | | | | |
| | | | | Sec. 2 | 66 | 70 | 1.653 |
| 200 | 200 | 130 | 925 | | | | |
| | | | | Sec. 3 | 70 | 70 | 1.508 |
| 300 | 195 | 125 | 970 | | | | |
| | | | | Sec. 4 | 70 | 72 | 1.426 |
| 400 | 190 | 118 | 1005 | | | | |
| | | | | Sec. 5 | 72 | 71 | 1.378 |
| 500 | 184 | 113 | 1025 | | | | |
| | | | | Sec. 6 | 71 | 70 | 1.491 |
| 600 | 178 | 108 | 1030 | | | | |
| | | | | Sec. 7 | 70 | 66 | 1.435 |
| 700 | 171 | 105 | 1020 | | | | |
| | | | | Sec. 8 | 66 | 61 | 1.560 |
| 800 | 163 | 102 | 1000 | | | | |
| | | | | Sec. 9 | 61 | 55 | 1.760 |
| 900 | 155 | 100 | 960 | | | | |
| | | | | Sec. 10 | 55 | 50 | 2.022 |
| 1000 | 146 | 96 | 925 | | | | |

$$A_{1-2} = 100{,}000 \Big/ \frac{855(66) - 705(61)}{\ln[(855)(66)/(705)(61)]} = 2.024\ \text{m}^2$$

이 계산을 펼친표(spreadsheet)에서 모든 10개 부분들에 대하여 반복하고 그 결과들을 표에 기록한다. 요구되는 면적은 맨 마지막 열의 합이 된다.

$$A_T = \sum A_i = 16.26\ \text{m}^2$$

만일 이 예제에서 두 흐름의 유입 및 유출온도만이 총괄 열전달 계수에 대한 평균값과 함께 사용된다면 소요 면적은 다음 관계로부터 얻어지게 될 것이다.

$$A_T = \frac{\dot{q}_T}{U_m\ \Delta T_{o,\text{log mean}}}$$

위에서

$$\Delta T_{o,\text{log mean}} = \frac{(206 - 145) - (146 - 96)}{\ln[(206 - 145)/(146 - 96)]} = 55.3^\circ\text{C}$$

$$A_T = \frac{1 \times 10^6}{947.3(55.3)} = 19.1\ \text{m}^2$$

이와 같은 결과의 차이는 통상적인 기법들을 무심코 사용하기 전에 열교환기 내에서의 온도와 총괄 열전달 계수의 변화가 주의깊게 고려될 필요가 있음을 보여주고 있다.

---

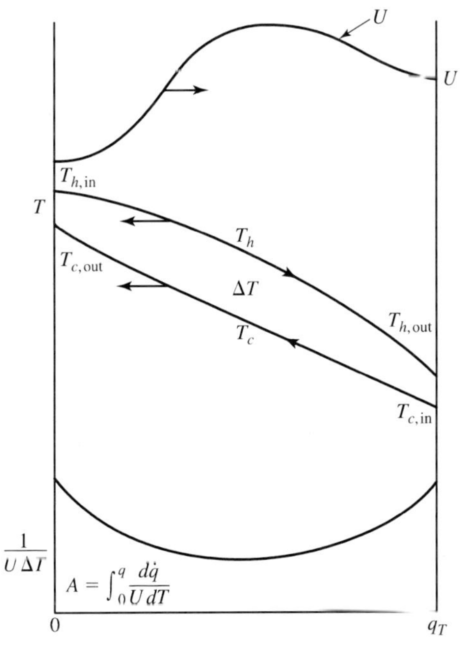


**그림 14-6**
그래프를 이용한 단일 열교환기 설계방법

예제 14-2는 또한 그래프를 이용하여 해결할 수도 있다. 그림 14-6은 $1/(U\Delta T_o)$의 변화를 유체가 열교환기를 통하여 움직임에 따라 단위시간당 전달되는 열의 함수로 나타내어주고 있다. 이 그래프로부터 국부적인 온도차와 총괄 열전달 계수에 근거하여 간단한 열교환기에 대한 소요면적을 계산하여 주는 일반적인 방법을 유도할 수도 있을 것이다. 열교환기에 이용되는 요즈음의 많은 컴퓨터 프로그램들에서는 이러한 수치적분을 수행함으로써 정해진 열전달에 소요되는 면적을 결정한다.

## 열교환기 성능에 대한 다른 접근법

앞에서 우리는 식 (14-8)을 이용하여 총괄 평균온도를 구하기 위한 $F$ 보정인자의 사용에 대하여 언급하였다. $F$를 알기 위해서는 각 흐름의 유입 및 유출온도와 열교환기 구조를 알아야 한다. 그러나 때로는 유입온도만을 알고 있을 경우 주어진 열교환기 구조에서 두 유체의 유출온도를 구할 필요가 있다. $F$ 보정방법을 사용하여 이러한 문제를 해결하기 위해서는 유출온도를 연속적으로 추정하여 반복 계산과정을 수행해야 한다. 후자와 같은 방법은 열교환기 유효인자 $E$와 전달단위 수 NTU의 개념을 수반하는 다른 접근방법을 이용함으로써 피할 수 있다.

열교환기의 유효인자는 다음과 같이 정의된다.

$$E = \frac{\dot{q}}{\dot{q}_{\max}} \tag{14-11}$$

위에서 $\dot{q}$와 $\dot{q}_{\max}$는 각각 열교환기에서 단위시간당 전달될 수 있는 열의 실제 및 최대값을 나타낸다. 맞흐름 열교환기에서 두 흐름간의 최대 열전달량은 가장 작은 $\dot{m}C_p$ 값을 가지는 흐름의 유출온도가 다른 흐름의 유입온도에 접근할 때에 도달된다. 따라서

$$\dot{q}_{\max} = (\dot{m}C_p)_{\min}\,\Delta T_{o,\max} \tag{14-12}$$

위에서 $\Delta T_{o,\max} = T_{h,\text{in}} - T_{c,\text{in}}$이다. 이를 식 (14-11)에 대입하면 차거운 흐름이 최소의 $\dot{m}C_p$ 값을 갖는 경우

$$E = \frac{T_{c,\text{out}} - T_{c,\text{in}}}{T_{h,\text{in}} - T_{c,\text{in}}} \tag{14-13}$$

뜨거운 흐름이 최소의 $\dot{m}C_p$ 값을 가질 때에는 $E$는 다음과 같이 정의된다.

$$E = \frac{T_{h,\text{in}} - T_{h,\text{out}}}{T_{h,\text{in}} - T_{c,\text{in}}} \tag{14-14}$$

통상적인 열교환기의 유효인자는 그 구조에 따라 대개 0.4와 0.8 사이이다.

전달단위수의 개념은 열교환기 설계에서 종종 이용된다. 뜨거운 흐름 및 차거운 흐름에 대한 값은 각각 다음과 같이 정의된다.

$$\text{NTU}_h = \frac{AU}{(\dot{m}C_p)_h} \tag{14-15a}$$

$$\text{NTU}_c = \frac{AU}{(\dot{m}C_p)_c} \tag{14-15b}$$

위에서 $A$는 열교환기 면적이고 $U$는 총괄 열전달 계수이다. 열교환기 유효인자는 다음 관계에 의해 전달단위 수와 연관된다.

$$E = \mathrm{NTU}_{\min} \frac{\Delta T_{o,m}}{\Delta T_{\max}} = \mathrm{NTU}_{\min}\theta \tag{14-16}$$

위에서 $\mathrm{NTU}_{\min}$은 최소의 $\dot{m}C_p$ 값을 갖는 흐름에 대한 NTU이고 $\theta$는 $\Delta T_{o,m}/\Delta T_{\max}$의 비이다.

이러한 정의들로부터 $E$와 $\theta$는 전달단위 수와 열교환기 구조의 함수임을 주목하자. 이들 변수들을 연관지어 주는 그래프가 하나의 shell과 짝수개의 튜브 경로를 갖는 다관형 열교환기에 대하여 그림 14-7에, 그리고 두 유체가 비혼합인 교차흐름 열교환기에 대하여 그림 14-8에 제시되어 있다. 이들 그림에서 $R$과 $P$ 값들은 각각 앞의 식 (14-9a)와 (14-9b)에서 정의되어 있다. 따라서 주어진 $R$과 $\mathrm{NTU}_c$에 대하여 이들 그래프들로부터 $\theta$와 $P$를 얻을 수 있다.

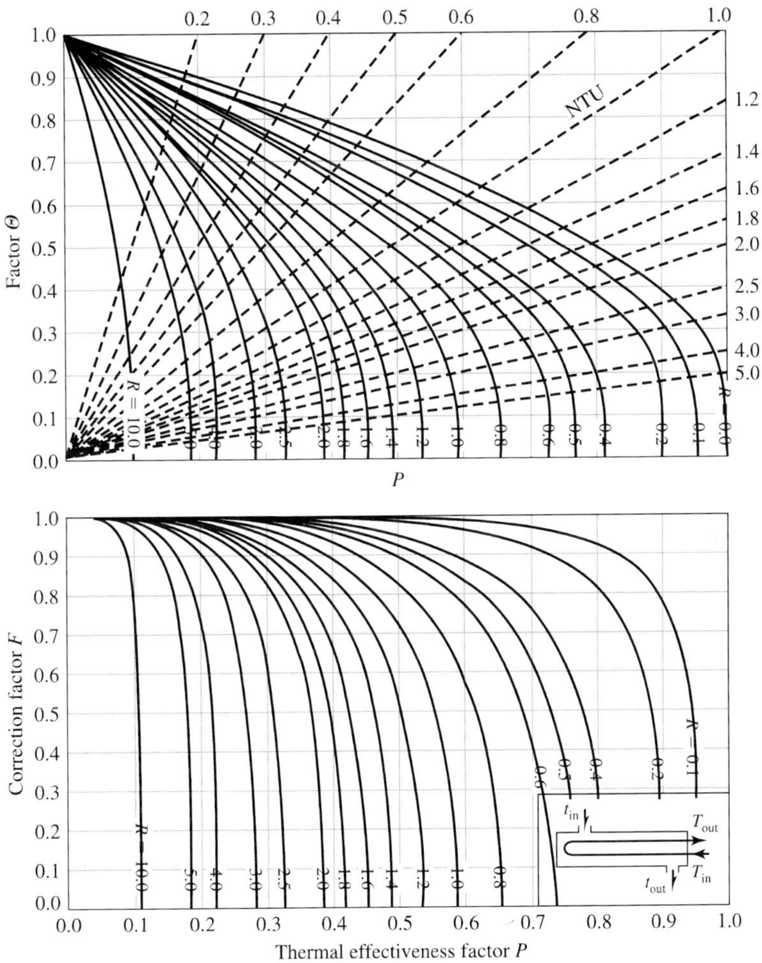


**그림 14-7**

2-경로 다관형 열교환기에 대한 $F$-$\theta$-NTU-$P$ 도표. 동일한 도표를 4, 6, 8, ...경로의 열교환기에 이용할 수 있다($T$와 $t$는 교환사용 가능). (Heat Exchanger Design Handbook, 1983으로부터 인용. Begell House Inc., Publishers로부터 재가를 얻음.)

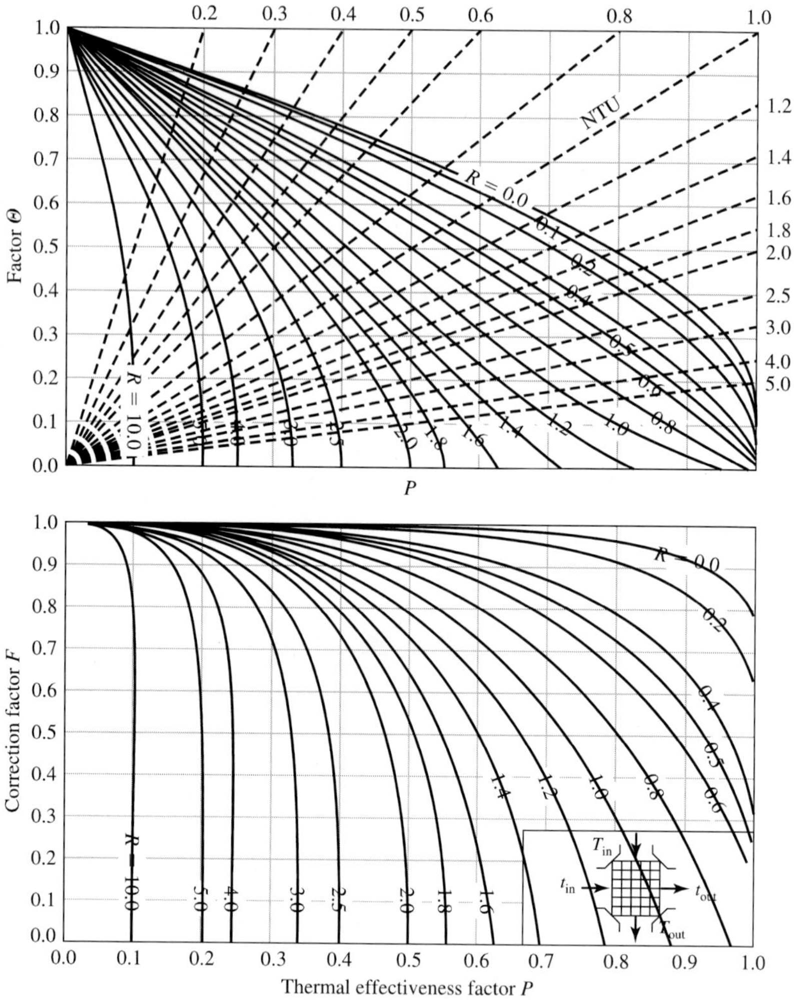

**그림 14-8**
측면방향으로의 혼합이 없는 교차흐름 열교환기에 대한 $F$-$\theta$-NTU-0 도표. 동일한 도표를 4, 6, 8, ...경로의 열교환기에 이용할 수 있다($T$와 $t$는 교환사용 가능). (Heat Exchanger Design Handbook, 1983으로부터 인용. Begell House Inc., Publishers로부터 재가를 얻음.)

정해진 다중경로 열교환기에 대하여 총 표면적과 총괄 열전달 계수, 흐름 유량 및 해당되는 열용량, 그리고 유입온도를 모두 알고 있을 경우 두 유출온도를 얻는 데에 수반되는 단계는 다음과 같다.

1. $(\dot{m}C_p)_c/(\dot{m}C_p)_h$로부터 $R$을 구한다.
2. $AU/(\dot{m}C_p)_c$로부터 $NTU_c$를 구한다.
3. 그림 14-7 및 14-8과 같은 그래프의 윗부분을 이용하여 $R$과 $NTU_c$의 계산된 값들에 대한 $P$ 값을 얻는다.
4. 식 (14-9b)를 재구성하여 다음 관계로부터 $T_{c,out}$을 계산한다.

$$T_{c,\mathrm{out}} = T_{c,\mathrm{in}} + P(T_{h,\mathrm{in}} - T_{c,\mathrm{in}})$$

**5.** 식 (14-9a)를 재구성하여 다음 관계로부터 $T_{h,\text{out}}$을 계산한다.

$$T_{h,\text{out}} = T_{h,\text{in}} - R(T_{c,\text{out}} - T_{c,\text{in}})$$

# 열전달 계수의 결정

주어진 상황에서 정확한 대류 열전달 계수값은 동일한 운전조건 하에서의 실험적 측정에 의해서만 얻을 수 있다. 그러나 일반적인 실험 데이터에 근거한 추정식을 이용함으로써 설계에 사용하기 위한 근사적인 값들을 얻을 수 있다. 설계에서 특히 유용한 다수의 추정식들이 아래에 제시되어 있다.

## 파이프와 튜브 내부를 흐르는 유체에 대한 경막(film)계수(상 변화가 없음)

다음 식들은 Sieder와 Tate[130]에 의해 제시된 추정식들에 근거한 것이다.
점성 유체의 경우($D_iG_i/\mu < 2100$),

$$h_i = 1.86\frac{k}{D_i}\left(\frac{D_iG_i}{\mu}\right)^{1/3}\left(\frac{C_p\mu}{k}\right)^{1/3}\left(\frac{D_i}{L}\right)^{1/3}\left(\frac{\mu}{\mu_w}\right)^{0.14}$$

$$= 1.86\left(\frac{4\dot{m}_iC_p}{\pi kL}\right)^{1/3}\left(\frac{\mu}{\mu_w}\right)^{0.14} \tag{14-17}$$

전이영역 이상의 난류흐름의 경우($D_iG_i/\mu > 10{,}000$, $0.7 < \mathrm{Pr} < 160$ 및 $L/D_i > 10$),

$$h_i = 0.23\frac{k}{D_i}\left(\frac{D_iG_i}{\mu}\right)^{0.8}\left(\frac{C_p\mu}{k}\right)^{1/3}\left(\frac{\mu}{\mu_w}\right)^{0.14} \tag{14-18}$$

전이영역의 경우($2100 < D_iG_i/\mu < 10{,}000$), 그림 14-9를 참조.

식 (14-7)과 (14-18)에서 $D_i$는 튜브의 내경이고 $G_i$는 튜브 내의 질량유속, $C_p$는 일정압력에서 유체의 열용량, $k$는 유체의 열전도도, $\mu$는 유체의 점도, $L$은 튜브의 가열부분의 길이, $\dot{m}$은 매 튜브당 질량흐름이다. 일반적인 경우 식 (14-8)의 사용이 권장되는데 이 경우 Hewitt 등[131]에 따르면 오차의 표준편차는 약 13% 정도이다. 식 (14-17)과 (14-18)은 그림 14-9에 도시되어 있는데 식의 풀이에 용이하게 사용할 수 있으며 아울러 전이영역에서 사용하기 위한 값들이 나타나 있다.

컴퓨터의 사용으로 더욱 정확하고 광범위하게 적용될 수 있는 추정식의 개발이 가능하게 되었다. 그러한 추정식의 하나가 Guielinski에 의해 개발되었으며 Hewitt[132]가 요약하였다. 이 추정식은 2300에서 1,000,000까지의 Reynolds 수 범위와 0.6에서 2000까지의 Prandtl수 영역에서 사용 가능한 것으로 밝혀졌다.

---

130) E. N. Seider and G. E. Tate, *Ind. Eng. Chem.*, **28**:1429(1936).

131) G. F. Hewitt, G. L. Shires, and T. R. Bott, *Process Heat Transfer*, CRC Press, Boca Raton, FL, 1994, Sec.2.4.7.3.

132) G. F. Hewitt, ed., *Handbook of Heat Exchanger Design*, Begell House, New York, 1992, Sec. 2.5.1.

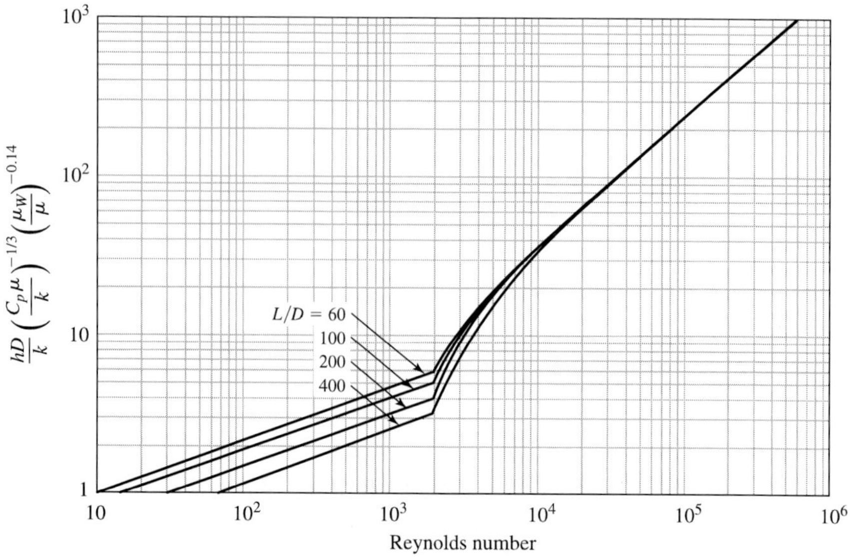


**그림 14-9**
파이프와 튜브를 흐르는 유체에서의 경막계수 추정을 위한 간단한 과정[식 (14-17O과 (14-18)에 근거]

$$h_i = \frac{k(f_D/8)(\text{Re} - 1000)\text{Pr}}{D_i[1 + 12.7(f_D/8)^{1/2}](\text{Pr}^{2/3} - 1)}\left[1 - \left(\frac{D_i}{L}\right)^{2/3}\right] \tag{14-19}$$

위에서

$$f_D = \frac{1}{(1.82 \log \text{Re} - 1.64)^2} \tag{14-19a}$$

간혹 유체가 원형이 아닌 단면을 갖는 도관을 통하여 흐르는 경우를 접하게 된다. 이 경우 난류 흐름에 대한 열전달 계수는 파이프나 튜브에 적용되는 것과 동일한 식으로부터 결정될 수 있는데 이때 이들 식에 나타나는 파이프 직경 $D$는 상당(equivalent)직경 $D_e$로 대체시킨다. 예를 들어 원환(annulus) 구조에서 열이 가운데 파이프의 유체로부터 이 파이프 주위를 흐르는 유체로 전달되는 경우 내부 파이프의 외부 표면에 대한 경막 계수는 다음과 같은 상당직경 $D_e$에 근거하여 정해진다:

$$D_e = 4 \times \text{hydraulic radius} = 4\left[\frac{\pi D_2^2/4 - \pi D_1^2/4}{\pi D_1}\right] = \frac{D_2^2 - D_1^2}{D_1} \tag{14-20}$$

위에서 $D_1$과 $D_2$는 각각 원환구조의 내부 및 외부직경이다.

## 파이프와 튜브 외부를 흐르는 유체에 대한 경막(film)계수(상 변화가 없음)

교차흐름에서의 열전달은 유체의 동특성과 연계되어 있으므로 주로 실험데이터에 근거한 적절한 추정식을 구성할 필요가 있었다. 하나의 실린더나 구를 지나는 교차흐름에 대하여 개발된 그러한 추정식의 하나로 Churchill과 Bernstein[133]이 유도한 다음 식을 들 수 있다:

$$4(\pi D_2^2/4 - \pi D_1^2/4)/(\pi D_2 + \pi D_1) = D_2 - D_1 \tag{14-21}$$

위에서 Reynolds 수는 접근속도 $V$와 실린더나 구의 외경 $D_o$를 이용하여 $D_o V \rho / \mu$로 정의된다. 교차흐름 튜브열의 여러 기하학적 구조에 두루 적용되는 실험적 추정식은 다음과 같은 형태를 갖는다.

$$\frac{h_o D_o}{k} = a\mathrm{Re}^m \mathrm{Pr}^{0.34} F_1 F_2 \tag{14-22}$$

위에서 $a$와 $m$은 표 14-1에 제시된 추정상수들이며 교차흐름 Reynolds 수는 다음과 같이 주어진다.

$$\mathrm{Re} = \frac{D_o V_{\max} \rho}{\mu} \tag{14-22a}$$

물성의 변화에 대한 보정인자 $F_1$은 다음 관계로부터 얻어진다.

$$F_1 = \left(\frac{\mathrm{Pr}_b}{\mathrm{Pr}_w}\right)^{0.26} \qquad \text{for Pr} < 600 \tag{14-22b}$$

한편 병렬, 혹은 적층구조의 튜브열 수의 영향을 감안하여 주는 보정인자 $F_2$는 표 14-2에 주어져 있다. 위의 두 튜브구조에서 $V_{\max}$는 다음 식으로 주어진다.

**표 14-1 식 (14-22)에서 이용되는 $a$와 $m$**[134]

| Range of Re number | In-line banks $1.2 < P_T/D_o < 4$ | | Staggered banks $1 < P_T/D_o < 4$ | |
|---|---|---|---|---|
| | $a$ | $m$ | $a$ | $m$ |
| $10 - 3\times10^2$ | 0.742 | 0.431 | 1.309 | 0.360 |
| $3\times10^2 - 2\times10^5$ | 0.211 | 0.651 | 0.273 | 0.635 |
| $2\times10^5 - 2\times10^6$ | 0.116 | 0.700 | 0.124 | 0.700 |

†ESDU, Convective heat transfer during crossflow of fluids over plain tube banks, ESDU International plc, London, Data Item No. 73031, Nov. 1973 unamended. Reprinted by permission.

133) S. W. Churchill and J. Bernstein, *J. Heat Transfer*, **99**:300 (1977).

134) ESDU, 평평한 튜브다발을 통하는 유체의 교차흐름 중의 대류 열전달, ESDU International plc, London, Data Item No.73031, Nov. 1973. 승인하에 전재.

표 14-2 식 (14-22)에서 튜브 열의 함수로서의 보정인자 $F_2$[135)]

| Number of tube rows | $F_2$, in-line banks (Re > 2 × 10³) | $F_2$, staggered banks (Re > 10²) |
|---|---|---|
| 3 | 0.86 | 0.85 |
| 4 | 0.90 | 0.90 |
| 6 | 0.94 | 0.95 |
| 8 | 0.98 | 0.985 |
| 10⁺ | 0.99 | 0.99 |

†ESDU, Convective heat transfer during crossflow of fluids over plain tube banks, ESDU International plc, London, Data Item No. 73031, Nov. 1973 unamended. Reprinted by permission.

$$V_{\max} = \frac{\dot{m}_T}{\rho N_T (P_T - D_o) L} \tag{14-22c}$$

위에서 $\dot{m}_T$는 유체의 총 질량흐름이며 $\rho$는 유체의 밀도, $N_T$는 튜브다발의 튜브 수, $P_T$는 튜브 피치(그림 14-40에서 정의된 바와 같음), $D_o$는 튜브의 외경, 그리고 $L$은 튜브 길이이다.

## 다양한 열전달 환경에 대한 경막계수 및 총괄계수

표 14-3은 관형 열교환기에서의 감지가능한 열전달에 대한 열전달 계수 및 오염(fouling)저항들을 간략히 요약한 것이며 표 14-4는 응축 및 증발의 경우에 대하여 이들 두 양들에 대한 정보를 소개하고 있다. 아울러 설계 엔지니어들이 공통적으로 접하게 되는 많은 경우들에 대한 총괄 열전달 계수의 설계치들이 표 14-5에 제시되어 있다.

표 14-3 관형 열교환기에서의 감지가능한 열전달에 대한 열전달 계수 및 오염저항

| Fluid conditions | $h$, W/m²·K[b] | $h_d^{-1}$, m²·K/W |
|---|---|---|
| Water, liquid | $5\times10^3 - 1\times10^4$ | $1\times10^{-4} - 2.5\times10^{-4}$ |
| Light organics,[c] liquid | $1.5\times10^3 - 2\times10^3$ | $1\times10^{-4} - 2\times10^{-4}$ |
| Medium organics,[d] liquid | $7.5\times10^2 - 1.5\times10^3$ | $1.5\times10^{-4} - 4\times10^{-4}$ |
| Heavy organics,[e] liquid, heating | $2.5\times10^2 - 7.5\times10^2$ | $2\times10^{-4} - 1\times10^{-3}$ |
| Heavy organics,[e] liquid, cooling | $1.5\times10^2 - 4\times10^2$ | $2\times10^{-4} - 1\times10^{-3}$ |
| Very heavy organics,[f] liquid, heating | $1\times10^2 - 3\times10^2$[g] | $4\times10^{-4} - 3\times10^{-3}$ |
| Very heavy organics,[f] liquid, cooling | $6\times10 - 1.5\times10^2$[g] | $4\times10^{-4} - 3\times10^{-3}$ |
| Gas,[h] $p$ = 100–200 kPa | $8\times10 - 1.2\times10^2$ | $0 - 1\times10^{-4}$ |
| Gas,[h] $p$ = 1 MPa | $2.5\times10^2 - 4\times10^2$ | $0 - 1\times10^{-4}$ |
| Gas,[h] $p$ = 10 MPa | $5\times10^2 - 8\times10^2$ | $0 - 1\times10^{-4}$ |

[a]Data adapted from *Heat Exchanger Design Handbook,* G. F. Hewitt, ed., Begell House, New York, 1998, Sec. 3.1.4.
[b]Coefficients based on clean surface area in contact with the fluid and an allowable pressure drop of about 50–100 kPa for the fluid.
[c]Hydrocarbons through $C_8$, gasoline, light alcohols, ketones, etc.; $\mu < 0.5 \times 10^{-3}$ Pa·s
[d]Absorber oil, hot gas oil, kerosene, and light crudes; $0.5 \times 10^{-3} < \mu < 2.5 \times 10^{-3}$ Pa·s
[e]Lube oils, fuel oils, cold gas oil, heavy and reduced crudes; $2.5 \times 10^{-3} < \mu < 5.0 \times 10^{-2}$ Pa·s
[f]Tars, asphalts, greases, polymer melts, etc.; $\mu > 5.0 \times 10^{-2}$ Pa·s
[g]Estimation of coefficients is approximate and depends strongly on the temperature difference.
[h]Air, nitrogen, oxygen, carbon dioxide, light hydrocarbon mixtures, etc.

135) ESDU, 평평한 튜브다발을 통하는 유체의 교차흐름 중의 대류 열전달, ESDU International plc, London, Data Item No.73031, Nov. 1973. 승인하에 전재.

표 14-4 응축 및 증발공정에 대한 열전달 계수 및 오염저항들의 일반적 범위

| Fluid conditions | $h$, W/m²·K[b] | $h_d^{-1}$, m²·K/W |
|---|---|---|
| Steam, dropwise condensation | $5\times10^4 - 1\times10^5$ | $0 - 1\times10^{-4}$ |
| Steam, condensation, $p = 10$ kPa | $8\times10^3 - 1.2\times10^4$ | $0 - 1\times10^{-4}$ |
| Steam, condensation, $p = 100$ kPa | $1\times10^4 - 1.5\times10^4$ | $0 - 1\times10^{-4}$ |
| Steam, condensation, $p = 1$ MPa | $1.5\times10^4 - 2.5\times10^4$ | $0 - 1\times10^{-4}$ |
| Light organics,[c] condensation, $p = 10$ kPa | $1.5\times10^3 - 2\times10^3$ | $0 - 1\times10^{-4}$ |
| Light organics,[c] condensation, $p = 100$ kP | $2\times10^3 - 4\times10^3$ | $0 - 1\times10^{-4}$ |
| Light organics,[c] condensation, $p = 1$ Mpa | $3\times10^3 - 7\times10^3$ | $0 - 1\times10^{-4}$ |
| Medium organics,[d] condensation, $p = 100$ kPa, pure or narrow condensing range | $1.5\times10^3 - 4\times10^3$ | $1\times10^{-4} - 3\times10^{-4}$ |
| Heavy organics,[e] narrow condensing range, $p = 100$ kPa | $6\times10^2 - 2\times10^3$ | $2\times10^{-4} - 5\times10^{-4}$ |
| Light organic mixtures,[c] medium condensing range, $p = 100$ kPa | $1\times10^3 - 2.5\times10^3$ | $0 - 2\times10^{-4}$ |
| Medium organic mixtures,[d] medium condensing range, $p = 100$ kPa | $6\times10^2 - 1.5\times10^3$ | $1\times10^{-4} - 4\times10^{-4}$ |
| Heavy organic mixtures,[e] medium condensing range, $p = 100$ kPa | $3\times10^2 - 6\times10^2$ | $2\times10^{-4} - 8\times10^{-4}$ |
| Water, vaporization, $p < 500$ kPa $\Delta T$ superheat max. = 25°C | $3\times10^3 - 1\times10^4$ | $1\times10^{-4} - 2\times10^{-4}$ |
| Water, vaporization, 0.5 MPa $< p <$ 10 MPa $\Delta T$ superheat max. = 20°C | $4\times10^3 - 1.5\times10^4$ | $1\times10^{-4} - 2\times10^{-4}$ |
| Light organics,[c] vaporization, $p < 2$ MPa, $\Delta T$ superheat max. = 20°C | $1\times10^3 - 4\times10^3$ | $1\times10^{-4} - 2\times10^{-4}$ |
| Light organic mixtures,[c] vaporization, $p < 2$ MPa, $\Delta T$ superheat max. = 15°C, narrow boiling range | $7.5\times10^2 - 3\times10^3$ | $1\times10^{-4} - 3\times10^{-4}$ |
| Medium organics,[d] vaporization, $p < 2$ MPa, $\Delta T$ superheat max. = 20°C | $1\times10^3 - 3.5\times10^3$ | $1\times10^{-4} - 3\times10^{-4}$ |
| Medium organic mixtures,[d] vaporization, $p < 2$ MPa, $\Delta T$ superheat max. = 15°C, narrow boiling range | $6\times10^2 - 2.5\times10^3$ | $1\times10^{-4} - 3\times10^{-4}$ |
| Heavy organics,[e] vaporization, $p < 2$ MPa, $\Delta T$ superheat max. = 20°C | $7.5\times10^2 - 2.5\times10^3$ | $2\times10^{-4} - 5\times10^{-4}$ |
| Heavy organic mixtures,[e] vaporization, $p < 2$ MPa, $\Delta T$ superheat max. = 15°C, narrow boiling range | $4\times10^2 - 1.5\times10^3$ | $2\times10^{-4} - 8\times10^{-4}$ |
| Very heavy organic mixtures,[g] vaporization, $p < 2$ MPa, $\Delta T$ superheat max. = 15°C, narrow boiling range | $3\times10^2 - 1\times10^3$[f] | $2\times10^{-4} - 1\times10^{-3}$ |

[a]Data adapted from *Heat Exchanger Design Handbook*, G. F. Hewitt, ed., Begell House, New York, 1998, Sec. 3.1.4.
[b]Coefficients based on clean surface area in contact with the fluid and an allowable pressure drop of about 50–100 kPa for the fluid.
[c]Hydrocarbons through $C_8$, gasoline light alcohols, ketones, etc.; $\mu < 0.5 \times 10^{-3}$ Pa·s
[d]Absorber oil, hot gas oil, kerosene, and light crudes; $0.5 \times 10^{-3} < \mu < 2.5 \times 10^{-3}$ Pa·s
[e]Lube oils, fuel oils, cold gas oil, heavy and reduced crudes; $2.5 \times 10^{-3} < \mu < 5.0 \times 10^{-2}$ Pa·s
[f]Estimation of coefficients is approximate.
[g]Tars, asphalts, greases, polymer melts, etc.; $\mu > 5.0 \times 10^{-2}$ Pa·s

**표 14-5 총괄 열전달 계수의 근사적인 설계치**

제시된 총괄 열전달 계수들은 주로 통상적인 공학적 경험으로부터 얻은 결과들에 근거하고 있다. 이 값들은 근사적인 값들인데 이는 유속이나 비응축성 기체, 점도, 열전달 표면의 청결성 정도, 방해판(baffle)의 형태, 조업압력, 그리고 유사한 인자들이 총괄 열전달 계수에 상당한 영향을 미칠 수 있기 때문이다. 제시된 값들은 일차적인 설계의 추정이나 열전달 계산에서 대략적인 점검을 위해 사용될 수 있다. 냉각기에 대한 총괄 계수들의 상한 범위는 응축기에 대해서도 이용될 수 있으며, 가열기에 대해 주어진 총괄 계수들의 상한 범위는 증발기에 대해서도 적용될 수 있다.

| Hot fluid | Cold fluid | $U_d$, W/m$^2$·K | $h_d^{-1}$, m$^2$·K/W |
|---|---|---|---|
| **Coolers** | | | |
| Water | Water | 1250 – 2500 | $2 \times 10^{-4}$ |
| Methanol | Water | 1250 – 2500 | $2 \times 10^{-4}$ |
| Ammonia | Water | 1250 – 2500 | $2 \times 10^{-4}$ |
| Aqueous solutions | Water | 1250 – 2500 | $2 \times 10^{-4}$ |
| Light organics† | Water | 375 – 750 | $6 \times 10^{-4}$ |
| Medium organics‡ | Water | 250 – 600 | $6 \times 10^{-4}$ |
| Heavy organics§ | Water | 25 – 375 | $6 \times 10^{-4}$ |
| Gases | Water | 10 – 250 | $6 \times 10^{-4}$ |
| Water | Brine | 500 – 1000 | $6 \times 10^{-4}$ |
| Light organics† | Brine | 200 – 500 | $6 \times 10^{-4}$ |
| **Heaters** | | | |
| Steam | Water | 1000 – 3500 | $2 \times 10^{-4}$ |
| Steam | Methanol | 1000 – 3500 | $2 \times 10^{-4}$ |
| Steam | Ammonia | 1000 – 3500 | $2 \times 10^{-4}$ |
| Steam | Aqueous solutions: | | |
| | $\mu < 2 \times 10^{-3}$ Pa·s | 1000 – 3500 | $2 \times 10^{-4}$ |
| | $\mu > 2 \times 10^{-3}$ Pa·s | 500 – 2500 | $2 \times 10^{-4}$ |
| Steam | Light organics† | 500 – 1000 | $6 \times 10^{-4}$ |
| Steam | Medium organics‡ | 250 – 500 | $6 \times 10^{-4}$ |
| Steam | Heavy organics§ | 30 – 300 | $6 \times 10^{-4}$ |
| Steam | Gases | 25 – 250 | $6 \times 10^{-4}$ |
| Utility fluid (e.g., Dowtherm) | Gases | 20 – 200 | $6 \times 10^{-4}$ |
| Utility fluid (e.g., Dowtherm) | Heavy organics§ | 30 – 300 | $6 \times 10^{-4}$ |
| **Exchangers (no phase change)** | | | |
| Water | Water | 1400 – 2850 | $2 \times 10^{-4}$ |
| Aqueous solutions | Aqueous solutions | 1400 – 2850 | $2 \times 10^{-4}$ |
| Light organics† | Light organics† | 300 – 425 | $6 \times 10^{-4}$ |
| Medium organics‡ | Medium organics‡ | 100 – 300 | $6 \times 10^{-4}$ |
| Heavy organics§ | Heavy organics§ | 50 – 200 | $6 \times 10^{-4}$ |
| Heavy organics§ | Heavy organics§ | 150 – 300 | $6 \times 10^{-4}$ |
| Light organics† | Heavy organics§ | 50 – 200 | $6 \times 10^{-4}$ |

†Hydrocarbons through $C_8$, gasoline, light alcohols, ketones, etc.; $\mu < 0.5 \times 10^{-3}$ Pa·s
‡Absorber oil, hot gas oil, kerosene, and light crudes; $0.5 \times 10^{-3} < \mu < 2.5 \times 10^{-3}$ Pa·s
§Lube oils, fuel oils, cold gas oil, heavy and reduced crudes; $2.5 \times 10^{-3} < \mu < 5.0 \times 10^{-2}$ Pa·s

## 열교환기에서의 압력강하의 결정

열교환기에서 압력강하의 주된 요인이 되는 것은 유체가 열교환기의 튜브 쪽이나 shell 쪽을 흐름에 따라 야기되는 마찰이다. 또한 갑작스런 팽창이나 수축, 혹은 유체의 흐름방향의 역전 등에 의해서 다른 압력강하들이 나타난다.

## 튜브쪽 압력강하

열교환기에 대한 압력강하는 12장에서 소개한 Fanning 식과 유사한 형태로 나타내는 것이 편리하다. 열의 전달이 관련되어 있으므로 마찰인자에 온도변화의 영향을 감안해 주는 인자를 포함시켜야 한다. 열교환기의 튜브쪽 압력강하는 다음과 같이 나타낼 수 있다.

$$\Delta p_i = \frac{2\beta_i \mathfrak{f}_i G_i^2 L n_p}{\rho_i D_i \Phi_i} \tag{14-23}$$

위에서 하첨자 $i$는 총괄(bulk)온도에서 튜브의 내부를 의미한다. 등온 흐름에 대한 Fanning 마찰인자 $\mathfrak{f}_i$는 유체의 산술평균 총괄온도에 근거한다. 매끈한 파이프에서 충분히 발달된 난류흐름에 대하여 $\mathfrak{f}_i$에 대한 다음 추정식의 사용이 권장되고 있다:

$$\mathfrak{f}_i = 0.079\ \mathrm{Re}^{-0.25} \qquad \text{for Re} \le 2100 \tag{14-23a}$$

$$\mathfrak{f}_i = 0.046\ \mathrm{Re}^{-0.2} \qquad \text{for Re} > 2100 \tag{14-23b}$$

비등온 흐름에 대한 보정인자 $\Phi_i$는 Reynolds 수가 2100 이하일 경우 $1.1(\mu_i/\mu_w)^{0.25}$, Reynolds 수가 2100 이상일 경우 $1.02(\mu_i/\mu_w)^{0.14}$와 같다. 여기에서 $\mu_i$는 유체의 산술평균온도에서의 점도이며 $\mu_w$는 튜브 내부 벽 표면의 평균온도에서의 유체의 점도이다. 길이 $L$인 하나 이상의 튜브경로가 수반되는 경우는 $n_p$ 항에 반영된다.

갑작스런 수축이나 팽창, 그리고 유체의 흐름방향의 역전등에 의한 추가된 마찰을 감안해 주는 보정인자 $\beta_i$는 다음과 같이 주어진다.

$$\beta_i = 1 + \frac{F_e + F_c + F_r}{2\mathfrak{f}_i G_i^2 L/\left(\rho_i^2 D_i \Phi_i\right)} \tag{14-23c}$$ [136]

혹은

$$\beta_i = 1 + \frac{0.51 K_1 n_p \Delta T_{f,i} (\mu_i/\mu_w)^{0.28}}{(T_{i,\mathrm{in}} - T_{i,\mathrm{out}})\mathrm{Pr}_i^{2/3}} \tag{14-23d}$$ [137]

위에서 $\Delta T_{f,i}$는 튜브 내부에 위치하는 경막을 통한 온도차이다.

## Shell쪽 압력강하

흐름이 직접 튜브를 가로지르는 경우 병렬구조나 적층구조에 관계없이 다음 식을 이용하여 유체의 총괄온도에서의 튜브의 외경에 근거한 마찰에 기인하는 압력강하를 근사적으로 계산할 수 있다.

---

136) 갑작스런 팽창에 의한 마찰 $F_e$는 $F_e = (V_1 - V_2)^2/2$로부터 얻을 수 있다. 갑작스런 수축에 의한 마찰 $F_c$는 $F_c = K_c V_2^2/2$에 의해 주어진다. 여기에서 $V_1$, $V_2$ 그리고 $K_c$는 표 12-1에 나타나 있다. 흐름방향의 역전에 의한 마찰 $F_r$은 세부적인 열교환기 구조에 따라 좌우되지만 설계시 좋은 추정치는 $F_r = 0.5V_2^2(n_p - 1)/(2n_p)$로부터 얻을 수 있다.

137) $K_1$은 $(1 - S_i/S_H)2 + K_c + 0.5(n_p - 1)/n_p$로부터 얻는다. 여기에서 $S_i/S_H$는 단일경로당 헤너 단면적에 대한 단일경로당 총 내부튜브 단면적의 비이다.

$$\Delta p_o = \frac{2B_o f' N_{tr} G_s^2}{\rho_o} \tag{14-24}$$

여기에서 $B_o$는 유체 흐름방향의 역전, 튜브의 재 교차, 단면적의 변화에 의한 마찰을 감안하여 주기 위한 보정인자이다. 유체가 방해판이 없는 튜브를 가로질러 흐를 경우 $B_o$값은 1.0으로 간주할 수 있다. 유체가 방해판이 있는 튜브를 가로지르는 경우 $B_o$는 가로지르는 튜브의 수와 같다고 추정한다. 식 (14-24)에서 $f'$는 보정된 마찰인자이며 $N_{tr}$은 shell측 유체와 가로지르는 튜브의 수이다. 마찰인자는 shell쪽 Reynolds 수의 함수이며 튜브 열의 구조에 의해 영향을 받는다. Reynolds 수 $D_oG_s/\mu_o$가 2,000에서 40,000사이인 통상적인 경우 마찰인자는 다음과 같이 표시된다.

$$f' = b_o\left(\frac{D_oG_s}{\mu_o}\right)^{-0.15} \tag{14-24a}$$

위에서 $b_o$는 Grimson에 의해 근사식으로 주어졌는데 병렬 튜브의 경우

$$b_o = 0.044 + \frac{0.08x_L}{(x_T - 1)^{(0.43-1.13/x_L)}} \tag{14-24b}$$

그리고 적층 튜브의 경우 다음과 같다.

$$b_o = 0.23 + \frac{0.11}{(x_T - 1)^{1.08}} \tag{14-24c}$$

식 (14-24b) 및 (14-24c)에서 $x_T$는 유체를 가로지르는 피치(pitch)와 튜브 외경의 무차원 비(즉 튜브 중심간 거리)이며 $x_L$은 유체와 평행한 피치와 튜브 외경과의 무차원 비이다.

## 예제 14-3 다관형 열교환기의 관 내부 압력강하와 경막계수의 추정

2개의 튜브 경로와 1개의 shell 경로를 가진 수평으로 놓여진 다관형 열교환기를 이용하여 대기압 하에서 100%에탄올 9 kg/s를 15°C에서 65°C로 가열하고 있다. 에탄올은 튜브 내부로 흐르며 튜브 바깥의 shell 쪽에서 포화증기가 110°C에서 응축되고 있다. 튜브는 외경이 0.019 m인 BWG(Birmingham Wire Gauge) 14의 강철이다. 열교환기는 총 100개의 튜브를 가지고 있으며(1 경로 당 50개의 튜브) 경로당 헤더 단면적에 대한 경로당 총 내부튜브 단면적의 비 $S_i/S_H$는 0.5로 가정할 수 있다. 에탄올의 경막계수와 튜브 측 마찰에 의한 압력강하를 추정하여라.

■ **풀이**

식 (14-18)과 (14-23)을 이용하여 열전달 계수와 튜브 내의 압력강하를 각각 구할 수 있다. 열전달 계수에 대한 점도의 영향을 정하기 위해서 평균 벽온도를 계산할 필요가 있을 것임을 인지하자.

**물성치 데이터**

평균온도 $(15+65)/2 = 40°C$에서

에탄올의 $\mu = 0.0009$ Pa·s

에탄올의 $k = 1.63 \times 10^{-4}$ kJ/s·m·K

에탄올의 $C_p = 2.594$ kJ/kg·K

에탄올의 $\rho = 785$ kg/m$^3$

강철의 $k_w = 0.045$ kJ/s·m·K

**열교환기 구조**

튜브 외경 $D_o = 0.019$ m

튜브 내경 $D_i = 0.015$ m

튜브 벽 두께 $t_w = 0.002$ m

튜브당 흐름면적 $A_c = 0.000177$ m$^2$

1m당 내부 표면적 $A_i = 0.047$ m$^2$/튜브 1 m

먼저 각 튜브에서의 질량유속을 구한다.

$$G_i = \frac{\dot{m}_T}{A_c} = \frac{9}{0.000177(50)} = 1017\,\text{kg/s·m}^2$$

Reynolds 수와 Prandtl 수는

$$\text{Re} = \frac{D_i G_i}{\mu} = \frac{0.015(1017)}{0.0009} = 16,950$$

$$\text{Pr} = \frac{C_p \mu}{k} = \frac{2.594(0.0009)}{0.000163} = 14.32$$

평균 열전달 계수를 계산하기 위하여 이들 조건에서 식 (14-18)을 적용한다. 식에서 남은 유일한 미지수는 $\mu_w$이며 이를 알기 위해서는 듀브 벽의 온도가 필요하다. 첫 번째 근사로서 다음을 가정한다:

에탄올 경막에서의 $\Delta T$ = 평균 총괄 $\Delta T$의 70% = 0.70(110-40) = 49°C

수증기 경막에서의 $\Delta T$ = 평균 총괄 $\Delta T$의 10% = 0.10(110-40) = 7°C

벽 온도 = 40 + 49 = 89°C

89°C에서 에탄올의 $\mu_w = 0.0004$ Pa·s

$$\frac{\mu}{\mu_w} = \frac{0.0009}{0.0004} = 2.25$$

식 (14-18)로부터

$$h_i = 0.023\left(\frac{k}{D_i}\right)\text{Re}^{0.8}\text{Pr}^{1/3}\left(\frac{\mu}{\mu_w}\right)^{0.14}$$

$$= (0.023)\left(\frac{0.163}{0.015}\right)(16,950)^{0.8}(14.32)^{1/3}(2.25)^{0.14} = 1650\ \text{W/m}^2\text{·K}$$

$\Delta T$의 가정값을 확인한다. 표 14-3으로부터 에탄올의 오염인자 값으로 5000 W/m$^2$·K를 선택한

다. 수증기에 대해서는 오염인자를 사용하지 않는다.

표 14-4로부터 수증기의 경막계수는 10000 $W/m^2 \cdot K$로 추정할 수 있다. 이제 총괄 열전달 계수는 식 (14-4a)로부터 다음과 같이 추정할 수 있다.

$$\begin{aligned}\frac{1}{U_i} &= \frac{1}{h_i} + \frac{1}{h_{i,d}} + \frac{D_i \ln(D_o/D_i)}{2k_w} + \frac{D_i}{h_o D_o} \\ &= \frac{1}{1650} + \frac{1}{5000} + \frac{0.015 \ln(0.019/0.015)}{2(45)} + \frac{0.015}{10{,}000(0.019)} \\ &= 0.00061 + 0.0002 + 0.00004 + 0.00008 = 0.00093\ \mathrm{m^2 \cdot K/W}\end{aligned}$$

$$\text{에탄올 경막에서의 \% } \Delta T = \frac{0.00061}{0.00093}(100) = 65.6\% \text{ of total } \Delta T$$

$$\text{수증기 경막에서의 \% } \Delta T = \frac{0.00008}{0.00093}(100) = 8.6\% \text{ of total } \Delta T$$

가정한 $\Delta T$는 계산을 계속하기에 충분히 적합하다.

새 튜브나 파이프에서 마찰에 의한 압력강하의 결정에 있어서는 열교환기 전체에 걸쳐 $U$는 일정하다고 가정한다.

$$U_i = \frac{1}{0.00093} = 1075\ \mathrm{W/m^2 \cdot K}$$

$$\Delta T_{o,\text{log mean}} = \frac{(110-15)-(110-65)}{\ln[(110-15)/(110-65)]} = 66.9^\circ\mathrm{C}$$

식 (14-6)으로부터

$$\dot{q} = (\dot{m} C_p\, \Delta T)_c = 9(2594)(65-15) = 1.17 \times 10^6\ \mathrm{W}$$

식 (14-5)에 의해

$$A_i = \dot{q}/U_i\, \Delta T_{o,\text{log mean}} = \frac{1.17 \times 10^6}{1075(66.9)} = 16.3\ \mathrm{m^2}$$

그러므로 튜브당 길이는

$$L = \frac{16.3}{0.047(100)} = 3.47\ \mathrm{m}$$

튜브 내부의 압력강하를 얻기 위해 식 (14-23), (14-23d) 및 (14-23b)를 사용하여 $\beta_i$와 $f_i$를 각각 구한다.

$$\beta_i = 1 + \left[0.51 K_1 n_p\, \Delta T_{f,i} (\mu_i/\mu_w)^{0.28}/(T_{i,\text{out}} - T_{i,\text{in}}) \mathrm{Pr}_i^{2/3}\right]$$

$$K_l = \left(1 - \frac{S_i}{S_H}\right)^2 + K_c + \frac{0.5(n_p - 1)}{n_p}$$

위에서(표 12-1로부터) $K_c = 0.4(1.25 - S_i/S_H) = 0.4(1.25 - 0.5) = 0.3$이며

$$K_1 = (1-0.5)^2 + 0.3 + \frac{0.5(2-1)}{2} = 0.8$$

$$\bar{f}_i = 0.046\,\mathrm{Re}^{-0.2} = 0.046(16{,}950)^{-0.2} = 0.0066$$

$$\beta_i = 1 + \frac{0.51(0.8)(2)(0.656)(110-40)(2.25)^{0.28}}{(65-15)(14.32)^{2/3}} = 1.16$$

$$\Delta P_i = \frac{2\beta_i \bar{f}_i G_i^2 L n_p}{\rho_i D_i \Phi_i} \qquad \Phi_i = 1.02\left(\frac{\mu}{\mu_w}\right)^{0.14}$$

$$= \frac{2(1.16)(0.0066)(1017)^2(3.47)(2)}{785(0.015)(1.02)(2.25)^{0.14}}$$

$$= 8169\ \mathrm{Pa}$$

열교환기의 튜브 쪽을 통한 마찰에 의한 압력강하는 8 kPa보다 약간 높다. 주어진 데이터를 이용하는 프로그램을 사용하면 압력강하 값으로 6 kPa를 얻는다.

## 열교환기 형태의 선정

화학산업에서 과거에 선호된 형태는 다관형 열교환기로서 이들에 대한 잘 정립된 코드와 표준들이 TEMA(Tubular Exchanger Manufacturers Association)와 ASME(American Society for Mechanical Engineers)에 의해 제시되어 있다. 그러나 투자비용을 최소로 하면서 보다 높은 열효율을 얻기 위하여 다른 형태의 열교환기의 사용이 화학산업분야와 다른 제조업 분야에서 상당한 주목을 받아왔다.

### 주요 열교환기 형태

**이중 파이프 및 복수 이중 파이프 열교환기** 초기의 이중파이프 열교환기는 두 유체 사이에서 열을 교환시키는 가장 간단한 장치로서 두 유체에 대한 적절한 유입 및 유출 연결부를 가진 "튜브 속의 튜브"로 구성된 것이다. 개량형의 간단한 이중 파이프 장치는 그림 14-10에 보인 바와 같이 U-밴드 내에 다수의 튜브를 사용하는 구조이다.

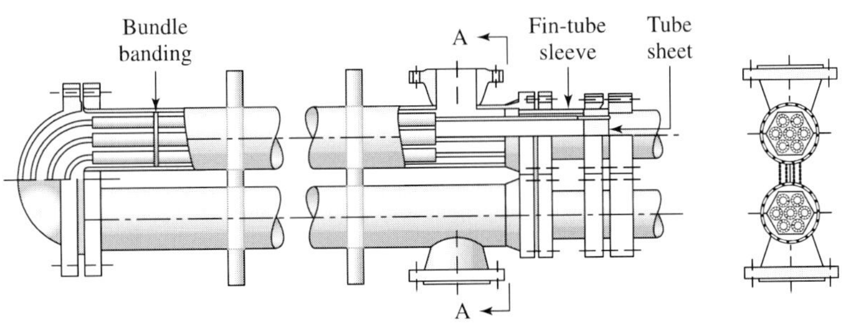


**그림 14-10**
세로방향 핀이 달린 6개의 튜브가 있는 다중튜브 장치

**다관형 열교환기** 그림 14-11에 보인 다관형 열교환기의 세 가지 형태는 가장 널리 사용되는 형태이지만 다른 많은 구조들도 가능하다.

**개스킷(gasket)이 있는 용접판 열교환기** 개스킷이 있는 판, 혹은 판과 프레임 열교환기는 하나의 프레임 내에 압착된 주름진 금속판들을 겹쳐쌓은 구조로서 판 가장자리는 압축성 개스킷으로 봉함되어 있어서 유체가 통과할 수 있는 서로 연결된 일련의 좁은 통로들을 이룬다. 그림 14-12는 이 형태의 단일경로 맞흐름 열교환기에서 판이 4개인 배열구조를 보인 것이다.

**나선형 판과 튜브 열교환기** 판형 열교환기의 비용을 더 줄이기 위하여 그림 14-13에 보인 구조에서와 같이 판을 휘감아서 맞흐름 통로를 형성할 수 있다. 나선형 표면은 돌출부에 의해 분리되며 두 개의 끝쪽 판들에 의해 봉함되어 있다. 나선형 튜브 열교환기는 매우 집약형이며 다양한 유체를 처리할 수 있지만 용량은 제한되어 있다. Shell 쪽은 청소 목적으로

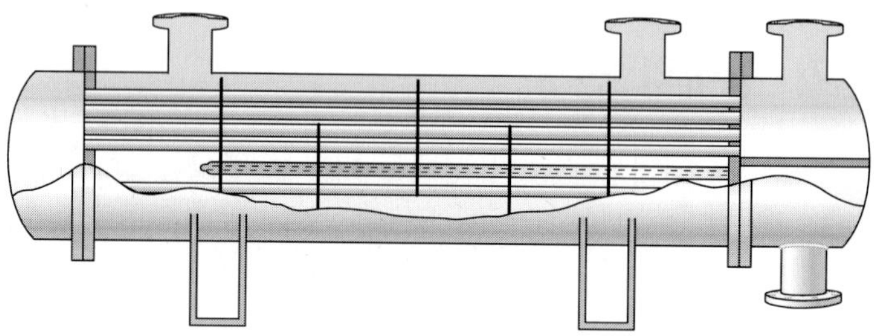

Fixed tube plate (type BEM)

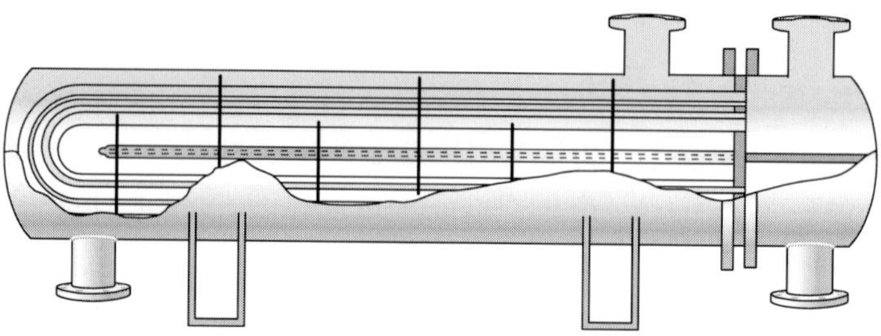

U-tube (type BEU)

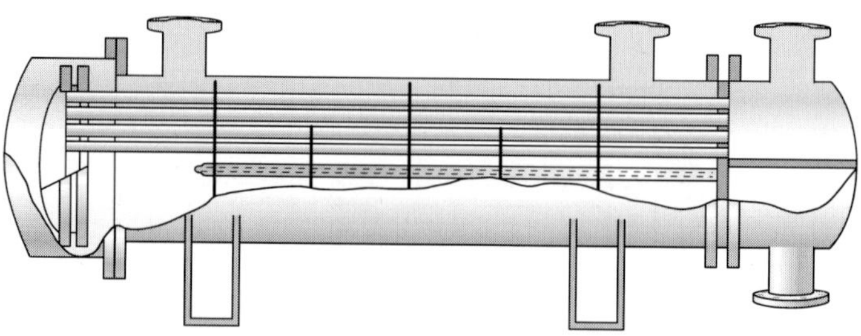

Floating head (type BES)

**그림 14-11**
다관형 열교환기 설계형태

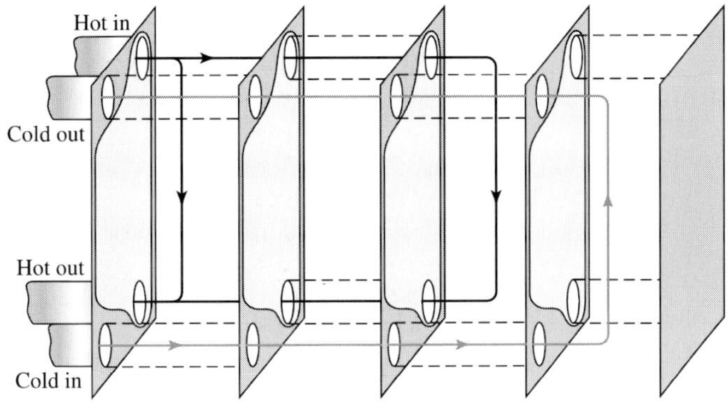


**그림 14-12**
단일경로, 맞흐름 열교환기의 판 배열구조

접근 가능하지만 튜브의 나선구조는 청소가 불가능하다. 이러한 제약요건들을 수용할 수 있다면 나선형 튜브 열교환기는 소규모 적용을 위해서는 훌륭한 선택이 된다.

**밀집형 열교환기** 많은 경우 크기와 무게가 작은 열교환기를 사용하는 것이 우선한다. 이러한 경우에는 종종 주름진 고균질 다이형태 금속 판들의 층을 번갈아 쌓아서 개별적인 흐름 통로가 형성되도록 구성한 판-핀 열교환기가 수요에 적절히 부응할 수 있다. 각 층의 가장자리는 고체 금속막대로 봉함되어 있다. 판-핀 열교환기의 하나의 층을 이루는 요소들을 확대한 것이 그림 14-14에 나타나 있다.

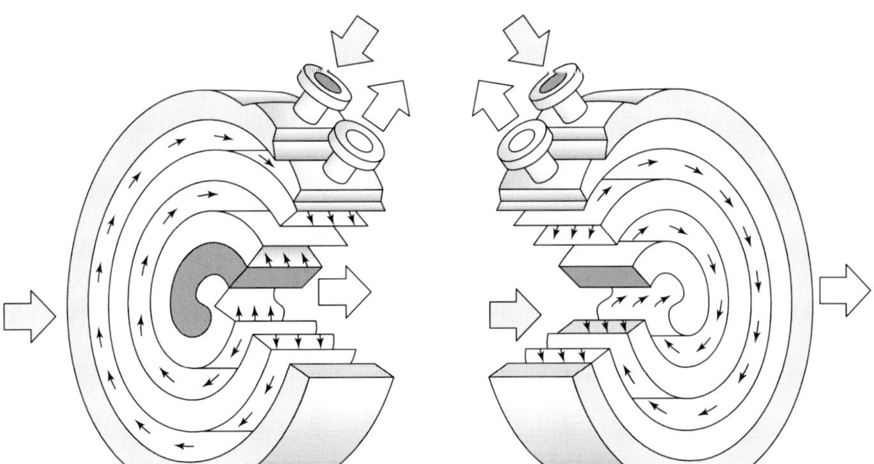

**그림 14-13**
나신형 열교환기에서의 흐름경로

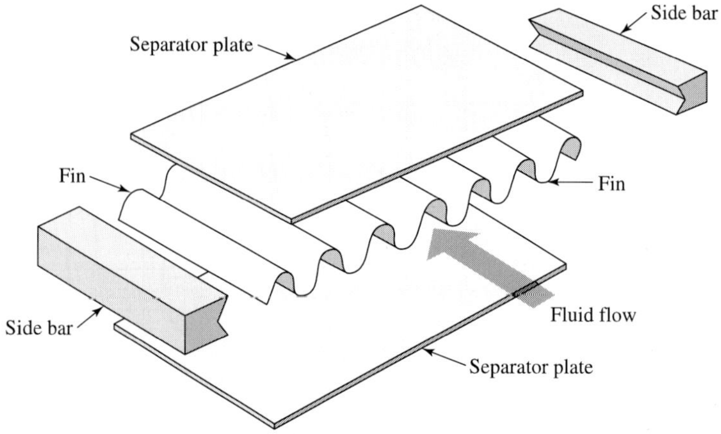


**그림 14-14**
판-핀 열교환기의 하나의 층을 확대한 그림

## 열교환기 형태의 일차적 선정

표 14-6과 14-7은 설계 엔지니어가 특정한 적용을 위해서 열교환기, 응축기, 그리고 증발기를 일차적으로 선정하는 경우 고려할 필요가 있는 핵심적인 기준들을 간략하게 요약한 것이다. 표에는 압력과 온도 한계에 대한 정보는 물론 그러한 장치의 제공자로부터 통상적으로 얻을 수 있는 표면적 범위들이 제시되어 있다(추가의 파이프 및 설치비용만을 들여서 두 개 이상의 열교환기를 병렬로 사용함으로써 일반적으로 면적에 대한 제한은 완화될 수 있음을 인식하여야 한다). 열거된 장치의 다양한 형태에 대한 추가의 정보가 문헌에 나타나 있다[138].

많은 열교환기 형태에 있어서 열교환기에 사용된 재질이 많은 유체의 냉각이나 가열에 있어서의 유일한 제약이 된다. 일반적으로 두 유체 사이의 간격을 유지하기 위해서 봉함이 필요한 경우 봉함재나 개스킷의 성질이 주된 제약이 된다. 용접판 열교환기나 집약형 열교환기와 같이 제한된 접근성을 지닌 열교환기들은 부식성이 있거나 오염특성이 있는 것으로 알려진 유체와는 사용하지 않아야 한다.

## 열교환기 비용

열전달 장치의 비용에 영향을 미치는 주요 인자들에는 열전달 면적, 튜브의 직경 및 두께, 튜브 길이, 유체의 압력, 장치 재질, 방해판(baffle)의 유무, 특별한 설계사양(핀이 있는 표면, U 굴곡, 이동가능한 관다발 등), 그리고 지지 및 보조장치들이 포함된다. 어떤 장치 제작사들은 특정한 형태의 열교환기만을 전문으로 하고 있어서 그 형태의 장치에 대해서는

138) G. F. Hewitt, ed., Heat Exchanger Design Handbook, Begell House, New York, 1998, Part 3.

표 14-6 적절한 열교환기 형태의 일차적 선정을 위한 기준들

| Exchanger type | Max. pressure, approx. range, MPa | Temperature, approx. range, °C | Normal area, approx. range, $m^2$ | Fluid velocities, (shell/tube), m/s | Fluid limitations | Key features |
|---|---|---|---|---|---|---|
| Double-pipe<br>Multiple-pipe | 30 (shell)<br>140 (tube) | −100 – ~600 | 0.25 – 20<br>10 – 200 | Liq. (2–3)/(2–3)<br>Gas (10–20)/(10–20) | Materials of construction | Modular construction, small scale |
| Shell-and-tube | 30 | −200 – 600+ | 3 – 1000 | Liq. (1–2)/(2–3)<br>Gas (5–10)/(10–20) | Materials of construction | Very adaptable, many types |
| Scraped-wall | ~0.11 | Up to 200 | 2 – 20 | Liq. (1–2)/(1–2) | Liquids solidifying on hot surface | For viscous, crystallization systems |
| Gasketed plate | 0.1–2.5 | −25 – 175 | 1 – 2500 | Liq. (1–2)/(1–2)<br>Gas (5–10)/(5–10) | Limited to gasket material, avoid gas flow | Modular construction, minimal $/area cost |
| Welded plate | 3 | >400 | 1 – 2500 | Liq. (1–2)/(1–2)<br>Gas (5–10)/(5–10) | Materials of construction, avoid fouling fluids | $\Delta p$ between fluids <3 MPa |
| Spiral plate | 2 | Up to 300 | 10 – 200 | Liq. (1–2)/(1–2)<br>Gas (5–10)/(5–10) | Materials of construction | For viscous, corrosive fluids |
| Spiral tube | 50 | 350 | 1 – 50 | Liq. (2–3)/(2–3)<br>Gas (5–10)/(5–10) | Materials of construction | Adaptable, low maintenance |
| Compact | 3–10 | −270 – 80 with Al<br>−270 – 800 with ss | 10 – 30,000 | Gas (2–5)/(2–5) | Materials of construction, no corrosive fluids | Large area/volume, can operate with small $\Delta T$ |
| Gas-to-gas | ~0.11 | Up to 250 | 6–100 for low temperatures<br>1200–3000 for regenerators | Gas (5–10)/(5–10) | Materials of construction | Many types, some for corrosive gases |
| Air-cooled | Variable on tube side | Variable on tube side | 6 – 20,000 | Liq. (NA)/(2–3)<br>Gas (3–6)/10–20) | Materials of construction | Use for heat rejection, standardized design |

†Modified from data presented by G. F. Hewitt, G. L. Shires, and T. R. Bott, *Process Heat Transfer,* CRC Press, Boca Raton, FL, 1994, Sec. 4.3, and G. D. Ulrich, *A Guide to Chemical Engineering Design and Economics,* J. Wiley, New York, 1984.

표 14-7 적절한 응축기나 증발기 형태의 일차적 선정을 위한 기준들

| Equipment type | Normal area, approx. range, $m^2$ | Approx. maximum fluid viscosity, Pa·s | Fluid compatibility | Equipment suitability |
|---|---|---|---|---|
| **Condensers** | | | | |
| Vertical shell side | 3–200 | 1.0 | Condense distillation fluids as thermosiphon reboiler | Shell-side venting and condensate removal problems |
| Vertical tube side | 3–200 | 1.0 | Condense organic vapors | Design is very flexible and efficient, cleaning problems |
| Horizontal shell side | 3–1000 | 2.0 | Condense organic and refrigerant vapors | Widely used, pressure drop controlled with shell selection |
| Horizontal tube side | 3–1000 | 2.0 | Condense high-pressure vapors | Avoid multipass tube arrangements |
| Air cooled | 6–2000 | 2.0 | Condense organic and refrigerant vapors | High capacity, eliminates coolant, nonuniformity in air distribution |
| Gasketed plate | 1–1200 | 1.0 | Temperature limitation based on gasket choice | Units have lower $/area cost, appropriate gaskets must be selected |
| Plate-fin | 10–150 | 0.01 | Fluids must be very clean with no fouling, can operate with small $\Delta T$'s between fluids | Typically used in cryogenic processes, large area/volume ratio |
| Direct contact | NA | 2.0 | Can handle corrosive and fouling vapors | Solids content of fluid dictates choice of direct-contact spray or submerged contact |
| **Vaporizers** | | | | |
| Jacketed vessel | 7–30 | 0.01 | Can vaporize heat-sensitive fluids, materials of construction permit corrosive fluids | Easy cleaning, medium $/area cost, requires little vertical space |

| | | | | |
|---|---|---|---|---|
| Direct contact | 7–160 | 0.01 | Can vaporize heat-sensitive fluids, materials of construction permit corrosive fluids | Low $/area cost, reasonable capacity, requires little vertical space |
| **In-tube evaporators** | | | | |
| Falling film | 30–300 | 1.0 | Can vaporize heat-sensitive fluids, but not scale-producing liquids and slurries | Operates with small temperature difference, limited vaporization capacity |
| Long tube, vertical | 100–10,000 | 1.0 | Avoid severe scaling fluids | Requires large vertical space, high-velocity circulation, high capacity, and high efficiency |
| Short tube, vertical (Callandria, basket) | 20–300 | 0.01 | Works well with conventional, low-viscosity fluids | Unit is compact, relatively inexpensive, and efficient; has limited capacity |
| Forced circulation, vertical | 20–2000 | 2.0 | Can operate with low- and high-viscosity fluids and slurries | Large capacity, multiple-effect use, requires vertical space, medium $/area cost |
| Forced circulation, horizontal | 20–2000 | 2.0 | Can operate with low- and high-viscosity fluids and slurries | Large capacity, multiple-effect use, medium $/area cost |
| Agitated film (scraped-wall) | 2–20 | 100 | Low-viscosity fluids unacceptable, materials of construction permit use of corrosive fluids | Small capacity, variable power requirement, high $/area cost |
| **Shell-side evaporators** | | | | |
| Shell-and-tube, horizontal | 3–1000 | 1.0 | Avoid severe scaling or fouling fluids | Large capacity, medium $/area cost |

[†]Modified from data presented by G. F. Hewitt, G. L. Shires, and T. R. Bott, *Process Heat Transfer*, CRC Press, Boca Raton, FL, 1994, Secs. 15.7 and 17.3, G.D. Ulrich, *A Guide to Chemical Engineering Design and Economics*, J. Wiley, New York, 1984, and S. M. Walas, *Chemical Process Equipment*, Butterworth-Heinemann, Newton, MA, 1988, pp. 204–211.

다른 장치 제작사들보다 낮은 가격을 제시할 수 있다. 따라서 확실한 구입가격을 정하기 위해서는 여러 제작자들로부터 가격 견적을 얻어야 한다.

그림 14-15와 14-16은 각각 단일 및 복수 이중관 열교환기에 대한 평균 비용자료를 제시하고 있다. U형 튜브, 고정 튜브, 그리고 부유형 헤드 다관형 열교환기에 대한 평균 비용자료는 그림 14-17에서 14-20에 걸쳐 나타나 있다. 튜브 직경, 튜브 길이, 그리고 운전압력이 다관형 열교환기의 구입비용에 미치는 상대적인 영향은 그림 14-21에서 14-23에 보인 바와 같다. 표 14-8에는 튜브와 열교환기에 사용된 재질을 바탕으로 다관형 열교환기에 대한 상대적인 비용이 열거되어 있다. 그림 14-24는 모두 탄소강을 사용한 경우에 대하여 두 가지 형태의 스테인레스강 튜브로 된 열교환기의 상대적인 비용을 보이고 있다.

용접되고 개스킷이 있는 열교환기, 긁개꼴 나선형 열교환기, 판형 및 나선판형 열교환기, 공랭식 열교환기들에 대한 평균 비용데이터는 그림 14-25에서 14-28에 나타나 있다. 굴곡형, 분무 및 대기압식 응축기들에 대한 비용은 그림 14-29에서 14-31에 제시되어 있다. 기화기, 강제순환식 증발기, 긴 튜브 증발기, 그리고 교반 낙하막 열교환기들에 대한 비용은 그림 14-32에서 14-34에 보였다. 소규모 침잠형 열교환기의 구입비용에 대한 정보는 그림 14-35 및 14-36에서 얻을 수 있으며 그림 14-37과 14-38은 공정 가열로와 직화 연소로에 대한 비용을 보여주고 있다.

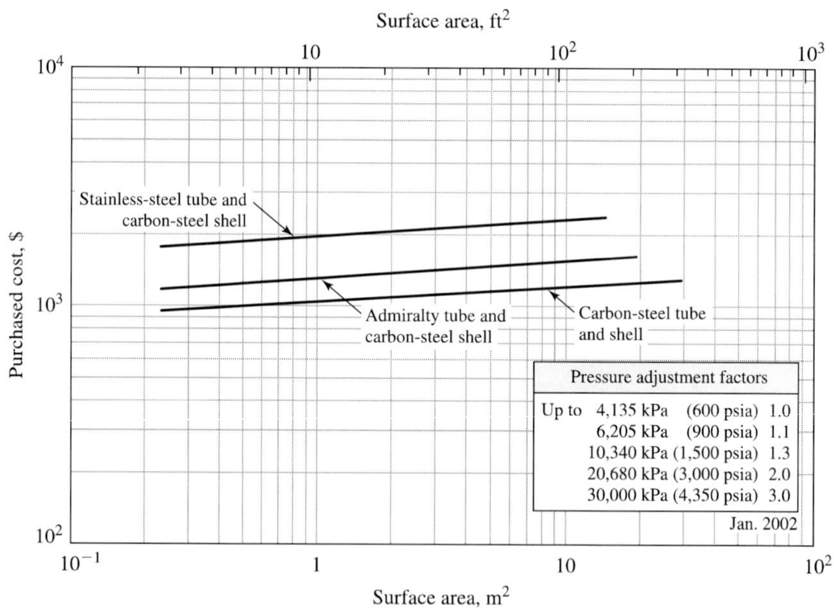


**그림 14-15**
이중관 열교환기의 구입비용

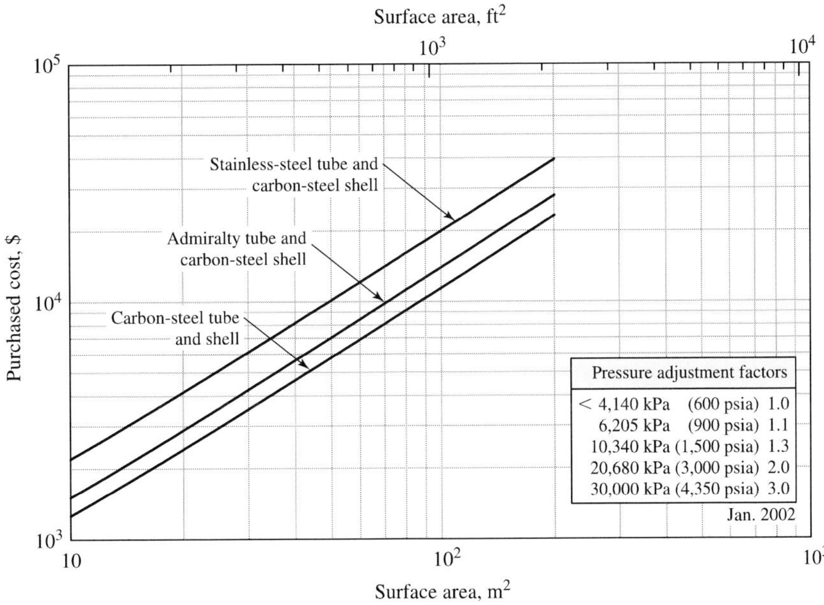


**그림 14-16**
다중관 열교환기의 구입비용

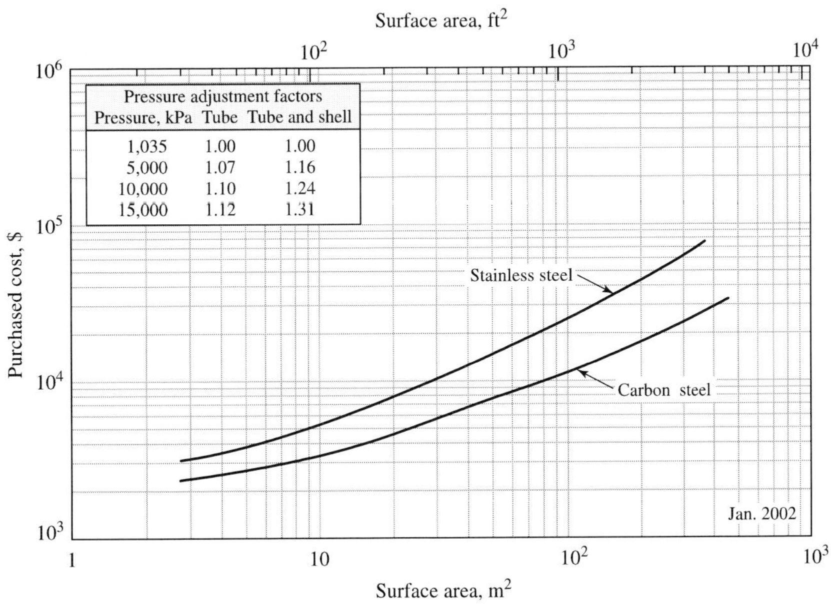


**그림 14-17**
1035 kPa(150 psia)에서 운전되는 외경 0.0254 m(1인치) × 0.0254 m(1인치) 평방피치 및 4.88 m(16ft) 관나발 U사형 튜브 열교환기의 구입비용

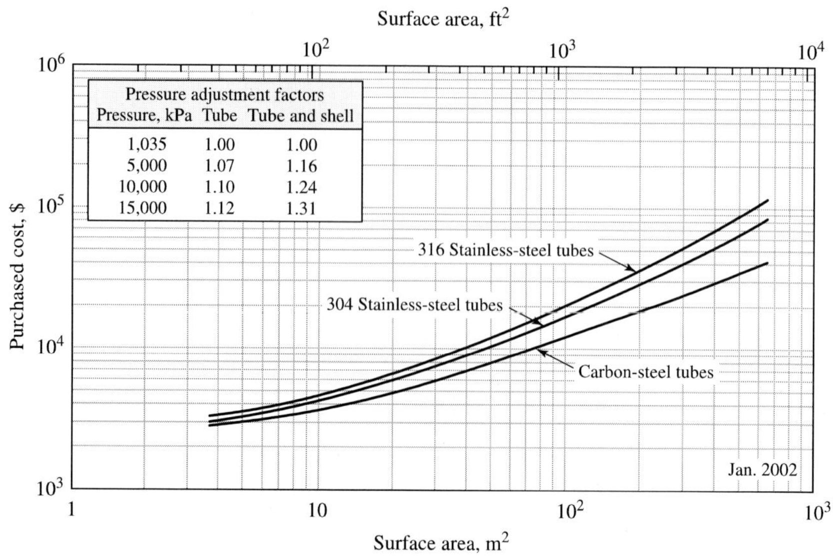


**그림 14-18**
1035 kPa(150 psia)에서 운전되는 외경 0.019 m(3/4인치) × 0.025 m(1인치) 평방피치 및 4.88 m, 혹은 6.10 m(16 혹은 20 ft) 관다발 탄소강 shell의 고정 튜브판 열교환기 구입비용

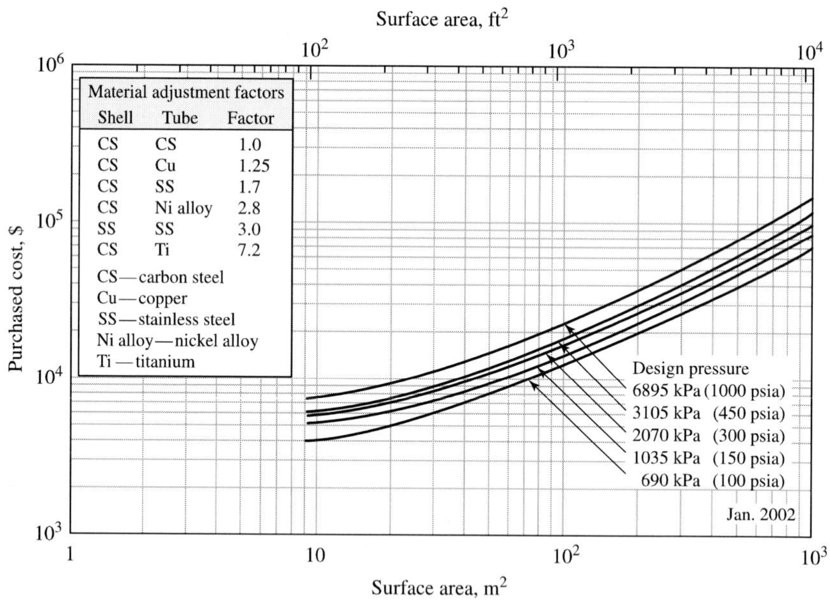


**그림 14-19**
외경 0.019 m(3/4인치) × 0.025 m(1인치) 평방피치 및 4.88 m(16 ft) 관다발 탄소강 구조 부유헤드형 열교환기의 구입비용

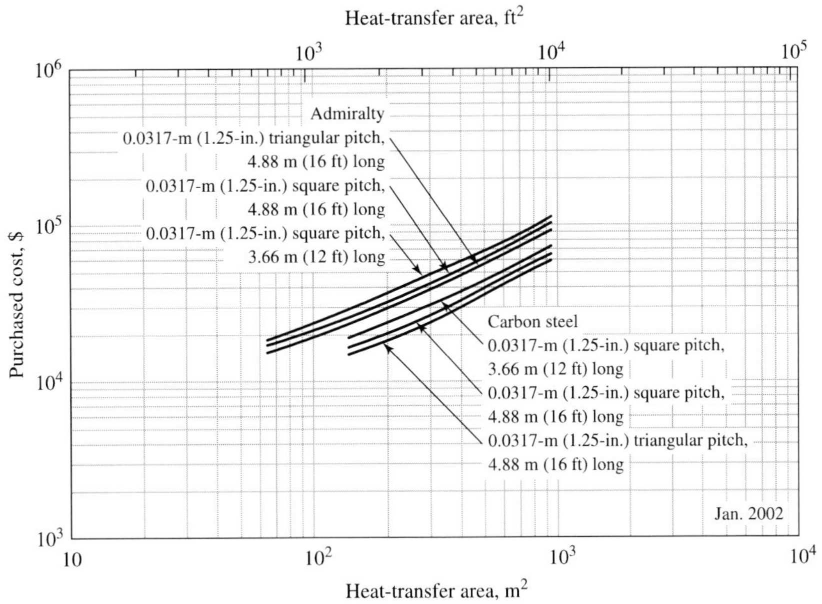


**그림 14-20**

1035 kPa(150 psia)에서 운전되는 핀 튜브 부유헤드 열교환기의 구입비용. 외경 0.0254 m (1인치) Turfin 튜브구조에 대한 비용임

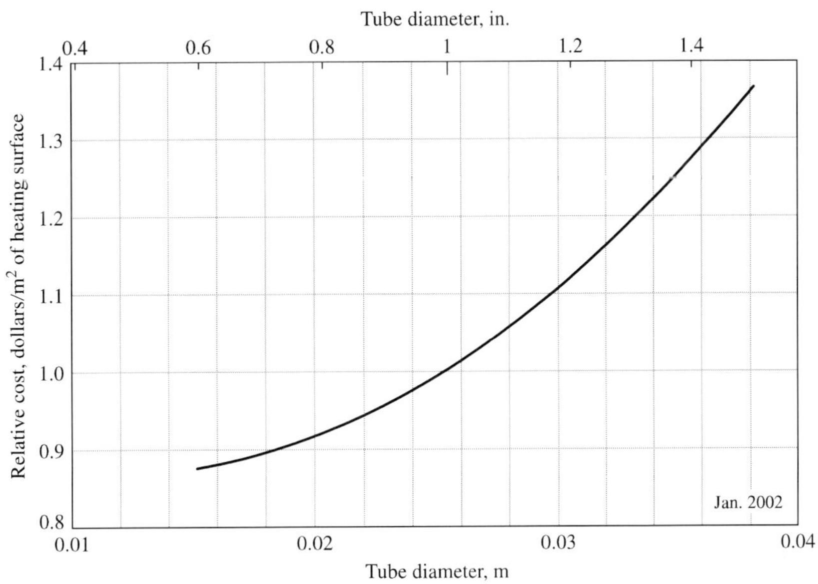


**그림 14-21**

통상적인 다관형 열교환기의 비용에 대한 튜브 직경의 영향

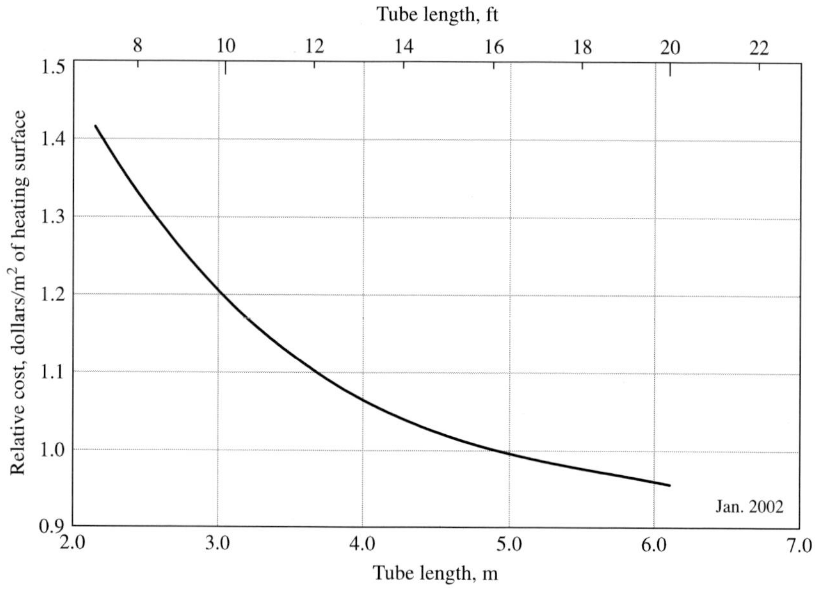


**그림 14-22**
통상적인 다관형 열교환기의 비용에 대한 튜브 길이의 영향

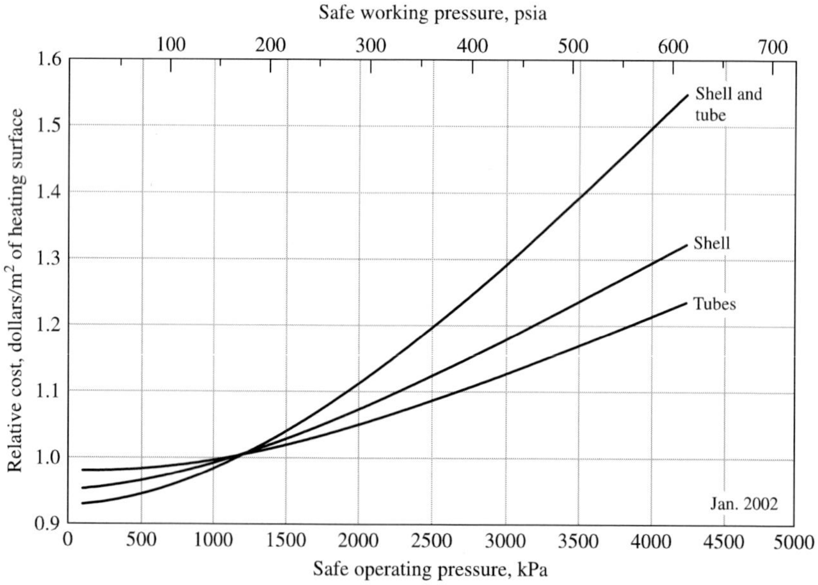


**그림 14-23**
통상적인 다관형 열교환기의 비용에 대한 운전압력의 영향

표 14-8 표면적이 150 $m^2$인 경우의 열교환기 및 열교환기 튜브의 비용

| Materials | Tubing | Heat exchanger |
|---|---|---|
| Zirconium, seamless | 25.1 | 7.7 |
| Hastelloy, C-276, welded | 18.2 | 5.9 |
| Zirconium, 20 BWG, seamless | 15.8 | 5.2 |
| Inconel, 625, welded | 15.1 | 5.0 |
| Carpenter, 20 CB3, welded | 8.6 | 3.3 |
| Incoloy, 825, welded | 7.6 | 3.0 |
| Monel, 400, seamless | 7.5 | 3.0 |
| Titanium, welded | 6.8 | 2.8 |
| E-Brite, 26-1, welded | 5.2 | 2.4 |
| Titanium, 20 BWG, welded | 3.6 | 2.3 |
| 316L Stainless steel, welded | 3.2 | 2.2 |
| Cu/Ni of 70/30, seamless | 2.9 | 2.0 |
| Cu/Ni of 70/30, welded | 2.4 | 1.8 |
| 304L Stainless steel, welded | 2.2 | 1.8 |
| Carbon steel | 1.0 | 1.0 |

Basis: Tubing is 0.0254-m OD × 16 BWG, except as noted. Heat exchangers are TEMA-type BEM with 0.019-m OD × 16 BWG × 6.1-m welded tubing and mild carbon-steel shells.

†Estimates will be conservative for smaller exchangers (< 100 $m^2$) and too low for larger exchangers (> 1000 $m^2$).

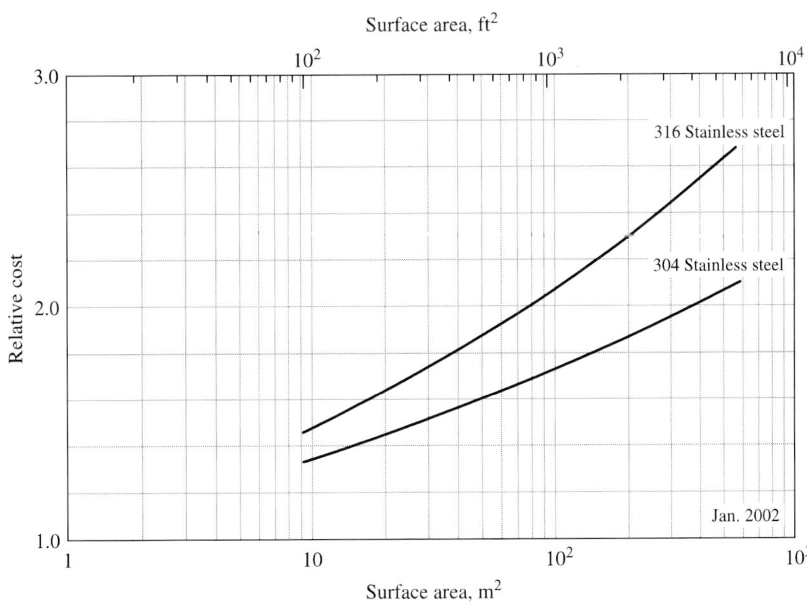


**그림 14-24**

탄소강 재질에 대한 스테인레스강 튜브 열교환기의 비용

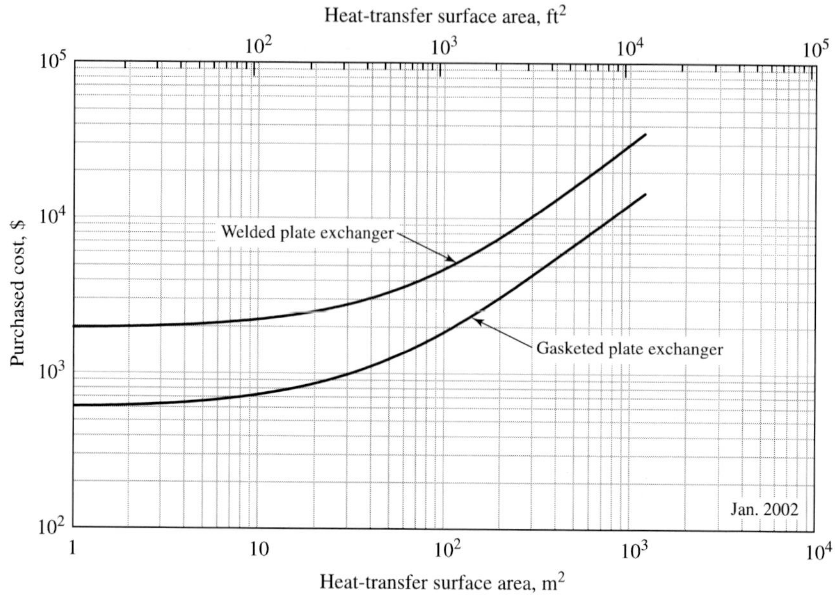


**그림 14-25**
개스킷이 있는 용접된 판 열교환기의 구입비용

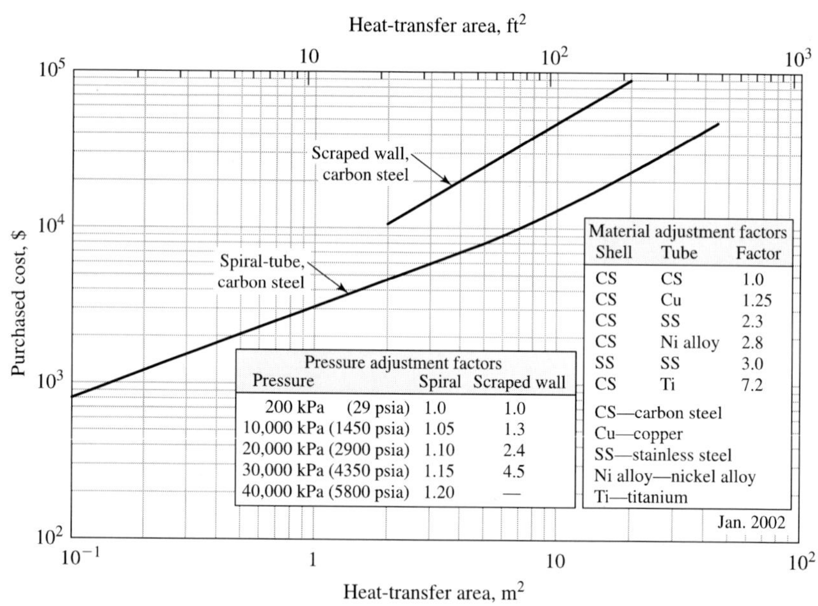


**그림 14-26**
긁개꼴 나선형 튜브 열교환기의 구입비용

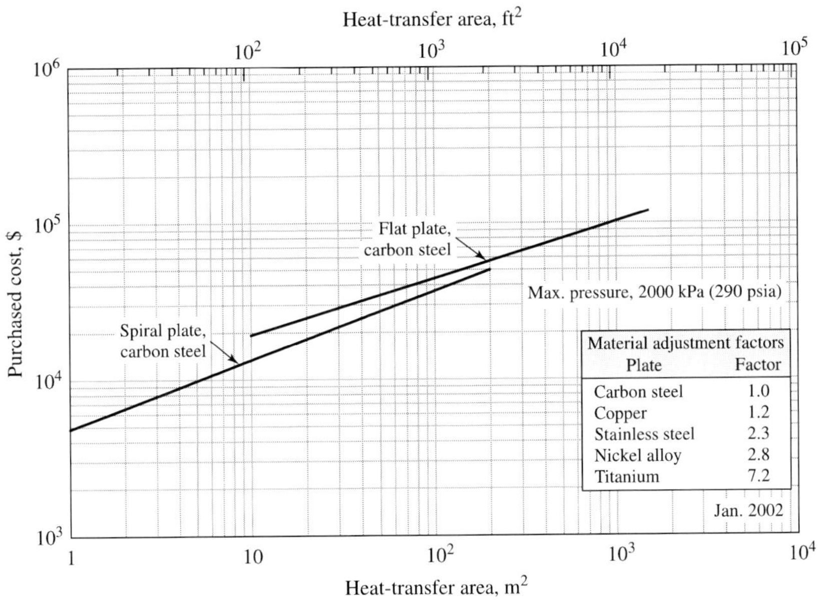


**그림 14-27**
나선 및 평판형 열교환기의 구입비용

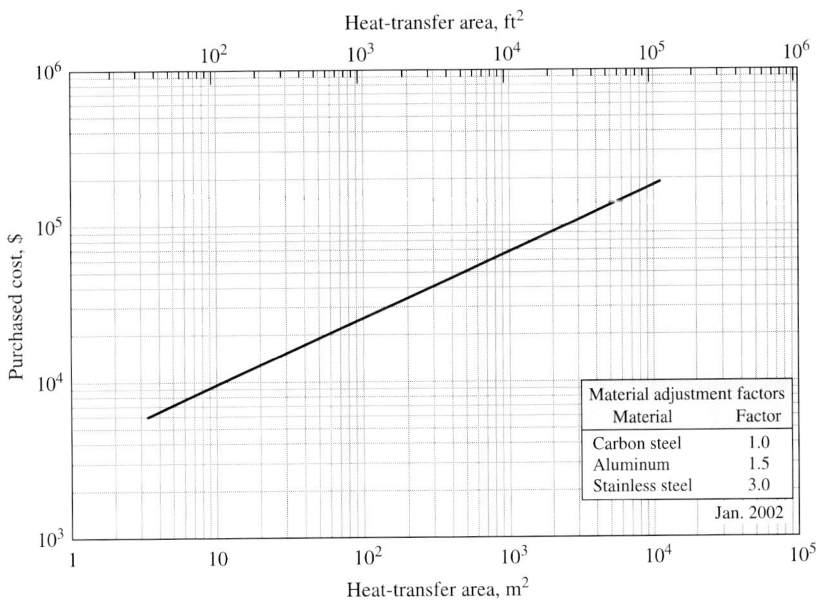


**그림 14-28**
공랭식 열교환기의 구입비용. 면적은 핀을 제외한 대등한 튜브의 외부 면적이다.

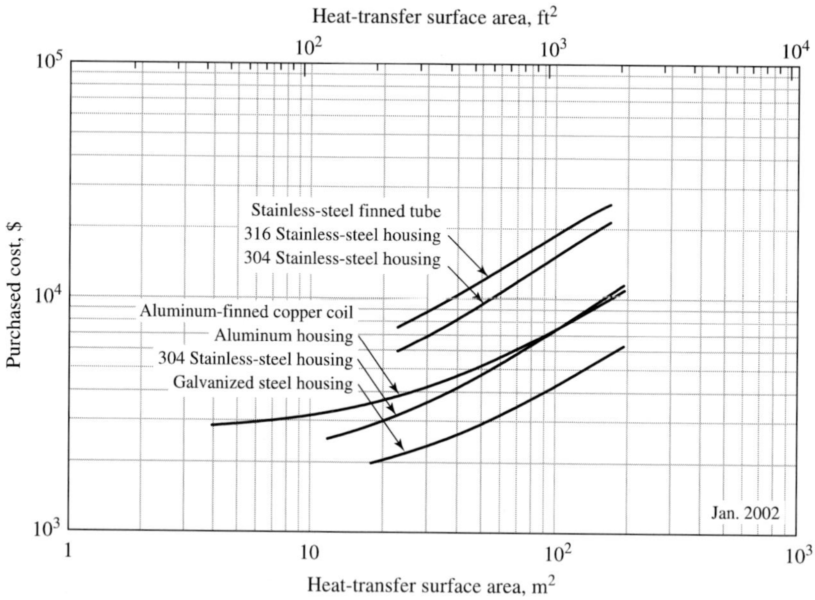


**그림 14-29**
탱크 배기형 응축기의 구입비용

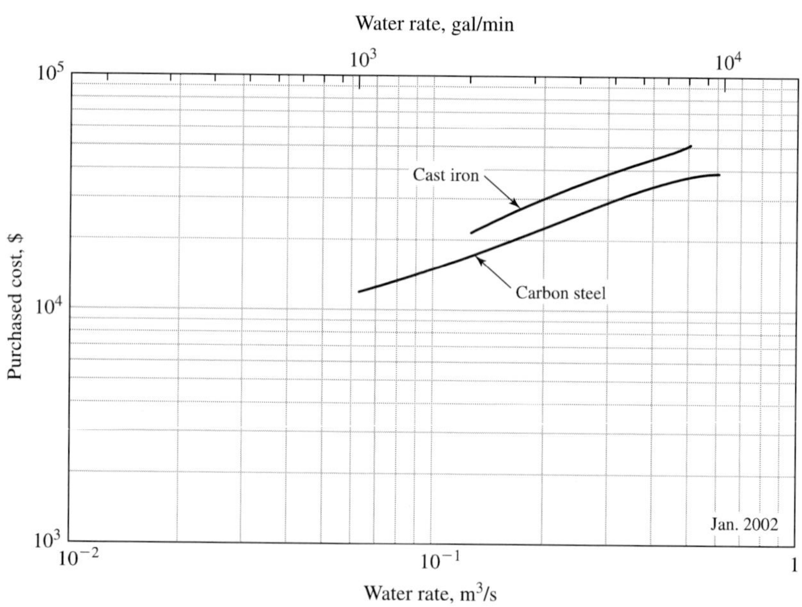


**그림 14-30**
다중제트 분사형 응축기의 구입비용

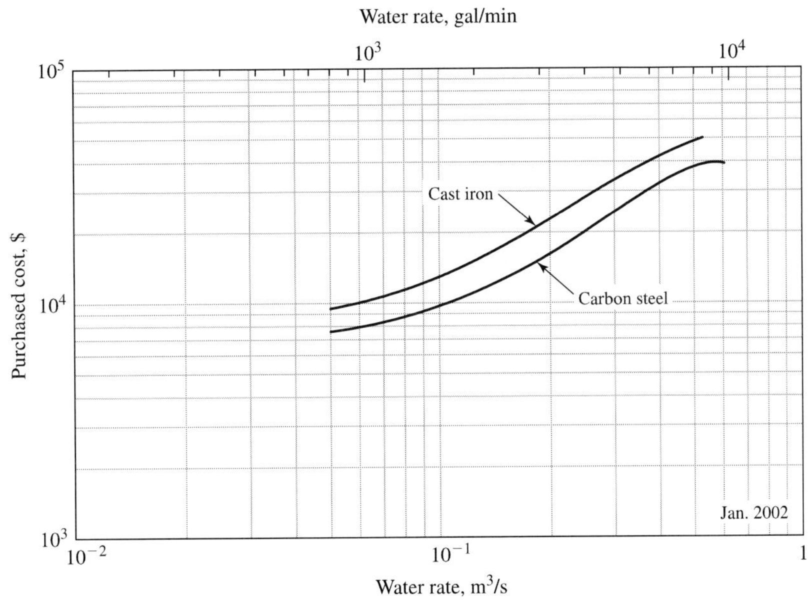


**그림 14-31**
다중제트 대기압식 응축기의 구입비용

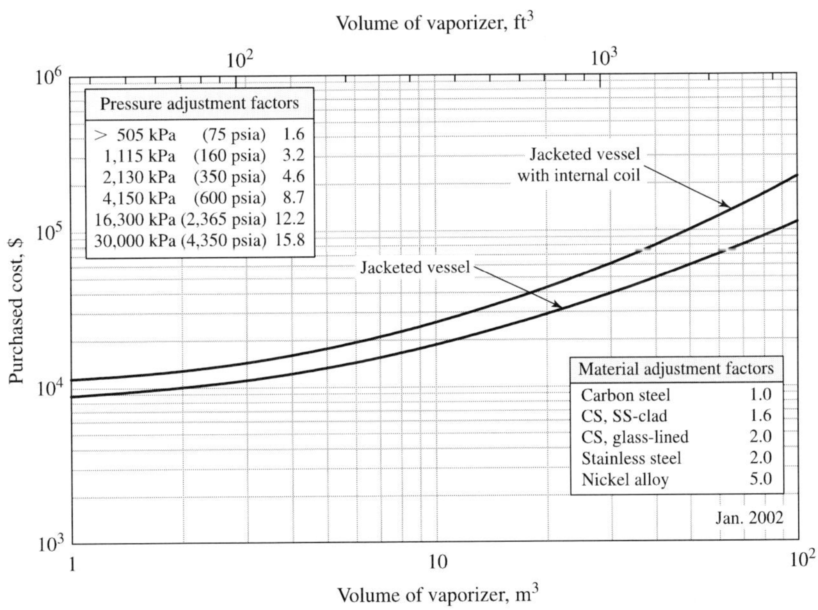


**그림 14-32**
기화기의 구입비용

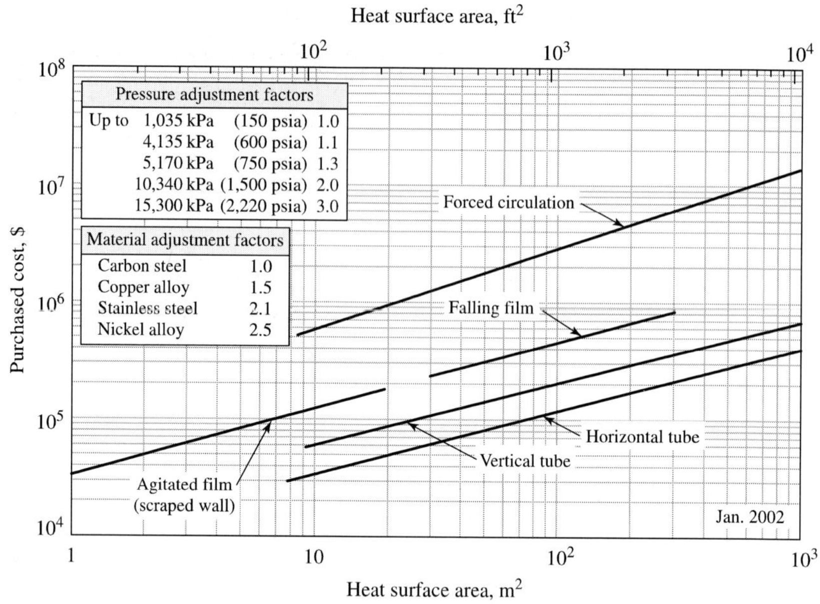


**그림 14-33**

단일효용 증발기의 구입비용. 다중효용 증발기의 가격은 요구되는 효용의 수에 비례한다.

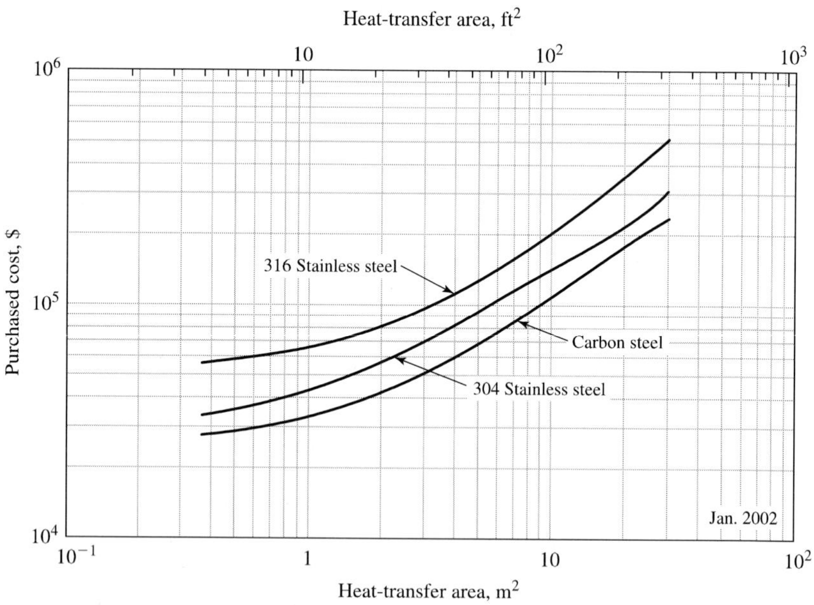


**그림 14-34**

모터와 구동장치가 있는 교반 낙하막 증발기의 구입비용

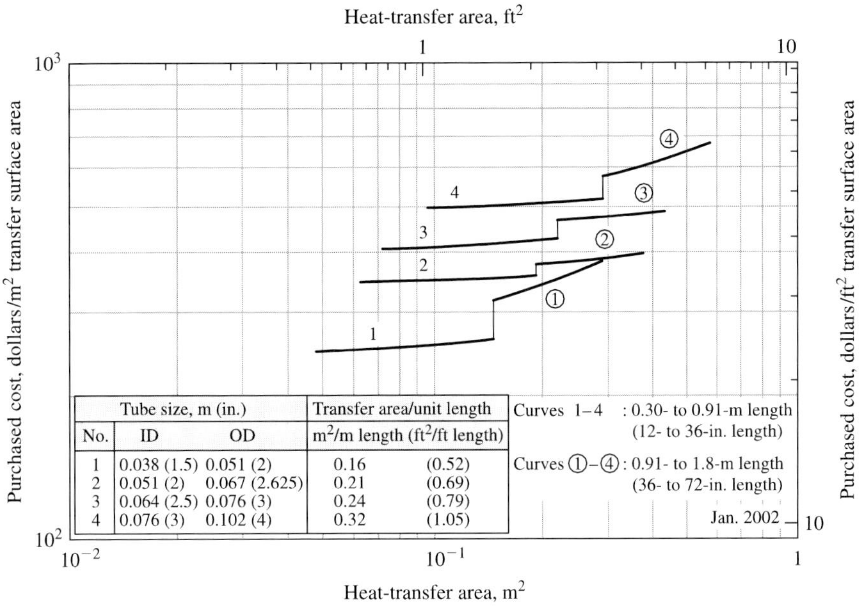


| No. | Tube size, m (in.) ID | OD | Transfer area/unit length $m^2$/m length | ($ft^2$/ft length) |
|---|---|---|---|---|
| 1 | 0.038 (1.5) | 0.051 (2) | 0.16 | (0.52) |
| 2 | 0.051 (2) | 0.067 (2.625) | 0.21 | (0.69) |
| 3 | 0.064 (2.5) | 0.076 (3) | 0.24 | (0.79) |
| 4 | 0.076 (3) | 0.102 (4) | 0.32 | (1.05) |

**그림 14-35**
베요넷 가열기의 구입비용

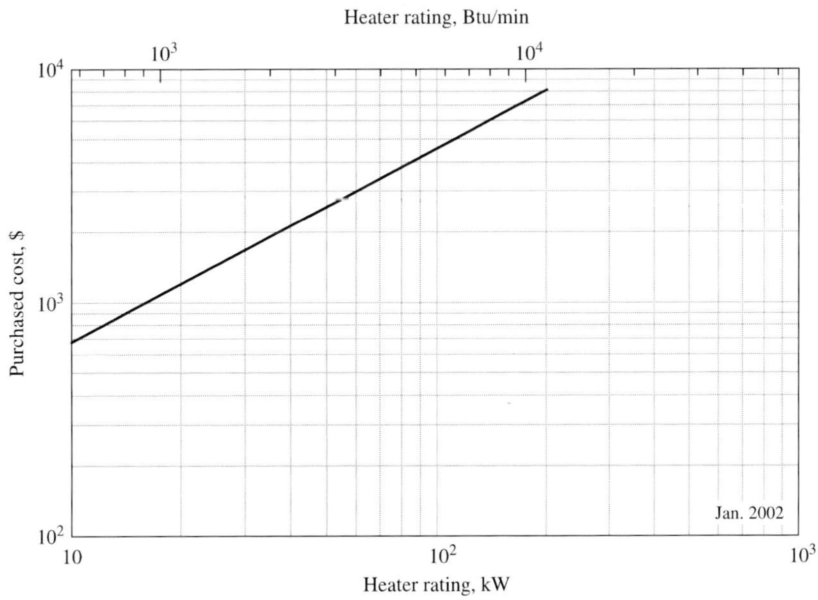


**그림 14-36**
전기 침잠 가열기의 구입비용

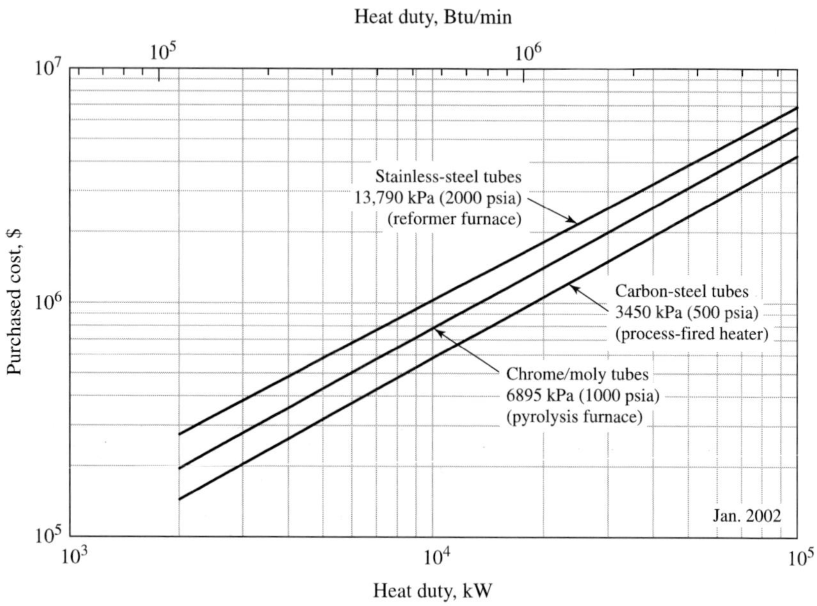


**그림 14-37**
수평방사튜브 공정 가열로의 구입비용

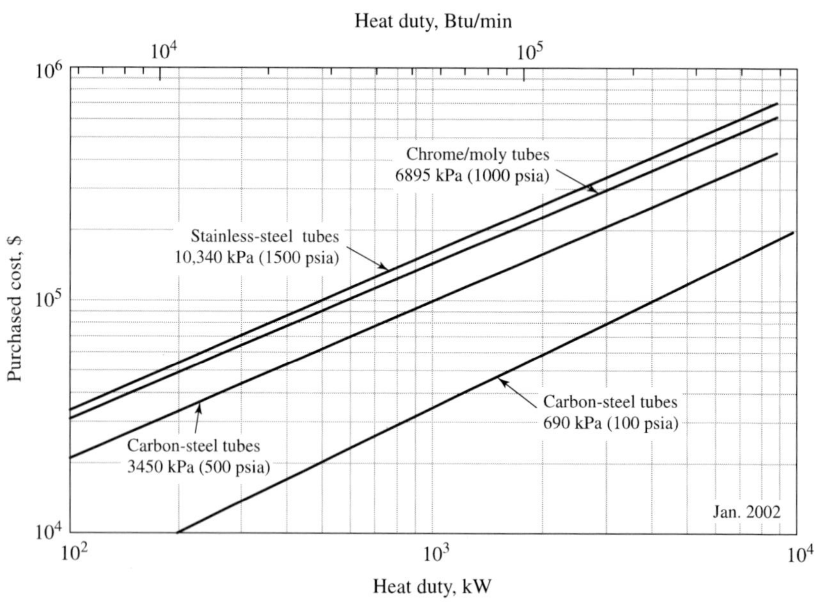


**그림 14-38**
실린더형 수직관 직화 가열기의 구입비용

## 예제 14-4 적절한 열교환기 형태의 일차적 선정

열교환기를 이용하여 압력 4 MPa이고 유량 1.0 kg/s인 표 14-5에서 정의된 바와 같은 중간등급 유기물을 냉각시키고자 한다. 유기물의 열용량은 2 kJ/kg·K로서 60°C에서 열교환기로 유입되어 30°C로 유출된다. 열용량이 4.2 kJ/kg·K인 물이 냉매로 사용되며 20°C에서 2.86 kg/s의 유량으로 열교환기에 유입된다. 표 14-6에 열거된 다양한 열교환기들을 평가하여 보고 경제성과 적합성에 근거하여 열교환기를 일차적으로 선택하여 보자.

■ **풀이**

열교환기 형태들을 다시 살펴보고 제시된 요구조건을 만족시킬 수 있는 것들을 선정한다. 우선 요구 열량과 물의 유출온도 및 로그평균 온도차를 구한다. 표 14-5의 평균 총괄 열전달 계수를 이용하여 각 열교환기 형태의 소요 면적을 구하고 비용 도표를 이용하여 구입비용을 비교하여 본다.

표 14-6으로부터 이중 파이프 및 다관형 열교환기 만이 적절한 후보가 됨을 알 수 있다. 개스킷 판, 용접판, 그리고 나선판형 열교환기들을 이용하기에는 압력이 너무 높다. 압력제한 때문에 밀집형 열교환기들도 제외시킬 수 있다.

열 부하량은 다음 관계로부터 얻어진다.

$$\begin{aligned}\dot{q} &= (\dot{m}C_p)_h(T_{h,\text{in}} - T_{h,\text{out}})\\ &= 1(2)(60-30) = 60\text{ kW}\end{aligned}$$

물의 유출온도는 다음으로부터 주어진다.

$$\begin{aligned}T_{c,\text{out}} &= T_{c,\text{in}} + \frac{\dot{q}}{(\dot{m}C_p)_c}\\ &= 20 + \frac{60}{2.86(4.2)} = 25^\circ\text{C}\end{aligned}$$

$\Delta T_{o,\text{log mean}}$을 구하기 위해 식 (14-7)을 이용한다.

$$\begin{aligned}\Delta T_{o,\text{log mean}} &= \frac{\Delta T_1 - \Delta T_2}{\ln(\Delta T_1/\Delta T_2)} = \frac{(T_{h,\text{in}} - T_{c,\text{out}}) - (T_{h,\text{out}} - T_{c,\text{in}})}{\ln[(T_{h,\text{in}} - T_{c,\text{out}})/(T_{h,\text{out}} - T_{c,\text{in}})]}\\ &= \frac{(60-25)-(30-20)}{\ln[(60-25)/(30-20)]} = 19.95^\circ\text{C}\end{aligned}$$

표 14-5로부터 중간등급 유기물과 물을 포함하는 총괄 열전달 계수는 375 W/m$^2$·K와 750 W/m$^2$·K 사이임을 알 수 있다. 총괄 열전달 계수가 이들의 평균값 562 W/m$^2$·K라고 가정하자.

이중 파이프 열교환기에서 요구되는 표면적은

$$A = \frac{\dot{q}}{U_{\text{avg}}\,\Delta T_{o,\text{log mean}}} = \frac{60\times10^3}{562(19.95)} = 5.35\text{ m}^2$$

다관형 열교환기의 경우 우리는 1-shell 2-튜브 경로의 형태를 선택하기로 한다. 식 (14-8)에 제시된 바와 같이 로그 평균 온도차를 보정할 필요가 있다. 이를 위해 식 (14-9a)와 (14-9b)에 주어진 바와 같은 $R$과 $P$를 계산할 필요가 있다.

$$R = \frac{T_{h,\text{in}} - T_{h,\text{out}}}{T_{c,\text{out}} - T_{c,\text{in}}} = \frac{60 - 30}{25 - 20} = 6$$

$$P = \frac{T_{c,\text{out}} - T_{c,\text{in}}}{T_{h,\text{in}} - T_{c,\text{in}}} = \frac{25 - 20}{60 - 20} = 0.125$$

그림 14-4에 보정인자로서 0.93이 나타나 있다. 따라서 $\Delta T_{o,m}$은

$$\Delta T_{o,\text{mean}} = F\,\Delta T_{o,\text{log mean}} = 0.93(19.95) = 18.55°\text{C}$$

동일한 평균 총괄 열전달 계수를 가정할 경우 다관형 열교환기에서 요구되는 면적은 따라서

$$A = \frac{\dot{q}}{U_{\text{avg}}\,\Delta T_{o,m}} = \frac{60 \times 10^3}{562(18.55)} = 5.75\ \text{m}^2$$

튜브와 shell의 재질이 탄소강이라고 가정할 때 이들 두 열교환기의 구입비용은 그림 14-15와 14-17로부터 얻어진다(고압 유체가 튜브 안쪽을 흐를 것이기 때문에 다관형 열교환기의 비용에 압력보정을 해 주어야 한다).

이중 파이프 열교환기의 비용 = $1150
다관형 열교환기의 비용 = 1.07(2750) = $2940

여기에서와 같은 소규모의 고압 열전달 문제에 있어서는 아마도 이중 파이프 열교환기가 최선의 선택이 될 것이다. 이는 이러한 형태의 열교환기의 모듈 구조로 인하여 비용면에서 상당한 잇점이 있기 때문이다.

## 주요 열교환기 형태의 설계

많은 다양한 설계들이 정해진 열 부하를 충족시킬 수 있기 때문에 설계를 최적화시키는 것이 필요하다. 설계 엔지니어가 하나의 설계로부터 보다 만족스러운 설계로 탐색해 나가는 과정과 이의 총 설계과정에 대한 관계는 그림 14-39에 나타나 있다. 설계 과정에서 핵심적인 것은 설계보정단계이다. 손으로 이루어진다면 설계의 보정은 설계 엔지니어의 경험과 통찰력에 따라 좌우된다. 그러나 설계과정이 완전히 통합된 컴퓨터 프로그램에 의해 행하여진다면 그 과정의 성공은 설계논리를 구성하는 기술과 배려에 따라 크게 좌우된다. 허용 가능한 설계로의 빠른 수렴보다는 논리 구조에 의해 잘못 짜여진 결정기준에 따라 가능한 설계가 고려되지 않는 것을 확실히 방지하도록 하는 것이 더욱 중요하다.

대표적인 설계에 있어서 통상 다음과 같은 파라미터들과 제약요인들이 주어진다:

사용되는 유체와 그 성질
유체의 유입 및 유출온도
유체의 유량
운전압력

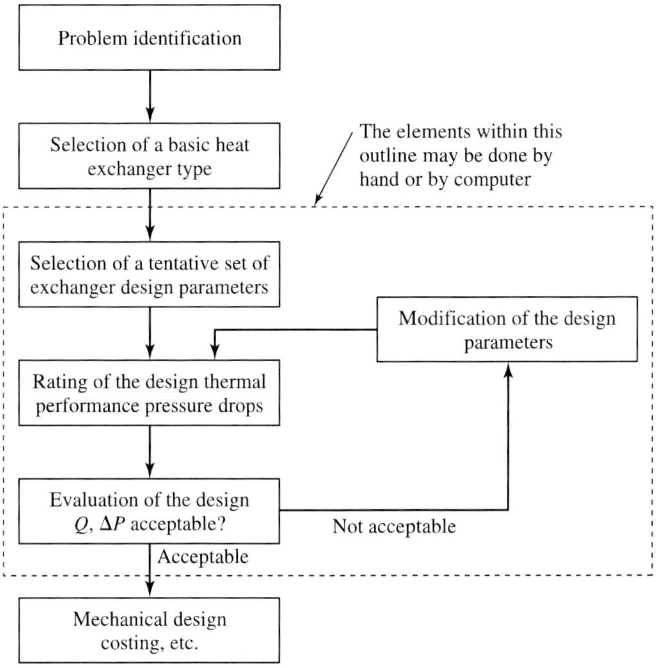


**그림 14-39**
열교환기 설계논리 과정의 구조

허용되는 압력강하
오염저항

이들 주어진 규격에 대하여 설계 과정에서는 식 (14-5)를 만족시키는 설계를 선택한다. 이 과정에서 열교환기 구조는 다음과 같은 다른 정해진 제약요인들에 대하여 평가될 것이다:

최대 및 최소 유속
최대 및 최소 온도
필요한 부식 허용기준
재질
튜브 진동경향
포함되는 특별한 사항들

## 이중관 및 다중 이중관 열교환기

이중관 열교환기는 일반적으로 맞흐름 운전에서 사용된다. 두 유체가 열교환기 전체에 걸쳐서 단일상이면 열전달은 식 (14-4) ~ (14-7)을 이용하여 계산할 수 있는데 이들 식에서는 열용량과 총괄 열전달 계수를 일정하다고 가정하고 있다. 식 (14-17)과 (14-18)로부터 층류 및 난류에 대한 개별적인 열전달 계수를 각각 계산할 수 있다. 환형 구조에서는 식 (14-20)에 주어진 바와 같은 대등한 직경 $D_e$가 요구됨을 상기하자. 튜브 및 shell 쪽의 압력강하는 각각 식 (14-23)과 (14-24)의 보정된 형태로부터 얻을 수 있다.

유입 및 유출온도와 유량을 알면 열교환기의 소요 표면적 추정은 매우 간단하다. 이는 열전달 속도는 식 (14-6)으로부터, 그리고 총괄 열전달 계수와 로그 평균 온도차는 각각 식 (14-4)와 (14-7)로부터 직접 얻을 수 있기 때문이다. 그러나 면적은 알려져 있고 유체의 유출온도를 모르는 경우에는 기본식들을 다시 정리하여 식 (14-9a)와 (14-9b)에서 정의된 바와 같은 온도비 파라미터 $R$과 $P$를 이용하는 비반복적인 해를 구하도록 할 필요가 있다. 기본식들을 다시 정리하여 다음 관계들을 얻는다.

$$\frac{\dot{q}}{UA} = \Delta T_{o,\text{log mean}} = \frac{(T_{h,\text{in}} - T_{c,\text{in}})P(R-1)}{\ln[(1-P)/(1-PR)]} \tag{14-25}$$

$$\frac{(\dot{m}C_P)_c}{UA} = \frac{R-1}{\ln[(1-P)/(1-PR)]} \tag{14-25a}$$

그리고

$$\frac{(\dot{m}C_p)_h}{UA} = \frac{(R-1)/R}{\ln[(1-P)/(1-PR)]} \tag{14-25b}$$

$U$, $A$, $R$ 그리고 $\dot{m}_c$나 $\dot{m}_h$를 아는 경우에는 식 (14-25a)나 (14-25b)를 사용하여 $P$를 구할 수 있으며 이로부터 $T_{c,\text{out}}$ 그리고 최종적으로 $T_{h,\text{out}}$을 계산할 수 있다.

내부 튜브의 외부 표면에 세로방향으로 핀을 붙임으로써 shell 쪽의 열전달을 증대시킬 수 있다. 부착된 핀은 열전달을 위한 표면적은 증가시키면서 shell 쪽의 교차흐름 면적을 감소시키므로 유속이 커진다. 결과적으로 열전달과 압력강하가 모두 증가하게 된다.

일반적으로 핀의 돌출높이를 따라서 온도구배가 존재하기 때문에 핀 표면의 열전달 효과는 튜브의 맨표면에 대하여 관찰된 것보다 작다. Jakob[139]은 곧은 세로방향 핀에 대한 핀 면적의 유효도 $\eta_f$는 다음 관계로 주어짐을 보였다.

$$\eta_f = \frac{\tanh ML_f}{ML_f} \tag{14-26}$$

위에서 $M=(h/k_f\delta)^{1/2}$이며 $h$는 열전달 계수, $k_f$는 핀의 열전도도, $\delta$는 핀의 표면적에 대한 부피의 비율, 즉 $\delta=V_f/A_f$이고 $L_f$는 핀의 높이이다.

유효 열전달 면적 $\eta_o A_o$는 다음과 같이 정의될 수 있다.

$$\eta_o A_o = A_p + \eta_f A_f = A_o - A_f(1-\eta_f) \tag{14-27}$$

위에서 $\eta_o$는 총괄 표면 유효도, $A_o$는 총 열전달 면적, $A_p$는 핀으로 덮이지 않은 내부 파이프의 외부면적, 그리고 $A_f$는 핀 면적이다. 총괄 표면 유효도에 대하여 풀면

$$\eta_o = 1 - \frac{A_f}{A_o}(1-\eta_f) \tag{14-28}$$

139) M. Jakob, Heat Transfer, J. Wiley, New York, 1949.

핀이 달린 다관형 열교환기에 대한 총괄 열전달 계수는 식 (14-4)를 수정하여 핀의 유효면적에 대한 보정이 포함되도록 함으로써 얻을 수 있다.

$$\frac{1}{U_1} = \frac{A_1}{h_1(\eta_f A_f + A_p)} + \frac{D_1 \ln(D_1/D_2)}{2k_w} + \frac{D_1}{h_2 D_2} \tag{14-29}$$

위에서 하첨자 1과 2는 각각 튜브와 핀의 전체 면적이 아닌 튜브의 외부 및 내부면적과 직경을 나타낸다. 예제 14-5에서는 정해진 열 부하에 대하여 요구되는 이중 파이프 열교환기의 길이를 추정하는 과정을 예시하고 있다.

## 예제 14-5 이중 파이프 열교환기에 대한 표면적과 길이의 결정

95°C로부터 60°C로 냉각되어야 하는 응축수를 이용하여 4 kg/s의 Dowtherm을 10°C에서 70°C로 예열하고자 한다. 이 열전달 공정을 위해 두 개의 이중 파이프 열교환기가 고려되고 있는데 하나는 내부 튜브의 바깥쪽 표면에 핀이 있고 다른 하나는 핀이 없는 것이다. 구리 튜브와 핀으로 구성된 이들 두 열교환기에서 기대할 수 있는 면적과 길이를 구하여라. 규격은 다음과 같다:

| | | |
|---|---|---|
| 튜브 규격 | $D_1 = 0.0483$ m | $D_2 = 0.0408$ m |
| Shell 규격 | $D_{os} = 0.0889$ m | $D_s = 0.0779$ m |
| 핀 높이 | $L_f = 0.0127$ m | |
| 핀 두께 | $t_f = 0.0027$ m | |
| 핀의 수 | $N_f = 24$(세로방향 핀) | |

계산을 간단히 하기 위해서 각각의 구리 핀은 내부 구리튜브의 바깥쪽 표면에 개별적으로 부착되어 있는 것으로 가정한다. 이 경우 각 핀은 튜브 1m에 대하여 0.0027 $m^2$의 맨표면 튜브면적을 차지한다.

■ **풀이**

열부하와 물의 질량유속을 먼저 구한다. 두 유체에 대한 개별적인 열전달 계수와 총괄 열전달 계수를 얻는다. 이들로부터 요구되는 열교환기의 면적과 길이를 계산한다. 핀이 있는 열교환기의 경우 이 계산은 핀 면적의 유효도가 정해진 후에만 이루어질 수 있다.

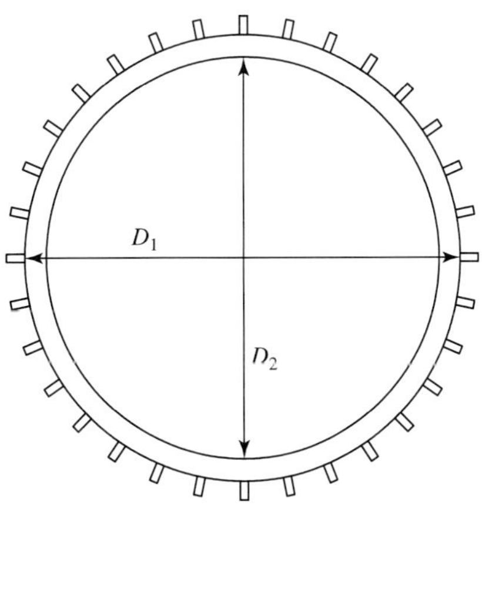

이 계산에서 각 유체에 대한 물성은 평균 총괄온도에서의 물성으로 취하는 것이 적절하다고 가정한다. 좀 더 정확한 계산을 위해서는 평균 유체온도와 벽의 표면온도 사이의 중간온도를 이용할 필요가 있을 것이다. 또한 계산을 더 간단히 하기 위하여 오염에 의한 뜨거운 표면 및 차거운 표면상의 저항은 무시할 수 있는 것으로 가정한다. 우선 핀이 부착된 표면이 없는 이중 파이프 열교환기를 고려하여 보자. 평균온도에서의 각 흐름의 물성은 Perry's Chemical Engineers' Handbook에서 얻는다.

| Property | Dowtherm at 40°C | Water at 77°C |
|---|---|---|
| Heat capacity $C_p$ | $1.622 \times 10^3$ J/kg·K | $4.198 \times 10^3$ J/kg·K |
| Thermal conductivity $k$ | 0.138 J/s·m·K | 0.668 J/s·m·K |
| Viscosity $\mu$ | $2.70 \times 10^{-3}$ Pa·s | $3.72 \times 10^{-4}$ Pa·s |
| Density $\rho$ | $1.044 \times 10^3$ kg/m$^3$ | $9.74 \times 10^2$ kg/m$^3$ |

총 열전달 속도는 환형 구조를 통하는 Dowtherm의 유량을 이용하여 식 (14-6)으로부터 얻는다.

$$\dot{q} = (\dot{m}C_p\,\Delta T)_c = 4(1.622 \times 10^3)(70 - 10) = 3.89 \times 10^5 \text{ W}$$

물의 질량유량은 식 (14-6)을 재구성하여 다음과 같이 계산한다.

$$\dot{m}_h = \frac{\dot{q}}{(C_p\,\Delta T)_h} = \frac{3.89 \times 10^5}{(4.198 \times 10^3)(95 - 60)} = 2.65 \text{ kg/s}$$

흐름이 난류라고 가정하고 식 (14-18)을 이용하여 $h_c$와 $h_h$를 구한다.

$$h = 0.023\left(\frac{k}{D}\right)\text{Re}^{0.8}\text{Pr}^{1/3}$$

환형 구조에서 Dowtherm에 대한 Reynolds 수와 Prandtl 수는 다음으로부터 얻는다.

$$\text{Re}_c = \frac{D_e V_c \rho_c}{\mu_c} \qquad \text{Pr}_c = \left(\frac{C_p \mu}{k}\right)_c$$

위에서 환형 구조의 평균 수력학적 직경 $D_e$는 다음과 같이 주어진다.

$$D_e = D_s - D_1 = 0.0779 - 0.0483 = 0.0296 \text{ m}$$

평균유속의 계산을 위해서는 다음과 같이 주어지는 환형 구조의 단면적이 필요하다.

$$S_c = \frac{\pi}{4}\left(D_s^2 - D_1^2\right) = \frac{\pi}{4}[(0.0779)^2 - (0.0483)^2] = 2.934 \times 10^{-3} \text{ m}^2$$

따라서

$$V_c = \frac{\dot{m}_c}{S_c \rho_c} = \frac{4}{(2.934 \times 10^{-3})(1.044 \times 10^3)} = 1.306 \text{ m/s}$$

그리고

$$\text{Re}_c = \frac{0.0296(1.306)(1.044 \times 10^3)}{2.70 \times 10^{-3}} = 1.495 \times 10^4$$

$$\text{Pr}_c = \frac{(1.622 \times 10^3)(2.70 \times 10^{-3})}{0.138} = 31.73$$

튜브 내의 물에 대한 Reynolds 수와 Prandtl 수에 대하여 계산을 반복하면

$$D_e = D_2 = 0.0408 \text{ m}$$

$$S_i = \frac{\pi}{4}D_2^2 = \frac{\pi}{4}(0.0408)^2 = 1.307 \times 10^{-3} \text{ m}^2$$

$$V_h = \frac{\dot{m}_h}{S_i \rho_h} = \frac{2.65}{(1.307 \times 10^{-3})(9.74 \times 10^2)} = 2.08 \text{ m/s}$$

$$\text{Re}_h = \frac{0.0408(2.08)(9.74 \times 10^2)}{3.72 \times 10^{-4}} = 2.22 \times 10^5$$

$$\text{Pr}_h = \frac{(4.198 \times 10^3)(3.72 \times 10^{-4})}{0.668} = 2.34$$

각각의 열전달 계수들은 다음과 같이 계산할 수 있다.

$$h_c = (0.023)\left(\frac{0.138}{0.0296}\right)(1.495 \times 10^4)^{0.8}(31.73)^{1/3} = 7.42 \times 10^2 \text{ W/m}^2\cdot\text{K}$$

$$h_h = (0.023)\left(\frac{0.668}{0.0408}\right)(2.22 \times 10^5)^{0.8}(2.34)^{1/3} = 9.46 \times 10^3 \text{ W/m}^2\cdot\text{K}$$

대부분의 열적 저항은 차거운 유체에서 일어나기 때문에 튜브 벽의 온도는 뜨거운 유체, 즉 물의 온도에 근접할 것이다. 총괄 열전달 계수는 오염저항을 무시하고 직경 $D_1$과 $D_2$를 이용하여 식 (14-4)로부터 구할 수 있다.

$$\frac{1}{U_c} = \frac{1}{h_c} + \frac{D_1}{2k_w}\ln\frac{D_1}{D_2} + \frac{D_1}{h_h D_2}$$

위에서 $D_1/D_2 = 0.0483/0.0408 = 1.184$.

77°C에서 구리의 열전도도는 379 J/s·m·K이다. 이를 대입하면

$$\frac{1}{U_c} = \frac{1}{7.42 \times 10^2} + \frac{0.0483 \ln(1.184)}{2(379)} + \frac{1.184}{(9.46 \times 10^3)}$$

$$= 1.484 \times 10^{-3} \text{ m}^2\cdot\text{K/W}$$

$$U_c = 674 \text{ W/m}^2\cdot\text{K}$$

로그평균 온도차는 식 (14-7)로부터 얻는다:

$$\Delta T_{o,\text{log mean}} = \frac{(T_{h,\text{in}} - T_{c,\text{out}}) - (T_{h,\text{out}} - T_{c,\text{in}})}{\ln[(T_{h,\text{in}} - T_{c,\text{out}})/(T_{h,\text{out}} - T_{c,\text{in}})]}$$

$$= \frac{(95 - 70) - (60 - 10)}{\ln[(95 - 70)/(60 - 10)]} = 36.067 \text{ K}$$

바깥쪽 튜브 면적에 근거한 열교환기의 면적은 다음과 같이 계산된다.

$$A_c = \frac{\dot{q}}{U_c \, \Delta T_{o,\text{log mean}}} = \frac{3.89 \times 10^5}{674(36.067)} = 16.0 \text{ m}^2$$

핀이 없는 이중 파이프 열교환기의 길이는

$$L = \frac{A_c}{\pi D_1} = \frac{16.0}{\pi(0.0483)} = 105.4 \text{ m}$$

이 길이를 충족시킬 수 있는 유일한 방법은 다수의 소규모 열교환기를 직렬로 연결하여 이용하는 것이다. 튜브 파라미터들을 조정하거나 내부 튜브의 바깥쪽 표면에 핀을 추가하는 것이 보다 효과적일 것이다. 이하에서 후자의 경우를 살펴 보기로 한다.

핀을 추가하면 환형 구조의 단면적과 유속이 달라지게 된다. 새로운 단면적은 다음 관계로 주어진다.

$$S_c = \frac{\pi}{4}\left(D_s^2 - D_1^2\right) - N_f(L_f t_f)$$

위에서 $N_f$는 내부 튜브의 바깥쪽 표면에 부착된 핀의 수이고 $L_f$는 핀의 길이이며 $t_f$는 핀의 두께이다.

$$S_c = \frac{\pi}{4}[(0.0779)^2 - (0.0483)^2] - 24(0.0127)(2.7 \times 10^{-3}) = 2.107 \times 10^{-3}\ \text{m}^2$$

대등한 직경 $D_e$는 4(단면적)/(젖음둘레 $P'$)로 정의된다.

$$D_e = \frac{4S_c}{P'} = \frac{4(2.107 \times 10^{-3})}{\pi(0.0779) + \pi(0.0483) + 2(24)(0.0127)}$$
$$= 8.377 \times 10^{-3}\ \text{m}$$

차거운 유체의 유속은

$$V_c = \frac{\dot{m}_c}{S_c \rho_c} = \frac{4}{(2.107 \times 10^{-3})(1.044 \times 10^3)} = 1.82\ \text{m/s}$$

환형구조에서의 새로운 Reynolds 수는

$$\text{Re}_c = \frac{D_e V_c \rho_c}{\mu_c} = \frac{(8.377 \times 10^{-3})(1.82)(1.044 \times 10^3)}{2.70 \times 10^{-3}}$$
$$= 5895$$

환형구조에서의 새로운 열전달 계수는

$$h_c = (0.023)\left(\frac{0.138}{8.377 \times 10^{-3}}\right)(5895)^{0.8}(31.73)^{1/3} = 1245\ \text{W/m}^2\cdot\text{K}$$

이제 식 (14-26)으로부터 핀 효율 $\eta_f$를 정한다.

$$h_f = \frac{\tanh ML_f}{ML_f}$$

위에서 $M = (h_c / k_f \delta)^{1/2}$

$$\delta = \frac{V_f}{A_f} \qquad \delta = \frac{L_f t_f L}{2L_f L + t_f L} \qquad \text{set } L = 1\ \text{m}$$

$$= \frac{0.0127(0.0027)}{2(0.0127) + 0.0027} = 1.22 \times 10^{-3}\ \text{m}$$

$$M = \left[\frac{1245}{379(1.22 \times 10^{-3})}\right]^{1/2} = 51.88$$

$$ML_f = 51.88(0.0127) = 0.6589$$

$$\eta_f = \frac{\tanh 0.6589}{0.6589} = 0.877$$

튜브 내의 더운 유체에 대한 열전달 계수는 변하지 않았으므로 식 (14-29)로부터 $U_c$를 계산한다.

$$\frac{1}{U_c} = \frac{A_1}{h_c(\eta_f A_f + A_p)} + \frac{D_1 \ln(D_1/D_2)}{2k_w} + \frac{D_1}{h_h D_2}$$

위에서

$$A_f = 24(2L_f + t_f)L = 24[2(0.0127) + 0.0027] = 0.6744\ \mathrm{m^2/m}$$

$$A_p = (\pi D_1 - 24t_f)L = \pi(0.0483) - 24(0.0027) = 0.0869\ \mathrm{m^2/m}$$

이제 새로운 총괄 열전달 계수를 계산하면

$$\frac{1}{U_c} = \frac{\pi(0.0483)}{1245[0.877(0.6744) + 0.0869]} + \frac{0.0483 \ln(1.184)}{2(379)} + \frac{1.184}{9.46 \times 10^3}$$

$$= 3.156 \times 10^{-4}\ \mathrm{m^2 \cdot K/W}$$

$$U_c = 3169\ \mathrm{W/m^2 \cdot K}$$

바깥쪽 튜브 면적에 근거한 열교환기 면적은

$$A_c = \frac{\dot{q}}{U_c\, \Delta T_{o,\text{log mean}}} = \frac{3.89 \times 10^5}{3169(36.067)} = 3.40\ \mathrm{m^2}$$

그리고 튜브 길이는

$$L = \frac{A_c}{\pi D_1} = \frac{3.40}{\pi(0.0483)} = 22.4\ \mathrm{m}$$

24개의 구리핀을 추가한 결과 열교환기 소요 길이가 4.7의 비율로 줄어들었음을 알 수 있다. 그러나 이 길이 역시 하나의 열교환기에 적용하기에는 너무 길기 때문에 다수의 열교환기를 직렬로 연결할 필요가 있을 것이다.

가능한 오염의 영향을 무시함으로써 계산이 간단해졌다. 이들 영향을 포함시키면 표면 오염에 의해 시간에 따라 총괄 열전달 계수가 감소하기 때문에 두 열교환기 모두의 길이는 증가할 것이다. 두 열교환기에서의 물의 높은 유속으로 인하여 튜브 내에 상당한 압력손실이 야기됨을 주목하자. 이러한 효율저하는 약간 큰 튜브직경을 선택함으로써 보정될 수 있다.

## 다관형 열교환기

다관형 열교환기에서 일어나는 열전달과 압력강하를 모사하기 위해 과거 수십년 동안에 걸쳐 광범위한 연구가 이루어져 왔다. 튜브 내부를 흐르는 유체에 대한 이들 파라미터들을 파악하는 것은 상대적으로 간단하며 이 장에서 몇가지 접근방법들이 소개되었다. 그러나 이와 같이 널리 사용되는 열교환기의 shell 쪽에서의 복잡한 흐름조건들로 인하여 튜브 배치와

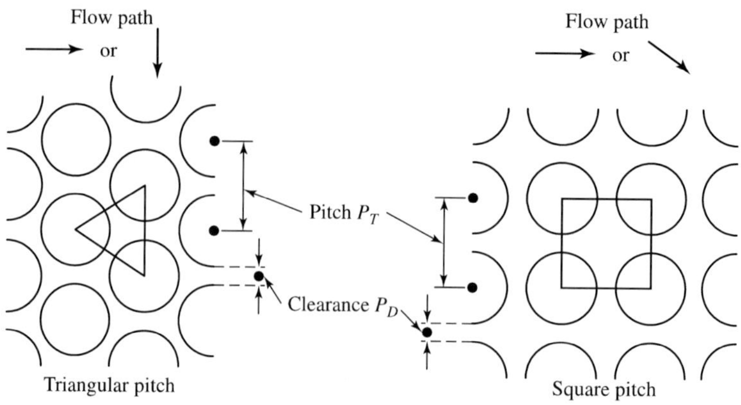


**그림 14-40**
다관형 열교환기에서의 통상적인 튜브-판 배치

튜브 다발의 간격, 방해판 선정, 튜브 다발을 가로지르는 유체유동, 다양한 shell 성분들을 통한 유체유출, 유효하지 않은 열전달 면적, 그리고 다양한 유체 조건들에 대한 주의깊은 분석이 이루어져야 한다.

튜브 다발에서의 튜브 배치에서 튜브들은 공통적으로 그림 14-40에 보인 바와 같이 정방형이나 삼각형 형태로 배치된다. 인접 튜브들 간의 중심간 최단거리는 튜브 피치(pitch) $P_T$ 라고 정의되며 임의의 두 튜브들 간의 최단거리는 튜브 간극 $P_D$로 정의된다. 대부분의 다관형 열교환기에서 튜브 피치는 경제적인 이유로 인하여 튜브 직경의 1.25배에서 1.50배 사이로 유지시킨다. 장방형 피치 형태는 외부에서의 청소가 용이하다는 잇점이 있지만 더 많은 튜브를 사용할 수 있고 이로 인하여 주어진 shell 직경에서 더 큰 표면적을 얻을 수 있다는 이유 때문에 삼각형 형태가 종종 선호된다. 표 14-9는 통상적인 튜브 크기와 튜브 피치의 열교환기 내에 설치될 수 있는 튜브 수를 제시하고 있다.

**표 14-9 통상적인 튜브 판 배치에서의 튜브 수**

| Shell ID, m | One-pass Square pitch | One-pass Triangular pitch | Two-pass Square pitch | Two-pass Triangular pitch | Four-pass Square pitch | Four-pass Triangular pitch |
|---|---|---|---|---|---|---|
| **0.019-m-OD tubes on 0.0254-m pitch** | | | | | | |
| 0.203 | 32 | 37 | 26 | 30 | 20 | 24 |
| 0.305 | 81 | 92 | 76 | 82 | 68 | 76 |
| 0.387 | 137 | 151 | 124 | 138 | 116 | 122 |
| 0.540 | 277 | 316 | 270 | 302 | 246 | 278 |
| 0.635 | 413 | 470 | 394 | 452 | 370 | 422 |
| 0.787 | 657 | 745 | 640 | 728 | 600 | 678 |
| 0.940 | 934 | 1074 | 914 | 1044 | 886 | 1012 |
| **0.0254-m-OD tubes on 0.0317-m pitch** | | | | | | |
| 0.203 | 21 | 21 | 16 | 16 | 14 | 16 |
| 0.305 | 48 | 55 | 45 | 52 | 40 | 48 |
| 0.387 | 81 | 91 | 76 | 86 | 68 | 80 |
| 0.540 | 177 | 199 | 166 | 188 | 158 | 170 |
| 0.635 | 260 | 294 | 252 | 282 | 238 | 256 |
| 0.787 | 406 | 472 | 398 | 454 | 380 | 430 |
| 0.940 | 596 | 674 | 574 | 664 | 562 | 632 |

다관형 열교환기에서 사용되는 가장 공통적인 형태의 방해판은 그림 14-41에 보인 분절 방해판이다. 많은 경우 분절 방해판들의 높이는 shell의 내부 직경의 75%이다. 이러한 배열은 25% 컷 분절 방해판이라고 칭한다. 방해판 컷에 대한 방해판 간격의 비는 열교환기의 shell 쪽의 실제적 압력강하를 결정하는 데에 핵심적인 설계 파라미터이다. 다른 형태의 방해판들로서 그림 14-42 및 14-43에 보인 바와 같은 디스크 및 도우넛 방해판과 오리피스 방해판이 있다.

이들 열교환기의 shell 쪽의 열전달 및 압력강하에 대한 정보를 얻기 위하여 세 가지 잘 알려진 방법들이 이용된다. 설계 엔지니어들은 Kern 방법[140]이 가장 간단한 접근방법이며 튜브에서의 흐름에 사용되는 식들과 유사한 식들을 이용한다는 것을 알게 될 것이다. 그러나 이 방법에서는 열교환기의 shell 내부에서 일어나는 유체 유출을 적절히 처리할 수 없다. 그러한 유체 유출을 감안하기 위해서 널리 알려진 Bell-Delaware 방법[141]에서는 실험 데이터에 근거한 몇 가지 보정인자들을 적용하고 있다. 그러나 이들 실험적인 보정인자들은 데이터베이스가 얻어지는 shell쪽 구조에 국한된다.

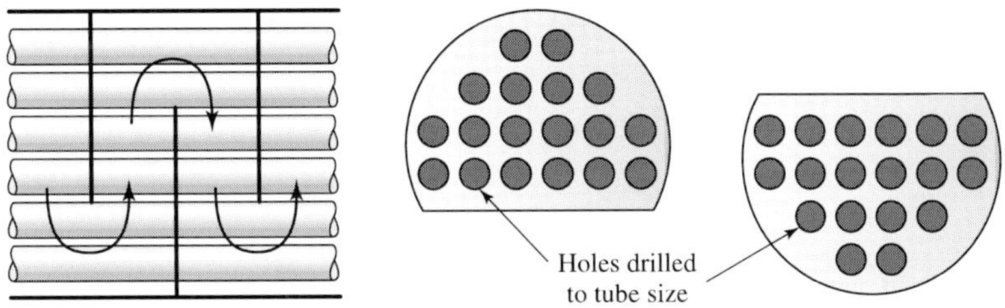


**그림 14-41**
분절 방해판

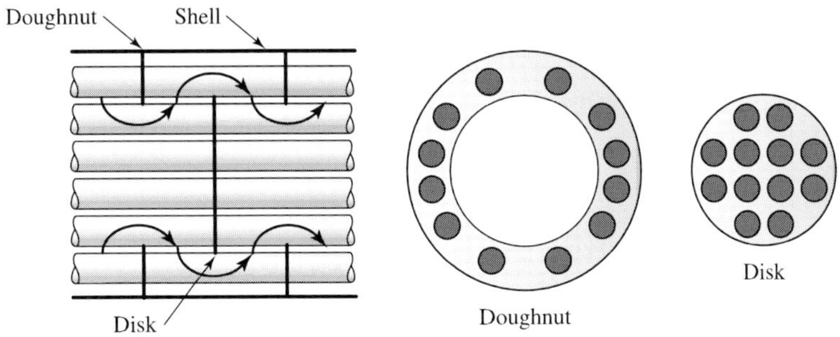


**그림 14-42**
디스크 및 도우넛 방해판

140) D. Q. Kern, Process Heat Transfer, McGraw-Hill, New York, 1986.

141) K. J. Bell, "Cooperative Research Program on Shell and Tube Heat Exchangers," University of Delaware Eng. Exp. Station Bulletin 5 (June 1963).

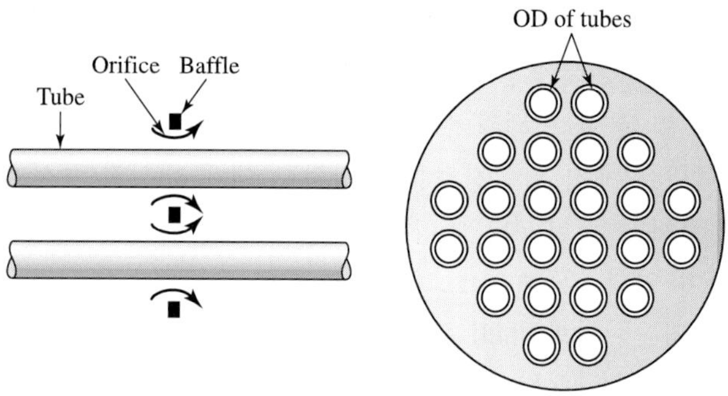


**그림 14-43**
오리피스 방해판

**Kern 방법** Kern에 의해 개발되었으며 오로지 25% 방해판 컷의 산업용 열교환기의 운전에 근거한 shell 쪽 열전달 계수에 대한 추정식은 다음과 같이 주어진다.

$$h_s = 0.36\frac{k}{D_e}\left(\frac{D_e G_s}{\mu}\right)^{0.55}\left(\frac{C_p \mu}{k}\right)^{0.33}\left(\frac{\mu}{\mu_w}\right)^{0.14} \tag{14-30}$$

위에서 $G_s$는 다음과 같이 얻어지는 shell쪽 질량유속이다.

$$G_s = \frac{\dot{m}_T}{S_m} \tag{14-31}$$

여기에서 $\dot{m}_T$는 shell 쪽의 총 질량유속이며 $S_m$은 shell에서 흐름의 중심선을 따라 측정된 교차흐름 면적이다. $S_m$ 값은 다음으로부터 얻어진다.

$$S_m = \frac{D_s P_D L_B}{P_T} \tag{14-32}$$

여기에서 $D_s$는 shell의 내경이며 $P_T$는 튜브 피치, $P_D$는 인접 튜브들 간의 거리 혹은 간극, 그리고 $L_B$는 인접 방해판들 간의 거리이다. 정방형 피치배열에 대한 대등직경 $D_e$는 다음과 같이 정의된다.

$$D_e = \frac{4\left(P_T^2 - 0.25\pi D_o^2\right)}{\pi D_o} \tag{14-33}$$

위에서 $D_o$는 튜브의 외경이다. 삼각 피치 배열에서는 $D_e$는 다음과 같이 정의된다.

$$D_e = \frac{4\left(0.86 P_T^2 - 0.25\pi D_o^2\right)}{\pi D_o} \tag{14-34}$$

열 교환기의 shell쪽에서 관찰되는 압력강하 $\Delta p_s$는 새어나가는 유체가 없다고 가정하면 다음과 같이 간단한 관계에 의해 주어진다.

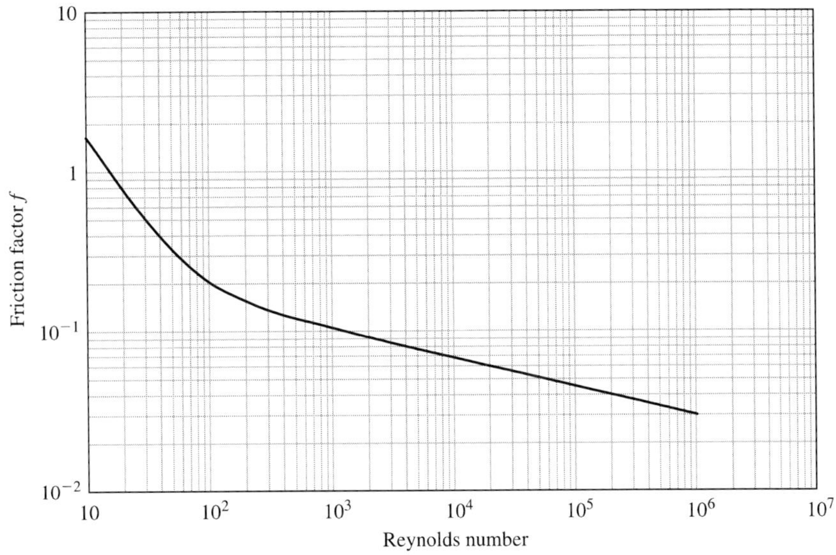


**그림 14-44**
Shell 쪽 Reynolds 수의 함수로 나타낸 마찰인자 $f$

$$\Delta p_s = \frac{4fG_s^2D_s(N_B+1)}{2\rho D_e(\mu/\mu_w)_s^{0.14}} \tag{14-35}$$

위에서 마찰인자 $f$는 그림 14-44로부터 shell 쪽의 Reynolds 수의 함수로서 얻어지며 $N_B$는 열 교환기에 대해 정해진 방해판 수이다. $N_B+1$ 값은 튜브 다발을 교차하는 유체 경로들을 나타낸다. Shell에서의 방해판 수는 다음과 같이 주어진다.

$$N_B = \frac{L_s}{L_B+t_b} - 1 \tag{14-36}$$

위에서 $L_s$는 열교환기의 길이, $L_B$는 방해판 사이의 간격, 그리고 $t_b$는 방해판 두께이다.
튜브 다발의 중심선을 가로질러 위치한 최대 튜브 수는 다음으로부터 정해진다.

$$N_T = \frac{D_s-\Delta_b}{P_T} = \frac{D_{OTL}}{P_T} \tag{14-37}$$

위에서 $\Delta_b$는 TEMA에서 추천하는 튜브다발-shell 간격이며 $D_s-\Delta_b$는 $D_{OTL}$로 표시되는 튜브다발 직경이다.

**Bell-Delaware 방법** Bell-Delaware 방법의 초기단계는 이상적인 교차흐름 열전달 계수의 계산이다. 이를 위해서는 다음과 같이 정의되는 Reynolds 수가 필요하다.

$$\mathrm{Re} = \frac{\rho V_{\max} D_o}{\mu} \tag{14-38}$$

위에서 $\rho$는 유체 밀도, $\mu$는 유체의 점도, $D_o$는 튜브의 외경, 그리고 $V_{\max}$는 최대 유속이다.

이 속도는 흐름의 중심선 부근의 튜브들 사이의 최대 속도로서 다음 관계로 주어진다.

$$V_{max} = \frac{\dot{m}_T}{\rho S_m} \tag{14-39}$$

위에서 $S_m$은 중심선 부근의 흐름 단면적으로서 다음과 같이 정방형 및 삼각 피치배열에 대하여 정의된다.

$$S_m = L_B\left[D_s - D_{OTL} + \frac{(D_{OTL} - D_o)(P_T - D_o)}{P_T}\right] \tag{14-40}$$

실제 shell 쪽 열전달 계수는 다음으로부터 얻어진다.

$$h_s = h_i J_C J_L J_B \tag{14-41}$$

여기에서 $h_i$는 표 14-1과 14-2에 제시된 적절한 상수 및 지수값들을 이용하여 식 (14-22)로부터 계산된 이상적인 교차흐름 열전달 계수이다. 보정인자 $J_C$, $J_L$ 및 $J_B$들은 이하에 언급된 바와 같이 Bell에 의해 고안된 관계로부터 구하여진다.

방해판 구조를 감안하여 주는 보정인자 $J_C$는 교차흐름으로 가정되는 튜브 부분의 함수이다. 이 부분은 다음 관계로부터 계산된다.

$$F_c = \frac{1}{\pi}\left[\pi + \frac{2(D_s - 2L_c)}{D_{OTL}}\sin\left(\cos^{-1}\frac{D_s - 2L_c}{D_{OTL}}\right) - 2\cos^{-1}\frac{D_s - 2L_c}{D_{OTL}}\right] \tag{14-42}$$

위에서 $L_C$는 $B_cD_c/100$으로부터 얻어지는 방해판 컷 거리이다. 여기에서 $B_c$는 방해판 컷 %로서 통상 shell 내경의 15 및 45% 이다. $J_C$를 얻기 위해서는 그림 14-45가 사용된다.

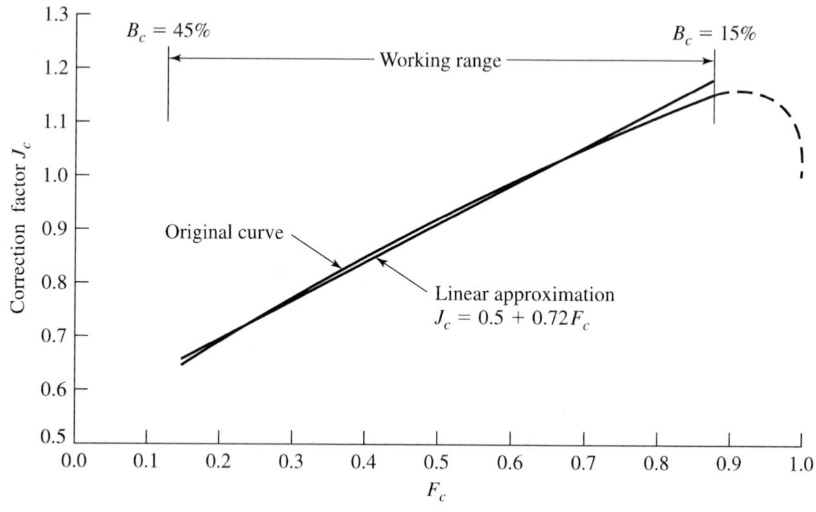


**그림 14-45**

방해판 구조의 영향에 대한 보정인자(R. H. perry and D. W. Green, *Perry's Chemical Engineers' Handbook*, 4th ed., McGraw-Hill, New York, 1963. McGraw-Hill 사로부터 승인하에 전재).

보정인자 $J_L$은 각각 shell-방해판 및 튜브-방해판 유출면적 $S_{sb}$ 및 $S_{tb}$와 연관되어 있다. 이들 두 유출면적은 다음으로부터 구하여진다.

$$S_{sb} = D_s\left(\frac{\Delta_{sb}}{2}\right)\left[\pi - \cos^{-1}\left(1 - \frac{2L_c}{D_s}\right)\right] \tag{14-43a}$$

$$S_{tb} = \pi D_o\left(\frac{\Delta_{tb}}{2}\right)N_T\frac{1 + F_c}{2} \tag{14-43b}$$

위에서 $\Delta_{sb}$와 $\Delta_{tb}$는 각각 shell-방해판 및 튜브-방해판 직경간격이며 $J_L$은 그림 14-46에서 $S_{tb}/(S_{sb}+S_{tb})$를 파라미터로 하여 $(S_{sb}+S_{tb})/S_m$의 비에 연관된다. 흐름 단면적 $S_m$은 식 (14-40)으로부터 직접 얻어진다.

관다발-shell 간극에서의 우회흐름을 감안하여 주는 보정인자 $J_B$는 우회흐름이 가능한 흐름 단면적 부분 $F_{bp}$의 함수로 나타내어진다. 여기에서 $F_{bp}$는 다음과 같이 정의된다.

$$F_{bp} = \frac{L_B}{S_m}(D_s - D_{OTL}) \tag{14-44}$$

관다발-shell 간극에서의 우회흐름을 최소화하기 위하여 shell 쪽에 수쌍의 봉함 스트립이 추가된다. 이는 열전달 속도에 영향을 미치며 보정인자 $J_B$를 얻을 때에 포함될 필요가 있다. 그림 14-47은 $N_{ss}/N_c$를 파라미터로 하여 $J_B$를 $S_b/S_m$ 비의 함수로 나타내고 있다. 여기에서 $N_{ss}$는 봉함 스트립 쌍의 수이며 $N_c$는 다음과 같이 얻어지는 가로지르는 열의 수이다.

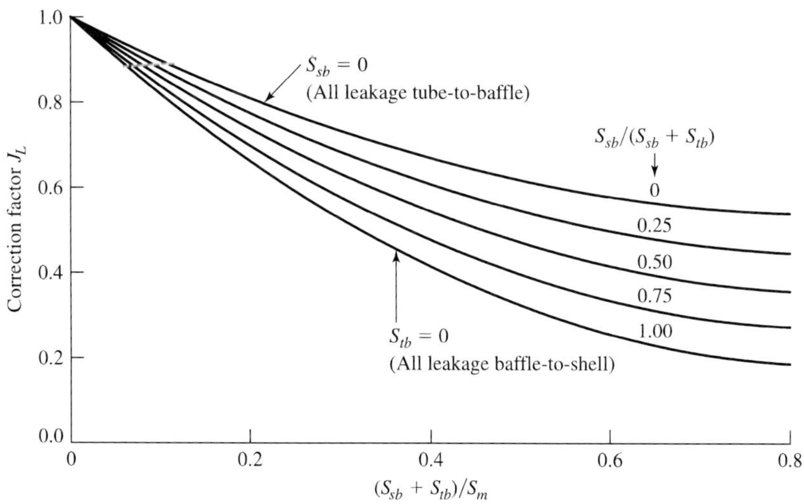


**그림 14-46**
다관형 열교환기에서의 열전달 계수의 계산에 있어서 튜브-방해판 및 방해판-shell 유출의 영향에 대한 보정인자(R. H. Perry and D. W. Green, *Perry's Chemical Engineers' Handbook*, 7th ed., McGraw-Hill, New York, 1999. McGraw-Hill 사로부터 승인하에 전재).

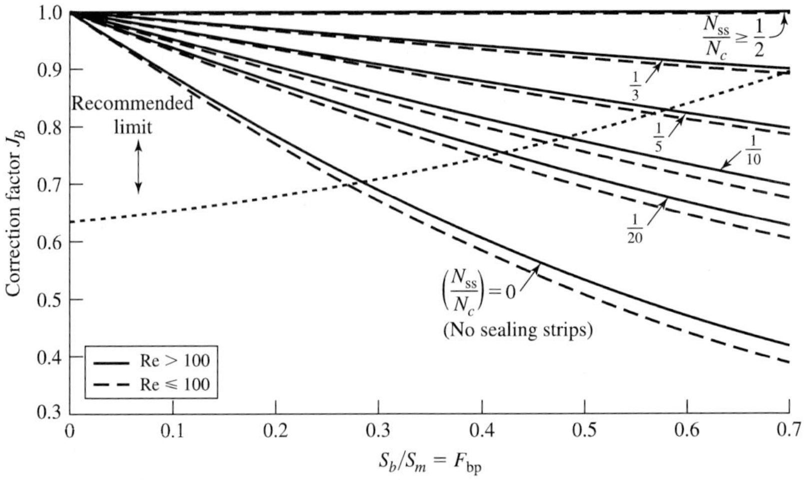


**그림 14-47**
다관형 열교환기에서 열전달 계수에 대한 우회흐름의 영향을 감안하여 주는 보정인자(R. H. perry and D. W. Green, *Perry's Chemical Engineers' Handbook*, 7th ed., McGraw-Hill, New York, 1999. McGraw-Hill 사로부터 승인하에 전재).

$$N_c = \frac{D_s}{P_{TP}}\left(1 - \frac{2L_c}{D_s}\right) \quad (14\text{-}45)$$

위에서 $P_{TP}$는 흐름방향에서의 튜브 열 간의 거리로서 장방형 튜브배열의 경우 $P_T$, 삼각 튜브배열의 경우 $0.866P_T$와 같다.

Bell-Delaware 방법을 이용하는 shell 쪽 압력강하의 계산은 열전달 계산에서의 경우와 유사하다. 먼저 흐름단면에 대한 압력강하를 정하고 다음에 방해판 유출과 우회흐름을 고려하기 위해 보정인자들을 적용한다. 흐름단면과 창 영역에 대하여 따로 계산을 함으로써 구조에 대한 보정을 피한다.

이상적인 흐름단면 압력강하는 다음으로부터 계산된다.

$$\Delta p_c = (K_a + N_c K_f)\left(\frac{\rho V_{max}^2}{2}\right) \quad (14\text{-}46)$$

위에서 상수 $K_a$는 튜브 다발의 유입 및 유출부에서의 유체의 압력손실에 연관되며 일반적으로 1.5의 근사값을 갖는다.(세부 사항은 표 12-1을 참조.) 상수 $K_f$는 유체가 관다발에서 연속적인 튜브 열 사이를 흐를때의 마찰 및 모멘텀 손실을 감안하여 준다. 이들 상수에 대한 값들은 표 14-10에 shell 쪽 유체에 대한 Reynolds 수의 함수로 주어져 있다. $V_{max}$ 및 $N_c$ 값들은 각각 식 (14-39)와 (14-45)로부터 얻어진다.

방해판들 사이의 "이상적인" 창 영역에 대한 압력강하는 Bell에 의해 다음과 같이 주어진다.

$$\Delta p_w = \frac{26\dot{m}_T\mu}{\rho(S_m S_w)^{1/2}}\left(\frac{N_{cw}}{P_T - D_o} + \frac{L_c}{D_w^2}\right) + \frac{\dot{m}_T^2}{S_m S_w \rho} \qquad \text{for Re} \leq 100 \quad (14\text{-}47a)$$

$$\Delta p_w = \frac{(2 + 0.6N_{cw})\dot{m}_T^2}{2S_m S_w \rho} \qquad \text{for Re} > 100 \quad (14\text{-}47b)$$

표 14-10 장방형 및 삼각 튜브 구조에 대한 $K_f$ 값

| Re | $K_f$ (Square pitch) 1.25 | 1.50 | 2.0 | $K_f$ (Triangular pitch) 1.25 | 1.50 | 2.0 |
|---|---|---|---|---|---|---|
| $10^1$ | 21.7 | 9.4 | 4.0 | 29.0 | 12.0 | 6.0 |
| $10^2$ | 2.35 | 1.2 | 0.65 | 3.20 | 1.80 | 1.25 |
| $10^3$ | 0.48 | 0.38 | 0.24 | 0.99 | 0.70 | 0.60 |
| $10^4$ | 0.42 | 0.34 | 0.24 | 0.51 | 0.43 | 0.38 |
| $10^5$ | 0.29 | 0.25 | 0.18 | 0.29 | 0.22 | 0.20 |
| $10^6$ | 0.27 | 0.25 | 0.18 | 0.23 | 0.18 | 0.17 |

The 1.25, 1.50, and 2.0 values in Table 14-10 are the pitch-to-diameter ratios for the specific tube arrangement. Interpolation relationships for a tube pitch of 1.25 have been developed by Zukauskas and Ulinskas as follows:

For in-line square arrays

$$K_f = 0.267 + \frac{0.249 \times 10^4}{\text{Re}} - \frac{0.927 \times 10^7}{\text{Re}^2} + \frac{0.100 \times 10^{11}}{\text{Re}^3} \qquad \text{for } 2 \times 10^3 < \text{Re} < 2 \times 10^6$$

For staggered arrays

$$K_f = 0.245 + \frac{0.339 \times 10^4}{\text{Re}} - \frac{0.984 \times 10^7}{\text{Re}^2} + \frac{0.133 \times 10^{11}}{\text{Re}^3} - \frac{0.599 \times 10^{13}}{\text{Re}^4} \qquad \text{for } 10^3 < \text{Re} < 10^6$$

A. Zukauskas and R. Ulinskas, in *Heat Exchanger Design Handbook,* Hemisphere Publishing, Washington, 1983, Sec. 2.2.4.

여기서 $N_{cw}$는 창 영역에서 유효 흐름단면 열의 수로서 다음과 같이 정의된다.

$$N_{cw} = \frac{0.8L_c}{P_{TP}} \tag{14-48}$$

창 흐름 면적 $S_w$는 다음과 같이 정의된다.

$$S_w = \frac{D_s^2}{4}\left[\cos^{-1} D_B - D_B\left(1 - D_B^2\right)^{1/2}\right] - \frac{N_T}{8}(1 - F_c)\pi D_o^2 \tag{14-49}$$

위에서 $D_B$는 라디안 단위로 $(D_s - 2L_c)/D_s$로 정의되며 $N_T$는 관다발에서 총 튜브 수이다. 창 영역에서의 대등직경 $D_w$는 다음과 같이 주어진다.

$$D_w = \frac{4S_w}{4[(\pi/2)N_T(1 - F_c)D_o + 2\cos^{-1} D_B]} \tag{14-50}$$

Shell 쪽 단면의 압력강하는 다음에 의해 주어진다.

$$\Delta p_s = [(N_B - 1)\,\Delta p_c\, R_B + N_B\,\Delta p_w]R_L + 2\Delta p_c R_B\left(1 + \frac{N_{cw}}{N_c}\right) \tag{14-51}$$

위에서 보정인자 $R_B$와 $R_L$은 각각 그림 14-48과 14-49로부터 얻어지며 $N_B$는 식 (14-36)으로부터 얻어지는 바와 같은 소요 방해판 수이다.

**Wills와 Johnston 방법** 흐름분석 방법은 근래의 많은 컴퓨터 프로그램의 바탕이 되었다. 이 방법을 단순화시킨 형태는 다양한 상용 컴퓨터 프로그램으로부터 얻은 결과들을 검증하는 도구의 기능을 할 수 있다.

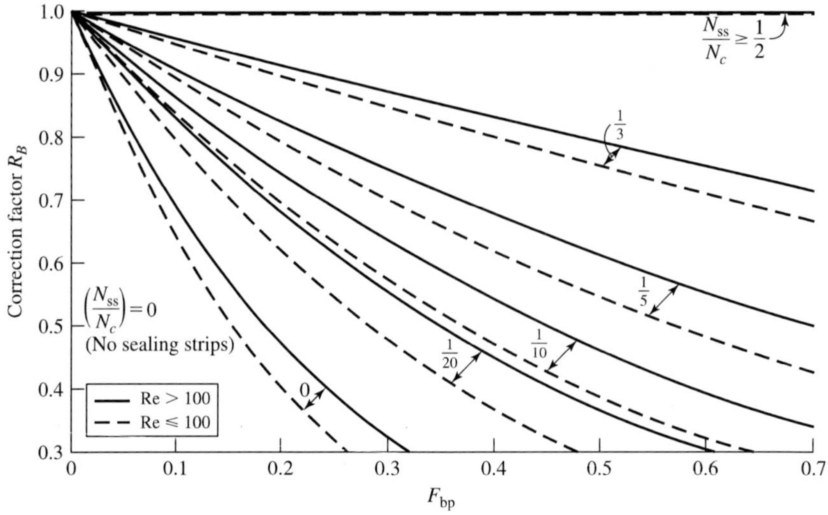


**그림 14-48**

압력강하에 대한 우회흐름의 영향을 나타내는 보정인자 $R_B$(R. H. perry and D. W. Green, *Perry's Chemical Engineers' Handbook*, 7th ed., McGraw-Hill, New York, 1999. McGraw-Hill 사로부터 승인하에 전재).

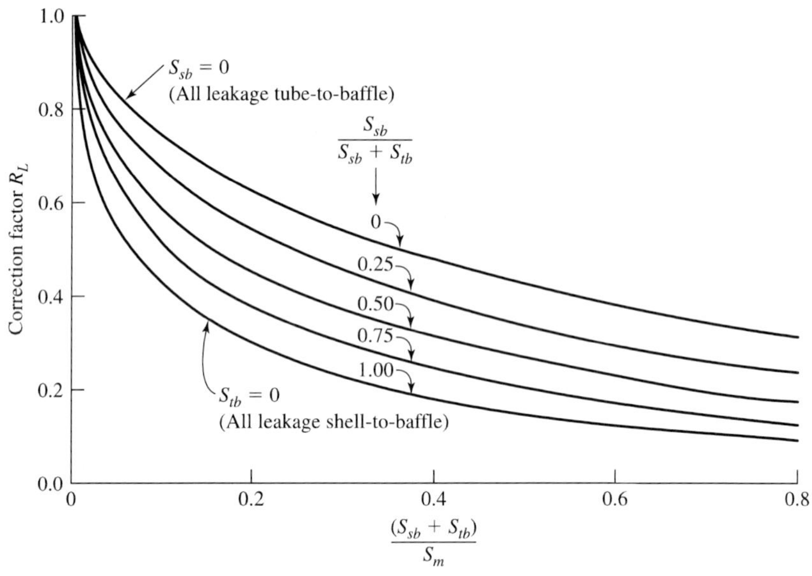


**그림 14-49**

압력강하에 대한 튜브-방해판 및 shell-방해판 유출의 영향을 위한 보정인자 $R_L$(R. H. perry and D. W. Green, *Perry's Chemical Engineers' Handbook*, 7th ed., McGraw-Hill, New York, 1999. McGraw-Hill 사로부터 승인하에 전재).

그림 14-50은 shell에서 유체가 *A*로부터 *B*로 흐르는 경우 고려되는 흐름경로를 나타내고 있다. 이에는 경로 *t*에서 방해판과 튜브들 사이 및 경로 *s*에서 방해판과 shell 사이의 유출이 포함된다. 흐름의 일부는 경로 *c*에서 튜브들을 교차하여 흐르며 이의 일부는 경로 *b*에서 관다발을 우회한다. 교차흐름과 우회흐름은 합쳐져서 창 영역을 지나 흐르는 흐름 *w*를 형성한다.

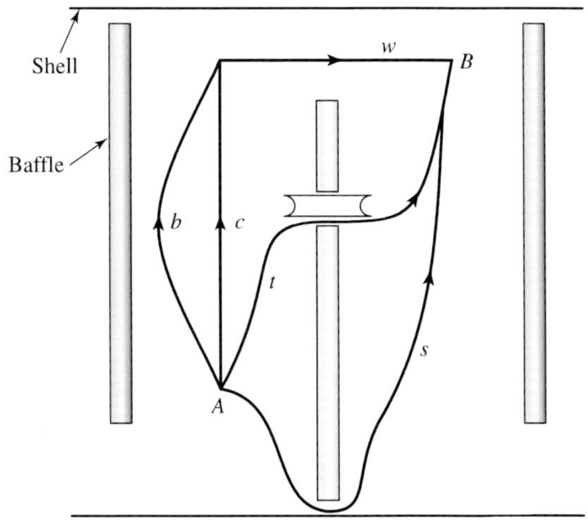


**그림 14-50**
Wills와 Johnston 방법에서의 흐름("Flow Streams in the Wills and Johnston Method," M. J. Wills and D. Johnston in 22nd National Heat Transfer Conference, *Heat Transfer Division*, vol.36, ASME, New York, 1984. American Society of Mechanical Engineers의 승인하에 전재).

각 흐름에 대하여 계수 $n_i$은 다음과 같이 정의된다.

$$\Delta p_i = n_i \dot{m}_i^2 \tag{14-52}$$

한편 총 압력강하 $\Delta p$는 다음으로부터 얻는다.

$$\Delta p = \Delta p_s = \Delta p_t = \Delta p_b + \Delta p_w = \Delta p_c + \Delta p_w \tag{14-53}$$

식 (14-52)로부터 통합 계수 $n_a$, $n_p$ 및 $n_{cb}$는 다음으로부터 정의된다.

$$\Delta p = n_a \dot{m}_w^2 \tag{14-54a}$$
$$\Delta p = n_p \dot{m}_T^2 \tag{14-54b}$$
$$\Delta p_c = \Delta p_b = n_{cb} \dot{m}_w^2 \tag{14-54c}$$

이를 상수들에 대하여 풀면

$$n_a = n_w + n_{cb} \tag{14-55a}$$
$$n_p = \left(n_a^{-1/2} + n_s^{-1/2} + n_t^{-1/2}\right)^{-2} \tag{14-55b}$$
$$n_{cb} = \left(n_c^{-1/2} + n_b^{-1/2}\right)^{-2} \tag{14-55c}$$

간단히 하기 위해 Wills와 Johnston은 $n_s$, $n_t$, $n_w$ 그리고 $n_b$들은 유량에 관계없이 일정하며 열교환기의 내부 구조에만 좌우된다고 가정하였다. 단면흐름계수 $n_c$는 흐름단면 Reynolds 수의 함수로서 변화하도록 허용된 유일한 계수이며 흐름단면 압력손실 추정으로부터 결정된다. $n_c$는 상수가 아니므로 반복계산이 필요하다.

정해진 열교환기에 대하여 shell 쪽 계산을 시작하기 위해서 아래에 주어진 관계들로부터 고정된 $n_s$, $n_t$, $n_w$ 그리고 $n_b$ 값들을 구한다. Shell-방해판 유출저항 계수는 다음에 의해 주어진다.

$$n_s = \frac{0.036(2t_b/\Delta_{sb}) + 2.3(2t_b/\Delta_{sb})^{-0.177}}{2\rho S_s^2} \tag{14-56}$$

위에서 $S_s$는 다음 관계로부터 얻어지는 shell-방해판 유출면적이다.

$$S_s = \pi\left(D_s - \frac{\Delta_{sb}}{2}\right)\left(\frac{\Delta_{sb}}{2}\right) \tag{14-57}$$

여기에서 $\Delta_{sb}$는 shell-방해판 직경방향 간극이며 $t_b$는 방해판 두께이다. 튜브-방해판 간극저항계수 $n_s$는 다음 식에 의해 주어진다.

$$n_t = \frac{0.036(2t_b/\Delta_{tb}) + 2.3(2t_b/\Delta_{tb})^{-0.177}}{2\rho S_t^2} \tag{14-58}$$

여기에서 $\Delta_{tb}$는 튜브-방해판 직경방향 간극이며 $S_t$는 다음과 같이 주어지는 튜브-방해판 유출면적이다.

$$S_t = N_T\pi\left(D_o + \frac{\Delta_{tb}}{2}\right)\left(\frac{\Delta_{tb}}{2}\right) \tag{14-59}$$

창 흐름저항계수 $n_w$는 다음으로부터 얻어진다.

$$n_w = \frac{1.9e^{0.6856S_w/S_m}}{2\rho S_w^2} \tag{14-60}$$

위에서 $S_m$은 장방형 및 삼각 피치 배열에 대하여 식 (14-40)에서 정의된 흐름 단면적이며 $S_w$는 식 (14-49)로 주어지는 창 흐름 면적이다. 우회흐름 저항계수 $n_b$는 다음 식으로부터 계산된다.

$$n_b = \frac{a(D_s - 2L_c)/P_{TP} + N_{ss}}{2\rho S_b^2} \tag{14-61}$$

위에서 $D_s$는 shell의 내경, $L_c$는 방해판 컷 길이, $P_{TP}$는 흐름방향으로의 튜브열 사이의 간격, $N_{ss}$는 봉함 스트립의 수, 그리고 $S_b$는 다음과 같이 정의되는 우회흐름 면적이다.

$$S_b = (\Delta_b + \Delta_{pp})L_B \tag{14-62}$$

위에서 $\Delta_b$는 관다발-shell 직경방향 간극이며 $\Delta_{pp}$는 내부경로 구분에 따른 간극이다.

식 (14-52)에 근거한 흐름단면 압력강하는 다음 관계에 의해 $n_c$와 연관된다.

$$\Delta p_c = n_c\dot{m}_c^2 \tag{14-63}$$

이는 또한 식 (14-46)에 의해 주어지는 흐름 중심선 부근의 튜브들 사이의 최대 속도와 관련된다. $V_{\max}$를 $\dot{m}_c / \rho S_m$로 치환하면 앞의 두 식의 풀이로부터 $n_c$에 대한 다음 관계에 이른다.

$$n_c = \frac{K_a + N_c K_f}{2\rho S_m^2} \tag{14-64}$$

교차열 수 $N_c$는 식 (14-45)로부터 얻어지며 파라미터 $K_f$는 장방형 혹은 삼각 튜브 배열에 대하여 Reynolds 수의 함수로서 표 14-10으로부터 얻어진다. $D_o\dot{m}_c/S_m\mu$로 주어지는 Reynolds 수는 또한 $\dot{m}_c$와도 연관되므로 처음에는 이 값을 $\dot{m}_c = F_{cr}\dot{m}_T$로부터 추정하는 것이 필요하다. 여기에서 $F_{cr}$은 흐름 가운데 튜브 다발을 통한 교차흐름의 분율이다. ($F_{cr}$의 초기 추정치로서 0.5가 적절하다.) 이들로부터 $n_c$, $n_a$ 및 $n_p$가 정해질 수 있다. $F_{cr}$ 추정치를 검증하기 위해 새로운 $F_{cr}$ 값을 다음 관계로부터 계산한다.

$$F_{cr} = \frac{(n_p/n_a)^{1/2}}{1 + (n_c/n_b)^{1/2}} \tag{14-65}$$

이 분석방법에서 고려되고 있는 각 흐름에 대한 흐름분율은 다음 관계들로부터 계산된다.

$$F_s = \left(\frac{n_p}{n_s}\right)^{1/2} \tag{14-66}$$

$$F_t = \left(\frac{n_p}{n_t}\right)^{1/2} \tag{14-67}$$

$$F_b = \frac{(n_p/n_a)^{1/2}}{1 + (n_b/n_c)^{1/2}} \tag{14-68}$$

$$F_w = F_b + F_{cr} \tag{14-69}$$

흐름 분율들의 합은 1이어야 한다. 즉

$$F_{cr} + F_s + F_t + F_b = 1 \tag{14-70}$$

방해판 간격당 압력강하는 식 (14-54b)에 의해 주어지며 shell 쪽의 총 압력강하는 다음과 같다.

$$\Delta p_s = (N_B + 1)\Delta p \tag{14-71}$$

위에서 $\Delta p$는 방해판 당 압력강하이다.

## 예제 14-6 Kern 방법, Bell-Delaware 방법, 그리고 Wills-Johnston 방법을 이용한 다관형 열교환기의 shell 쪽의 열전달 계수 및 압력강하의 추정염화비닐 경로를 위한 제품 및 원료값

하나의 shell과 하나의 튜브 경로를 갖는 다관형 열교환기가 냉각기로 사용되고 있다. 냉매는 물로서 열교환기의 shell 쪽의 유량은 11 kg/s이다. 내경이 0.584 m인 shell은 총 384개의 튜브가 적층된(삼각) 배열로 채워져 있다. 튜브의 외경은 0.019 m이며 튜브들 사이의 간극은 0.00635

m이다. 25% 컷의 분절 방해판이 shell 쪽에 사용되고 있으며 방해판 간격은 0.1524 m이고 열교환기의 길이는 3.66 m이다.

물의 평균온도는 30°C이며 물 쪽의 튜브 벽의 평균온도는 40°C이다. 이들 조건하에서 Kern과 Bell-Delaware 및 Wills와 Johnston 방법을 사용하여 shell 쪽의 압력강하와 물에 대한 열전달계수를 구하여라.

■ **풀이**

세 사지 방법 모두에서의 과정은 shell-튜브 부분에서 간단하게 다루었다. 부록 D에는 물에 대한 다음과 같은 데이터가 제시되어 있다.

| | 30°C | 35°C | 40°C |
|---|---|---|---|
| **Physical property data** | | | |
| Thermal conductivity $k$, kJ/s·m·K | 0.000616 | 0.000623 | 0.000632 |
| Heat capacity $C_p$, kJ/kg·K | 4.179 | 4.179 | 4.179 |
| Viscosity $\mu$, Pa·s | 0.000803 | 0.000724 | 0.000657 |
| Density $\rho$, kg/m$^3$ | 995 | 995 | 995 |
| **Exchanger configuration** | | | |
| Shell internal diameter | | $D_s = 0.584$ m | |
| Tube outside diameter | | $D_o = 0.019$ m | |
| Tube pitch (triangular) | | $P_T = 0.0254$ m | |
| Number of tubes | | $N_T = 384$ | |
| Baffle spacing | | $L_B = 0.1524$ m | |
| Shell length | | $L_s = 3.66$ m | |
| Bundle-to-shell diametral clearance† | | $\Delta_b = 0.035$ m | |
| Shell-to-baffle diametral clearance† | | $\Delta_{sb} = 0.005$ m | |
| Tube-to-baffle diametral clearance† | | $\Delta_{tb} = 0.0008$ m | |
| Thickness of baffle† | | $t_b = 0.005$ m | |
| Sealing strips per cross-flow row† | | $N_{ss}/N_c = 0.2$ | |

†Items consistent with recommendations by J. Taborek, in *Heat Exchanger Design Handbook*, Hemisphere Publishing, Washington, 1983, Sec. 3.3.5.

### Kern 방법

Shell 중심선에서 흐름면적을 결정한다. 튜브 사이의 간격 $P_D$는 0.00635 m로 주어져 있다. Shell에서 흐름의 중심선을 따른 단면적은 식 (14-32)에 의해 주어진다.

$$S_s = \frac{D_s P_D L_B}{P_T} = \frac{0.584(0.00635)(0.1524)}{0.0254} = 0.02225 \text{ m}^2$$

식 (14-33)으로부터 $D_e$를 정한다.

$$D_e = \frac{4\left(P_T^2 - \pi D_o^2/4\right)}{\pi D_o} = \frac{4[(0.0254)^2 - (\pi/4)(0.019)^2]}{\pi(0.019)} = 0.02423 \text{ m}$$

질량유속 $G_s$는

$$G_s = \frac{\dot{m}_T}{S_s} = \frac{11}{0.02225} = 494.4 \text{ kg/m}^2\text{·s}$$

평균 물 온도에서 열전달 계수를 구하기 위해서는 Reynolds 수와 Prandtl 수의 계산이 요구된다.

$$\text{Re} = \frac{D_e G_s}{\mu_f} = \frac{0.02423(494.4)}{0.000724} = 16{,}550$$

$$\text{Pr} = \left(\frac{C_p \mu}{k}\right)_f = \frac{4.179(0.000724)}{0.000623} = 4.86$$

식 (14-30)으로부터

$$\begin{aligned} h_s &= 0.36\left(\frac{k}{D_e}\right)\text{Re}^{0.55}\text{Pr}^{0.33}\left(\frac{\mu}{\mu_w}\right)^{0.14} \\ &= 0.36\left(\frac{0.623}{0.02423}\right)(16{,}550)^{0.55}(4.86)^{0.33}\left(\frac{0.000803}{0.000657}\right)^{0.14} \\ &= 3369\ \text{W/m}^2\cdot\text{K} \end{aligned}$$

어떤 형태의 유체 유출에 따른 영향이 없다고 가정하고 shell 쪽의 압력강하를 계산한다. Shell 쪽의 방해판 수는 식 (14-36)으로부터 얻어진다.

$$N_B = \frac{L_s}{L_B + t_b} - 1 = \frac{3.66}{0.1524 + 0.005} - 1 = 22.2 \text{ or } 22$$

Shell 쪽의 Reynolds 수 16,550에 대하여 그림 14-44로부터 0.062의 마찰인자를 얻는다. 압력강하는 식 (14-35)로부터 구한다.

$$\begin{aligned} \Delta p_s &= \frac{4\hat{f} G_s^2 D_s (N_B + 1)}{2\rho D_e (\mu/\mu_w)_s^{0.14}} \\ &= \frac{4(0.062)(494.4)^2(0.584)(22+1)}{2(995)(0.02423)(0.000803/0.000657)^{0.14}} = 16{,}420\ \text{Pa} \end{aligned}$$

### Bell-Delaware 방법

이 방법에서 첫 번째 단계는 이상적인 교차흐름 열전달 계수를 계산하는 것이다. 식 (14-39)로부터 $V_{\max}$를 구하고 식 (14-40)으로부터 $S_m$을 얻어서 식 (14-22)에 대입한다.

$$\begin{aligned} S_m &= L_B\left[D_s - D_{OTL} + \frac{(D_{OTL} - D_o)(P_T - D_o)}{P_T}\right] \qquad \text{where } D_{OTL} = D_s - \Delta_b = 0.549 \\ &= 0.1524\left[0.035 + \frac{(0.549 - 0.019)(0.0254 - 0.019)}{0.0254}\right] = 0.0255\ \text{m}^2 \end{aligned}$$

$$V_{\max} = \frac{\dot{m}_T}{\rho S_m} = \frac{11}{995(0.0255)} = 0.4335\ \text{m/s}$$

$$\text{Re} = \frac{\rho V_{\max} D_o}{\mu} = \frac{995(0.4335)(0.019)}{0.000803} = 10{,}205$$

$$\text{Pr} = \frac{C_p \mu}{k} = \frac{4.179(0.000803)}{0.000616} = 5.449$$

이상적인 열전달 계수는 다음과 같이 주어진다.

$$h_i = \frac{k}{D_o} a\,\text{Re}^m\,\text{Pr}^{0.34} F_1 F_2$$

위에서 $a$와 $m$은 적층 튜브배열에 대하여 표 14-1로부터 얻어지며 $F_1$은 식 (14-22b)로부터, $F_2$는 표 14-2로부터 얻는다.

$$h_i = \left(\frac{0.616}{0.019}\right)(0.273)(10,205)^{0.635}(5.449)^{0.34}\left(\frac{5.449}{4.345}\right)^{0.26}(0.99)$$
$$= 5807 \text{ W/m}^2\cdot\text{K}$$

실제 shell쪽 열전달 계수는 식 (14-41)로부터 얻는다. 이를 위해서는 방해판 구조와 유출, 그리고 우회흐름을 감안하여 주는 적절한 보정인자들을 이용하여 $J_C$, $J_L$ 및 $J_B$ 값들을 구할 필요가 있다. 식 (14-42)로부터 $F_c$를 구한다.

$$F_c = \frac{1}{\pi}\left[\pi + \frac{2(D_s - 2L_c)}{D_{OTL}}\sin\left(\cos^{-1}\frac{D_s - 2L_c}{D_{OTL}}\right) - 2\cos^{-1}\frac{D_s - 2L_c}{D_{OTL}}\right]$$

25% 방해판 컷으로부터

$$L_c = 0.25D_s = 0.25(0.584) = 0.146 \text{ m}$$

$$\frac{D_s - 2L_c}{D_{OTL}} = \frac{0.584 - 2(0.146)}{0.549} = 0.5318$$

$$F_c = \frac{1}{\pi}[\pi + 2(0.5318)\sin(\cos^{-1}0.5318) - 2\cos^{-1}0.5318] = 0.6437$$

그림 14-45로부터

$$J_C = 0.55 + 0.72F_c = 0.55 + 0.72(0.6437) = 1.013$$

$J_L$을 얻기 위해 식 (14-43a)와 (14-43b)로부터 $S_{sb}$와 $S_{tb}$를 각각 구한다.

$$S_{sb} = D_s\left(\frac{\Delta_{sb}}{2}\right)\left[\pi - \cos^{-1}\left(1 - \frac{2L_c}{D_s}\right)\right]$$
$$= (0.584)\left(\frac{0.005}{2}\right)\left\{\pi - \cos^{-1}\left[1 - \frac{2(0.146)}{0.584}\right]\right\} = 0.003058 \text{ m}^2$$

$$S_{tb} = \pi D_o\left(\frac{\Delta_{tb}}{2}\right)N_T\frac{1 + F_c}{2}$$
$$= \pi(0.019)\left(\frac{0.0008}{2}\right)(384)\left(\frac{1 + 0.6437}{2}\right) = 0.007535 \text{ m}^2$$

보정인자 $J_L$은 $S_{sb}$와 $S_{tb}$를 이용하여 그림 14-46으로부터 얻는다.

$$\frac{S_{sb} + S_{tb}}{S_m} = \frac{0.003058 + 0.007535}{0.0255} = 0.4154$$

$$\frac{S_{sb}}{S_{sb} + S_{tb}} = \frac{0.003058}{0.003058 + 0.007535} = 0.2887$$

그림 14-46으로부터 $J_L$ 값으로 0.56을 얻는다.

관다발-shell 간격에서의 우회흐름에 대한 보정인자 $J_B$를 얻기 위하여 식 (14-44)를 이용하여 우회흐름이 가능한 단면적 분율 $F_{bp}$를 얻는다.

$$F_{bp} = \frac{L_B}{S_m}(D_s - D_{OTL}) = \frac{0.1524}{0.0255}(0.035) = 0.2092$$

$F_{bp} = S_b/S_m$이며 그림 14-47을 이용하여 $N_{ss}/N_c = 0.2$일 때 $J_B$ 값으로 0.935를 얻을 수 있다. 식 (14-41)로부터 보정된 열전달 계수는

$$h = h_i J_c J_L J_B$$
$$= 5807(1.013)(0.56)(0.935) = 3080 \text{ W/m}^2\cdot\text{K}$$

Bell-Delaware 방법을 이용한 압력강하의 산출은 열전달 계수를 얻는 과정과 유사하다. 하나의 방해판 공간을 통한 이상적인 단면 압력강하는 식 (14-46)을 이용하여 얻는다.

$$\Delta p_c = (K_a + N_c K_f)\left(\frac{\rho V_{max}^2}{2}\right) \qquad \text{assume } K_a = 1.5$$

$$N_c = \frac{D_s}{P_{TP}}\left(1 - \frac{2L_c}{D_s}\right) \qquad P_{TP} = 0.866 P_T\text{, for triangular array}$$

$$= \frac{0.584}{0.866(0.0254)}\left[1 - \frac{2(0.146)}{0.584}\right] = 13.27$$

표 14-10의 각주에 주어진 다음 관계를 이용하여 $K_f$ 값으로 0.495가 얻어진다.

$$K_f = 0.245 + \frac{0.339 \times 10^4}{\text{Re}} - \frac{0.984 \times 10^7}{\text{Re}^2} + \frac{0.133 \times 10^{11}}{\text{Re}^3} - \frac{0.599 \times 10^{13}}{\text{Re}^4}$$

$$\Delta p_c = [1.5 + 13.27(0.495)](995)\frac{(0.4335)^2}{2} = 754 \text{ Pa}$$

식 (14-47b)로부터 창 영역 압력손실을 계산한다. 먼저 식 (14-49)로부터 창 흐름영역을 구한다.

$$S_w = \frac{D_s^2}{4}\left[\cos^{-1} D_B - D_B\left(1 - D_B^2\right)^{1/2}\right] - \frac{N_T}{8}(1 - F_c)\pi D_o^2$$

이에서

$$D_B = \frac{D_s - 2L_c}{D_s} = 1 - \frac{2L_c}{D_s} = 1 - \frac{2(0.146)}{0.584} = 0.5$$

$$S_w = \frac{(0.584)^2}{4}\{\cos^{-1} 0.5 - 0.5[1 - (0.5)^2]^{1/2}\} - \left(\frac{384}{8}\right)(1 - 0.6437)\pi(0.019)^2$$
$$= 0.03298 \text{ m}^2$$

다음에 식 (14-48)로부터 창 영역에서 실제 교차흐름 열의 수를 계산한다.

$$N_{cw} = \frac{0.8L_c}{P_{TP}} = \frac{0.8(0.146)}{0.866(0.0254)} = 5.31$$

이제 Re > 100의 경우에 대하여 창 영역 압력강하를 계산한다.

$$\Delta p_w = \frac{(2 + 0.6N_{cw})\dot{m}_T^2}{2S_m S_w \rho}$$
$$= [2 + 0.6(5.31)]\frac{(11)^2}{2(0.0255)(0.03298)(995)} = 375 \text{ Pa}$$

최종적으로 유출 및 우회흐름 보정인자 $R_B$와 $R_L$을 산출한다. $R_B$를 얻기 위하여 그림 14-48과 함께 $F_{bp}$의 계산값과 $N_{ss}/N_c = 0.2$를 이용한다. 이로부터 $R_B$ 값으로 0.82를 얻는다. $R_L$의 경우에는 그림 14-49와 함께 면적비 $(S_{sb}+S_{tb})/S_m$ 및 $S_{sb}/(S_{sb}+S_{tb})$를 이용하여 0.365의 $R_L$ 값을 얻는다.

Shell을 통한 압력강하는 식 (14-51)에 의해 주어진다.

$$\Delta p_s = [(N_B - 1)\,\Delta p_c R_B + N_B \Delta p_w]R_L + 2\,\Delta p_c R_B\left(1+\frac{N_{cw}}{N_c}\right)$$

$$= [(22-1)(754)(0.82) + 22(375)](0.365) + 2(754)(0.82)\left(1+\frac{5.31}{13.27}\right)$$

$$= 7750 + 1731 = 9481 \text{ Pa}$$

**Wills와 Johnston 방법**

이 방법에서의 열전달 계수 계산과정은 Reynolds 수가 $\dot{m}_c = F_{cr}\dot{m}_T$로부터 얻어진다는 사실을 제외하고는 Bell-Delaware에서 이용된 것과 유사하다. $F_{cr}$을 계산하기 위해서는 식 (14-55a) ~ (14-55c), (14-56), (14-58), (14-60) 및 (14-61)에 정의된 바와 같은 그림 14-50의 흐름저항 계수들을 구할 필요가 있다.

식 (14-56)과 (14-57)을 사용하여 shell-방해판 저항계수 $n_s$를 계산한다.

$$S_s = \pi\left(D_s - \frac{\Delta_{sb}}{2}\right)\left(\frac{\Delta_{sb}}{2}\right) = \pi\left(0.584 - \frac{0.005}{2}\right)\left(\frac{0.005}{2}\right) = 0.004567 \text{ m}^2$$

$$n_s = \frac{0.036(2t_b/\Delta_{sb}) + 2.3(2t_b/\Delta_{sb})^{-0.177}}{2\rho S_s^2}$$

$$= \frac{0.036(2)(0.005)/0.005 + 2.3[2(0.005)/0.005]^{-0.177}}{2(995)(0.004567)^2}$$

$$= 50.75$$

식 (14-58)과 (14-59)로부터 튜브-방해판 간극저항계수 $n_t$를 계산한다.

$$S_t = N_T\pi\left(D_o + \frac{\Delta_{tb}}{2}\right)\left(\frac{\Delta_{tb}}{2}\right)$$

$$= 384\pi(0.019 + 0.0004)(0.0004) = 0.00936 \text{ m}^2$$

$$n_t = \frac{0.036(2t_b/\Delta_{tb}) + 2.3(2t_b/\Delta_{tb})^{-0.177}}{2\rho S_t^2}$$

$$= \frac{0.036(2)(0.005/0.0008) + 2.3[2(0.005/0.0008)]^{-0.177}}{2(995)(0.00936)^2}$$

$$= 11.02$$

식 (14-60)으로부터 창 흐름 저항계수 $n_w$를 계산한다.

$$n_w = \frac{1.9e^{0.6856\,S_w/S_m}}{2\rho S_w^2}$$

위에서 Bell-Delaware 계산으로부터 $S_m = 0.0255 \text{ m}^2$, $S_w = 0.03298 \text{ m}^2$이다.

$$n_w = \frac{1.9 \exp[0.6856(0.03298/0.0255)]}{2(995)(0.03298)^2} = 2.13$$

우회흐름 저항계수 $n_b$는 식 (14-61)과 (14-62)로부터 계산된다.

$$S_b = (\Delta_b + \Delta_{pp})L_B \qquad \text{(assume } \Delta_{pp} \cong 0\text{)}$$
$$= (0.035 + 0)(0.1524) = 0.00533 \text{ m}^2$$
$$N_{ss} = N_c \frac{N_{ss}}{N_c} = 13.27(0.2) = 2.65 \cong 3$$
$$n_b = \frac{a(D_s - 2L_c)/P_{TP} + N_{ss}}{2\rho S_b^2}$$

$N_c = (D_s / P_{TP})(1 - 2L_c/D_s)$이므로 이를 다시 정리하여 다음과 같이 간단히 할 수 있다.

$$n_b = \frac{aN_c + N_{ss}}{2\rho S_b^2} \qquad \text{where } a = 0.133 \text{ for triangular arrays}$$
$$= \frac{0.133(13.27) + 3}{2(995)(0.00533)^2} = 84.2$$

첫 번째 근사로서 관다발 상의 교차흐름부분의 분율 $F_{cr}$을 0.5라고 가정하고 흐름저항계수 $n_c$에 대한 계산을 시작한다. $F_{cr}$이 0.5인 경우

$$\text{Re} = \frac{D_o \dot{m}_T F_{cr}}{S_m \mu}$$
$$= \frac{0.019(11)(0.5)}{0.0255(0.000803)} = 5103$$

흐름저항계수 $n_c$는 식 (14-64)를 이용하여 산출되는데 여기에서 $K_f$는 $10^3 < \text{Re} < 10^6$ 범위에서 표 14-10에 주어진 삼각튜브 배열에 대한 관계로부터 얻어진다.

$$K_f = 0.245 + \frac{0.339 \times 10^4}{\text{Re}} - \frac{0.984 \times 10^7}{\text{Re}^2} + \frac{0.133 \times 10^{11}}{\text{Re}^3} - \frac{0.599 \times 10^{13}}{\text{Re}^4}$$
$$K_f(\text{Re} = 5103) = 0.6227$$

$n_c$, $n_{cb}$, $n_a$ 및 $n_p$를 계산하여 새로운 $F_{cr}$ 값을 구한다.

$$n_c = \frac{K_a + N_c K_f}{2\rho S_m^2} \qquad \text{assume } K_a = 1.5$$
$$= \frac{1.5 + 13.27(0.6227)}{2(995)(0.0255)^2} = 7.55$$
$$n_{cb} = \left(n_c^{-1/2} + n_b^{-1/2}\right)^{-2}$$
$$= (7.55^{-1/2} + 84.2^{-1/2})^{-2} = 4.47$$
$$n_a = n_w + n_{cb} = 2.13 + 4.47 = 6.60$$
$$n_p = \left(n_a^{-1/2} + n_s^{-1/2} + n_t^{-1/2}\right)^{-2}$$
$$= [(6.60)^{-1/2} + (50.75)^{-1/2} + (11.02)^{-1/2}]^{-2} = 1.47$$

이제 식 (14-65)로부터 새로운 $F_{cr}$ 값을 계산한다.

$$F_{cr} = \frac{(n_p/n_a)^{1/2}}{1+(n_c/n_b)^{1/2}} = \frac{(1.47/6.60)^{1/2}}{1+(7.55/84.2)^{1/2}} = 0.363$$

$F_{cr}$이 수렴할 때까지 Reynolds 수의 계산으로부터 시작하는 위의 계산을 반복하여 새로운 $F_{cr}$ 값을 구한다. 반복계산 결과는 다음과 같다.

| | Iteration attempts | | | |
|---|---|---|---|---|
| | **1** | **2** | **3** | **4** |
| $F_{cr}$ (initial) | 0.50 | 0.363 | 0.355 | 0.354 |
| Re | 5103 | 3705 | 3618 | 3614 |
| $K_f$ | 0.6227 | 0.6729 | 0.676 | 0.676 |
| $n_c$ | 7.55 | 8.06 | 8.09 | 8.09 |
| $n_{cb}$ | 4.47 | 4.70 | 4.72 | 4.72 |
| $n_a$ | 6.60 | 6.83 | 6.85 | 6.85 |
| $n_p$ | 1.47 | 1.47 | 1.474 | 1.474 |
| $F_{cr}$ (calc.) | 0.363 | 0.355 | 0.354 | 0.354 |

반복계산 결과 $F_{cr}$값으로 0.354가 얻어졌으며 표 14-1에 열거된 상수 $a$ 및 $m$과 함께 식 (14-22)로부터 열전달 계수의 계산을 위한 Reynolds 수가 정해지게 된다. 또한 $F_1$과 $F_2$는 각각 식 (14-22a)와 표 14-2로부터 얻어진다.

$$h = \frac{k}{D_o} a \mathrm{Re}^m \mathrm{Pr}^{0.34} F_1 F_2 = \frac{0.616}{0.019}(0.273)(3614)^{0.635}(5.449)^{0.34}\left(\frac{5.449}{4.345}\right)^{0.26}(0.99) = 3004\ \mathrm{W/m^2 \cdot K}$$

압력강하 계산을 위하여 다양한 흐름분율들을 구한다.

Shell-방해판 유출흐름의 경우 식 (14-66):

$$F_s = \left(\frac{n_p}{n_t}\right)^{1/2} = \left(\frac{1.474}{50.75}\right)^{1/2} = 0.1704$$

튜브-방해판 유출의 경우 식 (14-67):

$$F_t = \left(\frac{n_p}{n_t}\right)^{1/2} = \left(\frac{1.474}{11.02}\right)^{1/2} = 0.3657$$

우회흐름의 경우 식 (14-68):

$$F_b = \frac{(n_p/n_a)^{1/2}}{1+(n_b/n_c)^{1/2}} = \frac{(1.474/6.85)^{1/2}}{1+(84.2/8.09)^{1/2}} = 0.1098$$

흐름분율들의 합이 1이 되는지 확인한다.

$$F_s + F_t + F_b + F_{cr} \equiv 1.000$$

$$0.1704 + 0.3657 + 0.1098 + 0.3540 = 0.9999 \qquad \text{good check}$$

식 (14-54b)를 이용하여 shell 쪽의 방해판 당 총 압력강하를 계산한다.

$$\Delta p = n_p \dot{m}_T^2 = (1.474)(11)^2 = 178.4 \text{ Pa}$$

총 shell쪽 압력강하는 다음과 같이 주어진다.

$$\Delta p_s = (N + 1)\Delta p = (22 + 1)(178.4) = 4103 \text{ Pa}$$

이상의 세 가지 방법으로부터 얻어진 shell쪽 압력강하와 열전달 계수들의 계산결과 및 널리 이용되는 컴퓨터 프로그램에 의한 결과들을 비교하면 다음과 같다.

| Method | $h$, W/m²·K | $\Delta p$, Pa |
|---|---|---|
| Kern | 3,369 | 16,420 |
| Bell-Delaware | 3,080 | 9,481 |
| Wills-Johnston | 3,004 | 4,103 |
| Computer (CC-Therm) | 3,035 | 4,155 |

Kern 방법에서는 높은 열전달 계수값과 shell쪽 압력강하 값이 얻어졌음을 주목하자. Bell-Delaware 방법 및 Wills-Johnston 방법은 유사한 열전달 계수값을 제공하여 준다.

## 사용부호

$a$ = 표 14-1에 열거된 식 (14-22)의 상수, 무차원

$A$ = 열전달 면적, m$^2$; 하첨자 $c$는 차거운 유체에 대한 표면적이나 튜브의 흐름 단면 적; 하첨자 $f$는 튜브 핀의 면적; 하첨자 $h$는 뜨거운 유체에 대한 표면적; 하첨자 $i$는 내부 면적; 하첨자 $m,w$는 튜브벽의 평균면적; 하첨자 $o$는 튜브와 핀의 외부 면적이나 총괄면적; 하첨자 $p$는 핀에 의해 점유되지 않은 튜브면적; 하첨자 $T$는 총 면적

$b_o$ = shell 쪽 마찰인자를 구하기 위한 식 (14-24a)의 상수, 무차원

$B_c$ = 다관형 열교환기에서 방해판 컷 거리를 얻기 위한 % 방해판 컷, 무차원

$B_o$ = 흐름방향의 역전, 튜브의 재교차, 그리고 단면적의 변화에 의한 마찰을 감안하여 주는 식 (14-24)에서의 보정인자, 무차원

$C_{A_o}$ = 튜브 외부의 단위 열전달 면적당 열교환기 설치비용, 달러/m$^2$

$C_i$ = 튜브를 통하여 유체를 이송하기 위해 공급하는 1 N·m의 비용, 달러/N·m

$C_p$ = 열용량, J/kg·K 혹은 kJ/kg·K

$C_T$ = 열교환기와 그 운전에 대한 총 연간 가변비용, 달러/yr

$C_u$ = 유틸리티 유체비용, 달러/kg

$D$ = 직경, m; 하첨자 $i$와 $o$는 각각 내경 및 외경

$D_e$ = 4 × 유체역학 반경과 같은 대등직경, m

$D_{OTL}$ = 튜브 다발의 외경, m

$D_s$ = 열교환기 shell의 내경, m

$E$ = 식 (14-11)에서 정의된 바와 같은 열교환기의 유효도, 무차원

$E_i$ = 단위 외부튜브면적당 열교환기 튜브 내의 유체 흐름에 의한 동력손실, N-m/s

$E_o$ = 단위 외부튜브면적당 열교환기 튜브 외부의 유체 흐름에 의한 동력손실, N-m/s

f = Fanning 마찰인자, 무차원; 하첨자 $i$는 능온 흐름에 대한 마찰인자; '은 식 (14-24a)에 의해 주어지는 shell 쪽 보정마찰인자; 하첨자 t는 보정된 마찰인자

$f_D$ = Darcy 마찰인자, 무차원

$F$ = 그림 14-4로부터 선택되고 얻어진 다중경로 열교환기 배열의 형태를 나타내는 보정인자

$F_1$ = 식 (14-22b)로부터 계산되는 물성치 변화에 대한 보정인자, 무차원

$F_2$ = 표 14-2에 제시된 다른 튜브구조들에 대한 튜브열 수를 감안하여 주는 보정인자, 무차원

$F_b$ = 식 (14-68)에 의해 주어지는 흐름 $b$의 분율, 무차원

$F_{bp}$ = 식 (14-44)에 의해 주어지는 우회흐름이 가능한 흐름단면적 분율, 무차원

$F_c$ = 식 (14-23c)에서 유체의 갑작스런 수축을 나타내는 마찰인자, 무차원

$F_{cr}$ = Wills와 Johnston 방법에서 식 (14-65)에 의해 주어지는 튜브다발 위를 흐르는 교차흐름의 분율, 무차원

$F_e$ = 식 (14-23c)에서 유체의 갑작스런 팽창을 나타내는 마찰인자, 무차원

$F_r$ = 식 (14-23c)에서 흐름방향의 역전을 나타내는 마찰인자, 무차원

$F_s$ = 식 (14-66)으로 주어지는 흐름 $s$의 흐름분율, 무차원

$F_t$ = 식 (14-67)로 주어지는 흐름 $t$의 흐름분율, 무차원

$F_w$ = 식 (14-69)로 주어지는 흐름 $w$의 흐름분율, 무차원

$g$ = 국부적인 중력가속도, $m/s^2$

$G$ = 질량유속, $kg/m^2$

$\bar{h}_o$ = 열전달 경막계수, $W/m^2 \cdot K$

$H_y$ = 연간 운전시간, h/yr

$j_t$ = 열전달 계수를 정하기 위하여 사용되는 보정된 Colburn 인자, 무차원

$J$ = 이상적인 열전달 계수에 적용되는 보정인자, 무차원

$k$ = 열 전도도, $W/m \cdot K$

$K_a$ = 튜브다발의 유입 및 유출부에서의 유체의 압력손실에 연관되는 상수, 무차원

$K_c$ = 유체의 갑작스런 수축에 기인하는 마찰을 추정하기 위한 표현식의 상수(표 12-1 참조), 무차원

$K_f$ = 유체가 표 14-10에 주어진 바와 같은 관다발에서의 연속적인 튜브 열 사이를 지날 때의 마찰 및 모멘텀 손실을 나타내는 상수, 무차원

$K_F$ = 유지비를 포함하는 연간 고정비, 완전히 설치된 열교환기 장치에 대한 초기비용의 분율로 표시, 무차원

$K_1$ = 식 (14-23d)의 상수, 무차원

$L$ = 판형 열교환기의 판 높이, 혹은 열교환기 길이, m

$m$ = 표 (14-1)에 제시된 식 (14-22)의 상수, 무차원

$\dot{m}$ = 질량유속, kg/s

$M$ = $[h/k_f\delta]^{1/2}$로 정의되며 핀 면적의 열전달 유효도를 산출하는 데에 이용되는 양, $m^{-1}$
$n$ = 판형 열교환기에서 흐름경로 수, 무차원
$n_i$ = Wills와 Johnston 방법에서 사용되는 흐름상수, 무차원
$n_p$ = 튜브경로 수, 무차원
$N_B$ = 열교환기에 정해진 방해판 수, 무차원
$N_c$ = 식 (14-45)에서 추정되는 교차열 수, 무차원
$N_f$ = 내부 튜브의 외부 표면에 부착된 핀의 수, 무차원
$N_p$ = 판형 열교환기의 판 수, 무차원
$p$ = 절대압력, kPa
$P$ = 식 (14-9b)에 의해 정의되는 파라미터, 무차원
$P_D$ = 튜브 간극, m
$P_T$ = 튜브 피치, m
$P_{TP}$ = 흐름방향으로의 튜브열 사이의 거리, m
Pr = $C_p\mu/k$로 정의되는 Prandtl 수, 무차원
$\Delta p$ = 유체 흐름에 의한 압력강하, kPa
$\dot{q}$ = 열전달 속도, kJ/s, 혹은 kW
$R$ = 식 (14-9a)로 정의되는 파라미터, 무차원
$R_B$, $R_L$ = shell 쪽의 압력강하를 얻기 위하여 식 (14-51)에서 이용되는 보정인자, 무차원
$R_{tot}$ = 총 열전달 저항, $m^2 \cdot K/kW$
Re = $DG/\mu$로 정의되는 Reynolds 수, 무차원
$R_c$ = 부착된 핀과 튜브 사이의 열저항, $m^2 \cdot K/W$
$S$ = 흐름 단면적, $m^2$
$t_b$ = 방해판 두께, m
$t_f$ = 핀 두께, m
$T$ = 절대온도, K
$\Delta T$ = 온도차 고동력, K
$U$ = 총괄 열전달 계수, $W/m^2 \cdot K$
$V$ = 유속, m/s; 하첨자 $c$와 $h$는 각각 뜨거운 흐름 및 차거운 흐름을 의미
$w$ = 판형 열교환기에서 판 너비, m
$x$ = 전도경로 길이, m; 하첨자 $w$는 파이프 벽 두께를 의미
$x_L$ = 튜브 직경에 대한 흐름에 평행한 피치의 비, 무차원
$x_T$ = 튜브 직경에 대한 흐름을 가로지르는 피치의 비, 무차원
$z$ = $d\dot{q}_v/d\dot{q}_c$로 정의되며 식 (14-84)에서 이용되는 양, 무차원

## 그리이스 문자

$\beta$ = 부피팽창계수, $K^{-1}$
$\beta_i$ = 갑작스런 수축, 팽창 및 흐름역전에 기인하는 추가 마찰을 나타내는 보정인자, 무차원
$\Gamma$ = 튜브 둘레 단위길이당 유체주입속도, kg/s·m
$\delta$ = 핀의 표면적에 대한 핀 부피의 비, m

| | | |
|---|---|---|
| $\delta'$ | = | 낙하막 증발기에 대한 경막두께, m |
| $\eta$ | = | 열이나 물질전달 운전의 유효도, 무차원 |
| $\theta$ | = | $\Delta T_{o,m}/\Delta T_{\max}$의 비, 무차원 |
| $\lambda_c$ | = | 응축열, J/kg |
| $\mu$ | = | 유체 점도, Pa·s; 하첨자 $L$과 $V$는 각각 액체와 기체를 의미 |
| $\rho$ | = | 유체 밀도, kg/m$^3$ |
| $\Phi_i$ | = | 비등온 흐름에 대한 보정인자, 무차원 |
| $\Delta_b$ | = | 관다발-shell 중심방향 간극, m |
| $\Delta sb$ | = | 방해판-shell 중심방향 간극, m |
| $\Delta t_b$ | = | 튜브 $S$-방해판 중심방향 간극, m |

# 연습문제

**14-1** 외경 0.01 m의 얇은 구리튜브가 100°C의 유체를 이송하는 데에 사용되고 있는데 온도가 15°C인 외부 공기로의 열손실을 최소화하기 위하여 구리튜브를 단열시킬 필요가 있다. 단열되지 않은 튜브 1 m당 열손실은 얼마인가? 내부 열전달 계수는 매우 크며 튜브로부터 주위 공기로의 열전달 계수는 10 W/m$^2$·K라고 가정한다. 열전도도가 0.1 W/m·K인 단열층을 0.005 m 두께로 입혔을 때 열손실에 미치는 영향은? 단열층의 최적 두께는 얼마가 되겠는가? 계산을 간단히 하기 위해 적절한 가정들을 도입하라.

**14-2** 평균 경막온도가 350 K일 때 내경이 0.0254 m인 튜브를 흐르는 유체가 공기, 물, 오일인 경우 각각의 열전달 계수는 얼마인가? 각 유체의 Reynolds 수는 5 × 104이다. 각 유체에 대하여 압력강하는 어떻게 변화하는가? 350 K에서의 이들 세 유체의 물성은 다음과 같다:

| | Air | Water | Oil |
|---|---|---|---|
| Density, kg/m$^3$ | 0.955 | 973 | 854 |
| Viscosity, Pa·s | $2 \times 10^{-5}$ | $3.72 \times 10^{-4}$ | $3.56 \times 10^{-2}$ |
| Thermal conductivity, W/m·K | 0.030 | 0.668 | 0.138 |
| Heat capacity, J/kg·K | 1050 | 4190 | 2116 |

**14-3** 열이 액체와 뜨거운 기체 사이에서 전달되고 있는데 기체는 핀이 부착된 관다발 외부를 흐르며 액체는 관의 내부를 흐르고 있다. 관의 내경은 0.022 m이고 외경은 0.028 m로서 외부 핀의 기저가 된다. 원형 핀의 외경은 0.040 m이고 두께는 0.002 m이며 핀들 사이의 간격은 0.008 m이다. 기체쪽의 열전달 계수는 200 W/m$^2$·K이고 액체쪽의 열전달 계수는 1500 W/m$^2$·K이다. 관과 핀 재질의 열전도도는 25 W/m·K이다. 외부 표면적을 바탕으로 하는 총괄 열전달 계수를 구하여라.

**14-4** 새로 설치한 단일경로 다관형 열교환기의 shell에서 튜브 쪽의 물(유량 15.75 kg/s)이 21°C에서 65.5°C로 가열되는 경우 요구되는 포화수증기의 온도를 추정하여라. 이 열교

환기에는 내경 0.0186 m, 외경 0.0254 m인 60개의 강철 튜브가 설치되어 있다. 이 장치는 물의 가열이 정한대로 이루어지기에 충분한 정도의 튜브 면적이 되도록 설계되어 있다. 원래 설계에서는 튜브의 물 쪽에 누적되는 오염물을 감안하기 위해 $h_d$ 값으로 8250 W/m$^2$·K이 사용되었다. 수증기에 대한 경막계수는 11,400 W/m$^2$·K로 하였으며 물의 가열에 소요되는 포화증기의 온도는 143.3°C인 것으로 밝혀졌다. 원래 설계에서는 shell 쪽의 오염물을 위한 오염인자는 고려되지 않았으며 새로운 설계에서 무시될 수 있다.

**14-5** 증발잠열이 200 kJ/kg이고 유량이 2 kg/s인 포화 유기액체를 90°C의 일정한 응축온도에서 증발시키고자 한다. 유기액체를 증발시키는 데에 이용되는 뜨거운 유체는 200°C로 증발기에 유입되어 120°C로 유출된다. 뜨거운 유체의 열용량은 정해진 온도범위에서 2.2 kJ/kg·K로 일정하다고 가정할 수 있다. 평균 총괄 열전달 계수가 400 W/m$^2$·K일 때 뜨거운 유체의 유량과 $\Delta T_m$, 그리고 소요되는 열전달 표면적을 구하여라.

**14-6** 튜브열이 장방형 덕트에 삽입된 열교환기가 초기온도가 15°C인 0.914 kg/s의 공기를 가열하는 데에 사용되고 있다. 튜브 내에 더운 물을 높은 유량으로 흐르게 함으로써 튜브 벽의 온도가 70°C로 유지되고 있다. 장방형 덕트의 높이와 너비는 각각 0.25 m와 0.5 m이다. 외경 0.0104 m, 길이 1.0 m의 튜브들은 60° 삼각 피치의 적층배열로 덕트 입구에 삽입된다. 이 구조에서는 피치가 0.0313 m이고 8개의 튜브를 포함하는 열이 7개가 배치될 수 있다. 이 형태의 열교환기에서 공기의 유출온도는 얼마인가?

**14-7** 응축 수증기를 사용하여 단일경로 튜브형 열교환기에서 물을 가열하고자 한다. 수평튜브를 흐르는 물은 난류이며 수증기는 튜브의 외부에서 방울로 응축되고 있다. 물의 유량, 물의 유입 및 유출온도, 수증기 응축온도, 그리고 가능한 튜브쪽 압력강하(입구 및 출구쪽 손실은 무시)는 모두 정해져 있다. 최적의 열교환기 설계를 결정하기 위해서 튜브의 직경에 따라 열교환기의 총 소요면적이 어떻게 달라지는가를 규명할 필요가 있다. 물의 흐름은 난류이고 수증기 응축 경막은 무시할 수 있다고 할 때 열교환기의 총 소요면적에 대한 튜브 직경의 영향을 규명하여라.

**14-8** 기체 0.075 kg/s를 21°C에서 88°C로 가열하도록 관형 기체 가열기를 설계하고자 한다. 수증기는 탄소강 튜브의 외부 표면에서 104.4°C에서 응축된다. 튜브의 내경은 0.023 m이다. 튜브내 기체의 유속은 최적값 근처로 유지되도록 하고자 한다. 소요되는 평형 튜브의 수와 각 튜브의 길이를 구하여라.

이 열교환기의 제작을 시작하기 전에 설계 엔지니어가 위의 계산을 위해 소프트웨어에서 사용된 관계의 정확성에 대하여 우려를 표명하였다. 따라서 20%의 안전인자를 취하여 열교환기를 제작하기로 하였다. 그 설계 엔지니어는 원래 설계에서와 동일한 길이와 직경을 갖는 튜브를 20% 더 많이 사용함으로써 정해진 안전인자를 맞추자고 제안하였다. 그러나 한 동료는 튜브의 길이와 수는 동일하게 유지한 채 튜브의 직경을 20% 증가시켜 20%의 안전인자를 맞추어야 한다는 의견을 제시하였다. 이들 두 제안의 장단점을 토의하여 보라. 이를 토대로 할 때 20%의 안전인자를 위해 열교환기는 어떻게 제작되어야 하는가?

**14-9** 구리 튜브를 코일로 만들어 강철 shell 내부에 설치하여 열교환기를 만들고자 한다. 이 열교환기에서는 물이 튜브 내부를 흐를 것이며 튜브의 외부 표면에서는 0.126 kg/s의 탄

화수소 증기가 응축될 것이다. 튜브의 내경과 외경은 각각 0.0127 m 및 0.0152 m이며 물의 유입 및 유출온도는 각각 10°C 및 32°C이다. 88°C의 응축온도에서 탄화수소의 응축열은 335 kJ/kg이며 응축되는 증기의 열전달 계수는 1420 $W/m^2 \cdot K$이다. Shell로부터의 열손실은 무시할 수 있다. 원하는 열전달을 이루기 위해서 구리 튜브의 길이는 얼마이어야 하는가?

**14-10** 증류수를 33.9°C에서 29.4°C로 냉각시키기 위해 두 개의 튜브경로를 가진 열교환기가 추천되었다. 제안된 장치는 160개의 튜브를 포함하는데 각각의 튜브는 외경 0.0191 m, 18 BWG로서 길이는 4.876 m이다. 이 튜브들은 내경이 0.387 m인 shell 내부에 0.0238 m의 삼각피치로 배열되어 있다. 서로 0.3 m 떨어져 있는 25% 컷 분절 방해판들이 shell 내부에 위치하고 있다. 냉각을 위해 온도가 24°C이고 유속이 2.0 m/s인 냉각수가 튜브에 사용된다. 이들 조건 하에서 증류수와 냉각수의 오염계수는 각각 11,360 $W/m^2 \cdot K$ 및 5680 $W/m^2 \cdot K$로 가정할 수 있다. 튜브 쪽이나 shell 쪽의 압력강하는 69 kPa을 초과할 수 없다. 제안된 설계는 증류수 22 kg/s의 냉각에 적합한가?

**14-11** Bell-Delaware 방법을 이용하여 유량 5.5 kg/s인 탄화수소의 냉각에 대한 shell 쪽 열전달 계수와 압력강하를 계산하여라. 탄화수소의 물성치는 다음과 같다: $\rho_L = 730$ $kg/m^3$; $k_L =$ 0.13 $W/m \cdot K$; $C_{p,\,L} = 2470$ $J/kg \cdot K$. 다관형 열교환기의 규격과 내부 구조는 다음과 같다.

| | |
|---|---|
| 튜브 내경 | $D_i$ = 0.0206 m |
| 튜브 외경 | $D_o$ = 0.0254 m |
| Shell 내경 | $D_s$ = 0.54 m |
| 튜브 피치(정방형) | $P_T$ = 0.03175 m |
| Shell 길이 | $L_s$ = 4.267 m |
| 튜브 수 | $N_T$ = 158 |
| 방해판 간격 | $L_B$ = 0.127 m |
| 방해판 두께 | $t_b$ = 0.005 m |
| 직경방향 간극 | |
| 튜브-방해판 | $\Delta_{tb}$ = 0.0008 m |
| shell-방해판 | $\Delta_{sb}$ = 0.005 m |
| 관다발-shell | $\Delta_b$ = 0.035 m |
| 봉함 스트립/교차흐름열 | $N_{ss}/N_c$ = 0.2 |
| 튜브경로 수 | $n$ = 4 |

**14-12** Shell 안에 7개의 강철 튜브가 있는 열교환기를 이용하여 튜브 내를 흐르는 순수한 에틸알코올을 65.5°C에서 37.8°C로 냉각시키고 있다. 튜브의 내경과 외경은 각각 0.0203 m 및 0.0254 m이며 shell의 내경은 0.127 m이다. 21°C의 물이 열교환기의 shell 쪽으로 유입되어 에틸알코올과 맞흐름으로 흐른다. 12.6 kg/s의 냉각수로 6.3 kg/s의 에틸알코올을 냉각시키고자 한다. 다음 조건에서 열교환기의 튜브와 shell 쪽의 유체에 대한 연간 총 펌프비용을 구하여라.

조건 및 가정:

열교환기는 7200 h/yr로 운전

에틸알코올의 비열은 0.6으로 일정. 물의 경우 1.0

에틸알코올의 비중은 0.77로 일정. 물의 경우 1.0
팽창, 축소 및 마찰손실은 수평부분 마찰압력손실을 20% 증가시켜 감안
오염물질 형성은 무시
열교환기 shell 쪽에는 방해판이 존재하지 않음
Shell 쪽의 흐름은 튜브 내의 흐름과 평행
Shell의 외부는 단열되었으며 열손실은 무시
두 펌프의 효율은 60%
동력비용은 $0.08/kWh로 일정

**14-13** 수증기가 하나의 shell 경로와 2개의 튜브경로(경로당 튜브수는 129)의 열교환기에서 응축되고 있다. 놋쇠 튜브의 직경은 0.0159 m, 18 gauge이며 길이는 1.83 m이다. 21°C와 35°C 사이에서 운전되는 냉각수를 냉매로 이용하는 경우 수증기의 포화응축온도 51.7°C에서 응축되는 수증기의 양(kg/s)과 총괄 열전달 계수를 구하여라. 튜브 내의 물의 평균 속도는 1.22 m/s라고 가정한다.

**14-14** 포화 이소펜탄이 물이 냉매로 흐르는 구리 튜브의 표면에서 127°C에서 응축되고 있다. 튜브의 내경과 외경은 각각 0.025 m 및 0.030 m이다. 물이 21°C가 되는 튜브 위치에서 평균 응축 열전달 계수와 응축속도를 구하여라. 계산에서는 구리 튜브의 열 저항은 무시할 수 있으며 튜브 외부의 온도는 균일하고 총괄유체의 물성치가 튜브쪽 열전달 계수의 계산에 사용될 수 있다고 가정한다. 두 유체에 대한 적절한 물성치는 다음과 같다.

| | Isopentane (127°C) | Water (30°C) |
|---|---|---|
| Density of liquid, kg/m³ | 551 | 998 |
| Density of gas, kg/m³ | 14.1 | — |
| Thermal conductivity, W/m·K | 0.0082 | 0.599 |
| Viscosity, Pa·s | $1.285 \times 10^{-4}$ | $9.82 \times 10^{-4}$ |
| Heat of condensation, kJ/kg | 283.8 | — |
| Heat capacity, kJ/kg·K | — | 4.184 |

**14-15** 그림 3-13의 $C_2$ 분리기로부터 얻어지는 탑상증기는 E-601에서 부분응축된다. 응축기로 유입되는 증기의 공정조건은 다음과 같다:

| | |
|---|---|
| 온도 | −30.1°C |
| 압력 | 2944 kPa |
| 응축기로의 유량 | |
| $CH_4$ | $3 \times 10^{-3}$ kg/s |
| $C_2H_4$ | 64.53 kg/s |
| $C_2H_6$ | $6.26 \times 10^{-2}$ kg/s |

탑상증기의 73.5%를 응축시키기 위한 이 열전달 공정에서 다관형 열교환기가 선택되었다. 적절한 소프트웨어(TEMA 기준에 근거한)를 사용하여 튜브의 외경 및 내경이 각각 0.0127 m 및 0.0094 m일 때 응축에 소요되는 면적과 총괄 열전달 계수를 구하여라. 튜브의 최대 길이는 3.05 m라고 가정할 때 소요 튜브 수는 얼마이며 shell 직경은 얼마이겠는가? 위의 응축공정에서 프로필렌은 −46°C에서 냉매로 작용한다.

CHAPTER

# 15

# 분리장치—설계와 비용

대부분의 혼합물을 그 구성요소들로 분리하는 것은 한순간에 일어나는 공정이 아니기 때문에 분리에는 에너지의 소비나 외부 동력의 사용이 요구된다. 많은 기법들이 균질, 혹은 비균질 혼합물을 분리하는 데에 이용될 수 있다. 여기에서는 보다 널리 이용되고 있는 몇 가지 분리기법들을 살펴보기로 한다.

원료 혼합물이 균질의 단일상 용액이면 화학종의 분리가 이루어지기 전에 때로는 제 2의 서로 섞이지 않는 상이 첨가되어야 한다. 제 2의 상은 에너지-분리제의 사용이나 물질-분리제의 첨가에 의해 형성되어진다. 증류 및 흡수 이외의 중요한 분리공정에는 공비 및 추출증류, 달서(stripping), 추출 및 결정화 등이 포함된다. 대부분의 이들 분리조작에 대한 설계과정은 정상상태 운전에서 널리 사용되고 있는 상용 화학공정 모사 및 설계 컴퓨터 프로그램에 수학적 모델로서 포함되어 있다.

분리공정에서 반투과성 장벽(barrier)으로서 미세공 및 비세공성 막(membrane)의 사용은 상당한 주목을 받아 왔으며 수많은 적용사례가 있다. 분리과정에서 어떤 형태의 장벽(barrier)을 포함하는 분리기법에는 미세여과, 한외여과, 나노여과, 삼투, 그리고 기체분리 등이 있다. 한편 어떤 성분의 제거에는 고체 물질-분리제의 사용이 보다 효과적인 경우가 있다. 이런 양상으로 운전되는 분리공정에는 흡착, 크로마토그래피, 그리고 이온교환이 있다. 마지막으로, 서류 유사하지 않은 분자와 이온들 사이의 분리 구동력을 제공하는 데에 외부 동력장을 사용할 수 있다. 이 개념을 이용하는 분리공정에는 원심분리, 열확산, 전기분해, 그리고 전기투석이 있다.

혼합물이 비균질이면 상을 분리하는 데에 중력, 원심력, 압력강하, 혹은 전기 및 자기장에 바탕을 둔 기계적 공정을 이용하는 것이 때로는 보다 실제적이다. 필요하다면 각 상에 추가의 분리기법이 적용될 수 있다. 비균질 혼합물의 분리에 사용되는 몇 가지 방법에는 침강 및 침전, 부유, 원심분리, 건조, 증발, 그리고 여과가 있다.

분리운전의 전체적 효과를 가늠할 수 있는 좋은 방편으로서 경제성 이외에 두 가지 척도가 있다. 하나는 원료 혼합물로부터 얻어지는 핵심 제품의 회수비율이며 다른 하나는 제품 순도이다. 이들 두 가지 척도는 산업공정에서 요구되는 적절한 분리공정의 선정에 있어서 설계 엔지니어들의 기준이 되어 왔다.

## 적절한 분리공정의 선정

최선의 분리공정의 선정은 종종 다수의 가능한 분리공정들 가운데에서 이루어진다. 선정에 있어서 고려되어야 하는 중요한 요소들에는 이용할 수 있는 물성 차이, 원료 및 제품조건, 그리고 분리공정의 특성들이 있다. 가장 중요한 원료 조건들은 유량과 조성, 특히 회수되거나 분리되어지는 핵심성분들의 유량과 조성이다. 일반적으로 원료 혼합물에서 핵심성분의 농도가 낮을수록 분리 비용은 더 커진다.[142] 그러나 장벽이나 고체 작용제의 사용에 근거하는 것들과 같은 어떤 분리조작들은 원료중에서 회수되어야 하는 성분의 농도가 낮을 때에도 매우 효과가 좋다. 가장 중요한 제품조건은 회수되는 성분(들)의 순도이다.

표 15-1에는 이용할 수 있는 물성차이에 대한 지침과 이들 물성 차이를 이용하는 분리공정들이 제시되어 있다. 아주 순수한 제품을 얻기 위해서는 어떤 물성에 있어서 분리되는 성분들 간에 큰 차이가 있어야 하거나 분리를 위한 아주 많은 수의 단이 요구된다. 분자물성뿐만 아니라 전체적인 열역학적 및 이동현상적인 물성을 고려하는 것이 중요하다. 이러한 데이터 및 많은 전체물성에 대한 추정방법은 Reid, Prausnitz 및 Poling[143]에서 찾아볼 수 있다. 분자 및 전체 물성들은 Daubert와 Danner[144]에 의해 주어져 있다.

표 15-2와 15-3은 설계 엔지니어가 균질 혼합물이나 비균질 혼합물의 분리에 적절한 하나, 혹은 그 이상의 가능한 공정들을 규명하는 데에 도움이 되는 몇 가지 기준들을 제시하고 있다. 이 표들에는 고려하는 분리공정에 포함될 정상적인 원료 조건들과 분리 작용제, 역장(force field) 혹은 기울기 등이 대략적으로 언급되어 있다. 표의 추가적인 정보로서 열거된 각 분리공정에 대한 원료의 핵심 성분들의 근사적인 농도범위는 물론 실험실에서부터 이들 공정과 연관되는 상업적 사용에도 가용한 장치의 흐름용량의 범위에 대한 추정값이 나타나 있다. 막 분리공정은 표 15-4에 보인 바와 같이 분리되는 입자나 분자의 크기에 따라 분류할 수 있다.

---

142) G. E. Keller, *AIChE Monogr. Ser.*, **83**: 17 (1987).

143) R. C. Reid, J. M. Prausnitz, and B. E. Poling, *The Properties of Gases and Liquids*, 4th ed., McGraw-Hill, New York, 1987.

144) T. E. Daubert and R. P. Danner, *Physical and Thermodynamic Properties of Pure Chemicals - Data Compilation*, DIPPR-AIChE, Hemisphere, New York, 1989.

표 15-1 다양한 주요 분리공정들과 연관된 물성 차이

| Exploitable property differences | Related separation processes |
|---|---|
| Vapor pressure | Distillation<br>Absorption and stripping<br>Drying<br>Evaporation |
| Solubility | Crystallization<br>Leaching |
| Distribution coefficient | Solvent extraction<br>Adsorption |
| Exchange equilibrium | Ion exchange<br>Chromatography |
| Surface activity | Froth flotation |
| Molecular geometry | Membrane<br>Dialysis |
| Molecular kinetic energy | Mass diffusion<br>Thermal diffusion |
| Electrical field | Precipitation |
| Particle size | Filtration<br>Screening<br>Settling<br>Sedimentation |
| Particle size and density | Centrifugation<br>Classification<br>Thickening<br>Decantation<br>Scrubbing |

[†]Modified from data presented by D. R. Woods, *Process Design and Engineering Practice*, Prentice-Hall, Englewood Cliffs, NJ, 1995.

표 15-2 균질 혼합물을 분리하기 위한 공정 선정의 일반적인 기준

| Separation processes for homogeneous mixtures | Feed condition and approx. mass fraction of key component | Separating agent, force field, or gradient | Normal feed capacity limits set by equip., kg/s | Key process advantages | Key process limitations |
|---|---|---|---|---|---|
| Distillation | Liquid and/or vapor $10^{-1}-0.95$ | Heat transfer | $10^{-2}-100$ | Simple flowsheet, low capital investment, easily scalable, most widely used | Needs adequate relative volatility and thermal stability of components, low energy efficiency |
| Azeotropic distillation | Liquid and/or vapor (dictated by azeotropic conc.) | Liquid entrainer plus heat transfer | $10^{-4}-60$ | Breaks azeotrope, operates at normal temperature and pressure, easily scalable | System more complex, requires recovery of entrainer, increased capital investment |
| Extractive distillation | Liquid and/or vapor $10^{-3}-0.95$ | Liquid solvent plus heat transfer | $10^{-4}-60$ | Handles low-relative-volatility mixtures, operates at normal temperature and pressure, easily scalable | Requires inexpensive solvent with high recovery, system more complex, increased capital investment |
| Absorption | Vapor $10^{-3}-0.95$ | Liquid absorbent | $10^{-4}-50$ | Good for recovery of soluble gases, medium capital investment | Requires low-cost solvent and recovery system, cross-contamination |
| Stripping | Liquid $10^{-3}-0.75$ | Stripping vapor | $10^{-4}-50$ | Strips volatile component from liquid, simple operating conditions | Requires recovery of volatile component, involves cross-contamination |
| Extraction | Liquid | Liquid solvent | $10^{-4}-50$ | Great flexibility in selective solvents, easily scalable | Mutual solubilities of other components, involves cross-contamination, solvent loss |
| Crystallization | Liquid | Heat transfer | $10^{-4}-10$ | Single processing step at low temperatures, low energy requirement, large capacity variation | Staging not easy, may require parallel units, limited to crystal-forming components |

| | | | | | |
|---|---|---|---|---|---|
| Membrane separation | | Pressure gradient plus: | | Good for bulk separation, clean air/water purification, some trace minerals, wide variety of membranes with range of selectivities | Low to moderate feed rates, requires chemically stable membrane, not easily staged, needs repressurization between stages, limited to non fouling fluids |
| Microfiltration | Liquid | Microporous membrane | $10^{-5} - 1$ | | |
| Ultrafiltration | Liquid $3 \times 10^{-3} - 4 \times 10^{-3}$ | Macroporous membrane | | | |
| Reverse osmosis | Liquid $7.5 \times 10^{-4} - 4 \times 10^{-2}$ | Nonporous membrane | $10^{-5} - 5$ | | |
| Pervaporation | Liquid $5 \times 10^{-4} - 0.75$ | Nonporous membrane | $10^{-5} - 1$ | | |
| Adsorption | Vapor or liquid $2 \times 10^{-3} - 2 \times 10^{-1}$ | Solid adsorbent | $10^{-4} - 30$ | High selectivity for low-concentration stream, good for gas purification | Requires recovery sequencing, needs high selectivity and easy regeneration |
| Electrical field and gradient separation | Vapor or liquid | Either centrifugal, electric force field or thermal gradient | Generally very low | Effective when electrical or gradient forces enhance the separation | Generally restricted to low flow rates, high equipment costs/unit capacity |

[†]Modified from data presented by J. D. Seader and E. J. Henley, *Separation Process Principles*, J. Wiley, New York, 1988, G. D. Ulrich, *A Guide to Chemical Engineering Design and Economics*, J. Wiley, New York, 1984, J. C. Humphrey and G. E. Keller, II, *Separation Process Technology*, McGraw-Hill, New York, 1997, and D. R. Woods, *Process Design and Engineering Practice*, Prentice-Hall, Englewood Cliffs, NJ, 1995.

표 15-3 비균질 혼합물을 분리하기 위한 공정 선정의 일반적 기준

| Separation processes for heterogeneous mixtures | Feed condition and approx. mass fraction of key component | Separating agent, force field, or gradient | Normal feed capacity limits set by equip., kg/s | Key process advantages | Key process limitations |
|---|---|---|---|---|---|
| Settling and sedimentation | Liquid or gas with solid $10^{-2}$– 0.4 | Gravitational field | $10^{-5} - 2\times10^{1}$ | Separation based on gravitational field, large capacities, low capital and maintenance costs | Poor filtrate clarity, high filtrate loss, requires large differences in density, poor with slime mixtures |
| Flotation | Liquid and solid $5 \times 10^{-4} - 4 \times 10^{-3}$ | Adsorbent gas and surface activity | $10^{-5} - 4\times10^{-5}$ | Useful in solid-solid separation, large capacity range | Separation based on selective gas bubble attachment, high operating cost to attain suitable particle size |
| Centrifugation | Solid-solid or liquid-solid $4 \times 10^{-1} - 0.3$ | Centrifugal force field | $10^{-6} - 10^{-2}$ | High separation efficiency | High capital and energy costs, limited capacity, discharge difficult |
| Drying | Wet solid 0.5 – 0.99 | Gas and/or heat transfer | $5 \times 10^{-4} - 2$ | Final drying of solids once most, liquid has been removed | Staging inconvenient, may require parallel units, high energy requirement |
| Evaporation | Liquid | Heat transfer | $10^{-1} - 30$ | Use when relative volatility >20 | Low thermal efficiency |
| Condensation | Vapor | Heat transfer | $10^{-1} - 30$ | Recovery of less volatile components in vapor or condensation of vapor | Appropriate coolant required |
| Filtration | Liquid-solid or gas-solid $10^{-2} - 0.75$ | Pressure gradient plus porous filter | $10^{-6} - 10^{-4}$ | Good solid-liquid separation of fibers, pulps, granules and slimes; low capital cost | High operating cost, often batch operation, poor with toxic or hazardous materials |

[†]Modified from data presented by J. D. Seader and E. J. Henley, *Separation Process Principles*, J. Wiley, New York, 1988, G. D. Ulrich, *A Guide to Chemical Engineering Design and Economics*, J. Wiley, New York, 1984, J. C. Humphrey and G. E. Keller, II, *Separation Process Technology*, McGraw-Hill, New York, 1997, and D. R. Woods, *Process Design and Engineering Practice*, Prentice-Hall, Englewood Cliffs, NJ, 1995.

표 15-4 크기에 따른 막(membrane) 공정의 분류

| Membrane process | Separation mechanism | Pore or inter-molecular size, m | Transport regime |
|---|---|---|---|
| Microfiltration | Size exclusion | $5\times10^{-8}-5\times10^{-6}$ | Macropores |
| Ultrafiltration | Size exclusion | $2\times10^{-9}-5\times10^{-9}$ | Mesopores |
| Nanofiltration | Size exclusion | $<2\times10^{-9}$ | Micropores |
| Reverse osmosis | Solution/diffusion | $<1\times10^{-9}$ | Molecular |
| Gas separation | Solution/diffusion | $<1\times10^{-9}$ | Molecular |
| Pervaporation | Solution/diffusion | $<1\times10^{-9}$ | Molecular |

## 예제 15-1 프로판/프로필렌 혼합물로부터 고순도의 프로필렌을 얻기 위한 가능한 방법의 규명

이 분리공정은 현재 150-180단의 증류탑에서 환류비(reflux ratio)를 높게 하여 이루어지고 있다. 그러한 분리공정의 운전조건으로서 예제 15-2에서 자세히 다룬 바와 같이 두 개의 탑을 직렬로 연결하여 이용하는 것이 요구된다. 이 분리를 이루는 데에는 자본투자 비용과 운전비용이 많이 소요되는데 종래의 분리공정으로 이룰 수 있었던 것과 유사한 고순도 프로필렌을 얻는 데에 사용될 수 있는 다른 가능한 분리방법에는 어떤 것들이 있는가?

■ **풀이**

두 성분과 연관되는 물성들을 평가하여 분리를 이루기 위해서는 어떤 물성을 이용할 것인가를 결정할 필요가 있다. 주요 물성들은 다음에 열거되어 있다:

| Property | Propane | Propylene |
|---|---|---|
| Molecular weight, kg/kg mol | 44.096 | 42.081 |
| Normal melting point, K | 85.5 | 87.9 |
| Normal boiling point, K | 231.1 | 225.4 |
| Critical temperature, K | 369.8 | 364.8 |
| Critical pressure, kPa | 4250 | 4610 |
| Dipole moment, debyes | 0.0 | 0.4 |
| Van der Waal's volume, $m^3$/kg mol | 0.03757 | 0.03408 |
| Van der Waal's area, $m^2$/kg mol $\times 10^{-8}$ | 5.59 | 5.060 |
| Acentric factor | 0.152 | 0.142 |

열거한 물성 가운데 이용할 수 있는 것은 쌍극자(dipole) 모멘트이다. 프로필렌의 이중결합의 비대칭적 위치로 인하여 그의 쌍극자 모멘트는 프로판보다 상당히 크다. 문헌조사 결과 막을 통하여 프로필렌을 선택적으로 이동시키는, 은이온이 있는 전달막을 사용하면 가능한 분리공정이 이루어짐을 알았다[145]. 상당히 규모가 작은 증류탑과 결합된 막 시스템의 분리 특성을 조합한 복합 시스템의 사용으로부터 얻어지는 경제적 이익은 다른 연구자들에 의해 조사되었다.[146] 이 연구자들이 조사한 한가지 구조가 제 3장의 설계문제에 나타나 있다.

145) R. D. Hughes, J. A. Mahoney and E. F. Steigelmann, in *Recent Developments in Separation Science*, vol. 9, N. Li and J. M. Calo, eds., CRC Press, Cleveland, Ohio, 1982, p.173.

146) A. A. Al-Rabiah, K. D. Timmerhaus and R. D. Noble, in *Proceedings 5th World Congress of Chemical*

프로필렌과 프로판 사이의 극성 차이를 이용하는 다른 분리공정에서는 프로필렌의 휘발도를 줄이기 위해 furfural이나 지방성 니트릴과 같은 극성 용매를 사용하는 추출증류를 이용한다.[147] 아울러 어떤 문헌에서는 흡착에 의해 프로필렌을 선택적으로 회수하기 위하여 실리카겔이나 제올라이트를 사용할 수 있음을 밝히고 있다.[148]

## 균질 혼합물의 분리를 위한 장치의 설계와 비용

앞에서 이미 언급한 바와 같이 균질 혼합물의 분리에는 다른 상의 형성이나 첨가가 필요하다. 하나의 상으로부터 다른 상으로의 물질의 이동은 증류, 공비증류, 추출증류, 흡수, 탈거, 추출, 그리고 결정화 조작에서 이루어진다. 이들 조작에 이용되는 관련장치의 주된 기능은 상들 간의 효과적인 접촉을 가능케 하여주는 것이다. 이들 분리공정을 위해 많은 다른 형태의 장치들이 개발되었지만 널리 이용되는 분리장치들 가운데 단지 몇 가지 만이 이하의 장치 설계와 비용에 대한 요약에 포함될 수 있다.

## 증류에 의한 분리

새로운 탑의 설계나 기존 탑의 평가에서 많은 설계 엔지니어들은 장치 판매자로부터 최종 설계와 가격자료를 얻는다. 그러나 그러한 판매 자료를 평가하기 위해서는 일차적인 설계가 이루어져야 한다. 이에 따라 증류탑의 설계에 수반되는 과정들은 그림 15-1과 같이 요약할 수 있으며 이하 부분에서 관련식들과 함께 간단히 언급되어 있다.

### 체판(Sieve trays) 탑의 증류설계과정

설계기반의 설정 설계과정(그림 15-1)의 첫 번째 단계는 원료와 제품의 물성치와 조성, 원료 유량, 그리고 분리에 대한 특별한 한계들을 규정하는 것이다.

**설계 변수의 선정** 두 번째 단계에서는 적절한 설계 변수들을 선택한다. 일반적으로 운전압력이 첫 번째 변수로 거론된다. 운전압력이 증가하면 분리 난이도와 재비기 및 응축기 온도, 증기 밀도가 증가하고 증발 잠열이 감소한다. 두 번째 변수는 환류비이다. 환류비가 최소값으로부터 증가하면 분리에 소요되는 단 수의 감소로 인하여 처음에는 투자비용이 감소한다. 그러나 소요되는 재비등 및 응축 부하가 더 커지므로 유틸리티 비용이 증가하게 된다. 중요도가 떨어지는 설계 변수로서 원료의 기/액 상태가 있다. 원료가 과냉각된 상태이면 정류부분의 단 수는 감소하고 탈거부분의 단 수는 증가한다.

**물리적 평형데이터의 확립** 설계기반과 운전조건이 확립되면 적절한 상평형이 정해져야 한다. 실험적, 혹은 예측된 상평형이 이용될 수 있다. 대부분의 실험적 기/액 평형은 2성분 혼

*Engineering*, American Institute of Chemical Engineers, New York, 1996, vol.4, pp.335-340.

147) U. S. Patent 2,588,056, March 1952.

148) C. M. Shu, S. Kulvaronan, M. E. Findley and A. T. Liapis, *Separation Technology*, **1**: 18(1990).

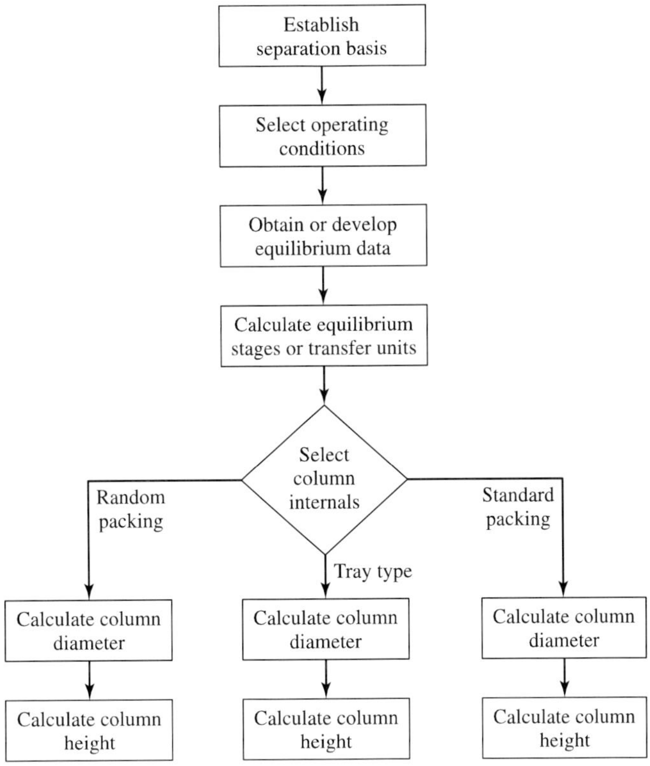


**그림 15-1**
증류탑의 설계에 수반되는 과정단계

합물에 대한 것들이며 다성분 혼합물에 대한 것이 아니기 때문에 2성분 쌍에 대한 데이터를 이용하여 이들을 모델과 결합하여 다성분 거동을 예측할 필요가 있다. Wilson, NRTL, 그리고 UNIQUAC 모델들[149]은 이 방식을 이용하여 기/액 평형을 예측한다. 2성분 데이터가 없으면 UNIFAC 모델[150]을 이용하여 기능성 그룹들만에 근거하여 예측할 수 있다.

**평형단수의 결정** 평형단수의 계산에 있어서는 많은 상용 컴퓨터 프로그램을 통하여 지름길(shortcut) 방법이나 단 별 계산방법을 이용할 수 있지만 컴퓨터 계산결과가 실제적인지의 여부를 가리기 위해 기본적인 사항들을 이해할 필요가 있다. 지름길 방법들 가운데에서 Fenske-Underwood-Gilliland 방법이 가장 널리 이용된다. 평형단수를 결정하기 위해서는 먼저 최소 단수와 최소 환류비를 구해야 한다. 최소단수 $N_{\min}$은 다음의 Fenske 관계[151]로부터 얻어진다.

$$N_{\min} = \frac{\ln[(x_{LK}/x_{HK})_D(x_{HK}/x_{LK})_B]}{\ln(\alpha_{LK/HK})_{\text{av}}} \tag{15-1}$$

149) G. M. Wilson, J. Am. Chem. Soc., **86**: 127 (1964), H. Renon and J. M. Prausnitz, *AIChE Journal*, 14: 135 (1968), J. M. Prausnitz et al., *Computer Calculations for Multicomponent Vapor-Liquid and Liquid-Liquid Equilibria*, Prentice-Hall, Englewood Cliffs, NJ, 1980.

150) A. Fredenslund et al., *Vapor-Liquid Equilibria Using UNIFAC*, Elsevier, Amsterdam, Netherlands, 1977.

151) M. R. Fenske, *Ind. Eng. Chem.*, **24**: 482 (1932).

여기서 $x_{LK}$는 경질 키(light key)의 몰분율, $x_{HK}$는 중질 키(heavy key)의 몰분율, $(\alpha_{LK/HK})_{av}$는 중질 키에 대한 경질 키의 기하평균 상대 휘발도이며 하첨자 $D$와 $B$는 각각 증류물과 탑저 제품을 의미한다. 상대 휘발도의 기하평균 값은 가정된 탑상제품의 이슬점과 가정된 탑저 제품의 비등점을 이용하여 계산된다. 따라서

$$(\alpha_{LK/HK})_{av} = [(\alpha_{LK/HK})_D(\alpha_{LK/HK})_B]^{1/2} \tag{15-1a}$$

최소 환류비를 결정하기 위해서는 Underwood[152]에 의해 유도된 식 (15-2)와 (15-3)이 필요하다. 즉

$$\sum_{i=1}^{n} \frac{\alpha_i x_{F,i}}{\alpha_i - \Theta} = 1 - \bar{q} \tag{15-2}$$

위에서 $\alpha_i$는 혼합물에서 중질 키에 대한 성분 $i$의 기하평균 상대 휘발도이며 $x_{F,i}$는 원료중의 성분 $i$의 몰분율, 그리고 $\bar{q}$는 원료 1 몰 당의 원료단 포화액체의 몰 수이다. $\Theta$ 값은 시행착오법으로 결정되며 두 키 성분들 사이의 상대 휘발도 사이에 위치한다. 최소 환류비 $R_{min}$은 다음으로부터 얻어진다.

$$R_{min} + 1 = \sum_{i=1}^{n} \frac{\alpha_i x_{D,i}}{\alpha_i - \Theta} \tag{15-3}$$

여기서 $n$은 원료중의 개별 성분의 수이며 $\alpha_{D,i}$는 증류물 중의 성분 $i$의 몰분율이다.

Gilliland[153]는 평형단수와 최소 환류비의 함수로서의 평형단수 $N$을 Eduljee[154]에 의해 다음 관계로 변환된 도표와 연관지었다.

$$\frac{N - N_{min}}{N + 1} = 0.75\left[1 - \left(\frac{R - R_{min}}{R + 1}\right)^{0.566}\right] \tag{15-4}$$

위에서 $R$은 설계자가 선택한 조업 환류비이다. 원료 중에서 키가 아닌 임의의 성분의 탑상 및 탑저 분포는 최소 단수가 다음 관계로부터 계산된 후에 구할 수 있다.

$$\frac{x_{D,i}}{x_{B,i}} = (\alpha_i)_{av}^{N_{min}} \frac{(x_{HK})_D}{(x_{HK})_B} \tag{15-5}$$

위에서 $x_{B,i}$는 탑저의 성분 $i$의 몰분율이며 $(\alpha_i)_{av}$는 식 (15-1a)로 주어지는 바와 같이 중질 키에 대한 성분 $i$의 기하평균 상대휘발도이다. Kirkbride[155] 방법을 이용하여 원료단 상하의 단 수의 비를 구한다.

$$\log \frac{N_D}{N_B} = 0.206 \log \left\{\left(\frac{B}{D}\right)\left(\frac{x_{HK}}{x_{LK}}\right)_F \left[\frac{(x_{LK})_B}{(x_{HK})_D}\right]^2\right\} \tag{15-6}$$

여기서 $B$와 $D$는 각각 탑저 및 탑상물의 몰 유량이며 $N_D$와 $N_B$는 각각 원료단 위와 아래의

152) A. J. V. Underwood, *Chem. Eng. Prog.*, **44**: 603 (1948).

153) E. R. Gilliland, *Ind. Eng. Chem.*, **32**: 1220 (1940).

154) H. E. Eduljee, *Hydrocarbon Proc.*, **54**: 120 (1975).

155) C. G. Kirkbride, *Petrol. Refiner.*, **23**: 32 (1944).

평형단 수이다.

**탑 내부의 결정** 이 시점에서 설계자는 고려되고 있는 분리공정에서 성능과 비용을 바탕으로 하여 단(tray), 불규칙 충전(random packing), 혹은 체계적 충전 가운데 어느 것이 최선인지를 결정하여야 한다. 운전압력과 유량이 높고 단 직경이 클 경우 일반적으로 단이 선호된다. 불규칙 충전은 단 직경이 작거나 부식 및 부유현상이 존재할 경우, 혹은 회분식 탑이 이용될 경우에 흔히 추천된다. 그림 15-2는 운전중인 증류탑의 단면도를 나타낸 것으로서 체(sieve), 밸브 및 기포단(bubble-cap tray)의 예를 보이고 있다. 많은 분리공정에서는 이들

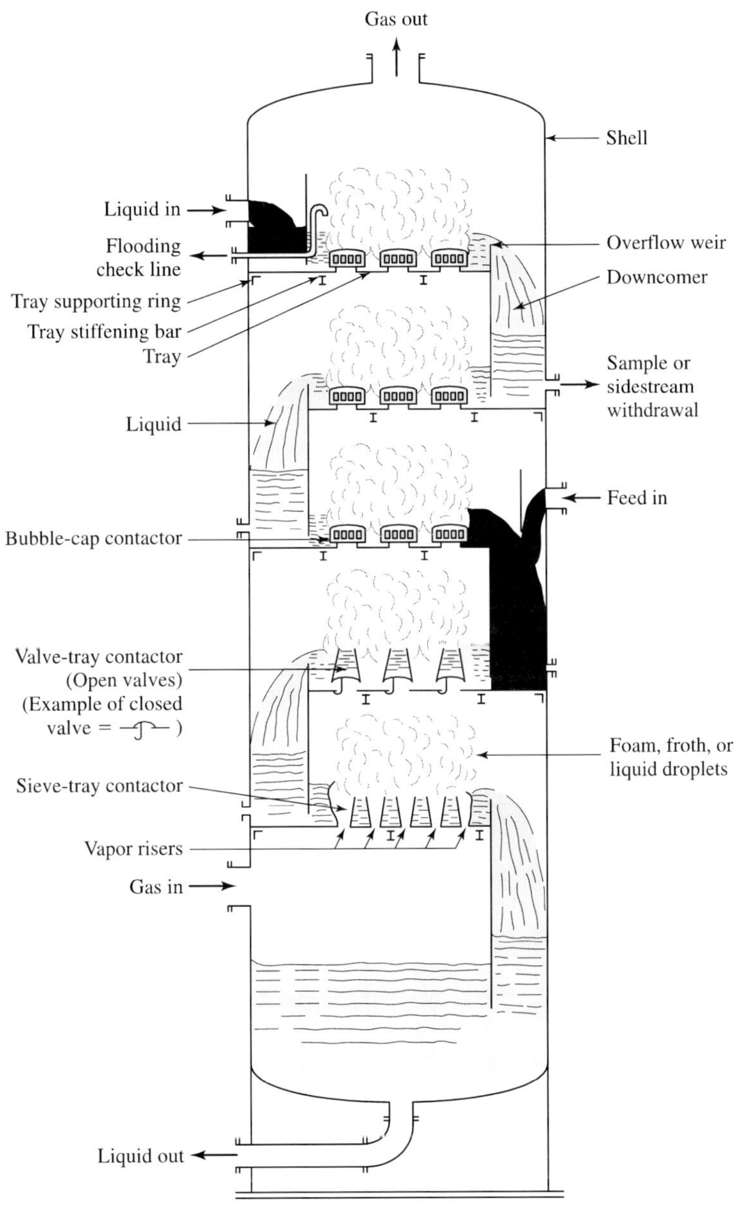


**그림 15-2**
체 단, 밸브단, 그리고 기포단의 예를 보여주는 조업중인 접촉탑의 단면도

단 형태 가운데 체 단이 널리 이용되는데 이는 체 단에 대한 기본적인 성질들이 잘 정립되어 있어서 위험부담이 작기 때문이다. 아울러 체 단은 다른 많은 형태의 단들에 비해 넓은 범위의 유량을 처리할 수 있으면서도 비용이 적게 소요된다. 체 단의 총괄 단효율은 일반적으로 60%에서 85% 사이이다. 새로운 일부 단과 체계적 충전에 비해 높은 압력강하와 낮은 용량이 체 단이 지니는 단점들이다. 구멍 규격에 대한 지침과 자유면적 및 하강유로(downcomer) 면적을 포함하는 대표적인 체 단의 기하학적 규격이 표 15-5에 제시되어 있다. 불규칙 충전의 예는 그림 15-3에 나타나 있다. 표 15-6에는 몇 가지 불규칙 충전물의 이론단(HETP)에 대등한 높이와 기하학적 특성이 제시되어 있다.

**표 15-5 체 단의 기하학적 규격**

| Parameter | Range |
|---|---|
| Hole diameter, m | 0.005–0.025 |
| Fractional free area, $m^2$ | 0.06–0.16 |
| Fractional downcomer area, $m^2$ | 0.05–0.30 |
| Pitch/hole diameter ratio | 2.5–4.0 |
| Tray spacing, m | 0.305–0.915 |
| Weir height, m | 0.025–0.075 |

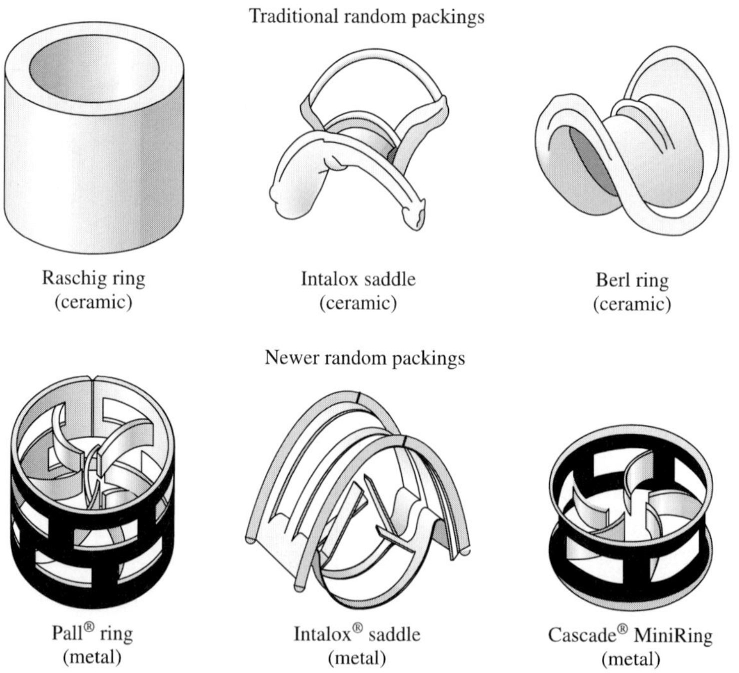


**그림 15-3 불규칙 충전의 예**

표 15-6 몇 가지 불규칙 충전의 기하학적 구조와 효율

| Type of packing | Void fraction | Surface area per volume, $m^2/m^3$ | Approx. HETP, m |
|---|---|---|---|
| 25-mm Ceramic Raschig rings | 0.73 | 190 | 0.6–0.12 |
| 25-mm Ceramic Intalox saddles | 0.78 | 256 | 0.5–0.9 |
| 25-mm Ceramic Berl saddles | 0.69 | 259 | 0.6–0.9 |
| 25-mm Plastic Pall rings | 0.90 | 267 | 0.4–0.5 |
| 25-mm Metal Pall rings | 0.94 | 207 | 0.25–0.3 |
| 50-mm Norpac® | 0.94 | 102 | 0.45–0.6 |
| 50-mm Highflow® rings | 0.93 | 108 | 0.4–0.6 |

†Additional values are available in M. S. Peters and K. D. Timmerhaus, *Plant Design and Economics for Chemical Engineers*, 4th ed., McGraw-Hill, New York, 1991, p. 690.

표 15-7 몇 가지 체계적 충전물의 구조와 HETP

| Type of packing | Void fraction | Surface area per volume, $m^2/m^3$ | Approx. HETP, m |
|---|---|---|---|
| Intalox 2T (Norton) | 0.96 | 213 | 0.2–0.3 |
| Flexipac® 1 (Koch) | 0.91 | 558 | 0.2–0.3 |
| Flexipac® 2 (Koch) | 0.93 | 249 | 0.3–0.4 |
| Gempak® 4A (Glitsch) | 0.91 | 525 | 0.2–0.3 |
| Gempak® 2A (Glitsch) | 0.93 | 262 | 0.3–0.4 |
| Sulzer BX (Sulzer) | 0.90 | 499 | 0.2–0.3 |

†Additional values are available in H. Z. Kister, *Distillation Design*, McGraw-Hill, New York, 1992, p. 446.

골판지가 평행으로 배열된 구조의 체계적 충전물은 탑의 규격에 맞도록 가공된다. 탑 내에 위치하게 되면 연속적인 충전요소들은 그림 15-4에 보인 바와 같이 서로 90°가 되도록 방향지어진다. 체계적 충전은 탑 부피의 약 60 ~ 70%를 차지하며 남은 부피는 흐름의 분산과 상 분해에 이용된다. 체계적 충전의 기하학적 특성과 HETP는 표 15-7에 열거되어 있다.

단과 충진탑의 두 형태 가운데 하나를 선택해야 하는 경우에는 다음과 같은 단과 충진탑의 일반적인 장단점을 고려하여 보아야 한다.

1. 충전탑의 단 효율은 각 형태의 충전에 따른 실험에 근거한 것이어야 한다. 효율은 충전의 형태와 크기 뿐만 아니라 유량, 유체의 물성, 탑의 직경, 운전압력, 그리고 일반적으로 유용한 충전표면 상의 액체분산정도에 따라 변한다.
2. 충전탑에서의 액체분산의 어려움 때문에 단 탑의 설계가 더 신뢰성이 있으며 기체 질량속도에 대한 액체 질량속도의 비가 작을 경우 보다 낮은 안전 인자가 요구된다.
3. 단 탑은 넓은 범위의 유량을 범람(flooding)이 없이 처리하도록 설계할 수 있다.
4. 고체가 분산된 액체가 운전에 포함된다면 세척하기가 용이하기 때문에 단 탑의 사용이 선호된다.
5. 반응이나 용액으로부터의 열을 제거하기 위해 단 사이의 냉각이 요구되는 경우 냉각 코일을 단에 설치할 수 있거나 혹은 단 사이의 액체 이송관이 외부 냉각기를 통하게 할 수 있으므로 단 탑이 우선적이다.

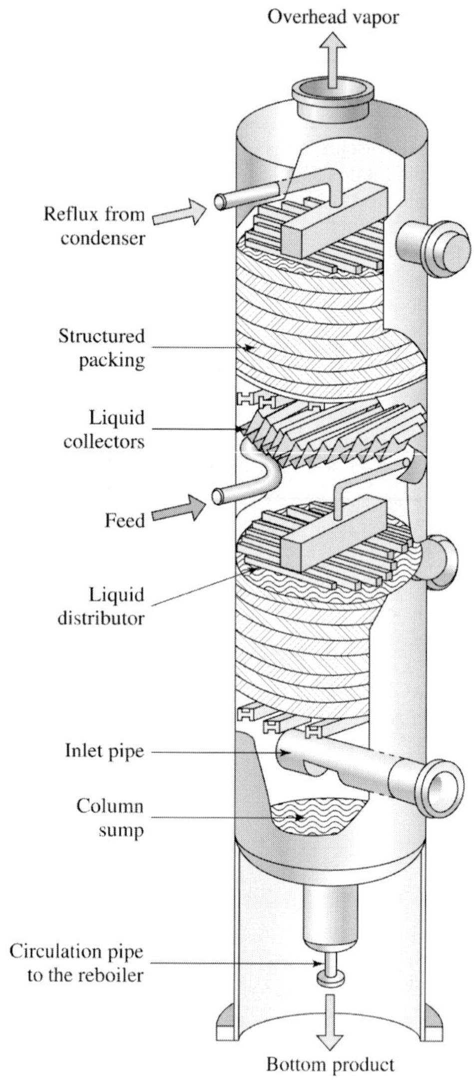


그림 15-4

6. 건조한 단 탑의 총 중량은 대개 같은 부하를 위해 설계된 충전탑의 중량보다 적다. 그러나 운전중의 액체 보유량(holdup)을 고려하는 경우 두 형태의 탑은 거의 동일한 중량을 갖는다.
7. 증류조작에서와 같이 큰 온도변화가 수반되는 경우 장치요소들의 열팽창이나 수축으로 충전물이 파손될 수 있기 때문에 단 탑이 우선적이다.
8. 일반적으로 단 탑에 대한 설계정보가 충전탑에 대한 설계정보보다 신속한 확보가 용이하다.
9. 불규칙 충전탑은 대개 직경 1.5미터 이상으로는 설계하지 않으며 상용 단 탑의 직경은 0.67미터 이하는 거의 없다.
10. 고도로 부식성인 유체를 처리하는 경우 충전탑이 단 탑보다 비용이 저렴하고 설치가

용이하다.

**11.** 액체가 쉽게 거품화되는 경향이 있는 경우 충전탑이 우선적이다.

**12.** 충전탑의 경우 액체 보유량의 크기가 상당히 작다.

**13.** 충전탑의 압력강하는 같은 부하를 위해 설계된 단 탑의 압력강하보다 작다.

**체 단 탑의 직경계산** 탑 직경의 결정을 위해서는 먼저 탑 내에서 범람조건에서의 실제 기체유속 $V_{nf}$의 계산이 필요하다.

$$V_{nf} = C_{sb}\left(\frac{\sigma}{20}\right)^{0.2}\left(\frac{\rho_L - \rho_V}{\rho_V}\right)^{0.5} \tag{15-7}$$

위에서 $C_{sb}$는 범람조건에서의 Souders와 Brown 인자(m/s)이며 $\sigma$는 표면장력(dyne/cm)이고 $\rho_L$과 $\rho_V$는 각각 탑 내의 액체와 기체의 밀도이다. Souders와 Brown 인자는 적절한 단 간격을 정한 후에 그림 15-5로부터 얻는다. 대구경 탑의 경우 표준적인 단 간격은 0.46, 혹은 0.61 m이지만 또한 0.3 m 및 0.91 m의 간격도 이용된다.

실제 기체유속 $V_n$은 범람조건에서 알짜유속의 50 ~ 90%라고 가정하여 정한다. 알짜 탑면적은 다음으로부터 얻어진다.

$$A_n = \frac{\dot{m}'_V}{V_n} \tag{15-8}$$

그리고

$$A_c = A_n + A_d \tag{15-8a}$$

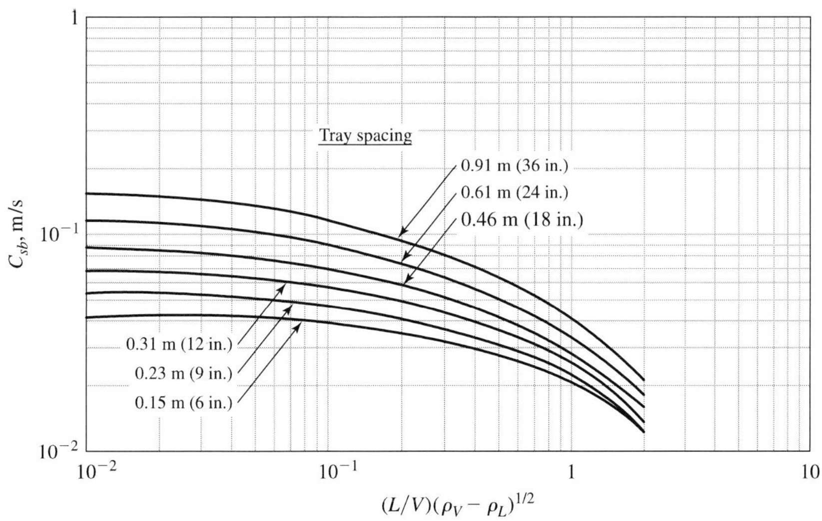


**그림 15-5**

식 (15-7)에서 $C_{sb}$ 값( ±10%)을 추정하기 위한 도표.[*J. R. Fair, Petro/Chem. Eng.*, 33(10): 45(1961) 로부터 승인하에 전재]

여기서 $A_n$은 분리공정에 사용되는 알짜 탑 면적, $A_d$는 하강유로(downcomer) 면적, $A_c$는 탑의 단면적, $\dot{m}_V'$는 기체의 부피유속, 그리고 $V_n$은 실제 기체유속이다. 이로부터 탑 직경은 $D = (4A_c/\pi)^{1/2}$에 의해 계산된다.

**체 단 탑의 높이계산** 평형단을 실제단으로 전환시키기 위해서는 총괄 단효율의 사용이 필요하다. 가장 엄밀한 방법은 점효율로부터 시작하는데 이들 효율을 총괄 단효율로 전환시킨다. 이 접근방법은 다성분 혼합물에는 적절치 않으므로 실험자료가 없을 경우 Lockett[156]에 의해 개발된 간단한 해석적 표현을 권하고자 한다. 즉

$$E_o = 0.492[\mu_L(\alpha_{LK/HK})_{av}]^{-0.245} \tag{15-9}$$

위에서 $E_o$는 총괄 단효율, $(\alpha_{LK/HK})_{av}$는 가벼운 키(key)와 무거운 키 사이의 평균 상대휘발도, 그리고 $\mu_L$은 원료 혼합물의 액상 점도이다. 앞의 설계단계에서 단 간격을 정했기 때문에 이제 탑의 높이를 결정하기 위하여 상 분리에 필요한 높이와 소요되는 내부 장치를 제외한 모든 정보를 이제 이용할 수 있게 되었다. 따라서

$$H_c = (N_{act} - 1)H_s + \Delta H \tag{15-10}$$

위에서 $H_c$는 실제 탑 높이, $N_{act}$는 실제 단 수, $H_s$는 단 간격, 그리고 $\Delta H$는 탑 운전에 필요한 추가의 높이이다.

## 예제 15-2 증류탑의 직경과 높이의 결정

체 단 증류탑을 사용하여 프로판/프로필렌 혼합물을 분리하고자 한다. 탑으로의 다성분 원료는 43.3°C의 완전한 기체로서 압력은 1668 kPa이며 조성은 다음과 같다.

| Component | $\dot{m}$, kg/s | Component | $\dot{m}$, kg/s |
|---|---|---|---|
| Acetylene | $1.3 \times 10^{-6}$ | MAPD† | $5.4 \times 10^{-4}$ |
| Ethylene | $1.3 \times 10^{-6}$ | 1,3-Butadiene | $3.7 \times 10^{-4}$ |
| Ethane | $3.3 \times 10^{-4}$ | *i*-Butene | $1.9 \times 10^{-4}$ |
| Propylene | 6.41 | 1-Butene | $1.2 \times 10^{-4}$ |
| Propane | 4.62 | | |

†MAPD refers to the $C_3$ acetylenes ($C_3H_4$), methylacetylene and propadiene.

프로필렌 농도가 99.6 몰%인 제품을 얻고자 한다. 단 간격을 0.762 m로 정했을 때 탑의 직경과 높이를 구하여라.

■ **풀이**

원료 조성을 살펴보면 분리는 사실상 프로판과 프로필렌 사이의 분리임을 알 수 있다. 그러나

156) M. J. Lockett, *Distillation Design Fundamentals*, Cambridge University Press, Cambridge, United Kingdom, 1986.

McCabe-Thiele 방법을 이용하면 그래프 구축의 어려움으로 인하여 상당한 부정확성이 야기된다. 그러므로 계산을 최소로 하기 위한 몇 가지 가정과 함께 다성분 혼합물의 분리를 위한 관계들이 이용되어야 할 것이다.

첫 번째 단계는 탑을 둘러싼 물질수지이다. 원료중의 다른 성분들은 두 주요 성분들에 비해 상대적으로 무시할 수 있기 때문에 물질수지에서는 이들 두 성분들만을 가정한다.

$$F = B + D$$
$$Fx_{(C_3H_6)_F} = Bx_{(C_3H_6)_B} + Dy_{(C_3H_6)_D}$$
$$Fx_{(C_3H_8)_F} = Bx_{(C_3H_8)_B} + Dy_{(C_3H_8)_D}$$

위에서 $F = 0.257$ kg 몰/s, $x_{(C_3H_6)_F} = 0.5924$, 그리고 $x_{(C_3H_6)_B} = 1 - x_{(C_3H_8)_B}$이며 아울러

$$y_{(C_3H_6)_D} = 0.996 \qquad y_{(C_3H_8)_D} = 0.004 \qquad B = F - D$$

이들 식을 동시에 풀면 다음 결과를 얻는다.

$$D = 0.1527 \text{ kg mol/s} \qquad B = 0.1043 \text{ kg mol/s}$$
$$x_{(C_3H_6)_B} = 0.0022 \qquad x_{(C_3H_8)_B} = 0.9978$$

경질 키(프로필렌)와 중질 키(프로판) 사이의 상대 휘발도를 얻기 위하여 평균온도를 43.3°C, 혹은 316.4 K라고 가정한다. International Critical Tables에 의해 제공되는 기체압력 자료로부터 이 온도에서 프로판에 대한 프로필렌의 상대 휘발도는 1.136이다. 탑저의 비등점 온도와 탑상의 이슬점 온도를 이용하여 상대 휘발도의 기하평균을 계산함으로써 식 (15-1a)로부터 보다 정확한 값을 얻을 수 있다.

식 (15-1)로부터 최소 단수를 정한다.

$$N_{\min} = \frac{\ln[(x_{LK}/x_{HK})_D(x_{HK}/x_{LK})_B]}{\ln \alpha_{LK/HK}}$$
$$= \frac{\ln[(0.996/0.004)(0.9978/0.0022)]}{\ln 1.136} = 91.2 \text{ stages}$$

$R_{\min}$을 얻기 위하여 식 (15-2)와 (15-3)을 이용한다.

$$\sum_{i=1}^{n} \frac{\alpha_i x_{F,i}}{\alpha_i - \Theta} = 1 - \bar{q} \qquad \text{let } q = 0 \text{ since feed is all vapor}$$

$$\frac{1.136(0.5924)}{1.136 - \Theta} + \frac{1(0.4076)}{1 - \Theta} = 1 \qquad \Theta = 1.0555$$

$$R_{\min} + 1 = \sum_{i=1}^{n} \frac{\alpha_i x_{D,i}}{\alpha_i - \Theta}$$
$$= \frac{1.136(0.996)}{1.1336 - 1.0555} + \frac{1(0.004)}{1 - 1.0555} = 13.98$$

$$R_{\min} = 12.98 \qquad \text{assume } R = 1.2R_{\min}$$
$$R = 1.2(12.98) = 15.58$$

실제 이론단수는 식 (15-4)로 구한다.

$$\frac{N - N_{\min}}{N+1} = 0.75\left(1 - \frac{R - R_{\min}}{R+1}\right)^{0.566}$$

$$\frac{N - 91.2}{N+1} = 0.75\left(1 - \frac{15.58 - 12.98}{15.58+1}\right)^{0.566}$$

$$N - 91.2 = (N+1)(0.487)$$

$$N = 179 \text{ theoretical stages}$$

원료단 위치는 식 (15-6)으로부터 얻는다.

$$\log \frac{N_D}{N_B} = 0.206 \log\left\{\left(\frac{B}{D}\right)\left(\frac{x_{HK}}{x_{LK}}\right)_F \left[\frac{(x_{LK})_B}{(x_{HK})_D}\right]^2\right\}$$

$$= 0.206 \log\left[\left(\frac{0.1043}{0.1527}\right)\left(\frac{0.4076}{0.5924}\right)\left(\frac{0.0022}{0.004}\right)^2\right]$$

$$N = N_D + N_B$$

이들 두 식을 풀면 $N_D = 107$ 이론단수, $N_B = 72$ 이론단수를 얻는다. 따라서 원료는 탑저로부터 72 이론단수 위에서 탑으로 주입된다.

식 (15-7)을 이용하여 범람조건에서 알짜 기체유속을 얻는다. 보통은 탑의 양 끝부분에서 알짜 유속을 얻어서 소요되는 최대 탑 직경을 정한다. 여기에서는 최대 직경이 탑의 최상부에서 얻어지므로 이 계산만을 따르기로 한다. 식 (15-7)에서는 표면장력은 물론 액체와 기체의 밀도에 대한 정보가 요구된다. 탑상제품은 사실상 순수한 프로필렌이므로 이 성분에 대한 액상 및 기상 밀도가 필요하다. 액상 밀도는 *Perry's Chemical Engineers' Handbook*(7th ed.)의 표 2-30에서 11.309 kg 몰/m$^3$, 혹은 476 kg/m$^3$과 같이 얻어진다. 기상 밀도는 이상기체 관계식을 이용하여 27 kg/m$^3$과 같이 얻어진다. 프로필렌에 대한 표면장력은 6 dyne/cm이다. 함수 $(L/V)(\rho_V/\rho_L)^{0.5}$가 얻어지면 그림 15-5를 이용하여 $C_{sb}$를 얻는다.

$$\left(\frac{L}{V}\right)\left(\frac{\rho_V}{\rho_L}\right)^{0.5} = \left(\frac{15.58}{16.58}\right)\left(\frac{27}{476}\right)^{0.5} = 0.224$$

그림 15-5로부터 $C_{sb} \cong 0.075$ m/s이다.

식 (15-7)로부터

$$V_{nf} = C_{sb}\left(\frac{\alpha}{20}\right)^{0.2}\left(\frac{\rho_L - \rho_V}{\rho_V}\right)^{0.5}$$

$$= (0.075)\left(\frac{6}{20}\right)^{0.2}\left(\frac{476-27}{27}\right)^{0.5} = 0.240 \text{ m/s}$$

80%의 범람을 가정하면

$$V_n = 0.8V_{nf} = 0.8(0.240) = 0.192 \text{ m/s}$$

식 (15-8)로부터

$$A_n = \frac{\dot{m}_V}{V_n}$$

$$= \frac{(16.58)(0.1527)(42.08)/27}{0.192} = 20.55 \text{ m}^2$$

하강유로가 탑의 단면적의 15%를 차지한다고 가정하면

$$A_c = \frac{A_n}{0.85} = \frac{20.55}{0.85} = 24.2\ \mathrm{m}^2$$

그리고

$$D = \left(\frac{4A_c}{\pi}\right)^{1/2} = \left[\frac{4(24.2)}{\pi}\right]^{1/2} = 5.55\ \mathrm{m}$$

하나의 탑에 대하여 이론단수가 너무 크므로 두 개의 탑이 필요하며 각각의 탑은 단 수가 90이고 탑 직경이 5.6 m이다.

## 예제 15-3 컴퓨터를 이용한 증류탑의 직경과 높이의 결정

프로판/프로필렌 혼합물의 분리를 위한 예제 15-2의 데이터를 이용하여 가능한 상용 모사기 가운데 하나를 사용하여 정해진 것과 동일한 고순도 제품이 얻어지는 증류탑의 소요 직경과 높이를 구하여라.

■ **풀이**

프로판/고분자 증류탑의 운전은 Soave-Redlich-Kwong 상태방정식을 이용하는 SCDS 모델을 써서 모사하였다. 이용된 환류비는 $1.2R_{\min}$이다. 원료단 위치는 소요단수가 최소가 되도록 최적화시켰다. 단 간격은 0.762 m로 정하여 범람율이 80%(예제 15-2에서와 유사) 이하가 되도록 하였다. 이 분리에서는 상대 휘발도는 1.132와 1.14 사이에서 변한다. 이와 같은 낮은 상대 휘발도와 고순도 제품에서 요구되는 분리에서는 복수탑 배치가 필요한 것으로 가정하였다. 이는 모사 결과에서 입증되었다.

프로판/프로필렌 복수탑 시스템에서 모사 프로그램에 의해 얻은 이론단수의 함수로 나타낸 온도분포는 그림 15-6에 나타나 있는데 하나의 단과 그 다음 단 사이에서 일어나는 작은 온도 변화가 강조되어 있다. 프로그램으로부터 얻은 설계 데이터는 다음과 같다[157].

| Selected design parameters | Design data from simulation |
|---|---|
| Number of columns | 2 |
| Number of theoretical trays | 180 (valve trays) |
| Average tray efficiency | 0.85 |
| Tray spacing | 0.762 m |
| Column internal diameter | 5.33 m |
| Column reflux ratio | 15.563 |
| Column cross-sectional area | 21.86 m$^2$ |
| Column active area | 17.85 m$^2$ |
| Percentage of flood at bottom stage | 74.7% |
| Percentage of flood at top stage | 79.4% |
| Pressure drop per tray | 0.77 kPa per tray |

157) 이 모사 프로그램으로부터 추가로 상당한 설계 파라미터들이 얻어지는데 이에는 기상과 액상 유속, 물넘이둑(weir), 하강유로 규격 등에 대한 광범위한 설계 데이터가 포함된다.

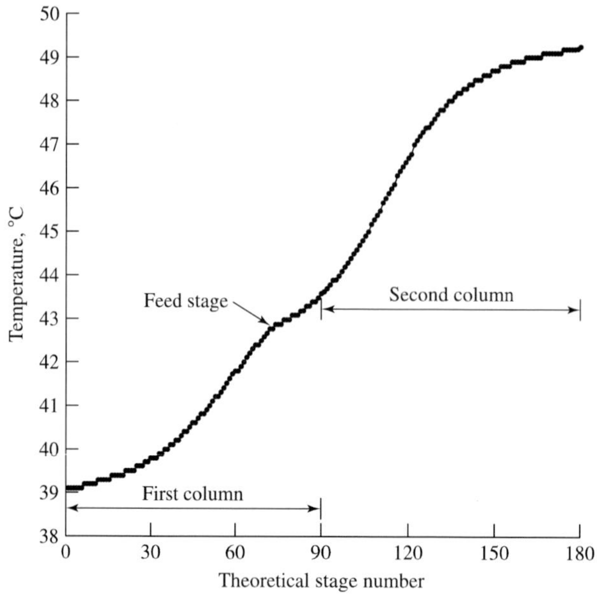


**그림 15-6**
프로판/프로필렌 복수탑 시스템에서 이론단수의 함수로 나타낸 온도분포(R. E. Treybal, *Mass Transfer Operation*, McGraw-Hill, 1980, McGraw-Hill 사의 승인하에 전재).

컴퓨터 모사로부터 얻은 결과는 직접 행한 계산과 분명히 훌륭한 일치를 보이고 있다. 일반적으로 이러한 좋은 일치는 얻어지기 힘들다; 높이와 직경 계산에서 ±25% 까지의 차이가 나타나기도 하는데 특히 고도의 비이상성을 보이는 다성분 혼합물의 분리에 있어서 더욱 그러하다. 이러한 경우에는 우수한 모사 프로그램으로부터 실제 운전조건에 보다 잘 접근하는 결과를 얻을 수 있다.

## 불규칙 충전탑의 증류설계 과정

**불규칙 충전탑의 직경계산** 단을 이용하는 증류탑과 달리 충전탑의 성능은 탑 내의 기체 및 액체 유속에 강하게 영향을 받는다. 수십년 동안 산업계에서 표준이 되어 온 단순화된 지름길 방법에서는 처음에 Sherwood[158]에 의해 개발되었으며 다른 연구자들[159]에 의해 개선된 일반화된 압력강하 상관도표를 이용한다. 그림 15-7은 이 상관도표의 한가지를 보인 것으로서 설계자는 이를 이용하여 충전 단위높이에 대한 압력강하를 정한 후에 탑의 단면적을 구할 수 있다. 추천되는 충전탑의 압력강하는 상압 및 고압영역에서 400~600 Pa/m, 진공운전의 경우 4~50 Pa/m, 그리고 흡수 및 탈거의 경우 200~400 Pa/m 이다.

**불규칙 충전탑의 높이 계산** 정해진 분리를 이루기 위하여 탑에서 요구되는 충전높이를 정하는 데에는 전달단위 높이(height of a transfer unit, HTU)나 이론단에 대등한 높이(HETP)의 사용이 수반된다. 첫 번째 방법(HTU)을 이용하여 총 높이를 얻기 위해서는 다음 관계를 만족시키는 전달단위 수를 구할 필요가 있다.

$$Z = (\mathrm{HTU})(\mathrm{NTU}) \tag{15-11}$$

158) R. E. Treybal, *Mass Transfer Operations*, 3rd ed., McGraw-Hill, New York, 1980, p.195.
159) 예를 들면 M. Leva, *Chem. Eng. Prog.*, **88**(1): 65(1992).

여기서 $Z$는 물질전달 영역의 총 높이이다. HTU와 NTU는 다음과 같이 정의된다.

$$\text{HTU} = \frac{\dot{m}''_v}{(K_G a_e)A_c} \tag{15-12}$$

그리고

$$\text{NTU} = \int_{y_2}^{y_1} \frac{dy}{y - y^*} \tag{15-13}$$

위에서 $\dot{m}''_v$는 기체의 몰 유량, $K_G$는 총괄 물질전달계수, $a_e$는 접촉기 단위부피당 기상과 액상간의 계면접촉 면적, $A_c$는 탑의 단면적, $y$는 기상에서의 성분의 몰분율, $y^*$는 액상에서 같은 성분과 평형을 이루는 기상 성분의 몰분율이다.

기상과 액상 저항의 영향을 모두 포함하기 위해서 HTU는 다음과 같이 정의된다.

$$\text{HTU} = \text{HTU}_V + \lambda\text{HTU}_L = \frac{V_V}{k_V a_e} + \lambda\frac{V_L}{k_L a_e} \tag{15-14}$$

여기서 $V_V$와 $V_L$은 각각 기체와 액체의 겉보기 속도, $k_V$와 $k_L$은 각각 속도단위로 나타낸 기

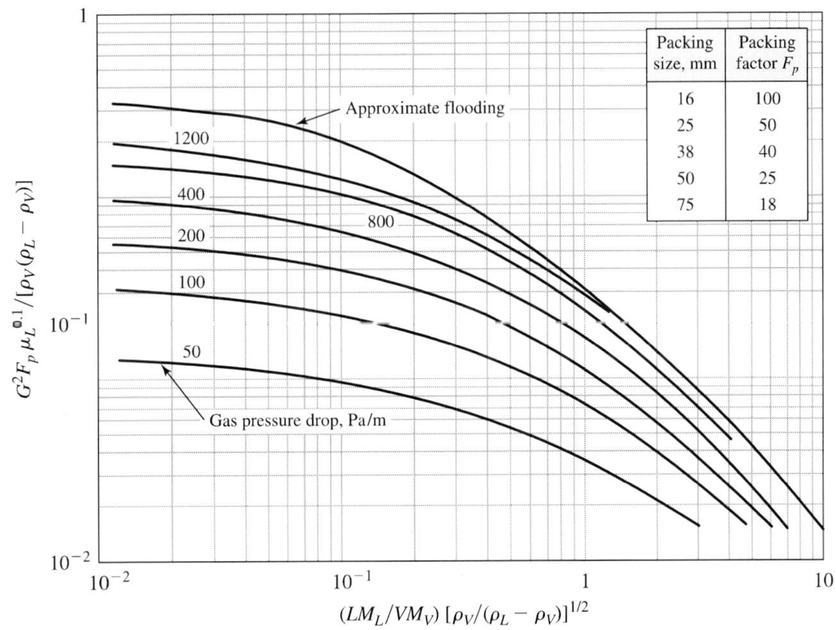


| Packing size, mm | Packing factor $F_p$ |
|---|---|
| 16 | 100 |
| 25 | 50 |
| 38 | 40 |
| 50 | 25 |
| 75 | 18 |

where

$G = VM_V/A_c$, superficial gas mass flux, kg/(s·m²)
$F_p$ = packing factor, dimensionless; see insert
$\mu_L$ = liquid viscosity, Pa·s
$\rho_V$ = gas density, kg/m³
$\rho_L$ = liquid density, kg/m³
$L$ = liquid flow rate, kg mol/s
$A_c$ = column cross-sectional area, m²
$M_V$ = molecular weight of vapor, kg/kg mol
$M_L$ = molecular weight of liquid, kg/kg mol
$V$ = gas flow rate, kg mol/s

**그림 15-7**
충전탑의 범람 및 압력강하 상관관계(R. E. Treybal, *Mass Transfer Operations*, 3rd ed., McGraw-Hill, New York, 1980, p.195, McGraw-Hill 사의 승인하에 전재).

체와 액체에 대한 개별적인 물질전달 계수이며 $\lambda$는 조업선 $L/V$의 기울기에 대한 평형선의 기울기의 비이다.

충전탑에 대한 HTU를 구하기 위한 다수의 설계과정이 문헌에 나타나 있다. 예를 들면 Bravo와 Fair[160]에 의한 방법에서는 개별적인 물질전달 계수와 물질전달을 위한 유효 계면 면적을 이용한다. 이들 연구자들에 의해 유도된 물질전달 계수는 다음 관계에 의해 m/s의 단위로 얻어진다.

$$k_V = \frac{0.119 a_p D_V \mathrm{Re}_V^{0.7} \mathrm{Sc}_V^{0.333}}{(a_p D_p)^2} \tag{15-15}$$

그리고

$$k_L = 3.72 \times 10^{-5} \left(\frac{\mu_L g}{\rho_L}\right)^{0.333} \left(\frac{\mathrm{Re}_L a_p}{a_w}\right)^{0.667} \mathrm{Sc}_L^{-0.5} (a_p D_p)^{0.4} \tag{15-16}$$

여기서

$$\frac{a_p}{a_w} = \left\{1 - \exp\left[-1.45\,\mathrm{Re}_L^{0.1} \mathrm{Fr}_L^{-0.05} \mathrm{We}_L^{0.2} \left(\frac{\sigma_c}{\sigma}\right)^{0.75}\right]\right\}^{-1} \tag{15-17}$$

$$\mathrm{Re}_V = \frac{1488 \rho V_V}{a_p \mu_V} \tag{15-18}$$

$$\mathrm{Re}_L = \frac{1488 \rho_L V_L}{a_p \mu_L} \tag{15-19}$$

$$\mathrm{Fr}_L = \frac{a_p V_L^2}{g} \tag{15-20}$$

$$\mathrm{We}_L = \frac{453.2 \rho_L V_L^2}{a_p \sigma} \tag{15-21}$$

$$\mathrm{Sc}_L = \frac{0.000672 \mu_L}{\rho_L D_L} \tag{15-22}$$

하첨자 $L$과 $V$는 액상과 기상을 의미한다. 다른 항들은 단위를 포함하여 충전 표면적 $a_p$ $m^2/m$, 확산계수 $D_V$ 및 $D_L$ $m^2/s$, 충전물 직경 $D_p$ m, 젖은 충전면적 $a_w$ $m^2$, 밀도 $\rho_L$ 및 $\rho_V$ $kg/m^3$, 점도 $\mu_L$ 및 $\mu_V$ cP, 표면장력 $\sigma$ dyne/cm, 그리고 임계 표면장력 $\sigma_c$들이다. 임계 표면장력은 세라믹 충전의 경우 61 dyne/cm, 체계적 충전의 경우 75 dyne/cm, PEB 충전의 경우 33 dyne/cm이다. Fr, We, 그리고 Sc는 각각 Froude 수, Weber 수, 그리고 Schmidt 수를 나타내는 무차원 수이다.

개별적인 물질전달 계수의 결정으로부터 다음 관계를 이용하여 물질전달을 위한 유효면적의 계산이 가능해 진다.

$$a_e = a_p \sigma^{0.5} (\mathrm{Ca}_L \mathrm{Re}_V)^{0.392} \mathrm{HTU}^{0.4} \tag{15-23}$$

여기서 무차원수 $\mathrm{Ca}_L$은 다음으로부터 얻어진다.

---

160) J. L. Bravo and J. R. Fair, *Ind. Eng. Chem. Proc. Des. & Dev.*, **21**: 162(1982).

$$\mathrm{Ca}_L = \frac{0.304 V_L \mu_L}{\sigma} \tag{15-23a}$$

$HTU_V$, $HTU_L$ 및 HTU는 식 (15-14)로부터 결정될 수 있다.

HTU 방법이 보다 엄격하기는 하지만 많은 설계자들은 HETP를 이용하는데 이는 단 탑으로부터 정해진 이론단수와의 비교를 가능케 하기 때문이다. HETP와 HTU 사이의 관계는 다음과 같이 주어진다.

$$\mathrm{HETP} = \mathrm{HTU}\left(\frac{\ln \lambda}{\lambda - 1}\right) \tag{15-24}$$

아울러 총 충전높이는 다음으로부터 얻어진다.

$$Z = (\mathrm{HETP})N \tag{15-25}$$

위에서 $N$은 소요되는 평형단수이다. 일반적으로 HETP를 구하기 위해서는 HTU를 정해야 하기 때문에 실험데이터나 공장 데이터로부터 HETP 값을 얻는 방법이 선호된다. 예를 들면 Kister[161]는 산업 분리공정에서 이용되는 넓은 범위의 충전에 대한 HETP 값들을 제시하고 있다. 그는 이러한 데이터들이 없는 경우에 대비하여 불규칙 충전탑에 대한 HETP 값들을 다음과 같이 이미 얻어진 탑 직경의 함수로 예측하는 유용한 경험규칙들을 제시하였다.

$$\mathrm{HETP} = \begin{cases} D & \text{for } D \le 0.5\text{ m} \quad (15\text{-}26a) \\ 0.5D^{0.3} & \text{for } D > 0.5\text{ m} \quad (15\text{-}26b) \\ D^{0.3} & \text{for absorption columns with } D > 0.5\text{ m} \quad (15\text{-}26c) \end{cases}$$

진공증류의 경우에는 이들 예측된 HETP 값에 추가로 0.15 m를 더하도록 권고되고 있다.

## 체계적 충전탑의 증류설계과정

체계적 충전탑의 직경계산 불규칙 충전탑의 직경을 정하는 데에 사용된 것과 유사한 방법을 이용하여 체계적 충전탑의 직경을 얻을 수 있다. 그림 15-7을 이용하여 탑의 단면적을 얻는다면 설계자는 납품업자로부터 선택된 체계적 충전에 대한 적절한 충전인자를 얻을 필요가 있을 것이다.

Kister와 Gill[162]에 의해 개발된 다른 방법에서는 범람조건 하에서 탑의 단위길이에 걸친 압력강하를 계산한다. 형태에 있어서 그림 15-7과 유사한 상관관계를 이용하여 체계적 충전탑에서 범람속도를 정한다. 탑의 운전유속은 범람속도의 분율로 나타내어진다. 그러면 탑의 단면적은 기체의 부피유량을 운전유속으로 나누어 얻어진다. 탑 직경은 $D = (4A_c/\pi)^{1/2}$로부터 계산된다.

**체계적 충전탑의 높이계산** 정해진 분리를 이루기 위해 소요되는 충전높이를 구하기 위해서는 다시 HTU와 HETP를 정할 필요가 있다. 이에는 몇가지 가능한 옵션이 있다. Harrison과

161) H. Z. Kister, *Distillation Design*, McGraw-Hill, New York, 1992.

162) H. Z. Kister and D. R. Gill, *Chem. Eng. Prog.*, **87**(2): 32(1991).

France[163)]는 체계적 충전에 대한 HETP의 빠른 추정을 위한 다음과 같은 경험규칙을 제안하였다.

$$\mathrm{HETP} = \frac{9.29}{a_p} + 0.10 \tag{15-26d}$$

위에서 $a_p$는 단위부피당 충전 표면적($m^2/m^3$)이며 HETP는 미터 단위로 얻어진다. 앞절에서 언급한 Kister의 충전효율 데이터를 안짐작하거나 바깥짐작하는 방법이 보다 정확한 방법이 될 것이다.

## 기타 증류공정의 설계과정

**회분식 증류** 대부분의 증류공정은 연속식으로 운전되지만 특히 식품, 의약품, 그리고 생물공정산업에서 회분식 증류에 대한 관심이 높아가고 있다. 다양한 종류의 제품을 분리하기 위해 세척 후에 증류장치를 반복해서 이용할 수 있다는 점이 이 분리공정의 장점이다. 장치는 일반적으로 간단하지만 농도가 연속적으로 변하기 때문에 공정의 제어가 보다 어렵다.

그림 15-8에 보인 바와 같은 단일 단 증류에서 기체와 액체는 평형을 이루는 것으로 가정한다. 어느 주어진 시점에서 $L'$을 탑 내의 액체의 몰 수라 하고 $dL'$을 미분 증발량이라고 하면 성분 $i$에 대한 물질수지로부터 다음 관계를 얻는다.

$$L'x_i = (L' - dL')(x_i - dx_i) + (y_i + dy_i)dL' \tag{15-27}$$

미분량 끼리의 곱을 무시하고 초기조건에서부터 최종조건까지 $L'$의 변화에 걸쳐서, 그리고 액체의 처음농도에서부터 최종농도까지에 걸쳐서 적분하면 다음과 같이 주어지는 Rayleigh 식을 얻는다.

$$\ln \frac{L'_2}{L'_1} = \int_{x_{i1}}^{x_{i2}} \frac{dx_i}{y_i - x_i} \tag{15-28}$$

여기서 $L'_1$와 $L'_2$는 각각 탑 내의 액체의 처음 및 최종 몰 수이고 $x_{i1}$과 $x_{i2}$는 각각 탑 내의 성분 $i$의 처음 및 최종 몰분율이며 $x_i$와 $y_i$는 각각 액상과 기상에서의 성분 $i$의 몰분율이다.

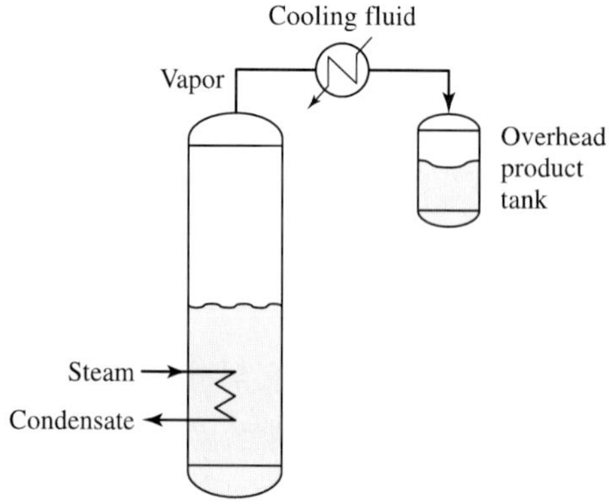


**그림 15-8**
간단한 회분식 증류

163) M. E. Harrison and J. J. France, .Chem. Eng, **96**(4): 121(1989).

분리되는 혼합물이 2성분계이고 평형 데이터가 제공되어 있다면 기상 몰분율은 성분 $i$와 $j$ 사이의 상대 휘발도인 $\alpha_{ij}$와 $x_i$를 이용하여 나타낼 수 있다. 이들 두 성분간의 상대 휘발도가 일정한 경우 식 (15-28)을 적분하면 다음을 얻는다.

$$\ln\frac{L_2'}{L_1'}=\frac{1}{\alpha_{ij}-1}\ln\frac{x_{i2}(1-x_{i1})}{x_{i1}(1-x_{i2})}+\ln\frac{1-x_{i1}}{1-x_{i2}} \tag{15-29}$$

이 관계로부터 설계자는 남아있는 액체의 조성이 $x_{i1}$으로부터 $x_{i2}$로 변화하기 위해 증류시켜야 할 액체의 양을 추정할 수 있다.

**공비증류** 분리될 성분들이 공비를 형성하는 경우에는 간단한 증류보다 더 복잡한 분리가 필요하다. 공비 조성이 압력에 민감하다면 물질의 분해가 일어나지 않는 경우 이 성질을 이용하여 분리를 수행할 수 있다. 일반적으로 압력변화에 따라 적어도 5%의 공비조성 변화가 요구된다[164].

압력변화에 민감한 공비물의 분리를 위한 설계과정에서는 그림 15-9에 보인 바와 같이 고압탑으로부터의 공비 제품이 저압탑으로 공급되는 두 증류탑의 사용이 필요하다. 저압탑으로부터의 공비 제품은 다시 압축되어 고압탑으로의 새 원료에 첨가된다. 압력변화 기법을 이용하는 데 있어서의 주요 문제는 압력변화에 따른 공비조성의 변화가 작을수록 고압탑으로 되돌아가는 재순환 흐름은 커진다는 점이다.

**추출증류** 이 형태의 증류조작에서도 원하는 분리를 이루기 위해 물질분리 작용제의 첨가가 이루어진다. 여기에서 물질분리 작용제는 상대적으로 비휘발성의 용매이다. 공비 증류에서와 같이 용매는 다른 성분보다 어느 한 성분과 더욱 강하게 작용하기 때문에 분리가 가능하다. 이러한 강한 상호작용은 핵심 성분들 사이의 상대 휘발도를 향상시켜 준다. 그러나

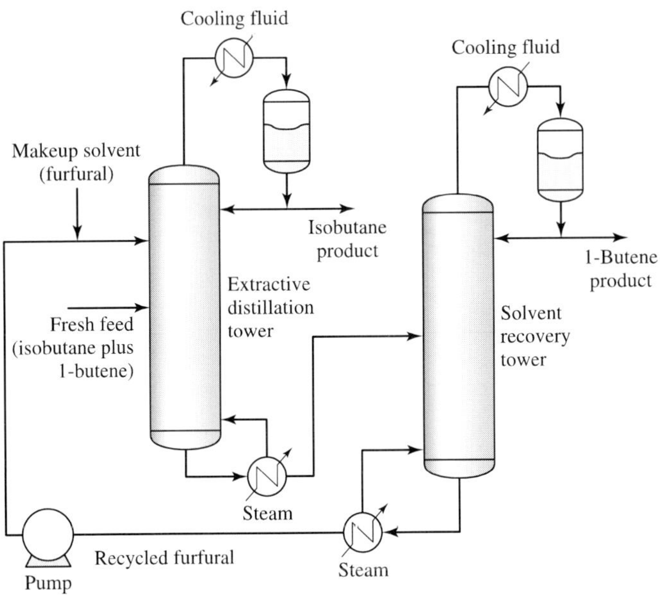


**그림 15-9**
이소부탄으로부터 1-부텐을 분리하기 위한 추출 증류의 보기

164) C. D. Holland, S. E. Gallum, and M. J. Lockett, Chem. Eng., 88(3): 185(1981).

물질분리 작용제가 핵심성분들 가운데 하나와 함께 탑 하부로부터 제거되며 다른 성분들과 공비를 형성하지 않는다는 점에서 추출증류는 공비증류와 다르다.

## 단 및 충전탑의 장치비용

단 및 충전탑의 구입비용은 다음 요소들로 구분할 수 있다: (1) 헤드, 스커트(skirt), 맨홀, 그리고 노즐을 포함하는 탑 외곽틀 비용; (2) 단과 부속품들, 충전물, 지지대, 그리고 분산판 들을 포함하는 탑 내부물 비용; 그리고 (3) 바닥, 사다리, 난간, 그리고 단열과 같은 부대물 비용.

조립된 탑 외곽틀 비용은 탑의 무게, 혹은 직경과 높이를 기준으로 산출된다. 탑 외곽틀의 벽 두께에 대한 압력의 영향을 보다 정확히 감안해 주기 때문에 전자에 따른 추산이 선호된다. 그림 15-10은 탑 무게에 근거한 비용을 나타내며 그림 15-11은 직경과 높이를 기준으로 한 비용을 나타낸다. 이 비용은 단, 충전물, 혹은 연결부들을 제외한 탑 외곽틀 만에 대한 비용이다. 맨홀과 노즐같은 설치된 연결부들에 대한 비용은 그림 15-12에 제시된 데이터로부터 근사적으로 얻을 수 있다. 통상적인 설치의 경우에 대한 단 비용은 그림 15-13에 나타나 있다.

탑 내부 지지물과 분산기를 포함하는 슬롯 링과 고효율 충전물의 구입비용은 그림 15-14에 제시되어 있다. 개략적인 추산에 있어서는 충전탑에서 분산기판의 비용은 하나의 기포캡 단에 대한 비용과 같다고 가정할 수 있다. 다양한 형태의 증류탑들의 완전한 설치비용은 그림 15-15에 나타나 있다. 그림 15-16은 충전탑에 대한 완전한 설치비용을 보인 것이다. 탑과 탱크에 대하여 모두 알루미늄 재킷으로 된 몇 가지 공업적 단열의 설치비용은 그림 15-17로부터 근사적으로 구할 수 있다.

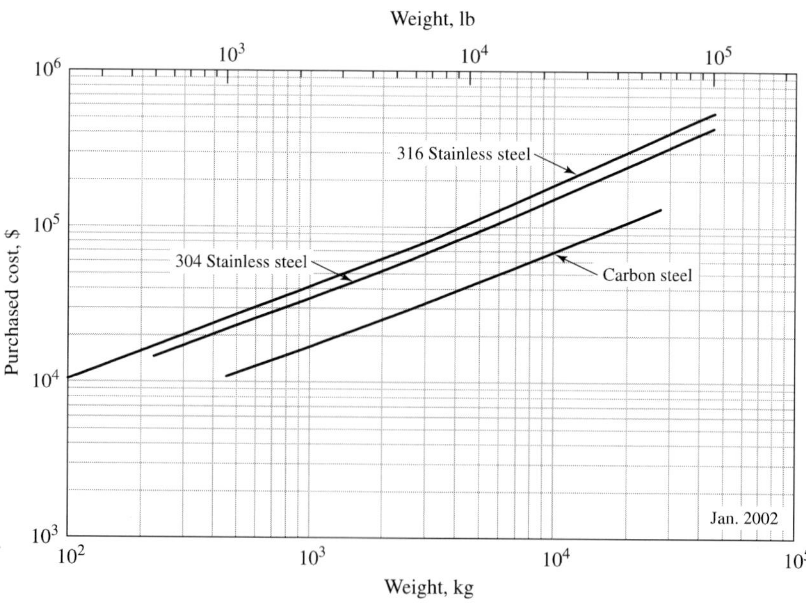


**그림 15-10**

탑~ 구입비용. 나타낸 비용은 단, 충전물, 혹은 연결부를 제외한 두 개의 헤드와 스커트가 있는 외곽틀에 대한 것이다.

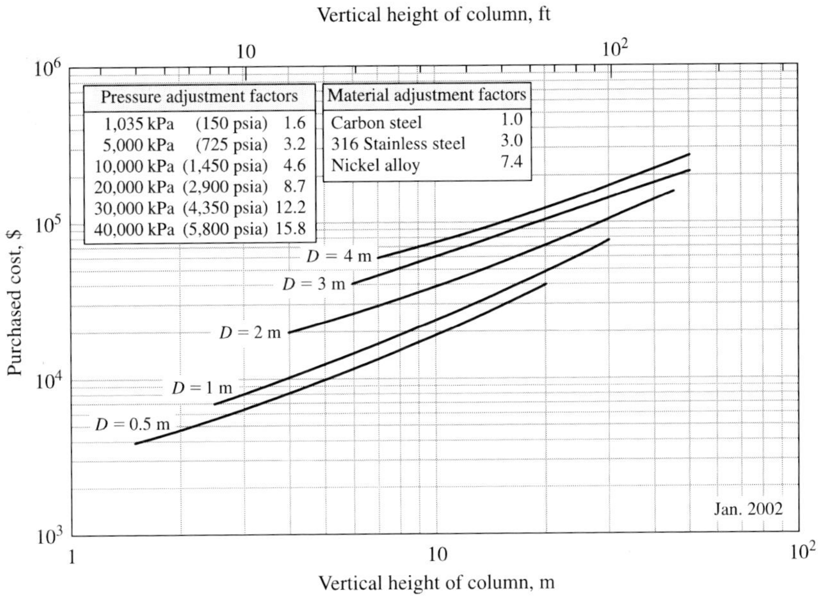


**그림 15-11**

수직탑의 구입비용. 단, 충전물, 혹은 연결부는 비용에 포함되지 않는다.

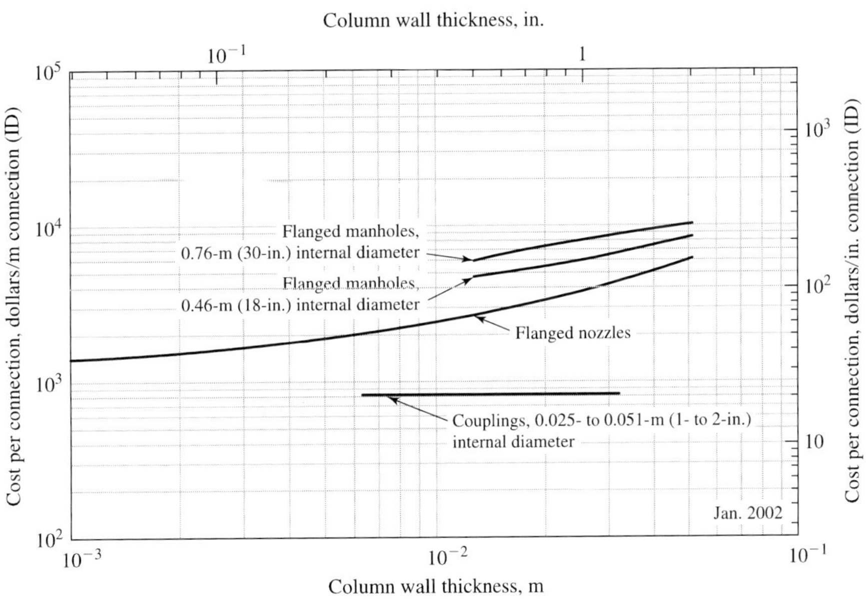


**그림 15-12**

강철탑 연결부의 설치비용. 제시된 비용은 136 kg (300 lb) 연결부에 대한 것이며 68 kg (150 lb) 연결부의 경우에는 0.9, 272 kg(600 lb)의 연결부에는 1.2를 곱하여 준다.

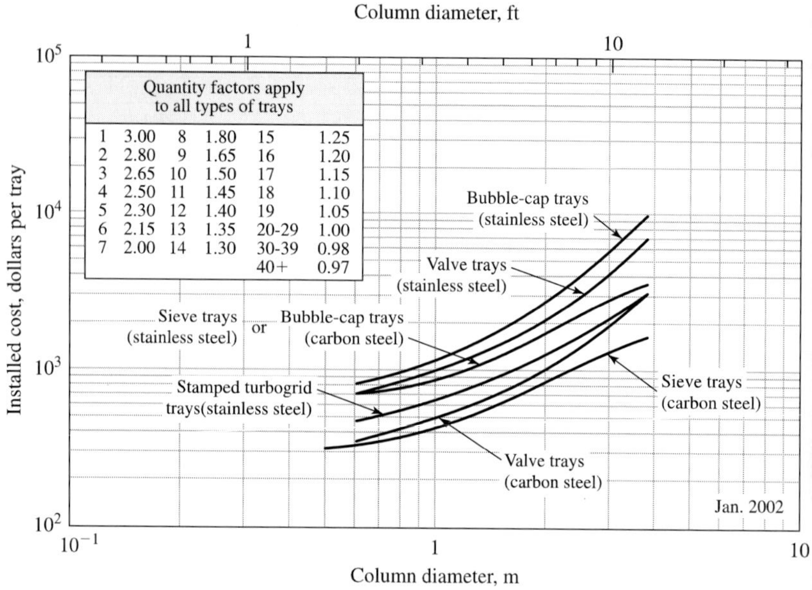


**그림 15-13**
단 탑에서 단의 구입비용. 비용에는 단 갑판(deck), 버블캡, 상승유로, 하강유로, 그리고 강철부품들이 포함된다.

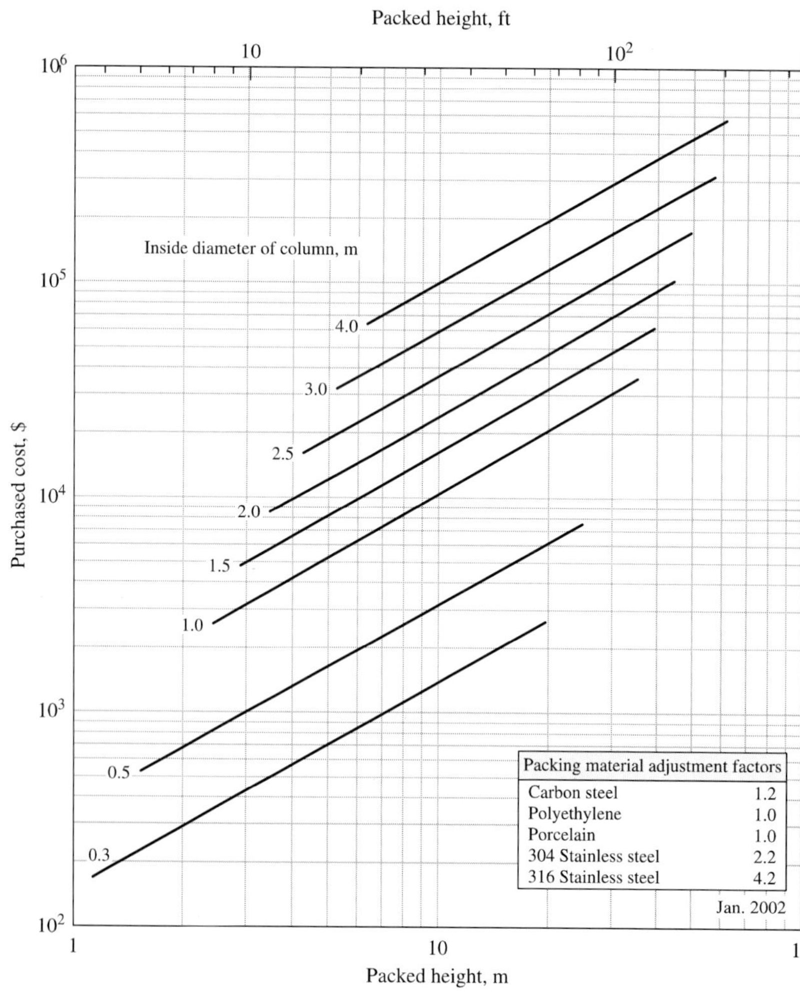


**그림 15-14**
적층 링과 고효율 새들 충전물의 구입비용(가격에는 탑 내부 지지물과 분산기가 포함됨)

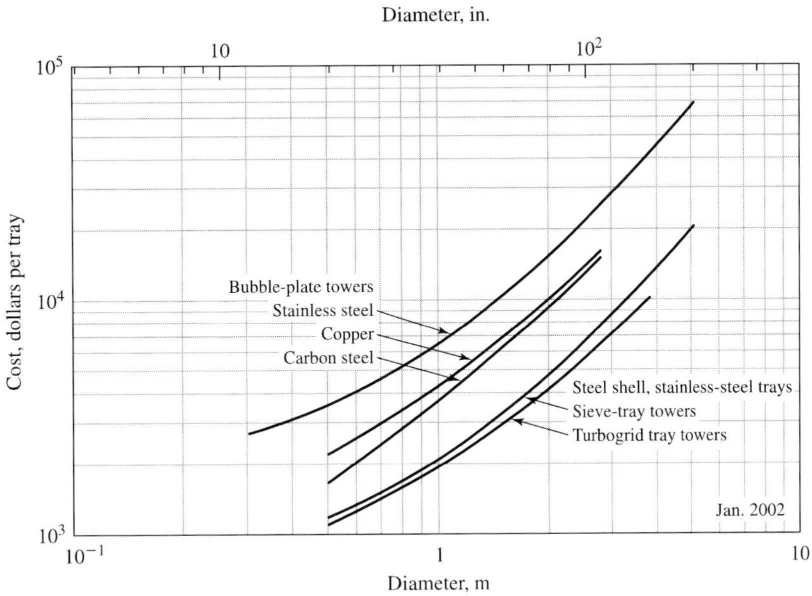


**그림 15-15**
설치 및 부속물들을 포함하는 증류탑의 구입비용

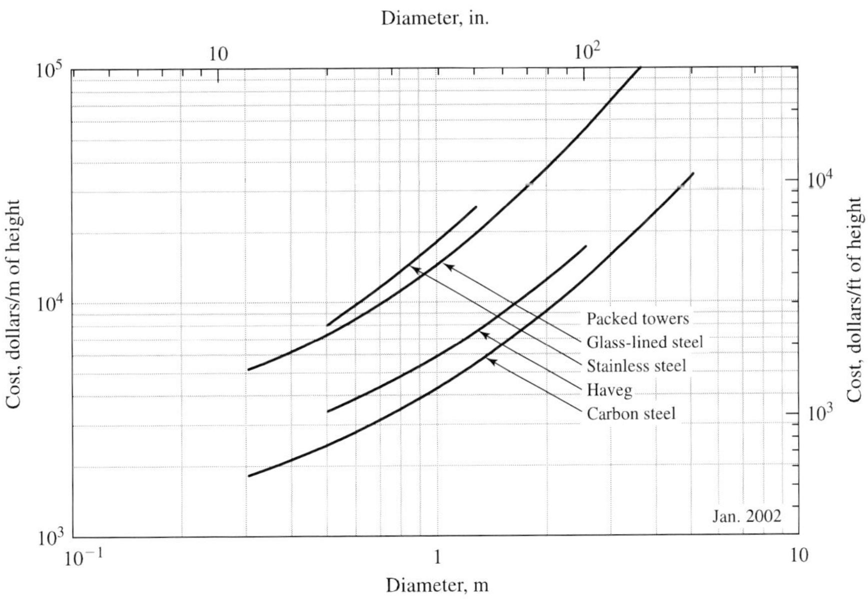


**그림 15-16**
설치 및 부속물들을 포함하는 충전탑의 구입비용

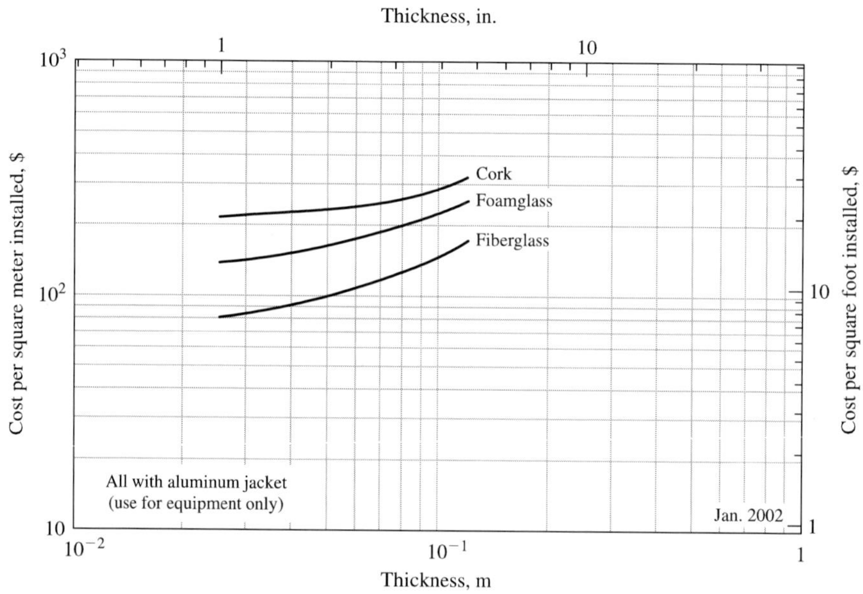


**그림 15-17**
탑 및 탱크에 대한 다양한 공업적 단열의 설치비용

# 흡수와 탈거에 의한 분리

흡수와 탈거(stripping) 공정은 증류공정과 유사하다. 증류공정의 경우 물질전달은 탑 전체에 걸쳐 각 단에서의 기체와 액체 사이에서 이루어진다. 흡수와 탈거에서는 물질전달은 탑 전체에 걸쳐 각 단에서의 기상과 액상 사이에서 이루어진다. 흡수에서 용질, 혹은 흡수되는 성분은 기상으로부터 액상으로 전달된다. 탈거는 이와 반대이다. 즉 액상으로부터 기상으로 전달이 이루어진다.

흡수장치는 그림 15-18에 보인 바와 같이 흡수제를 회수하기 위해 흔히 탈거장치(stripper)와 결합되어 있다. 탈거공정은 완벽하지 않기 때문에 회수된 흡수제에는 흡수장치로 공급되는 원료중에 존재하였던 성분들이 포함되어 있다. 물을 흡수제로 사용하는 경우에는 탈거가 아닌 증류에 의해 흡수제를 회수하는 것이 훨씬 더 보편적이다.

흡수 및 탈거에 이용되는 장치는 재비기나 응축기가 필요하지 않다는 것 외에는 증류에서 이용되는 장치와 매우 유사하다. 분리공정은 단 탑, 충전탑은 물론 분무탑과 원심력 접촉기를 통해서 이루어진다. 단 탑의 내부로는 체 단과 밸브단이 우선적으로 이용된다. 충전탑에서는 그림 15-3과 15-4에서 이미 언급한 기하구조와 유사한 불규칙 및 체계적 충전이 이용된다.

## 묽은 혼합물을 분리하는 단 탑의 설계과정

**평형단수의 결정** 그래프 방법을 써서 평형단수를 결정하는 것은 소요단수가 몇 개 이상일 경우, 혹은 최선의 운전조건을 결정해야 하는 경우 매우 시간이 소요되는 작업이다. 그러한

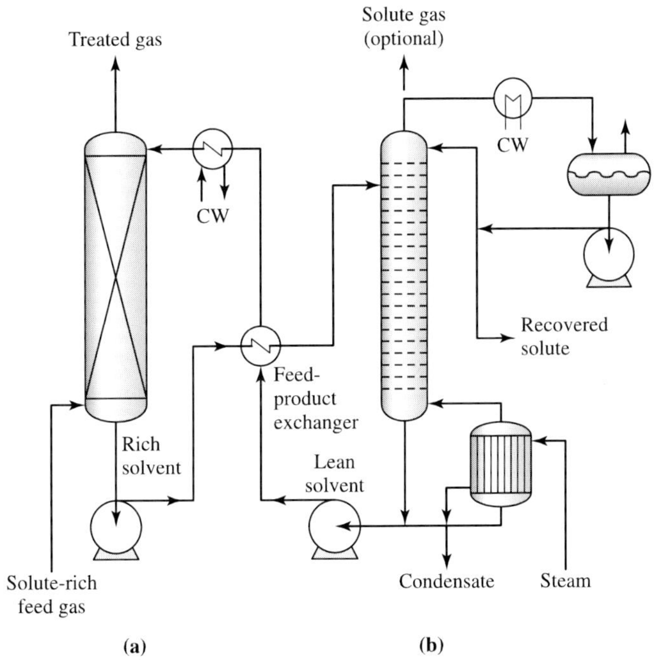


**그림 15-18**
탈거에 의해 재생되는 용매를 사용하는 기체 흡수장치: (a) 흡수장치; (b) 탈거장치

조건에서는 적절한 모사기가 없을 경우 대수적 방법을 이용한 직접계산이 우선된다.

단일부분 다단층(cascade)에 대한 방법으로서 Edmister[165]에 의해 보정된 Kremser 방법이 묽은 혼합물의 흡수 및 탈거에 적용될 수 있다. 흡수된 용질 $i$의 분율은 다음과 같이 주어진다.

$$\frac{A_i^{N+1} - A_i}{A_i^{N+1} - 1} = \text{solute fraction absorbed} \tag{15-30}$$

탈거된 용질 $i$의 분율은

$$\frac{S_i^{N+1} - S_i}{S_i^{N+1} - 1} = \text{solute fraction stripped} \tag{15-31}$$

위에서 $A_i$와 $S_i$는 각각 성분 $i$에 대한 용질 흡수 및 탈거인자이며 $N$은 정해진 용질분율이 흡수되거나 탈거되기 위해 필요한 평형단수이다. 낮은 용질농도에서의 흡수 및 탈거인자는 탑으로 유입되는 액체 및 기체유량 $L$과 $V$, 그리고 용질 $i$에 대한 기/액 평형비 $K_i$를 써서 다음과 같이 나타낼 수 있다.

$$A_i = \frac{L}{K_i V} \tag{15-32}$$

165) W. C. Edmister, *AIChE J.*, **3**: 165(1957).

그리고

$$S_i = \frac{K_i V}{L} \tag{15-33}$$

이들 두 식에서 $K_i$는 온도, 압력 및 액상 조성의 함수이다. 실질적으로 상압인 묽은 용질 혼합물의 경우 $K_i$는 다음과 같은 일반적인 관계들로부터 얻을 수 있다.

$$K_i = \frac{p_i^S}{p} \quad \text{이상용액 및 아임계온도} \tag{15-34a}$$

$$K_i = \frac{\gamma_{i,L}^{\infty} p_i^S}{p} \quad \text{비이상용액 및 아임계온도} \tag{15-34b}$$

$$K_i = \frac{H_i}{p} \quad \text{아임계온도에서의 용질} \tag{15-34c}$$

$$K_i = \frac{p_i^S}{x_i^* p} \quad \text{아임계 온도에서 약간 용해가능한 용질} \tag{15-34d}$$

위에서 $p_i^S$는 용질의 증기압, $p$는 기체 압력, $\gamma_{i,L}^{\infty}$는 무한희석 상태에서의 액체의 활동도 계수, $H$는 Henry 상수, 그리고 $x_i^*$는 평형조건 하에서 용질의 몰분율이다. 흡수 및 탈거인자가 얻어지면 평형단수가 알려진 경우 식 (15-30)과 (15-31)을 이용하여 흡수, 또는 탈거된 용질의 분율을 구할 수 있다.

## 예제 15-4 휘발성 유기물을 포함하는 폐수를 허용 가능한 수준으로 탈거시키는 데에 필요한 이론단수의 결정

15°C, 103 kPa에서 건조 공기를 탈거기체로 사용하는 물 회수 탈거장치를 써서 폐수 중의 벤젠과 에틸벤젠을 99% 이상 제거하고자 한다. 공기와 폐수의 유량은 각각 2.41 및 0.0475 $m^3/s$이다. 탈거는 20°C, 103 kPa에서 이루어진다. 필요한 열역학적 데이터는 다음과 같다.

| Volatile organic component | Concentration in wastewater, mg/L | Vapor pressure at 20°C, kPa | Solubility in water at 20°C, mol fraction |
|---|---|---|---|
| Benzene | 150 | 10.55 | 0.00041 |
| Ethylbenzene | 20 | 1.03 | 0.000035 |

■ **풀이**

용질 농도가 묽으므로 Kremser 관계식이 적용될 수 있으며 두 유기 불순물에 개별적으로 적용될 수 있다. 물에 의한 공기의 흡수와 공기에 의한 물의 탈거는 무시하기로 한다. $K$ 값은 식 (15-34b)나 (15-34d)로부터 계산할 수 있는데 용해도 데이터를 이용할 수 있으므로 후자를 사용한다. 벤젠의 경우

$$K_i = \frac{p_i^S}{x_i^* p} = \frac{10.55}{0.00041(103)} = 250$$

에틸벤젠의 경우

$$K_i = \frac{1.03}{0.000035(103)} = 285$$

기체 및 액체유량은 다음으로부터 얻어진다.

$$V = \frac{2.41}{22.4(273/288)} = 0.102 \text{ kg 몰/s} \quad \text{이상기체로 가정}$$

$$L = \frac{0.0475(10^3)}{18.02} = 2.636 \text{ kg 몰/s} \quad \rho_L = 1000 \text{ kg/m}^3$$

벤젠과 에틸벤젠에 대한 탈거인자는 이제 식 (15-33)으로부터 개별적으로 계산될 수 있다.

$$S = \frac{K_i V}{L} = \frac{250(0.102)}{2.636} = 9.67 \quad \text{벤젠의 경우}$$

$$S = \frac{K_i V}{L} = \frac{285(0.102)}{2.636} = 11.03 \quad \text{에틸벤젠의 경우}$$

식 (15-31)을 이용하여 펼친표(spreadsheet) 컴퓨터 프로그램을 써서 각 이론단에서 탈거된 분율을 계산할 수 있으며 그 결과는 다음과 같다.

| Organic stripped | Percent stripped as a function of stages required | | | |
|---|---|---|---|---|
| | Stage 1 | Stage 2 | Stage 3 | Stage 4 |
| Benzene | 90.62 | 99.04 | 99.90 | 99.96 |
| Ethylbenzene | 91.68 | 99.25 | 99.93 | 99.99 |

따라서 두 가지 휘발성 유기물에 대하여 99.9% 이상의 회수율을 달성하려면 이론적으로 3개의 단이면 충분하다.

**단효율과 탑 높이의 결정** 흡수, 혹은 탈거공정에서 소요되는 실제 단 수를 정하기 위해서는 단효율 $E_o$를 이용하여 이론단수를 조정하여야 한다. 유량이 한계용량에 근접해 있고 잘 설계된 단인 경우 $E_o$는 주로 액체와 기체 흐름의 물성치에 따라 좌우된다. 단효율 값은 대개 상용 탑의 성능 데이터와의 비교에 의해서, 혹은 실험적 상관관계나 반실험적 관계식을 이용하여 예측한다.

널리 사용되는 실험식은 총괄 단효율이 주로 평균 몰 점도에 따라 좌우된다는 관찰에 근거하고 있는데 다음과 같이 주어진다.

$$E_o = 19.2 - 57.8 \log \mu_L \tag{15-35}$$

위에서 $\mu_L$은 cP 단위로 나타낸 평균점도이다. 이 관계를 넓은 범위의 휘발도나 평형비를 나타내는 성분들에 적용할 경우에는 불행히도 부적절한 결과를 얻게 된다. 이러한 결점들의 일부를 최소화시켜주기 위해 보다 일반적인 다음과 같은 실험적 상관관계가 제안되었다.

$$\log E_o = 1.597 - 0.199 \log \frac{KM_L\mu_L}{\rho_L/16.02} - 0.0896\left(\log \frac{KM_L\mu_L}{\rho_L/16.02}\right)^2 \tag{15-36}$$

위에서 $K$는 평형비, $M_L$은 액체의 분자량, $\mu_L$은 cP 단위로 나타낸 액체의 점도, 그리고 $\rho_L$은 $kg/m^3$으로 나타낸 액체의 점도이다. 실제 단수는 다음과 같이 주어진다.

$$N_{\text{act}} = \frac{N}{E_o} \tag{15-37}$$

위에서 $N_{\text{act}}$는 실제 단수이고 $N$은 이론단수이다. 실제 탑 높이는 식 (15-10)으로 주어진다.

### 묽은 용질들을 분리하는 충전탑의 설계과정

충전탑은 연속적으로 미분접촉시키는 장치이기 때문에 단 탑에 대하여 고려되었던 평형단 개념보다는 물질전달을 고려하는 측면에서 분석되어야 한다. 충전탑에서의 흡수 및 탈거에 대한 물질전달 속도는 보통 부피 물질전달 계수 ka로 나타낸다. 여기에서 a는 충전층 단위 부피당의 물질전달 면적이다. 탑 내에서 화학반응이 일어나지 않는다면 정상상태에서 기상 경막을 통한 용질의 물질전달 속도는 액상 경막을 통한 속도와 일치해야 한다. 용질에 대해서 묽은 시스템이라면 충전층 단위부피당의 물질전달 속도는 각각의 두 상에서의 몰분율 구동력, 혹은 기상에서의 분압 구동력과 액상에서의 농도 구동력으로 나타낼 수 있다.

소요되는 충전높이를 얻기 위해서는 식 (15-11)에서 언급한 바와 같이 전달단위 수를 구하여야 한다. 묽은 용질 혼합물에 대한 흡수 및 탈거의 경우 식 (15-13)의 적분은 생략할 수 있다. 이를 위해 선형의 평형조건 $y^* = Kx$를 이용하여 $y^*$를 소거하고 선형의 용질 물질수지를 이용하여 $x$를 소거한다. 적분 후에 $L/KV = A$를 대입한 결과식은 다음과 같다.

$$\text{NTU} = \frac{\ln\{[(A-1)/A][(y_{\text{in}} - Kx_{\text{in}})/(y_{\text{out}} - Kx_{\text{in}})] + 1/A\}}{(A-1)/A} \tag{15-38}$$

충전에 소요되는 높이와 상 분리 및 흐름분산 장치에서 요구되는 추가의 높이를 합하면 탑의 총 높이가 얻어진다.

## 추출에 의한 분리

액/액 추출에서는 액체의 성분들은 적절한 용매에서의 이 성분들의 선택적인 분산에 따라 분리된다. 두 액상간의 무한접촉으로 평형에 최대한으로 근접할 수 있다. 상들을 접촉시킨 후에는 두 액상을 분리하기 위한 준비가 이루어진다. 추출은 맞흐름 조건에서 하나의 상이 다른 상에 분산되는 간단한 추출기, 혹은 분산이 기계적인 교반과 전단력에 의해 이루어지는 기계적 교반장치를 통하여 수행된다.

추출 시스템에는 추출상으로부터 용매를 회수하기 위한 다른 분리장치가 언제나 포함된다. 예를 들면 그림 15-19는 추출되는 물질의 순도에 대한 평형제한조건을 완화시키기 위해 단 추출탑에 증류탑으로부터의 추출 생성물 형태로 환류흐름을 구성한 산업용 추출 시스템을 보이고 있다. 이 시스템은 증류탑의 하부 생성물로 회수되는 저비점 용매를 이용하고 있다.

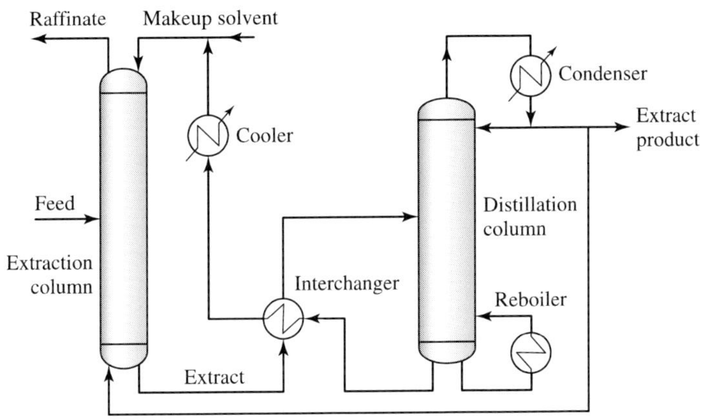


**그림 15-19**
공업용 추출 시스템

## 액/액 추출을 위한 장치의 선택

액/액 추출을 이용하는 응용분야가 매우 다양하기 때문에 여러 가지 분리장치들이 개발되었다. 어떤 장치는 증류, 흡수 및 탈거에서 이용되는 것과 유사하다. 그러나 그러한 장치들은 액체 점도가 낮고 상 밀도차가 크지 않으면 비효율적일 수 있다. 이 때문에 기계적으로 교반시키는 장치들이 때로는 보다 우수한 선택일 수 있다. 어느 경우건 설계자는 분리에 필요한 이론단수를 계산하고 추출을 위해 선택한 장치의 규격을 정할 필요가 있다.

표 15-8은 장치 선택과정에 도움이 될 수 있도록 Seader와 Henly[166]가 제시한 몇가지 일반적인 지침들을 보인 것이다. Reissinger와 Schroeder[167]는 최대 액체용량과 최대 탑 설계에 대한 다수의 탑 형태의 추출기들을 비교하였다. 이들의 결과는 표 15-9에 나타나 있다. 단위 단면적 당의 액체 용량은 Karr 추출기의 경우에 가장 크고 Graesser 추출기에서 가장 낮다.

**표 15-8 추출장치 선택에 영향을 미치는 일반적인 지침들**

| 장치 구분 | 잇점 | 제약조건 |
|---|---|---|
| 연속 맞흐름 접촉기, 기계적인 교반이 없음 | 낮은 투자비용, 낮은 운전비용, 간단한 구조 | 효율이 낮을 수 있음, 밀도차가 작을 경우 용량이 작아짐, 유량의 제약, 확장이 쉽지 않음 |
| 연속 맞흐름 접촉기, 기계적인 교반이 있음 | 중간정도의 투자비용, 우수한 분산, 많은 단수가 허용됨, 손쉬운 확장 | 밀도차가 작을 경우 용량이 작아짐, 유량의 제약, 에멀젼 시스템에 대해서는 부적절 |
| 혼합 침강기 | 우수한 접촉, 고효율, 많은 단수가 허용됨, 손쉬운 확장, 넓은 유량범위 | 투자비용이 높음, 운전비용이 높음, 유지비용이 높음, 액체 정체량이 큼, 단 사이에서 펌프나 저장이 필요하기도 함 |
| 원심력 추출기 | 낮은 정체부피, 짧은 정체시간, 적은 용매 수요, 상 간의 밀도차가 작을 경우의 처리 | 투자비용이 높음, 운전비용이 높음, 유지비용이 높음, 장치당 단 수가 제한됨 |

166) J. D. Seader and E. J. Henly, *Separation Process Principles*, J. Wiley, New York, 1998.

167) K. H. Reissinger and J. Schroeder, in *Encyclopedia of Chemical Processing and Design*, vol. 21, J. J. McKetta et al., eds., Marcel Dekker, New York, 1984.

**표 15-9 상용 탑형태 추출기의 최대 부하 및 직경**

| Commercial column type | Approx. maximum liquid loading, $m^3/m^2{\cdot}h$ | Maximum column diameter, m |
|---|---|---|
| Lurgi | 30 | 8.0 |
| Pulsed packed | 40 | 3.0 |
| Pulsed sieve tray | 60 | 3.0 |
| Scheibel | 40 | 3.0 |
| RDC | 40 | 8.0 |
| ARD | 25 | 5.0 |
| Khuni | 50 | 3.0 |
| Karr | 100 | 1.5 |
| Graesser | <10 | 7.0 |

Above data apply under conditions of (1) high interfacial surface tension (30–40 dyne/cm), (2) viscosity of approximately 1 cP, (3) volumetric phase ratio of 1:1, and (4) phase-density difference of approximately $0.6\ g/10^{-6}\ m^3$.

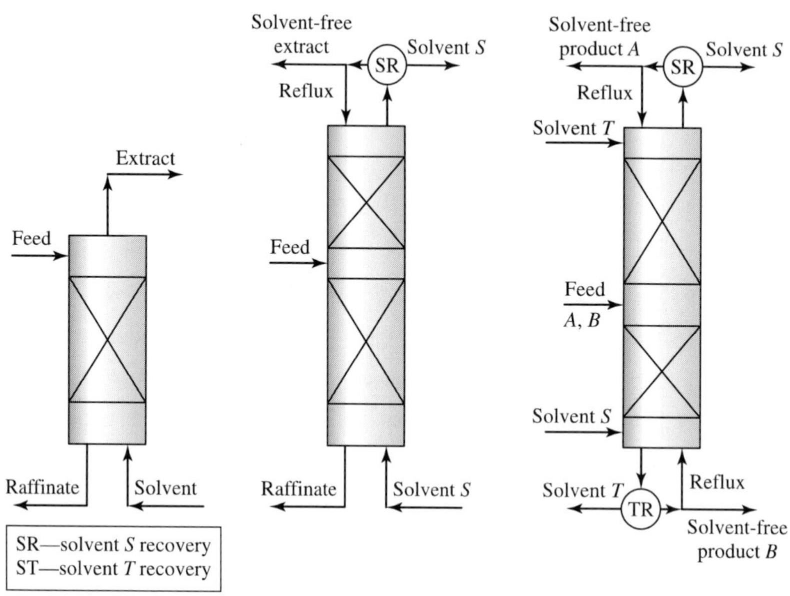


**그림 15-20**
공통적인 액/액 추출 다단층 구조: (a) 단일부분 다단층; (b) 두 부분 다단층; (c) 두 부분 다단층에서 이중 용매

## 액/액 추출의 설계과정

액/액 추출기의 설계는 두 액상의 도입에 따른 복잡성으로 인하여 기/액 조업에 대한 설계보다 더 어렵다. 그림 15-20에 보인 바와 같은 몇가지 서로 다른 탑 형태 장치들이 분리의 난이도에 따라 사용된다. 단일부분 다단층은 흡수 및 탈거에서 사용된 것과 유사하며 원료 중의 용질 일정부분을 용매로 전달시키는 데에 사용된다. 두 부분 다단층은 두 부분들 사이로 원료가 주입되는 증류와 유사하다.

추출에서는 용매의 선택이 중요한 결정사항이다. 이를 위해서는 다수의 기준들을 고려할 필요가 있다. 먼저 원료에 대한 용매 비가 낮은 분리공정이 가능하기 위해서는 높은 분리비

(partition ratio) 값이 요구된다. 분리비는 추출잔류물(raffinate) 상의 용질의 무게분율에 대한 추출상의 용질의 무게분율의 비로 정의된다. 계산을 신속히 하기 위해서 분리비 K'는 종종 다음과 같이 Bancroft 좌표로 정의된다.

$$K' = \frac{Y}{X} \tag{15-39}$$

위에서 $Y$는 추출상에서 추출용매에 대한 용질의 무게비이고 $X$는 추출잔류물 상에서 원료용매에 대한 용질의 무게비이다. Bancroft 좌표에서 평형선의 기울기 $m$은 다음과 같다.

$$m = \frac{dY}{dX} \tag{15-40}$$

평형선이 선형인 낮은 농도에서는 $K' = m$이다.

용매 선택에 있어서 다른 또하나의 바람직한 기준은 분리에 소요될 평형단수를 작게 하기 위하여 선택도, 혹은 분리인자 $\beta^o$ 값이 높아야 한다는 점이다. 원료중의 두 성분 사이의 선택도는 두 분리비의 비로 주어진다. 즉

$$\beta^o_{\text{solute/carrier}} = \frac{K'_{\text{solute}}}{K'_{\text{carrier}}} \tag{15-41}$$

일단 3상 평형 데이터가 무게 %로 주어지면 펼친표를 이용하여 신속하게 주어진 데이터를 삼각형이나 직각삼각형 도표로 만드는 데에 필요한 형태로 재구성할 수 있다. 그림 15-21은 이들 두 가지 형태의 3상 시스템을 보이고 있다. 형태 I 시스템에서는 운반체(carrier)와 용매가 사실상 서로 섞이지 않는 반면에 운반체-용질과 용매-용질 쌍은 서로 섞인다. 형태 II 시스템에서는 두 쌍들, 즉 용매-용질 및 용매-운반체들이 서로 섞이지 않는다. 두 액/액 평형 시스템에서 두 상 영역에 보인 연결선은 추출물과 추출잔류물 평형조성을 연결하며 따라서 $K'$ 값과 분리인자를 정하는 데에 이용될 수 있다. 아울러 형태 III가 있는데 이 형태는 모든 3쌍들이 서로 섞이지 않는다는 특징이 있다.

**맞흐름 평형단 계산** 다단 추출에서는 맞흐름 구조가 일반적으로 이용되고 있다. 그러한 구조에서 원료는 하나의 단으로부터 다음 단으로 흐르며 그동안에 반대 방향으로 흐르는 용매와 접촉한다. 그림 15-22는 3상 도표를 이용하여 평형단을 결정하기 위한 도식적 과정을 보이고 있다. 주어진 원료 $F$와 용매 $B$에 대하여 그림에 보인 바와 같이 도식적으로 추출물 $E$와 추출잔류물 $R$의 값들을 얻을 수 있다. 추출물과 용매가 서로 평형을 이룰 경우 용매유량은 최소가 된다. 원료에 대한 용매의 비가 증가하면 차분점 $\Delta$를 피봍(pivot)으로 하여 단들을 도식적으로 구할 수 있다. 그러나 평형단수와 용매/원료 유량비 사이에서 균형을 이룰 수도 있음을 유의하자.

흡수 및 탈거에서 이용되었던 것과 유사한 보정된 Kremser 식을 사용하는 형태 I의 3상계에 대한 대수적 방법은 평형단을 신속하게 정하는 데에 유용하다. 그러한 관계는 원료중의 용질 농도가 묽을 때에만 유효하다. 추출인자 $\varepsilon \neq 1.0$인 경우 Bancroft 좌표에서의 Kremser 식의 한 가지 형태는 다음과 같다.

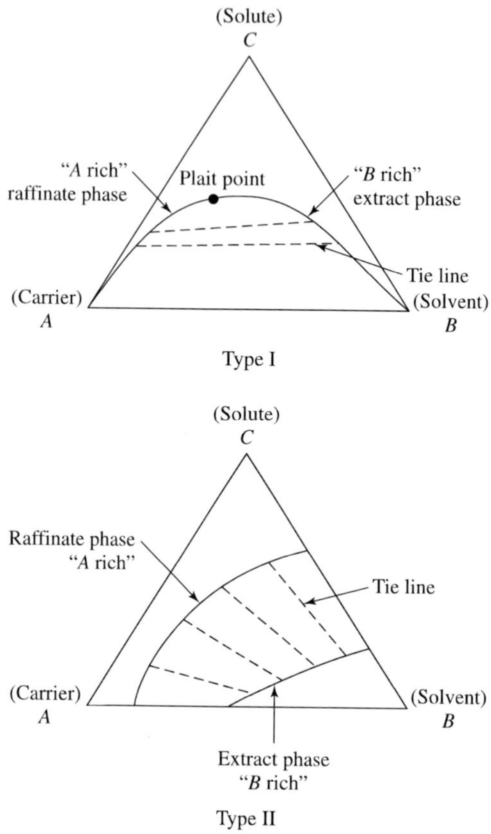


**그림 15-21**
형태 I 및 형태 II에 대한 액-액 평형

$$N = \ln\left[\frac{X_F - Y_S/K'_S}{X_R - Y_S/K'_S}\left(1 - \frac{1}{\varepsilon}\right) + \frac{1}{\varepsilon}\right]\left(\frac{1}{\ln \varepsilon}\right) \tag{15-42}$$

$\varepsilon = 1.0$이면 위의 관계는 다음과 같이 된다.

$$N = \frac{X_F - Y_S/K'_S}{X_R - Y_S/K'_S} - 1 \tag{15-42a}$$

위에서 하첨자 $F$, $R$ 및 $S$는 각각 원료, 추출잔류물 및 용매를 의미한다. 추출인자는 다음과 같이 정의된다.

$$\varepsilon = \frac{m}{F'/S'} \tag{15-42b}$$

위에서 $m$은 평형선의 기울기이며 $F'/S'$는 조업선의 기울기이다. 평형선이 직선이 아닌 경우 Treybal은 $m$의 기하평균값을 사용하는 것을 권하고 있다[168]. 원료단을 떠나는 농도 $m_1$과 추출잔류물 단을 떠나는 추출잔류물 농도 $m_R$에서의 평형선 기울기의 기하평균은 $(m_1 m_R)^{1/2}$로 주어진다.

---

168) R. E. Treybal, *Liquid Extraction*, 2nd ed., McGraw-Hill, New York, 1963.

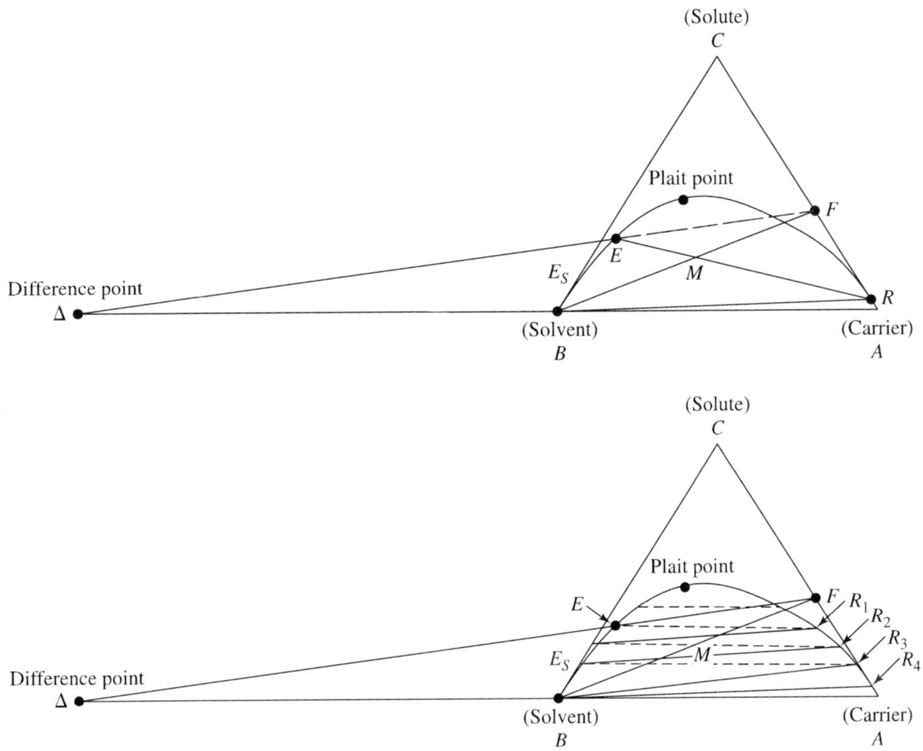


**그림 15-22**
액-액 평형추출에서 평형단수의 결정을 위한 삼각도표

## 에제 15-5 저농도 용질의 추출에 대한 평형단 계산

10 무게%의 아세트산(Ac)을 함유하는 10 kg/min의 원료를 20 kg/min 재순환 흐름의 이소부틸케톤(MIBK)으로 추출하고자 한다. MIBK에는 0.1 무게%의 아세트산과 0.01 무게%의 물이 함유되어 있다. 추출잔류물 중의 아세트산 농도를 무게 기준으로 1%까지 낮추고자 한다. 분리를 위해 몇 개의 평형단이 소요되겠는가? 아세트산-물-MIBK 3성분 시스템에 대한 액/액 평형 데이터는 Sherwood 등[169]에 의해 주어져 있으며 2상 평형관계들로 나타낼 수 있다. 즉

$$Y = 0.93X^{1.10} \quad \text{for } 0.0299 < X < 0.2708$$
$$Y = 1.27X^{1.29} \quad \text{for } 0.2708 < X < 0.8065$$

■ **풀이**

물질수지로부터 $F'$와 $S'$를 구하고 평형 데이터를 사용하여 $X$와 $m$을 계산한다. 이들로부터 $\varepsilon$을 구한 다음 식 (15-42)로부터 소요되는 평형단을 구한다.

$$F' = 10(1 - 0.1) = 9 \text{ kg water/min}$$

169) T. K. Sherwood et al., *Ind. Eng. Chem.*, 31: 599 (1939).

$$X_F = \frac{0.1}{0.9} = 0.111 \text{ kg Ac/kg water}$$
$$X_R = \frac{0.01}{0.99} = 0.01 \text{ kg Ac/kg water}$$
$$S' = 20(1 - 0.001 - 0.0001) = 19.98 \text{ kg MIBK/min}$$
$$Y_S = \frac{0.01}{19.98} = 0.0005 \text{ kg Ac/kg MIBK}$$

다단 추출기에 대한 물질수지를 세우고 $S' = E'$, 그리고 $F' = R'$라고 가정하면

$$Y_e = \frac{FX_F + S'Y_S - R'X_R}{E'}$$
$$= \frac{9(0.111) + 19.98(0.0005) - 9(0.01)}{19.98}$$
$$= 0.046 \text{ kg Ac/kg MIBK}$$

평형 데이터의 상관관계로부터 $X$가 작을 경우 $Y = 0.93X^{1.10}$을 얻는다. $X_1$값을 구해보면

$$X_1 = \left(\frac{0.046}{0.93}\right)^{1/1.10} = 0.065 \quad \text{상관관계가 사용될 수 있음}$$
$$m_1 = \frac{dY}{dX} = (0.93)(1.10)(0.065)^{0.1} = 0.778 \quad \text{at } X = 0.065$$

$X = 0.0299$에서

$$Y = (0.93)(0.0299)^{1.10} = 0.196$$

이로부터 추출기의 추출잔류물 끝부분에서 평형선의 기울기를 얻을 수 있다.

$$m_R = \frac{dY}{dX} = K'_S = \frac{0.0196}{0.0299} = 0.655$$

$m$의 기하평균은 다음과 같이 얻는다.

$$m = (m_1 m_R)^{1/2} = [0.778(0.655)]^{1/2} = 0.714$$

식 (15-42b)로부터 추출인자를 구한다.

$$\varepsilon = \frac{mS'}{F'} = (0.714)\left(\frac{19.98}{9}\right) = 1.585$$

소요되는 평형단수는 식 (15-42)를 이용하여 얻을 수 있다.

$$N = \ln\left[\frac{0.111 - 0.0005/0.655}{0.01 - 0.0005/0.655}\left(1 - \frac{1}{1.585}\right) + \frac{1}{1.585}\right]\left(\frac{1}{\ln 1.585}\right) = 3.5 \text{ stages}$$

컴퓨터 프로그램을 사용하면 3.2의 값을 얻는다.

추출장치의 높이를 정하기 위해서는 이론단에 대등한 높이를 구하는 것이 필요하다.

**맞흐름 물질전달장치의 계산** 물질전달장치의 개념은 미분 접촉기에서 유체의 상호작용을 보다 엄밀히 나타내고자 할 때 이용된다. 추출 원료로부터 낮은 농도의 용질을 회수하는 경우 흔히 조업선이 직선이라는 가정이 유효하다. 이들 조건 하에서 총괄 추출잔류물 상의 조성 $N_{oR}$에 근거한 물질전달단위의 수는 식 (15-42)의 보정된 형태로부터 정할 수 있다. $\varepsilon \neq 1.0$인 경우

$$N_{oR} = \ln\left[\frac{X_F - Y_S/m}{X_R - Y_S/m}\left(1 - \frac{1}{\varepsilon}\right) + \frac{1}{\varepsilon}\right] \bigg/ \left(1 - \frac{1}{\varepsilon}\right) \tag{15-43}$$

$\varepsilon = 1.0$이면 물질전달단위 수는 식 (15-42a)로부터 얻은 평형단수와 동일하다.

식 (15-44)와 (15-45)는 물질전달단위 수가 일정하게 유지되는 상태에서 용매/원료 비율의 변화가 추출잔류물의 용질농도에 미치는 영향을 보인 것이다.

$$\frac{X_R - Y_S/m}{X_F - Y_S/m} = \frac{1 - 1/\varepsilon}{e^{N_{oR}(1-1/\varepsilon)} - 1/\varepsilon} \tag{15-44}$$

그리고 $\varepsilon = 1.0$이면

$$\frac{X_R - Y_S/m}{X_F - Y_S/m} = \frac{1}{N_{oR} + 1} \tag{15-45}$$

위의 두 식의 해로부터 $\varepsilon > 5.0$이면 추출잔류물의 용질농도는 거의 변화를 보이지 않음을 알 수 있다. 이는 추출잔류물 상으로부터의 물질전달이 성능을 제한하기 때문인데 이는 체류시간이 불충분한 단 탑의 경우에도 마찬가지이다.

**HETS와 HTU의 계산** 이론단에 대등한 높이는 다음과 같이 정의된다.

$$\text{HETS} = \frac{Z}{N} \tag{15-46}$$

위에서 $Z$는 탑의 높이이며 $N$은 소요되는 이론단수이다. HETS 값은 대개 실제 실험데이터로부터 얻어진다. 표 15-10은 앞에서 언급한 다수의 상용 추출장치들에 대한 성능 데이터이다.

위에서와 유사하게 추출잔류물 조성에 근거한 전달단위의 높이는 다음과 같이 나타내어진다.

$$\text{HTU}_{oR} = \frac{Z}{N_{oR}} \tag{15-47}$$

위에서 $N_{oR}$은 원하는 분리를 이루기 위해 소요되는, 추출잔류물상의 조성에 근거한 물질전달단위 수이다. 추출잔류물 조성에 근거한 HTU에의 기여는 추출잔류물 상에서의 물질전달 저항과 추출상에서의 물질전달 저항에 기인하며 다음과 같이 주어진다.

$$\text{HTU}_{oR} = \text{HTU}_R + \text{HTU}_E/\varepsilon \tag{15-48}$$

표 15-10 몇 가지 형태의 추출장치에 대한 개략적인 HETS 값

| Extractor type | HETS, m | Superficial velocity of dispersed and continuous phases, m/h |
|---|---|---|
| Sieve column | 0.5–3.6 | 27–75 |
| Random packing | | |
| Pall rings | 0.6–1.5 | 12–40 |
| Raschig rings | 0.6–1.5 | 12–40 |
| Intalox saddles | 0.7–2.1 | 12–40 |
| Structured packing | | |
| Sulzer SMV | 0.6–1.3 | 65–90 |
| Sulzer SX | 0.5–1.2 | 65–90 |
| Intalox 2T | 1.0–1.6 | 65–90 |
| Mechanically aided | | |
| Pulsed sieve column | 0.8–1.3 | 25–35 |
| Pulsed packed column | 0.2–1.3 | 17–23 |
| Karr (recip. – plate) | 0.2–0.3 | 20–50 |
| RDC | 0.3–0.5 | 7–30 |
| Scheibel | 0.2–0.4 | 6–14 |
| Graessner | 0.1–0.2 | 1–2 |
| Centrifugal | 0.1–0.2 | 75–110 |

Modified from data presented by J. Stichlmair, *Chemi-Ingenieur-Technik*, **52:** 253 (1980), G. D. Ulrich, *A Guide to Chemical Engineering Process Design and Economics*, J. Wiley, New York, 1984, J. L. Humphrey and G. E. Keller, II, *Separation Process Technology*, McGraw-Hill, New York, 1997, and D. R. Woods, *Process Design and Engineering Practice*, Prentice-Hall, Englewood Cliffs, NJ, 1995.

여기에서 $HTU_R$과 $HTU_E$는 각각 다음과 같이 추출잔류물 유량 $R$과 추출물 유량 $E$로 정의된다.

$$HTU_R = \frac{R}{A_c k_r a} \tag{15-49a}$$

$$HTU_E = \frac{E}{A_c k_e a} \tag{15-49b}$$

위에서 $A_c$는 추출탑의 단면적, $k_r$과 $k_s$는 각각 추출잔류물과 추출상에서의 물질전달계수이며 $a$는 탑 부피당 계면 물질전달 면적이다.

# 막(Membrane)을 이용한 분리

## 막 형태의 선정

거의 모든 산업용 막은 천연, 혹은 합성 고분자들로 제조된다. 천연 고분자에는 양모, 고무, 그리고 셀룰로오스들이 포함된다. 보다 널리 이용되는 합성 고분자로는 폴리이미드, 폴리술폰, 폴리스티렌, 폴리이소프렌, 폴리카보네이트, 폴리테트라플루오르에티렌, 셀룰로오스 트리아세테이트, 그리고 방향족 폴리아미드가 있다. 이들은 유리성, 고무성, 혹은 결정성 고분자들로서 평평한 비대칭 판이나 얇은 복합판, 튜브형, 혹은 중공섬유(hollow fiber)로 구분되는 막 형상으로 가공된다. 보다 흔한 막 모듈로는 판 및 프레임, 나선형 꼬임꼴, 4엽 나선

**표 15-11 4가지 막 모듈의 대표적인 특성**

| Membrane module | Packing density, $m^2/m^3$ | Fouling resistance | Cleaning ease | Relative cost | Principal application† |
|---|---|---|---|---|---|
| Plate and frame | 30–500 | Good | Good | High | RO, PV, UF, MF |
| Spiral-wound | 200–800 | Moderate | Fair | Low | RO, GP, UF, MF |
| Hollow fiber | 500–9000 | Poor | Poor | Low | RO, GP, UF |
| Tubular | 30–200 | Very good | Very good | High | RO, UF |

†RO = reverse osmosis, PV = pervaporation, GP = gas permeation, UF = ultrafiltration, MF = microfiltration

형 꼬임꼴, 중공섬유, 튜브형, 그리고 단판(monolith)을 들 수 있다. 표 15-11은 이들 몇가지 막 모듈을 비교한 결과를 보이고 있다.

## 막 분리에 대한 일반적인 설계개념

화학성분들의 혼합물을 효과적으로 분리하려면 막의 투과성이 높아야 하며 분리되는 두 성분에 대한 투과비가 높아야 한다. 막을 통하여 확산되는 주어진 성분에 대한 투과(permeance)는 단위두께당 구동력에 대한 막의 단위 단면적 당의 그 성분의 유량으로 정의된다. 이는 앞에서 다룬 몇 가지 분리공정들에서 이용된 물질전달 계수와 유사하다.

성분 $i$에 대한 막을 통한 몰 선속(flux) $N_i$는 다음과 같이 주어진다.

$$N_i = \frac{P_{M_i}}{t_M}\Delta\Phi_i \tag{15-50}$$

위에서 $P_{M_i}$는 성분 $i$의 투과이며 $t_M$은 막 두께, 그리고 $\Delta\Phi_i$는 막을 통한 성분 $i$의 구동력이다. 이 관계는 다시 다음과 같이 쓸 수 있다.

$$N_i = \bar{P}_{M_i}\Delta\Phi_i \tag{15-50a}$$

위에서 $\bar{P}_{M_i}$는 성분 $i$의 투과능이다.

압력차에 따른 다공성 막을 통한 기체의 유량을 이용하면 식 (15-50)은 다음과 같은 형태를 갖는다.

$$N_i = \frac{P_{M_i}}{t_M}(p_F - p_P) \tag{15-51}$$

위에서 $p_F$와 $p_P$는 각각 원료와 막의 투과 표면적에 대한 압력이다. 여기에서 $P_{M_i}$은 다음과 같이 주어진다.

$$P_{M_i} = \frac{\rho\varepsilon^3}{4.16(1-\varepsilon)^2 a_v^2 \mu} \tag{15-51a}$$

여기에서 $\varepsilon$은 막의 기공율(porosity), $a_v$는 막의 단위부피당 기공(pore)의 표면적, $\rho$는 기체의 밀도, 그리고 $\mu$는 기체의 점도이다. 막의 기공율은 다음으로부터 얻는다.

$$\varepsilon = n\pi \frac{d_p^2}{4} \tag{15-51b}$$

위에서 $n$은 막의 단위 단면적 당 기공의 수이며 $d_p$는 기공의 직경이다. 기공을 원통형이라고 가정하면 $a_v$는 $6/d_p$와 같다.

소구경 기공에서의 흐름에 대해서는 거의 언제나 해당되는 경우로서 벌크(bulk) 흐름이 층류 영역(Re < 2100)이라면 벌크흐름 선속은 다음과 같이 된다.

$$N_i = \frac{\rho\varepsilon^3(p_F - p_P)}{4.16(1-\varepsilon)^2 a_v^2 t_M \mu} \tag{15-52}$$

액체 확산에 있어서는 용질의 투과막 선속은 Fick의 법칙을 보정한 다음 형태로부터 얻어진다.

$$N_i = D_i\left(\frac{\varepsilon}{\tau}\right)(c_F - c_P)K_{r,i} \tag{15-53}$$

위에서 $D_i$는 원료 혼합물에서 성분 $i$의 확산도, $\varepsilon$은 식 (15-51b)에서 정의된 막의 기공율, $\tau$는 굴곡인자(tortuosity factor), $c_F$와 $c_P$는 각각 원료와 막의 투과 표면에서 막 기공 내에서의 성분 $i$의 농도, 그리고 $K_{r,i}$는 기공직경 $d_p$에 대한 분자직경 $d_m$의 비가 약 0.01을 초과할 경우 기공 직경의 영향을 감안하여 주는 제한인자이다. 제한인자는 다음으로부터 얻을 수 있다.

$$K_{r,i} = \left(1 - \frac{d_m}{d_p}\right)^4 \qquad \text{for } \frac{d_m}{d_p} \le 1 \tag{15-53a}$$

일반적으로 미세기공 막을 통한 액체에 대한 투과막 선속은 그들 자신의 확산도가 매우 낮기 때문에 매우 작다.

기체 확산에서 성분확산 속도는 Fick의 법칙을 이용하여 나타낼 수 있다. 막의 양 쪽의 압력과 온도가 서로 같고 압력이 낮아서 이상기체 법칙을 사용할 수 있다면 투과막 선속 관계는 다음과 같이 쓸 수 있다.

$$N_i = \left(\frac{D_{e,i}}{RTt_M}\right)(\bar{p}_F - \bar{p}_P) \tag{15-54}$$

위에서 $D_{e,i}$는 유효 확산도로서 일반적인 확산과 Knudsen 확산을 모두 포함한다. $\bar{p}_F$와 $\bar{p}_P$는 각각 막의 원료와 투과 표면에서 막 기공 내에서의 성분 $i$의 분압이다.

그림 15-23은 기공성 및 비기공성 막에서 액체 혼합물과 기체 혼합물에 대한 대표적인 농도 곡선을 비교한 것이다.

두 경계층의 경막에서 물질전달 저항을 무시할 수 있다면 액체 혼합물에 대한 용질의 투과막 선속은 다음과 같이 주어진다.

$$N_i = \frac{K_i D_i}{t_M}(c_{F,i} - c_{P,i}) \tag{15-55}$$

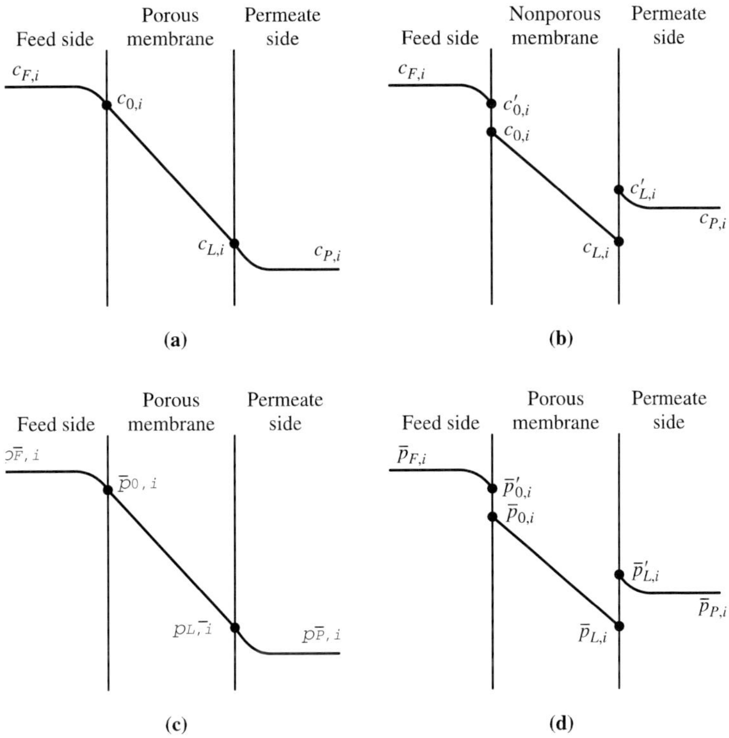


**그림 15-23**
막을 통한 용질전달에 대한 농도 및 분압곡선. (a) 기공성 및 (b) 비기공성 막에서의 액체 혼합물; (c) 기공성 및 (d) 비기공성 막에서의 기체 혼합물

여기서 $D_i$는 막에서 용질의 확산도이며 곱 $K_iD_i$는 투과 $P_{M,i}$를 나타낸다. 유사한 가정과 동일한 방법을 이용하면 기체 혼합물에 대한 용액확산 모델로부터 용질 투과막 선속에 대한 대비되는 관계를 얻는다.

$$N_i = \frac{H_i D_i}{t_M}(\bar{p}_{F,i} - \bar{p}_{P,i}) \tag{15-56}$$

여기서 $H_i$는 Henry의 상수이며 곱 $H_iD_i$는 투과를 나타낸다. 후자는 막의 용질의 용해도와 원료중의 그 성분의 확산도에 따라 좌우된다.

이상적인 비기공성 막은 침투 분자에 대한 우수한 투과성과 분리되는 성분들 사이의 높은 분리인자, 혹은 선택도를 나타낸다. 분리인자는 다음과 같이 정의된다.

$$a^*_{i,j} = \frac{y_{P,i}}{x_{R,i}} \frac{y_{P,j}}{x_{R,j}} \tag{15-57}$$

위에서 $y_{P,i}$는 막을 이탈하는 투과물 중에서 성분 $i$의 몰분율이며 $x_{R,i}$는 막의 원료쪽 잔류물에서 성분 $i$의 몰분율이다. 하첨자 $i$와 $j$는 분리되는 성분들을 나타낸다($y$와 $x$는 평형을 암시하는 것이 아님을 주의하자). 막의 양 쪽에서 경막 물질전달 저항을 무시할 수 있으며 투과압력이 원료압력에 비해 매우 작으면 이상적인 분리인자는 다음과 같이 간단히 나타낼 수 있다.

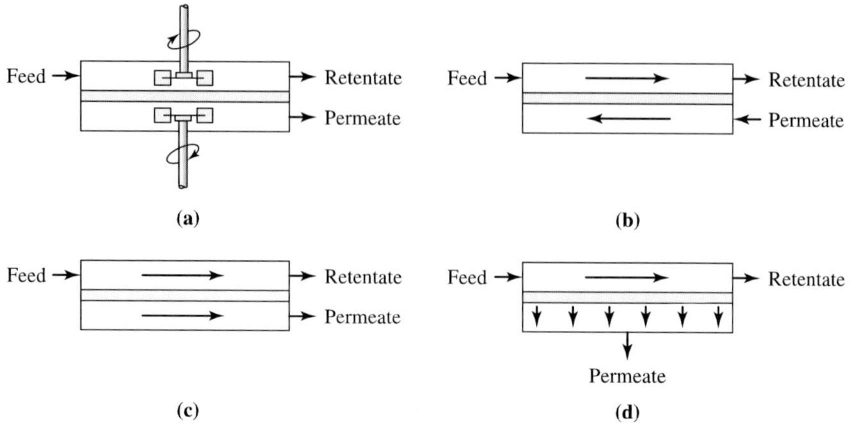


**그림 15-24**
막 모듈에서의 이상적인 흐름형태: (a) 완전한 혼합; (b) 맞흐름; (c) 나란흐름; (d) 교차흐름

$$\alpha^*_{i,j} = \frac{H_i D_i}{H_j D_j} = \frac{P_{M_i}}{P_{M_j}} \tag{15-58}$$

막을 통한 성분 $i$와 $j$의 이동은 혼합이 완전하므로 다음과 같이 쓸 수 있다.

$$y_{P,i} n_P = A_M \bar{P}_{M_i}(x_{R,i} p_R - y_{P,i} p_P) \tag{15-59a}$$

그리고

$$y_{P,j} n_P = A_M \bar{P}_{M_j}(x_{R,j} p_R - y_{P,j} p_P) \tag{15-59b}$$

위에서 $A_M$은 흐름방향에 대해 직각인 막 면적이며 $n_p$는 투과물 중의 몰 수, $\bar{P}_M$은 막의 투과능, 그리고 $p_R$과 $p_P$는 각각 막의 잔류쪽과 투과쪽에서의 압력이다.

투과압력을 무시할 수 없는 경우 $\alpha_{i,j}$는 다음과 같이 압력비 $p_P/p_F$로 나타낼 수 있다.

$$\alpha_{i,j} = \alpha^*_{i,j} \frac{x_{R,i}(\alpha_{i,j} - 1) + 1 - \alpha_{i,j}(p_P/p_F)}{x_{R,i}(\alpha_{i,j} - 1) + 1 - p_P/p_F} \tag{15-60}$$

위에서 $x_{R,i}$는 그림 15-23에서 분압 $\bar{p}_{F,i}$에 해당하는 막의 원료쪽 잔류상의 몰분율이다.

지금까지의 논의에서는 잔류물 쪽과 투과물 쪽에서 완전한 혼합이 이루어지는 흐름형태를 가정하였다. 그러나 그림 15-24에 보인 바와 같은 세 가지의 다른 흐름형태들이 막분리 공정에서 이용될 수 있다. 이들은 맞흐름, 나란흐름(cocurrent), 그리고 교차흐름(crossflow) 형태로서 모두 유체 혼합을 가정하지 않으며 열교환기 설계에서 이용되었던 이상적인 흐름 형태와 비교될 수 있다.

## 막분리의 일반적인 설계과정

맞흐름과 나란흐름 형태에 대한 설계과정에서는 컴퓨터를 사용하여 해결해야 하는 일련의 미분방정식들을 유도하는 것이 필요하기 때문에 소개되는 설계과정은 막 모듈에서 완전한 혼합과 교차흐름 형태에만 국한될 것이다. 완전한 혼합의 경우 처음 단계는 온도, 압력, 그리고 원료의 유량의 운전조건을 확립하는 것이다. 앞에서 제시한 지침들을 이용하여 높은 분리인자의 필요성을 염두에 두고서 분리를 위한 가장 적절한 막을 선택한다. 즉 막은 높은 투과성과 막에 의해 분리되는 두 성분에 대한 높은 투과비를 지녀야 한다. 양쪽의 유체가 잘 혼합되어 있으므로 식 (15-58)을 사용하여 이상적인 분리인자 $\alpha^*_{i,j}$를 얻는다. 이를 이용하여 식 (15-60)으로부터 투과압력을 무시할 수 있을 경우 실제 분리인자를 얻는다. 식 (15-59)의 해로부터 원하는 단 컷(cut) $\Theta$에 대한 소요되는 막 면적을 구한다.

식 (15-60)을 이용하여 국부적 분리인자를 국부적인 $x_i$, $p_P/p_F$ 그리고 $\alpha^*_{i,j}$ 값들의 함수로 얻을 수 있다. 국부적 투과물의 조성에 대한 또 다른 관계는 다음과 같이 주어진다.

$$\frac{y_i}{1 - y_i} = \frac{\alpha^*_{i,j}(x_i - y_i p_P/p_F)}{1 - x_i - (1 - y_i)(p_P/p_F)} \tag{15-61}$$

막 내부의 미분요소에 대하여 성분 $i$에 대한 물질수지를 세우면 다음과 같다.

$$y_i\,dn = d(nx_i) = n\,dx_i + x_i\,dn \tag{15-62}$$

식 (15-57)을 사용하여 식 (15-62)의 $y_i$ 항을 소거하면

$$\frac{dn}{n} = \frac{[1 + (\alpha_{i,j} - 1)x_i]\,dx_i}{x_i(\alpha_{i,j} - 1)(1 - x_i)} \tag{15-63}$$

압력비 $p_P/p_F$가 작으면 대부분의 단 컷 영역에 걸쳐 분리인자는 상대적으로 일정하게 유지된다. 이 가정하에 식 (15-63)을 미분요소의 한 점으로부터 최종적인 체류물 유량 및 조성까지 적분하면 다음 결과를 얻는다.

$$n = n_R(1 - \Theta)\left(\frac{x_i}{x_{R,i}}\right)^{1/(\alpha_{i,j}-1)}\left(\frac{1 - x_{R,i}}{1 - x_i}\right)^{\alpha_{i,j}/(\alpha_{i,j}-1)} \tag{15-64}$$

최종 투과물 중의 성분 $i$의 몰분율은 다음 관계를 적분하여 얻는다.

$$y_{P_i} = \int_{x_{F_i}}^{x_{R_i}} \frac{y_i}{\Theta n_F}\,dn \tag{15-65}$$

$n$으로 나타낸 이 적분은 식 (15-57), (15-61) 및 (15-64)를 이용하여 $x_i$에 대한 적분으로 변환시킬 수 있다. 얻어진 적분식을 성분 $i$에 대하여 적분하면 다음 결과를 얻는다.

$$y_{P_i} = x_{R,i}^{1/(1-\alpha)}\left(\frac{1 - \Theta}{\Theta}\right)\left[(1 - x_{R,i})^{\alpha/(\alpha-1)}\left(\frac{x_{F,i}}{1 - x_{F,i}}\right)^{\alpha/(\alpha-1)} - x_{R,i}^{1/(1-\alpha)}\right] \tag{15-66}$$

위에서 $\alpha$로 나타낸 $\alpha_{i,j}$는 $x_i = x_{F_i}$라고 가정하여 식 (15-60)으로부터 추정할 수 있다. 막을 통한 성분 $i$의 미분 물질전달 속도는 다음과 같이 주어진다.

$$y_i\,dn = (P_{M_i}/t_M)(x_i p_F - y_i p_P)\,dA_M \tag{15-67}$$

이로부터 총 막 면적은 다음 관계를 적분하여 얻는다.

$$A_M = \int_{x_{R,i}}^{x_{F,i}} \frac{y_i t_M}{P_{M_i}(x_i p_F - y_i p_P)} dn \tag{15-68}$$

## 예제 15-6 기체투과에 의한 공기의 분리

두께 0.1 μm인 저밀도 박막 폴리에틸렌 막을 이용하여 37,000 $m^3$/hr의 공기를 농축산소와 농축질소 흐름으로 분리하고자 한다. 공기는 25°C, 10기압에서 막에 유입되기 전에 압축, 냉각, 정화된다. 막의 투과쪽 압력은 1기압이다. 막의 양쪽에서 완전한 혼합이 이루어 져서 조성이 균일하며 유출부 조성과 같다고 가정한다. 막의 양쪽에서 압력강하와 물질전달 저항을 무시한다. 원료공기의 조성은 산소 21 몰%와 질소 79 몰%라고 가정한다. 0.4의 단 컷(투과된 원료의 분율)에 대하여 소요되는 막 표면적은 얼마인가?

■ **풀이**

저밀도 폴리에틸렌이 막 재질로 사용되는 경우 Polymer Handbook으로부터 25°C의 산소와 질소에 대한 다음 데이터를 얻을 수 있다:

| | $O_2$ | $N_2$ |
|---|---|---|
| Diffusivity $D_i$, $cm^2/s$ | $4.62 \times 10^{-7}$ | $3.2 \times 10^{-7}$ |
| Henry's law constant $H_i$, $cm^3$ (STP)/($cm^3$·Pa) | $4.72 \times 10^{-7}$ | $2.28 \times 10^{-7}$ |

이 절에서 이미 개략적으로 언급한 바와 같이 원료의 몰 유량을 계산하는 것으로 풀이를 시작한다.

$$n_p = \frac{37{,}000(273/298)}{22.4} = 1513 \text{ kg 몰/h}$$

$P_{M,i} = D_i H_i$를 이용하여 산소와 질소의 투과를 계산한다.

$$P_{M,O_2} = (4.62 \times 10^{-7})(4.72 \times 10^{-7}) = 2.18 \times 10^{-13} \text{ cm}^3\text{(STP)·cm/cm}^2\text{·s·Pa}$$

$$P_{M,N_2} = (3.2 \times 10^{-7})(2.28 \times 10^{-7}) = 7.296 \times 10^{-14} \text{ cm}^3\text{(STP)·cm/cm}^2\text{·s·Pa}$$

산소의 투과능을 적절한 단위를 써서 나타내면

$$\bar{P}_{M,O_2} = P_{M,O_2}/t_M = (2.18 \times 10^{-13})(3600)(10^2)/(22{,}400)(10^3)(1 \times 10^{-7})$$
$$= 3.50 \times 10^{-8} \text{ kg 몰 ·m/m}^2\text{·h·Pa}$$

마찬가지로

$$\bar{P}_{M,N_2} = 1.17 \times 10^{-8} \text{ kg 몰 ·m/m}^2\text{·h·Pa}$$

산소에 대한 물질수지는 다음과 같이 원료의 조성, 잔류물, 그리고 투과물로 나타낼 수 있다.

$$x_{F,O_2}n_F = x_{R,O_2}n_R + y_{P,O_2}n_p$$

단 컷 $\Theta$는 $n_P/n_F$로 정의되므로 $(1 - \Theta) = n_R/n_F$이다. 이 관계를 산소 물질수지식에 대입하여 잔류물 중의 몰분율을 구한다.

$$x_{R,O_2} = \frac{x_{F,O_2} - y_{P,O_2}\Theta}{1 - \Theta} \tag{1}$$

$y_{P,N_2}$와 $x_{R,N_2}$에 대한 관계를 적절히 대입하면 식 (15-57)에서 정의된 분리인자는 다음과 같다.

$$\alpha^*_{O_2,N_2} = \left(\frac{y_{P,O_2}}{x_{R,O_2}}\right)\left(\frac{1 - y_{P,O_2}}{1 - x_{R,O_2}}\right) \tag{2}$$

투과압은 전압에 비해 무시할 수 없으므로 식 (15-60)을 이용하여 $\alpha_{O_2,N_2}$를 얻는다. $p_P/p_F$ 값은 0.1이고 $\alpha^*_{O_2,N_2}$는 식 (15-58)로부터 다음과 같이 얻어짐을 상기하자.

$$\alpha^*_{O_2,N_2} = \frac{2.18 \times 10^{-13}}{7.296 \times 10^{-14}} = 2.99$$

식 (15-60)은 다음과 같이 간단히 할 수 있다.

$$\alpha_{O_2,N_2} = 2.99\frac{x_{R,O_2}(\alpha_{O_2,N_2} - 1) + 1 - 0.1\alpha_{O_2,N_2}}{x_{R,O_2}(\alpha_{O_2,N_2} - 1) + 1 - 0.1} \tag{3}$$

0.4의 단 컷에 대하여 이제 3개의 미지수 $\alpha_{O_2,N_2}$, $y_{P,O_2}$, $x_{R,O_2}$ 와 3개의 식 (1), (2) 및 (3)이 존재한다. 가장 간단한 해는 Mathcad와 같은 컴퓨터 프로그램을 이용하여 3개의 식을 동시에 푸는 것이다. 이와 같이 하면 다음의 결과를 얻는다:

$$x_{R,O_2} = 0.146 \qquad y_{P,O_2} = 0.306 \qquad \alpha_{O_2,N_2} = 2.573$$

막 면적은 식 (15-59a)를 이용하여 구할 수 있다.

$$\begin{aligned} A_M &= \frac{y_{P,O_2}n_p}{\bar{P}_{M,O_2}(x_{R,O_2}p_R - y_{P,O_2}p_P)} \\ &= \frac{0.306(1513)(0.4)}{3.50 \times 10^{-8}[0.146(1.013 \times 10^6) - 0.306(1.013 \times 10^5)]} \\ &= 45,600 \text{ m}^2 \end{aligned}$$

투과물 중의 산소농도가 21 몰%로부터 30.6 몰%로, 그리고 잔류물 중의 질소농도는 79 몰%로부터 85.4 몰%로 증가하기는 했지만 소요되는 막 면적으로 볼 때 이러한 막 분리 공정은 비경제적임이 명백하다. 여기에서 원하는 분리를 이루기 위한 저밀도 폴리에틸렌 막의 사용은 부적절함이 밝혀졌다.

■

표 15-12 막 모듈들에 대한 비용

| Membrane module | Cost, $/m^2$ |
|---|---|
| Plate and frame | 250–400 |
| Spiral-wound | 25–100 |
| Hollow fiber | 10–20 |
| Tubular | 250–400 |
| Capillary | 25–100 |
| Ceramic | 1000–1600 |

†R. W. Baker, *Membrane Technology and Applications*, McGraw-Hill, New York, 2000.

### 몇 가지 막 시스템에 대한 비용범위

막들은 다양한 크기와 두께로 제조될 수 있으므로 막과 모듈의 비용은 상당한 범위에 걸친다. 4가지의 널리 쓰이는 막 모듈에 대한 비용이 표 15-12에 열거되어 있다.

## 흡착에 의한 분리

흡착공정에서는 기체나 액체 중의 분자나 원자, 혹은 이온들이 고체의 표면으로 확산하여 그 표면에 부착된 후 약한 분자간 인력으로 지지되어 있게 된다. 흡착된 용질은 피흡착질(adsorbate)이라 부르며 고체 물질은 흡착제(adsorbent)라고 칭한다. 흡착을 위한 아주 큰 단위부피당 표면적을 이루기 위하여 직경이 작고 기공이 서로 연결되어 있는 매우 다공성인 고체입자가 사용된다. 흡착과 이온교환 중에는 흡착제는 피흡착질로 포화되며 따라서 피흡착질을 탈착시켜주는 재생과정이 필요하다. 흡착과 재생은 일반적으로 주기적인 방법으로 수행된다.

### 흡착에 의한 분리를 위한 흡착제의 선정

상업적인 적용을 위해서는 흡착제는 몇 가지 적절한 특성을 나타내어야 한다. 이들 특성들로는 뚜렷한 분리를 위한 높은 선택도, 높은 흡착용량, 화학적 및 열적 안정성, 자유 흐름 경향, 그리고 상대적으로 낮은 비용 등을 들 수 있다. 대부분의 고체들은 액체와 기체로부터 성분들을 흡착할 수 있지만 단지 몇 가지 고체만이 상업용 흡착제로 쓰일 정도의 충분한 선택도와 용량을 지닌다. 실제로는 4가지 형태만이 널리 사용되는데 이들은 활성탄소, 분자체 제올라이트, 실리카겔, 그리고 활성 알루미나이다. 이들 4가지 흡착제에 대한 대표적인 물리적 성질들이 표 15-13에 주어져 있다.

활성탄소는 가장 널리 사용되는 흡착제이며 미세 분말이나 단단한 입자, 과립, 원통형, 구형, 혹은 섬유질 형태를 지닌다. 탄소분자체 역시 상용화가 되었는데 이는 보통의 활성탄소에 비해 보다 좁은 기공크기 분포를 나타낸다.

분자체 제올라이트(MSZ)는 고도로 결정성인 알루미노실리케이트 구조를 갖는다. 원료 용액중의 시릴콘/알루미늄 비율과 결정화 및 건조조건을 변화시킴으로써 다양한 구조들을 생성시킬 수 있다. 제올라이트는 매우 규칙적인 통로와 케이지(cage)로 이루어져 있기 때문

표 15-13 상용 흡착제의 대표적인 물성

| Type of adsorbent | Pore diameter, nm | Particle density, $kg/m^3$ | Particle porosity,‡ | Surface area $10^5\ m^2/kg$ | $H_2O$ cap. wt. %, 25°C, 4.6 mmHg | $CO_2$ cap. wt. %, 25°C, 250 mmHg | Reactivation temp., °C |
|---|---|---|---|---|---|---|---|
| Carbon, activated | | | | | | | |
| Small pore | 1–2.5 | 500–900 | 0.4–0.6 | 4–12 | 1 | 5 | — |
| Large pore | >3 | 600–800 | — | 2–6 | — | 7 | — |
| Molecular sieve | 0.2–1.0 | 980 | — | 4 | — | NA | — |
| Molecular sieve | | | | | | | |
| 3A | 0.3 | 670–740 | 0.2 | 7 | 20 | NA | >350 |
| 4A | 0.4 | 660–720 | 0.3 | 7 | 23 | 13 | |
| 5A | 0.5 | 670–720 | 0.4 | 6.5 | 21 | 15 | |
| 13X | 0.8 | 610–710 | 0.5 | 6 | 25 | 16 | |
| Mordenite | 0.3–0.4 | 720–800 | 0.25 | 7 | 9 | 6 | |
| Chabazite | 0.4–0.5 | 640–720 | 0.35 | 6.5 | 16 | 12 | |
| Silica gel | | | | | | | |
| Small pore | 2.2–2.6 | 1000 | 0.47 | 8 | 11 | 3 | 130–280 |
| Large pore | 10–15 | 620 | 0.71 | 3.2 | — | NA | 130–280 |
| Activated | | | | | | | |
| Alumina | 1–7.5 | 800 | 0.50 | 3.2 | 7 | 2 | 150–315 |

†Modified from data presented by J. L. Humphrey and G. E. Keller, II, *Separation Process Technology*, McGraw-Hill, New York, 1997, J. D. Seader and E. J. Henley, *Separation Process Principles*, J. Wiley, New York, 1988, and G. E. Keller, R. A. Anderson, and C. M. Yon, in *Handbook of Separation Process Technology*, R. W. Rousseau, ed., J. Wiley, New York, 1987, chap. 12.

‡Particle porosity defined as 1 − (bulk density/particle density).

에 극성 및 친수성 성분에 대해 선택적이다. 물, 이산화탄소, 황화수소, 그리고 다른 유사 성분들과는 매우 강한 결합을 형성하지만 유기 성분들과는 약한 결합을 형성한다.

실리카겔은 고도로 친수성인 표면과 고도로 소수성인 표면 사이에서 중간정도의 선택이 된다. 이 흡착제는 여러 가지 기체로부터 물을 제거하는 데에 가장 널리 사용되지만 탄화수소의 제거도 가능하다.

활성 알루미나 역시 물과 친화력이 높으므로 이 흡착제는 기체의 건조에 흔히 사용된다. 실리카겔과 마찬가지로 알루미나 표면과 물의 결합은 분자체와 연관된 결합들처럼 강하지 않으므로 재생공정에서 보다 따뜻한 온도가 요구된다.

## 기본적인 흡착 사이클

증류와는 달리 흡착공정은 몇 가지 다른 물리적인 배열과 사이클로 운전될 수 있다. 네 가지 기본적인 사이클과 이들의 조합을 다루어 보기로 한다.

그림 15-25에 보인 온도 스윙(swing) 사이클에서는 분압 $\bar{p}_1$인 소량의 피흡착질을 함유하는 원료가 온도 $T_1$의 흡착층으로 주입된다. 흡착제에 대한 초기 평형충전은 $X_1$으로서 대개 흡착제 무게당 피흡착질의 무게 단위로 나타내어진다. 피흡착질과 흡착제 사이에 평형이 이루어진 후의 재생에서는 층의 온도를 $T_2$로 높이는 것이 필요하다. 보다 많은 원료가 층을 통해 주입되고 새로운 평형충전 $X_2$가 이루어짐에 따라 탈착이 일어난다. 흡착층의 이론적인 알짜 제거용량은 $X_1$과 $X_2$의 차이로 주어진다. 층이 다시 $T_1$으로 냉각되면 기체흐름의 정화가 다시 이루어질 수 있다.

그림 15-26에 나타낸 바와 같이 피흡착질의 분압은 기체의 전압을 낮춤으로써 감소시킬 수 있다. 재생단계의 전압이 낮을수록 흡착단계에서 피흡착질의 충전이 커진다. 충전, 감압, 재생, 그리고 층의 재가압에 소요되는 시간은 일반적으로 겨우 몇 분 정도이다. 따라서 실제의 피흡착질의 충전이 거의 언제나 흡착제 100 kg당 피흡착질 1 kg 이하가 될지라도 그러한 매우 짧은 시간으로 인하여 압력 스윙 사이클이 다량의 기체분리를 위한 가능한 옵션이 될 수 있다.

압력 스윙 사이클에서는 덜 흡착된 기체 생성물의 일부를 저압의 퍼지(purge) 기체로 사용하는 것이 아주 일반적이다. 때로는 퍼지 흐름이 원료 흐름과 방향이 반대인 경우도 있다. 이 공정의 가장 간단한 형태는 압력 스윙 흡착(pressure-swing adsorption, PSA)이라고 칭한다.

## 적절한 흡착 사이클의 선정

적절한 흡착 사이클의 선정을 위해서 Keller 등[170]은 거의 계산을 하지 않고도 이러한 선택을 위한 지침으로 손쉽게 이용할 수 있는 간단한 모형을 개발하였다. 표 15-14에는 원하는 흡착 사이클을 특징짓는 데에 이용될 수 있는 아홉가지 공정조건들이 주어져 있다. 필요한 것은 고려되는 분리에 적용되는 모든 공정조건을 정하는 일이다.

170) G. E. Keller, II, R. A. Anderson, and C. M. Yon, *Handbook of Separation Process Technology*, R. W. Rousseau ed., J. Wiley, New York, 1987, 제 12장.

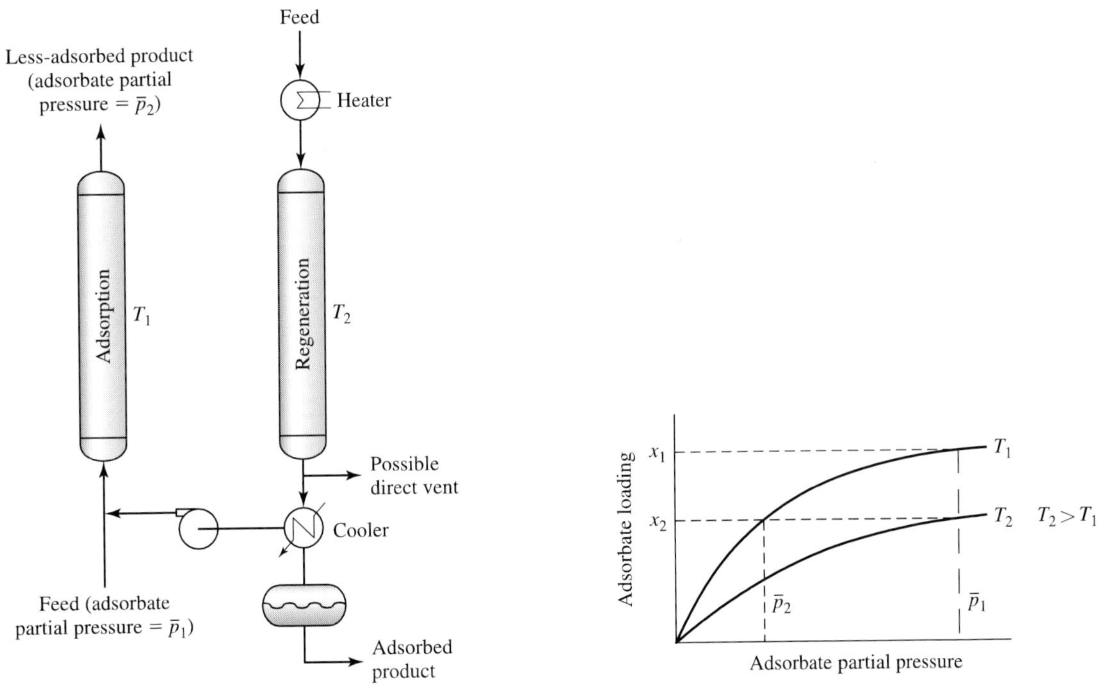


**그림 15-25**
온도 스윙(swing) 사이클

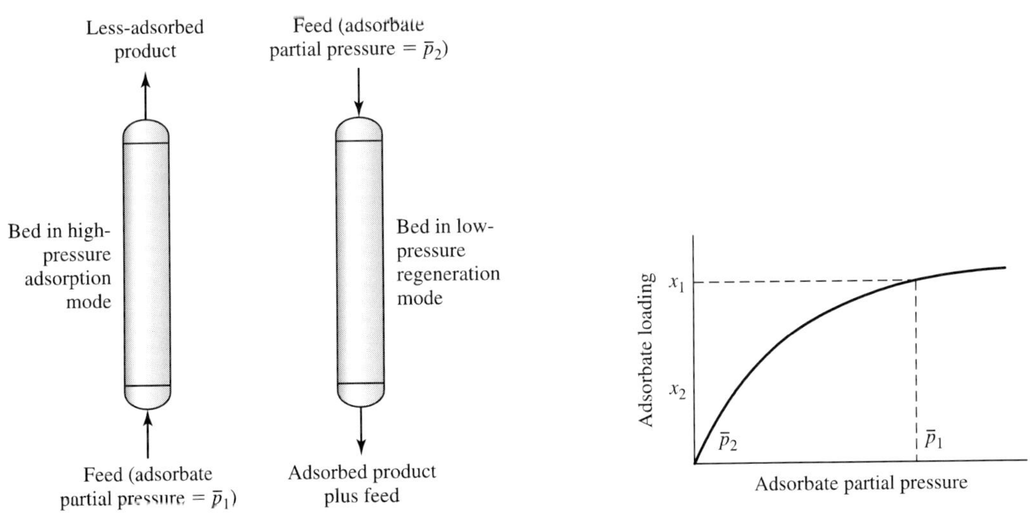


**그림 15-26**
압력 스윙 사이클

표 15-14 흡착 사이클 선택행렬

| Process condition | Gas or vapor phase | | | | Liquid |
|---|---|---|---|---|---|
| | Temperature swing | Inert purge | Displacement purge | PSA | Temperature swing[‡] |
| Feed: gas or vapor | Yes | Yes | Yes | Yes | No |
| Feed: liquid, vaporize <200°C | Unlikely | Yes | Yes | Yes | Yes |
| Feed: liquid, vaporize >200°C | No | No | No | No | Yes |
| Adsorbate concentration in feed, <3% | Yes | Yes | Unlikely | Unlikely | Yes |
| Adsorbate concentration in feed, 3–10% | Yes | Yes | Yes | Yes | No |
| Adsorbate concentration in feed >10% | No | Yes | Yes | Yes | No |
| High product purity required | Yes | Yes | Yes | Possible[§] | Yes |
| Thermal regeneration required | Yes | Yes | No | No | Unlikely |
| Difficult purge/adsorbate separation | Possible[¶] | Unlikely | Unlikely | NA | Possible[¶] |

[†]Based on the information provided by G. E. Keller, II, R. A. Anderson, and C. M. Yon, in *Handbook of Separation Process Technology*, R. W. Rousseau, ed., J. Wiley, New York, 1987, chap. 12, p. 670, with permission.
[‡]Includes powdered, fixed-bed and moving-bed processes.
[§]Requires very high adsorption pressure and low desorption pressure.
[¶]Only if adsorbate does not need to be recovered.

## 흡착에 의한 분리의 일반적인 설계개념

흡착에서는 유체와 흡착제 표면 사이에서의 피흡착질의 분산에 대한 동적 상평형이 이루어진다. 이 평형은 일반적으로 유체의 피흡착질의 분압이나 농도와 흡착제에의 피흡착질의 충전으로 나타내어진다. 불행하게도 흡착평형을 추정할 수 있는 가능한 이론은 아직 개발되지 않았다. 따라서 만일 그러한 데이터가 없다면 특정한 피흡착질, 혹은 관심있는 흡착제 물질과 피흡착질의 혼합물에 대한 실험적 평형 데이터를 얻을 필요가 있을 것이다. 이들 실험적 연구로부터 얻는 흡착등온선은 정해진 조건에서 특정한 흡착제 상의 주어진 유체 혼합물로부터 피흡착질의 흡착에 대한 한계를 제공할 것이다.

실험적인 흡착 등온선은 그림 15-27에 보인 바와 같이 다섯 가지 형태로 구분할 수 있다. 형태 I의 등온선은 단일분자 흡착에 해당되며 일반적으로 임계온도 이상의 온도에서의 기체들에 적용될 수 있다. 형태 II의 등온선은 다분자 흡착과 연관되며 임계온도 이하의 온도 및 낮지만 포화온도에 근접하는 압력하의 기체들에서 관찰된다. 형태 I과 II의 등온선들은 강한 흡착특성을 나타내는 바람직한 등온선들이다. 형태 III의 등온선은 그 흡착효과가 고압에서를 제외하고는 낮기 때문에 바람직하지 않다. 형태 IV과 V의 흡착 등온선들은 형태 II와 III에서 관찰되는 다분자 흡착이 모세 응축에 의해 증대됨을 암시하고 있다.

화학흡착을 가정하여 간단한 물질작용 동역학으로부터 Langmuir 관계를 유도할 수 있다. 알짜 흡착속도는 흡착속도와 탈착속도의 차이로서 다음과 같이 주어진다.

$$\frac{dq'}{d\theta} = k_a \bar{p}(1-\omega) - k_d \omega \tag{15-69}$$

위에서 $q'$는 평형충전, 혹은 흡착제 단위질량당 흡착된 양, $\theta$는 시간, $\bar{p}$는 분압, $k_a$와 $k_d$는 각각 흡착과 탈착의 물질전달 계수이며 $\omega$는 $q'/q'_{\max}$로 정의되는, 흡착된 분자로 덮이는 표면의 분율이다. 평형에서는 $dq'/d\theta = 0$이며 식 (15-69)는 다음과 같이 된다.

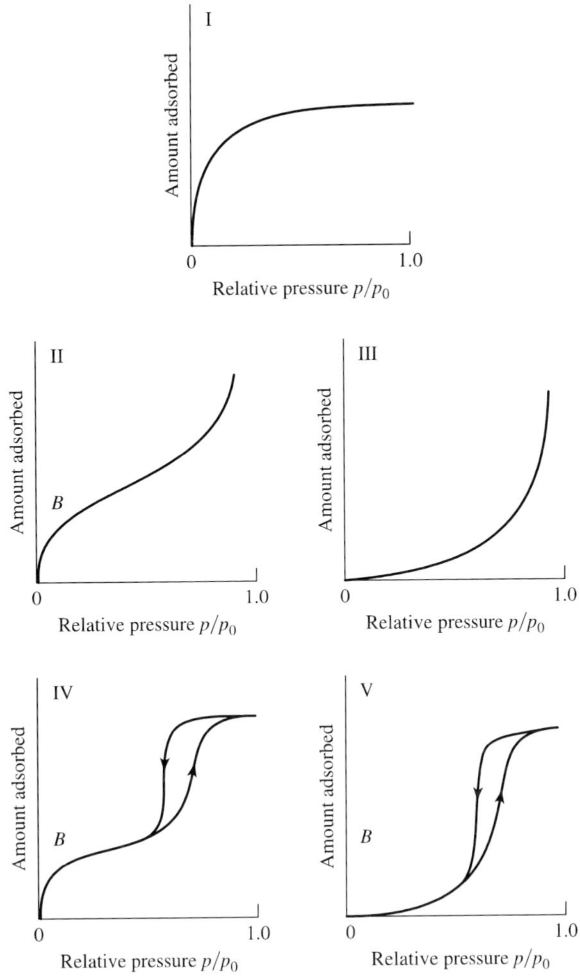


**그림 15-27**
Brunauer의 5가지 흡착 등온선 형태

$$\omega = \frac{K\bar{p}}{1 + K\bar{p}} = q'/q'_{\max} \tag{15-70}$$

여기서 $K$는 $k_a/k_d$의 비로 주어지는 흡착 평형상수이다. 식 (15-70)을 알짜 흡착속도에 대하여 풀면 다음을 얻는다.

$$q' = \frac{q'_{\max} K\bar{p}}{1 + K\bar{p}} \tag{15-71}$$

$K\bar{p} \ll 1$의 저압에서는 식 (15-71)은 선형인 Henry의 법칙 형태로 되는 반면에 $K\bar{p} \gg 1$의 고압에서는 $q' = q'_{\max}$이다. 중간정도의 압력에서는 식은 압력에 대하여 비선형이다. 상수 $K$와 $q'_{\max}$는 식 (15-71)을 직접 실험 데이터에 맞추어 얻는다. 흡착 데이터를 연관지우는 데에 이용되는 Freundlich 관계식은 실험적 비선형 식으로 주어진다.

$$q' = k(\bar{p})^{1/n} \tag{15-72}$$

위에서 $k$와 $n$은 온도에 의존하는 상수들이다. $n = 1$이면 식 (15-72)는 Henry의 법칙이 된다.

성분 $A$와 $B$가 흡착제의 표면에 흡착되는 2성분 기체 혼합물의 경우 각 성분의 평형충전은 다음 관계로 주어진다.

$$q'_A = \frac{(q'_A)_{\max} K_A \bar{p}_A}{1 + K_A \bar{p}_A + K_B \bar{p}_B} \tag{15-73a}$$

$$q'_B = \frac{(q'_B)_{\max} K_B \bar{p}_B}{1 + K_A \bar{p}_A + K_B \bar{p}_B} \tag{15-73b}$$

위에서 $(q_i)_{\max}$는 전체 흡착제 표면을 덮는 경우의 성분 $i$의 최대 충전량이다. 식 (15-73a)와 (15-73b)는 다음과 같이 다성분 혼합물의 경우로 확장될 수 있다.

$$q'_i = \frac{(q'_i)_{\max} K_i \bar{p}_i}{1 + \sum_j K_j \bar{p}_j} \tag{15-74}$$

마찬가지로 Freundlich 식을 Langmuir 식과 결합시켜 기체 혼합물로부터의 성분들의 흡착에 대한 또다른 관계를 얻을 수 있다.

$$q'_i = \frac{(q''_i)_{\max} K_i (\bar{p}_i)^{1/n_i}}{1 + \sum_j K_j (\bar{p}_j)^{1/n_i}} \tag{15-75}$$

위에서 $(q''_i)_{\max}$은 최대 충전량으로서 단일층 흡착에 대하여 얻어진 $(q'_i)_{\max}$와 다를 수 있다. 식 (15-74)와 (15-75)는 열역학적 일관성이 결핍되어 있긴 하지만 간단함과 결과의 상대적인 정확도($\pm$20%)로 인하여 계속 이용되고 있다.

## 예제 15-7 2성분 기체혼합물로부터의 특정 흡착의 결정

확장된 Langmuir 식을 이용하여 20°C, 2510 kPa의 69.6 몰% $CH_4$와 30.4 몰% CO 기체 혼합물로부터 특정 흡착부피(STP)를 예측하여라. 순수 성분들과 혼합물에 대한 실험적 등온 흡착선이 Ritter와 Tang[171]에 의해 제시되었다. 20°C에서 Langmuir 식 (15-70)의 상수들은 다음과 같다.

| | $CH_4$ | CO |
|---|---|---|
| $(q'_i)_{\max}$, $cm^3$ (STP)/g | 133.4 | 126.1 |
| $K$, $kPa^{-1}$ | $1.99 \times 10^{-3}$ | $9.05 \times 10^{-4}$ |

■ **풀이**

식 (15-73a)와 (15-73b)를 사용하여 특정 흡착부피(STP)를 예측한다.

$$\bar{p}_{CH_4} = y_{CH_4} p = 0.696(2510) = 1747 \text{ kPa}$$

$$\bar{p}_{CO} = 0.304(2510) = 763 \text{ kPa}$$

식 (15-73a)로부터

$$q'_{CH_4} = \frac{133.4(1.99 \times 10^{-3})(1747)}{1 + (1.99 \times 10^{-3})(1747) + (9.05 \times 10^{-4})(763)} = 89.8 \text{ cm}^3 \text{ (STP)/g}$$

171) J. A. Ritter and R. T. Yang, *Ind. Eng. Chem. Res.*, **26**: 1679 (1987).

마찬가지로 하여

$$q'_{CO} = \frac{126.1(9.05 \times 10^{-4})(763)}{1 + (1.99 \times 10^{-4})(1747) + (9.05 \times 10^{-4})(763)} = 16.8 \text{ cm}^3 \text{ (STP)/g}$$

흡착제 1 g당 총 흡착된 부피는 89.8 + 16.8, 즉 106.6 $cm^3$(STP)/g이다. 피흡착질 중의 $CH_4$ 농도는 84.2 몰%로 증가한 반면 CO 농도는 15.8 몰%로 감소되었다. 이는 Ritter와 Yang이 얻은 바와 같이 피흡착질 중의 $CH_4$와 CO 농도가 각각 86.7 및 13.3 몰%인 실험결과와 비교적 잘 일치한다.

흡착공정의 설계에서 흡착제의 특성 외에 고려해야 할 사항들 가운데에는 조성이 흡착제 층의 거리를 따라 변화하는 양상과 층 내에서의 온도분포선의 위치와 움직임이다. 먼저 피흡착질의 조성분포를 층 내의 시간의 함수로 고려하여 보자. 그림 15-28a는 층을 통한 피흡착질 농도의 움직임을 보여주고 있으며 아울러 사실상 등온으로 운전되는 층에서 시간의 함수로서의 피흡착질의 유출농도를 나타내고 있다. 유입부에 가장 가까운 첫 번째 영역에서는 흡착제가 충분히 포화되어 원료중의 피흡착질 농도와 평형을 이루고 있다. 층 아래부분의 영역에서는 흡착제 상의 피흡착질의 농도분포가 마치 S자 모양을 보이고 있다. 물질전달 영역(MTZ)으로 표시되는 이 영역에서 대부분의 흡착이 일어난다. MTZ를 넘어선 영역에서는 원료중의 피흡착질 대부분이 처음의 두 영역에서 이미 제거되었기 때문에 흡착이 진행되지 않는다. 피흡착질 곡선이 아래쪽으로 오목하고(그림 15-28b 참조) MTZ가 등온이면 흡착이 시작된 바로 뒤에 S자형 곡선이 이루어지며 이 모양은 층 전체를 통해 그대로 유지된다.

한편 Collins[172)]는 전면부 분포가 일정하다는 가정이 유효한 경우 소규모 실험에서 얻은 파과(breakthrough)곡선으로부터 직접 실제규모 흡착제 층의 길이를 정하기 위한 기법을 개발하였다. 이 방법에서 흡착제 층은 두 부분이 합한 것으로 간주된다. 첫 번째 부분에서 흡착세는 원료 중의 피흡착질 농도와 평형을 이루는데 이 부분은 평형부분 길이(LES)라고 나

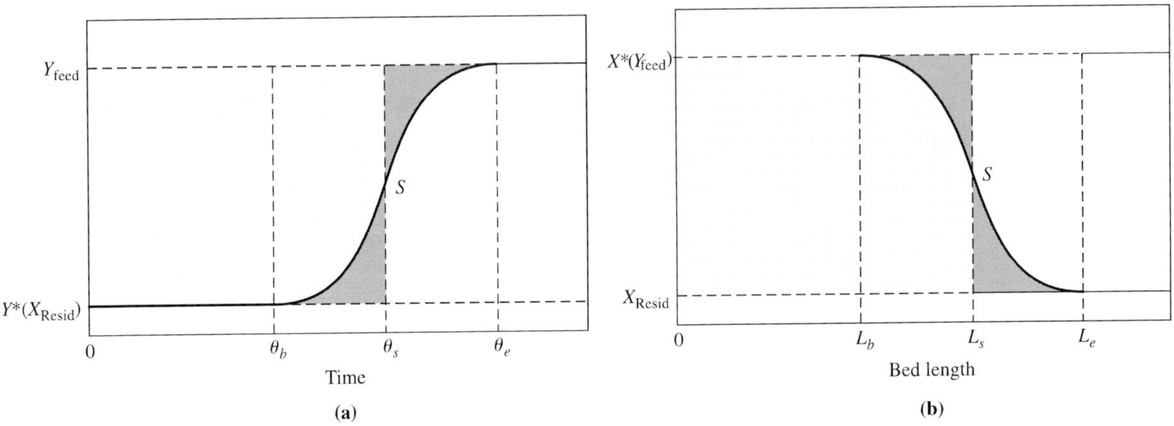


**그림 15-28**
흡착기 유출물에서의 피흡착질 농도의 시간에 따른 추이(a) 및 흡착중의 흡착기 축에 따른 피흡착질 충전(b)

172) J. J. Collins, *Chem. Eng. Prog. Symp. Series,* **63**(74): 31 (1967).

타낸다. 두 번째 부분에서는 피흡착질 충전이 0이 되는데 이 부분은 비사용층 길이(LUB)라고 표시된다. 이 부분의 길이는 MTZ의 너비와 MTZ 내의 농도분포의 형상에 따라 좌우된다. 소요되는 층의 총 길이 $L_B$는 다음과 같이 주어진다.

$$L_B = \text{LES} + \text{LUB} \tag{15-76}$$

전면부 곡선이 일정한 형태인 경우 LUB는 MTZ 너비의 절반이기 때문에 다음 관계를 이용하여 실험적 파과곡선으로부터 정하여 질 수 있다.

$$\text{LUB} = \frac{\theta_s - \theta_b}{\theta_s} L_e \tag{15-77}$$

위에서 $\theta_s$는 MTZ에서 유입 및 유출농도 사이의 중간농도에 도달하는 데에 소요되는 누출시간이며 $\theta_b$는 원하는 유출농도를 이루기 위해 소요되는 누출시간, 그리고 $L_e$는 실험층의 길이이다. 원통형 흡착제 층의 경우 LES 값은 LUB = 0인 이상적인 흡착기를 가정하여 용질에 대한 물질수지로부터 다음과 같이 정하여 질 수 있다.

$$\text{LES} = \frac{c'_F G \theta}{q_F \rho_b} \tag{15-78}$$

위에서 $c'_F$는 원료중의 피흡착질의 농도, $G$는 층의 단면적당 질량유속, $\theta$는 LES가 계산되는 누출시간, $q_F$는 각 사이클 동안의 흡착제의 충전, 그리고 $\rho_b$는 층의 밀도이다.

### 예제 15-8 실험 데이터를 이용한 실제 흡착기 높이의 결정

질소기체 흐름중의 수증기를 1440으로부터 15 ppm(부피)으로 제거하기 위한 상용 흡착기에 소요되는 흡착기 높이를 구하여라. 흡착기는 실험장치에서와 동일한 온도, 압력, 유입질량유속, 그리고 흡착제의 유입 및 유출 피흡착질 충전조건에서 운전된다고 가정한다. 파과가 일어나는 데에는 30시간을 고려한다. Collins가 제시한 실험 데이터를 사용하기로 한다. 실험데이터는 다음과 같다: 온도 = 20°C, 압력 = 593 kPa, 실험용 흡착기 높이 = 0.268 m, 질량유속 = 144.5 kg 몰/h·m$^2$, 유입 피흡착질 충전 = 1 kg water/100 kg 흡착제, 유출 피흡착질 충전 = 21.5 kg water/100 kg 흡착제, 유입 피흡착질 농도 = 1440 ppm(부피), 흡착제층 밀도 = 713 kg 흡착제/m$^3$. 4 Å 분자체의 고정층을 이용한 질소로부터의 수분의 제거에 대한 누출자료는 다음과 같다.

| $c_{exit}$, ppm (by volume) | Time, h | $c_{exit}$, ppm (by volume) | Time, h |
|---|---|---|---|
| <1 | 0–9 | 650 | 10.8 |
| 1 | 9.0 | 808 | 11.0 |
| 4 | 9.2 | 980 | 11.25 |
| 9 | 9.4 | 1115 | 11.5 |
| 33 | 9.6 | 1235 | 11.75 |
| 80 | 9.8 | 1330 | 12.0 |
| 142 | 10.0 | 1410 | 12.5 |
| 238 | 10.2 | 1440 | 12.8 |
| 365 | 10.4 | 1440 | 13.0 |
| 498 | 10.6 | | |

■ **풀이**

흡착기 높이를 계산하기 위해 식 (15-78)을 이용하여 LES를 정하고 파괴곡선을 적분하여 $\theta_s$를 구한 후에 식 (15-77)을 이용하여 LUB를 계산한다. 따라서

$$c'_F = \frac{1440(18)}{10^6} = 0.02592 \text{ kg water/kg mol N}_2$$

$$\text{LES} = \frac{0.02592(144.5)(30)}{(0.215 - 0.01)(713)} = 0.769 \text{ m}$$

파과곡선 데이터로부터

$$\theta_e(1440 \text{ ppm}) = 12.8 \text{ h}$$

$$\theta_b(15 \text{ ppm}) = 9.45 \text{ h}$$

파과곡선 데이터의 그래프 적분으로부터 $\theta_s = 10.9$ h를 얻는다. 다음 관계를 이용하여 데이터의 수치적분을 수행할 수도 있다.

$$\theta_s = \int_o^{\theta_e} \left(1 - \frac{c}{c_F}\right) d\theta$$

식 (15-77)로부터

$$\text{LUB} = \frac{10.9 - 9.45}{10.9}(0.268) = 0.036 \text{ m}$$

이로부터 상용 흡착기의 높이는

$$L_B = 0.769 + 0.036 = 0.805 \text{ m}$$

이로부터 흡착기에 대한 만족스러운 $L/D$ 비가 얻어졌다.

---

# 건조에 의한 분리

고체의 건조에는 두 가지의 기본적이고 동시에 이루어지는 공정이 수반되는데 액체를 증발시키기 위한 열전달과 고체 내부로부터의 액체와 증기 및 고체 표면으로부터의 증기의 전달이 그들이다. 이들 두 공정의 속도를 지배하는 인자가 건조 속도를 결정한다. 상용 건조기에서의 열전달은 대류, 전도, 복사, 혹은 이들 세 가지 매커니즘의 조합에 의해 이루어진다. 그러나 고체 내에서의 물질전달은 건조 공정에서 형성된 농도구배로 인하여 이루어지는데 농도구배는 고체의 특성에 따라 좌우된다.

## 고체의 건조를 위한 상치의 신댁

건조기의 일차적인 선택에서 고려해야 할 주요 인자들에는 건소되는 물질의 성질, 물질의 건조특성, 유량과 흐름조건, 제품 품질, 그리고 가능한 분진 및 용매 회수들이 포함된다. 설

**표 15-15 건조장치 선정을 위한 일반적인 지침들**

| 장치 형태 | 고체건조능력 | 장점 | 한계점 |
|---|---|---|---|
| 기계적 작동식 | | | |
| 터널 건조기 (연속식) | 슬러지, 대형고체, 열에 민감한 물질 | 많은 물질을 처리가능, 컨베이어는 처리와 온도조절을 좋게 하여 준다. | 높은 노동력이 소요, 진공은 비실제적, 분진 물질에 부적합 |
| 로터리 건조기 | 미세, 입자형, 혹은 섬유질 물질 | 고용량, 유연성, 우수한 효율 | 슬러리, 슬러지, 혹은 열에 민감한 물질에 부적합 |
| 진공 건조기 | 미세흐름분말, 입자형이나 섬유질 고체 | 열에 민감하며 끈적하지 않은 물질을 처리 | 슬러리, 슬러지에 부적합, 회분식 조업, 높은 비용 |
| 탑 접촉기 | 미세, 자유흐름 고체 | 공정과 온도가 조절되는 운전이 가능 | 제한된 용량, 구조적 제약, 높은 투자비용 |
| 진동 컨베이어 접촉기 | 미세, 자유흐름 분말, 작은 입자형 고체 | 크기가 0.15nm의 입자까지 유동층 작용, 높은 열전달 | 유동화 가능한 입자들에 제한됨 |
| 드럼건조기 (간접가열) | 슬러리나 용액, 흐름 슬러지 | 액체용액의 건조가 가능 | 드럼에 접착되는 용액에만 제한됨, 낮은 용량, 높은 에너지비용 |
| 스크류 컨베이어 (간접가열) | 끈적끈적한 물질, 슬러지 | 처리가 어려운 물질의 건조, 가압과 진공 하에서 조작 | 낮은 용량 |
| 유체작동식 | | | |
| 유체층 | 미세, 자유흐름 분말, 아주 작은 입자형이나 섬유질 고체 | 고용량, 저비용, 높은 열전달, 균일한 내부온도 | 유동화 가능한 고체에만 제한, 고속의 기체흐름에 부적합 |
| 분출층 | 균일한 입자고체 | 직경 1nm까지의 입자고체를 처리, 비교적 고용량, 우수한 열전달 | 제트로 교반가능한 고체에만 제한됨 |
| 공압식 컨베이어 | 아주 미세한 자유흐름 고체 | 고용량, 짧은 처리시간, 열에 민감한 물질에 우수 | 건조는 기체의 수분 및 엔탈피 함량에 따라 좌우됨, 일반적으로 재순환이 필요함 |
| 분무 건조기 | 슬러리 및 용액 | 열에 민감한 물질에 아주 우수, 가볍고 다공성 제품 | 일반적으로 분무가능한 액체 혼합물에만 적용됨 |

[†]Summarized from data presented by C. G. Moyers and G. W. Baldwin, in *Perry's Chemical Engineers' Handbook*, 7th ed., R. H. Perry and D. W. Green, eds., McGraw-Hill, New York, 1997, Sec. 12, S. W. Walas, *Chemical Process Equipment*, Butterworth-Heineman, Newton, MA, 1990, G. D. Ulrich, *A Guide to Chemical Engineering Design and Economics*, J. Wiley, New York, 1984, and D. R. Woods, *Process Design and Engineering Practice*, Prentice-Hall, Englewood Cliffs, NJ, 1995.

계자는 젖은 물질의 처리에 가장 적합하며 건조 제품이 원하는 물성을 지니도록 하는 데에 가장 적절한 건조기를 선택해야 한다. 일차적인 선정에 있어서는 표 15-15의 도움을 받을 수 있는데 이 표는 처리되는 물질을 근거로 하여 다수의 상용 건조기를 분류하고 있으며 이들 건조기의 장점과 한계를 나열하고 있다. 적절한 형태의 건조기를 일차적으로 선택한 후 각 형태에 대한 크기와 비용 평가를 신속하게 수행하여 비경제적인 형태를 제외시킨다.

## 건조를 위한 일반적인 설계과정

고체의 건조에 이용되는 기체-고체 접촉장치의 형태가 매우 많기 때문에 특정되고 신뢰할만 하며 일관성 있는 설계과정이 있다고 해서 놀랄만한 일은 아니다. 각 장치의 형태뿐만 아니라 각 장치에 대한 모든 적용분야도 개별적으로 밝혀져야 한다. 기체-고체 접촉장치의 다양성과 복잡성에도 불구하고 예비설계 및 비용산출에 필요한 장치 크기와 에너지 소비량의 제한을 구하는 데에 이용 가능한 몇 가지 일반적인 지침들이 있다.

대부분의 기계적 건조 장치들에서 고체의 평균속도는 표 15-16에 보인 바와 같이 제한되어 있다. 반면에 기체의 유량과 온도 및 조성은 쉽게 변화되며 특정한 건조요구가 충족되도록 조정될 수 있다. 연속방정식을 이용하여 긴 세로형 흐름 접촉기에서 고체의 평균 유량을 정할 수 있다.

$$\dot{m}_S = \rho_S V_S A_S \tag{15-79}$$

위에서 $\rho_S$는 고체의 밀도, $V_S$는 고체의 평균유속, 그리고 $A_S$는 건조기에서 고체의 단면적이다. 고체로부터 제거되는 액체의 질량은 소요 공정에서 세부적으로 정해지는 고체의 유입 및 유출조건에 근거한 물질수지로부터 얻을 수 있다.

기체-고체 접촉기는 적절한 흐름 용량 이외에 적절한 기체-고체 체류시간을 유지하여 요구되는 건조정도를 이루어야 한다. 건조기에서 고체 체류시간 $\theta_r$은 임계 파라미터로서 확산과 열전달 속도에 의해 제어된다. 터널, 탑 접촉기 및 드럼 건조기의 경우 건조 속도는 고체의 기공도, 온도차, 수분함량, 그리고 층 두께에 따라 좌우된다. 이는 일반적으로 다음 관계에 의해 나타내어진다.

$$\frac{dX}{d\theta_r} = \frac{k_{d'} X (T_G - T_{\text{wb}})}{t_s} \tag{15-80}$$

위에서 $X$는 건조 고체에 대한 액체의 비, $T_G$는 기체의 건구온도, $T_{\text{wb}}$는 기체의 습구온도, $t_s$는 고체층의 두께, 그리고 $k_d$는 건조속도상수이다. 식 (15-80)을 적분하면 말단 온도차의 산술평균을 이용할 경우 고체의 체류시간에 대한 다음과 같은 관계를 얻는다.

$$\theta_r = \frac{t_s \ln(X_o / X_i)}{k_d (T_G - T_{\text{wb}})} \tag{15-81}$$

열전달은 일반적으로 교반층이나 긴밀한 기체-고체 접촉을 제공하는 건조기들에서의 증기 전달을 제한하는 것으로 간주된다. 그러한 형태의 장치에서는 고체 흐름 및 제 14장에서 주어진 정상적인 대류 열전달 관계에 근거한 에너지 수지로부터 근사적인 체류시간을 계산할 수 있다. 즉

$$q = UA \, \Delta T_{\text{log mean}} \tag{15-82}$$

혹은

$$q = U' v_d \, \Delta T_{\text{log mean}} \tag{15-82a}$$

위에서 $U$는 건조기 면적에 근거한 총괄 열전달 계수이며 $U'$는 건조기의 부피에 근거한 총괄 열전달 계수이다. 식 (15-82)나 (15-82a)로부터 건조기의 면적이나 부피가 각각 얻어지면 체류시간은 다음으로부터 계산될 수 있다.

$$\theta_r = \frac{v_d f_S \rho_S}{\dot{m}_S} \tag{15-83}$$

여기서 $v_d$는 건조기의 부피이며 $f_s$는 고체가 차지하는 건조기 분율이다.

표 15-16 건조장치와 연관된 정상적인 운전조건

| Type of drying equipment | Approx. dimensions[‡] $D$, m | $L$, m | $L/D$ | Solids velocity, m/s | % $A_c$ used by solids[‡] | Gas velocity, m/s | Avg. heat-transfer coeff., J/s·m$^2$·K | Avg. $G$,[‡] kg/s·m$^2$ | Thermal eff., % | Approx. power reqm't., kW |
|---|---|---|---|---|---|---|---|---|---|---|
| Mechanically aided | | | | | | | | | | |
| Tunnel dryer (continuous) | 0.5–4 | 5–20 | 5–10 | 0.006–0.2 | 10–20 | 1–5 | 30–50 | — | 20–50 | 0.035–12.5 |
| Rotary dryer (direct) | 1–3 | 4–20 | 4–6 | 0.02–0.1 | 10–15 | 0.3–1.0 | 60 $G^{0.67}$ | 0.5–5.0 | 55–75 | 8–27 |
| Vacuum dryer | 0.5–3 | 1.5–12 | 3–4 | — | 50–65 | — | 40–60 | Batch | 60–80 | 2–27 |
| Tower contactor | 2–10 | 2–20 | 1–2 | 0.006–0.8 (solid flow, kg/s) | NA | 0.6–3 | 40–70 | — | 55–75 | 1–300 |
| Vibrating conveyor contactor | 0.3–2 | 3–20 | 3–10 | 2–10 | 15–20 | — | $10^3$ ($G^{0.67}$) (volume) | — | — | 0.1–1.3 |
| Drum dryer | 0.6–3 | 0.6–5 | 1–8 | 0.0003–0.07 (solid flow, kg/s) | NA | — | $10^2$–$10^3$ | — | — | — |
| Screw conveyor | 0.1–0.7 | 1–6 | 3–10 | 0.01–0.1 | 40–50 | — | 15–60 | 0.05–0.5 | 30–60 | 0.01–2.3 |
| Fluid-activated | | | | | | | | | | |
| Fluid bed | 1–10 | 0.3–15 | 0.3–15 | — | 20–30 | 0.1–2 | $10^3$ ($G^{0.67}$) (volume) | — | 50–80 | 0.3–1200 |
| Spouted bed | 0.2–1 | 0.5–4 | 1–10 | — | 20–30 | — | $10^2$ ($G^{0.67}$) (volume) | — | 50–80 | 0.08–16 |
| Pneumatic conveyor | 0.2–1 | 10–30 | >50 | — | 5–10 | — | $10^3$–$2 \times 10^3$ (volume) | — | 55–75 | 3–230 |
| Spray dryer | 2–10 | 8–25 | 4–5 | — | NA | 0.2–3 | — | — | 40–60 | — |

[†]Summarized from data presented by G. D. Ulrich, *A Guide to Chemical Engineering Design and Economics,* J. Wiley, New York, 1984, D. R. Woods, *Process Design and Engineering Practice,* Prentice-Hall, Englewood Cliffs, NJ, 1995, and C. G. Moyers and G. W. Baldwin, in *Perry's Chemical Engineers' Handbook,* 7th ed., R. H. Perry and D. W. Green, eds., McGraw-Hill, New York, 1997, Sec. 12.

[‡]$D$ = diameter, m; $L$ = length, m; $G$ = mass flux, kg/s·m$^2$, $A_c$ = cross-sectional area of dryer, m$^2$.

## 대표적인 건조기들의 비용

건조기들의 구입 및 설치비용은 그림 15-29에서 그림 15-35까지에 나타나 있다. 이들로부터 단, 팬, 로터리, 드럼, 진동 컨베이어, 유동층, 그리고 분무건조기에 대한 비용들을 찾아볼 수 있다. 비용 데이터는 진공 및 상압 시스템들을 두루 포함하고 있다.

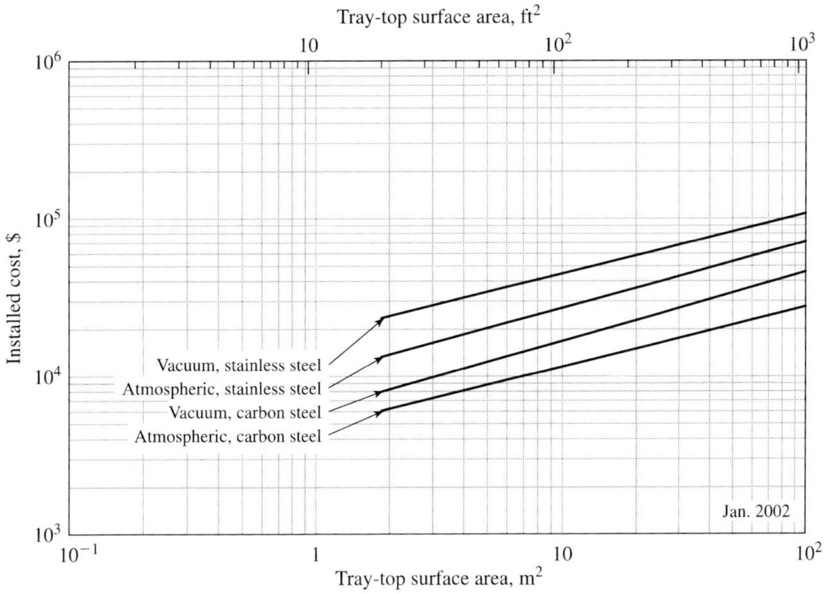


**그림 15-29**
단 건조기의 설치비용

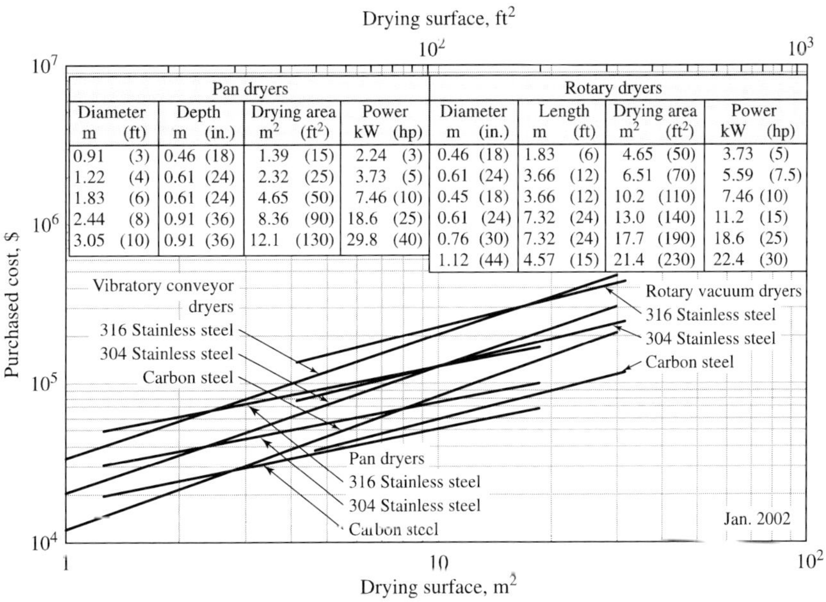


| Pan dryers | | | | Rotary dryers | | | |
|---|---|---|---|---|---|---|---|
| Diameter m (ft) | Depth m (in.) | Drying area $m^2$ ($ft^2$) | Power kW (hp) | Diameter m (in.) | Length m (ft) | Drying area $m^2$ ($ft^2$) | Power kW (hp) |
| 0.91 (3) | 0.46 (18) | 1.39 (15) | 2.24 (3) | 0.46 (18) | 1.83 (6) | 4.65 (50) | 3.73 (5) |
| 1.22 (4) | 0.61 (24) | 2.32 (25) | 3.73 (5) | 0.61 (24) | 3.66 (12) | 6.51 (70) | 5.59 (7.5) |
| 1.83 (6) | 0.61 (24) | 4.65 (50) | 7.46 (10) | 0.45 (18) | 3.66 (12) | 10.2 (110) | 7.46 (10) |
| 2.44 (8) | 0.91 (36) | 8.36 (90) | 18.6 (25) | 0.61 (24) | 7.32 (24) | 13.0 (140) | 11.2 (15) |
| 3.05 (10) | 0.91 (36) | 12.1 (130) | 29.8 (40) | 0.76 (30) | 7.32 (24) | 17.7 (190) | 18.6 (25) |
| | | | | 1.12 (44) | 4.57 (15) | 21.4 (230) | 22.4 (30) |

**그림 15-30**
건조장치의 구입비용. 비용에는 모터와 구동장치가 포함된다.

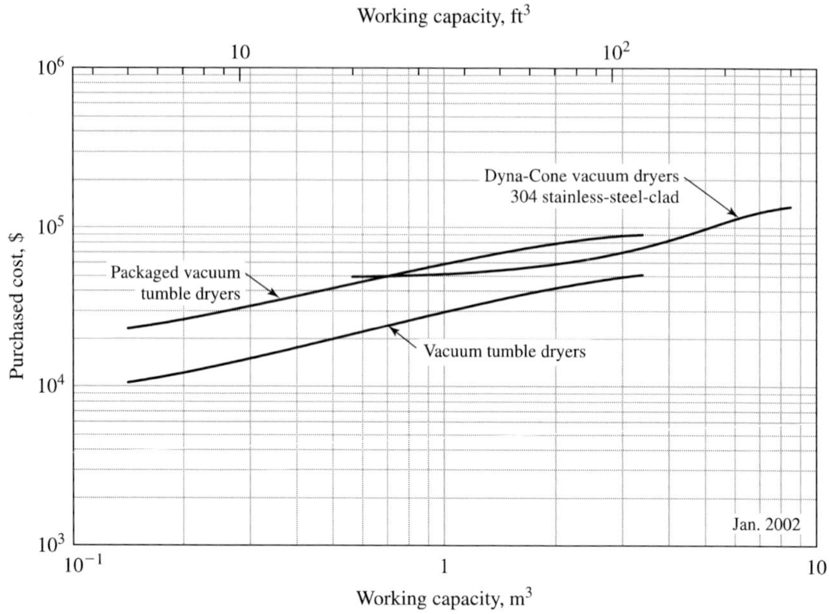


**그림 15-31**

텀블 및 Dyna-Cone 진공 건조기의 구입비용

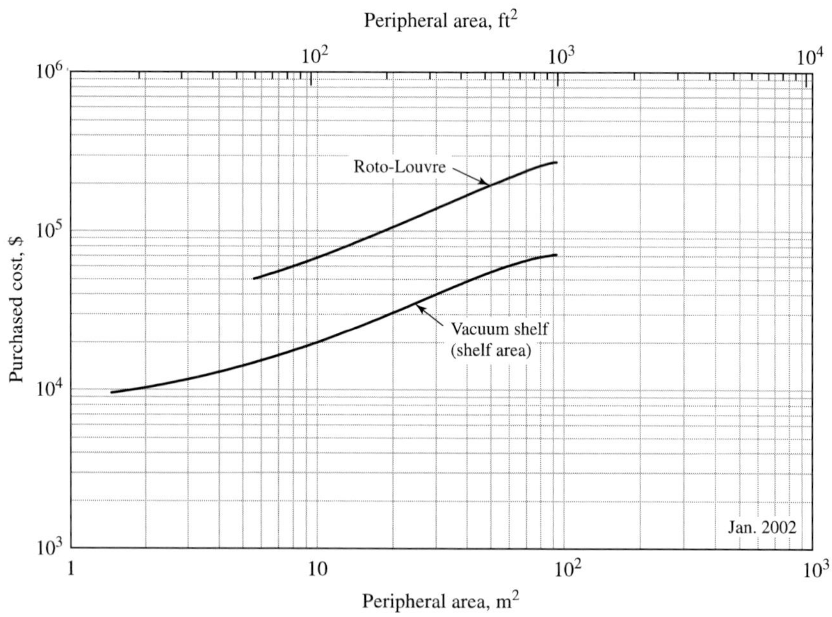


**그림 15-32**

Roto-Louvre 및 진공셀프 건조기의 구입비용(탄소강 소재). 비용에는 보조장치들(모터, 구동장치, 진공펌프, 응축기, 수집기)이 포함된다.

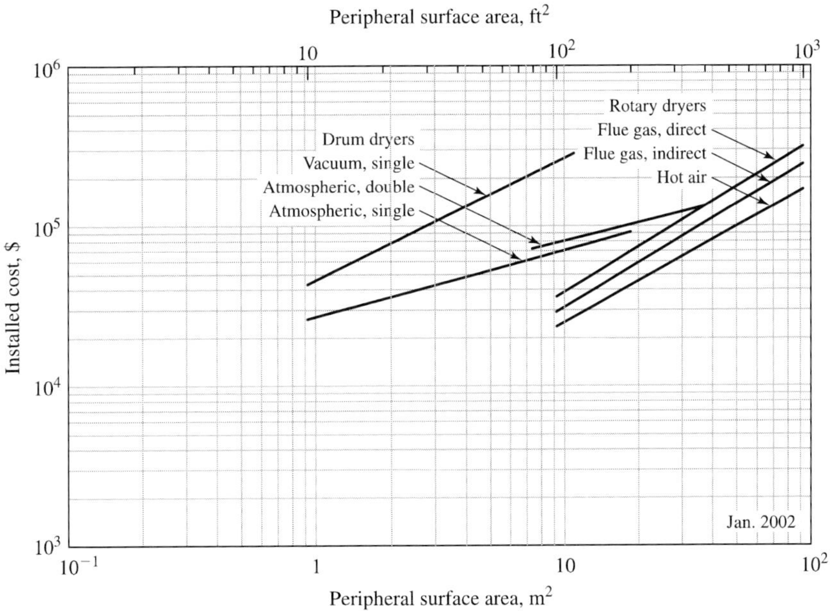


**그림 15-33**
드럼 및 로터리 건조기의 설치비용

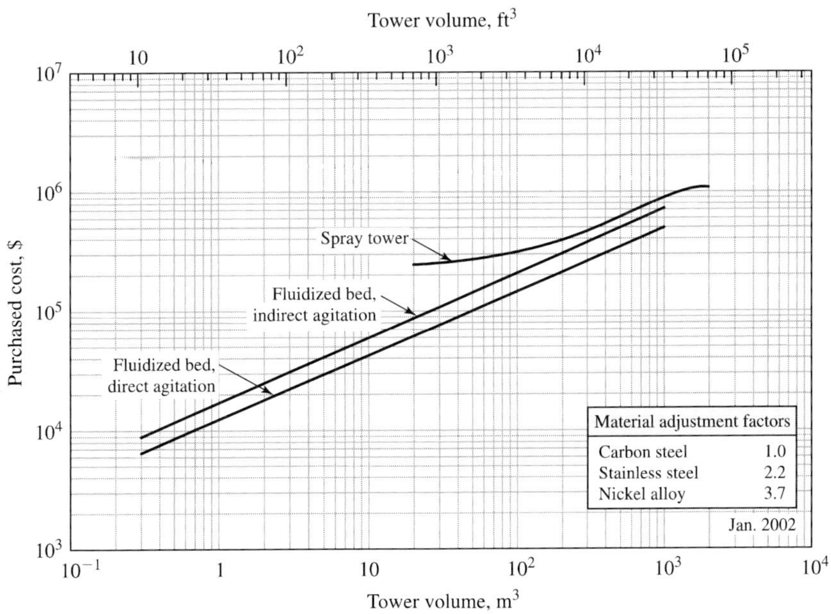


**그림 15 34**
유동층 및 분무탑 접촉기의 구입비용

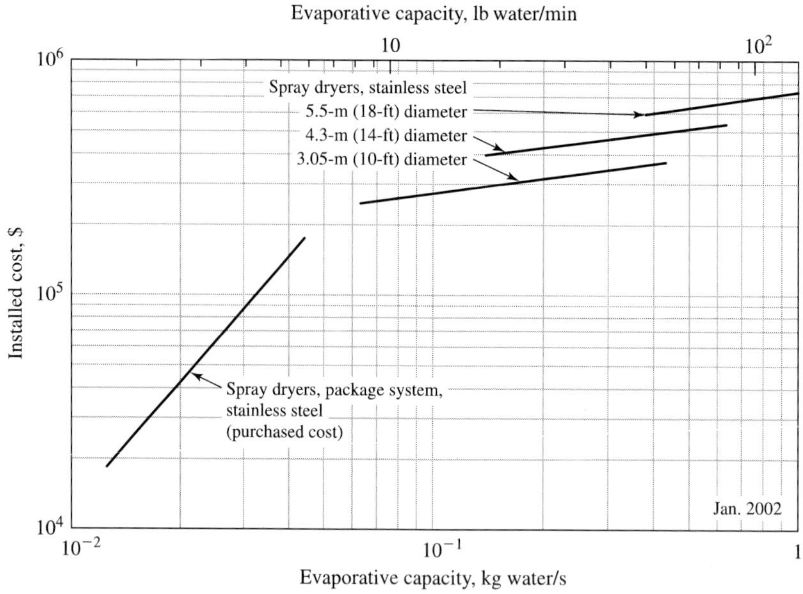


**그림 15-35**
분무 건조기의 구입 및 설치비용

## 예제 15-9 간단한 과정을 통한 건조기의 일차적 설계

건조고체 1 kg당 4 kg의 물을 함유하고 있는 어떤 고체입자가 20°C로 건조기에 유입되어 30°C로 유출된다. 이 건조공정에서 도달하고자 하는 최종 수분함량은 건조고체 1 kg당 수분 0.05 kg 수준이다. 상대습도 60%인 20°C의 공기는 건조기에 유입되기 전에 100°C까지 예열될 수 있다. 습윤고체는 0.01 kg/s의 유량으로 건조기에 주입되며 고체 밀도는 8.0 kg/m$^3$이다. 공기의 열용량은 1 kJ/kg·°C이며 고체의 열용량은 2.0 kJ/kg·°C이다. 이 고체입자의 건조를 위해서 로터리 건조기가 적절한 선택인지 결정하여라.

■ **풀이**

일차적인 설계를 위해 표 15-16에 제공된 정보를 이용한다. 장치의 직경은 식 (15-79)를 사용하여 구할 수 있다. 고체 유속을 0.01 m/s, 건조기 내의 고체함량을 12.5%라고 가정한다.

$$A_c = \frac{\pi D^2}{4} = \frac{A_S}{0.125} = \frac{\dot{m}_S/\rho_S V_S}{0.125}$$

$$= \frac{0.01/(8)(0.01)}{0.125} = 1\ \text{m}^2$$

$$D = \left(\frac{4A_c}{\pi}\right)^{1/2} = \left[\frac{(4)(1)}{\pi}\right]^{1/2} = 1.13\ \text{m}$$

물질수지로부터 증발에 의해 제거되는 물의 양은

$$\dot{m}_{H_2O} = \frac{0.01\ \text{kg wet solid}}{\text{s}}\left(\frac{1.0\ \text{kg dry solid}}{5.0\ \text{kg wet solid}}\right)\left[\frac{(4.0-0.05)\ \text{kg water}}{\text{kg dry solid}}\right]$$

$$= 0.0079\ \text{kg water/s}$$

에너지 수지로부터 기체로부터 고체로 전달된 총 열량은 고체 유량을 근거로 하면 다음과 같이 주어진다.

$$q_S = \dot{m}_{S,i}\left(\frac{1}{1+X_i}\right)C_{p_s}(T_{s,o}-T_{s,i}) + \dot{m}_{S,i}\left(\frac{X_i-X_o}{1+X_i}\right)(h_{V,T_{G,o}}-h_{L,20^\circ\mathrm{C}})$$
$$+\dot{m}_S\left(\frac{X_o}{1+X_i}\right)C_{p,\mathrm{H_2O}}(T_{s,o}-T_{s,i})$$

위에서 $h$는 엔탈피, 하첨자 $i$와 $o$는 각각 유입 및 유출부를 의미하며 하첨자 $V$, $T_{G,o}$는 유출기체 온도에서 이탈되는 수증기를 나타낸다. 적절한 값들을 대입하면 다음을 얻는다.

$$q_S = 0.01\left[\frac{1}{5}(2.0)(30-20) + \frac{4.95}{5.0}(h_{V,T_{G,o}}-84) + \frac{0.05}{5.0}(4.19)(30-20)\right]$$
$$= 0.0442 + 0.0099(h_{V,T_{G,o}}-84)$$

이와 같은 소요에너지 양은 공기중의 잠열로부터 제공되어야 한다. 따라서 건조기 벽을 통한 10%의 손실을 감안한 기체 수지는 다음과 같이 쓸 수 있다.

$$q_S = 0.9\dot{m}_G C_{p,G}(T_{G,i}-T_{G,o})$$

로터리 건조기에서는 교반이 이루어지고 고체가 맞흐름 공기에 노출되기 때문에 체류시간은 물질전달보다는 열전달에 의해 지배된다. 기체로부터 고체로의 총괄 열전달 계수는 표 15-16으로부터 근사적으로 얻을 수 있으며 그 결과는 $U = 60G^{0.67}$ J/s·m$^2$·K이다. 여기에서 $G$는 건조기의 내부 표면적에 근거한 물질속(mass flux)이다. 따라서

$$q_S = UA\Delta T_{\text{log mean}} = (60\times10^{-3})G^{0.67}\pi DL\Delta T_{\text{log mean}} \qquad G = \frac{4\dot{m}_G}{\pi D^2}\frac{1}{1-0.125}$$
$$= 60\times10^{-3}\left(\frac{4\dot{m}_G}{0.875\pi D^2}\right)^{0.67}\pi DL\,\Delta T_{\text{log mean}} = 0.2326\,\dot{m}_G^{0.67}L\,\Delta T_{\text{log mean}}$$

증발된 수분의 양이 많기 때문에 물질 유속으로 3.0 kg/s·m$^2$(로터리 건조기에서 추천되는 범위의 중간)을 택하고자 한다. 따라서

$$\dot{m}_G = GA_c = 3.0\frac{\pi}{4}(1.13)^2(0.875) = 2.623\,\mathrm{kg/s}$$

기체 유출온도를 40°C라고 가정하면 수증기표로부터 $h_{V,T_{G,o}}$ 값으로 2573 kJ/kg을 얻는다. 그러면 앞의 관계로부터

$$q_S = 0.0442 + 0.0099(2573-84) = 24.69\,\mathrm{kJ/s}$$

이로부터 $T_{G,i}$는 다음과 같이 얻는다.

$$T_{G,i} = \frac{q_S}{0.9\dot{m}_G C_{p,G}} + T_{G,o}$$
$$= \frac{24.69}{0.9(2.623)(1.0)} + 40 = 10.5 + 40 = 50.5^\circ\mathrm{C}$$

습도 도표를 이용하면 유입공기에는 건조공기 1 kg당 0.009 kg의 수분이 함유되어 있다. 물질수지로부터 유출공기는 건조공기 1kg당 0.0128 kg의 수분을 함유하고 있다. 습도 도표로부터 유입 및 유출부의 습구온도는 각각 22 및 28°C이다. 이들 유입 및 유출부 조건들로부터 $\Delta T_{\text{log mean}}$은 다음과 같이 주어진다.

$$\Delta T_{\text{log mean}} = \frac{(50.5 - 28) - (40 - 22)}{\ln[(50.5 - 28)/(40 - 22)]} = 20.2^{\circ}\text{C}$$

건조기 길이는 다음과 같이 계산된다.

$$L = \frac{q_S}{(0.2326)\dot{m}_G^{0.67}\,\Delta T_{\text{log mean}}}$$
$$= \frac{24.69}{(0.2326)(2.623)^{0.67}(20.2)} = 2.75\text{ m}$$

이로부터 $L/D$의 비는 약 2.5임을 알 수 있다. 로터리 건조기에 대한 최소의 $L/D$ 비는 4이다. 따라서 공기 온도와 기체 유량은 보정되어야 한다. 계산을 반복하여 $L/D$ 비가 최소값인 4가 되도록 한다. 대부분의 경우 설계의 신뢰도는 체류시간 계산의 정확성에 따라 좌우된다.

---

## 여과에 의한 분리

여과에서는 다공성 차단체(barrier)를 이용하여 액체로부터 고체를 분리한다. 차단체로는 천, 스크린, 카트리지, 혹은 입자형 물질이 이용된다. 이 장치의 범주에는 거름(straining), 케이크 여과, 심층여과, 그리고 막 여과 들이 포함된다. 장치 옵션의 수가 크기 때문에 최적의 장치 선정과 설계를 위해서는 개별적인 적용분야를 분석하는 것이 필요하다.

### 여과 장치의 선정

여과에 의한 고/액 분리는 일반적으로 전처리, 농축, 분리, 그리고 후처리의 네 가지 단계로 구분된다. 분리조작은 이들 단계 가운데 하나, 둘, 셋, 혹은 네 가지 단계 모두를 이용한다. 전처리에는 분리조작을 향상시키기 위한 응집이나 엉김(flocculation)이 포함된다. 묽은 현탁액의 경우 분리 비용의 절감을 위해서 때로는 농축이 효과적이다. 분리단계들은 보통 케이크 여과기, 원심분리 여과기, 혹은 체(strainer)와 같은 장치들에 의해 수행된다. 유출 흐름의 탁도, 고체 물질의 건조도, 혹은 모액 중의 용질의 존재 정도가 정해진 제품규격을 충족시키지 못할 경우 후처리 단계가 필요하다. 다양한 형태의 침강기, 원심분리기, 혹은 여과기들을 이용하여 유출액의 탁도를 향상시킬 수 있으며 세척을 통하여 모액 중의 용질 함량을 낮출 수 있다.

여과에는 액체로부터 고체를 분리시키기 위하여 다공성 차단체의 사용을 수반하는 모든 분리조작들이 포함된다. 입자들이 제거되는 양상에 근거하여 여과는 거름, 케이크 여과, 심층여과, 그리고 맞흐름 여과로 표시되는 네 가지 형태로 구분될 수 있다. 기본적인 여과 매커니즘의 개략도는 그림 15-36에 보인 바와 같다.

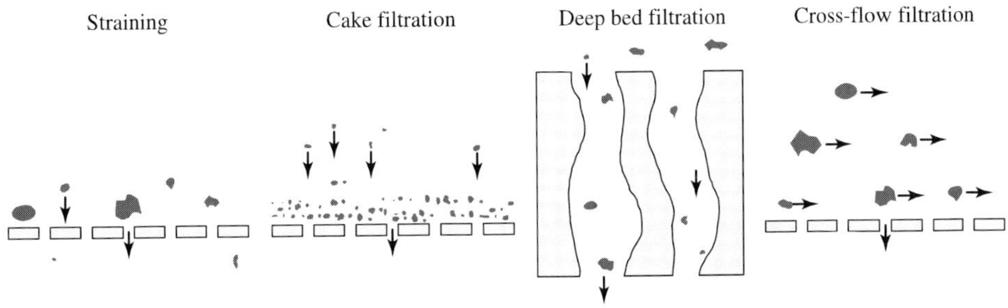


**그림 15-36**
반여과 매커니즘의 개략도

수많은 요소들이 포함되어 있기 때문에 최선의 선택에 이르도록 하여주는 절대적인 선택 기법은 존재하지 않는다. 그렇지만 일부 가능한 선택들의 범위를 좁히는 데에 이용될 수 있는 몇 가지 정성적인 지침들을 표 15-17에 소개하였다. 이 선택과정에서 우수한 도구로서 Wakeman과 Tarleton[173]에 의해 개발된 상용 컴퓨터 소프트웨어인 $p^c$-SELECT를 이용할 수 있다.

## 여과에 의한 분리를 위한 일반적인 설계 과정

여과 조작에서 여액이 얻어지는 속도는 슬러리를 구성하는 물질들과 물리적 운전조건들에 의해 지배된다. 여액 이동 속도는 여과 케이크와 여과매체의 합해진 저항에 반비례하며 여액의 점도에 반비례하고 가용한 여과면적과 압력 구동력에 직접적으로 비례한다. 여액 이동 속도는 다음과 같은 식으로 나타낼 수 있다.

$$\frac{dv}{d\theta} = \frac{A\,\Delta p}{(R_K + R_F)\mu} \tag{15-84}$$

위에서 $v$는 시간 $\theta$동안에 이동된 여액의 부피, $A$는 여과표면의 면적, $\Delta p$는 여과기를 통한 압력강하, $R_K$는 여과 케이크의 저항, $R_F$는 여과 매체의 저항, 그리고 $\mu$는 여액의 점도이다.

케이크 저항 $R_K$는 케이크의 두께에 따라 직접적으로 변하는데 그 비례관계는 다음과 같이 나타낼 수 있다.

$$R_K = Cl \tag{15-85}$$

위에서 $C$는 상수이고 $l$은 시간 $\theta$에서 케이크의 두께이다.

$R_F$는 저항을 여과매체의 저항과 동일하게 두고 가상적인 케이크 두께 $l_F$로 나타내는 것이 편리하다. 즉

$$R_F = Cl_F \tag{15-86}$$

173) R. J. Wakeman and E. S. Tarleton, Filtration: Equipment Selection, Modelling and Process Simulation, Elsevier Advanced Technology, Oxford, United Kingdom, 1999.

표 15-17 선정기준 및 선정된 여과장치에 대한 일차적인 설계기준

| Filtration equipment, class and type | Typical equipment dimensions $L$, m | $D$, or $W$, m | Area, m$^2$ | Press. drop, kPa | Flow rate, m$^3$/s[‡] | Solids, wt% in cake | Equipment advantages | Equipment limitations |
|---|---|---|---|---|---|---|---|---|
| Strainer | | | | | | | | |
| Screens (vibratory) | 2–5 | 0.5–1.5 | 1–7.5 | | $L_1$ | — | Low capital cost, low power reqm't., easy discharge | High maintenance, particle size limitations |
| Bag filters | <20 | <50 | $<3 \times 10^5$ | 0.5–2 | $G_1$ | — | High capacities, good cake dryness, easy discharge | Large space reqm't., nonwashability, high capital cost |
| Cartridge | 1 | 1 | <50 | 10–100 | $L_2$, $G_1$ | — | Good filtrate clarity and cake dryness, low capital cost | Poor washability, high labor costs, low capacity |
| Cake filtration | | | | | | | | |
| Rotary drum (vac.) Single compart. | 1.5–4 | 0.6–2 | 0.5–15 | 10–100 | $L_1$ | 60–80 | High capacities, good washability, low labor cost | High capital and labor costs, high power reqm't., poor filtrate clarity |
| Rotary drum (press.) Single compart. | 1.5–4 | 0.6–2 | 0.5–15 | 50–300 | $L_1$ | 50–70 | High capacity, low labor cost, handles toxic materials | High capital and labor costs, high power reqm't., poor filtrate clarity |
| Rotary disk | 1–4 | 2–6 | 10–600 | 10–100 | $L_1$ | 40–60 | High capacity, low labor cost, good washability, thick cakes | Poor filtrate clarity, poor cake dryness, limited washability |
| Table | | 2–8 | 1–60 | <100 | $L_1$ | 50–70 | High capacity, low labor cost, good washability, thick cakes | Low cake comp., poor discharge, poor filtrate clarity, large space requirement |
| Tilting pan | | 6–25 | 6–200 | <100 | $L_1$ | 50–70 | High capacity, low labor cost, good washability, thick cakes | High capital cost, poor filtrate clarity, large space reqm't. |
| Shell and leaf | 2–5 | 0.5–2 | 0.1–300 | 10–600 | $L_1$ | 50–70 | Good filtrate clarity, low capital cost, high cake comp. | High labor costs, high filtrate loss, poor cake depth formation |
| Plate and frame | 0.5–20 | 0.1–2 | 1–1000 | 10–1000 | $L_1$ | 60–80 | Low capital cost, high cake dryness, high cake comp. | Low capacity, high labor cost |
| Screw | | | | | $L_1$ | 80–90 | High cake dryness, high cake comp., low labor cost | High capital cost, poor filtrate clarity |
| Roll | | | | | $L_1$ | 80–95 | High cake dryness, high cake comp., low labor cost | High capital cost, poor filtrate clarity |
| Belt | 0.5–15 | 0.2–3 | 0.2–100 | <100 | $L_1$ | 50–70 | Med. capacity, low labor cost, thick cake formation | High capital cost, low cake comp., poor filtrate clarity, large space reqm't. |
| Deep-bed filtration | | | | | | | | |
| Sand filter | <4 | <12 | $\pi D^2/4$ | <5 | $L_2$, $G_2$ | 10–20 | High capacities, low capital cost, high filtrate clarity | Poor cake dryness, poor cake discharge, thin cake formation |
| Membrane | | | | | | | | |
| Ultrafiltration | 0.1–1 | | <80 | <1000 | $L_1$ | — | Excellent filtrate clarity, filter very fine particles | High capital, labor and maintenance cost, high space reqm't. |

[†]Modified from data presented by G. D. Ulrich, *A Guide to Chemical Engineering Design and Economics*, J. Wiley, New York, 1984, S. M. Walas, *Chemical Process Equipment—Selection and Design*, Butterworth-Heinemann, Newton, MA, 1988, R. J. Wakeman and E. S. Tarleton, *Filtration*, Elsevier Advanced Technology, Oxford, United Kingdom, 1999, D. R. Woods, *Process Design and Engineering Practice*, Prentice-Hall, Englewood Cliffs, NJ, 1995, and N. P. Cheremisinoff, *Liquid Filtration*, 2d ed., Butterworth-Heinemann, Newton, MA, 1998.

[‡]$L_1$ = liquid flow rate – for <1 wt % solids: $7 \times 10^{-6}A$ to $10^{-3}A$; for >5 wt % solids: $10^{-4}A$ to $3 \times 10^{-3}A$; for fibers or pulps: $0.001A$ to $0.015A$. $L_2$ = liquid flow rate – $0.001A$. $G_1$ = gas flow rate – $0.005A$ to $0.5A$; $G_2$ = gas flow rate – $0.1A$. ($A$ is area in m$^2$.)

여액 단위부피당 건조 케이크 고체의 질량을 $w$, 젖은 여과 케이크 단위부피당 건조 케이크 고체의 질량으로 나타낸 케이크 밀도를 $\rho_c$, 그리고 $v_F$를 케이크 두께가 $l_F$이 되는 데에 필요한 단위여과 면적당 여액의 가상적인 부피라고 하면 실제 케이크 두께에 가상적인 케이크 두께를 더한 양은 다음 식으로 주어진다.

$$l + l_F = \frac{w(v + Av_F)}{\rho_c A} \tag{15-87}$$

식 (15-84)에서 (15-87) 까지를 결합하여 다음을 얻는다.

$$\frac{dv}{d\theta} = \frac{A^2 \Delta p}{\alpha w(v + Av_F)\mu} \tag{15-88}$$

위에서 $\alpha$는 케이크 비저항으로서 $C/\rho_c$와 같다. 보통의 운전조건 범위에서 케이크 비저항 값은 다음과 같은 실험식에 의해 압력차와 연관된다.

$$\alpha = \alpha'(\Delta p)^s \tag{15-89}$$

위에서 $\alpha'$는 상수로서 그 값은 고체물질의 성질에 따라 좌우되며 지수 $s$는 케이크의 압축지수로 알려져 있는 상수이다. 완전히 비압축성인 케이크의 경우 $s$ 값은 0이며 완전히 압축성인 케이크의 경우 $s$는 1이다. 상용 슬러리의 경우 $s$ 값은 보통 0.1과 0.8 사이이다.

식 (15-88)과 (15-89)를 결합하면 다음과 같은 여액 이동속도에 대한 일반식이 얻어진다.

$$\frac{dv}{d\theta} = \frac{A^2(\Delta p)^{1-s}}{\alpha' w(v + Av_F)\mu} \tag{15-90}$$

이 식은 여과 속도가 일정한 경우에 적용된다. 압력강하가 일정한 여과와 같은 보다 일반적인 경우에는 $v$의 변화에 대하여 $A$, $\Delta p$, $s$, $\alpha'$, $w$, $v_F$, $\mu$들이 모두 일정하다고 가정할 수 있으며 식 (15-90)을 0과 $v$ 사이에서 적분하여 다음을 얻을 수 있다.

$$v^2 + 2Av_F v = \frac{2A^2(\Delta p)^{1-s}\theta}{\alpha' w \mu} \tag{15-91}$$

식 (15-90)과 (15-91)은 회분식 여과기의 설계에 직접 적용할 수 있다. 다음의 예제 15-10은 대규모 판 및 프레임형 여과기의 설계에 있어서 위 상수들의 결정과 적용방법을 보여주고 있다.

## 예제 15-10 특정 여과 시스템에서 요구되는 여과면적의 추정

판 프레임 여과기를 사용하여 80 kg/m$^3$의 액체를 포함하는 슬러리로부터 고체물질을 제거하고자 한다. 액체의 점도는 1 cP이며 여과장치의 압력차 구동력이 175 kPa로서 일정할 경우 2시간 동안의 연속운전을 통하여 여과기로부터 고체가 없는 여액을 최소 11.3 m$^3$만큼 얻을 수 있어야 한다. 소규모의 판-프레임 여과 프레스로부터 얻은 실험 데이터를 근거로 하여 소요되는 총 여과면적을 추정하여라.

| Total volume of filtrate $v$ processed in time $\theta$, $m^3$ | Filtration time $\theta$ required to process a volume of filtrate for several pressure-difference driving forces | | |
|---|---|---|---|
| | $\Delta p_1 = 148$ kPa | $\Delta p_2 = 207$ kPa | $\Delta p_3 = 276$ kPa |
| 0.144 | 0.34 | 0.25 | 0.21 |
| 0.226 | 0.85 | 0.64 | 0.52 |
| 0.283 | 1.32 | 1.00 | 0.81 |
| 0.340 | 1.90 | 1.43 | 1.17 |

슬러리와 여과매체는 대규모 여과기에서 사용될 것들과 동일하다. 얻어진 여액은 고체를 함유하지 않았으며 여과 케이크에 남아있는 액체의 양은 무시할 만 하였다.

■ **풀이**

$\Delta p = 175$ kPa에서 $v$값들에 대하여 안짐작한 다음 이들 값 가운데 두 개를 사용하여 식 (15-91)을 두 미지수 $v_F$와 $(\Delta p)^{1-s}/\alpha' w\mu$ 만을 포함하는 두 식의 형태로 구성함으로써 근사적인 해를 얻을 수 있다. 최종적으로 요구되는 면적은 식 (15-91)로부터 직접 정할 수 있다. 이 방법은 개별적인 실험적 측정의 정확도에 상당히 의존하기 때문에 모든 실험 데이터를 이용하는 보다 포괄적인 방법이 권고된다.

다음 과정을 통하여 상수 $v_F$, $s$ 및 $\alpha'$를 구할 수 있다. 먼저 식 (15-91)을 다음과 같은 형태로 다시 정리한다.

$$\frac{\theta \Delta p}{v/A} = 0.5\alpha' w(\Delta p)^s \left(\frac{v}{A}\right) + \alpha' w\mu v_F (\Delta p)^s$$

일정한 $\Delta p$에서 $v/A$에 대한 $\theta\Delta p/(v/A)$의 그래프는 기울기가 $0.5\,\alpha'\omega\,\mu{:}(\Delta p)^s$이고 $v/A=0$일 때 $\alpha'\omega\mu v_F(\Delta p)^s$에서 만나는 직선이 된다. 그림 15-37은 이 문제에 대한 실험 데이터에 근거한 그래프이다. 다음의 기울기와 절편은 그림 15-37로부터 얻은 것이다.

| $\Delta p$, kPa | Slope, h·kPa/$m^2$ | Intercept, h·kPa/m |
|---|---|---|
| 138 | 1227 | 11.1 |
| 207 | 1380 | 12.5 |
| 276 | 1505 | 13.6 |

$\alpha'$과 $s$ 값들은 앞의 표에 제시된 세 기울기들 가운데 임의의 두 기울기를 이용하여 동시에 식을 풀어 얻을 수 있다. 예를 들면

$$\alpha' = \frac{\text{slope}}{w\mu(\Delta p)^s} \qquad \text{where } \mu = 0.0353 \text{ kPa·m/h}$$

138 kPa와 207 kPa에서의 여과기 운전을 선택하면

$$\frac{1227(2)}{80(0.0353)(138)^s} = \frac{1380(2)}{80(0.0353)(207)^s}$$

$$s = 0.3$$

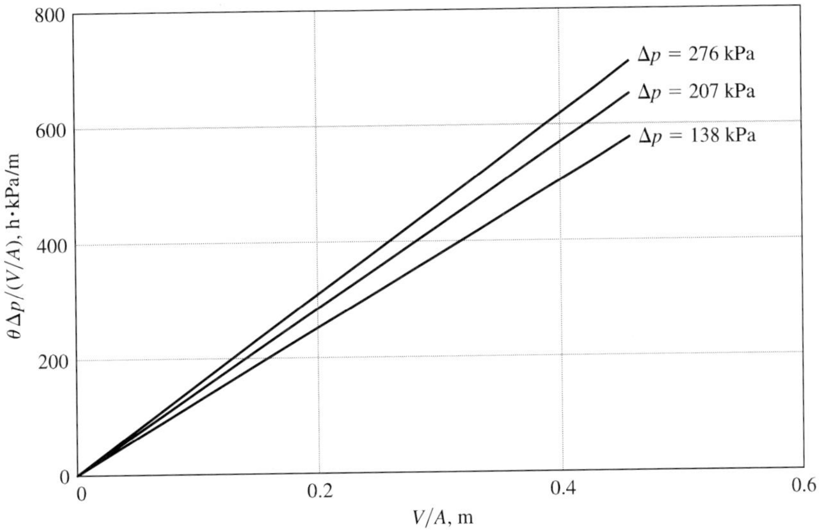


**그림 15-37**
예제 15-10에서 여액속도식의 상수들을 구하는 데에 사용된 그래프
(©Copyright 2002 Elmco Process Equipment Company. 승인하에 전재)

$\alpha'$에 대해서 풀면 $\alpha' = 198$.

그림 15-37에서 207kPa 데이터에 대한 절편을 근거로 하면

$$v_F = \frac{\text{intercept}}{\alpha' w \mu (\Delta p)^s}$$
$$= \frac{12.5}{198(80)(0.0353)(207)^{0.3}} = 4.51 \times 10^{-3}\ \text{m}^3/\text{m}^2$$

상수들을 식 (15-91)에 내입하면 대규모 여과기에서 필요로 하는 총 면적을 구하는 데에 이용될 최종 식을 얻는다.

$$(11.3)^2 + 2A(4.51 \times 10^{-3})(11.3) = \frac{2A^2(175)^{1-0.3}(2)}{198(80)(0.0353)}$$
$$127.7 + 0.102A = 0.266A^2$$

이를 풀면 소요되는 총 면적은 대략 22.1m$^2$임을 알 수 있다.

---

$\alpha'$와 $s$의 신뢰도를 입증하기 위한 과정에서는 예제 15-10에서 얻은 바와 같은 기울기와 절편에 대한 로그를 취한다.

$$\log(\text{slope}) = s \log \Delta p + \log \frac{\alpha' w \mu}{2} \tag{15-92a}$$

$$\log(\text{intercept}) = s \log \Delta p + \log(\alpha' w \mu v_F) \tag{15-92b}$$

$\Delta p$에 대한 기울기의 로그-로그 그래프는 $\log(\Delta p) = 0$에서의 절편이 $\log(\alpha' w \mu/2)$이고 기울기 $s$인 직선이 되어야 한다. 이로부터 $s$와 $\alpha'$을 구할 뿐 아니라 실험 데이터의 일관성을 조

사할 수도 있다.

로터리 드럼이나 회전판 여과기와 같은 연속식 여과기에 대한 일반적인 설계 방정식의 유도는 식 (15-91)의 유도과정에서 제시되었던 것과 동일한 논리를 따른다. 다음에 서술하는 해석은 그림 15-38에 보인 형태와 같은 대표적인 로터리 진공여과기에 대한 설계 변수들에 근거한 것이다.

총 여과가용 면적의 일부분만이 직접 사용된다고 하더라도 설계 방정식을 이 면적으로 나타내는 것이 편리하다. 총 가용면적을 $A_D$라 하고 이 면적 가운데 슬러리에 잠기는 부분의 분율을 $\Psi_f$라 하면 여과 표면의 유효 면적은 $A_D\Psi_f$가 되며 식 (15-84)는 다음과 같은 형태로 나타낼 수 있다.

$$\frac{dv}{d\theta} = \frac{A_D \Psi_f \Delta p}{(R_K + R_F)\mu} \tag{15-93}$$

식 (15-84)와 (15-85)로부터

$$R_K + R_F = C(l + l_F) \tag{15-94}$$

연속식 여과기의 경우 잠겨진 여과 표면의 임의의 주어진 위치에서 케이크 두께는 시간에 따라 변하지 않는다. 그러나 슬러리 중을 통과함에 따라 여과 표면에 케이크가 누적되면서 이 두께는 위치에 따라 달라진다. 여과 영역을 이탈하는 케이크의 두께는 슬러리 농도, 케이크 밀도, 그리고 1회전당 이송되는 여액부피의 함수이다. 이 두께는 다음 식으로 나타내어진다.

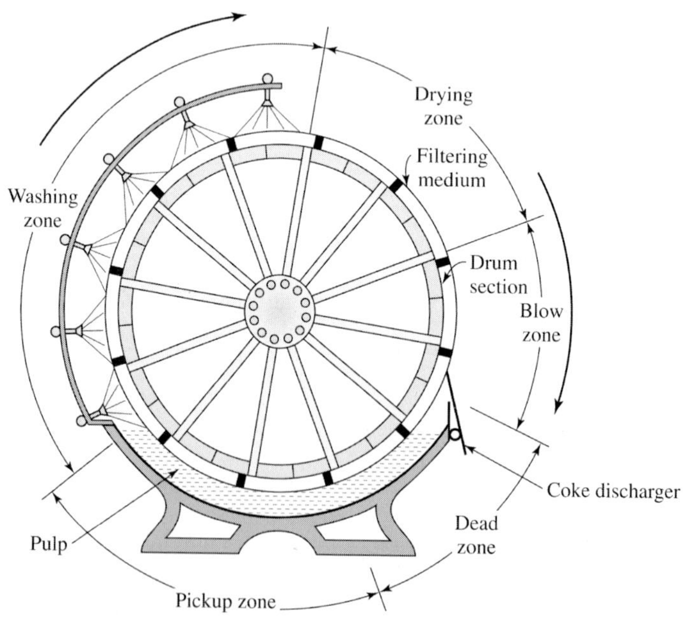


**그림 15-38**
로터리 진공 여과기의 단면부(Eimco Corporation.)

$$l_{\text{leaving filter zone}} = \frac{wv_R}{\rho_c A_D} \tag{15-95}$$

위에서 $v_R$은 1회전당 이송된 여액 부피이며 $\rho_c$는 여과기 영역을 떠나는 젖은 여과 케이크 단위부피당 건조 케이크의 질량으로 정의되는 케이크 밀도이다.

케이크 축적기간 동안의 평균 케이크 두께는 여과영역의 유입 및 유출부에서의 두께의 합의 절반으로 가정할 수 있다. 여과기가 여과 영역으로 들어가는 시점에서 여과기 상에 소량의 케이크라도 남아 있으면 안되므로

$$l_{\text{avg}} = \frac{wv_R}{2\rho_c A_D} \tag{15-96}$$

식 (15-87)의 유도에서와 같은 과정을 따르면

$$l + l_F = l_{\text{avg}} + l_F = \frac{w(v_R/2 + A_D\Psi_f v_F)}{\rho_c A_D} \tag{15-97}$$

식 (15-93), (15-94), 그리고 (15-97)을 결합하면 $\alpha = C/\rho_c$이므로 다음을 얻는다.

$$\frac{dv}{d\theta} = \frac{2A_D^2\Psi_f\Delta p}{\alpha w\mu(v_R + 2A_D\Psi_f v_F)} \tag{15-98}$$

적분한계 $v = 0$과 $v = v_R$ 및 $\theta = 0$과 $\theta = 1/N_r$($N_r$은 단위시간당 회전수)에서 식 (15-98)을 적분하면

$$v_R^2 + 2A_D\Psi_f v_F v_R = \frac{2A_D^2\Psi_f\Delta p}{\alpha w\mu N_r} \tag{15-99}$$

혹은 식 (15-89)를 포함시켜

$$v_R^2 + 2A_D\Psi_f v_F v_R = \frac{2A_D^2\Psi_f(\Delta p)^{1-s}}{\alpha' w\mu N_r} \tag{15-100}$$

앞의 식들에서 상수들은 예제 15-10에서와 유사한 과정으로 구할 수 있다. 식 (15-100)은 종종 다음과 같은 단순화된 형태로 사용되는데 이는 여과기 매체의 저항은 무시할 수 있으며 여과 케이크는 비압축성이라는 가정에 근거한 것이다.

$$\text{1회전당 여액 부피 } v_R = A_D\left(\frac{2\Psi_f\Delta p}{\alpha w\mu N_r}\right)^{1/2} \tag{15-101a}$$

$$\text{단위시간당 여액 부피 } v_R N_r = A_D\left(\frac{2\Psi_f N_r\Delta p}{\alpha w\mu}\right)^{1/2} \tag{15-101b}$$

$$\text{단위시간당 건조케이크 무게 } v_R N_r w = A_D\left(\frac{2\Psi_f N_r w\Delta p}{\alpha\mu}\right)^{1/2} \tag{15-101c}$$

로터리 진공여과기의 탈수부분을 통하여 공기가 배출되는 속도는 식 (15-93)과 유사한 형태로 다음과 같이 나타낼 수 있다.

$$\frac{dv_a}{d\theta} = \frac{A_D \Psi_a \Delta p}{(R'_F + R'_K)\mu_a} \tag{15-102}$$

위에서 $v_a$는 시간 $\theta$동안에 여과 케이크를 통하여 상온조건에서 배출되는 공기의 총 부피이며 $\mu_a$는 이 공기흐름의 점도, 그리고 $\Psi_a$는 공기 흡입에 가용한 총 표면의 분율이다. 케이크 저항 $R'_K$은 케이크 두께 $l$에 직접 비례하며 여과매체 저항 $R'_F$은 가상적인 케이크 두께 $l'_f$에 직접 비례한다. $C'$을 비례상수라 하면 다음 관계를 얻는다.

$$R'_K + R'_F = C'(l + l'_F) \tag{15-103}$$

케이크가 비압축성이라면 $l$은 여과 영역을 이탈하는 케이크의 두께와 동일해야 한다. 따라서 식 (15-87)의 유도에서와 동일한 과정을 따르면 식 (15-95)를 이용하여 다음을 얻는다.

$$l + l'_F = \frac{w(v_R + A_D \Psi_a v'_F)}{\rho_c A_D} \tag{15-104}$$

위에서 $v'_F$는 두께 $l'_F$의 케이크를 얻는 데에 필요한 단위 공기흡입면적당의 가상적인 여액부피이다.

식 (15-102)에서 (15-104) 까지를 결합하면

$$\frac{dv_a}{d\theta} = \frac{A_D^2 \Psi_F \Delta p}{\beta' w \mu_a (v_R + A_D \Psi_a v'_F)} \tag{15-105}$$

위에서 $\beta'$은 $C'/\rho_c$로서 공기흡입 비케이크 저항을 나타낸다. 적분한계 $v_a = 0$과 $v_a = v_{ar}$ 사이에서 식 (15-105)를 적분하면 다음을 얻는다.

$$v_{ar} = \frac{A_D^2 \Psi_a \Delta p}{\beta' w (v_R + A_D \Psi_a v'_F)\mu_a N_r} \tag{15-106}$$

케이크가 압축성이라면 실험식을 사용하여 $\Delta p$의 변동에 따른 $\beta'$의 변화의 개략적인 보정을 행할 수 있다.

$$\beta' = \beta''(\Delta p)^{s'} \tag{15-106a}$$

위에서 $\beta''$와 $s'$은 상수들이다. 여과 매체의 저항을 무시하면 식 (15-106)은 다음과 같이 간단히 할 수 있다.

$$1\text{회전당 공기 부피 } v_{ar} = \frac{A_D^2 \Psi_a \Delta p}{\beta' w v_R \mu_a N_r} \tag{15-107}$$

$$\text{단위시간당 공기 부피 } v_{ar} N_r = \frac{A_D^2 \Psi_a \Delta p}{\beta' w v_R \mu_a} \tag{15-108}$$

식 (15-101a), (15-101c), 그리고 (15-108)을 결합하여 다음을 얻는다.

$$\text{단위시간당 공기 부피} = \frac{A_D \psi_a}{\beta' \mu_a} \left( \frac{\alpha \mu N_r \Delta p}{2w \Psi_f} \right)^{1/2} \tag{15-109}$$

$$\frac{\text{단위시간당 공기부피}}{\text{단위시간당 건조 케이크 무게}} = \left( \frac{\Psi_a}{\Psi_f} \right) \left( \frac{\mu}{\mu_a} \right) \left( \frac{\alpha}{2\beta' w} \right) \tag{15-110}$$

주어진 여과기 시스템에 대하여 앞의 식들의 상수들이 알려져 있고 공기가 누출되지 않는다는 가정이 유효하다면 총 흡입공기량을 추정할 수 있다. 이 값과 공기온도, 그리고 진공펌프의 유입 및 토출부에서의 압력을 이용하여 진공펌프에서 요구되는 동력을 구할 수 있다.

## 여과 및 다른 고체분리 장치들의 비용

다양한 형태의 여과 장치들에 대한 비용의 추정을 위한 자료들이 그림 15-39에서 15-42까지에 제시되어 있다. 원심력에 의한 고체분리 비용은 그림 15-43에서 15-47까지에, 그리고 다양한 형태의 분진 수집기에 의한 고체분리 비용은 그림 15-48 및 15-49에 나타나 있다.

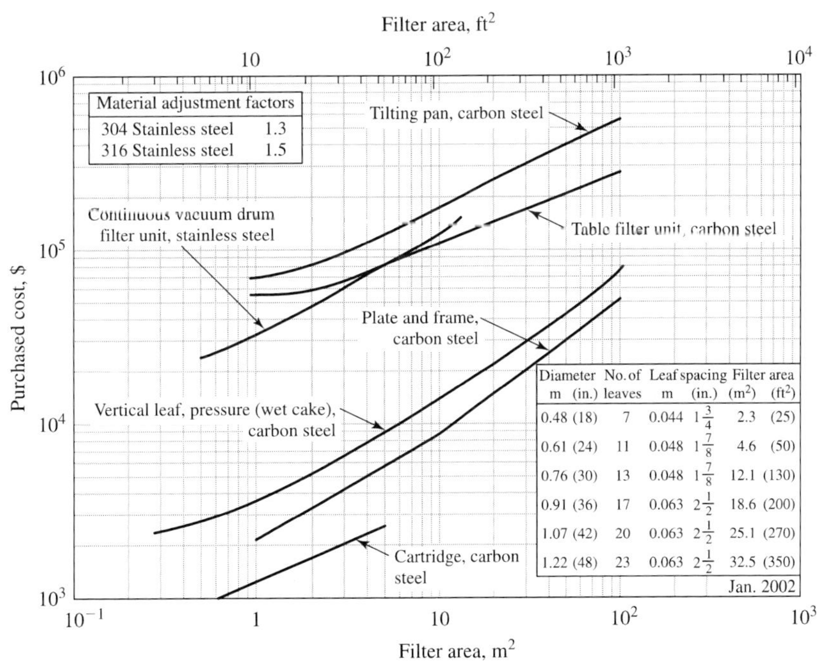


**그림 15-39**
고정 및 연속식 여과기의 구입비용

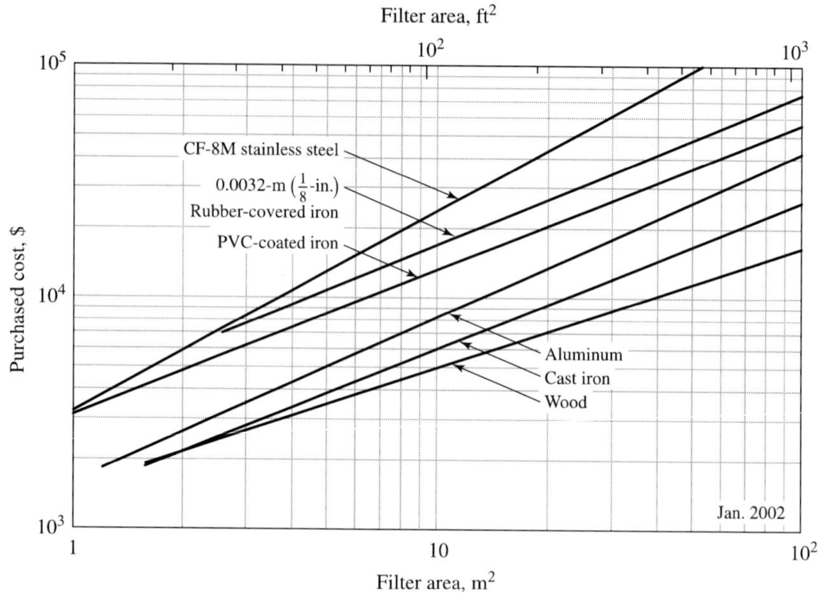


**그림 15-40**
판-프레임 여과기의 구입비용

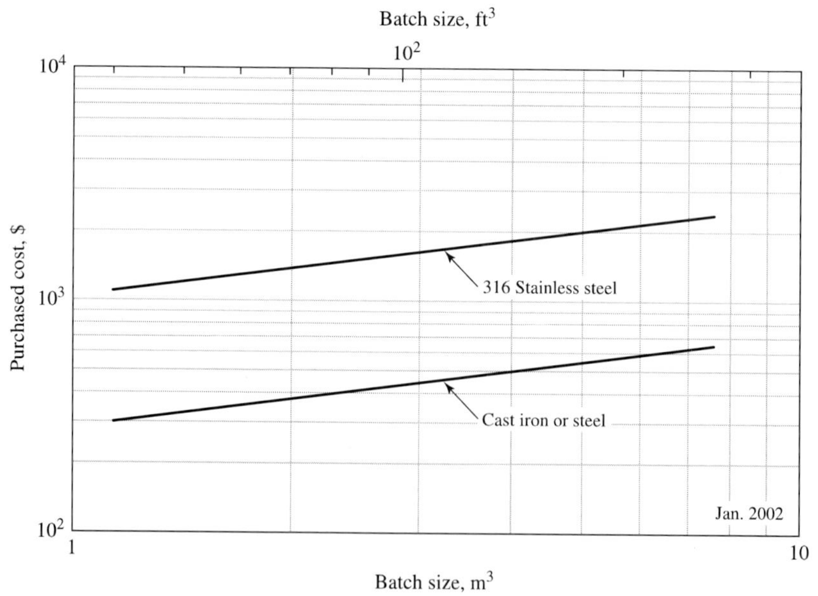


**그림 15-41**
카트리지형 여과기의 구입비용

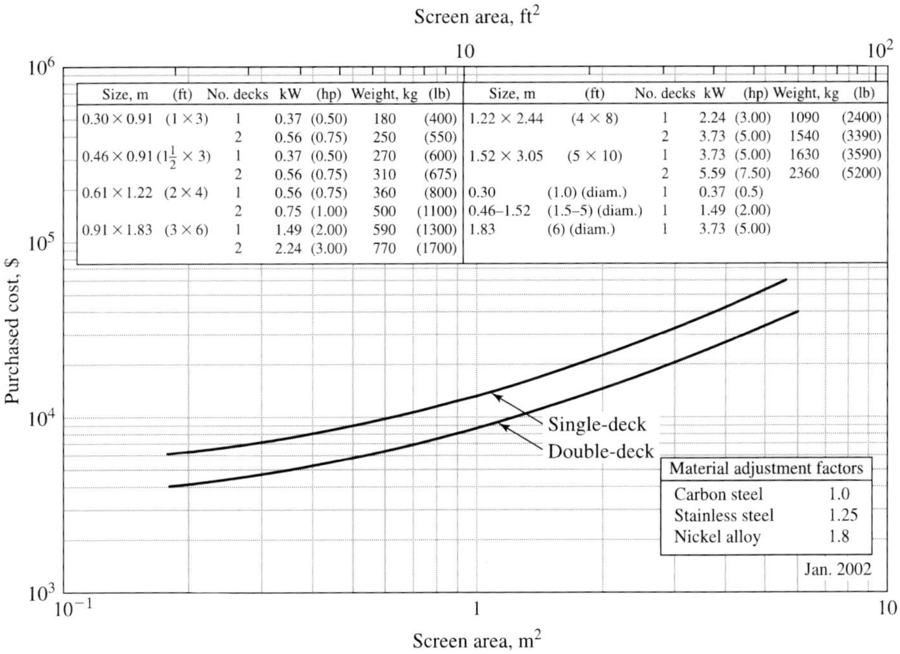


**그림 15-42**
모터가 있는 진동 스크린의 구입비용

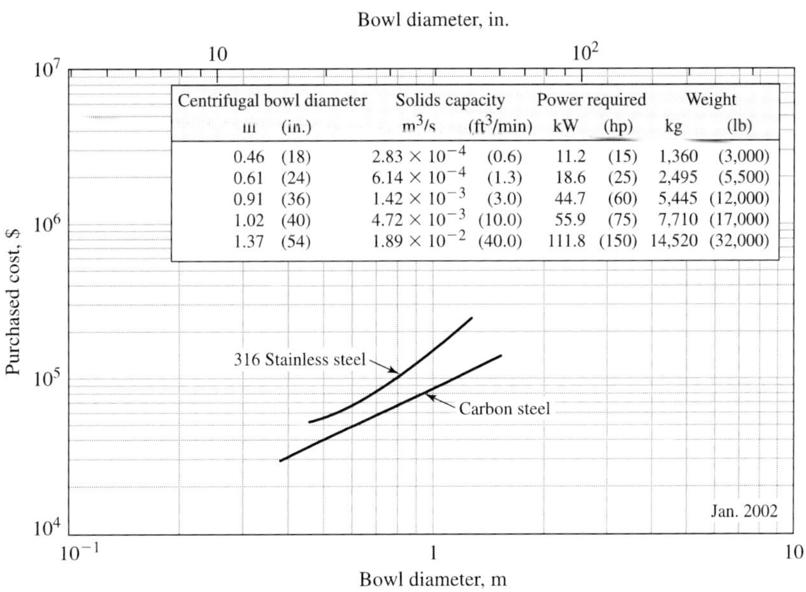


**그림 15-43**
원심 여과기의 구입비용. 모터 및 구동부는 가격에 포함되지 않음

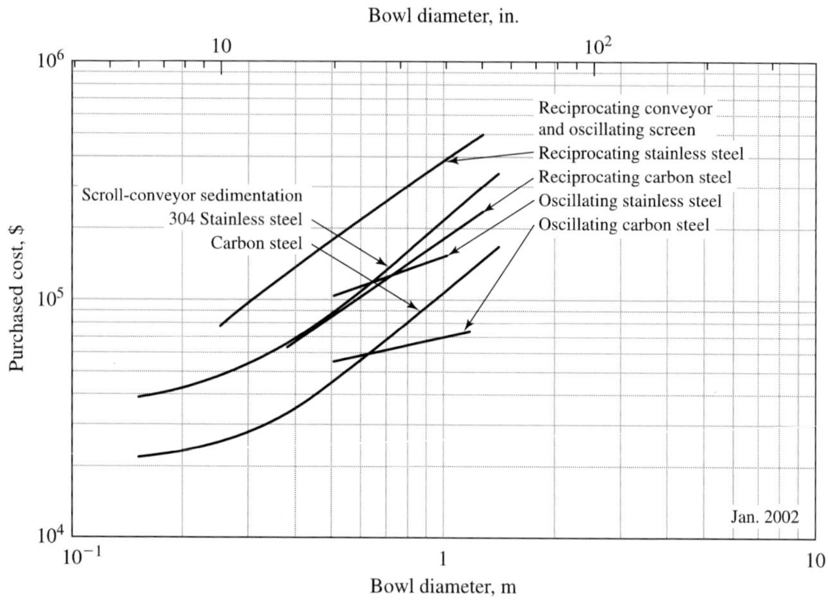


**그림 15-44**
원심분리장치의 구입비용

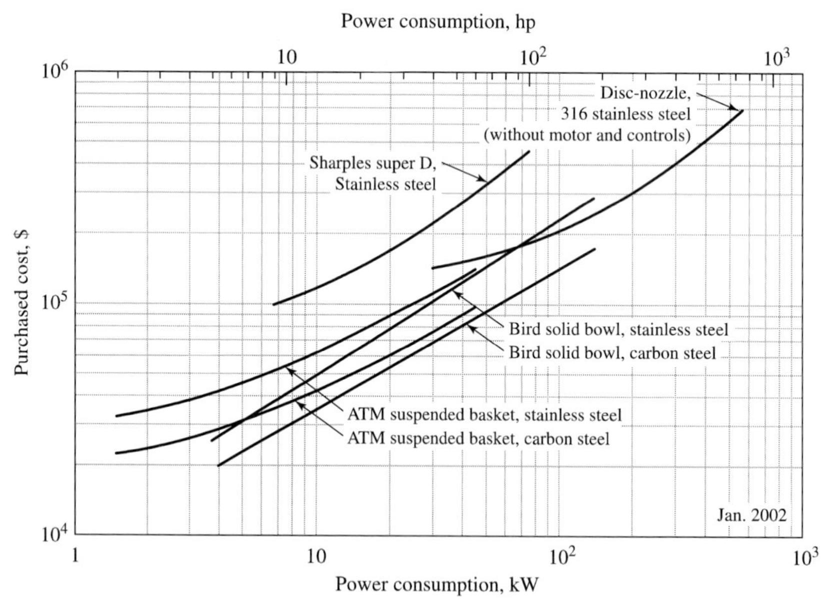


**그림 15-45**
원심분리기의 구입비용

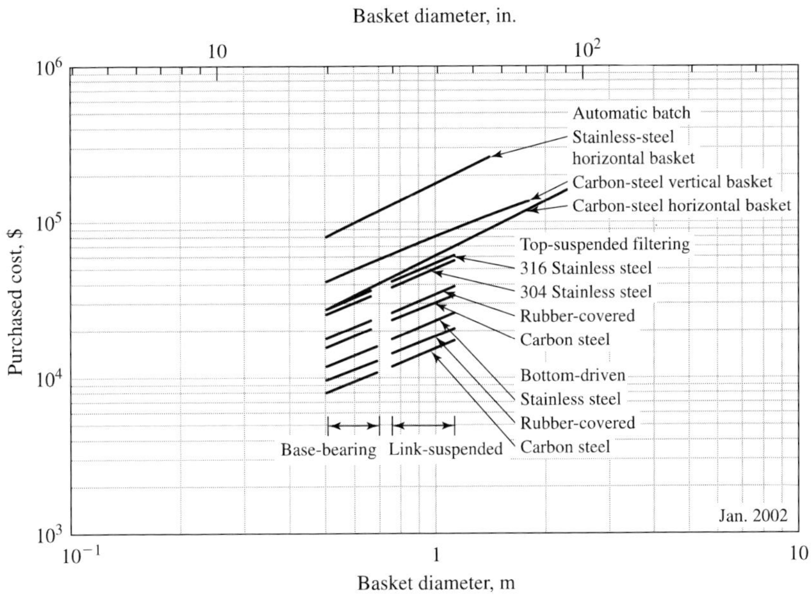


**그림 15-46**
원심분리장치의 구입비용

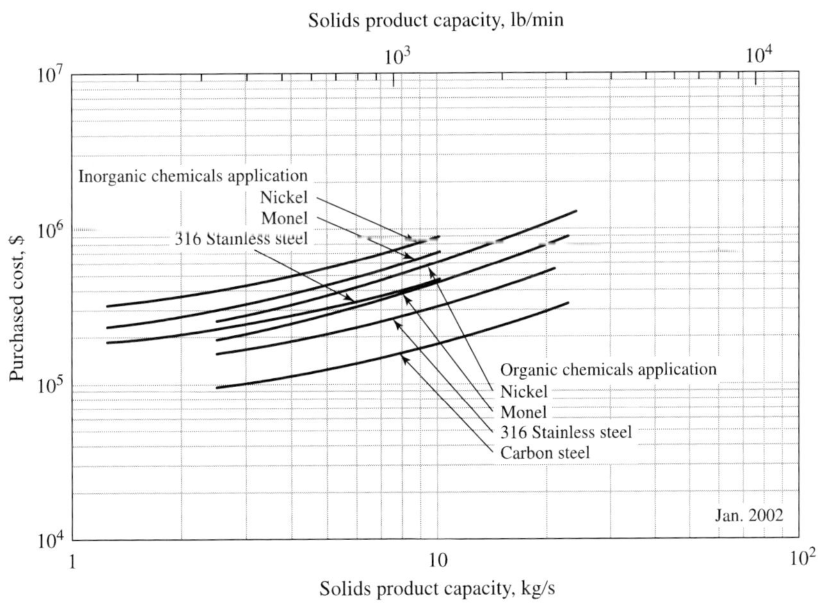


**그림 15-47**
원심분리기의 구입비용

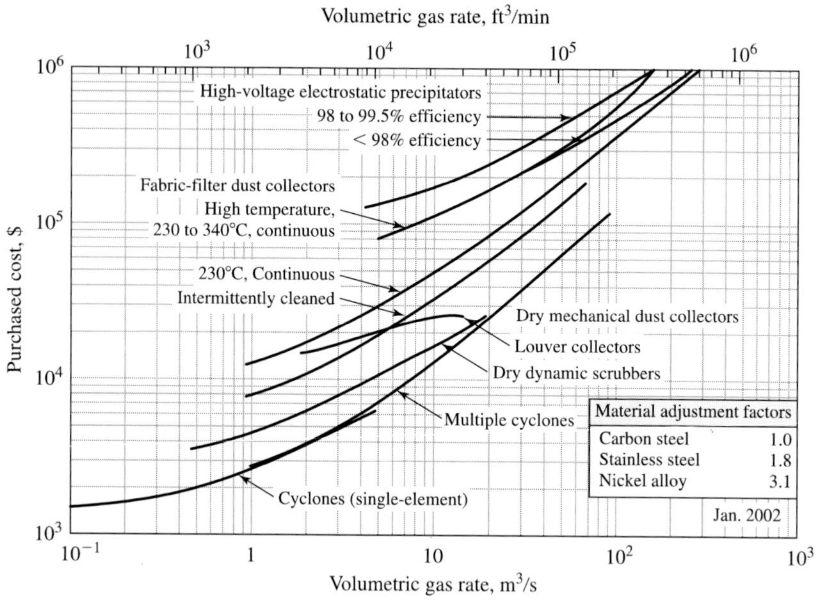


**그림 15-48**
건조, 기계적 분진 수집기, 고압 정전 침전기, 그리고 직포-여과 분진 수집기의 구입비용

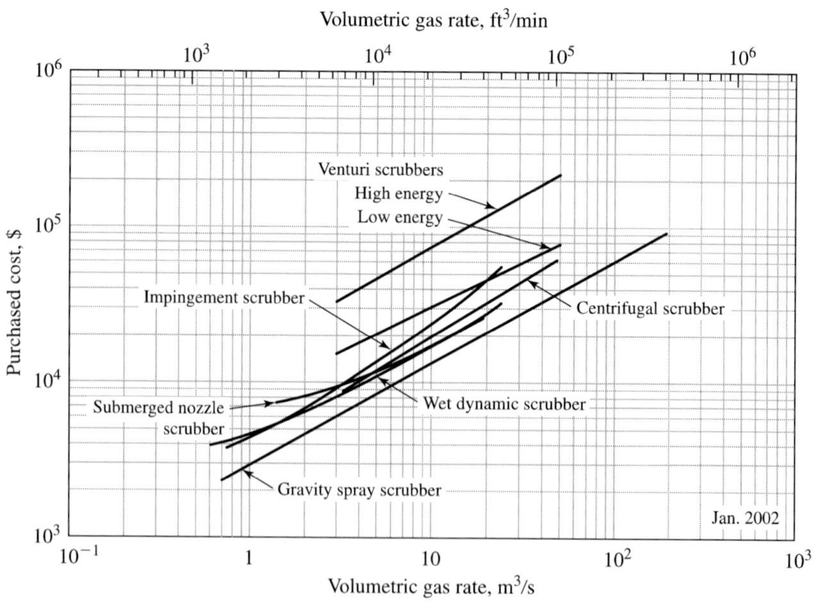


**그림 15-49**
젖은 분진 수집기의 구입비용

# 사용부호

$a$ = 탑 부피당 계면 물질전달 면적, $m^2/m^3$

$a_e$ = 접촉기 부피당 기상과 액상간의 계면 접촉면적, $m^2/m^3$

$a_p$ = 충전탑 단위부피당 충전 표면적, $m^2/m^3$

$a_v$ = 막 단위부피당 기공 표면적, $m^2/m^3$

$a_w$ = 젖은 충전 면적, $m^2$

$A_c$ = 증류탑의 총 단면적, $m^2$

$A_d$ = 증류탑의 하강유로 면적, $m^2$

$A_D$ = 총 가용여과 면적, $m^2$

$A_i$ = 식 (15-32)에서 정의된 성분 $i$에 대한 흡수인자, 무차원

$A_M$ = 총 막면적, $m^2$

$A_n$ = 증류탑에서 이용되는 알짜 단면적, $m^2$

$A_S$ = 건조기에서 고체 단면적, $m^2$

$c$ = 용질농도, kg $mol/m^3$

$c'_F$ = 원료 중의 피흡착질 농도, kg $mol/m^3$

$C$ = 식 (15-85)의 상수, $s^2/m^3$

$C'$ = 식 (15-103)의 비례상수, 무차원

$Ca_L$ = 식 (15-23a)로 정의되는 수, 무차원

$d_m$ = 용질의 분자 직경, m

$d_p$ = 막의 기공 직경, m

$D$ = 탑 직경, m

$D_e$ = 유효 확산도, $m^2/s$

$D_i$ = 막에서 용질 i의 확산도, $m^2/s$

$D_p$ = 충전 직경, m

$E_o$ = 총괄 단효율, 무차원

$f_S$ = 고체가 차지하는 건조기 분율, 무차원

$F_p$ = 불균일 충전에 대한 충전인자, 무차원

Fr = Froude 수, 무차원

$G$ = 기체의 겉보기 질량유속, $kg/s \cdot m^2$

$G_{max}$ = 기체의 허용가능한 최대 겉보기 유속, $kg/s \cdot m^2$

$h$ = 유체의 엔탈피, kJ/kg

$H_c$ = 실제 탑 높이, m

$H_i$ = 성분 $i$에 대한 Henry 법칙의 상수, 무차원

$H_s$ = 단 간격높이, m

HETP = 이론단에 대등한 높이, m

HTU = 물질전달 단위의 높이, m

$k$ = 개별적인 물질전달 계수, kg $mol/s \cdot m^2$

$k'_d$ = 건조속도 상수, $m/K \cdot s$

$K$ = 기/액 평형의 평형비, 무차원
$K_L$ = 액상에 근거한 총괄 물질전달 계수, kg mol/s·$m^2$
$K_i$ = 막의 용질의 용해도를 감안하는 인자, 무차원
$K_r$ = 식 (15-23a)에 의해 정의되는 제약인자, 무차원
$K_V$ = 기상에 근거한 총괄 물질전달 계수, kg mol/s·$m^2$
$K'$ = 분리비, 무차원
$l$ = 여과 케이크 두께, m
$l_F$ = 가상적인 여과 케이크 두께, m
$l'_F$ = 로터리 진공 여과기에서 요구되는 가상적인 여과 케이크 두께, m
$L$ = 액체 유속, kg mol/s
$L_B$ = 흡수기의 총 층 길이, m
LES = 흡수기의 평형부분 길이, m
LUB = 흡수기에서 사용되지 않는 부분의 길이, m
$m$ = 식 (15-40)으로 정의되는 평형선 기울기, 무차원
$\dot{m}'_V$ = 기체 부피유량, $m^3$/s
$\dot{m}''_V$ = 기체 몰 유량, kg mol/s
$M$ = 분자량, kg/kgmol
$n$ = 유체 중의 각 성분 수, 무차원
$N$ = 이론단수, 무차원
$N_{act}$ = 실제 단수, 무차원
$N_B$ = 분리탑에서 원료단 하부의 평형단수, 무차원
$N_D$ = 분리탑에서 원료단 상부의 평형단수, 무차원
$N_{min}$ = 최소단수, 무차원
NTU = 식 (15-13)으로 정의되는 물질전달 단위, 무차원
$p$ = 총압, kPa
$p_i^s$ = 용질의 분압, kPa
$\bar{q}$ = 원료 1몰당 원료단의 포화액체의 몰 수, 무차원
$q_F$ = 각 사이클 동안의 흡착제 충전량, kg mol/$m^3$
$q_s$ = 건조기에서 고체에 전달된 열, kJ/s
$R$ = 운전 환류비, 무차원
$R_F$ = 액체 통과에 대한 여과매체 저항
$R'_F$ = 공기 통과에 대한 여과매체 저항
$R_K$ = 액체 통과에 대한 여과케이크 저항
$R'_K$ = 공기 통과에 대한 여과케이크 저항
$R_{min}$ = 최소 환류비, 무차원
Re = Reynolds 수, 무차원
$s$ = 식 (15-89)로 정의되는 여과 케이크의 압축지수, 무차원
Sc = Schmidt 수, 무차원
$S_i$ = 식 (15-33)으로 정의되는 성분 i에 대한 탈거인자, 무차원
$t_M$ = 막 두께, m

$t_s$ = 고체 흡착제 층의 두께, m

$T_G$ = 기체의 건구온도, K

$T_{wb}$ = 기체의 습구온도, K

$u$ = 유체의 내부 에너지, kJ/kg

$U$ = 열전달 면적에 근거한 총괄 열전달 계수, kJ/s·m$^2$·K

$U'$ = 건조기 부피에 근거한 총괄 열전달 계수, kJ/s·m$^3$·K$V$= 기체 유량, kg mol/s

$V_L$ = 액상 유속, m/s

$V_n$ = 실제 기체유속, m/s

$V_{nf}$ = 범람조건에서 알짜 기체유속, m/s

$V_s$ = 건조기에서 고체의 평균유속, m/s

$V_V$ = 기상의 유속, m/s

$w$ = 여액 단위부피당 건조 케이크 고체 질량, kg/m$^3$

We = Weber 수, 무차원

$x$ = 건조기에서 건조 고체에 대한 액체의 중량비, 무차원

$y$ = 평형조건에서 기상성분의 몰분율, 무차원

$Y$ = 추출상에서 추출용매에 대한 용질의 중량비, 무차원

$Z$ = 탑 높이, m

## 그리이스 문자

$\alpha$ = 두 성분 사이의 평균 상대휘발도, 무차원

$\alpha_{i,j}$ = 성분 $i$와 $j$ 사이의 상대휘발도, 무차원

$\alpha'$ = 식 (15-89)에 의해 정의되는 상수

$\beta'$ = 공기흡입 케이크 비저항, s$^2$/kg

$\beta''$ = 식 (15-106a)에 의해 정의되는 상수, 무차원

$\gamma_{i,L}^{\infty}$ = 무한희석액 중의 성분 i의 활동도 계수, 무차원

$\varepsilon$ = 추출인자, 무차원

$\theta$ = 시간, s

$\Theta$ = 식 (15-2)로부터 얻어지는 상대휘발도 상수, 무차원

$\lambda$ = 조업선의 기울기에 대한 평형선 기울기의 비, 무차원

$\mu$ = 유체의 점도, cP

$\rho$ = 밀도, kg/m$^3$

$\sigma$ = 표면장력, dyn/cm

$\Phi_i$ = 막을 통한 성분 i의 구동력, kPa

$\psi_a$ = 로터리 진공여과기에서 공기 흡입에 가용한 여과표면의 분율, 무차원

$\psi_f$ = 로터리 진공여과기의 슬러리에 잠긴 총 표면의 분율, 무차원

$\omega$ = 흡착된 분자로 덮인 흡착제 표면의 분율, 무차원

# 연습문제

**15-1** King[174]이 제시한 탈프로판장치에서 96°C, 2170 kPa의 원료는 여섯 가지 성분으로 이루어져 있으며 그 조성은 다음과 같다.

| Component | Feed, mol % | *K* value at 96°C |
|---|---|---|
| Methane | 26.0 | 15.0 |
| Ethane | 9.0 | 3.8 |
| Propane | 25.0 | 1.55 |
| *n*-Butane | 17.0 | 0.80 |
| *n*-Pentane | 11.0 | 0.38 |
| *n*-Hexane | 12.0 | 0.19 |

원료는 체 단 증류탑에서 분리되며 탑 상부로 98.4%의 프로판이 회수되고 탑 하부로 98.2%의 *n*-부탄이 얻어진다. 원료의 66%는 증기이며 탑에는 부분 응축기가 설치되어 있다. 분리에 필요한 최소단수와 최소 환류비는 얼마인가? 환류비를 1.5로 정한다면 소요되는 이론단수는 얼마이며 원료단의 위치는 어디가 되겠는가? 이들 문제를 실제 계산을 통하여 풀어보고 아울러 적절한 모사 프로그램을 이용하여 해를 구하여 보라.

**15-2** 94개의 체 단이 설치된 직경 4.63 m의 $C_2$분리기 탑에서 99.9 몰%의 에틸렌을 얻기 위해 이용된 환류비는 얼마이겠는가? 부분증발된 원료(27 몰%)는 −26°C, 2000 kPa에서 탑에 유입되며 각 성분의 시간당 유량은 다음과 같다.

| Component | kg/h |
|---|---|
| Methane | 2.93 |
| Acetylene | 0.24 |
| Ethylene | 62,121.3 |
| Ethane | 11,974.5 |
| Propylene | 2.10 |
| Propane | 0.005 |

아울러 탑의 원료단 위치와 탑 전체에 걸친 온도분포를 구하여라. 이를 위해서는 적절한 컴퓨터 모사 프로그램을 사용할 필요가 있을 것이다.

**15-3** 60 몰% 벤젠과 40 몰% 톨루엔 혼합물을 벤젠 96 몰%의 탑상제품과 톨루엔 25 몰%를 함유하는 탑저제품으로 분리하기 위해 밸브단 탑을 설계하였다. 계산결과 상압에서 원하는 분리를 이루기 위해서는 6.1개의 이론단수가 필요한 것으로 나타났다. 탑 상부의 온도는 82.8°C, 탑 하부의 온도는 100.5°C이다. 재비기를 하나의 이론단으로 간주하고 소요되는 실제 단 수를 구하여라. 계산을 간단히 하기 위해 벤젠과 톨루엔 혼합물은 이상적인 혼합물로 가정한다. 91.6°C의 평균온도에서 순수한 벤젠의 증기압은 1070mmHg이며 순수한 톨루엔의 증기압은 429 mmHg이다.

174) C. J. King, *Separation Processes*, 2nd ed., McGraw-Hill, New York, 1980.

**15-4** 어떤 벤젠-톨루엔 혼합물이 40 몰의 벤젠과 60 몰의 톨루엔으로 이루어져 있다. 회분식 증류탑에서 잔류 벤젠의 농도를 10%까지 감소시키고자 한다. 회분식 분리가 완료된 후 수집기 중의 벤젠의 몰분율은 얼마인가? 벤젠-톨루엔 혼합물의 상대 휘발도는 전 분리과정에서 2.90으로 일정하며 증기 유량은 일정하고 탑의 보유량(holdup)은 무시할 수 있다고 가정한다.

**15-5** 기체 혼합물로부터 오일을 이용한 맞흐름 세척으로 탄화수소를 제거하기 위한 분리공정으로서 흡착을 선택하였다. 0.0254 m 금속 Pall 링으로 충전된 흡착탑은 900 kg/h의 기체유량과 2700 kg/h의 액체유량을 처리하여야 한다. 기체유속은 주어진 액체 및 기체유량에서 허용되는 최대유속의 70%에 해당하는 양이 되도록 한다. 기체와 액체의 밀도는 각각 1.20 및 881 kg/m$^3$이며 오일의 점도는 20cP이다. 이들 운전조건 하에서 소요되는 탑 직경과 충전높이 1 m당 탑을 통한 압력강하(Pa)를 구하여라.

**15-6** 불규칙 충전탑을 사용하여 1365 kg/h의 공기와 1820 kg/h의 물을 접촉시키고 있다. 탑은 0.0254 m 세라믹 Raschig 링으로 충전되어 있다. 탑은 1기압, 21°C에서 사전에 충전되어졌다고 가정하고 연간 고정비용과 송풍기 운전비용이 최소가 되기 위한 충전탑의 최적 직경을 구하여라. 다음의 자료를 이용한다.

운전시간 = 8000 h/yr
shell 구입비용 = \$1413/m$^2$
충전 구입비용 = \$777/m$^3$
연간 고정비용 = 0.2(설치된 장치비용)
설치된 장치비용(분산기 판, 지지대, 소요 보조장치 포함) = 2(shell 및 충전 구입비용)
전력비용 = \$0.8/kWh

**15-7** 다음 혼합물을 분리하기 위한 가능한 액/액 추출용매를 선택하여라: (1) 물과 아세트산; (2) 물과 아세톤; (3) 물과 아닐린; (4) 물과 에틸알콜. 각 경우에 대하여 두 성분 가운데 어느 것이 용질이 될 것인지 밝혀라.

**15-8** 맞흐름 추출기를 사용하여 25°C의 순수한 아닐린을 써서 60 몰% 메틸 사이클로헥산(MCH)과 40 몰% 헵탄 혼합물을 추출하고자 한다. 추출잔류물은 1 몰% MCH를 포함하여야 하며 추출제품은 98 몰%의 MCH를 함유하여야 한다. 환류비를 7.7로 하였을 경우 이 추출공정에서 요구되는 이상단수는 얼마인가? 원료 100 kg 당 소요되는 용매는 얼마이며 용매 분리기로부터 제거되는 양은 얼마인가? 이 시스템에 대한 추출 데이터는 Varteressian과 Fenske[175]가 제시하였다.

**15-9** 예제 15-6의 조건에 대하여 교차흐름을 근사하는 나선형 막 시스템의 유출조성을 계산하여라. 0.4의 단 컷에 대하여 소요되는 막 표면적은 얼마인가?

**15-10** 흡착층에 평균직경 0.0017 m, 표면적 1100 m$^2$/kg, 밀도 509 kg/m$^3$, 입자밀도 777 kg/m$^3$, 그리고 골격밀도 2178 kg/m$^3$의 활성탄소 입자를 사용하여 수소/메탄 90/10 몰 혼합물로부터 메탄을 제거하고자 한다. 흡착공정의 운전조건은 25°C, 1013 kPa이다. 이 흡착제에 대한 흡착평형 데이터는 다음 식으로 상관되어진다:

175) K. A. Varteressian and M. R. Fenske, *Ind. Eng. Chem.*, **29**: 270 (1937).

$$n = \frac{2 \times 10^{-3} K_a p_a}{1 + K_a p_a} \quad \text{mol/g adsorbent}$$

여기서 $n$은 흡착제 단위질량당 흡착된 양이며 Ka = 0.346 $atm^{-1}$이다. 0.3 m/s의 겉보기 속도에 대하여 속도계수와 조절인자를 구하여라.

**15-11** 맞흐름 터널 건조기를 이용하여 수분함량이 1%인 227 kg/h의 제품을 얻고자 한다. 15°C에서 건조기로 유입되는 원료는 건조제품 1 kg당 1.5 kg의 물을 함유하고 있다. 건조제품의 밀도는 560 $kg/m^3$이며 건조물질의 비열은 1.25 kJ/kg·K이다. 시험결과 물질의 임계수분 함량은 건조제품 1 kg당 약 0.4 kg의 물로 밝혀졌다. 건조기 유입공기의 온도는 149°C이며 건조 제품은 143°C로 건조기를 이탈한다. 신선한 공기는 재순환 공기와 합해지므로 유입공기의 수분함량은 건조공기 1 kg당 물 0.03 kg이다. 공기는 60°C로 건조기를 빠져나간다. 건조되는 고체와 사용될 수 있는 공기의 최대 질량유속은 2.71 $kg/s \cdot m^2$이다. 건조기의 일정유속 부분과 감쇄유속 부분에서 요구되는 전달단위 수를 구하여라. 이들 조건 하에서 전달단위의 길이(m)가 다음과 같은 실험적 관계식으로부터 얻어진다면 건조기의 길이는 얼마인가?

$$\text{전달단위 길이} = 72.77 t_{ts} G^{0.2}$$

여기서 $t_{ts}$는 건조단 사이의 간격(이 경우 0.0381 m로 가정)이며 $G$는 공기의 질량유속($kg/s \cdot m^2$)이다.

**15-12** 고르게 분산된 수막이 파이프 내를 흐르도록 수직 파이프를 이용하는 하강막 증발기에서 형성되는 증기의 부피유량을 구하여라. 파이프의 길이는 3 m이고 내경은 0.05 m이다. 유입유량은 0.01 kg/s이며 포화온도는 100°C로 가정한다. 물과 수증기의 반대되는 흐름 사이의 계면 전단응력은 무시될 수 있겠는가?

**15-13** 3개의 단으로 원료가 평행으로 주입되는 3중 효용 증발기를 사용하여 증류수를 얻고자 한다. 10기압, 180°C의 원료수가 이용되며 열원으로서 20기압, 215°C의 포화증기 1 kg/s가 이용된다. 각 단에서의 운전압력은 응축 수증기와 증발되는 물 사이의 온도차가 동일하도록 정하여야 한다. 각 단에 공급되는 수증기는 응축되며 얻어지는 증류수 제품에 더해지는 것으로 간주한다. 각 단에서 오염물이 축적되는 것을 최소화하기 위해 10%의 원료수를 연속적으로 버린다고 가정한다. 생성되는 증류수 유량은 얼마인가? 10기압의 원료수가 증발기의 세 번째 단에서의 최종 생성물 압력으로 플래쉬(flash)되었다면 추가로 얼마의 증류수가 얻어지겠는가?

**15-14** 동일한 질량분율의 헥산, 펜탄, 부탄을 함유하는 혼합물을 400 kPa의 평균압력에서 다관형 열교환기를 이용하여 응축시키고자 한다. 증기의 총 질량유량은 200 kg/s이다. 혼합물은 360K로 응축기에 유입되어 360K로 유출된다. 응축은 열교환기의 튜브 쪽에서 이루어진다. 냉매로 사용되는 물은 통 쪽으로 290 K, 500 kg/s의 유량으로 유입된다. Hewitt 등[176]은 냉매로부터 응축막 계면까지의 총괄 열전달 계수는 800 $W/m^2 \cdot K$, 그리고 튜브 입구에서의 증기의 열전달 계수는 150 $W/m^2 \cdot K$로 간주될 수 있는 것으로 추정

176) G. F. Hewitt, G. L. Shires and T. R. Bott, *Process Heat Transfer,* CRC Press, Boca Raton, FL, 1994.

하였다. 증기의 비열은 2 kJ/kg/K이며 냉매의 비열은 4.2 kJ/kg/K이다. 소요되는 응축을 이루기 위해 필요한 응축기의 표면적을 구하여라. 먼저 Silver-Bell-Ghaly 방법을 이용하여 근사적으로 직접 계산하여 보고 다음에 적절한 컴퓨터 모사 프로그램을 사용하여 앞의 계산결과를 검증하여 보라.

**15-15** 총 여과면적이 0.75 $m^2$이며 2 r/min으로 운전되는 로터리 여과기로부터 분당 0.3 $m^3$의 여액이 얻어지며 여액을 통한 압력강하는 140kPa인 것으로 밝혀졌다. 슬러리에 잠기는 여과면적 분율은 0.2이다. 용량의 한계로 다른 로터리 여과기를 설계하여 동일한 슬러리 혼합물을 처리하고자 한다. 이 장치로부터는 분당 3 $m^3$을 얻으며 1.5 r/min으로 회전하면서 압력강하는 100 kPa가 될 것이다. 슬러리에 잠기는 여과면적 분율이 0.2인 경우 새 장치에서 소요되는 총 여과면적을 추정하여라. 이 새로운 로터리 여과기의 구입가격은 얼마인가? 여과포를 통하여 고체가 통과되지 않으며 케이크는 비압축성이고 여과매체의 저항은 두 로터리 여과기에서 모두 무시할 수 있다고 가정한다.

**15-16** 액체 10 kg당 1 kg의 여과 가능한 고체를 함유하는 슬러리를 총 여과면적이 25 $m^2$인 판-프레임 여과 프레스를 이용하여 여과하고자 한다. 이 장치로부터는 장치를 세척하고 67 kPa의 일정한 압력강하를 유지하면서 처음 2시간의 여과 동안에 5000 kg의 여액을 얻을 수 있다. 여과 매체의 저항은 무시할 수 있다. 세척과 여액의 제거에 소요되는 시간은 사이클당 3시간이다. 이 여과기에서 압력강하는 67 kPa를 초과할 수 없다. 이 장치는 언제나 일정한 압력강하로 운전된다.

이 여과 프레스를 여과기 매체저항을 무시할 수 있는 로터리 진공드럼 여과기로 대체하고자 한다. 이 로터리 여과기로부터는 0.3 r/min의 드럼속도에서 500 kg/h의 여액을 얻을 수 있다. 잠긴 부분과 압력강하는 변하지 않는다고 가정할 때 판-프레임 여과기에서 24시간동안 얻은 양의 여액을 로터리 여과기로부터 12시간 동안에 얻으려면 드럼 속도는 얼마이어야 하는가?

APPENDIX

# A

# 국제 단위 시스템

단위의 국제 시스템(International System, SI)이 미국에서 허용됨에 따라 상당한 전환기간동안에 걸쳐서 미국의 관례 시스템(USCS)과 SI가 동시에 이용될 것으로 보인다. 특히 매우 다양한 부류의 사람들이 설계에 연관되어 있으므로 설계 엔지니어는 이들 두 시스템으로 생각하고 작업할 수 있어야 한다. 이에 따라 이 교과서에서는 이들 두 체계를 혼합하여 사용하였다.

현재의 국제 단위 시스템(SI)은 무게와 측정에 관한 일반학술회의에서 국제적으로 채택된 측정의 미터법으로서 국제표준규격(ISO 1000)[177] 및 다른 수많은 문헌들에 상술되어 있다.

## 전체 단위 시스템의 기반이 되는 SI 단위

| *이름, 기호* | *정의* |
|---|---|
| 미터, m - 길이 | 1미터는 진공에서 크립톤-86 원자의 $2p_{10}$과 $5d_5$준위 사이에서의 전이에 해당되는 복사의 1,650,763.73 파장 길이와 대등한 길이이다. |
| 킬로그램, kg - 질량 | 킬로그램은 (힘이 아닌)질량의 단위이다. 플라티늄-이리듐으로 만든 킬로그램 원기는 프랑스 Sevres에 있는 국제 무게 및 측정 위원회에 보관되어 있다. |
| 초, s - 시간 | 1초는 세슘-133 원자의 기반상태의 두 초미세 준위 사이의 전이에 해당되는 복사의 9,192,631,770 주기 지속 시간이다. |

177) International Standard, *SI Units and Recommendations for the Use of Their Multiples and Certain Other Units*, ISO 1000-1973(E), American National Standards Institute, 1430 Broadway, New York, NY 10018.

암페어, A - 전류 | 암페어는 진공중에서 1 m 떨어져 있으며 단면적을 무시할 수 있는 무한길이의 나란한 두 수평 전도체 사이에서 유지되는 경우 이들 전도체 사이에 길이 1미터당 $2 \times 10^{-7}$ m·kg/$s^2$(newton)에 해당하는 힘을 형성시키는 일정전류이다.

캘빈, K - 온도 | 캘빈은 물의 삼중점의 열역학적 온도의 1/273.16이다. 캘빈은 열역학적 온도 $T$의 단위이며 도(혹은 기호)는 캘빈과 함께 쓰이지는 않는다. 섭씨온도 역시 이용된다. 섭씨온도(기호로는 $t$)는 식 $t = T - T_0$로 정의되는데 여기에서 $T_0 = 273.15$ K이다.

몰, mol - 물질의 양 | 몰은 0.012 kg의 탄소 12에 포함된 원자 수와 같은 원소량을 포함하는 계의 물질의 양이다.

칸델라, cd - 밝기의 강도 | 칸델라는 101,325 kg·m/$m^2$·$s^2$의 압력 하에 결빙 플라티늄(2045K)의 온도에서 1/600,000 $m^2$의 흑체표면에 대한 수직방향의 밝기 강도이다.

## 보조단위

| *이름, 기호* | *정의* |
|---|---|
| 라디안, rad - 각도 | 라디안은 원둘레 상에서 반지름과 길이가 같은 호 부분을 나누는 두 반지름 사이의 평면각이다. |
| 스테라디안, sr - 고체각 | 스테라디안은 그 꼭지점이 구의 중심에 위치하며 구의 표면적을 변의 길이가 구의 반경과 같은 정방형의 표면적으로 나누는 고체각이다. |

## 유도단위

유도단위들은 일곱 가지 기본단위, 혹은 두 가지 보조단위들의 대수적 조합으로서 그 일부에는 특별한 이름 및 기호가 부여되어 있다. 표 A-1에 몇가지 보기가 제시되어 있다.

SI 시스템에는 표 A-2에 보인 바와 같이 십진제곱에 대하여 일련의 용인된 접두어들과 기호들이 있다.

단위들을 SI단위들로 전환하는 규칙들과 이들을 인쇄된 형태로 사용하는 방법들은 이 교과서의 이전 판에서 상세히 다루었으며 부록 A에는 포함되지 않았다. 표 A-3은 미국관례시스템을 SI 시스템으로 전환시키는 데에 이용되는 인자들을 상세히 열거하고 있다.

약어를 사용함으로써 시간과 공간을 절약할 수 있다. 약어가 표준이 아니라면 그것이 처음 사용될 때 그 의미를 설명해 주어야 한다. 용인된 약어들이 표 A-4에 나타나 있다.

표 A-1 SI에서 용인 가능한 특별한 이름과 기호들로 나타낸 공통적인 유도단위

| Name | Symbol | Quantity | Expression in terms of SI base units | Expression in terms of other units |
|---|---|---|---|---|
| becquerel | Bq | Radioactivity | $s^{-1}$ | |
| coulomb | C | Quantity of electricity of electric charge | $A \cdot s$ | |
| farad | F | Electric capacitance | $m^{-2} \cdot kg^{-1} \cdot s^4 \cdot A^2$ | C/V |
| gray | Gy | Absorbed radiation | $m^2 \cdot s^{-2}$ | J/kg |
| henry | H | Electric inductance | $m^2 \cdot kg \cdot s^{-2} \cdot A^{-2}$ | Wb/A |
| hertz | Hz | Frequency | $s^{-1}$ | |
| joule | J | Energy, work, or quantity of heat | $m^2 \cdot kg \cdot s^{-2}$ | N·m |
| lumen | lm | Luminous flux | cd·sr | |
| lux | lx | Illuminance | $m^{-2} \cdot cd \cdot sr$ | $lm/m^2$ |
| newton | N | Force | $m \cdot kg \cdot s^{-2}$ | $J \cdot m^{-1}$ |
| ohm | Ω | Electric resistance | $m^2 \cdot kg \cdot s^{-3} \cdot A^{-2}$ | V/A |
| pascal | Pa | Pressure of stress | $m^{-1} \cdot kg \cdot s^{-2}$ | $N/m^2$ |
| siemens | S | Electric conductance | $m^{-2} \cdot kg^{-1} \cdot s^3 \cdot A^2$ | A/V |
| tesla | T | Magnetic flux, density | $kg \cdot s^{-2} \cdot A^{-1}$ | $Wb/m^2$ |
| volt | V | Electric potential, potential difference, or electromotive force | $m^2 \cdot kg \cdot s^{-3} \cdot A^{-1}$ | W/A |
| watt | W | Power or radiant flux | $m^2 \cdot kg \cdot s^{-3}$ | J/s |
| weber | Wb | Magnetic flux | $m^2 \cdot kg \cdot s^{-2} \cdot A^{-1}$ | V·s |

표 A-2 SI 단위 접두어

| Multiplication factor | Prefix | Symbol | Meaning (in United States) |
|---|---|---|---|
| $10^{18}$ | exa | E | One quintillion times† |
| $10^{15}$ | peta | P | One quadrillion times† |
| $10^{12}$ | tera | T | One trillion times† |
| $10^{9}$ | giga | G | One billion times† |
| $10^{6}$ | mega | M | One million times |
| $10^{3}$ | kilo | k | One thousand times |
| $10^{2}$ | hecto | h | One hundred times |
| 10 | deka | da | Ten times |
| $10^{-1}$ | deci | d | One-tenth of |
| $10^{-2}$ | centi | c | One-hundredth of |
| $10^{-3}$ | milli | m | One-thousandth of |
| $10^{-6}$ | micro | μ | One-millionth of |
| $10^{-9}$ | nano | n | One-billionth of† |
| $10^{-12}$ | pico | p | One-trillionth of† |
| $10^{-15}$ | femto | f | One-quadrillionth of† |
| $10^{-18}$ | atto | a | One-quintillionth of† |

†These terms should be avoided in technical writing because the denominations above 1 million are different in most other countries.

표 A-3 미국관례시스템을 SI 시스템으로 전환시키는 데에 이용되는 공통적인 인자들

| To convert from | To | Multiply by |
|---|---|---|
| abampere | ampere (A) | 1.000 000*E+01 |
| abcoulomb | coulomb (C) | 1.000 000*E+01 |
| abfarad | farad (F) | 1.000 000*E+09 |
| abhenry | henry (H) | 1.000 000*E−09 |
| abmho | siemens (S) | 1.000 000*E+09 |
| abohm | ohm (Ω) | 1.000 000*E−09 |
| abvolt | volt (V) | 1.000 000*E−08 |
| acre-foot (U.S. survey)‡ | meter$^3$ (m$^3$) | 1.233 489 E+03 |
| acre (U.S. survey)‡ | meter$^2$ (m$^2$) | 4.046 873 E+03 |
| ampere-hour | coulomb (C) | 3.600 000*E+03 |
| are | meter$^2$ (m$^2$) | 1.000 000*E+02 |
| ångstrom | meter (m) | 1.000 000*E−10 |
| astronomical unit | meter (m) | 1.495 979 E+11 |
| atmosphere (standard) | pascal (Pa) | 1.013 250*E+05 |
| atmosphere (technical = 1 kgf/cm$^2$) | pascal (Pa) | 9.806 650*E+04 |
| bar | pascal (Pa) | 1.000 000*E+05 |
| barn | meter$^2$ (m$^2$) | 1.000 000*E−28 |
| barrel (for petroleum, 42 gal) | meter$^3$ (m$^3$) | 1.589 873 E−01 |
| board foot | meter$^3$ (m$^3$) | 2.359 737 E−03 |
| British thermal unit (International Table)§ | joule (J) | 1.055 056 E+03 |
| British thermal unit (mean)§ | joule (J) | 1.055 87 E+03 |
| British thermal unit (thermochemical)§ | joule (J) | 1.054 350 E+03 |
| British thermal unit (39°F) | joule (J) | 1.059 67 E+03 |
| British thermal unit (59°F) | joule (J) | 1.054 80 E+03 |
| British thermal unit (60°F) | joule (J) | 1.054 68 E+03 |
| Btu (International Table)·ft/h·ft$^2$·°F ($k$, thermal conductivity) | watt per meter-kelvin (W/m·K) | 1.730 735 E+00 |
| Btu (thermochemical)·ft/h·ft$^2$·°F ($k$, thermal conductivity) | watt per meter-kelvin (W/m·K) | 1.729 577 E+00 |
| Btu (International Table)·in./h·ft$^2$·°F ($k$, thermal conductivity) | watt per meter-kelvin (W/m·K) | 1.442 279 E−01 |
| Btu (thermochemical)·in./h·ft$^2$·°F ($k$, thermal conductivity) | watt per meter-kelvin (W/m·K) | 1.441 314 E−01 |
| Btu (International Table)·in./s·ft$^2$·°F ($k$, thermal conductivity) | watt per meter-kelvin (W/m·K) | 5.192 204 E+02 |
| Btu (thermochemical)·in./s·ft$^2$·°F ($k$, thermal conductivity) | watt per meter-kelvin (W/m·K) | 5.188 732 E+02 |
| Btu (International Table)/h | watt (W) | 2.930 711 E−01 |
| Btu (thermochemical)/h | watt (W) | 2.928 751 E−01 |
| Btu (thermochemical)/min | watt (W) | 1.757 250 E+01 |
| Btu (thermochemical)/s | watt (W) | 1.054 350 E+03 |
| Btu (International Table)/ft$^2$ | joule per meter$^2$ (J/m$^2$) | 1.135 653 E+04 |
| Btu (thermochemical)/ft$^2$ | joule per meter$^2$ (J/m$^2$) | 1.134 893 E+04 |
| Btu (International Table)/ft$^2$·h | watt per meter$^2$ (W/m$^2$) | 3.154 591 E+00 |
| Btu (thermochemical)/ft$^2$·h | watt per meter$^2$ (W/m$^2$) | 3.152 481 E+00 |
| Btu (thermochemical)/ft$^2$·min | watt per meter$^2$ (W/m$^2$) | 1.891 489 E+02 |

(*Continued*)

표 A-3 계속

| To convert from | To | Multiply by |
|---|---|---|
| Btu (thermochemical)/$ft^2 \cdot s$ | watt per meter$^2$ ($W/m^2$) | 1.134 893 E+04 |
| Btu (thermochemical)/$in.^2 \cdot s$ | watt per meter$^2$ ($W/m^2$) | 1.634 246 E+06 |
| Btu (International Table)/$h \cdot ft^2 \cdot °F$ (*C*, thermal conductance) | watt per meter$^2$-kelvin($W/m^2 \cdot K$) | 5.678 263 E+00 |
| Btu (thermochemical)/$h \cdot ft^2 \cdot °F$ (*C*, thermal conductance) | watt per meter$^2$-kelvin ($W/m^2 \cdot K$) | 5.674 466 E+00 |
| Btu (International Table)/$s \cdot ft^2 \cdot °F$ | watt per meter$^2$-kelvin ($W/m^2 \cdot K$) | 2.044 175 E+04 |
| Btu (thermochemical)/$s \cdot ft^2 \cdot °F$ | watt per meter$^2$-kelvin ($W/m^2 \cdot K$) | 2.042 808 E+04 |
| Btu (International Table)/lb | joule per kilogram (J/kg) | 2.326 000*E+03 |
| Btu (thermochemical)/lb | joule per kilogram (J/kg) | 2.324 444 E+03 |
| Btu (International Table)/$lb \cdot °F$ ($C_p$, heat capacity) | joule per kilogram-kelvin ($J/kg \cdot K$) | 4.186 800*E+03 |
| Btu (thermochemical)/$lb \cdot °F$ ($C_p$, heat capacity) | joule per kilogram-kelvin ($J/kg \cdot K$) | 4.184 000 E+03 |
| bushel (U.S.) | meter$^3$ ($m^3$) | 3.523 907 E−02 |
| caliber (inch) | meter (m) | 2.540 000*E−02 |
| calorie (International Table) | joule (J) | 4.186 80 *E+00 |
| calorie (mean) | joule (J) | 4.190 02 E+00 |
| calorie (thermochemical) | joule (J) | 4.184 000*E+00 |
| calorie (15°C) | joule (J) | 4.185 80 E+00 |
| calorie (20°C) | joule (J) | 4.181 90 E+00 |
| calorie (kilogram, International Table)[§] | joule (J) | 4.186 800*E+03 |
| calorie (kilogram, mean)[§] | joule (J) | 4.190 02 E+03 |
| calorie (kilogram, thermochemical)[§] | joule (J) | 4.184 000*E+03 |
| cal (thermochemical)/$cm^2$ | joule per meter$^2$ ($J/m^2$) | 4.184 000*E+04 |
| cal (International Table)/g | joule per kilogram (J/kg) | 4.186 800*E+03 |
| cal (thermochemical)/g | joule per kilogram (J/kg) | 4.184 000*E+03 |
| cal (International Table)/$g \cdot °C$ | joule per kilogram-kelvin ($J/kg \cdot K$) | 4.186 800*E+03 |
| cal (thermochemical)/$g \cdot °C$ | joule per kilogram-kelvin ($J/kg \cdot K$) | 4.184 000*E+03 |
| cal (thermochemical)/min | watt (W) | 6.973 333 E−02 |
| cal (thermochemical)/s | watt (W) | 4.184 000*E+00 |
| cal (thermochemical)/$cm^2 \cdot min$ | watt per meter$^2$ ($W/m^2$) | 6.973 333 E+02 |
| cal (thermochemical)/$cm^2 \cdot s$ | watt per meter$^2$ ($W/m^2$) | 4.184 000*E+04 |
| cal (thermochemical)/$cm \cdot s \cdot °C$ | watt per meter-kelvin ($W/m \cdot K$) | 4.184 000*E+02 |
| carat (metric) | kilogram (kg) | 2.000 000*E−04 |
| centimeter of mercury (0°C) | pascal (Pa) | 1.333 22 E+03 |
| centimeter of water (4°C) | pascal (Pa) | 9.806 38 E+01 |
| centipoise | pascal-second ($Pa \cdot s$) | 1.000 000*E−03 |
| centistokes | meter$^2$ per second ($m^2/s$) | 1.000 000*E−06 |
| circular mil | meter$^2$ ($m^2$) | 5.067 075 E−10 |
| clo | kelvin-meter$^2$ per watt ($K \cdot m^2/W$) | 2.003 712 E−01 |
| cup | meter$^3$ ($m^3$) | 2.365 882 E−04 |
| curie | becquerel (Bq) | 3.700 000*E+10 |
| day (mean solar) | second (s) | 8.640 000 E+04 |
| day (sidereal) | second (s) | 8.616 409 E+04 |
| degree (angle) | radian (rad) | 1.745 329 E−02 |
| degree Celsius | kelvin (K) | $T_K = t_C + 273.15$ |
| degree Fahrenheit | degree Celsius | $t_C = (t_F - 32)/1.8$ |
| degree Fahrenheit | kelvin (K) | $T_K = (t_F + 459.67)/1.8$ |
| degree Rankine | kelvin (K) | $T_K = t_R/1.8$ |

(Continued)

표 A-3 계속

| To convert from | To | Multiply by |
|---|---|---|
| °F·h·ft²/Btu (International Table) (*R*, thermal resistance) | kelvin-meter² per watt (K·m²/W) | 1.761 102 E−01 |
| °F·h·ft²/Btu (thermochemical) (*R*, thermal resistance) | kelvin-meter² per watt (K·m²/W) | 1.762 280 E−01 |
| denier | kilogram per meter (kg/m) | 1.111 111 E−07 |
| dyne | newton (N) | 1.000 000*E−05 |
| dyne·cm | newton-meter (N·m) | 1.000 000*E−07 |
| dyne/cm² | pascal (Pa) | 1.000 000*E−01 |
| electronvolt | joule (J) | 1.602 19 E−19 |
| EMU of capacitance | farad (F) | 1.000 000*E+09 |
| EMU of current | ampere (A) | 1.000 000*E+01 |
| EMU of electric potential | volt (V) | 1.000 000*E−08 |
| EMU of inductance | henry (H) | 1.000 000*E−09 |
| EMU of resistance | ohm (Ω) | 1.000 000*E−09 |
| ESU of capacitance | farad (F) | 1.112 650 E−12 |
| ESU of current | ampere (A) | 3.335 6 E−10 |
| ESU of electric potential | volt (V) | 2.997 9 E+02 |
| ESU of inductance | henry (H) | 8.987 554 E+11 |
| ESU of resistance | ohm (Ω) | 8.987 554 E+11 |
| erg | joule (J) | 1.000 000*E−07 |
| erg/cm²·s | watt per meter² (W/m²) | 1.000 000*E−03 |
| erg/s | watt (W) | 1.000 000*E−07 |
| faraday (based on carbon-12) | coulomb (C) | 9.648 70 E+04 |
| faraday (chemical) | coulomb (C) | 9.649 57 E+04 |
| faraday (physical) | coulomb (C) | 9.652 19 E+04 |
| fathom | meter (m) | 1.828 8 E+00 |
| fermi (femtometer) | meter (m) | 1.000 000*E−15 |
| fluid ounce (U.S.) | meter³ (m³) | 2.957 353 E−05 |
| foot | meter (m) | 3.048 000*E−01 |
| foot (U.S. survey)‡ | meter (m) | 3.048 006 E−01 |
| foot of water (39.2°F) | pascal (Pa) | 2.988 98 E+03 |
| ft² | meter² (m²) | 9.290 304*E−02 |
| ft²/h (thermal diffusivity) | meter² per second (m²/s) | 2.580 640*E−05 |
| ft²/s | meter² per second (m²/s) | 9.290 304*E−02 |
| ft³ (volume; section modulus) | meter³ (m³) | 2.831 685 E−02 |
| ft³/min | meter³ per second (m³/s) | 4.719 474 E−04 |
| ft³/s | meter³ per second (m³/s) | 2.831 685 E−02 |
| ft⁴ (moment of section) | meter⁴ (m⁴) | 8.630 975 E−03 |
| ft/h | meter per second (m/s) | 8.466 667 E−05 |
| ft/min | meter per second (m/s) | 5.080 000*E−03 |
| ft/s | meter per second (m/s) | 3.048 000*E−01 |
| ft/s² | meter per second² (m/s²) | 3.048 000*E−01 |
| footcandle | lux (lx) | 1.076 391 E+01 |
| footlambert | candela per meter² (cd/m²) | 3.426 259 E+00 |
| ft·lbf | joule (J) | 1.355 818 E+00 |
| ft·lbf/h | watt (W) | 3.766 161 E−04 |
| ft·lbf/min | watt (W) | 2.259 697 E−02 |
| ft·lbf/s | watt (W) | 1.355 818 E+00 |

(*Continued*)

표 A-3 계속

| To convert from | To | Multiply by |
|---|---|---|
| ft·poundal | joule (J) | 4.214 011 E−02 |
| free fall, standard ($g$) | meter per second$^2$ (m/s$^2$) | 9.806 650*E+00 |
| gal | meter per second$^2$ (m/s$^2$) | 1.000 000*E−02 |
| gallon (Canadian liquid) | meter$^3$ (m$^3$) | 4.546 090 E−03 |
| gallon (U.K. liquid) | meter$^3$ (m$^3$) | 4.546 092 E−03 |
| gallon (U.S. dry) | meter$^3$ (m$^3$) | 4.404 884 E−03 |
| gallon (U.S. liquid) | meter$^3$ (m$^3$) | 3.785 412 E−03 |
| gal (U.S. liquid)/day | meter$^3$ per second (m$^3$/s) | 4.381 264 E−08 |
| gal (U.S. liquid)/min | meter$^3$ per second (m$^3$/s) | 6.309 020 E−05 |
| gal (U.S. liquid)/hp·h (SFC, specific fuel consumption) | kilogram per joule (kg/J) | 1.410 089 E−09 |
| gamma | tesla (T) | 1.000 000*E−09 |
| gauss | tesla (T) | 1.000 000*E−04 |
| gilbert | ampere | 7.957 747 E−01 |
| gill (U.K.) | meter$^3$ (m$^3$) | 1.420 654 E−04 |
| gill (U.S.) | meter$^3$ (m$^3$) | 1.182 941 E−04 |
| grad | degree (angular) | 9.000 000*E−01 |
| grad | radian (rad) | 1.570 796 E−02 |
| grain (1/7000 lb avoirdupois) | kilogram (kg) | 6.479 891*E−05 |
| grain (lb avoirdupois/7000)/gal (U.S. liquid) | kilogram per meter$^3$ (kg/m$^3$) | 1.711 806 E−02 |
| gram | kilogram (kg) | 1.000 000*E−03 |
| g/cm$^3$ | kilogram per meter$^3$ (kg/m$^3$) | 1.000 000*E+03 |
| gram-force/cm$^2$ | pascal (Pa) | 9.806 650*E+01 |
| hectare | meter$^2$ (m$^2$) | 1.000 000*E+04 |
| horsepower (550 ft·lbf/s) | watt (W) | 7.456 999 E+02 |
| horsepower (boiler) | watt (W) | 9.809 50 E+03 |
| horsepower (electric) | watt (W) | 7.460 000*E+02 |
| horsepower (metric) | watt (W) | 7.354 99 E+02 |
| horsepower (water) | watt (W) | 7.460 43 E+02 |
| horsepower (U.K.) | watt (W) | 7.457 0 E+02 |
| hour (mean solar) | second (s) | 3.600 000 E+03 |
| hour (sidereal) | second (s) | 3.590 170 E+03 |
| hundredweight (long) | kilogram (kg) | 5.080 235 E+01 |
| hundredweight (short) | kilogram (kg) | 4.535 924 E+01 |
| inch | meter (m) | 2.540 000*E−02 |
| inch of mercury (32°F) | pascal (Pa) | 3.386 38 E+03 |
| inch of mercury (60°F) | pascal (Pa) | 3.376 85 E+03 |
| inch of water (39.2°F) | pascal (Pa) | 2.490 82 E+02 |
| inch of water (60°F) | pascal (Pa) | 2.488 4 E+02 |
| in.$^2$ | meter$^2$ (m$^2$) | 6.451 600*E−04 |
| in.$^3$ (volume; section modulus) | meter$^3$ (m$^3$) | 1.638 706 E−05 |
| in.$^3$/min | meter$^3$ per second (m$^3$/s) | 2.731 177 E−07 |
| in.$^4$ (moment of section) | meter$^4$ (m$^4$) | 4.162 314 E−07 |
| in./s | meter per second (m/s) | 2.540 000*E−02 |
| in./s$^2$ | meter per second$^2$ (m/s$^2$) | 2.540 000*E−02 |
| kayser | 1 per meter (1/m) | 1.000 000*E+02 |
| kelvin | degree Celsius | $t_C = T_K - 273.15$ |
| kilocalorie (International Table) | joule (J) | 4.186 800*E+03 |
| kilocalorie (mean) | joule (J) | 4.190 02 E+03 |

*(Continued)*

표 A-3 계속

| To convert from | To | Multiply by |
|---|---|---|
| kilocalorie (thermochemical) | joule (J) | 4.184 000*E+03 |
| kilocalorie (thermochemical)/min | watt (W) | 6.973 333 E+01 |
| kilocalorie (thermochemical)/s | watt (W) | 4.184 000*E+03 |
| kilogram-force (kgf) | newton (N) | 9.806 650*E+00 |
| kgf·m | newton-meter (N·m) | 9.806 650*E+00 |
| kgf·$s^2$/m (mass) | kilogram (kg) | 9.806 650*E+00 |
| kgf/$cm^2$ | pascal (Pa) | 9.806 650*E+04 |
| kgf/$m^2$ | pascal (Pa) | 9.806 650*E+00 |
| kgf/$mm^2$ | pascal (Pa) | 9.806 650*E+06 |
| km/h | meter per second (m/s) | 2.777 778 E−01 |
| kilopond | newton (N) | 9.806 650*E+00 |
| kWh | joule (J) | 3.600 000*E+06 |
| kip (1000 lbf) | newton (N) | 4.448 222 E+03 |
| kip/$in.^2$ (ksi) | pascal (Pa) | 6.894 757 E+06 |
| knot (international) | meter per second (m/s) | 5.144 444 E−01 |
| lambert | candela per $meter^2$ (cd/$m^2$) | $1/\pi$ *E+04 |
| lambert | candela per $meter^2$ (cd/$m^2$) | 3.183 099 E+03 |
| langley | joule per $meter^2$ (J/$m^2$) | 4.184 000*E+04 |
| league | meter (m) | [see footnote‡] |
| light-year | meter (m) | 9.460 55 E+15 |
| liter | $meter^3$ ($m^3$) | 1.000 000*E−03 |
| maxwell | weber (Wb) | 1.000 000*E−08 |
| mho | siemens (S) | 1.000 000*E+00 |
| microinch | meter (m) | 2.540 000*E−08 |
| micrometer (micron) | meter (m) | 1.000 000*E−06 |
| mil | meter (m) | 2.540 000*E−05 |
| mile (international) | meter (m) | 1.609 344*E+03 |
| mile (statute) | meter (m) | 1.609 3 E+03 |
| mile (U.S. survey)‡ | meter (m) | 1.609 347 E+03 |
| mile (international nautical) | meter (m) | 1.852 000*E+03 |
| mile (U.K. nautical) | meter (m) | 1.853 184*E+03 |
| mile (U.S. nautical) | meter (m) | 1.852 000*E+03 |
| $mi^2$ (international) | $meter^2$ ($m^2$) | 2.589 988 E+06 |
| $mi^2$ (U.S. survey)‡ | $meter^2$ ($m^2$) | 2.589 998 E+06 |
| mi/h (international) | meter per second (m/s) | 4.470 400*E−01 |
| mi/h (international) | kilometer per hour (km/h) | 1.609 344*E+00 |
| mi/min (international) | meter per second (m/s) | 2.682 240*E+01 |
| mi/s (international) | meter per second (m/s) | 1.609 344*E+03 |
| millibar | pascal (Pa) | 1.000 000*E+02 |
| millimeter of mercury (0°C) | pascal (Pa) | 1.333 22 E+02 |
| minute (angle) | radian (rad) | 2.908 882 E−04 |
| minute (mean solar) | second (s) | 6.000 000 E+01 |
| minute (sidereal) | second (s) | 5.983 617 E+01 |
| month (mean calendar) | second (s) | 2.628 000 E+06 |
| oersted | ampere per meter (A/m) | 7.957 747 E+01 |
| ohm-centimeter | ohm-meter (Ω·m) | 1.000 000*E−02 |
| ohm-circular mil per foot | ohm-$millimeter^2$ per meter (Ω·$mm^2$/m) | 1.662 426 E−03 |
| ounce (avoirdupois) | kilogram (kg) | 2.834 952 E−02 |

(*Continued*)

표 A-3 계속

| To convert from | To | Multiply by |
|---|---|---|
| ounce (troy or apothecary) | kilogram (kg) | 3.110 348 E−02 |
| ounce (U.K. fluid) | meter$^3$ ($m^3$) | 2.841 307 E−05 |
| ounce (U.S. fluid) | meter$^3$ ($m^3$) | 2.957 353 E−05 |
| ounce-force (ozf) | newton (N) | 2.780 139 E−01 |
| ozf·in. | newton-meter (N·m) | 7.061 552 E−03 |
| oz (avoirdupois)/gal (U.K. liquid) | kilogram per meter$^3$ ($kg/m^3$) | 6.236 021 E+00 |
| oz (avoirdupois)/gal (U.S. liquid) | kilogram per meter$^3$ ($kg/m^3$) | 7.489 152 E+00 |
| oz (avoirdupois)/in.$^3$ | kilogram per meter$^3$ ($kg/m^3$) | 1.729 994 E+03 |
| oz (avoirdupois)/ft$^2$ | kilogram per meter$^2$ ($kg/m^2$) | 3.051 517 E−01 |
| oz (avoirdupois)/yd$^2$ | kilogram per meter$^2$ ($kg/m^2$) | 3.390 575 E−02 |
| parsec | meter (m) | 3.085 678 E+16 |
| peck (U.S.) | meter$^3$ ($m^3$) | 8.809 768 E−03 |
| pennyweight | kilogram (kg) | 1.555 174 E−03 |
| perm (0°C) | kilogram per pascal-second-meter$^2$ ($kg/Pa \cdot s \cdot m^2$) | 5.721 35 E−11 |
| perm (23°C) | kilogram per pascal-second-meter$^2$ ($kg/Pa \cdot s \cdot m^2$) | 5.745 25 E−11 |
| perm·in. (0°C) | kilogram per pascal-second-meter ($kg/Pa \cdot s \cdot m$) | 1.453 22 E−12 |
| perm·in. (23°C) | kilogram per pascal-second-meter ($kg/Pa \cdot s \cdot m$) | 1.459 29 E−12 |
| phot | lumen per meter$^2$ ($lm/m^2$) | 1.000 000*E+04 |
| pica (printer's) | meter (m) | 4.217 518 E−03 |
| pint (U.S. dry) | meter$^3$ ($m^3$) | 5.506 105 E−04 |
| pint (U.S. liquid) | meter$^3$ ($m^3$) | 4.731 765 E−04 |
| point (printer's) | meter (m) | 3.514 598*E−04 |
| poise (absolute viscosity) | pascal-second (Pa·s) | 1.000 000*E−01 |
| pound (lb avoirdupois) | kilogram (kg) | 4.535 924 E−01 |
| pound (troy or apothecary) | kilogram (kg) | 3.732 417 E−01 |
| lb·ft$^2$ (moment of inertia) | kilogram-meter$^2$ ($kg \cdot m^2$) | 4.214 011 E−02 |
| lb·in.$^2$ (moment of inertia) | kilogram-meter$^2$ ($kg \cdot m^2$) | 2.926 397 E−04 |
| lb/ft·h | pascal-second (Pa·s) | 4.133 789 E−04 |
| lb/ft·s | pascal-second (Pa·s) | 1.488 164 E+00 |
| lb/ft$^2$ | kilogram per meter$^2$ ($kg/m^2$) | 4.882 428 E+00 |
| lb/ft$^3$ | kilogram per meter$^3$ ($kg/m^3$) | 1.601 846 E+01 |
| lb/gal (U.K. liquid) | kilogram per meter$^3$ ($kg/m^3$) | 9.977 633 E+01 |
| lb/gal (U.S. liquid) | kilogram per meter$^3$ ($kg/m^3$) | 1.198 264 E+02 |
| lb/h | kilogram per second (kg/s) | 1.259 979 E−04 |
| lb/hp·h (SFC, specific fuel consumption) | kilogram per joule (kg/J) | 1.689 659 E−07 |
| lb/in.$^3$ | kilogram per meter$^3$ ($kg/m^3$) | 2.767 990 E+04 |
| lb/min | kilogram per second (kg/s) | 7.559 873 E−03 |
| lb/s | kilgoram per second (kg/s) | 4.535 924 E−01 |
| lb/yd$^3$ | kilogram per meter$^3$ ($kg/m^3$) | 5.932 764 E−01 |
| poundal | newton (N) | 1.382 550 E−01 |
| poundal/ft$^2$ | pascal (Pa) | 1.488 164 E+00 |
| poundal·s/ft$^2$ | pascal-second (Pa·s) | 1.488 164 E+00 |
| pound-force (lbf) | newton (N) | 4.448 222 E+00 |
| lbf·ft | newton-meter (N·m) | 1.355 818 E+00 |
| lbf·ft/in. | newton-meter per meter (N·m/m) | 5.337 866 E+01 |

(*Continued*)

표 A-3 계속

| To convert from | To | Multiply by |
|---|---|---|
| lbf·in. | newton-meter (N·m) | 1.129 848 E−01 |
| lbf·in./in. | newton-meter per meter (N·m/m) | 4.448 222 E+00 |
| lbf·s/ft$^2$ | pascal-second (Pa·s) | 4.788 026 E+01 |
| lbf/ft | newton per meter (N/m) | 1.459 390 E+01 |
| lbf/ft$^2$ | pascal (Pa) | 4.788 026 E+01 |
| lbf/in. | newton per meter (N/m) | 1.751 268 E+02 |
| lbf/in.$^2$ (psi) | pascal (Pa) | 6.894 757 E+03 |
| lbf/lb [thrust/weight (mass) ratio] | newton per kilogram (N/kg) | 9.806 650 E+00 |
| quart (U.S. dry) | meter$^3$ (m$^3$) | 1.101 221 E−03 |
| quart (U.S. liquid) | meter$^3$ (m$^3$) | 9.463 529 E−04 |
| rad (radiation dose absorbed) | gray (Gy) | 1.000 000*E−02 |
| rhe | 1 per pascal-second (1/Pa·s) | 1.000 000*E+01 |
| rod | meter (m) | [see footnote‡] |
| roentgen | coulomb per kilogram (C/kg) | 2.58 E−04 |
| second (angle) | radian (rad) | 4.848 137 E−06 |
| second (sidereal) | second (s) | 9.972 696 E−01 |
| section | meter$^2$ (m$^2$) | [see footnote‡] |
| shake | second (s) | 1.000 000*E−08 |
| slug | kilogram (kg) | 1.459 390 E+01 |
| slug/ft·s | pascal-second (Pa·s) | 4.788 026 E+01 |
| slug/ft$^3$ | kilogram per meter$^3$ (kg/m$^3$) | 5.153 788 E+01 |
| statampere | ampere (A) | 3.335 640 E−10 |
| statcoulomb | coulomb (C) | 3.335 640 E−10 |
| statfarad | farad (F) | 1.112 650 E−12 |
| stathenry | henry (H) | 8.987 554 E+11 |
| statmho | siemens (S) | 1.112 650 E−12 |
| statohm | ohm (Ω) | 8.987 554 E+11 |
| statvolt | volt (V) | 2.997 925 E+02 |
| stere | meter$^3$ (m$^3$) | 1.000 000*E+00 |
| stilb | candela per meter$^2$ (cd/m$^2$) | 1.000 000*E+04 |
| stokes (kinematic viscosity) | meter$^2$ per second (m$^2$/s) | 1.000 000*E−04 |
| tablespoon | meter$^3$ (m$^3$) | 1.478 676 E−05 |
| teaspoon | meter$^3$ (m$^3$) | 4.928 922 E−06 |
| tex | kilogram per meter (kg/m) | 1.000 000*E−06 |
| therm | joule (J) | 1.055 056 E+08 |
| ton (assay) | kilogram (kg) | 2.916 667 E−02 |
| ton (long, 2240 lb) | kilogram (kg) | 1.016 047 E+03 |
| ton (metric) | kilogram (kg) | 1.000 000*E+03 |
| ton (nuclear equivalent of TNT) | joule (J) | 4.184 E+09 |
| ton (refrigeration) | watt (W) | 3.516 800 E+03 |
| ton (register) | meter$^3$ (m$^3$) | 2.831 685 E+00 |
| ton (short, 2000 lb) | kilogram (kg) | 9.071 847 E+02 |
| ton (long)/yd$^3$ | kilogram per meter$^3$ (kg/m$^3$) | 1.328 939 E+03 |
| ton (short)/h | kilogram per second (kg/s) | 2.519 958 E−01 |
| ton-force (2000 lbf) | newton (N) | 8.896 444 E+03 |
| tonne (metric ton) | kilogram (kg) | 1.000 000*E+03 |
| torr (mmHg, 0°C) | pascal (Pa) | 1.333 22 E+02 |
| township | meter$^2$ (m$^2$) | [see footnote‡] |
| unit pole | weber (Wb) | 1.256 637 E−07 |

(*Continued*)

표 A-3 계속

| To convert from | To | Multiply by |
|---|---|---|
| W·h | joule (J) | 3.600 000*E+03 |
| W·s | joule (J) | 1.000 000*E+00 |
| W/cm$^2$ | watt per meter$^2$ (W/m$^2$) | 1.000 000*E+04 |
| W/in.$^2$ | watt per meter$^2$ (W/m$^2$) | 1.550 003 E+03 |
| yard | meter (m) | 9.144 000*E−01 |
| yd$^2$ | meter$^2$ (m$^2$) | 8.361 274 E−01 |
| yd$^3$ | meter$^3$ (m$^3$) | 7.645 549 E−01 |
| yd$^3$/min | meter$^3$ per second (m$^3$/s) | 1.274 258 E−02 |
| year (calendar) | second (s) | 3.153 600 E+07 |
| year (sidereal) | second (s) | 3.155 815 E+07 |
| year (tropical) | second (s) | 3.155 693 E+07 |

†Adapted from ASTM Standard for Metric Practice E 380-76. The conversion factors are listed in standard form for computer readout as a number greater than 1 or less than 10 with six or fewer decimal points. The number is followed by the letter E (for exponent), a plus or minus symbol, and two digits which indicate the power of 10 by which the number must be multiplied. An asterisk (*) after the sixth decimal place indicates that the conversion factor is exact and that all subsequent digits are zero. All other conversion factors have been rounded to the figures given. Where fewer than six decimal places are shown, greater precision is not warranted.

For example, 1.013 250*E+05 is exactly 1.013 250 × 10$^5$, or 101 325.0. Also 1.589 873 E−01 has the last digit rounded to 3 and is 1.589 873 × 10$^{-1}$ or 0.158 987 3.

‡Since 1893, the U.S. basis of length measurement has been derived from metric standards. In 1959, a small refinement was made in the definition of the yard to resolve discrepancies both in this country and abroad which changed its length from 3600/3937 m to 0.9144 m exactly. This resulted in the new value being shorter by 2 parts in 1 million. At the same time, it was decided that any data in feet derived from and published as a result of geodetic surveys within the United States would remain with the old standard (1 ft = 1200/3937 m) until further decision. This foot is named the *U.S. survey foot*. As a result, all U.S. land measurements in U.S. Customary System units will relate to the meter by the old standard. All the conversion factors in this table for units referenced to this footnote are based on the U.S. survey foot rather than on the international foot.

Conversion factors for the land measures given below may be determined from the following relationships:

$$1 \text{ league} = 3 \text{ miles (exactly)}$$

$$1 \text{ rod} = 16\tfrac{1}{2} \text{ feet (exactly)}$$

$$1 \text{ section} = 1 \text{ square mile (exactly)}$$

$$1 \text{ township} = 36 \text{ square miles (exactly)}$$

§By definition, 1 calorie (cal) (International Table) is exactly 4.186 8 absolute joules which converts to 1.055 056 × 10$^{-3}$ J for 1 Btu (International Table). Also, by definition, 1 cal (thermochemical) is exactly 4.184 absolute joules which converts to 1.054 350 × 10$^{-3}$ J for 1 Btu (thermochemical). A *mean* calorie is one-hundredth of the heat required to raise the temperature of 1 g of water at 1 atm pressure from 0 to 100°C and equals 4.190 02 absolute joules. In all cases, the relationship between calorie and British thermal unit is established by 1 cal/(g·°C) = 1 Btu/(lb·°F). A *mean* Btu, therefore, is $\frac{1}{180}$th of the heat required to raise the temperature of 1 lb of water at 1 atm pressure from 32 to 212°F and equals 1.055 87 × 10$^3$ J. When values are given as Btu or calories, the type of unit (International Table, thermochemical, mean, or temperature of determination) should be given. In all cases for this table, conversions involving joules are based on the absolute joule.

*Exact equivalence.

### 표 A-4 용인된 약어들

| Term | Abbreviation |
|---|---|
| American Chemical Society | ACS |
| American Institute of Chemical Engineers | AIChE |
| American Iron and Steel Institute | AISI |
| American Petroleum Institute | API |
| American Society of Mechanical Engineers | ASME |
| American Society for Testing and Materials | ASTM |
| American wire gauge | AWG |
| Atmosphere | atm |
| Average | avg |
| Barrel | bbl |
| Baumé | Bé |
| Biochemical oxygen demand | BOD |
| Boiling point | bp |
| Bottoms | btms |
| British thermal unit | Btu |
| Calorie | cal |
| Capacity | cap. |
| Catalytic | cat. |
| Centipoise | cP |
| Centistoke | cS |
| Chemically pure | CP |
| Concentrate | conc |
| Critical | crit |
| Cubic | cu |
| Cubic centimeter | cc |
| Cubic foot | cu ft or $ft^3$ |
| Cubic foot per minute | cfm or $ft^3$/min |
| Cubic foot per second | cfs or $ft^3$/s |
| Cubic inch | cu in. or $in.^3$ |
| Degree | deg or ° |
| Diameter | diam |
| Dilute | dil |
| Distill or distillate | dist |
| Efficiency | eff |
| Electromotive force | emf |
| Equivalent | equiv |
| Evaporate | evap |
| Experiment | expt |
| Experimental | exptl |
| Extract | ext |
| Feet per minute | fpm or ft/min |
| Figure | fig. |
| Foot | ft |
| Foot-pound | ft·lb |
| Gallon | gal |
| Gallons per minute | gpm or gal/min |
| Height equivalent to a theoretical plate | HETP |
| Height of a transfer unit | HTU |
| Horsepower | hp |
| Hour | h |
| Hundredweight (100 lb) | cwt |
| Inch | in. |
| Inside diameter | ID or i.d. |
| Kilogram | kg |
| Kilometer | km |
| Kilovolt | kV |
| Kilowatt | kW |
| Liquid | liq |
| Logarithm (base 10) | log |
| Logarithm (base $e$) | ln |
| Maximum | max |
| Melting point | mp |
| Meter | m |
| Micrometer | $\mu$m |
| Mile | mi |
| Miles per hour | mph |
| Minute | min |
| Molecular | mol |
| Outside diameter | OD or o.d. |
| Overhead | ovhd |
| Page | p. |
| Pages | pp. |
| Parts per million | ppm |
| Pounds per cubic foot | lb/cu ft or lb/$ft^3$ |
| Pounds per square foot | lb/sq ft or lb/$ft^2$ |
| Pounds per square inch | psi or lb/$in.^2$ |
| Pounds per square inch absolute | psia |
| Pounds per square inch gauge | psig |
| Refractive index | RI or $n$ |
| Revolutions per minute | rpm or r/min |
| Second | s |
| Society of Automotive Engineers | SAE |
| Soluble | sol |
| Solution | soln |
| Specific gravity | sp gr |
| Specific heat | sp ht |
| Square | sq |
| Square foot | sq ft or $ft^2$ |
| Standard | std |
| Standard temperature and pressure | STP |
| Tank | tk |
| Technical | tech |
| Temperature | temp |
| Thousand | M |
| Tubular Exchangers Manufacturers Association | TEMA |
| Volume | vol |
| Watt | W |
| Watthour | Wh |
| Weight | wt |

APPENDIX

# B

# 보조장치, 유틸리티 및 계장 비용데이터

## 목 록

### 보조장치 비용 데이터



### 계장



### 유틸리티

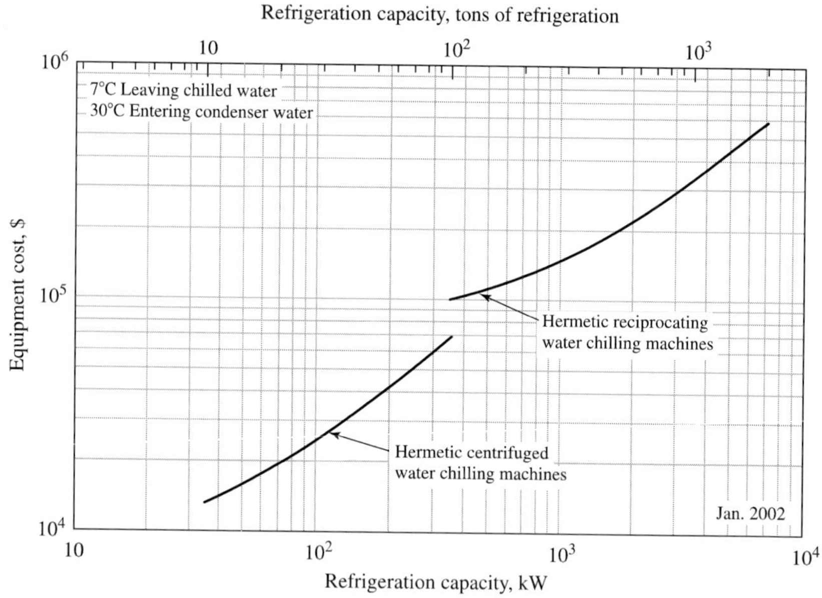


**그림 B-1**

공기조화비용. 가격에는 컴프레서, 모터, 스타터, 제어기, 냉각기, 응축기, 그리고 냉매비용이 포함되며 냉각탑, 펌프, 기초, 도관작업, 그리고 설치비용은 포함되지 않음

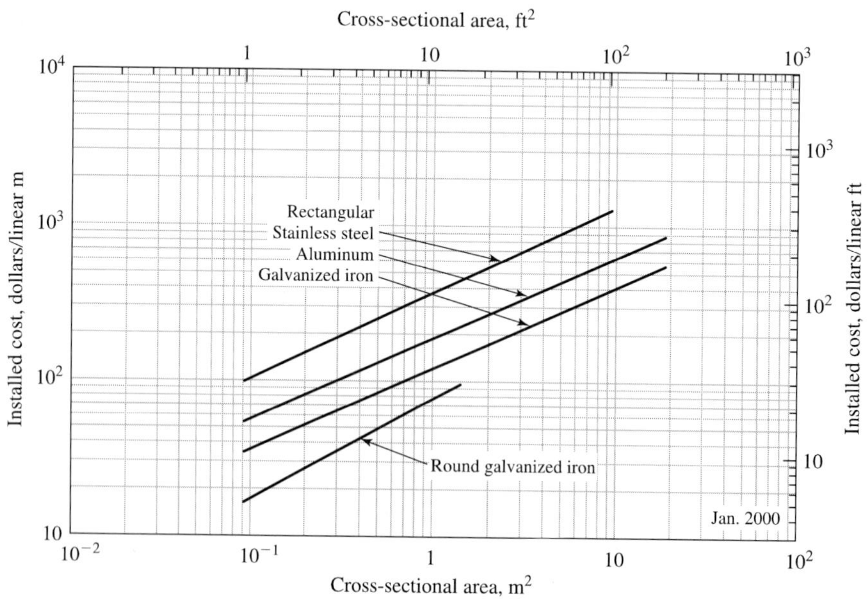


**그림 B-2**

도관작업비용. 가격은 미리 조립된 도관 작업으로서 걸개와 지지대가 설치된 상태의 가격임

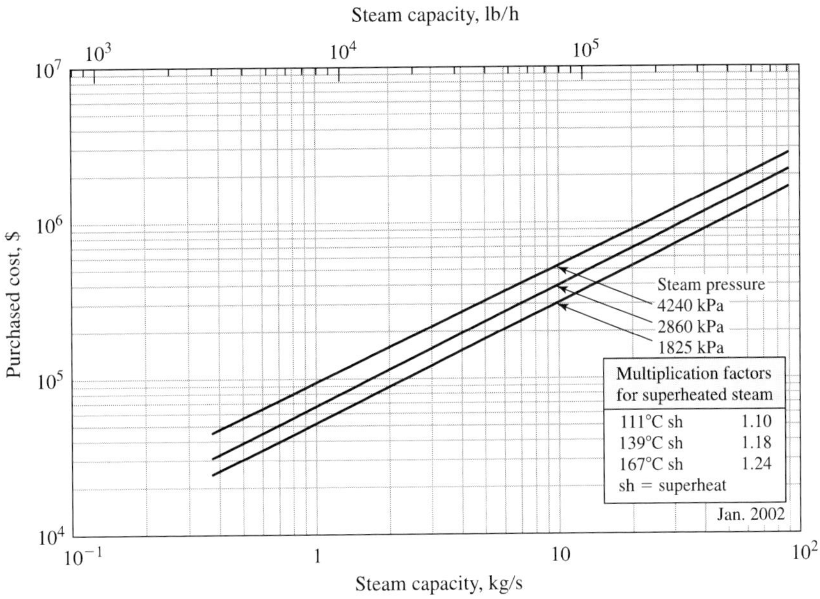


**그림 B-3**

보일러플랜트 비용. 가격에는 보일러, 원료수 탈기기, 보일러 원료펌프, 화학주사시스템, 그리고 조립노임이 포함된다.

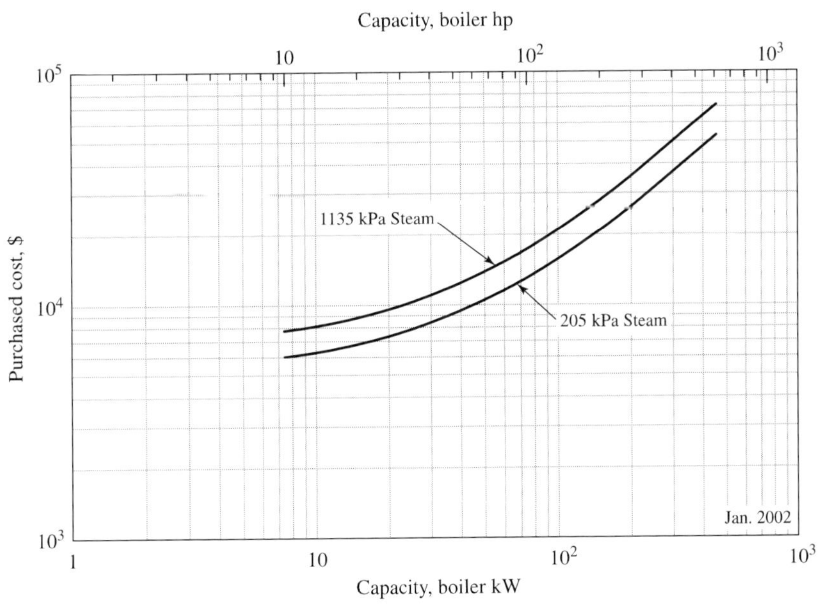


**그림 B-4**

증기 발생기 비용. 가격은 가스연소 강관장치에 대한 것임. 오일연소 보일러의 경우에는 1.02를 곱하여 준다.

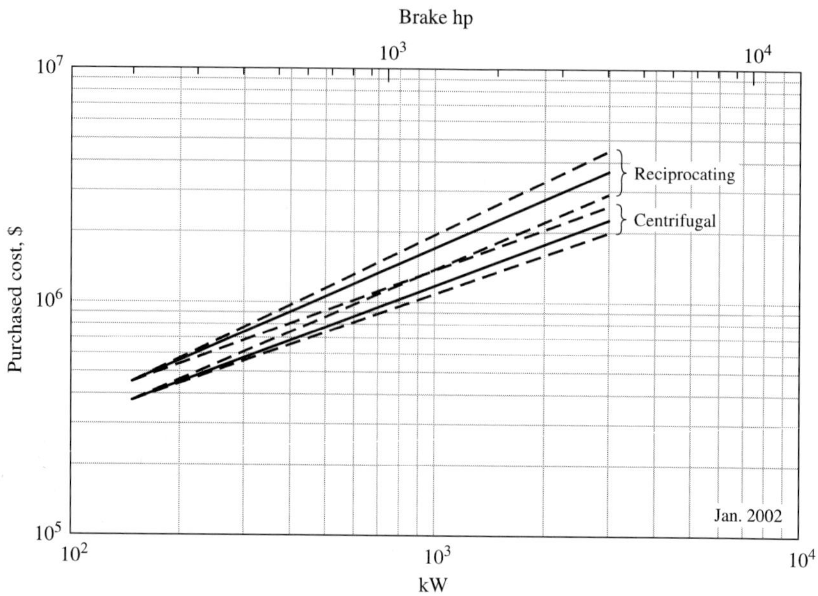


**그림 B-5**

컴프레서 플랜트 비용(점선은 두 가지 플랜트 형태의 비용범위를 나타낸다).

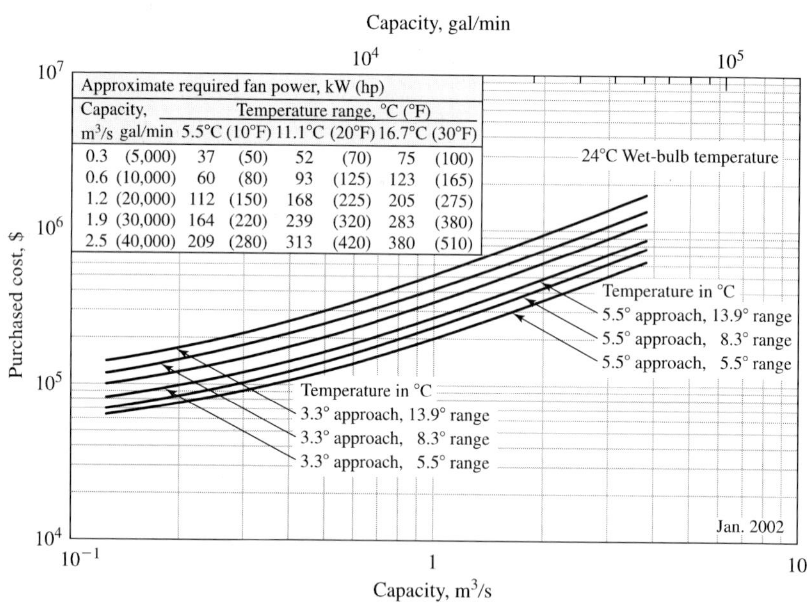


Approximate required fan power, kW (hp)

| Capacity, $m^3/s$ | gal/min | Temperature range, °C (°F) 5.5°C (10°F) | | 11.1°C (20°F) | | 16.7°C (30°F) | |
|---|---|---|---|---|---|---|---|
| 0.3 | (5,000) | 37 | (50) | 52 | (70) | 75 | (100) |
| 0.6 | (10,000) | 60 | (80) | 93 | (125) | 123 | (165) |
| 1.2 | (20,000) | 112 | (150) | 168 | (225) | 205 | (275) |
| 1.9 | (30,000) | 164 | (220) | 239 | (320) | 283 | (380) |
| 2.5 | (40,000) | 209 | (280) | 313 | (420) | 380 | (510) |

**그림 B-6**

냉각탑 비용. 가격은 통상적인 나무 프레임의 유도 드래프트, 교차흐름 냉각탑에 대한 것이다. 가격에는 외부 파이프, 동력선, 특별한 기초작업, 혹은 현장노임은 포함되지 않는다.

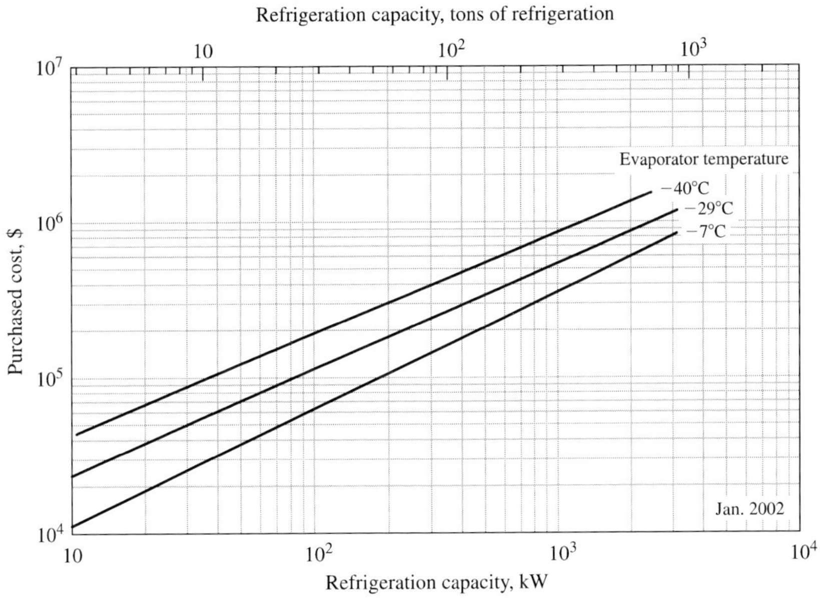


**그림 B-7**
산업용 냉동비용

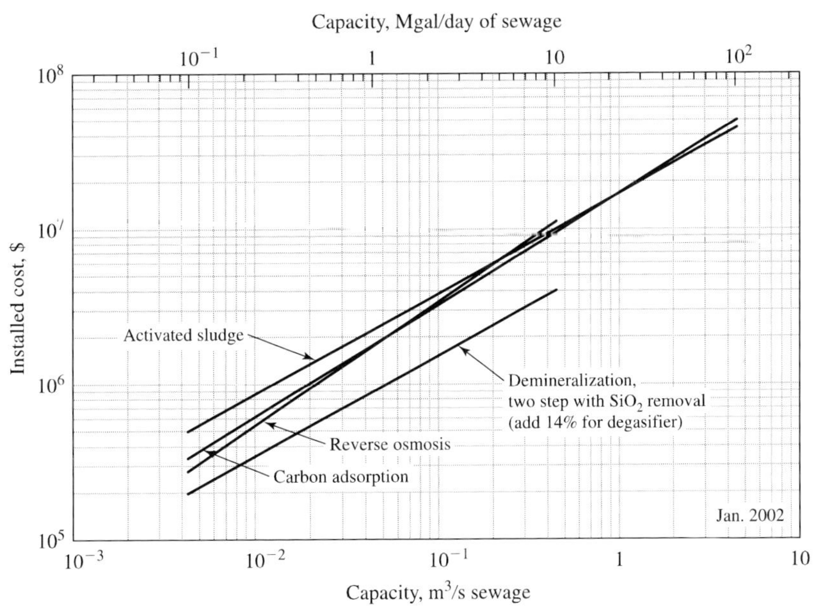


**그림 B-8**
폐수처리 플랜트 설치비용

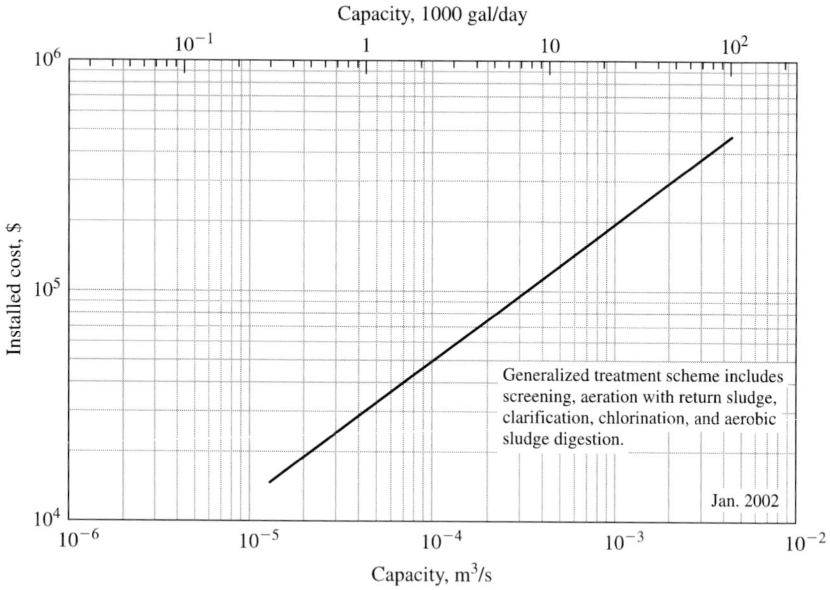


**그림 B-9**

소규모 폐수처리 플랜트 설치비용

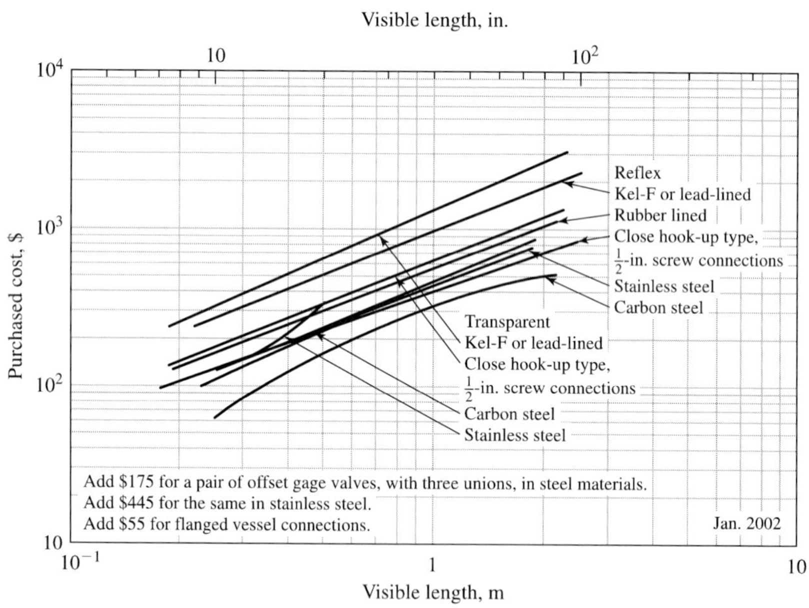


**그림 B-10**

액위 게이지 비용. 평판유리 형태

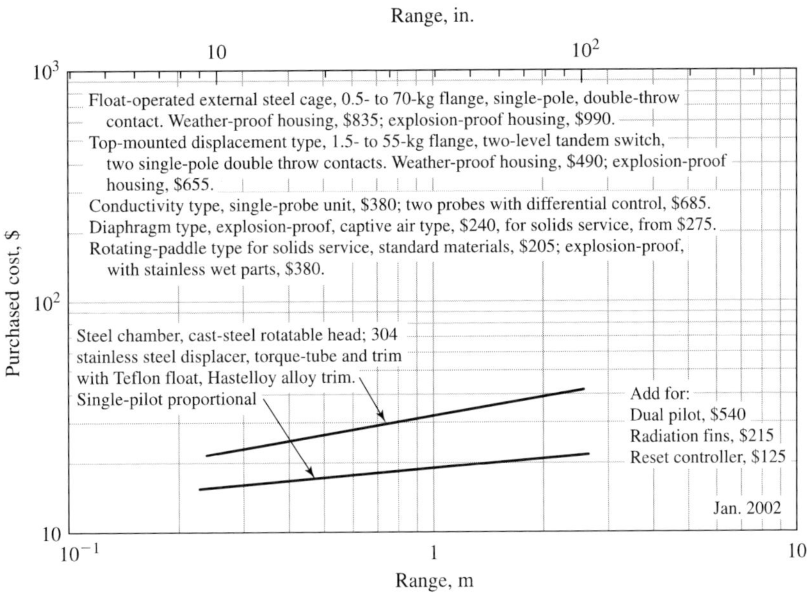


**그림 B-11**
액위제어기 비용

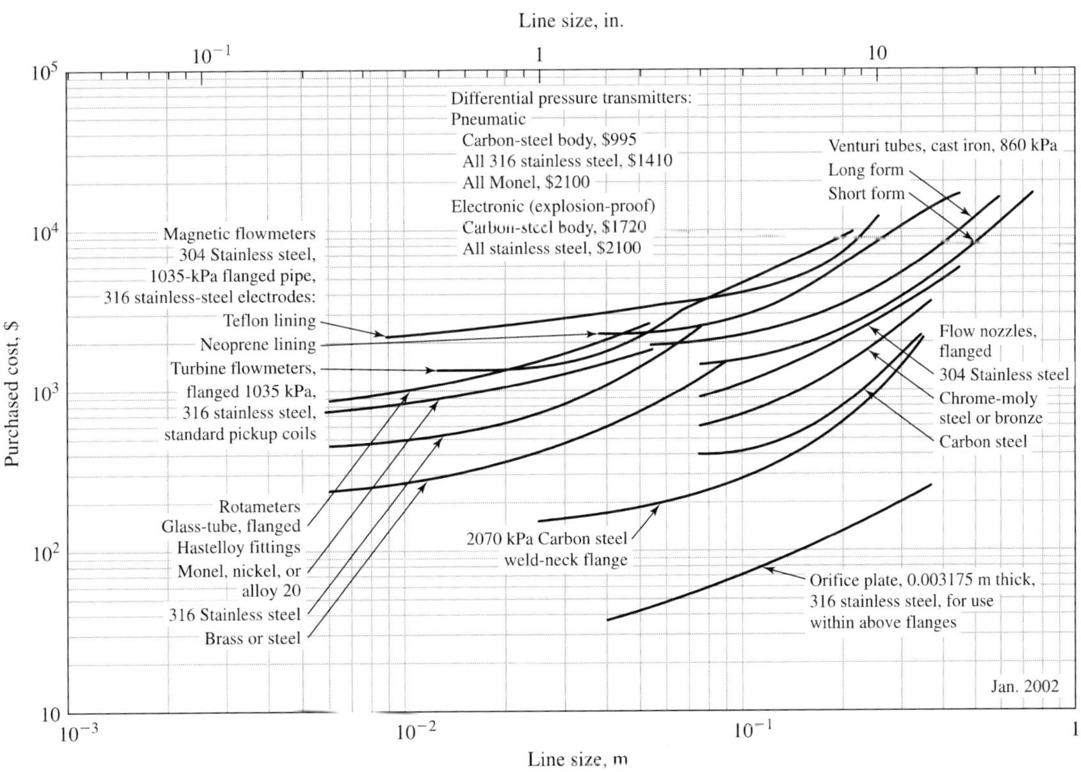


**그림 B-12**
유량지시기 비용

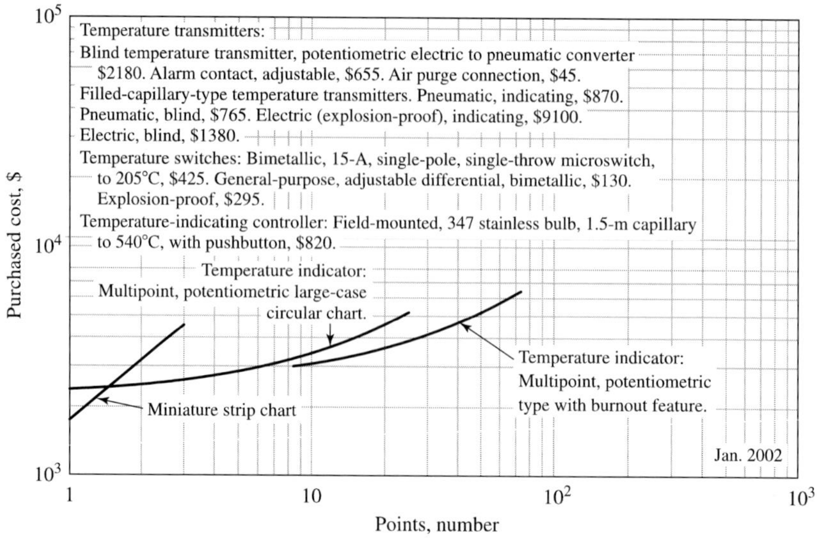


**그림 B-13**
온도 기록계 및 지시기 비용

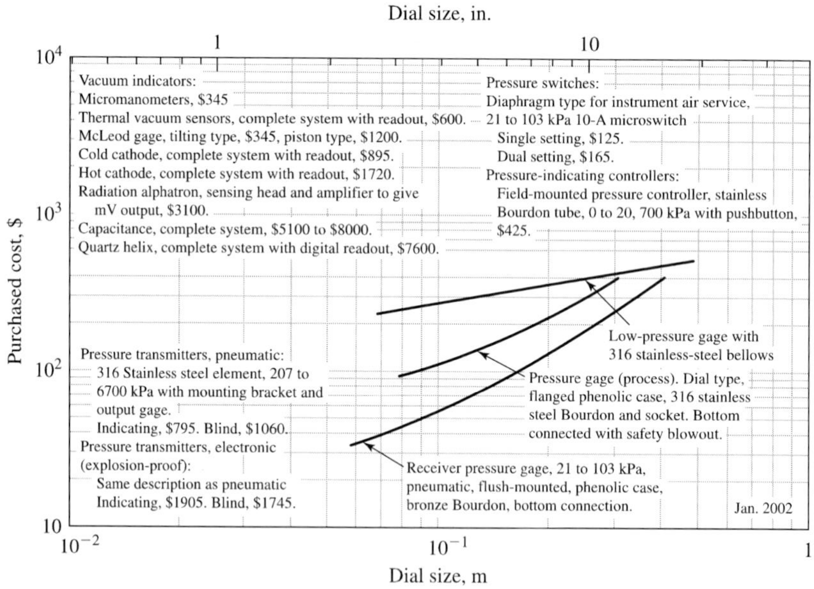


**그림 B-14**
압력지시기 비용

표 B-1 다양한 산업용 유틸리티 비용

| Utility | Cost range (January 2002), $ |
|---|---|
| Steam: | |
| 3550 kPa | 7.70–9.40/1000 kg |
| 790 kPa | 4.40–7.50/1000 kg |
| Exhaust | 2.00–3.50/1000 kg |
| Electricity: | |
| Purchased | 0.040–0.13/kWh† |
| Self-generated | 0.030–0.075/kWh |
| Cooling water: | |
| Well | $0.05–0.22/m^3$ |
| River or salt | $0.02–0.06/m^3$ |
| Tower | $0.02–0.07/m^3$ |
| Process water: | |
| City | $0.12–0.46/m^3$ |
| Filtered and softened | $0.15–0.46/m^3$ |
| Distilled | $0.60–1.10/m^3$ |
| Compressed air: | |
| Process air | 0.25–0.70/100 $m^3$(SC)‡ |
| Filtered and dried for instruments | 0.45–1.30/100 $m^3$ (SC)‡ |
| Natural gas: | |
| Interstate (major pipeline companies) | 10.50–15.80/100 $m^3$ (SC)‡ |
| Intrastate (new contracts) | 10.50–16.00/100 $m^3$ (SC)‡ |
| Intrastate (renegotiated or amended contracts) | 11.50–19.00/100 $m^3$ (SC)‡ |
| Manufactured gas | 7.90–19.40/100 $m^3$ (SC)‡ |
| Fuel oil | $113.00–163.00/m^3$ (18.00–26.00/bbl) |
| Coal | 39.40–64.00/ton (metric) |
| Refrigeration (ammonia), to 1°C | 0.64/kW refrigeration |

†Highly dependent upon location.
‡For these cases, standard conditions (SC) are designated as a pressure of 101.3 kPa and a temperature of 15°C.

APPENDIX

# C

# 디자인 문제

## 목 차

### 주요 문제



### 소규모 문제



### 연습문제

6. 절연체의 최적 두께
7. 이소프로판올로부터 아세톤 생산을 위한 공장의 용량
8. 이소프로판올로부터 아세톤 생산을 위한 장치설계
9. 탈부탄기의 신속한 설계
10. 포름알데히드-펜타에리트리톨 공장의 경제적 분석
11. 촉매 중합반응기에서 허용되는 최소 전환율에 도달하기 위한 조업시간
12. 비페닐 회수 장치에 대한 다성분 증류탑의 크기와 비용
13. 석탄을 오염되지 않은 원료유로 변환시키는 반응기의 설계
14. 알킬화 플랜트 평가를 위한 물질수지
15. 부타디엔 술폰의 생산비용
16. 최소 환류비에서 분별 증류탑이 조작되는 경우 알킬화 장치 열펌프 분별기를 위한 재비기의 비용
17. 디시아노부텐 반응기에서 2회의 전환을 위한 증액 투자 비교
18. SNG 공장의 메탄화 장치에 대한 재순환 압축기의 동력비용
19. 목재펄프 제조공장의 공정설계
20. 디메틸프탈레이트를 이용한 추출증류에 의한 파라핀의 제거
21. 반응기 유출액의 냉각과 응축
22. 뜨거운 연소가스의 냉각
23. 기체 혼합물의 분리를 위한 공정 선택
24. 관형 막을 이용한 한외여과
25. 에틸렌 분리부분의 열 합성
26. 광섬유 제조 유출물로부터의 게르마늄의 회수

## 주요 문제[178)]

### 문제 1. 에틸렌 생산설비를 위한 예비 디자인

원료로서 프로판을 사용하는 에틸렌 500,000 t(metric)/yr 생산을 위한 통상적인 기본형태의 설계는 3장에서 다루었다. 이 공정을 위한 공정 흐름도는 그림 3-8에서 그림 3-13에 걸쳐 나타나 있다. 공정 흐름도는 열분해 공정, 냉각, 압축, 산 가스제거, 건조, 에탄 제거, 아세틸렌 수소화, 냉각되고 메탄이 제거된 분해가스, MAPD 수소화, 그리고 제품 분리들과 연관된 항목들을 차례로 도식적으로 보여주고 있다. 예비 설계에서 요구되어지는 프로필렌 냉각, 에틸린 냉각, 그리고 증기 공정 시스템을 위한 공정 흐름도는 포함되지 않았다. 간결함을 기하기 위해서 용기, 드럼, 그리고 펌프는 6개의 공정 흐름도에서는 생략되어 있다.

178) 학생 혼자서 해결한다면 30일 정도가 소요된다.

표 C-1

| Utility | $T_{in}$, °C | $T_{out}$, °C | $\Delta T_{min}$, °C | $h$, W/m²·K |
|---|---|---|---|---|
| Cooling water | 29 | 40 | 4.0 | 2215 |
| MP steam (1650 kPa) | 203 | 203 | 20.0 | 3180 |
| LP steam (450 kPa) | 148 | 148 | 10.0 | 3035 |
| $C_2H_4$ refrig. | −101 | −101 | 2.0 | 2525 |
| $C_2H_4$ refrig. | −73 | −73 | 2.0 | 2240 |
| $C_3H_6$ refrig. | −46 | −46 | 2.5 | 1590 |
| $C_3H_6$ refrig. | −18 | −18 | 2.5 | 1390 |
| $C_3H_6$ refrig. | 10 | 10 | 2.5 | 1135 |

표 3-6은 열 소성로에 대한 세부 설계사항들을 보여주고 있으며 표 3-7은 그림 3-13에 나타나 있는 다른 공정들을 위한 명세내역과 구입가격을 제시하고 있다. 간단히 하기 위해 프로필렌 냉각, 에틸렌 냉각 및 증기공정 시스템에 대하여 그림 3-8에서 그림 3-12와 공정유통도에 보인 다른 공정부분들에 대한 명세내역과 구입비용 데이터는 포함시키지 않았다. 상세 설계사항을 제공하기 위해서는 다음의 정보들이 필요하다:

*a.* 포함되지 않은 공정부분들에 대한 공정흐름도를 작성.

*b.* 앞에서 언급한 9개의 공정유통도에서 요구되는 모든 열교환기, 재비기, 그리고 응축기의 위치, 부하 및 면적을 계산.

*c.* 예비 설계에서 정해지지 않은 9개의 공정 유통도에서 이 장치들의 용량이나 크기를 결정.

표 3-3에 제시된 가정들 외에 유틸리티들에 대한 정보는 표 C-1에 주어져 있다.

## 문제 2. 부타디엔으로부터 스티렌의 제조

1990년대 초에 Dow는 구리를 함침시킨 제올라이트 촉매를 사용하여 조 $C_4$ 흐름(에틸렌공정에서 얻어진) 중에서 부타디엔을 비닐사이클로헥센으로 2량체화 시키는 공정을 개발하였다. 비닐사이클로헥센은 주석/안티몬 산화물 촉매를 이용하여 스티렌으로 산화적으로 탈수소화시킨다. 이러한 방법은 부타디엔을 회수하기 위한 고가의 추출공정이 없이 $C_4$ 흐름 중의 부타디엔을 이용한다.[179)]

새로운 Dow기술을 이용하여 스티렌 $4.5 \times 10^8$ kg/yr을 생산하기 위한 예비설계를 수행하고 총괄적인 경제성을 결정하여라. 표 3-10에 열거된 $C_4$ 부분의 시장가격은 2000년 1월 1일 기준으로 kg당 $0.425이다. 대표적인 조 $C_4$는 표 C-2에 보인 바와 같은 무게비의 조성을 갖는다. 따라서 부타디엔의 가치는 0.3($0.425), 혹은 대략 kg당 $0.13이다. 부타디엔이 제거된 후 $C_4$ 흐름은 추가비용 없이 에틸렌 생산 설비에 되돌아 갈 수 있으며 스티렌은 kg당 $0.66의 값에 팔릴 수 있다고 가정한다. 이루어지게 되는 공장설계는 조작이 안전하고 규제들을 충족시켜야 한다. 가능한 한 경제적인 방법으로 공정 물질을 재순환시키고 회수하는 데에 온갖 노력을 기울여야 하며 열의 합성을 이용하여 에너지의 소비가 최소로 유지되도록 하여야 한다.

179) 미국특허 5,329,057, 1994년 7월 12일; *Chemtech*, 20(1995년 5월).

표 C-2

| Component | Weight percent |
|---|---|
| Butadiene | 30 |
| Isobutene | 30 |
| 1-Butene | 20 |
| Cis-2-butene | 7 |
| Trans-2-butene | 7 |
| *n*-Butane | 4 |
| Isobutane | 2 |

## 문제 3. 개질 가솔린에서의 사용을 위한 수소의 생산

가솔린 중의 벤젠, 올레핀, 방향족, 그리고 황의 환원과 디젤연료중의 방향족과 황의 환원은 Clean Air Act Amendment에 의해 의무화된 것으로서 많은 정유공장에서 수소 소비를 증가시킨다. 수소는 일반적으로 메탄의 수증기 개질이나 고순도 산소나 수증기를 이용한 메탄의 부분산화에 의해 만들어진다. 공기, 메탄, 그리고 수증기를 사용하는 새로운 자동촉매 반응기가 Becker에 의해 제안되었다.

제안된 공정에서 메탄, 수증기, 그리고 공기는 각각 600 ~ 700°C로 예열되어 내화성 니켈 촉매층을 포함하는 촉매 반응기에 공급된다. 초기연소는 Shell-Texaco 공정의 1400°C와 비교하여 1000°C의 온도에서 이루어진다. 연소된 가스 혼합물은 다단식 CO전환기로 들어가기 전에 열교환기와 열회수 보일러를 통과한다. 다음에 가스는 $CO_2$ 세척탑을 통과하여 극저온 분리장치로 유입되는데 여기에서 수소는 질소, 아르곤, 그리고 메탄으로부터 분리된다.

3000kPa로 압축된 99.0 %의 수소 1.4 $m^3$/day를 생산하기 위한 공장에 대한 예비적인 비용을 추산하여라(표준조건은 15°C, 101.3 kPa). 이 계산에서는 다음 설계자료를 사용한다.

**반응데이터** 시간당 1 kg의 촉매에서 반응하는 메탄의 반응속도(kg몰/kg)는 다음과 같이 주어진다.

$$-r = 1.96 \times 10^7 e^{-44.200/RT} \frac{\bar{p}_{CH_4}}{(1 + 4\bar{p}_{H_2})^2}$$

위에서 $\bar{p}_{CH_4}$는 메탄의 분압이고 $\bar{p}_{H_2}$는 수소의 분압으로서 단위는 모두 bar이다. 촉매상에서의 반응은 메탄의 분해반응에 의해 제한되며 $CH_4$, CO, $CO_2$, $H_2$, $H_2O$들을 포함하는 생성기체는 평형조건에 근접한 상태로 유출된다.

**촉매** 내화성 니켈 촉매는 구형의 입자 모양으로 직경이 0.005 m이다. 촉매층의 공극률은 0.48이며 밀도는 1200 kg/$m^3$이다. 촉매는 매년 대체된다.

***비용 데이터***

| | |
|---|---|
| 메탄(100%), 3000 kPa | \$7.00/100 $m^3$ |
| 포화 수증기, 3000 kPa | \$13.20/1000 kg |

| | |
|---|---|
| 동력 | $0.07/kWh |
| 냉각수(32°C) | $3.96/100 $m^3$ |
| 촉매 비용 | $10.00/kg |

*경제 지침*

프로젝트 수명은 10년

연간 9%의 실질금리

세후 허용가능한 최소 회수율은 15%/yr

소득세율은 순이익의 35%/yr

## 문제 4. 펜타에리트리톨의 생산

당신은 Delaware의 Wilmington에 위치한 ABC 화학회사의 설계 엔지니어이다. 공정 개발부의 주임인 Charles B. King은 펜타에리트리톨을 생산하기 위한 새로운 플랜트의 예비 설계를 준비하도록 당신에게 요청하였다.

다음의 메모는 Mr. King이 당신에게 보낸 것이다:

귀하:

우리는 Missouri의 Louisiana에 펜타에리트리톨 플랜트의 건설을 고려하고 있습니다. 현재 우리는 Missouri의 Louisiana에 무수 암모니아 플랜트를 가지고 있으며 크게 확장할 수 있는 충분한 땅을 가지고 있습니다.

아직까지 우리는 최종적인 플랜트 용량을 결정하지 않았습니다. 그렇지만 우리는 현재 매달 60톤의 펜타에리트리톨을 생산할 수 있는 작은 플랜트의 건설을 고려하고 있습니다.

새로운 공장을 위한 충분한 물, 동력, 그리고 증기 설비는 제안된 공장 위치에서 지금 사용가능합니다. Louisiana에 있는 우리의 플랜트에는 약간의 준비된 설비가 있어서 펜타에리트리톨 플랜트에 이것을 사용할 수 있을 것입니다. 그렇지만 당신은 모든 설비를 새로 구입해야 할 것이라고 생각할 겁니다.

제안된 플랜트에 대한 예비 설계를 준비하시기 바랍니다. 이 설계는 공장 개발부에 의해서 검토될 것이고, 제시된 플랜트에서 앞으로의 결정을 위한 기초로 사용될 것입니다. 일반적인 시장 가격에 우리들의 제품을 모두 팔 수 있다고 가정하고 당신이 추천한 공정, 장치의 다른 부품을 위한 처리와 시방서, 총괄 투자 자본, 그리고 투자에서 회수되는 양에 대한 세부적인 설명을 포함하는 가능한 완벽한 보고서를 작성하십시오. 또한 우리는 소요되는 노동력, 운전 절차와 필요한 과정들의 형태와 양에 대한 개요를 제공받는 것에 관심이 있습니다. 최고의 설계를 위하여 당신이 무엇을 고려하는지를 보여주십시오. 우리의 법률부서에서 어떠한 위반이 연루되는지를 판단하기 위해 특허권 조사를 시행할 것이지만 당신의 설계의 어느 부분이 특허 침해에 연루될 수 있는지를 알게 된다면 이는 당신에게 도움이 될 것입니다. 동봉한 것에서 당신은 우리의 유틸리티 상태, 할부 상환정책, 노동 표준들, 그리고 다른 데이터에 관한 정보를 발견할 것입니다.

팀장 C. B. King
공정 개발부

동봉: 제안된 펜타에리트리톨 플랜트의 설계에서 사용하기 위한 정보

*유틸리티*: 65°F에서 펌프되는 가용한 물; 가격, \$0.14/1000 gal. 1000 psig에서 이용할 수 있는 증기; 가격, \$1.50/1000 lb. 전력비, \$0.07/kWh.

*저장*: 여분의 저장공간은 없다.

*수송 시설*: 철도 박차는 공장 위치에서 지금 이용할 수 있다.

임금: 책임기사, \$25.00/h; 모든 보조원 및 다른 근로자, \$20.00/h.

*감가상각*: 10년에 걸쳐 직선방식에 따름.

*투자회수율*: 설계 계산에서 우리들은 어떠한 불필요한 투자에 대하여 소득세 전에 최소 20%의 회수율을 요구한다.

*소득세*: 우리 회사의 소득세 부하는 모든 수익의 35%에 이른다.

*원료물질 가격*: 모든 원료물질들은 통상의 시장가격에서 구입해야 한다.

*반응열*: 수산화나트륨 촉매를 사용하면 반응된 아세트알데히드 1 lb 몰 당 64,000 Btu가 방출되고, 수산화칼슘 촉매를 이용하면 반응된 아세트알데히드 1 lb 몰 당 60,000 Btu가 방출된다.

*열전달 계수*: 수증기에서 반응기 액체, 2000 Btu/h · ft2 · °F. 물에서 반응기 액체, 150 Btu/h · ft2 · °F.

## 문제 5. 포름알데히드 생산시설

일리노이 화학공정 주식회사
플랜트 개발부
Urbana, 일리노이

귀하:

우리들은 포름알데히드의 생산을 고려하고 있습니다. 이를 위하여 우리는 귀하에게 하루 70톤의 포름알데히드를 생산하는 플랜트에 대한 완벽한 예비 설계를 제출하여 줄 것을 원하는 바입니다.

우리들은 일리노이의 Centralia에 있는, 플랜트의 건설에 이용할 수 있는 적합한 부지를 가지고 있습니다. 그리고 원하는 용량의 플랜트에서 이용할 수 있는 충분한 물과 증기가 있습니다. 우리들이 일반적인 시장 가격에 우리들의 제품을 모두 팔 수 있다고 가정하고 당신이 추천하는 공정, 장치의 다른 부품을 위한 처리와 시방서, 총괄 투자 자본, 그리고 추정되는 투자 회수액에 대한 세부적인 설명을 포함하는 가능한 완벽한 보고서를 작성하여 주십시오. 또한 우리는 소요 노동력, 운전 절차, 그리고 필요한 과정의 형태와 양에 대한 개요를 받는 것에 관심이 있습니다.

동봉한 것에서 당신은 우리의 유틸리티 상태, 할부 상환정책, 노동 표준들, 그리고 제품 규격에 관한 정보를 발견할 것입니다.

A. B. Blank
기술 감독
Centralia 화학회사
Centralia, 일리노이

*유틸리티*: 70°F에서 펌프되는 가용한 물; 가격, $0.14/1000 gal. 200 psig에서 이용할 수 있는 증기; 가격, $1.50 / 1000 lb. 전력비, $0.07 /kWh.

*저장*: 여분의 저장공간은 없다.

수송 시설: 철도 박차는 공장 위치에서 지금 이용할 수 있다.

부지: 플랜트 위치는 우리가 소유한 지금은 필요 없는 장소이다. 그러므로 당신의 분석에 부지 비용을 포함하지 말아 주십시오.

*근로자*: 책임기사, $25.00/h; 모든 보조원 및 다른 근로자, $20.00/h.

*감가상각*: 10년에 걸쳐 직선방식에 따름.

*투자회수율*: 설계 계산에서 우리들은 어떠한 불필요한 투자에 대하여 소득세 전에 최소 15%의 회수율을 요구한다.

*제품규격*: 모든 포름알데히드는 37.2중량% 포름알데히드와 8중량% 메탄올을 포함하는 포르말린으로 팔릴 것이다.

## 소규모 문제[180)]

### 문제 1. 이산화황 반응기의 최적 온도

당신의 설계그룹의 상사가 당신에게 $SO_2$를 $SO_3$로 산화시키기 위한 특별한 촉매의 사용을 다루는 보고서를 준비할 것을 부탁했습니다. 이 촉매는 낮은 온도에서 우수한 반응성을 보여 주었습니다. 그리고 통상적인 두 개의 반응기 대신 단지 하나의 표준크기 반응기를 사용함으로써 우수한 $SO_3$ 수율을 얻을 수 있도록 하여줄 것입니다.

당신의 보고서는 당신의 설계그룹의 다른 멤버 사이에 회람되고 그룹 회의에서 논의될 것입니다. 이 보고서는 당신의 설계그룹의 상사에게 제출될 것입니다. 당신의 보고서에 대하여 다음과 같은 몇 가지 일반적인 주의사항을 제시하고자 합니다:

1. 보고서는 다음 것들을 포함해야 합니다.
   *a.* 전달문(당신이 그 보고서를 제출하며, 적용할 수 있다면 어떤 핵심적인 결과를 나타내어 주는지를 보여주는, 상사에 대한 전달문)
   *b.* 제목 페이지
   *c.* 목차
   *d.* 요약 (결과의 간략한 표현)
   *e.* 본문
      (1) 서론(보고서를 쓴 이유, 그 보고서가 무엇에 대한 것인지를 설명하는 간단한 토의: 어떠한 결과도 여기에서 포함되어서는 안됨)
      (2) 토의(그 문제에 대한 접근방법의 개요; 어떤 상세한 계산도 포함하지 않음; 요약에 포함되어 있지 않은 기술적인 문제를 기술; 가정과 이유를 나타낸다; 중요한 문헌조사 결과도 포함; 오류, 기타의 가능한 근거를 보여준다)
      (3) 적절한 자료(원한다면 포함될 수 있지만 그림은 이 경우에는 필요하지 않음)와

180) 학생 스스로 해결한다면 14일 정도가 소요된다.

함께 마지막 추천 조건(또는 적용 가능한 경우 설계)

*f.* 부록

(1) 계산 예제(자세히 나타내고 설명)

(2) 기호설명(필요하다면)

(3) 인용문헌(필요하다면)

(4) 사용된 자료

**2.** 위에 기술된 개요는 희망에 따라 바꿀 수 있다(즉 결론과 제안 부분이 포함될 수 있음).

**3.** 보고서는 대분류 다음에 적절한 소 표제를 추가함으로써 보다 효과적으로 만들어 질 수 있다.

**문제** 접촉황산장치의 일부분으로 새로운 반응기를 최근 구매하였다. 이 반응기는 바나듐 산화물 촉매를 사용하여 $SO_2$를 $SO_3$로 산화시키는데 사용된다.

다음의 정보와 자료를 이용하여 $SO_2$에서 $SO_3$로의 전환율이 최대가 되도록 하여주는 반응기의 운전온도를 구하고 아울러 이 때의 최대 전환율 값(%)을 보여라. 하루에 10000 파운드의 $SO_2$가 반응기로 유입된다.

공기가 $SO_2$ 산화에 이용되는데 300 %의 과잉 공기를 사용하기로 하였다. 예열기를 이용하여 공기와 $SO_2$를 임의의 원하는 온도까지 예열시키며, 반응기 내의 냉각코일은 반응기 내부를 일정한 온도로 유지시킨다. 반응기 온도는 유입되는 공기 및 $SO_2$ 온도와 같다. 운전 압력은 1기압으로 가정할 수 있다.

반응기의 내부 크기는 $5 \times 5 \times 8$ ft이다. 반응기 내부부피의 1/2은 촉매가 차지한다.

당신의 실험실에서 특별한 형태의 바나듐 산화물 촉매를 시험해왔으며, 실험실의 추천에 따라 반응기에 바나듐 산화물 촉매를 사용하기로 결정하였다. 이 촉매의 공극률은 60%이다(즉 촉매내의 빈 공간/촉매의 전체부피=0.6).

반응 $2SO_2 + O_2 \rightarrow 2SO_3$은 촉매가 존재하는 경우 외에는 무시할 만한 속도로 진행된다.

당신의 실험실은 그 촉매에 대한 주의 깊은 실험을 했다. 실험결과 이 반응은 3차반응이 아니라 농도에 대한 복잡한 함수인 것으로 밝혀졌다. 실험보고서에 따르면 반응속도는 $SO_2$ 농도에 비례하고 $SO_3$ 농도의 제곱근에 반비례하며 산소 농도와는 무관하다.

반응속도는 다음 식으로 표현된다.

$$\frac{dx}{d\theta} = k\frac{a - x}{x^{1/2}}$$

여기서

$a$ = lb 몰/ft$^3$로 표시되는 $SO_2$의 원래 양

$x$ = 최초기체 1ft$^3$당 촉매접촉시간 $\theta$ s 동안에 전환된 $SO_2$의 lb 몰

$k$ = 반응속도 상수(lb 몰/ft$^3$)$^{1/2}$/s; 이는 평형조건에 이르기까지 각 온도에서 일정하다고 가정할 수 있다.

표 C-3

| $k \times 10^4$, $(\text{lb mol/ft}^3)^{1/2}/\text{s}^\dagger$ | Temperature, °C |
|---|---|
| 14 | 350 |
| 30 | 400 |
| 60 | 450 |
| 100 | 500 |
| 210 | 550 |

† Applicable only to the conditions of this problem.

표 C-4

| $\Delta F^0$, cal/g mol | Temperature, °C |
|---|---|
| −9120 | 350 |
| −8000 | 400 |
| −7000 | 450 |
| −5900 | 500 |
| −4900 | 550 |

실험실에서 표 C-3에 보인 반응속도 상수를 얻었다. 이 데이터는 당신의 촉매와 반응기에 적용할 수 있다.

표 C-4에 주어진 다른 온도들에서의 정상상태 자유에너지 데이터는 문헌으로부터 얻은 것이다. 이 데이터는 다음 반응에 적용할 수 있다.

$$SO_2 + \frac{1}{2}O_2 \longrightarrow SO_3$$

관련되는 기체들의 퓨개시티(fugacity)는 분압과 동일하다고 가정할 수 있다.

## 문제 2. 열교환기 설계

To: 공정 엔지니어

From: A. B. Green 박사, 주임 설계 엔지니어

Mountain View Chemical Company Boulder, Colorado.

우리는 석유화학 부문의 촉매분해 장치를 설계하고 있는 중입니다. 이 작업의 일부로서 주어진 정보를 토대로 하여 단일경로 열교환기를 설계하여 주시겠습니까?

200,000 gal/h의 오일 A가 100°F에서 230°F까지 가열되어야 하며 가열매체는 50 psig의 포화 수증기가 될 것입니다.

엔지니어링 부서에서는 내부 가열면적 1ft$^2$ 당 \$60.00의 비용이 필요할 것이라고 하였는데 여기에는 모든 설치비용이 포함됩니다.

관 벽이나 수증기 막에 의한 어떠한 저항도 무시할 수 있습니다; 이에 따라 모든 열 흐름 저항은 오일막 내에 존재할 것입니다.

동력 비용은 1 kwh당 \$0.07이며 펌프와 모터의 효율은 60 %로 추정됩니다.

분석에 있어서 수증기나 열교환기 단열비용을 고려하지 마십시오.

오일은 열교환기 내의 관 내부로 흐르게 됩니다. 다음은 *Perry's Chemical Engineers' Handbook*으로부터 얻은 오일 A에 대한 자료입니다:

100와 230°F 사이의 오일 A의 평균 점도 = 6 cS
100와 230°F 사이의 오일 A의 평균 밀도 = 0.85 $g/cm^3$
100와 230°F 사이의 오일 A의 평균 비열 = 0.48 Btu/lb°F
100와 230°F 사이의 오일 A의 평균 열전도도 = 0.08 $Btu/h \cdot ft^2 \cdot °F/ft$

우리는 이러한 형태의 열교환기에서 Reynolds 수가 5000이상으로 유지될 것을 권유합니다. 이 열교환기의 관은 표준 강철관입니다. 관 크기는 직경 1/2 in이고 관 벽은 16 BWG입니다.

우리는 우리가 사용해야 하는 관의 직경, 관의 길이, 설치된 공정의 전체적인 비용에 특히 관심을 가지고 있습니다. 하나의 장치에 대하여 열교환기의 길이가 비합리적이라면 어떤 것을 추천할 것입니까?

그 장치는 300 days/yr 동안 연속적으로 운전한다고 가정하십시오. 고정비용은 16 %입니다.

우리 회사는 모든 여분의 고정자본투자에 대하여 세후 최소 20 %의 회수율을 요구한다는 것을 염두에 두기 바랍니다.

그 열교환기에서 총 100개의 관을 바탕으로 계산할 수도 있습니다.

이 정보를 완전한 공식적인 보고서로 제출해 주세요. 단일경로 열교환기에 100개의 관이 있다고 정하지 않았다면 추가로 어떤 계산이 필요할 것인지에 대한 간략한 개요를 포함시키기 바랍니다.

다음은 권하고자 하는 가정들입니다.

Fanning 마찰인자는 다음 식에 의해 나타내어 진다고 가정할 수 있습니다.

$$f = \frac{0.04}{Re^{0.16}}$$

오일막 열전달 계수는 열교환기 전체에 걸처 일정히다고 가정할 수 있습니다.

간단히 하기 위해 오일막 열전달 계수는 다음 식으로 나타내어진다고 가정합니다.

$$h = 0.023\frac{k}{D}Re^{0.8}Pr^{0.4}$$

위에서 모든 변수 값들은 100과 230°F 사이에서의 평균값들입니다.

## 문제 3. 아황산가스 흡수장치의 설계

당신은 연소가스로부터 $SO_2$ 회수를 위한 장치를 설계하는 설계 엔지니어 그룹의 멤버입니다.

그룹의 책임자로부터 $SO_2$ 흡수탑의 최적 크기를 결정하라는 요구를 받았습니다. 특히 최적 흡수탑의 높이와 단면적을 결정하고 제안내용을 정식 보고서 형태로 제출하도록 요구받았습니다.

당신의 그룹은 제안된 전체 설계안에 대한 토의를 위해서 몇 번의 회의를 가졌습니다. 다음은 그룹에서 설계의 근거로 이용하기로 결정한 조건, 가정, 그리고 데이터를 열거한 것입니다:

300°F와 1 atm에서 기체 100,000 $ft^3/min$를 처리한다.

유입기체는 0.3부피% $SO_2$와 11.0% $CO_2$를 포함하며 나머지는 $N_2$, $O_2$ 및 $H_2O$이다.

유입기체의 평균 분자량은 29.4이다.

유출기체의 $SO_2$ 몰%는 0.01%이다.

흡수탑의 유입 및 유출 압력은 $SO_2$ 압력을 계산하기 위해 1 atm으로 가정한다.

산화아연 공정을 이용하여 $SO_2$를 회수하게 됩니다. 이 공정에서 $H_2O$, $NaHSO_3$ 및 $Na_2SO_3$ 용액은 $SO_2$를 흡수하기 위해 흡수탑 내부를 순환합니다. 이 혼합물은 ZnO로 처리되며 생성된 $ZnSO_3$는 여과, 건조, 소성되어 실질적으로 순수한 $SO_2$를 생성합니다. 소성기로부터의 ZnO는 재사용되며 여과기로부터의 아황산염-중아황산염은 재순환됩니다.

흡수탑은 다음과 같은 규격의 격자를 포함하게 됩니다:

간극 = 1.5 in.

높이 = 4 in.

두께 = $\frac{1}{4}$ in.

자유 단면적 = 85.8%

1 $ft^3$ 당의 활성 흡착면적 $a$ = 13.7 $ft^2/ft^3$

탑 유입구에서의 기체의 평균 밀도는 0.05 $lb/ft^3$로 가정할 수 있습니다. 아황산염-중아황산염 용액의 밀도는 70 $lb/ft^3$이며 탑 입구와 출구에서 0의 평형 $SO_2$ 증기압을 갖는다고 간주할 수 있습니다.

아황산염-중아황산염 액체는 탑 단면적 1$ft^2$당 675 lb/h의 유속으로 공급되어야 합니다.

최적 설계는 액체의 재순환 및 탑을 통한 기체의 강제이송을 위한 최소의 총 동력비용에 해당하는 설계라고 가정할 수 있습니다. 이 경우의 최적은 고정비용이 고려되는 경우에 얻어지는 최적에 해당된다고 가정할 수 있습니다.

이용될 규격의 격자에 대하여 다음의 간단한 식을 적용할 수 있습니다.

$$K_g = 0.00222\,G_0^{0.8}$$

$$\frac{\Delta h_w}{L} = 0.23 \times 10^{-7} G_0^{1.8}$$

위에서

$K_g$ = 몰 흡수계수, (흡수된 성분 lb 몰)/$h \cdot ft^2 \cdot atm_{\text{log mean}}$

$G_0$ = 탑 내의 기체의 겉보기 질량유속, $lb/h \cdot ft^2$

$\Delta h_w$ = 탑의 압력강하, in water

$L$ = 탑 높이, ft

액체는 탑 상부의 노즐에 의하여 흡수탑에 주입되는데 노즐 직전의 압력은 35 psig입니다. 액체 펌프에서 공급되는 에너지로 액체가 탑 상부로 올라가며 액체가 35 psig의 압력으로 압축됩니다. 관의 마찰과 다른 사소한 손실을 감안하기 위해 앞의 펌프에서 소요되는 동력에 대하여 10%의 안전인자를 적용합니다.

기체 송풍기는 55%의 총괄효율을 나타냅니다.

펌프의 총괄효율은 65%입니다.

## 문제 4. 질소와 산소의 액화를 위한 액상 메탄 냉매의 이용

천연가스 수송회사 경영진은 인근의 소비자들을 위한 210 tons/day의 액화 질소와 64 ton/day의 액화 산소의 생산에서 액상 메탄을 열 소멸자(heat sink)로 사용하는 것을 고려하고 있습니다. 이에 따라 회사 엔지니어들 가운데 한 사람이 이를 위한 계획안의 개요를 작성하였습니다. 이 공정은 다음과 같습니다.

공기는 상압에서 20 atm으로 압축된 다음 정제됩니다. 깨끗한 건조기체는 맞흐름 열교환기에 의해 냉각되는데 이때 액상 메탄이 증발됩니다. 부분적으로 액화된 공기흐름은 이중 압력 공기 분리탑의 재비기 흐름으로 작용합니다. 이중 압력탑의 5 atm 고압 하부 부분에 유입되기 전에 고압 공기 흐름은 J-T밸브를 통해 방출됩니다. 하부 탑의 탑저 생성물은 약 산소 40 몰%로 농축되어 1-atm 저압 상부탑의 원료가 됩니다. 고압탑의 응축 증기들은 저압탑의 재비기로 작용합니다. 고압탑의 상부로부터 질소가 회수되어 감압된 후 저압탑의 재순환류로 이용됩니다. 고순도의 액체산소는 저압탑의 탑저제품으로 회수되고 고순도의 질소 증기는 같은 탑의 상부로부터 회수됩니다. 후자의 흐름은 실온으로 가열되고 20 atm으로 압축된 다음 같은 열교환기에서 저온으로 냉각되어 집니다. 고압의 순수한 질소 흐름은 액상 메탄과의 맞흐름 열교환에 의해 응축됩니다. 액화 후에는 대기압으로 팽창되어지고 얻어지는 증기는 다시 재순환되어 저압탑으로부터의 탑상 흐름과 결합됨으로써 액화 사이클이 다시 시작되게 됩니다.

화공 엔지니어로서 여러분은 이 공정을 분석하고 세인을 해 줄 것을 요구받았습니다. 85%의 운전인자를 가정하여 가능한 한 완전한 유통도와 물질수지를 세움으로써 작업을 시작합니다. 공정에 필요한 장치의 형태를 개략적으로 정리하고 닥칠 수 있는 특정 문제들을 개설함과 아울러 가능한 한 완전하게 공장의 계장을 구현해 주기를 바랍니다. 아울러 설계안 평가를 완벽하게 하는 데에 필요한 모든 추가적인 정보들을 열거하기를 바랍니다.

## 문제 5. 고순도 무수 암모니아의 제조

어떤 화학회사가 고순도의 무수 암모니아 450 t(metric)/day을 생산하는 것을 고려하고 있다. 선택된 방법은 고압 수증기-메탄 개질공정이다. 이 공정에 대한 설명은 다음과 같다: 수증기-메탄 개질공정에서는 가압하에서 천연가스나 유화가스를 수증기 개질시키고 CO 전환을 거쳐 원료 합성가스를 정화시키고 암모니아 합성과정을 거쳐 암모니아를 제조한다. 이 공정에서 포화 및 불포화 탄화수소는 다음과 같은 기본적인 방정식에 따라 수증기에 의해 분해된다.

$$CH_4 + H_2O \longrightarrow CO + 3H_2$$

올레핀이나 유황이 많이 함유된 원료는 전처리가 필요하다. 1차 개질기에서는 천연가스 원료의 약 70%를 니켈 촉매를 사용하여 수증기 존재하에 합성가스로 변환시킨다. 2차 개질기에서는 공기가 도입되어 암모니아에 필요한 질소를 공급한다. 부분적으로 개질된 가스의 연소열은 공기 중의 산소와 반응한 후에 남아있는 기체 잔류물을 개질하기 위한 에너지를 공급하여 준다. 고압 개질은 저압 합성에서 요구되는 압축기 동력보다 30% ~ 40% 이상을 유지한다.

다음에 혼합물은 급냉되어 변환장치로 보내진다. 여기서 CO는 $CO_2$와 $H_2$로 전환된다. 변환반응에 필요한 물의 양을 충족시킨 후에도 추가의 열을 이용할 수 있다면 폐열 보일러를 설치할 수 있다. 열 회수 후에 변환장치의 유출물은 냉각되고 압축된 다음 가스 정화 단계로 이동한다. 재생 MEA(monoethanolamine)이나 다른 표준 회수 시스템에서 합성가스로부터 $CO_2$가 제거된다. $CO_2$ 제거 후에 가스 흐름에 존재하는 미량의 CO들은 메탄화에 의해 제거된다. 얻어지는 순수한 합성 가스는 오일 분리기를 통과하여 재순환 흐름과 혼합된 다음 암모니아 냉동으로 냉각된 후 2차 분리기로 유입되어 무수 암모니아가 제거된다. 다음에 합성가스는 열 교환기를 통과하여 촉매 암모니아 전환기에 충전된다. 전환기로부터의 생성가스는 냉각되어 전환기 원료가스와 교환된다. 무수 액화암모니아는 첫번째 분리기에서 분리되어 더 냉각된 후에 무수 암모니아 생성물 플래쉬 드럼으로 이동한다. 개질 단계로의 원료는 보통 300 psig보다 높은 압력을 나타낸다. 그렇지만 압력은 고정되어있지 않고 특정한 국부적 조건에 대하여 최적 설계가 되도록 변할 수 있다. 첫 번째와 두 번째 개질기의 온도는 760°C에서 980°C이고 변환반응 온도는 첫 번째 단계에서는 370°C에서 450°C이고 두 번째 단계에서는 230°C에서 290°C이다. 암모니아 합성은 20.8 MPa에서 이루어 지는게 보통이다. 급냉 형태 암모니아 전환기 내의 온도는 촉매 내부에서 정확하고 융통성있게 제어되어 생산속도에 관계없이 1경로당 최대의 암모니아 수율이 얻어 지는 촉매 온도 기울기가 되도록 하여준다.

이 공정을 분석하고 90%의 조업인자를 가정하여 가능한 한 완벽한 유통도와 물질수지를 세워 보자. 또한 공정에 필요한 장치의 형태를 개략적으로 정리하고 열교환기의 대략적인 부하와 주요 장치의 크기를 결정하여라. 일차적인 설계 평가를 완전하게 종료하려면 어떤 추가적인 정보가 필요할까?

## 연습문제

### 문제 1. 활성탄 흡착공정에 의한 수소 회수 비용

만일 다음과 같은 조건들을 적용한다면 10,000,000 $ft^3$/day(표준상태에서)의 기체원료로부터 95 몰% 순도의 수소를 회수하는 데에 소요되는 비용은 95 몰% 수소 1,000 $ft^3$당 센트 단위로 얼마인가?

원료 조성 = 수소 72.5 부피%와 메탄 27.5 부피%

활성탄에 의한 선택적인 흡착에 근거한 수소회수 방법이 사용된다.

탄소흡착에 대해 3개의 분리된 층들이 필요하며 하나의 층은 연속적으로 사용되고 다른 층들은 탈착되거나 재생된다. 회수는 한 번의 통과 및 층당 1시간의 흡착 사이클을 근거로 한다.

활성탄 1 lb당 총 0.00838 lb 몰의 물질이 매 시간 흡착된다.

흡착상의 조성은 96.8 몰% $CH_4$이며 나머지는 수소이다.

활성탄 비용은 1 lb당 $3.65이다.

연간 필요한 추가 탄소량은 초기 충전량의 15%이다.

총 공장 비용(장비, 파이핑, 계장등)은 $4,750,000이다.

자본 투자는 총 공장비용과 공정물질의 합과 같다.

자본 투자는 5년 동안에 완전히 회수되어야 한다.

년간 운전비용(노동, 연료, 물, 원료, 재생, 감가상각을 뺀 고정비용, 그리고 보수 및 유지를 포함)은 $2,250,000과 같다.

공장은 연간 350일 운전한다.

## 문제 2. 활성탄을 이용한 수소정제 흡착탑의 설계

당신의 공장은 72.7 부피% $H_2$와 27.5 부피% $CH_4$를 함유하는 기체를 하루에 1천만 $ft^3$생산하고 있다. 이 기체를 활성탄 중으로 통과시켜 95 부피%의 $H_2$를 함유하는 기체를 생산하고자 한다. 활성탄은 $CH_4$에 대하여 우선적으로 선택적인 흡착을 보여준다. 3개의 고정층을 사용하는 흡착-탈착-재생 사이클을 이용하고자 한다. 하나의 층은 8시간에 걸쳐 재생되고 정화된다. 이 시간 동안에 다른 두 층에서는 번갈아 1시간의 흡착과 1시간의 탈착 사이클이 수행됨으로써 연속적인 운전이 이루어진다. 기체는 한번 통과하는 방식이 이용된다.

각각의 층은 서로 평행한 다수의 탄소충전탑이 포함되도록 설계될 수 있다. 각 탑의 직경은 모두 동일하며 6, 9, 12, 또는 15 ft이다.

다음을 결정하여라.

*a.* 탑에 대한 총 비용이 최소가 되기 위한 각 층 내의 개별 장치들의 수

*b.* (a) 부분의 조건에 대한 탑의 높이와 직경

공정의 선택된 조건에 대하여 이전에 얻어진 데이터와 정보(즉 400 psia에서 흡착, 20 psia에서의 탈착, 그리고 110°F의 평균흡착온도)는 다음과 같다:

활성탄소 1 lb당 총 0.0063 lb 몰/h의 물질이 흡착된다.

흡착상의 조성은 96.8 몰% $CH_4$와 나머지 수소이다.

탄소의 밀도는 0.30 $g/cm^3$이다.

흡착기 내에서 기체 속도는 비어 있는 용기의 단면적을 바탕으로 1 ft/s를 초과해서는 안된다. 이는 흡착과 재생, 그리고 정화를 포함한 보든 사이클에 적용된다.

원료기체는 400 psia, 80°F에서 흡착기로 들어간다. 생성된 기체는 약 400 psia와 140°F의 온도로 흡착기를 빠져 나간다. 재생은 탄소 1 lb당 30 $ft^3$(STP)의 연소가스와 탄소 1 lb당 80 $ft^3$의 정화공기를 포함한다. 연소가스는 600°F(최대온도)와 5 psia이며 공기는 90°F와

표 C-5 가격 데이터

| | | | | |
|---|---|---|---|---|
| Column diameter, ft | 6 | 9 | 12 | 15 |
| Cost per foot of length, $ | 1170 | 2140 | 3280 | 5840 |
| Cost per tower for skirt or support, $ | 1950 | 3240 | 4540 | 5200 |

5 psia이다. 공기는 정화의 출발점에서 최대 600°F까지 이른다.

각각의 헤드(상부, 또는 하부)에 대해서 용기당 5ft의 추가길이에 해당하는 비용을 더한다. 비용 데이터는 표 C-5에 주어져 있다.

## 문제 3. 이산화황 회수시스템을 위한 로터리 여과기의 설계

$SO_2$ 회수 시스템의 설계를 담당하는 설계그룹의 멤버로서 당신은 황산아연 여과를 처리하기 위한 로터리 진공여과기의 소요면적을 추정하라는 요구를 받았다. 당신은 또한 진공펌프에 필요한 모터의 소요동력을 결정해야 한다. 결과에는 어떠한 안전인자도 포함시키지 않아야 한다.

다음 조건들은 당신의 그룹에 의해 정해졌다:

건조한 황산아연($ZnSO_3 \cdot 2.5H_2O$) 1 lb당 20 lb의 액체를 함유하는 슬러리가 연속 로터리 여과기에서 여과되어 1 lb의 건조 수화물당 0.2 lb의 물을 함유하는 케이크가 형성된다.

슬러리 혼합물에서 분당 100파운드의 황산아연이 여과기로 전달된다.

드럼 속도는 0.33 r/min 이며 대기압 이하 10.2 in 수은의 진공이 이용된다.

잠기는 드럼면적 분율은 0.25이다.

공기흡입에 이용될 수 있는 드럼면적 분율은 0.1이다.

슬러리의 온도는 110°F이며 진공펌프 내로의 공기 온도는 110°F이다. 110°F의 공기에서 $C_p/C_v = 1.4$이다. 여과기 주위 공기의 온도와 압력은 각각 70°F 및 1 atm이다.

케이크 비저항과 공기흡입 케이크 비저항은 압력강하와 드럼속도, 온도, 잠긴 드럼분율, 흡입에 이용된 드럼분율, 그리고 슬러리 농도와는 무관하다. 그렇지만 이 가정에 따른 가능한 오차를 없애기 위하여 계획된 설계와 비슷한 조건에서 실험실 테스트를 수행하여야 한다. 이러한 테스트 결과는 설계의 기본자료로 이용될 수 있다(즉 설계에 있어서의 케이크와 여액조성 및 밀도는 실험실에서와 동일하다고 가정할 수 있다).

진공펌프와 모터는 85%의 효율을 갖는다.

모든 황산아연은 여과되어 여액에는 남아있지 않다고 가정한다.

여과기 매체의 저항은 무시할 수 있다.

$SO_2$회수설계그룹의 요청에 따라 수집한 실험실 데이터는 표 C-6에 나타나 있다.

표 C-6

| | |
|---|---|
| Total area of filter | 4.15 $ft^2$ |
| Fraction of area submerged | 0.20 |
| Fraction of area available for air suction | 0.10 |
| Vacuum | 9 in.Hg below atmospheric pressure |
| Slurry concentration | 12 lb liquid/lb dry $ZnSO_3 \cdot 2.5 H_2O$ |
| Temperature | 110°F |
| Drum speed | 0.40 r/min |
| Density of wet cake leaving filtering zone | 100 lb/$ft^3$ |
| Pounds of liquid per pound of dry $ZnSO_3 \cdot 2.5\ H_2O$ in wet cake leaving filtering zone | 0.6 |
| Density of filtrate | 68.8 lb/$ft^3$ |
| Viscosity of filtrate | 0.6 cP |
| Pounds of water per pound of dry $ZnSO_3 \cdot 2.5H_2O$ in final cake | 0.20 |
| Time interval | 5.0 min |
| Volume of filtrate | 0.95 $ft^3$ |
| Volume of air at SC | 8.5 $ft^3$ |

## 문제 4. 염소회수 시스템에 대한 투자회수

염소제조장치로부터의 배가스에는 15 부피% $Cl_2$와 75 부피% HCl, 그리고 10부피% $EtCl_2$가 함유되어 있다. 이 가스는 70°F와 2 psia에서 150 $ft^3$/min의 유량으로 생성된다. 부분염화 알코올(PCA) 중에서 흡착과 반응에 의해 염소의 일부분을 회수하는 방안이 제안되었다. 배가스는 PCA와 맞흐름 방향으로 충전된 흡착탑을 통하여 계속적으로 통과되는데 여기에서 염소는 흡착되고 PCA와 부분적으로 반응한다. 탑의 상부를 떠나는 가스는 알코올 응축기를 통과하여 기존의 HCl 회수장치로 유입된다.

흡착된 염소와 PCA사이의 반응은 느리며 단지 흡착된 염소 일부분만이 탑에서 반응한다. 탑의 하부로부터의 PCA의 일부는 보류시스템으로 보내지는데 여기에서 반응이 평형에 이르도록 시간이 주어진다. 나머지 PCA는 염소제조장치로 보내어 진다. 에틸알콜이 보류시스템으로 가는 PCA에 추가된다. 다음에 PCA는 보류 시스템으로부터 흡착탑 상부로 재순환되며 재순환 유량과 재순환 농도를 일정하게 유지시키는 데에 충분한 양으로 에틸알콜이 추가된다.

당신의 일차적인 계산으로 최적 운전조건이 정해졌으며 흡착탑 비용을 제외한 모든 비용들이 결정되었다. 다음의 정보와 데이터로부터 자본 지출에 대한 연간 회수율(%)을 결정하여라:

탑 상부를 이탈하는 기체는 2부피%의 염소를 함유한다.

탑 상부로 유입되는 PCA는 0.01 몰%의 염소를 함유한다.

탑 하부를 이탈하는 PCA는 0.21 몰%의 염소를 함유한다.

재순환 유량은 200 gpm(흡착탑의 상부로 유입)이다.

탑 상부에서 가스 유량은 27.2 lb 몰/h이다.

탑 상부로 들어가는 PCA의 밀도는 68.5 lb/$ft^3$이며 평균분자량은 70이다.

탑은 35°C와 1 atm에서 운전된다.

가스는 70°F, 2 psia에서 탑 하부로 유입된다.
염소는 알코올 응축기에서 흡착되지 않는다.
탑은 1in Raschig ring으로 충진되며 자기 탑이 사용된다.

Raschig ring으로 충진된 작은 탑으로 실험실 테스트를 행하였다. 이러한 테스트들은 제안된 설계에서와 농도가 동일한 PCA와 배가스를 사용하여 35°C에서 수행되었다. 그 결과는 1in Raschig ring에 적용하기 위해 확장되었으며 당신의 탑에 적용할 수 있다. 결과는 표 C-7에 보인 바와 같다.

PCA에서의 염소의 흡착은 Henry의 법칙을 따르며 다음의 관계를 이용하여 전달단위 수를 구할 수 있다:

$$N_t = \frac{y_1 - y_2}{\Delta y_m}$$

위에서

로그평균 구동력 $\Delta y_m = \dfrac{\Delta y_1 - \Delta y_2}{\ln(\Delta y_1 / \Delta y_2)}$

$$\Delta y_1 = y_1 - y_1^*$$
$$\Delta y_2 = y_2 - y_2^*$$

표 C-8은 35°C, 1 atm에서 염소와 PCA에 대한 평형 데이터이다. 이러한 데이터들은 탑 전체에 걸쳐 적용된다.

**표 C-7**

| $m_2G_2/L_2$, based on conditions at dilute end of column | Height of a transfer unit (log-mean method), ft |
|---|---|
| 0.178 | 3.6 |
| 0.571 | 4.8 |
| 1.04 | 6.2 |
| 1.53 | 7.6 |

**표 C-8**

| Free $Cl_2$ in PCA, $x$, mol % | Free $Cl_2$ in gas (based on PCA vapor-free gas), $y$, mol % |
|---|---|
| 0.1 | 2.0 |
| 0.2 | 4.0 |
| 0.3 | 6.0 |

최대허용속도(탑 입구에서 가스의 조건을 바탕으로)는 1.5 ft/s이다. 탑은 최대허용속도의 60%로 운전할 것이다.

필요한 비용 데이터는 다음과 같이 주어진다.

**1.** 탑:

| Diameter, in. | 12 | 18 | 24 | 30 | 36 | 42 |
|---|---|---|---|---|---|---|
| Porcelain, $/ft of length | 450 | 650 | 880 | 1170 | 1490 | 1850 |
| Top or bottom heads, porcelain, each, $ | 390 | 550 | 750 | 970 | 1230 | 1520 |

**2.** 탑 충진. 1-inch Raschig rings, 자기, 1 $ft^3$ 당 $24.00.

**3.** 자본지출에서 흡수탑의 비용을 빼면 $80,000이다.

**4.** 순수한 연간 절감액(알코올 손실과 모든 다른 비용, 즉 이자, 대출, 세금, 보험, 감가상각, 유지비, 그리고 다른 초과 비용을 모두 고려)은 $40,000이다.

*주의*: 위의 $40,000은 흡수탑 비용의 정확한 추정을 통해 결정되었으며 실제의 순수 절감액으로 간주할 수 있다.

문제 4의 사용기호

$G$ = 기체 몰 유량, lb 몰/h

$L$ = 액체 몰 유량, lb 몰/h

$M$ = 평형곡선 기울기, y/x

$N_t$ = 전달단위 수

$y$ = 기체중의 염소 분율

$y^*$ = 기체중의 염소의 평형 분율

## 문제 5. 염소회수 시스템의 경제성 분석

표 C-9에 보인 데이터는 염소회수 시스템으로부터 얻어진 것이다. 여기에서 모든 값들은 체류시간과 재순환 유량이 최적인 조건에서 정해졌다.

표 C-9

| Mol % $Cl_2$ in exit gas | Total capital expenditure, $ | Total annual operating costs (fixed costs, production costs, overhead, etc.), $ | Gross annual savings by using process, $ |
|---|---|---|---|
| 0.2 | 368,000 | 336,000 | 456,000 |
| 1.0 | 304,000 | 316,000 | 444,000 |
| 2.0 | 272,000 | 296,000 | 420,000 |
| 5.0 | 212,000 | 268,000 | 332,000 |
| 10.0 | 136,000 | 236,000 | 188,000 |

다음을 결정하여라:

*a.* 손익분기점에서 출구가스 중의 염소%
*b.* 최대 연간 실질 절감액과 이때의 출구가스 중의 염소%
*c.* 자본 지출액에 대한 최대 회수율%와 이때의 출구가스 중의 염소%
*d.* 당신은 어떤 투자를 추천할 것인가? 그 이유는?

## 문제 6. 절연체의 최적 두께

250°F의 포화증기를 운반하는 3마일 길이의 10-in.-OD 관에 대한 단열재를 구입하고자 한다. 외부의 년간 평균 공기온도는 45°F이다.
단열재의 수명은 20년으로 추정되며 폐기처분가격은 무시할 수 있다. 감가상각을 제외한 고정비용의 합은 10%이며 유지비용은 연간 고정자본 투자액의 2%가 되는 것으로 추정된다.

어떤 회사는 1 피트당 \$0.25 $D^{1.3}$의 비용으로 단열설치를 포함하는 입찰을 제출했다. 여기에서 D는 인치로 나타낸 보온재의 외경이다. 다음의 데이터와 식을 이용하여 총 투자액의 50%를 회수하기 위해서는 절연두께는 얼마이어야 하는지를 결정하여라.

이 관은 1년간 365일 연속적으로 작동될 것이다. 증기 가격은 1000 lb 당 \$1.30이다. 보온재의 열전도도는 0.04 Btu/h·ft$^2$·°F/ft이다. 증기막과 관의 저항은 무시할 수 있다.

표면으로부터 전도와 대류에 의한 열손실은 다음 식으로 계산할 수 있다.

$$h_c = 0.42\left(\frac{\Delta T_s}{D'_o}\right)^{0.25}$$

위에서

$\Delta T_s$ = 보온재와 공기 사이의 온도차, °F
$D'_o$ = 외경, in.
$h_c$ = Btu/h·ft2·°F

$h_r$ = 1.2 Btu/h·ft$^2$·°F의 평균값을 사용하여 복사에 의한 열 손실을 결정할 수 있다. 이는 시간당 총 열손실이 다음의 식에 의해 계산되는 수정된 값이다.

$$\dot{q} = (h_c + h_r)A\,\Delta T_s$$

모든 필요한 숫자들을 통한 수학적인 설정과 최종적 풀이를 위한 방법을 서술한다면 만족스러울 것이다.

## 문제 7. 이소프로판올로부터 아세톤 생산을 위한 공장의 용량

아세톤은 다음 반응에 따라 이소프로판올의 탈수소화시켜 제조한다:

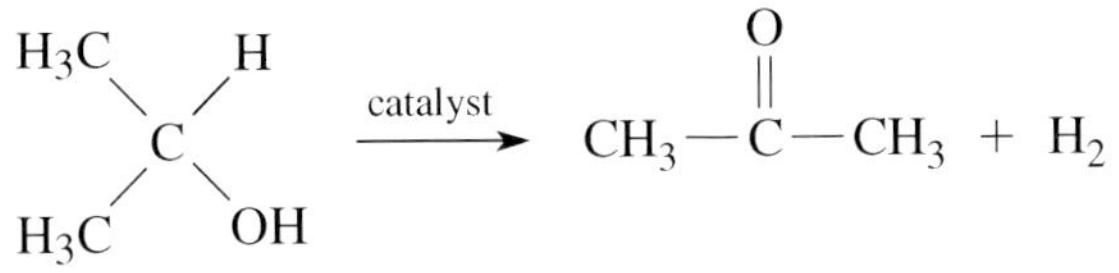

이 반응은 비가역적이라고 가정할 수 있다.

주입되는 이소프로판올의 양이 증가함에 따라 공정에서 사용되는 촉매의 활동도는 감소한다. 반응속도에 대한 이 효과는 다음의 식으로 표현된다.

$$k = \frac{0.000254\,NT}{V}\left(2.46 \ln \frac{1}{1-\alpha} - \alpha\right)$$

여기서

$\alpha$ = 아세톤과 부산물로 전환된 이소프로판올의 분율로서 (전환된 이소프로판올의 몰 수)/(공급된 이소프로판올의 몰 수)로 정의된다.

$k$ = 반응속도상수, $s^{-1}$

$N$ = 시간당 전환기에 공급된 이소프로판올의 lb 몰

$T$ = 절대온도, °R

$V$ = 촉매부피, $ft^3$

이소프로판올의 공급속도는 전체 공정에서 일정하게 유지된다. 새 촉매는 $k$ = 0.30 $s^{-1}$이 되는 활동도를 갖는다. 촉매 1 $ft^3$ 당 10,000 lb의 이소프로판올이 공급된 후에는 $k$ = 0.15 $s^{-1}$이다.

공급된 총 이소프로판올(lb 몰)에 대한 log $k$의 그래프는 직선으로 나타난다.

아세톤의 최대 생산속도는 76.1 lb/h이다. 이러한 최대 생산량은 시작점(즉 $k$ = 0.30 $s^{-1}$일 때)에서 일어나는 것으로 간주할 수 있다.

전체 공정을 통하여 572°F의 일정온도와 1 atm의 일정압력이 유지된다.

촉매 부피 $V$ = 250 $ft^3$이다.

$$\text{효율} = \frac{\text{생성된 아세톤 몰 수}}{\text{소비된 이소프로판올의 몰 수}}(100) = 98\% \ (572°\text{F에서})$$

촉매는 48시간 동안의 재생으로 본래의 활동도로 회복될 수 있다.

촉매는 매년 마지막 운전기간 후에 폐기진다.

장치는 350 days/yr(재생 운전중단(shutdown)을 포함)동안 운전된다. 나머지 15일은 수리 및 오래된 촉매의 교체에 이용된다.

만약 일년에 9회의 촉매 재생과정이 이용된다면 아세톤의 생산량은 년간 몇 파운드가 되겠는가? 생산되는 모든 아세톤은 회수된다고 가정한다.

풀이방법을 약술하여라. 실제 수학적 계산과정은 보여줄 필요가 없다.

## 문제 8. 이소프로판올로부터 아세톤 생산을 위한 장치설계

여러분은 지금 이소프로판올로부터 아세톤의 생산을 위한 공장을 설계하고 있다. 아세톤은 다음의 반응에 따라 생산된다:

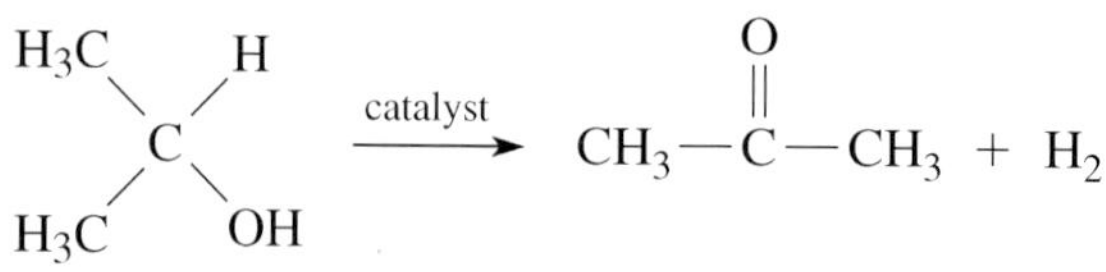

이 반응은 비가역반응으로 가정할 수 있다.

이 공정에서 사용되는 촉매는 공정이 진행됨에 따라 활동도가 감소한다. 반응속도에 대한 이의 영향은 다음과 같이 표현될 수 있다.

$$k = \frac{0.000254}{V} NT \left( 2.46 \ln \frac{1}{1-\alpha} - \alpha \right)$$

여기서

$\alpha$ = 아세톤과 부산물로 전환된 이소프로판올의 분율로서 (전환된 이소프로판올의 몰 수)/(공급된 이소프로판올의 몰 수)로 정의된다.

$k$ = 반응속도상수, $s^{-1}$

$N$ = 시간당 전환기에 공급된 이소프로판올의 lb 몰

$T$ = 절대 온도, °R

$V$ = 촉매 부피, $ft^3$

촉매는 운전동안에 주기적으로 재생되어야 한다. 새로운 촉매는 $k = 0.30\ s^{-1}$이 되는 활동도를 갖는다.

반응 생성물(전환되지 않은 이소프로판올, 아세톤, 부산물, 그리고 불순한 이소프로판올 원료로부터 나온 약간의 물)은 연속식 증류탑으로 이송되는데 여기에서 정화된 아세톤이 제거된다.

증류탑, 칼란드리아, 그리고 응축기들은 공장에 이미 있는데 이들이 정화단계에서 사용될 수 있을 것인지를 결정해야 한다.

다음의 데이터를 사용하여 탑, 칼란드리아, 그리고 응축기들이 사용 가능한지를 결정하여라. 이들 장치가 만족스럽지 않다면 필요한 설비의 구매 비용을 결정하여라. 필요치 않다면 새 장비는 구입하지 않는다. 현 설비는 추후에 공장의 다른 부분에 이용될 수도 있다.

이소프로판올의 공급속도는 전체 운전동안 97 lb 몰/h로 일정하게 유지된다. 운전 전체에 걸쳐 572°F의 일정온도와 1atm의 일정압력이 유지된다.

$$\text{전환효율} = \frac{\text{생성된 아세톤 몰 수}}{\text{소비된 이소프로판올의 몰 수}}(100) = 98\%\ (572°\text{F에서})$$

현 증류탑은 50개의 실제 단으로 구성되어 있다. 당신의 계산결과 환류비를 1:1로 하면 40%의 단효율을 가정할 때 98%의 아세톤이 제거되는 것으로 나타났다. 생물질은 100% 아

세톤으로 가정할 수 있다. 이들 조건은 만족스러우며, 당신은 이들 조건에서 계산을 수행하였고 그 결과는 표 C-10에 보였다.

칼란드리아에서의 총괄 열전달 계수는 250 Btu/h·ft$^2$·°F이다.

포화 증기는 50 psig에서 이용이 가능하다. 수증기 응축액으로부터 비등 액체로의 열전달은 무시한다. 칼란드리아에서 온도차 구동력 $\Delta T$는 90°F로 가정한다.

당신의 계산은 현재 탑의 응축기가 만족스러우며 이 공정에 사용될 수 있음을 보여주었다.

현 설비에 대한 소요 데이터는 표 C-11에 주어져 있다. 표 C-12는 구매해야 하는 새로운 설비에 대한 설치비용 자료를 보여주고 있다.

1 ft$^2$의 단 면적당 $160.00의 가격을 근거로 하여 강철 증류탑을 계산하여라. 탑의 직경은 6 in의 짝수배가 되어야 한다.

표 C-10

| Per 1000 lb/h of acetone distilled and removed as product | |
|---|---|
| Column cross-sectional area, ft$^2$ | 6.4 (based on 12-in. plate spacing and 2-in. liquid depth) |
| Condenser area, ft$^2$ | 220 |
| Steam, lb/h | 1100 |

표 C-11

| | |
|---|---|
| Number of plates in column | 50 |
| Column diameter | 72 in. |
| Plate spacing | 12 in. |
| Liquid depth on each plate | 2 in. |
| Calandria heat-transfer area | 104 ft$^2$ |
| Calandria shell working pressure | 60 psig |

표 C-12 강철 열교환기

| Surface, ft$^2$ | Cost, \$/ft$^2$ |
|---|---|
| 100 | 130 |
| 200 | 94 |
| 300 | 78 |
| 500 | 65 |

## 문제 9. 탈부탄기의 신속한 설계

당신은 큰 정유회사의 주임 설계 엔지니어이다. 수석 프로젝트 엔지니어가 당신에게 제안된 탈부탄기에 대한 예비 설계를 수행할 것을 요청하였다. 당신은 3시간 내에 그룹미팅에서 다음과 같은 예비 자료를 보고해야 한다.

*a.* 제안된 탈부탄기 탑의 단 수

*b.* 제안된 탑의 직경

*c.* 재비기 내부의 가열 코일에서 소요되는 튜브 외부면적(코일은 250 psia의 포화증기를 포함; 재비기에서 탄화수소의 평균 증발열은 5000 cal/g몰로 한다.)

프로젝트 엔지니어로부터 다음의 자료를 제시받았다:

촉매 분해장치로부터 탈부탄기로의 충전량은 5620 BPSD(barrels per service-day). (표 C-13 참조.)

탈부탄기는 165 psia에서 운전된다.

OVHD와 BTMS 두 부분이 얻어진다.

OVHD는 98.5%의 부탄 및 1.5 몰%의 펜탄과 펜텐이 함유된 가벼운 성분들로 이루어져 있다.

탈 부탄기는 $nC_4$와 $iC_5$ 사이를 분별증류한다.

**표 C-13 촉매 분해기로부터의 탈 부탄기 충진흐름**

°API (60°F) = 100.3
Viscosity = 42 SSU at 120°F

| Component | Mol percent | Molecular weight |
|---|---|---|
| $C_2''$ | 0.1 | 28 |
| $C_2$ | 1.2 | 30 |
| $H_2S$ | 2.1 | 34 |
| $C_3''$ | 16.3 | 42 |
| $C_3$ | 6.9 | 44 |
| $iC_4''$ | 6.5 | 56 |
| $nC_4''$ | 14.3 | 56 |
| $iC_4$ | 10.8 | 58 |
| $nC_4$ | 3.9 | 58 |
| $C_5''$ | 11.9 | 70 |
| $iC_5$ | 9.7 | 72 |
| $nC_5$ | 2.3 | 72 |
| $C_6$ | 11.8 | 86 |
| $C_7$ | 2.1 | 96 |
| $C_8$ | 0.1 | 112 |
| | 100.00 | |

탈부탄기 설계카드 파일을 조사하여 다음의 카드 A에서 C까지의 정보를 얻었다.

*Card A* Debutanizer: 30 trays

| Feed 574 BPSD | | Reflux 635 BPSD | OVHD 354 BPSD | | BTMS 220 BPSD | |
|---|---|---|---|---|---|---|
| 5897 lb/h<br>84.6 mol/h | | 5630 lb/h<br>100.6 mol/h | 3114 lb/h<br>56.0 mol/h | | 2783 lb/h<br>28.6 mol/h | |
| Mol % | | Composition same as OVHD | Mol % | | Mol % | |
| $C_3''$ | 12.4 | Reflux ratio = 1.8 : 1 | $C_3''$ | 18.8 | $C_4$'s | 1.4 |
| $C_3$ | 6.1 | | $C_3$ | 9.2 | $C_5$, 400°F | 98.6 |
| $C_4$'s | 47.9 | | $C_4$'s | 71.6 | | 100.0 |
| $C_5$, 400°F | 33.6 | | $C_5$, 400°F | 0.4 | | |
| | 100.0 | | | 100.0 | | |
| °API = 68.8<br>Basis feed: | | °API = 110.7<br>119 mol % | °API = 100.7<br>66.2 mol % | | °API = 39.7<br>33.8 mol % | |

*Card B* Values of *K* at 165 psia

Listings derived principally from the data of Scheibel and Jenny, *Ind. Eng. Chem.*, **37:** 80 (1945).

| Hydrocarbon | 260°F | 280°F | 285°F | 290°F | 300°F |
|---|---|---|---|---|---|
| *n*-Butane | 1.75 | 2.00 | 2.06 | 2.13 | 2.25 |
| *n*-Pentene | 1.15 | 1.30 | 1.34 | 1.39 | 1.47 |
| Isopentane | 1.03 | 1.19 | 1.23 | 1.28 | 1.37 |
| *n*-Pentane | 0.90 | 1.06 | 1.11 | 1.16 | 1.25 |
| *n*-Hexane | 0.46 | 0.58 | 0.61 | 0.64 | 0.70 |
| *n*-Heptane | 0.24 | 0.31 | 0.32 | 0.35 | 0.39 |
| *n*-Octane | 0.13 | 0.17 | 0.18 | 0.19 | 0.21 |

*Card C* Recommended overall heat-transfer coefficients (based on outside coil heating area)

| | Debutanizer service | Transfer rate, Btu/h·ft$^2$·°F |
|---|---|---|
| Condenser | Butane to water | 100–110 |
| Reboiler | Gasoline to steam | 120–140 |
| Reboiler | Gasoline to hot oil | 50–75 |
| Exchanger | Gasoline to gasoline | 80 |
| Preheater | Gasoline to steam | 110–120 |
| Cooler | Gasoline to water | 75–90 |

## 문제 10. 포름알데히드-펜타에리트리톨 공장의 경제적 분석

당신은 화학공장 설계의 컨설팅을 수행하는 회사의 직원이다. 뉴욕 Cooks Falls의 G. I. Treyz 화학회사는 현재의 포름알데히드 공장에 펜타에리트리톨(PE) 생산장치를 추가하는 것에 대한 타당성을 결정하여 주도록 요청해 왔다. 당신은 상황을 분석하고 필요한 정보를 얻기 위해 Cook Falls 회사에 가게 되었다.

공장 소유주인 G.Victor Treyz와의 회의에서 다음의 정보를 확보하였다:

몇 년 전에 $1,140,000였던 현재의 포름알데히드 공장은 현재 만족할 만한 운전조건을 유지하고 있다. 이 공장에서는 메탄올을 산화시켜 포름알데히드를 생산한다. 연간 고정비용(이자, 임대비용, 세금, 보험료, 감가상각비)은 초기 투자비용의 15%정도이다.

1일당 공장 생산능력은 100,000 lb의 포르말린(37.2% HCHO, 반응 억제제인 8% $CH_3OH$, 54.8%의 물)이다.

나머지 비용(임금, 노임, 사무비용, 실험실 경비, 유지비, 수리비, 통신비, 영업비, 은 촉매 대체비용, 기타)은 매년 $360,000이다.

메탄올에서 포름알데히드로의 총괄 전환율은 80%이다. 즉 공급된 메탄올 1 lb에 대하여 0.8lb의 메탄올이 1 lb의 포름알데히드로 전환된다.

전체 유틸리티 비용(연료, 전력, 증기, 물 등)은 포름알데히드 전체 생산비용의 5%에 해당한다.

Treyz씨는 보험이익과 같은 작은 비용들을 경상비용에 포함시켜서 현재 조업에서의 전체 비용은 고정비용, 경상비용, 유틸리티, 메탄올 비용의 합이 된다.

제안된 PE공장은 공장에서 생산된 억제 포르말린을 사용하여 하루 6000 lb의 펜타에리트리톨을 생산한다. 석회, 아세트알데히드와 포름알데히드가 수반되는 기초 반응은 완전히 완결되는 것으로 가정한다. 이 반응에서 생성된 PE의 70%만 최종 생산물로 얻어진다. 과량의 $Ca(OH)_2$의 존재로 인한 비용은 무시했다. 형성된 칼슘 포름산염은 폐기되어야 한다.

제안된 공장의 초기 설치비용은 $500,000이다. 원료물질 비용을 뺀 연간 새 조업비용은 초기 설치비용의 40%라고 가정할 수 있다. 이러한 40%에는 고정비용, 경상비용, 유틸리티, 그리고 재료비용을 제외한 다른 모든 비용이 포함된다.

두 공장은 연간 350일 조업한다.

Treyz씨는 현재 시장 가격으로 하루에 6000 lb의 PE를 팔 수 있다고 생각한다. 그는 또한 하루에 100,000 lb의 포르말린을 팔 수 있지만 만약 PE의 초기 공장투자비용의 30% 이상을 회수할 수 있다면 그는 기꺼이 새로운 투자를 할 의지가 있다.

다음 사항들은 Treyz씨가 제시한 가격들이다. 모든 가격은 뉴욕 Cooks Falls의 f.o.b. 가격이며 비용산정에 이용될 수 있다.

| | |
|---|---|
| 메탄올, carload | $ 0.60 gal = $0.091 /lb |
| 포름알데히드(혹은 포르말린), 37.2% HCHO, 8% $CH_3OH$ | $ 0.10/lb |
| 아세트알데히드 | $ 0.46/lb |
| 순수한 CaO로서의 생석회 | $40.00/ton |
| 펜타에리트리톨 | $0.72/lb |

이상에서 주어진 정보로부터 다음을 결정하여라:

*a.* 포름알데히드 장치의 연간 이익.

*b.* 만약 PE공정이 운전되는 경우의 연간 총 이익.

*c.* PE 초기공장 투자비용의 연간 회수율(%).

*d.* Treyz회사는 투자를 해야 할 것인가?

## 문제 11. 촉매 중합반응기에서 허용되는 최소 전환율에 도달하기 위한 조업시간

어떤 촉매 중합반응 공장은 아래에 주어진 물성을 지닌 특별한 촉매를 사용하여 연속적으로 조업된다. 다음과 같이 정해진 조업조건 하에서 각 반응기에 새로운 촉매(촉매사용시간은 0)를 충진하고부터 촉매층을 통한 프로필렌의 전환율이 93.75 %로 떨어질 때까지 며칠이 걸리겠는가? 그 시간에서 촉매층을 통한 압력강하는 얼마나 되겠는가? 만약 모든 장치들이 동일한 엇갈린 스케쥴에 따라 운전된다면 재충진된 새로운 장치를 얼마나 자주 운전에 투입해야 하는가(즉 비움과 재충진을 위해서 각 장치는 며칠동안 운전정지 되어야 하는가)?

총 원료양은 15,000 bbl/day이고 60 부피%의 프로판과 40 부피%의 프로필렌으로 구성된다.

5개의 반응기를 사용할 수 있으며 하나의 반응기에는 20,000 lb의 촉매가 충진된다.
모든 반응기는 동일한 엇갈린 스케쥴에 따라 운전된다.

4개의 반응기는 동일한 유량으로 운전되며 5번째 반응기는 내부를 비우고 촉매를 재충진시키는데 이에는 적어도 5일 이상 8일 미만의 시간이 요구된다.

반응기의 온도는 430°F에서 일정하게 유지된다. 이 온도에서 1 bbl의 전환된 프로필렌당 0.715 bbl의 고분자가 얻어진다.

$$\text{촉매 수명인자 } A = \frac{\text{촉매충진이래 생산된 고분자(갤런)}}{\text{충진된 촉매량(lb)}}$$

$$A = \frac{\left[\int_0^D F(\theta)d\theta\right](\text{고분자 1갤런에 대한 전환인자})_{\text{산술평균}}}{\text{촉매량(lb)}}$$

$\theta$ = 시간, day
$D$ = $\Delta p/F^2$가 계산되는 시간(day)
$F = F(\theta)$ = 반응기 총 원료유량, $10^3$ bbl/day
$\Delta p$ = 반응기를 통한 압력강하, psi

430°F의 온도와 조업압력에서 다음 데이터가 사용되는 특별한 촉매에 적용된다:

촉매시효 $A$에 대한 log $\Delta p/F^2$의 그래프는 선형으로서 $A = 0$일 때 $\Delta p/F^2 = 0.2$이고 $A = 84.90$일 때 $\Delta p/F^2 = 100$이다(이 선형식은 log $\Delta p/F^2 = 0.03179\ A - 0.699$이다).

새로운 촉매가 충전(촉매시효가 0일때)된 시점에서 프로필렌에서 고분자로의 전환율은 97.66%이다.

표 C-14에 보인 데이터는 촉매와 지시된 온도에 적용된다(선형 안짐작법이면 만족스럽다).

표 C-14

| $A$ | % conversion of propylene at catalyst age $A$ / % conversion of propylene at catalyst age zero |
|---|---|
| 0 | 1.00 |
| 10 | 0.995 |
| 20 | 0.99 |
| 30 | 0.98 |
| 40 | 0.97 |
| 50 | 0.96 |
| 60 | 0.935 |
| 70 | 0.91 |
| 80 | 0.87 |
| 90 | 0.82 |
| 100 | 0.76 |

## 문제 12. 비페닐 회수장치에 대한 다성분 증류탑의 크기와 비용

어떤 다성분 증류탑에 대한 원료가 표 C-15에 나타나 있다(휘발도가 감소하는 순서임).

단 수가 10인 탄소강의 버블캡 증류탑은 평균압력 400 mmHg, 평균온도 280°C 및 8:1의 환류비에서 운전되며 유입되는 비페닐의 98%와 무시할 만한 양의 메틸 비페닐 및 무거운 성분들이 탑상 생성물에 포함된다. 다음의 자료와 가정들을 바탕으로 하여 설치비와 보조 장치들(재비기와 응축기는 제외)을 포함하는 증류탑의 비용을 계산하여라:

증류탑에서의 압력 감소는 무시할 수 있으며 평균온도와 압력을 계산에 이용할 수 있다.

주어진 조건에서 이상기체 방정식이 가스 혼합물에 적용된다.

액상 원료는 비점 상태에 있다.

탑은 단열적으로 운전되며 일정한 몰 넘침(overflow) 가정이 유효하다.

가스의 평균분자량은 비페닐의 분자량, 혹은 $C_6H_5 \cdot C_6H_5 = 154.2$로 취한다.

탑 내의 액체의 평균비중은 0.72이다.

단의 간격은 24 in이고 2-in의 액체봉함 슬롯이 있다.

표 C-15

| Component | Feed rate, lb mol/h |
|---|---|
| Toluene | 0.488 |
| Naphthalene | 1.599 |
| Biphenyl | 16.835 |
| O-Methyl biphenyl | 0.208 |
| P-Methyl biphenyl | 0.333 |
| M-Methyl biphenyl | 0.121 |
| Diphenylenemethane (Fluorene) | 1.029 |
| Phenanathrene | 0.769 |
| M-Terphenyl | 1.919 |
| | 23.301 |

액체의 표면장력은 20 dyne/cm이라고 가정한다.
최대로 허용할 수 있는 증기유속에 대하여 85%의 안전인자를 사용하여 탑의 크기와 비용을 계산하여라.

## 문제 13. 석탄을 오염되지 않은 원료유로 변환시키는 반응기의 설계

아래에 소개한 조건 하에서 석탄으로부터 저유황 오일을 생산하는 공장을 설계하고자 한다. 설계에 있어서 주요한 관심은 반응기의 부피를 최소로 하는 것인데 이를 위해 반응기 시스템에 대한 약간의 예비적인 연구가 이루어져야 한다. 특히 800°F에서 등온상태로 운전되는 반응기의 최소 부피를 결정해야 하는데 단일의 이상적인 연속흐름 반응기 운전인 경우와 단일의 역혼합(CSTR) 반응기 시스템의 운전인 경우에 대하여 다음에 소개한 조건과 가정들을 바탕으로 부피를 결정한다.

**운전조건** 공장에서는 석탄으로부터 50,000 bbl/day(60°F에 근거)의 저유황 오일(0.4 wt% 유황)을 생산한다. 표 C-16은 원료석탄과 생산되는 오일에 관한 데이터를 보인 것이다.

슬러리 중의 석탄은 35 무게 %이며 나머지는 생성되는 오일과 같은 조성을 갖는 재순환되는 오일이다.

사용되는 촉매는 알루미나 상의 니켈-몰리브데늄 촉매로서 1/8 in구형의 형태를 가지며 탈황도 $A_s$는 1.25이고 평균밀도는 42.0 lb/ft$^3$이다.

다음의 가정들이 반응기 시스템에 적용된다:

압력은 2500 psia, 반응기를 통한 압력강하는 무시.

SC((SC = 60°F, 1 atm)에서 유입 슬러리 1배럴당 25,000 ft$^3$의 기체가 반응기로 유입된다.

반응기로 들어오는 기체는 85%의 수소를 포함하며 나머지 15%는 메탄과 무시할 수 있는 양의 황화수소를 포함한다.

생산수율은 석탄 1톤에 대하여 4.2 bbl 오일(60°F에서)이다.

연료오일의 평균 분자량은 301이다.

슬러리 중에는 수소, 메탄, 혹은 황화수소가 용해되어 있지 않다.

소요되는 가열 및 냉각장치들이 이용가능하며 반응기는 800°F에서 등온으로 운전된다고 가정한다.

연속흐름 반응기의 수소 분압은 입구와 출구압력의 산술평균 값으로 일정하다고 가정한다.

반응식에서 $1 + K_{HS}\bar{p}_{HS}$ 항은 연속흐름 반응기의 경우 입구값과 출구값의 산술평균값으로 일정하다.

반응중의 부피변화는 무시할 수 있으며 따라서 $C_s = C_{so}(1 - X_s)$이다.

반응기를 통과하는 연료유 중에서 반응기 영역에서 15 무게%가 증발되는데 이는 성분들의 서로 다른 휘발도를 고려하면 몰(molal)을 기본으로 했을 때 30 %로서 두 배가 될 수 있다.

표 C-16

| Coal feed | | Oil product | |
|---|---|---|---|
| Bulk density, $lb/ft^3 = 45.0$ | | $4.4°$ API = density of $64.97\ lb/ft^3$ at 60°F<br>Density = $44.8\ lb/ft^3$ at 800°F | |
| †Proximate analysis, weight percent | | Boiling distribution: true boiling point cut, weight percent | |
| Moisture | 1.5 | $C_5$, 400°F | 8.1 |
| Ash | 10.3 | 400–650°F | 32.1 |
| Volatile matter | 35.5 | 650–975°F | 22.1 |
| Fixed carbon | 52.7 | 975°F+ | 37.7 |
| Total | 100.0 | Total | 100.0 |
| †Ultimate analysis, weight percent | | Ultimate analysis, weight percent | |
| Carbon | 70.2 | Carbon | 90.2 |
| Hydrogen | 4.6 | Hydrogen | 8.5 |
| Nitrogen | 1.0 | Nitrogen | 0.8 |
| Sulfur | 3.6 | Sulfur | 0.4 |
| Oxygen | 10.5 | Oxygen | — |
| Ash | 10.1 | Ash | 0.1 |
| Total | 100.0 | Total | 100.0 |

†See *Perry's Chemical Engineers' Handbook* for discussion of these and other methods of analysis (6th ed., p. 9-4). Proximate and ultimate analyses in this case were carried out with air-dried coal samples; so the oxygen and hydrogen in the "moisture" reported in the proximate analysis are included in the ultimate analysis.

가스흐름 속으로 손실된 석탄 중의 탄소는 같은 부피량의 $CH_4$, $C_2H_6$, $C_3H_8$, $C_4H_{10}$로 전환되어 그 결과 얻어지는 가스의 평균 탄소/수소 비율은 1 lb 몰의 수소당 1.008 lb의 수소를 고려하여 몰 기준으로 0.35714이다.

손실된 석탄 중의 모든 질소는 기체 $NH_3$로 변환된다.

반응되는 석탄 중의 모든 유황은 $H_2S$로 된다.

반응기 크기는 탈황반응의 속도식에 근거한다.

$$-r_s = k_s A_s \frac{C_s^2 \bar{p}_H}{C_{S_o}(1 + K_{HS}\bar{p}_{HS})}$$

여기에서

$-r_s$ = 유황 제거속도, lb 몰/h·lb catalyst

$k_s$ = 반응속도 상수, $ft^3$/h·lb cat·psia

$k_s = \exp(14.76 - 55{,}000/RT) = 7.405 \times 10^{-4}$ at 800°F

$K_{HS}$ = $H_2S$ 억제를 위한 흡착상수 $(psia)^{-1}$

$= 0.10 \exp(1200/RT) = 0.162$ at 800°F

$R$ = 1.987 Btu/lb 몰·°R

$T$ = 온도, °R

$A_s$ = 탈황 활동도

$C_s$ = 슬러리 중의 유황농도, lb 몰/$ft^3$

$\bar{p}_H$ = 수소의 분압, psia

$\bar{p}_{HS}$ = 황화수소의 분압, psia

반응기 성능 방정식은 다음과 같다.

연속 흐름 역혼합

$$\frac{W}{Q} = C_{S_o} \int_{X_{S_i}}^{X_{S_f}} \frac{dX_s}{-r_s} \qquad \frac{W}{Q} = C_{S_o} \frac{X_{S_f} - X_{S_i}}{-r_s}$$

여기에서

$W$ = 촉매 충진양, lb

$X_s$ = 전환된 유황 분율

$C_{S_o}$ = 반응기로 들어가는 원료 슬러리 중의 유황 농도, lb 몰/ft$^3$

$Q$ = 슬러리의 부피유량, ft$^3$/h

$i$ = 유입부에서의 값

$f$ = 최종값

**제안사항** 석탄 1 ton(2000 lb)에 대한 물질수지를 기준으로 한다. 연속흐름에 대한 속도식을 해석적으로 적분한다. 풀이의 처음부분을 위하여 제공된 정보를 참조하여 이 문제에서 주어진 조건들에 대한 필요한 물질 수지를 제시하고 아울러 무엇이 이루어지는지 이해한다.

## 문제 13. 부분 해

그림 C-1은 석탄을 오염되지 않은 연료오일로 전환시키는 반응기의 설계를 다루는 문제 13의 풀이과정 가운데 첫 번째 부분을 보여주고 있다.

**물질 수지** 60°F에서 4.2 bbl의 오일을 생산하기 위하여 석탄 1 ton(2000 lb)을 기준으로 한다.

$$\text{Fuel produced} = 4.2\ \text{bbl}\left(42\frac{\text{gal}}{\text{bbl}}\right)\left(\frac{1}{7.48}\frac{\text{ft}^3}{\text{gal}}\right)\left(64.97\frac{\text{lb}}{\text{ft}^3}\right) = 1532\frac{\text{lb prod. oil}}{\text{ton coal}}$$

**수소 물질수지** 석탄중의 탄소 22.05 lb가 연소되어 $CH_4$, $C_2H_6$, $C_3H_8$ 혹은 $C_4H_{10}$으로 된다 (H 1 몰 당 C 0.35714 몰).

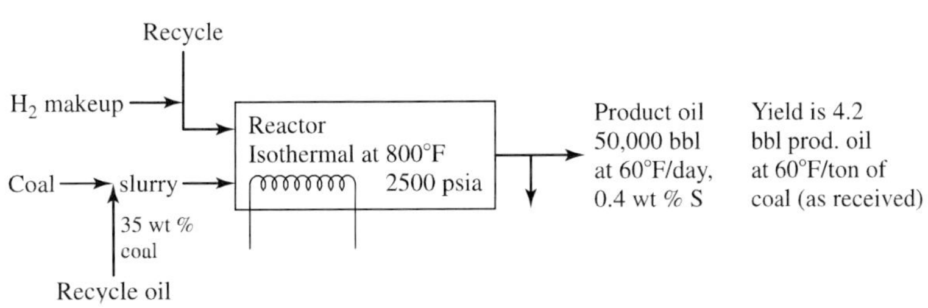


그림 C-1

표 C-17 Material Balance, overall-2000 lb coal

| Component | Feed wt % | Feed lb | Prod. oil wt % | Prod. oil lb | Difference, lb | |
|---|---|---|---|---|---|---|
| C | 70.2 | 1404 | 90.2 | 1381.95 | 22.05 | |
| H | 4.6 | 92 | 8.5 | 130.23 | −38.23 | gain in H |
| N | 1.0 | 20 | 0.8 | 12.26 | 7.74 | |
| S | 3.6 | 72 | 0.4 | 6.13 | 68.87 | |
| O | 10.5 | 210 | — | — | — | |
| Ash | 10.1 | 202 | 0.1 | 1.53 | 200.47 | |
| Total | 100 | 2000 | 100 | 1532.1 | | |

$$\text{C를 태우는 데 사용된 수소} = \left(\frac{22.05}{12.011}\text{mol C}\right)\left(\frac{1}{0.35714}\frac{\text{mol H}}{\text{mol C}}\right)\left(1.008\frac{\text{lb H}}{\text{mol H}}\right)$$
$$= 5.19\ \text{lb H}$$

$$NH_3\ \text{만드는 데 사용된 수소} = \left(\frac{7.74}{14.007}\text{mol N}\right)\left(3\frac{\text{mol H}}{\text{mol N}}\right)\left(1.008\frac{\text{lb H}}{\text{mol H}}\right)$$
$$= 1.67\ \text{lb H}$$

$$H_2S\ \text{만드는 데 사용된 수소} = \left(\frac{65.87}{32.064}\text{mol S}\right)\left(2\frac{\text{mol H}}{\text{mol S}}\right)\left(1.008\frac{\text{lb H}}{\text{mol H}}\right)$$
$$= 4.14\ \text{lb H}$$

$$H_2O\ \text{만드는 데 사용된 수소} = \left(\frac{210}{16}\text{mol O}\right)\left(2\frac{\text{mol H}}{\text{mol O}}\right)\left(1.008\frac{\text{lb H}}{\text{mol H}}\right)$$
$$= 26.46\ \text{lb H}$$

$$\text{수소 이득} = 38.23\ \text{lb}$$
$$\text{사용된 H 합계} = 75.69\ \text{lb H}$$
$$\frac{75.65}{2.016} = 37.544\ \text{lb mol}\ H_2$$

반응기 유입부에서 슬러리 농도에 대한 물질수지 2000 lb 석탄을 기준. 슬러리의 경우 35 wt%는 석탄이고 65 wt%는 오일이다.

$$(2000\ \text{lb coal})\left(\frac{0.65\ \text{lb oil}}{0.35\ \text{lb coal}}\right) = 3714\ \text{lb of recycle oil}$$
$$= \frac{3714\ \text{lb}}{44.8\ \text{lb/ft}^3\ \text{at}\ 800°\text{F}}$$
$$= 82.9\ \text{ft}^3\ \text{oil at}\ 800°\text{F}/2000\ \text{lb coal}$$

$$\text{Volume of coal} = 2000\ \text{lb}/(45\ \text{lb/ft}^3) = 44.44\ \text{ft}^3$$

반응기로 가는 슬러리의 총 부피

$$= 82.9 + 44.44 = 127.34\ \text{ft}^3/2000\ \text{lb of coal fed}$$

슬러리 중의 연료오일의 유황 함유량

$$= (3714)(0.004) = 14.856 \text{ lb S}$$

슬러리 중의 연료오일의 석탄 함유량

$$= (2000)(0.036) = 72.00 \text{ lb S}$$

$$\text{Total} = 86.86 = \frac{86.86}{32.066} = 2.709 \text{ lb mol S}$$

슬러리 중에서 반응기로 들어가는 유황의 농도

$$= C_{S_o} = \frac{2.709}{127.34} = 0.0213 \text{ lb mol/ft}^3$$

**반응기 유출 부분**

$$\text{Oil} = \underset{\text{Recycl.}}{3714} + \underset{\text{Prod.}}{1532} = 5246 \text{ lb} = \frac{5246 \text{ lb}}{44.8 \text{ lb/ft}^3} = 117.1 \text{ft}^3 \text{at } 800^\circ\text{F}$$

$$\text{Sulfur in outlet oil} = (5246)(0.004) = 20.98 \text{ lb} = \frac{20.98}{32.066} = 0.65444 \text{ lb mol}$$

반응기를 떠나는 오일중의 유황 농도

$$= C_{S_f} = \frac{0.65444}{117.1} = 0.00559 \text{ lb mol/ft}^3$$

$$X_{S_f} = 1 - \frac{C_{S_f}}{C_{S_o}} = 1 - \frac{0.00559}{0.0213} = 0.738 \simeq 0.74$$

$$X_{S_f} = \frac{C_{S_o} - C_{S_f}}{C_{S_o}} \quad \text{(일정한 부피 유체유량이라고 가정)}$$

**반응기의 유입 및 유출부에서 가스의 물질수지** 석탄 2000 lb를 기준. 60°C에서 슬러리 1 bbl당 25,000 SCF의 기체가 주어짐.

60°F/2000 lb 석탄에서 슬러리의 bbl

$$= \left(\underset{\text{ft}^3 \text{ coal}}{\frac{2000}{45}} + \underset{\text{ft}^3 \text{ oil at } 60^\circ\text{F}}{\frac{3714}{64.97}}\right)\left(7.48 \frac{\text{gal}}{\text{ft}^3}\right)\left(\frac{1 \text{ bbl}}{42 \text{ gal}}\right)$$

$$= 18.1 \text{ bbl/2000 lb coal}$$

반응기로 가는 가스 $= (25{,}000)(18.1) = 452{,}450$ SCF of gas/2000 lb coal

가스의 85%는 $H_2$ ;

$$(0.85)(452{,}450) = 384{,}583 \text{ SCF } H_2/2000 \text{ lb coal.}$$

$$\frac{359(520)}{492} = 380 \text{ ft}^3/\text{mol at SC of } 60°\text{F and 1 atm}$$

$$\frac{384{,}583}{380} = 1014 \text{ lb mol } H_2/2000 \text{ lb coal}$$

가스의 15%는 $CH_4$;

$$452{,}450\left(\frac{0.15}{380}\right) = 179 \text{ lb mol } CH_4/2000 \text{ lb coal}$$

$$\text{Total} = 1193 \text{ lb mol } (H_2 + CH_4)/2000 \text{ lb coal}$$

$$p_H \text{ at entrance to reactor} = \frac{1014}{1193}(2500) = 2125 \text{ psia}$$

$$p_H \text{ at entrance} = 0 \text{ (given)}$$

반응기 출구에서 가스의 물질수지 석탄 2000 lb를 기준. 반응기로 들어가는 연료오일의 양은 3714 lb, 혹은

$$\frac{3714}{\text{avg mol wt } 301} = 12.34 \text{ lb mol/2000 lb coal}$$

연료오일은 15 wt% 혹은 30 몰%가 증발됨; 따라서 12.34(0.30) = 3.7 몰의 연료오일이 반응기에서 증발되며 연료유의 8.64 몰은 액체로 남아있고 3.7 몰은 반응기 출구에서 기체로 남아있다.

$H_2$, $CH_4$, $NH_3$, $H_2S$는 액체에 용해되지 않는다고 가정한다.

| | | | |
|---|---|---|---|
| 출구에서 가스중의 $H_2$의 총 몰 수 | $= 1014 - 37.544$ (used in reactor) | $= 976.5$ | lb mols |
| 출구에서 가스중의 물의 총 몰 수 | $= \frac{26.46}{2.016}$ | $= 13.1$ | lb mols |
| 출구에서 가스중의 $NH_3$의 총 몰 수 | $= \frac{7.74}{14.007}$ | $= 0.55$ | lb mols |
| 출구에서 가스중의 $H_2S$의 총 몰 수 | $= \frac{4.14}{2.016}$ | $= 2.06$ | lb mols |
| 출구에서 가스중의 $CH_4$의 총 몰 수 | $=$ | $= 179.0$ | lb mols |
| 출구에서 가스중의 연료오일의 총 몰 수 | $=$ | 3.7 | lb mols |
| 출구 가스의 총 몰 수 | $=$ | 1174.91 | lb mols/2000 lb coal |

| | | |
|---|---|---|
| 유입 가스의 총 몰 수 | = | 1193 lb mols/2000 lb coal |
| 반응기 출구에서 $p_H$ | = | $\frac{976.5}{1174.91}(2500) \cong 2075$ psia |
| 반응기 출구에서 $p_{HS}$ | = | $\frac{2.06}{1174.91}(2500) \cong 4.4$ psia |

이로써 이 문제를 해결하는 데에 필요한 물질수지식에 관한 주요 사항들이 완결되었다.

이제 이들 결과와 문제에 주어진 다른 정보를 이용해서 요구된 반응기 설계 해석을 완성시켜 보자.

## 문제 14. 알킬화 플랜트 평가를 위한 물질수지

그림 C-2은 촉매 알킬화 장치의 단순화된 유통도를 보인 것이다. 이 반응기에서 부틸렌과 이소부탄은 다음 반응에 따라서 $C_8$ "알킬레이트"를 형성한다:

$$C_4H_8 + C_4H_{10} \longrightarrow C_8H_{18}$$

장치에서는 1700 $m^3$/day (10,693 bbl/day)의 유량으로 제품 알킬레이트를 생산한다.

수율은 소비된 부틸렌 1 $m^3$에 대하여 1.72 $m^3$의 알킬레이트이다; 소모되는 1.0 $m^3$의 부틸렌에 대하여 1.10 $m^3$의 이소부탄이 소비된다.

반응기 유출액은 75부피%의 이소부탄을 포함한다.

재순환 흐름은 순수한 이소부탄이며 프로판, 알킬레이트, 그리고 *n*-부탄은 탑에서 순수한 제품으로 완전하게 회수된다고 가정할 수 있다. 프로판과 *n*-부탄은 반응하지 않는다.

이러한 조건 하에서

*a.* 얼마나 많은 원료 흐름이 요구되는가($m^3$/day와 bbl/day로 계산)?

*b.* 얼마나 많은 이소부탄이 재순환되어야 하는가($m^3$/day와 bbl/day로 계산)?

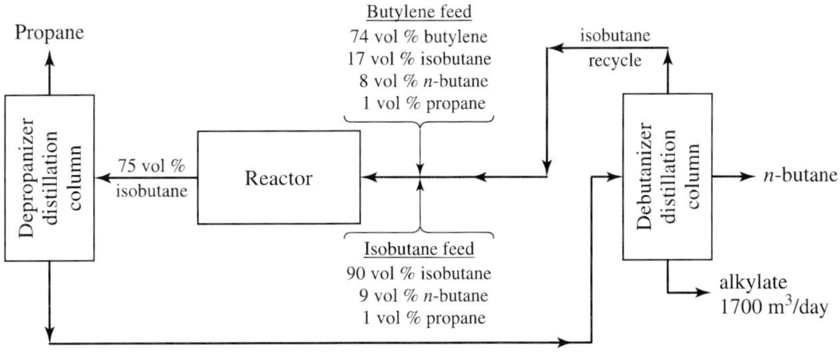


그림 C-2

## 문제 15. 부타디엔 술폰의 생산비용

1,3-부타디엔과 이산화황으로부터 부타디엔 술폰을 생산하기 위한 설계가 완료되었다. 완성된 설계로부터 주어진 다음의 결과와 회사의 기본적인 요구사항들을 바탕으로 하여 부타디엔 술폰 제품의 판매 가격을 파운드 당 몇 달러로 할 것인지 결정하여라.

*a.* 회사가 임의의 투자에 대하여 세금 후 20%의 연속 명목이자 회수율을 요구하는 경우(즉 할인율 $r$은 20%)

*b.* 회사가 임의의 투자에 대하여 세금 후 20%의 한정 유효 연말이자 회수율을 요구하는 경우(즉 할인율 $i$는 20%)

완전한 공장에 대한 총 자본투자는 $300,000이다. 연간 생산량은 부타디엔 술폰 4500 t(metric)이다.

세금전 연간 매출액의 5%에 해당하는 특허권 사용료가 지불되어야 한다.

운전자본은 고정 자본투자의 10%, 혹은 $27,000이다.

첫 해의 시운전 비용은 고정 자본투자의 10%이다.

공장은 연간 330일 조업한다(가동인자는 90%).

회사의 소득세율은 총 이익의 48%이다.

감가상각 비용 계산에는 직선방법(straight-line method)을 사용한다.

연간 비용을 계산하면 총 $758,000인데 여기에는 기술사용료, 소득세, 그리고 첫 해의 시운전 비용을 제외한 모든 비용들이 포함된다. $758,000에는 $27,000의 연간 감가상각 비용이 포함된다.

연간 비용과 연간 수입은 회사 정책에 의하여 연말 합산 거래보고로 고려된다.

공장의 수명은 10년이다. 수명이 다한 뒤의 폐기처분가치는 0이다.

건설기간 동안의 이자와 토지가격의 영향은 무시한다.

*주의*: 이 회사에 대한 회수율 계산은 돈의 시간에 따른 가치를 감안하기 위하여 할인된 현금흐름과정에 근거하여야 한다.

## 문제 16. 최소 환류비에서 분별 증류탑이 조작되는 경우 알킬화 장치 열펌프 분별기를 위한 재비기의 비용

연속조업에서 다음의 조건을 충족시키는 알킬화 장치 열펌프 분별증류기를 설계하고 있다.

원료는 비등점 상태에 있는 30,000 bbl/day(47,500 kg 몰/day)의 액체로서 그 조성은 24 부피% $i$-부탄과 76부피%의 $n$-부탄(23.3 몰% $i$-부탄과 76.7 몰% $n$-부탄)이다. $i$-부탄이 많은 탑상 제품은 5000 bbl/day(17,000 lb 몰/day)로서 $n$-부탄은 400 bbl/day이며 나머지는 $i$-부탄이다(조성은 91.7 몰% $i$-부탄과 8.3 몰% $n$-부탄이다).

탑 하부에서 물질의 온도는 90°F이다.

90°F에서 $i$-부탄의 평형 증기압은 62 psia이고 $n$-부탄의 평형 증기압은 44 psia이다.

Raoult의 법칙과 Dalton의 법칙이 혼합물에 적용된다.

상대 휘발도는 혼합물의 모든 조성에 대하여 탑 하부에서 얻은 값으로 일정하다(온도는 90°F).

알킬화 장치는 분별증류탑에서 재비등을 위해 $30 \times 10^6$ Btu/h의 열을 제공한다.

재비기에서 총괄 열전달 계수 $U$는 120 Btu/(h·ft$^2$외부면적·°F)이다.

식 $\dot{q} = UA\,\Delta T$에서 사용하기 위한 재비기의 $\Delta T$(일정)는 20°F이다.

재비기에서 혼합물의 증발열은 152 Btu/lb로 간주한다.

재비기 가격은 외부 열전달 면적 1 ft$^2$당 $25이다.

탑에서 압력강하는 무시한다.

이상용액 및 이상기체를 가정한다.

McCabe-Thiele의 가정들이 분별증류탑에 적용된다.

| Physical properties | *i*-Butane | *n*-Butane |
|---|---|---|
| Molecular formula | $C_4H_{10}$ | $C_4H_{10}$ |
| Molecular weight | 58.12 | 58.12 |
| Density, lb/gal (at 60°F) | 4.69 | 4.87 |

(1 배럴은 60°F에서 42 gal으로 측정됨)

만약 탑이 최소 환류비로 운전된다고 가정하면 재비기의 비용은 얼마인가? 만약 최소 환류비의 1.2배로 운전된다면 재비기 비용은 얼마가 될 것인가?

## 문제 17. 디시아노부텐 반응기에서 2회의 전환을 위한 증액 투자 비교

나일론을 만드는 공정에서 하나의 단계로서 디클로로부텐(DCB)은 시안화나트륨과 반응하여 디시아노부텐(DNB)을 형성한다. 반응에는 CSTR이 이용되며 특별한 제어와 재질이 요구된다.

다음에 제시한 단순화 가정들을 근거로 하여 2번의 전환을 위한 조건들을 비교할 경우 투자의 증액회수에 대한 일차적인 추정을 하여 보라. 이후에 1981년 AIChE 학생 문제 경연대회에 제시된 것과 같은 세부사항들을 이용하여 운전자본의 손실과 주요 영향들과 같은 모든 효과들이 두루 포함되도록 이 문제의 범위를 확장하는 것이 가능할 것이다. 그러나 여기에서는 이들 사항은 고려되지 않을 것이다.

다음은 문제에 대한 조건들이다: 매 분당 1 kg의 충진된 DCB 당 전환된 DCB의 kg으로 표시되는 반응속도가 전환율 80%에서는 0.0169, 그리고 전환율 85%에서는 0.0131로 측정되었을 경우 전환율을 80%에서 85%로 높이고자 할 때 다음 조건들에서 요구되는 추가의 자본투자에 대한 증액회수율은 얼마인가? 각 경우 하나의 연속교반탱크 반응기가 사용된다. 반응은

$$C_4H_6\,Cl_2 + 2NaCN \xrightarrow{\text{catalyst}} C_4H_6(CN)_2$$

| *Component* | *Molecular Weight* |
|---|---|
| NaCN | 49 |
| DCB | 125 |
| DNB | 106 |

총 $90 \times 10^6$ kg의 DNB가 매년(8000h) 생산된다. 촉매제는 분자량이 138.6인 $NaCu(CN)_2$이며 시스템에 충진되는 DCB 1 kg당 원자량이 63.6인 구리 0.038 kg이 필요하다. 촉매용액은 다음과 같다:

| | *Wt %* |
|---|---|
| $NaCu(CN)_2$ | 16.5 |
| NaCN | 17.3 |
| $H_2O$ | 76.2 |

Liquid density = $1.15 \times 10^3$ kg/m$^3$

충진되는 DCB는 $1.16 \times 10^3$ kg/m$^3$의 액체밀도를 가진 100% DCB이다. 촉매중의 시안화물은 반응중에 소비되지 않았고 촉매손실도 없었다. 그러므로 초기의 촉매 비용을 2시간의 운전에 필요한 촉매양에 근거한 총 고정자본투자의 한 요소로 간주한다.

반응에 추가된 시안화나트륨 용액은 다음과 같다(실제 전환율이 얼마이던 100%의 DCB 전환을 위해 언제나 충분한 양이 충진된다):

| | *Wt %* |
|---|---|
| NaCN | 26.0 |
| $Na_2CO_3$ | 1.0 |
| $NH_3$ | 0.3 |
| NaOH | 0.2 |
| $H_2O$ | 72.5 |

Liquid density = $1.13 \times 10^3$ kg/m$^3$

pH 제어를 위해 추가된 시안화수소 용액은 단지 NaCN 흐름무게의 약 1%에 불과하므로 HCN 흐름의 영향은 이 계산에서는 무시할 수 있다.

반응기 구입가격은 표 C-18에 제시되어 있는데 직선 안짐작이나 30,000 gal까지의 바깥 짐작이 가능하다.

열 교환기 장치, 펌프, 배관, 계장등의 모든 비용을 감안한 전체 시스템의 장비 고정자본투자는 촉매용액의 초기 비용에 반응기 구입가의 4.5배를 더한 비용과 같다.

미반응 물질은 어느 것도 회수되지 않는다고 가정한다.

평균 반응 혼합물의 밀도는 $1.14 \times 10^3$ kg/m$^3$이다.

원료물질 가격은 다음과 같다:

**표 C-18**

| Working capacity, gal | Cost, $ |
|---|---|
| 5,000 | 108,000 |
| 10,000 | 204,000 |
| 12,500 | 230,000 |
| 15,000 | 260,000 |
| 24,000 | 390,000 |

DCB 용액 = $0.62/kg
촉매 용액 = $0.30/kg
NaCN 용액 = $0.082/kg

투자 비교를 수행함에 있어서 운전자본은 무시하고 고정자본투자의 8%의 감가상각에 대한 연간비용과 함께 고정자본투자만을 고려한다.

원료물질과 감가상각 비용을 제외한 모든 운전비용은 고려중인 2회의 전환에 대하여 일정하다고 가정한다. 소득세의 영향은 고려하지 않는다.

## 문제 18. SNG 공장의 메탄화 장치에 대한 재순환 압축기의 동력비용

석탄으로부터의 대체 천연가스(SNG) 생산을 SNG 공장의 설계에 있어서 공장의 메탄화 부분에 대한 재순환 가스의 압축동력비용($/yr)을 결정하도록 요청을 받았다. 이 공장에서는 하나의 메탄화기에서 전기모터로 구동되는 통상적인 원심력 형태의 압축기를 사용하는데 압축기의 단열효율은 75%이며 단계당 최대 압축비는 3.5이다. 다음은 일차적인 산정에서 설계에 대한 특별한 조건들이다:

원료는 오염물질 $H_2S$가 제거된 $CH_4$, CO, $CO_2$, $H_2$, $N_2$의 혼합물이며 소량의 $CO_2$가 함유되어 있다. 기체는 360 psia의 압력과 450°F의 온도에서 하나의 메탄화기로 공급된다. 시스템으로의 초기 기체 공급유량(재순환 기체가 더해지기 전)은 $390 \times 10^6$ $ft^3$/day인데 여기에서 $ft^3$는 표준상태 60°F와 1 atm에서의 값이다. 메탄화 반응은 $CO + 3H_2 \rightarrow CH_4 + H_2O$로서 발열 반응열은 −95,404 Btu/lb 몰 CO이다. $CO_2$ 메탄화 반응에 의한 열 효과나 총괄적인 열손실들은 무시한다.

초기에 유입되는 기체(재순환 기체가 더해지기 전)는 63.4 몰%의 수소를 포함하는데 유입되는 수소의 90%는 앞에 주어진 메탄화 반응에 따라 반응하며 메탄화기 유출기체의 최종온도는 900°F이다. 다른 반응은 일어나지 않는다. 메탄화기로 유입되는 혼합기체의 분자량은 15.5로 계산되었고, 유출기체의 분자량은 16.5로 얻어졌다.

반응기에서 기체의 평균 열용량은 0.47 Btu/(lb·°F)로 간주할 수 있는데 이 값은 900~450°F의 온도범위에서 적용된다. 충분한 양의 기체가 압축기를 통하여 단일 메탄화기 가스 흐름으로 재순환됨으로써 450°F로부터 900°F까지의 온도상승이 유지되도록 하여야 한다.

사용될 메탄화기의 내부지름은 24.8 ft로 계산되었고 촉매 충전층의 메탄화기 높이는 12.4 ft이다.

다음과 같이 정의되는 전동기의 제동 동력효율은 80%이다.

$$\frac{\text{터빈에 전달된 동력}}{\text{전기 에너지로 공급된 동력}}(100)$$

$k$ 값은 1.35로 주어지는데 $k$는 일정부피에서의 열용량에 대한 일정압력에서 기체의 열용량의 비이다.

기체는 압축기로 유입되기 전에 압축기로부터의 유출기체 상태가 이상적인 단열압축을 가정할 때 450°F, 360 psia가 되도록 냉각시킨다. 압축기로 유입되는 기체 유량을 얻기 위해 $p_1v_2^k = p_2v_2^k$를 가정한다. 냉각기로 인한 압력강하는 무시한다.

Perry's Chemical Engineers's Handbook에서 얻은 다음의 식은 메탄화기에서의 압력강하를 구하는 데에 사용될 수 있다.

$$\Delta p = \frac{2fG^2L(1-\varepsilon)^{3-h}}{D_p\rho\phi_S^{3-h}\varepsilon^3}$$

여기서

$\Delta p$ = 압력강하, lb/ft²

$f$ = 마찰인자, 이 경우 1.0으로 추측

$G$ = 빈 메탄화기 단면적에 근거한 겉보기 유체 질량유속, lb/s · ft²

$L$ = 메탄화기 층의 깊이(ft)에 노즐, 분산기, 지지대에 의한 $\Delta p$를 감안하기 위해 3 ft를 더한 양

$\varepsilon$ = 공극(충전의 자유부피 분율), 이 경우 0.40으로 간주

$h$ = 지수(Reynolds 수의 함수), 이 경우 2.0으로 가정

$D_p$ = 평균 촉매입자 지름, 이 경우 0.0238ft와 같다.

$\rho$ = 평균온도와 유입압력에 근거한 유체밀도, lb/ft³(이 경우 0.464lb/ft³).

$\phi_S$ = 고체 촉매 입자들의 형상인자(이 경우 1.0)

주어진 조건에서 다음을 정하여라:

*a.* 전기 구입비용이 $0.06/kWh이고 공장은 1년에 330일 운전되는 경우 재순환 기체 압축기의 구동을 위한 동력비용($/yr)

*b.* 할인율이 연간 11%이고 이율은 매년 복리이며 비용은 매년 연말에 지불되는 경우 20년의 수명에 걸친 재순환 기체 압축기의 초기 고정자본비용과 할인된 운전비용의 합의 현재가치. 이 경우 인플레이션 효과는 동력 구입비용 역시 증가된다고 가정함으로써 상쇄될 수 있기 때문에 $i = 0.11$로 한 현재가치 인자의 적용이 가능하다. 관련되는 설비의 자본 비용은 $5,000,000로 할 수 있는데 이는 실제 현재가치를 정하는 데에 있어서 사용될 관련장치들에 대한 초기 고정자본투자이다.

## 문제 19. 목재펄프 제조공장의 공정설계

남부의 소나무로부터 표백된 목재펄프를 만들기 위한 공정에서, 잘게 분쇄된 목재는 침지기(浸漬器)에 채워진 후 346°F로 가열되고 물-알칼리 혼합물로 증해된다. 증해된 후 혼합물은 분사탱크를 통과하는데 여기에서 압력은 대기압으로 떨어지고 물의 일부가 증발된다. 다음에 혼합물은 일련의 세정기와 여과기를 통과하는데 여기에서 펄프는 제거되고 남은 액체(검은 액체)는 농축을 위해 다중효용 증발기로 보내어진다. 여기에 침지기로 재순환되는 액체를 준비하기 위한 화학적 처리가 뒤따른다.

다음의 조건들에 대하여 (a) 하루당 유량(ton)과 세척기를 떠나 증발기로 보내지는 검은

용액중의 용해고체의 무게% 및 (b) 최종 표백된 건조펄프 생산량(ton/day)을 정하여라.
1회당 사이클 시간은 8개의 침지기(浸漬器)가 연속적으로 사용되는 경우 185.75분이므로 하루 24시간에 대하여 침지기 충진은 62.02회이다.

분쇄되기 전의 고체목재의 밀도는 40.6 lb/ft$^3$이며 52%의 물을 포함하고 나머지 48%는 셀룰로오스, 리그닌, 그리고 다양한 탄수화물로 구성된다. 분쇄 후에 1 ft$^3$의 조각은 12.5 lb의 건조목재와 13.5 lb의 물을 포함한다.

각 침지기의 부피는 4150 ft$^3$이며 분쇄 목재들로 채워진다.

침지기(浸漬器)에 더해지는 증해액은 빈 공간을 채우며 10.25무게%의 알칼리를 용해고체로서 포함하고 나머지는 물이다.

침지기의 액체는 건조목재 1파운드당 목재중의 수분을 포함하는 총 3.5 lb의 액체 비율을 갖는다.

침지단계에서 45 무게%의 목재는 표백되지 않은 펄프로서 남아있는데 이들은 공정으로 유입되어 추가의 처리를 위한 펄프제품으로서 세척기를 빠져나간다. 표백된 펄프의 최종 수율은 표백되지 않은 펄프 수율의 90%이다. 침지기 충전물의 건조목재의 다른 55%는 증해액에서 용해되어 시스템을 거쳐 용해고체로서 증발기로 보내어진 후에 열 회수로에서 연소된다.

침지기에서 분사탱크로의 가압환원에서 침지기를 이탈하는 흐름의 14무게%는 분사단계에서 수증기가 배출됨에 따라 손실된다.

세척기에서는 물을 사용하여 마지막 여과기에서 최종 펄프를 세척한다. 이용된 해리인자 $D$는 4로서 여기에서 습윤 여과제품 중의 건조 펄프 1 lb당 사용된 세척수의 양(lb)은 건조펄프 1 lb당 습윤 여과제품 중의 물의 양을 $D$에 더한 양이 된다.

최종 세정기로부터의 펄프 제품은 82 무게%의 물과 18 무게%의 표백되지 않은 펄프를 포함한다. 이 제품은 최종 표백단계로 보내어 지는데 여기에서 90%의 표백되지 않은 펄프가 표백된 펄프제품으로 전환된다.

세척기 시스템에 대한 총괄 물질수지에 따르면 분사장치로부터의 유입흐름과 최종 여과기에서 첨가된 세척수를 합한 양은 습윤펄프 무게와 생성된 검은 액체의 무게의 합과 같아야 한다.

## 문제 20. 디메틸프탈레이트를 이용한 추출증류에 의한 파라핀의 제거

그림 C-3은 젊은 설계 엔지니어가 준비한 유통도로서 디메틸프탈레이트(DMP)를 사용한 추출증류에 의해 파라핀을 제거하는 방향족 공장부분을 보인 것이다. 이 설계를 조사하고 이 프로젝트를 담당한 젊은 설계 엔지니어의 결론에 대하여 의견을 제시하여라. 결과에 일관성이 결여되어 있다면 어디에 잘못이 있는지, 그 잘못을 수정하기 위해 무엇을 해야할 것인지, 그리고 수정되지 않는다면 그 잘못이 미치는 영향이 어느 정도가 될 것인지 알아보라. 설계의 근거는 다음과 같다:

1. 공정의 운전인자는 90%이다.
2. 탑의 단 효율은 60%이다.

3. 새 원료의 조성은 표 C-19에 나타나 있다.
4. DMP를 첨가하면 파라핀과 나프텐의 상대 휘발도가 정상적인 값보다 평균 25% 이상 증가된다.
5. 추출탑의 $(L/D)_{min}$은 20이다.
6. 탈거장치의 $(L/D)_{min}$은 0.5이다.
7. $(L/D)_{act} = 1.2(L/D)_{min}$
8. $C_6H_4(CO_2CH_3)_2$의 구조를 갖는 DMP의 성질은 표 C-20에 주어져 있다.
9. 다른 흐름에 비해 DMP의 보충량이 매우 적으므로 이 양은 총괄 열수지와 물질수지에서 무시될 수 있다.
10. 각각의 펌프가 고정된 안전인자를 가질 지라도 펌프의 크기는 정확하다고 가정할 수 있다.

응축기와 재비기의 부하는 MBH(million Btu per hour) 단위로 주어진다. BPCD는 barrels per calendar day의 약어이며 BPOD는 barrels per operating day의 약어이다. 각 탑에서 단수는 탑 상부의 숫자로 표시되어 있다. 필요에 따라 중요한 온도값들이 주어져 있다.

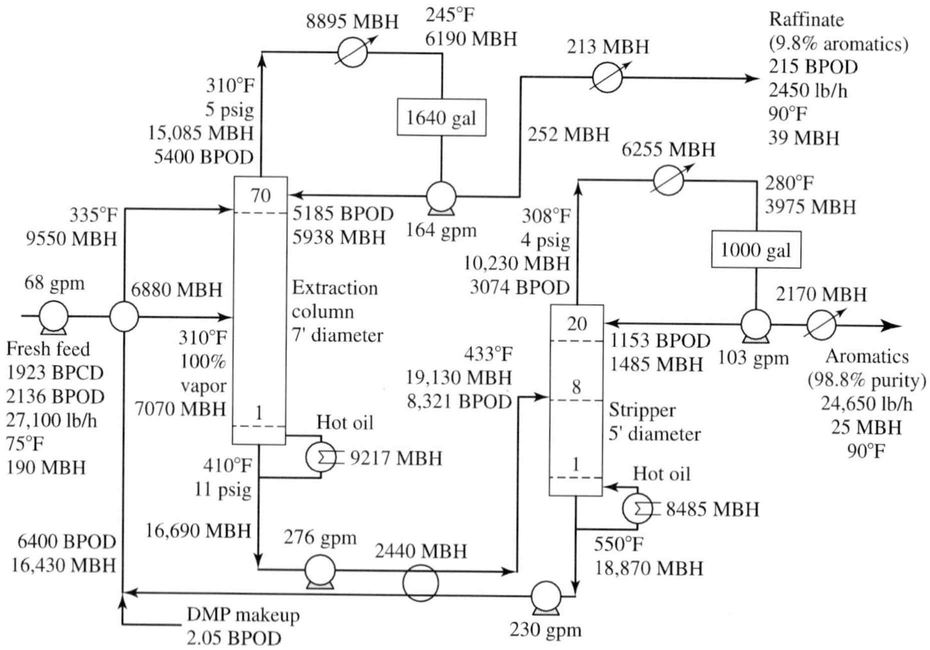


**그림 C-3**
디메틸프탈레이트를 이용한 추출증류에 의한 파라핀의 제거

표 C-19

| Component | | BPCD | Volatility relative to o-xylene |
|---|---|---|---|
| $C_8$ paraffin | $C_8$-Pn | 11 | 1.52 |
| $C_8$ napthene | $C_8$-N | 24 | |
| $C_9$ paraffin | $C_9$-Pn | 68 | |
| $C_9$ napthene | $C_9$-N | 9 | |
| Ethylbenzene | EB | 112 | 1.22 |
| Para-xylene | Px | 358 | 1.155 |
| 218°F paraffin | 281°F-Pn | 49 | 1.15 |
| Meta-xylene | Mx | 739 | 1.135 |
| Ortho-xylene | Ox | 500 | 1.0 |
| 292°F paraffin | 292°F-Pn | 34 | 0.90 |
| Heavies | 300°F-$C_9$ | 19 | 0.70 |
| | | 1923 | |

표 C-20

| Temperature, °F | Vapor pressure, psia | Liquid enthalpy, Btu/lb | Vapor enthalpy, Btu/lb |
|---|---|---|---|
| 60 | — | 0 | — |
| 100 | — | 12 | — |
| 200 | — | 42 | — |
| 300 | 0.2 | 73 | — |
| 400 | 1.7 | 110 | 251 |
| 500 | 8.2 | 148 | 281 |
| 550 | 17.0 | 169 | 293 |
| 600 | — | 191 | 306 |

## 문제 21. 반응기 유출액의 냉각과 응축

염화비닐 공정에서 반응기로부터의 흐름은 500°C와 2635kPa에서 염화비닐 12.60kg/s와 1, 2-디클로로에탄 13.42 kg/s, 그리고 염화수소 7.35 kg/s으로 이루어져 있다. 이 흐름을 6°C까지 냉각, 응축시키고 압력은 1215 kPa까지 낮추고자 한다. 이를 위해 다음과 같이 세 단계 공정이 제안되었다: (1)열교환기 내에서 2635 kPa의 유출액을 이슬점까지 냉각한다; (2) 밸브를 통하여 1215 kPa까지 단열팽창시킨다; 그리고 (3) 다른 열교환기에서 6°C, 1215 kPa까지 냉각, 응축시킨다.

2개의 열교환기 각각에 대하여 열 부하를 구하여라. 아울러 각 열교환기에서 압력강하는 무시할 수 있다고 가정하고 각각에 대한 냉각곡선을 구하여라.

반응기 유출액의 냉각 및 응축을 위한 다른 설계안들이 있는데 여기에서 처음에 제안된 설계는 최적의 선택이 되겠는가? 사용될 수 있었던 적어도 하나의 공정을 보이고 이 공정과 여기에서 제안된 것과를 비교 분석하여라.

## 문제 22. 뜨거운 연소가스의 냉각

뜨거운 연소가스가 149°C에서 폐열 보일러로부터 유출되고 있다. 이 가스의 이슬점은

37.7°C이며 32°C까지 냉각되어야 한다. 연소가스의 유량은 2.52 kg/s이다. 26.8°C의 냉각수를 이용할 수 있는데 냉각수는 49°C 이상으로 가열될 수는 없다. 5 kPa 이상의 압력강하는 허용되지 않는다.

어떠한 형태의 냉각장치를 추천하겠는가? 2002년 1월을 기준으로 이 장치의 크기 및 구입가격은 얼마인가?

## 문제 23. 기체 혼합물의 분리를 위한 공정 선택

2차 오일회수 방안에서 회수공정을 촉진하기 위해 종종 이산화탄소가 오일정(well)으로 주입된다. 주입 후에 오일정에서 유출되는 기체의 부피에 근거한 조성은 표 C-21에 보인 바와 같다.

메탄이 풍부한 연료, 이산화탄소의 재순환, 그리고 액화 천연가스, 즉 $H_2S$- 및 $CO_2$-가 없는 $C_2^+$ 탄화수소 흐름을 생성하기 위한 세 가지 서로 다른 방법을 고안하여라. 이들 서로 다른 방법들에서 요구되는 분리공정을 위한 적절한 공정 유통도를 구하여라. 40°C, 2 MPa에서 25 $m^3$/s의 유량에 근거하여 대략적인 물질수지를 세워보라. 소요되는 핵심 장치들을 규명하여라. 문제의 해결에 전반적인 영향을 미칠 수 있는 가능한 문제들을 제시하여라. 분석에 있어서 $CO_2$와 에탄은 65 몰% $CO_2$에서 공비점을 형성함을 주의하자.

표 C-21

| Gas | Volume composition |
|---|---|
| $CO_2$ | 90.25 |
| $N_2$ | 0.16 |
| $C_1$ | 4.76 |
| $C_2$ | 1.75 |
| $C_3$ | 1.52 |
| $i$-$C_4$ | 0.22 |
| $n$-$C_4$ | 0.58 |
| $i$-$C_5$ | 0.21 |
| $n$-$C_5$ | 0.22 |
| $C_6$ | 0.16 |
| $C_7^+$ | 0.12 |
| $H_2S$ | 0.05 |

## 문제 24. 관형 막을 이용한 한외여과

5% 고분자 용액에 대하여 Reynolds 수 25,000에서 0.015m 관형 막을 이용하여 한외여과 실험을 수행한 결과 40 L/$m^2$·h의 투과물질 속(flux)과 75%의 투과억제 효과를 얻었다. 고분자의 평균 분자량은 30,000이고 확산도는 $5 \times 10^{-9}$ m/s으로 추정되었다. 기공에서 분자확산의 영향은 무시한다.

*a.* 20 L/$m^2$·h의 속에 대하여 투과억제된 고분자 용액의 분율을 예측하여라. 최대 투과억제율을 예측하여 보라.

*b.* 대략 10,000의 분자량을 가진 고분자의 저분자량 부분에 대한 투과억제 비율을 추정하여라.

*c.* 만약 선택층이 0.2 μm이라면 위의 (a)의 경우에 대하여 분자확산은 투과억제에 중요한 영향을 미치겠는가? 얻은 결론에 대하여 논의하여 보라.

## 문제 25. 에틸렌 분리부분의 열 합성

기본적인 에틸렌 초기설계에 대한 분리부분이 그림 3-13에 나타나 있다. 이 부분에서 소요되는 가열 및 냉각은 12개의 열교환 장치에 의해 이루어진다. 이 장치들은 열교환 면적과 함께 표 3-7에 열거되어 있다. 다수의 이들 열교환 장치 사이에서 온도구간들이 상당히 중첩되는 것을 관찰할 수 있기 때문에 핀치(pinch) 기술을 적용하여 약간의 에너지 절감효과를 얻을 수 있을 것으로 보인다. 이러한 열 합성 공정에 대한 정보는 표 C-22에 주어졌다.

냉각되는 몇몇 흐름들에서는 프로필렌 냉매가 필요하므로 열 합성에 포함시킬 수 없음을 유의하자. 나머지 열교환들에 대하여 에틸렌 분리부분만을 고려하는 경우 얻을 수 있는 최상의 열 합성망을 결정하여라(기본적인 에틸렌 공정의 열 합성에는 44개의 열교환 장치가 포함되는데 이들은 열 합성 공정에 포함될 수 있지만 합성 작업을 위해서는 적절한 소프트웨어의 도움이 필요하다).

**표 C-22 에틸렌 분리부분 열교환 장치에 대한 흐름들의 열 관련 데이터**

| Equipment code | Stream type[†] | Temperature interval, °C In | Temperature interval, °C Out | Heat capacity rate, kJ/s·°C | Enthalpy change rate, kJ/s |
|---|---|---|---|---|---|
| E-601 | Hot | −29.48 | −30.12 | 24,440 | −15,642 |
| E-602 | Cold | −6.99 | −6.92 | 277,725 | 19,440 |
| E-603 | Hot | 45.21 | 45.01 | 22,082 | −4,416 |
| E-604 | Cold | 114.51 | 133.35 | 416 | 8,063 |
| E-605[‡] | Cold | 44.5 | 100 | 23 | 1,248 |
| E-605[‡] | Hot | 113.6 | 57.93 | 23 | −1,248 |
| E-606 | Hot | 127.73 | 100 | 23 | −638 |
| E-607 | Hot | 57.93 | 43.3 | 23 | −328 |
| E-608 | Hot | 39.08 | 39.07 | 307,513 | −30,751 |
| E-609 | Cold | 49.23 | 49.24 | 307,513 | 29,433 |
| E-610 | Hot | 40.49 | 40.44 | 28,643 | −1,432 |
| E-611 | Cold | 108.28 | 117.88 | 94 | 890 |
| E-612 | Hot | 86.04 | 35 | 9 | −507 |

[†]Hot refers to a stream that is to be cooled, and cold refers to a stream that is to be heated.
[‡]Refers to the cold and hot streams of E-605 (see Fig. 3-13).

## 문제 26. 광섬유 제조에서 유출되는 게르마늄의 회수

광섬유 제조공정에서는 사염화실리콘($SiCl_4$)과 사염화게르마늄($GeCl_4$)을 고온 산화시켜 유리입자($SiO_2$와 $GeO_2$)들을 얻는데 이들은 유리막대 모양으로 형성된다. 이 막대는 가열로에서 연속적으로 늘여져서 광섬유가 된다. 광섬유 예비성형품에서 유리 중심부의 굴절률을 증가시키기 위해 사염화게르마늄을 첨가한다. 실험결과 $GeCl_4$의 $GeO_2$로의 산화는 25%만 완결됨에 비해 $SiCl_4$의 산화는 거의 완전하게 이루어지는 것으로 밝혀졌다. 입자축적 방법은 효율이 단지 50% 정도이며 게르마늄이 추가로 손실된다. 이러한 손실과 높은 게르마늄 비용 때문에 광섬유 제조 유출물로부터 게르마늄을 회수하기 위한 공정의 개발이 필요하다.

각 예비성형품 생산장치로부터의 유출가스는 작은 충전층 세정탑으로 유입된다. 세정액은 NaOH 수용액이다. 유출물은 하나의 팬 장치에 의해 세정탑으로 유입된다. 운전 때문에 세척 시스템으로의 유입구와 유출물 출구 사이를 단단히 밀봉하는 것은 불가능하다; 따라서 유출 흐름은 세정탑에 유입될 때 다량의 실내 공기로 희석시킨다.

세정탑에서 $GeCl_4$는 흡착에 의해 가스로부터 제거되어 다음 반응에 따라 가용성 입자로 전환된다:

$$GeCl_4 + 5OH^- \longrightarrow HGeO_3^- + 4Cl^- + 2H_2O \tag{1}$$

배출 팬을 사용하며 개개의 세정탑을 하나의 세척탑으로 대체시킨 예비 설계가 이루어졌다. 아래에 주어진 정보를 사용하여 세정탑 유출물 중의 $GeCl_4$의 최적 몰분율을 구하여라.

### 공정 정보

세정탑으로의 원료가스 유량은 500 $ft^3$/min, 혹은 633 g 몰/min이다.

세정탑으로의 원료가스 중의 $GeCl_4$ 몰분율은 0.001475이다.

원료가스의 온도는 25℃이고 압력은 101 kPa이다. 이들 값은 세정탑 전체를 통해 일정하다고 가정할 수 있다.

세정액으로서 탈이온수 중에 1 몰의 가성소다가 포함된 용액을 사용한다.

세정액의 pH는 12이하로 감소되지 않아야 한다.

세정탑 직경은 0.762 m(2.5 ft)로 하였고 1/2-인치 Raschig 링이 충진재로 사용된다.

반응식 (1)은 물질전달에 비해 빠르며 따라서 액상 중의 $GeCl_4$의 몰분율은 0으로 가정할 수 있다. 따라서 기상 전달단위의 수는 다음과 같이 주어진다.

$$N_g = \ln \frac{y_1}{y_2}$$

위에서 $y_1$과 $y_2$는 각각 세정탑의 유입 및 유출부에서의 $GeCl_4$의 기상 몰분율이다.

기상 전달단위 $H_g$의 높이는 0.4 m로 한다.

### 경제 관련 데이터

세정탑은 하루 24시간, 1년 335일동안 운전된다.

세정탑에서 회수된 $GeCl_4$ 1 킬로그램당 $GeCl_4$ 구입에서 $100이 절약되는 것으로 추정된다(이 가격에는 $GeCl_4$ 구입비용과 세정탑에서 흡수된 Ge로부터 회수되는 $GeCl_4$ 비용이 포함된다).

원료물질 비용, 유틸리티, 그리고 전체 생산비용(아래에 포함된 감가상각은 제외)의 모든 다른 요소들은 무시할 수 있다. 이는 이러한 비용에 비해 $GeCl_4$의 가치가 상대적으로 높기 때문이다.

세정탑과 충진물의 구입비용은 다음과 같이 주어진다.

$$C = 18{,}590 + 7160Z$$

위에서 $C$는 구입장치비용(달러)이며 $Z$는 세정탑의 충진높이(미터)이다.
최대화될 목적함수는 세정공정의 첫 번째 해의 순 현재가치(NPW)이다:

NPW, \$/yr = (현 공정에서 회수되는 것 이상으로 $GeCl_4$의 회수로 인한 절감액) $(1 - \Phi) - 1.41C$

여기서 소득세율 $\Phi$는 0.35이고 $C$는 구입장치 비용이다. 인자 1.41에는 고정자본 투자를 얻기 위한 Lang 인자 4, 감가상각(6년에 대한 직선방법), 소득세율, 보조장치를 위한 10%의 허용율, 그리고 0.3784의 자본회수인자가 포함된다.

APPENDIX

# D

# 물성치와 상수들

## 목 차

## 표 D-1 일반적인 공학환산인자 및 상수

| Length | | Mass | |
|---|---|---|---|
| 1 inch | 2.54 centimeters | 1 pound‡ | 16.0 ounces |
| 1 foot | 30.48 centimeters | 1 pound‡ | 453.6 grams |
| 1 yard | 91.44 centimeters | 1 pound‡ | 7000 grains |
| 1 meter | 100.00 centimeters | 1 ton (short) | 2000 pounds‡ |
| 1 meter | 39.37 inches | 1 kilogram | 1000 grams |
| 1 micrometer | $10^{-6}$ meter | 1 kilogram | 2.205 pounds‡ |
| 1 mile | 5280 feet | | |
| 1 kilometer | 0.6214 mile | | |

**Volume**

| | |
|---|---|
| 1 cubic inch | 16.39 cubic centimeters |
| 1 liter | 61.03 cubic inches |
| 1 liter | 1.057 quarts |
| 1 cubic foot | 1728 cubic inches |
| 1 cubic foot | 7.481 U.S. gallons |
| 1 U.S. gallon | 4.0 quarts |
| 1 U.S. gallon | 3.785 liters |
| 1 U.S. bushel | 1.244 cubic feet |

**Density**

| | |
|---|---|
| 1 gram per cubic centimeter | 62.43 pounds per cubic foot |
| 1 gram per cubic centimeter | 8.345 pounds per U.S. gallon |

1 gram mol of an ideal gas at 0°C and 760 mmHg is equivalent to 22.414 liters
1 pound mol of an ideal gas at 0°C and 760 mmHg is equivalent to 359.0 cubic feet

| | |
|---|---|
| Density of dry air at 0°C and 760 mmHg | 1.293 grams per liter = 0.0807 pound per cubic foot |
| Density of mercury | 13.6 grams per cubic centimeter (at −2°C) |

**Pressure**

| | |
|---|---|
| 1 pound per square inch | 2.04 inches of mercury |
| 1 pound per square inch | 51.71 millimeters of mercury |
| 1 pound per square inch | 2.31 feet of water |
| 1 atmosphere | 760 millimeters of mercury |
| 1 atmosphere | 2116.2 pounds per square foot |
| 1 atmosphere | 33.93 feet of water |
| 1 atmosphere | 29.92 inches of mercury |
| 1 atmosphere | 14.7 pounds per square inch |

**Temperature scales**

| | |
|---|---|
| Degrees Fahrenheit (°F) | 1.8°C + 32 |
| Degrees Celsius (°C) | (°F − 32)/1.8 |
| Kelvins (K) | °C + 273.15 |
| Degrees Rankine (°R) | °F + 459.7 |

**Power**

| | |
|---|---|
| 1 kilowatt | 737.56 foot-pounds force per second |
| 1 kilowatt | 56.87 Btu per minute |
| 1 kilowatt | 1.341 horsepower |
| 1 horsepower | 550 foot-pounds force per second |
| 1 horsepower | 0.707 Btu per second |
| 1 horsepower | 745.7 watts |

*(continued)*

표 D-1 계속

| Heat, energy, and work equivalents | | | | |
|---|---|---|---|---|
| | **cal** | **Btu** | **ft·lb** | **kWh** |
| cal | 1 | $3.97 \times 10^{-3}$ | 3.086 | $1.162 \times 10^{-6}$ |
| Btu | 252 | 1 | 778.16 | $2.930 \times 10^{-4}$ |
| ft·lb | 0.3241 | $1.285 \times 10^{-3}$ | 1 | $3.766 \times 10^{-7}$ |
| kWh | 860,565 | 3412.8 | $2.655 \times 10^{6}$ | 1 |
| hp·h | 641,615 | 2545.0 | $1.980 \times 10^{6}$ | 0.7455 |
| J | 0.239 | $9.478 \times 10^{-4}$ | 0.7376 | $2.773 \times 10^{-7}$ |
| liter·atm | 24.218 | $9.604 \times 10^{-2}$ | 74.73 | $2.815 \times 10^{-5}$ |
| | | **hp·h** | **J** | **liter·atm** |
| cal | | $1.558 \times 10^{-6}$ | 4.1840[§] | $4.129 \times 10^{-2}$ |
| Btu | | $3.930 \times 10^{-4}$ | 1055 | 10.41 |
| ft·lb | | $5.0505 \times 10^{-7}$ | 1.356 | $1.338 \times 10^{-2}$ |
| kWh | | 1.341 | $3.60 \times 10^{6}$ | 35,534.3 |
| hp·h | | 1 | $2.685 \times 10^{6}$ | 26,494 |
| J | | $3.725 \times 10^{-7}$ | 1 | $9.869 \times 10^{-3}$ |
| liter·atm | | $3.774 \times 10^{-5}$ | 101.33 | 1 |

**Constants**

| | |
|---|---|
| $e$ | 2.7183 |
| $\pi$ | 3.1416 |

**Gas law constants**

| | |
|---|---|
| $R$ | 8.3144 J/g mol·K |
| $R$ | 1.987 cal/g mol·K |
| $R$ | 82.06 $cm^3$·atm/g mol·K |
| $R$ | 10.73 (lb/in.$^2$)·$ft^3$/lb mol·°R |
| $R$ | 0.730 atm·$ft^3$/lb mol·°R |
| $R$ | 1545.0 (lb/$ft^2$)·$ft^3$/lb mol·°R |
| $g_c$ | 32.17 ft·lbm/$s^2$·lbf |

**Analysis of air**

By weight: oxygen, 23.2%; nitrogen, 76.8%; by volume: 21.0% oxygen; 79.0% nitrogen
Average molecular weight of air on above basis = 28.84 (usually rounded to 29)
True molecular weight of dry air (including argon) = 28.96

**Viscosity**

| | |
|---|---|
| 1 centipoise | 0.001 Pa·s |
| 1 centipoise | 0.01 g/s·cm |
| 1 centipoise | 0.000672 lb/s·ft |
| 1 centipoise | 2.42 lb/h·ft |

[†]See Table A-3 for SI conversion factors and more exact conversion factors.
[‡]Avoirdupois.
[§]Thermochemical equivalent.

## 표 D-2 기체의 점도

*Coordinates for use with Fig. D-1*

| No. | Gas | *X* | *Y* | No. | Gas | *X* | *Y* |
|---|---|---|---|---|---|---|---|
| 1 | Acetic acid | 7.7 | 14.3 | 29 | Freon 113 | 11.3 | 14.0 |
| 2 | Acetone | 8.9 | 13.0 | 30 | Helium | 10.9 | 20.5 |
| 3 | Acetylene | 9.8 | 14.9 | 31 | Hexane | 8.6 | 11.8 |
| 4 | Air | 11.0 | 20.0 | 32 | Hydrogen | 11.2 | 12.4 |
| 5 | Ammonia | 8.4 | 16.0 | 33 | $3H_2 + 1N_2$ | 11.2 | 17.2 |
| 6 | Argon | 10.5 | 22.4 | 34 | Hydrogen bromide | 8.8 | 20.9 |
| 7 | Benzene | 8.5 | 13.2 | 35 | Hydrogen chloride | 8.8 | 18.7 |
| 8 | Bromine | 8.9 | 19.2 | 36 | Hydrogen cyanide | 9.8 | 14.9 |
| 9 | Butene | 9.2 | 13.7 | 37 | Hydrogen iodide | 9.0 | 21.3 |
| 10 | Butylene | 8.9 | 13.0 | 38 | Hydrogen sulfide | 8.6 | 18.0 |
| 11 | Carbon dioxide | 9.5 | 18.7 | 39 | Iodine | 9.0 | 18.4 |
| 12 | Carbon disulfide | 8.0 | 16.0 | 40 | Mercury | 5.3 | 22.9 |
| 13 | Carbon monoxide | 11.0 | 20.0 | 41 | Methane | 9.9 | 15.5 |
| 14 | Chlorine | 9.0 | 18.4 | 42 | Methyl alcohol | 8.5 | 15.6 |
| 15 | Chloroform | 8.9 | 15.7 | 43 | Nitric oxide | 10.9 | 20.5 |
| 16 | Cyanogen | 9.2 | 15.2 | 44 | Nitrogen | 10.6 | 20.0 |
| 17 | Cyclohexane | 9.2 | 12.0 | 45 | Nitrosyl chloride | 8.0 | 17.6 |
| 18 | Ethane | 9.1 | 14.5 | 46 | Nitrous oxide | 8.8 | 19.0 |
| 19 | Ethyl acetate | 8.5 | 13.2 | 47 | Oxygen | 11.0 | 21.3 |
| 20 | Ethyl alcohol | 9.2 | 14.2 | 48 | Pentane | 7.0 | 12.8 |
| 21 | Ethyl chloride | 8.6 | 15.6 | 49 | Propane | 9.7 | 12.9 |
| 22 | Ethyl ether | 8.9 | 13.0 | 50 | Propyl alcohol | 8.4 | 13.4 |
| 23 | Ethylene | 9.5 | 15.1 | 51 | Propylene | 9.0 | 13.8 |
| 24 | Fluorine | 7.3 | 23.8 | 52 | Sulfur dioxide | 9.6 | 17.0 |
| 25 | Freon 11 | 10.6 | 15.1 | 53 | Toluene | 8.6 | 12.4 |
| 26 | Freon 12 | 11.1 | 16.0 | 54 | 2,3,3-Trimethylbutane | 9.5 | 10.5 |
| 27 | Freon 21 | 10.8 | 15.3 | 55 | Water | 8.0 | 16.0 |
| 28 | Freon 22 | 10.1 | 17.0 | 56 | Xenon | 9.3 | 23.0 |

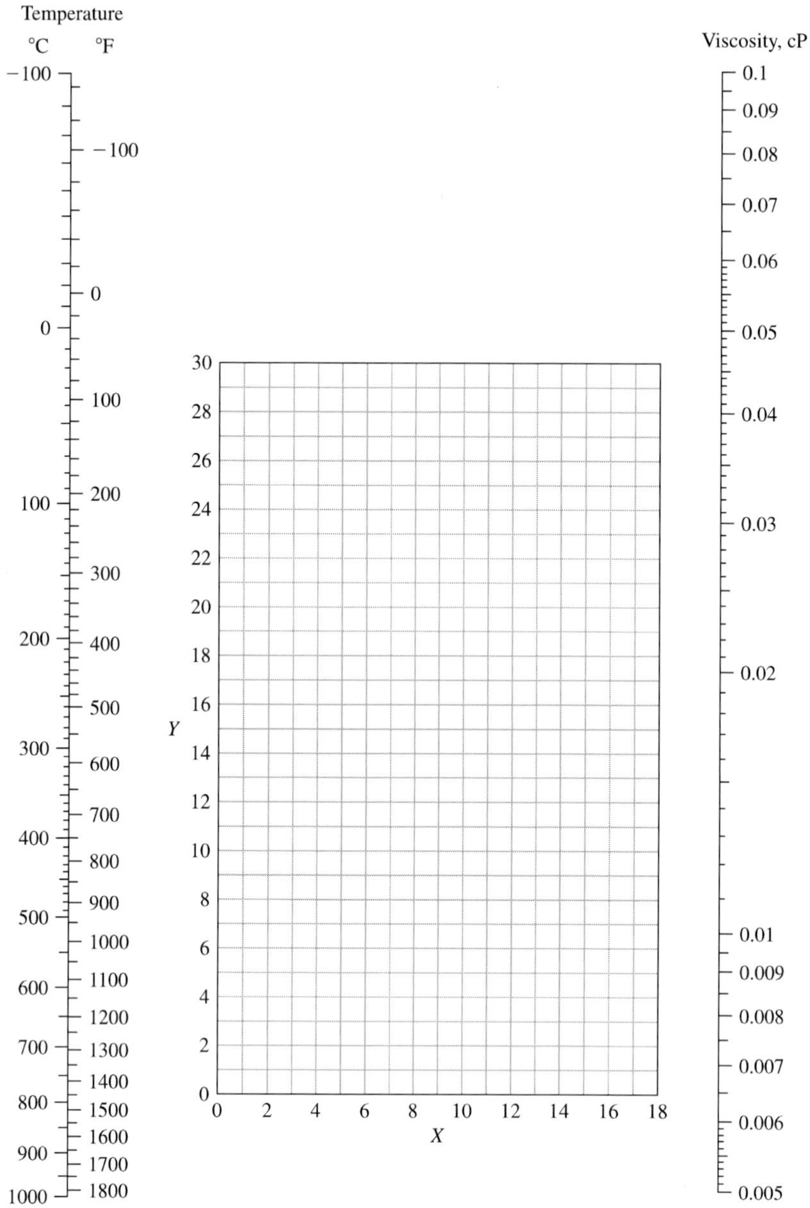


**그림 D-1**

1기압에서의 기체의 점도(좌표에 대해서는 표 D-2를 참조).

## 표 D-3 액체의 점도

*Coordinates for use with Fig. D-2*

| No. | Liquid | X | Y | No. | Liquid | X | Y |
|---|---|---|---|---|---|---|---|
| 1 | Acetaldehyde | 15.2 | 4.8 | 56 | Freon 22 | 17.2 | 4.7 |
| 2 | Acetic acid, 100% | 12.1 | 14.2 | 57 | Freon 113 | 12.5 | 11.4 |
| 3 | Acetic acid, 70% | 9.5 | 17.0 | 58 | Glycerol, 100% | 2.0 | 30.0 |
| 4 | Acetic anhydride | 12.7 | 12.8 | 59 | Glycerol, 50% | 6.9 | 19.6 |
| 5 | Acetone, 100% | 14.5 | 7.2 | 60 | Heptene | 14.1 | 8.4 |
| 6 | Acetone, 35% | 7.9 | 15.0 | 61 | Hexane | 14.7 | 7.0 |
| 7 | Allyl alcohol | 10.2 | 14.3 | 62 | Hydrochloric acid, 31.5% | 13.0 | 16.6 |
| 8 | Ammonia, 100% | 12.6 | 2.0 | 63 | Isobutyl alcohol | 7.1 | 18.0 |
| 9 | Ammonia, 26% | 10.1 | 13.9 | 64 | Isobutyric acid | 12.2 | 14.4 |
| 10 | Amyl acetate | 11.8 | 12.5 | 65 | Isopropyl alcohol | 8.2 | 16.0 |
| 11 | Amyl alcohol | 7.5 | 18.4 | 66 | Kerosene | 10.2 | 16.9 |
| 12 | Aniline | 8.1 | 18.7 | 67 | Linseed oil, raw | 7.5 | 27.2 |
| 13 | Anisole | 12.3 | 13.5 | 68 | Mercury | 18.4 | 16.4 |
| 14 | Arsenic trichloride | 13.9 | 14.5 | 69 | Methanol, 100% | 12.4 | 10.5 |
| 15 | Benzene | 12.5 | 10.9 | 70 | Methanol, 90% | 12.3 | 11.8 |
| 16 | Brine, $CaCl_2$, 25% | 6.6 | 15.9 | 71 | Methanol, 40% | 7.8 | 15.5 |
| 17 | Brine, NaCl, 25% | 10.2 | 16.6 | 72 | Methyl acetate | 14.2 | 8.2 |
| 18 | Bromine | 14.2 | 13.2 | 73 | Methyl chloride | 15.0 | 3.8 |
| 19 | Bromotoluene | 20.0 | 15.9 | 74 | Methyl ethyl ketone | 13.9 | 8.6 |
| 20 | Butyl acetate | 12.3 | 11.0 | 75 | Naphthalene | 7.9 | 18.1 |
| 21 | Butyl alcohol | 8.6 | 17.2 | 76 | Nitric acid, 95% | 12.8 | 13.8 |
| 22 | Butyric acid | 12.1 | 15.3 | 77 | Nitric acid, 60% | 10.8 | 17.0 |
| 23 | Carbon dioxide | 11.6 | 0.3 | 78 | Nitrobenzene | 10.6 | 16.2 |
| 24 | Carbon disulfide | 16.1 | 7.5 | 79 | Nitrotoluene | 11.0 | 17.0 |
| 25 | Carbon tetrachloride | 12.7 | 13.1 | 80 | Octane | 13.7 | 10.0 |
| 26 | Chlorobenzene | 12.3 | 12.4 | 81 | Octyl alcohol | 6.6 | 21.1 |
| 27 | Chloroform | 14.4 | 10.2 | 82 | Pentachloroethane | 10.9 | 17.3 |
| 28 | Chlorosulfonic acid | 11.2 | 18.1 | 83 | Pentane | 14.9 | 5.2 |
| 29 | Chlorotoluene, ortho | 13.0 | 13.3 | 84 | Phenol | 6.9 | 20.8 |
| 30 | Chlorotoluene, meta | 13.3 | 12.5 | 85 | Phosphorus tribromide | 13.8 | 16.7 |
| 31 | Chlorotoluene, para | 13.3 | 12.5 | 86 | Phosphorus trichloride | 16.2 | 10.9 |
| 32 | Cresol, meta | 2.5 | 20.8 | 87 | Propionic acid | 12.8 | 13.8 |
| 33 | Cyclohexanol | 2.9 | 24.3 | 88 | Propyl alcohol | 9.1 | 16.5 |
| 34 | Dibromoethane | 12.7 | 15.8 | 89 | Propyl bromide | 14.5 | 9.6 |
| 35 | Dichloroethane | 13.2 | 12.2 | 90 | Propyl chloride | 14.4 | 7.5 |
| 36 | Dichloromethane | 14.6 | 8.9 | 91 | Propyl iodide | 14.1 | 11.6 |
| 37 | Diethyl oxalate | 11.0 | 16.4 | 92 | Sodium | 16.4 | 13.9 |
| 38 | Dimethyl oxalate | 12.3 | 15.8 | 93 | Sodium hydroxide, 50% | 3.2 | 25.8 |
| 39 | Diphenyl | 12.0 | 18.3 | 94 | Stannic chloride | 13.5 | 12.8 |
| 40 | Dipropyl oxalate | 10.3 | 17.7 | 95 | Sulfur dioxide | 15.2 | 7.1 |
| 41 | Ethyl acetate | 13.7 | 9.1 | 96 | Sulfuric acid, 110% | 7.2 | 27.4 |
| 42 | Ethyl alcohol, 100% | 10.5 | 13.8 | 97 | Sulfuric acid, 98% | 7.0 | 24.8 |
| 43 | Ethyl alcohol, 95% | 9.8 | 14.3 | 98 | Sulfuric acid, 60% | 10.2 | 21.3 |
| 44 | Ethyl alcohol, 40% | 6.5 | 16.6 | 99 | Sulfuryl chloride | 15.2 | 12.4 |
| 45 | Ethyl benzene | 13.2 | 11.5 | 100 | Tetrachloroethane | 11.9 | 15.7 |
| 46 | Ethyl bromide | 14.5 | 8.1 | 101 | Tetrachloroethylene | 14.2 | 12.7 |
| 47 | Ethyl chloride | 14.8 | 6.0 | 102 | Titanium tetrachloride | 14.4 | 12.3 |
| 48 | Ethyl ether | 14.5 | 5.3 | 103 | Toluene | 13.7 | 10.4 |
| 49 | Ethyl formate | 14.2 | 8.4 | 104 | Trichloroethylene | 14.8 | 10.5 |
| 50 | Ethyl iodide | 14.7 | 10.3 | 105 | Turpentine | 11.5 | 14.9 |
| 51 | Ethylene glycol | 6.0 | 23.6 | 106 | Vinyl acetate | 14.0 | 8.8 |
| 52 | Formic acid | 10.7 | 15.8 | 107 | Water | 10.2 | 13.0 |
| 53 | Freon 11 | 14.4 | 9.0 | 108 | Xylene, ortho | 13.5 | 12.1 |
| 54 | Freon 12 | 16.8 | 5.6 | 109 | Xylene, meta | 13.9 | 10.6 |
| 55 | Freon 21 | 15.7 | 7.5 | 110 | Xylene, para | 13.9 | 10.9 |

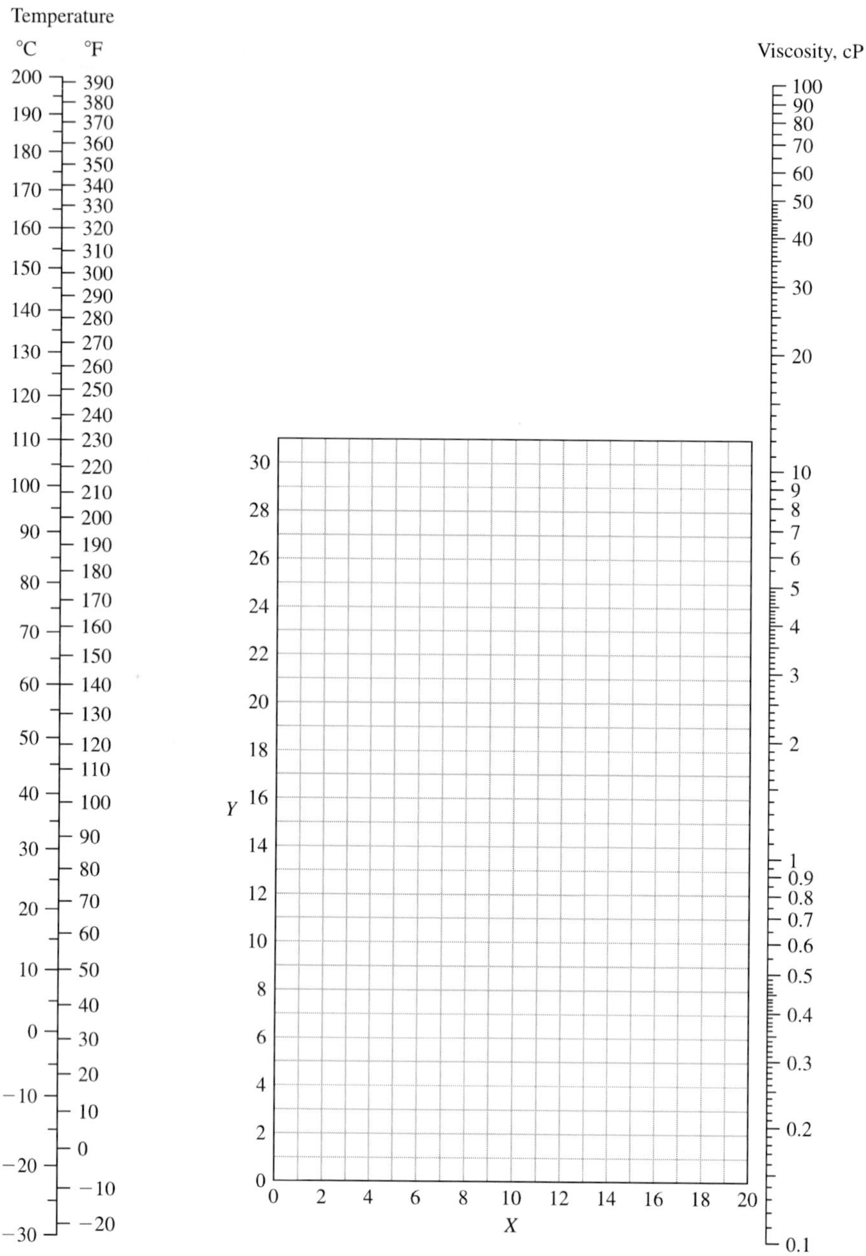


**그림 D-2**

1 기압에서의 액체의 점도(좌표에 대해서는 표 D-3을 참조)

표 D-4 물의 밀도, 점도 및 열 전도도

| Temperature, K | Density of water, kg/m$^3$ | Viscosity of water, cP | Specific heat of water, kJ/kg·K | Thermal conductivity of water, W/m·K |
|---|---|---|---|---|
| 273.15 | 999.9 | 1.750 | 4.217 | 0.569 |
| 275 | 1000.0 | 1.652 | 4.211 | 0.574 |
| 280 | 999.5 | 1.422 | 4.198 | 0.582 |
| 285 | 999 | 1.225 | 4.189 | 0.590 |
| 290 | 998 | 1.080 | 4.184 | 0.598 |
| 295 | 997 | 0.959 | 4.181 | 0.606 |
| 300 | 996 | 0.855 | 4.179 | 0.613 |
| 305 | 995 | 0.769 | 4.178 | 0.620 |
| 310 | 993 | 0.695 | 4.178 | 0.628 |
| 315 | 991 | 0.631 | 4.179 | 0.634 |
| 320 | 989 | 0.577 | 4.180 | 0.640 |
| 325 | 987 | 0.528 | 4.182 | 0.645 |
| 330 | 984 | 0.489 | 4.184 | 0.650 |
| 335 | 982 | 0.453 | 4.186 | 0.655 |
| 340 | 979 | 0.420 | 4.188 | 0.660 |
| 345 | 976 | 0.389 | 4.191 | 0.665 |
| 350 | 974 | 0.365 | 4.195 | 0.668 |
| 355 | 971 | 0.343 | 4.199 | 0.671 |
| 360 | 967 | 0.324 | 4.203 | 0.674 |
| 365 | 963 | 0.306 | 4.209 | 0.677 |
| 370 | 961 | 0.289 | 4.214 | 0.679 |
| 373.15 | 958 | 0.279 | 4.217 | 0.680 |

†Adapted from *Perry's Chemical Engineers' Handbook*, 7th ed., J. H. Perry and D. W. Green, eds., McGraw-Hill, New York, 1997.

표 D-5 금속의 열 전도도

| Metal | k, W/m·K | | |
|---|---|---|---|
| | 0°C | 100°C | 300°C |
| Aluminum | 202.5 | 205.9 | 230.1 |
| Brass (70–30) | 96.9 | 103.8 | 114.2 |
| Cast iron | 55.4 | 51.9 | 45.0 |
| Copper | 387.7 | 377.3 | 366.9 |
| Lead | 34.6 | 32.9 | 31.1 |
| Nickel | 62.3 | 58.8 | 55.4 |
| Silver | 418.8 | 411.9 | — |
| Steel (mild) | — | 45.0 | 43.3 |
| Tin | 62.3 | 58.8 | — |
| Wrought iron | — | 55.4 | 48.5 |
| Zinc | 112.5 | 110.8 | 102.1 |

표 D-6 비금속 고체의 열 전도도

| Material | Temperature, °C | k, W/m·K |
|---|---|---|
| Asbestos-cement boards | 20 | 0.74 |
| Bricks: | | |
| Building | 20 | 0.69 |
| Fire clay | 200 | 1.00 |
| | 1000 | 1.64 |
| Sil-O-Cel | 204 | 0.073 |
| Calcium carbonate (natural) | 30 | 2.25 |
| Calcium sulfate (building plaster) | 25 | 0.43 |
| Celluloid | 30 | 0.21 |
| Concrete (stone) | ... | 0.93 |
| Corkboard | 30 | 0.043 |
| Felt (wool) | 30 | 0.032 |
| Glass (window) | ... | 0.5–1.05 |
| Rubber (hard) | 0 | 0.15 |
| Wood (across grain): | | |
| Maple | 50 | 0.19 |
| Oak | 15 | 0.21 |
| Pine | 15 | 0.15 |

표 D-7 액체의 열 전도도

| Liquid | Temperature, °C | k, W/m·K |
|---|---|---|
| Acetic acid: | | |
| 100% | 20 | 0.171 |
| 50% | 20 | 0.346 |
| Acetone | 30 | 0.176 |
| | 75 | 0.164 |
| Benzene | 30 | 0.159 |
| | 60 | 0.151 |
| Ethyl alcohol: | | |
| 100% | 20 | 0.182 |
| | 50 | 0.151 |
| 40% | 20 | 0.388 |
| Ethylene glycol | 0 | 0.265 |
| Glycerol: | | |
| 100% | 20 | 0.284 |
| | 100 | 0.284 |
| 40% | 20 | 0.448 |
| *n*-Heptane | 30 | 0.140 |
| Kerosene | 20 | 0.149 |
| Methyl alcohol: | | |
| 100% | 20 | 0.215 |
| | 50 | 0.197 |
| 40% | 20 | 0.405 |
| *n*-Octane | 30 | 0.144 |
| Sodium chloride brine, 25% | 30 | 0.571 |
| Sulfuric acid: | | |
| 90% | 30 | 0.363 |
| 30% | 30 | 0.519 |
| Toluene | 30 | 0.149 |
| Water | 0 | 0.554 |
| | 93 | 0.678 |

표 D-8 기체의 열 전도도

| Gas | Temperature, °C | $k$, W/m·K |
|---|---|---|
| Air | 0 | 0.0242 |
| | 100 | 0.0317 |
| | 200 | 0.0391 |
| Ammonia | 0 | 0.0222 |
| | 50 | 0.0272 |
| Carbon dioxide | 0 | 0.0147 |
| | 100 | 0.0230 |
| Chlorine | 0 | 0.0074 |
| Hydrogen | 0 | 0.1731 |
| | 100 | 0.2233 |
| Methane | 0 | 0.0303 |
| | 50 | 0.0372 |
| Nitrogen | 0 | 0.0242 |
| | 100 | 0.0311 |
| Oxygen | 0 | 0.0245 |
| | 100 | 0.0320 |
| Sulfur dioxide | 0 | 0.0086 |
| | 100 | 0.0119 |
| Water vapor | 93 | 0.0275 |
| | 315 | 0.0443 |

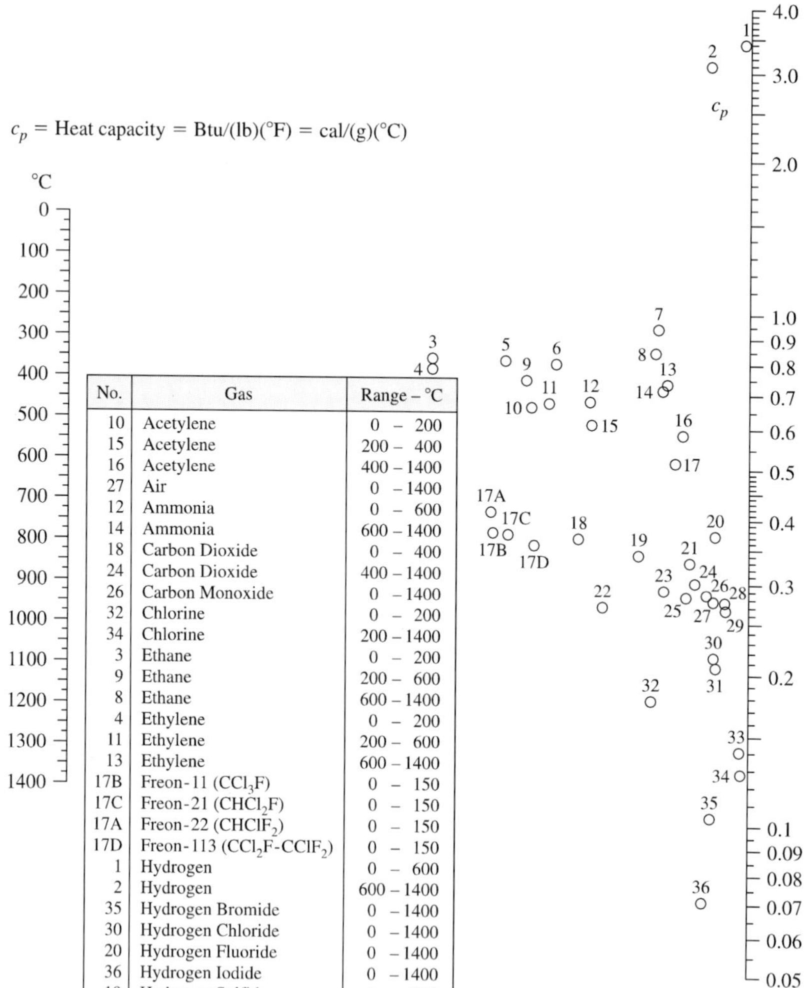


| No. | Gas | Range – °C |
|---|---|---|
| 10 | Acetylene | 0 – 200 |
| 15 | Acetylene | 200 – 400 |
| 16 | Acetylene | 400 – 1400 |
| 27 | Air | 0 – 1400 |
| 12 | Ammonia | 0 – 600 |
| 14 | Ammonia | 600 – 1400 |
| 18 | Carbon Dioxide | 0 – 400 |
| 24 | Carbon Dioxide | 400 – 1400 |
| 26 | Carbon Monoxide | 0 – 1400 |
| 32 | Chlorine | 0 – 200 |
| 34 | Chlorine | 200 – 1400 |
| 3 | Ethane | 0 – 200 |
| 9 | Ethane | 200 – 600 |
| 8 | Ethane | 600 – 1400 |
| 4 | Ethylene | 0 – 200 |
| 11 | Ethylene | 200 – 600 |
| 13 | Ethylene | 600 – 1400 |
| 17B | Freon-11 ($CCl_3F$) | 0 – 150 |
| 17C | Freon-21 ($CHCl_2F$) | 0 – 150 |
| 17A | Freon-22 ($CHClF_2$) | 0 – 150 |
| 17D | Freon-113 ($CCl_2F$-$CClF_2$) | 0 – 150 |
| 1 | Hydrogen | 0 – 600 |
| 2 | Hydrogen | 600 – 1400 |
| 35 | Hydrogen Bromide | 0 – 1400 |
| 30 | Hydrogen Chloride | 0 – 1400 |
| 20 | Hydrogen Fluoride | 0 – 1400 |
| 36 | Hydrogen Iodide | 0 – 1400 |
| 19 | Hydrogen Sulfide | 0 – 700 |
| 21 | Hydrogen Sulfide | 700 – 1400 |
| 5 | Methane | 0 – 300 |
| 6 | Methane | 300 – 700 |
| 7 | Methane | 700 – 1400 |
| 25 | Nitric Oxide | 0 – 700 |
| 28 | Nitric Oxide | 700 – 1400 |
| 26 | Nitrogen | 0 – 1400 |
| 23 | Oxygen | 0 – 500 |
| 29 | Oxygen | 500 – 1400 |
| 33 | Sulfur | 300 – 1400 |
| 22 | Sulfur Dioxide | 0 – 400 |
| 31 | Sulfur Dioxide | 400 – 1400 |
| 17 | Water | 0 – 1400 |

**그림 D-3**

1기압에서의 기체의 열용량. kJ/kg·K 단위로 열용량을 얻으려면 4.1868을 곱한다.

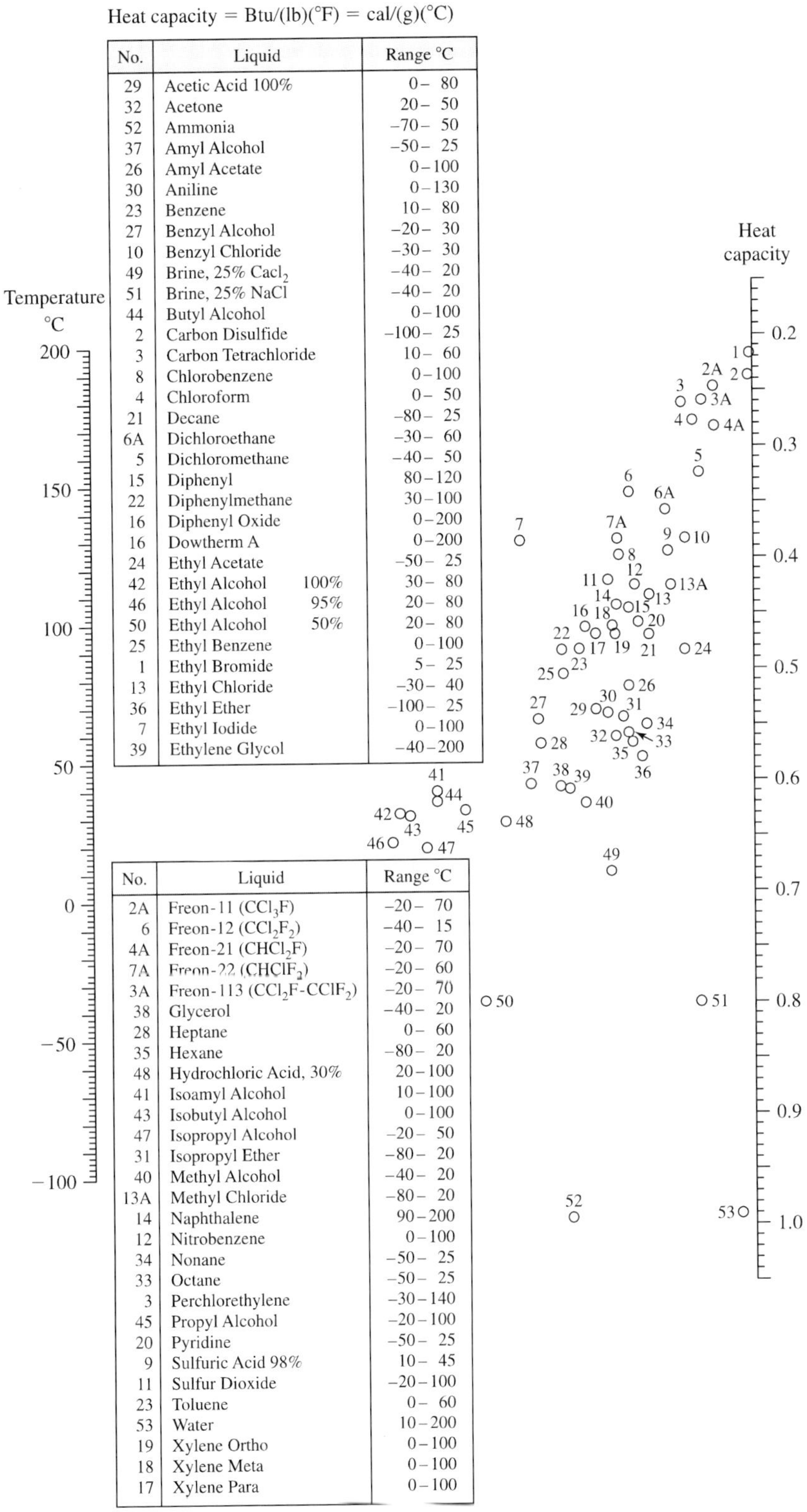


| No. | Liquid | Range °C |
|---|---|---|
| 29 | Acetic Acid 100% | 0– 80 |
| 32 | Acetone | 20– 50 |
| 52 | Ammonia | −70– 50 |
| 37 | Amyl Alcohol | −50– 25 |
| 26 | Amyl Acetate | 0–100 |
| 30 | Aniline | 0–130 |
| 23 | Benzene | 10– 80 |
| 27 | Benzyl Alcohol | −20– 30 |
| 10 | Benzyl Chloride | −30– 30 |
| 49 | Brine, 25% $Cacl_2$ | −40– 20 |
| 51 | Brine, 25% NaCl | −40– 20 |
| 44 | Butyl Alcohol | 0–100 |
| 2 | Carbon Disulfide | −100– 25 |
| 3 | Carbon Tetrachloride | 10– 60 |
| 8 | Chlorobenzene | 0–100 |
| 4 | Chloroform | 0– 50 |
| 21 | Decane | −80– 25 |
| 6A | Dichloroethane | −30– 60 |
| 5 | Dichloromethane | −40– 50 |
| 15 | Diphenyl | 80–120 |
| 22 | Diphenylmethane | 30–100 |
| 16 | Diphenyl Oxide | 0–200 |
| 16 | Dowtherm A | 0–200 |
| 24 | Ethyl Acetate | −50– 25 |
| 42 | Ethyl Alcohol 100% | 30– 80 |
| 46 | Ethyl Alcohol 95% | 20– 80 |
| 50 | Ethyl Alcohol 50% | 20– 80 |
| 25 | Ethyl Benzene | 0–100 |
| 1 | Ethyl Bromide | 5– 25 |
| 13 | Ethyl Chloride | −30– 40 |
| 36 | Ethyl Ether | −100– 25 |
| 7 | Ethyl Iodide | 0–100 |
| 39 | Ethylene Glycol | −40–200 |

| No. | Liquid | Range °C |
|---|---|---|
| 2A | Freon-11 ($CCl_3F$) | −20– 70 |
| 6 | Freon-12 ($CCl_2F_2$) | −40– 15 |
| 4A | Freon-21 ($CHCl_2F$) | −20– 70 |
| 7A | Freon-22 ($CHClF_2$) | −20– 60 |
| 3A | Freon-113 ($CCl_2F$-$CClF_2$) | −20– 70 |
| 38 | Glycerol | −40– 20 |
| 28 | Heptane | 0– 60 |
| 35 | Hexane | −80– 20 |
| 48 | Hydrochloric Acid, 30% | 20–100 |
| 41 | Isoamyl Alcohol | 10–100 |
| 43 | Isobutyl Alcohol | 0–100 |
| 47 | Isopropyl Alcohol | −20– 50 |
| 31 | Isopropyl Ether | −80– 20 |
| 40 | Methyl Alcohol | −40– 20 |
| 13A | Methyl Chloride | −80– 20 |
| 14 | Naphthalene | 90–200 |
| 12 | Nitrobenzene | 0–100 |
| 34 | Nonane | −50– 25 |
| 33 | Octane | −50– 25 |
| 3 | Perchlorethylene | −30–140 |
| 45 | Propyl Alcohol | −20–100 |
| 20 | Pyridine | −50– 25 |
| 9 | Sulfuric Acid 98% | 10– 45 |
| 11 | Sulfur Dioxide | −20–100 |
| 23 | Toluene | 0– 60 |
| 53 | Water | 10–200 |
| 19 | Xylene Ortho | 0–100 |
| 18 | Xylene Meta | 0–100 |
| 17 | Xylene Para | 0–100 |

**그림 D-4**

액체의 열용량. kJ/kg·K 단위로 열용량을 얻으려면 4.1868을 곱한다.

### 표 D-9 액체의 비중

| Pure liquid | Formula | Temperature, °C | Specific gravity |
|---|---|---|---|
| Acetaldehyde | $CH_3CHO$ | 18 | 0.783 |
| Acetic acid | $CH_3CO_2H$ | 0 | 1.067 |
| | | 30 | 1.038 |
| Acetone | $CH_3COCH_3$ | 20 | 0.792 |
| Benzene | $C_6H_6$ | 20 | 0.879 |
| *n*-Butyl alcohol | $C_2H_5CH_2CH_2OH$ | 20 | 0.810 |
| Carbon tetrachloride | $CCl_4$ | 20 | 1.595 |
| Ethyl alcohol | $CH_3CH_2OH$ | 10 | 0.798 |
| | | 30 | 0.791 |
| Ethyl ether | $(CH_3CH_2)_2O$ | 25 | 0.708 |
| Ethylene glycol | $CH_2OH{\cdot}CH_2OH$ | 19 | 1.113 |
| Glycerol | $CH_2OH{\cdot}CHOH{\cdot}CH_2OH$ | 15 | 1.264 |
| | | 30 | 1.255 |
| Isobutyl alcohol | $(CH_3)_2CHCH_2OH$ | 18 | 0.805 |
| Isopropyl alcohol | $(CH_3)_2CHOH$ | 0 | 0.802 |
| | | 30 | 0.777 |
| Methyl alcohol | $CH_3OH$ | 0 | 0.810 |
| | | 20 | 0.792 |
| Nitric acid | $HNO_3$ | 10 | 1.531 |
| | | 30 | 1.495 |
| Phenol | $C_6H_5OH$ | 25 | 1.071 |
| *n*-Propyl alcohol | $CH_3CH_2CH_2OH$ | 20 | 0.804 |
| Sulfuric acid | $H_2SO_4$ | 10 | 1.841 |
| | | 30 | 1.821 |
| Water | $H_2O$ | 4 | 1.000 |
| | | 100 | 0.958 |

*Note:* The values presented in this table are based on the density of water at 4°C and a total pressure of 1 atm.

$$\text{Specific gravity} = \frac{\text{density of material at indicated temperature}}{\text{density of liquid water at 4°C}}$$

Density of liquid water at 4°C = 1000 kg/m$^3$.

### 표 D-10 고체의 비중

| Substance | Specific gravity |
|---|---|
| Aluminum, hard-drawn | 2.55–2.80 |
| Brass, cast-rolled | 8.4–8.7 |
| Copper, cast-rolled | 8.8–8.95 |
| Glass, common | 2.4–2.8 |
| Gold, cast-hammered | 19.25–19.35 |
| Iron: | |
| Gray cast | 7.03–7.13 |
| Wrought | 7.6–7.9 |
| Lead | 11.34 |
| Nickel | 8.9 |
| Platinum, cast-hammered | 21.5 |
| Silver, cast-hammered | 10.4–10.6 |
| Steel, cold-drawn | 7.83 |
| Tin, cast-hammered | 7.2–7.5 |
| White oak timber, air-dried | 0.77 |
| White pine timber, air-dried | 0.43 |
| Zinc, cast-rolled | 6.9–7.2 |

*Note:* The specific gravities as indicated in this table apply at ordinary atmospheric temperatures.The values are based on the density of water at 4°C.

$$\text{Specific gravity} = \frac{\text{density of material}}{\text{density of liquid water at 4°C}}$$

Density of liquid water at 4°C. = 1000 kg/m$^3$.

### 표 D-11 포화 수증기의 물성

| Temperature, K | Abs. pressure, kPa | Volume, $m^3/kg$ Liquid | Volume, $m^3/kg$ Vapor | Heat of vaporization, kJ/kg | Specific heat, kJ/kg·K | Viscosity, Pa·s × $10^6$ | Thermal conductivity, W/m·K × $10^3$ |
|---|---|---|---|---|---|---|---|
| 273.15 | 0.611 | 1.000 | 206.3 | 2502 | 1.854 | 8.02 | 18.2 |
| 275 | 0.697 | 1.000 | 181.7 | 2497 | 1.855 | 8.09 | 18.3 |
| 280 | 0.990 | 1.000 | 130.4 | 2485 | 1.858 | 8.29 | 18.6 |
| 285 | 1.387 | 1.000 | 99.4 | 2473 | 1.861 | 8.49 | 18.9 |
| 290 | 1.917 | 1.001 | 69.7 | 2461 | 1.864 | 8.69 | 19.3 |
| 295 | 2.617 | 1.002 | 51.94 | 2449 | 1.868 | 8.89 | 19.5 |
| 300 | 3.531 | 1.003 | 39.13 | 2438 | 1.872 | 9.09 | 19.6 |
| 305 | 4.712 | 1.005 | 29.74 | 2426 | 1.877 | 9.29 | 20.1 |
| 310 | 6.221 | 1.007 | 22.93 | 2414 | 1.882 | 9.49 | 20.4 |
| 315 | 8.132 | 1.009 | 17.82 | 2402 | 1.888 | 9.69 | 20.7 |
| 320 | 10.53 | 1.012 | 13.98 | 2390 | 1.895 | 9.89 | 21.0 |
| 325 | 13.51 | 1.013 | 11.06 | 2378 | 1.903 | 10.09 | 21.3 |
| 330 | 17.19 | 1.016 | 8.82 | 2366 | 1.911 | 10.29 | 21.7 |
| 335 | 21.67 | 1.018 | 7.09 | 2354 | 1.920 | 10.49 | 22.0 |
| 340 | 27.13 | 1.021 | 5.74 | 2342 | 1.930 | 10.69 | 22.2 |
| 345 | 33.72 | 1.024 | 4.683 | 2329 | 1.941 | 10.89 | 22.6 |
| 350 | 41.63 | 1.027 | 3.846 | 2317 | 1.954 | 11.09 | 23.0 |
| 355 | 51.00 | 1.030 | 3.180 | 2304 | 1.968 | 11.29 | 23.3 |
| 360 | 62.09 | 1.034 | 2.645 | 2291 | 1.983 | 11.49 | 23.7 |
| 365 | 75.14 | 1.038 | 2.212 | 2278 | 1.999 | 11.69 | 24.1 |
| 370 | 90.40 | 1.041 | 1.861 | 2265 | 2.017 | 11.89 | 24.5 |
| 373.15 | 101.33 | 1.044 | 1.679 | 2257 | 2.029 | 12.02 | 24.8 |
| 375 | 108.15 | 1.045 | 1.574 | 2252 | 2.036 | 12.09 | 24.9 |
| 380 | 128.69 | 1.049 | 1.337 | 2239 | 2.057 | 12.29 | 25.4 |
| 385 | 152.33 | 1.053 | 1.142 | 2225 | 2.080 | 12.49 | 25.8 |
| 390 | 179.4 | 1.058 | 0.980 | 2212 | 2.104 | 12.69 | 26.3 |
| 400 | 245.5 | 1.067 | 0.731 | 2183 | 2.158 | 13.05 | 27.2 |
| 410 | 330.2 | 1.077 | 0.553 | 2153 | 2.221 | 13.42 | 28.2 |
| 420 | 437.0 | 1.088 | 0.425 | 2123 | 2.291 | 13.79 | 29.8 |
| 430 | 569.9 | 1.099 | 0.331 | 2091 | 2.369 | 14.14 | 30.4 |
| 440 | 733.3 | 1.110 | 0.261 | 2059 | 2.46 | 14.50 | 31.7 |
| 450 | 931.9 | 1.123 | 0.208 | 2024 | 2.56 | 14.85 | 33.1 |
| 460 | 1171 | 1.137 | 0.167 | 1989 | 2.68 | 15.19 | 34.6 |
| 470 | 1455 | 1.152 | 0.136 | 1951 | 2.79 | 15.54 | 36.3 |
| 480 | 1790 | 1.167 | 0.111 | 1912 | 2.94 | 15.88 | 38.1 |
| 490 | 2183 | 1.184 | 0.0922 | 1870 | 3.10 | 16.23 | 40.1 |
| 500 | 2640 | 1.203 | 0.0766 | 1825 | 3.27 | 16.59 | 42.3 |
| 510 | 3166 | 1.222 | 0.0631 | 1779 | 3.47 | 16.95 | 44.7 |
| 520 | 3770 | 1.244 | 0.0525 | 1730 | 3.70 | 17.33 | 47.5 |
| 530 | 4458 | 1.268 | 0.0445 | 1679 | 3.96 | 17.72 | 50.6 |
| 540 | 5238 | 1.294 | 0.0375 | 1622 | 4.27 | 18.1 | 54.0 |
| 550 | 6119 | 1.323 | 0.0317 | 1564 | 4.64 | 18.6 | 58.3 |
| 560 | 7108 | 1.355 | 0.0269 | 1499 | 5.09 | 19.1 | 63.7 |
| 570 | 8216 | 1.392 | 0.0228 | 1429 | 5.67 | 19.7 | 70.7 |
| 580 | 9451 | 1.433 | 0.0193 | 1353 | 6.40 | 20.4 | 76.7 |
| 590 | 10,830 | 1.482 | 0.0163 | 1274 | 7.35 | 21.5 | 84.1 |
| 600 | 12,350 | 1.541 | 0.0137 | 1176 | 8.75 | 22.7 | 92.9 |
| 610 | 13,730 | 1.612 | 0.0115 | 1068 | 11.1 | 24.1 | 103 |
| 620 | 15,910 | 1.705 | 0.0094 | 941 | 15.4 | 25.9 | 114 |
| 625 | 16,910 | 1.778 | 0.0085 | 858 | 18.3 | 27.0 | 121 |
| 630 | 17,970 | 1.856 | 0.0075 | 781 | 22.1 | 28.0 | 130 |
| 635 | 19,090 | 1.935 | 0.0066 | 683 | 27.6 | 30.0 | 141 |
| 640 | 20,270 | 2.075 | 0.0057 | 560 | 42 | 32.0 | 155 |
| 645 | 21,520 | 2.351 | 0.0045 | 361 | — | 37.0 | 178 |
| 647.3‡ | 31,700 | 3.170 | 0.0032 | 0 | ∞ | 45.0 | 238 |

†Adapted from F. P. Incropera and D. P. DeWitt, *Fundamentals of Heat and Mass Transfer,* 4th ed., J. Wiley, New York, 1981.
‡Critical temperature.

표 D-12 열교환기 및 응축기 튜브 데이터

| Tube OD, in. | BWG | Wall thickness, in. | ID, in. | Flow area per tube, in.$^2$ | Surface per linear ft, ft$^2$ Outside | Surface per linear ft, ft$^2$ Inside | Weight per lin ft, lb steel |
|---|---|---|---|---|---|---|---|
| ½ | 12 | 0.109 | 0.282 | 0.0625 | 0.1309 | 0.0748 | 0.493 |
| | 14 | 0.083 | 0.334 | 0.0876 | 0.1309 | 0.0874 | 0.403 |
| | 16 | 0.065 | 0.370 | 0.1076 | 0.1309 | 0.0969 | 0.329 |
| | 18 | 0.049 | 0.402 | 0.127 | 0.1309 | 0.1052 | 0.258 |
| | 20 | 0.035 | 0.430 | 0.145 | 0.1309 | 0.1125 | 0.190 |
| ¾ | 10 | 0.134 | 0.482 | 0.182 | 0.1963 | 0.1263 | 0.965 |
| | 11 | 0.120 | 0.510 | 0.204 | 0.1963 | 0.1335 | 0.884 |
| | 12 | 0.109 | 0.532 | 0.223 | 0.1963 | 0.1393 | 0.817 |
| | 13 | 0.095 | 0.560 | 0.247 | 0.1963 | 0.1466 | 0.727 |
| | 14 | 0.083 | 0.584 | 0.268 | 0.1963 | 0.1529 | 0.647 |
| | 15 | 0.072 | 0.606 | 0.289 | 0.1963 | 0.1587 | 0.571 |
| | 16 | 0.065 | 0.620 | 0.302 | 0.1963 | 0.1623 | 0.520 |
| | 17 | 0.058 | 0.634 | 0.314 | 0.1963 | 0.1660 | 0.469 |
| | 18 | 0.049 | 0.652 | 0.334 | 0.1963 | 0.1707 | 0.401 |
| 1 | 8 | 0.165 | 0.670 | 0.335 | 0.2618 | 0.1754 | 1.61 |
| | 9 | 0.148 | 0.704 | 0.389 | 0.2618 | 0.1843 | 1.47 |
| | 10 | 0.134 | 0.732 | 0.421 | 0.2618 | 0.1916 | 1.36 |
| | 11 | 0.120 | 0.760 | 0.455 | 0.2618 | 0.1990 | 1.23 |
| | 12 | 0.109 | 0.782 | 0.479 | 0.2618 | 0.2048 | 1.14 |
| | 13 | 0.095 | 0.810 | 0.515 | 0.2618 | 0.2121 | 1.00 |
| | 14 | 0.083 | 0.834 | 0.546 | 0.2618 | 0.2183 | 0.890 |
| | 15 | 0.072 | 0.856 | 0.576 | 0.2618 | 0.2241 | 0.781 |
| | 16 | 0.065 | 0.870 | 0.594 | 0.2618 | 0.2277 | 0.710 |
| | 17 | 0.058 | 0.884 | 0.613 | 0.2618 | 0.2314 | 0.639 |
| | 18 | 0.049 | 0.902 | 0.639 | 0.2618 | 0.2361 | 0.545 |
| 1¼ | 8 | 0.165 | 0.920 | 0.665 | 0.3271 | 0.2409 | 2.09 |
| | 9 | 0.148 | 0.954 | 0.714 | 0.3271 | 0.2498 | 1.91 |
| | 10 | 0.134 | 0.982 | 0.757 | 0.3271 | 0.2572 | 1.75 |
| | 11 | 0.120 | 1.01 | 0.800 | 0.3271 | 0.2644 | 1.58 |
| | 12 | 0.109 | 1.03 | 0.836 | 0.3271 | 0.2701 | 1.45 |
| | 13 | 0.095 | 1.06 | 0.884 | 0.3271 | 0.2775 | 1.28 |
| | 14 | 0.083 | 1.08 | 0.923 | 0.3271 | 0.2839 | 1.13 |
| | 15 | 0.072 | 1.11 | 0.960 | 0.3271 | 0.2896 | 0.991 |
| | 16 | 0.065 | 1.12 | 0.985 | 0.3271 | 0.2932 | 0.900 |
| | 17 | 0.058 | 1.13 | 1.01 | 0.3271 | 0.2969 | 0.808 |
| | 18 | 0.049 | 1.15 | 1.04 | 0.3271 | 0.3015 | 0.688 |
| 1½ | 8 | 0.165 | 1.17 | 1.075 | 0.3925 | 0.3063 | 2.57 |
| | 9 | 0.148 | 1.20 | 1.14 | 0.3925 | 0.3152 | 2.34 |
| | 10 | 0.134 | 1.23 | 1.19 | 0.3925 | 0.3225 | 2.14 |
| | 11 | 0.120 | 1.26 | 1.25 | 0.3925 | 0.3299 | 1.98 |
| | 12 | 0.109 | 1.28 | 1.29 | 0.3925 | 0.3356 | 1.77 |
| | 13 | 0.095 | 1.31 | 1.35 | 0.3925 | 0.3430 | 1.56 |
| | 14 | 0.083 | 1.33 | 1.40 | 0.3925 | 0.3492 | 1.37 |
| | 15 | 0.072 | 1.36 | 1.44 | 0.3925 | 0.3555 | 1.20 |
| | 16 | 0.065 | 1.37 | 1.47 | 0.3925 | 0.3587 | 1.09 |
| | 17 | 0.058 | 1.38 | 1.50 | 0.3925 | 0.3623 | 0.978 |
| | 18 | 0.049 | 1.40 | 1.54 | 0.3925 | 0.3670 | 0.831 |

†The data provided in this table are in the USCS units used by the heat exchanger manufacturers in the United States.

표 D-13 강관 규격

| Nominal pipe size, in. | OD, in. | Schedule no. | ID, in. | Flow area per pipe, in.$^2$ | Surface per linear ft, ft$^2$ Outside | Surface per linear ft, ft$^2$ Inside | Weight per lin ft, lb steel |
|---|---|---|---|---|---|---|---|
| ⅛ | 0.405 | 40[‡] | 0.269 | 0.058 | 0.106 | 0.070 | 0.25 |
| | | 80[§] | 0.215 | 0.036 | 0.106 | 0.056 | 0.32 |
| ¼ | 0.540 | 40 | 0.364 | 0.104 | 0.141 | 0.095 | 0.43 |
| | | 80 | 0.302 | 0.072 | 0.141 | 0.079 | 0.54 |
| ⅜ | 0.675 | 40 | 0.493 | 0.192 | 0.177 | 0.129 | 0.57 |
| | | 80 | 0.423 | 0.141 | 0.177 | 0.111 | 0.74 |
| ½ | 0.840 | 40 | 0.622 | 0.304 | 0.220 | 0.163 | 0.85 |
| | | 80 | 0.546 | 0.235 | 0.220 | 0.143 | 1.09 |
| ¾ | 1.05 | 40 | 0.824 | 0.534 | 0.275 | 0.216 | 1.13 |
| | | 80 | 0.742 | 0.432 | 0.275 | 0.194 | 1.48 |
| 1 | 1.32 | 40 | 1.049 | 0.864 | 0.344 | 0.274 | 1.68 |
| | | 80 | 0.957 | 0.718 | 0.344 | 0.250 | 2.17 |
| 1¼ | 1.66 | 40 | 1.380 | 1.50 | 0.435 | 0.362 | 2.28 |
| | | 80 | 1.278 | 1.28 | 0.435 | 0.335 | 3.00 |
| 1½ | 1.90 | 40 | 1.610 | 2.04 | 0.498 | 0.422 | 2.72 |
| | | 80 | 1.500 | 1.76 | 0.498 | 0.393 | 3.64 |
| 2 | 2.38 | 40 | 2.067 | 3.35 | 0.622 | 0.542 | 3.66 |
| | | 80 | 1.939 | 2.95 | 0.622 | 0.508 | 5.03 |
| 2½ | 2.88 | 40 | 2.469 | 4.79 | 0.753 | 0.627 | 5.80 |
| | | 80 | 2.323 | 4.23 | 0.753 | 0.609 | 7.67 |
| 3 | 3.50 | 40 | 3.068 | 7.38 | 0.917 | 0.804 | 7.58 |
| | | 80 | 2.900 | 6.61 | 0.917 | 0.760 | 10.3 |
| 4 | 4.50 | 40 | 4.026 | 12.7 | 1.178 | 1.055 | 10.8 |
| | | 80 | 3.826 | 11.5 | 1.178 | 1.002 | 15.0 |
| 6 | 6.625 | 40 | 6.065 | 28.9 | 1.734 | 1.590 | 19.0 |
| | | 80 | 5.761 | 26.1 | 1.734 | 1.510 | 28.6 |
| 8 | 8.625 | 40 | 7.981 | 50.0 | 2.258 | 2.090 | 28.6 |
| | | 80 | 7.625 | 45.7 | 2.258 | 2.000 | 43.4 |
| 10 | 10.75 | 40 | 10.02 | 78.8 | 2.814 | 2.62 | 40.5 |
| | | 60 | 9.75 | 74.6 | 2.814 | 2.55 | 54.8 |
| 12 | 12.75 | 30 | 12.09 | 115 | 3.338 | 3.17 | 43.8 |
| 16 | 16.0 | 30 | 15.25 | 183 | 4.189 | 4.00 | 62.6 |
| 20 | 20.0 | 20 | 19.25 | 291 | 5.236 | 5.05 | 78.6 |
| 24 | 24.0 | 20 | 23.25 | 425 | 6.283 | 6.09 | 94.7 |

[†] The data provided in this table are in the USCS units used by the pipe manufacturers in the United States.
[‡] Schedule 40 designates former "standard" pipe.
[§] Schedule 80 designates former "extra-strong" pipe.

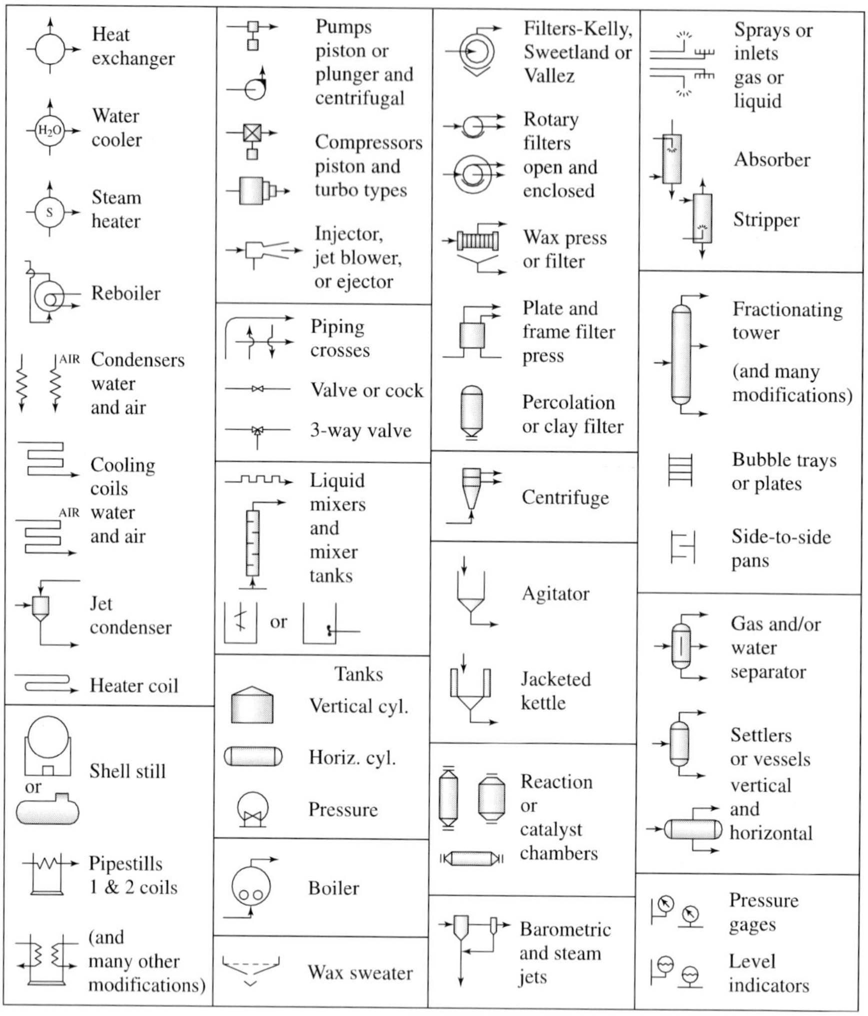
Heat exchanger
Water cooler
Steam heater
Reboiler
Condensers water and air
Cooling coils water and air
Jet condenser
Heater coil
Shell still
Pipestills 1 & 2 coils
(and many other modifications)
Pumps piston or plunger and centrifugal
Compressors piston and turbo types
Injector, jet blower, or ejector
Piping crosses
Valve or cock
3-way valve
Liquid mixers and mixer tanks
Tanks
Vertical cyl.
Horiz. cyl.
Pressure
Boiler
Wax sweater
Filters-Kelly, Sweetland or Vallez
Rotary filters open and enclosed
Wax press or filter
Plate and frame filter press
Percolation or clay filter
Centrifuge
Agitator
Jacketed kettle
Reaction or catalyst chambers
Barometric and steam jets
Sprays or inlets gas or liquid
Absorber
Stripper
Fractionating tower
(and many modifications)
Bubble trays or plates
Side-to-side pans
Gas and/or water separator
Settlers or vessels vertical and horizontal
Pressure gages
Level indicators

**그림 D-5**
장치 기호

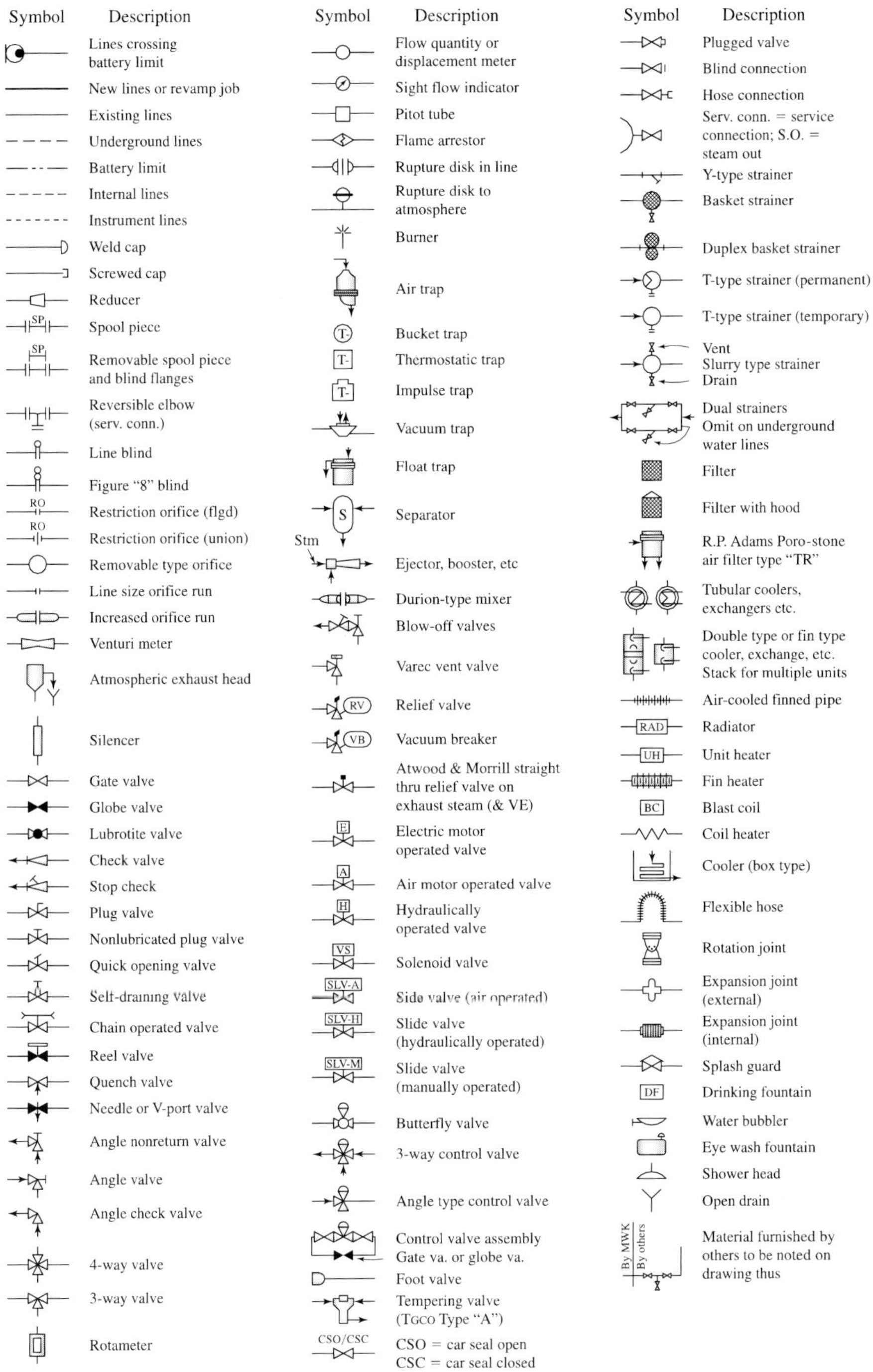
Symbol
Description
Lines crossing battery limit
New lines or revamp job
Existing lines
Underground lines
Battery limit
Internal lines
Instrument lines
Weld cap
Screwed cap
Reducer
SP
Spool piece
SP
Removable spool piece and blind flanges
Reversible elbow (serv. conn.)
Line blind
Figure "8" blind
RO
Restriction orifice (flgd)
RO
Restriction orifice (union)
Removable type orifice
Line size orifice run
Increased orifice run
Venturi meter
Atmospheric exhaust head
Silencer
Gate valve
Globe valve
Lubrotite valve
Check valve
Stop check
Plug valve
Nonlubricated plug valve
Quick opening valve
Self-draining valve
Chain operated valve
Reel valve
Quench valve
Needle or V-port valve
Angle nonreturn valve
Angle valve
Angle check valve
4-way valve
3-way valve
Rotameter
Symbol
Description
Flow quantity or displacement meter
Sight flow indicator
Pitot tube
Flame arrestor
Rupture disk in line
Rupture disk to atmosphere
Burner
Air trap
T
Bucket trap
T-
Thermostatic trap
T-
Impulse trap
Vacuum trap
Float trap
S
Separator
Stm
Ejector, booster, etc
Durion-type mixer
Blow-off valves
Varec vent valve
RV
Relief valve
VB
Vacuum breaker
Atwood & Morrill straight thru relief valve on exhaust steam (& VE)
E
Electric motor operated valve
A
Air motor operated valve
H
Hydraulically operated valve
VS
Solenoid valve
SLV-A
Side valve (air operated)
SLV-H
Slide valve (hydraulically operated)
SLV-M
Slide valve (manually operated)
Butterfly valve
3-way control valve
Angle type control valve
Control valve assembly
Gate va. or globe va.
Foot valve
Tempering valve (TGCO Type "A")
CSO/CSC
CSO = car seal open
CSC = car seal closed
Symbol
Description
Plugged valve
Blind connection
Hose connection
Serv. conn. = service connection; S.O. = steam out
Y-type strainer
Basket strainer
Duplex basket strainer
T-type strainer (permanent)
T-type strainer (temporary)
Vent
Slurry type strainer
Drain
Dual strainers
Omit on underground water lines
Filter
Filter with hood
R.P. Adams Poro-stone air filter type "TR"
Tubular coolers, exchangers etc.
Double type or fin type cooler, exchange, etc.
Stack for multiple units
Air-cooled finned pipe
RAD
Radiator
UH
Unit heater
Fin heater
BC
Blast coil
Coil heater
Cooler (box type)
Flexible hose
Rotation joint
Expansion joint (external)
Expansion joint (internal)
Splash guard
DF
Drinking fountain
Water bubbler
Eye wash fountain
Shower head
Open drain
By MWK
By others
Material furnished by others to be noted on drawing thus

**그림 D-6**
유통도 기호

표 D-14 국제 원자량

| Substance | Symbol | Atomic weight | At. no. | Substance | Symbol | Atomic weight | At. no. |
|---|---|---|---|---|---|---|---|
| Actinium | Ac | 227.03 | 89 | Mercury | Hg | 200.59 | 80 |
| Aluminum | Al | 26.98 | 13 | Molybdenum | Mo | 95.94 | 42 |
| Americium | Am | 243 | 95 | Neodymium | Nd | 144.24 | 60 |
| Antimony | Sb | 121.75 | 51 | Neon | Ne | 20.179 | 10 |
| Argon | A | 39.948 | 18 | Neptunium | Np | 237 | 93 |
| Arsenic | As | 74.92 | 33 | Nickel | Ni | 58.70 | 28 |
| Astatine | At | 210 | 85 | Niobium (Columbian) | Nb | 92.91 | 41 |
| Barium | Ba | 137.33 | 56 | Nitrogen | N | 14.007 | 7 |
| Berkelium | Bk | 247 | 97 | Nobelium | No | 259 | 102 |
| Beryllium | Be | 9.012 | 4 | Osmium | Os | 190.2 | 76 |
| Bismuth | Bi | 208.98 | 83 | Oxygen | O | 16 | 8 |
| Boron | B | 10.81 | 5 | Palladium | Pd | 106.4 | 46 |
| Bromine | Br | 79.904 | 35 | Phosphorus | P | 30.975 | 15 |
| Cadmium | Cd | 112.41 | 48 | Platinum | Pt | 195.09 | 78 |
| Calcium | Ca | 40.08 | 20 | Plutonium | Pu | 244 | 94 |
| Californium | Cf | 251 | 98 | Polonium | Po | 209 | 84 |
| Carbon | C | 12.011 | 6 | Potassium | K | 39.098 | 19 |
| Cerium | Ce | 140.12 | 58 | Praseodymium | Pr | 140.91 | 59 |
| Cesium | Cs | 132.91 | 55 | Promethium | Pm | 145 | 61 |
| Chlorine | Cl | 35.457 | 17 | Protactinium | Pa | 231 | 91 |
| Chromium | Cr | 52.00 | 24 | Radium | Ra | 226.03 | 88 |
| Cobalt | Co | 58.93 | 27 | Radon | Rn | 222 | 86 |
| Copper | Cu | 63.55 | 29 | Rhenium | Re | 186.2 | 75 |
| Curium | Cm | 247 | 96 | Rhodium | Rh | 102.91 | 45 |
| Dysprosium | Dy | 162.50 | 66 | Rubidium | Rb | 85.47 | 37 |
| Einsteinium | Es | 254 | 99 | Ruthenium | Ru | 101.1 | 44 |
| Erbium | Er | 167.26 | 68 | Samarium | Sm | 150.4 | 62 |
| Europium | Eu | 152.0 | 63 | Scandium | Sc | 44.96 | 21 |
| Fermium | Fm | 257 | 100 | Selenium | Se | 78.96 | 34 |
| Fluorine | F | 19.00 | 9 | Silicon | Si | 28.09 | 14 |
| Francium | Fr | 223 | 87 | Silver | Ag | 107.868 | 47 |
| Gadolinium | Gd | 157.25 | 64 | Sodium | Na | 22.990 | 11 |
| Gallium | Ga | 69.72 | 31 | Strontium | Sr | 87.62 | 38 |
| Germanium | Ge | 72.59 | 32 | Sulfur | S | 32.06 | 16 |
| Gold | Au | 197.0 | 79 | Tantalum | Ta | 180.95 | 73 |
| Hafnium | Hf | 178.49 | 72 | Technetium | Tc | 97 | 43 |
| Helium | He | 4.003 | 2 | Tellurium | Te | 127.60 | 52 |
| Holmium | Ho | 164.93 | 67 | Terbium | Tb | 158.93 | 65 |
| Hydrogen | H | 1.008 | 1 | Thallium | Tl | 204.37 | 81 |
| Indium | In | 114.82 | 49 | Thorium | Th | 232.04 | 90 |
| Iodine | I | 126.90 | 53 | Thulium | Tm | 168.93 | 69 |
| Iridium | Ir | 192.2 | 77 | Tin | Sn | 118.69 | 50 |
| Iron | Fe | 55.85 | 26 | Titanium | Ti | 47.90 | 22 |
| Krypton | Kr | 83.80 | 36 | Tungsten (Wolfram) | W | 183.85 | 74 |
| Lanthanum | La | 138.91 | 57 | Uranium | U | 238.03 | 92 |
| Lawrencium | Lr | 260 | 103 | Vanadium | V | 50.94 | 23 |
| Lead | Pb | 207.2 | 82 | Xenon | Xe | 131.30 | 54 |
| Lithium | Li | 6.941 | 3 | Ytterbium | Yb | 173.04 | 70 |
| Lutetium | Lu | 174.97 | 71 | Yttrium | Y | 88.91 | 39 |
| Magnesium | Mg | 24.31 | 12 | Zinc | Zn | 65.38 | 30 |
| Manganese | Mn | 54.94 | 25 | Zirconium | Zr | 91.22 | 40 |
| Mendelevium | Md | 258 | 101 | | | | |

APPENDIX

# E

# 공정장치 설계의 경험규칙

공정장치 설계에서 경험적 규칙의 이용은 정해진 기능을 수행하는 적절한 장치형태의 선정뿐만 아니라 공정 운전과 연관되는 많은 변수들에 대하여 합당한 값들을 부여하는 데에 있어서도 유용한 도구가 된다. 일부 널리 사용되는 공정장치들에 대하여 화공 엔지니어들이 과거 경험을 통하여 얻은 다수의 유용한 경험규칙들을 알파벳 순으로 제시하여 보았다.[181]

## 압축기, 팬, 송풍기

팬은 대기압 근처에서 운전되며 압력강하는 대개 15kPa 이하이다. 효율은 60 ~ 80 % 범위에서 변한다.

송풍기에서의 압력강하는 보통 300 kPa를 초과하지 않는다. 효율범위는 70 ~ 85 % 이다.

압축기는 200 kPa에서 400 MPa 까지의 고압 운전에 사용된다. 압축비가 4 이상일 경우 고온을 피하기 위해 통상 다단압축을 이용한다. 다단압축장치에서 압축비는 각 단에서 거의 동일해야 한다.

2원자 기체의 압축에 있어서 유출온도는 200°C를 초과하면 안된다.

왕복 압축기의 효율은 압축비가 1.5일 때 70%, 압축비가 2일 때 80%, 그리고 압축비가

181) 다음 문헌들로부터 발췌 정리함: J. M. Douglas, *Conceptual Design of Chemical Processes*, McGraw-Hill, New York, 1988, G. D. Ulrich, *A Guide to Chemical Engineering Process Design and Economics*, J. Wiley, New York, 1984, S. M. Walas, *Chemical Process Equipment-Selection and Design*, Butterworth-Heinemann, Newton, MA, 1988, H. Z. Kister, *Distillation Design*, McGraw-Hill, New York, 1992, and D. R. Woods, *Process Design and Engineering Practice*, Prentice-Hall, Upper-Saddle River, NJ, 1995.

3 ~ 5 일 때 80 ~ 85%이다.

흡입부에서 유량이 3 ~ 50 $m^3/s$인 대형 원심력 압축기의 효율은 75 ~ 80%이다. 로터리 압축기의 효율은 70%인데 액체-라이너 형태는 효율이 50% 정도이다.

## 냉각탑

단열조건에서 공기와 접촉하는 물은 습구 온도로 냉각된다. 상용 장치에서는 90%까지의 공기의 포화가 가능하다.

맞흐름 유도 통풍탑은 가장 보편적인 냉각탑인데 이는 물을 습구온도의 1 ~ 2°C 이내로까지 냉각시킬 수 있기 때문이다. 그러나 유출수의 온도와 외부 습구온도 사이의 차이가 최소값으로 근접함에 따라 냉각탑의 크기는 급속히 커진다.

표준적인 사용에서 냉각탑의 압력강하는 0.5 kPa를 초과하지 않는다. 물 순환량은 대개 2.5 ~ 10 $(m^3/h)m^2$이며 공기량은 6350 ~ 8800 $(kg/h)/m^2$이다.

증발손실은 매 5°C의 냉각범위에 대하여 1%이다. 기계식 통풍 냉각탑의 통풍손실은 0.1 ~ 0.3%이다. 염분의 과다한 축적을 방지하기 위해 순환유량의 2.5 ~ 3.0%를 배출시키는 것이 필요하다.

## 증류와 기체 흡수

증류는 보통 가장 경제적인 액체분리장치로서 추출이나 흡착, 결정화 및 다른 방법들보다 월등히 우수하다.

탑 운전압력은 흔히 가용한 응축매체의 온도(물에 의해서 냉각되는 경우 30 ~ 48℃)에 의해, 또는 최대 허용 재비기 온도에 의해 결정된다.

다성분 혼합물을 분리하기 위한 탑들의 배열은 다음 경험규칙들에 근거한다: (1) 가장 쉬운 분리, 즉 단 수와 환류비가 적게 소요되는 분리를 먼저 수행하고 가장 어려운 분리를 맨 나중에 행한다. (2) 상대 휘발도나 원료 농도가 크게 변하지 않는다면 성분들을 탑상제품으로 하나씩 제거한다. (3) 원료중의 인접 성분들의 상대 휘발도가 크게 변하는 경우 휘발도가 낮아지는 순서로 분리순서를 정한다. (4) 원료중의 농도는 크게 변하지만 상대 휘발도는 그리 변하지 않는 경우에는 원료중의 농도가 낮아지는 순서로 성분들을 분리한다.

경제적으로 최적의 환류비는 최소 환류비의 약 1.2 ~ 1.25배이며 최적 단수는 최소단수의 약 두 배이다. 불확실성을 감안하기 위해서는 단 수를 계산된 값보다 10% 추가시키는 것이 권고된다.

접근성을 위한 단 간격은 보통 0.6 ~ 0.86 m로 고정된다.

단의 순간최대 효율은 1.2 ~ 1.5 $m/s(kg/m^3)^{1/2}$범위에서 기체인자 $F_s = V\rho^{1/2}$의 값을 갖는다. 이러한 범위의 $F_s$는 탑의 직경을 규정한다. 대체적으로 보통의 압력에서 선속도는 0.6 m/s이며 진공 중에서는 1.8 m/s이다.

가벼운 탄화수소와 수용액의 분리에서 단 효율은 60 ~ 90%이다. 기체 흡수와 탈거의 경우 효율은 10 ~ 20%이다.

각 단에서의 압력강하는 0.75 kPa 정도이다.

Kremser-Brown 흡수인자 $A = K(V/L)$의 최적값은 1.25 ~ 2.0 범위이다.

불규칙 및 체계적 충전탑은 직경이 1m 이하이며 낮은 압력강하가 바람직한 탑에 특히 적합하다. 충진물 크기에 대한 탑 직경의 비율은 15 이하여야 한다. 0.25 $m^3$/s의 기체유량에 대해서는 0.0254 m 충진을 사용한다; 1 $m^3$/s, 혹은 그 이상의 기체유량에 대해서는 0.051 m 충진을 사용한다. 충전탑은 범람속도의 70% 근처에서 운전해야 한다.

재순환 드럼은 보통 수평이며 액체 보유량은 반쯤 채웠을 경우 300 s이다. 재순환 펌프는 일반적으로 25% 더 크게 한다.

직경 1 m인 탑의 경우 탑의 상부는 증기 이탈을 위해 1 m 추가하고 탑의 하부는 액체 액위와 재비기 순환을 위해 2 m 길게 한다. 바람의 부하와 기초의 안정을 위해 탑의 높이는 50m 근처로 제한시킨다.

## 구동기와 동력회수장치

75 kW 이하의 구동기로는 거의 대부분 전기모터가 사용된다.

모터의 효율은 85 ~ 95%이며 증기터빈의 효율은 42 ~ 78%, 가스엔진 및 터빈의 효율은 28 ~ 38%이다.

75 kW 이상의 경우 증기터빈이 경쟁력이 있다. 이들은 속도조절이 가능하다. 흔히 이들은 동력차단의 경우에 대비하여 예비로 설치된다.

동력회수를 위한 가스 팽창기는 수백 킬로와트의 용량에서는 타당성이 있다. 공정에서 필요한 압력감소는 팽창밸브에 의해 영향을 받는다.

## 고체의 건조

건조시간 범위는 분무 건조기에서의 수 초로부터 로터리 건조기의 1시간, 그리고 터널 셸프나 벨트 건조기의 수 시간, 혹은 며칠에까지 이른다.

로터리 원통형 건조기는 1.5 ~ 3.0 m/s, 때로는 물질이 조악한 경우 10 m/s의 겉보기 공기속도로 운전된다. 체류시간은 5 ~ 90분이다. 고체 보유량은 7 ~ 8%이다. 설계 목적으로 85%의 자유 단면적을 가정한다.

반죽 및 슬러리를 위한 드럼 건조기는 3 ~ 12초의 접촉시간으로 운전하며 증발속도는 15 ~ 30 kg/$m^2$·h이다.

공압식 이송건조기는 보통 직경 1 ~ 3 mm의 입자를 처리하지만 습기가 대부분 표면에만 있는 경우 10 mm 까지도 처리한다. 공기 속도는 10 ~ 30 m/s이다. 단일경로 체류시간은 0.5 ~ 3.0 s이지만 보통의 재순환이라면 평균 체류시간은 60 s까지 올라간다.

유동층 건조기는 직경이 1 mm의 수십배인 입자들에 가장 적합하지만 4 mm 까지의 입자들도 처리되었다. 기체속도는 최소 범람속도의 두 배로 하는 것이 추천된다.

분무 건조기에서 표면 습기는 약 5 s 내에 제거되며 대부분의 건조는 60 s 내에 완결된다.

## 증발기

긴 관의 자연순환, 혹은 강제순환식 수직형 증발기가 가장 널리 쓰인다. 강제순환식에서 관내의 선속도는 4.5 ~ 6.0 m/s이다.

용융 고체에 의한 비점 상승은 용액과 포화증기에 따라 1.7 ~ 5.5°C의 차이가 있다. 비점상승이 작으면 직렬로 8 ~ 10 개를 배치할 때 최소의 비용을 얻는다.

후방원료의 경우 보다 농축된 용액은 가열 표면이 줄어들도록 가장 온도가 높은 수증기로 가열되지만 용액은 두 단계 사이에서 이동되어야 한다.

*N*단계 시스템의 증기 경제성은 대략 외부 증기 1 kg당 0.8*N* kg 증발량이다.

## 추출(액-액)

혼합기-침강기 조합은 기껏해야 5단까지로 제한된다. 혼합은 회전날개나 순환펌프에 의해 이루어진다. 침강기는 방울 크기의 직경이 150 $\mu$m라고 가정하고 설계된다. 열린 용기형태 침강기에서 체류시간은 30 ~ 60분, 혹은 0.15 ~ 0.5 m/s의 선속도를 갖는다. 추출단 효율은 공통적으로 80%로 잡는다.

분무탑은 일반적으로 단일 단계의 추출공정이다.

충전탑은 5 ~ 10단계가 요구될 때 이용된다. 분산상 충전은 1(m$^3$/min)m$^2$를 초과하면 안된다. 충전탑은 표면장력이 10 dyne/cm보다 클 경우 그리 만족스러운 것은 아니다.

체 단(sieve tray) 탑의 사용시 단 간격은 0.15 ~ 0.6 m로 한다. 단 효율은 20 ~ 30% 범위이다.

왕복형 단 탑은 단 간격 0.025 ~ 0.15 m에서 100 ~ 150회로 운전된다. 이 탑의 소요 동력은 펄스형 탑에서보다 매우 적다.

회전판 접촉기, 혹은 다른 로터리 교반탑에서 HETS를 0.1 ~ 0.5 m 범위로 하여 높은 추출효율을 얻는다.

## 여과

공정은 실험실 진공 잎꼴(leaf) 여과기에서의 케이크의 축적속도에 따라 분류된다: 급속형은 0.1 ~ 10.0 cm/s; 중간형은 0.1 ~ 10.0 cm/min; 저속형은 0.1 ~ 10.0 cm/h이다.

급속 여과는 벨트, 상부원료주입형 드럼, 혹은 압박형 원심분리에 의해 수행되며 중간속도 여과는 진공드럼, 판형, 혹은 필러(peeler)형 원심분리에 의해 이루어지고 저속여과 슬러리는 가압여과기나 침강 원심분리에 의해 이루어진다.

연속여과는 5분동안에 0.3 cm 두께의 케이크가 형성될 수 없다면 사용하지 않아야 한다.

여과표면이 수 제곱미터 이상으로 예측되거나 케이크 세척이 중요한 경우, 케이크 건조가 문제가 될 수 있는 경우, 혹은 사전코팅이 필요한 경우에는 실험실에서 사전에 테스트해 보는 것이 좋다.

## 열 교환기

다관형 열교환기에서는 튜브 쪽은 부식성의 오염생성을 야기하는 고압 유체가 흐르고 원통(shell) 쪽은 점성, 혹은 응축성 액체가 흐르는 맞흐름을 가정한다. 다른 흐름형태에서는 로그평균온도차 보정인자 $F$는 0.85 이상이어야 한다.

튜브의 직경이 0.019 m이고 0.0254 m의 삼각배열로서 길이가 4.87 m인 다관형 열교환기에서 원통의 직경이 0.305 m이면 표면적은 약 9 $m^2$이며 직경이 0.61 m인 원통의 경우 표면적은 약 37 $m^2$, 직경이 0.91m인 원통의 경우 표면적은 약 102 $m^2$이다.

최소접근온도는 주변공기 냉각의 경우 10 ~ 25°C이며 냉매를 이용하는 경우 5°C나 그 이하이다. 냉각수 유입온도는 대개 30°C이며 유출온도는 약 45°C이다.

압력강하는 비등조건인 경우 10kPa이며 다른 조건의 경우는 20 ~ 60 kPa이다.

추정 목적의 열전달 계수는 $W/m^2 \cdot K$단위로 다음과 같다: 물에서 액체, 850; 액체에서 액체, 285; 응축기, 850; 액체에서 기체, 30; 기체에서 기체, 30; 재비기, 1100. 재비기에서의 최대 환류량은 약 31,500 $W/m^2$이다.

이중관 열교환기는 10 ~ 20 $m^2$ 부하에서는 경쟁력이 있다.

스테인레스강 판-프레임 열교환기는 스테인레스강 다관형 장치보다 25 ~ 50% 저렴하다.

연소 가열기의 열효율은 70 ~ 75%이다. 복사율은 약 38,000 $W/m^2$이고 대류율은 약 12,000 $W/m^2$이다.

## 단열

350°C까지는 85% 마그네시아가 선호되는 단열재이다. 870 ~ 1050°C까지는 규조토가 사용되며 보다 고온에서는 세라믹 내화벽돌이 사용된다.

극저온 장치에서는 −196°C까지는 다공성 분말이, 그리고 보다 낮은 온도에서는 다층단열이 이용된다.

최적두께는 온도에 따라 변한다: 90°C에서는 0.013 m, 200°C에서는 0.0254 m, 그리고 315°C에서는 0.031 m이다. 바람이 부는 조건에서는 단열두께를 10 ~ 20% 증가시켜야 한다.

## 혼합과 교반

방해판이 있는 탱크에서 날개를 이용한 교반의 강도는 사용동력과 날개끝 속도로 측정된다. 섞음에는 0.04 ~ 0.1 $kW/m^3$의 동력과 0.04 m/s 이하의 날개끝 속도가 필요하다. 액-액 혼합물의 교반에는 약 1 $kW/m^3$의 동력과 0.08 ~ 0.1 m/s의 날개끝 속도가 필요하다.

탱크직경 $D$에 대한 교반탱크의 대표적 치수는 다음과 같다: 액위 $\simeq D$; 터빈 날개 직경 $\simeq D/3$; 바닥 위의 날개 높이 $\simeq D/3$; 날개 너비 $\simeq D/15$; 4개 수직 방해판 너비 $\simeq D/10$.

탱크 바닥으로 주입된 기체방울은 겉보기 속도 0.3 m/s에서 약간의 교반을, 1.2 m/s에서 강한 교반을 이룬다.

기체와 액체의 혼합물을 구동하기 위한 동력은 액체만의 구동에 필요한 동력보다 25 ~

50% 적다.

## 펌프

펌프의 형태와 흐름조건에 따라 펌프가 손상되지 않도록 특정된 펌프 흡입 헤드가 유지되어야 한다. 통상의 헤드 범위는 1 ~ 6 m(액체)이다.

원심력 펌프는 $10^{-3}$ ~ 0.3 $m^3/s$의 유량과 150 m의 최대 헤드에 적합하며 1.25 × $10^{-3}$ ~ 0.7 $m^3/s$의 유량과 1600 m의 최대 헤드에는 다단 펌프가 적합하다. 효율은 6 × $10^{-3}$ $m^3/s$에서 45%, 0.03 $m^3/s$에서 70%, 그리고 0.6 $m^3/s$에서 80%이다.

동축형 펌프는 1.25 × $10^{-3}$ ~ 6 $m^3/s$의 유량과 12m의 헤드에 적합하며 효율은 65 ~ 85%이다.

로터리 펌프는 6 × $10^{-5}$ ~ 0.3 $m^3/s$의 유량과 15,000 m의 헤드에 적합하며 효율은 50 ~ 80%이다.

왕복형 펌프는 6 × $10^{-4}$ ~ 0.6 $m^3/s$의 유량과 300,000 m의 최대헤드에 적합하며 효율은 7.5 kW에서 70%, 37.5 kW에서 85%, 그리고 375 kW에서 90%이다.

## 반응기

반응속도는 실험실에서 구하며 체류시간이나 공간속도와 제품분포는 일반적으로 파일로트 플랜트에서 얻는다.

촉매 입자의 규격은 통상 유동층에서 0.1 mm, 슬러리 층에서 1 mm, 그리고 고정층에서 2 ~ 5 mm이다.

교반탱크 바능기의 최적 치수는 액위가 탱크 직경과 같은 경우이다. 그러나 고압에서는 보다 긴 치수가 경제적이다.

균일반응 교반탱크로의 동력은 0.1 ~ 0.3 $kW/m^3$이지만 열이 전달되는 경우에는 이 양의 3배이다.

체류시간이 균질성을 이루는 데에 소요되는 시간의 5 ~ 10배일 때 이상적인 CSTR(연속교반탱크반응기)의 거동에 다다른다.

액체와 슬러리의 비교적 느린 반응들이 연속교반 탱크에서 행하여진다. 4개나 5개를 직렬로 연결한 장치가 가장 경제적이다.

관형 반응기는 짧은 체류시간에서 생산속도가 높을 때, 그리고 상당한 열전달이 소요되는 경우에 적합하다.

평형의 약 95% 이하의 전환에서 5단 CSTR 구조의 성능은 관형 흐름반응기에 근접한다.

## 용기(드럼)

드럼은 함입상의 분리나 배출용량을 제공하기 위한 비교적 소규모의 용기이다. 액체 드럼은 수평형이며 기체/액체 분리기는 수직형이다.

드럼의 최적 길이/직경 비율은 3인데 2.5 ~ 5의 범위가 일반적이다.

보류시간은 증류탑 환류드럼의 경우 절반이 채워졌을 때 5분이며 다른 탑으로 제품을 공급하는 경우 5 ~ 10분이다.

액/액 분리기는 침강속도가 0.05 ~ 0.07 m/min이 되도록 설계된다.

기/액 분리기에서 기체 속도는 $V = k(\rho_L/\rho_V - 1)^{1/2}$ m/s로 주어진다.

## 용기(압력)

설계온도는 −30과 350°C 사이에서 운전온도보다 30°C 높게 정한다. 주어진 온도범위 바깥에서는 높은 안전여유가 적용된다.

설계압력은 최대 운전압력의 10%, 혹은 최대 운전압력보다 70 ~ 75 kPa 이상으로, 둘 가운데에서 큰 값으로 정한다. 최대 운전압력은 설계압력보다 175 kPa 크게 정한다.

진공운전시 설계압력은 외부는 200 kPa이며 내부는 모두 진공이다.

알려진 부식조건에서 허용부식은 9 mm이고 비부식성 흐름에 대하여는 3.8 mm, 그리고 수증기 드럼과 공기 수용기에 대해서는 1.5 mm이다.

허용되는 운전 응력강도는 물질의 궁극적인 강도의 1/4이다. 최대 허용 응력은 운전온도에 따라 크게 좌우된다.

## 용기(저장탱크)

4 $m^3$ 이하의 경우 다리가 달린 수직탱크를 사용한다; 4 ~ 40 $m^3$ 범위에서는 콘크리트로 지지되는 수평탱크를 사용한다; 40 $m^3$ 이상에서는 콘크리트 기초의 수직탱크를 사용한다.

원료물질과 제품에 대하여 종종 30일 동안의 저장용량이 정해지는데 이는 연결되는 운반장치 스케쥴에 따라 좌우된다. 저장탱크의 용량은 운반장치 스케쥴 용량의 적어도 1.5배가 되어야 한다.

증발 손실이 따르는 액체는 보존을 위해 부유, 혹은 팽창덮개가 있는 탱크에 저장될 수 있다.

APPENDIX

# F

# 설계에 유용한 소프트웨어

Software availability giude[††]

| Design use | | | Designation | Provider[§] |
|---|---|---|---|---|
| Flowsheet creation and optimization | | | | |
| | Overall | | | |
| | | | NETOPT | Simsci |
| | | | SuperTarget | Linnhoff |
| | | | SYNPHONY | Epcon |
| | | Heat exchange | | |
| | | | Hyprotech.HX-Net | Hyprotech |
| | | Heat integration | | |
| | | | Aspen Pinch | Aspen Tech |
| | | | HEXTRAN | Simsci |
| | | Separation trains | | |
| | | | Aspen Split | Aspen Tech |
| | | | Hyprotech.DISTIL | Hyprotech |
| Process simulators | | | | |
| | Overall | | | |
| | | Steady-state | | |
| | | | Aspen Plus | AspenTech |
| | | | BioPro/SuprePro | Intelligen |
| | | | CHEMCAD | Chemstations |
| | | | Hyprotech.Process (Hysys) | Hyprotech |
| | | | PRO/II | Simsci |
| | | | PROSIM | BR&E |
| | | | ProSimPlus | Prosim |
| | | Dynamic | | |
| | | | Aspen Dynamics | Aspen Tech |
| | | | gPROMS | BR&E |
| | | | Hyprotech.Plant (Hysys) | Hyprotech |

계속

| Design use | | Designation | Provider[§] |
|---|---|---|---|
| | Specific equipment simulation | | |
| | | Adsorption | |
| | | ADSIM | Aspen Tech |
| | | Heat exchangers | |
| | | AeroTran | Aspen Tech |
| | | CC-THERM | Chemstations |
| | | Hetran | Aspen Tech |
| | | Reactors | |
| | | REACT | ChemEng |
| | | Chemical Kinetics Simulator | Almaden |
| Process economic evaluation | | | |
| | | Aspen IPE | Aspen Tech |
| | | BioPro/SuprePro Designer | Intelligen |
| | | CHEMCAD | Chemstations |
| | | CostPlus | Epcon |
| | | Hyprotech.Economix | Hyprotech |
| Process optimization | | | |
| | | Aspen Optimizer | Aspen Tech |
| Material-transfer and piping | | | |
| | | CHEMPRO | Epcon |
| | | Hyprotech.Pipesys | Hyprotech |
| | | Hyprotech.Pipesim | Hyprotech |
| | | INPLANT | Simsci |
| | | SINET | Epcon |

[†]This is a listing compiled for software available in the beginning of 2002 and reflects only *some* of the software available at this time.
[‡]AIChE maintains an extensive online listing of available software at: http://www.cepmagazine.org/features/software/
[§]Contact information for software developer provided below. Bold type indicates name of software developer for use in the software availability table.

| Company | Telephone number | Internet address |
|---|---|---|
| **Almaden** Research Center | 408-927-2420 | www.almaden.ibm.com/st/msim/ |
| **Aspen Tech**nologies | 617-949-1000 | www.aspentech.com |
| **AEA** Technology Engineering Services, Inc. | 888-827-2356 | www.software.aeat.com/cfx/ |
| Bryan **R**esearch **&** **E**ngineering, Inc. | 409-776-5220 | www.bre.com |
| **ChemEng** Software and Services | 44 (0)1308 862 880 | |
| **Chemstations** Inc. | 800-243-6223 | www.chemstations.net |
| **Epcon** International | 800-367-3585 | www.epcon.com |
| **Hyprotech** | 403-520 6000 | www.hyprotech.com |
| **Intelligen**, Inc. | 908-654-0088 | www.intelligen.com |
| **Linnhoff** March | 44 (0)1606 815100 | www.linnhoffmarch.com |
| **ProSim** | 33 5 62 88 24 30 | www.prosim.net |
| **P**rocess **S**ystems **E**nterprises, Ltd | 44 (0) 20 8563 0888 | http://www.psenterprise.com |
| **Simsci** | 714-579-0412 | www.simsci.com |

# INDEX 찾아보기